AF307406

Springer-Verlag Berlin Heidelberg GmbH

W.-H. Hucho (Hrsg.)

Aerodynamik des Automobils

Eine Brücke von der Strömungsmechanik zur Fahrzeugtechnik

Dritte, grundlegend neu bearbeitete und erweiterte Auflage

Autoren:

Syed R. Ahmed
Bernward Bayer
Norbert Deußen
Hans-Joachim Emmelmann
Helmut Flegl
Alfons Gilhaus
Hans Götz
Holger Großmann
Ralf Hoffmann

Wolf-Heinrich Hucho
Dietrich Hummel
Görgün A. Necati
Raimund Piatek
Michael Rauser
Dieter Schlenz
Wulf Sebbeße
Peter Steinberg

 Springer

Dr.-Ing. Wolf-Heinrich Hucho
Gärtnereiweg 3
D-86938 Schondorf am Ammersee

1. Auflage: Vogel-Verlag, Würzburg, 1981
2. Auflage unter dem Titel - Aerodynamics of Road Vehicles
Butterworth & Co. (Publishers) Ltd., 1987

ISBN 978-3-642-63397-3

Die Deutsche Bibliothek - CIP-Einheitsaufnahme
Aerodynamik des Automobils eine Brucke von der Strömungsmechanik zur Fahrzeugtechnik / hrsg von Wolf-Heinrich Hucho Autoren Syed R Ahmed   -3 , grundlegend neu bearb und erw Aufl - Berlin, Heidelberg, New York, Barcelona, Hongkong, London, Mailand, Paris, Singapur, Tokio Springer, 1998
ISBN 978-3-642-63397-3   ISBN 978-3-642-57903-5 (eBook)
DOI 10.1007/978-3-642-57903-5
NE Hucho, Wolf-Heinrich (Hrsg), Ahmed, Syed Rafeeq

Satz Bruchhaus, Wuppertal
Einband Struve & Partner, Heidelberg
SPIN 10732120   68/3020 - 5 4 3 2 1 0 - Gedruckt auf säurefreiem Papier

Vorwort

Leistung, Fahrverhalten und Komfort eines Automobils werden nachhaltig von seinen aerodynamischen Eigenschaften bestimmt. Ein niedriger Luftwiderstand ist eine wesentliche Voraussetzung für seine Wirtschaftlichkeit. Steigende Kraftstoffpreise und gesetzliche Verbrauchsvorschriften haben dafür gesorgt, daß dieser seit langem bekannte Zusammenhang nunmehr vorbehaltlos Anerkennung findet. Keine andere Disziplin der Fahrzeugtechnik hat so viel zum Erreichen der hochgesteckten Verbrauchsziele beigetragen wie die Aerodynamik.

Aber auch die übrigen Zweige der Fahrzeugaerodynamik sind für die Qualität eines Automobils nicht weniger bedeutsam: Geradeauslauf, Seitenwindstabilität, Windgeräusche, Verschmutzung der Karosserie, Kühlung von Motor, Getriebe und Bremsen und schließlich Heizung und Belüftung des Fahrgastraumes hängen von der Umströmung und der Durchströmung des Fahrzeugs ab.

In der Terminologie der Aerodynamik ist das Auto ein „stumpfer Körper"; seine Umströmung wird von Ablösungen geprägt. Und anders als bei Flugzeugen und Turbomaschinen, aber ähnlich wie bei Schiffen, läßt sich sein Strömungsfeld nicht in einzelne nur wenig voneinander abhängende Gebiete zergliedern, die zumindest in einem ersten Schritt für sich allein optimiert werden können. Das hat eine theoretische Durchdringung der Fahrzeugaerodynamik außerordentlich erschwert.

Bis heute ist der Fahrzeugaerodynamiker bei der Lösung seiner Aufgaben auf ein empirisches Vorgehen angewiesen. Um den Zugang zu dieser Methodik zu erschließen, werden in diesem Buch drei Schwerpunkte gebildet:

- Es werden die physikalischen Grundlagen der Fahrzeugaerodynamik entwickelt;

- aus der schier unüberschaubaren Fülle zumeist produktbezogener Versuchsergebnisse werden, soweit irgend möglich, allgemeingültige strömungsmechanische Zusammenhänge abgeleitet,

- und schließlich werden Strategien beschrieben, nach denen diese Einzelergebnisse sinnvoll zu einem Ganzen zusammenzusetzen sind.

Die Aerodynamik von Personenwagen, von Nutzfahrzeugen, von Sport- und Rennautos sowie von Motorrädern wird in allen ihren Teilaspekten dargestellt. Neben der äußeren Umströmung wird auch die Durchströmung von Motor- und Fahrgastraum beschrieben. Wegen der engen Kopplung von Um- und Durchströmung ist deren simultane Betrachtung geboten; beide werden zudem mit der gleichen Versuchstechnik bearbeitet.

Die Darstellung beschränkt sich aber nicht auf die Aerodynamik im engeren Sinne. Vielmehr werden die angrenzenden Gebiete, auf die sie Einfluß nimmt, mit einbezogen. So werden die Auswirkungen auf die Längs- und die Querdynamik, z.B. auf Verbrauch und Seitenwindempfindlickeit, ebenso berücksichtigt wie die Grundlagen der Motorkühlung und der Klimatechnik.

Die empirische Arbeitsweise stützt sich noch immer fast ausschließlich auf das Experiment. Sie bedarf einer geeigneten Versuchstechnik, und auch diese wird ausführlich abgehandelt. In ihrem Mittelpunkt steht der „klassische" Windkanal. Seine Eigenschaften und die der von ihm abgeleiteten spezialisierten Bauformen müssen im Zusammenhang mit den ihnen eigenen Simulationsdefiziten gesehen werden. Nur wenn diese quantifiziert werden können, sind die in ihnen erarbeiteten Versuchsergebnisse richtig zu bewerten. Weiter werden aber auch Testverfahren außerhalb des Windkanals beschrieben, die auf der Straße ebenso wie die im Schleppkanal. Schließlich wird die Meßtechnik vorgestellt, die sich um das große Versuchsspektrum herum entwickelt hat.

Auch die Verfahren der numerischen Strömungsmechanik werden behandelt. Sie sind zwar trotz großer Anstrengungen noch immer weit von einem Einsatz in der Praxis der Fahrzeugentwicklung entfernt, aber auf Teilprobleme wie die Ermittlung von Kräften auf Bauteile lassen sie sich schon

V

heute anwenden. Mit dem Einzug der Bildschirmgrafik in die Designstudios werden die Aerodynamiker mit der Forderung konfrontiert, Angaben zur Aerodynamik von Entwürfen zu machen und insbesondere deren Luftwiderstand zu beziffern, lange bevor physische Modelle für eine Messung zur Verfügung stehen. Wann numerische Verfahren das zu leisten vermögen, kann zur Zeit noch nicht vorausgesagt werden. Der Leser soll aber dazu in die Lage versetzt werden, den aktuellen Stand der Numerik zu beurteilen und sich gegebenenfalls an ihrer Entwicklung zu beteiligen.

Das vorliegende Buch wendet sich an Automobilingenieure in der Industrie, in Forschung und Lehre, in den Technischen Überwachungsvereinen und Behörden und nicht zuletzt an Studenten. Fahrzeugtechniker sollen ebenso angesprochen werden wie Aerodynamiker, die in anderen Branchen tätig sind. Es richtet sich aber auch an Designer und an Fachjournalisten sowie an für die Technik begeisterte Automobilisten. Vertiefte Kenntnisse der Aerodynamik werden nicht vorausgesetzt; die relevanten Grundlagen werden in einem gesonderten Abschnitt dargelegt.

Die einzelnen Beiträge sind so geschrieben, daß jeder für sich verständlich ist. Daß es dabei zu Überschneidungen, zu Redundanz kommt, ist kein Nachteil, dient vielmehr der Verknüpfung der einzelnen Abschnitte, der Wiederholung und Vertiefung. Auch die Literaturhinweise sind nach Abschnitten geordnet. Bei ihrer Auswahl ging es nicht um Vollständigkeit per se – diese ist Sache einer Datenbank –, sondern vielmehr darum, nur die wesentlichen Arbeiten zu zitieren, vor allem solche, die die angesprochenen Probleme vertiefen. Um den Einstieg in die Literatur zu erleichtern, wurden die Bezeichnungen weitgehend von dort übernommen. Als Folge davon ist die Nomenklatur nicht durchgehend einheitlich; jedem Abschnitt ist deshalb eine ausführliche Liste der verwendeten Bezeichnungen angefügt, die über diese Schwierigkeit hinweghilft.

Den Grundstein zu diesem Buch legten der Herausgeber und einige der Mitautoren mit einem Lehrgang, den sie auf Anregung von Herrn Dr. Heinrich Hahn 1978 im Haus der Technik in Essen veranstalteten. Die erste Auflage erschien 1981 im Vogel Verlag, Würzburg; sie wurde ins Russische und Polnische übersetzt. In einer gründlichen Neubearbeitung, bei der die numerischen Verfahren hinzukamen, ist 1987 bei Butterworth, London, als zweite Auflage die englische Version unter dem Titel "Aerodynamics of Road Vehicles" erschienen; sie wurde von der Society of Automotive Engineers (SAE) in ihr Buchprogramm übernommen. Die hier vorliegende nun wieder deutsche Auflage stellt gegenüber der englischen eine nochmalige Überarbeitung dar, und sie wurde um den Abschnitt über Motorräder ergänzt. Zwar fallen diese nach unserem Sprachgebrauch nicht unter den Begriff „Automobil", aber „automobil" im strengen Sinn dieses Wortes sind sie sehr wohl.

Dieses Buch ist ein Gemeinschaftswerk; getragen wird es von den Autoren. Diesen sei sehr herzlich für ihre Mitarbeit gedankt. Ohne ihre Bereitschaft, neben der starken beruflichen Beanspruchung ihre Beiträge zu verfassen und dabei auf die Konzeption des Herausgebers einzugehen, wäre diese Neuauflage nicht zustandegekommen. Darüber hinaus haben zahlreiche Fachleute aus dem In- und Ausland zur Aufbereitung des Stoffes beigetragen; sie stellten bereitwillig aktuelle Informationen zur Verfügung und führten sogar gezielt Messungen durch. Sie alle sollen in den Dank des Herausgebers eingeschlossen werden. Herzlicher Dank gebührt meiner Frau Irmgard für ihre ständige Ermutigung, das Buch zu Ende zu bringen und natürlich auch für das Lesen der Korrektur. Schließlich gilt mein Dank Herrn Siegfried Binder, Lektor im VDI-Verlag: für sein Engagement für dieses Projekt, für seine Langmut, wenn es um die Einhaltung von Terminen ging, für die motivierende Zusammenarbeit und die sachgerechte Ausstattung des Buches.

Schondorf am Ammersee, im August 1994   *Wolf-Heinrich Hucho*

Danksagung

Die vorliegende dritte Auflage dieses Standardwerkes der Automobil-Aerodynamik
wurde wesentlich durch folgende Firmen gefördert:
BASF Aktiengesellschaft, Ludwigshafen;
Behr GmbH & Co., Stuttgart;
Wilhelm Karmann GmbH, Osnabrück;
Dr. -Ing. h. c. F. Porsche AG, Engineering Services, Weissach;
Rockwell Golde GmbH, Frankfurt am Main.
Herausgeber und Verlag danken den genannten Firmen für ihre freundliche Unterstützung
sowie dem Vogel-Buchverlag, Würzburg, für die kollegiale Hilfe durch die Überlassung
zahlreicher Originalbilder aus der ersten Auflage des Buches.

Inhalt

3   Fahrleistungen von Pkw und Schnelltransportern

Hans-Joachim Emmelmann

4 Der Luftwiderstand von Personenwagen

Wolf-Heinrich Hucho

5 Richtungsstabilität

Alfons Gilhaus, Ralf Hoffmann

6 Funktion, Sicherheit und Komfort

Raimund Piatek

7 Hochleistungsfahrzeuge

Helmut Flegl, Michael Rauser

8 Nutzfahrzeuge

Hans Götz

9 Motorräder

Bernward Bayer

10 Motorkühlung

Wulf Sebbeße, Peter Steinberg, Norbert Deußen, Dieter Schlenz

11 Heizung, Lüftung, Klimatisierung von Pkw

Holger Großmann

12 Windkanäle

Wolf-Heinrich Hucho

13 Meß- und Versuchstechnik

Görgün A. Necati

14 Numerische Verfahren

Syed R. Ahmed

1 Einführung

Wolf-Heinrich Hucho

1.1 Abgrenzung des Themas

1.1.1 Grundzüge der Automobil-Aerodynamik

Die Fahrt eines Fahrzeuges ist mit zahlreichen Stromungsvorgangen verbunden Diese lassen sich in drei Kategorien einteilen

- die Umstromung des Fahrzeuges,
- die Durchstromung der Karosserie und schließlich
- die Stromungen innerhalb der Aggregate

Die beiden zuerst genannten Stromungsfelder sind eng miteinander gekoppelt So hangt z B der Luftdurchsatz im Motorraum direkt von dem das Fahrzeug umgebenden Stromungsfeld ab Beide Felder mussen in ihrer Wechselwirkung, d h gemeinsam betrachtet werden, beide sind Gegenstand der Automobil-Aerodynamik Dagegen sind die Stromungsprozesse im Inneren von Motor und Getriebe von den beiden anderen Feldern vollig entkoppelt, ein Zusammenhang besteht nur uber die Fahrmechanik Sie werden nicht zur Aerodynamik gerechnet und sollen hier nicht behandelt werden

Im Brennpunkt des offentlichen Interesses an der Fahrzeug-Aeordynamik steht der Luftwiderstand Fast ist dieser Begriff – und noch mehr wohl seine Kenngroße, der c_W-Wert – zum Synonym fur die ganze Disziplin geworden In der Tat kann man ihm seine Funktion als eine Art „Leitgroße" nicht absprechen, ahnlich wie etwa dem Verdichtungsverhaltnis im Motorenbau Die Fahrleistungen eines Autos, namlich Verbrauch, Hochstgeschwindigkeit und, wenn auch weniger ausgepragt, das Beschleunigungsvermogen, hangen vom Luftwiderstand ab, und sie sind kaufendscheidende Produktmerkmale

Daß aber die Aerodynamik viel mehr umfaßt, verdeutlicht Bild 1 1 Die *Umstromung* ist auch fur die Richtungsstabilitat des Autos maßgeblich, Geradeauslauf, Eigenlenkverhalten und Reaktion auf Seitenwind werden von ihr beeinflußt Weiter ist die Luft so um das Fahrzeug zu fuhren, daß Scheiben und Leuchten frei von Schmutz und Regenwasser bleiben, daß keine lastigen Windgerausche entstehen, die Scheibenwischer nicht abheben und daß die Olwanne des Motors ebenso zuverlassig gekuhlt wird, wie die Bremsen Die *Durchstromung* der Karosserie ist so auszulegen, daß die Verlustwarme des Motors – mit Hilfe eines Kuhlers – unter allen Betriebsbedingungen abgefuhrt wird, im Fahrgastraum hat sie ein behagliches Klima zu gewahrleisten Zum Stromungsfeld tritt in beiden Fallen ein Temperaturfeld hinzu

Die Aerodynamik nimmt auf die Gestaltung des Fahrzeuges einen nachhaltigen Einfluß, und zwar nicht nur auf seine außere Form, das Design, sondern auch auf viele seiner konstruktiven Details Der interdiziplinare Charakter macht den besonderen Reiz der Fahrzeug-Aerodynamik aus Nur wenn er die Probleme der anderen Fakultaten, Design und Konstruktion, richtig versteht, kann der Aerodynamiker im Automobilbau sein Fach zur Geltung bringen Und das auch nur dann, wenn er akzeptiert, daß die Aerodynamik beim Auto einen anderen Stellenwert hat als bei einem Flugzeug, daß sie hier nicht entwurfsbestimmend ist

Die wesentlichen Eigenarten der Stromung um ein Auto lassen sich im Windkanal *sichtbar* machen Die Rauchfaden im Bild 1 2, die in der Ebene des Langsmittelschnittes eingeleitet wurden, zeigen den Verlauf der Stromlinien bei symmetrischer Anstromung, wenn also das Fahrzeug bei Windstille fahrt Besonders auffallend ist die Ablosung am Heck Wahrend die Stromlinien uber weite Strecken

Bild 1 1   Aufgabenspektrum der Fahrzeug-Aerodynamik

Bild 1 2   Stromlinien im Langsmittelschnitt des VW Golf I, an einem Fahrzeug naturlicher Große mit Rauch im Klimawindkanal der Volkswagen AG sichtbar gemacht

der Fahrzeugkontur auch in Bereichen starker Krümmung willig folgen, löst die Strömung an der Hinterkante des Daches ab. Es bildet sich ein großvolumiges „Totwasser" aus. Dieses ist im Bild 1.3 dadurch hervorgehoben worden, daß der Rauch nicht, wie im Bild 1.2, der anliegenden sondern der abgelösten Strömung *hinter* dem Fahrzeug zugeführt worden ist. Ablösungen sind charakteristisch für die Fahrzeugumströmung. Sie vor allem verursachen den Luftwiderstand; ihre Gestaltung stellt einen wesentlichen Teil der Entwicklungsarbeit im Windkanal dar.

Der Luftwiderstand W und natürlich auch alle anderen Komponenten der resultierenden Luftkraft und deren Momente wachsen mit dem Quadrat der Fahrgeschwindigkeit V_F an:

$$W \sim V_F^2. \tag{1.1}$$

Bei einem Mittelklasse-Pkw beträgt der Anteil des Luftwiderstandes am gesamten Fahrwiderstand bei einer Geschwindigkeit von $V_F = 100$ km/h bereits 75 bis 80 %. Durch Herabsetzen des Luftwiderstandes kann also die Antriebsökonomie eines Autos ganz wesentlich verbessert werden. Nach wie

2

Bild 1.3. Nachlaufstromung (Heck-Totwasser) des VW Golf I; der Rauch wurde in das Totwasser eingeleitet.

vor steht deshalb auch das Ziel der Minimierung des Luftwiderstandes im Mittelpunkt der Fahrzeug-Aerodynamik. War früher das treibende Motiv dafür die Erhöhung der Spitzengeschwindigkeit, so ist es heute eher die Senkung des Verbrauchs. Als weiteres Argument tritt die Reduzierung der Kohlendioxyd-Emissionen hinzu.

Schreibt man Gl. (1.1) für den Widerstand vollständig an, so ist

$$W = c_w\, A\frac{\rho}{2}\, V_F^2\,.$$

(1.2)

Dabei ist c_w der dimensionslose Widerstandsbeiwert; A ist die Projektionsfläche des Fahrzeugs in dessen Längsrichtung (siehe Bild 1.4); ρ ist die Dichte der umgebenden Luft.

Der Widerstand W eines Fahrzeuges wird also einmal von dessen *Größe* bestimmt, die sich ihrerseits gut durch seine Stirnfläche A beschreiben läßt. Zum anderen hängt der Widerstand von der *Form* des Autos ab; deren aerodynamische Güte wird durch den c_w-Wert ausgedrückt. In der Regel ist die Fahrzeuggroße – und damit die Stirnfläche – im Lastenheft festgeschrieben. Die Minimierung des Widerstands konzentriert sich dann ausschließlich auf die Beeinflussung der Form.

Bild 1.4. Definition der Stirnflache A eines Fahrzeuges

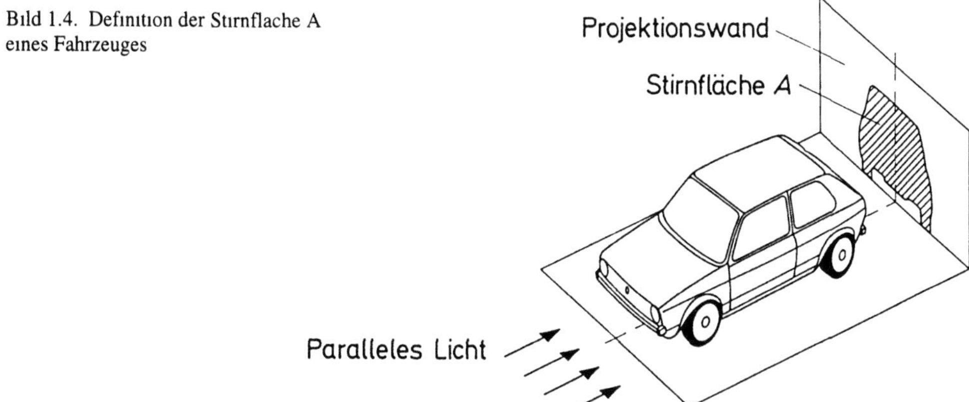

3

Verfolgt man im Bild 1.2 den Abstand zwischen zwei Stromlinien entlang ihres Verlaufes über dem Fahrzeug, so erhält man einen Eindruck von den in der *Vertikalen* wirkenden Luftkräften. Wie im Abschnitt 2.3.1 abgeleitet, ist ein kleiner Abstand zwischen den Stromlinien gleichbedeutend mit einer hohen örtlichen Strömungsgeschwindigkeit; diese wiederum ist mit einem statischen Druck verbunden, der kleiner als in der ungestörten Umgebung ist. Aus der Differenz der Drücke an Ober- und Unterseite der Karosserie resultiert eine Kraft senkrecht zur Fahrtrichtung, die als Auftrieb bezeichnet wird. In der Regel ist dieser Auftrieb positiv, weist also nach oben und hat das Bestreben, das Fahrzeug anzuheben und damit die Räder zu entlasten. Das ist für die Fahrtrichtungshaltung von Nachteil. Denn bei gegebener Seitenkraft nimmt damit der Schräglaufwinkel der Reifen zu. Und der Auftrieb greift nicht in Mitte Radstand an. Er ist vielmehr mit einem Nickmoment gekoppelt, das bewirkt, daß die Entlastung von Vorder- und Hinterachse unterschiedlich ist.

Bei mäßigen Geschwindigkeiten, also etwa $V_F < 120$ km/h, haben Auftrieb und Nickmoment auf die Fahreigenschaften kaum einen Einfluß, auch bei Seitenwind. Bei schnellerer Fahrt hingegen können sie Geradeauslauf und Eigenlenkverhalten verschlechtern. Entwicklungen der jüngsten Zeit tragen dem Rechnung. Niedriger Auftrieb – bei Fronttrieblern vor allem an der Hinterachse – ist erklärtes Entwicklungsziel, für das möglicherweise beim c_W- Wert Abstriche hingenommen werden. Spoiler sind das sichtbare Zeichen dafür. Über den Sportwagen haben sie Eingang bei den Limousinen gefunden. Extreme Verhältnisse beherrschen den Rennwagen, denn die effektiven Radlasten bestimmen die mögliche Kurvengrenzgeschwindigkeit. Flügel an Bug und Heck erzeugen einen negativen Auftrieb, der aber mit einem erhöhten Widerstand gekoppelt ist. Für jeden Rennkurs muß das optimale Wertepaar von Auftrieb und Widerstand ermittelt werden.

Bei Seitenwind wird die Umströmung des Fahrzeuges unsymmetrisch zu seiner Längsmittel-Ebene. Durch die Formgebung muß dafür gesorgt werden, daß die damit einhergehenden zusätzlichen Kräfte und Momente klein bleiben. So klein, daß die Fahrtrichtungshaltung nicht über das vom Durchschnittsfahrer beherrschbare Maß hinaus beeinträchtigt wird. Mit der Abkehr vom Heckmotor hat sich der Schwerpunkt des Fahrzeugs nach vorn verlagert. Damit hat das Thema „Seitenwindempfindlichkeit" an Brisanz verloren. Sollte sich jedoch zum weiter möglichen Abbau des Luftwiderstandes eine darauf abgestimmte Reduktion des Fahrzeuggewichtes hinzugesellen – leider nimmt derzeit das Fahrzeuggewicht wegen der Zusatzausstattungen eher zu – wird es erneut aktuell werden.

Aus der im Bild 1.3 sichtbar gemachten Nachlaufströmung kann auf Verschmutzung des Fahrzeughecks geschlossen werden. Von den Rädern werden Staubpartikel und Schmutzwassertropfen aufgewirbelt. Über die turbulente Mischbewegung im Totwasser gelangen sie auf die Rückwand des Fahrzeuges, wo sie sich ablagern. Da die Strömungsform am Heck ihrerseits einen dominanten Einfluß auf den Luftwiderstand hat, kann die Heckverschmutzung nicht isoliert betrachtet werden; Maßnahmen zu ihrer Bekämpfung dürfen nicht mit denen kollidieren, die zur Erlangung eines niedrigen Widerstandes ergriffen werden.

Auch über die Kopplung der Außenströmung mit der Luftbewegung in den Innenräumen lassen sich anhand von Bild 1.2 einige erste Hinsweise gewinnen. Die Einströmung zum Kühler wird von der Form des Fahrzeugbugs bestimmt. Um den Fahrtwind auszunutzen – „Staukühlung" – wird der Eintritt der Kühlluft in eine Zone hohen statischen Druckes, also nahe dem Staupunkt, plaziert. Ein niedriger Luftwiderstand wird u.a. damit erzielt, daß der Staupunkt möglichst tief gelegt wird. Folgerichtig sind im Lauf der jüngsten Entwicklung die Kühlluftöffnungen immer weiter nach unten gewandert. Die Stromlinien verlaufen in dieser Zone schräg nach oben, sind also nicht parallel zum Konstruktionsnetz. Dem gilt es bei der Ausbildung von Einlauf und Ziergitter Rechnung zu tragen.

Zur Unterstützung der Belüftung des Fahrgastraums wird in der Regel der Fahrtwind herangezogen. Im Windlauf, dem konkaven Raum, der von Motorhaube und Windschutzscheibe gebildet wird, liegt die Strömung an, vorausgesetzt, die Scheibe steht nicht zu steil. In Fahrzeugmitte herrscht Überdruck. Ordnet man den Einlauf dort an, dann kann er die Förderung der Heiz- bzw. Frischluft unterstützen. Allerdings hängt dann der Volumenstrom von der Fahrtgeschwindigkeit ab; das erschwert es, ein gleichmäßiges Innenklima aufrecht zu erhalten. Verlegt man die Eintrittsöffnung der Frischluft an eine Stelle der Karosserie, an der Umgebungsdruck herrscht – bei symmetrischer Strömung (Windstille) trifft das z.B. für den Seitenbereich des Windlaufes zu – so kann man das äußere und das innere Strömungsfeld entkoppeln. Das allerdings nur, wenn auch die Austrittsöffnungen an Orte mit Umgebungsdruck verlegt werden. Das Frischluftgebläse ist dann aber entsprechend größer zu dimensionieren, und es muß ständig mitlaufen.

Der Gestaltung der *inneren* Strömungsfelder – Motor- und Fahrgastraum – wird zunehmend Aufmerksamkeit geschenkt. War der Kühler früher „frei" im Motorraum angeordnet, so wird er jetzt mit einer sorgfältig durchgebildeten Luftführung versehen. Sind mehrere Kühler vorhanden, z.B. je einer für Wasser, Öl und Ladeluft, dann werden, wie sonst nur bei Rennwagen, auch bei Limousinen getrennte Stromröhren vorgesehen. Selbst die Verbrennungsluft wird dann dem Luftfilter auf eigenem Weg zugeführt.

Durch die Kühlung muß vom Motor ein Wärmestrom $\dot{Q}$ abgeführt werden, der etwa die gleiche Größe wie seine Nutzleistung P hat:

$$\dot{Q} \sim P. \tag{1.3}$$

Bild 1.5. Entwicklung des Kuhlluft-einlasses; oben: auf die Motorleistung bezogene Kühllufteintrittsfläche über der Zeit, nach K.-D. EMMENTHAL, unten: Auswirkung auf das Design; Foto Adam Opel AG.

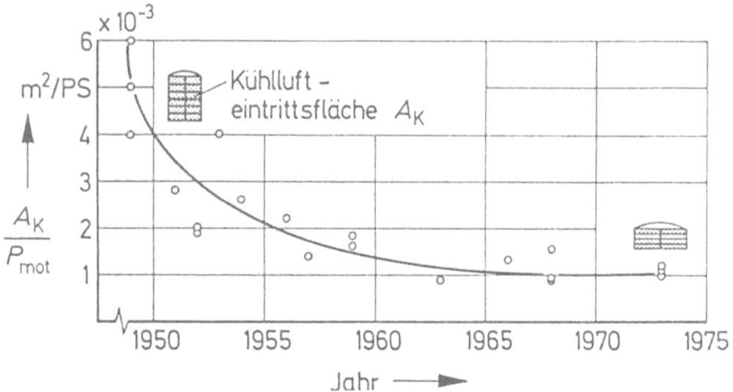

Die Anforderungen an das Kühlsystem – hier soll nur auf die Wasserkühlung eingegangen werden – sind ständig gestiegen:

- Die wachsende installierte Motorleistung hat größere Kühlluftvolumenströme zur Folge.
- Der Fahrzeugbug wird zunehmend flacher gestaltet; der Platz für den Kühllufteintritt wird dadurch immer kleiner. Einen Ausschnitt aus diesem Trend vermittelt Bild 1.5.
- Die Kompaktbauweise gewährt Kühler und Luftführung immer weniger Raum.
- Zur Erfüllung der Anforderungen an die passive Sicherheit wird der Bug mit einer kräftigen Traverse verstärkt („harter Rand"). Diese und der Stoßfänger behindern die Zuströmung zum Kühler; der Kühllufteinlaß wird auf mehrere Öffnungen verteilt.

Die Kühlluft muß nun so geführt werden, daß die Stirnfläche des Kühlers möglichst gleichmäßig beaufschlagt wird, damit teures Kühlermaterial eingespart werden kann. Es muß aber auch beachtet werden, daß sich der Luftwiderstand des Autos infolge des Impulsverlustes in der Kühlluftstromröhre erhöht. Reicht der Fahrtwind zu Kühlung nicht aus, z.B. bei einer Paßfahrt, dann muß ein Lüfter zugeschaltet werden. Kühler und Lüfter müssen so aufeinander abgestimmt werden, daß ein kostenoptimales System entsteht. Die erforderliche Lüfterleistung soll möglichst klein sein, eine Forderung, die vor allem bei den weit verbreiteten Elektrolüftern erhoben wird.

Die Durchströmung des Fahrgastraumes hat drei Aufgaben gleichzeitig zu bewältigen:

- Sie hat für einen ausreichenden Luftwechsel zu sorgen. Alle Verunreinigungen der Raumluft in Form von Gasen, Dämpfen und Staub müssen durch Zuführung von frischer Luft entfernt werden. Gleichzeitig wird damit für eine Ergänzung des beim Atmen verbrauchten Sauerstoffs gesorgt.
- Sie soll ein behagliches Innenklima erzeugen und für eine große Schwankungsbreite des Wetters sicherstellen. Im Winter wird eine leistungsfähige Heizung benötigt. Im Sommer läßt sich in gemäßigtem Klima Behaglichkeit fast immer allein mit einer physiologisch richtigen Frischluftführung gewährleisten. Bei weiter steigendem Glasanteil und immer flacheren Scheiben gilt das jedoch nicht länger. Dann muß, wie auch in sehr heißen Ländern, die Raumluft mit einem Kälteaggregat gekühlt werden.
- Die Strömung ist so im Fahrgastraum zu führen, daß die Scheiben von Eis und Beschlag frei gehalten werden und daß Eis, welches sich beim Parken gebildet hat, schnell abgetaut wird.

An das dynamische Verhalten des Strömungssystems im Fahrgastraum werden harte Anforderungen gestellt. So wird z.B. von der Heizung nach Anlassen des Motors ein schnelles Ansprechen erwartet. Während der Fahrt soll das Innenklima von der Fahrgeschwindigkeit, der Last des Motors und dem sich möglicherweise ändernden Außenklima unabhängig sein. Die Strömung ist geräuscharm zu führen, im Gebläse ebenso wie in den oft engen Kanälen und Ausströmern. Die Öffnungen in der Karosserie, über die die Luft ein- und austritt, müssen unter allen Umständen dicht gegen Wassereintritt sein, auch in der Waschanlage.

Die Zielsetzung für die aerodynamische Entwicklung ist in den einzelnen Fahrzeugkategorien sehr unterschiedlich. Aber selbst bei gleichem Ziel – z.B. einem niedrigen Luftwiderstand – führt sie zu ganz verschiedenen Lösungen. Bild 1.6 macht das anschaulich: Beim schweren Nutzfahrzeug steht die Wirtschaftlichkeit im Vordergrund; es gilt, möglichst viel Ladung zu niedrigsten Kosten zu transportieren. Bei der Minimierung des Widerstandes darf der Laderaum nicht angetastet werden. Der Flügel auf dem Fahrerhaus wurde erfunden; inzwischen ist er fester Bestandteil des Erscheinungsbildes von Lkw. Bei den schnellen Kleintransportern tritt das Problem des Verhaltens bei Seitenwind hinzu; die ungünstigen aerodynamischen Eigenschaften der Kastenform sind zu kompensieren. Das Rennfahrzeug wird kompromißlos auf Fahrleistung ausgelegt. Negativer Auftrieb und damit einhergehender zusätzlicher Widerstand sind auf schnellste Rundenzeiten gegeneinander auszubalancieren. Der Flügel, ein Bauelement, das aus dem Flugzeugbau übernommen wurde, ist

Bild 1.6. Das gleiche Ziel führt bei den verschiedenen Fahrzeugarten zu ganz unterschiedlichen Lösungen.

zum „Gattungsmerkmal" der Wettbewerbsfahrzeuge geworden. Bei Limousinen mußte sich die Aerodynamik lange Zeit damit begnügen, mit möglichst unauffälligen Mitteln zu arbeiten. In jüngster Zeit ist hier aber ein Wandel eingetreten; Aerodynamik wird nun gern zur Schau gestellt, wird zu einem eigenen Stilelement. Diese Umarmung durch das Styling ist für die Aerodynamik nicht ganz „ungefährlich". Bei einem Wandel im Stilempfinden könnte die Aerodynamik implizit zur Disposition stehen. Und schließlich das Motorrad: Die Fahrleistung läßt sich durch eine Verkleidung nachhaltig steigern; das ist seit langem bekannt. Anbauten dürfen aber die Handhabung des Motorrades nicht behindern; darauf muß die Aerodynamik Rücksicht nehmen.

1.1.2   Eigenarten der Fahrzeug-Aerodynamik

Die Aerodynamik des Automobils hat sich aus derjenigen der Flugzeuge entwickelt, wie Bild 1.7 symbolisiert; nur zögernd konnte sie sich von ihr lösen. Wenn auch der Stellenwert der Aerodynamik in beiden Branchen sehr unterschiedlich ist – ein Flugzeug kann ohne Aerodynamik nicht „leben", ein Auto dagegen sehr wohl – bestehen zwischen beiden eine Reihe von Parallelen; wesentliche Zielsetzungen sind sehr ähnlich: Einmal werden gute Fahr- bzw. Flugleistungen angestrebt (Längsdyamik); Entwicklungsziel ist ein niedriger Luftwiderstand. Zum anderen müssen die Kräfte und Momente in den beiden Ebenen quer zur Fortschrittsrichtung so aufeinander abgestimmt werden, daß sich eine gute Fahr- bzw. Flugstabilität ergibt (Querdynamik). Auch die Weiterverarbeitung der ermittelten Luftkräfte und Momente in den Bewegungsgleichungen der Fahr- bzw. Flugmechanik ist verwandt.

Die Strömungsfelder von Auto und Flugzeug weisen jedoch drei signifikante Unterschiede auf:

1. Autos sind – in der Terminologie der Strömungsmechanik – *stumpfe* Körper. Wie die Skizzen im Bild 1.8 zeigen, wird ihre Umströmung von Ablösungen geprägt. Überall dort, wo sich der Strömung ein zu steiler Druck entgegenstellt, löst sie von der Kontur ab und geht ihre eigenen Wege. Ursache dafür ist der Energieverlust infolge Reibung an der Wand. Dabei lassen sich zwei

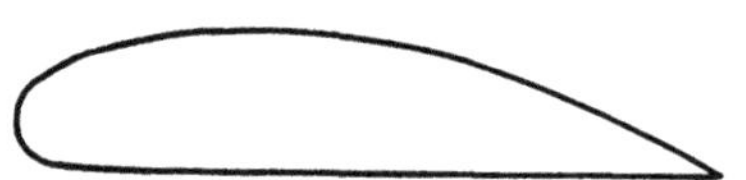

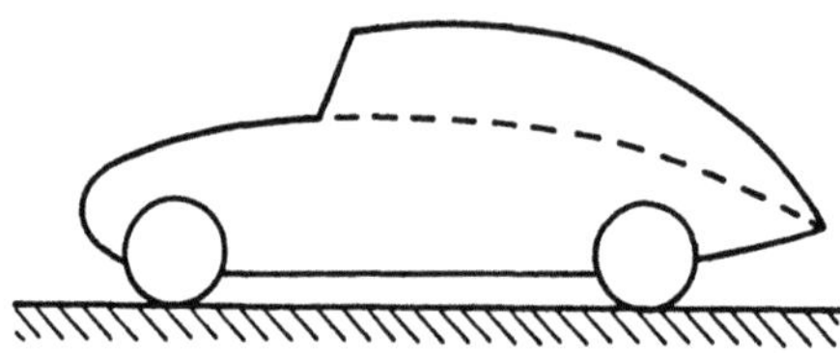

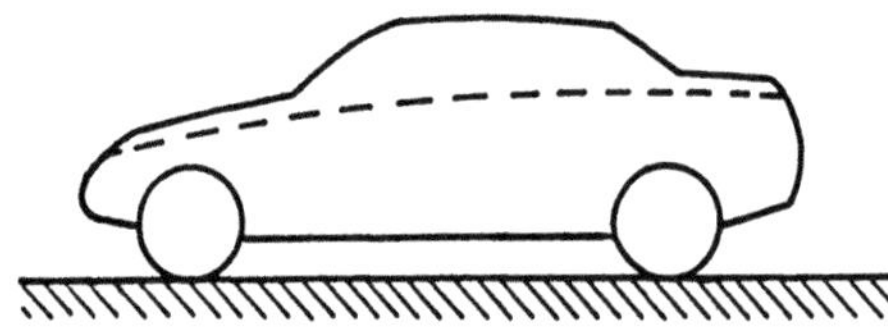

Bild 1.7. Entwicklung der Fahrzeug-Aerodynamik aus der Flugzeug-Aerodynamik und anschließende Verselbständigung.

Mechanismen der Ablösung unterscheiden. Beide Arten der Ablösung, die „Blasen" und die „Wirbelzöpfe", haben eine starke Rückwirkung auf das übrige Strömungsfeld, in dem ansonsten Reibungseffekte vernachlässigbar klein sind. Der Einfluß der Reibung bleibt beim Auto also nicht auf eine wandnahe Zone, die Grenzschicht, beschränkt, sondern ist vielmehr in weiten Bereichen des Raums wirksam. Aufgabe des Fahrzeug-Aerodynamikers ist es, diese Ablösungen, wenn sie schon nicht vermeidbar sind, dann doch so zu beeinflussen, daß sie die Strömung nicht „stören". Dabei steht „stören" für Widerstand generieren, Windgeräusche anregen, Schmutz oder Wassertropfen ablagern.

Die Umströmung eines Flugzeuges ist dagegen durch eine weitgehend anliegende Strömung gekennzeichnet, wenn man einmal von den Bauformen mit Deltaflügel – (Concorde, Spaceshuttle) – absieht. Tragflügel, Leitwerk und Rumpf werden so ausgelegt, daß sie glatt, d.h. anliegend, umströmt werden. Die Zähigkeit der Luft kommt nur in der dünnen, wandnahen Grenzschicht und in einem schmalen Nachlauf hinter dem Körper zur Wirkung. Die Wechselwirkung zwischen der reibungsfreien Außenströmung und der von der Reibung geprägten Grenzschicht ist schwach. Bei den transsonischen Fluggeschwindigkeiten moderner Verkehrsmaschinen gilt das allerdings nicht mehr. Die Kompressibilität der Luft, lokale Überschallfelder, Verdichtungsstöße und deren Einfluß auf die Grenzschicht sind aber Phänomene, die außerhalb des Bereiches der Fahrzeug-Aerodynamik liegen.

2. *Formal* unterscheidet sich das Auto vom Flugzeug – auch hier sei nur dessen „klassische" Bauform betrachtet – dadurch, daß sein Körper nicht in einzelne, klar gegeneinander abgrenzbare Teile zergliedert werden kann. Dort, wo das geometrisch dennoch möglich erscheint – bei Sattelschleppern und Rennwagen – ist es wegen der starken Wechselwirkungen physikalisch nicht sinnvoll. Genau das Zerlegen in Baugruppen, nämlich in Tragflügel, Triebwerke, Leitwerk und Rumpf, läßt

8

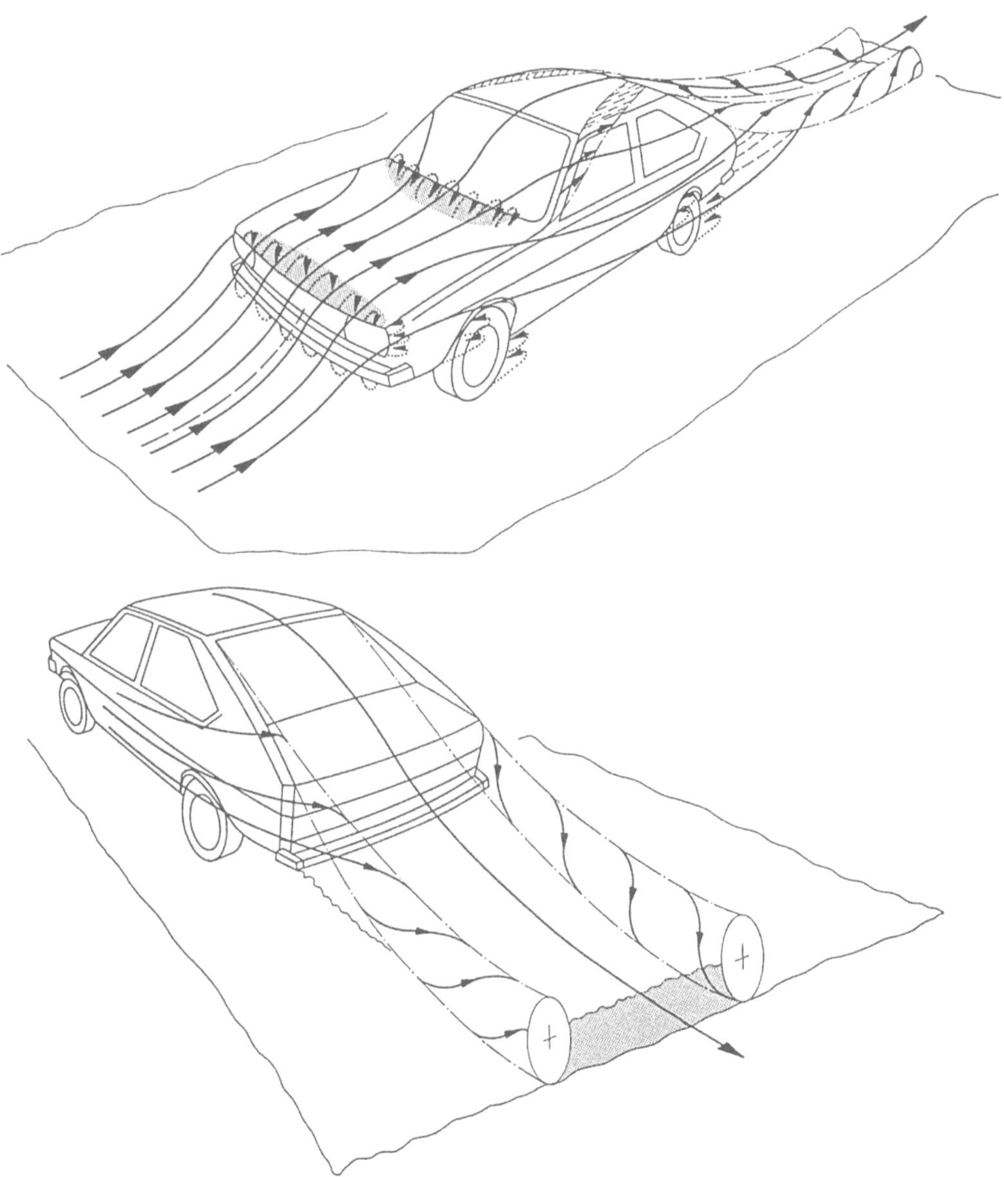

Bild 1.8. Umströmung eines Personenwagens, schematisch.

sich bei der Entwicklung eines Flugzeuges trefflich nutzen. Jede Komponente kann zunächst einmal für sich allein untersucht werden. Wechselwirkungen werden in einem Folgeschritt berücksichtigt. Weiter lassen sich beim Tragflügel zwei- und dreidimensionale Effekte separieren. Die Form des Profils und der Grundriß des Flügels können getrennt behandelt, ihr Zusammenspiel kann additiv erfaßt werden. Ein derartiges schrittweises Vorgehen ist bei der Entwicklung einer Autoform nicht möglich, hier geht es immer „ums Ganze".

3. Autos fahren bei sehr kleinem relativem Bodenabstand; relativ bedeutet hier Bodenabstand bezogen auf eine markante Abmessung, z.B. die Fahrzeughöhe. Die Wechselwirkung mit der Fahrbahn ist so signifikant, daß sie unter gar keinen Umständen vernachlässigt werden darf.

Die Eigenschaften des Flugzeugs – schlank, zergliederbar – haben sehr frühzeitig eine weitgehend theoretische Durchdringung seiner Aerodynamik möglich gemacht. Der Einfluß einzelner Parameter, wie z.B. der Wölbung oder der Dicke des Tragflügelprofils, wurden erforscht, zunächst experimentell, bald auch rechnerisch. Ausführliche Abhandlungen darüber haben H. SCHLICHTING, E. TRUCKENBRODT [1.1] und F. DUBS [1.2] geliefert. Daraus wurden leistungsfähige Entwurfsverfahren abgeleitet; über deren Stand bis zum Ende der 70er Jahre berichtet D. KÜCHEMANN [1.3]. Sowohl die numerischen wie auch die experimentellen Entwicklungsmethoden unterliegen noch immer einer stürmischen Entwicklung, deren Ende nicht abzusehen ist.

Die Automobil-Aerodynamik ist dagegen bis heute eine rein empirische Disziplin geblieben. Die Verfahren der numerischen Strömungsmechanik, an deren Anwendbarkeit auf das Fahrzeug intensiv gearbeitet wird, beschreiben die Strömung noch immer nicht genau genug. Eine kritische Bewertung heute bereitstehender Rechenverfahren ist von W.-H. HUCHO [1.4] durchgeführt worden. Im Zuge einer Fahrzeugentwicklung kann der Rechner derzeit allenfalls zur Lösung von Teilproblemen eingesetzt werden, z.B. bei der Ermittlung von Kräften auf solche Karosserieteile, die anliegend umströmt werden.

Die Formoptimierung findet noch immer ausschließlich im Windkanal statt. Von Vorteil sind dabei die vergleichsweise kleinen Hauptabmessungen von Limousinen, Motorrädern, Schnelltransportern und Rennwagen. Sie erlauben eine Verwendung von Modellen in natürlicher Größe ebenso wie die der fertigen Fahrzeuge selbst. Da die Designer – von Studien abgesehen – ausschließlich im Maßstab 1:1 modellieren, stehen also „Full-scale"-Modelle auch bereit. Sind sie auf einem „echten" Fahrgestell aufgebaut, können sie direkt als Windkanalmodell verwendet werden. Häufig werden aber auch Kopien abgenommen, z.B. in Form von Laminaten aus glasfaserverstärktem Kunststoff (GFK). Schwere Nutzfahrzeuge und zunehmend auch wieder Personenwagen werden anhand verkleinerter Modelle untersucht. Vorteile und Risiken des Arbeitens mit verkleinerten Modellen gilt es gegeneinander abzuwägen.

Die im Zuge zahlreicher Formentwicklungen erarbeiteten Zusammenhänge zwischen Geometrie und Strömungscharakter werden derzeit zu Expertensystemen ausgebaut; vgl. R. BUCHHEIM [1.5]. Wegen geringer Aussicht auf Erfolg sind diese Arbeiten inzwischen eingestellt worden.

1.1.3   Angrenzende Fachgebiete

Zur Aerodynamik des Autos gibt es in der Strömungsmechanik eine Reihe von Parallelen, sowohl bezüglich der Aufgabenstellung als auch der Methodik. Im Bild 1.9 sind die wesentlichen Nachbargebiete zusammengestellt. Aus ihnen kann der Fahrzeug-Aerodynamiker immer wieder Anregungen beziehen. Mit einem knappen Abriß und einigen Schlüssel-Zitaten soll der Blick über die Grenzen des eigenen Fachbereichs erleichtert werden:

Die engste Verwandtschaft besteht zur Aerodynamik der Schienenfahrzeuge. Die Strömungsfelder um Auto und Eisenbahn sind einander sehr ähnlich. Der wesentliche Unterschied ergibt sich daraus, daß bei der Bahn durch Kopplung mehrerer Wagen zu einem Zug ein im Verhältnis zu seiner Breite bzw. Höhe sehr langer Körper entsteht. Das hat zur Folge, daß die Grenzschicht am Ende des Zuges extrem dick ist und kaum noch einen Druckanstieg bewältigen kann. Die Form des Hecks hat deshalb, ganz anders als beim Auto, nur einen untergeordneten Einfluß auf den Widerstand eines Zuges. Bei den modernen Hochgeschwindigkeitszügen kann sie ohnehin nicht frei gewählt werden, da wegen der Anordnung je eines Triebwagens an beiden Enden des Zuges Bug und Heck identische Konturen haben.

10

Bauwerke	Schienenfahrzeuge	Schiffe (Überwasserteil)
Luftkräfte gesamt Luftkräfte auf Teile Strömungsfeld Ventilation	Widerstand Druckspitzen Seitenwind Strömungsfeld Ventilation	Luftwiderstand (bei Gleit- und Tragflügelbooten) Querkraft Ventilation Schornsteinfahne Segel

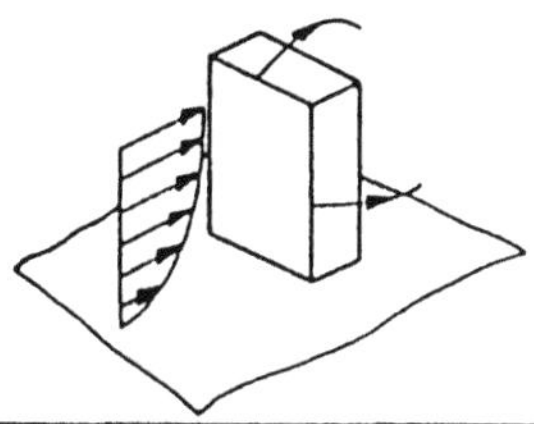

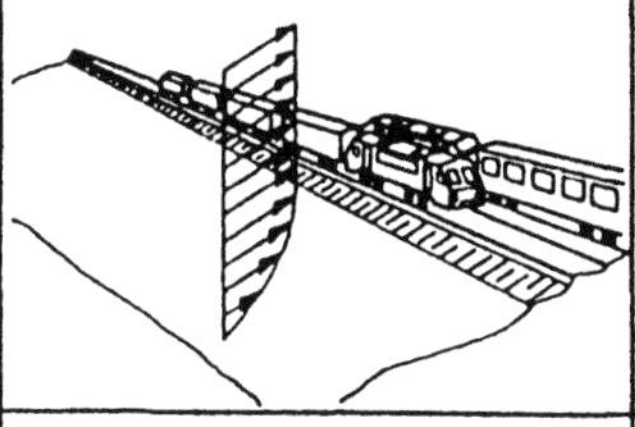

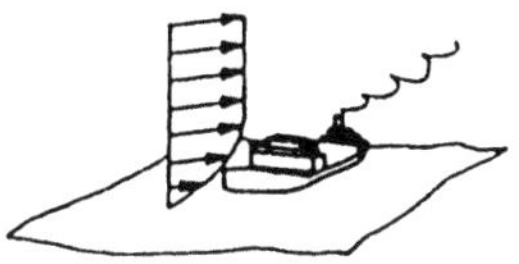

Bild 1.9. Der Fahrzeug-Aerodynamik verwandte Gebiete.

Die wesentlichen Entwicklungsziele der Eisenbahn-Aerodynamik sind

–   niedriger Luftwiderstand,
–   „Dämpfung" der Druckspitzen („Druckstoß") in Amplitude und Gradient beim Begegnen
    von Zügen, bei der Einfahrt in Tunnels und beim Durchfahren von Bahnhöfen,
–   Kontrolle des Seitenwindeinflusses,
–   Reduzierung der Windgeräusche,
–   Abstimmung von Innen- und Außenströmung für Zwecke der Kühlung und Klimatisierung.

Mit der weltweiten Entwicklung von Hochgeschwindigkeitzügen hat die Aerodynamik der Schienenfahrzeuge einen großen Aufschwung genommen. Dieser spiegelt sich in einer umfangreichen Literatur wider, die hier nur auszugsweise zitiert werden soll.

Einen kurzen Abriß der Historie der Eisenbahn-Aerodynamik in Deutschland gibt P.-A. MACKRODT [1.6]. Die Ergebnisse von Widerstandsmessungen an „klassischen" Zügen, also vornehmlich an solchen aus der Zeit der Dampflokomotive, hat S. HOERNER [1.7] zusammengetragen. Eine systematische Analyse des Widerstands von Schienenfahrzeugen hat N. BODEN [1.8] vorgelegt. Mit zunehmender Reisegeschwindigkeit wurden die Druckwellen beim Begegnen von Zügen aktuell, zuerst in Belgien, wo die Gleisabstände besonders klein sind. P. E. COLLIN [1.9] reproduzierte die Relativbewegung zwischen sich begegnenden Zügen mit Modellen im Umlauf. W. HILLMANN, N. BODEN und F. MÖLBERT [1.10] haben bei ihren Windkanalexperimenten vom Spiegelungsprinzip Gebrauch gemacht; der entgegenkommende Zug wurde durch eine ebene Platte simuliert.

Erstmals wurde bei der Konstruktion der DB-Lokomotive 103 der Kopf so geformt, daß der Druck auf den Fensterscheiben eines entgegenkommenden Zuges ein bestimmtes Maß nicht überschreitet. Eine derartige Kopfform ist sehr viel stärker gerundet als eine solche, die lediglich für einen minimalen Widerstand optimiert wurde. H. NEPPERT und R. SANDERSON [1.11] führten Interferenzmessungen, auch bei Tunneleinfahrten, im Schleppkanal einer Schiffbau-Versuchsanstalt durch. Später dehnten sie diese Technik auch auf die Untersuchung des Böeneinflusses aus [1.12]. Die Aerodynamik sehr schneller Züge, auch von Magnetschwebebahnen, wurde von J. L. PETERS [1.13][1.14] abgehandelt. Die Kopfform des Inter City Experimental (ICE) der Deutschen Bundesbahn wurde von P.-A. MACKRODT, J. STEINHEUER und G. STOFFERS [1.15] mit Hilfe des Panelverfahrens ausgelegt; Windkanalmessungen ergaben eine gute Bestätigung der Rechnung. H. GLÜCK [1.16] hat die Ergebnisse zur Aerodynamik des ICE zusammengefaßt. Sehr anschaulich ist die Physik der

Hochgeschwindigkeitszüge von P.-A. MACKRODT und E. PFIZENMAIER [1.17] beschrieben worden; hier wird auch auf die Windgeräusche eingegangen. Schließlich zeigt die Arbeit von E. PFIZENMAIER, W. KING und D. CHRIST [1.18], daß auch die Eisenbahn-Aerodynamik Arbeit am Detail bedeutet: Der Stromabnehmer des ICE ist sorgfältig auf Widerstand und Windgeräusche optimiert worden.

Zahlreich sind auch die Bezüge zur Aerodynamik der Bauwerke. Aus Sicht der Strömungsmechanik ergeben sich folgende Parallelen:

- Häuser sind in der Mehrzahl stumpfe Körper;
- ihre Umströmung ist durch Ablösungen gekennzeichnet;
- Bodeneinfluß und Bodengrenzschicht sind ausgeprägt;
- zwischen mehreren Bauwerken herrscht Interferenz.

In der Entwicklung werden vergleichbare Ziele verfolgt:
- Bestimmung der wirkenden Luftkräfte auf das Bauwerk als Ganzes;
- Ermittlung der Luftkräfte auf Teile wie Dächer, Fassaden, Fenster und Antennen;
- Beeinflussung des bodennahen Strömungsfeldes zum Schutz von Passanten, aber auch von Fahrzeugen;
- Abstimmung von Umströmung und Durchströmung für Klimatisierung und Feuerung.

Ein besonderes Phänomen der Gebäude-Aerodynamik stellen die aeroelastischen Vorgänge dar. Diese könnten auch in der Fahrzeugtechnik aktuell werden, wenn diese in neue Kategorien des Leichtbaus vordringt. Extrem leicht gebaute Deckel und Türen könnten von der Umströmung zum Flattern angeregt werden. Dazu sei auf das Lehrbuch von H. W. FÖRSCHING [1.19] verwiesen.

Auch von der Windkanaltechnik, die in der Aerodynamik der Bauwerke zum Einsatz kommt, kann der Fahrzeug-Aerodynamiker profitieren, insbesondere von den Methoden, dicke Bodengrenz-schichten zu erzeugen. Diese wiederum sind typisch für die Landschafts-Aerodynamik, eine Disziplin, die der Fahrzeug-Aerodynamiker immer dann beachten muß, wenn es um Schutz gegen Seitenwind geht. Die Umwelt-Aerodynamik ist in ihrem Zusammenwirken mit der Meteorologie von R. S. SCORER [1.20] ausführlich dargestellt worden.

Stimuliert von immer wieder auftretenden z.T. spektakulären Windschäden großen Ausmaßes ist die Gebäude-Aerodynamik zu einer eigenständigen Disziplin geworden. Das spiegelt sich in einer Vielzahl von Einzelveröffentlichungen, aber auch in einigen zusammenfassenden Arbeiten wider. Eine anschauliche, kompakte und noch immer aktuelle Einführung in das Thema findet sich bei J. ACKERET [1.21]. Eine ausführliche Darstellung des Wissensstandes mit zahlreichen weiterführenden Zitaten hat P. SACHS [1.22] angefertigt. Lehrbücher über die Bauaerodynamik haben E. L. HOUGHTON und N. B. CARRUTHERS [1.23] sowie G. ROSEMEIER [1.24] vorgelegt; in beiden finden sich viele Literaturhinweise.

Die Querverbindungen zwischen Schiffs- und Fahrzeugtechnik sind mit dem Vordringen der Rechentechnik stärker hervorgetreten. Das betrifft einmal die numerische Darstellung der Beran-dung des Strömungsraumes. Dabei handelt es sich in beiden Fällen um frei geformte, also nicht geschlossen beschreibbare Oberflächen, der Außenhaut bzw. der Karosserie. Dann handelt es sich um die Strömungsphysik selbst. Auch beim Schiff geht es primär um den Widerstand. Und ebenso sind Schiffe in der Mehrzahl stumpfe, völlige Körper, die nicht ohne Ablösungen umströmt werden. Der Berechnung ihrer Umströmung stellen sich also die gleichen Hindernisse entgegen wie beim Fahrzeug. Darüber hinaus wird sie durch den Propeller und die freie Wasseroberfläche erschwert. Die Strömungsvorgänge am Überwasserteil des Schiffes gleichen dagegen eher denen an Häusern und Schornsteinen.

In Sonderfällen bedient sich der Fahrzeug-Aerodynamiker der Versuchstechnik des Schiffs-Hydro-dynamikers, der Schlepprinne oder des Umlaufkanals.

Die Schiffshydrodynamik, die mit Abstand traditionsreichste Disziplin der angewandten Strömungs-mechanik, hat eine umfangreiche Literatur hervorgebracht. Hier soll nur auf die zusammenfassenden Werke von H. SCHNEEKLUTH [1.25] und der SNAME [1.26] hingewiesen werden.

Auch bei der Auslegung der inneren Strömungsfelder kann der Fahrzeugtechniker an Lösungen anknüpfen, die anderswo erarbeitet worden sind. So konnten bei der Erarbeitung der Grundlagen der Motor-Kühlluftführung die Ergebnisse der Entwicklung von Ölkühlern für Flugzeuge genutzt werden. Die Klimatisierung des Fahrgastraumes erweist sich nicht zuletzt wegen dessen Enge als äußerst schwierig. Bei den physiologischen Anforderungen kann aber ebenso auf Erkenntnisse der Raumklimatisierung zurückgegriffen werden, wie bei der Lösung einzelner strömungstechnischer Probleme, so z.B. bei der Dimensionierung geschlossener Kanäle, der Verteiler und Ausströmer.

1.2 Geschichtliche Entwicklung

1.2.1 Betrachtungsweise

Aerodynamik und Automobiltechnik sind sehr langsam zusammengewachsen; eine Synthese aus beiden ist erst nach zahlreichen vergeblichen Anläufen gelungen. Das ist umso verwunderlicher, als sich doch in den benachbarten Disziplinen der Verkehrstechnik, im Schiffbau und im Flugzeugbau, die Symbiose mit der Strömungsmechanik von Anbeginn als äußerst fruchtbar erwiesen hatte. Die Konstrukteure der Schiffe und Flugzeuge hatten es vielleicht einfacher, konnten sie sich doch an Vorbildern in der Natur orientieren, an den Fischen und den Vögeln. Diesen schauten sie wesentliche Formmerkmale ab. Dem Auto fehlte ein derartiges Pendant. Und so versuchten es seine Konstruk-teure mit Anleihen in der Schiffs- und der Flugtechnik. Erst als es ihnen gelang, sich von diesen Vorbildern zu lösen, kam die Aerodynamik im Auto zum Durchbruch.

Eine weitere Ursache für die sich wiederholenden Mißerfolge der Aerodynamik im Auto ist darin zu suchen, daß sie viel zu früh „gestartet" ist. Wegen der schlechten Straßen waren die ersten, nur schwach motorisierten Automobile sehr langsam; Stromlinien-Karosserien mußten da geradezu absurd wirken. Denn der Schutz der Insassen vor Wind, Regen und Staub ließ sich auch mit den vertrauten Bauformen der Kutsche gewährleisten. Das Vorurteil aber, daß strömungsgünstige Formen etwas für spleenige Sonderlinge seien, hielt sich auch dann noch lange, als es aus technischen und ökonomischen Gründen längst dringend geboten war, die Vorzüge der Aerodynamik zu nutzen. Die Historie der Fahrzeug-Aerodynamik ist im Bild 1.10 in einer Übersicht zusammengefaßt. Sie läßt sich in vier Phasen einteilen, die natürlich weder zeitlich noch gegeneinander so scharf abzugrenzen sind, wie dort schematisiert. Die Betrachtung orientiert sich an strömungsmechanischen Aspekten: Wann wurden welche Effekte entdeckt; wie wurden sie in technische Lösungen umgesetzt. Dabei sollen auch die beschrittenen Irrwege nicht übersehen werden; an ihnen wird besonders anschaulich, was erforderlich ist, um *Fahrzeug*-Aerodynamik zu realisieren.

Die Entwicklung in den ersten beiden Abschnitten nach Bild 1.10 wurde von einzelnen Personen geprägt; deren Beiträge stehen im Mittelpunkt der folgenden Darstellung. Was die damals noch sehr zahlreichen Automobilproduzenten davon übernommen haben, hat R. J. F. KIESELBACH [1.27] [1.28] [1.29] ausführlich dokumentiert; es braucht hier nicht wiederholt zu werden. Später verlagerte sich die Entwicklung der Aerodynamik in die Autofirmen, verschmolz mit deren Produktentwicklung. Statt der Namen Einzelner treten nun Typenbezeichnungen und Fahrzeugnamen hervor, wenn aerodyna-mische Phänomene benannt werden.

Geschichte hat sich an die Quellen zu halten. Die Erarbeitung der strömungsphysikalischen Erkenntnisse und deren Umsetzung in die Technik wird deshalb anhand der Literatur verfolgt, vorwiegend Veröffentlichungen in Fachzeitschriften und Tagungsberichte. Die Patentliteratur dient dagegen nur als Ergänzung. So zahlreich die Patente zur Fahrzeug-Aerodynamik auch sind, sie haben nur in Ausnahmefällen Bedeutung erlangt, sind häufig eher Kuriositäten geblieben.

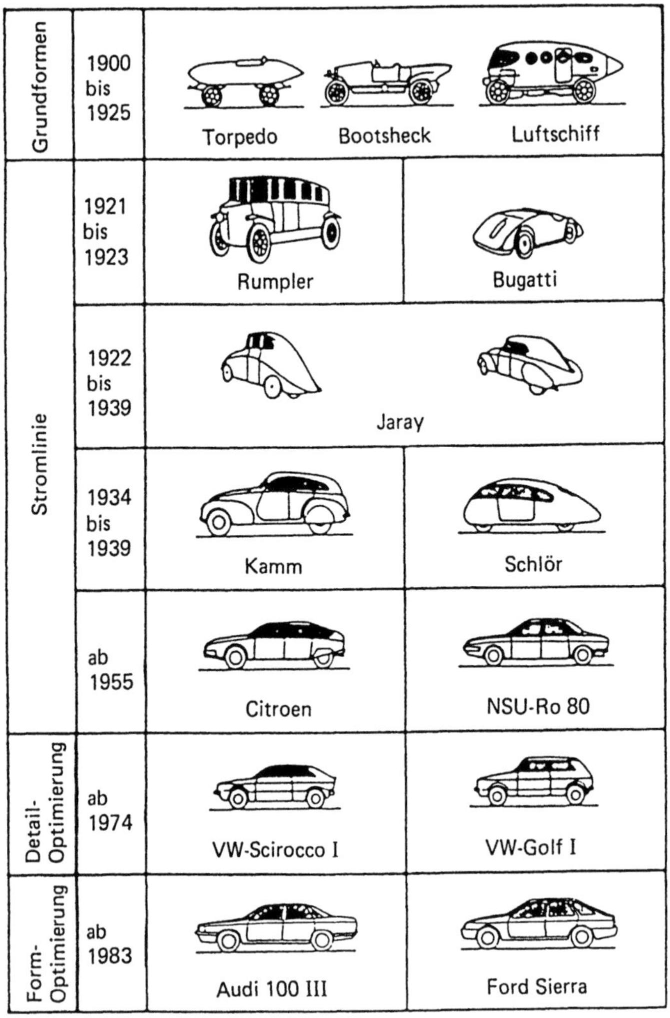

Grundformen	1900 bis 1925	Torpedo	Bootsheck	Luftschiff
Stromlinie	1921 bis 1923	Rumpler		Bugatti
	1922 bis 1939		Jaray	
	1934 bis 1939	Kamm		Schlör
	ab 1955	Citroen		NSU-Ro 80
Detail-Optimierung	ab 1974	VW-Scirocco I		VW-Golf I
Form-Optimierung	ab 1983	Audi 100 III		Ford Sierra

Bild 1.10. Historie der Fahrzeug-Aerodynamik.

Soweit in den Veröffentlichungen Zahlenangaben gemacht werden – im Mittelpunkt steht natürlich der c_W-Wert – sind diese äußerst kritisch zu bewerten. Das gilt keineswegs nur für die ältere Literatur. Solange mit verkleinerten Modellen gearbeitet wurde, sind die Meßergebnisse schon deshalb nur mit Vorbehalt vergleichbar, weil die Modellgesetze recht unterschiedlich genau eingehalten wurden. Aber selbst heute ist bei einem Vergleich von Ergebnissen aus verschiedenen Quellen Vorsicht geboten. Trotz vielfältiger Bemühungen ist es noch immer nicht vollständig gelungen, Meßfehler zu beziffern. Wo immer das möglich ist, werden die Angaben der Literatur durch neuere Meßergebnisse ergänzt; in jüngster Zeit sind in verschiedenen Großwindkanälen „Oldtimer" im Original vermessen worden.

Die Entwicklung der Fahrzeug-Aerodynamik von ihren Anfängen bis zum Ausbruch des zweiten Weltkrieges ist von R. v. KOENIG-FACHSENFELD [1.30] nachgezeichnet worden. Als Ergänzung dazu sei auf zwei Einzeldarstellungen hingewiesen: Hp. BRÖHL [1.31] hat die Beiträge von P. JARAY zusammengetragen; M. GRAF WOLFF METTERNICH [1.32] hat das Werk von E. RUMPLER beschrieben. Aus amerikanischer Sicht ist die Geschichte der Automobil-Aerodynamik von K. E. LUDVIGSEN [1.33] und A.T. McDONALD [1.34] behandelt worden. Neuere Zusammenfassungen haben R. J. F. KIESELBACH [1.35] und W.-H. HUCHO [1.36] vorgelegt.

14

1.2.2 „Entliehene" Formen

Bei den ersten Versuchen, Fahrzeuge nach aerodynamischen Gesichtspunkten zu gestalten, orientierte man sich an Formen, die sich im klassischen Schiffbau, in der Marine- und in der Luftschifftechnik bewährt hatten. Fast unbesehen entlieh man sie von dort; es entstanden Torpedos und Zeppeline auf Rädern. Zweifellos hatten diese Wagen einen sehr viel niedrigeren Luftwiderstand als ihre zeitgleichen Konkurrenten mit kutschenförmigen Aufbauten. Strömungsmechanisch waren sie jedoch keineswegs so perfekt, wie ihre Linien suggerierten. So blieb z.B. unberücksichtigt, daß die Strömung um einen Rotationskörper ihre Achssymmetrie verliert, wenn dieser nahe an den Boden herangerückt wird und daß das einen erheblichen Anstieg des Widerstands zur Folge hat. Weiter wurde die Strömung durch das freiliegende Fahrwerk gestört.

Das wohl älteste nach strömungstechnischen Gesichtsspunkten entworfene Fahrzeug ist der elektrisch angetriebene Rekordwagen von Camille Jenatzy, mit dem dieser am 29. April 1899 eine Geschwindigkeit von 105,9 km/h erreichte und damit als erster die 100-km/h-Marke überwand, s. R.v.Frankenberg und M. Matteucci [1.37]. Mit einem Verhältnis der Länge l zum Durchmesser d von $l/d \approx 4$ hatte aber nur der Aufbau, wie im Bild 1.11 zu sehen, eine strömungsgünstige Form. Die freistehenden Räder und der nicht „integrierte" Fahrer dürften dessen gute Eigenschaften weitgehend wieder zunichte gemacht haben. Jenatzys Rekordwagen kann als der Vorläufer aller Monoposto-Rennwagen angesehen werden, auch wenn bei ihm der Wagenkörper noch *über* und nicht *zwischen* den Rädern angeordnet war.

Ein Fahrzeug mit luftschifförmigem Aufbau zeigt Bild 1.12. Graf Ricotti ließ es 1913 auf einem Alfa-Romeo-Fahrgestell karossieren. Mit einem Verhältnis von Länge zu Durchmesser von $l/d \approx 3$ ist die Form wesentlich völliger als die des Jenatzy-Wagens; aber dafür sitzen die Insassen auch nicht mehr im Freien.

Bild 1.11   Rekordwagen von Camille Jenatzy, 1899 Foto Chambre Syndicale des Constructeurs Automobile Francais

Bild 1 12. Alfa Romeo des GRAFEN RICOTTI, 1914 Foto und Exponat Alfa Romeo

Es wurden auch Entwürfe bekannt – so schon 1911 der von O. BERGMANN, siehe [1.27][1.30] –, bei denen die Räder weitgehend von der Karosserie umschlossen wurden. Ginge es bei des Fahrzeug-Aerodynamik allein darum, einen möglichst niedrigen Luftwiderstand auf Räder zu stellen, dann wäre damit ihre Entwicklung sehr schnell zum Ziel gekommen. Denn wenn auch keine Meßwerte an derartigen Automobilen bekannt geworden sind, sie dürften einen sehr günstigen c_w-Wert gehabt haben.

Später ist, wie im nächsten Abschnitt ausgeführt wird, immer wieder versucht worden, an diese Entwicklung anzuknüpfen und die Karosserie als einen einheitlichen Körper zu formen. Lange blieben diese Bemühungen ohne Erfolg. Erst Anfang der achtziger Jahre hat mit den Großraum-Limousinen, den Vans, das „One-volume"-Konzept Eingang in die Serie gefunden.

Bild 1 13 "Bootsheck" Audi-Alpensieger, 1913 Foto und Exponat Deutsches Museum

16

Im Gegensatz zu den von Jenatzy und Graf Ricotti gewahlten Formen ist das sogenannte „Bootsheck", das den im Bild 1 13 gezeigten Audi-Alpensieger von 1913 ziert, aerodynamisch vollig unwirksam Die Stromung, die am scharfkantigen Bug, den freistehenden Scheinwerfern und den Kotflugeln ablost, kann durch einen Einzug am Heck nicht wieder zum Anliegen gebracht werden Dennoch wurde das Bootsheck gern bei sportlichen Wagen angebracht, es verlieh ihnen ein dynamisches Aussehen Damit wurde es ein typisches Beispiel dafur, wie immer wieder aerodynamische Argumente dazu mißbraucht wurden – und noch werden –, stylistische Kuriositaten zu rechtfertigen Ihren Hohepunkt erreichte diese Unsitte mit den teilweise fantastisch anmutenden Heckflossen der amerikanischen Straßenkreuzer in den funfziger Jahren, aber auch mancher Spoiler unserer Tage ist nicht weit davon entfernt

1.2.3 Stromlinienformen

War der Anfang der Fahrzeug-Aerodynamik durch einzelne, tastende Versuche gekennzeichnet, so setzte nach dem ersten Weltkrieg eine regelrechte *Entwicklung* ein Sie wurde von drei Seiten gestutzt bzw vorangetrieben

– Durch die Analyse der einzelnen Fahrwiderstande, die A Riedler [1 38] 1911 durchfuhrte, erhielt die Fahrzeug-Aerodynamik einen rationalen Hintergrund

– L Prandtl und A G Eiffel erarbeiteten die grundlegenden Erkenntnisse uber den Mechanismus des Luftwiderstandes Diese wurden sogleich auf das Fahrzeug angewendet Ein Beispiel dafur ist die Arbeit von W G Aston [1 39] aus dem Jahr 1911 Die Fahrzeugbauer taten sich aber noch lange Zeit sehr schwer damit, sich von der Newtonschen „Impact-Theorie" freizumachen

– Auf der Suche nach neuen Betatigungsfeldern wandte sich eine Reihe von Flugzeugingenieuren der Automobiltechnik zu Sie versuchten, ihre im Flugzeugbau gewonnenen Erkenntnisse auf das Auto zu ubertragen An mehreren Stellen gleichzeitig entstanden „Stromlinienwagen"

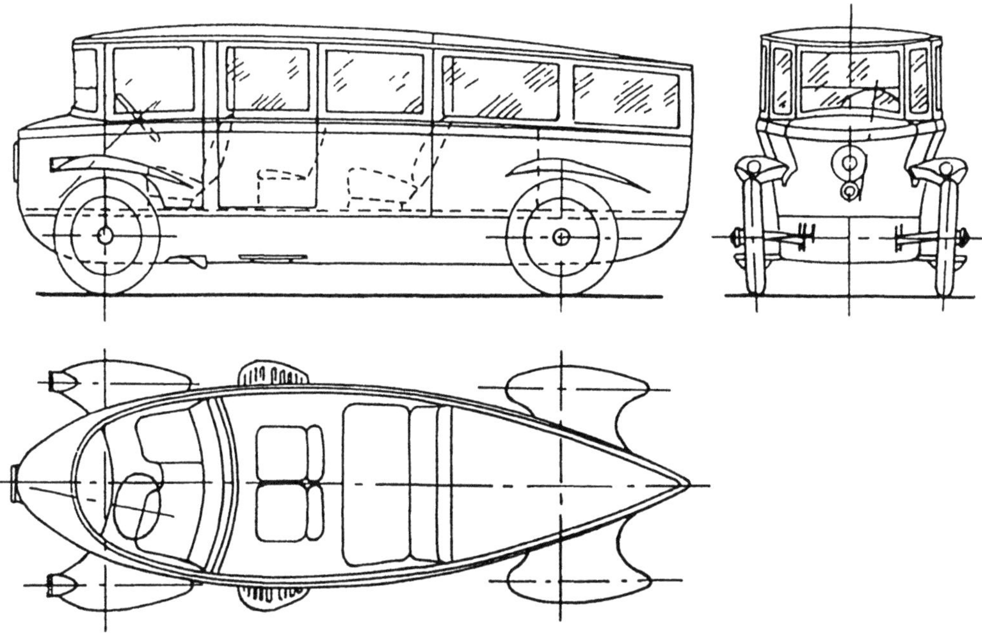

Bild 1 14 Rumpler Limousine 1922

E. Rumpler, der durch sein im Krieg erfolgreiches Flugzeug „Rumpler-Taube" zu Ansehen und Geld gekommen war, entwickelte ab 1919 eine Serie von Fahrzeugen, die er als „Tropfenwagen" bezeichnete. Die Form des fallenden Tropfens hielt man damals für strömungsmechanisch perfekt. Eine der Rumpler-Limousinen, es gab davon auch ein Kabriolett und eine Großraumausführung, ist im Bild 1.14 zu sehen; in der Draufsicht hat sie die Form eines symmetrischen Tragflügelprofils. Um den hinten spitz auslaufenden Fahrzeugkörper räumlich gut auszunutzen, wählte Rumpler die Heckmotor-Anordnung. Einzelheiten sind von A. Heller [1.40], E. Eppinger [1.41] und von E. Rumpler [1.42] selbst beschrieben worden.

An einem Modell im Maßstab 1:7,5 ließ Rumpler 1922 in der Aerodynamischen Versuchsanstalt in Göttingen Untersuchungen im Windkanal vornehmen; von denen ist nur noch soviel bekannt, daß der Luftwiderstand um etwa ein Drittel unter demjenigen zeitgleicher Limousinen lag. Rumpler ging es aber nicht nur um einen guten c_W-Wert; aus seiner Werbung geht das klar hervor. Mit Zeichnungen wie Bild 1.15 stellte er heraus, daß sein Wagen infolge der sauberen Umströmung kaum Staub aufwirbelte.

Messungen, die 1979 an dem vom Deutschen Museum bereitgestellten Original dieses Wagens, vgl. Bild 1.16, im großen Windkanal der Volkswagen AG durchgeführt wurden, ergaben folgende Werte:

Widerstandsbeiwert $c_W = 0,28$; Stirnfläche $A = 2,57$ m^2.

Dieser sehr niedrige c_W-Wert, dessen Verwirklichung in einem Serienwagen erst Jahrzehnte später gelang, nämlich 1986 mit dem Opel-Omega, ist umso beachtlicher, als die Räder des Rumpler-Wagens völlig unverkleidet sind. Das dürfte zu einer Widerstandserhöhung von 50 % geführt haben, wie aus Messungen geschlossen werden kann, die W. Klemperer [1.43] bereits 1922 veröffentlicht hat.

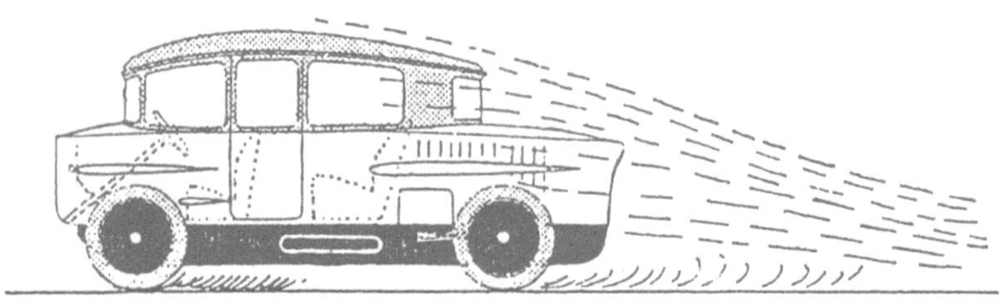

Bild 1.15 Staubskizze von E. Rumpler [1 41]

Bild 1.16. Rumpler-Wagen mit „Tropfenform", 1922, aufgenommen im Windkanal der Volkswagen AG, Exponat Deutsches Museum

RUMPLER ist von seinen Kritikern vorgehalten worden, er sei im zweidimensionalen Denken befangen geblieben. Er habe nicht beachtet, daß ein aus einem Tragflügel großer Spannweite herausgeschnittenes Profil dreidimensional umströmt wird, noch dazu, wenn es hochkant in Bodennähe aufgestellt wird, wie im Bild 1.17 skizziert. Ein von ihm selbst entworfenes Stromlinienbild, vgl. Bild 1.18, widerlegt das aber ebenso, wie das Rauchfoto im Bild 1.16. Das gewölbte Dach und der glatte Unterboden sind der räumlichen Strömung gut angepaßt.

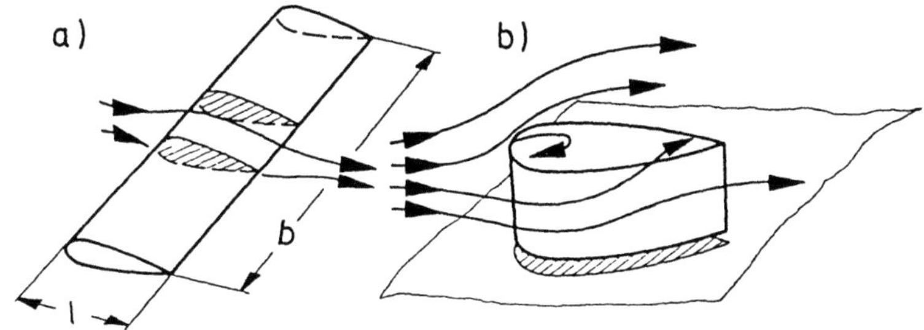

Bild 1 17. Ableitung des „Tropfenwagens" aus einem Tragflugelprofil; a) zweidimensionale Strömung um einen Flugel unendlicher Spannweite, b) dreidimensionale Strömung um einen Profilabschnitt in Bodennahe

RUMPLER produzierte seinen „Tropfenwagen" in einer von ihm eigens dafur gegründeten Automobilfirma, vgl. M. GRAF WOLFF METTERNICH [1.32] und U. KUBISCH [1.44]. Aber er scheiterte; sein Auto fand kaum Käufer. Immer wieder ist gesagt worden, daß dafur die ungewohnliche Tropfenform verantwortlich gewesen, daß die Aerodynamik vom Publikum nicht angenommen worden sei. Rumplers Auto steckte jedoch voller unausgereifter Neuheiten, wie z.B. der von ihm erfundenen Pendelachse. Deren unzureichende Erprobung resultierte in gravierenden Qualitätsmängeln. Diese allein hätten ausgereicht, den Erfolg seines Autos zu verhindern.

Aber auf den von BUGATTI 1923 beim Grand Prix von Straßburg eingesetzten Rennwagen trifft der Vorwurf, nach zweidimensionalen Gesichtspunkten entworfen worden zu sein, sehr wohl zu. Wie Bild 1.19 erkennen läßt, waren dessen Seitenwände vollkommen plan. Dennoch weist auch dieses

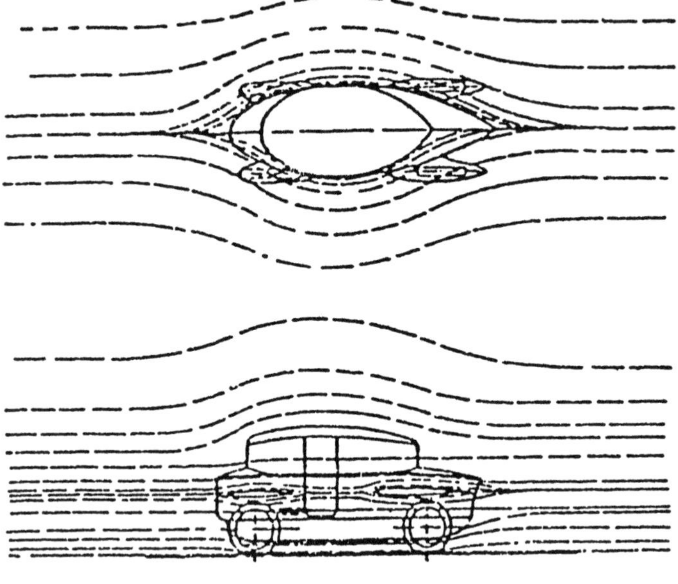

Bild 1.18. Stromlinien-Skizze von RUMPLER [1.4].

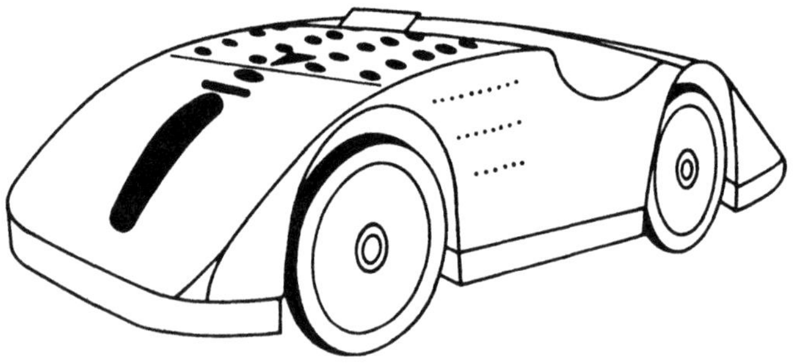

Bild 1.19. Grand-Prix-Rennwagen von BUGATTI, 1923.

Fahrzeug einige bemerkenswerte Details auf, die für einen niedrigen Widerstand sprechen. Das Profil paßte sich der Strömung in Bodennähe gut an, seine Wölbung ermöglichte die Einbeziehung der Räder, und die heruntergezogenen Schürzen haben, wie bei modernen Markenmeisterschafts-Rennwagen, die verlustreiche Unterströmung des Wagens weitgehend verhindert. Fahrer und Beifahrer dürften allerdings die rückwärtige Strömung beträchtlich gestört haben.

Etwa zur gleichen Zeit wie E. RUMPLER begann P. JARAY mit einer Entwicklung, die den „Stromlinienwagen" zum Ziel hatte. In seiner Arbeit mit dem Titel „Der Stromlinienwagen, eine neue Form der Automobilkarosserie" [1.45] hat er diesen Begriff selbst geprägt. Die dort beschriebene Vorgehensweise bei der Analyse der Umströmung völliger Körper in Bodennähe sollte sich später als richtungweisend herausstellen. Sie lieferte den Ansatz für die moderne Fahrzeug-Aerodynamik.

Zum Ausgangspunkt seiner Messungen, die JARAY zusammen mit W. KLEMPERER [1.43] im Windkanal des GRAFEN ZEPPELIN in Friedrichshafen unternahm und die im Bild 1.20 zusammengefaßt sind, wählte er einen „spindelförmigen" Rotationskörper. Dessen Schlankheitsgrad, das Verhältnis von Länge zu Durchmesser, betrug etwa fünf. Im freien Flug, also hoch über dem Boden, ergab sich für diesen ein Widerstandsbeiwert von $c_W = 0{,}045$. Diesen Körper führte JARAY nun schrittweise an den Boden heran. Dabei nahm dessen Widerstand zu, zunächst allmählich, dann aber, bei der für Autos üblichen kleinen Bodenfreiheit, steil. JARAY beobachtete, daß die Umströmung des Körpers bei Annäherung an den Boden ihre Rotationssymmetrie verlor und daß sich auf der rückwärtigen

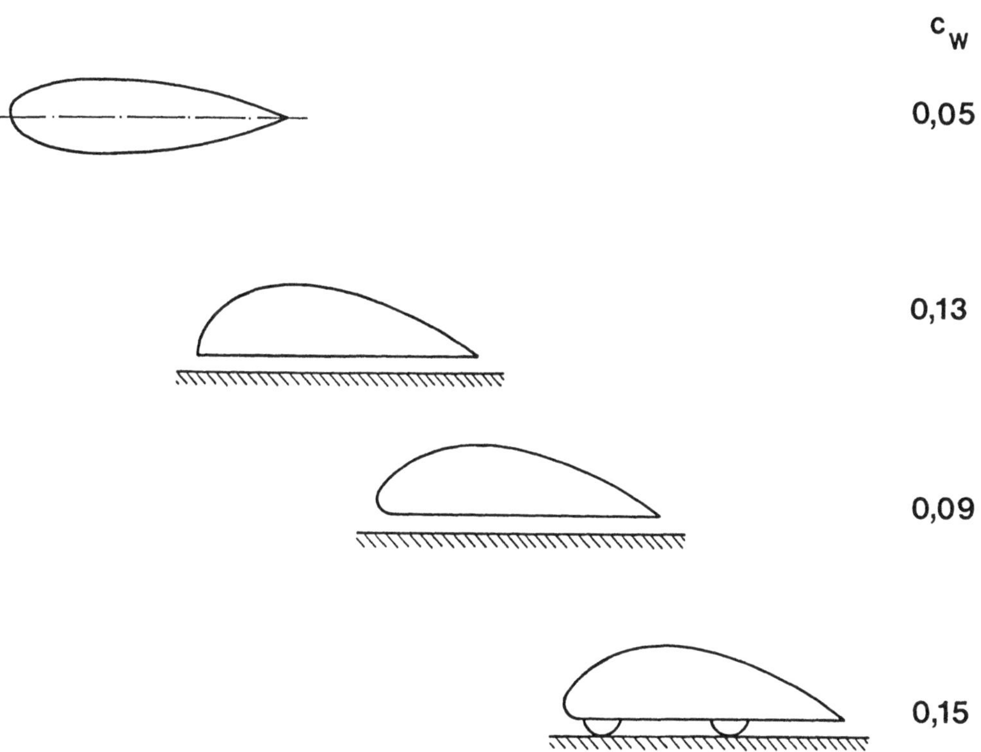

Bild 1.20. Widerstandsmessungen am Halbkörper, W. KLEMPERER [1.43].

Oberseite des Körpers eine ausgeprägte Ablösung ausbildete. Und diese machte er folgerichtig für den Anstieg des Widerstandes verantwortlich.

Für den Grenzfall „Bodenabstand gleich Null" konnte jedoch der rotationssymmetrische Charakter der Strömung zurückgewonnen werden, indem die „Spindel" durch einen parallel zum Boden geschnittenen *Halbkörper* ersetzt wurde. Zusammen mit seinem Spiegelbild – entstanden durch Spiegelung an der Fahrbahn – entsteht so erneut ein vollständiger Rotationskörper. Diesen Halbkörper, der einen Schlankheitsgrad von vier hatte, paßte JARAY dem Raumbedarf beim Auto dadurch an, daß er auf einen rechteckigen Hauptspannt überging, dessen obere Ecken er verrundete.

Wurde dieser Körper nun soweit angehoben, wie für ein Auto nötig, so nahm dessen Widerstand erneut zu. Die Ursache dafür, nämlich die Ablösung der Strömung an der scharfkantigen Unterseite, konnte jedoch durch deren Abrunden vermieden und der Widerstandsanstieg somit beseitigt werden. Es ergab sich $c_W = 0{,}09$. Durch Hinzufügen der Räder – die hohlen Radhäuser wurden dabei nicht nachgebildet – stieg der Widerstand auf $c_W = 0{,}15$. Er lag damit zwar dreimal so hoch, wie der des freifliegenden Ausgangskörpers. Aber im Vergleich zu den Autos jener Tage, für die $c_W \approx 0{,}7$ galt, war dieser Wert so günstig, daß er JARAY dazu ermutigte, aus diesem Halbkörper Autoformen abzuleiten. Aber auch die Idee, die Halbkörperform direkt für ein Auto zu verwenden, ist immer wieder aufgegriffen worden; gerade derzeit ist sie wieder aktuell. Darauf kommt Abschnitt 1.2.5 zurück.

Aufgabe der Heckkontur ist es, der Strömung einen möglichst weitgehenden Wiederanstieg des Druckes zu ermöglichen und somit den Widerstand klein zu halten. Die lang auslaufenden Formen, die aus der Luftfahrt stammten, waren aber für Autos völlig untauglich, führten sie doch zu einer viel zu großen Fahrzeuglänge. JARAY versuchte nun, der Strömung den Druckanstieg bei kleinerer Länge dadurch abzutrotzen, daß er ihn auf zwei Ebenen verteilte. Er erfand die „Kombinationsform". Wie im Bild 1.21 a vereinfacht dargestellt, baute JARAY seine Wagenform aus zwei Profilabschnitten auf, einem horizontal liegenden und einem kürzeren, senkrecht darauf aufgesetzten.

Inwieweit die Realität diesem Gedankenmodell folgt, ist leider nie gründlich überprüft worden. Skepsis ist angebracht, denn die sich in der Verschneidung der beiden Profile ausbildende „Eckengrenzschicht" ist besonders ablösungsgefährdet. JARAY selbst hat nur die im Bild 1.22 wiedergegebene „schematische" Druckverteilung veröffentlicht. C. SCHMID [1.47] hat die Strömung um einen Jaray-Wagen nach Beobachtungen im Windkanal skizziert, vgl. Bild 1.23; danach kommt es am Heck zu ausgeprägter Ablösung. Eine gemessene Druckverteilung und Fädchenbeobachtungen, die bei R. v. KOENIG-FACHSENFELD [1.30] zu finden sind (dort die Bilder 251 und 275 a), legen den Schluß nahe, daß die Heckpartie doch sehr schlank sein muß, wenn auch nur ein kleiner Wiederanstieg des Druckes erreicht werden soll.

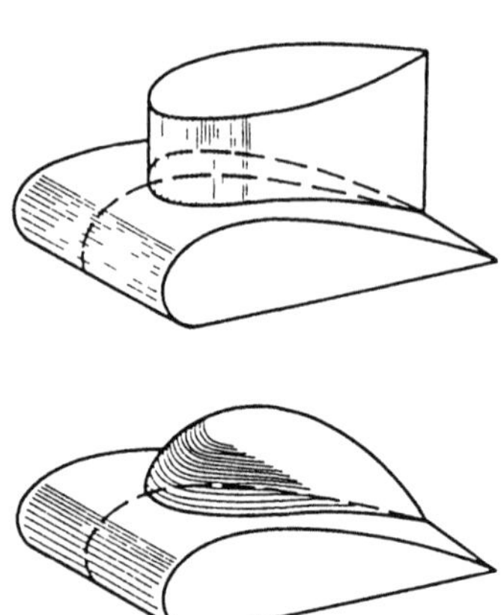

Bild 1.21   Kombinationsformen nach P. JARAY, schematisch

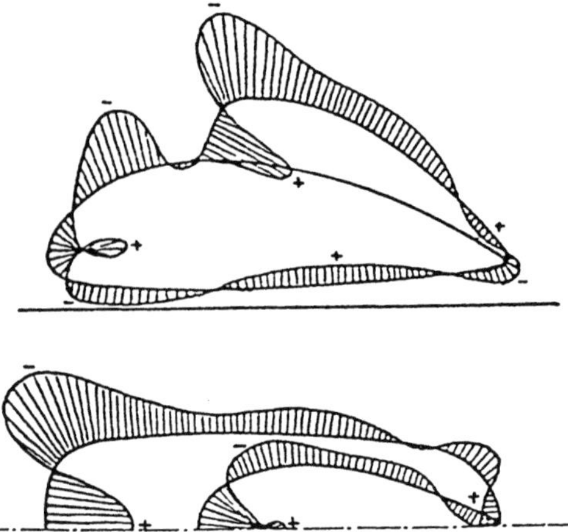

Bild 1.22   Druckverteilung am Jaray-Wagen schematisch, [1.46]

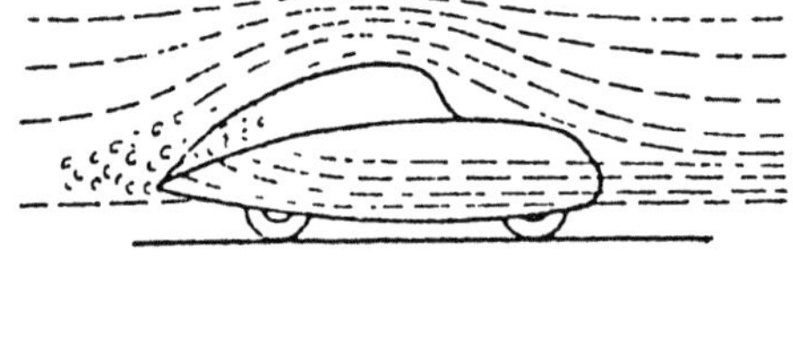

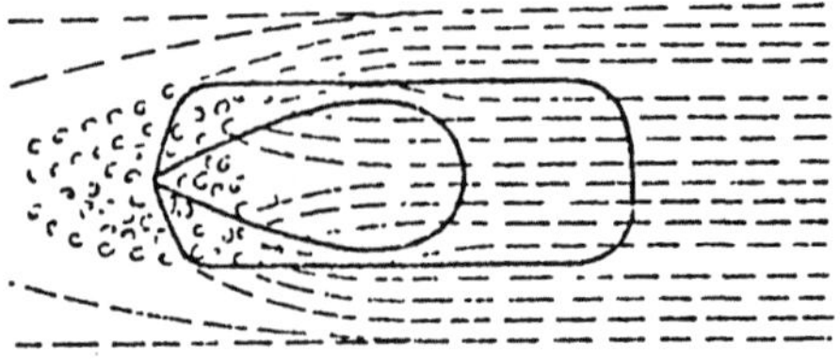

Bild 1.23. Stromlinienverlauf am Jaray-Wagen, nach Beobachtungen skizziert von C. SCHMID [1.47].

	$A_{1.1}\,[\mathrm{m}^2]$	c_W
	2,99	0,64
großer Jaray-Wagen	2,86	0,30
kleiner Jaray-Wagen	1,87	0,29

Bild 1.24   Widerstandsmessungen von KLEMPERER [1.43] an Modellen im Maßstab 1:10, ohne Kühlluftdurchströmung

Bild 1 25 Einer der ersten Jaray Wagen der Audi Typ K 14/50 PS 1923 karossiert von H GLASER in Dresden
Foto Archiv R J F KIESELBACH

Im Bild 1 24 sind die wichtigsten Meßergebnisse von W KLEMPERER [1 43] an Modellen der ersten
Jaray-Wagen zusammengefaßt Gegenuber den damals ublichen Kastenaufbauten ergab sich mit der
Kombinationsform eine Halbierung des Luftwiderstandes Firmen wie Audi, Dixi und Ley stellten
daraufhin in den Jahren 1922 und 1923 Prototypen mit Jarayschen Linien vor, vgl Bild 1 25, Chrysler
folgte 1928 Aber die Wagen kamen beim Publikum nicht an, gingen nicht in Serie Daruber, daß die

Bild 1 26 Der in Jaray Linien von E WENDLER karossierte BMW 328 von 1938 Foto Volkswagen AG Exponat
Deutsches Museum

Jaray-Wagen der verschiedenen Hersteller einander zum Verwechseln ähnlich sahen, sind damals jedoch keine Klagen laut geworden.

Der Bau der Autobahnen, der Anfang der dreißiger Jahre in Deutschland in Angriff genommen wurde, beflügelte die Idee des Stromlinienwagens aufs neue. JARAY wandelte sein Konzept ab, verwendete nun, wie im Bild 1.21 unten skizziert, einen halben Rotationskörper als Aufsatz auf das Grundprofil. Das gab den Autos ein gefälligeres, sportliches Aussehen. Daß sie aber aerodynamisch keineswegs immer so perfekt wie erhofft waren, wird an dem im Bild 1.26 gezeigten BMW 328 mit einer Karosserie von WENDLER deutlich. Trotz sauberer Umströmung kam er nur auf $c_W = 0,44$. Möglicherweise war dafür der sehr große Kühlluftvolumenstrom verantwortlich.

Wie weit JARAY dennoch seiner Zeit voraus war, geht aus dem Vergleich von Versuchswagen, die nach seinen Linien karossiert waren, mit den damals üblichen Fahrzeugformen hervor. Als Beispiel zeigt Bild 1.27 Prototypen von Audi und Mercedes und Bild 1.28 als Kontrast dazu ein etwa

Bild 1.27   Zwei von Huber + Bruhwiler, Luzern, 1933/34 gefertigte Jaray-Wagen, oben der 21 Audi, unten· der Mercedes Typ 200, Foto Archiv R J F KIESELBACH

zeitgleiches Serienmodell, den Typ 260 „Stuttgart" von Mercedes-Benz. Mit glatter, flächiger Außenhaut, mit bündig integrierten Scheinwerfern und Kotflügeln sowie mit der gewölbten Windschutzscheibe setzte JARAY das Auto endlich klar von der Kutsche ab, nicht nur aerodynamisch, sondern auch stilistisch. Aber trotz seiner „Kombinationsform" konnte JARAY einen gravierenden Mangel, den man der Aerodynamik anlastete, doch nicht überwinden: das lang auslaufende Heck.

Bild 1.28. Typ 260 „Stuttgart" von
Mercedes-Benz, 1928; Foto
und Exponat: Mercedes-Benz AG.

Genau das aber verhinderte den Erfolg der Jarayschen Idee, ja, es brachte sie sogar in Mißkredit. Denn es wurden nun – diese Entwicklung setzte schon vor dem zweiten Weltkrieg ein – zahlreiche Serienwagen mit Pseudo-Jaray-Formen gebaut, sogenannte Fließhecks oder Fastbacks. Beispiele dafür sind der Chrysler „Airflow" von 1934, aber auch der von F. PORSCHE entwickelte KdF-Wagen, der als Volkswagen-„Käfer" zu Weltruhm kam. Bei denen war das Heck viel zu steil; es bildeten sich, wie noch eingehend erläutert wird, zwei kräftige, einwärtsdrehende Randwirbel aus. Das von diesen induzierte Abwindfeld hielt zwar die Strömung über weite Partien des Hecks anliegend, wie die Fädchenaufnahmen im Bild 1.29, demonstrieren. Der Schluß jedoch, daß diese Strömungsform günstig für einen niedrigen Luftwiderstand sei, erwies sich als falsch. Denn die Randwirbel erzeugten – „induzierten" – am Heck einen starken Unterdruck, und der wiederum trug maßgeblich zu einem hohen Widerstand bei.

Bild 1.29. Fadchenaufnahmen an
einem Wagen mit
Pseudo-Jaray-Heck,
Foto· Archiv R J. F KIESELBACH

Wie sehr selbst JARAY noch in den Kategorien der Flugzeug-Aerodynamik befangen blieb, wird aber nicht nur an dem profilförmigen Heck mit Betonung der horizontalen Hinterkante deutlich. Vielmehr auch daran, daß er aus der Luftfahrt den Gedanken übernahm, die einzelnen Formparameter einer Karosserie durch eine Numerik zu klassifizieren, ähnlich, wie es das National Advisory Committee for Aeronautics (NACA, heute NASA) in den USA für Tragflügelprofile eingeführt hatte. Darauf aufbauend leitete er eine „Stromlinien-Typentafel" ab. Mit dieser wollte er auch auf die große Mannigfaltigkeit von Gestaltungsmöglichkeiten nach aerodynamischen Gesichtspunkten aufmerksam machen, vgl. R. V. KOENIG-FACHSENFELD [1.30].

Bild 1 30   Tatra Typ 87 1937 Konstrukteur H Ledwinka Foto Volkswagen AG Exponat Deutsches Museum

Ein Automobil, bei dem die Jaray-Form scheinbar konsequer t verwirklicht wurde, ist der von H
Ledwinka konstruierte Tatra 87, der 1936 in Serie ging und bis 1950 gebaut wurde, siehe Bild 1 30
Aber mit einem Verhaltnis von Lange zu Hohe von l/h = 2,9 war er weniger schlank, als andere Jaray-
Wagen Von G Lange sind an einem Modell des Tatra im Maßstab 1 5 bei der DVL in Berlin
Adlershof eingehende Windkanalversuche vorgenommen worden Der daruber von R v Koenig-
Fachsenfeld [1 48] veroffentlichte Wert von $c_W = 0,244$ wurde durch eine sich anschließende
redaktionelle Anmerkung sogleich in Zweifel gezogen Aus Hochstgeschwindigkeit und installierter
Motorleistung ergab sich namlich $c_W = 0,31$ Tatsachlich gilt jedoch $c_W = 0,36$, wie durch Vermessung
des im Deutschen Museum ausgestellten Original-Exponats im Windkanal der Volkswagen AG
1979 ermittelt wurde Leider ist bei dieser Gelegenheit die Heckstromung nicht naher untersucht
worden So ist nicht bekannt, ob der Lufteinlaß fur den Heckmotor den Widerstand stark erhoht hat

Der Ansatz von Jaray wurde in Frankreich 1933 von P Mauboussin [1 49] aufgegriffen, der
ebenfalls aus der Flugtechnik kam Er karossierte fur Chenard & Walcker einen Wagen, dessen
Name „Mistral" seine aerodynamische Konzeption hervorheben sollte Bild 1 31 zeigt ein verein-
fachtes Modell und ein Foto Der Wagen hatte in der Draufsicht die Form eines Profils, das in eine
Heckflosse mit scharfer Hinterkante auslief und so fur Stabilitat bei Seitenwind sorgte Die
Hinterrader waren mit einem horizontalen Profil verkleidet So entstand eine Verschneidung mit
Anklang an die Kombinationsform von Jaray Mit dieser teilte sie aber auch den Nachteil, im
hinteren Wagenteil nur wenig Raum zu bieten

Ein weiterer Versuch, ein widerstandsarmes Auto mit Mitteln der Flugzeug-Aerodynamik zu
entwickeln, wurde 1938 in der Aerodynamischen Versuchsanstalt (AVA) in Gottingen unter der
Leitung von Ludwig Prandtl unternommen A Lange [1 50] hat die Arbeiten ausgefuhrt und daruber
berichtet Auf ein horizontal liegendes Profil setzte er ein zweites, ebenfalls horizontales, so auf, daß
es an der Windschutzscheibe begann und an der Fahrzeughinterkante mit dem unteren Profil
zusammenlief Nach Verrunden entstand das im Bild 1 32 gezeichnete Modell Es ist als „Lange-
Wagen" in die Geschichte eingegangen, obgleich davon nie ein fahrfahiges Auto gebaut wurde Der

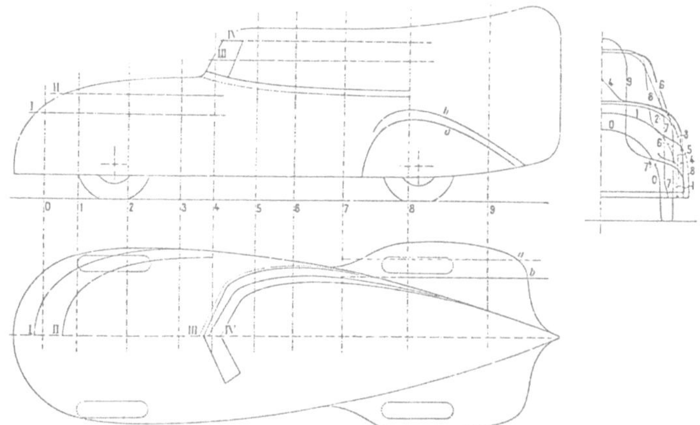

Bild 1.31 „Voiture aérodynamique Mistral", von P. MAUBOUSSIN [1.48] fur CHENARD und WALKER 1933 entworfen. Foto: RAINER SIMON

mit $c_W = 0,14$ sehr günstige Luftwiderstand konnte später annähernd bestätigt werden. An einem Modell, welches bei Volkswagen im Maßstab 1:5 nachgebaut und im Windkanal vermessen wurde, ergab sich $c_W = 0,16$. Das Modell war aber vollkommen „glatt" ausgeführt, ohne Einzelheiten wie Fahrwerksteile, Radkästen oder Fenstervertiefungen. Die Lange-Form erwies sich als annähernd gleich günstig, wie der von JARAY und KLEMPERER abgeleitete Halbkorper, obwohl sie mit mit $l/h = 3,52$ völliger war als dieser. Aber das Heck war immer noch viel zu lang. Es konnte allenfalls bei einer Heckmotoranordnung verkraftet werden; so geschehen bei den Sportwagen von PORSCHE. Im 911er „lebt" die Lange-Form noch heute nach mehr als 50 Jahren.

RUMPLER, JARAY, MAUBOUSSIN und LANGE, sie alle machten den gleichen Fehler: Sie übernahmen Formen, die sich in der Flugtechnik herausgebildet hatten und übertrugen diese möglichst unverändert auf das Auto. Sie ordneten die fahrzeugtechnischen Belange, wie z.B. die Anordnung des Motors und die Gestaltung des Innenraumes, der Aerodynamik unter. Sie orientierten sich an dem von KLEMPERER gemessenen „Idealwert" von $c_W = 0,15$ und versuchten, diesem möglichst nahe zu kommen. $c_W = 0,30$, ein Wert, der erst Anfang der achziger Jahre mit Serienfahrzeugen erreicht

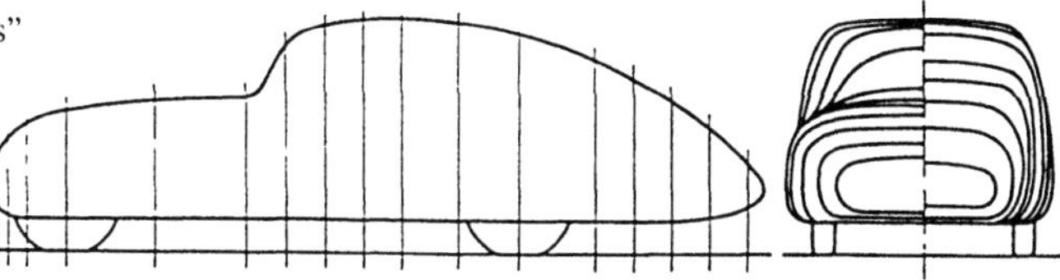

Bild 1.32. Linien des „Lange-Wagens" [1.50], $c_W = 0,14$, vollig glattes Modell

werden sollte, wurde als Ziel ins Auge gefaßt. Daran, den mit $c_w = 0,7$ sehr hohen Luftwiderstand der zeitgenössischen Fahrzeuge mit weniger radikalen Zwischenschritten abzubauen, haben sie offenbar nicht gedacht. So kam es zu einer Polarisierung: „Normale" Autos blieben aerodynamisch schlecht; „aerodynamische" Wagen warteten mit exotisch anmutenden Formen und technischen Einschränkungen auf, die vom Markt nicht akzeptiert wurden.

1.2.4　Parameter-Variationen

Diese Kluft wurde erst überwunden, als sich die Fahrzeugtechniker selbst der Aerodynamik annahmen. Das geschah annähernd gleichzeitig in zwei „Schulen": in den USA durch WALTER E. LAY, Professor an der Michigan University; in Deutschland durch WUNIBALD KAMM, Professor an der Technischen Hochschule in Stuttgart und Direktor des Forschungsinstitutes für Kraftfahrwesen und Fahrzeugmotoren (FKFS).

LAY führte als erster systematische Parametervariationen durch. Er veröffentlichte sie 1933 in seiner berühmten Arbeit „Is 50 Miles per Gallon Possible with Correct Streamlining?" [1.51]; einen Auszug daraus faßt Bild 1.33 zusammen. Front- und Heckpartie eines Automodells wurden schrittweise abgewandelt. Die Messungen ergaben eine starke Wechselwirkung zwischen beiden. So kommt z.B. ein strömungsgünstiges Heck nur dann zum Tragen, wenn der Vorderwagen sauber umströmt wird. Darauf wurde schon bei der Diskussion des „Bootshecks" hingewiesen. Stört man die Strömung durch eine zu steile Windschutzscheibe, so hat das einen starken Anstieg des Widerstandes zur Folge. Wenn andererseits der Widerstand des Körpers schon hoch ist, weil die Strömung am Heck abgelöst ist, dann ist der Einfluß der Windschutzscheibenneigung nur noch schwach ausgeprägt.

Leider war das von LAY verwendete Modell in wichtigen Details von einem Auto ziemlich weit entfernt, und das trifft auch auf andere in der Literatur veröffenlichte Studien zu. So waren z.B. die Seitenwände vollkommen plan, und alle Ecken waren scharfkantig. Ablösung und Aufrollen von Wirbeln an den scharfen Kanten können die Einflüsse anderer Formdetails leicht verdecken. Deshalb ließen sich seine Ergebnisse nur bedingt verallgemeinern.

So blieb auch ein wichtiges Ergebnis seiner Arbeit zunächst unbeachtet, daß nämlich, eine geeignete Formgebung vorausgesetzt, ein stumpfes Heck bezüglich des Widerstandes nur wenig ungünstiger ist als ein lang auslaufendes. Eine Erkenntnis übrigens, die in der Luftfahrt längst geläufig war. Messungen bei DORNIER hatten bereits 1920 ergeben, daß der Widerstand eines Profils nur wenig ansteigt, wenn man es an der Hinterkante senkrecht abschneidet; Einzelheiten darüber finden sich bei S. HOERNER [1.7].

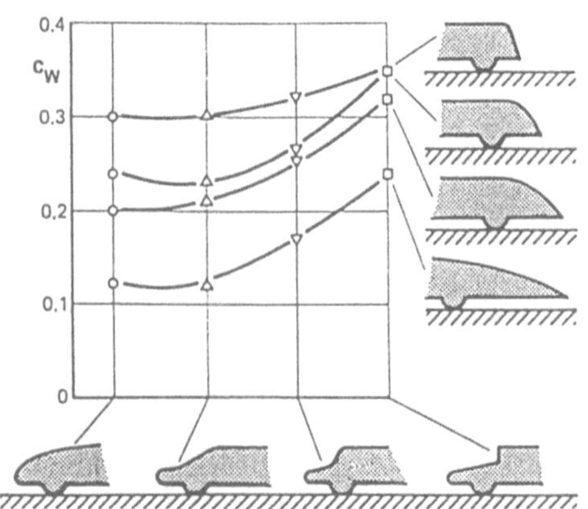

Bild 1.33. Einfluß der Gestaltung von Bug und Heck auf den Widerstand eines Pkw; Modellstudie von W.E. LAY [1 51].

Erst KAMM und seinen Mitarbeitern gelang es, das stumpfe Heck in die Karosseriegestaltung einzuführen. Über die umfangreichen Vorarbeiten dazu hat R. v. KOENIG-FACHSENFELD [1.30] eingehend berichtet. Das Resultat war folgendes: Beim Hauptspant beginnend wird die Kontur des Fahrzeuges sanft eingezogen, gerade so, daß die Strömung noch anliegend bleibt. Auf diese Weise wird ein stetiger Druckanstieg erzielt. Kurz vor der Stelle jedoch, an der die Strömung von der Kontur ablösen würde, wird der Körper senkrecht abgeschnitten. So entsteht ein vergleichsweise kleiner „Spiegel". Der Nachlauf hinter dem Fahrzeug ist schmal; der in ihm herrschende, wegen des zuvor erfolgten Druckrückgewinns mäßige Unterdruck findet nur eine kleine Angriffsfläche. Alles zusammen resultiert in einem niedrigen Widerstand.

Die Vorteile dieser als Kamm-Heck in die Literatur eingegangenen Kontur gehen unmittelbar aus Bild 1.34 hervor. Gegenüber der Form von LAY wird Kopffreiheit für die Passagiere im Fond gewonnen. Im Vergleich zu den Linien von KLEMPERER wird erheblich an Länge gespart.

Um das Kamm-Heck hat es einen langen Prioritätenstreit gegeben, der bis heute nicht eindeutig geklärt ist. KAMM hat die Idee in einem 1934 veröffentlichten Vortrag [1.52] angedeutet, aber erst in einer 1939 erschienen Arbeit [1.53] klar formuliert. Folgt man der Patentliteratur, vgl. R. J. F. KIESELBACH [1.27], dann gebührt R. v. KOENIG-FACHSENFELD die Ehre des Erfinders. Denn mit Messungen an Modellen von Autobussen zeigte er bereits 1936 [1.54], welche Vorteile diese Heckform bot. Sehr viel später, 1948, meldete dann E. EVERLING [1.55] seinen Prioritätsanspruch für 1934 an. Tatsächlich war der erste Personenwagen, der mit einem K-Heck ausgestattet war, der Everling-Wagen, vgl. Bild 1.35; er wurde aber erst 1938 gebaut.

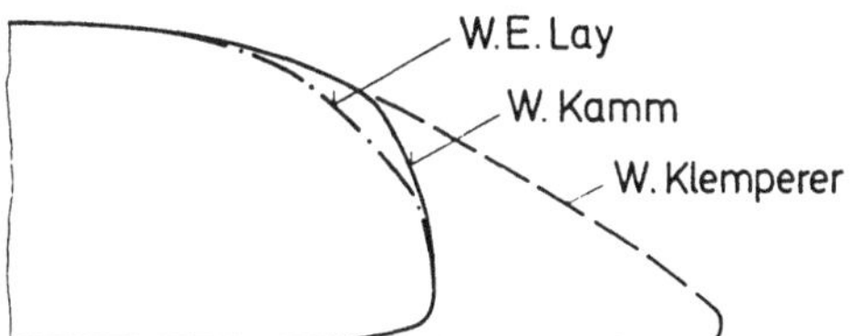

Bild 1.34. Vergleich dreier Heckformen aus den dreißiger Jahren.

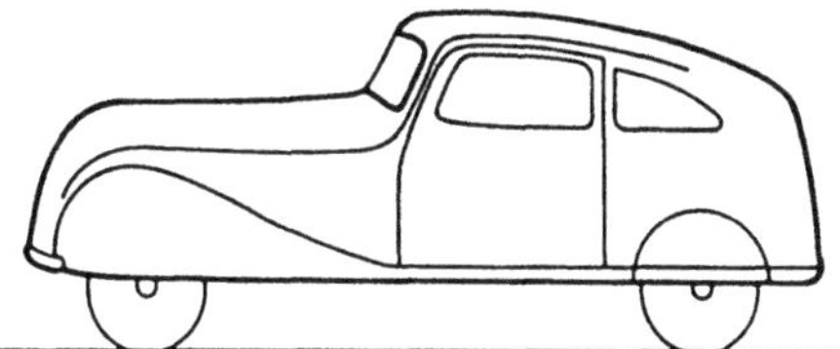

Bild 1.35. Erster Pkw mit Kamm-Heck, der Everling-Wagen von 1938,
auf einem Chassis des Mercedes-Benz V 170.

KAMM ließ nach seinen Ideen eine Reihe von Versuchswagen karossieren. Der erste, der K1, war mit einer vollkommen bündigen Außenhaut und abgedeckten Vorder- und Hinterrädern sehr progressiv. Er ist im Bild 1.36 als 1:5-Modell dem W 158, einem Prototyp von Daimler-Benz gegenübergestellt. Dieser ähnelte dem Serienwagen DB 170 V, der auch noch nach dem Krieg produziert wurde. Die Fädchenaufnahmen machen den Unterschied in der Umströmung überdeutlich. Dem entsprach auch der Luftwiderstand: wartete der W 158 mit $c_W = 0{,}51$ auf, so wurde für den K1 $c_W = 0{,}21$ gemessen, wobei in beiden Fällen die Kühlluftströmung nicht simuliert wurde.

Das Heck des K1 war noch sehr weit ausladend; ein „echtes" Kamm-Heck weist dagegen der K5 auf, vgl. Bild 1.37. Die Rauchfäden lassen gut erkennen, wie die Strömung der Dachkontur bis zu der Stelle folgt, an der der Wagenkörper stumpf abgeschnitten wurde. Der Vorteil der Kamm-Form wird im Vergleich mit den Wagen evident, die nach Jaray-Linien karossiert wurden, siehe Bild 1.38.

Messungen an dem im Schloß Langenburg ausgestellten Wagen K5, die im Windkanal der Volkswagen AG durchgeführt wurden, konnten jedoch die Angaben von KAMM nicht bestätigen. Hatte dieser im Auslaufversuch $c_W = 0{,}24$ gemessen, so ergab sich im VW-Windkanal $c_W = 0{,}37$.

Bild 1.36. Der Kamm-Wagen K1 im Vergleich zum W 158 von Mercedes-Benz, 1:5-Modelle im Windkanal des FKFS; Fotos: FKFS.

Bild 1.37. Der Kamm-Wagen K5 von 1938/39 im VW-Windkanal; Foto: Volkswagen AG, Exponat: Schloß Langenburg.

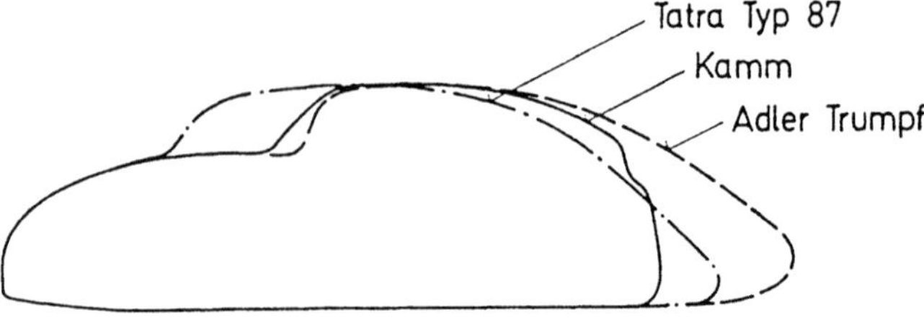

Bild 1.38. Vergleich der Längsmittelschnitte; der Tatra 87 ist ohne Heckflosse gezeichnet.

30

Die aerodynamischen Untersuchungen an Fahrzeugen wurden sehr bald auch auf die Schräganströmung ausgedehnt, wie sie sich bei natürlichem Seitenwind ergibt. So beobachtete schon KLEMPERER
bei seinen 1922 für JARAY durchgeführten Messungen [1.43], indem er das Fahrzeugmodell schräg
in den Windkanal stellte, also „schiebend" anströmte, daß der Luftwiderstand mit dem Schiebewinkel ß zunimmt. Und ihm fiel auf, daß dieser Widerstandsanstieg bei strömungsgünstigen Formen sehr
viel schwächer ausgeprägt ist als bei kantigen, ja, daß er bei diesen bei großen Schiebewinkeln ins
Gegenteil umschlägt, zu einer Widerstandsabnahme wird und eine Vortriebskomponente entsteht.
„Der Körper des Fahrzeugs wirkt dann wie ein Segel eines hart am Wind fahrenden Segelschiffes".
Derart große Schiebewinkel treten jedoch, wie in den Abschnitten 5 und 8 näher belegt wird, nur bei
sehr kleiner Fahrtgeschwindigkeit auf, bei der der Luftwiderstand keine Rolle spielt.

Mit zunehmender Fahrgeschwindigkeit gewann die Richtungsstabilität bei Seitenwind an Bedeutung. R. H. HEALD [1.56] berichtet, daß die durch Schräganstömung entstehende Seitenkraft bis zu
etwa 20° Schiebewinkel linear ansteigt; merkwürdigerweise sagt er nichts über das gleichzeitig
auftretende – abdrehende – Giermoment. Dessen Bedeutung ist von P. MAUBOUSSIN [1.49] klar
erkannt worden, und er stabilisierte seinen „Mistral" mit einer großen Heckflosse. W. KAMM [1.57]
folgerte, „daß bei den für die hohen Fahrgeschwindigkeiten zu verwirklichenden besseren Luftwiderstandsformen der Fahrzeuge die Stabilität der Kurshaltung durch Luftkräfte selbst beeinträchtigt
wird. Ein Fahrzeug im Luftstrom besitzt umso schlechtere Stabilitätseigenschaften, je günstiger seine
Form für kleinen Luftwiderstand ist". Als Gegenmaßnahme entwickelten KAMM und seine Schüler
Heckflossen. Schon der K1 wurde mit zwei Spaltflossen ausgerüstet, vgl. E. SAWATZKI [1.58]. Auch
der Einfluß des Auftriebs auf die Fahrtrichtungshaltung wurde früh erkannt. Die Raketenwagen, die
FRITZ V. OPEL ab 1928 zusammen mit MAX VALIER entwickelte, wurden mit Flügeln versehen, um den
Anpreßdruck an den Boden zu erhöhen, vgl. Bild 1.39 und H.-J. SCHNEIDER [1.59].

Daß Heckflossen für Straßenfahrzeuge ungeeignet sind, ergab sich von selbst. Waren sie klein, wie
etwa beim Tatra 87, so blieben sie wenig wirksam. Große Flossen hingegen konnten die Designer

Bild 1.39. Der Raketenwagen RAK 2 von Opel, 1928, war mit Flügeln ausgerüstet, um den Anpreßdruck zu erhohen.

nicht bewältigen. Vielmehr pervertierten sie diese an den US-Straßenkreuzern der fünfziger Jahre zu fragwürdigen Stilmitteln. Echte Flossen kamen deshalb nur bei Rekordfahrzeugen – auch bei Motorrädern – zum Einsatz. Flügel zur Minderung des Auftriebs fanden auf dem Umweg über die Rennwagen in Form von Spoilern Eingang in den Pkw-Bau.

Zu einer Gefährdung für Fahrer und Fahrzeug wird der Wind erst dadurch, daß er nicht gleichmäßig, sondern in der Regel in Böen bläst. Von diesen merkt der Fahrer erst aus der Reaktion seines Fahrzeuges etwas, und er muß spontan darauf reagieren. Der natürlichen Böigkeit des Windes, die ein Abbild seiner Turbulenzstruktur ist, überlagert sich eine scheinbare, die in einem sich mit dem Fahrzeug mitbewegenden Bezugssystem dadurch entsteht, daß der Wind entsprechend der Form des Geländes, der Bepflanzung und der Bebauung längs eines Weges nach Stärke und Richtung variabel ist. Darauf hat schon L. HUBER [1.60] hingewiesen, und es findet inzwischen beim Straßenbau weitgehend Berücksichtigung. Dementsprechend ist die Zahl der Seitenwindunfälle stark zurückgegangen. Brüstungen schützen auf Brücken; die Lärmschutzwände dienen zugleich dem Schutz vor Wind. Gefährlich sind aber, wie im Abschnitt 5 ausgeführt, Lücken in derartigen Barrieren.

Sehr frühzeitig wurden auch die Probleme der *Durch*strömung des Fahrzeuges angegangen. Schon bei seinen Versuchen mit Modellen im Maßstab 1:10 berücksichtigte KLEMPERER [1.43] die Strömung durch den Motorkühler, und er stellte fest, daß sie mit einem Zusatzwiderstand verbunden ist. KAMM und seine Mitarbeiter untersuchten die Strömung im Kühlluftdukt – Einlaß, Kühler, Gebläse und Motorraum – und ihre Wechselwirkung mit der Umströmung des Fahrzeuges sehr eingehend, vgl. H. SCHMITT [1.61] und B. ECKERT [1.62]. F. FIEDLER und W. KAMM [1.63] zeigten Wege auf, wie der Zusatzwiderstand klein gehalten werden kann. Später, nach dem zweiten Weltkrieg, ging man daran, die bei der Entwicklung der Ölkühler von Kampfflugzeugen gewonnenen Erkenntnisse auf das Auto zu übertragen.

Auch die Grundlagen zur Belüftung des Fahrgastraumes wurden in der Kammschen Schule erarbeitet. Dabei lag der Akzent auf dem Wechselspiel zwischen Luftdurchsatz *durch* den Fahrgastraum und der Strömung *um* das Fahrzeug. Die Strömungsform innerhalb des Fahrgastraumes und deren Auswirkung auf die Behaglichkeit der Insassen wurde hingegen erst sehr viel später zum Gegenstand der Forschung.

1.2.5 Einvolumen-Körper

„Stromlinienformen", also solche, die nach rein aerodynamischen Gesichtspunkten entworfen waren, fanden zunächst keinen Eingang in den Bau von Serien-Automobilen. Der Vorteil, den sie mit einem gegenüber dem Stand der Technik halbierten Luftwiderstand boten, wog die damit verbundenen Nachteile nicht auf, die in Einschränkungen im Innenraum, vor allem aber wohl im unkonventionellen Aussehen offenbar wurden. Die sich wiederholenden Mißerfolge der Aerodynamik konnten aber eine Reihe von Ingenieuren nicht davon abhalten, noch viel weiterreichende Ideen zu verfolgen. Mit den „Stromlinienformen" von RUMPLER, JARAY, MAUBOUSSIN und KAMM konnte in etwa $c_w = 0,30$ erreicht werden. Damit blieb aber ein großer Teil des Potentials unausgeschöpft, welches KLEMPERER [1.43] mit dem c_w-Wert von 0,15 seines „Halbkörpers" aufgezeigt hatte. Mit „Einvolumen-Körpern", mit Formen also, die noch viel weiter von denen zeitgenössischer Autos abwichen als die Stromlinienformen, sollte dieses erschlossen werden.

Es waren durchaus nicht nur Wissenschaftler, die sich an dieser Autokonzeption versuchten. Immer wieder haben Designer im Einvolumen die ultima ratio für die Autoform gesehen. In den USA waren es Individualisten wie B. NORMAN, B. GEDDES und BUCKMINSTER FULLER und in Frankreich EMILE CLAVEAU und ANDRE DUBONNET [1.28], die, dem Beispiel des GRAFEN RICOTTI folgend, einvolumige Spezialkarossen anfertigen ließen. Deren Formen entstanden intuitiv und haben wohl kaum jemals einen Windkanal „gesehen".

Bild 1.40. Versuchwagen von A. PERSU, 1923/24, Foto Archiv R. J. F. KIESELBACH

AUREL PERSU [1.64] dagegen entwarf 1922 einen Wagen, dessen Form er „dem idealen Halbkörper geringsten Luftwiderstandes anzupassen" versuchte, den er aus JARAYS Arbeiten kannte. Um den engen Raum im sich verjüngenden Heck auszunutzen, wählte er eine Mittelmotoranordnung, vgl. Bild 1.40. Um schnell und kostengünstig zu einem fahrfähigen Prototypen zu kommen, baute PERSU unter weitgehender Verwendung vorhandener Teile den abgebildeten Versuchsträger. In seiner Häßlichkeit dürfte der aber wohl wenig geeignet gewesen sein, der Idee des Einvolumen-Fahrzeuges Geltung zu verschaffen. Im Technischen Museum von Bukarest soll dieses Vehikel noch heute erhalten sein. Weder die praktische Brauchbarkeit noch die Ästhetik der angestrebten „Idealform" konnte PERSU damit demonstrieren, und Meßwerte hat er nicht mitgeteilt.

Später, ab 1930, haben sich dann einige amerikanische Autoren mit dem Einvolumen-Konzept beschäftigt. Die Ergebnisse der Arbeiten von W. T. FISHLEIGH [1.65], R. H. HEALD [1.56], W. E. LAY [1.51] und E. G. REID [1.66] sind im Bild 1.41 zusammengestellt. Um die an Modellen unterschiedlicher Detaillierung und verschiedener Maßstäbe erhaltenen Meßwerte bewerten zu können, ist jeweils ein vom gleichen Autor mit vermessenes zeitgenössisches Modell hinzugefügt worden. Für alle Einvolumen-Modelle ergaben sich Widerstandsbeiwerte, die nur etwa ein Drittel derjenigen der zeitgleichen Limousinen betrugen. Nur mit dem für Fahrzeuge viel zu langen Heck, das LAY in seine Untersuchungen einbezog, erzielte er einen noch niedrigeren Wert.

Sind auch die Formen dieser Wagen mehr oder weniger gefühlsmäßig entstanden, so wurden die Linien des in der Aerodynamischen Versuchsanstalt (AVA) in Göttingen entwickelten Einvolumen-Versuchswagens aus stromungsgünstigen Profilen abgeleitet. Eine Analyse der Umströmung des Lange-Wagens, die K. SCHLOR [1.67] ausführte, vgl. Bild 1.42, hatte ergeben, daß dieser bei weitem nicht so ideal war, wie angenommen. Durch den Übergang zu einer „geschlossenen Form" sollten seine Nachteile beseitigt werden. SCHLOR setzte den Längsmittelschnitt des im Bild 1.43 gezeichneten Modells aus zwei Göttinger Tragflügelprofilen zusammen, die sich beide durch einen niedrigen Luftwiderstand auszeichneten: $c_w = 0{,}125$. Die Querspanten entwickelte er aus einem halben Rotationskörper. In Fahrzeugmitte näherte er ihre Form einem Rechteck an, um zu einem möglichst geräumigen Inneren zu kommen.

33

Autor Jahr Maßstab	optimierte Halbkorper - Form	Vergleichsfahrzeug
W T Fishleigh 1931 M 1 4	Widerstandsverhaltnis 1 2,6	
R H Heald 1933 M 1 15	$c_W = 0,24$ $c_W = 0,20$	1922 $c_W = 0,67$ 1922 $c_W = 0,74$ 1928 $c_W = 0,71$ 1933 $c_W = 0,55$
W E Lay 1933 M 1 8	$c_W = 0,30$ $0,24$ $0,20$ $0,13$	$c_W = 0,61$
E G Reid 1935	$c_W = 0,15 - 0,20$	$c_W = 0,61$

Bild 1 41   Fahrzeug-Aerodynamik in den USA in den dreißiger Jahren

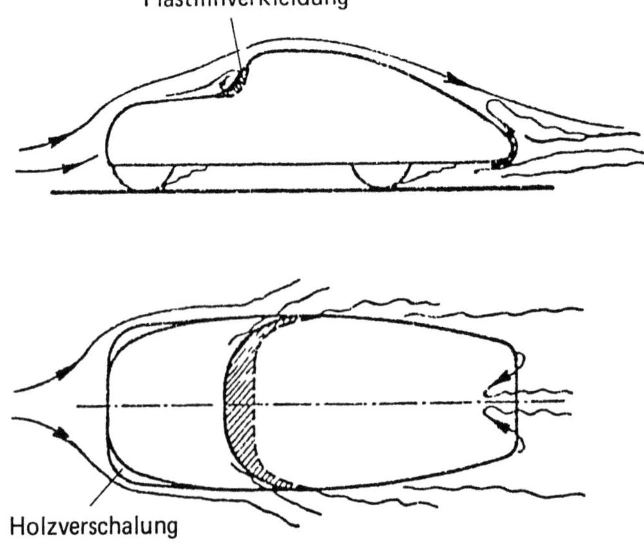

Bild 1 42   Stromungsbeobachtungen am Modell des Lange-Wagens, skizziert von K Schlor [1 66]

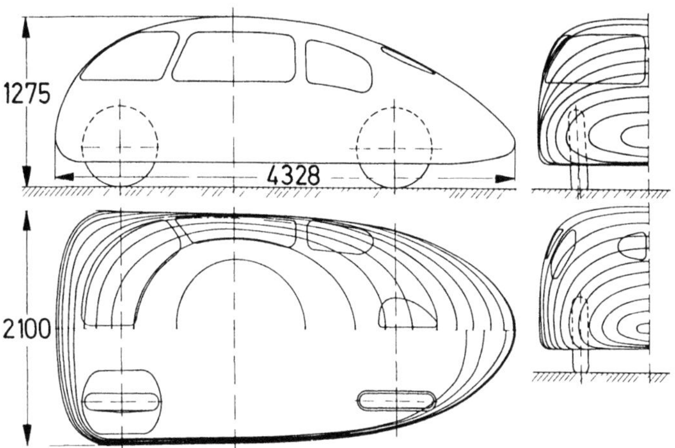

Bild 1.43. Außenhautplan des Schlör-Wagens [1.67].

Im Bild 1.44 sind die an drei Ausführungen des Schlör-Wagens gemessenen Widerstandsbeiwerte zusammengetragen: bei dem 1:5-Modell und der Großausführung handelt es sich um Originale der AVA; das 1:4-Modell ist ein Nachbau der Volkswagen AG. Aufgetragen ist der c_W-Wert über dem mit der Fahrzeughöhe dimensionslos gemachten Bodenabstand e. Bei großer Bodenfreiheit hat der Halbkörper sogar einen günstigeren Widerstand als die Profile, aus denen er abgeleitet wurde. Mit Annäherung an den Boden nimmt der c_W-Wert zu. Die „Rauheit" der Fahrzeugunterseite führt zu einem weiteren Widerstandsanstieg. Mit $c_W = 0,186$, gemessen im großen Windkanal der AVA (elliptische Düse, 7m x 4,5 m) und $c_W = 0,189$, ermittelt aus Auslaufversuchen von der TH Hannover, ergaben sich praktisch gleich günstige Werte. Bei deren Würdigung muß man aber die mit $A = 2,54$ m² ungewöhnlich große Stirnfläche des Schlör-Wagens berücksichtigen, die ihrerseits durch die große Breite von 2,10 m bedingt war. Diese wiederum wurde erforderlich, um den vollverkleideten Vorderrädern den erforderlichen Lenkeinschlag zu ermöglichen; die große Stirnfläche ist also als konzeptionsbedingt anzusehen. Über Fahrversuche mit dem Schlör-Wagen haben M. HANSEN und K. SCHLÖR [1.68] berichtet.

M. HANSEN und K. SCHLÖR [1.69] haben ihre Untersuchungen auch auf das Verhalten bei Seitenwind ausgedehnt. Aus Bild 1.45 geht hervor, daß das abdrehende Giermoment für strömungsgünstige Formen tatsächlich über demjenigen konventioneller Fahrzeuge liegt. Das vergleichsweise niedrige

Bild 1.44. Widerstandsmessungen an verschiedenen Modellen des Schlör-Wagens und am fahrfertigen Auto.

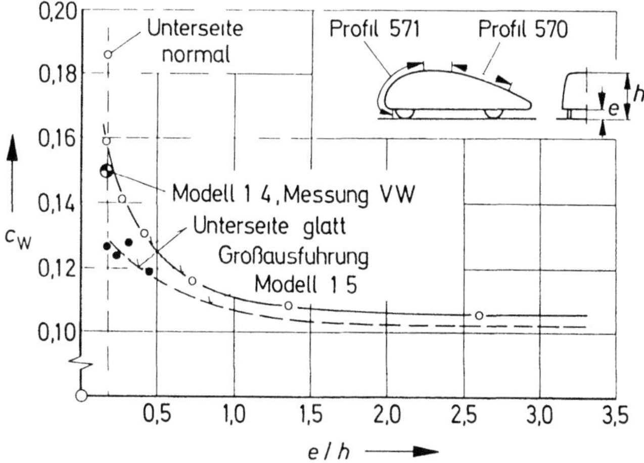

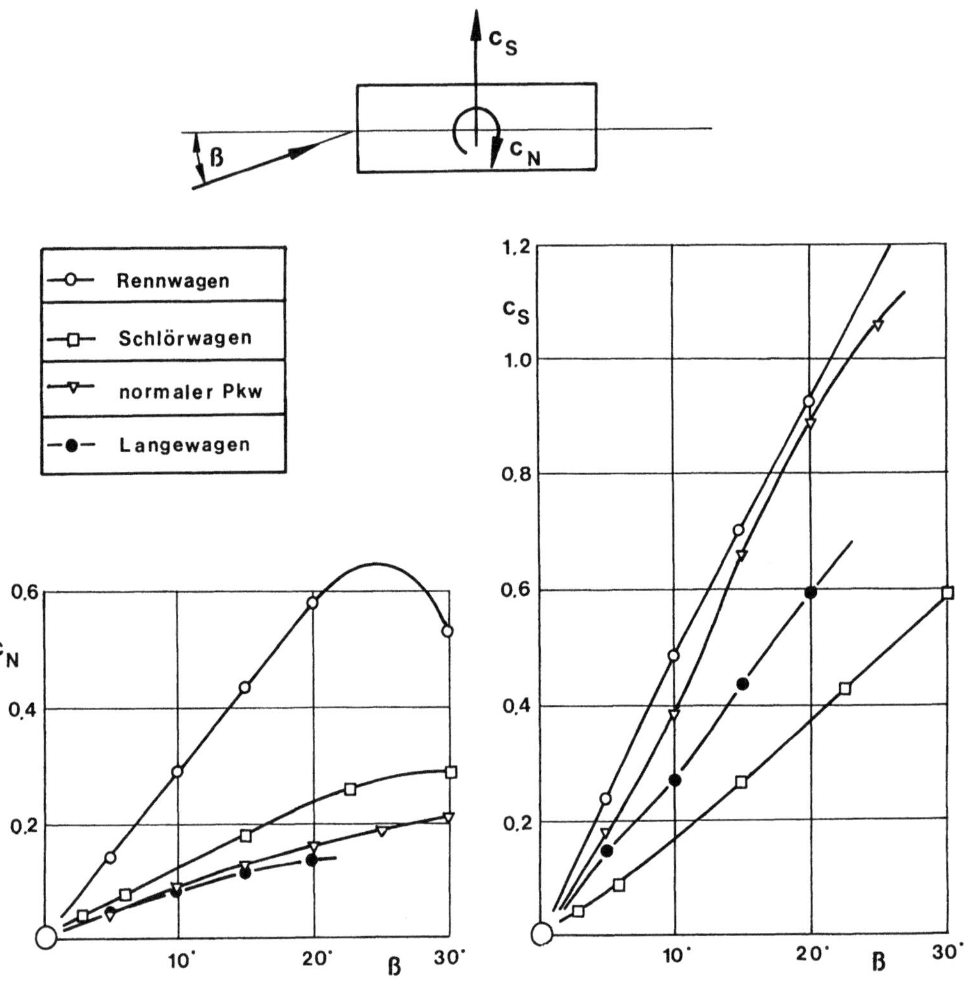

Bild 1.45. Untersuchung des Seitenwindverhaltens verschiedener Fahrzeugmodelle, nach [1.69].

Giermoment des Lange-Wagens kann auf dessen großen hinteren Überhang zurückgeführt werden. Die Seitenkraft ist bei widerstandsarmen Formen dagegen klein. Ob also Fahrzeuge mit niedrigem Luftwiderstand seitenwindempfindlicher sind, als „normale", kann anhand der aerodynamischen Kennwerte allein nicht entschieden werden, es muß vielmehr die gesamte Fahrmechanik betrachtet werden.

Alle Aktivitäten in der Fahrzeug-Aerodynamik wurden mit dem Ausbruch des zweiten Weltkrieges abrupt beendet. Zu einer Synthese aus den Stuttgarter und den Göttinger Arbeiten, also zu einem Lange- oder Schlör-Wagen mit Kamm-Heck, kam es nicht mehr. Und mit der Einstellung der Produktion ziviler Fahrzeuge endete auch die Möglichkeit, die bis dahin erzielten Ergebnisse der Aerodynamik-Forschung in die Serie zu übernehmen.

1.2.6   Ponton-Karosserie

Nach dem Krieg begann die Automobil-Produktion zunächst mit Vorkriegsmodellen. Dann aber setzte sich weltweit die Ponton-Karosserie und mit ihr die Dreivolumen-Aufteilung durch: je einen Quader für den Motor-, den Fahrgast- und den Kofferraum, vgl. Bild 1.46. Dieses Konzept schien der Aerodynamik ähnlich wenig Ansatzpunkte zu bieten wie das vorangegangene, noch stark an die Kutsche erinnernde. Aber die glatten Flächen, die eingestrakten Kotflügel, die einbezogenen Scheinwerfer, gerundete Übergänge und die gewölbte, zunehmend auch geneigte Frontscheibe boten dennoch bessere Voraussetzungen für eine saubere Umströmung. Der durchschnittliche c_w-Wert sank von 0,55 auf 0,45, also fast um 20 Prozent. Gleichzeitig wurden auch die Stirnflächen kleiner, so daß sich ohne das Zutun der Aerodynamiker insgesamt doch eine erhebliche Verbesserung ergab.

Lange Zeit verharrte die Aerodynamik dann auf diesem Niveau. Allgemein herrschte das Vorurteil, daß niedrigere c_w-Werte nur mit den typischen Stromlinien der 30er Jahre zu erreichen seien, an deren verhaltene Marktakzeptanz man sich nur allzugut erinnerte. Und das Schicksal der Hersteller, die es dennoch wagten, aus dem Trend auszuscheren, bestärkte die Vorsichtigen in ihrer reservierten Haltung. Panhard mußte aufgeben, und Citroen, in der Aerodynamik führend, vgl. Bild 1.47, verlor die unternehmerische Selbständigkeit. Ob aber beider Scheitern allein der Eigenwilligkeit der Formen von „Dyna", „ID" und „GS" anzulasten ist, steht ebenso dahin, wie bei Rumplers Pleite.

Einzig PORSCHE, als Hersteller von Sportwagen sicher in einer Sonderrolle, war mit der Aerodynamik – aber wohl kaum nur wegen ihr – erfolgreich. Die Meilensteine der Entwicklung bei PORSCHE sind im Bild 1.48 aufgereiht. Zeigten die Modelle 356 A und B noch typische Jaray-Linien, so ist beim 911er die Verwandschaft zur Lange-Form erkennbar; auch die Modelle 924 und 928 erinnern noch

Bild 1.46. Das Konzept der
Pontonkarosserie
(Three Volume Body).

Bild 1.47. Typenreihe von Citroen.

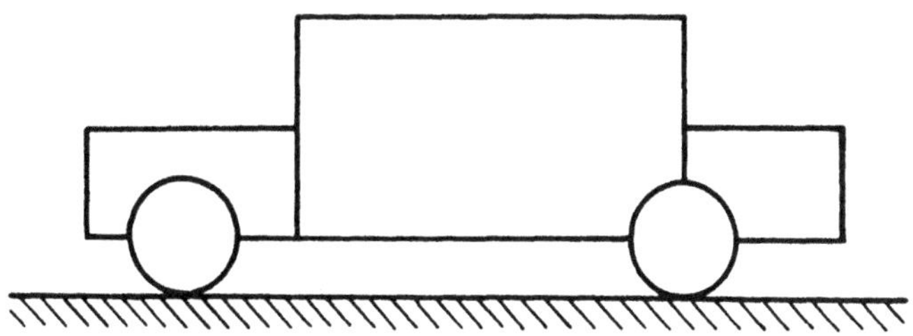

	Modell-Jahr	A in m^2	c_w
ID 19	1956	2.14	0.38
GS	1970	1.77	0.37
CX 2000	1974	1.96	0.40
BX	1982	1.89	0.33 – 0.34

	Modell-Jahr	A in m^2	c_w
 356 A	1950	1,61	0,34
 356 B	1957	1,69	0,31
 911 S	1976	1,77	0,40
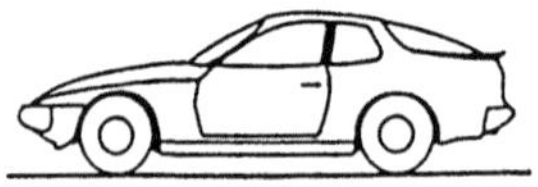 924	1975	1,79	0,33
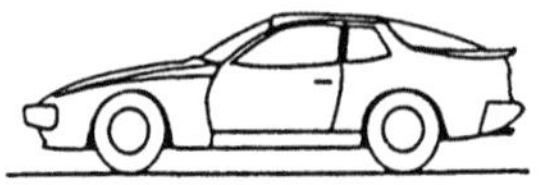 944	1981	1,82	0,35
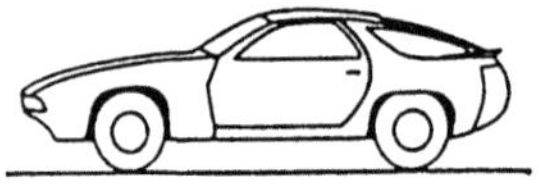 928 S	1977	1,96	0,39

Bild 1.48. Typenreihe von Porsche.

entfernt daran. Sportwagen haben lange Zeit gegenüber den Großserien-Limousinen eine Vorreiterrolle gespielt, wenn es darum ging, neue technische Optionen zu erproben, so auch in der Aerodynamik. Die Betonung der Fahrleistungen – Höchstgeschwindigkeit und Verbrauch – erleichterte ihr den Zugang zum Sportwagen, der seinerseits von der Entwicklung der Rennwagen profitierte.

1.2.7 Nutzfahrzeuge

Bei der Konstruktion von Nutzfahrzeugen fand die Aerodynamik erst dann Berücksichtigung, als Anfang der dreißiger Jahre mit dem Bau von Autobahnen die Voraussetzungen dafür geschaffen wurden, einen Teil des Transportes von Personen und Gütern von der Schiene auf die Straße zu verlagern. Busse und Lastkraftwagen waren ursprünglich nichts weiter als verlängerte Personenwagen. Folgerichtig wurden auf sie die gleichen aerodynamischen Ideen angewandt: zunächst die Linien von JARAY, später dann auch das Kamm-Heck. R. J. F. KIESELBACH [1.29] hat diese Phase mit zahlreichen Bildern und Zeichnungen in Erinnerung gebracht.

Erst mit dem „Tram-Bus", den F. GAUBSCHAT 1936 herausbrachte, löste sich der Bus vom Pkw. Die Anordnung des Motors „unterflur" oder im Heck schuf Raum für mehr Passagiere. Die separate Motorhaube konnte entfallen; sie wurde, wie aus Bild 1.49 hervorgeht, durch eine extrem stark gerundete Bugpartie ersetzt. Diese war wohl eher „nach dem Gefühl" entworfen, war viel runder, als erforderlich. Denn wie aus Messungen hervorgeht, die F. W. PAWLOWSKI [1.70] schon 1930 veröffentlichte – in Bild 1.50 sind sie in den Original-Dimensionen reproduziert – hätte es nur relativ

Bild 1 49 „Tram-Bus" von F GAUBSCHAT, 1936, auf Bussing-Chassis, Foto Archiv R J F KIESELBACH

kleiner Radien am Bug des Busses bedurft, um die Voraussetzung fur einen niedrigen Luftwiderstand zu erfullen PAWLOWSKIS Beobachtung ist, obwohl wenig spater von LAY bestatigt, lange Zeit ubersehen worden, ebenso auch die von ihm mitgeteilte Abhangigkeit des „optimalen" Eckenradius von der Reynolds-Zahl

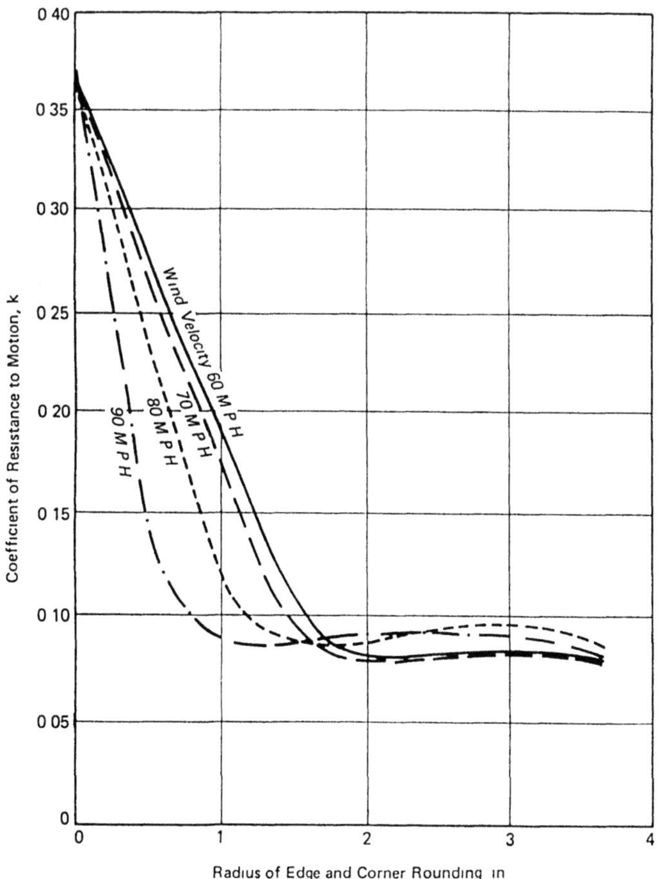

Bild 1 50 Einfluß des Kantenradius auf den Widerstand von einem langsangestromten Quader

$$k = \frac{1}{2} c_w$$

Originalbild aus
F W PAWLOWSKI [1 70]

Das Kamm-Heck wurde schon 1936, unmittelbar nach seiner Entwicklung durch R. v. KOENIG-FACHSENFELD [1.54] in den Busbau eingeführt. Da es bei gleicher Länge eine zusätzliche Sitzreihe ermöglichte, vgl. Bild 1.51, wurde es von den Busunternehmern gern akzeptiert.

Einen Meilenstein in der Aerodynamik der Nutzfahrzeuge stellte die von E. MOLLER [1.71] entwickelte Bugform des ersten Transporters von Volkswagen dar. Gegenüber dem ursprünglich geplanten scharfkantigen Entwurf ergab sich, wie aus Bild 1.52 hervorgeht, eine so drastische Widerstandsverringerung, daß niemand daran vorbeigehen konnte; trotz damit verbundener höherer Kosten wurde der runde Bug für die Serie übernommen. Der VW-Transporter wurde damit zum Renommierstück der Fahrzeug-Aerodynamik. Die über Jahre einzigartige Marktstellung dieses Typs widerlegte schlagend das Argument „Aerodynamik verkauft sich schlecht". Und indem H. SCHLICH-TING dieses Beispiel in seinem berühmten Buch „Grenzschicht-Theorie "[1.72] zur Demonstration der Wechselwirkung zwischen Körperkontur, Strömungsform und Luftwiderstand wählte, verschaffte er der Fahrzeug-Aerodynamik auch in der Wissenschaft erneut Beachtung.

Aber auch beim Entwurf der Bugform des VW-Transporters blieb die Erkenntnis von PAWLOWSKI unbeachtet; der Bug war viel stärker gerundet als zur Vermeidung der Ablösung an den Seitenwänden erforderlich. Erst bei der Formgestaltung des Volkswagen LT wurde sie konsequent genutzt. Wegen der langen Entwicklungszeit des LT blieben die bereits im Jahr 1969 an einem Modell im Maßstab 1:4 erzielten Ergebnisse bis 1976 unveröffentlicht [1.73]; weitere Details folgten 1977 [1.74]. Aus den daraus im Bild 1.53 zusammengestellten Ergebnissen von Kraftmessungen und Rauchaufnahmen am Original-Fahrzeug geht deutlich hervor, wie klein der Bugradius sein darf, um Ablösung hinter der „Ecke" zu verhindern. Die „Optimierung" der Eckenradien ist bei Bussen und Lkw, mitunter auch bei Aufliegern, inzwischen allgemein akzeptierte Praxis.

Ein Beispiel, das geradezu typisch für den Erfolg pragmatischen Denkens in der Fahrzeug-Aerodynamik ist, ist der Flügel auf dem Fahrerhaus von Container-Sattelzügen. Untersuchungen

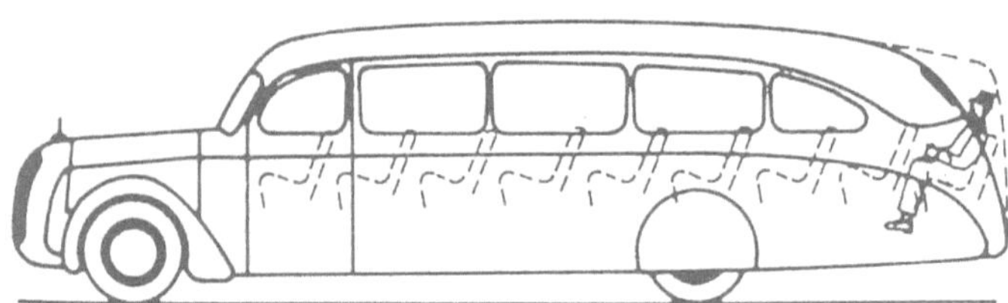

Bild 1.51. Vergleich der Heckformen nach JARAY und KAMM an einem Bus, nach R. v. KOENIG-FACHSENFELD [1.54].

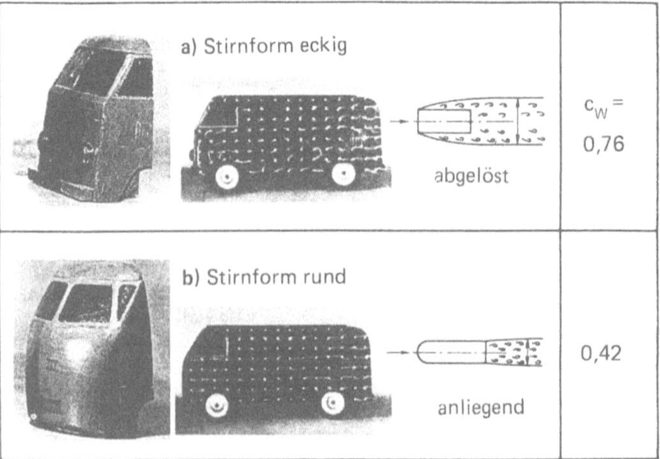

Bild 1.52. Entwicklung der Bugkontur des VW-Transporter I, 1951, nach E. MOLLER [1.71].

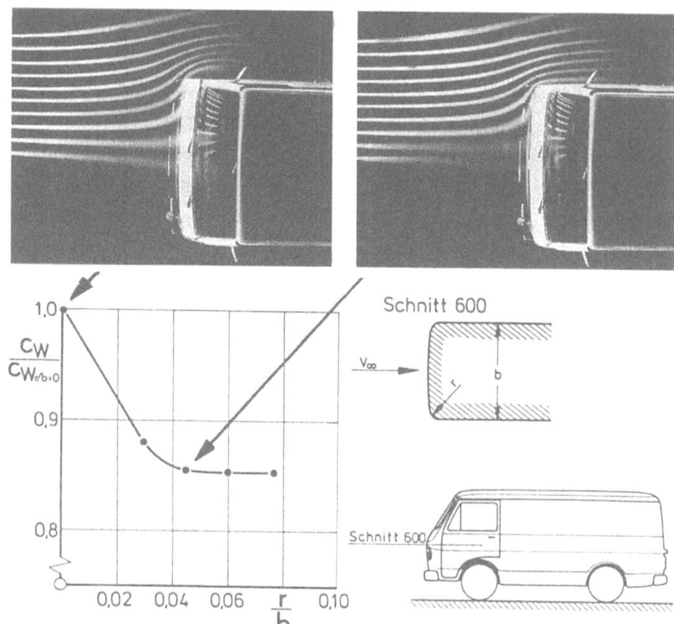

Bild 1.53. Detailoptimierung des Fahrerhauses des VW-LT; Fotos und Messungen: Volkswagen AG

[1.75], die bereits im Jahr 1953 an der University of Maryland, USA, durchgeführt wurden, hatten ergeben, daß durch einen bogenförmigen Übergang (Roof-Fairing) vom Dach des Fahrerhauses zum Container ein Widerstandsgewinn möglich war. Konstruktiv ließ sich dieser jedoch wegen der Relativbewegungen zwischen Fahrerhaus und Auflieger schlecht gestalten.

Sehr bald zeigte sich jedoch, daß mit einem Flügel auf dem Fahrerhaus der gleiche Effekt eintrat. Die Resultate, die K. Frey [1.76] bereits 1933 an stumpfen Körpern mit Leitblechen erzielt hatte, hätten diese Erkenntnis befördern können, sind aber dort offenbar nicht bekannt gewesen. Auch waren Leitbleche bei Dampflokomotiven schon lange im Gebrauch, primär, um das Führerhaus vom Rauch frei zu halten, aber auch, um ihren Widerstand herabzusetzen. 1962 kam die amerikanische Firma Rudkin & Wiley als erste mit einem „Airshield" genannten Lkw-Flügel auf den Markt. W. S. Saunders, der die Erfindung des „Cab-spoilers" für sich reklamiert, bekam seine Patente [1.77] erst 1966 erteilt. Wie die Strömung von einem derartigen Leitblech über den zerklüfteten Raum zwischen Fahrerhaus und Container hinweggehoben wird, läßt Bild 1.54 erkennen. Die einfache Nachrüstbarkeit und die bequeme Möglichkeit der Anpassung haben die schnelle Verbreitung des Flügels sehr gefördert.

Bild 1.54. Flügel auf dem Fahrerhaus eines MAN-Container-Sattelzuges; Foto: DLR.

1.2.8 Motorräder

Für das Motorrad wurde die Aerodynamik erst spät entdeckt. Der Vorteil einer Verkleidung trat zwar bei Rekordfahrten klar zutage, aber ihre Nachteile bei der Handhabung ebenso. Hinzu kam die extreme Empfindlichkeit der verkleideten Maschinen auf Seitenwind. H. SCHLICHTING [1.78] und N. SCHOLZ [1.79][1.80] erarbeiteten diese Zusammenhänge, als sie 1950 im Zuge der Vorbereitungen auf eine Weltrekordfahrt der NSU AG Windkanalmessungen an 1:5-Modellen von Motorrädern unternahmen. Die Verbesserung der Fahrleistung durch eine „fischförmige" Vollverkleidung geht klar aus Bild 1.55 hervor. Aber es bedurfte einer sehr langen Flosse, um die Seitenwindempfindlichkeit auf ein Maß zu drücken, das vom Fahrer beherrschbar war.

Über die Rennfahrzeuge haben Teilverkleidungen allmählich auch bei Straßenmaschinen Eingang gefunden.

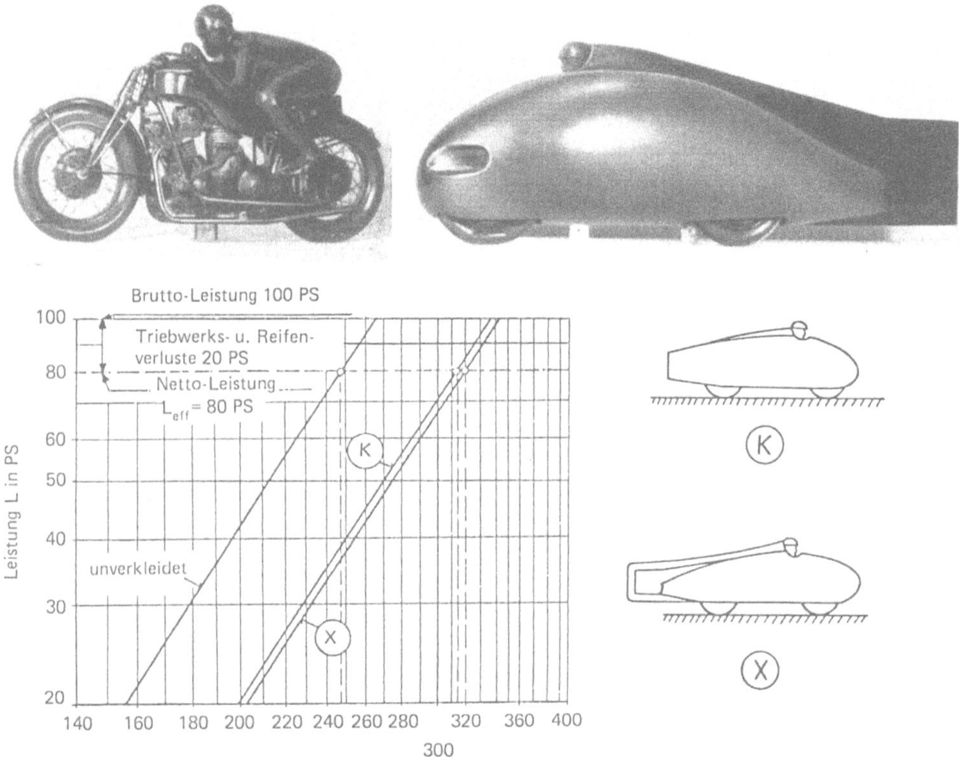

Type	Widerstandsfläche $c_w \cdot A$ [m²]	Mit der effektiven Leistung l_{eff} = 80 PS erreichbare Maximal-Geschwindigkeit V_{max} [km/h]
unverkleidet	0,298	247
K	0,148	314
X	0,140	320

Bild 1 55. Vollverkleidung des NSU-Rekordmotorrades, 1950, nach H. SCHLICHTING [1.78].

42

1.3 Gegenwart und zukünftige Trends

1.3.1 Stand der Technik

Wenn vom „Stand der Technik" die Rede ist, dann ist damit in der Regel die Spitze einer Entwicklung gemeint Der gegenuber liegt jedoch das „Feld" nicht selten weit zuruck So auch in der Fahrzeug Aerodynamik Ein Widerstandsbeiwert von $c_w < 0,30$ wird nur von wenigen Limousinen erreicht Wie aus der Statistik im Bild 1 56 [1 81] hervorgeht, liegt der Mittelwert der im Markt befindlichen Pkw noch immer bei $c_w = 0,37$, nicht wenige aber auch betrachtlich daruber Insgesamt besteht also noch ein betrachtliches Potential fur Verbesserungen

Daß sich dessen Ausschopfung lohnt, geht aus folgender empirischer Beziehung hervor, die im Abschnitt 3 hergeleitet wird Sie verknupft die Senkung des Kraftstoffverbrauchs mit der Vermin derung des Luftwiderstandes wie folgt

$$\frac{\Delta b}{b} = 0,3 \text{ bis } 0,4 \frac{\Delta W}{W} \tag{1 4}$$

Dabei bedeutet b den Kraftstoffverbrauch in l/100 km vor der Widerstandsreduktion ΔW, das Symbol Δ weist auf die jeweilige Minderung von Widerstand und Verbrauch hin Gl (1 4) setzt voraus, daß die Verbrauchsmessung im „Euro Mix" erfolgt Dessen Fahrstrecke setzt sich aus drei gleichlangen Teilstucken zusammen, die mit 120 km/h, mit 90 km/h und mit einem Geschwindigkeitsprofil nach dem europaischen Abgaszyklus zu durchfahren sind

Fur den Proportionalitatsfaktor in Gl (1 4) kann nur ein ziemlich weiter Bereich genannt werden Er hangt u a vom Verbrauchskennfeld des Motors und der Getriebeanpassung ab Dieselmotoren liegen an seiner oberen, Ottomotoren an der unteren Grenze

Von den zwei Maßnahmen mit denen der Widerstand nach Gl (1 1) abgebaut werden kann, ist diejenige der Verkleinerung der Stirnflache weitgehend ausgereizt Wie aus Bild 1 57a [1 82]

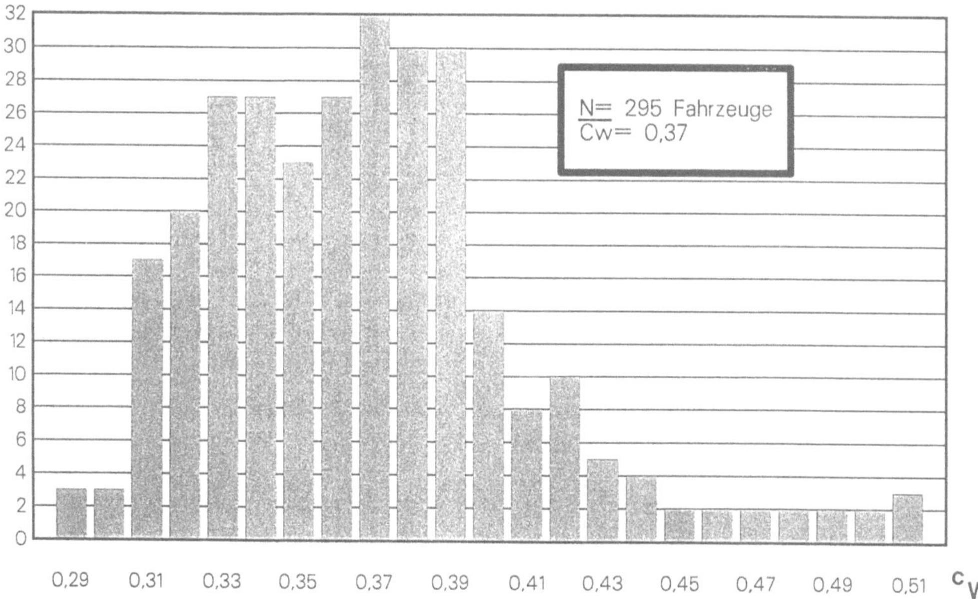

Bild 1 56 c_w Wert Klassierung von Pkw die im VW Windkanal vermessen wurden 1990 nach R BUCHHEIM [1 81]

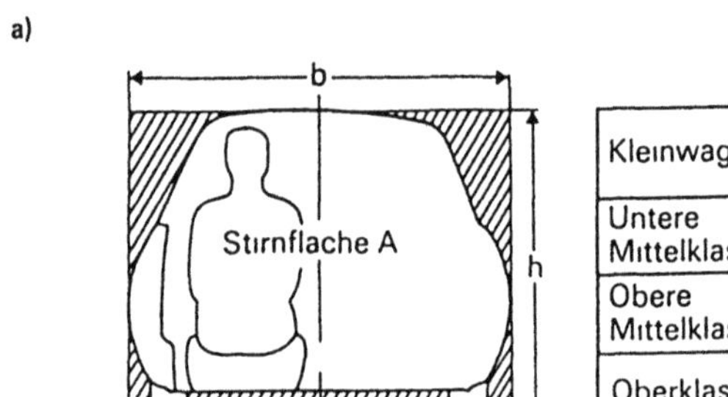

	Stirnflache A in m²
Kleinwagen	1 8
Untere Mittelklasse	1 9
Obere Mittelklasse	2 0
Oberklasse	2 1

Bild 1 57 Stirnflache A von Pkw in den typischen „Klassen" [1 82] und ihre Korrelation mit der Fahrzeugmasse [1 83]

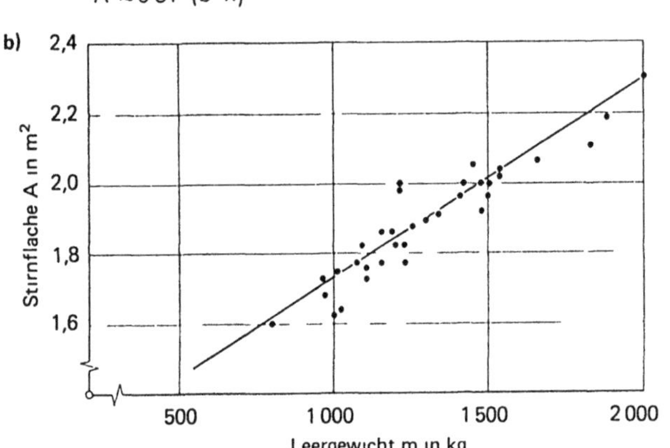

hervorgeht, ist die Stirnflache in den vier wesentlichen Fahrzeugklassen bei allen Herstellern auf jeweils nahezu identische Werte konvergiert Daß die Stirnfache selbst ein gutes Maß fur die „Große" eines Fahrzeugs darstellt, wird aus ihrer Korrelation mit der Fahrzeugmasse deutlich, vgl Bild 1 57b [1 83] Wie durch die Schraffur angedeutet, sind alle „uberflussigen Ecken" von der Stirnflache bereits abgeschnitten worden Ihre weitere Verkleinerung ist wenig wahrscheinlich, sie wurde zu einer unakzeptablen Komforteinbuße fuhren Eher ist mit einer Trendumkehr zu rechnen Kompakte, kurzere Autos erfordern eine aufrechtere Sitzposition, also eine großere Hohe Und um die Sonneneinstrahlung zu reduzieren, werden die Seitenscheiben zunehmend wieder steiler gestellt Beide Maßnahmen fuhren zu einem Anstieg der Stirnflache

Die im Bild 1 58 hervortretende Tendenz zum Abbau des c_w-Wertes, die gegen Ende der siebziger Jahre einsetzte, weist bei den einzelnen Herstellern eine zeitliche Phasenverschiebung von gut einer Modellgeneration auf Die „Sattigung", die sich abzuzeichnen beginnt, hat ihre Ursache nicht in der Stomungsmechanik Denn wie die im Bild 1 58 mit eingetragenen c_w-Werte von Grundkorpern, aber auch von fahrfahigen Protototypen, beweisen, ist mit $c_w = 0{,}25$ die physikalische Grenze noch lange nicht erreicht

Es macht aber wenig Sinn, den Luftwiderstand eines Autos immer weiter zu reduzieren, wenn dem die Technik an anderen Stellen nicht zu folgen vermag Ein niedriger c_w-Wert ist kein Selbstzweck, er dient vielmehr allein der Verbesserung der Fahrleistungen Und bei diesen wiederum steht der Verbrauch im Vordergrund Eine weitere Steigerung der Spitzengeschwindigkeit ist dagegen nicht erforderlich

Nutzt man aber die Widerstandssenkung allein zur Erzielung einer Verbrauchsersparnis, dann halt man die Hochstgeschwindigkeit konstant und kann einen entsprechend schwacheren Motor einbauen Wenn nun aber die Masse des Fahrzeuges unverandert bleibt, dann verliert es an Beschleuni-

44

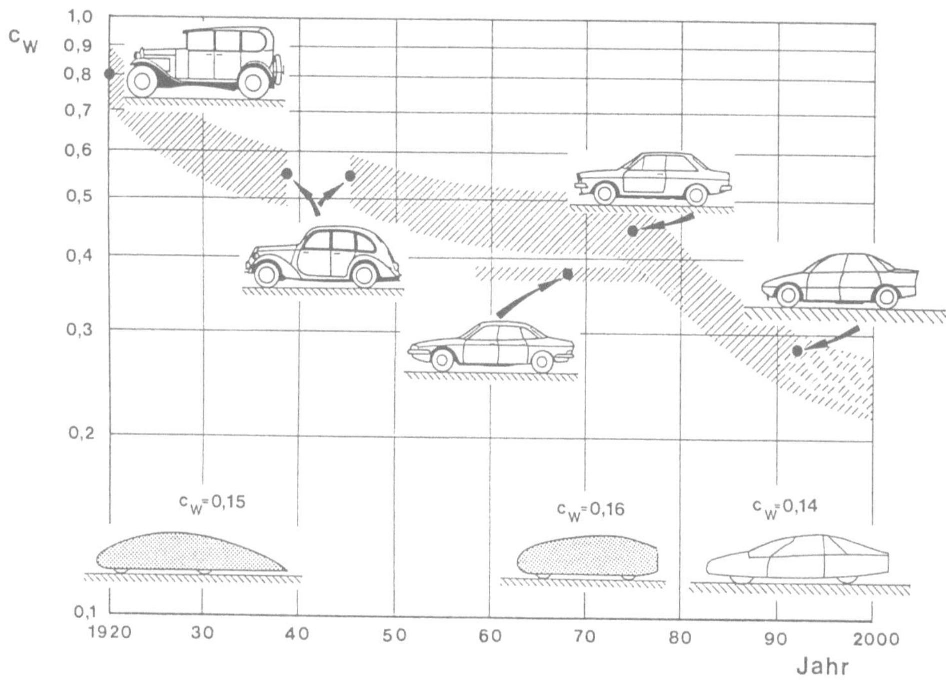

Bild 1.58. Entwicklung des c_w-Wertes der europaischen Serien-Pkw uber der Zeit.

gungsvermögen. Das aber ist unakzeptabel. Denn gerade in dem immer dichter werdenden Verkehr braucht ein Auto ein gutes Spurtvermögen, um das Einfädeln in den fließenden Fahrzeugstrom zu ermöglichen. Die Fahrzeugmasse weist aber derzeit eher eine steigende Tendenz auf; Ursache dafür sind Vorkehrungen für die Sicherheit sowie die Zusatzausstattungen, die zunehmend mehr geordert werden. Wie im Abschnitt 3 ausführlich dargelegt, nimmt bei konstanter Masse die „Effizienz" der Widerstandsreduktion bezüglich einer Verbrauchssenkung ab, je niedriger das c_w-Wert-Niveau bereits ist. Durch den asymptotischen Charakter der Widerstandsentwicklung nach Bild 1.58 wird dieser Schluß von der Praxis bestätigt.

1.3.2   Detailoptimierung

Aus der langanhaltenden Stagnation bei der „Zielgröße" Luftwiderstand führte die Methode der „Detail-Optimierung" heraus, die dritte der im Bild 1.10 aufgeführten Phasen der Fahrzeug-Aerodynamik. Die Auswertung der in der Literatur verstreuten Ergebnisse von Parametervariationen an geometrisch einfachen Körpern, die Arbeit von Pawlowski (vgl. Bild 1.50) wurde schon genannt, aber auch von Versuchen aus der Serienentwicklung, ergab, daß oft mit kleinen lokalen Formänderungen ein vergleichsweise großer Widerstandsabbau möglich war. W.-H. Hucho, L. J. Janssen und H.-J. Emmelmann [1.73] haben dieses Verfahren eingehend beschrieben. Die ersten Fahrzeuge, auf die es angewandt wurde waren die Volkswagen-Modelle Golf I und Scirocco I [1.84]. Da es im Abschnitt 4 eingehend beschrieben wird, soll hier nur kurz auf das Grundsätzliche eingegangen werden.

Ausgangspunkt für eine Detailoptimierung ist der Entwurf des Stilisten. Alle Formmodifikationen müssen derart unauffällig vorgenommen werden, daß sie das Design des Fahrzeuges nicht verändern. Einzelheiten, wie Kantenradien, Krümmungen, Einzüge, Position und Abmessungen von Spoilern,

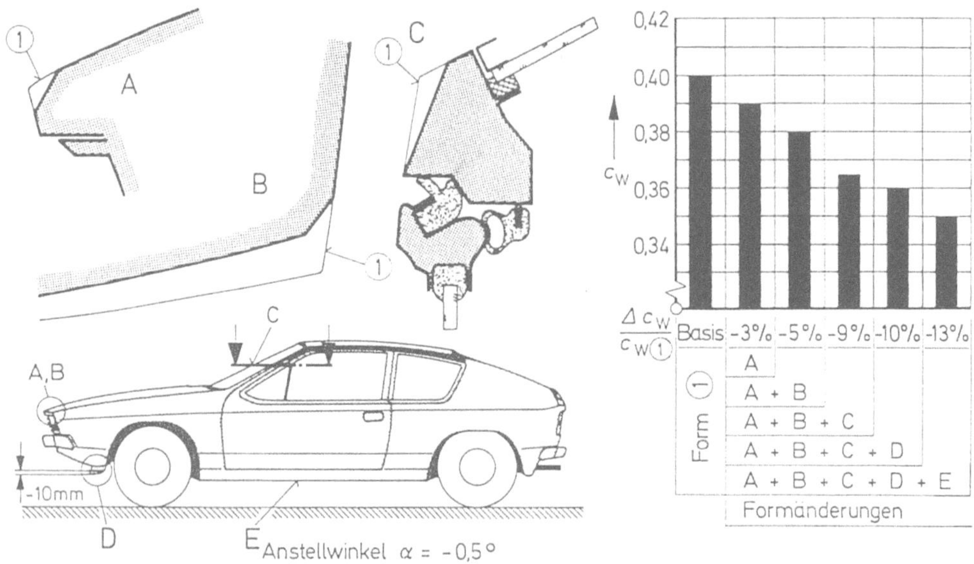

Bild 1.59. Beispiel einer Detailoptimierung.

werden in kleinen Inkrementen variiert, zunächst einzeln, wo sinnvoll aber auch in Wechselwirkung miteinander. Häufig sind es nur kleine Abweichungen von der Ausgangsform, die zu einer ablösungsfreien Umströmung des betreffenden Details und damit zur Vermeidung von örtlichem Widerstand führen. Im Bild 1.59 ist das Endergebnis einer derart ausgeführten Optimierung zusammengefaßt. Die Abweichungen von der Ausgangsform sind so klein, daß sie kaum wahrgenommen werden können. Nach dieser Strategie wurde u.a. der VW Scirocco I bearbeitet. Das vom Designer angelieferte Modell lag mit $c_W = 0,50$ sehr hoch, auch im Vergleich zu zeitgleichen Wettbewerbern. Nach der Detailoptimierung betrug der Widerstandsbeiwert $c_W = 0,41$. Dieser Wert wurde zu dieser Zeit nur von ausgesprochen stromlinienförmigen Autos erreicht, wie der Vergleich mit dem Opel GT, einem sportlichen Fahrzeug der gleichen Klasse, der in Bild 1.60 vorgenommen wird, unterstreicht. Diese Methode stieß jedoch sehr schnell an ihre Grenzen; c_W-Werte kleiner als 0,40 waren mit ihr kaum darzustellen. Und der Spielraum dieses Verfahrens wurde umso enger, je mehr die aus ihm gewonnenen Erkenntnisse beim nächsten Modell a priori vom Designer eingearbeitet wurden. Aber die Aerodynamik war mit diesem schrittweisen Vorgehen zu einem festen Bestandteil der Fahrzeugentwicklung geworden, und der Boden für den nächsten, sehr viel weitergehenden Schritt war bereitet.

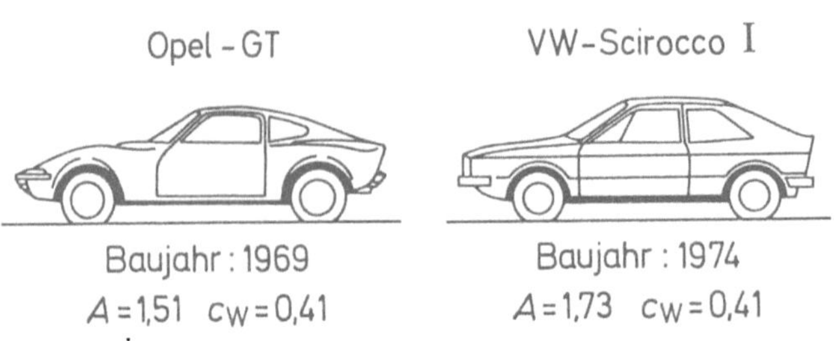

Bild 1.60. Stromlinie und Detailoptimierung im Vergleich.

1.3.3   Formoptimierung

Nach der ersten Energiekrise im Winter 1973/74 rückte erneut der Kraftstoffverbrauch in den Mittelpunkt der Autoentwicklung. Damit wuchs auch die Bereitschaft der Fahrzeugkonstrukteure, das Potential der Aerodynamik noch konsequenter auszuschöpfen als bisher. Die Aerodynamiker hatten sich auf diese Situation gut vorbereitet. Denn als sich abzeichnete, daß die Detailoptimierung bald ausgereizt sein würde, hatten sie mit Forschungen begonnen, die unmittelbar an die Arbeiten von

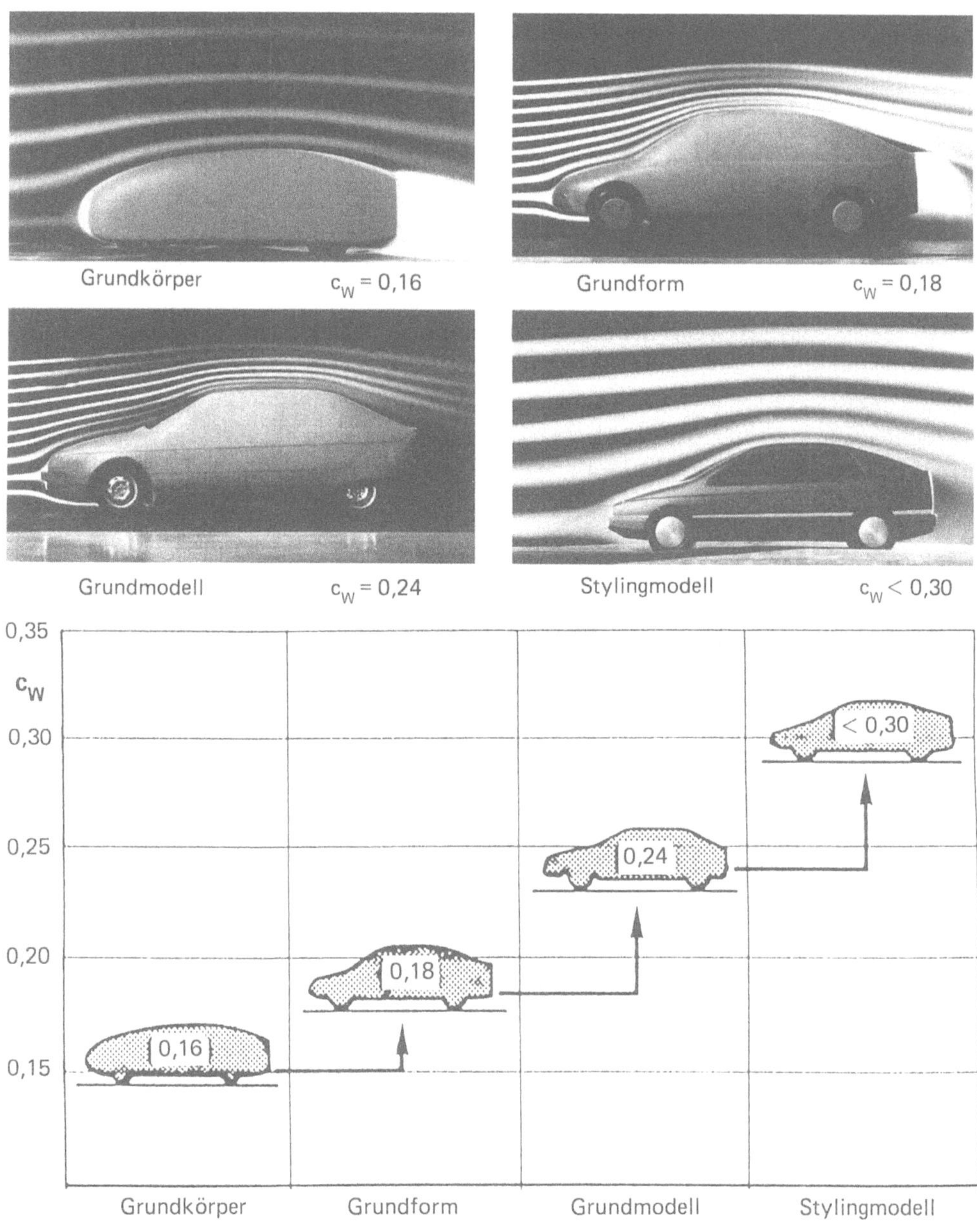

Bild 1.61. Beispiel einer Formoptimierung [1.86].

Jaray und Klemperer anknüpften. Sie hatten Wege eingeschlagen, auf denen das von diesen bereits 1922 aufgedeckte Widerstandspotential erschlossen werden konnte. Das führte zu der vierten und einstweilen letzten der im Bild 1.10 gekennzeichneten Phasen.

Zunächst wurden widerstandsarme „Grundkörper" entwickelt, die man auch als „Einvolumen"-Modelle bezeichnen kann. Aber anders als früher wurden nur solche zugelassen, die die gleichen Hauptabmessungen wie die gängigen Fahrzeuge hatten und die ein modernes Packaging erlaubten. Bei Pininfarina [1.85] und bei Volkswagen [1.86] entstanden Grundkörper, die trotz dieser Einschränkungen den günstigen Widerstand des Jarayschen Modells fast erreichten. Aus ihnen wurde in zahlreichen Schritten, die denen der Detailoptimierung ähnelten, Karosserieformen abgeleitet, die den Stylisten als Ausgang für ihre Arbeit dienten. Im Bild 1.61 haben R. Buchheim et al. [1.86] die Endergebnisse der einzelnen Abschnitte einer solchen Ableitung zusammengestellt. Mit dem Audi 100 III kam 1982 das erste dieserart „formoptimierte" Fahrzeug auf den Markt. Sein damals „weltmeisterlicher" c_W-Wert von 0,30 ist inzwischen von einer Reihe von jüngeren Konkurrenzmodellen unterboten worden.

Die „Grundkörper" dienen aber auch unmittelbar als Vorlage für den Entwurf von einvolumigen Fahrzeugen. Diese kamen zunächst als „Minivans" auf den Markt, einem Mittelding zwischen Kleinbus und Limousine. Ob sich dieses Konzept auch bei „echten" Pkw durchsetzen wird, ist noch immer nicht abzusehen; bisher ist es bei Designstudien und „Zukunftsautos" geblieben. Als Beispiel möge der im Bild 1.62 gezeigte „Futura" von Volkswagen dienen.

In der Praxis der Fahrzeug-Aerodynamik sind die Strategien der Detail- und der Formoptimierung natürlich nicht so scharf gegeneinander abgegrenzt, wie hier dargestellt. Sie gehen vielmehr, wie mit Bild 1.63 angedeutet, ineinander über.

Bild 1.62 „Einvolumen-Pkw", Forschungsauto VW-Futura, Foto Volkswagen AG

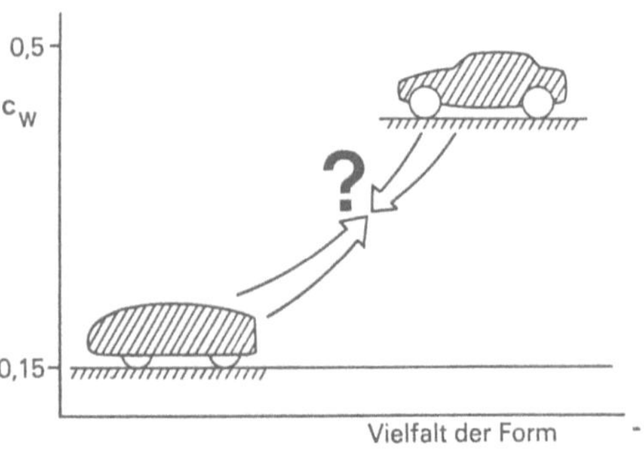

Bild 1.63. Alternativen der Vorgehensweise bei der Formentwicklung.

1.3.4   Entwicklungsaufwand

Die aerodynamische Entwicklung von Fahrzeugen ist mit einem beträchtlichen Aufwand verbunden. Großwindkanäle und Klimakanäle binden viel Kapital, und sie sind teuer im Betrieb. Die Kosten für die Modelle und die laufende Einarbeitung von Änderungen sind hoch. Werden doch zu Beginn der Entwicklung eines neuen Fahrzeuges mehrere Designvarianten parallel verfolgt, die, da man ja a priori nicht weiß, welches schließlich für die Weiterentwicklung ausgewählt wird, alle mit der gleichen Sorgfalt optimiert werden müssen. Schließlich wird eine Mannschaft qualifizierter Mitarbeiter benötigt: Aerodynamiker, Meß- und Datentechniker, Modellbauer, Betriebspersonal.

Und der Entwicklungsprozeß, der iterativ zwischen Styling, Konstruktion und Aerodynamik abläuft, beansprucht natürlich Zeit. Die aber ist fast noch knapper als Geld. Es werden deshalb große Anstrengungen unternommen, diesen Ablauf zu rationalisieren.

Wie stark der Entwicklungsaufwand vom angestrebten Entwicklungsziel abhängt, geht aus den von R. Buchheim et al. [1.87] mit Bild 1.64 publizierten Daten hervor, die allerdings nur die Formentwicklung, nicht jedoch Klimatisierung und Motorkühlung, umfassen.

Wird bei der Entwicklung ein Widerstandsbeiwert von nur $c_W = 0{,}45$ angestrebt, dann ist der Aufwand gering. Nutzt man beim Entwurf die in der Literatur veröffentlichten Unterlagen, so genügen ein paar Kontrollmessungen an einem Modell im Maßstab 1:4 oder 1:5, um die Erreichung dieses konservativen Zieles sicherzustellen. Ein Sollwert von $c_W = 0{,}40$ jedoch, der nur wenig ehrgeiziger zu sein scheint, ist schon nur noch mit erheblichen Anstrengungen zu erreichen; nach Bild 1.64 erfordert er etwa 300 bis 500 Meßstunden in einem Großwindkanal. Alternativ kann natürlich auch mit verkleinerten Modellen gearbeitet werden; das ist nicht nur billiger, sondern auch schneller. Und tatsächlich wird von dieser Möglichkeit wieder zunehmend Gebrauch gemacht. Aber das Reynolds-Zahl-Risiko ist groß, vor allem dann, wenn nach der im Abschnitt 1.3.3 beschriebenen Strategie „optimiert" wird, bei der ja gerade Grenzeffekte ausgenutzt werden.

Wenn ein Widerstandsbeiwert von $c_W = 0{,}30$ verwirklicht werden soll – dieser Zahl strebt nach Bild 1.58 die nächste Modellgeneration asymptotisch zu –, dann benötigt die Formoptimierung sogar einen Vorlauf zur eigentlichen Fahrzeugentwicklung. Denn die erforderliche Windkanalzeit von

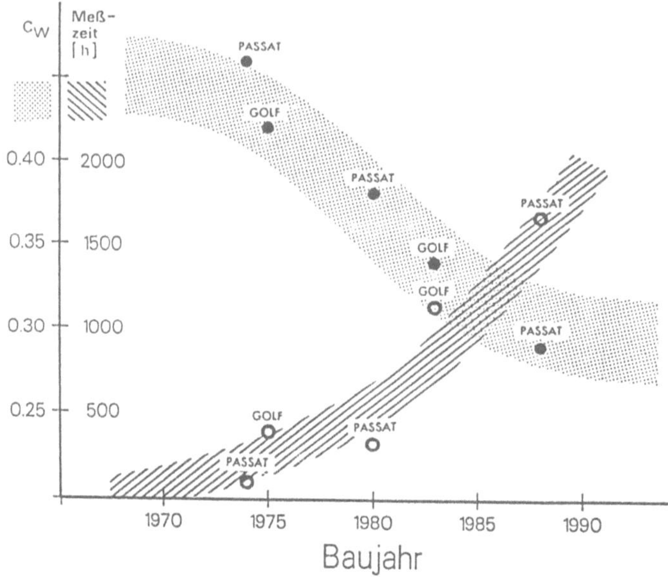

Bild 1.64 Entwicklungsaufwand als Funktion der Vorgabe für den c_W-Wert, nach R. Buchheim [1.87].

49

1500 bis 2000 Stunden – das ist die Größenordnung eines Mannjahres – kann nicht mehr in dem Entwicklungsablauf untergebracht werden, ohne diesen zu verlängern.

Bei der Bewertung der im Bild 1.64 zusammengestellten Zahlen müssen jedoch zwei gegenläufige Einflüsse berücksichtigt werden: Sie stammen aus Entwicklungen, bei denen in der Aerodynamik Neuland betreten wurde. Erfahrungen darüber, wie derart niedrige c_w-Werte darzustellen seien, lagen noch nicht vor. Folgeentwicklungen, die auf diese zurückgreifen können, sollten also weniger Zeit beanspruchen. Dem wirkt jedoch entgegen, daß neue Zielgrößen hinzukommen. Genannt seien an dieser Stelle nur die Windgeräusche. Per Saldo muß deshalb mit einem weiteren Anstieg des Entwicklungsaufwandes gerechnet werden. Derzeit wird auf drei Wegen versucht, diesen Trend zu dämpfen.

Durch die Verbesserung vorhandener und die Anwendung neuer Meßverfahren wird angestrebt, einen tieferen Einblick in die Strömungsmechanismen am Fahrzeug zu gewinnen. Integrale Prozeduren wie das Wiegen werden durch differentielle ergänzt. Die seit langem praktizierten Techniken zur Sichtbarmachung der Strömung werden verbessert. Aus aufgemessenen Geschwindigkeitsfeldern können verschiedene Widerstandsanteile ebenso identifiziert werden wie Orte der Schallentstehung. Das wiederum ermöglicht ein determiniertes Vorgehen bei der Entwicklung.

Große Anstrengungen werden unternommen, die Verfahren der numerischen Strömungsmechanik auf die Fahrzeug-Aerodynamik anzuwenden. Erleichterung kann von ihnen aber erst dann erwartet werden, wenn sie zwei Bedingungen erfüllen: Die notwendige ist, daß sie die Physik mit der erforderlichen Präzision abbilden. Die hinreichende ist ebenfalls nicht einfach zu erfüllen; die Berechnung muß nicht nur billiger sondern auch schneller als die Messung sein.

Wegen des von Ablösungen geprägten Charakters der Strömung ergeben sich besondere Schwierigkeiten. Bis jetzt ist es auch nicht annähernd gelungen, die Umströmung eines gängigen Autos numerisch so genau zu simulieren, daß sein Widerstand vorausgesagt werden könnte. Allenfalls lassen sich Details wie Kräfte auf anliegend umströmte Karosserieteile berechnen; diese sind aber auch leicht zu messen. Aus einer Analyse der zahlreichen angebotenen Berechnungsverfahren und einer Abschätzung des Trends in der Entwicklung von Superrechnern hat W.-H. HUCHO [1.4] gefolgert, daß mit dem Einsatz der numerischen Aerodynamik in der *Entwicklung* von Automobilen vor Mitte der neunziger Jahre nicht zu rechnen ist.

An verschiedenen Stellen wird der Versuch unternommen, die Erfahrungen aus vorangegangenen Fahrzeug-Entwicklungen und Grundsatzuntersuchungen, die sich in großen, nur noch schwer zu überschauenden Datenmengen widerspiegeln, in Expertensystemen zu verarbeiten. Sie lassen eine wesentlich schnellere Konvergenz bei der Formentwicklung erwarten, gleichviel, ob diese nun, wie bisher ausschließlich, im Windkanal erfolgt oder, wie von vielen erhofft, zunehmend dem Rechner übertragen wird. Denn auch die numerische Simulation ändert an der Notwendigkeit, empirisch vorzugehen, nichts. Die optimistische Prognose, die R. BUCHHEIM [1.5] aufgrund eigener Ergebnisse stellte, daß nämlich Expertensysteme bald einsatzbereit seien, hat sich jedoch nicht bestätigt.

1.4   Aerodynamik und Design

Lange Zeit haben sich Aerodynamiker und Designer sehr schwer miteinander getan; ihr Verhältnis war von gegenseitigem Unverständnis geprägt. Die ersten Aerodynamiker, die sich dem Fahrzeug zuwandten, kamen aus dem Flugzeugbau. Daß die Aerodynamik dort einen ganz anderen Stellenwert hat als beim Auto, kam ihnen offenbar gar nicht in den Sinn. Sie schufen extreme Formen, denen sich fahrzeugtechnische Belange, wie z.B. die Anordnung des Motors, unterzuordnen hatten. Dem Designer ließen sie überhaupt keinen Spielraum. Rumplers „Tropfenwagen", vgl. Bild 1.14, Mauboussins „Mistral", vgl. Bild 1.31, und der Schlör-Wagen, vgl. Bild 1.43, sind dafür typisch. Und

Offen für Zusammenarbeit.

In der Geschichte des Automobils ist so manches in Fahrt gekommen. Und von Beginn an hat Karmann dazu beigetragen. Die Bereiche Technische Entwicklung, Betriebsmittelbau sowie Karosseriekomponenten und Fahrzeugbau arbeiten dabei eng zusammen. Gleichzeitig. Unter einem Dach. Mit dem Vorteil, daß Synergie-Effekte optimal und ohne Zeitverlust genutzt werden. So bringen wir Ideen nicht nur schneller in Fahrt. Sondern auch wirtschaftlicher auf die Straße.

Getting ideas moving. A good deal of headway has been made during the history of the motor car. And Karmann has been on the front line from the very outset. Technical development, equipment manufacture, body components and vehicle construction all coordinated under a single roof. Working hand in hand to optimise the effects of synergy and save time. Not only are we faster in getting ideas moving, we also cut the cost of putting them on the road.

Wilhelm Karmann GmbH,
D-49016 Osnabrück,
Fax 0541/581-633

Wilhelm Karmann GmbH,
D-49016 Osnabrück,
Fax 0049541/581-633

mit Jarays „Stromlinienformen", die etwas autogerechter waren, trat schon damals ein Problem zutage, das heute wieder aktuell zu sein scheint: Die Autos, die er für die verschiedenen Hersteller entwarf, sahen einander mehr oder weniger gleich.

Für die Designer blieb die Aerodynamik lange Zeit nichts mehr als eine lästige Randerscheinung, vgl. v. MENDE [1.88] und J. PETSCH [1.89]. Bestenfalls sahen sie in den Formen der Aerodynamik den Ausdruck eines Modetrends. Stromlinien symbolisierten für sie die Dynamik des Zeitgeistes; für ihre technische Funktion hatten sie kein Verständnis. Und so gebrauchten, ja mißbrauchten sie die Aerodynamik als Stilmittel. Das Bootsheck, das Fließheck – die Amerikaner nennen es bezeichnenderweise „Fastback" – die Heckflossen der „Fifties" und manche Spoiler unserer Tage belegen diesen Irrtum.

Die Spannungen zwischen Kunst und Physik begannen sich erst zu lösen, als die Automobilproduzenten darangingen, die Aerodynamik selbst in die Hand zu nehmen. Als Mitglieder der internen Entwicklungsteams wurden die Aerodynamiker zu Fahrzeugbauern; im täglichen Kontakt mit den Designern wuchs ihr Verständnis für deren Probleme. Insbesondere erkannten sie, wie stark der gestalterische Freiraum der Designer durch technische Anforderungen und gesetzliche Vorschriften ohnehin schon eingeengt ist.

Die Strategie der Detailoptimierung, das Vorgehen in kleinen Schritten, schuf eine rationale Basis für die Zusammenarbeit. Die Designer wurden gewahr, daß Aerodynamik keine schwarze Kunst ist, sondern vielmehr eine auch von ihnen nachvollziehbare Wissenschaft, fast ein Handwerk. Die Aerodynamiker lernten die Kreativität der Designer zu schätzen. Hinzu kam der Zwang, den Kraftstoffverbrauch drastisch zu senken. Und die Wirtschaftlichkeit eines Autos sollte nicht mehr nur durch nüchterne Zahlen im Prospekt, sondern durch seine Anmutung zur Geltung kommen. Die Aerodynamik wurde zum Trendsetter. Die Designer griffen diesen Trend auf, zumal sie erkannten, daß er sehr viel verläßlicher ist, als die Launen der Mode. Der im Bild 1.58 aufgetragene Verlauf des Widerstandsbeiwertes über dem Modelljahr spiegelt wider, wie schnell sich dieser Sinneswandel vollzog.

Daß die Aerodynamik im Automobildesign eine derart starke Position einnehmen konnte, wird keineswegs einhellig begrüßt. Die „Entgegenhaltungen", zu deren Anwalt sich vor allem die Motor-Presse berufen fühlt, stützen sich auf zwei Kategorien von Argumenten: auf technische und emotionale. Die Fahrzeug-Aerodynamiker sind gut beraten, sich mit beiden auseinanderzusetzen, wenn sie den einmal erzielten Erfolg nicht gefährden wollen.

Der wohl gravierendste Vorwurf, den man der Aerodynamik macht, ist, daß sie zu so großen, stark geneigten Fensterscheiben geführt hat. Diese erlauben ein verstärktes Eindringen der Sonnenstrahlung; hohe Innenraumtemperaturen sind die Folge. Mit Sonnenschutzgläsern ist dieses Problem bisher nicht beseitigt worden. Und sicher ist es technisch auch nicht sinnvoll, zur Wiedergewinnung eines erträglichen Innenklimas eine Klimaanlage einzubauen, deren Betrieb – laufende Kosten und Kapitaldienst – den mit der Widerstandsreduktion erwirkten Verbrauchsvorteil wieder aufzehrt.

Im Abschnitt 4 wird belegt, daß bei einem Widerstandsniveau von $c_W = 0,30$ die Scheiben nicht zwangsläufig so flach und damit so groß sein müssen. Wenn sie dennoch heute allenthalben so großzügig dimensioniert werden, ist das also ein Stilmittel („Coupé-Look") und keineswegs eine technische Notwendigkeit.

Sehr frühzeitig fiel auf, daß strömungsgünstige Autos dazu neigen, stark zu verschmutzen. Ein markantes Beispiel dafür war der NSU Ro 80, vgl. Bild 1.65. Durch die Forderung der Aero-Akustik, zur Herabsetzung des Windgeräusches auf quer zur Strömung stehende Leisten und Rezesse zu verzichten, wird die Lösung dieses Problems weiter erschwert.

Aerodynamisch geformte Limousinen zeichnen sich durch ein hohes Heck aus. Dieses schränkt den unteren rückwärtigen Blickwinkel ein. Vorteilhaft ist jedoch das vergrößerte Kofferraumvolumen.

52

Bild 1.65. NSU Ro 80, 1976, Stirnfläche A = 1,99 m², c_w = 0,38; Foto: Volkswagen AG.

Häufig wird das Fehlen der Regenrinnen oberhalb der Türen kritisiert. Beim Öffnen der teilweise weit in das Dach hineinreichenden Türen tropft das Regenwasser auf die Insassen. Die Regenleisten sind aber keineswegs der Aerodynamik zum Opfer gefallen. Denn Leisten und Sicken, die parallel zur örtlichen Strömungsrichtung verlaufen, stören nicht. Wie vielmehr aus dem im Bild 1.66 durchgeführten Vergleich hervorgeht, kommen die neuen, massesparenden Dachkonstruktionen ohne den äußeren Schweißflansch aus, der bis dahin als Regenleiste genutzt wurde.

Bild 1.66. Pkw-Dachkonstruktionen,
Schnitte: Adam Opel AG

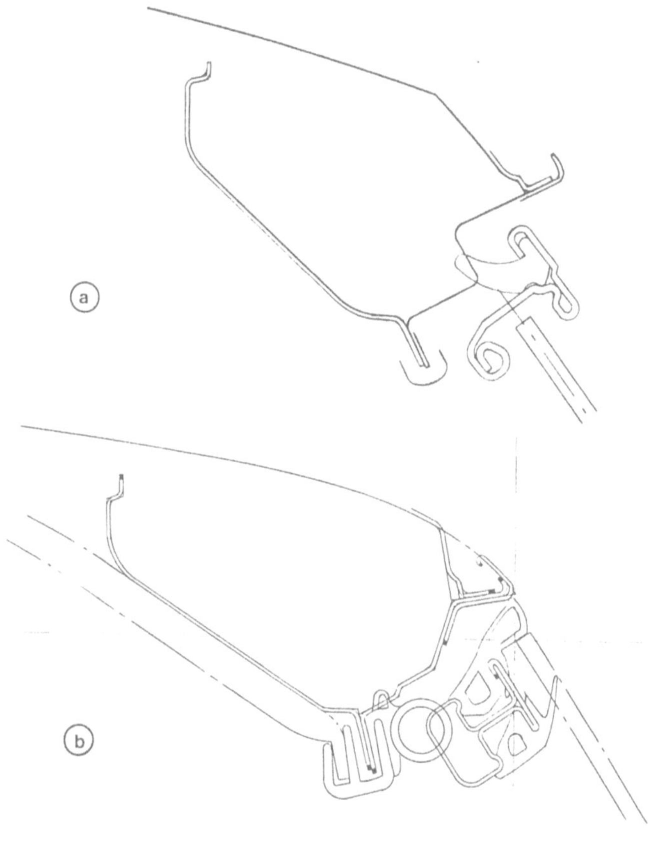

Bild 1.67. Kuhllufteinlaß unter dem Stoßfanger.

Immer wieder wird beklagt, die Autos hätten wegen der Aerodynamik ihr Gesicht verloren. Hier gehen technischen und emotionale Argumente ineinander über. So erlauben die kompakten Kühler hohen Druckverlustes sehr kleine Kühlluft-Eintrittsöffnungen. Deren zweckmäßige Anordnung in der Nähe des Staupunktes, also in der Regel unterhalb des Stoßfängers, vgl. Bild 1.67, rückt sie aus dem Blickfeld, und sie verlieren so an Bedeutung als Stilmittel. Wie man sich dieses dennoch erhalten kann, demonstrieren die Modelle von BMW und Mercedes-Benz.

Die heruntergezogene, flache Motorhaube engt in Verbindung mit der starken Rundung des Bugs auch den Raum für die Scheinwerfer ein. Diese werden immer kleiner und damit unauffälliger. Die Beweggründe für diesen „Trend" liegen aber zu einem guten Teil außerhalb der Aerodynamik. Mit den Ellipsoid-Scheinwerfern, die als Abbildungsprinzip nicht die Reflexion nutzen, sondern, ähnlich dem Diaprojektor, die Projektion, ist es möglich, bei gleicher Lichtausbeute und sogar besserer Lichtverteilung Scheinwerfer sehr kleinen Durchmessers zu bauen.

Der stärkste emotionale Vorbehalt gegenüber der Aerodynamik resultiert aus der Befürchtung, daß das „Diktat des Windkanals" zur „Einheitsform" der Autos führt. Mit dem Hinweis darauf, daß in der Natur widerstandsoptimale Körper auch dann sehr ähnliche Formen aufweisen, wenn ihr entwicklungsgeschichtlicher Hintergrund sehr unterschiedlich ist, wie z.B. bei Haifisch und Delphin, wird die Zwangsläufigkeit dieser Entwicklung behauptet. Ein Blick auf die Population der Neufahrzeuge bestätigt, daß das Unbehagen am heutigen Styling nicht ganz unbegründet ist.

Der Hinweis darauf, daß Autos einander schon immer ähnlich waren, auch bereits vor Einführung der Ponton-Karosserie, entkräftet diesen Einwand zwar nicht, relativiert ihn aber. Denn wenn sich die Autos auch schon „ohne Aerodynamik" glichen, muß die heutige Ähnlichkeit nicht zwangsläufig eine Folge der Aerodynamik sein.

Wie nahe die Formen der Autos Mitte der siebziger Jahre, also vor dem Eindringen der Aerodynamik, beieinander lagen, geht am Beispiel der oberen Mittelklasse aus dem Konturvergleich im Bild 1.68 hervor. Wenn sich daran niemand gestört hat, dann wohl deshalb, weil damals die Karosserieflächen durch den reichlichen Einsatz von auffallenden Kühlergrills, von Trimmteilen und Sicken strukturiert, „aufgelöst" wurden. Die Ähnlichkeit der Formen wurde damit kaschiert. Daß der heute bevorzugte sparsame Umgang mit derartigen Stilmitteln kein Tribut an die Aerodynamik ist, wurde schon bei der Diskussion der Regenrinne begründet. Wie sich die Formen der Limousinen unter dem Einfluß der Aerodynamik geändert haben, wird an den im Bild 1.69 aufgezeichneten Längsmittel-

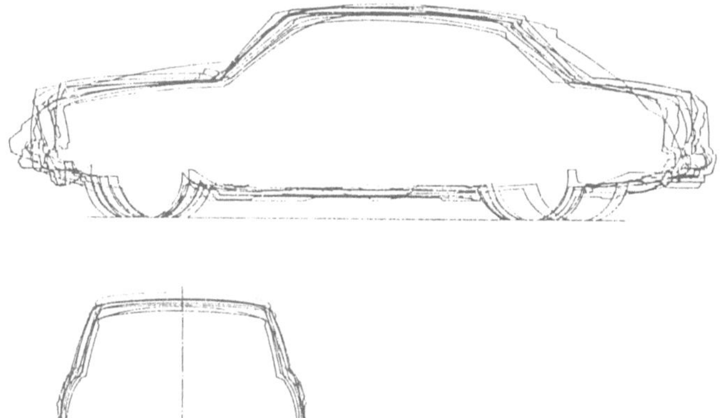

Bild 1.68. Vergleich von Längs-
mittelschnitten von Fahrzeugen der
oberen Mittelklasse;
Zeichnung: Mercedes-Benz AG.

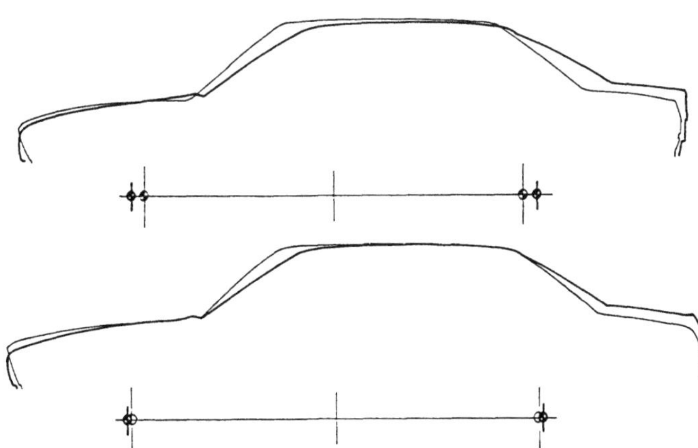

Bild 1.69. Konturvergleich der
BMW-Typen,
alte und neue Generation.

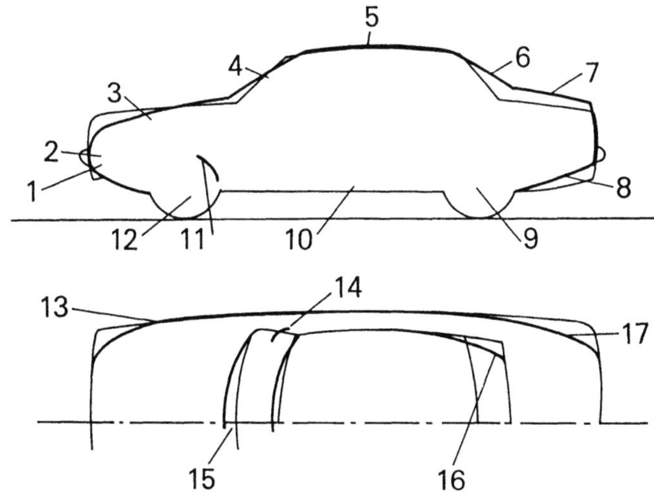

Bild 1.70. Konturänderungen
unter dem Einfluß
der Aerodynamik [1.90].

1 Bug neigen und runden; 2 Kühlluft führen;
3 Haube herunterziehen; 4 Windschutzscheibe weiter neigen; 5 Dach stärker wölben; 6
Heckscheibe flacher stellen; 7 Heck anheben;
8 Unterboden als Diffusor ausbilden; 9 Radausschnitte abdecken; 10 Unterboden glätten;
11 Radwülste runden; 12 Radschüsseln glatt
abdecken; 13 Bug pfeilen und Kotflügel einziehen; 14 A-Saule runden; 15 Windschutzscheibe wolben; 16 C-Säule einziehen; 17
Heck einziehen („Boat-tailing").

55

schnitten der Modelle der BMW AG deutlich. Die schräger abfallende Motorhaube, die Zurückver-
lagerung des Aufbaus, die flacher geneigten Scheiben und das hohe Heck sind allen BMW-Modellen
gemeinsam.

Welche Formdetails insgesamt bei der aerodynamischen Optimierung betroffen sind, ist von W.-H.
HUCHO [1.90] im Bild 1.70 zusammengestellt worden. Um $c_W = 0,30$ zu erreichen, braucht man aber
nicht bei allen diesen Einzelheiten an deren Grenzen zu gehen. Dieses Ergebnis läßt sich vielmehr
mit verschiedenen Kombinationen unter ihnen erreichen. Heutzutage werden für das Design der
Autos runde Formen und fließende Linien bevorzugt. Show-cars aus USA und Japan gehen dabei
noch weit über das bereits in Serie befindliche hinaus. Einerseits kommt dieser Trend der Aerodynamik entgegen. W.-H. HUCHO [1.91] hat aber darauf hingewiesen, daß damit andererseits die Gefahr
heraufzieht, daß die Aerodynamik zum Stilmittel degradiert wird, wie schon früher öfters geschehen
(„Fastback", Heckflossen).

Das erreichte c_W-Niveau fordert derart fließende Linien nicht zwingend; $c_W = 0,30$ ist auch mit einem
„härteren" Styling möglich. Der Freiraum zur formalen Differenzierung ist, auch das wird in [1.91]
herausgestellt, also noch weit. Es ist nicht Anliegen der Aerodynamiker zu kritisieren, daß davon nur
so wenig Gebrauch gemacht wird. Dem Vorwurf jedoch, sie seien dafür verantwortlich, sollten sie
mit der Entwicklung immer neuer Formvarianten entgegentreten.

Selbst mit $c_W = 0,25$ wird der Widerstandsbeiwert eines Autos noch um den Faktor fünf über
demjenigen von Hai und Delphin liegen. Aus deren Formähnlichkeit kann diejenige für Autos
deshalb nicht zwingend gefolgert werden. Prototypen mit Widerstandsbeiwerten in der Gegend um
0,15, wie z.B. „Probe IV" von Ford und „Aero 2002" von General Motors, vgl. Bild 1.71, sehen nicht

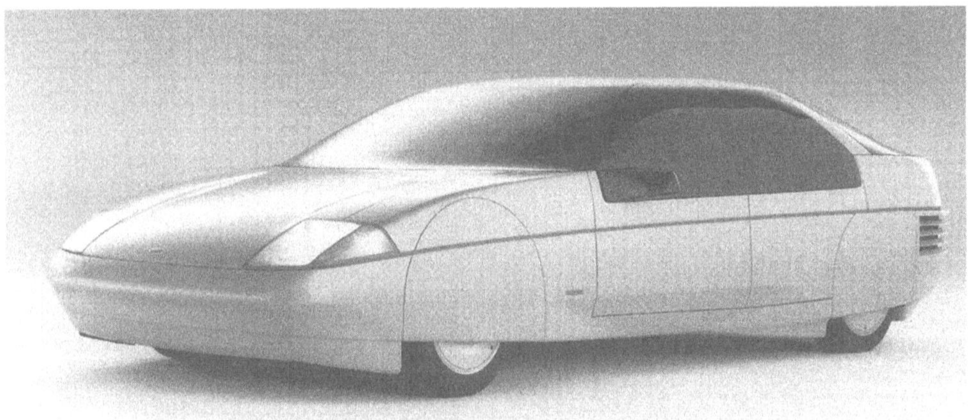

Bild 1 71. Aerodynamik-Prototypen, oben Ford Probe IV, 1983, A=1,90 m², $c_W = 0,15$, unten GM Aero 2002, 1983,
A=1,68 m², $c_W = 0,14$, Fotos Hersteller

56

Bild 1 72   Einvolumen Prototyp Citroen Xenia 1981 Foto Citroen

gleich aus und beweisen, daß auch noch auf diesem c_w-Niveau ein großer Freiraum fur das Design bleibt Mit neuen Konzepten, wie z B mit Einvolumen-Modellen, durfte sich die Formenvielfalt erneut beleben Daß auch bei diesen sehr unterschiedliche Stilrichtungen moglich sind, wird anschaulich, wenn man Bild 1 72 mit Bild 1 62 vergleicht

1.5   Bezeichnungen

A	Stirnflache, vgl Bild 1 4
A_K	Kuhllufteintrittsflache vgl Bild 1 5
P_{mot}	Motorleistung
Q	Warmestrom, Gl (1 3)
V	Anstromgeschwindigkeit
V_F	Fahrgeschwindigkeit
W	Luftwiderstand
c_w	Widerstandsbeiwert, Gl (1 2)
e	Bodenfreiheit, siehe Bild 1 44
h	Fahrzeughohe, siehe Bild 1 44 57
l	Fahrzeuglange
m	Fahrzeugmasse, siehe Bild 1 57
ρ	Luftdichte

2 Einige Grundzüge der Strömungsmechanik

Dietrich Hummel

2.1 Stoffeigenschaften inkompressibler Fluide

2.1.1 Dichte

Unter der Dichte ρ versteht man die auf das Volumen bezogene Masse eines Stoffes. Bei Fluiden hängt sie im allgemeinen vom Druck p und von der Temperatur T ab. Die größten von Landfahrzeugen bei Rekordfahrten erreichten Fahrgeschwindigkeiten, vgl. Bild 7.63, liegen in der Größenordnung der Schallgeschwindigkeit der Luft, $a_\infty = 340$ m/s = 1225 km/h. Bei der Umströmung eines Körpers mit solchen Anströmgeschwindigkeiten ist die Kompressibilität, also die Dichteänderung infolge Druck- und Temperaturänderung, sehr wesentlich. Die allermeisten Strömungen um Fahrzeuge, einschließlich der Sport- und Rennfahrzeuge, spielen sich jedoch bei Fahrgeschwindigkeiten bis höchstens einem Drittel der Schallgeschwindigkeit, $V_\infty < a_\infty/3$, ab. In diesem ganzen Geschwindigkeitsbereich sind die im Strömungsfeld auftretenden Druck- und Temperaturänderungen gegenüber dem Umgebungszustand noch so relativ gering, daß die zugehörigen Dichteänderungen vernachlässigbar klein sind. Das strömende Medium kann daher in sehr guter Näherung als inkompressibel angesehen werden. Die Dichte des Fluids ist somit eine Stoffkonstante. Sie beträgt für Luft unter Normalbedingungen (p = 1 at, T = 0 °C)

$$\rho = 1{,}251 \text{ kg/m}^3.$$

2.1.2 Viskosität

Unter der Viskosität eines Fluids versteht man die Eigenschaft, zwischen den Schichten im Innern sowie auch zwischen dem Fluid und einer Begrenzungswand Tangentialspannungen zu übertragen. Diese Eigenschaft kommt durch die innere (molekulare) Reibung des Fluids zustande. Nach dem Newtonschen Reibungsgesetz

$$\tau = \mu \frac{du}{dy} \tag{2.1}$$

ist die Schubspannung τ dem Geschwindigkeitsgradienten du/dy proportional, Bild 2.1. Der Proportionalitätsfaktor μ ist ein Stoffbeiwert, der als die dynamische Zähigkeit oder die Scherviskosität des Fluids bezeichnet wird. Sie ist im allgemeinen von der Temperatur abhängig, man vgl. hierzu H. SCHLICHTING [2.1]. Häufig wird der Quotient

$$\nu = \frac{\mu}{\rho} \tag{2.2}$$

benutzt, der als kinematische Zähigkeit bezeichnet wird. Er ist im allgemeinen von Druck und

Bild 2.1. Geschwindigkeits- und Temperaturverteilung in der Strömung längs einer Wand (schematisch).

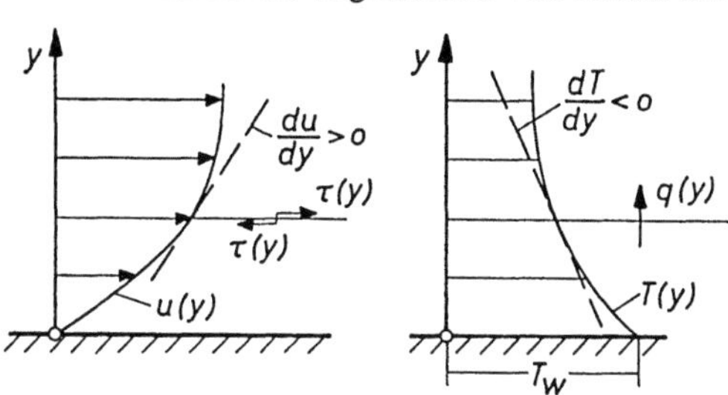

Temperatur abhängig. Für inkompressible Fluide existiert für μ und ν nur eine Temperaturabhängigkeit. Unter Normalbedingungen (T = 0 °C) gilt

$$\mu = 1{,}717 \cdot 10^{-5} \text{ N} \cdot \text{s/m}^2$$
und $\nu = 1{,}373 \cdot 10^{-5} \text{ m}^2\text{/s}$.

Die Viskosität eines reibungsbehafteten Fluids ist die physikalische Ursache für das Auftreten eines Reibungswiderstandes beim Vorhandensein eines Geschwindigkeitsgradienten an einer Wand.

2.1.3 Wärmeleitfähigkeit

Unter der Wärmeleitfähigkeit eines Fluids versteht man die Eigenschaft, zwischen den Schichten im Innern sowie auch zwischen dem Fluid und einer Begrenzungswand Wärme durch Leitung zu transportieren. Nach dem Fourierschen Wärmeleitungsgesetz

$$q = - \lambda \frac{dT}{dy} \tag{2.3}$$

ist die auftretende Wärmestromdichte q, also die Wärmemenge je Fläche senkrecht zum Wärmestrom und je Zeit (J/m$^2 \cdot$ s), dem Temperaturgradienten dT/dy proportional (Bild 2.1). Der Proportionalitätsfaktor λ ist wiederum ein Stoffbeiwert, der als die (molekulare) Wärmeleitfähigkeit bezeichnet wird. Sie ist von der Temperatur abhängig. Für Luft gilt unter Normalbedingungen (T = 0 °C)

$$\lambda = 0{,}0242 \text{ J/(m} \cdot \text{s} \cdot \text{K)}.$$

Die Wärmeleitfähigkeit eines Fluids ist die physikalische Ursache für den Wärmeübergang beim Vorhandensein eines Temperaturgradienten an einer bestömten Wand.

2.2 Strömungsprobleme an Kraftfahrzeugen

Die an Kraftfahrzeugen auftretenden Strömungsprobleme lassen sich in zwei große Gruppen einteilen, nämlich in das Umströmungsproblem des Fahrzeugs insgesamt und aller seiner Einzelteile sowie in die verschiedenen Durchströmungsprobleme in Vergaser, Motor, Auspuff, Kühler, Innenraum usw., vgl. Abschnitt 1.1.1.

2.2.1 Umströmung

Die Umströmung eines Kraftfahrzeuges ist im Bild 2.2 dargestellt. In ruhender Luft ist die Anströmgeschwindigkeit V_∞ im fahrzeugfesten Koordinatensystem gleich der Fahrgeschwindigkeit. Solange keine Ablösung auftritt, erstreckt sich bei dieser Art von Strömungsproblemen der Einfluß der Viskosität des strömenden Mediums auf die unmittelbare Nähe der umströmten Wände in einer dünnen Schicht δ von wenigen Millimetern Dicke, die als Grenzschicht bezeichnet wird. Außerhalb dieser Schicht verhält sich die Strömung wie die eines Fluids ohne innere Reibung. Der aus der reibungslosen Außenströmung resultierende Druck ist der wandnahen Grenzschicht aufgeprägt. In der Grenzschicht fällt die Geschwindigkeit vom Wert in der Außenströmung auf Null an der Wand ab. Das Fluid haftet an der Wand. Wenn sich die Strömung im hinteren Bereich des Fahrzeugs, wie im Bild 2.2 dargestellt, ablöst, so entstehen Rückströmgebiete und Totwasserzonen, die von der Wand her gesehen weit in das Strömungsfeld hinein reichen und die Abmessungen in der Größenordnung der Fahrzeuglänge aufweisen können. In diesen Bereichen des Strömungsfeldes ist dann der gesamte Strömungsverlauf durch die Reibungseffekte bestimmt.

Bei der Fahrbahn handelt es sich im fahrzeugfesten Koordinatensystem um eine mitbewegte Wand, an der zunächst keine Bodengrenzschicht existiert. Das Fahrzeug induziert jedoch am Boden eine

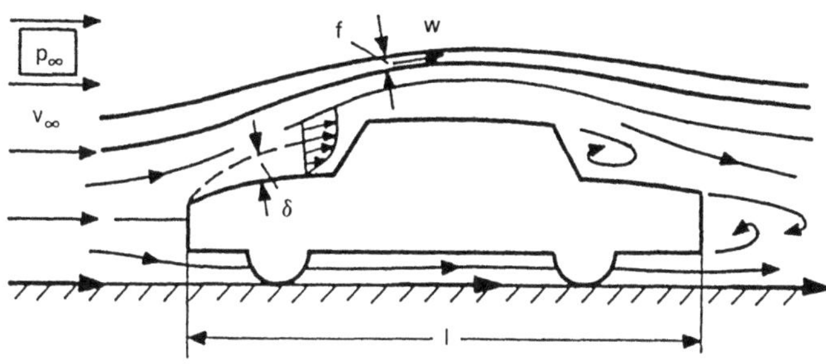

Bild 2 2   Umstromung eines Kraftfahrzeuges (schematisch)

Druckverteilung, welche die Ausbildung der Geschwindigkeitsprofile in der Umgebung der mitbewegten Wand beeinflußt Diese Tatsache ist fur die richtige Simulation der Stromung um Fahrzeuge in Windkanalen von großer Bedeutung

Die genannte Aufteilung des Stromungsfeldes in eine reibungslose Außenstromung und in eine reibungsbehaftete wandnahe Stromung ist nur moglich, wenn fur die dimensionale Kennzahl

$$\mathrm{Re}_l = \frac{V_\infty\, l}{\nu} > 10^4 \tag{2 4}$$

gilt Diese Kennzahl bezeichnet man als die Reynolds-Zahl Sie wird mit der Fahrgeschwindigkeit V_∞, der kinematischen Zahigkeit ν und einer charakteristischen Lange, z B der Fahrzeuglange nach Bild 2 2, gebildet Der Verlauf der reibungsbehafteten Stromung um einen Korper hangt nur von seiner Form und von der Reynolds-Zahl ab Bei verschiedenen Reynolds-Zahlen konnen ganz unterschiedliche Stromungszustande vorliegen Die Reynolds-Zahl kennzeichnet also den Stromungsverlauf

Stromungen um geometrisch ahnliche Korper heißen mechanisch ahnlich, wenn die Reynolds-Zahl nach Gl (2 4) fur verschiedene Korperlangen l, Anstromgeschwindigkeiten V_∞ und Stoffeigenschaften ν den gleichen Zahlenwert besitzt Dieser Sachverhalt ist die Grundlage der Modelltechnik Die Ergebnisse von Versuchen, z B die dimensionslosen aerodynamischen Beiwerte, gelten auch fur das Original, wenn die Stromungen mechanisch ahnlich sind, wenn also gleiche Kennzahlen vorliegen, vgl Abschnitt 12 4 3 Manchmal ist es schwierig, mehrere Ahnlichkeitsgesetze gleichzeitig zu erfullen Bei verkleinerten Modellen ist es notwendig, die Anstromgeschwindigkeit gegenuber dem Original zu erhohen, wobei aber eine Unterschallstromung erhalten bleiben muß Dies bedeutet, daß es nicht moglich ist, Versuche an sehr kleinen Modellen bei Uberschallgeschwindigkeit durchzufuhren, weil dadurch das Ahnlichkeitsgesetz der kompressiblen Stromungen verletzt wurde, das gleiche Mach-Zahlen $\mathrm{Ma}_\infty = V_\infty / a_\infty = \mathrm{konst}$ fur beide Stromungen verlangt

Untersucht man die Stromung um Einzelteile von Fahrzeugen, z B die um einen Ruckspiegel, so sind die charakteristischen Abmessungen dieser Einzelteile zugrunde zu legen, und gegebenenfalls ist auch die am Ort des Einzelteils gegenuber der Fahrgeschwindigkeit veranderte Stromungsgeschwindigkeit zu berucksichtigen Die so ermittelte Reynolds-Zahl kennzeichnet dann den Stromungszustand an dem betreffenden Einzelteil

2.2.2   Durchströmung

Diese Probleme sind dadurch gekennzeichnet, daß die Stromung uberall von Wanden umgeben ist Als typisches Beispiel ist im Bild 2 3 die Rohrstromung skizziert In diesem einfachen Fall sind die Stromlinien Parallelen zur Rohrachse Bei den Durchstromungsproblemen kann man im allgemeinen eine reibungslose Außenstromung und eine wandnahe Grenzschichtstromung nicht unterscheiden

Bild 2 3 Geschwindigkeitsverteilung bei der
Stromung durch ein Rohr

Der Einfluß der Viskositat des Fluids erstreckt sich auf den ganzen Querschnitt Die Grenzschichten
von allen Wanden stoßen zusammen Fur den Stromungsverlauf ist wieder die Reynolds-Zahl

$$Re_D = \frac{V_m D}{\nu},$$

(2 5)

diesmal gebildet mit der mittleren Durchstromgeschwindigkeit V_m und dem Rohrdurchmesser D,
entscheidend Je nach dem Zahlenwert dieser Kennzahl ergeben sich ganz verschiedene Stromungszustande

2.3   Umströmungsprobleme

2.3.1   Grundgleichungen fur reibungslose, inkompressible Außenstromung

Der Verlauf der reibungslosen Stromung am Außenrand der Grenzschicht bestimmt die Druckverteilung an einem umstromten Korper Deshalb sollen zuerst die Gesetzmaßigkeiten dieser Stromung
naher betrachtet werden

Zunachst gilt in einer solchen Stromung das Gesetz von der Erhaltung der Masse In seiner
einfachsten Form lautet dieses Gesetz bei inkompressibler Stromung (ρ = konst)

$$w \quad f = konst$$

(2 6)

Darin bedeutet f den ortlichen Querschnitt einer Stromrohre nach Bild 2 2 und w die uber den
Stromrohrenquerschnitt konstante ortliche Stromungsgeschwindigkeit Aus Gl (2 6) folgt, daß an
Stellen mit großer Stromungsgeschwindigkeit w die Stromlinien nahe beieinander liegen und
umgekehrt, vgl Bild 1 2 und Bild 2 2

Weiterhin gilt das Newtonsche Grundgesetz Masse mal Beschleunigung gleich Summe der einge-
pragten Krafte Dies ist der Impulssatz der Mechanik Angewandt auf ein reibungsloses Fluid druckt
er aus, daß Tragheitskrafte und Druckkrafte im Gleichgewicht sind Fur ein inkompressibles Fluid
ergibt sich langs einer Stromlinie daraus durch Integration

$$g = p + \frac{\rho}{2} w^2 = konst$$

(2 7)

Dies ist die Bernoullische Gleichung Sie stellt einen Zusammenhang zwischen Druck p und
Geschwindigkeit w auf einer Stromlinie dar Man bezeichnet

p	statischer Druck,
$\rho\, w^2/2$	Staudruck,
g	Gesamtdruck

Langs einer Stromlinie ist die Summe aus statischem Druck und Staudruck konstant und gleich dem
Gesamtdruck Die Gl (2 7) besagt weiterhin, daß an Stellen mit hoher ortlicher Stromungsgeschwin-

digkeit w ein niedriger Druck p herrscht und umgekehrt. Kommt die Strömung in einem sogenannten Staupunkt zur Ruhe, z.B. auf der Vorderseite eines umströmten Körpers, so ist dort wegen w = 0 der statische Druck p gleich dem Gesamtdruck g. Dies ist der höchstmögliche Druck, der in einem Strömungsfeld vorkommen kann. Bei der Umströmung eines Fahrzeugs nach Bild 2.2 kommen alle Stromlinien aus der Anströmung, in der die Geschwindigkeit V_∞ und der statische Druck p_∞ herrschen. Der Gesamtdruck g nach Gl. (2.7) ist somit auf allen Stromlinien gleich

$$g = p_\infty + \frac{\rho}{2} V_\infty^2 = \text{konst.} \tag{2.8}$$

Ein solches Strömungsfeld heißt isoenergetisch, und g ist seine Bernoullische Konstante.

2.3.2   Anwendungsbeispiele

Die beschriebenen Gesetzmäßigkeiten einer reibungslosen Strömung erlauben sogleich einige Anwendungen auf einfache Beispiele.

Zunächst sei die stark vereinfachte zweidimensionale Strömung um eine Fahrzeugform nach Bild 2.4 betrachtet. Diese stellt eine starke Vereinfachung der dreidimensionalen Strömung um ein Kraftfahrzeug dar, und sie kann als ein qualitatives Bild vom Strömungsverlauf im Mittelschnitt eines Fahrzeugs angesehen werden. Das obere Bild zeigt den Verlauf der Umströmung. Es treten drei Staupunkte auf: am Bug, in der Ecke vor der Windschutzscheibe und an der Hinterkante. Die Druckverteilung auf der Kontur ist darunter dargestellt in der Form $c_p(x/l)$. Dabei ist c_p ein dimensionsloser Druckbeiwert gemäß

$$c_p = \frac{p - p_\infty}{\dfrac{\rho}{2} V_\infty^2} \; . \tag{2.9}$$

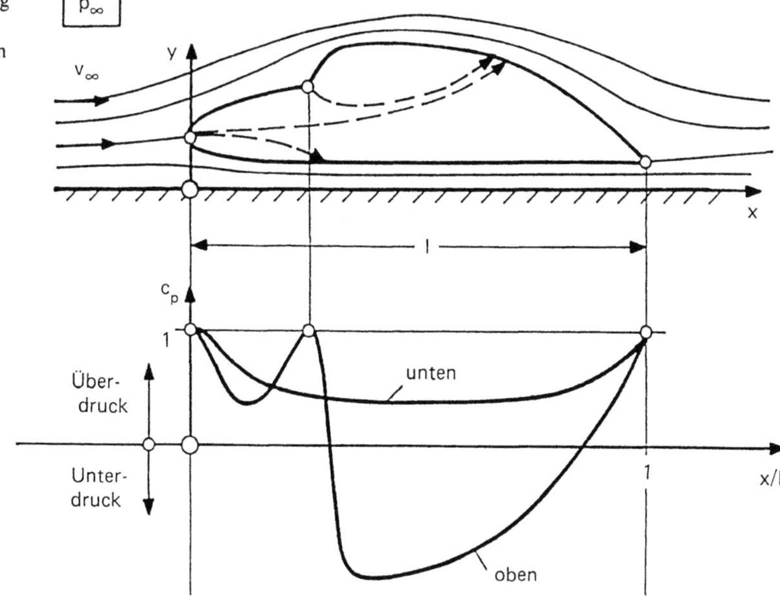

Bild 2.4. Umströmung und Druckverteilung an einer Fahrzeugform in reibungsloser, zweidimensionaler Strömung (schematisch).

Unter Verwendung der Gln. (2.7) und (2.8)

$$p + \frac{\rho}{2} w^2 = p_\infty + \frac{\rho}{2} V_\infty^2$$

folgt

$$c_p = \frac{p - p_\infty}{\frac{\rho}{2} V_\infty^2} = 1 - \left(\frac{w}{V_\infty}\right)^2 . \tag{2.10}$$

In einem Staupunkt ($w = 0$) ist $c_p = 1$. Auf der Unterseite des Fahrzeugs liegen gleichmäßige Überdrücke vor. Bei sehr geringen Bodenabständen können auch Unterdrücke auftreten. Auf der Oberseite werden vor der Windschutzscheibe wieder hohe Überdrücke, im Bereich des Daches dagegen sehr große Unterdrücke erzeugt. Die Rückseite des Fahrzeugs ist durch einen steilen Druckanstieg gekennzeichnet, und in diesem Bereich treten die stärksten Änderungen des wirklichen Strömungsverlaufs in reibungsbehafteter Strömung gegenüber der hier dargestellten reibungslosen Strömung auf. Die Druckverteilung nach Bild 2.4 ergibt, daß die Drücke auf der Oberseite sehr viel niedriger sind als auf der Unterseite. Es entsteht somit eine Auftriebskraft am Fahrzeug. Summiert man die Komponenten der Druckkräfte in x-Richtung, so ergibt sich für den Widerstand $W = 0$. Dies ist das D'Alembertsche Paradoxon, wonach in inkompressibler, reibungsloser, zweidimensionaler Strömung kein Widerstand vorhanden ist. In Wirklichkeit tritt jedoch ein Widerstand auf, der aber aus der Betrachtung einer reibungslosen Strömung nicht erklärt werden kann.

Die skizzierte Druckverteilung läßt sofort erkennen, wo am Fahrzeug Lufteinlaß- und -auslaßschlitze angebracht werden müssen, damit das Gebläse am Motorkühler oder zur Innenraumbelüftung möglichst klein sein kann: Der Einlaß muß in Bereichen hohen Drucks, also am Bug und vor der Windschutzscheibe liegen, während der Auslaß an den Stellen großen Unterdrucks angeordnet werden sollte. Dadurch stehen für Kühlung und Belüftung große Druckdifferenzen zur Verfügung. Praktische Beispiele dafür finden sich in den Abschnitten 4.4.12 und 6.2.2.

Als weiteres Anwendungsbeispiel für die Grundgleichungen der reibungslosen Strömung sei die Geschwindigkeitsmessung behandelt. Bei einem Prandtlschen Staurohr nach Bild 2.5 wird an einem vorn stumpfen Sondenkörper im Staupunkt der Gesamtdruck g abgenommen. Weiter hinten sind an dem Körper Bohrungen angebracht, an denen der statische Druck p der Umgebung herrscht, wenn diese Bohrungen genügend weit von der Sondenspitze und von der Halterung entfernt sind. Die Anwendung von Gl. (2.7) führt auf

$$w = \sqrt{\frac{2\,(g - p)}{\rho}} . \tag{2.11}$$

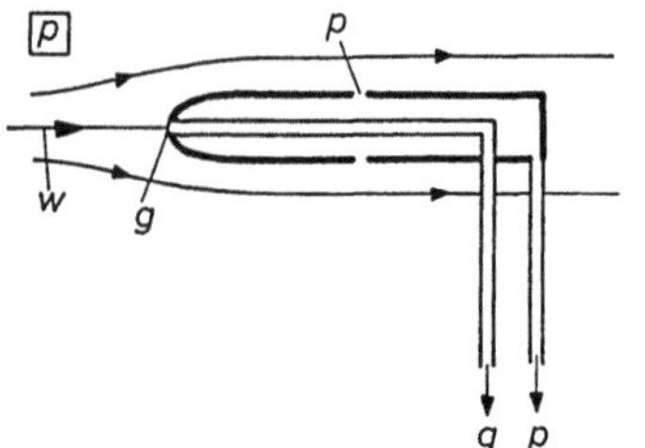

Bild 2.5. Prandtlsches Staurohr zur
Messung der Strömungsgeschwindigkeit.

64

Mißt man die Druckdifferenz g - p an dieser Sonde mit einem Manometer, so läßt sich daraus nach Gl. (2.11) die Strömungsgeschwindigkeit w berechnen. Das Prandtlsche Staurohr ist zur Messung von Strömungsgeschwindigkeiten sehr gebräuchlich. Es kann auch zur Messung des Gesamtdrucks g allein (Pitot-Sonde) oder des statischen Drucks p allein (statische Sonde) verwendet werden. In diesen Fällen werden die einzelnen Drücke gegen einen Referenzdruck gemessen. Es ist darauf zu achten, daß die Sonden achsparallel angeströmt werden, weil bei Schräganströmung an den Bohrungen Abweichungen gegenüber g bzw. p auftreten; weitere Einzelheiten siehe Abschnitt 13.2.3.

2.3.3   Reibungseinflüsse

Die wandnahe Grenzschicht besitzt zwar nur die Dicke von wenigen Millimetern, aber das Verhalten der reibungsbehafteten Strömung in dieser Grenzschicht bestimmt den ganzen Strömungsablauf doch sehr wesentlich. Insbesondere kann das Auftreten eines Widerstandes in zweidimensionaler inkompressibler Strömung nur mit Hilfe der Reibung des Fluids erklärt werden.

2.3.3.1   *Laminare und turbulente Grenzschichtausbildung*

Die Strömung in einer Grenzschicht ist im Bild 2.6 für den einfachen Fall einer längsangeströmten Platte skizziert. In diesem Fall ist in der Außenströmung die Geschwindigkeit V_∞ und damit auch der Druck p_∞ konstant. Die reibungsbehaftete Strömung erfüllt die Bedingung des Haftens an der Wand. Die Strömung verläuft zunächst in guter Näherung parallel zur Wand und ist stationär. Diesen Strömungszustand bezeichnet man als laminar. Die Grenzschichtdicke, also der von den Reibungswirkungen erfaßte Bereich, wächst stromabwärts an nach dem Gesetz

$$\delta \sim \left(\frac{\nu x}{V_\infty}\right)^{1/2}. \tag{2.12}$$

Je größer die Lauflänge x und die kinematische Zähigkeit ν und je kleiner die Anströmgeschwindigkeit V_∞ sind, desto größer ist die Grenzschichtdicke δ.

Der laminare Strömungszustand in der Grenzschicht ist nur unter bestimmten Bedingungen gegenüber Störungen stabil. Bei größeren Lauflängen $x > x_u$ ergibt sich ein Umschlag in den sogenannten turbulenten Strömungszustand der Grenzschicht. Für diesen Umschlag ist wiederum die Reynolds-Zahl von Bedeutung. An der längsangeströmten Platte erfolgt der Umschlag bei einer mit der Lauflänge gebildeten Reynolds-Zahl von

$$Re_{x_u} = \frac{V_\infty x_u}{\nu} = 5 \cdot 10^5. \tag{2.13}$$

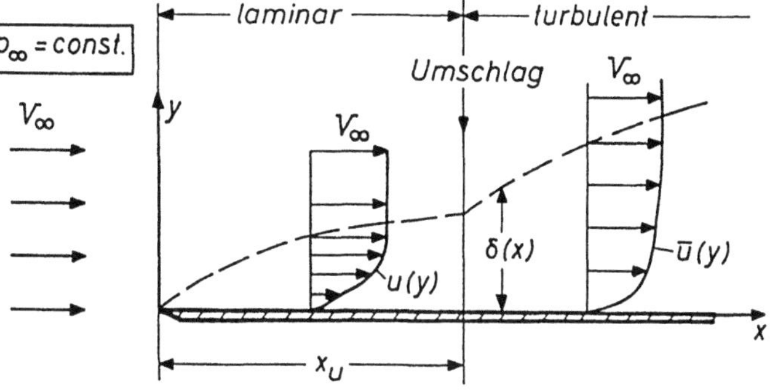

Bild 2.6. Grenzschichtausbildung an einer längsangeströmten Platte (Abmessungen in y-Richtung sehr stark überhöht).

Dies gilt nur für den Fall ohne Druckgradient. Im Fall mit Druckgradient in Strömungsrichtung bewirkt Druckabfall eine Stabilisierung der laminaren Grenzschicht, während Druckanstieg sehr schnell zum Umschlag führt. Auch Störungen der Laminarströmung, z. B. durch Wandrauhigkeiten, wirken umschlagfördernd; man vgl. hierzu H. SCHLICHTING [2.1]. Generell läßt sich feststellen, daß der Umschlag von laminar zu turbulent bei mittleren Reynolds-Zahlen etwa an der Stelle des Druckminimums erfolgt, und mit wachsender Reynolds-Zahl wandert der Umschlagpunkt stromaufwärts.

Nach dem Umschlag ist die Strömung grundsätzlich instationär. Im zeitlichen Mittel verläuft die Strömung zwar immer noch anliegend und nahezu wandparallel, aber der mittleren Geschwindigkeit $\bar{u}$ sind Schwankungsgeschwindigkeiten u', v', w' in allen drei Koordinatenrichtungen überlagert. Für die wandparallele Komponente nach Bild 2.6 gilt dann beispielsweise

$$u(y,t) = \bar{u}(y) + u'(y,t) \tag{2.14}$$

mit

$$\bar{u}(y) = \frac{1}{\Delta t} \int_{t_0}^{t_0 + \Delta t} u(y,t)\,dt \,, \tag{2.15}$$

wobei Δt so groß zu wählen ist, daß $\bar{u}(y)$ von Δt unabhängig wird. Diesen Strömungszustand bezeichnet man als turbulent. Infolge der Schwankungsgrößen findet in der Grenzschicht ein intensiver Austausch statt. Als Folge davon tritt zusätzlich zur Schubspannung infolge molekularer Reibung nach Gl. (2.1) eine weitere Schubspannung infolge der turbulenten Wechselwirkungen

$$\tau_{turb} = -\overline{\rho u' v'} \tag{2.16}$$

auf. Hierin stellen u' und v' die Schwankungsgeschwindigkeiten in x- und y-Richtung dar. Der Querstrich bedeutet eine zeitliche Mittelwertbildung entsprechend Gl. (2.15). Da u' und v' stets verschiedene Vorzeichen besitzen, ist τ_{turb} positiv. Die turbulenten Schwankungsbewegungen wirken also wie eine scheinbare Erhöhung der Viskosität des strömenden Mediums. Infolgedessen wächst auch die Grenzschichtdicke an der Platte nach Bild 2.6 stromabwärts vom Umschlagpunkt schneller als davor. Es gilt dort

$$\delta \sim \left(\frac{\nu}{V_\infty}\right)^{1/5} x^{4/5}. \tag{2.17}$$

Wegen der Austauschbewegungen sind die Geschwindigkeitsprofile bei turbulenter Grenzschichtströmung sehr viel völliger als bei laminarer Strömung, vgl. Bild 2.6.

2.3.3.2 Ablösung

Laminare und turbulente Grenzschichtströmungen sind stark abhängig vom Druckverlauf in der Außenströmung, der ja der Grenzschicht aufgeprägt ist. Bei Druckanstieg in Strömungsrichtung wird die Strömung insbesondere in Wandnähe stark verzögert, und es kann dort Rückströmung auftreten. Dieser Vorgang ist im Bild 2.7 schematisch dargestellt. Man sieht, daß eine Stromlinie die Wand verlassen muß. Diesen Vorgang bezeichnet man als Ablösung. Für den Ablösungspunkt A gilt

$$\left(\frac{du}{dy}\right)_W = 0 \text{ (Ablösung).} \tag{2.18}$$

66

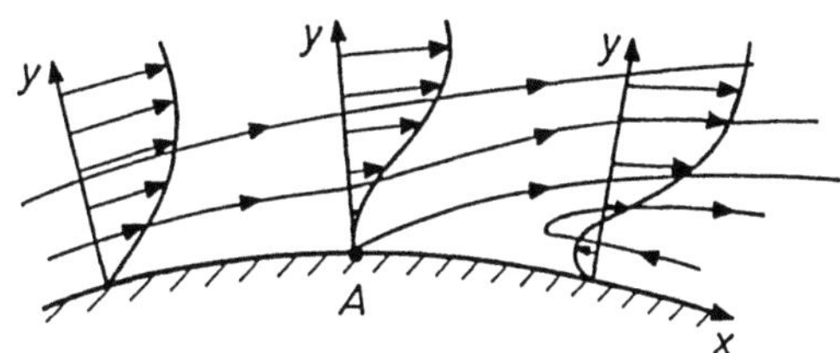

Bild 2 7   Ablosung der Grenzschichtstromung an einer Wand

Gegenuber laminaren Grenzschichten vertragen turbulente Grenzschichten sehr viel steilere Druckanstiege, ohne daß es zur Ablosung kommt Dies ist darauf zuruckzufuhren, daß durch die turbulenten Austauschbewegungen den wandnahen Schichten von außen verstarkt Impuls zugefuhrt wird Bei Druckabfall besteht keine Gefahr der Stromungsablosung

2 3 3 3   Reibungswiderstand

Bei einem umstromten Korper nach Bild 2 8 wird bei Vorliegen eines Geschwindigkeitsgradienten an der Wand infolge der molekularen Zahigkeit nach Gl (2 1) an jeder Stelle eine Schubspannung τ_W vom stromenden Medium auf die Wand ubertragen Summiert man die daraus resultierenden Kraftkomponenten in Stromungsrichtung

$$W_R = \oint \tau_W \cos \varphi \, dF, \tag{2 19}$$

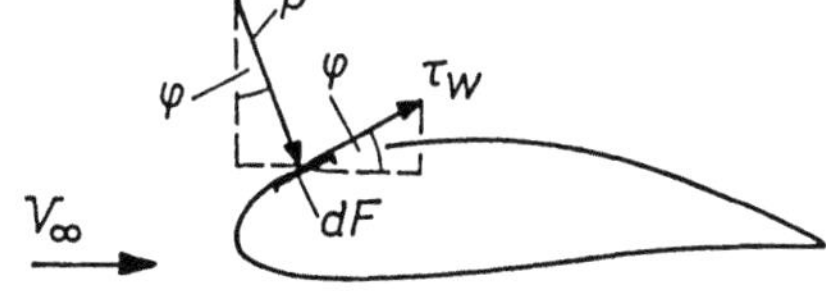

Bild 2 8   Zur Ermittlung des Widerstandes eines Korpers (Beispiel zweidimensionale Stromung)

so ergibt sich daraus der sogenannte Reibungswiderstand W_R Solange keine Stromungsablosungen auftreten, ist dies der bei weitem uberwiegende Beitrag zum Gesamtwiderstand eines Korpers in zweidimensionaler Stromung Zwei Beispiele sollen dies erlautern

Bild 2 9 zeigt das Widerstandsverhalten der langsangestromten Platte nach Bild 2 6 Um von den Abmessungen der Platte (Breite b, Lange l) und den Anstrombedingungen (Staudruck der Anstromung $q_\infty = \rho V_\infty^2/2$) unabhangig zu werden, bildet man einen dimensionslosen Widerstandsbeiwert gemaß

$$c_W = \frac{W}{\dfrac{\rho}{2} V_\infty^2 \, bl} \tag{2 20}$$

Im Fall der Platte liegt reiner Reibungswiderstand ($W = W_R$) auf beiden Plattenseiten vor Bezugsflache ist die Grundrißflache bl Der Widerstandsbeiwert ist im Bild 2 9 uber der mit der Plattenlange gebildeten Reynolds-Zahl $Re_l = V_\infty \, l/\nu$ aufgetragen

Im Bereich laminarer Grenzschicht gilt

$$c_W = \frac{2{,}656}{(Re_l)^{1/2}} \qquad \text{fur } Re_l < 5 \cdot 10^5, \tag{2 21}$$

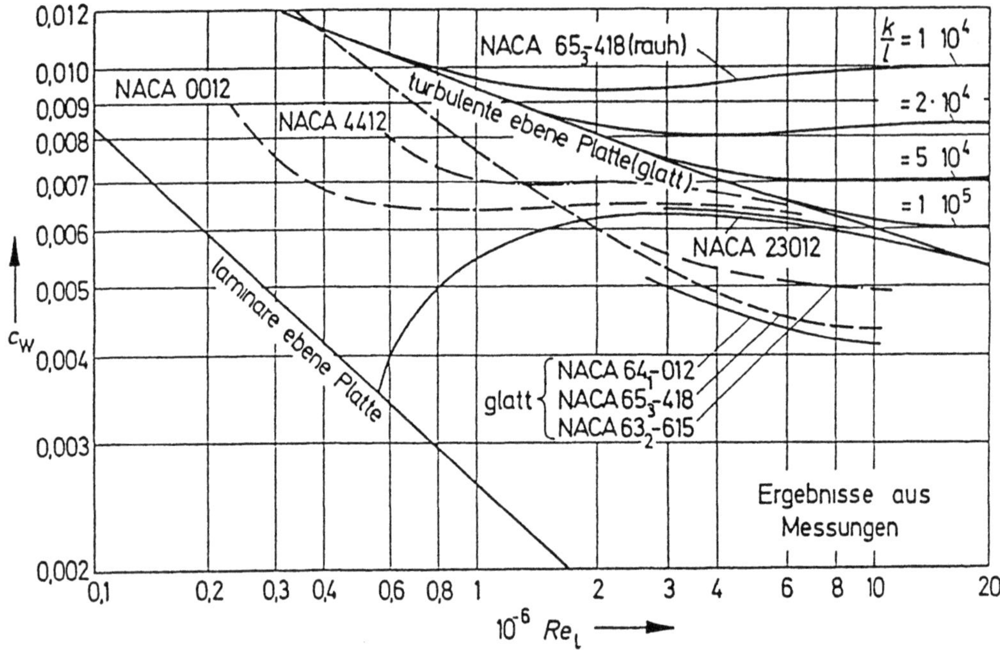

Bild 2 9 Widerstandsbeiwert von ebenen Platten und Tragflugelprofilen in Abhangigkeit von der Reynolds Zahl, nach [2 1]

bei von vorn an turbulenter Grenzschicht ist

$$c_W = \frac{0,148}{(Re_l)^{1/5}} \qquad \text{fur } 5 \cdot 10^5 < Re_l < 10^7 \tag{2 22}$$

Bei noch größeren Reynolds-Zahlen gilt als asymptotisches Gesetz

$$c_W = \frac{0,91}{(\log Re_l)^{2\,58}} \qquad \text{fur } Re_l > 10^7 \tag{2 23}$$

Berucksichtigt man, daß im vorderen Teil der Platte laminare und erst im hinteren Teil turbulente Grenzschichten vorliegen, so ergibt sich die gezeichnete Ubergangskurve Fur kleine Reynolds-Zahlen geht sie in das Gesetz fur laminare Stromung uber, weil dann kein Umschlag mehr erfolgt Fur große Reynolds-Zahlen nahert sie sich asymptotisch dem Gesetz fur vollturbulente Stromung nach Gl (2 23), weil die relative Lange des laminaren Anlaufstucks mit wachsender Reynolds-Zahl immer kleiner wird Es zeigt sich, daß bei turbulenter Grenzschichtstromung der Reibungswiderstand sehr viel großer ist als bei laminarer Stromung Dies ist darauf zuruckzufuhren, daß die turbulenten Austauschvorgange sehr viel volligere Geschwindigkeitsprofile mit wesentlich großeren Geschwindigkeitsgradienten an der Wand zur Folge haben als bei laminarer Stromung Bild 2 9 zeigt auch, daß Wandrauhigkeiten den Reibungswiderstand weiter erhohen Der Widerstandsbeiwert wachst mit zunehmender relativer Rauhigkeit k/l stark an und wird dabei ziemlich unabhangig von der Reynolds-Zahl Sehr rauhe Platten verhalten sich wie die Summe vieler stumpfer Korper Einzelheiten sind den einschlagigen Lehrbuchern [2 1] bis [2 7] und Nachschlagewerken [2 8], [2 9] zu entnehmen

68

Körper mit endlicher Dicke besitzen ebenfalls überwiegend Reibungswiderstand, der sehr klein ist, falls Strömungsablösungen vermieden werden. Dies gelingt durch schlanke Heckformen, die nur einen schwachen Druckgradienten in Strömungsrichtung aufweisen. Man gelangt so zu den widerstandsarmen Tragflügelprofilen und Stromlinienkörpern. Bild 2.9 zeigt einige Widerstandsbeiwerte von Tragflügelprofilen. Die Profile NACA 0012, 4412 und 23012 besitzen überwiegend turbulente Grenzschichten und verhalten sich ähnlich wie die Platte bei von vorn an turbulenter Grenzschicht. Die NACA-6-Profile weisen über großen Strecken laminare Grenzschichten auf und sind daher im Widerstand sehr viel günstiger.

Insgesamt ergibt sich, daß der Reibungswiderstand W_R im allgemeinen sehr stark von der Reynolds-Zahl abhängig ist.

2.3.3.4 *Druckwiderstand*

Stumpfe Körper, wie etwa ein Kreiszylinder, eine Kugel oder eine quergestellte Platte, zeigen ein ganz anderes Widerstandsverhalten. Auf der Rückseite solcher Körper treten in der reibungslosen Außenströmung so starke Druckanstiege auf, daß es zur Ablösung der Strömung kommt, vgl. Bild 1.3. Dadurch wird die Druckverteilung am Körper gegenüber dem theoretischen Fall reibungsloser Strömung sehr stark verändert. Als Beispiel ist im Bild 2.10 die Druckverteilung an einem Kreiszylinder dargestellt. Auf der Vorderseite entspricht die Druckverteilung weitgehend der bei reibungsloser Strömung, während auf der Rückseite aus der Veränderung der Strömung infolge Ablösung beträchtliche Unterdrücke resultieren. Die Druckverteilung ist jetzt bezüglich der y-Achse unsymmetrisch. Summiert man die aus der Druckverteilung in Strömungsrichtung resultierenden Kraftkomponenten nach Bild 2.8 entsprechend

$$W_D = \oint p \sin \varphi \, dF, \tag{2.24}$$

so ergibt sich ein Widerstand W_D, der als Druckwiderstand bezeichnet wird. Obwohl aus den Wandschubspannungen auch noch ein Reibungswiderstand W_R resultiert, so ist doch bei stumpfen Körpern der Druckwiderstand stark überwiegend. Im allgemeinen gilt für den Widerstand eines Körpers

$$W = W_D + W_R. \tag{2.25}$$

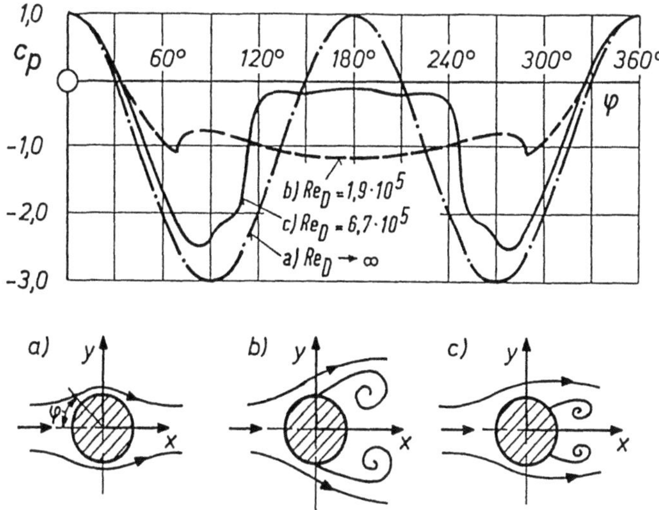

Bild 2 10. Druckverteilung und Stromlinienverlauf an einem Kreiszylinder bei verschiedenen Reynolds-Zahlen
$Re_D = V_\infty D/\nu$
a reibungslose Stromung
b unterkritisch, Grenzschicht laminar
c überkritisch, Grenzschicht turbulent

Bei stumpfen Korpern wird zur Bildung eines Widerstandsbeiwertes der Widerstand auf den Staudruck der Anstromung $\rho V_\infty^2/2$ und auf die Stirnflache F_{St} bezogen gemaß

$$c_{WSt} = \frac{W}{\frac{\rho}{2} V_\infty^2\ F_{St}} \qquad\qquad (2\ 26)$$

Bild 2 11 zeigt die Abhangigkeit des Widerstandsbeiwertes von der Reynolds-Zahl $Re_D = V_\infty D/\nu$ fur Kreiszylinder und quergestellte Platte (ebenes Problem) Mit Ausnahme eines Bereichs bei sehr kleinen Reynolds-Zahlen erfolgt die Stromungsablosung immer in gleicher Weise, und der Widerstandsbeiwert ist von der Reynolds-Zahl unabhangig Im Gegensatz zu scharfkantigen Korpern ist die Ablosung bei etwas abgerundeten Korpern nicht festgelegt Die Lage der Ablosestelle richtet sich dann nach dem Zustand der Grenzschicht Bei kleinen Reynolds-Zahlen ist die Grenzschicht laminar, man vgl Fall b) nach Bild 2 10 und 2 11 Die Ablosung erfolgt sehr nahe an der dicksten Stelle des Korpers Das entstehende Totwasser ist breit, und der zugehorige Widerstandsbeiwert ist groß Bei einer kritischen Reynolds-Zahl von etwa $Re_{D\,krit} = 5 \quad 10^5$ findet plotzlich der Grenzschichtumschlag am vorderen Teil des Korpers statt Die turbulente Grenzschicht liegt dann langer an, man vgl Fall c) nach Bild 2 10 und 2 11 Das entstehende Totwasser ist schmal, und der Widerstandsbeiwert ist sehr viel kleiner als vorher

Von Sonderfallen abgesehen, ist man bei Kraftfahrzeugen bestrebt, eine plotzliche Veranderung des Widerstandsbeiwertes in Abhangigkeit von der Reynolds-Zahl zu vermeiden Hierzu wird die Stromungsablosung an bestimmten Stellen, z B am Beginn der Heckschrage, festgelegt Die Formgebung bis zu dieser Stelle ist dann darauf ausgerichtet, unter allen Bedingungen einen moglichst weitgehenden Druckanstieg bis zur Ablosestelle zu verwirklichen Das entstehende Totwasser soll moglichst klein sein, so daß der Widerstand gering bleibt Die mit der Stirnflache gebildeten Widerstandsbeiwerte der heutigen europaischen Personenwagen liegen im Bereich $0{,}26 \leq c_W \leq 0{,}50$ Die Abhangigkeit dieser Widerstandsbeiwerte von der Reynolds-Zahl ist im allgemeinen sehr gering, und plotzliche Anderungen in Abhangigkeit von der Reynolds-Zahl treten nicht auf Dies zeigt, daß der uberwiegende Teil des Widerstandes dieser Fahrzeuge Druckwiderstand ist Fur einige unkonventionelle Stromlinienformen wurden nach W -H HUCHO [2 10] auch Widerstandsbeiwerte im

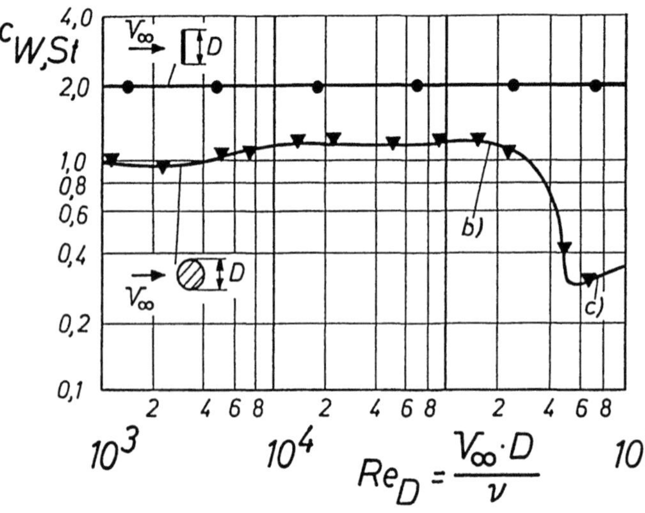

Bild 2 11 Widerstandsbeiwerte von stumpfen Korpern in Abhangigkeit von der Reynolds Zahl bei zweidimensionaler Stromung b und c entsprechend Bild 2 10

Bereich $0{,}15 \leq c_w \leq 0{,}26$ gemessen. Bei derartigen Fahrzeugen ist dann der relative Anteil des Druckwiderstandes sehr viel kleiner. Diese Widerstandsbeiwerte enthalten also einen relativ hohen Anteil Reibungswiderstand, und sie sind deshalb von der Reynolds-Zahl abhängig; man vgl. hierzu [2.10].

Bei den Strömungsablösungen, die zum Druckwiderstand führen, lassen sich zwei verschiedene Typen unterscheiden. Liegt die Ablösekante quer zur Strömungsrichtung, so entstehen nach Bild 2.12 hinter dem Körper zunächst Wirbel, deren Achsen im wesentlichen quer zur Anströmung verlaufen. Die Komponenten der Geschwindigkeit in Richtung der Wirbelachsen sind somit sehr klein. Das im Bild 2.12 dargestellte symmetrische Strömungsfeld im abgelösten Gebiet ergibt sich nur bei sehr kleinen Reynolds-Zahlen, beim Kreiszylinder bei $Re_D < 60$, vgl. H. SCHLICHTING [2.1]. Bei größeren Reynolds-Zahlen kommt es zu periodischer Wirbelablösung. Die Strömung im abgelösten Gebiet ist dann grundsätzlich instationär. Die ursprünglich vorhandene kinetische Energie des Wirbelfeldes wird durch die starken Austauschvorgänge sehr rasch dissipiert und irreversibel in Wärme überführt. Dies äußert sich in einem starken Gesamtdruckverlust hinter dem Körper, und der zugehörige Energieverlust entspricht der zur Überwindung des Druckwiderstandes erforderlichen Leistung. Es entsteht ein sogenanntes Totwasser, in dem im zeitlichen Mittel ziemlich gleichmäßiger Unterdruck und sehr geringe Strömungsgeschwindigkeiten vorliegen.

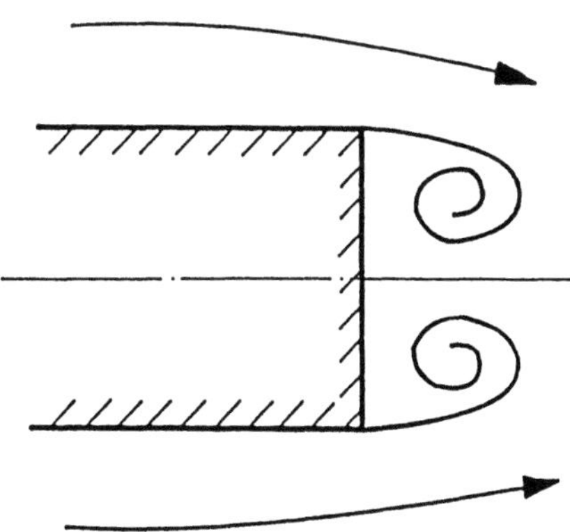

Bild 2 12   Stromungsablosung an einem Korper mit stumpfem Heck (Ablosekante senkrecht zur Stromung)

Der andere Typ von Strömungsablösung entsteht, wenn die Ablösekante nach Bild 2.13 gegenüber der Strömungsrichtung geneigt ist. Auch in diesem Fall bilden sich Wirbel aus, deren Achsen etwa in Richtung der Ablösekante verlaufen. In diesem Fall existiert im Wirbelfeld der abgelösten Strömung eine beträchtliche Geschwindigkeitskomponente parallel zur Ablösekante, also in Richtung der Wirbelachse. Dadurch ergibt sich eine wohlgeordnete und stationäre dreidimensionale

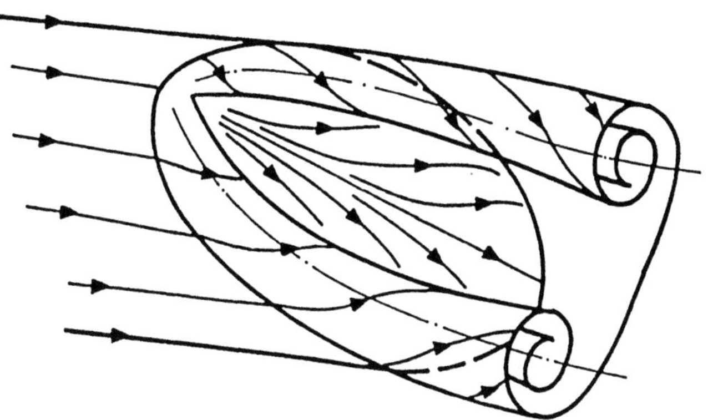

Bild 2.13. Stromungsablosung an einem Korper mit schragem Heck (Ablosekante gegen die Stromung geneigt)

Ablösung. Diese erzeugt ebenfalls Unterdrücke auf dem rückwärtigen Teil des Körpers und führt somit zu Druckwiderstand. Auf der schrägen Heckfläche bildet sich jedoch eine wohlgeordnete anliegende Strömung aus. Die Druckverteilung auf dieser Heckfläche weist im Bereich der Wirbel beträchtliche Unterdruckspitzen auf. Diese Art der Strömungsablösung ist in der Flugtechnik im Zusammenhang mit der Umströmung von Deltaflügeln sehr gut bekannt, man vgl. hierzu die zusammenfassende Darstellung von D. HUMMEL [2.11]. In dem Strömungsfeld hinter dem Körper treten nur verhältnismäßig geringe Gesamtdruckverluste auf. Das Wirbelfeld enthält jedoch sehr viel kinetische Energie, welche der zur Überwindung des Druckwiderstandes erforderlichen Leistung entspricht.

Zwischen den beiden beschriebenen Arten der Strömungsablösung hinter einem stumpfen Körper besteht ein innerer Zusammenhang, der im Bereich der Flugtechnik schon eingehend untersucht wurde, man vgl. B. THWAITES [2.12] sowie D. HUMMEL [2.11]. Mit zunehmendem Anstellwinkel eines Deltaflügels (entsprechend einer abnehmenden Heckschräge nach Bild 2.13) beobachtet man eine Strukturveränderung in den Wirbeln, die als Aufplatzen der Wirbel (vortex breakdown, vortex bursting) bezeichnet wird. Der Vorgang wird bisher noch nicht in allen Einzelheiten verstanden. Er führt jedoch zur Zerstörung der geordneten dreidimensionalen Wirbelströmung aus dem Inneren der Wirbel heraus, so daß ein ungeordnetes Totwasser übrigbleibt. Systematische Untersuchungen an Fahrzeugen mit Heckschrägen stammen von L. J. JANSSEN, W.-H. HUCHO [2.13], T. MOREL [2.14] und S. R. AHMED et al. [2.15], [2.16]. Dabei wurden beide Typen der Ablösung beobachtet. Beim Übergang von einer Strömungsform in die andere ergeben sich charakteristische Änderungen des Druckwiderstandes, wie sie auch von Deltaflügeln her bekannt sind. Darauf wird in den Abschnitten 4.2 und 4.4.5.3 ausführlich eingegangen.

Abschließend sei zum Widerstand eines Körpers bemerkt, daß die Formgebung vor dem größten Querschnitt nur einen verhältnismäßig geringen Einfluß auf den Gesamtwiderstand besitzt. Die wesentlichen Beiträge zum Widerstand stammen von der Rückseite des Körpers. Deren Formgebung entscheidet über die Größe des Widerstandes. Es kommt also nicht so sehr darauf an, die ankommende Strömung günstig zu teilen, sondern es ist von größerer Bedeutung, wie die durch den Körper geteilte Strömung hinten wieder zusammengeführt wird. Die günstigste Lösung stellen Stromlinienkörper mit sehr schlankem Heck dar. Tabelle 2.1 gibt eine Zusammenstellung von Widerstandsbeiwerten für verschiedene Körperformen.

2.3.3.5 *Gesamtkräfte und -momente*

Außer dem bereits ausführlich diskutierten Widerstand treten an einem Fahrzeug weitere Kräfte und Momente auf, die im Bild 2.14 schematisch eingezeichnet sind. Bei symmetrischer Anströmung ($\beta = 0$) ergibt sich außer dem Widerstand W eine Auftriebskraft A, man vgl. die Druckverteilung im Bild 2.4. Darüber hinaus tritt um die Querachse (y-Achse) auch ein Nickmoment M auf. Durch die drei Komponenten A, W und M ist die resultierende Luftkraft nach Größe, Richtung und Angriffspunkt eindeutig festgelegt. Bei bekannter Lage des Momentenbezugspunktes in der Bodenebene, jeweils in der Mitte des Radstandes und des Achsabstandes, lassen sich dann auch die aus der Umströmung des Fahrzeugs resultierenden Belastungsänderungen an Vorder- und Hinterachse bestimmen.

Bei schräger Anströmung ($\beta \neq 0$) ergibt sich eine unsymmetrische Umströmung des Fahrzeugs. Daraus resultiert zunächst eine Seitenkraft Y. Außerdem treten um die Längsachse (x-Achse) ein Rollmoment L und um die Hochachse (z-Achse) ein Giermoment N auf. In diesem Fall legen die sechs Komponenten A, W, M und Y, L, N die resultierende Luftkraft eindeutig fest. Bei bekannter Lage des Momentenbezugspunktes können damit die aus der Umströmung resultierenden Belastungsänderungen an allen vier Rädern ermittelt werden.

Tabelle 2 1. Widerstandsbeiwerte fur verschiedene Korper (c_w = $W/q_\infty F_{St}$, * unterkritische Stromung) nach [2 9]

Korper	Anstromung	c_w
Kreisplatte		1,17
Kugel		0,47*)
Halbkugel		0,42*)
60°-Kegel		0,50
Wurfel		1,05*)
Wurfel		0,80*)
Kreiszylinder l/D > 2		0,82
Kreiszylinder l/D > 1		1,15
Stromlinienkorper l/D = 2,5		0,04
Halbkreisplatte am Boden		1,19
Halber Stromlinienkorper am Boden (l/D = 2,5)		0,09

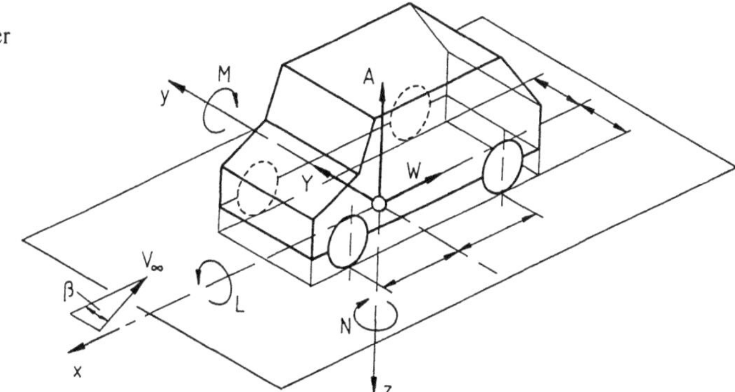

Bild 2.14. Krafte und Momente an einem Fahrzeug (Bezugspunkt in der Fahrbahnebene in der Mitte des Radstandes und der Spurbreite)

Die genannten Kräfte und Momente lassen sich im Windkanal durch direkte Kraftmessungen an Fahrzeugen in Originalgröße oder an verkleinerten Modellen ermitteln. Man unterscheidet dabei Drei- und Sechskomponentenmessungen. Für die Übertragbarkeit der Versuchsergebnisse ist wieder wesentlich, daß das Reynoldssche Ähnlichkeitsgesetz eingehalten wird, d.h., daß für Modell und Großausführung die Reynolds-Zahl

$$Re_1 = \frac{V_\infty l}{\nu}$$

gleich ist. Von den tatsächlichen Abmessungen von Modell oder Großausführung wird man dadurch unabhängig, daß analog zum Widerstandsbeiwert dimensionslose Beiwerte gebildet werden entsprechend

$$c_A = \frac{A}{\frac{\rho}{2} V_\infty^2 \, F_{St}} \qquad \text{(Auftrieb)}$$

$$c_W = \frac{W}{\frac{\rho}{2} V_\infty^2 \, F_{St}} \qquad \text{(Widerstand)}$$

$$c_M = \frac{M}{\frac{\rho}{2} V_\infty^2 \, F_{St} \, l} \qquad \text{(Nickmoment)}$$

$$c_Y = \frac{Y}{\frac{\rho}{2} V_\infty^2 \, F_{St}} \qquad \text{(Seitenkraft)} \qquad\qquad (2.27)$$

$$c_L = \frac{L}{\frac{\rho}{2} V_\infty^2 \, F_{St} \, l} \qquad \text{(Rollmoment)}$$

$$c_N = \frac{N}{\frac{\rho}{2} V_\infty^2 \, F_{St} \, l} \qquad \text{(Giermoment).}$$

Alle Beiwerte werden im allgemeinen auf den Staudruck der Anströmung $\rho V_\infty^2/2$ und die Stirnfläche F_{St} des Fahrzeugs, die Momente zusätzlich auf die charakteristische Fahrzeugabmessung l bezogen.

Die dimensionslosen aerodynamischen Beiwerte können ihrerseits wieder nur von dimensionslosen Größen des Strömungsfeldes, also z. B. von der Reynolds-Zahl Re_l oder vom Schiebewinkel β abhängen. In diesem Zusammenhang ergibt sich das Problem der Stabilität, das sich sehr einfach am schiebenden Fahrzeug verdeutlichen läßt, vgl. auch Abschnitt 5. 3. Beim Vorliegen eines Schiebewinkels entsteht am Fahrzeug ein Giermoment N. Der zugehörige Giermomentenbeiwert ist c_N. Dieses Giermoment ist bestrebt, das Fahrzeug um seine Hochachse (z-Achse) zu drehen. Man bezeichnet das Giermomentenverhalten des Fahrzeugs als aerodynamisch stabil, wenn das auftretende Giermoment den Schiebewinkel des Fahrzeugs und damit die Ursache für das Giermoment verkleinert. Mit den Bezeichnungen nach Bild 2.14 ist dies der Fall, wenn

$$\frac{dc_N}{d\beta} < 0 \qquad \text{(stabil)} \qquad\qquad (2.28)$$

ist. Umgekehrt ist ein Fahrzeug instabil, falls

$$\frac{dc_N}{d\beta} > 0 \qquad \text{(instabil)} \qquad\qquad (2.29)$$

ist. Wie im Abschnitt 5.3.2 gezeigt wird, sind Fahrzeuge i. a. aerodynamisch instabil. Nur mit Hilfe sehr großer Seitenleitwerke am Fahrzeugende, die aber für praktische Anwendungen unannehmbar sind, kann aerodynamische Stabilität nach Gl. (2.28) erzielt werden.

Ähnlich wie beim Widerstand lassen sich auch alle anderen am Fahrzeug angreifenden Kräfte und Momente durch geeignete Formgebung des Fahrzeugs beeinflussen. Ohne auf Einzelheiten einzugehen, seien einige Möglichkeiten angeführt. Die Fahrzeugunterseite hat einen großen Einfluß auf den Auftrieb. Durch kleine örtliche Bodenabstände und eine glatte Unterseite lassen sich zwischen Fahrzeug und Fahrbahn hohe Strömungsgeschwindigkeiten und damit Unterdrücke erzeugen, die den Auftrieb klein halten, vgl. die Abschnitte 5.5.1.1 und 7.4.1.3. Umgekehrt bewirken Strömungsablösungen in Form von geordneten Wirbeln nach Bild 2.13 in Verbindung mit schrägen Heckformen beträchtliche positive Beiträge zum Auftrieb. Auch das Seitenwindverhalten von Fahrzeugen kann durch geeignete Formgebung stark beeinflußt werden, man vgl. hierzu W.-H. Hucho [2.17]. Bei kleinen Schiebewinkeln können größere Giermomentenanstiege $dc_N/d\beta$ zugelassen werden, solange die absoluten Giermomente N noch klein sind. Es kommt dann hauptsächlich auf einen geringen Widerstand an. Bei größeren Schiebewinkeln muß man dann auf den geringen Widerstand verzichten, weil die Forderung nach einer Begrenzung der Giermomente im Vordergrund steht; Einzelheiten werden in Abschnitt 5.5.1 ausgeführt.

2.3.3.6 *Temperaturgrenzschichten*

Auch das Temperaturfeld in der Umgebung eines umströmten Körpers besitzt Grenzschichtcharakter. So bleibt z. B. die von einem beheizten Körper ausgehende Temperaturerhöhung auf eine dünne Schicht in der Umgebung des Körpers beschränkt. Diese Temperaturgrenzschicht ist im Bild 2.15 für den einfachen Fall einer längsangeströmten Platte skizziert. Die zugehörige Strömungsgrenzschicht ist im Bild 2.6 dargestellt. Die Wandtemperatur T_W der beheizten Platte sei konstant. Die Temperatur fällt innerhalb der Temperaturgrenzschicht der Dicke δ_T auf den ebenfalls konstanten Wert T_∞ in der Außenströmung ab.

Bei laminarer Strömung ist nach Gl. (2.12) die Dicke der Strömungsgrenzschicht $\delta \sim \nu^{1/2}$. Bei inkompressibler Strömung (ρ= konst.) ist somit auch $\delta \sim \mu^{1/2}$. Analog dazu gilt für die Dicke der Temperaturgrenzschicht

$$\delta_T \sim \lambda^{1/2} \, .$$

Für das Verhältnis der beiden Grenzschichtdicken ergibt sich

$$\frac{\delta}{\delta_T} = \left(\frac{\mu c_p}{\lambda}\right)^{1/2} = \mathrm{Pr}^{1/2} \, . \tag{2.30}$$

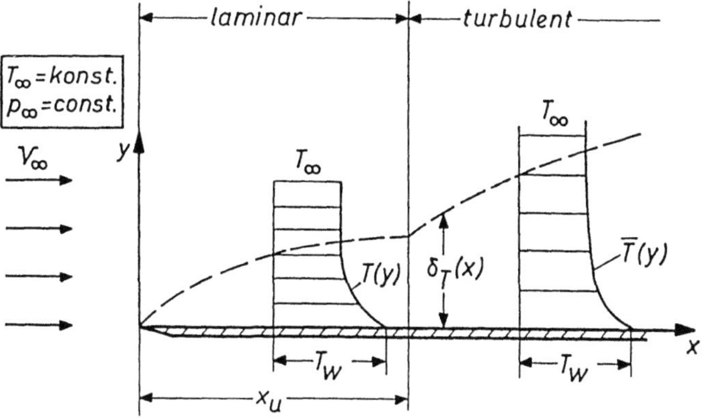

Bild 2.15. Temperaturgrenzschicht an einer längsangeströmten Platte (Abmessungen in y-Richtung sehr stark überhöht).

Hierin bedeutet c_p die spezifische Wärmekapazität eines Gases bei konstantem Druck. Falls eine Flüssigkeit vorliegt, so ist deren spezifische Wärmekapazität c einzusetzen. Der Ausdruck $\mu c_p/\lambda$ stellt eine dimensionslose Größe dar, die als die Prandtl-Zahl

$$Pr = \frac{\mu c_p}{\lambda} \qquad (2.31)$$

bezeichnet wird. Die Prandtl-Zahl hängt nur von Stoffbeiwerten ab. Sie kennzeichnet im wesentlichen das Verhältnis von Zähigkeitsbeiwert zu Wärmeleitfähigkeit, und sie läßt sich als das Verhältnis von Impulstransport zu Wärmetransport quer zur Strömungsrichtung in einem Fluid deuten. Für Luft ist $Pr \approx 0,7$, so daß Strömungsgrenzschicht und Temperaturgrenzschicht etwa gleich dick sind. Für Näherungsbetrachtungen kann man $Pr = 1$ setzen. Bei anderen Fluiden liegen unterschiedliche Verhältnisse vor. Bei Ölen mit hoher Viskosität ist $Pr = 10\,000$, also $\delta \gg \delta_T$. Für Wasser mit $Pr = 7$ ist $\delta > \delta_T$.

Für die Temperaturverteilung in der Grenzschicht tritt bei inkompressibler Strömung eine Kompressionswärme nicht auf, und die durch Dissipation kinetischer Energie entstandene Reibungswärme ist von untergeordneter Bedeutung. Maßgebend ist der Wärmetransport durch Leitung entsprechend Gl. (2.3) und durch Konvektion. Daraus ergibt sich, daß das Temperaturfeld vom Strömungsfeld abhängig ist. Die Umkehrung gilt aber nicht! Besonders einfache und überschaubare Verhältnisse ergeben sich für die ebene Platte nach den Bildern 2.6 und 2.15, also bei konstantem Druck p_∞, und für den Sonderfall $Pr = 1$. Bei laminarer Strömung sind dann Geschwindigkeitsprofile u(y) und Temperaturprofile T(y) identisch in der dimensionslosen Form

$$\frac{u(y)}{V_\infty} = \frac{T(y) - T_\infty}{T_W - T_\infty}. \qquad (2.32)$$

Die Abhängigkeit ist im Bild 2.16 dargestellt. Somit besteht ein innerer Zusammenhang zwischen dem Geschwindigkeitsgradienten an der Wand $(du/dy)_W$, also der Wandschubspannung nach Gl. (2.1) einerseits und dem Temperaturgradienten an der Wand $(dT/dy)_W$, also dem Wärmeübergang entsprechend Gl. (2.3) andererseits. Nach kurzer Umrechnung folgt aus Gl. (2.32)

$$Nu(x) = \frac{1}{2} c_f'(x)\, Re_x. \qquad (2.33)$$

Hierin bedeuten

$$c_f'(x) = \frac{\tau_W(x)}{\frac{\rho}{2} V_\infty^2} \qquad (2.34)$$

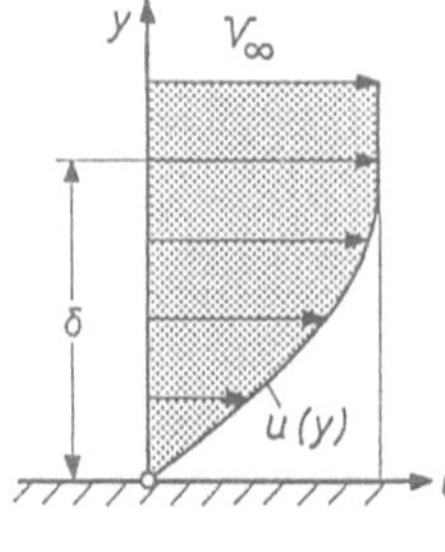
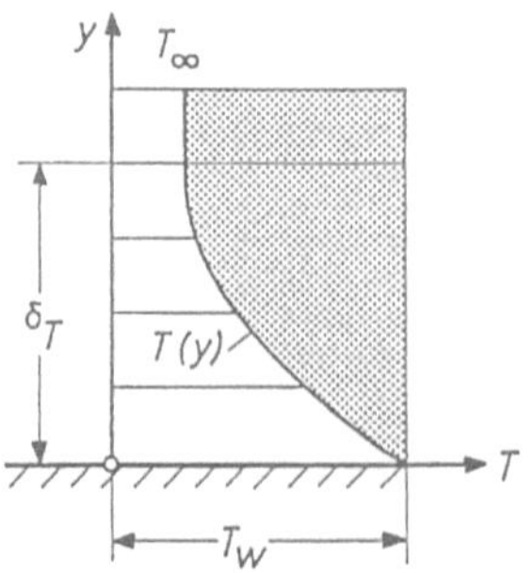

Bild 2 16 Geschwindigkeits- und Temperaturverteilung in der laminaren Grenzschicht an einer langsangeströmten Platte bei $Pr = 1$ ($\delta = \delta_T$)

die dimensionslose Wandschubspannung, $Re_x = V_\infty\, x/\nu$ die Reynolds-Zahl, gebildet mit der Lauflänge x, und

$$Nu(x) = \frac{q_W(x)\cdot x}{\lambda(T_W - T_\infty)} \tag{2.35}$$

die dimensionslose Wärmestromdichte an der Wand, die auch als Nußelt-Zahl bezeichnet wird. Das Ergebnis nach Gl. (2.33) bezeichnet man als die Reynoldssche Analogie zwischen Wandschubspannung und Wärmeübergang.

Bei turbulenter Strömung tritt infolge der starken Austauschbewegungen analog zu Gl. (2.16) auch eine zusätzliche Wärmestromdichte

$$q_{turb} = \rho\, c_p\, \overline{v'T'} \tag{2.36}$$

auf. Für die in turbulenter Strömung auftretenden Schubspannungen und Wärmestromdichten gilt also

$$\tau = \mu\frac{\overline{du}}{dy} - \overline{\rho u'v'} = (\mu + A_\tau)\frac{\overline{du}}{dy} \tag{2.37}$$

$$q = -\lambda\frac{dT}{dy} + \rho c_p\overline{v'T'} = -(\lambda + c_p\,A_q)\frac{dT}{dy}\ . \tag{2.38}$$

In diesen Gleichungen bedeuten wieder Querstriche zeitliche Mittelwerte entsprechend Gl.(2.15) und u', v', T' Schwankungsgrößen entsprechend Gl. (2.14). Die scheinbare Erhöhung der dynamischen Zähigkeit und der Wärmeleitfähigkeit wird in den Gln. (2.37) und (2.38) durch die formal eingeführten Austauschgrößen A_τ und A_q gekennzeichnet. Analog zur Prandtl-Zahl der molekularen Transportvorgänge nach Gl. (2.31) bezeichnet man das Verhältnis der Austauschkoeffizienten

$$Pr_{turb} = \frac{A_\tau}{A_q} \tag{2.39}$$

als die Prandtl-Zahl der turbulenten Transportvorgänge. In turbulenten Strömungen ist diese Prandtl-Zahl in guter Näherung $Pr_{turb} = 1$. Dies bedeutet, daß für die scheinbaren Erhöhungen der Zähigkeit und der Wärmeleitfähigkeit in turbulenter Strömung gleiche Gesetzmäßigkeiten vorliegen. Für den Sonderfall $Pr = 1$ und $Pr_{turb} = 1$, der für Luft näherungsweise zutrifft, gilt dann wieder die frühere Aussage über den Zusammenhang zwischen den Geschwindigkeits- und den Temperaturprofilen nach Gl. (2.32). Damit ist auch die Reynoldssche Analogie nach Gl. (2.33) für die turbulente Plattengrenzschicht nach den Bildern 2.6 und 2.15 gültig.

Geht man in Gl. (2.33) zu dimensionsbehafteten Größen zurück, so folgt für die Wärmestromdichte an der Wand

$$q_W = \frac{\lambda(T_W - T_\infty)}{\delta}\cdot\frac{d(u/V_\infty)_W}{d(y/\delta)}\ . \tag{2.40}$$

Man sieht daraus, daß der Wärmeübergang an der Wand der Wärmeleitfähigkeit des Fluids λ und der Temperaturdifferenz $T_W - T_\infty$ proportional ist. Am Plattenanfang, wo die Strömungsgrenzschicht dünn ist, ergeben sich große Wärmeübergänge. Nach dem Grenzschichtumschlag wächst die

Grenzschichtdicke zwar stärker an, das Anwachsen der Geschwindigkeitsgradienten ist jedoch stark überwiegend, so daß bei turbulenter Grenzschicht insgesamt ein höherer Wärmeübergang vorliegt als bei laminarer Grenzschicht.

Für viele technische Probleme sind die Verhältnisse nicht so einfach überschaubar wie bei der längsangeströmten ebenen Platte. Man faßt daher meist Gl. (2.40) zusammen zu

$$q_w = \alpha \, (T_w - T_\infty). \tag{2.41}$$

Das spezielle Problem steckt dann in der neu eingeführten Wärmeübergangszahl α, die sich für verschiedene Bedingungen der Literatur [2.18] entnehmen läßt.

2.3.4   Sonderprobleme

2.3.4.1   *Geräusche*

Bei der Umströmung von Fahrzeugen entstehen sogenannte Windgeräusche, siehe Abschnitt 6.5. Ihre physikalische Ursache sind fast immer periodische Strömungsablösungen an Teilen des Fahrzeugs, wie z. B. Regenrinnen, Rückspiegel und Antenne. Eine derartige periodische Strömungsablösung ist für einen Kreiszylinder im Bild 2.17 skizziert. Sie tritt nur auf im Bereich $60 \le Re_D \le 5000$.

Bild 2 17   Periodische Wirbelablosung hinter einem Kreiszylinder (schematisch)

Bei kleineren Reynolds-Zahlen tritt ein nichtperiodischer, symmetrischer Nachlauf nach Bild 2.12 auf, während bei größeren Reynolds-Zahlen sogleich eine turbulente Durchmischung ohne die längere Existenz diskreter Einzelwirbel vorhanden ist. Bei periodischer Strömungsablösung bilden sich auf beiden Seiten Wirbel aus, die sich im zeitlichen Wechsel vom Körper ablösen und nach hinten wegschwimmen. Die Wirbel bleiben über eine längere Strecke erhalten. Ihre in einem mitbewegten Koordinatensystem regelmäßige Anordnung bezeichnet man als Kármánsche Wirbelstraße. Durch die periodische Wirbelablösung wird das ganze Strömungsfeld grundsätzlich instationär. In einem beliebigen Punkt des Strömungsfeldes ändern sich die Strömungsgrößen mit der Frequenz n der Wirbelablösung vom Körper. Die dimensionslose Frequenz

$$S = \frac{n \cdot D}{V_\infty} \tag{2.42}$$

ist eine wichtige Kennzahl, die als Strouhal-Zahl bezeichnet wird. Diese Strouhal-Zahl ist eine eindeutige Funktion der Reynolds-Zahl, die im Bild 2.18 für Kreiszylinder dargestellt ist. Für $Re > 10^3$ ist die Strouhal-Zahl praktisch unabhängig von der Reynolds-Zahl und hat den Zahlenwert $S = 0,21$. Ein einfaches Zahlenbeispiel mit

$$
\begin{aligned}
D &= 4 \text{ mm} \\
V_\infty &= 5 \text{ m/s}, \\
\nu &= 1{,}373 \cdot 10^{-5} \text{ m}^2/\text{s}, \\
Re &= V_\infty D/\nu = 5 \cdot 0{,}004/1{,}37 \cdot 10^{-5} = 1450, \\
n &= SV_\infty/D = 0{,}21 \cdot 5/0{,}004 = 262 \text{ 1/s}
\end{aligned}
$$

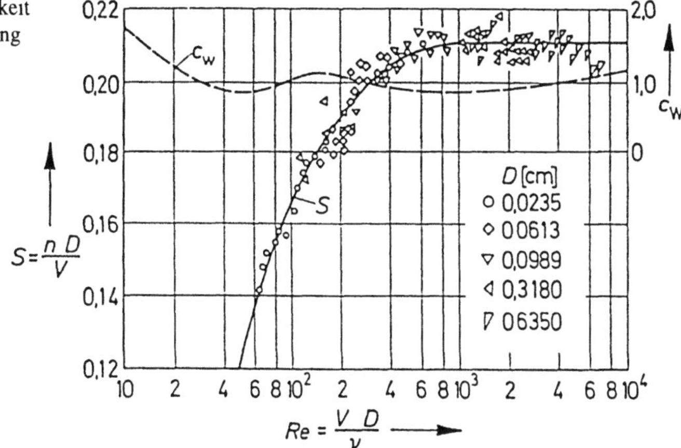

Bild 2 18 Strouhal-Zahl in Abhangigkeit von der Reynolds-Zahl fur die Stromung um Kreiszylinder nach [2 1]

zeigt, daß die auftretenden Frequenzen im horbaren Bereich liegen Die Druckschwankungen des instationaren Stromungsfeldes machen sich deshalb als Gerausche bemerkbar

Maßnahmen zur Unterbindung derartiger Gerausche liegen einerseits in der Vermeidung der auslosenden Stromungsablosungen uberhaupt und andererseits in einer Behinderung der periodischen Nachlaufstromung durch geeignete Mittel Eine Zusammenstellung des Wissens uber Stromungslarm wurde von H H Heller und W M Dobrzynski [2 19] gegeben

2 3 4 2   Mehrkorperprobleme

Bei der Umstromung von Kraftfahrzeugen treten auch Interferenzprobleme auf, wenn beispielsweise zwei oder mehrere Fahrzeuge in Kolonnenfahrt oder in einem Rennen dicht hintereinander fahren, oder wenn sich zwei Fahrzeuge bei einer Begegnung oder beim Uberholen nebeneinander befinden Grundsatzlich gehort zu dieser Art von Problemen auch das eines Storkorpers, z B eines Ruckspiegels, der im Stromungsfeld des Fahrzeugs angeordnet ist Die aus zwei Korpern 1 und 2 bestehende Konfiguration besitzt einen Widerstand W_{1+2}, der sich von der Summe der Einzelwiderstande W_1 und W_2 in freier Stromung unterscheidet Die Differenz

$$\Delta W = W_{1+2} - (W_1 + W_2)$$

ist dann der Interferenzwiderstand, fur den es verschiedene Ursachen gibt

Die Wechselwirkungen zwischen zwei sich gegenseitig beeinflussenden Korpern sind vielfaltig Einige Beispiele fur einfache Grundkorper sollen dies verdeutlichen Bild 2 19 zeigt die Widerstandsbeiwerte von stumpfen Korpern nach S F Hoerner [2 9] Bei einer Hintereinanderanordnung von Kreisscheiben nach Bild 2 19a ist der Widerstandsbeiwert der vorderen Kreisscheibe vom Abstand der beiden Kreisscheiben unabhangig Der Aufstau vor der hinteren Kreisscheibe ist gering und der Druck auf der Ruckseite der vorderen Kreisscheibe wird deshalb nicht wesentlich beeinflußt Durch den Nachlauf der vorderen Kreisscheibe wird der Staudruck der ortlichen Anstromung der hinteren Kreisscheibe reduziert, und der Widerstandsbeiwert nimmt stark ab Dies ist der sogenannte Windschatteneffekt Bei sehr kleinen Langsabstanden treten an der hinteren Kreisscheibe sogar negative Widerstandsbeiwerte auf Der Schub kommt dadurch zustande, daß das Unterdruckgebiet im Nachlauf der vorderen Kreisscheibe Einfluß auf die Vorderseite der hinteren Kreisscheibe gewinnt Zwischen beiden Korpern bildet sich eine Art Spaltstromung aus, zu der ein Druckfeld gehort, das auf der Vorderseite der hinteren Kreisscheibe großere Unterdrucke hervorruft als auf deren Ruckseite vorhanden sind

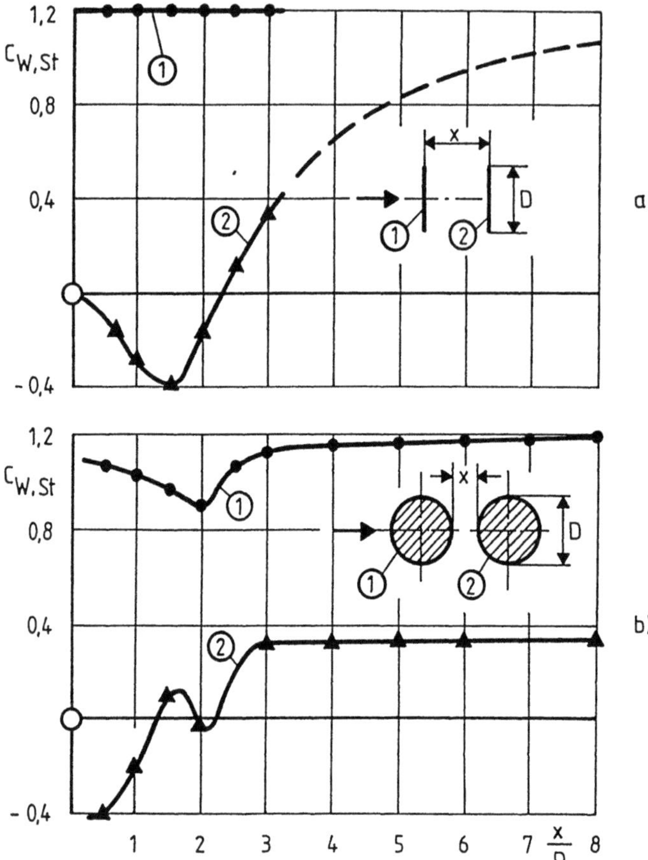

Bild 2 19 Widerstandsbeiwerte
von hintereinander angeordneten
stumpfen Korpern nach [2 9]
a) Kreisscheiben
b) Kreiszylinder, Anstromung
unterkritisch

Bei einer Hintereinanderanordnung von zwei Kreiszylindern nach Bild 2.19b findet man den
Windschatteneffekt ähnlich wie bei den Kreisscheiben. Es kommt jedoch neu hinzu, daß für sehr
große Längsabstände der Widerstandsbeiwert des hinteren Kreiszylinders einen sehr viel niedrigeren
Wert annimmt als der des vorderen Kreiszylinders. Dies gilt nur für unterkritische Anströmung. In
diesem Fall ist die Grenzschicht am vorderen Zylinder laminar, und es bildet sich nach Bild 2.10b
ein breites Totwasser aus, in dem sich der hintere Zylinder befindet. Der eigentliche Windschatten
effekt, der auf einer Staudruckreduktion beruht, verschwindet für große Längsabstände. Der hintere
Kreiszylinder befindet sich aber nach wie vor in einem turbulenten Nachlauf, so daß die Grenzschicht
am hinteren Kreiszylinder künstlich in den turbulenten Strömungszustand nach Bild 2.10c überführt
wird. Dementsprechend stellt sich am vorderen Kreiszylinder der unterkritische, höhere und am
hinteren Kreiszylinder der überkritische, niedrigere Widerstandsbeiwert nach Bild 2.11 ein.

Bei hintereinander angeordneten schlanken Körpern, bei denen in freier Strömung anliegende
Strömung vorherrscht, liegen nach Bild 2.20 ganz andere Verhältnisse vor. Bei großen Längsabstän-
den sind die Widerstandsbeiwerte beider Körper gleich, und sie entsprechen dem des Einzelkörpers
in freier Strömung. Mit abnehmendem Längsabstand geht wie bei den beiden Kreiszylindern nach
Bild 2.19b der Widerstandsbeiwert des vorderen Körpers zurück, weil durch den Aufstau der
Strömung vor dem hinteren Körper der statische Druck im rückwärtigen Teil des vorderen Körpers
ansteigt. Solange dadurch am vorderen Körper keine Ablösung hervorgerufen wird, treten dort sehr
geringe, teilweise sogar negative Widerstandsbeiwerte auf. Der hintere Körper schiebt den vorderen.
Der Mechanismus der Strömungsbeeinflussung des hinteren Körpers auf den vorderen ist prinzipiell

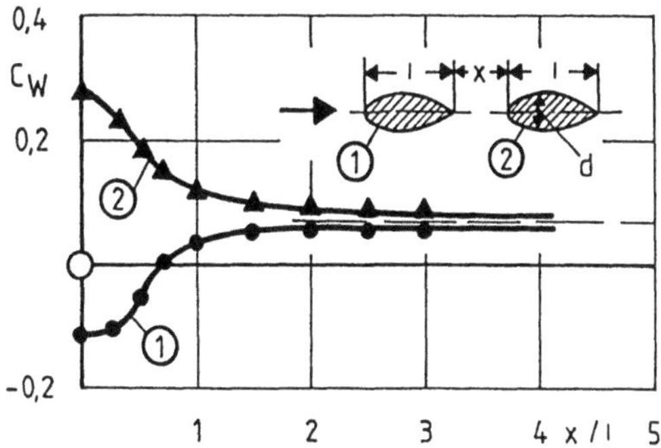

Bild 2 20 Widerstandsbeiwerte von hintereinander
angeordneten schlanken Korpern nach [2 9]
(Re = 4 10⁵, Dickenverhaltnis d/l = 1/3 Wider
standsbeiwert des Einzelprofils c_w = 0 07)

gleich wie bei den Kieiszylindern nach Bild 2 19b, obwohl es dort wegen des viel hoheren
Widerstandsniveaus nicht zu negativen Widerstandsbeiwerten kommt Am hinteren Korper liegen
jedoch andere Verhaltnisse vor In diesem Fall tritt mit abnehmendem Langsabstand der Windschatteneffekt nicht auf Der Impulsverlust im Nachlauf des vorderen Korpers teilt sich der Grenzschicht
des hinteren Korpers mit, und dadurch kommt es zu verstarkter Grenzschichtablosung am hinteren
Korper mit abnehmendem Langsabstand Deshalb steigt der Widerstandsbeiwert des hinteren
Korpers sehr stark an, man vgl S F Hoerner [2 9]

Aus den hier beschriebenen Verhaltnissen an einfachen Korpern ergibt sich, daß – abgesehen von
extrem stumpfen Korpern – der vordere Korper durch den hinteren Korper begunstigt wird Ob der
hintere Korper Vorteile oder Nachteile erfahrt, hangt von der Art der Umstromung des vorderen
Korpers ab Stumpfe vordere Korper erzeugen einen großen Nachlauf, in dem der hintere Korper den
Windschatteneffekt ausnutzen kann Schlanke vordere Korper, die kein Totwassergebiet hinter sich
erzeugen, fuhren zu erhohten Widerstandsbeiwerten am hinteren Korper, man vgl hierzu H Ewald
[2 20] und Abschnitt 4 4 1 4 Weitere Parameter sind die relative Große der beiden Korper zueinander Entsprechende Untersuchungen uber den Abstand des Fuhrerhauses vom Container bei einem
Sattelzug stammen von A Roshko, K Koenig [2 21], vgl Abschnitt 8 5 3 2, und ahnliche Untersuchungen an Fahrzeugen mit Wohnanhangern wurden von R Kunstner [2 22] durchgefuhrt, man vgl
auch Abschnitt 4 4 13

Als Beispiel fur nebeneinander angeordnete Korper sind im Bild 2 21 zwei symmetrische schlanke
Tragflugelprofile betrachtet Fur sehr große seitliche Abstande ergibt sich der Widerstandsbeiwert
des Profils in freier Stromung nach Bild 2 20 Mit zunehmender Annaherung der beiden Korper
nimmt deren Widerstandsbeiwert stark zu Der Effekt beruht auf der Vergroßerung der Anstromgeschwindigkeit fur beide Korper und auf der Tatsache, daß die Stromung an beiden Korpern
unsymmetrisch verlauf Auf den einander zugewandten Seiten der beiden Korper entsteht ein
großerer Druckgradien , der zur einseitigen Stromungsablosung und damit zur Erhohung des

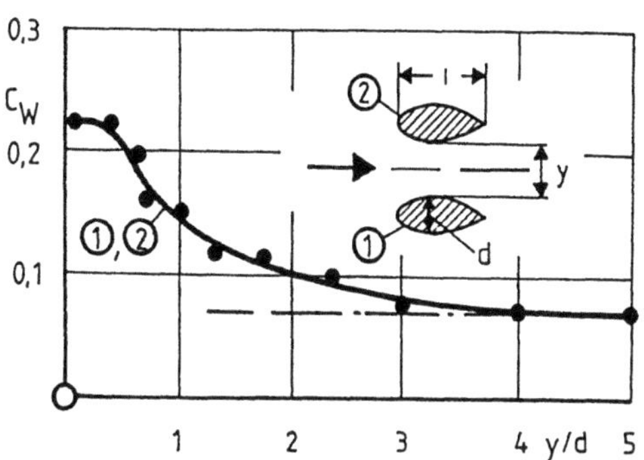

Bild 2 21 Widerstandsbeiwerte von nebeneinander
angeordneten schlanken Korpern nach [2 9]
(Re = 4   10⁵, Dickenverhaltnis d/l = 1/3, Wider
standsbeiwert des Einzelprofils c_w = 0 07)

Widerstandsbeiwertes führt. Aus der unsymmetrischen Umströmung resultiert an beiden Körpern eine Seitenkraft und ein Giermoment. Systematische Untersuchungen dieser Effekte an allgemeinen Körpern mit verschiedenen Formen und Zuordnungen existieren nicht. Es gibt jedoch eine große Zahl fahrzeugtechnischer Untersuchungen im Zusammenhang mit Begegnungen und Überholmanövern, z. B. von F. N. BEAUVAIS [2.23], G. F. ROMBERG et al. [2.24], J. P. HOWELL [2.25], R. CHOULET [2.26] und S. R. AHMED, W.-H. HUCHO [2.27]. Dabei zeigte sich, daß beim Überholmanöver eines Personenwagens gegenüber einem Lastwagen beim Erreichen des hinteren Endes des Lastwagens am Personenwagen eine Seitenkraft entsteht, die zum Lastwagen hin gerichtet ist. Befinden sich beide Fahrzeuge nebeneinander, so ist die Seitenkraft sehr gering. Passiert jedoch das hintere Ende des Personenwagens den Bug des Lastwagens, so entsteht eine sehr große Seitenkraft, die den Personenwagen nach außen drückt. Die Giermomentencharakteristik ist mit dem Seitenkraftverlauf gekoppelt. Einwärts gerichtete Seitenkräfte sind mit Giermomenten verbunden, die den Bug des Personenwagens ebenfalls einwärts bewegen und umgekehrt. Die Auswirkungen auf die Fahrstabilität sind sehr beträchtlich. Weitere Einzelheiten sind dem Abschnitt 5.4.6 zu entnehmen.

2.3.4.3 Inhomogenitäten

Die Strömung um ein Fahrzeug kann verschiedenerlei Inhomogenitäten, wie z. B. Regentropfen, Schmutzteilchen und Insekten, enthalten. Das Verhalten dieser Inhomogenitäten im Strömungsfeld eines Kraftfahrzeugs ist von großer Bedeutung für den praktischen Fahrbetrieb, vgl. Abschnitte 6.4 und 8.7.2.

Physikalisch betrachtet handelt es sich dabei um die Bewegung von Teilchen im Strömungsfeld, deren Dichte anders ist als die des strömenden Mediums. Die grundsätzlichen Verhältnisse sind im Bild 2.22 skizziert. Die Teilchenbahn und die Stromlinien sind verschieden. In einem beliebigen Punkt des Feldes ist die Strömungsgeschwindigkeit $\vec{V}_s$ tangential zur Stromlinie in diesem Punkt, und die Geschwindigkeit des Teilchens $\vec{V}_t$ ist tangential zur Teilchenbahn. Das Teilchen wird also mit der Differenzgeschwindigkeit

$$\vec{V}_{rel} = \vec{V}_s - \vec{V}_t \tag{2.43}$$

relativ umströmt. In Richtung dieser Relativgeschwindigkeit wirkt daher eine Widerstandskraft W. Eine Querkraft infolge unsymmetrischer Teilchenform soll hier nicht betrachtet werden.

Die Flugbahn und die Geschwindigkeit des Teilchens auf ihr müssen sich nun so einstellen, daß die resultierende Trägheitskraft T_{res} entgegengesetzt gleich der Widerstandskraft W ist. Die Trägheitskraft enthält die Schwerebeschleunigung sowie alle weiteren Beschleunigungen, die aus den Änderungen von Betrag und Richtung des Geschwindigkeitsvektors herrühren. Da die Luftdichte

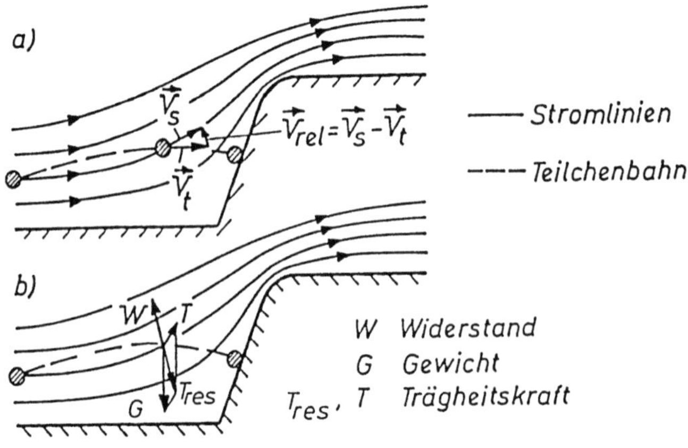

Bild 2.22. Bewegung eines Teilchens mit anderer Dichte in einem Strömungsfeld.
a Geschwindigkeitsvektoren
b Kräfte

gegenüber der Teilchendichte sehr klein ist, kann der archimedische Auftrieb des Teilchens in der umgebenden Luft vernachlässigt werden. Bei der Teilchenbahn handelt es sich um eine ballistische Flugbahn.

Das Problem der Ermittlung von Teilchenbahnen in einem Strömungsfeld ist bisher offenbar nur wenig in der Literatur behandelt worden. Einige Hinweise findet man bei E. A. BRUHN [2.28] im Zusammenhang mit dem Vereisungsproblem, bei dem die Bewegung von Nebeltröpfchen im Strömungsfeld eines Tragflügels auftritt. Es handelt sich dabei jedoch um einen Spezialfall, weil Nebeltröpfchen eine praktisch vernachlässigbare Vertikalgeschwindigkeit aufweisen. Sie besitzen also keine Relativgeschwindigkeit gegenüber der Anströmgeschwindigkeit des Fahrzeuges. In allgemeineren Fällen wie etwa bei fallenden Regentropfen oder aufgewirbelten Schmutzpartikeln liegen jedoch schon in der Zuströmung zum Fahrzeug teilweise sehr große Quergeschwindigkeiten vor.

Für die Ermittlung der Teilchenbahnen und damit beispielsweise der Verschmutzung von Teilen des Fahrzeuges ist die Kenntnis der Strömungsfeldes Voraussetzung. Schon diese Aufgabe ist in den erforderlichen Einzelheiten theoretisch bis heute nicht lösbar, so daß man auf Versuche angewiesen ist. Derartige Versuche können im Straßenbetrieb und im Windkanal unter realen Bedingungen vorgenommen werden. Bei Versuchen an kleineren Modellen erhebt sich die Frage nach der Übertragbarkeit der Versuchsergebnisse, also nach den geltenden Modellgesetzen. Zur Erzielung einer mechanisch ähnlichen Umströmung ist die Einhaltung des Reynoldsschen Ähnlichkeitsgesetzes

$$Re_l = \frac{V_\infty \cdot l}{\nu} = \text{konst.} \tag{2.44}$$

erforderlich. Gleiche Teilchenbahnen ergeben sich, wenn für Modellversuch und Großausführung eine weitere Kennzahl, nämlich

$$\psi = \frac{\rho}{\rho_t} \cdot \frac{l}{d} = \text{konst} . \tag{2.45}$$

gleich ist. Hierin bedeuten ρ/ρ_t das Verhältnis der Dichte des strömenden Mediums zur Dichte der Teilchen und l/d das Verhältnis der charakteristischen Länge des Fahrzeugs zu einer charakteristischen Abmessung der Teilchen. Erfüllt man beide Forderungen gleichzeitig, so führt dies bei gleichem strömendem Medium ($\nu_1 = \nu_2$) und bei einem Verkleinerungsmaßstab l_1/l_2 (1 Großausführung, 2 Modell) zu

$$V_{\infty 2} = \frac{l_1}{l_2} V_{\infty 1} . \tag{2.46}$$

Wählt man Teilchen gleicher Art für Modellversuch und Großausführung, also $\rho/\rho_t = \text{konst.}$, so folgt für die Teilchengröße

$$d_2 = \frac{l_2}{l_1} d_1 . \tag{2.47}$$

Man sieht, daß im Modellversuch an einem kleineren Modell kleinere Teilchen verwendet werden müssen. Dies läßt sich jedoch nur schwierig verwirklichen.

Bei der Interpretation von Versuchsergebnissen sind die genannten Grundlagen wichtig. Verschmutzungen treten überall dort auf, wo Teilchen auf Grund ihrer Trägheit stärkeren Stromlinienkrümmungen nicht zu folgen vermögen und sich dann auf schwächer gekrümmten Bahnen bis zum Auftreffen auf die Fahrzeugoberfläche bewegen. Dies tritt beispielsweise bei der konkav gekrümmten Strömung vor der Windschutzscheibe sowie bei den Wirbelströmungen am Fahrzeugheck auf.

2.4   Durchströmungsprobleme

2.4.1   Grundgleichungen für inkompressible Strömung

Wie im Abschnitt 2.2.2. bereits erläutert, kann man bei den Durchströmungsproblemen im allgemeinen eine reibungslose Außenströmung und eine wandnahe Grenzschichtströmung nicht unterscheiden. Die Reibungswirkungen erstrecken sich meist auf den gesamten Querschnitt. Deshalb sind bei der Aufstellung der Grundgleichungen die Reibungskräfte von vornherein zu berücksichtigen.

Zunächst gilt wieder das Gesetz von der Erhaltung der Masse. Es lautet für eine Strömung entsprechend Bild 2.3

$$\rho \int_{(F)} V dF = \text{konst.} \tag{2.48}$$

Es besagt, daß die durch den Querschnitt F(x) je Zeiteinheit strömende Masse an jeder Stelle x konstant ist. Geht man zur mittleren Strömungsgeschwindigkeit über entsprechend

$$V_m = \frac{1}{F} \int_{(F)} V dF, \tag{2.49}$$

so lautet die Kontinuitätsgleichung (2.48)

$$\rho \cdot V_m \cdot F = \text{konst.} \tag{2.50}$$

analog zu Gl. (2.6). Bei konstanter Dichte ist an Stellen mit kleiner Querschnittsfläche die Strömungsgeschwindigkeit groß (und umgekehrt).

Auch beim Durchströmungsproblem gilt das Newtonsche Grundgesetz. Zu den Druckkräften kommen nun noch die Reibungskräfte hinzu. Ihre Wirkung läßt sich an dem einfachen Beispiel der ausgebildeten Strömung in einem Rohr nach Bild 2.23 erkennen. In diesem Fall ändert sich das Geschwindigkeitsprofil stromabwärts nicht mehr. Die Strömung ist nicht beschleunigt. Es treten keine Trägheitskräfte auf. Der Druck ist über dem Querschnitt konstant. Infolge des Auftretens von Reibungskräften muß eine Druckdifferenz $p_1 - p_2 > 0$ vorhanden sein, die das Fluid gegen den Reibungswiderstand durch das Rohr bewegt. Als Folge der Reibungswirkungen tritt somit ein Druckabfall in Strömungsrichtung auf, der als der Druckverlust Δp_v infolge Reibung bezeichnet wird. Berücksichtigt man diesen Druckverlust, so läßt sich auch für den Fall einer reibungsbehafteten Strömung die Bernoulli-Gleichung in einer gegenüber Gl. (2.7) erweiterten Form

$$p_1 + \frac{\rho}{2} V_{m1}^2 = p_2 + \frac{\rho}{2} V_{m2}^2 + \Delta_{pv} \tag{2.51}$$

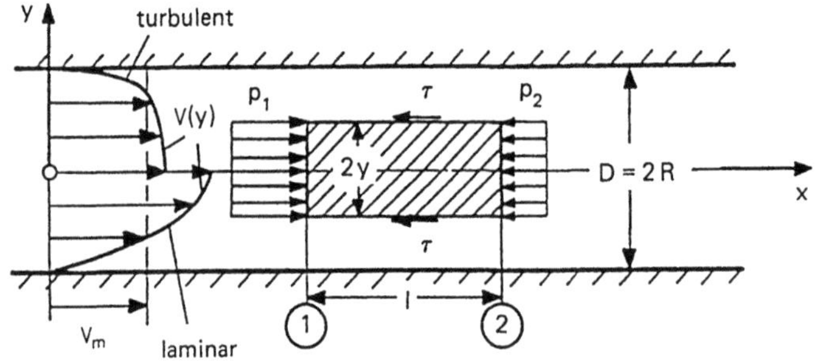

Bild 2.23. Laminare und turbulente Rohrströmung.

84

schreiben. Hierbei wird das Durchströmungsproblem als eindimensional angesehen, wobei der Druck p und die mittlere Geschwindigkeit V_m über den Querschnitt F konstant sind, so daß alle Größen nur von der Lauflänge x abhängen. Gl. (2.51) gilt ebenso wie Gl. (2.7) nur für Strömungen, bei denen beim Verlauf der Stromlinien keine oder nur vernachlässigbar kleine Änderungen der Ortshöhe auftreten. Berücksichtigt man diese, so kommt auf beiden Seiten noch ein Beitrag aus dem hydrostatischen Grundgesetz hinzu, und aus Gl. (2.51) ergibt sich

$$p_1 + \frac{\rho}{2} V_{m1}{}^2 + \rho g h_1 = p_2 + \frac{\rho}{2} V_{m2}{}^2 + \rho g h_2 + \Delta p_V \, . \tag{2.52}$$

Hierin bedeuten h_1 und h_2 die geodätischen Höhen der Stromröhre an den Stellen 1 und 2. In einer reibungsbehafteten Ströwmung ist also die Summe aus statischem Druck $(p + \rho g h)$ und Staudruck $\rho V_m^2/2$ nicht konstant. Der Gesamtdruck nimmt stromabwärts um den durch die Reibung verursachten Druckverlust Δp_V ab.

Der Druckverlust Δp_V wird im allgemeinen auf den Staudruck $\rho V_{m1}^2/2$ (gelegentlich auch auf $\rho V_{m2}^2/2$) bezogen. Man erhält auf diese Weise einen dimensionslosen Verlustbeiwert ζ_V

$$\zeta_V = \frac{\Delta p_V}{\dfrac{\rho}{2} V_{m1}^2} \, . \tag{2.53}$$

Dieser Verlustbeiwert ist für verschiedene Durchströmungsprobleme unterschiedlich, und er hängt jeweils auch noch vom Verlauf der Durchströmung, also von der Reynolds-Zahl ab. Er eignet sich gut zur Bewertung von Kühlluftkanälen und Kühlern, vgl. Abschnitt 4.4.12. Im folgenden sollen einige wichtige Beispiele näher betrachtet werden.

2.4.2   Anwendungsbeispiele

2.4.2.1   *Laminare und turbulente Rohrströmung*

In einem Rohr liegt nach einem gewissen Abstand vom Rohreinlauf ein Geschwindigkeitsprofil vor, das sich dann stromabwärts nicht mehr ändert. Diesen Strömungszustand bezeichnet man als die ausgebildete Rohrströmung. Sie ist im Bild 2.23 skizziert. Die Kontinuitätsgleichung (2.50) ist somit erfüllt, und mit $V_{m1} = V_{m2}$ und $h_1 = h_2$ (horizontales Rohr) folgt aus Gl. (2.52)

$$p_1 - p_2 = \Delta p_V \, . \tag{2.54}$$

Es treten keine Trägheitskräfte auf. Aus dem Gleichgewicht von Druck- und Reibungskräften nach Bild 2.23 ergibt sich

$$\tau(y) = \frac{p_1 - p_2}{2l} \, y \, . \tag{2.55}$$

Die Schubspannung ist also linear über den Querschnitt verteilt. Dieses Ergebnis gilt für laminare und für turbulente Strömung.

Bei $Re_D = V_m D/\nu < 2300$ stellt sich im Rohr der laminare Strömungszustand ein. Das Newtonsche Reibungsgesetz, Gl. (2.1), lautet mit den Bezeichnungen nach Bild 2.23

$$\tau = -\mu \cdot \frac{dV}{dy} \, . \tag{2.56}$$

Damit läßt sich Gl. (2.55) integrieren, und man erhält das bekannte parabolische Geschwindigkeitsprofil

$$V(y) = \frac{p_1 - p_2}{4\,\mu l}\,(R^2 - y^2), \tag{2.57}$$

für das sich aus Gl. (2.49) eine mittlere Geschwindigkeit von

$$V_m = \frac{p_1 - p_2}{32\,\mu l}\,D^2 \tag{2.58}$$

ergibt. Für den Druckverlust ζ_{VR} beim Rohr folgt dann aus Gl. (2.54)

$$\zeta_{VR} = \frac{\Delta p_V}{\frac{\rho}{2}\,V_m^2} = 64 \cdot \frac{\mu}{\rho V_m D} \cdot \frac{1}{D} \cdot \tag{2.59}$$

Beim Rohr ist der Verlustbeiwert der Länge l direkt und dem Rohrdurchmesser D umgekehrt proportional. Man trägt dem Rechnung, indem man für das Rohr eine von Länge und Durchmesser unabhängige Rohrwiderstandszahl λ bildet gemäß

$$\lambda = \frac{D}{l}\,\zeta_{VR}\,. \tag{2.60}$$

Für diese gilt dann bei laminarer Strömung

$$\lambda = \frac{64}{Re_D}\,. \tag{2.61}$$

Dieses Gesetz ist im Bild 2.24 dargestellt. Es steht in vorzüglicher Übereinstimmung mit Messungen.

Bei $Re_D > 2300$ stellt sich im Rohr der turbulente Strömungszustand ein. Wie bei der Platte sind dann die Geschwindigkeitsprofile viel völliger. Ihre Berechnung ist sehr verwickelt, weil anstelle von Gl. (2.56) ein anderes Schubspannungsgesetz gilt. Für die Rohrwiderstandszahl λ nach Gl. (2.60) ergibt sich (vgl. z. B. H. SCHLICHTING [2.1]) für $2{,}3 \cdot 10^3 < Re_D < 10^5$

$$\lambda = \frac{0{,}3164}{Re_D^{1/4}} \tag{2.62}$$

und für $Re_D > 10^5$

$$\frac{1}{\lambda^{1/2}} = 2\log\left(Re_D\,\lambda^{1/2}\right) - 0{,}8\,. \tag{2.63}$$

Diese Gesetze sind ebenfalls im Bild 2.24 eingetragen.

Bei der Rohrströmung handelt es sich um ein Durchströmungsproblem ohne Ablösung. Es liegt also reiner Reibungswiderstand vor. Analog zur längsangeströmten Platte ergibt sich dabei eine starke Abhängigkeit des Widerstandsbeiwertes von der Reynolds-Zahl. Bild 2.24 zeigt auch die Rohrwiderstandszahlen für rauhe Rohre. Wie bei der Platte zeigt sich, daß Rauhigkeit den Widerstand weiter erhöht, und daß die Rohrwiderstandszahl von der Reynolds-Zahl weitgehend unabhängig wird. Dies ist darauf zurückzuführen, daß an den einzelnen Rauhigkeitselementen Strömungsablösungen auftreten, so daß sich rauhe Rohre im Prinzip wie stumpfe Körper nach Bild 2.11 verhalten. Weitere Einzelheiten sind dem Schrifttum [2.1] bis [2.9] zu entnehmen.

86

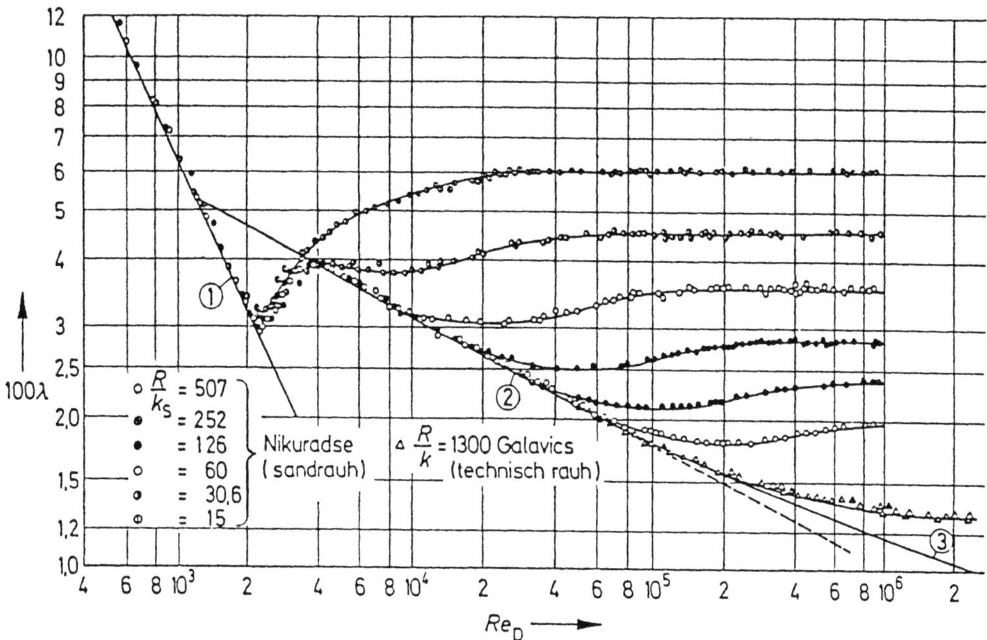

Bild 2.24. Widerstandsgesetz von Rohren nach [2.1].

a laminar, (Gl. 2.61)
b turbulent, (Gl. 2.62)
c turbulent, (Gl. 2.63)

Die Strömung durch Rohre mit nichtkreisförmigem Querschnitt kann auf eine äquivalente Rohrströmung zurückgeführt werden. Bei gegebenen Abmessungen (Fläche F und Umfang U) des nichtkreisförmigen Rohres ist der Durchmesser des äquivalenten Kreisrohres

$$D_{aeq} = \frac{4\,F}{U}.$$

(2.64)

2.4.2.2 Rohrkrümmer

Auch in Rohrleitungen kann es zu Strömungsablösungen kommen. Ein Beispiel hierfür ist der Rohrkrümmer nach Bild 2.25. Die Umlenkung der Strömung durch die Wand kommt dadurch zustande, daß sich quer zu den Stromlinien ein Druckgradient aufbaut. Im Krümmer ist auf der

Bild 2.25. Strömung durch einen Rohrkrümmer.

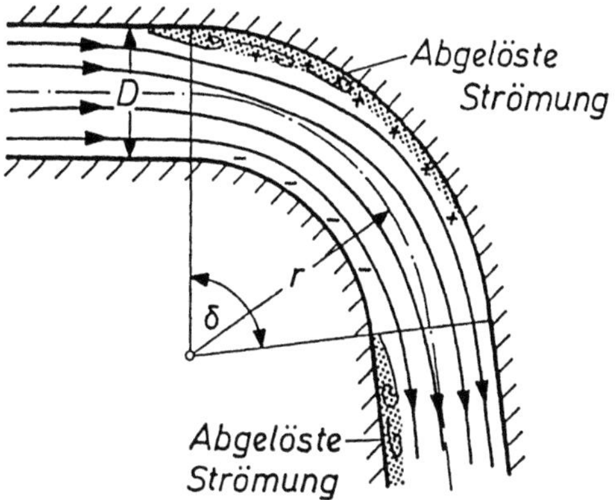

Außenseite der Druck höher und auf der Innenseite niedriger als in der Zu- und Abströmung. Ablösungsgefährdet infolge Druckanstiegs in Strömungsrichtung ist also die Strömung an der Außenseite beim Eintritt in den Krümmer und an der Innenseite beim Austritt aus dem Krümmer. Die genannten Effekte treten um so stärker in Erscheinung, je kleiner der Krümmungsradius r und je größer der Umlenkungswinkel δ ist. Die durch die Strömungsablösungen entstehenden Verlustbeiwerte ζ_{VK} entsprechend Gl. (2.53) sind von der Reynolds-Zahl weitgehend unabhängig. Es liegt also ein quadratisches Widerstandsgesetz vor, wie es von der abgelösten Strömung an stumpfen Körpern her bekannt ist. Zahlenwerte nach [2.8] sind Tabelle 2.2 zu entnehmen. Man erkennt daraus, daß verlustarme Umlenkungen mit über 45° Umlenkungswinkel mit möglichst großem Krümmungsradius ausgeführt werden müssen.

2.4.2.3 Einlaufkanten

Auch an Einlaufkanten nach Bild 2.26 entstehen Verluste. Besonders bei scharfkantigen Einläufen treten beträchtliche Strömungsablösungen auf, und die Verlustbeiwerte ζ_{VE} nach Gl. (2.53) sind groß. Aus der im Bild 2.26 enthaltenen Tabelle ergibt sich, daß verlustarme Einläufe gut gerundet ausgeführt werden müssen.

2.4.2.4 Örtliche Querschnittsverengungen

Querschnittsverengungen in Form von Absperrorganen wie Schieber, Klappen usw. werden dazu benutzt, um den Durchfluß in Rohrleitungen zu regeln, siehe z. B. die Steuerung von Heizungs- und Belüftungsgeräten, Abschnitt 11.8. Bild 2.27 zeigt hierfür zwei Beispiele. An der Querschnittsverengung herrscht nach der Kontinuitätsgleichung (2.48) eine höhere Strömungsgeschwindigkeit und somit nach Gl. (2.51) auch ein geringerer Druck. Auf der Rückseite des querschnittsverengenden Störkörpers kommt es dann zu starken Strömungsablösungen. An den benachbarten Wänden herrscht stromabwärts vom engsten Querschnitt Druckanstieg, und die Strömung ist dort ebenfalls ablösungs-

Tabelle 2.2. Verlustbeiwerte ζ_{VK} von Rohrkrümmern nach [2.8] (Bezeichnungen siehe Bild 2.25).

R/D	δ = 0°	15°	22,5°	45°	60°	90°
1	0	0,03	0,045	0,14	0,19	0,21
2	0	0,03	0,045	0,09	0,12	0,14
4	0	0,03	0,045	0,08	0,10	0,11
6	0	0,03	0,045	0,075	0,09	0,09

Bild 2.26. Strömungsverlauf und Verlustbeiwerte an Einlaufkanten nach [2.8].

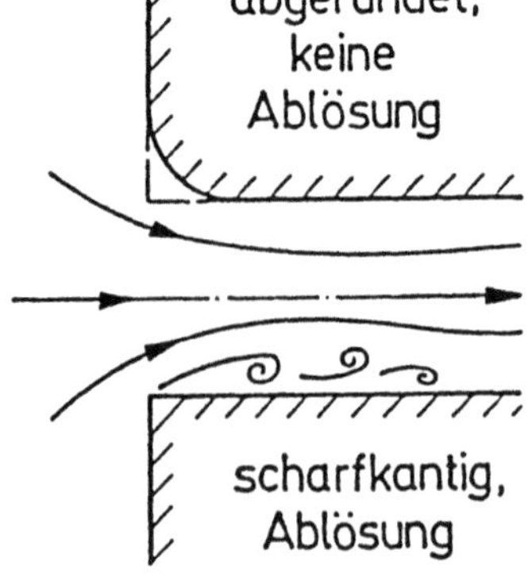

Form	ζ_{VE}
scharfkantig	0,50
gebrochen	0,25
gut gerundet	0,05

gefährdet. Die auftretenden Verlustbeiwerte sind sehr hoch, insbesondere in nahezu geschlossenem Zustand der Regelorgane.

Örtliche Querschnittsverengungen können auch zur Durchflußmessung benutzt werden. Ein Beispiel hierfür ist die Meßblende, die eine ringförmige Einengung des Querschnitts bewirkt und an der sich ein Strömungsverlauf ähnlich wie im Bild 2.27 für den Schieber gezeichnet einstellt. Der Verlustbeiwert ζ_{VB} hängt sehr stark vom Querschnittsverhältnis und von der Ausbildung der Kante der Blende ab. Er ist in einem großen Bereich von der Reynolds-Zahl unabhängig. Man kann nun bei bekanntem Verlustbeiwert der Blende ζ_{VB} die Gl. (2.53) dazu benutzen, um aus dem gemessenen Druckverlust Δp_V die mittlere Strömungsgeschwindigkeit V_m und damit den Durchfluß zu bestimmen. Einzelheiten sind der Literatur, insbesondere [2.3], [2.6] und [2.8], zu entnehmen.

2.4.2.5 Querschnittserweiterungen

In Querschnittserweiterungen nach Bild 2.28 nimmt entsprechend der Kontinuitätsgleichung

$$V_{m2} = \frac{F_1}{F_2} V_{m1} \qquad (2.65)$$

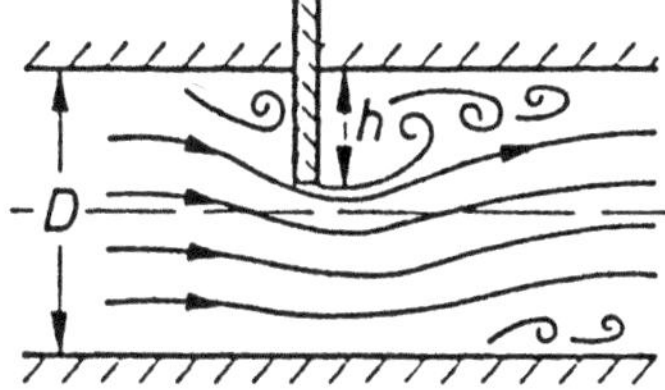

Bild 2 27 Stromungsverlauf und Verlustbeiwerte in Absperrorganen nach [2 8]
a Schieber
b Klappe

Stellung h/D	ζ_{VS}
0	0
0,25	0,26
0,50	2,1
0,75	17,0
0,87	98,0

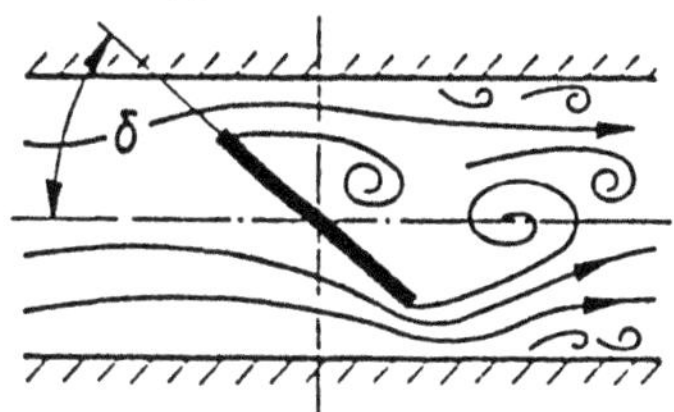

Stellung δ [°]	ζ_{VKL}
0	0
10	0,52
20	1,54
40	10,8
60	110
70	751

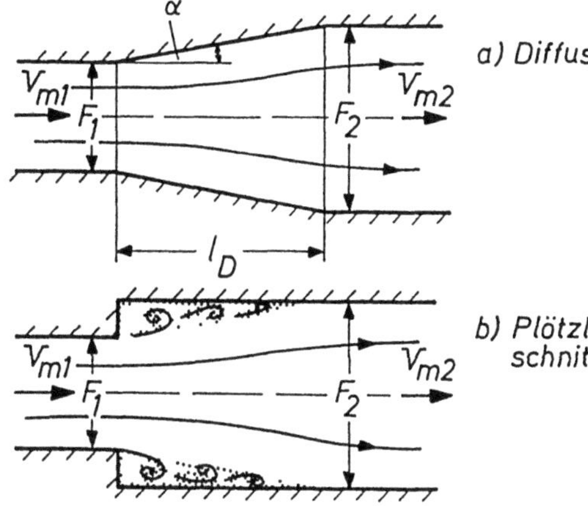

Bild 2 28 Stromungsverlauf in Querschnittserweiterungen
a) Diffusor
b) Plotzliche Querschnittsvergroßerung

die Strömungsgeschwindigkeit ab. Folglich findet ein Druckanstieg in Strömungsrichtung statt, und solche Strömungen sind stark ablösungsgefährdet. In verlustloser Strömung würde sich nach Gl. (2.51) mit $\Delta p_V = 0$ die maximal mögliche Druckerhöhung

$$p_2' - p_1 = \frac{\rho}{2} V_{m1}^2 \left[1 - \left(\frac{F_1}{F_2}\right)^2 \right] \tag{2.66}$$

ergeben. Bei den verschiedenen Arten von Querschnittserweiterungen wird nun wegen der Reibungseffekte nur eine geringere Druckerhöhung $p_2 - p_1$ erreicht. Es entsteht somit ein Druckverlust

$$\Delta p_V = p_2' - p_2. \tag{2.67}$$

Bei allmählichen Querschnittserweiterungen in Form von Diffusoren mit geringem Erweiterungswinkel $2\alpha < 8°$ ergibt sich an den Wänden anliegende Strömung. Die Druckverluste sind dann näherungsweise der theoretisch möglichen Drucksteigerung proportional, und es ist

$$\frac{\Delta p_V}{\frac{\rho}{2} V_{m1}^2} = \zeta_{VD} = \varepsilon \cdot \frac{p_2' - p_1}{\frac{\rho}{2} V_{m1}^2} \tag{2.68}$$

mit $\varepsilon = 0{,}05$ bis $0{,}3$. Mit Gl. (2.66) folgt daraus

$$\zeta_{VD} = \varepsilon \left[1 - \left(\frac{F_1}{F_2}\right)^2 \right]. \tag{2.69}$$

Der Verlustbeiwert eines Diffusors hängt im einzelnen vom Flächenverhältnis F_1/F_2, von der relativen Diffusorlänge l_D/D_1, von der Diffusorform und von der Geschwindigkeitsverteilung am Eintritt ab. Für den Fall anliegender Strömung steht für die Berechnung eine gewisse Theorie bereit, man vgl. hierzu E. Truckenbrodt [2.7] und H. Schlichting, K. Gersten [2.29]. Umfangreiche Messungen an Diffusoren wurden von H. Sprenger [2.30] durchgeführt.

Bei zu großen Diffusor-Erweiterungswinkeln treten Strömungsablösungen auf. Die Verluste steigen dann sehr stark an. Der Grenzfall der plötzlichen Querschnittserweiterung ist im Bild 2.28 skizziert. Auch für diesen Fall steht eine gewisse Theorie bereit, man vgl. E. Truckenbrodt [2.7], bei der zunächst die Wandreibung vernachlässigt wird. Es ergibt sich dann eine theoretische Druckerhöhung von

$$p_{2th} - p_1 = \rho V_{m2} (V_{m1} - V_{m2}). \tag{2.70}$$

Bildet man damit nach Gl. (2.67) den Druckverlust gegenüber dem maximal möglichen Wert nach Gl. (2.66), so ergibt sich

$$\Delta p_{Vth} = \frac{\rho}{2} (V_{m1} - V_{m2})^2. \tag{2.71}$$

Damit wird der Verlustbeiwert bei plötzlicher Querschnittserweiterung ζ_{VP}

$$\zeta_{VP} = \frac{\Delta p_{Vth}}{\frac{\rho}{2} V_{m1}^2} = \left(1 - \frac{F_1}{F_2} \right)^2. \tag{2.72}$$

In Wirklichkeit treten gegenüber diesem Wert noch größere Verluste auf, weil die Wandreibung nicht berücksichtigt wurde. Die tatsächlichen Verluste sind

$$\zeta_{VP} = \beta \left(1 - \frac{F_1}{F_2}\right)^2 \qquad (2.73)$$

mit $\beta = 1,1$ bis $1,2$. Vergleicht man die Ergebnisse nach den Gln. (2.69) und (2.73), so sieht man, daß kleinere Querschnittserweiterungen der Einfachheit halber durchaus mit einer plötzlichen Querschnittsänderung durchgeführt werden können. Für eine möglichst verlustarme Verzögerung der Strömung mit größeren Querschnittsverhältnissen ist ein Diffusor auszubilden, dessen Geometrie sorgfältig zu gestalten ist. In der Regel reicht die zur Verfügung stehende Baulänge im Fahrzeug für eine derartige Diffusorausbildung nicht aus.

2.5 Zusammenwirken von Umströmung und Durchströmung bei Fahrzeugen

Bei einem Fahrzeug hängen Umströmung und Durchströmung nach Bild 2.4 sehr eng zusammen. Für die Motorkühlung wird beispielsweise die Druckdifferenz zwischen dem Staupunktbereich am Bug des Fahrzeugs und der Fahrzeugunterseite zur Erzeugung eines Kühlluftstroms ausgenutzt, siehe Abschnitte 4.4.12 und 10.4. Dasselbe gilt für die Durchlüftung des Fahrzeuginnenraumes, für die der Druckunterschied zwischen dem Staubereich vor der Windschutzscheibe und den Entlüftungsschlitzen am hinteren oberen Ende des Fahrgastraumes ausgenutzt wird, vgl. Abschnitte 6.2.2 und 11.4.

Die aus der Umströmung des Fahrzeuges resultierenden treibenden Druckdifferenzen sind dem Quadrat der Fahrgeschwindigkeit V_∞ proportional. Sie sind also beim Stillstand des Fahrzeugs nicht vorhanden und bei der Höchstgeschwindigkeit maximal. Beim Durchströmungsproblem stellt sich nun ein Massendurchsatz ein, so daß die Summe der in den einzelnen Teilen entstehenden Druckverluste gleich der zur Verfügung stehenden treibenden Druckdifferenz ist. Der Massendurchsatz ist dann von der Fahrgeschwindigkeit stark abhängig. Das Grundprinzip des Zusammenwirkens von Fahrzeugumströmung und Durchströmung von Lüftungs- und Kühlungskanälen ist die Tatsache, daß am Luftein- und am Luftauslaß der Druck für das Umströmungs- und das Durchströmungsproblem gleich ist.

Durch den Massendurchsatz beim Durchströmungsproblem treten unter Umständen Veränderungen der Fahrzeugumströmung auf. Am Lufteinlaß wird Luft aus der Außenströmung abgesaugt und am Luftauslaß wieder ausgeblasen. Je nach der Größe des Massenstromes kann es dabei zu Interferenzerscheinungen kommen, deren Auswirkungen durchaus nicht negativ zu sein brauchen. Z.B. kann Ausblasen an gut geformten Auslaßschlitzen die Grenzschichtströmung beim Umströmungsproblem günstig beeinflussen.

Die Geschwindigkeitsabhängigkeit der treibenden Druckdifferenz ist sehr nachteilig, weil sich bei kleinen Fahrgeschwindigkeiten zu kleine Massenströme einstellen. Deshalb werden sowohl im Kühlluftstrom (siehe Abschnitt 10.4) als auch bei der Innenraumbelüftung (siehe Abschnitt 11.4) zusätzliche Gebläse eingesetzt. Diese gewährleisten auch bei Stillstand des Fahrzeugs einen bestimmten Massendurchsatz ρQ. Die zur Überwindung aller Druckverluste fehlende Druckdifferenz Δp muß dann vom Gebläse geliefert werden. Die hierzu erforderliche Leistung ist

$$P = Q \cdot \Delta p, \qquad (2.74)$$

wobei Q den Volumenstrom bedeutet. Damit diese zusätzliche Leistung möglichst gering bleibt, ist es erforderlich, alle Verlustbeiwerte beim Durchströmungsproblem möglichst klein zu halten. Durch den Einsatz eines leistungsstarken Gebläses können die Interferenzprobleme zwischen Umströmungs- und Durchströmungsproblem zunehmen, und es kann zu vermehrter Geräuschbildung kommen.

2.6 Bezeichnungen

a	Schallgeschwindigkeit
b	Plattenbreite, vgl Gl (2 20), Fahrzeugbreite
c'_f	dimensionslose Wandschubspannung nach Gl (2 34)
c_p	Druckbeiwert nach Gl (2 9)
c_p	spez Warmekapazitat bei konstantem Druck nach Gl (2 31)
c_A	Auftriebsbeiwert
c_L	Rollmomentenbeiwert
c_M	Nickmomentenbeiwert
c_N	Giermomentenbeiwert
c_W	Widerstandsbeiwert
c_Y	Seitenkraftbeiwert
d	Teilchengroße nach Gl (2 45)
f	ortliche Querschnittsflache einer Stromrohre nach Gl (2 6)
g	Gesamtdruck
h	Ortshohe in Gl (2 52)
k	Rauhigkeitshohe nach Bild 2 9
l	Korperlange nach Bild 2 2
n	Frequenz
p	statischer Druck
q	Staudruck
q	Warmestromdichte nach Gl (2 3)
r	radiale Koordinate nach Bild 2 3
t	Zeit
u, v	Geschwindigkeitskomponenten in x-, y- Richtung
u', v', w'	Schwankungsgeschwindigkeiten entsprechend Gl (2 14)
w	ortliche Stromungsgeschwindigkeit nach Gl (2 6)
x, y, z	rechtwinklige Koordinaten
A	Auftrieb nach Bild 2 14
A_t, A_q	Austauschgroßen nach den Gln (2 37) und (2 38)
D	Durchmesser (= 2R)
D_{aeq}	aquivalenter Rohrdurchmesser nach Gl (2 64)
F	Flache
L	Rollmoment nach Bild 2 14
M	Nickmoment nach Bild 2 14
N	Giermoment nach Bild 2 14
Nu	ortliche Nußelt-Zahl nach Gl (2 35)
P	Leistung nach Gl (2 74)
Pr	Prandtl-Zahl nach Gl (2 31)
Q	Volumenstrom
R	Radius
Re	Reynolds-Zahl
Re_D	Reynolds-Zahl, gebildet mit einem Durchmesser (= V_∞ D/v Umstromungsproblem, =V_∞ D/v Durchstromungsproblem)
Re_l	Reynolds-Zahl, gebildet mit einer Lange in Stromungsrichtung (= V_∞ l/v)
Re_x	Reynolds-Zahl, gebildet mit der Lauflange (= V_∞ x/v)
S	Strouhal-Zahl nach Gl (2 42)
T	absolute Temperatur
T'	Temperaturschwankung analog Gl (2 14)
U	Umfang eines Rohres
V	Stromungsgeschwindigkeit
V_m	mittlere Durchstromgeschwindigkeit nach Bild 2 3 und Gl (2 49)
W	Widerstand nach Gl (2 25)

W_D	Druckwiderstand nach Gl (2 24)
W_R	Reibungswiderstand nach Gl (2 19)
Y	Seitenkraft nach Bild 2 14
α	Warmeubergangszahl nach Gl (2 41)
β	Schiebewinkel nach Bild 2 14
δ	Grenzschichtdicke nach Bild 2 6
ζ_V	Verlustbeiwert nach Gl (2 53)
λ	Warmeleitfahigkeit nach Gl (2 3)
λ	Rohrwiderstandszahl nach Gl (2 60)
μ	dynamische Zahigkeit nach Gl (2 1)
ν	kinematische Zahigkeit nach Gl (2 2)
ρ	Dichte des Fluids
τ	Schubspannung nach Gl (2 1)
φ	Winkel nach Bild 2 8 und Bild 2 10
Δ	Differenz
ψ	Kennzahl nach Gl (2 45)

Indizes

∞	zum Anstromungszustand gehorende Große
krit	kritische Große
rel	relative Große
s	tangential zu den Stromlinien wirkende Große
St	auf die Stirnflache bezogene Große
t	tangential zur Teilchenbahn wirkende Große
turb	zum turbulenten Stromungszustand gehorende Große
u	zum Umschlag laminar/turbulent gehorende Große
W	zur Wand ($y = 0$) gehorende Große
B	Blende
D	Diffusor
E	Einlauf
K	Rohrkrummer
Kl	Klappe
P	plotzliche Querschnittserweiterung
R	Rohr
S	Schieber
T	zur Temperaturgrenzschicht gehorende Große
V	Verlust
$\rightarrow$	Vektor
-	zeitlicher Mittelwert entsprechend Gl (2 14)

3 Fahrleistungen von Pkw und Schnelltransportern

Hans-Joachim Emmelmann

3.1 Zielsetzung

In den vergangenen zehn Jahren sind weltweit große Anstrengungen unternommen worden, um den Kraftstoffverbrauch der Automobile zu senken Ganz entscheidend trug dazu die Verringerung des Luftwiderstandes bei Dagegen wurden die am Motor erzielten Verbrauchsfortschritte weitgehend durch die notwendige Einfuhrung der Katalysatortechnologie kompensiert Gleichzeitig wurde die immer wieder geforderte – und in Grenzen auch mogliche – Verkleinerung des Fahrzeuggewichtes durch Zusatzeinrichtungen, die der Sicherheit oder dem Komfort dienen, konterkariert

Mit dem drastischen Abbau des Luftwiderstandsbeiwertes, wie ihn generell Bild 1 58 belegt und den Bild 3 1 am Beispiel der Modellpalette der Adam Opel AG fur einen typischen europaischen Hersteller herausgreift, ging eine entsprechende Entwicklung des Flottenverbrauchs einher, die Bild 3 2 widerspiegelt Vor dem Hintergrund standig steigender Kraftstoffpreise und der Notwendigkeit, Ressourcen und Umwelt zu schonen, behalt das Ziel eines niedrigen Luftwiderstandes bei einer jeden aerodynamischen Entwicklung eines Fahrzeuges dominierende Bedeutung

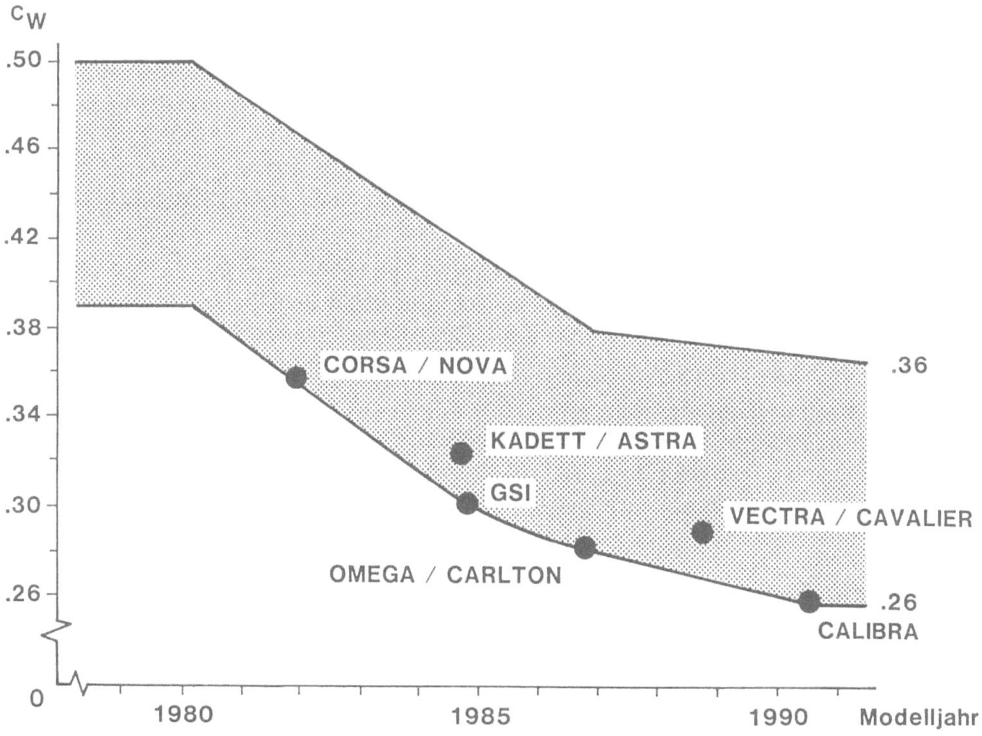

Bild 3 1   Entwicklung des Luftwiderstandsbeiwertes Fahrzeuge der Adam Opel AG

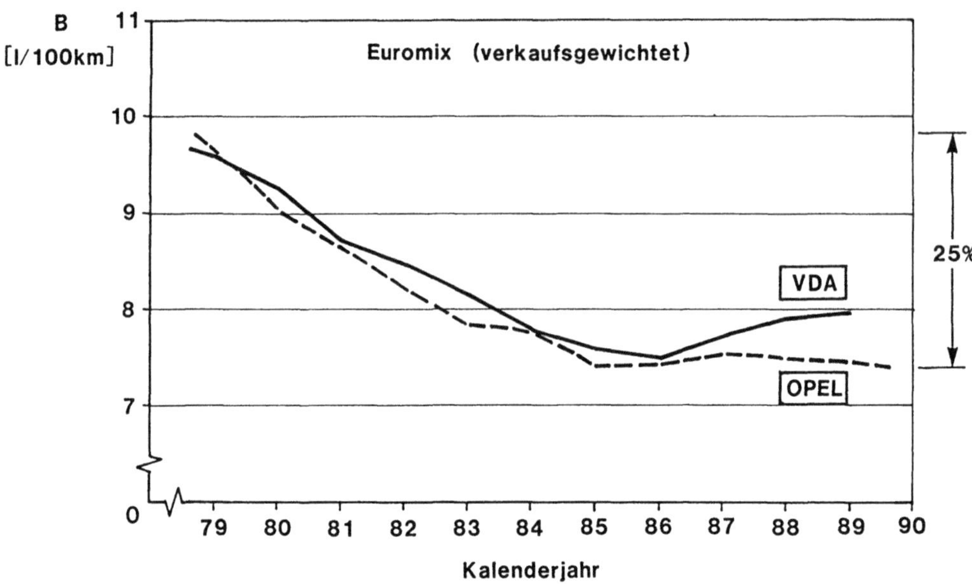

Bild 3.2. Entwicklung des Flottenverbrauches der in Deutschland hergestellten Pkw.

Allerdings ist nach den beinahe spektakulär zu nennenden Verbesserungen der letzten zehn Jahre das Potential für einen weiteren Abbau des Luftwiderstandes nur noch mäßig. Inwieweit es sinnvoll ist, dieses Restpotential auszuschöpfen, kann nur im Einzelfall entschieden werden. Dabei müssen auch die anderen Möglichkeiten, den Verbrauch zu senken, mit berücksichtigt werden.

Es kann also nicht das Anliegen der Aerodynamik sein, das Einzelmerkmal Luftwiderstand so klein wie irgend möglich zu machen. Ziel einer jeden Fahrzeugentwicklung ist vielmehr das ausgewogene Gesamtkonzept. Geht es um die Fahrleistungen – und diese beschreiben selbst ja auch nur einen Teilaspekt des ganzen Produktes – wird Ausgewogenheit nur dann erreicht, wenn das Fahrzeugge-wicht der Widerstandssenkung folgen kann und wenn weiter sowohl die Motorleistung als auch die Auslegung des Getriebes beidem Rechnung tragen.

Wie das „Rechnung-Tragen" zu erfolgen hat, kann aus der Fahrwiderstandsgleichung abgeleitet werden. Sie beschreibt die einzelnen Fahrwiderstände und erklärt ihren Einfluß auf die verschiede-nen Kenngrößen, die unter dem Begriff Fahrleistungen zusammengefaßt werden: Verbrauch, Höchstgeschwindigkeit, Beschleunigungsvermögen und Elastizität.

Die Ausführungen dieses Abschnittes beschränken sich auf Pkw und Schnelltransporter. Die schweren Nutzfahrzeuge wie Lastkraftwagen und Busse gehorchen zwar derselben Fahrwider-standsgleichung; die Bedeutung der einzelnen Fahrwiderstände ist jedoch sehr unterschiedlich. Sie werden deshalb in den Abschnitten 8.2 und 8.3 gesondert betrachtet.

3.2   Fahrwiderstände

3.2.1   Fahrwiderstandsgleichung

Der Bewegung eines Fahrzeuges setzen sich folgende Widerstände entgegen:

– Luftwiderstand W_L,

– Rollwiderstand W_R,

- Steigungswiderstand W_S,

- Beschleunigungswiderstand W_B.

Die erforderliche Zugkraft an den angetriebenen Rädern entspricht der Summe dieser Widerstände und ergibt sich damit zu

$$Z = W_L + W_R + W_S + W_B \quad \text{in N.} \tag{3.1}$$

Die erforderliche Motorleistung zur Überwindung der Fahrwiderstände ist

$$P_{mot} = \frac{Z \cdot V_F \cdot 10^{-3}}{\eta_G \cdot \eta_A} \quad \text{in kW.} \tag{3.2}$$

Dabei bedeuten η_G den Wirkungsgrad des Getriebes und η_A den des Achsantriebes.

3.2.2 Analyse der Fahrwiderstände

3.2.2.1 *Luftwiderstand*

Der Luftwiderstand ergibt sich aus den Anströmbedingungen und den aerodynamischen Kennwerten der Karosserie:

$$W_L = \frac{\rho}{2} \cdot V_\infty^2 \cdot c_T \cdot A \tag{3.3}$$

mit der Luftdichte $\rho \approx 1{,}22 \text{ kg/m}^3$,

der resultierenden Anströmgeschwindigkeit V_∞ in m/s,

dem Tangentialkraftbeiwert $c_T(\beta)$ $(c_{T(\beta=0)} = c_W)$,

und der Stirnfläche des Fahrzeugs A in m^2.

Die resultierende Anströmgeschwindigkeit V_∞ wird dabei durch vektorielle Addition der Fahrgeschwindigkeit V_F und der Windgeschwindigkeit V_W gebildet. Der Vektor der resultierenden Anströmung und die Fahrtrichtung schließen den Schiebewinkel ß ein (Bild 3.3).

Bei Gegen- oder Rückenwind ergibt sich aus Gl. (3.3)

$$W_L = \frac{\rho}{2} \cdot \left(V_F \pm V_W\right)^2 \cdot c_W \cdot A \tag{3.4}$$

bzw. bei Windstille

$$W_L = \frac{\rho}{2} \cdot V_F^2 \cdot c_W \cdot A. \tag{3.5}$$

Dieser Fall der Windstille tritt nur selten auf. Verläuft der Tangentialkraftbeiwert über dem Schiebewinkel so, wie schematisch im Bild 3.3 wiedergegeben, würde man einen wirksamen Luftwiderstand erwarten, der merklich höher ist, als derjenige bei Windstille. Wie aus Abschnitt 5.4.5.1 hervorgeht, kommen große Schiebewinkel jedoch nur kurzzeitig vor; für den Energiebedarf – keineswegs hingegen für das Problem „Seitenwindstabilität" – sind sie daher unerheblich. Bei den Fahrgeschwindigkeiten, für die der Luftwiderstand relevant ist, muß mit einem Schiebewinkel im Bereich von etwa $-7° < \beta < 7°$ gerechnet werden. Und wie Bild 4.122 zeigt, kann für diese schmale

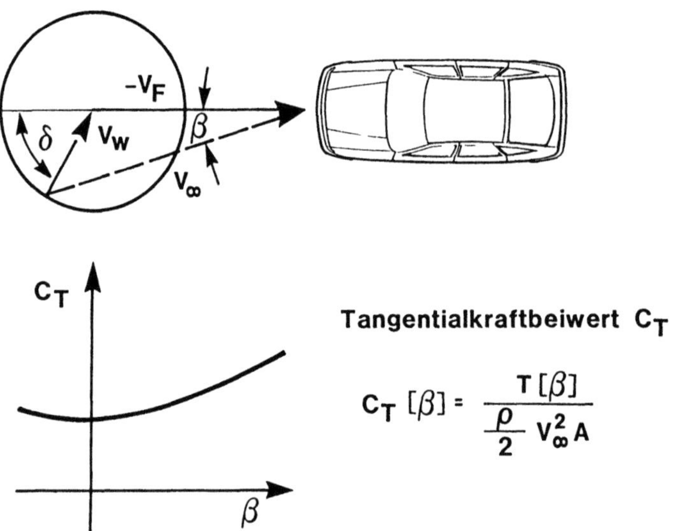

$$C_T\,[\beta] = \frac{T\,[\beta]}{\dfrac{\rho}{2}\,v_\infty^2\,A}$$

Spanne der Widerstandsanstieg klein gehalten werden. Die Bestimmung eines seitenwind-gemittelten Widerstandsbeiwertes nach F. T. BUCKLEY et al. [3.1] hat sich deshalb als nicht erforderlich erwiesen.

3.2.2.2 Rollwiderstand

Der Rollwiderstand von Fahrzeugreifen hängt von einer Reihe ganz unterschiedlicher Parameter ab: Belastung (Normalkraft), Reifengröße, Bauart, Reifendruck und den achsgeometrischen Kennwerten Vorspur und Sturz. Wenn man davon ausgeht, daß die Hersteller den Reifendruck entsprechend der Belastung vorschreiben und daß sich für ein vorgegebenes Verhältnis von Belastung und Reifendruck annähernd gleiche Rollwiderstandsbeiwerte ergeben, kann man den Rollwiderstand des Gesamtfahrzeugs berechnen nach

$$W_R = f_R \cdot G_N. \tag{3.6}$$

Dabei ist G_N die dem Gewicht des Fahrzeugs entsprechende Normalkraft und f_R der nur noch bauart- und größenbedingte Rollwiderstandsbeiwert. Bild 3.4 zeigt einen typischen Verlauf des Rollwiderstandsbeiwertes eines Radialreifens. Der Einfluß von Sturz und Vorspur soll hier nicht behandelt werden.

3.2.2.3 Steigungswiderstand

Der Steigungswiderstand ergibt sich zu

$$W_S = G \cdot \sin \alpha. \tag{3.7}$$

Wie im Abschnitt 3.4 noch näher ausgeführt wird, wird der Steigungswiderstand bei Verbrauchsrechnungen nicht berücksichtigt, gleichviel, ob es sich um stationären Betrieb oder um Fahrzyklen handelt. Das ist darauf zurückzuführen, daß repräsentative Höhenprofile in Kombination mit dazu passenden Fahrzyklen nicht vorliegen. Untersuchungen, wie sie K. SCHUBERT [3.2] für die Häufigkeit von Steigungen auf bestimmten Autobahn- oder Bundesstraßenstrecken vorgenommen hat (Bild 3.5), reichen für eine allgemeingültige Aussage nicht aus; für das inzwischen weiter ausgebaute Autobahnnetz in Deutschland bzw. Europa sind sie ohnehin nicht mehr repräsentativ.

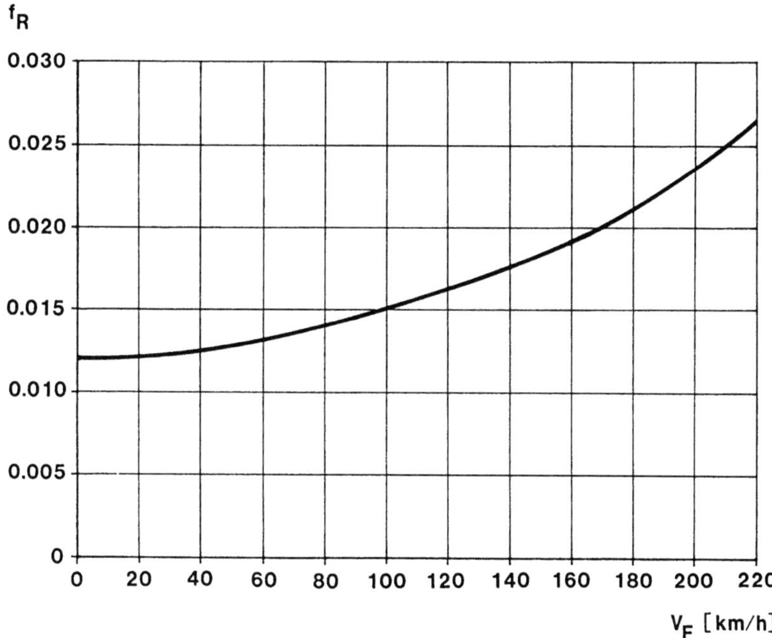

Bild 3.4. Rollwiderstandsbeiwert.

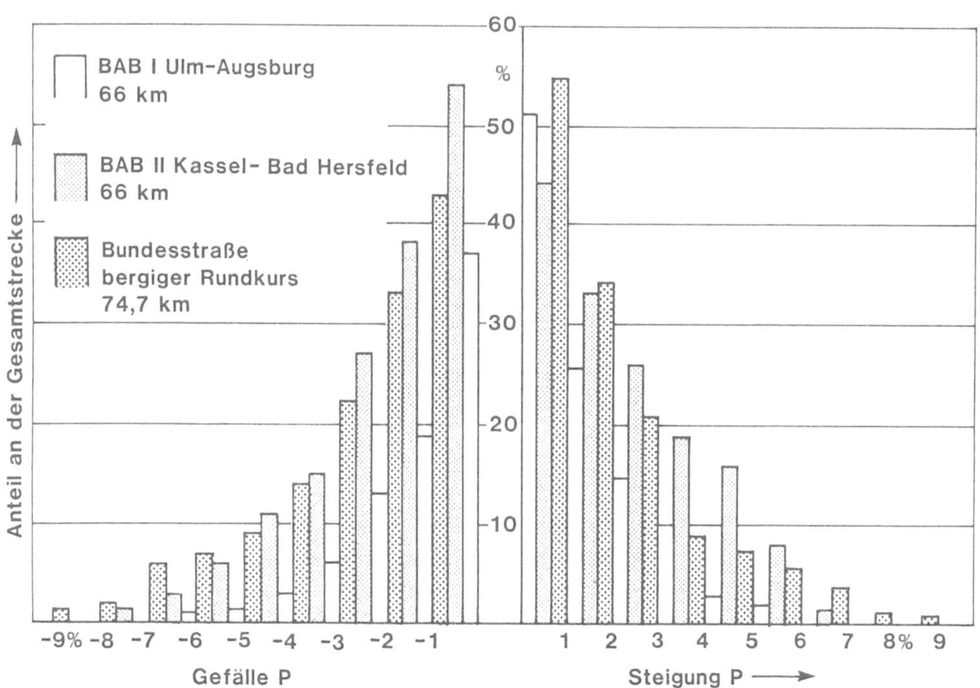

Bild 3.5. Verteilung der Steigungen und Gefälle auf drei betrachteten Strecken, nach [3.2].

3.2.2.4 Beschleunigungswiderstand

Der Beschleunigungswiderstand ergibt sich aus

$$W_B = \dot{V} \cdot m \left(1 + \varepsilon_i\right) \tag{3.8}$$

wobei durch ε_i die rotierenden Massen bei dem jeweils eingelegten Gang berücksichtigt werden. Anhaltswerte für Pkw sind nach BUSSIEN [3.3]:

1. Gang $\varepsilon_1 = 0,25$

2. Gang $\varepsilon_2 = 0,15$

3. Gang $\varepsilon_3 = 0,10$

4. Gang $\varepsilon_4 = 0,075$.

Bei genauen Rechnungen müssen die auf die Fahrzeugmasse bezogenen Trägheitsmomente aller rotierenden Komponenten ermittelt werden.

3.3 Fahrleistungen

3.3.1 Zugkraftdiagramm

Aus dem Zugkraftdiagramm, auch Fahrleistungsdiagramm genannt, können neben der von der Fahrgeschwindigkeit abhängigen Zugkraft bei Motorvollast die Steigfähigkeit und die erforderliche Motorleistung für die verschiedenen Gänge abgelesen werden (Bild 3.6). Die jeweiligen Motordrehzahlen zeigt ein Zusatzdiagramm (Bild 3.6 unten). Für den Schnittpunkt der aus Roll- und Luftwiderstandsanteil zusammengesetzten Fahrwiderstandskurve und der Zugkraft bei Vollast im höchsten Gang ergibt sich die Höchstgeschwindigkeit des Fahrzeuges. Der Zugkraftüberschuß bei vorgegebener Fahrgeschwindigkeit zwischen Vollastangebot und der Summe aus Roll- und Luftwiderstand kann nach Gl. (3.1) sowohl für die Überwindung von Steigungen als auch zum Beschleunigen eingesetzt werden.

3.3.2 Beschleunigungszeiten und Elastizität

Wenn man in Gl. (3.8) den Beschleunigungswiderstand W_B durch die oben genannte Zugkraftdifferenz Z ersetzt, kann man die augenblicklichen Werte für Beschleunigung und Fahrgeschwindigkeit berechnen:

$$\dot{V} = \frac{\Delta Z}{m \cdot (1 + \varepsilon_i)} \quad \text{in m/s,} \tag{3.9}$$

$$V = 3,6 \int_0^t \dot{V} \cdot dt \quad \text{in km/h.} \tag{3.10}$$

Üblicherweise werden die Beschleunigungszeiten beim Durchschalten von $V_F = 0$ auf 100 km/h als Maß für die Beschleunigung angegeben. Die Zeit, die im höchsten Gang benötigt wird, um von $V_F = 80$ km/h auf 120 km/h zu beschleunigen, wird als Elastizität bezeichnet, wobei gelegentlich auch andere Grenzen für die Anfangs- und die Endgeschwindigkeit benutzt werden.

Bild 3.7 zeigt die sich im Beschleunigungsversuch ergebende Fahrgeschwindigkeit über der Zeit für dasjenige Fahrzeug, dessen Fahrleistungsdiagramm und dessen Daten in Bild 3.6 zusammengestellt sind.

100

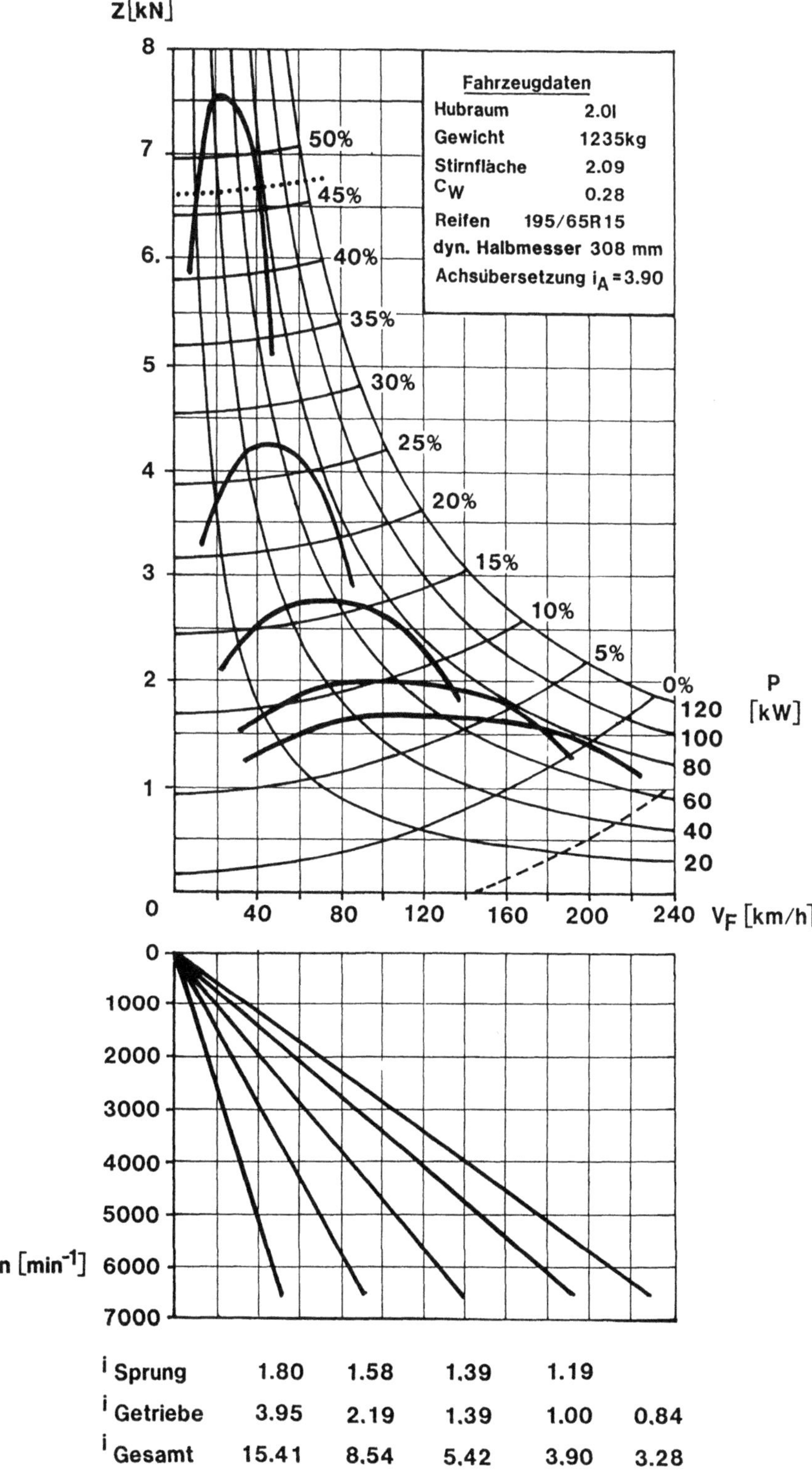

Bild 3.6. Typisches Zugkraft- und Motordrehzahldiagramm für einen Pkw

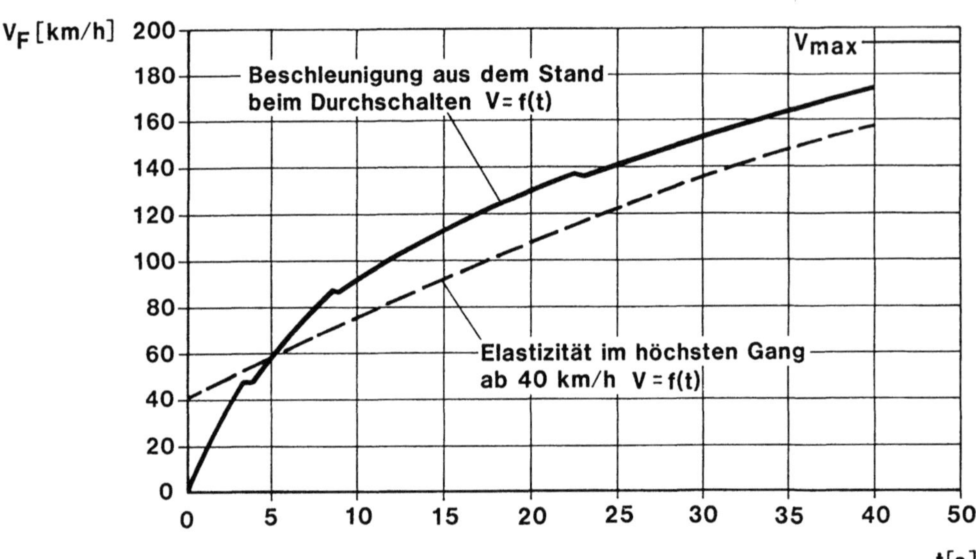

Bild 3.7. Beschleunigung und Elastizität, Fahrzeugdaten siehe Bild 3.6.

Berechnete Beschleunigungen zeigen oft keine gute Übereinstimmung mit entsprechenden Meßwerten. Das ist einmal auf die Serienstreuung der Motoren zurückzuführen; Abweichungen in deren Nennleistung von ± 5 % sind hier keine Seltenheit. Zum anderen geht die Rechnung von Motordaten aus, die stationär gemessen wurden. Speziell in den unteren Gängen treten jedoch große Drehzahlgradienten auf.

3.4 Ermittlung des Kraftstoffverbrauchs

3.4.1 Vorgehensweise

Im Zuge der Entwicklung eines neuen Fahrzeugs müssen die einzelnen verbrauchswirksamen Maßnahmen nach einer Kosten-Nutzen-Analyse gegeneinander abgewogen werden. Dazu ist es erforderlich, den Kraftstoffverbrauch in Abhängigkeit von all *den* Parametern vorauszuberechnen, die man durch Auslegung und Konstruktion beeinflussen kann. Es hat sich als vorteilhaft erwiesen, beim spezifischen Verbrauch des Motors von einem *gemessenen* Kennfeld auszugehen. Für den stationären Betrieb liegen diese Kennfelder im allgemeinen vor. Dem instationären Betrieb beim Beschleunigen wird durch einen Zuschlag Rechnung getragen, der im nächsten Abschnitt definiert wird.

3.4.2 Verbrauchskennfeld des Motors

Der Kraftstoffverbrauch eines Fahrzeugs wird ganz wesentlich vom spezifischen Verbrauch seines Motors bestimmt; dieser wiederum hängt von der Belastung des Motors (Drehmoment, Drehzahl) ab. Üblicherweise wird er im sogenannten Muscheldiagramm dargestellt. Die Genauigkeit von Verbrauchsrechnungen hängt davon ab, wie genau dieses Muscheldiagramm bekannt ist. Bei der Berechnung des Verbrauchs sollte deshalb das Kennfeld desjenigen Motors zugrundegelegt werden, der für dieses Fahrzeug vorgesehen ist.

Häufig liegt ein konkretes Muscheldiagramm aber nicht vor, z. B. dann, wenn im Rahmen von Voruntersuchungen die zu installierende Nennleistung variiert wird, ein bestimmter Motor also noch

102

nicht ausgewählt worden ist. In diesem Fall erzeugt man sich das Verbrauchskennfeld aus einem normierten Kennfeld, das seinerseits zuvor aus vorhandenen Daten eines Motors gleicher Bauart (Motorfamilie) abgeleitet worden ist. Dabei wird die Normierung so vorgenommen, daß der effektive Mitteldruck und die Drehzahl auf ihre Werte bei Nennleistung bezogen werden. Aus dem dieserart normierten wird das Kennfeld des fiktiven Motors wie folgt abgeleitet:

spezifischer Verbrauch

$$b_S = B_{SO}, \tag{3.11}$$

effektiver Mitteldruck

$$P_{ME} = P_{ME_0} \frac{P_{Nenn} \cdot \eta_{Nenn} \cdot V_{H_0}}{P_{Nenn_0} \cdot \eta_{Nenn_0} \cdot V_H}, \tag{3.12}$$

Drehzahl

$$\eta = \eta_0 \frac{\eta_{Nenn}}{\eta_{Nenn_0}}. \tag{3.13}$$

Dabei bezeichnet der Index 0 jeweils die Werte des Ausgangs-Kennfeldes.

Derartige durch affine Abbildung abgeleitete Verbrauchskennfelder zeigt Bild 3.8 für je einen Otto- und einen Dieselmotor.

Der Leerlaufverbrauch und ggf. die Beschleunigungseinspritzmenge werden mit Hilfe des Hubraums dem jeweiligen Motor angepaßt:

Leerlaufverbrauch

$$B_L = B_{L_0} \cdot \frac{V_H}{V_{H_0}}, \tag{3.14}$$

Beschleunigungsmenge

$$B_E = B_{E_0} \cdot \frac{V_H}{V_{H_0}}. \tag{3.15}$$

3.4.3 Anpassung des Achsantriebes

In der Regel werden Getriebe für Pkw so ausgelegt, daß sich bei der Höchstgeschwindigkeit im höchsten Gang eine Motordrehzahl einstellt, die etwa 100 min⁻¹ über der Nenndrehzahl liegt; bei

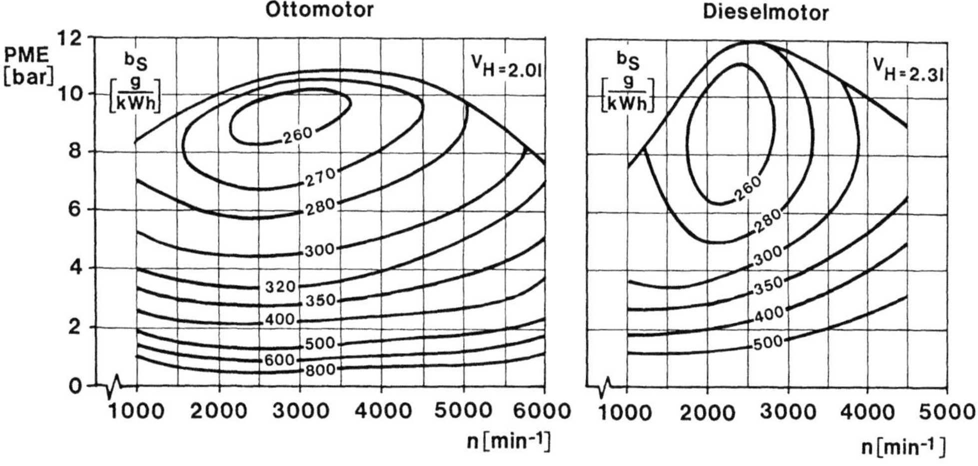

Bild 3.8. Verbrauchskennfelder.

Schnelltransportern geht man bis auf 400 min^{-1}. Die Auslegung der übrigen Gänge orientiert sich dagegen an der geforderten Beschleunigungs- bzw. Steigungsfähigkeit. Dabei ist natürlich eine ausreichende Überdeckung benachbarter Gänge zu gewährleisten.

Wenn bei einem neuen Modell einer bestehenden Fahrzeugreihe der Luftwiderstand verringert wird, muß der Achsantrieb entsprechend der neuen Höchstgeschwindigkeit angepaßt werden. Unterbleibt die Anpassung, wird ein Teil der durch die Widerstandssenkung möglichen Verbrauchsreduzierung verschenkt, wie Bild 3.9 zeigt. Um die Effekte zu verdeutlichen, wurden Sprünge im c_w-Wert von 0,35 - 0,30 - 0,25 angenommen.

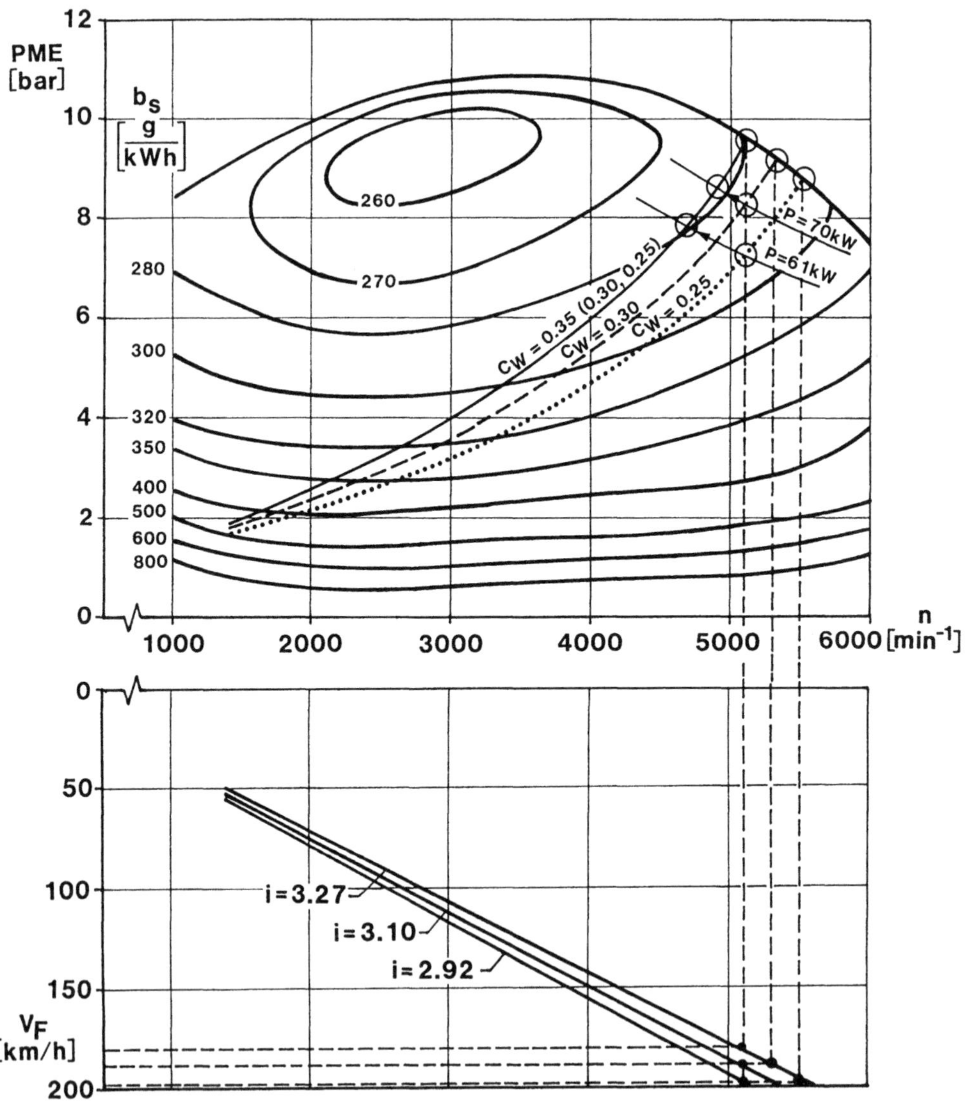

Bild 3.9 Fahrwiderstandskurven in einem Verbrauchskennfeld für verschiedene Luftwiderstandsbeiwerte, mit und ohne Achsantriebsanpassung

Behält man die Übersetzung von $i_5 = 3{,}27$ des Ausgangsfahrzeuges mit $c_W = 0{,}35$ (durchgezogene Fahrwiderstandskurven) bei, dann ergeben sich die gestrichelte bzw. gepunktete Fahrwiderstands-kurve, wenn der Widerstand auf $c_W = 0{,}30$ bzw. $c_W = 0{,}25$ reduziert wird. Dabei tritt der Effekt auf, daß bei gleicher Drehzahl, also gleicher Fahrgeschwindigkeit, die zu den *niedrigen* c_W-Werten gehörigen Teillastkurven im Muschelkennfeld durch Gebiete *höheren* spezifischen Verbrauchs verlaufen. Das kann, wie noch gezeigt wird, sogar dazu führen, daß im unteren Teillastbereich trotz geringeren Leistungsbedarfs höhere absolute Kraftstoffverbräuche auftreten. Und die neuen Spitzen-geschwindigkeiten führen zu Motordrehzahlen, die weit über der zulässigen Höchstgrenze liegen.

Ändert man das Übersetzungsverhältnis jedoch so, daß die eingangs genannte Bedingung für die Drehzahl bei Höchstgeschwindigkeit erfüllt wird, dann bewegen sich die Lastpunkte auf Kurven gleicher Leistung, im vorliegenden Diagramm sind das Hyperbeln, auf die Kurve für $c_W = 0{,}35$ zu. Die über der Drehzahl aufgetragenen Fahrwiderstandskurven werden damit für die verschiedenen c_W-Werte deckungsgleich.

Dies ist gleichbedeutend damit, daß im Vollastpunkt der spezifische Verbrauch für alle drei c_W-Wert-Konfigurationen identisch ist. Da aber den Lastpunkten der Ausgangskurve und den durch Anpas-sung des Getriebes damit zur Deckung gebrachten Lastkurven für die kleineren c_W-Werte unter-schiedliche Fahrgeschwindigkeiten zugeordnet sind (Bild 3.9 unten), ergeben sich die im Bild 3.10

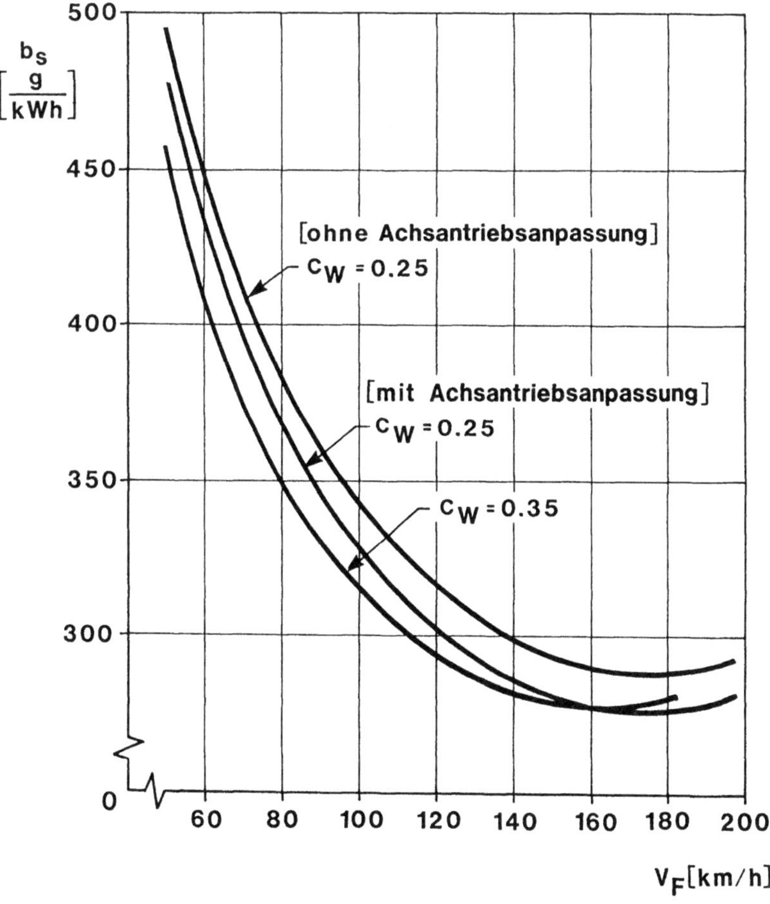

Bild 3.10. Spezifischer Verbrauch bei Konstantfahrt bei einer Verringerung des Luftwider-standsbeiwertes mit und ohne Achsantriebsanpassung.

gezeigten Verläufe des spezifischen Verbrauchs über der Fahrgeschwindigkeit. Aus Gründen der Übersichtlichkeit wurden nur die Kurven für den Ausgangszustand mit $c_w = 0{,}35$ und $c_w = 0{,}25$ dargestellt.

Wie man sieht, kann man auch mit Hilfe der oben beschriebenen Anpassung des Achsgetriebes nicht die gleichen spezifischen Verbräuche bei Teillast erreichen, wie im Ausgangszustand. Im unteren Teillastbereich sind die spezifischen Verbräuche sogar wesentlich höher; dort kommt es also trotz geringeren Leistungsbedarfs zu einem höheren Kraftstoffverbrauch als bei $c_w = 0{,}35$.

3.4.4 Getriebeauslegung

Wird der Verbrauch bei den konstanten Geschwindigkeiten $V_F = 90$ bzw. 120 km/h ermittelt, dann hat die beschriebene Anpassung des Achsantriebes den größten verbrauchsmindernden Effekt. Im gleichen Maß verschlechtert sich aber das Beschleunigungsverhalten. Will man dies vermeiden, muß das Getriebe neu *ausgelegt*, d.h. abgestuft, werden. Dabei sollten die unteren Gänge weitgehend unbeeinflußt bleiben; die Anpassung an den verringerten Luftwiderstand erfolgt nur mit den oberen Gängen, und der Achsantrieb bleibt unverändert. Um eine ausreichende Drehzahlüberdeckung der benachbarten Gänge zu erreichen, kann es erforderlich werden, die Anzahl der Getriebestufen zu erhöhen.

Für die Durchführung einer derartigen Getriebeauslegung hat C. HILDEBRANDT [3.4] das im Bild 3.11 skizzierte anschauliche Kreisdiagramm aufgestellt. Im ersten Diagramm (4. Quadrant) wird die Höchstgeschwindigkeit des Fahrzeuges ermittelt. Maßgeblich ist dafür das Verhältnis von Leistung P zur Luftwiderstandsfläche $c_w \cdot A$, also der Quotient $P/c_w \cdot A$. Im zweiten Diagramm kann die erforderliche Anfahrbeschleunigung abgelesen werden. Dazu wird die sog. Halbwertszeit vorgege-

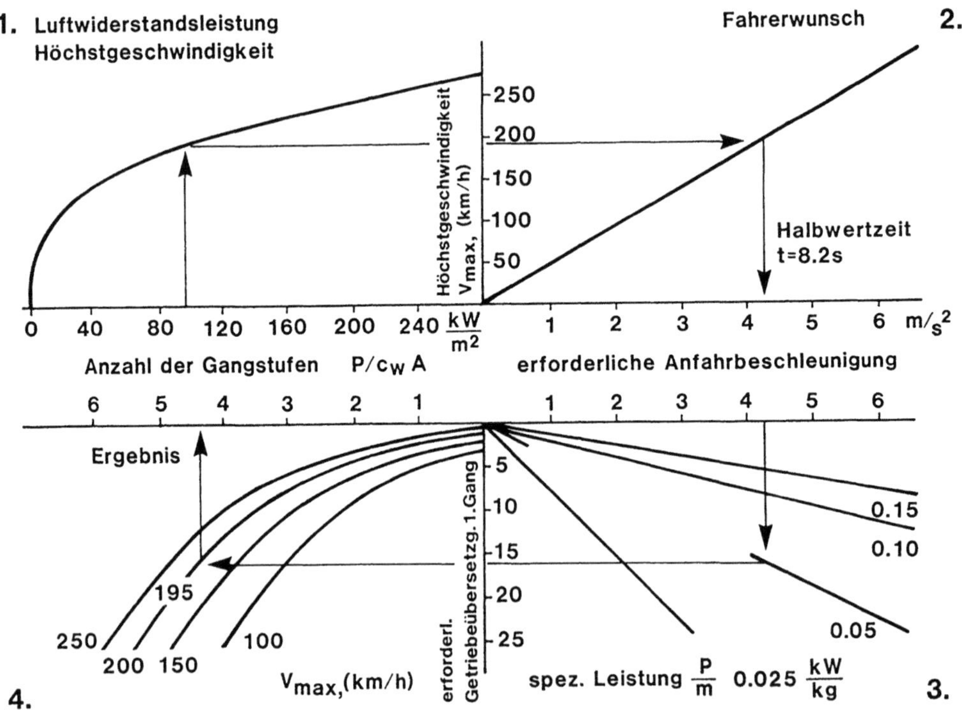

Bild 3.11. Getriebeauslegung nach [3.4].

ben; das ist die Zeit, die benötigt wird, um die halbe Höchstgeschwindigkeit zu erreichen. Je nach spezifischer Leistung P/m ergibt sich dann aus dem dritten Diagramm die erforderliche Getriebeübersetzung für den ersten Gang. Unter Einbeziehung der bereits ermittelten Höchstgeschwindigkeit und ausreichender Drehzahlüberdeckung kann dann im vierten Diagramm die Anzahl der erforderlichen Gangstufen abgelesen werden.

3.4.5 Fahrzyklen

Bis zum Jahr 1978 wurde in Deutschland der Kraftstoffverbrauch nach DIN 70020 angegeben. Seine Messung bzw. Berechnung erfolgte für eine konstante Fahrgeschwindigkeit, die 3/4 der Höchstgeschwindigkeit, höchstens jedoch $V_F = 110$ km/h betrug; ein 10%iger Zuschlag sollte „ungünstigen Umständen" Rechnung tragen. Bei dieser Methode wurde der Einfluß des Fahrzeuggewichtes unter-, der des Luftwiderstandes überbewertet. Die große Diskrepanz der dieserart ermittelten Verbräuche zu denen im alltäglichen Verkehr führte zu ständiger öffentlicher Kritik, machte sie doch die Verbrauchsangaben der Fahrzeughersteller unglaubwürdig. Gleichzeitig relativierte sie die Argumente der Aerodynamiker. Denn aus der offenkundigen Überbetonung des Luftwiderstandes wurde fälschlich gefolgert, daß dieser wohl eher von untergeordneter Bedeutung sei. Von L. J. JANSSEN und H.-J. EMMELMANN [3.6] wurde deshalb bereits 1970 ein Bewertungszyklus vorgeschlagen, der aus aktuellen Verkehrszählungen abgeleitet war. Er ging von den Wegstreckenanteilen aus, wie sie seinerzeit im Mittel innerorts, auf Bundes- und Landstraßen sowie auf der Autobahn zurückgelegt wurden. Die Bewertung bezüglich des Verbrauchs erfolgte nach den schon damals standardisierten US-Zyklen für den City- und den Highway-Verkehr, ohne jedoch die Unzulänglichkeiten ihrer Darstellung auf dem Rollenprüfstand nachzubilden. 1975 wurde dieser Zyklus entsprechend der inzwischen eingetretenen Veränderungen bei den Weganteilen aktualisiert. Damit konnten erstmals die einzelnen Fahrzeugparameter in ihrem Einfluß auf den Verbrauch so bewertet werden, wie sie sich für den Durchschnittsfahrer auswirken. Dieser Vorschlag konnte sich jedoch nur näherungsweise durchsetzen.

In der Europäischen Gemeinschaft wird der Kraftstoffverbrauch im sogenannten Euromix angegeben. Dazu werden die Verbräuche im europäischen City-Zyklus und bei den konstanten Geschwindigkeiten $V_F = 90$ km/h und $V_F = 120$ km/h nach 80/1268/EEC [3.5] ermittelt; sie werden B_{City}, B_{90} und B_{120} genannt. Aus diesen drei Verbräuchen wird der Wert im sogenannten Euromix – eine inoffizielle Bezeichnung – errechnet:

$$B = 1/3 \; (B_{City} + B_{90} + B_{120}). \tag{3.16}$$

Diese Vorschrift führt im Vergleich zur Fahrpraxis aus drei Gründen zu Differenzen. Erstens ist der Anteil der Fahrten bei konstanten Geschwindigkeiten überbetont; dagegen ist der Vorschlag nach [3.5], den Landstraßenanteil, der hier mit $V_F = 90$ km/h dargestellt wird, nach dem US-Highway-Cycle zu bewerten, realitätsnäher. Zweitens ist die Drittelung der Weganteile eine zu grobe Näherung. Schließlich ist die Ermittlung des City-Verbrauchs B_{City} entsprechend den Vorschriften nach [3.5] wenig praxisgerecht. Das wiederum aus zwei Gründen:

Einmal ist der im Bild 3.12 abgebildete Europa-City-Zyklus – die Schaltpunkte sind Tabelle 3.1 zu entnehmen – wegen seiner steilen Gradienten und seines Geschwindigkeitsniveaus für den durchschnittlichen Stadtverkehr nicht repräsentativ. Zum zweiten erfolgt die Ermittlung des Kraftstoffverbrauches in diesem Zyklus nicht mit dem *aktuellen* Gewicht des Fahrzeuges, sondern mit Rücksicht auf die Gegebenheiten am Rollenprüfstand in Schwungmassen-*Klassen*. Das hat zur Folge, daß sich eine Reduzierung des Fahrzeuggewichtes nur dann auswirkt, wenn die nächst niedrigere Schwungmassenklasse erreicht wird; direkt geht diese Maßnahme nur in den verkleinerten Rollwiderstand ein. Schließlich werden Verringerungen des Luftwiderstandes überhaupt nicht berücksichtigt.

Als Richtschnur für die Entwicklung verbrauchsgünstiger Fahrzeuge ist eine derartige Vorschrift, die

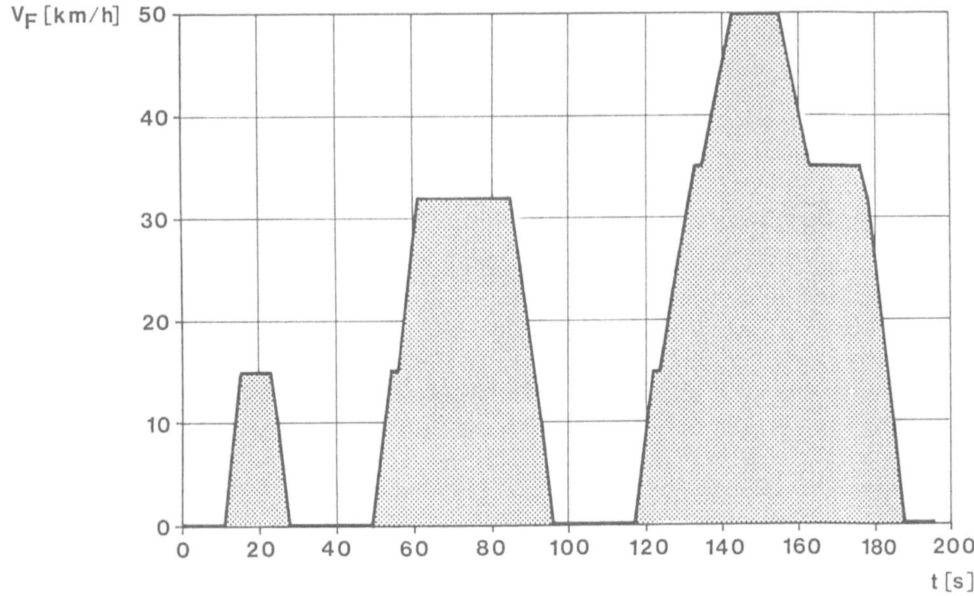

Bild 3.12. Europa-City-Zyklus.

die wesentlichen Einflußgrößen außer acht läßt, nicht gut geeignet. Deshalb wird im Abschnitt 3.5 ein Verbrauch B* diskutiert, der davon abweichend ermittelt wird. Die Rechnung folgt dabei zwar dem oben beschriebenen Fahrzyklus; es werden aber die *aktuellen* Fahrzeugdaten Gewicht und Luftwiderstand eingesetzt.

In den USA erfolgt die Verbauchsbestimmung nach der im Bild 3.13 dargestellten Zyklenkombination; sie ist auf die Fahrgewohnheiten dieses Landes abgestimmt. Die „Combined Fuel Economy" wird aus einem Anteil von 55 % City-Verkehr und 45 % Highway-Verkehr errechnet. Allerdings werden beide Zyklenverbräuche ebenfalls auf Prüfständen ermittelt, deren vereinfachende Einstellungsvorschriften ähnlich wie beim Euro-City-Zyklus sind.

Bild 3 13 USA
Zyklenkombination

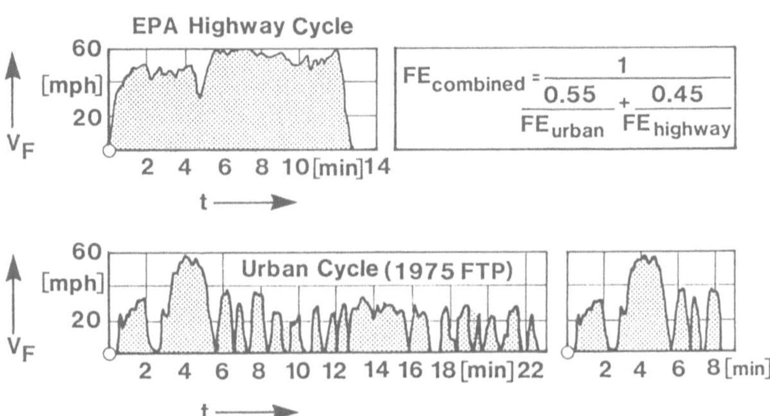

108

Tabelle 3 1   Schaltpunkte fur den ECE-Zyklus

Nr	Betnebszustand	Prufungs-abschnitt	Beschleu-nigung m/s²	Geschwin-digkeit km/h	Dauer jedes Betnebs-zustands	Prufungs-abschnitts	Summen-zeit	Bei mechanischem Getnebe anzu-wendendes Uber-setzungsverhaltnis
1	Leerlauf	1			11	11	11	6 s PM + 5 s K$_1$[1]
2	Beschleunigung	2	1,04	0 - 15	4	4	15	1
3	konstante Geschwindigkeit	3		15	8	8	23	1
4	Verzogerung		- 0,69	15 - 10	2		25	1
5	Verzogerung Motor ausgekuppelt	4	- 0,92	10 - 0	3	5	28	K$_1$
6	Leerlauf	5			21	21	49	6 s PM + 5 s K$_1$[1]
7	Beschleunigung		0,83	0 - 15	5		54	1
8	Schaltvorgang	6			2	12	56	
9	Beschleunigung		0,94	15 - 31	5		61	2
10	konstante Geschwindigkeit	7		32	24	24	85	2
11	Verzogerung		0,75	32 - 10	8		93	2
12	Verzogerung Motor ausgekuppelt	8	0,92	10 - 0	3	11	96	K$_2$
13	Leerlauf	9			21	21	117	16 s PM + 5 s K$_1$
14	Beschleunigung		0,83	0 - 15	5		122	1
15	Schaltvorgang				2		124	
16	Beschleunigung	10	0,62	15 - 35	9	26	133	2
17	Schaltvorgang				2		135	
18	Beschleunigung		0,52	35 - 50	8		143	3
19	konstante Geschwindigkeit	11		50	12	12	155	3
20	Verzogerung	12	- 0,52	50 - 35	8	8	163	3
21	konstante Geschwindigkeit	13		35	13	13	176	3
22	Schaltvorgang				2		178	
23	Verzogerung		- 0,86	32 - 10	7	12	185	2
24	Verzogerung Motor ausgekuppelt	14	- 0,92	10 - 0	3		188	K$_2$
25	Leerlauf	15			7	7	195	7 s PM

[1] PM = Leerlauf Motor eingekuppelt
K$_1$ K$_2$= 1 oder 2 Gang, Motor ausgekuppelt

3.5 Kraftstoffverbrauch und Fahrleistungen

3.5.1 Vergleich von Luft- und Rollwiderstand

Bei stationärer Fahrt in der Ebene setzt sich der Fahrwiderstand aus Luft- und Rollwiderstand zusammen, vgl. Gl. (3.1). Wie aus Bild 3.14 hervorgeht, hängt der Anteil dieser beiden Widerstände am Gesamtwiderstand von der Fahrgeschwindigkeit ab.

Im Bild 3.14 ist das Verhältnis von Luftwiderstand W_L zum Gesamtwiderstand $W_L + W_R$ über der Fahrgeschwindigkeit V_F aufgetragen; Parameter der Kurvenscharen ist der c_W-Wert; Pkw, Schnelltransporter und schwere Lkw werden verglichen. Die Verringerung des Rollwiderstands ist vor allem für niedrige Geschwindigkeiten (Stadtverkehr) und bei schweren Fahrzeugen von Bedeutung. Der Übergang vom Diagonal- auf den Radialreifen hat hier bereits einen großen Fortschritt gebracht.

3.5.2 Höchstgeschwindigkeit

Die Höchstgeschwindigkeit tritt bei der Bewertung der Fahrleistung von Fahrzeugen gegenüber dem Verbrauch mehr und mehr zurück. Den Zusammenhang zwischen Luftwiderstand und Höchstgeschwindigkeit gibt folgende Gleichung angenähert wieder:

$$V_{max} = 100 \cdot \sqrt[3]{\frac{P}{\kappa \cdot c_W \cdot A}} \quad \text{in km/h.} \tag{3.17}$$

Dabei ist die Leistung P in kW einzusetzen. Der Faktor k beinhaltet den Zusammenhang zwischen Roll- und Luftwiderstand nach Abschnitt 3.5.1. Er kann für jede Fahrzeugklasse einfach durch Ersetzen der restlichen, durch Messungen ermittelten, Werte bestimmt werden; typische Werte sind $14 \le k \le 18$. Für den mittleren Wert von k = 16 ist Gl. (3.17) im Bild 3.15 ausgewertet.

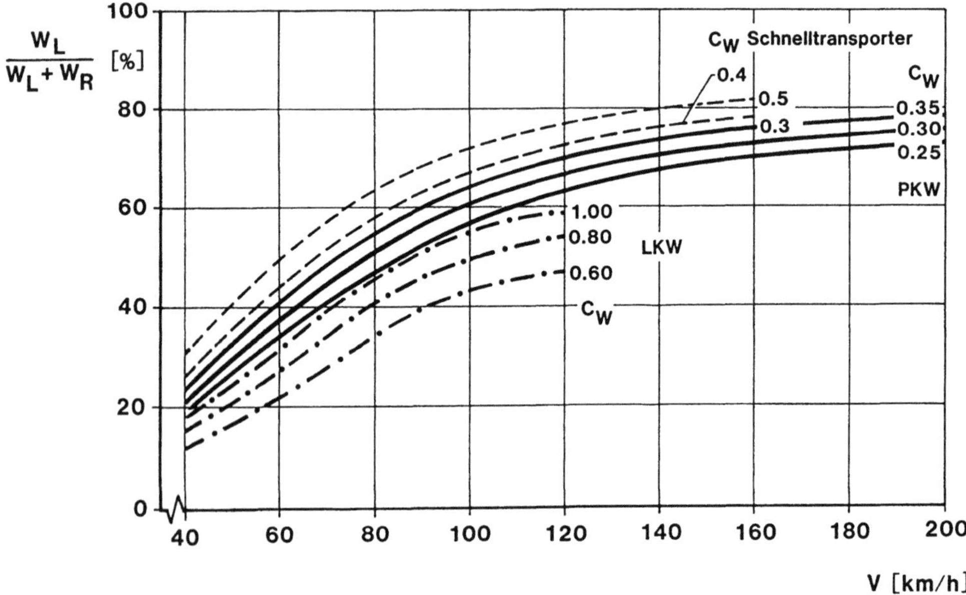

Bild 3.14 Anteil des Luftwiderstandes W_L am gesamten äußeren Widerstand $W_L + W_R$ für Pkw, Schnelltransporter und Lkw.

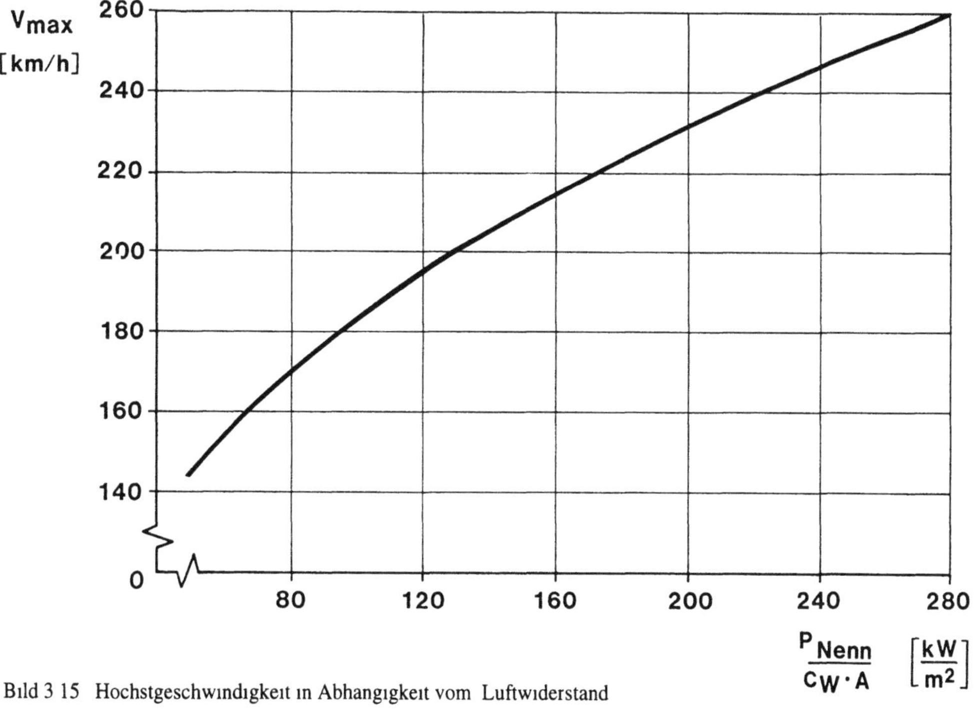

Bild 3 15   Hochstgeschwindigkeit in Abhangigkeit vom Luftwiderstand

3.5.3 Szenario für Verbrauchsbetrachtungen

Das Potential zur Reduzierung des Kraftstoffverbrauchs hangt, wie Bild 3 14 vermuten laßt, stark von der Fahrzeugklasse ab Fur die folgende Betrachtung werden die Pkw deshalb in funf Klassen eingeteilt Deren Abgrenzung orientiert sich an der gegenwartigen Fahrzeug-Population Die Klassen, die in Tabelle 3 2 definiert werden, unterscheiden sich durch die drei Großen Gewicht, Stirnflache und installierte Leistung Zur Veranschaulichung werden zu jeder Klasse einige typische Fahrzeuge benannt, mit deren Auswahl soll keine Wertung verbunden sein

Kleinstwagen und Fahrzeuge der ausgesprochenen Luxusklasse bleiben bei der hier vorgenommenen Einteilung ebenso unberucksichtigt wie Sportwagen und Coupés Ihr prozentualer Anteil am Pkw-Markt ist gering, die hier definierten Fahrzeugklassen A bis E umfassen bereits ca 95% der Pkw-Neuzulassungen in Deutschland Schnelltransporter werden im Abschnitt 3 5 8 fur sich behandelt, auf schwere Nutzfahrzeuge wird im Abschnitt 8 2 eingegangen

Innerhalb einer jeden Klasse wird ein „synthetisches" Fahrzeug definiert, dessen Kenndaten besonders hervorgehoben sind Dieses wird erzeugt, indem die wesentlichen Fahrzeugparameter gemittelt und so gerundet werden, daß sich sinnvolle Abstufungen von einer Fahrzeugklasse zur nachsten ergeben Die spezifische Motorleistung, die als die auf das Testgewicht (Leergewicht + 1/2 Zuladung) bezogene Leistung definiert ist, steigt mit dem Gewicht des Fahrzeugs Betragt sie in den Klassen A und B noch 40 W/kg, so weist die Komfortklasse E mit 75 W/kg eine weitaus starkere Motorisierung auf Das bestatigt die bekannte Tatsache, daß die großen Wagen auch *relativ* viel starker motorisiert sind und somit uber ein besseres Beschleunigungsvermogen verfugen

Zur Kennzeichnung des Luftwiderstands eines Fahrzeugs ist eine Angabe uber seine Große – ausgedruckt durch die Projektionsflache A in Langsrichtung – und uber die aerodynamische Gute seiner Form – ausgedruckt durch den Widerstandsbeiwert c_W – erforderlich Die Fahrzeugflache erstreckt sich von A = 1,76 m² fur den kleinsten bis auf A = 2,15 m² fur den großten Wagen Die

Tabelle 3 2 Definition von typischen Fahrzeugklassen

		m (leer) kg	P kW	P / m (1/2 Zul) W/kg	F m²	c_w	c_w F m²
KLASSE A	Ford Fiesta	785	40,0	39,8	1,840	0,350	0,644
	VW Polo	750	40,0	41,7	1,719	0,370	0,636
	Opel Corsa	780	44,0	43,5	1,720	0,360	0,619
	Mittelwert	772	41,3	41,6	1,760	0,360	0,633
synthetisches Fahrzeug A		800	40	40,0	1,760	0,360	0,634
KLASSE B	VW Golf	845	40,0	36,3	1,887	0,340	0,642
	Opel Kadett	865	44,0	39,7	1,890	0,320	0,605
	Ford Escort	840	44,0	41,6	1,840	0,360	0,662
	Mittelwert	850	42,7	39,2	1,872	0,340	0,636
synthetisches Fahrzeug B		850	44	40,0	1,870	0,330	0,617
KLASSE C	Opel Vectra	1005	55,0	43,1	1,980	0,290	0,547
	VW Passat	1100	53,0	39,0	2,025	0,290	0,587
	Audi 80	1030	55,0	43,7	1,930	0,290	0,560
	Mittelwert	1045	54,3	41,9	1,978	0,290	0,574
synthetisches Fahrzeug C		1050	55	42,3	1,980	0,290	0,574
KLASSE D	Mercedes 200E	1290	87,0	56,1	2,070	0,290	0,600
	BMW 520 i	1400	95,0	57,4	2,093	0,310	0,649
	Opel Omega	1235	85,0	56,2	2,090	0,280	0,585
	Mittelwert	1308	89,0	56,6	2,084	0,293	0,611
synthetisches Fahrzeug D		1300	90	58,1	2,090	0,290	0,606
KLASSE E	Mercedes 300SE	1520	132,0	74,2	2,180	0,360	0,785
	BMW 730 i	1600	138,0	74,0	2,140	0,320	0,685
	Opel Senator 3,0	1494	130,0	75,2	2,120	0,300	0,636
	Mittelwert	1538	133,3	74,4	2,147	0,327	0,702
synthetisches Fahrzeug E		1550	135	75,0	2,150	0,330	0,710

Zuordnung der c_W-Werte auf die Klassen lehnt sich an Bild 4.123 an. Die kleinen Fahrzeuge der Klasse A weisen wegen ihrer großen Völligkeit höhere c_W-Werte auf als die mittleren der Klassen B bis D, für die die Widerstandsfläche $c_W \cdot A$ zum Minimum wird. Bei den ganz großen Wagen der Klasse E steigt der c_W-Wert gegenüber letzteren wieder an, da zur Kühlung ihrer stärkeren Motoren ein höherer Kühlluftvolumenstrom erforderlich ist.

3.5.4 Kraftstoffersparnis durch Luftwiderstandsverringerung

Der Einfluß der Verringerung des Luftwiderstandes auf den Verbrauch im Euromix kann aus Bild 3.16 abgelesen werden. Der Achsantrieb wurde bei dieser Betrachtung der sich ergebenden Höchstgeschwindigkeit so angepaßt, wie im Abschnitt 3.4.3 ausgeführt. Die Grenze für die mögliche Widerstandsreduzierung basiert auf der Annahme, daß es gelingt, den Widerstandsbeiwert vom jeweiligen Wert des synthetischen Fahrzeuges bei gleichbleibender Stirnfläche auf $c_W = 0{,}24$ zu verringern. Für die kleineren Fahrzeuge dürfte das nur schwer zu verwirklichen sein.

Bezogen auf die Ausgangswerte für die Fahrzeuge entsprechend Tabelle 3.2 ergibt sich bei einer 10%igen Verringerung des Luftwiderstandes für die Klassen A bis D in etwa die gleiche Kraftstoffersparnis von 0,3 l/100 km; mit 0,4 l/100 km ist sie in der Klasse E etwas höher. Die angenommene Untergrenze von $c_W = 0{,}24$ führt in den Fahrzeugklassen A bis E zu maximal möglichen Verbrauchsverringerungen von 0,9; 0,8; 0,5; 0,5 und 1,2 l/100 km.

Für ein Fahrzeuggewicht von G = 1000 kg läßt sich das obige Ergebnis über den Einfluß des Luftwiderstandes auf den Verbrauch zu der folgenden Abschätzung zusammenfassen:

$$- \quad \text{Ottomotoren} \qquad \frac{\Delta B^*}{B^*} = 0{,}40 \cdot \frac{\Delta c_W}{\Delta c_{W_0}}, \qquad\qquad (3.18)$$

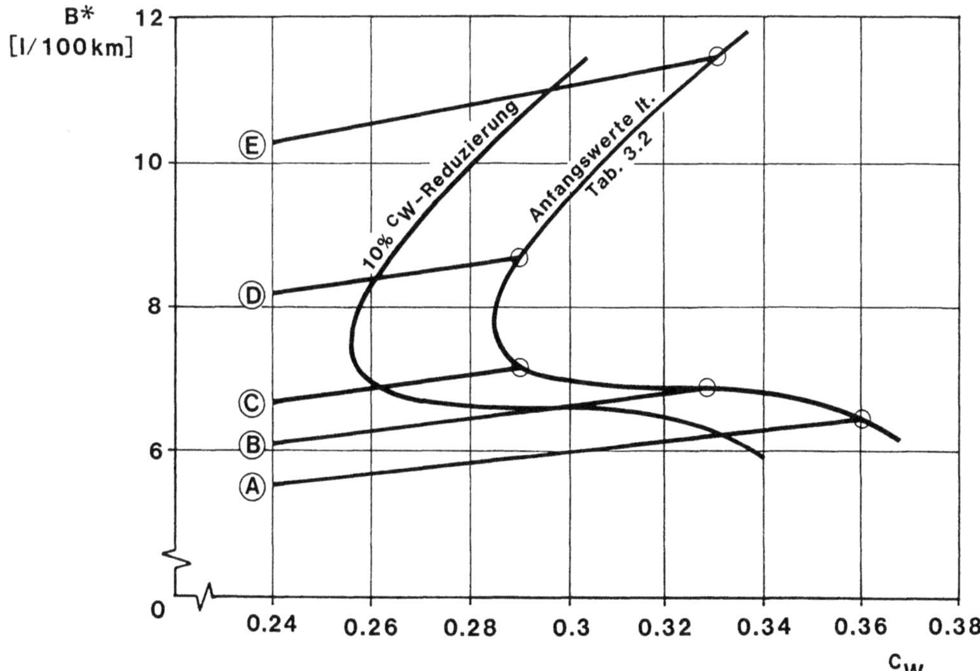

Bild 3.16. Euromixverbrauch in Abhängigkeit von der Luftwiderstandsverringerung und der Fahrzeugklasse.

- Dieselmotoren $$\frac{\Delta B^*}{B^*} = 0{,}50 \cdot \frac{\Delta c_W}{\Delta c_{W_0}}. \qquad (3.19)$$

3.5.5 Kraftstoffersparnis durch Verringerung des Gewichtes

Wenn im folgenden dargestellt wird, um wieviel sich der Kraftstoffverbrauch durch Abbau des Fahrzeuggewichtes senken läßt, dann geschieht das, ohne zu diskutieren, *wie* diese Gewichtsreduzierung durchzuführen und ob sie technisch überhaupt möglich ist. Dabei muß bedacht werden, daß die europäischen Autohersteller seit langem von den Möglichkeiten des Leichtbaus konsequent Gebrauch machen. Ohne den vermehrten Einsatz „exotischer" Werkstoffe wie Aluminium wird sich das Fahrzeuggewicht nicht mehr wesentlich verkleinern lassen. Neue Anforderungen an die Sicherheit – stichwortartig seien der Seitenaufprall und die Antiblockier-Bremse genannt – lassen vielmehr das Gewicht ebenso ansteigen, wie wachsende Ansprüche an den Komfort.

Welche Gewichtsreduktion untersucht wurde, geht aus Bild 3.17 hervor. In der A-Klasse wurde sie auf 10 % begrenzt, in der E-Klasse auf 20 %. In allen Fällen führt diese Maßnahme auf dem Rollenprüfstand zu einem Schwungmassensprung, wie aus den den Fahrzeuggewichten zugeordneten Schwungmassen hervorgeht, die rechts im Bild 3.17 angeschrieben sind.

Der Verbrauch B im Euromix in l/100 km, der sich rechnerisch bei Einhaltung der Prüfstandsbedingungen beim Absolvieren des City-Zyklus ergibt, ist in Bild 3.18 über dem Testgewicht aufgetragen. Der Gradient der Kurven spiegelt den sich mit dem Gewicht verändernden Rollwiderstand wider. Dabei entspricht der Rollwiderstand der einen auf dem Prüfstand angetriebenen Achse in etwa dem *beider* Achsen auf der Straße. Der Verbrauchssprung ergibt sich aus dem Schwungmassensprung.

Bei der vergleichbaren Auftragung im Bild 3.19 wird das jeweils *aktuelle* Testgewicht eingesetzt; der dieserart errechnete Verbrauch B* gibt damit wieder, welchen Einfluß das Gewicht physikalisch tatsächlich hat. Für alle Fahrzeugklassen ergibt sich in etwa die gleiche Wirksamkeit einer Gewichtsverminderung: Mit 0,2 l/100km pro 100 kg fällt sie relativ gering aus. Das ist einmal darauf zurückzuführen, daß der City-Zyklus nur zu einem Drittel in den Euromix-Verbrauch eingeht, dann aber auch darauf, daß die beim Beschleunigen aufgebrachte Energie beim anschließenden Verzögern in Form von kinetischer Energie zur Überwindung der Fahrwiderstände zur Verfügung steht; nur ein

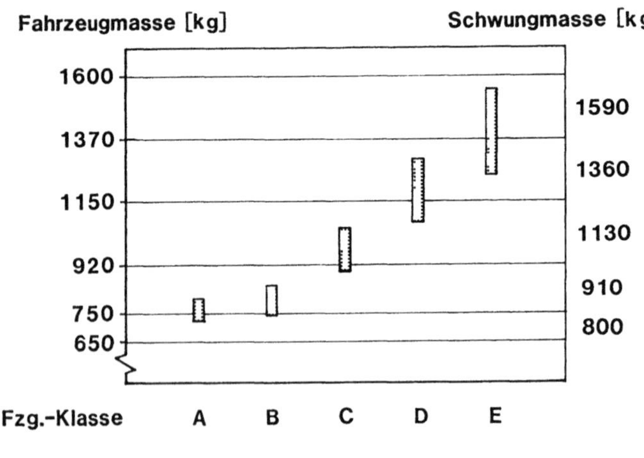

Bild 3.17. Schwungmassenklassen und durchgeführte Gewichtsreduzierungen in den verschiedenen Fahrzeugklassen.

Bild 3.18. Euromix-
verbrauch in
Abhängigkeit von
Gewichtsver-
ringerungen und
verschiedenen
Fahrzeugklassen
(entsprechend
Prüfmethode).

Bild 3.19. Euromix-
verbrauch in
Abhängigkeit von
Gewichtsver-
ringerungen und
verschiedenen
Fahrzeugklassen
(entsprechend realer
Benutzung).

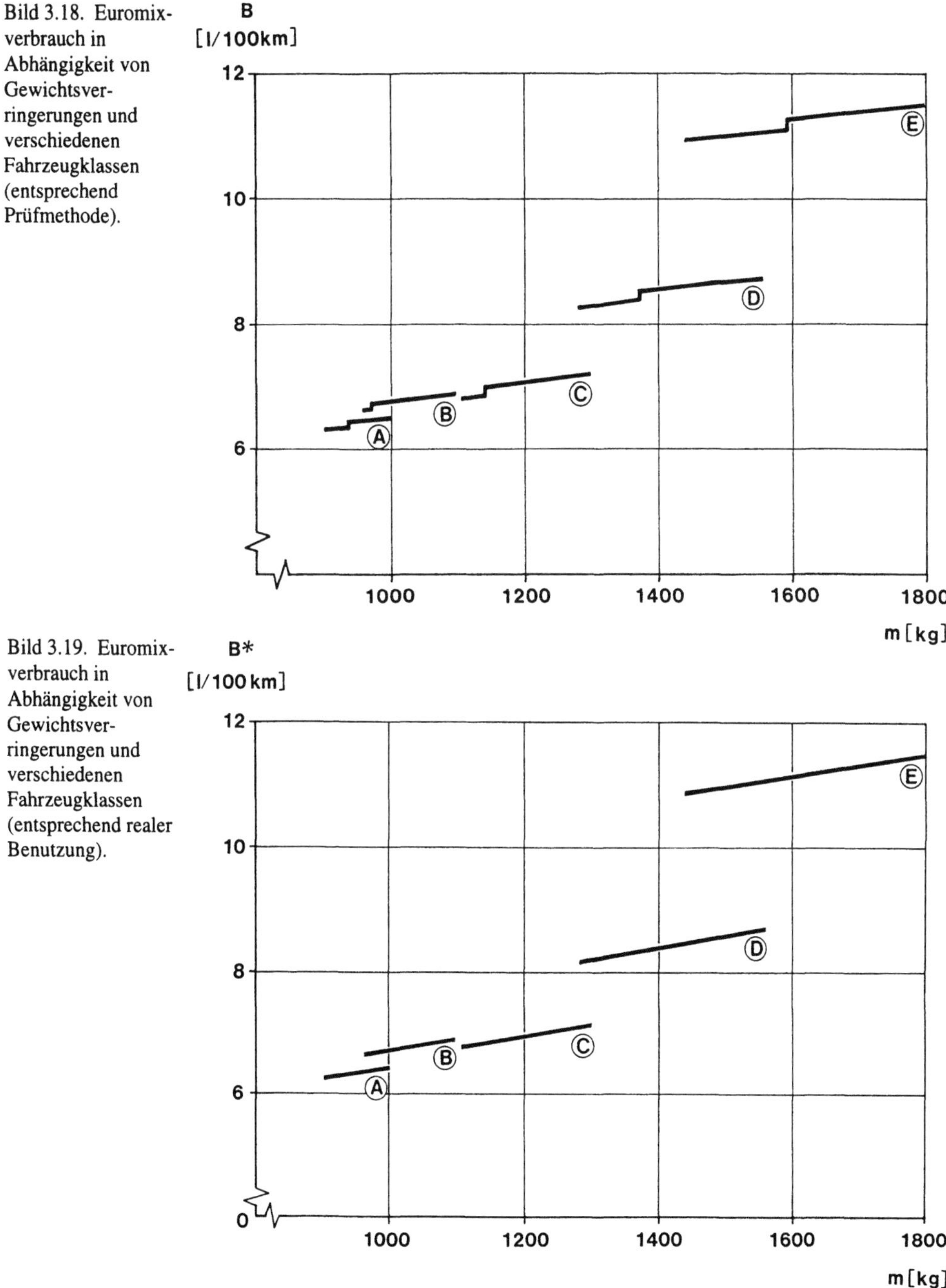

Teil davon wird beim Bremsen in Wärme umgewandelt. Es muß dabei nocheinmal betont werden,
daß die Gewichtsverringerung um 100 kg aus heutiger Sicht unrealistisch hoch erscheinen.

3.5.6 Einfluß der installierten Antriebsleistung

Die mögliche Kraftstoffersparnis, die sich durch den Einsatz von Fahrzeugmotoren niedrigerer
Leistung einstellt, wird anhand von Bild 3.20 diskutiert. Gegenüber der Standardmotorisierung
wurde die Motorleistung für alle Fahrzeugklassen um maximal 25 % abgesenkt. In der Kleinwagen-

115

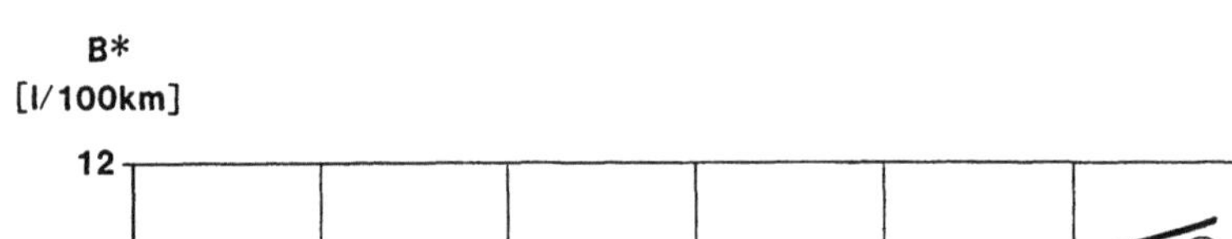

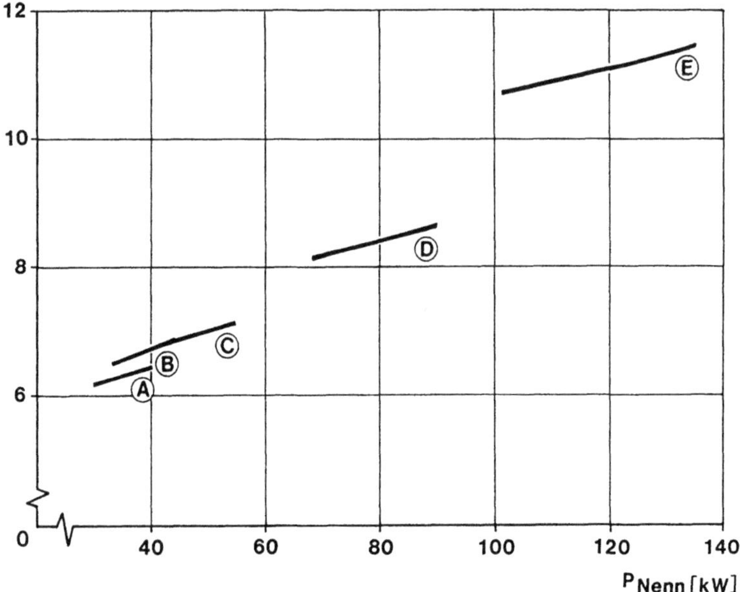

Bild 3.20. Euromixverbrauch in Abhängigkeit von Nennleistungsverringerungen und verschiedenen Fahrzeugklassen.

klasse A ist nur noch eine vergleichsweise geringe Absenkung des Kraftstoffverbrauchs möglich; die Benzinersparnis beträgt dann 0,3 l/100 km. Durch das größere Potential einer Leistungsverringerung in der großen Fahrzeugklasse ergeben sich für diese auch erheblich höhere Benzineinsparungen, nämlich bis zu 0,7 l/100 km in der Komfortklasse E.

Im Gegensatz zu einer Gewichtsverringerung ist eine Leistungsverringerung technisch ohne Schwierigkeiten zu realisieren. Ob jedoch der Käufer bereit ist, auf das bisher gewohnte Fahrverhalten zu verzichten, erscheint fragwürdig. So würde sich durch die hier angegebene niedrige Motorisierung die Beschleunigungszeit von 0 auf 100 km/h um ca. 25 % erhöhen, und die Höchstgeschwindigkeit würde sich verringern.

Selbst dann, wenn die Motorleistung mit abnehmendem c_w-Wert nur soweit reduziert würde, daß die Höchstgeschwindigkeit unverändert bliebe, würde das zu einem Verlust an Beschleunigungsvermögen führen, der nicht akzeptiert würde. Ohne gleichzeitige Verringerung des Fahrzeuggewichtes dürfte sich diese Rücknahme der Motorleistung am Markt nicht durchsetzen lassen.

3.5.7 Verbrauchsoptimales Fahrzeugkonzept

Einen zusammenfassenden Vergleich der drei diskutierten *Einzel*-Maßnahmen zur Verringerung des Kraftstoffverbrauchs bei Einsatz eines konventionellen Ottomotors bietet Bild 3.21. Dort ist die Kraftstofferpsarnis über der jeweiligen prozentualen Veränderung aufgetragen.

Welche Verbesserungen im Kraftstoffverbrauch durch *Kombination* der Einzelmaßnahmen möglich sind, zeigt Bild 3.22, wiederum für Fahrzeuge mit Ottomotoren. Dabei wurden folgende Maßnahmen angenommen:

– Luftwiderstand reduziert auf die Grenze nach Bild 3.16,

– Gewichtsverringerung auf die Grenzen nach Bild 3.17,

– Leistungsverringerung um 25 % nach Bild 3.20.

116

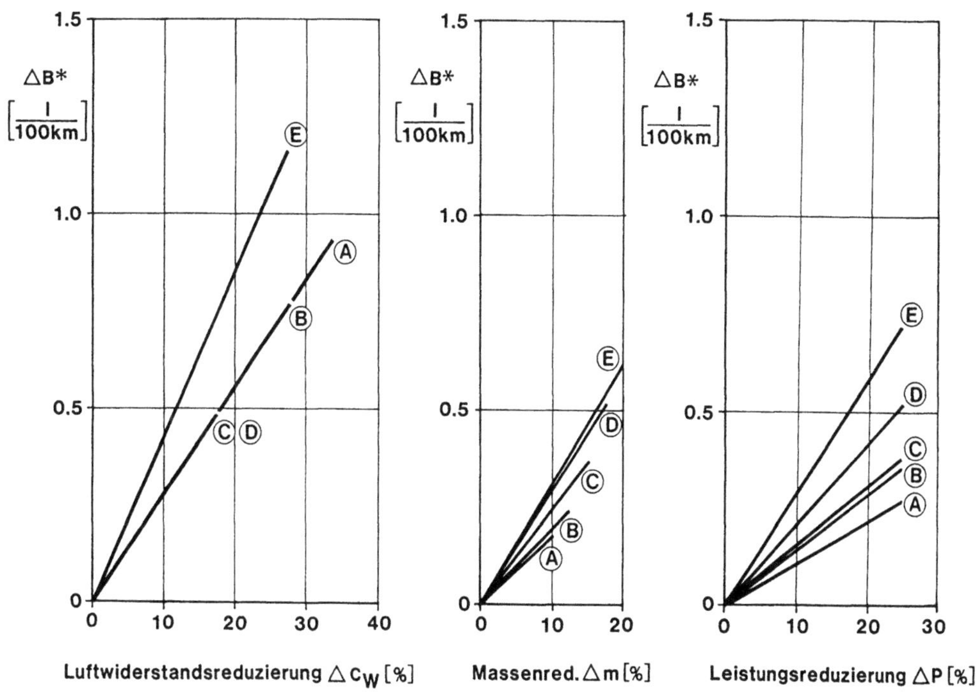

Bild 3 21   Vergleich verschiedener Maßnahmen zur Kraftstoffverbrauchsverringerung fur den Euromixverbrauch

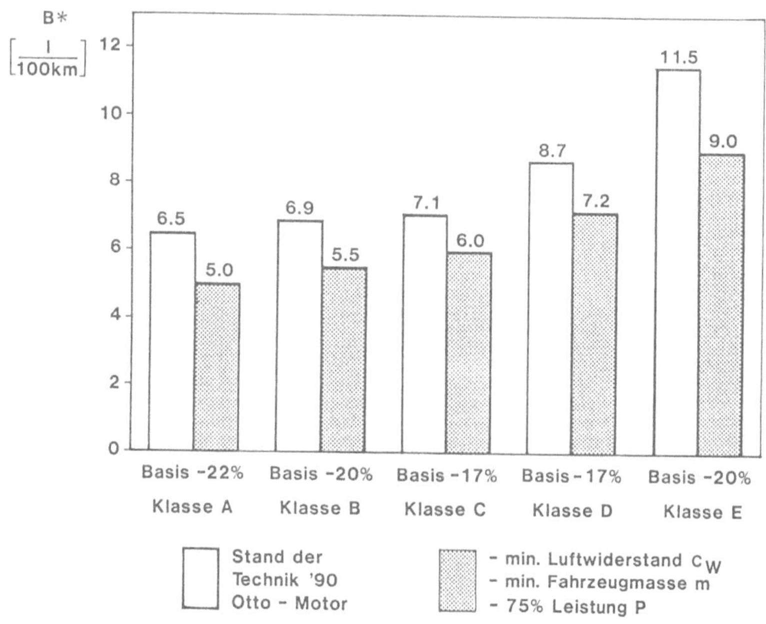

Bild 3 22   Euromixverbrauch bei Realisierung extremer Luftwiderstands-, Fahrzeuggewichts- und Nennleistungsverringerungen (Ottomotor)

Wie ersichtlich, ergeben sich Minderverbräuche von 1,2 l/100 km bis 2,5 l/100 km je nach Fahrzeugklasse, wenn es gelingt, die Verbesserungen in der angegebenen Größenordnung zu realisieren.

Die gleichen Zusammenhänge bei Verwendung eines Dieselmotors zeigt Bild 3.23. Für die unveränderten Basisfahrzeuge ergeben sich mit dem Dieselmotor Verringerungen des Kraftstoffverbrauchs in gleicher Größenordnung. Die Komfortklasse E wurde dabei ausgespart, denn ein Dieselmotor ist in dieser Fahrzeugkategorie wenig relevant.

Es stellt für den Fahrzeugbauer keine Herausforderung dar, geringen Kraftstoffverbrauch dadurch zu erzielen, daß man den Fahrzeugkäufer zwangsweise auf Fahrleistung und Fahrkomfort verzichten läßt. Vielmehr ist es die Aufgabe künftiger Fahrzeugentwicklungen, den Kraftstoffverbrauch zu senken und dabei den erreichten Standard bei diesen Kriterien zumindest zu halten. Eine Verringerung der Antriebsleistung kann nur in dem Maß vorgenommen werden, wie ihr negativer Effekt auf die Fahrleistung durch Luftwiderstands- und Gewichtsreduktionen kompensiert werden kann. Dafür bietet sich die folgende Vorgehensweise in drei Schritten an:

1. Reduzierung des Luftwiderstands,

2. Reduzierung der Antriebsleistung soweit, bis die Erhöhung der Höchstgeschwindigkeit aus 1. wieder rückgängig gemacht ist; dabei würde sich jedoch bei vorgegebenem Fahrzeuggewicht die Beschleunigung verringern. Deshalb folgt

3. Reduzierung des Gewichts soweit, bis der Beschleunigungsverlust aus 2. ausgeglichen wird.

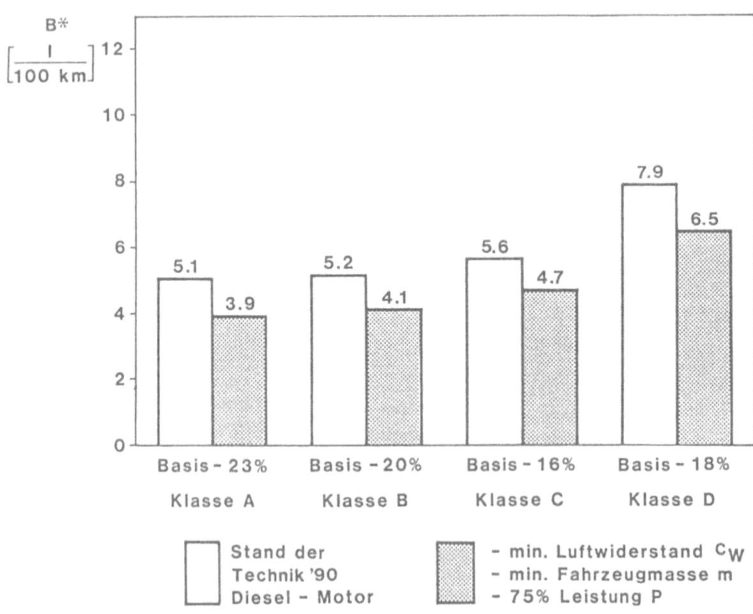

Bild 3.23 Euromixverbrauch bei Realisierung extremer Luftwiderstands-, Fahrzeuggewichts- und Nennleistungsverringerungen (Dieselmotor)

Aufgrund des Verhaltnisses der Fahrwiderstande zueinander (siehe Abschnitt 3 2) ermoglicht bzw erfordert eine relative Anderung des Luftwiderstands um den Betrag x folgende Anderung der Antriebsleistung und des Gewichts

- Luftwiderstand $\qquad x = \dfrac{\Delta c_W}{c_{W_0}},$

- Antriebsleistung $\qquad \Delta P = 0,8 \quad x \quad P_0,$

- Gewicht $\qquad \Delta G = 0,8 \quad x \quad G_0$

Die Kraftstoffersparnis laßt sich dann durch folgende Gleichung bestimmen

$$\Delta B^* = \frac{\partial B^*}{\partial c_W} \ \Delta c_W + \frac{\partial B^*}{\partial P} \Delta P + \frac{\partial B^*}{\partial G} \Delta G \tag{3 20}$$

Wahrend die Leistungsreduktion ohne großere Schwierigkeiten zu realisieren ware, stoßt man, wie bereits erwahnt, bei der Gewichtsreduktion schnell an Grenzen Man kann also nicht jeder beliebigen Luftwiderstandsverringerung in der oben gezeigten Weise mit einer adaquaten Gewichtsverminderung folgen Das heißt aber, daß damit auch der Verringerung der Antriebsleistung Grenzen gesetzt sind

Wenn man fur die Gewichtsreduzierung die Grenzen wie im Abschnitt 3 5 5 zugrunde legt, namlich von 10 % fur die A-Klasse bis 20 % fur die E-Klasse, dann ergibt sich daraus im Umkehrschluß fur den Luftwiderstand auch nur die Notwendigkeit, ihn um nicht mehr als 12,5 % bis 25 % je nach betrachteter Fahrzeugklasse zu senken Wird er daruber hinaus abgebaut, konnen Leistungs- und Gewichtsreduktion nicht mehr folgen Jenseits dieser Grenze muß dann auch auf die Anpassung des Achsantriebes verzichtet werden, fur die Verbrauchsenkung bleibt dann nur noch

$$\Delta B^* = \Delta c_W \ \left(\frac{\partial B^*}{\partial c_W}\right)_{\text{(ohne Anpassung des Achsantriebes)}} \bullet \tag{3 21}$$

Bild 3 24 faßt dieses Ergebnis fur die Beispielfahrzeuge nach Tabelle 3 2 zusammen Die sich danach unter der Voraussetzung gleichbleibender Fahrleistungen fur die untersuchten Fahrzeugklassen ergebenden „optimalen" c_W-Werte sind in Tabelle 3 3 zusammengestellt

Auch eine weitere Reduzierung des c_W-Wertes uber die schraffierte Grenzlinie hinaus wird mit einer Kraftstoffeinsparung belohnt Die Nutzlichkeit des Widerstandsabbaus allein ist aber sehr viel kleiner, wenn Gewicht und Leistung unverandert bleiben, siehe auch Gl (3 20)

Die im Bild 3 24 gezeigte c_W-Grenze ist naturlich nicht allgemeingultig, sie verschiebt sich mit dem Stand der Technik Wenn es gelingt, uber die geschilderten Maßnahmen hinaus die jeweiligen Lastpunkte mit Hilfe effizienter stufenloser Getriebe in Gebiete optimalen spezifischen Verbrauchs zu verlagern, sind weitere Einsparungen im Kraftstoffverbrauch von Pkw zu erwarten

3.5.8   Kraftstoffverbrauch von Schnelltransportern

Der Einfluß des Luftwiderstands auf den Kraftstoffverbrauch von Schnelltransportern ist von W -H Hucho und H -J Emmelmann [3 7] naher untersucht worden Wie fur Pkw wurde der Verbrauch auch fur diese kleinen Nutzfahrzeuge im Euromix berechnet   In Tabelle 3 4 sind die wesentlichen Daten des betrachteten Fahrzeugs zusammengefaßt, vergleichsweise werden Otto- und Dieselmotoren behandelt

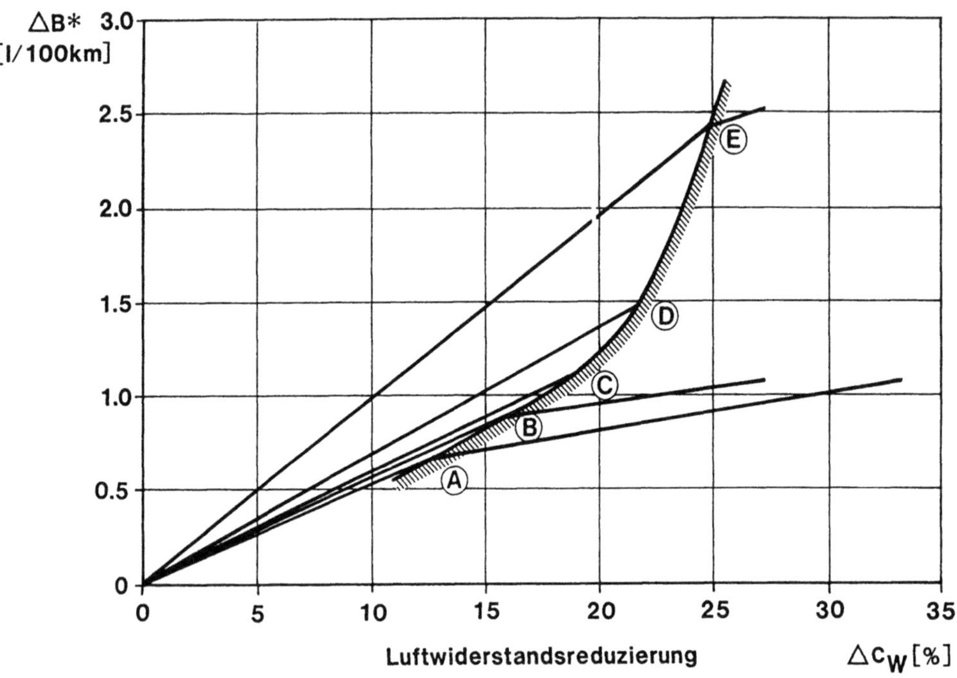

Bild 3.24. Kraftstoffersparnis fur den Euromixverbrauch fur ein c_W-abhangiges verbrauchsoptimales Fahrzeugkonzept

Tabelle 3.3. „Optimale" c_W-Werte fur die Fahrzeugklassen A bis E

FZG - Klasse	A	B	C	D	E
c_W	0,32	0,28	0,24	0,23	0,25

Tabelle 3.4. Typische Schnelltransporterdaten

Bezeichnungen	Ottomotor	Dieselmotor
Stirnflache F	3,2 m^2	
Leergewicht G_{leer}	1600 kg	
Zul. Gesamtgewicht G_{ges}	2600 kg	
Reifen	195/70 R15	
Getriebewirkungsgrad h	0,9	
Nennleistung P_{Nenn}	60 kW	
Nenndrehzahl n_{Nenn}	4300 min^1	3700 min^1
Hubraum V_H	2000 m^3	2400 m^3
Rollwiderstandsbeiwert f_R	0,013 0,0145 $= f(V_F)$	

120

Der Verbrauch dieses Fahrzeugs ist für eine unveränderte Gesamtübersetzung im Bild 3.25 über der Fahrgeschwindigkeit aufgetragen; Scharparameter der Kurven ist der c_w-Wert. Für alle Kurven gilt „halbe Zuladung", also der zur Ermittlung des Verbrauchs nach 80/1268/EEC vorgeschriebene Beladungsfall. Der Verbrauchsvorteil des Dieselmotors – vor allem bei niedriger Teillast – wird deutlich. Der Einfluß des Luftwiderstands auf den Verbrauch ist beachtlich.

Den Kraftstoffverbrauch B* im Euromix als Funktion des Luftwiderstandsbeiwertes c_w zeigt Bild 3.26. Da Schnelltransporter, bezogen auf Stirnfläche und Fahrzeuggewicht, wesentlich schwächer motorisiert sind als Pkw, liegen bei ihnen die Lastpunkte in den Zyklen näher an der Vollastkurve; die Motoren arbeiten damit bei günstigeren spezifischen Verbräuchen. Das führt zu relativ niedrigen Absolutverbräuchen. Da in diesem Bereich des Kennfelds der Gradient des spezifischen Verbrauchs mit der Last noch nicht so steil ist wie bei niedriger Teillast, kommt eine Reduzierung des Luftwiderstands besser zum Tragen. Sie wird in ihrer Auswirkung auf den absoluten Verbrauch nicht so stark durch den steigenden spezifischen Verbrauch gemindert. Das führt bei Schnelltransportern zu einer größeren Effektivität von Luftwiderstandsverringerungen als bei Pkw.

Die Wirksamkeit der c_w-Minderung auf den Kraftstoffverbrauch B* beträgt für den Fall, daß das Getriebe angepaßt wird (und bei halber Zuladung).

- Ottomotor

$$\frac{\Delta B^*}{B_0^*} = 0,47 \cdot \frac{\Delta c_w}{c_{w_0}}, \tag{3.22}$$

- Dieselmotor

$$\frac{\Delta B^*}{B_0^*} = 0,60 \cdot \frac{\Delta c_w}{c_{w_0}}. \tag{3.23}$$

Dabei sind B_0^* und c_{w_0} die Werte für den Kraftstoffverbrauch und den Luftwiderstandsbeiwert vor der c_w-Wert-Verbesserung. Die Wirksamkeit der c_w-Minderung ist für den Dieselmotor größer als für den Ottomotor. Das ist darauf zurückzuführen, daß im vorgegebenen Zyklus häufig in einem Kennfeldbereich gefahren wird, in dem der Unterschied im spezifischen Verbrauch (Absolutwert und Gradient bei fallender Last) zwischen Otto- und Dieselmotor besonders ausgeprägt ist.

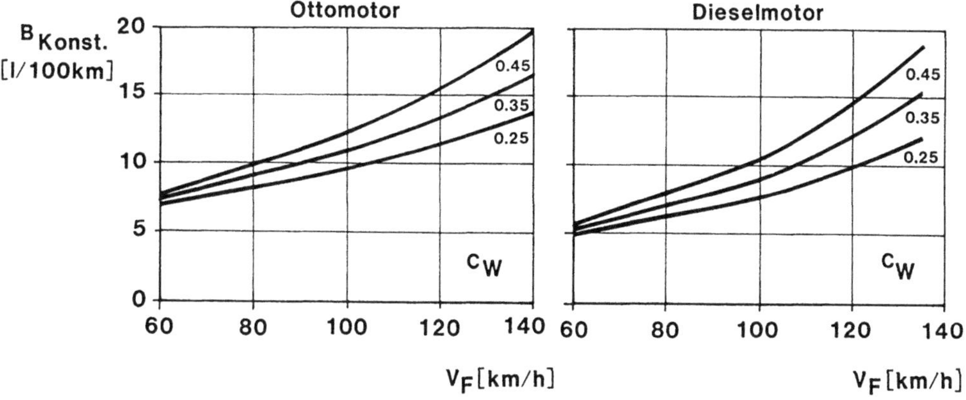

Bild 3.25. Kraftstoffverbrauch eines Schnelltransporters bei Konstantfahrt für verschiedene Luftwiderstandsbeiwerte (ohne Getriebeanpassung).

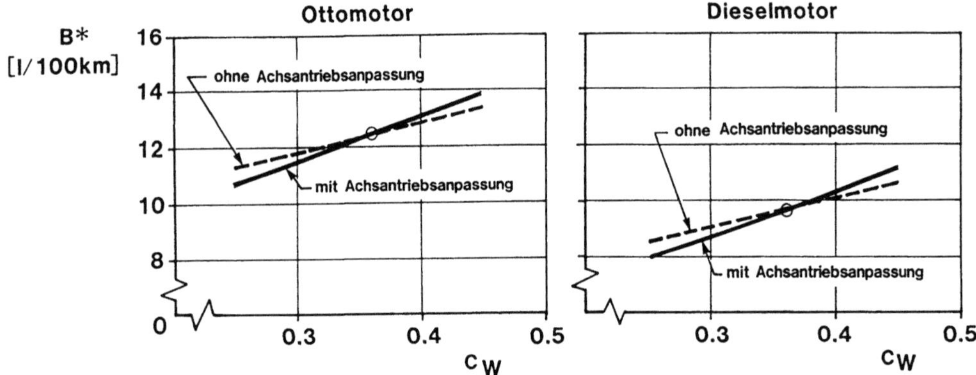

Bild 3.26. Euromixverbrauch in Abhängigkeit vom Luftwiderstandsbeiwert

3.6 Ausblick

Die Fahrzeugindustrie steht vor der permanenten Herausforderung, den Verbrauch der Autos zu reduzieren. Die treibenden Motive dafür sind die Notwendigkeit, die Ressourcen ebenso zu schonen wie die Umwelt. Beide Gründe erfordern die Erschließung aller verbrauchsmindernden Potentiale. Zu technisch sinnvollen Lösungen führt das aber nur, wenn die Einzelmaßnahmen sorgfältig aufeinander abgestimmt werden. Die im Abschnitt 4 ausführlich dargestellten Möglichkeiten, den Luftwiderstand abzubauen, lassen sich solange nicht voll ausnutzen, wie es nicht gelingt, das Fahrzeuggewicht ganz drastisch zu reduzieren. Der Spielraum dafür ist jedoch eng begrenzt.

Verbrauchsgünstigere Fahrzeuge werden in ihrer Herstellung aufwendiger sein als derzeitige Wagen. Die Weiterentwicklung des Leichtbaus wird zum vermehrten Einsatz teurer Werkstoffe führen; die Forderung der Aerodynamik, wie z. B. stärker gewölbte Scheiben oder bündige Fensterflächen, tragen ebenfalls zu einer Steigerung der Produktkosten bei.

Bei der Entscheidung darüber, welche Produktmehrkosten für die Erzielung einer Verbrauchsminderung sinnvoll und am Markt durchsetzbar sind, empfiehlt es sich, von einer kundenorientierten Nutzen-Kosten-Analyse auszugehen.

3.7 Bezeichnungen

W_L	Luftwiderstand
T	Tangentialkraft
W_R	Rollwiderstand
W_S	Steigungswiderstand
W_B	Beschleunigungswiderstand
Z	Zugkraft
G_N	Normalkraft
G	Gewicht
m	Masse
V_F	Fahrgeschwindigkeit
V_∞	resultierende Anströmgeschwindigkeit
V_W	Seitenwindgeschwindigkeit
$\dot V$	Beschleunigung
c_W	Luftwiderstandsbeiwert
c_T	Tangentialkraftbeiwert
F	Stirnfläche
f_R	Rollwiderstandsbeiwert
P_{Mot}	Motorleistung
P_{Nenn}	Nennleistung
B_L	Leerlaufverbrauch
B_E	Beschleunigungsmenge
B	Kraftstoffverbrauch für den Euromix-Zyklus (Prüfstand)
B^*	Kraftstoffverbrauch für den Euromix-Zyklus (Benutzer)
B_{Konst}	Kraftstoffverbrauch bei konstanten Geschwindigkeiten
n	Drehzahl
n_{Nenn}	Nenndrehzahl
b_s	spezifischer Verbrauch
P_{ME}	mittlerer Effektivdruck
η_G	Getriebewirkungsgrad
η_A	Wirkungsgrad Achsantrieb
ρ	Luftdichte
δ	Windeinfallswinkel
β	Schiebewinkel
φ	Steigungswinkel
ε_i	Anteil der rotierenden Massen

4 Der Luftwiderstand von Personenwagen

Wolf-Heinrich Hucho

4.1 Einordnung des Pkw in die Reihe der übrigen Widerstandskörper

Der Luftwiderstand von Straßenfahrzeugen läßt sich noch immer nicht in geschlossener Form behandeln Die numerischen Verfahren der Stromungsmechanik haben zwar, wie im Abschnitt 14 ausfuhrlich dargelegt wird, in jungster Zeit große Fortschritte gemacht Aber eine Vorausberechnung des Widerstandes ist mit ihnen bis heute nicht gelungen, und sie ist nach einer Untersuchung von W -H Hucho [4 1] auch in den nachsten funf Jahren nicht zu erwarten

Die große Fulle der veroffentlichten experimentellen Informationen konnte zwar inzwischen soweit aufbereitet werden, daß mit ihrer Hilfe der Widerstand aus den geometrischen Einzelheiten einer gegebenen Konfiguration *abgeschatzt* werden kann Aber zuverlassige quantitative Aussagen uber den Luftwiderstand, die fur eine geordnete Fahrzeugentwicklung unverzichtbar sind – geht es dabei doch um die Erreichung eines zuvor sorgfaltig aufeinander abgestimmten Zielkollektivs – sind nach wie vor nur mit Hilfe des Experiments moglich

Warum es so schwierig ist, das Problem *Widerstand* eines Automobils zu losen, wird klar, wenn man das Auto nach der Hohe seines Widerstandes in die Reihe anderer volliger Korper einordnet Das wird mit Bild 4 1 durchgefuhrt, wobei das Phanomen *Bodennahe* unbeachtet bleiben kann Verglichen werden Korper gleicher Volligkeit l/h bzw l/d

Der Rotationskorper hat mit $c_w = 0{,}05$ fast ausschließlich Reibungswiderstand, der in reiner Form bei der langs angestromten ebenen Platte auftritt Diese Widerstandsart ist weitgehend theoretisch durchdrungen, im Abschnitt 2 3 3 sind einige der wesentlichen Ergebnisse dazu zusammengestellt

Die Zahigkeit der Luft ist nur in einer dunnen wandnahen Zone, der Grenzschicht, wirksam Abgestutzt auf experimentell ermittelte universelle Gesetze fur die Wandschubspannung kann, zumindest im zweidimensionalen und im rotationssymmetrischen Fall, die Entwicklung der Grenzschicht entlang des Stromungspfades auch fur solche Konfigurationen berechnet werden, bei denen der statische Druck entlang der Wand nicht konstant ist Insbesondere kann der Ort der Ablosung angegeben werden Damit kann – Einzelheiten findet man bei H Schlichting [4 2] – z B ein Rotationskorper „optimiert" werden Fur einen Korper, dessen Volligkeit und Volumen vorgegeben sind, laßt sich die Form minimalen Widerstandes vorausberechnen Daruber hinaus kann die

Bild 4 1 Der Pkw im Widerstands Vergleich mit anderen stumpfen Korpern und mit Grenzfallen

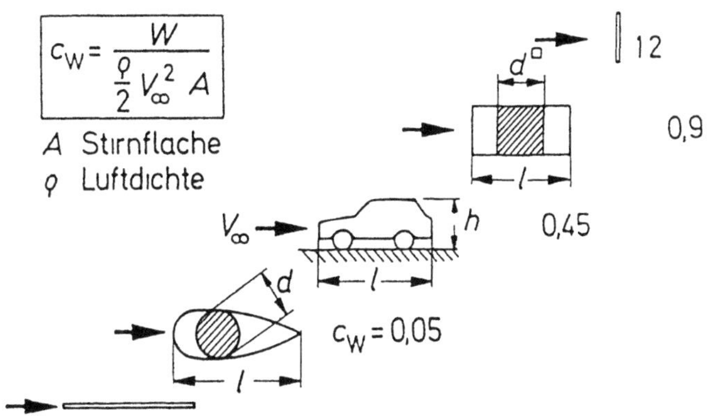

Grenzschichttheorie dazu verwendet werden, Meßergebnisse, die an einem verkleinerten Modell gewonnen wurden, auf die Großausführung umzurechnen. Die Treffsicherheit dieser Vorhersagen nimmt jedoch mit wachsender Völligkeit des Körpers ab, also gerade dann, wenn der Anteil des Druckwiderstandes zunimmt. Der wesentliche Grund dafür liegt in der Unsicherheit, mit der die genaue Lage der Ablösung und der Druck im Gebiet der abgelösten Strömung, der Basisdruck, bei großer Völligkeit anzugeben sind.

Im Gegensatz zum schlanken Rotationskörper erfährt der längs angeströmte Quader mit $c_W = 0{,}9$ fast ausschließlich Druckwiderstand; den Extremfall für diesen stellt die quer angeströmte Platte dar. Aber selbst in diesem einfachen Fall – einfach deshalb, weil der Ort der Ablösung durch scharfe Kanten vorgegeben ist – ist der Widerstand für den hier interessierenden Fall des turbulenten Nachlaufs nicht berechenbar. Die Rückwirkung der Vorgänge im „Totwasser" auf die reibungsfreie Außenströmung ist unvergleichlich stärker als in einer Strömung mit Grenzschichtcharakter. Keiner der vielen Versuche, derartige Zonen abgelöster Strömung zu „modellieren", hat bisher zum Erfolg geführt. Eine iterative Behandlung von reibungsfreier und reibungsbehafteter Strömung – also ein zur Grenzschicht analoges Vorgehen – ist bisher nicht gelungen.

Der Lösung der vollständigen nach NAVIER und STOKES benannten Bewegungsgleichungen ist man dank der Fortschritte in der Rechentechnik in jüngster Zeit ein großes Stück näher gekommen. Aber von der „Ähnlichkeit" der berechneten Strömungsfelder mit denen der Realität darf man sich nicht darüber hinwegtäuschen lassen, daß quantitative Übereinstimmung gerade bezüglich des Widerstandes noch nicht erreicht wurde.

Der Pkw liegt nun, trotz aller Erfolge in dem Bemühen, seinen Widerstand zu reduzieren und ihn damit stömungstechnisch weg vom Quader und hin zum schlanken Rotationskörper zu „bewegen", noch immer nahe beim Quader. Denn, wie noch ausführlich dargestellt wird, seine Umströmung wird wie bei diesem ganz wesentlich von Ablösungen geprägt, und sein Widerstand ist vorwiegend Druckwiderstand.

Da sich dieser einer Berechnung schwer zugänglich zeigt, wurde immer wieder versucht, ihn empirisch aus einem Katalog von Formparametern abzuleiten. Wegen der großen Mannigfaltigkeit der Einflußgrößen und der schier unüberschaubaren Wechselwirkungen zwischen ihnen führten aber „Prognosesysteme" bisher nur zu Teilerfolgen. Verbesserungen werden von den „Expertensystemen" erwartet; auf beide wird im Abschnitt 4.5.6 eingegangen. Zu einer *Erklärung* des Phänomens Widerstand werden aber auch diese „Systeme" nicht führen.

Folglich wird sich dieser dem Luftwiderstand von Personenwagen gewidmete Abschnitt bei der Beschreibung seiner physikalischen Phänomene im wesentlichen auf qualitative Angaben beschränken. Und dort, wo aus Einzelergebnissen quantitative Aussagen gefolgert werden, bleibt zu beachten, daß diese in ihrer Mehrzahl typgebunden erarbeitet wurden und daß sie deshalb nicht unbesehen verallgemeinert werden dürfen.

Mit Erfolg jedoch sind die vielen Parametervariationen, über die in der Literatur berichtet worden ist, zur Aufstellung von Optimierungs-*Strategien* genutzt worden; diese werden hier ausführlich referiert. Ein Ausblick darauf, welches Entwicklungspotential bezüglich des Luftwiderstandes von Pkw noch besteht, beschließt den Abschnitt.

4.2 Strömungsfeld um einen Pkw

In der Regel ist die Umströmung eines Autos in bezug auf den Längsmittelschnitt unsymmetrisch, denn absolute Windstille herrscht in unseren Breiten nur selten. Aus der Fahrgeschwindigkeit V_F und der Geschwindigkeit v_S des natürlichen Windes resultiert eine Zuströmgeschwindigkeit V_∞, deren Vektor, wie im Bild 4.2 skizziert, mit der Fahrtrichtung den Schiebewinkel ß einschließt. Wenn

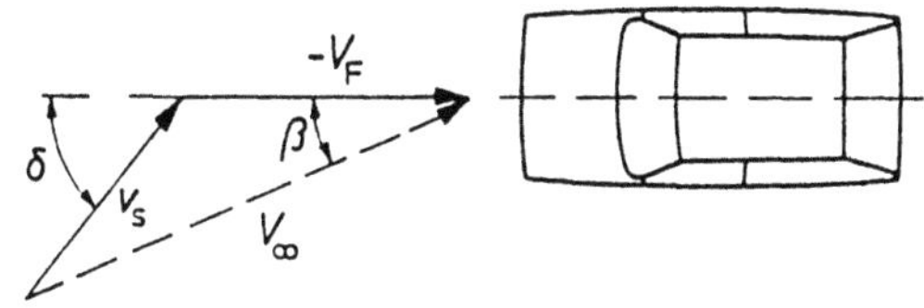

Bild 4 2 Fahrgeschwindigkeit V_F und Geschwindigkeit v_s des naturlichen Windes resultieren in der Anstromgeschwindigkeit V_∞, deren Vektor mit der Fahrzeuglangsachse den Schiebewinkel β einschließt

dennoch zunachst nur der Fall $\beta = 0$, also die Fahrt bei Windstille, behandelt wird, dann deshalb, weil dieser einfacher, nicht aber, weil er der wahrscheinliche ist Der Einfluß des Seitenwindes auf den Widerstand wird im Abschnitt 4 6 3 nachgetragen, seine Auswirkungen auf die Richtungsstabilitat sind Gegenstand von Abschnitt 5

Die Erforschung des Stromungsfeldes um ein Fahrzeug hat in den letzten Jahren große Fortschritte gemacht Das vor allem dadurch, daß die Stromungsbeobachtungen nicht langer auf die Oberflache der Karosserie beschrankt blieben, sondern auf den ganzen umgebenden Raum ausgedehnt wurden Daraus laßt sich, wie mit Bild 1 8 ausgefuhrt, ein sehr anschauliches Bild von der Umstromung eines Autos gewinnen Bild 4 3 vertieft dieses dahingehend, daß die moglichen Ablosungen nochmals hervorgehoben werden

Bereits im Abschnitt 2 3 3 4 wurde erklart, daß sich zwei Formen der Ablosung unterscheiden lassen Einmal lost die Stromung an solchen scharfen Kanten ab, die senkrecht zur lokalen Stromungsrichtung verlaufen Es rollen sich Wirbel auf, deren Achsen vorzugsweise parallel zur Abloselinie ausgerichtet sind Ein großer Teil ihrer kinetischen Energie wird durch turbulente Mischung dissipiert Ihre Fortsetzung als „freie" Langswirbel und damit die Ausbildung eines „Hufeisenwirbels" ist in der Regel schwach, haufig gar nicht nachweisbar Deshalb wird diese Art der Ablosung manchmal auch als *quasi-zweidimensional* bezeichnet

Diese wiederum kann in zwei Erscheinungsformen beobachtet werden An der Vorderkante der Motorhaube, seitlich an den Kotflugeln, im Windlauf, in der Stufe eines Stufenhecks und am Bugspoiler lost die Stromung ab, um sich weiter stromabwarts wieder anzulegen Es bilden sich *geschlossene* „Abloseblasen" Ebenso kommt es aber auch an einer stumpfen Heckflache zur Ablosung Ohne den Einfluß starker Langswirbel – davon gleich mehr – entsteht dann ein weit nach hinten reichender, *offener* Nachlauf, der haufig auch „Totwasser" genannt wird, ein Begriff, der aus dem Schiffbau ubernommen wurde

Wie kompliziert die Struktur der Stromung im Nachlauf ist, geht aus Bild 4 4 hervor, das Untersuchungen zusammenfaßt, die S R Ahmed und W Baumert [4 3] an den drei „klassischen" Wagenenden Stufen-, Fließ- und Vollheck durchgefuhrt haben Die gezeichneten Stromlinien stellen den zeitlichen Mittelwert einer stark pulsierenden Stromung dar In allen drei Fallen bilden sich zwei gegenlaufig drehende Wirbel Der untere, entgegen dem Uhrzeigersinn umlaufende, ist fur den Transport von Schmutz verantwortlich, der von den Radern aufgewirbelt wird (vgl Abschnitt 6 4 3)

Die zweite Art der Ablosung ist *dreidimensionaler* Natur An schrag umstromten Kanten rollen sich tutenformige Wirbelzopfe auf, ahnlich wie man sie an Tragflugeln beobachten kann, vor allem an solchen mit kleinem Seitenverhaltnis D Hummel [4 4] hat diese Wirbel an schlanken Deltaflugeln sichtbar gemacht und kartographiert Bevorzugte Orte ihrer Entstehung sind, wie aus Bild 1 8 hervorgeht, die A- und die C-Saule Ihre Achsen verlaufen im wesentlichen in Langsrichtung, im Gegensatz zu den quasi- zweidimensionalen Wirbeln sind sie sehr energiereich Die Starke der in ihnen enthaltenen Zirkulation hangt von den geometrischen Gegebenheiten ab, in erster Linie von der Neigung der Kante, an der sie sich von der Kontur ablosen

Diese „freien" Wirbelpaare uben starke Wirkungen auf ihre Umgebung aus Die Wirbel an A-Saulen beaufschlagen die Seitenscheiben, das wird im Abschnitt 6 5 im Zusammenhang mit den Windge-

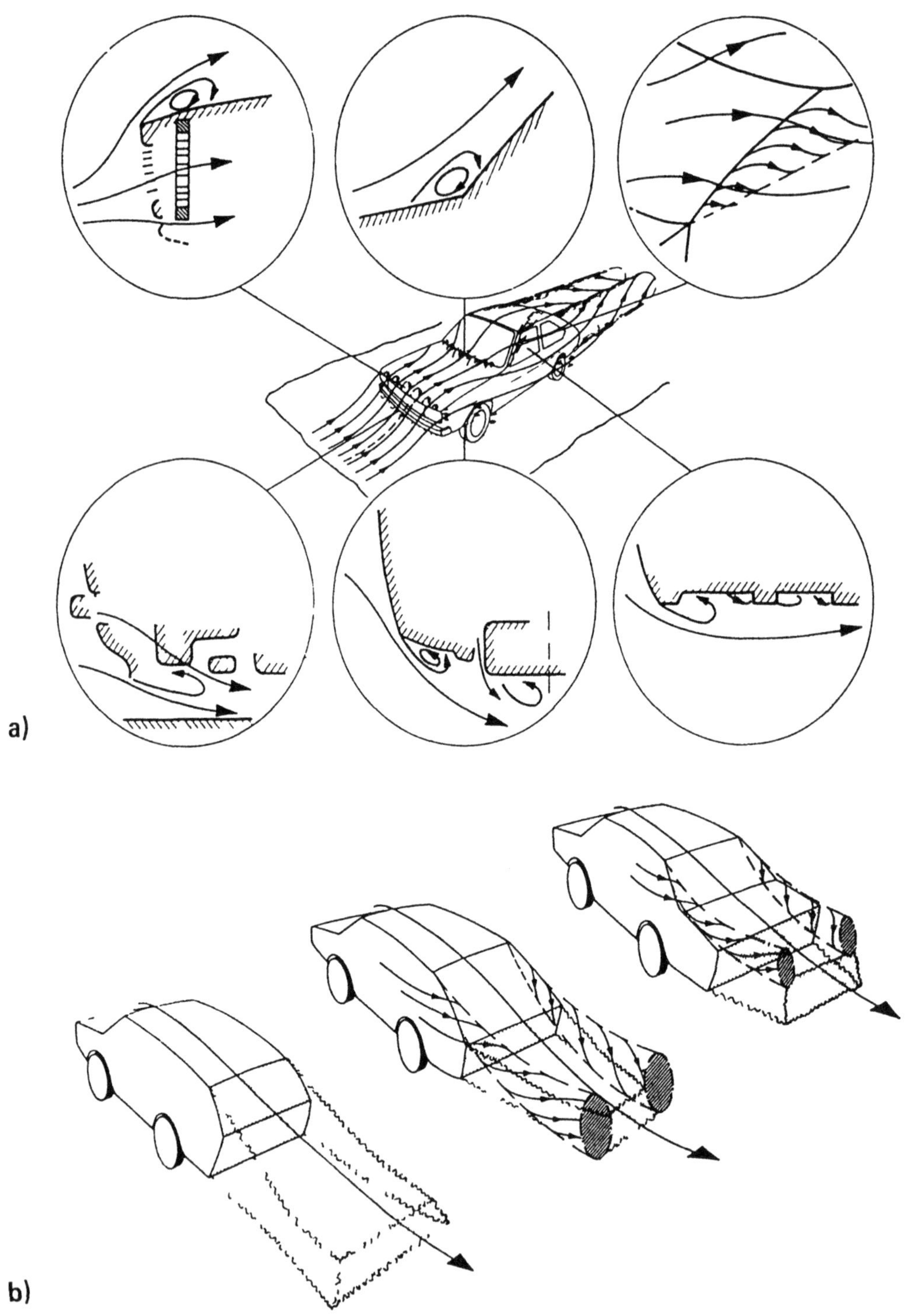

Bild 4 3   Umstromung eines Pkw und die wesentlichen Ablosungen, schematisch,
a) am Vorderwagen
b) an den drei Heckformen

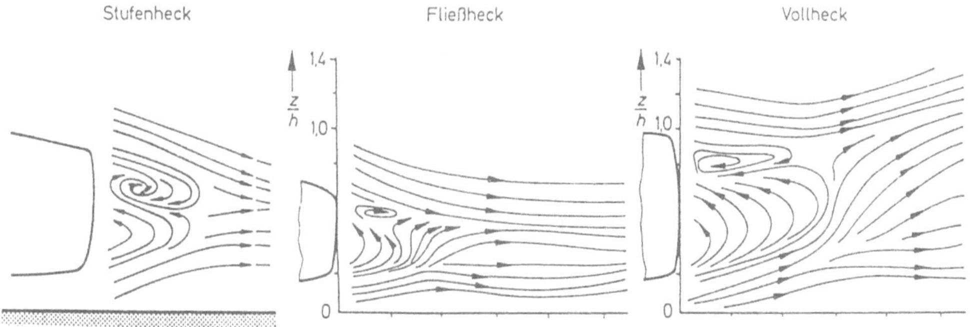

Bild 4.4. Gegenläufig drehende Querwirbel im Hecktotwasser von Pkw mit unterschiedlicher Heckform nach [4.3].

räuschen vertieft. In Höhe des Daches werden die A-Säulenwirbel „umgebogen". Auf dem Dach eines regennassen Autos kann ihre Spur gut verfolgt werden. Sie setzen sich stromabwärts bis weit hinter das Auto fort; aber nur in einem engmaschigen Netz können sie mit Nachlaufmessungen nachgewiesen werden.

Ein zweites, in der Regel sehr viel kräftigeres Wirbelpaar bildet sich an der Heckschräge aus. Es induziert in dem Raum, den es umschließt, ein Abwindfeld, das seinerseits die Ausbildung des Totwassers am Heck beeinflußt. Die Fotos im Bild 4.5 machen das sichtbar. Im Originalzustand, rechtes Foto, bildet sich an den seitlichen Kanten der Heckschräge, den C-Säulen, ein starkes Wirbelpaar aus. Das von ihm induzierte Abwindfeld zieht die Strömung nach unten. Die Ablöselinie liegt am unteren Ende der Schräge; das Totwasser selbst ist kurz und nahezu geschlossen. Fixiert man jedoch durch eine Stolperleiste die Ablösung künstlich oben, am Ende des Daches, linkes Foto, dann kommt es nicht zur Formierung des Wirbelpaares. Das Totwasser ist ausgedehnt und weit nach hinten offen.

Die Struktur des Wirbelfeldes am Heck wird primär von dessen Geometrie, sekundär auch von der „Vorgeschichte", also des Verlaufes der Strömung bis dorthin, bestimmt. Für die drei „klassischen" Heckformen sind die Nachlauffelder von S. R. AHMED und W. BAUMERT [4.3] aufgemessen worden; Bild 4.6 faßt die Ergebnisse zusammen. Am deutlichsten ist das Wirbelpaar beim Fließheck ausgeprägt, vgl. Bild 4.6 b. Es dreht einwärts und induziert in dem dazwischen liegenden Raum einen starken Abwind. Mit zunehmender Entfernung vom Fahrzeug nähern sich die Wirbel der Fahrbahn und wandern nach außen, ganz so, wie zwei gegenläufige Potentialwirbel und deren Spiegelbilder.

Bild 4.5. Langer, offener und kurzer, geschlossener Nachlauf bei Vollheck- und Fließheck-Strömungsform nach [4.5].

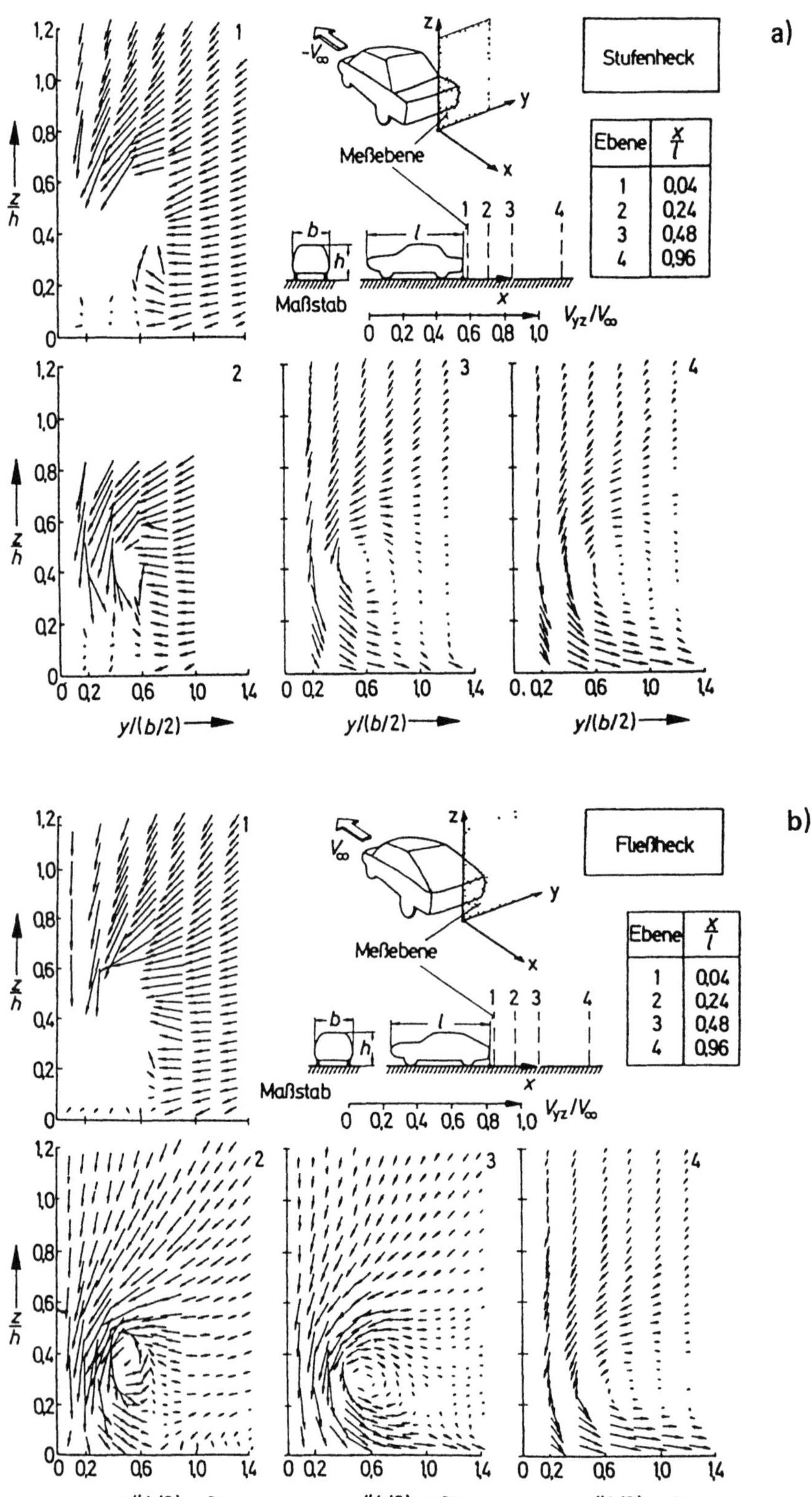

a)
Stufenheck
Meßebene
Maßstab
Maßstab
b)
Fließheck
Meßebene
Ebene | x/l
1 | 0,04
2 | 0,24
3 | 0,48
4 | 0,96

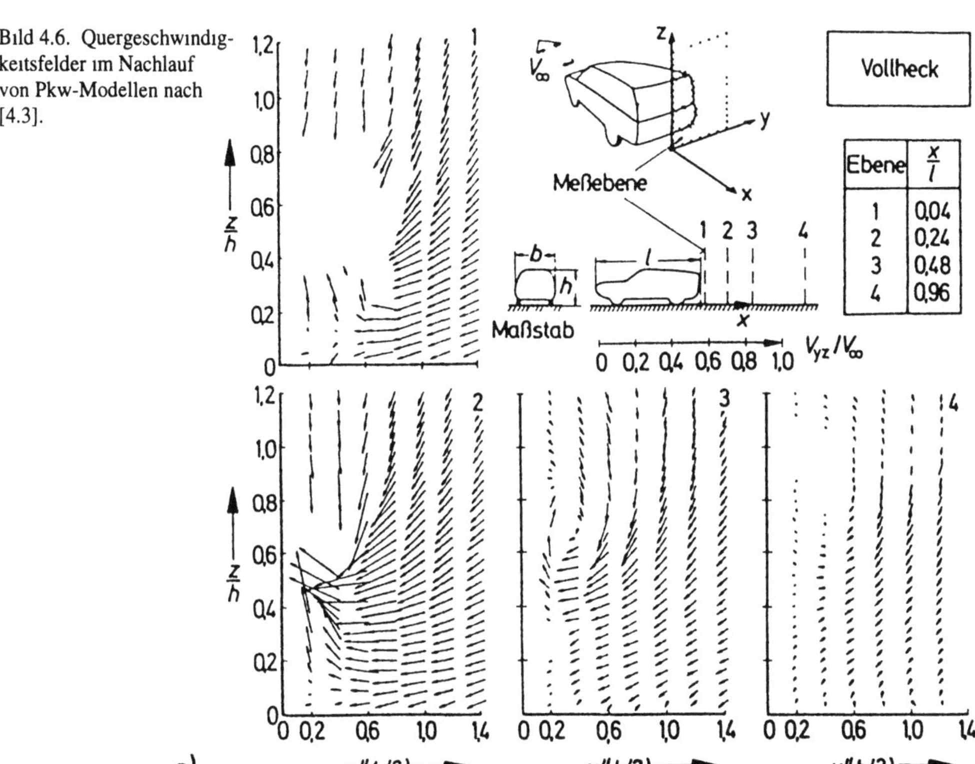

Bild 4.6. Quergeschwindig-keitsfelder im Nachlauf von Pkw-Modellen nach [4.3].

Am Stufenheck stellt sich ein ähnliches Strömungsfeld ein. Das Wirbelpaar ist jedoch, wie man aus der Länge der Vektoren im Bild 4.6a erkennt, deutlich schwächer; die induzierten Abwärtsgeschwindigkeiten sind kleiner.

Ein völlig anderes Bild zeigt dagegen das Vollheck, vgl. Bild 4.6c. Hier bildet sich ein noch schwächeres, jedoch auswärts drehendes Wirbelpaar aus, das sich mit zunehmendem Abstand vom Fahrzeug nach oben und nach außen bewegt.

S. R. AHMED [4.6] hat die Zirkulation dieser vermessenen Längswirbel berechnet. Wie aus Bild 4.7 ersichtlich, bleiben die starken Wirbel des Fließhecks noch bis weit hinter dem Fahrzeug erhalten. Das deckt sich mit Beobachtungen, die man auf der Straße bei Regen oder Schneefall selbst anstellen kann. Die Wirbel des Vollhecks dagegen werden schneller aufgezehrt.

Beim Fließheck wiederum wird das Strömungsfeld vom Neigungswinkel φ der Heckschräge bestimmt, wie aus Messungen von S. R. AHMED [4.7], die im Bild 4.8 zusammengestellt sind, klar wird. Während bei $\varphi = 5°$ noch die für das Vollheck typische Strömungsform mit auswärts drehenden Längswirbeln vorliegt, stellt sich mit zunehmender Neigung ein stärker werdendes, einwärts drehendes Wirbelpaar ein. Übersteigt φ jedoch einen bestimmten Wert, der in der Nähe von 30° liegt, platzen diese Wirbel auf – ganz ähnlich, wie von D. HUMMEL [4.4] am Deltaflügel beobachtet – und es stellt sich erneut die Strömungsform des Vollhecks ein. Die Anstrichbilder und die daraus abgeleiteten Strömungsskizzen im Bild 4.9 bestätigen diese Modellvorstellung ebenso wie die schon im Bild 4.4 gezeigten gegenläufig drehenden Wirbel im Totwasser.

Der im Bild 4.8e über dem Neigungswinkel φ aufgetragene Widerstandsbeiwert c_w fügt sich gut in dieses Bild. Für $\varphi = 30°$, also genau für den Fall, bei dem sich die stärksten Heckwirbel ausbilden, zeigt der Widerstand sein Maximum. Das Abwindfeld der Wirbel sorgt zwar dafür, daß die vom Dach kommende Strömung bis zur Unterkante der Schräge anliegend bleibt. Dabei werden dort aber hohe Unterdrücke induziert, die ihrerseits in einem hohen Widerstand resultieren. Damit erklärt sich auch

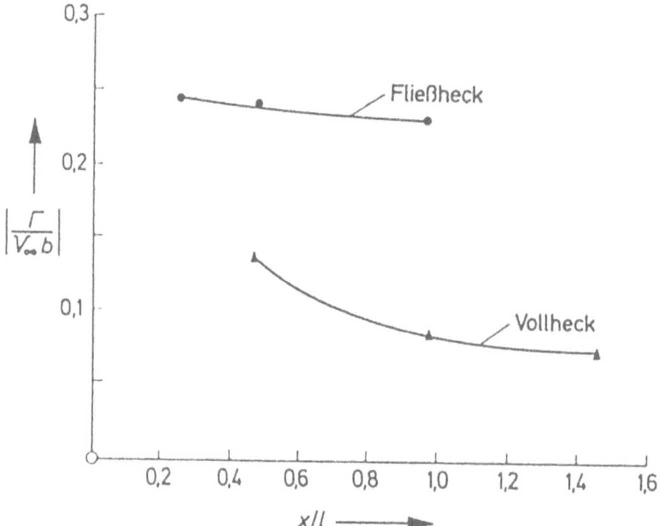

Bild 4.7. Abnahme der Zirkulation in den freien Längswirbeln hinter dem Fahrzeug nach [4.3].

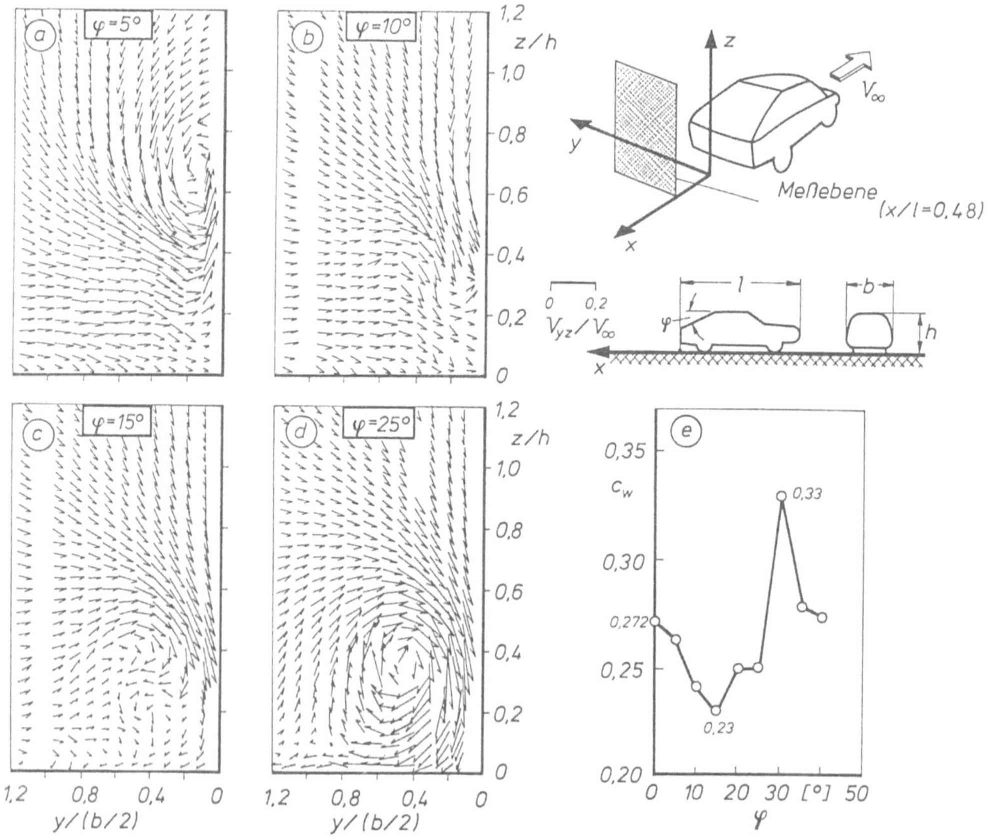

Bild 4.8. Quergeschwindigkeit und Widerstandsbeiwert eines Fließhecks in Abhängigkeit vom Heckneigungswinkel φ nach [4.7].

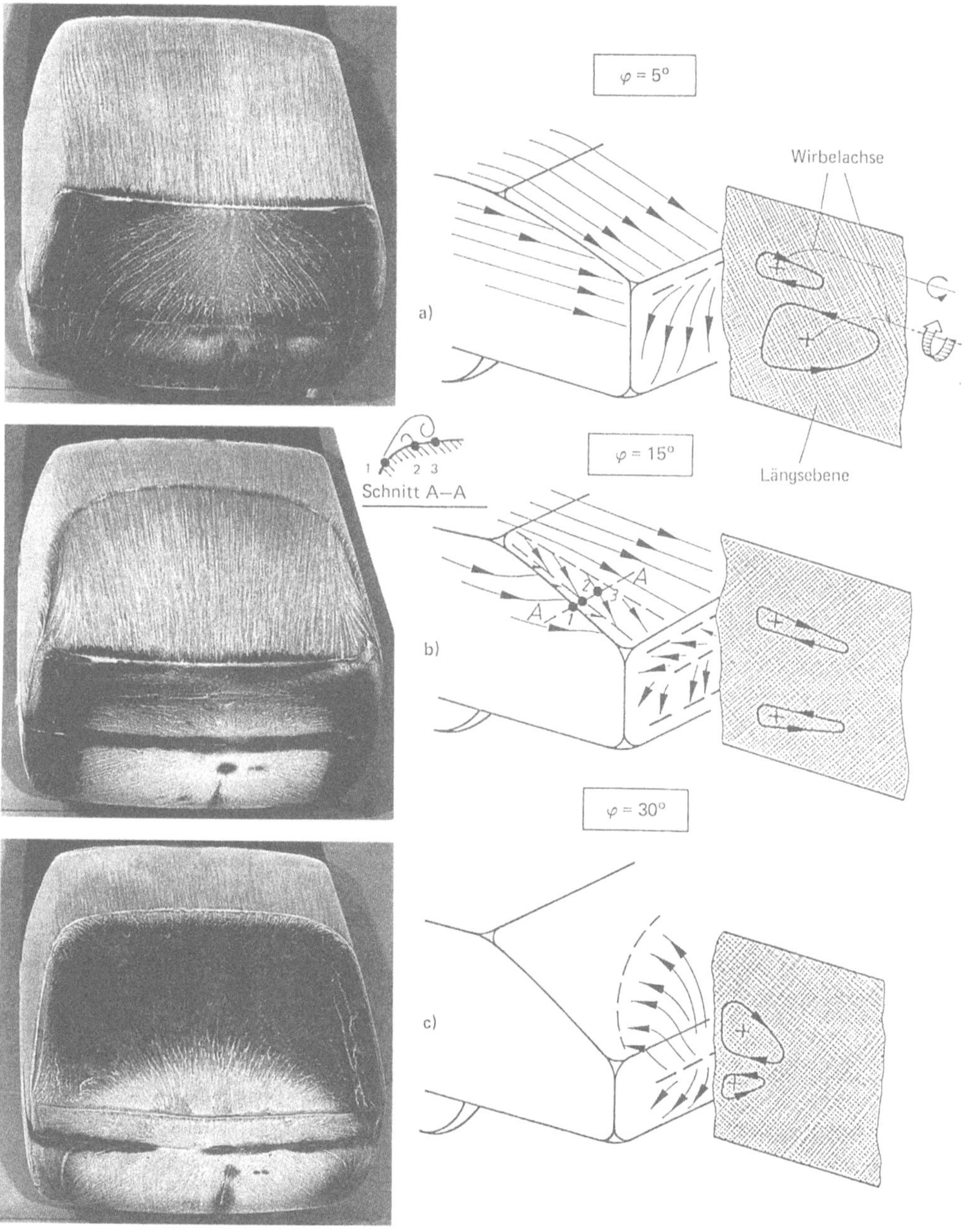

Bild 4 9   Stromungsformen an einem Fließheck bei verschiedenen Heckschragen nach [4 7]

der unerwartet hohe Widerstand der vielen „Fastbacks", der Pseudo-Jaray-Formen, auf den in Abschnitt 1 2 3 hingewiesen wurde, sie waren mit einem Heckwinkel nahe 30° ausgestattet, einem Wert, den Stylisten auch heute noch gern anwenden

Aus den Feldmessungen und Strömungsbeobachtungen haben S. R. Ahmed et al. [4.6] ein Strömungsmodell abgeleitet, das im Bild 4.10 wiedergegeben und mit Bild 4.11 weiter schematisiert worden ist. Es stellen sich drei verschiedene Wirbel ein:

Der von der C-Säule ausgehende Wirbel C hat weitgehend Potentialcharakter. Seine Umfangsgeschwindigkeit nimmt mit dem Abstand von der Wirbelachse ab; nur für den kleinen „zähen Kern" gilt diese Aussage nicht. Die beiden anderen Wirbel A und B sind vom Typus quasi-zweidimensional; ihre Zirkulation ist niedrig, und ihre skizzierte Fortsetzung als „freie" Wirbel ist eher hypothetisch. Diese werden vielmehr von dem starken Wirbelpaar C aufgenommen. Schließlich haben S. R. Ahmed et al. für $\varphi = 30°$, also kurz vor dem Umschlag zur Vollheckströmung, auf der Schräge noch einen vierten Wirbel E beobachtet, vgl. Bild 4.10 b.

Für die Strömung entlang der Fahrzeugunterseite sind die Modellvorstellungen eher *pauschaler* Natur. Gern wird Bezug auf die Strömung an einer *rauhen* Platte genommen. Dieses Modell bleibt jedoch solange vage, als es nicht gelingt, den typischen konstruktiven Details der Unterseite „technische Rauhigkeiten" zuzuordnen. Das gilt auch für das treffendere Bild, das man bei dem Vergleich der Unterströmung mit einer Kanalströmung erhält, bei der die eine Wand rauh, die andere hingegen mitbewegt ist. Um die Simulation der Fahrbahn im Windkanal zu verbessern, vgl. Abschnitt 12.3.2, ist die Strömung unter dem Fahrzeug eingehend untersucht worden. Quantifizierungen der Modellvorstellungen „rauhe Platte" oder „Kanal" stehen aber noch immer aus.

Noch weniger erforscht ist die Strömung um die Räder und in den Radhäusern. Da die Räder einen herausragenden Anteil am Luftwiderstand haben, vgl. Abschnitt 4.4.8, und dieser bei weiteren

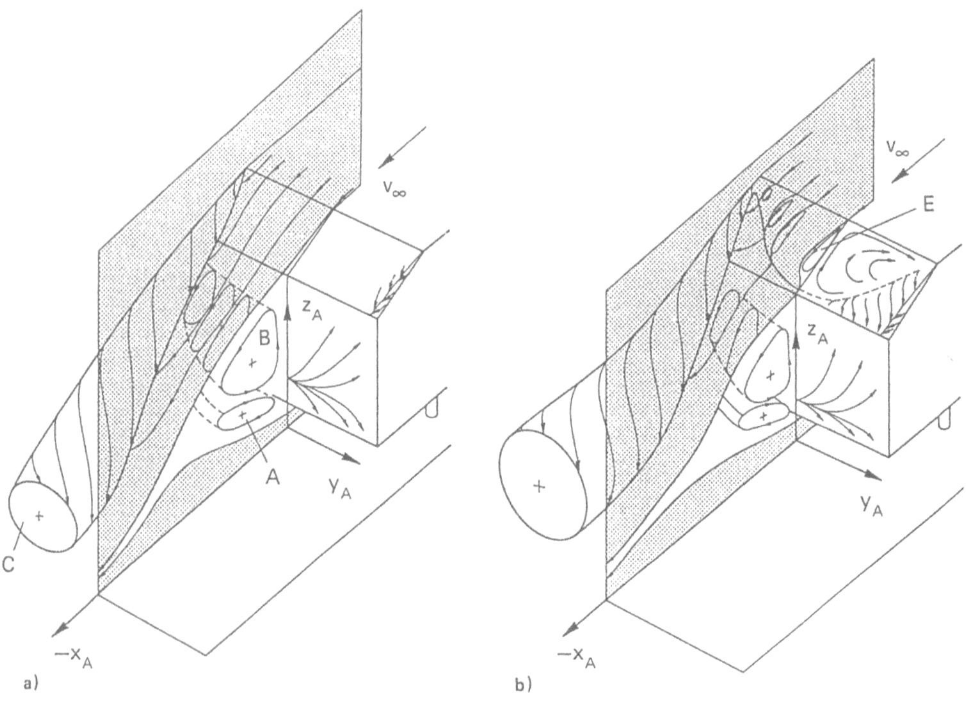

Bild 4.10. Wirbelbild an einem Schrägheck, nach [4.8],
a) bei niedrigem Widerstand
b) bei hohem Widerstand, $\varphi = 30°$

134

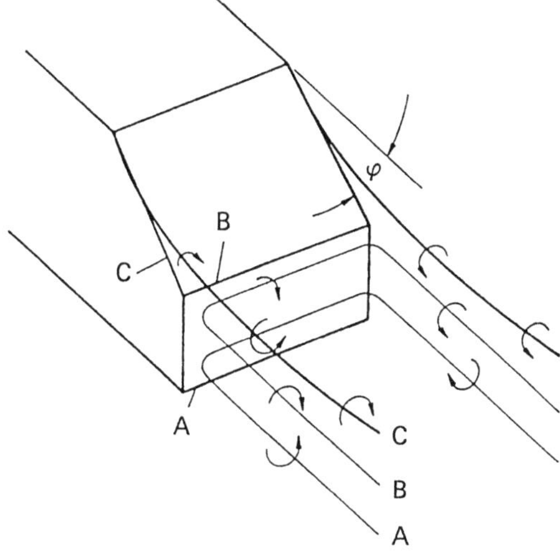

Bild 4 11 Wirbelsystem an einem Schragheck und Starke der einzelnen Wirbel in Abhangigkeit vom Neigungswinkel φ, schematisch

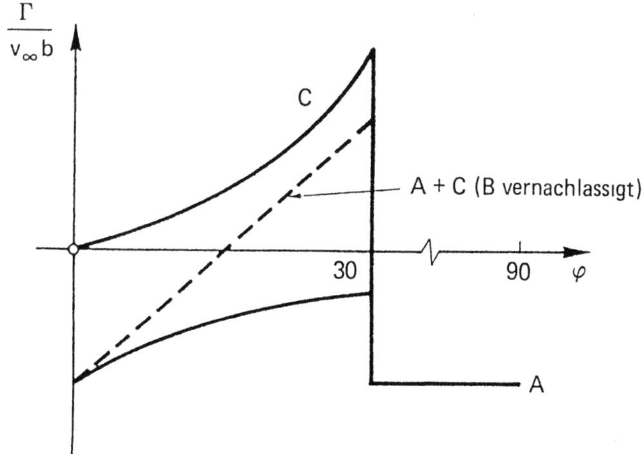

Fortschritten in der Fahrzeugaerodynamik immer starker hervortritt, muß diese Lucke umgehend geschlossen werden

Sehr genaue Vorstellungen herrschen dagegen von der Stromung im Kuhlluftdukt, sie werden im Abschnitt 4 4 12 dargelegt W -H HUCHO [4 9] hat die an Olkuhlern von Flugzeugen erarbeiteten Vorstellungen, die im wesentlichen von der eindimensionalen Betrachtungsweise ausgehen, auf das Fahrzeug ubertragen Die dreidimensionale Stromung unter Einschluß thermischer Effekte ist inzwischen auch Gegenstand von numerischen Berechnungen, vgl z B T KURIYAMA [4 10] Lucken bestehen hingegen noch immer in der Kenntnis der Wechselwirkungen zwischen Kuhlluftstrom und außerer Umstromung und dem damit verbundenen Interferenzwiderstand

4.3 Analyse des Luftwiderstandes

4.3.1 Möglichkeiten der Betrachtung

Ziel der Widerstandsanalyse ist es, einen Zusammenhang zwischen Ursache und Wirkung herzustellen Wie schon hervorgehoben, ist das wegen der Wechselwirkung unter den einzelnen Stromungsfeldern am Fahrzeug außerst schwierig „Erklaren" laßt sich der Widerstand unter drei verschiedenen Gesichtspunkten Man kann fragen nach

— seinen physikalischen Mechanismen,

— den Orten seiner Entstehung,

— seinen Auswirkungen auf das umgebende Stromungsfeld

Alle drei Betrachtungsweisen fuhren zu richtigen Ergebnissen Fehler werden aber oft dadurch gemacht, daß Elemente der einzelnen Kategorien miteinander vermischt werden Das „klassische" Beispiel dafur ist, wie noch erlautert wird, der induzierte Widerstand

4.3.2 Physikalische Mechanismen

Das Zustandekommen des Luftwiderstandes laßt sich am besten verstehen, wenn man die reale Stromung, also die eines zahen Fluids, mit der idealen, also der eines reibungsfreien Mediums, vergleicht Der Widerstand erklart sich einzig und allein aus dem Unterschied zwischen beiden Stromungsformen Denn in reibungsfreier Stromung ist der Widerstand gleich Null Dieses nach D'ALLEMBERT benannte Paradoxon hat wegen seines offenkundigen Widerspruches zur Erfahrung die theoretische Hydromechanik bei den Praktikern lange Zeit in Mißkredit gehalten Mit Hilfe der im Abschnitt 14 beschriebenen numerischen Stromungsmodelle ist es moglich, auch fur Gebilde von der Komplexitat eines Autos ein Bild von der idealen Stromung zu generieren und so ein Vergleichs-"Normal" zu schaffen

Wie im Abschnitt 2 3 3 2 dargestellt, fuhrt der Energieverlust in der wandnahen Grenzschicht immer dann zur Ablosung der Stromung, wenn sich ihr ein zu steiler Druckgradient entgegenstellt Bei Autos tritt dies zumindest in Hecknahe auf Der Druckruckgewinn fallt dort wesentlich schwacher aus, als in reibungsfreier Stromung

Tragt man die auf Vorder- und Ruckseite des Fahrzeuges herrschenden Drucke uber seiner Breite auf, wie im Bild 4 12 schematisch ausgefuhrt, dann wird deutlich Wahrend auf der Vorderseite die

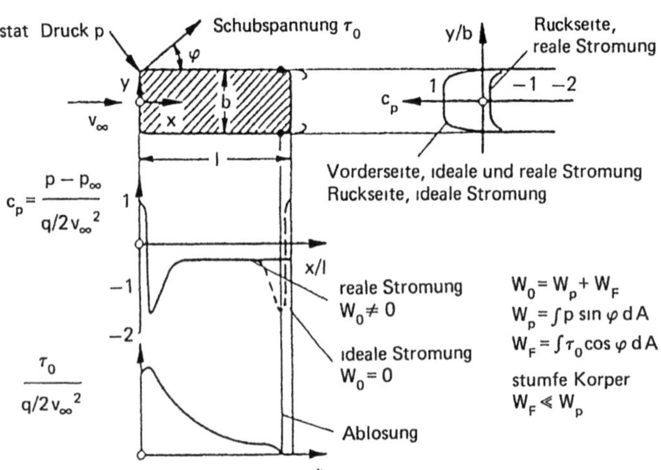

Bild 4 12 Druck- und Reibungswiderstand an einem stumpfen Korper, schematisch

Tabelle 4 1 Abschatzung des Reibungswiderstandes

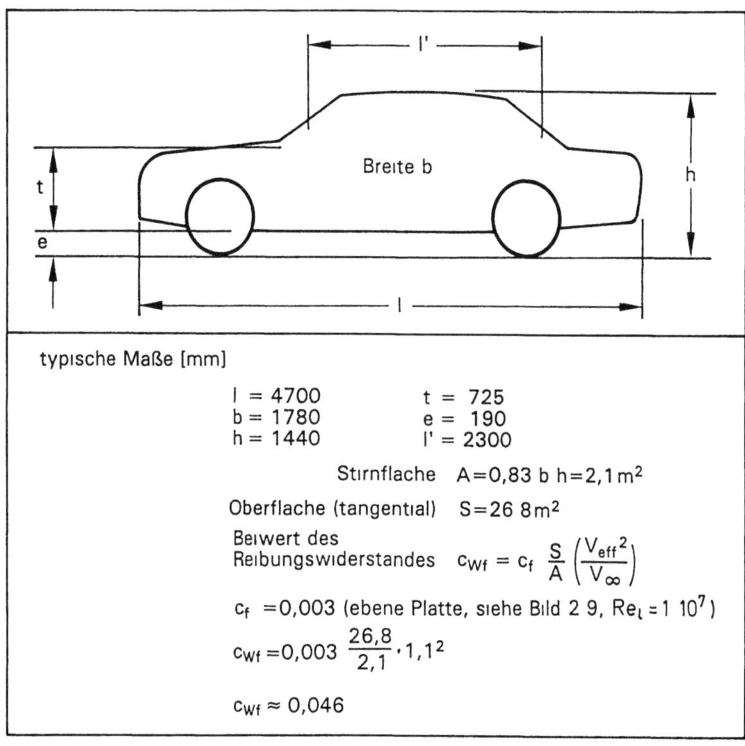

typische Maße [mm]

l = 4700	t = 725
b = 1780	e = 190
h = 1440	l' = 2300

Stirnflache $A = 0,83\,b\,h = 2,1\,m^2$

Oberflache (tangential) $S = 26\,8\,m^2$

Beiwert des Reibungswiderstandes $c_{Wf} = c_f \dfrac{S}{A} \left(\dfrac{V_{eff}^2}{V_\infty} \right)$

$c_f = 0,003$ (ebene Platte, siehe Bild 2 9, $Re_l = 1\ 10^7$)

$c_{Wf} = 0,003\ \dfrac{26,8}{2,1} \cdot 1,1^2$

$c_{Wf} \approx 0,046$

Tabelle 4 2 Ansatz zur Gliederungdes gesamten Luftwiderstandes und Zuordnung seiner Teile zum jeweiligen Ort des Entstehens

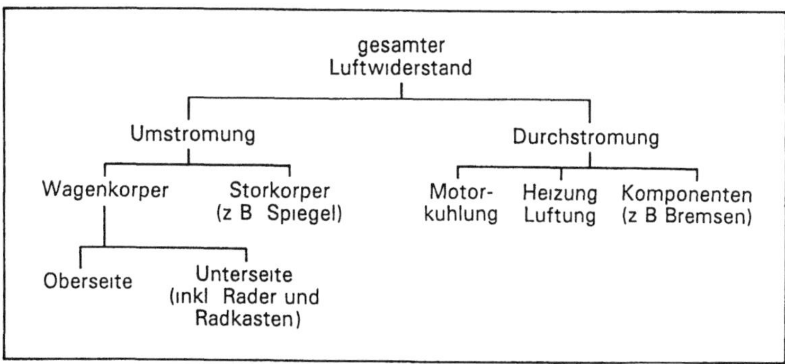

– die Basis – das ist der senkrechte Heckabschluß – und

– die Seitenwande, das Dach und der Boden

Gliedert man nach dem vorigen Abschnitt 4 3 2, dann ergibt sich, daß die ersten drei Zonen im wesentlichen Druckwiderstand erfahren, in der letzten dagegen wirkt reiner Reibungswiderstand

Bild 4 13 zeigt deutlich Der Widerstand des Vorkorpers ist sehr klein Er und der Reibungswiderstand bleiben von den Variationen der Heckgeometrie unbeeinflußt Mit zunehmendem Heckneigungswinkel findet eine „Umverteilung" des Widerstandes statt Der Anteil der Basis sinkt, derjenige

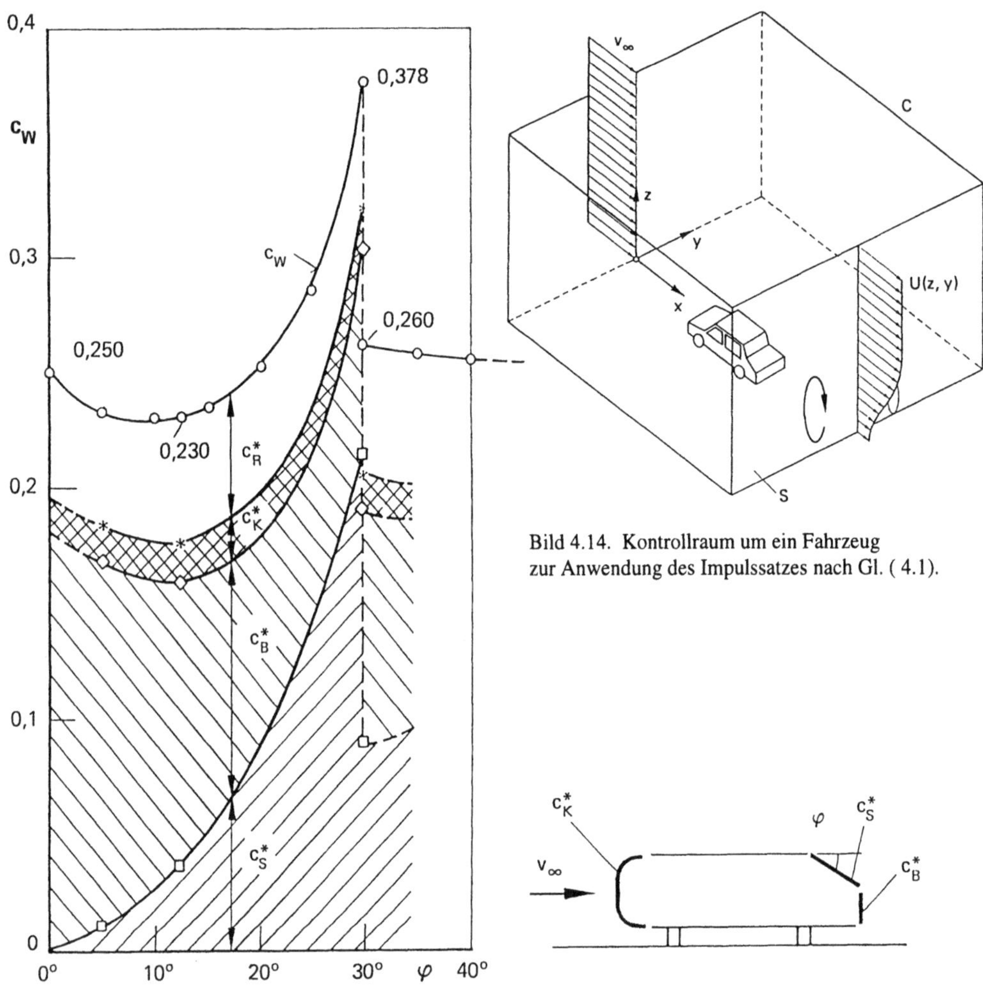

Bild 4.14. Kontrollraum um ein Fahrzeug
zur Anwendung des Impulssatzes nach Gl. (4.1).

Bild 4.13. Einfluß des Heckneigungswinkels φ auf den Geamtwiderstand und die Widerstandsanteile der einzelnen „Zonen" eines einfachen Fahrzeugmodells nach [4.8].

der Schräge nimmt zu. Das einmal, weil sich beider Anteile an der Projektionsfläche ändern. Die Zunahme des Widerstandes der Schräge rührt aber auch von den sich aufrollenden Randwirbeln her, wie bereits aus Bild 4.8e hervorging.

Übersteigt der Neigungswinkel $\varphi = 30°$, dann platzen die Wirbel auf, der Basisdruck nimmt zu und ist an der ganzen Heckfläche wirksam. Daraus resultiert eine Abnahme des Gesamtwiderstandes.

4.3.4   Wirkung auf die Umgebung

Die „störende" Wirkung des Fahrzeuges auf die Strömung macht sich in einem weiten Raum bemerkbar. Das symbolisiert Bild 4.14. Aus der Verteilung von Druck und Geschwindigkeit auf der Berandung des eingezeichneten Kontrollraumes kann mit Hilfe des Impulssatzes auf die am

140

Fahrzeug wirksamen Kräfte und Momente, insbesondere natürlich auf den Widerstand, geschlossen werden. A. COGOTTI [4.12] [4.13] [4.14] hat dafür ein Meßverfahren entwickelt und so weit automatisiert, daß es im Zug einer Formentwicklung eingesetzt werden kann.

Mit einer 14-Loch-Sonde, vgl. Abschnitt 13.2.2.1, werden nach A. COGOTTI in der Ebene S, deren Lage prinzipiell beliebig gewählt werden kann, punktweise der Geschwindigkeitsvektor sowie der Gesamtdruck gemessen. Mit Hilfe des Impulssatzes, der in Lehrbüchern der Strömungsmechanik abgeleitet wird, vgl. z.B. K. GERSTEN [4.15], ergibt sich daraus der Gesamtwiderstand nach [4.13] zu

$$ c_W \cdot A = \int_S (1 - c_{p_{tot}})\,dS - \int_S \left(1 - \frac{v_x}{V_\infty}\right)^2 dS + \int_S \left[\left(\frac{v_y}{V_\infty}\right)^2 + \left(\frac{v_z}{V_\infty}\right)^2\right] dS \ . \tag{4.1} $$

Gegenüber der Wägung ergeben sich bei der Anwendung des Impulssatzes Abweichungen. So wird bei Messung über einem festen Meßstreckenboden der Impulsverlust in dessen Grenzschicht mit erfaßt; der nach Gl. (4.1) ermittelte Widerstand ist also größer als der durch Wägung bestimmte. Und liegt die Kontrollebene S sehr nahe hinter dem Fahrzeug, z.B. 0,5 m, so ergeben sich Fehler in der Messung der dort sehr kleinen Geschwindigkeiten, wenn diese über Druckdifferenzen ermittelt werden.

Die Summe der Integranden in Gl. (4.1) bezeichnet A. COGOTTI mit „micro drag", mit lokalem Widerstand. Seine Verteilung über der Kontrollfläche S läßt ebenso Rückschlüsse über den Ort der Widerstandsentstehung zu wie die Verteilung der Zirkulation („vorticity") in den drei Ebenen. Dabei errechnet sich die Zirkulation aus dem Geschwindigkeitsvektor zu

$$ \omega_x = \frac{\partial v_y}{\partial z} - \frac{\partial v_z}{\partial y}, \qquad \omega_y = \frac{\partial v_z}{\partial x} - \frac{\partial v_x}{\partial z}, \qquad \omega_z = \frac{\partial v_y}{\partial x} - \frac{\partial v_x}{\partial y}. \tag{4.2} $$

Gesamtdruck, Geschwindigkeit in der z,y-Ebene, lokaler Widerstand und Zirkulation ω_x werden im Bild 4.15 für zwei Fahrzeuge miteinander verglichen. Fahrzeug b hat einen hohen Widerstand, Fahrzeug a dagegen einen kleinen.

Trotz des verhältnismäßig großen Aufwandes – eine vollständige Nachlaufmessung erfordert etwa eine halbe Stunde Versuchszeit – wird dieses Verfahren zunehmend zur Analyse des Widerstandes eingesetzt. So ist z.B. das Forschungsauto CNR E2, welches Pininfarina 1990 auf dem Turiner Salon präsentiert hat, ebenso mit dieser Methode optimiert worden, vgl. M. VERNACCHIA [4.16], wie der Opel Calibra MJ 1990, vgl. H.-J. EMMELMANN et al. [4.17]. Vorstufen zu diesem Verfahren hat A. COGOTTI in [4.18] [4.19] mitgeteilt; Anwendungen finden sich bei M. ONORATO et al. [4.20] und J. E. HACKETT [4.21].

4.3.5 Widerstand und Auftrieb

Die Umströmung erzeugt am Fahrzeug einen Auftrieb. Trifft man keine besonderen Vorkehrungen, so ist er in der Regel positiv, d.h. nach oben gerichtet. Daraus folgt eine von der Fahrgeschwindigkeit abhängige Entlastung der Räder. Mit deren ungünstigen Folgen für die Fahreigenschaften befaßt sich Abschnitt 5. Auftrieb „kostet" aber auch Widerstand; damit setzt sich Abschnitt 7 auseinander, denn die Abstimmung von Wettbewerbsfahrzeugen wird von diesem Zusammenhang beherrscht.

Ordnet man die Widerstandsbeiwerte von Autos nach dem zugehörigen Auftrieb, so wird ein genereller Trend sichtbar, der an eine Lilienthal-Polare erinnert. Ein Beispiel dafür bietet Bild 4.16, das nach Messungen zusammengestellt worden ist, die bei der MIRA und beim JARI durchgeführt

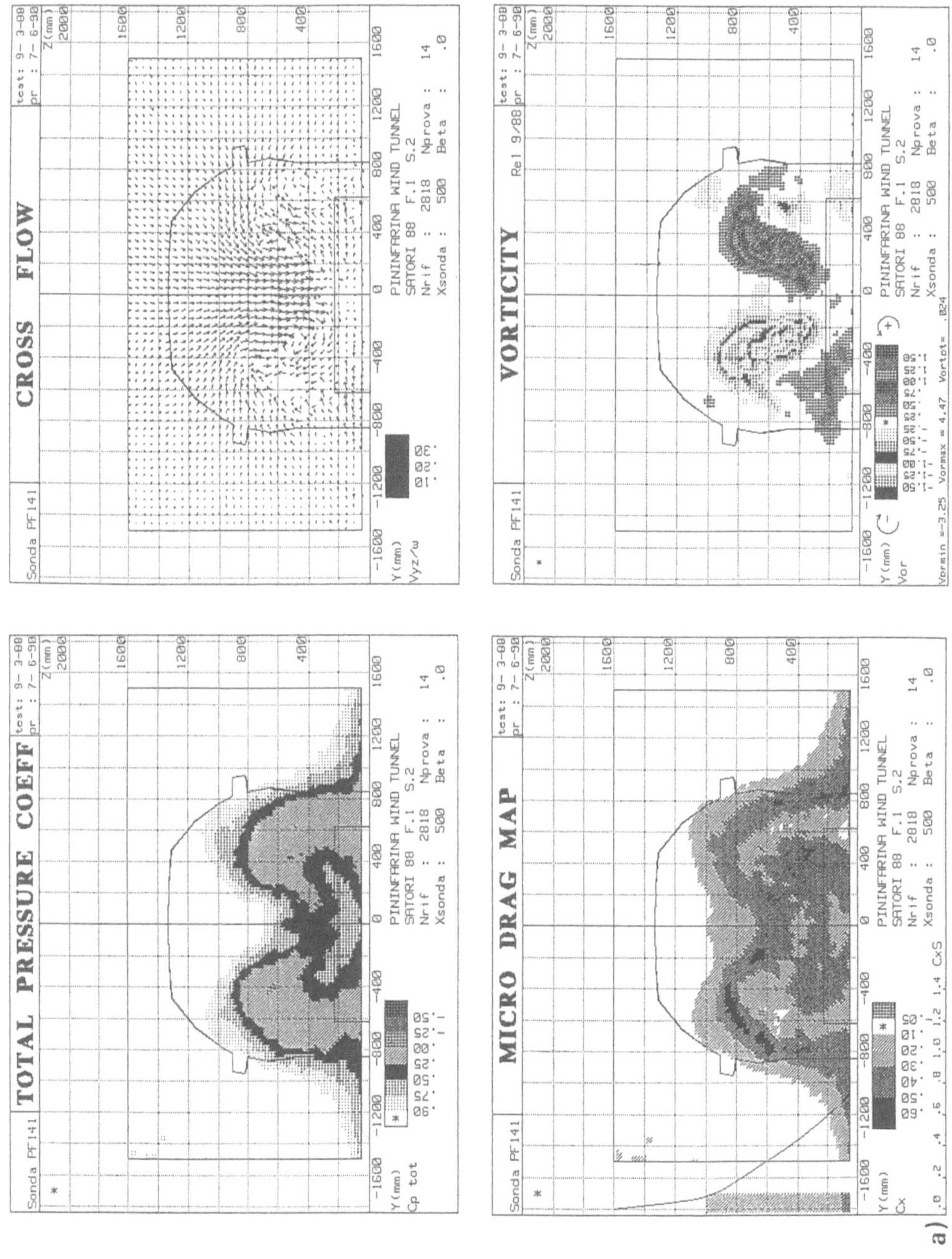

wurden, vgl. S. Muto [4.22]. Wiederholt ist versucht worden, aus derartigen Auftragungen eine Trennung des Widerstandes in einen vom Auftrieb unabhängigen und einen davon abhängigen Anteil vorzunehmen, vgl. A. Morelli [4.23] [4.24] [4.25] [4.26] und J. Potthoff [4.27]. In Anlehnung an die Theorie der Tragflügel sollte der Gesamtwiderstand additiv aus einem „Profilwiderstand" und einem „induzierten Widerstand" zusammengesetzt werden:

$$c_W = c_{W0} + c_{Wi} . \tag{4.3}$$

142

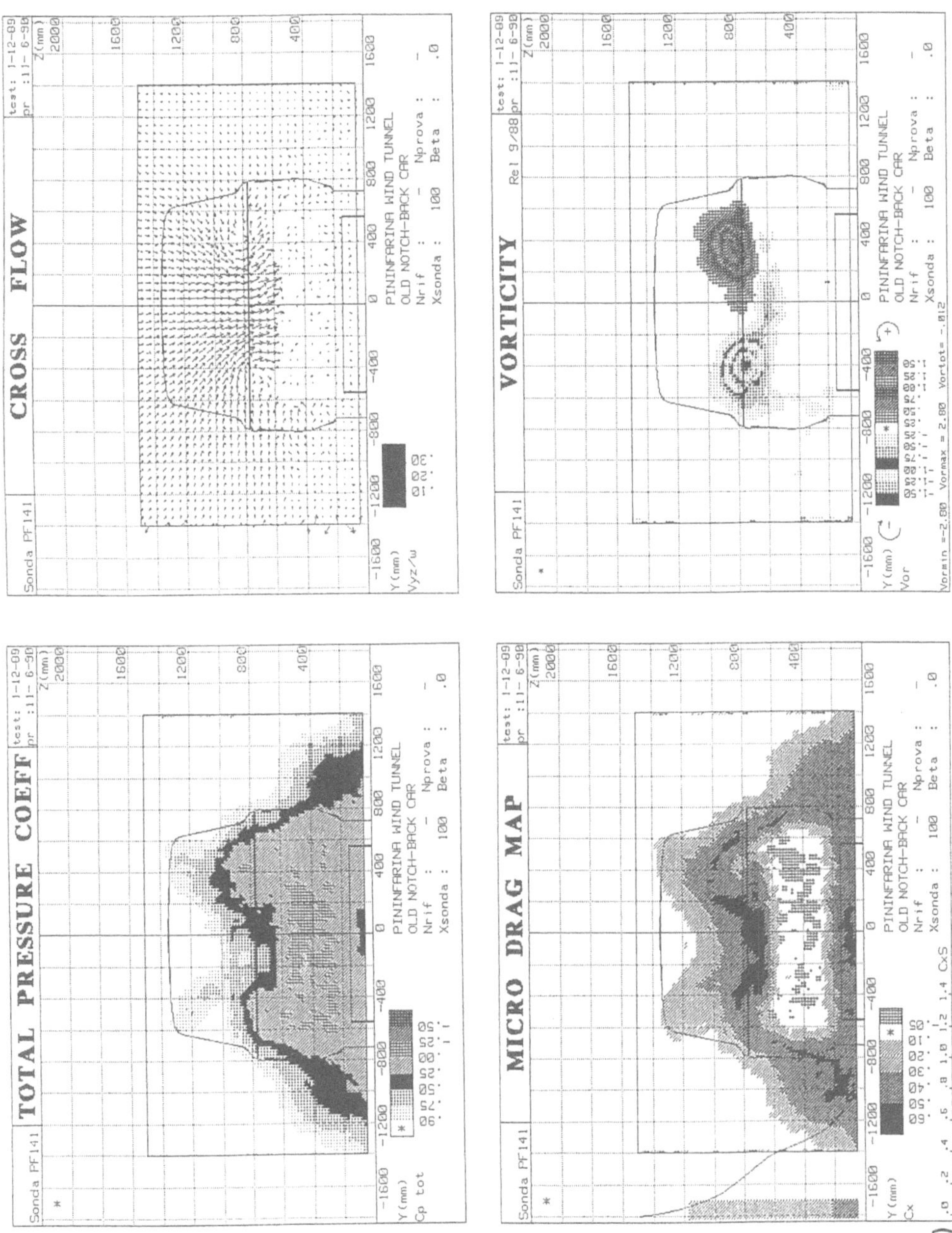

Bild 4.15. Gesamtdruck, Geschwindigkeit in der z,y-Ebene, „Micro-Drag" und Zirkulation bei x = 0,5 m hinter dem Fahrzeug nach [4.12] [4.13].
a) für einen Fließheck-Pkw mit $c_w = 0,35$,
b) für einen Stufenheck-Pkw mit $c_w = 0,45$

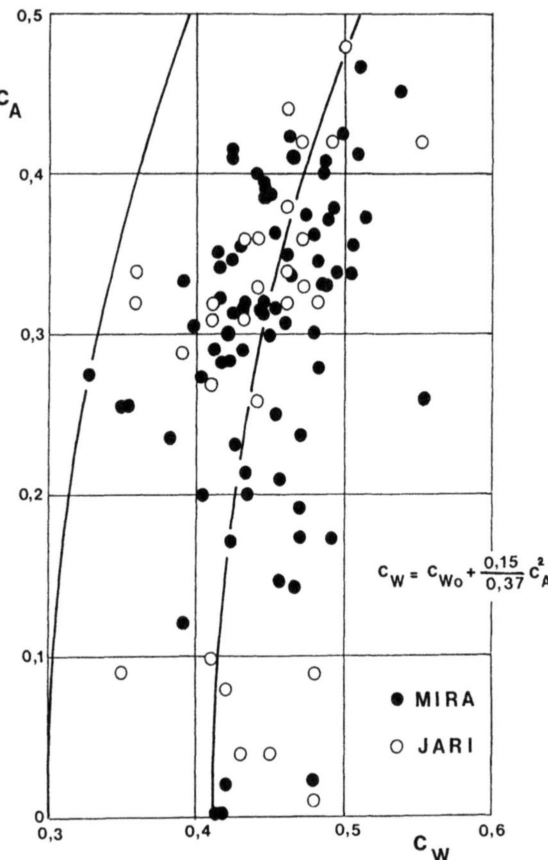

Bild 4.16. Lilienthal-Polare $c_A(c_W)$ zahlreicher in den Windkanälen der MIRA und des JARI untersuchter Pkw nach [4.22].

Dabei wurde für den induzierten Widerstand ein Zusammenhang der Form

$$c_{Wi} = k \frac{c_A^2}{\Lambda} \tag{4.4}$$

übernommen. Ziel war, diese Komponente wie bei Tragflügeln aus der Theorie der reibungslosen Strömung zu berechnen. Es gelang jedoch nicht, für den Proportionalitätsfaktor k eine allgemeingültige Zahl zu finden.

Autos sind – in der Terminologie der Tragflächentheorie – Körper kleinen Seitenverhältnisses Λ. Dabei ist das Seitenverhältnis definiert zu

$$\Lambda = \frac{b^2}{A_G} , \tag{4.5}$$

wobei A_G die Grundfläche und b die Breite des Autos bedeuten. Bei derartigen Körpern – auch bei schlanken Flügeln – ist die Wechselwirkung der Randwirbel mit der Umströmung der mittleren Partie sehr ausgeprägt. Wie schon die Betrachtung des Strömungsfeldes gezeigt hat, können die Randwirbel die Form der quasi-zweidimensionalen Ablösung und damit den „Profilwiderstand" vollkommen verändern. Dieser ist also keine Konstante wie bei Flügeln großer Streckung. Und ebenso muß von einer starken Rückwirkung der quasi-zweidimensionalen Ablösung auf Ausbildung

144

und Verlauf der Randwirbel ausgegangen werden. Die lineare Betrachtungsweise nach Gl. (4.3) ist demnach nicht zulässig, eine Berechnung des von den Wirbeln induzierten Widerstandes nach Gl. (4.4) nicht möglich. Wie dieser dennoch „isoliert" werden kann, wird im Abschnitt 4.4.5.3 gezeigt.

Daß sich Auftrieb und Widerstand auch gegenläufig verändern können, zeigen einige im Bild 4.17 zusammengestellte Daten; sie stammen von einem Volkswagen VW 1600, der als Kalibriermodell für Windkanal-Vergleichsmessungen hergerichtet wurde. Bei annähernd gleich niedrigem Widerstand wurde mit der Konfiguration B ein Auftrieb gemessen, der weniger als halb so groß ist wie derjenige der Konfiguration A. Ähnlich fällt der Vergleich zwischen den Konfigurationen C und D bei höherem c_W aus. Vergleicht man schließlich D mit A, so wird die Gegenläufigkeit von c_W und c_A evident.

Aus der Theorie der Tragflügel großer Streckung kann die Modellvorstellung vom induzierten Widerstand also nur gedanklich übernommen werden; eine Berechnung dieses Widerstandsanteils nach der dort gültigen Gl. (4.4) ist bei Autos nicht möglich.

Bild 4.17. Mit Anbauteilen erzeugte Wertepaare von Auftriebs- und Widerstandsbeiwert nach [4.5].

		c_W	c_A
A	Ausgangsmodell	0,34	0,38
B	Heck-Spoiler	0,33	0,18
C	Seiten-Spoiler	0,38	0,48
D	Bug-Spoiler	0,38	0,29

4.4 Teilwiderstände

4.4.1 Betrachtungsweise

So einfach es begrifflich ist, den Luftwiderstand auf den Unterschied zwischen realer und idealer Strömung zurückzuführen, so schwierig ist es, diese Vorstellung im konkreten Fall zur quantitativen Analyse des Widerstandes zu nutzen. Denn in der Regel erlaubt es der Zeitdruck während eines Entwicklungsvorhabens nicht, sich über die Details der Strömung hinreichend genau zu informieren. Die Mehrzahl der im folgenden angeführten Beispiele stammt aber gerade aus Entwicklungs- und nicht aus Forschungsprojekten.

Die Beschreibung der Teilwiderstände orientiert sich deshalb an dem Pragmatismus, mit dem der Fahrzeug-Aerodynamiker seine Entwicklungsarbeit ausführt. Er spürt „Fehlstellen" in der Strömung auf und versucht diese durch Modifikation der Geometrie zu beseitigen, sich der idealen Strömung anzunähern. Die Wägung des Widerstandes und der übrigen Komponenten ist zwar Erfolgskontrolle, aber über den physikalischen Vorgang „vor Ort" sagt sie nichts aus. Über diesen kann er sich mit einfachen Mitteln, wie z.B. mit der Rauchsonde, bestenfalls eine grobe Vorstellung verschaffen.

Das Ergebnis des Vergleichs „vorher-nachher" wird als der Teilwiderstand des gerade untersuchten Details interpretiert; Interferenzeffekte, also der mögliche Einfluß der getroffenen Maßnahme auf die Strömung an einem anderen Ort, werden damit natürlich nicht herausgearbeitet.

Über diesen von der Praxis geprägten Pragmatismus soll hier aber doch soweit hinausgegangen werden, als die Teilwiderstände nicht nur den geometrischen Änderungen zugeordnet, sprich:

korreliert, werden. Es wird vielmehr versucht, sie wenigstens *qualitativ* zu erklären. Die Reihenfolge ihrer Abhandlung folgt dem Verlauf der Strömung von vorn nach hinten; in der Regel geht man so auch bei der Entwicklung eines Autos im Windkanal vor. Damit wird der wesentliche Teil der Interferenzen, nämlich die Folgen einer Maßnahme für das Geschehen *stromabwärts*, mitberücksichtigt, nicht jedoch die Rückwirkungen nach vorn, also *stromaufwärts*.

4.4.2   Vorderwagen

Der Vorderwagen kann ganz grob durch einen rechteckigen Quader angenähert werden. Dessen Umströmung ist für die weitere Vereinfachung, daß der Kühllufteintritt verschlossen ist, im Bild 4.18 skizziert. An der senkrechten Wand bildet sich ein Staupunkt aus; wegen der Nähe zur Fahrbahn strömt die Luft vorzugsweise über das Fahrzeug; die Stromlinien sind aufwärts gerichtet. An den Übergängen zur Haube und den Kotflügeln wird die Strömung stark umgelenkt.

Ohne besondere Vorkehrungen kommt es dabei zur Ablösung. Als Folge davon weicht die Druckverteilung im Bereich der Kanten von derjenigen der idealen Strömung ab. Die Saugspitze an der Vorderkante der Haube ist, wie im Bild 4.19 für einen Längsmittelschnitt schematisch dargestellt, weniger stark ausgeprägt; es entsteht ein Widerstand. Eine entsprechende Differenz ergibt sich im Horizontalschnitt, vgl. Bild 4.20. Wie stark die Druckverteilung von der Geometrie beeinflußt wird, geht aus Bild 4.21 hervor, vgl. G. W. CARR [4.11]. Über den Widerstand des Vorderwagens sagen derartige Darstellungen jedoch nichts aus.

Im Bild 4.22 ist zusammengestellt, mit welchen Abweichungen von der rechteckigen Ausgangsform diese Ablösungen in der Praxis vermieden werden. Im Längsschnitt sind die wesentlichen Parameter die Haubenneigung, die Neigung des vorderen Abschlusses und die Radien der Übergänge in die Haube und in den Unterboden. In der Draufsicht kommen die Pfeilung, der Zug und ein weiterer Radius hinzu. Die Abstimmung der einzelnen Parameter aufeinander erfolgt empirisch. Dabei muß naturlich der vordere Stoßfanger, der hier nicht gezeichnet ist, mit berücksichtigt werden.

Für einige der im Bild 4.22 gekennzeichneten Parameter sind systematische Ergebnisse bekannt geworden: für den Kantenradius, die Neigung der Motorhaube und die des vorderen Abschlusses.

Für den Kantenradius können wesentliche Erkenntnisse aus der Literatur ubernommen werden; sie sind im Bild 4.23, zusammengefaßt. Wird der Radius einer umströmten Kante vergrößert, so sinkt der Widerstand des zugehörigen Körpers zunachst schnell. Nach Überschreitung eines bestimmten Wertes bleibt er jedoch konstant. Ablösung tritt dann nicht mehr auf, die reale Strömung kommt der idealen nahe. Auf das Fahrzeug angewandt bedeutet das: Es bedarf nur kleiner Rundungen, um am Bug Ablösung zu vermeiden und damit dessen Beitrag zum Widerstand zu minimieren.

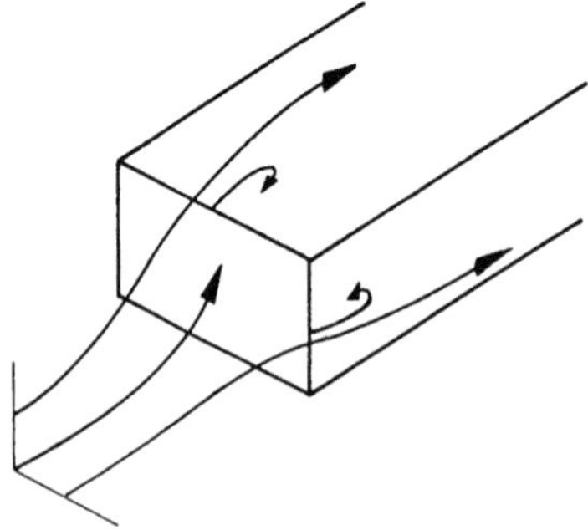

Bild 4.18. Der rechteckige Quader als einfaches Ersatzmodell fur den Vorderwagen

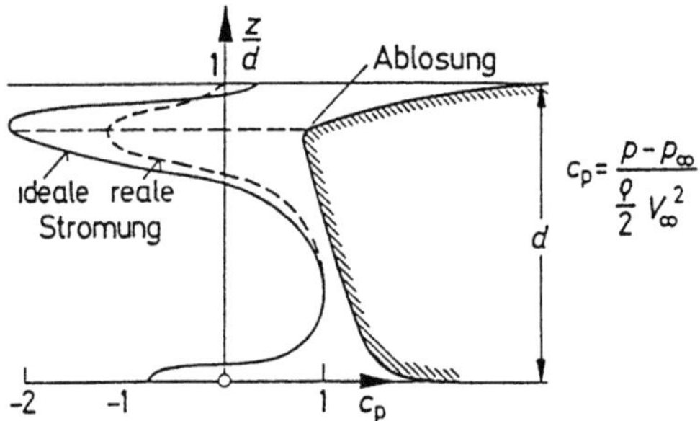

Bild 4 19 Druckverteilung im Langsmittelschnitt eines Vorderwagens bei abgeloster - realer - und anliegender - idealer - Stromung, schematisch

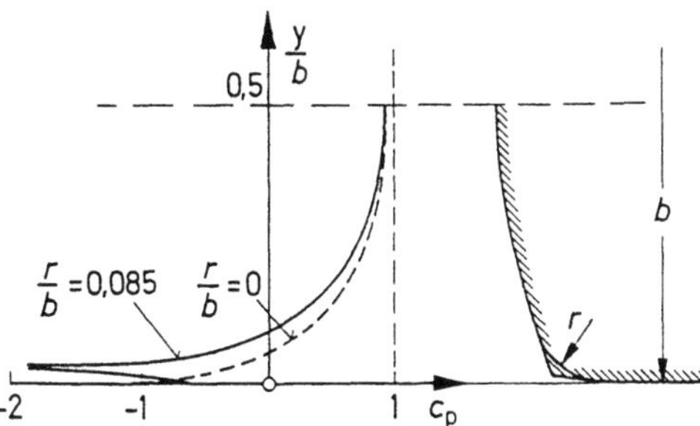
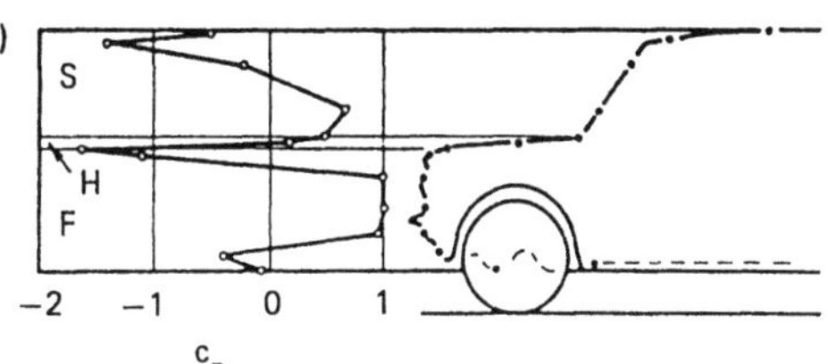
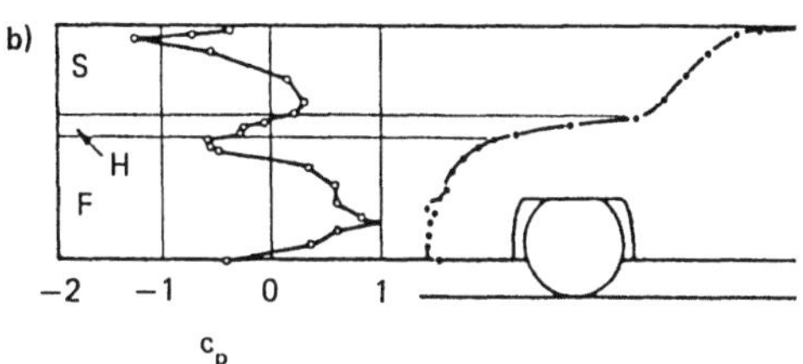

Bild 4.20. Einfluß der Kontur auf die Druckverteilung,
dargestellt für einen Horizontalschnitt
des VW-Transporter II nach [4 28]
scharfkantige Ecke, $r/b = 0$, Ablösung und hoher Widerstand,
$c_w = 0,45$
gut gerundete Ecke, $r/b = 0,085$, anliegende Strömung,
$c_w = 0,40$

Bild 4 21 Druckverteilung im Langsmittelschnitt
nach [4 11]
a) für einen scharfkantigen und
b) für einen gerundeten Vorderwagen

Bei der Übertragung der Zahlenwerte aus Bild 4.23 auf das vorliegende Problem muß beachtet
werden, daß sie für eine rechtwinklige Umlenkung gelten, daß aber am Vorderwagen die Umlenk-
winkel in der Regel stumpfer sind. Der genaue Radius, der im konkreten Fall gerade noch
ablösungsfrei umströmt wird, muß im Versuch ermittelt werden. Dabei gilt es, seine Abhängigkeit
von der Reynolds-Zahl zu beachten. Weitere Einzelheiten dazu folgen in den Abschnitten 8.5.4.3 und
12.4.3.

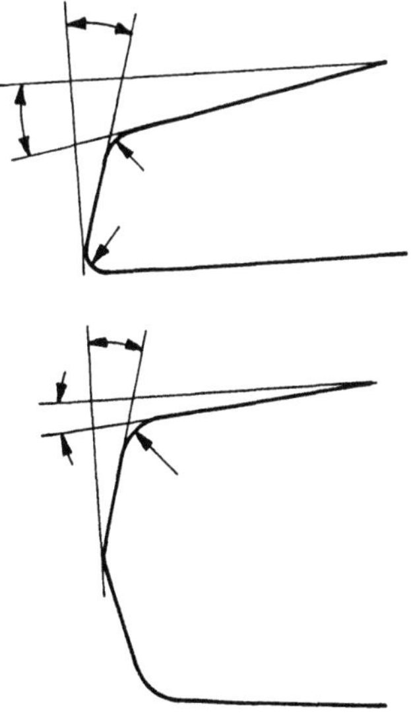

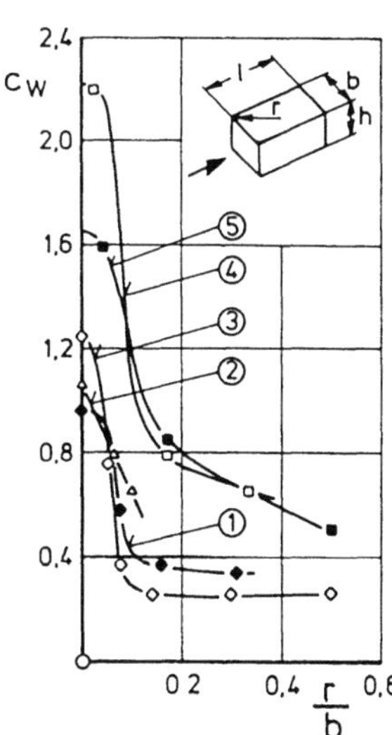

Nr	Symbol	Autor	Bemerkung
1	— ◆ —	F Pawlowski 1930	Re ≈ 1 10^6 Rechteckkörper
2	— △ —	W E Lay 1933	alle Kanten rund Automodell $b/h = 1\ 17$
3	— ◇ —	B Goethert 1944	Re ≈ 1 10^6 Stromlinien-Körper
4	— □ —	N K Delany u	Re ≈ 1 10^6
5	— ■ —	N E Sorensen 1954	zweidimensionele Körper
6	— ● —	R Barth	Re = 1 2 10^6
	— ○ —	1960	$b/h = 2$ $b/h = 1$ alle Kanten rund
7	— ▲ —	G W Carr 1968	Re = 2 10^6 $b/h = 1$ alle Kanten rund

Bild 4.22 Die wesentlichen geometrischen Parameter, mit denen die Form
eines Vorderwagens beschrieben wird,
ohne Stoßfänger und Spoiler

Bild 4 23 Einfluß des Kantenradius auf den Widerstand von Quadern,
Zusammenstellung von Daten aus der Literatur, Zitate in [4 28]

Der zweite Formparameter, der eingehend untersucht worden ist, ist die Haubenneigung Ihr Einfluß auf den Widerstand, vgl Bild 4 24, nach G W Carr [4 29], zeigt ebenfalls Sattigungscharakter, schon bei nur maßiger Neigung sinkt der Widerstand nicht weiter ab Das bestatigen Messungen von A Gilhaus und V Renn [4 30], dort wurden auch die Auswirkungen auf den Auftrieb berucksichtigt, vgl Abschnitt 5 5 1

Der widerstandsmindernde Effekt der Haubenneigung liefert ein Beispiel fur eine Interferenzwirkung Denn bei ausreichend großem Kantenradius durfte er vorwiegend darauf beruhen, daß die Stromung an anderen Stellen, z B im Windlauf und am Ubergang von der Windschutzscheibe zum Dach, besser gefuhrt wird und damit weiter stromabwarts einen starkeren Druckanstieg uberwinden kann

Der Einfluß der Neigung des vorderen Abschlusses auf den Widerstand geht aus Bild 4 25, hervor Daß er so schwach ausgepragt ist, durfte an den großen Bugradien liegen, mit denen das Modell ausgerustet war

In einem konkreten Entwicklungsprojekt lassen sich die genannten Parameter nicht immer wieder einzeln variieren, werden mehrere gleichzeitig verandert Ein alteres Beispiel dafur gibt Bild 4 26, vgl W -H Hucho und L J Janssen [4 31] Bei diesem kam es nicht darauf an, eine vorgegebene Bugform zu „optimieren", es ging vielmehr darum, Variationsmoglichkeiten aufzuzeigen Der mit Bug 1 bezeichneten Ausgangsform werden verschiedene Varianten gegenubergestellt Mit vergleichsweise kleinen Anderungen der Geometrie kann die Umstromung des Vorderwagens betrachtlich verbessert, der Widerstand merklich reduziert werden Das Beispiel zeigt aber auch, daß es in der Regel eine Vielzahl von Formvarianten gibt, mit der ein bestimmtes Ziel erreicht werden kann

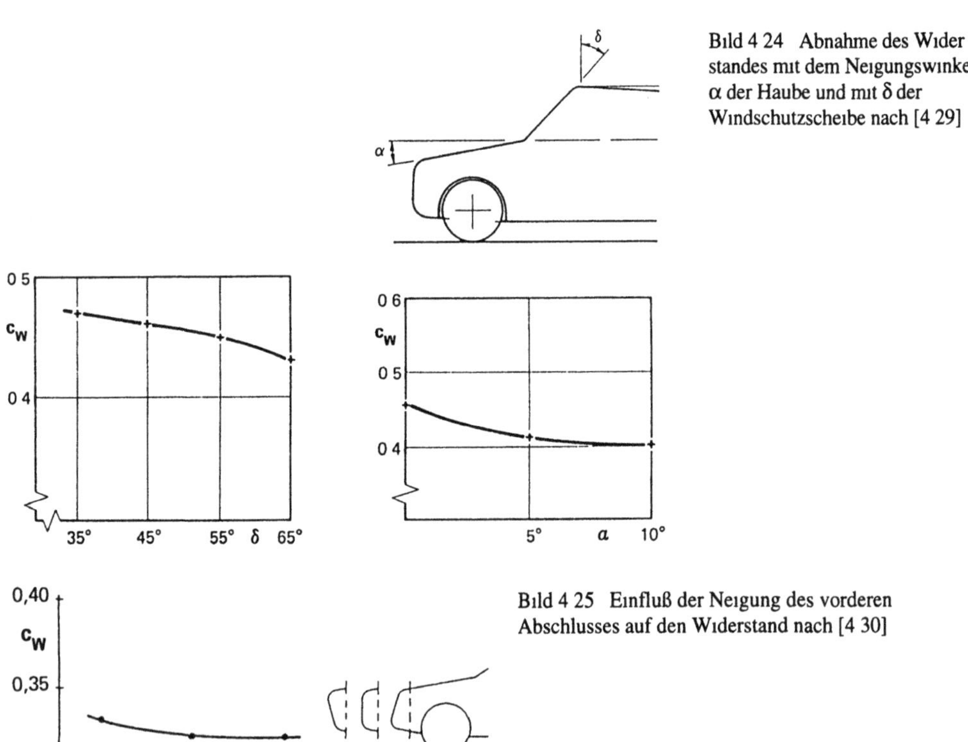

Bild 4 24   Abnahme des Wider standes mit dem Neigungswinkel α der Haube und mit δ der Windschutzscheibe nach [4 29]

Bild 4 25   Einfluß der Neigung des vorderen Abschlusses auf den Widerstand nach [4 30]

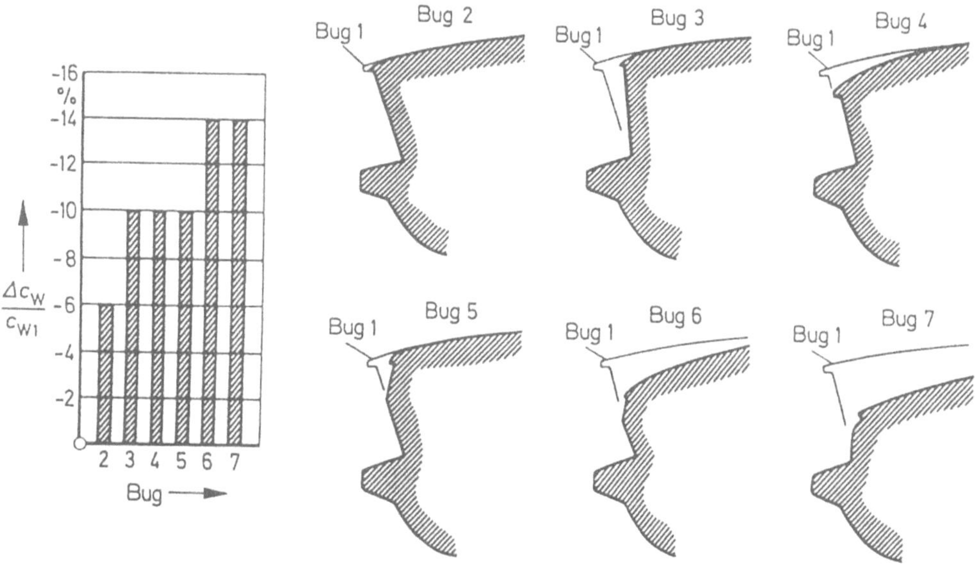

Bild 4.26. Formvarianten für einen Vorderwagen und deren c_w-Werte nach [4.31].

Dagegen ist im Bild 4.27 der Gang einer systematischen Vorgehensweise zusammengstellt; es faßt die Entwicklung des VW Golf I zusammen, über die L. J. JANSSEN und W.-H. HUCHO [4.32] berichtet haben. In Anlehnung an einen Vorschlag von G. W. CARR [4.33] wurde zunächst in einem Vorversuch ermittelt, welche Widerstandsreduzierung am Bug überhaupt möglich ist. Dazu wurde er mit einer Verkleidung versehen, die ohne Rücksicht auf stilistische oder funktionale Argumente nach rein aerodynamischen Vorstellungen ausgebildet war. Sie wurde zweiteilig ausgeführt, um den Einfluß der Übergangsradien zur Haube und zu den Kotflügeln trennen zu können.

Dieser Vorsatzbug wies für den Widerstand ein Verbesserungspotential von $\Delta c_w = 0{,}05$ aus. Mit schrittweiser Vergrößerung der Übergangsradien konnte dieses für das Fahrzeug ohne Vorsatzbug fast vollständig ausgeschöpft werden. Trotz immer noch ziemlich „scharfer" Kanten wird der Bug des VW Golf I ablösungsfrei umströmt, wie Bild 4.27 belegt.

Eine von W.-H. HUCHO, L. J. JANSSEN und H.-J. EMMELMANN [4.34] durchgeführte Variation der Kontur des Vorsatzbugs, die Bild 4.28 wiedergibt, bestätigt: Solange die Umströmung des Bugs ablösungsfrei erfolgt, lassen sich mit ganz unterschiedlichen Formen nahezu gleiche Widerstandsbeiwerte erzielen. Einen leichten Vorteil bedeutet es, den Staupunkt möglichst tief zu legen, wie eine Versuchsreihe von R. BUCHHEIM, K.-R. DEUTENBACH und H.-J. LÜCKOFF [4.35] erbracht hat, vgl. Bild 4.28.

Die Umströmung einer Kante läßt sich auch dadurch verbessern, daß sie nicht gerundet, sondern angefast wird. Ein Beispiel dafür liefert Bild 4.29. Durch die beiden annähernd gleichwertigen Maßnahmen läßt sich derselbe Widerstandsabbau erwirken wie mit dem Vorsatzbug. Eine ursprünglich an der scharfen Kante auftretende Ablösung läßt sich mit einer Fase vollständig vermeiden, wie die Rauchaufnahmen in Bild 4.30 beweisen.

Daß auch mit unauffälligeren Maßnahmen gearbeitet werden kann, demonstriert Bild 4.31. Der mit dem Vorsatzbug ausgewiesene Spielraum zur Verbesserung des c_w-Wertes wurde hier durch eine Abstimmung von Haubenradius und Grillposition ausgenutzt.

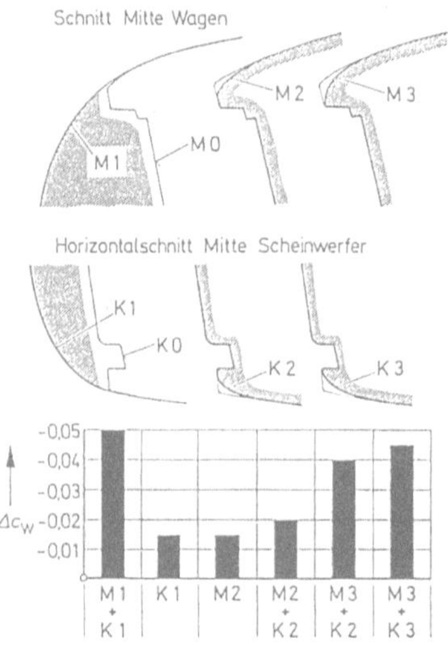

Bild 4.27 „Optimieren" einer Bugform am Beispiel des VW-Golf I, nach [4 32]

4.4.3 Windschutzscheibe und A-Säule

Auch die Umströmung der Windschutzscheibe läßt sich durch ein einfaches Modell annähern: eine Stufe mit geneigter Front, vgl. Bild 4.32. Im Windlauf kann sich eine Ablöseblase bilden; die Strömung löst vor der Scheibe auf der Haube ab und legt sich an der Scheibe wieder an. Eine weitere Ablösung vom Typ „quasi-zweidimensional" ist am Übergang zum Dach möglich. An den A-Säulen bilden sich dreidimensionale Wirbeltüten aus.

Die wesentlichen Parameter, die die Geometrie der Windschutzscheibe beschreiben, sind in Bild 4.33 hervorgehoben. Von diesen sind zwei näher untersucht worden: die Scheibenneigung und der Radius an den A-Säulen.

150

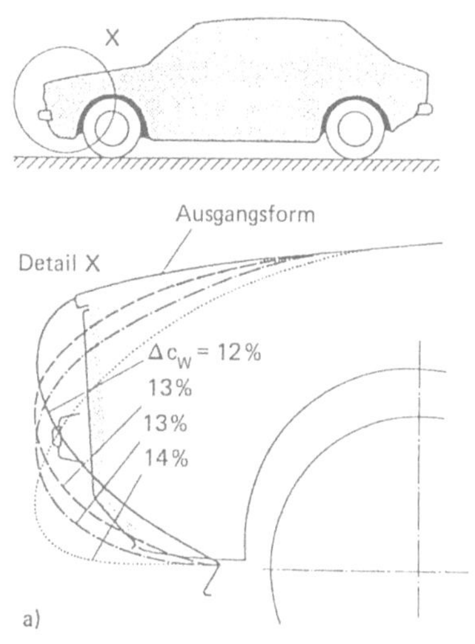

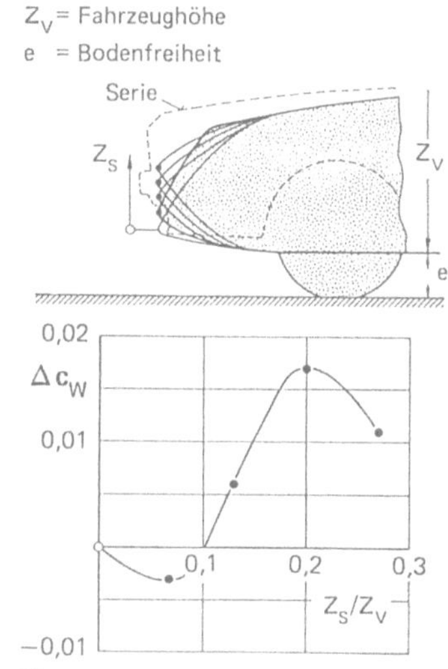

Bild 4 28   Variation des c_W-Wertes mit der Lage des Staupunktes
a) nach [4 35],
b) nach [4 34]

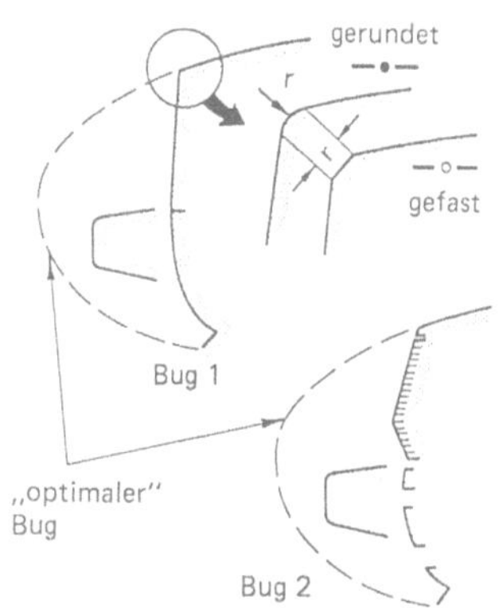

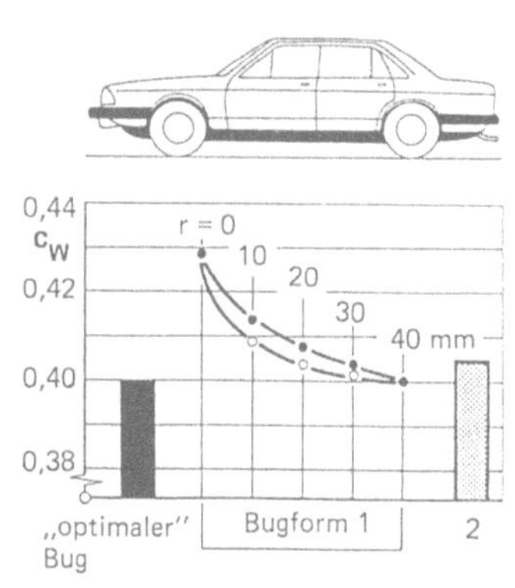

Bild 4 29   Widerstandsabbau durch Runden oder Fasen der Bugvorderkante nach [4 5]

Bild 4 30   Umstromung des Vorderwagens des VW Passat
links Modelljahr 1977, rechts oben „optimaler" Bug,
rechts unten Serie Modelljahr 1978 mit Fase

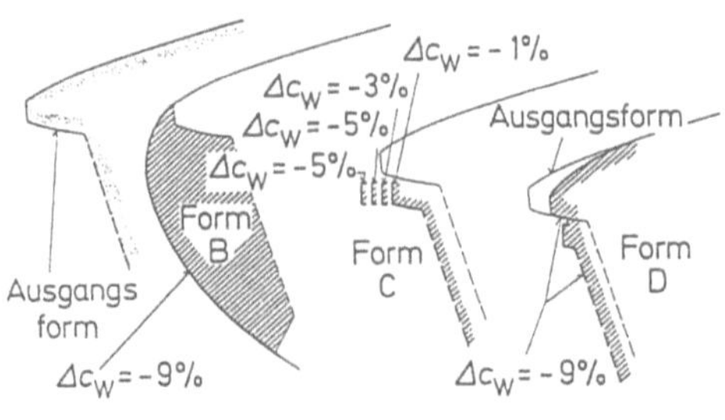

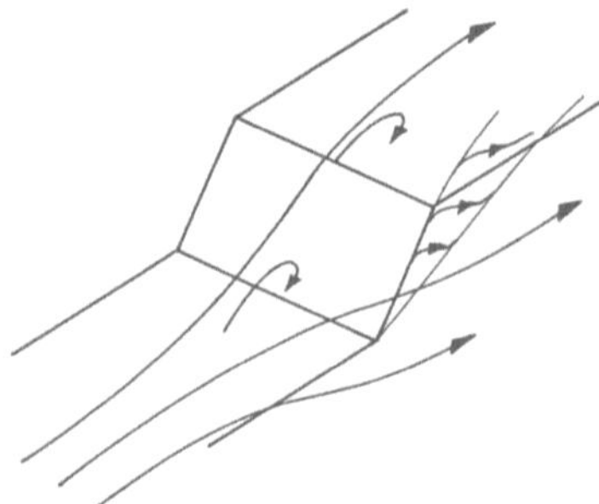

Bild 4.31. Widerstandsabbau durch Feinabstimmung von Haubenradius und Grill-Ausbildung nach [4.34].

Bild 4.32. Stark vereinfachtes Modell der Strömung an der Windschutzscheibe.

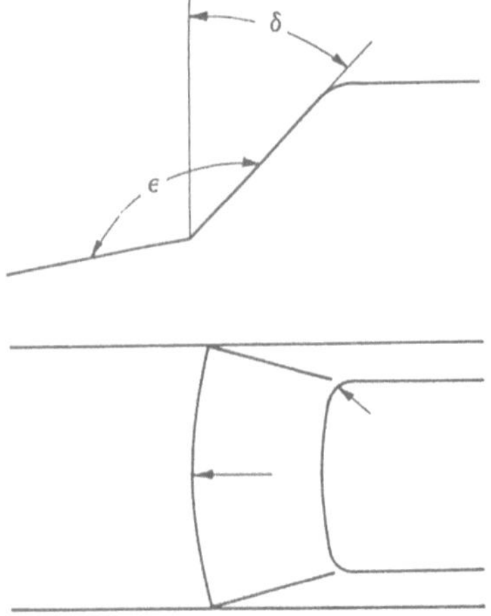

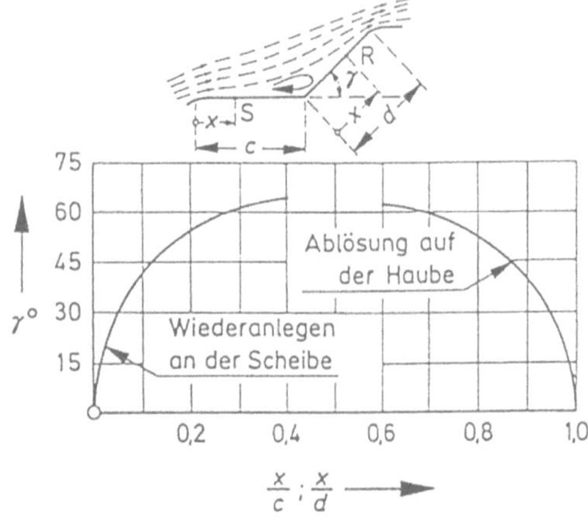

Bild 4.33. Die wichtigsten Parameter, mit denen die Geometrie der Windschutzscheibe beschrieben werden kann.

Bild 4.34. Ort der Ablösung A und des Wiederanlegens S der Strömung in Abhängigkeit vom Neigungswinkel γ der Windschutzscheibe, von A. J. SCIBOR-RYLSKI [4.36] an einem quasi-zweidimensionalen Modell ermittelt.

Die Größe der Ablöseblase im Windlauf wird vom Neigungswinkel δ der Scheibe, genauer von dem Winkel ε, den die Scheibe mit der Haube einschließt, bestimmt. Für die ungewölbte Scheibe liegen dazu Messungen von A. SCIBOR-RYLSKI [4.36] vor, die im Bild 4.34 wiedergegeben werden. Die Orte der Ablösung *vor* und des Wiederanlegens *auf* der Scheibe sind über derem Neigungswinkel γ aufgetragen. Mehr als eine Tendenz darf aus diesen Ergebnissen jedoch nicht abgeleitet werden. Selbst Rauchaufnahmen an Serienfahrzeugen mit vergleichsweise steiler Scheibe, vgl. Bild 4.27, lassen dort keine Ablösung erkennen. Das ist darauf zurückzuführen, daß in der Regel der Windlauf ausgerundet und die Scheibe gewölbt ist; beides mildert die Neigung zur Ablösung im Windlauf.

Mit zunehmender Neigung der Windschutzscheibe nimmt der Widerstand ab, allerdings bei weitem nicht so stark, wie häufig angenommen; das belegt Bild 4.35 ebenso wie Bild 4.24, vgl. R. BUCHHEIM et al. [4.37]. Messungen von A. GILHAUS et al. [4.30] zeigen für diese Funktion $c_W(\delta)$ einen asymptotischen Charakter; für Winkel größer als 60° ergibt sich kaum noch ein merklicher Widerstandsvorteil. Welche Nachteile derartige Winkel für die Klimatisierung des Fahrgastraumes bedeuten, wird im Abschnitt 11.5.4.1 dargestellt.

152

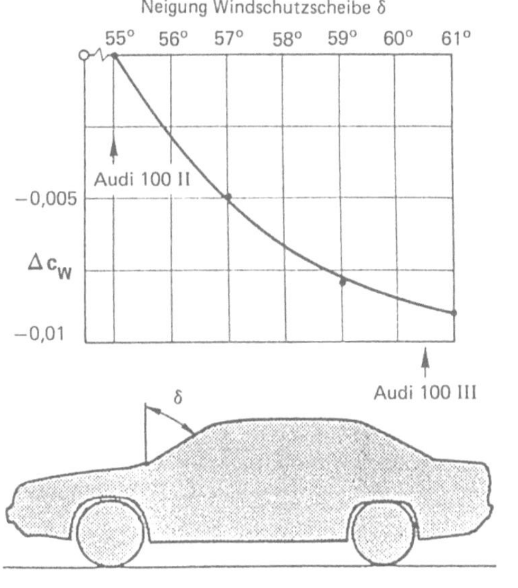

Bild 4.35. Einfluß des Winkels δ der Windschutzscheibe auf den Widerstand nach [4.37]

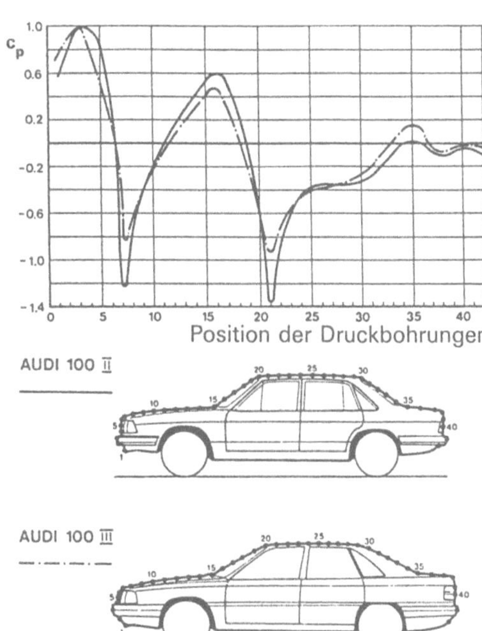

Bild 4.36. Abbau der Druckspitzen bei der Weiterentwicklung des Audi 100 nach [4.37]. Audi 100 II, $c_w = 0{,}42$, Audi 100 III, $c_w = 0{,}30$

Aus Bild 4.36 kann man erkennen, daß die Wirkung der Scheibenneigung auf den Widerstand eine indirekte ist, also Interferenz-Charakter hat. Die stärker geneigte Scheibe führt am Übergang zum Dach zu einer weniger stark ausgeprägten Unterdruckspitze. Der sich anschließende positive Druckgradient ist weniger steil; er kann von der Grenzschicht mit einem geringeren Impulsverlust bewältigt werden. Das wiederum erlaubt stromabwärts einen größeren Druckrückgewinn.

Die flachere Scheibe verdrängt aber auch weniger Luft nach außen zu den A-Säulen, und damit verzehren die sich dort aufrollenden Wirbel weniger Energie. Auch das kommt einem Druckrückgewinn weiter stromabwärts zugute. Durch eine gute Abrundung der A-Säule wird dieser Effekt weiter unterstützt, wie Bild 4.37 verdeutlicht. Daß die Konstruktion der A-Säule auch auf andere Anforderungen wie niedrige Windgeräusche und Wasserfreiheit der Seitenscheibe abzustimmen ist, wird in den Abschnitten 6.4.2 und 6.5.2 ausgeführt.

4.4.4 Dach

Durch mäßiges Wölben des Daches in Längsrichtung läßt sich der Widerstandsbeiwert reduzieren; wird die Wölbung zu groß, nimmt der c_w-Wert jedoch wieder zu. Das geht aus Bild 4.38 hervor. Die günstige Wirkung der Wölbung auf den Verlauf der Strömung beruht darauf, daß die Übergänge von der Windschutzscheibe zum Dach und von diesem zur Heckscheibe größere Krümmungsradien erhalten, die Unterdruckspitzen also abgebaut und damit die sich anschließenden Druckgradienten flacher werden.

Konstruktiv muß die Wölbung aber so ausgeführt werden, daß die Stirnfläche des Fahrzeugs dabei konstant bleibt, andernfalls nimmt der absolute Widerstand trotz sinkendem c_w-Wert zu, wie das obere Diagramm im Bild 4.38 zeigt. Da der Sichtwinkel nach oben nicht eingeschränkt werden darf,

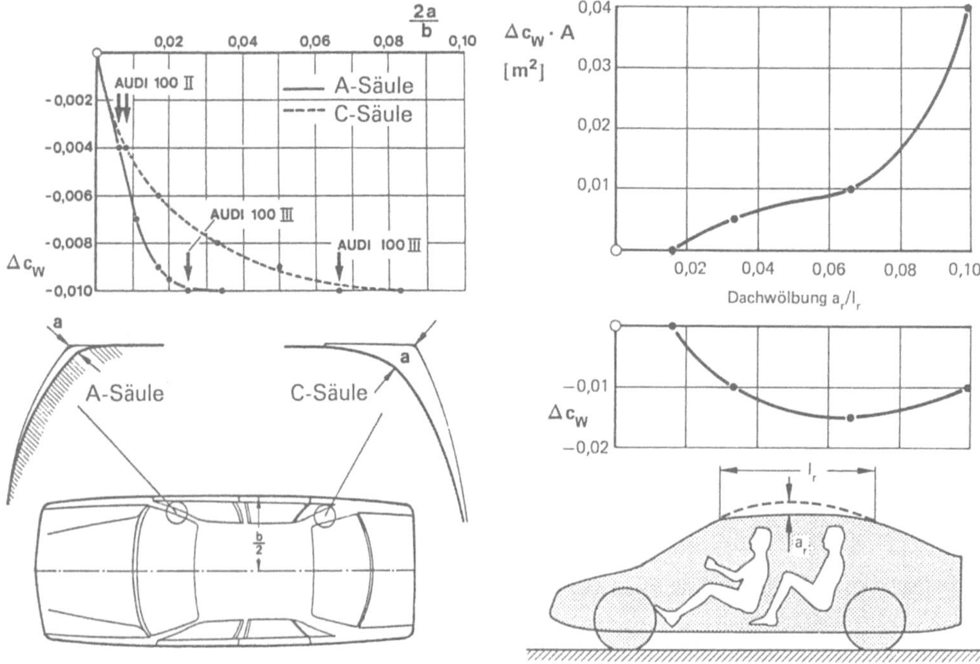

Bild 4.37. Widerstandsabbau durch Runden der A- und der C-Säule des Audi 100 III nach [4.37].

Bild 4.38. Einfluß der Wölbung des Daches auf den c_w-Wert und den absoluten Widerstand nach [4.35].

bedeutet das, daß Front- und Heckscheibe mit in die Längswölbung einbezogen werden müssen, daß die Scheiben dadurch teurer werden.

Wie aus den Fädchenaufnahmen im Bild 6.1 hervorgeht, verläuft die Strömung auf dem Dach parallel zur Fahrtrichtung; das Dach wird seitlich nicht umströmt. Eine entlang des Dachholmes verlaufende Regenleiste stört deshalb die Strömung nicht und verursacht keine Erhöhung des Widerstandes.

4.4.5 Fahrzeugheck

4.4.5.1 Ablösungsformen

Am Fahrzeugheck löst die Strömung ab. Wie es dabei zu zwei verschiedenen Formen der Ablösung kommt, ist bereits im Abschnitt 4.2 beschrieben worden. Beide, die quasi-zweidimensionale und die tütenförmige, dreidimensionale, können gleichzeitig auftreten; die Wechselwirkungen zwischen ihnen sind außerordentlich kompliziert.

Im Bild 4.39 sind die drei gängigen Fahrzeugabschlüsse „Vollheck", „Schrägheck" und „Stufenheck" in stark vereinfachter Form skizziert. Die wesentlichen Formparameter sind hervorgehoben; nur die für die jeweilige Form dominierenden sind eingetragen. So kommt der Einzug – „Boattailing" – der hier nur beim Vollheck gezeichnet ist, natürlich auch bei den anderen Heckvarianten zur Anwendung.

Für jede der beiden Ablösungsformen gibt es einen beherrschenden Parameter. Für die quasi-zweidimensionale ist das der *Einzug*, der selbst durch die Winkel am Dach, an den Seiten und am Boden beschrieben wird. Die Ausbildung der dreidimensionalen Wirbel wird vom *Neigungswinkel* der Heckschräge kontrolliert. Die Abhängigkeit der beiden Ablösearten von ihrem maßgeblichen

154

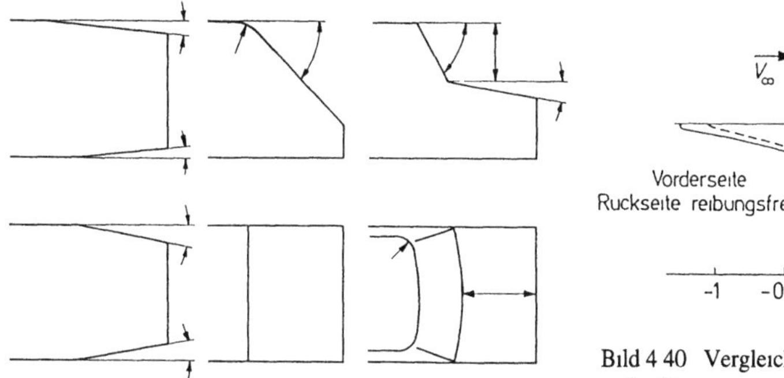

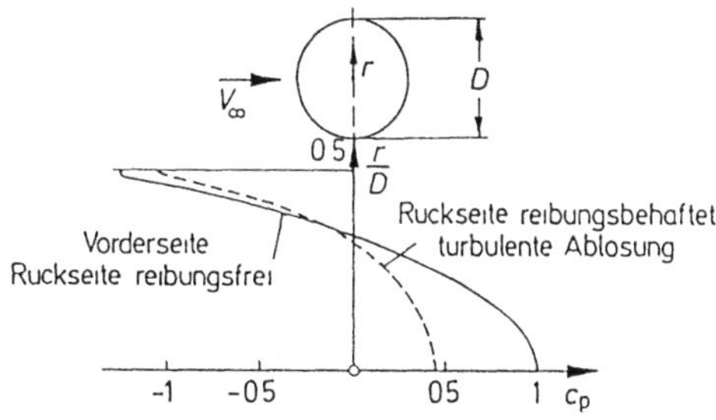

Bild 4 40 Vergleich der Druckverteilung in idealer und realer Strömung am Beispiel der Kugel

Bild 4 39 Die drei „klassischen" Pkw Heckformen und ihre wesentlichen geometrischen Parameter

Formparameter wird zunächst getrennt abgehandelt Ihre Wechselwirkung tritt bei der Beschreibung typspezifischer Entwicklungsergebnisse hervor

An einem stumpf endenden Körper löst die Strömung ab, weil die Grenzschicht den steilen Druckanstieg nicht bewältigen kann Am Beispiel der Kugel, vgl Bild 4 40, wird deutlich, welche Folgen daraus erwachsen Während auf der Vorderseite die gemessene Druckverteilung der theoretischen, d h derjenigen in reibungsfreier Strömung, nahezu vollkommen gleicht – der Widerstand der Vorderseite ist deshalb bis auf einen kleinen Reibungsanteil gleich Null – ergibt sich auf der Rückseite eine drastische Abweichung Der statische Druck ist sehr viel kleiner als nach der Theorie, diese Differenz führt zu einem Druckwiderstand

4 4 5 2   Boat-tailing

Ziel der Formentwicklung muß es sein, den statischen Druck am Ende des Fahrzeugkörpers, den *Basisdruck*, möglichst groß zu machen Wirksames Mittel dazu ist der *Einzug*, das „Boat-tailing", eingehende Untersuchungen dazu wurden von D J MAULL [4 38] und W A MAIR [4 39] [4 40] mitgeteilt Bild 4 41 läßt erkennen, wie stark der Widerstand eines Rotationskörpers durch Verjüngen reduziert wird Dabei ist der dort eingetragene optimale Verjüngungswinkel von 22° nur ein Richtwert, sein genauer Betrag hängt von der Vorgeschichte der Strömung ab An ausgeführten Fahrzeugen beträgt dieser Winkel etwa 10° Die Maßnahme „Heckverlängerung" weist Sättigungscha-

Bild 4 41 Abbau des Widerstandes eines Rotations körpers durch „Boat-tailing" nach [4 40]

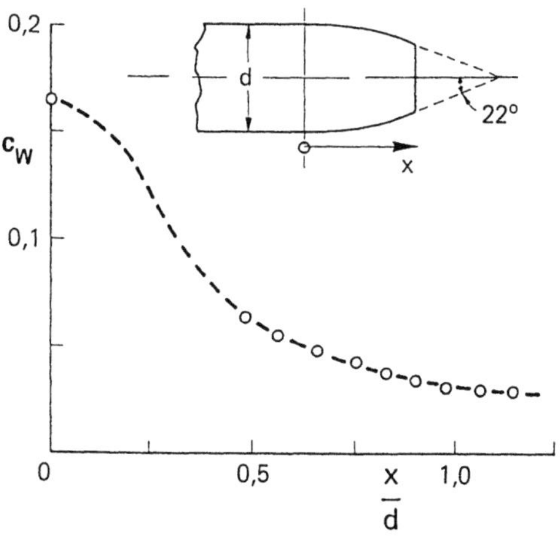

rakter auf; mit zunehmender Länge wird der positive Einfluß auf den Widerstand immer schwächer. Wird dann stumpf abgeschnitten – „Bob-tailing" – verschlechtert das die Strömung nicht, eine Bestätigung der Idee von W. KAMM.

Dessen Erkenntnisse haben H. LIEBOLD et al. [4.41] auf ein Rekordfahrzeug übertragen; ihre Ergebnisse sind im Bild 4.42 zusammengefaßt. Bei derartigen Fahrzeugen besteht bei der Wahl der Länge weitgehende Freiheit; das Heck kann also schlank auslaufen. Dagegen muß bei serienmäßigen Limousinen der Einzug innerhalb einer gegebenen Gesamtlänge untergebracht werden, und er geht damit zu Lasten des Innenraumes. Wie stark sich der Widerstand durch *seitliches* Einziehen der Karosserie reduzieren läßt, geht aus Bild 4.43 hervor. Und an der Rauchaufnahme im Bild 4.44 läßt sich verfolgen, wie die Strömung tatsächlich der sich verjüngenden Kontur folgt. Allen drei Beispielen ist gemeinsam, daß der gewählte Einzugswinkel mit 10° nur etwa halb so groß ist, wie der im Bild 4.41 für Rotationskörper angegebene „optimale".

Ein sehr wirksamer Einzug ist bei Vollheckfahrzeugen das Herunterziehen des Daches, vgl. Bild 4.45. Dadurch werden aber das Volumen des Innenraumes und die hintere Durchladehöhe eingeschränkt, ein Effekt, der vor allem bei Kompaktfahrzeugen kaum toleriert werden kann.

Auch an der vierten Begrenzungsfläche, der Unterseite, sind mit Erfolg Einzüge realisiert worden. Voraussetzung für die Wirksamkeit der diffusorartigen Erweiterung des Kanals zwischen Straße und Fahrzeug ist jedoch eine glatte Bodengruppe. J. POTTHOFF [4.42] konnte am UNICAR zeigen, daß *lange* Diffusoren effizienter sind; der gleiche Widerstandsabbau wird mit einem sehr viel kleineren

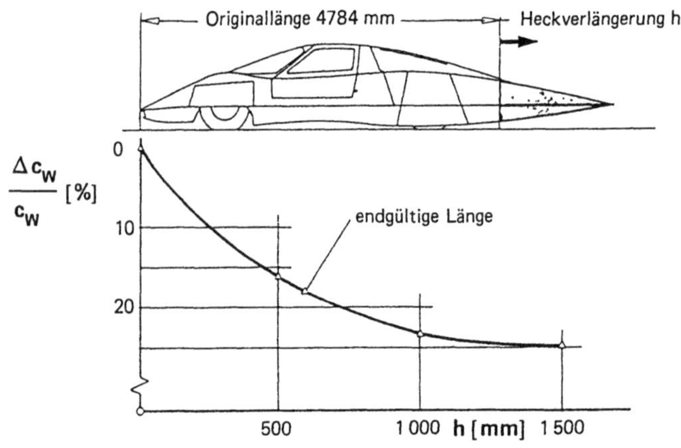

Bild 4.42. „Boat-tailing", angewandt auf das Rekordfahrzeug C111 III von Mercedes-Benz nach [4.41].

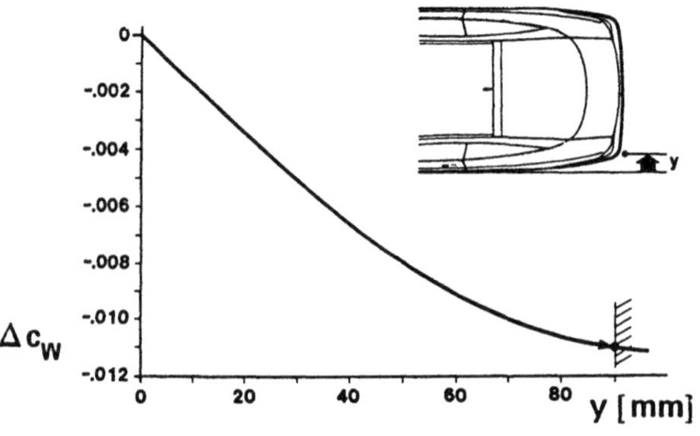

Bild 4.43. „Boat-tailing", angewandt auf das Coupé Opel Calibra nach [4.17].

156

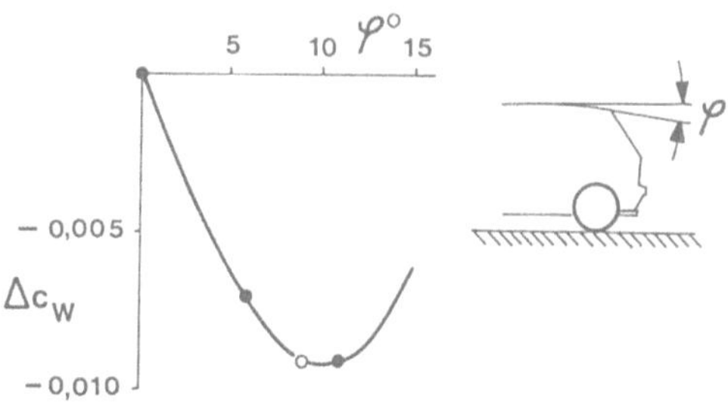

Bild 4.45. Widerstandsabbau am Fiat Uno durch Herunterziehen des Daches nach [4.43]; in der Serie wurde der Optimalwert $\varphi = 10°$ verwirklicht.

Bild 4.44. Die Rauchfäden folgen der am Heck eingezogenen Kontur des Mercedes 190, Foto: Mercedes-Benz.

Winkel erreicht als bei *kurzem* Diffusor, vgl. Bild 4.46. Günstig ist auch die mit der Diffusorwirkung gekoppelte Reduzierung des Auftriebes an der Hinterachse.

Bild 4.46. Reduzierung des Widerstandes und des Auftriebes an der Hinterachse durch einen „Heckdiffusor" nach [4.42].

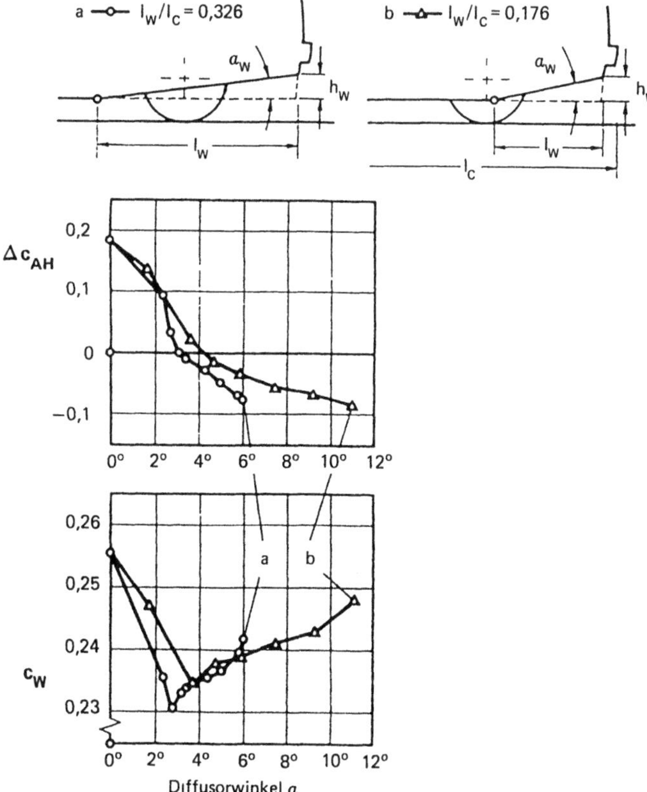

4.4.5.3 Schrägheck

Die Ausbildung der Wirbel an einem schrägen Fahrzeugabschluß wird von dessen Neigungswinkel φ bestimmt. Dieser Zusammenhang ist sehr eingehend untersucht worden, sowohl an einfachen Körpern wie an ganzen Fahrzeugen. Für den zylindrischen Körper in freier Strömung, d.h. ohne Bodeneinfluß, sind die wichtigsten Ergebnisse in den Bildern 4.47 und 4.48 zusammengefaßt.

Die Kraftmessungen von T. MOREL [4.44] und von P. BEARMAN [4.45] zeigen übereinstimmend, daß Widerstand und Auftrieb mit wachsendem Neigungswinkel φ zunächst steil anwachsen. Bei einem Grenzwinkel in der Nähe von $\varphi = 50°$ fallen beide Kräfte schlagartig ab. Daß dieser Grenzwinkel von beiden Autoren unterschiedlich ermittelt wurde, kann an einer kleinen Anstellwinkeldifferenz liegen.

Die Beobachtung der Strömung und die Messung der Druckverteilung liefern eine schlüssige Erklärung für den Verlauf der Kräfte. Schon bei $\varphi = 20°$ zeigt der im Schnitt YY aufgetragene Druckbeiwert c_p Saugspitzen nahe den Rändern der Schnittfläche. Diese werden von Randwirbeln induziert, die sich an der scharfen Schnittkante ähnlich aufrollen wie an der Vorderkante eines angestellten Deltaflügels, vgl. auch Bild 2.13. Mit wachsendem Neigungswinkel φ nehmen die Unterdruckspitzen entsprechend der zunehmenden Stärke der Wirbel zu. Jenseits des kritischen Neigungswinkels platzen diese Wirbel auf; auch das stimmt mit Beobachtungen an Deltaflügeln überein. Es bildet sich dann ein quasi-zweidimensionales Totwasser aus, innerhalb dessen der Druck nahezu konstant ist.

An einem in Bodennähe befindlichen prismatischen Körper wurden die obigen Beobachtungen bestätigt. Aus Bild 4.49 geht jedoch hervor, daß sich der kritische Winkel schon bei $\varphi = 30°$ einstellt;

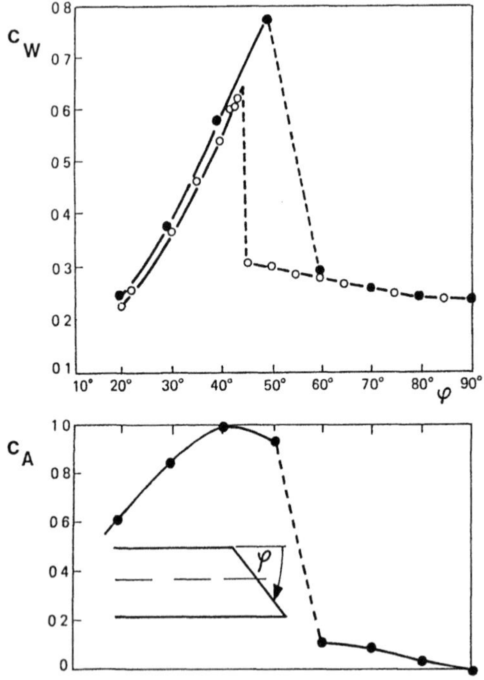

Bild 4.47. Einfluß des Heckwinkels φ auf Auftrieb und Widerstand eines freifliegenden Rotationskorpers.
—O— Messung T MOREL [4 44]
—●— Messung A D STUART und A T JONES [4 45]

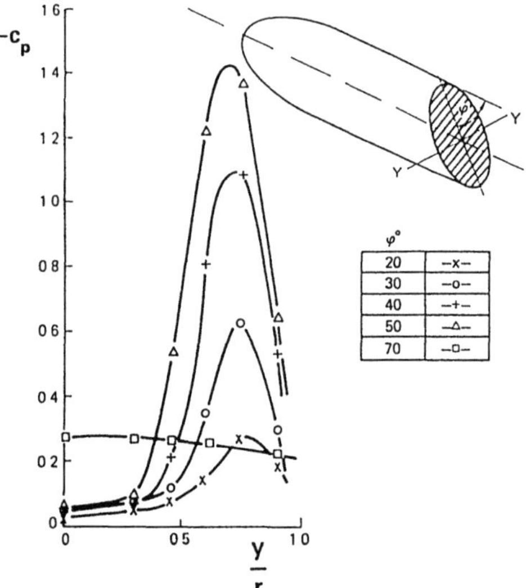

Bild 4.48. Einfluß des Heckwinkels φ auf die Druckverteilung am Heck eines schrag abgeschnittenen Rotationskorpers nach [4.45].

158

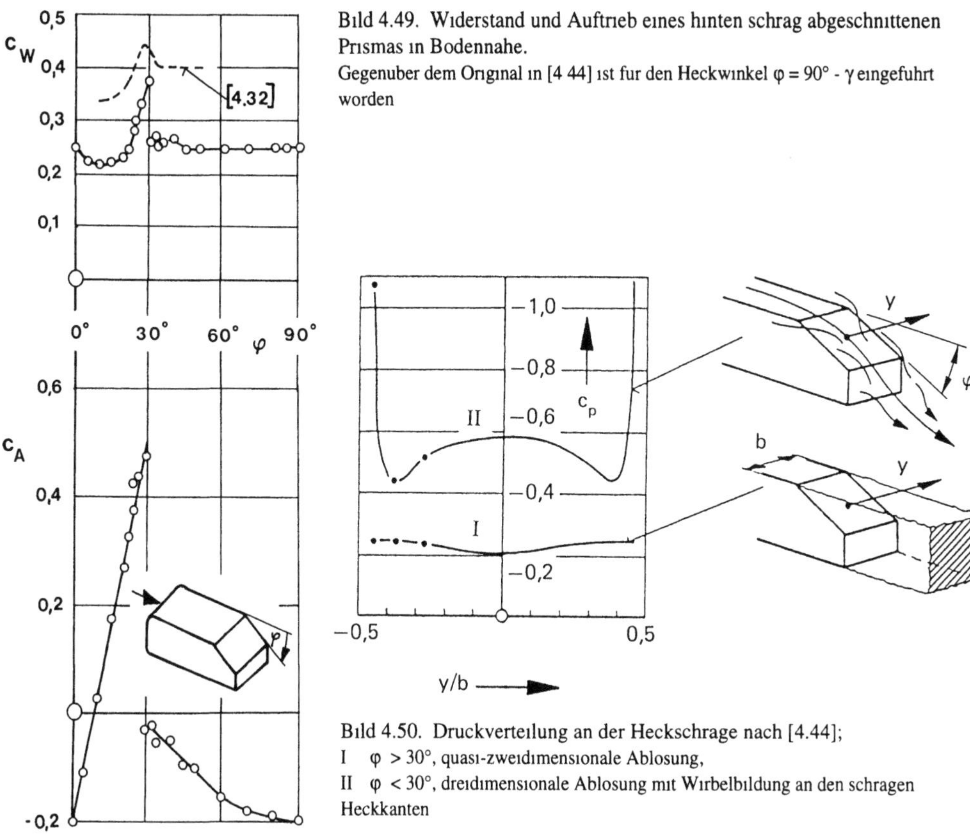

Bild 4.49. Widerstand und Auftrieb eines hinten schräg abgeschnittenen Prismas in Bodennähe.

Gegenüber dem Original in [4.44] ist für den Heckwinkel $\varphi = 90° - \gamma$ eingeführt worden

Bild 4.50. Druckverteilung an der Heckschräge nach [4.44];

I $\varphi > 30°$, quasi-zweidimensionale Ablösung,

II $\varphi < 30°$, dreidimensionale Ablösung mit Wirbelbildung an den schrägen Heckkanten

der gleiche Wert wurde von L. J. Janssen und W.-H. Hucho [4.32] auch an ausgeführten Fahrzeugen beobachtet. Der von S. R. Ahmed mit Bild 4.8 berichtete Widerstandsverlauf $c_W (\varphi)$ ist nahezu deckungsgleich mit den Messungen von T. Morel. Für $\varphi = 15°$ zeigt der Widerstand ein Minimum, das gern bei Coupes genutzt wird.

Auch die von T. Morel mit Bild 4.50 publizierten Druckverteilungen zeigen die für die beiden verschiedenen Strömungsformen typischen Verläufe: Bei quasi-zweidimensionaler Ablösung ist der Druck über dem Querschnitt nahezu konstant, während sich bei Ausbildung von Randwirbeln an den Seiten der Heckschräge die bekannten Unterdruckspitzen einstellen.

Aus Nachlaufmessungen haben P. Bearman et al. [4.46][4.47][4.48] unter Zuhilfenahme einer Ableitung von E. C. Maskell [4.49] den von den Wirbeln induzierten Widerstandsanteil isoliert. Bild 4.51 belegt, daß dieser allein für die Zunahme des Gesamtwiderstandes mit dem Neigungswinkel φ der Heckschräge verantwortlich ist. Ebenso geht aus Bild 4.51 aber auch hervor, daß der verbleibende Widerstandsanteil, der mit „Profilwiderstand" bezeichnet ist, keine Konstante ist. Die vollkommene Übereinstimmung des mit der Waage gemessenen Widerstandes mit dem aus dem Nachlauf berechneten ist eine Bestätigung der Überlegungen von E. C. Maskell. Diese wiederum bildete die Basis für die im Abschnitt 4.3.4 beschriebene Methode von A. Cogotti, nach der aus Nachlaufmessungen auf den Ort der Widerstandsentstehung geschlossen wird.

Für den einfachen prismatischen Körper liegen auch Ergebnisse über das Zusammenspiel der Maßnahmen Heckschräge und Einzug vor; sie sind im Bild 4.52 aufgetragen. Für die konstante Heckneigung von $\varphi = 25°$ wurde das Einziehen – Boat-tailing – untersucht. Das Hochziehen des

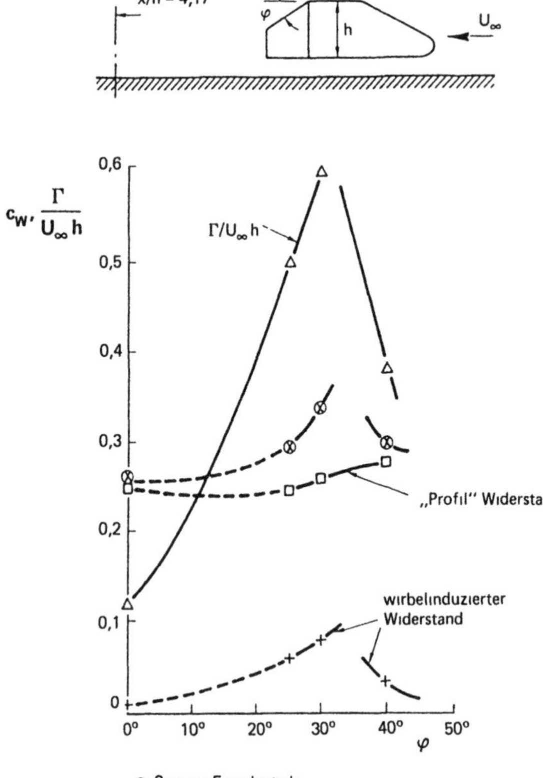

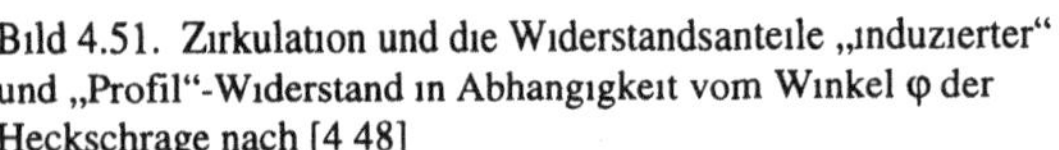

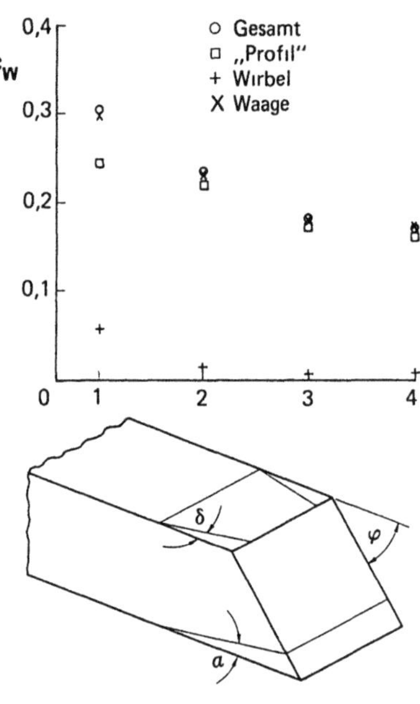

Bild 4 52 „Boat-tailing" an einem Schragheck nach [4 46]
(1) φ = 25°,
(2) φ = 25°, Unterboden um α = 10° hochgezogen,
(3) wie (2), jedoch mit Seiteneinzug um δ = 10°,
(4) wie (3), jedoch Oberkante der Schrage angefast

Bild 4.51. Zirkulation und die Widerstandsanteile „induzierter"
und „Profil"-Widerstand in Abhangigkeit vom Winkel φ der
Heckschrage nach [4 48]

Unterbodens – Heckdiffusor – und das Einziehen der Seiten bringt eine beträchtliche Widerstands-
minderung; vor allem der wirbelinduzierte Anteil geht zurück.

Für die Formentwicklung folgt aus alledem, daß es primär darauf ankommt, sich auf den Abbau des
wirbelinduzierten Widerstandes zu konzentrieren. Das um so mehr, als mit den gleichen Maßnahmen
auch der Auftrieb an der Hinterachse abgebaut wird.

Die eingehenden Untersuchungen der Strömung an hinten abgeschrägten Körpern wurden durch
Beobachtungen bei der Entwicklung des VW Golf I ausgelöst, die von L. J. JANSSEN und W.-H. HUCHO
[4.32] veröffentlicht wurden und die im Bild 4.53 wiedergegeben sind. Das Stylingmodell hatte mit
φ = 45° einen sehr steilen Heckabschluß. Die Strömung löste an der Hinterkante des Daches ab, vgl.
Bild 1.3; der Widerstandsbeiwert betrug $c_W = 0{,}40$. Die schrittweise Verkleinerung des Neigungswinkels führte bei φ = 30° zu einem sprunghaften Anstieg des Widerstandes um 10 %. Die Ablösung
verlagerte sich an die untere Kante der Schräge. Gleichzeitig rollten sich an deren Seiten zwei kräftige
Randwirbel auf; auf der Schräge selbst wurde hoher Unterdruck gemessen. Mit weiterer Verkleinerung
des Neigungswinkels φ fiel der Widerstand wieder ab; die Wirbel wurden schwächer. Bei φ = 15° ergab
sich ein Widerstandsminimum. Schließlich stellte sich bei noch kleineren Winkeln die ausgängliche
Vollheck-Strömungsform wieder ein. Im Bereich der Winkel 28° < φ < 32° wurde ein bistabiler
Zustand beobachtet; die Ablösung konnte entweder oben oder unten an der Schräge erfolgen.

160

Die gleichen Zusammenhänge wurden auch bei der Entwicklung des VW Polo I reproduziert, vgl. Bild 4.54. Die hier mit durchgeführten Auftriebsmessungen bestätigen: Die Änderung des Auftriebes verläuft synchron zu der des Widerstandes, sie ist auf die Formation des schräg nach hinten abgehenden Wirbelpaares zurückzuführen. Folgerichtig ist sie ausschließlich an der Hinterachse wirksam.

Neben dem Winkel φ hat auch die Länge l_0 der Heckschräge einen Einfluß auf den Widerstand. Nach Bild 4.55 ist der „optimale" Neigungswinkel φ, also derjenige, bei dem der Widerstand ein Minimum erreicht, umso größer, je länger das Heck ist. Das steht in qualitativer Übereinstimmung mit der Tragflächentheorie. Denn mit wachsendem l_0 wird das Seitenverhältnis $\Lambda = b^2/A$ der Heckschräge immer kleiner, und dementsprechend erfolgt das Aufplatzen der Wirbel erst bei größerem Neigungswinkel φ. Nach R. BUCHHEIM et al. [4.35] sind diese Effekte jedoch weniger signifikant, wenn die Seitenkanten der Schräge gut abgerundet werden.

Schließt sich das Heck mit einer runden Kontur nach Bild 4.56 an das Dach an, dann bietet sich als Einflußparameter anstelle des Neigungswinkels φ die Heckhöhe z an. Bezüglich des Widerstandes durchläuft z ein Minimum, das selbst wiederum von der Ausbildung der schrägen Seitenkanten abhängig ist.

Die Erkenntnisse über den Einfluß der Heckschräge lassen sich auf stark gerundete Heckformen nur schwer übertragen. Das einmal, weil bei diesen die Lage der Ablöslinien nicht durch scharfe Kanten

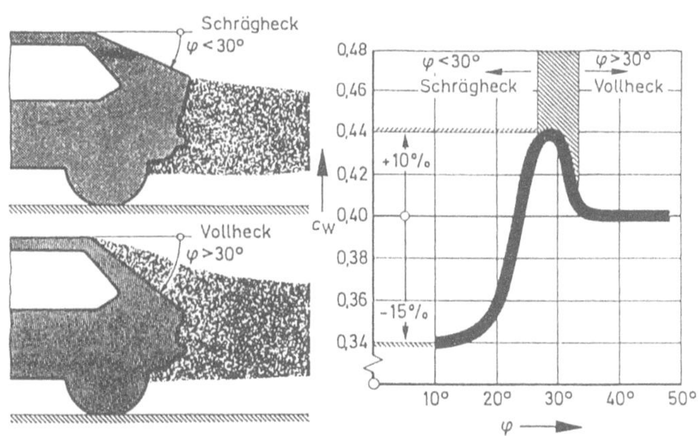

Bild 4 53. Einfluß des Heckwinkels φ auf Widerstand und Form der Ablösung, gemessen bei der Entwicklung des VW Golf I nach [4 32]

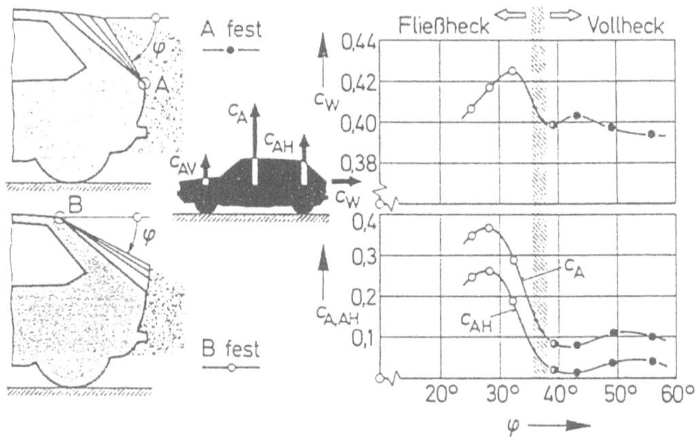

Bild 4 54 Einfluß des Heckwinkels φ auf Widerstand und Auftrieb, gemessen bei der Entwicklung des VW Polo I nach [4 5]

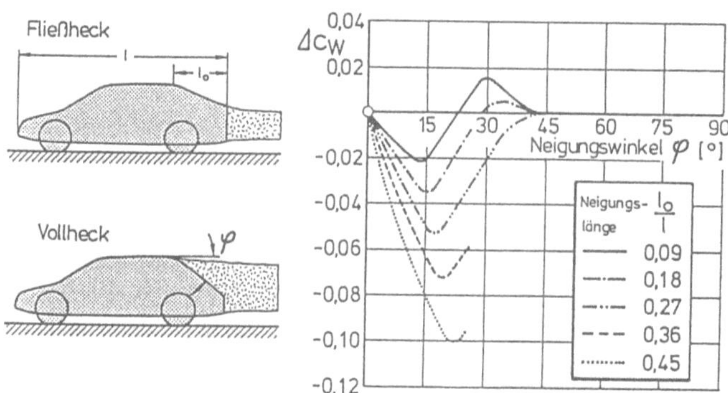

Bild 4.55. Einfluß von Heckwinkel φ und Hecklänge l_0 auf den Widerstand nach [4.35].

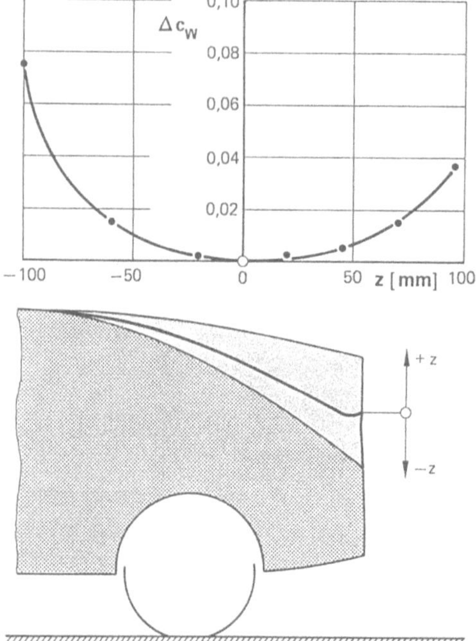

Bild 4.56. Variation des Widerstandes mit der Heckhöhe z bei einem Fahrzeug mit „runder" Heckkontur nach [4.50].

vorgegeben ist. Dann aber auch, weil die Unterscheidung einer quasi-zweidimensionalen und einer dreidimensionalen Ablösung kaum möglich ist.

Daß die Wirkung des „Boat-tailing" oft mit nur ganz kleinen Modifikationen erzielt werden kann, geht aus Bild 4.57 hervor, das ebenfalls auf die Entwicklung des VW Golf I zurückgeht. Sowohl die Rundung des Dachabschlusses als auch die Verlängerung der Seiten um den Betrag a resultieren in einer Widerstandsreduktion bis zu 9 %. Warum die beiden Effekte nicht additiv sind, wurde nicht geklärt.

Eine weitere, wenn auch mit 2 % sehr kleine, Widerstandsverbesserung wurde am Golf I mit dem in Bild 4.58 skizzierten Wulst an der Oberseite der Heckklappe bewirkt. Ob dieser Wulst wie ein Spoiler funktioniert, also den Druck stromaufwärts etwas anhebt, kann nur vermutet werden.

162

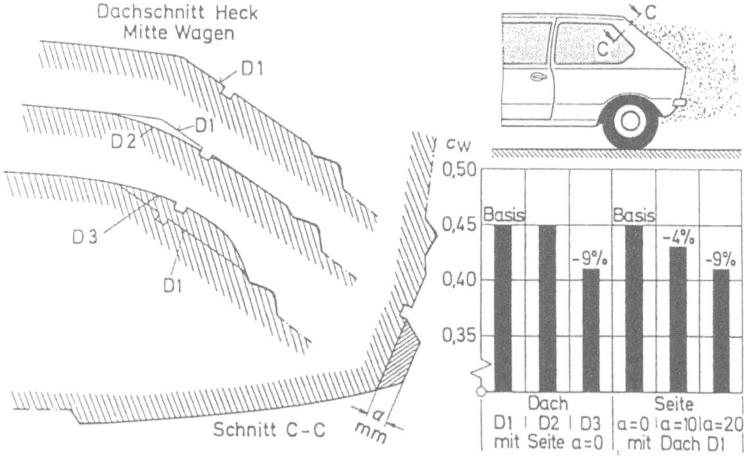

Bild 4.57. Beeinflussung des Widerstandes mit kleinen Formgebungdetails am Dachabschluß und an den Seitenteilen nach [4.32].

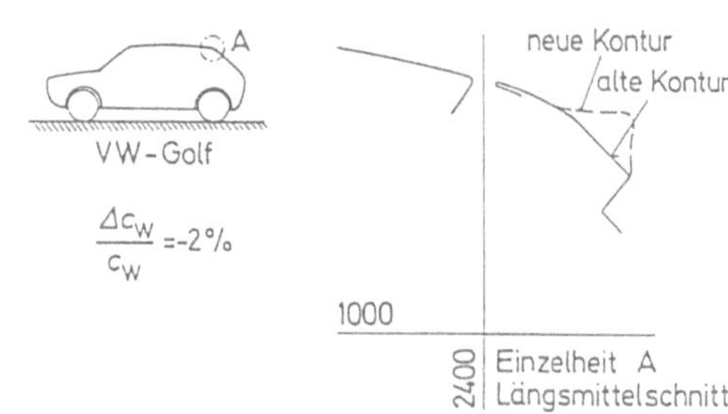

Bild 4.58. Widerstandsabbau durch einen in die Heckklappe integrierten kleinen Dachspoiler am VW Golf I nach [4.32].

4.4.5.4 Stufenheck

Einen Eindruck von der Strömung an einer Heckstufe vermittelt die Skizze im Bild 4.59. Auch hier ist gedanklich eine Trennung in die zwei Ablösearten quasi-zweidimensional und dreidimensional möglich.

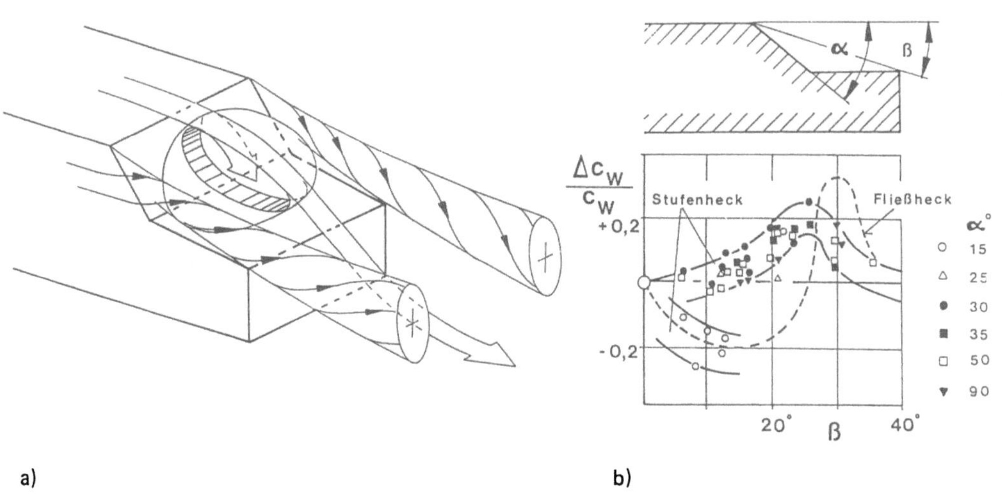

Bild 4.59. a) Strömung am Stufenheck, schematisch; b) Versuch einer Systematik nach [4.55].

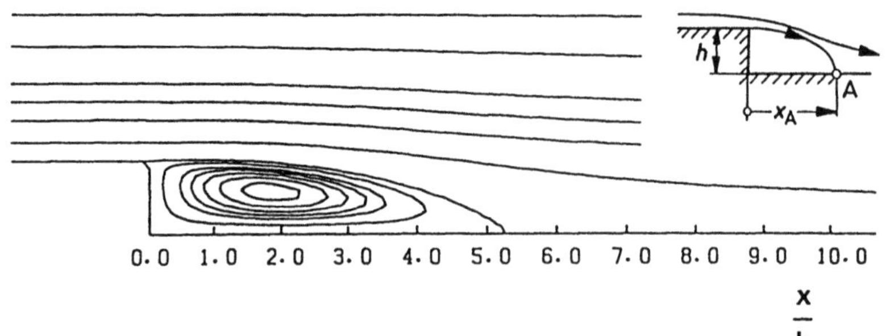

Bild 4.60.
Strömung an einer zweidimensionalen Stufe nach einer Rechnung von T. Kobayashi [4.51].

Die Strömung für den *zweidimensionalen* Fall, die senkrechte Stufe, ist im Bild 4.60 nach einer Rechnung von T. Kobayashi [4.51] wiedergegeben. An der scharfen Ecke löst die Strömung ab; es bildet sich ein im Uhrzeigersinn drehender Wirbel. Etwa fünf Stufenhöhen stromabwärts legt sich die Strömung wieder an. Die Länge des Kofferraumes beträgt bei Limousinen jedoch nur etwa zweimal die Aufbauhöhe. Wenn es bei diesen dennoch häufig zum Wiederanlegen kommt, dann ist das auf die Wirkung der Randwirbel zurückzuführen, auf einen *dreidimensionalen* Effekt also. Ähnlich wie beim Schrägheck induzieren die beiden sich an der C-Säule aufrollenden Wirbelzöpfe über dem rückwärtigen Fahrzeug einen Abwind, der die Dachströmung über dem Kofferraum nach unten zieht und dadurch dort einen Druckanstieg bewirkt; Widerstand und der Auftrieb an der Hinterachse nehmen ab.

Die schräggestellte Rückblickfensterscheibe eines Stufenhecks kann genauso wie die Schräge eines Fließhecks mit einem angestellten Rechteckflügel verglichen werden, vgl. H. Schlichting, E. Truckenbrodt [4.52]. Ihr Seitenverhältnis $\Lambda = b^2/A$ ist mit 3 bis 4 jedoch sehr viel größer als das eines Schräghecks, bei dem Λ etwa 1,5 beträgt. Bei gleichem Neigungswinkel α ist der induzierte Abwind im Längsmittelschnitt des Stufenheck-Fahrzeugs also schwächer, die Wirkung der Randwirbel auf die Überströmung weniger ausgeprägt.

Im Bild 4.39 sind die Hauptparameter gekennzeichnet, die im wesentlichen die Geometrie eines Stufenhecks beschreiben. Es sind dies die Höhe z des Hecks, seine Länge x sowie der Neigungswinkel α der Heckscheibe. Der Einfluß dieser drei Größen auf den Widerstand ist im Bild 4.61 am Beispiel des Audi 100 III zusammengefaßt. Für alle drei Parameter ist ein Sättigungscharakter zu erkennen, der mit dem betrachteten Fahrzeug vollständig ausgenutzt wurde. Bei der Entwicklung der Hecklinien des Opel Calibra, einen Ausschnitt daraus enthält Bild 4.62, zeigte sich jedoch, daß es zumindest für die Heckhöhe z ein Optimum gibt; dessen Wert ist aber seinerseits formspezifisch. Das wird auch durch die Parameterstudie von A. Gilhaus und V. Renn [4.30] mit Bild 4.63 bestätigt.

Bisher ist es nicht gelungen, für die drei dikutierten Parameter eindeutige optimale Kombinationen anzugeben. Das ist darauf zurückzuführen, daß weitere Größen Einfluß auf den Strömungsverlauf in dieser Region nehmen. Einmal ist das der Radius im Übergang vom Dach zur Heckscheibe. Ebenso wirkt sich der Abschluß des Kofferraumdeckels – rund oder kantig („Abriß") – auf den Vorgang des Wiederanlegens aus. Und darauf, daß die Ausbildung der C-Säulen einen Einfluß auf das Aufrollen der Längswirbel nimmt, wurde bereits im vorigen Abschnitt hingewiesen.

Diese „Sekundär-Einflüsse" sind wohl dafür verantwortlich, daß weder der Vorschlag von G. W. Carr [4.54] noch ein erneuter Versuch von T. Nouzawa et al. [4.55] zum Ziel führten, nämlich durch Einführung des im Bild 4.59 definierten Winkels β die beiden Parameter Höhe z und Länge x zu einem einzigen zusammenzufassen und die Meßwerte danach zu ordnen. Die Folgerung aus dem im Bild 4.59 aus [4.55] reproduzierten Diagramm, daß nahe $\beta = 25°$ ein Widerstandsmaximum liegt, ist angesichts der „Streuung" der Meßwerte äußerst vage.

164

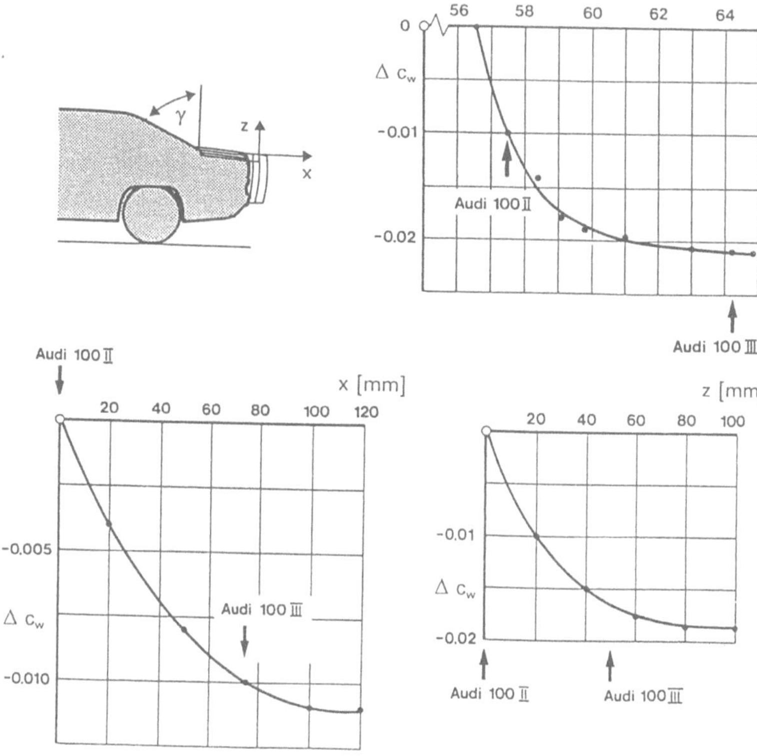

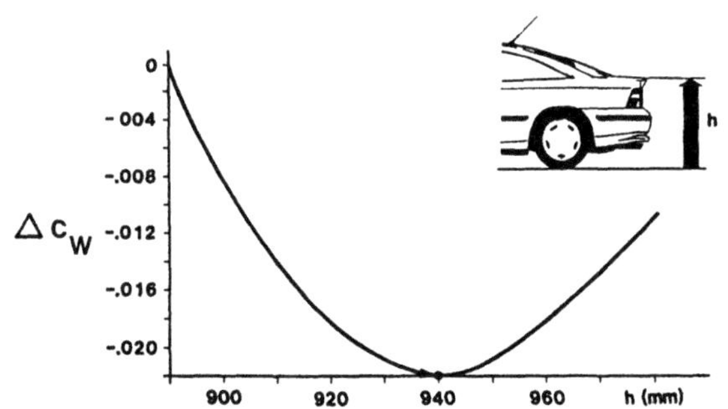

Bild 4 62   Optimale Heckhohe h fur den Opel Calibra
nach [4 17]

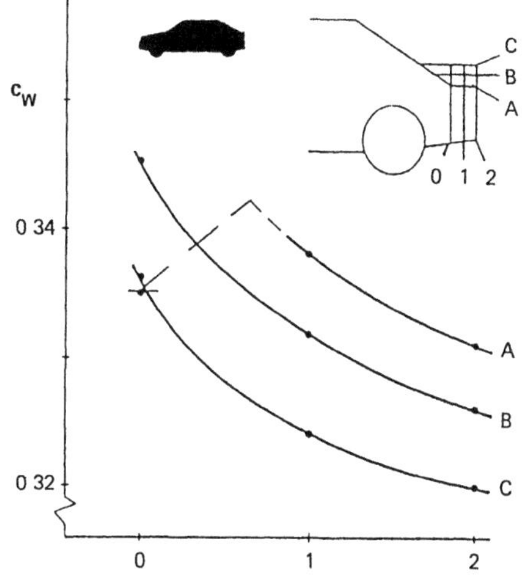

Bild 4 63   Parameterstudie am Stufenheck
nach [4 30]

4.4.6 Grundriß und Seitenteile

Ausgangsform für den Grundriß eines Autos ist das Rechteck. Durch Auswölben der Seiten läßt sich jedoch eine wesentlich bessere Anpassung an die Verdrängungsströmung um das Auto erreichen. Der Winkel vom Bug in die Seitenteile ist dann stumpfer, der Übergang zum Heckeinzug sanfter. Der Widerstand sinkt bei dieser Maßnahme, ähnlich wie bei der Wölbung des Daches, jedoch nur dann, wenn der c_W-Wert schneller ab- als die Stirnfläche zunimmt. Beim Audi 100 III führte das Wölben der Seiten zum Erfolg, wie Bild 4.64 belegt. Das Beispiel im Bild 4.65 zeigt aber, daß das nicht immer zutrifft. So rechtfertigt sich beim Auto 2000 von VW das Wölben nur, wenn es ganz ohne Vergrößerung der Querschnittsfläche machbar ist.

Funktionale wie stilistische Grenzen schränken den seitlichen Zug aber ein. Radstand und Spur sollen möglichst groß sein; d.h. die Räder sollen möglichst nahe an den „Ecken" der Grundfläche angeordnet werden, und sie sollen von der Karosserie weitgehend umschlossen werden. Schließlich darf das Fahrzeug nicht zu schmal erscheinen.

Von den übrigen im Bild 4.64 gekennzeichneten Formparametern bleibt nur den Einfluß des Radius der C-Säule nachzutragen. Die günstige Wirkung einer gerundeten C-Säule geht aus Bild 4.37 hervor; sie beruht darauf, daß wie beim Boat-tailing ein Druckrückgewinn erzielt wird. Konstruktiv wird der Einzug der C-Säule durch die Forderungen nach ausreichender seitlicher Kopffreiheit auf dem Rücksitz und möglichst kleinem „toten Winkel" beim Blick nach hinten begrenzt.

Die Umströmung der Seitenwände wird an drei Stellen gestört: von den Radausschnitten (vgl. Abschnitt 4.4.8) durch die Außenspiegel (vgl. Abschnitt 4.4.11) und von den Vertiefungen der Seitenscheiben. Türgriffe dagegen sind solange nicht nachteilig, wie sie in Strömungsrichtung verlaufen.

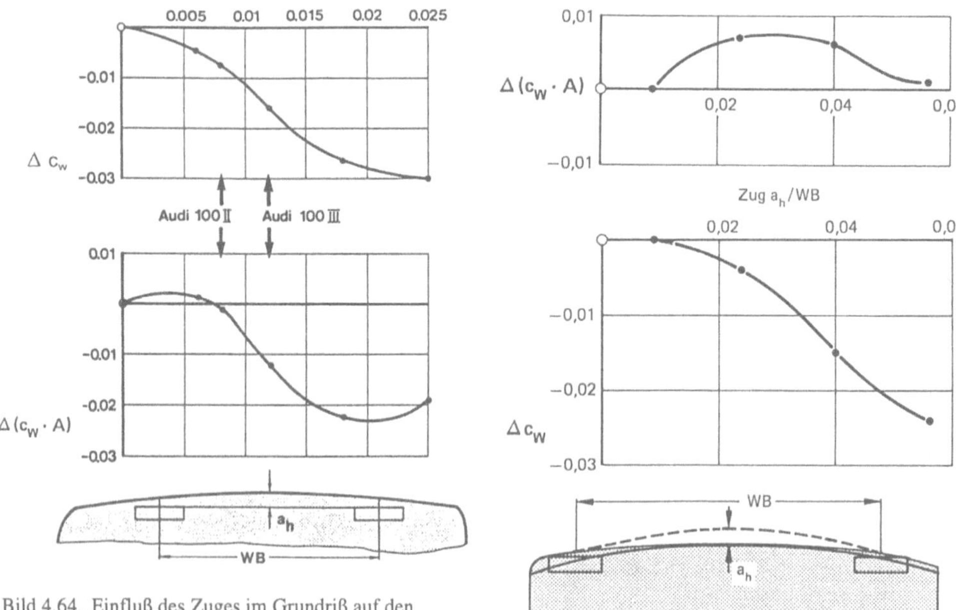

Bild 4.64. Einfluß des Zuges im Grundriß auf den Widerstand eines Stufenheck-Pkw nach [4.37].

Bild 4.65. Einfluß des Zuges im Grundriß auf den Widerstand eines Fließheck-Pkw nach [4.35].

Die widerstandserhöhende Wirkung von quer zur Strömung angebrachten Leisten und Vertiefungen sind aus der Flugtechnik bekannt, vgl. S.Hoerner [4.56] und K.Wieghardt [4.57]. Diese Erkenntnisse werden inzwischen auch im Automobilbau genutzt. Aus Bild 4.66 kann man aber entnehmen, daß es nicht unbedingt erforderlich ist, die Scheiben vollkommen bündig einzustraken. Eine Rezeßtiefe von 5 mm ist ohne Nachteil für den Widerstand zulässig. Aus akustischen Gründen (Windgeräusche) können aber härtere Forderungen gestellt werden. Bild 4.66 hebt hervor, daß der Effekt des bündigen Einstrakens für die vordere Seitenscheibe am größten ist und umso schwächer wird, je weiter hinten die Fenster liegen.

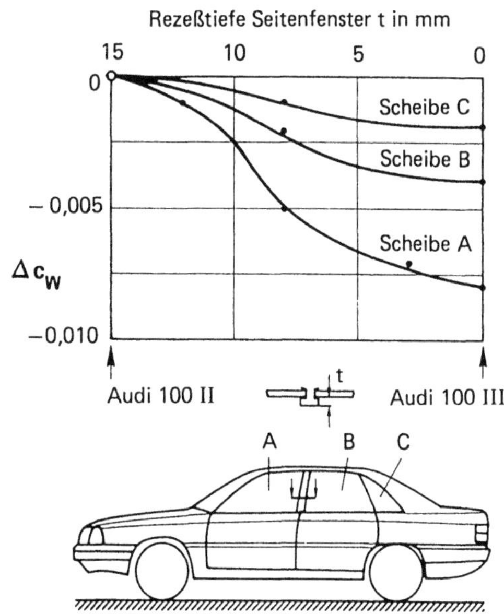

Bild 4.66. Widerstandsabbau durch „Glätten" der Außenhaut im Bereich der Seitenfenster nach [4.37].

4.4.7 Unterseite

Noch immer gleicht die Unterseite der meisten Fahrzeuge einer sehr rauhen Platte. Wie sehr deren Widerstand gegenüber einer glatten vergößert ist, läßt sich aus Bild 2.9 ablesen. Daß eine glatte Unterseite für den Widerstand eines Autos günstig ist, wurde wiederholt hervorgehoben, ebenso aber auch, daß diese konstruktiv aufwendig und möglicherweise gar nachteilig ist. Denn Verkleidungen können, wenn sie nicht sorgfältig abgestimmt sind, die Kühlung der Bremsen, der Ölwanne und der Abgasanlage behindern.

R. Buchheim et al.[4.37] haben die Unterseite schrittweise geglättet; die Ergebnisse finden sich in Bild 4.67. Danach erbringt ein vollständig glatter Unterboden in guter Übereinstimmung mit älteren Messungen von G. W. Carr [4.11] eine Widerstandsreduktion um $\Delta c_W = 0{,}045$. Erst wenn der Unterboden glatt ist, wird ein Heckdiffusor wirksam; insgesamt läßt sich mit beiden Maßnahmen $\Delta c_W = 0{,}07$ erzielen.

4.4.8 Räder und Radhäuser

Der Beitrag der Räder zum Luftwiderstand von Pkw ist sehr groß; bei strömungsgünstigen Fahrzeugen kann er bis zu 50 % ausmachen. Das ist, wie im Abschnitt 1.2.3 referiert, bereits bei Modellmessungen aufgefallen, die W. Klemperer 1922 im Auftrag von P. Jaray unternommen hat. Versuchsergebnisse am Forschungsauto CNR von Pininfarina, über die A. Cogotti [4.58] berichtet

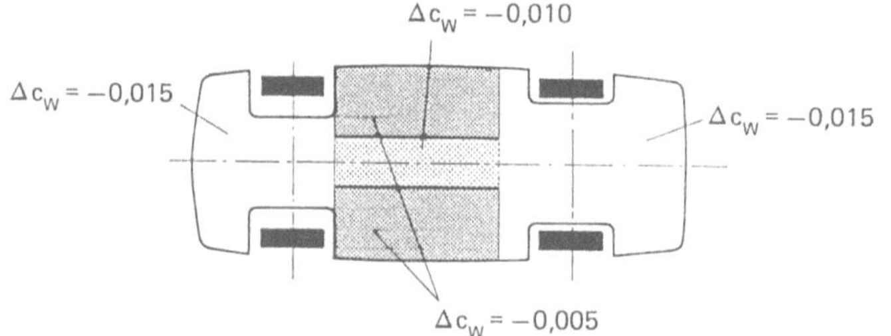

Bild 4 67   Widerstandsabbau durch abschnittsweises „Glatten" der Fahrzeugunterseite nach [4 37]

hat und die im Bild 4.68 zusammengestellt sind, bestatigen das erneut. Nachdem das lange Zeit als unabänderlich hingenommen wurde, werden heute erste Ansätze zur Verbesserung der Radumströmung sichtbar.

Die Ursache für diesen überproportionalen Widerstandsanteil liegt in der Schräganströmung, die im Bild 4.69 für die Vorderräder skizziert ist, weil sie bei diesen besonders ausgeprägt ist. Die Rauchaufnahme im Bild 4.70 gibt Aufschluß über den Betrag des Zuströmwinkels. Wurde bisher für diesen von 10 bis 20° ausgegangen, so scheint er tatsächlich in der Nähe von 30° zu liegen. Daraus

	c_W	c_A	A in m² M 1:2
	0,073	−0,044	0,407
	0,157	−0,009	0,462

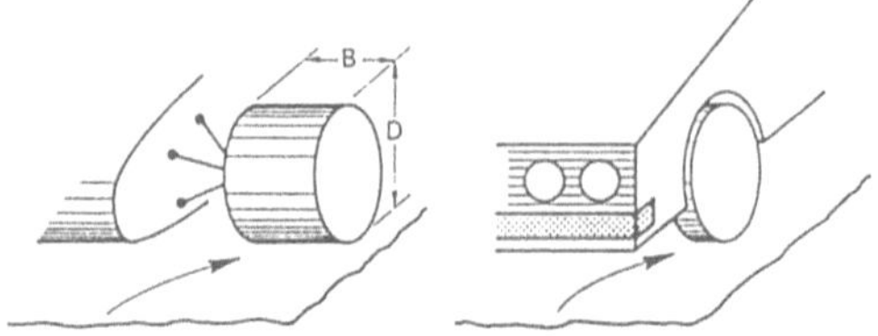

Bild 4.69. Schräganströmung der Vorderräder, schematisch.

Bild 4 68   Erhohung von Widerstand und Auftrieb eines stromungsgunstigen Fahrzeugkorpers durch Hinzufugen der Rader nach [4 57]

Bild 4.70. Schraganstromung der Vorderrader, an einem Opel Calibra uber mitlaufendem Boden im Deutsch-Niederlandischen Windkanal (DNW), mit Rauch sichtbar gemacht Foto: Adam Opel AG.

168

resultiert eine ausgeprägte Ablösung auf der Außenseite der Vorderräder. Diese läßt sich bei Fahrt auf regennasser Straße gut am Spritzwasserbild beobachten; das ins Radhaus gewirbelte Wasser wird durch den Unterdruck über der äußeren Radfläche seitlich herausgezogen. Ebenso läßt sich diese Ablösung auch in den Nachlaufmessungen identifizieren: Die *breite seitliche* Erstreckung der Gesamtdruckverlust-Delle dicht über der Fahrbahn, die im Bild 4.15 hervortritt, ist Ausdruck dafür.

Die Umströmung der Räder ist dadurch besonders verwickelt, daß diese von einem Radhaus teilweise umschlossen werden und daß sie sich drehen. Messungen an freifahrenden Rädern, wie sie wiederholt unternommen wurden, vgl. W. R. STAPLEFORD et al. [4.59], A.MORELLI [4.60] und A.COGOTTI [4.58], haben deshalb zumindest für den Pkw nur eine eingeschränkte Aussagekraft.

Auffallend an der Zusammenstellung im Bild 4.71 ist der mit $c_W = 0{,}6$ sehr hohe Widerstand des Rades selbst. Wenn A. J. SCIBOR-RYLSKI [4.36] mit Bild 4.72 den doppelten Wert mitteilt, läßt das darauf schließen, daß er bei unterkritischer Reynolds-Zahl gemessen hat; weitere Einzelheiten dazu folgen in Abschnitt 12.3.2.

Die geringe Verbesserung des c_W-Wertes durch Verkleidung der Nabe, die aus Bild 4.71 hervorgeht, ist mit der Ablösung am Reifen zu erklären; sie tritt schon bei symmetrischer Strömung auf. Ist die Strömung erst einmal abgelöst, dann läßt sie sich durch eine Verkleidung nicht mehr beeinflussen. Das wird auch durch Messungen bestätigt, die COGOTTI an einer Reihe von ausgeführten Fahrzeugen unternommen hat. Durch die Nabenverkleidung verringerte sich deren c_W-Wert im Mittel nur um etwa 0,01. Der Einfluß der Drehung auf die Kräfte am Rad, auf Widerstand und Auftrieb, ist zumindest für das *freifahrende* Rad gering, wie aus Bild 4.71 folgt.

Das schräg angeströmte freifahrende Rad ist ebenfalls von COGOTTI untersucht worden. Erstaunlich ist, daß der c_W-Wert, wie Bild 4.73 zeigt, für größere Schiebewinkel wieder abnimmt. Für das im Radhaus umlaufende Rad ist nicht mit einem derartigen Verhalten zu rechnen. COGOTTI fand weiter, daß das *Volumen* des umgebenden Radhauses einen Einfluß auf die Kräfte am Rad hat, vgl. Bild 4.74. Danach sollte dieses Volumen so klein wie möglich gemacht werden. Auch bei diesen Untersuchungen erwies sich der Einfluß der Drehung als klein.

Von der Möglichkeit, die Radausschnitte der Hinterräder außen bündig mit der Karosserie zu verschließen, wird nur selten Gebrauch gemacht. Das, obwohl bei Frontantrieb das Argument entfällt, diese Räder müßten für das Auflegen von Schneeketten gut zugänglich sein. Die Gründe dafür dürften in der geringen aerodynamischen Wirksamkeit dieser Maßnahme liegen. Die Verbesserung des c_W-Wertes ist selbst dann kleiner als 0,01, wenn die übrige Karosserie sehr strömungsgünstig ausgeführt ist. Hingegen dürfte das Absprühen von Wasser damit vermindert werden.

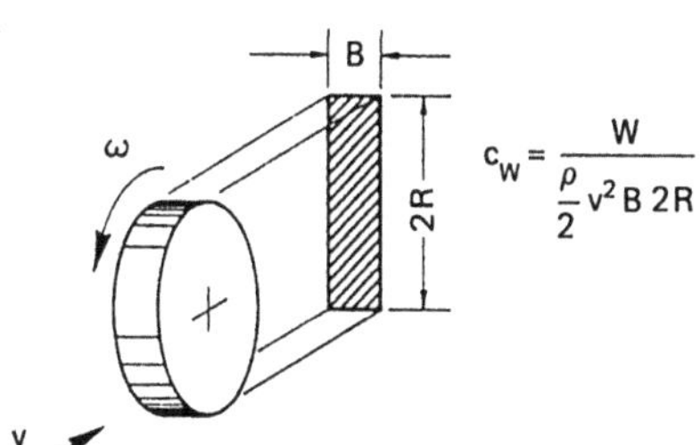

Bild 4.71. Widerstand und Auftrieb des freifahrenden Rades mit und ohne Drehung nach [4.58].

	$\omega = 0$	$\omega = \dfrac{V}{R}$	
c_W	0,593	0,579	Standard Felge
c_A	0,272	0,180	
c_W	0,544	0,488	Rad-schüssel beidseitig flach abge-deckt
c_A	0,296	0,178	

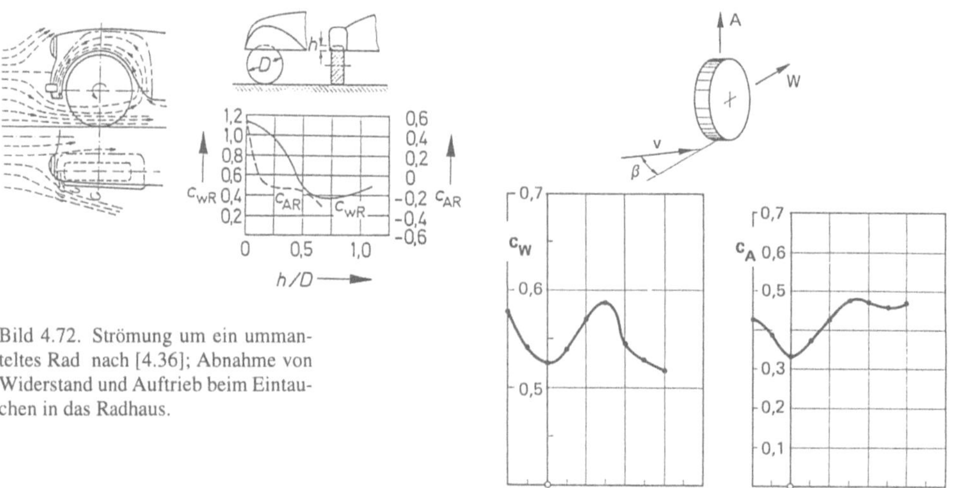

Bild 4.72. Strömung um ein ummanteltes Rad nach [4.36]; Abnahme von Widerstand und Auftrieb beim Eintauchen in das Radhaus.

Bild 4.73. Widerstand und Auftrieb des freifahrenden Rades bei Schräganströmung nach [4.58].

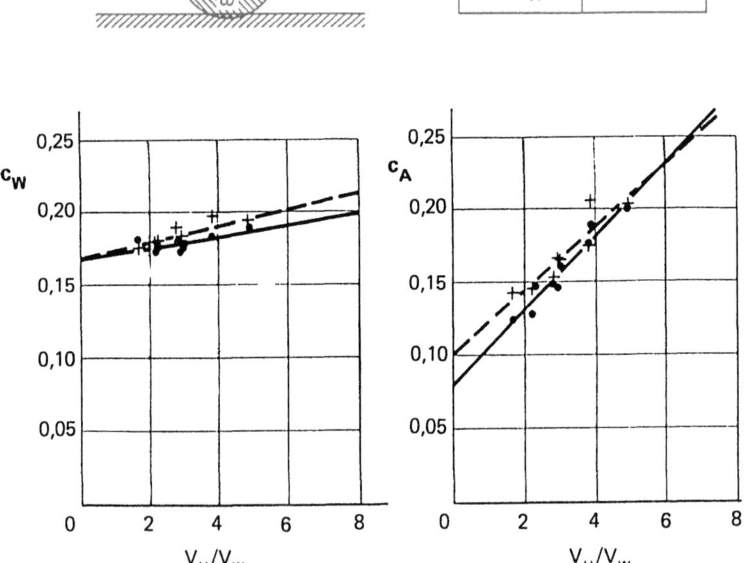

Bild 4.74. Einfluß des Volumens des Radhauses auf Widerstand und Auftrieb eines ummantelten Rades nach [4.58].

Das Zusammenwirken von Rädern und Karosserie ist noch wenig erforscht. Es ist zu erwarten, daß diesem Wechselspiel in Zukunft mehr Aufmerksamkeit zuteil wird, denn es scheint ein großes Potential zur Widerstandsverbesserung bereit zu halten.

170

4.4.9 Bugspoiler

Mit dem Bugspoiler lassen sich drei positive Effekte erzielen

- Der Widerstand wird verkleinert,

- der Auftrieb an der Vorderachse wird abgebaut und

- der Kuhlluft-Volumenstrom wird erhoht

Je nach Aufgabenstellung werden die Akzente unterschiedlich gesetzt Stand ursprunglich der Widerstand im Mittelpunkt, so verlagerte sich, vor allem bei schnellen Wagen, das Interesse sehr bald zum Auftrieb Wie im Abschnitt 5 4 1 naher begrundet, muß dabei mit Rucksicht auf das Eigenlenkverhalten auf die Verteilung des Auftriebes zwischen Vorder- und Hinterachse geachtet werden Die Steigerung des Kuhlluft-Volumenstroms war anfangs eher ein Nebeneffekt, bei starkerer Motorisierung wird er inzwischen gezielt genutzt

Die negativen Begleiterscheinungen des Bugspoilers durfen nicht ubersehen werden Es gilt vielmehr, sie durch besondere Maßnahmen zu kompensieren Die Abschirmung der Unterseite verschlechtert die Kuhlung der Olwanne und vor allem der Bremsen Durch eine gezielte Luftfuhrung, mit passend plazierten Offnungen im Spoiler, kann dem jedoch abgeholfen werden

Konstruktiv laßt der Bugspoiler drei Varianten zu Als Anbauteil, meist aus Kunststoff, besteht der größte Freiraum bezuglich der Geometrie – Lage und Hohe – aber es fallen zusatzliche Kosten an Die beiden anderen Ausfuhrungen sind annahernd kostenneutral, der Spoiler wird integriert, entweder ins vordere Abschlußblech oder in den Stoßfanger

Die widerstandsmindernde Wirkung des Bugspoilers beruht darauf, daß er die Stromungsgeschwindigkeit an der Fahrzeugunterseite reduziert Dadurch wird deren Beitrag zum Widerstand des Fahrzeuges, der wegen der Rauhigkeit ihrer Oberflache groß ist, verkleinert Dem wirkt aber entgegen, daß der Spoiler selbst einen Widerstand erfahrt

Der Widerstand W_{B+S} der Kombination von Unterboden und Spoiler setzt sich additiv aus den Einzelwiderstanden des Unterbodens W_B und des Spoilers W_S zusammen, er laßt sich anhand des in Bild 4 75 skizzierten Modells erklaren

$$W_{B+S} = W_B + W_S \qquad (4\ 6)$$

Der Unterboden hat Reibungswiderstand, dessen Beiwert c_f wird gebildet, indem als Bezugsgroßen die mittlere Geschwindigkeit v unter dem Fahrzeug und die „benetzte" Oberflache A_B des Bodens gewahlt werden

$$c_f = \frac{W_B}{\frac{\rho}{2}\, v^2\, A_B} \qquad (4\ 7)$$

Bild 4 75 Wirkungsweise des Bugspoilers schematisch

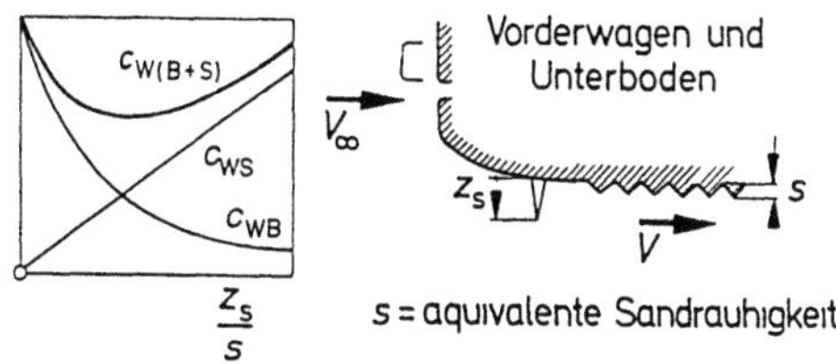

Die Fläche A_B des Bodens beträgt etwa das Dreifache der Stirnfläche A des Fahrzeuges. Die Geschwindigkeit v ist proportional der Fahrgeschwindigkeit V_F. In der Regel ist das Verhältnis v/V_F kleiner als eins, und es ist über der Länge der Unterseite nicht konstant. Bei vollrauhen Platten ist jedoch nach Bild 2.9 der Reibungsbeiwert c_f von der Reynolds-Zahl unabhängig, er ist also für den Unterboden eine Konstante.

Rechnet man den Reibungsbeiwert des Unterbodens auf die üblichen Bezugsgrößen, nämlich die Stirnfläche A und die Fahrgeschwindigkeit V_F, um, so erhält man den c_w-Wert dieses Fahrzeugteils zu

$$c_{WB} = c_f \frac{A_B}{A} \left(\frac{v}{V_F}\right)^2 . \tag{4.8}$$

Das Geschwindigkeitsverhältnis v/V_F ist eine Funktion der Spoilerhöhe z_S:

$$\frac{v}{V_F} = f\left(\frac{z_s}{s}\right) . \tag{4.9}$$

Der Verlauf von Gl. (4.9) kann nur qualitativ angegeben werden: Mit zunehmender Spoilerhöhe z_S fällt das Geschwindigkeitsverhältnis v/V_F ab; die Strömung unter dem Fahrzeug wird von dem Spoiler „blockiert".

Der Spoiler selbst kann wie eine senkrecht in den Luftstrom gehaltene, einseitig aufgesetzte Platte betrachtet werden. Deren Widerstandsbeiwert c'_{ws} ist

$$c'_{ws} = \frac{W_s}{\frac{\rho}{2} V_F^2 A_s} = 1{,}6 . \tag{4.10}$$

Bezugsgrößen sind die Stirnfläche A_S des Spoilers, die der Spoilerhöhe z_S proportional ist, und die Fahrgeschwindigkeit V_F. Der Beiwert $c_{w,s}$ ist von der Spoilerhöhe z_S unabhängig. Umgerechnet auf die üblichen Bezugsgrößen ergibt sich der c_w-Wert des Spoilers zu

$$c_{ws} = c'_{ws} \frac{A_s}{A} . \tag{4.11}$$

Dieser nimmt linear mit der Spoilerhöhe z_S zu.

Für die Summe beider Teilwiderstände folgt daraus der im Bild 4.75 dick eingetragene Kurvenzug. Er weist ein ausgeprägtes Minimum auf; bezüglich des Widerstandes gibt es also eine *optimale* Spoilerhöhe. Zunächst nimmt mit wachsender Spoilerhöhe der Reibungswiderstand des Bodens schneller ab, als der Druckwiderstand des Spoilers zunimmt. Dann aber fällt der Widerstand des Bodens kaum noch, während der des Spoilers weiter zunimmt . Bei sehr großer Spoilerhöhe ist der Widerstand der Kombination Boden plus Spoiler sogar größer als der des Bodens ohne Spoiler.

Diese qualitative Betrachtung wird durch eine Reihe von Meßergebnissen gestützt. Daß die Geschwindigkeit unter dem Fahrzeug gedrosselt wird, erkennt man im Bild 4.76. Und daß der Widerstand mit wachsender Spoilerhöhe ein Minimum durchläuft, ist aus zahlreichen Spoilerent-

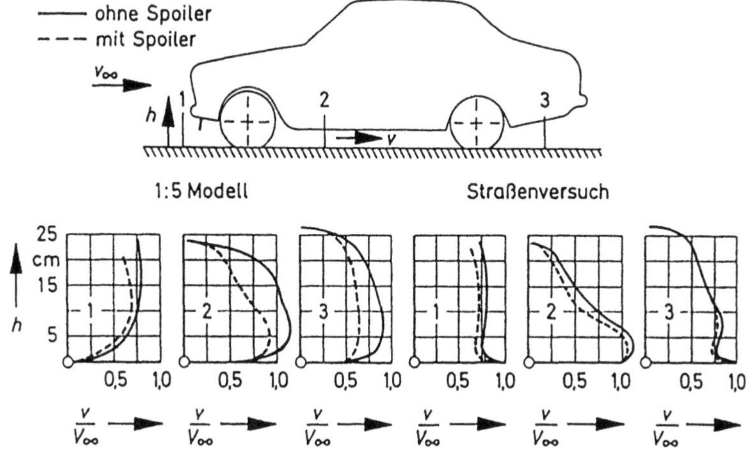

Bild 4.76. Geschwindigkeitsverteilung unter dem Fahrzeug, ohne und mit Bugspoiler nach [4.61].

wicklungen bekannt geworden. Ein Beispiel dafür gibt Bild 4.77. Die für verschiedene Spoilerhöhen gemessene Druckverteilung liefert auch eine Erklärung für die Abnahme des *Auftriebs* an der Vorderachse: Die Strömung löst am Spoiler ab; hinter dem Spoiler entsteht ein Totwasser mit niedrigem statischen Druck. Dieser Unterdruck nimmt mit wachsender Spoilerhöhe ab und breitet sich über einen größeren Teil der Unterseite des Vorderwagens aus. Anders als der Widerstand durchläuft der Auftrieb aber kein Minimum. Hat ein niedriger Auftrieb an der Vorderachse Priorität, dann kann der Spoiler sehr viel höher ausgeführt werden als für das Widerstandsminimum.

Bild 4.77. Einfluß eines Bugspoilers nach [4.62].
a) auf die Druckverteilung,
b) auf Auftrieb und Widerstand eines Pkw

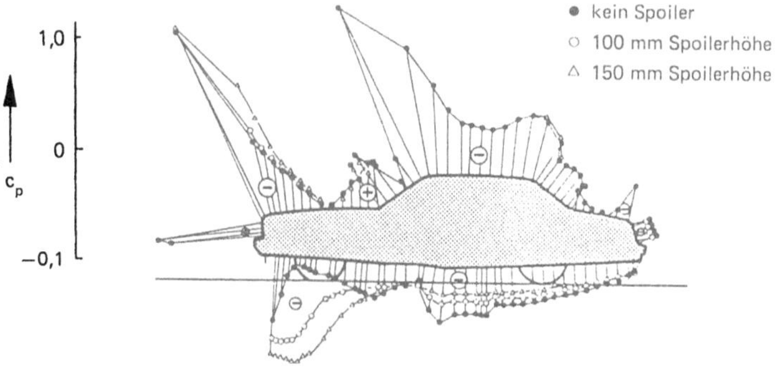

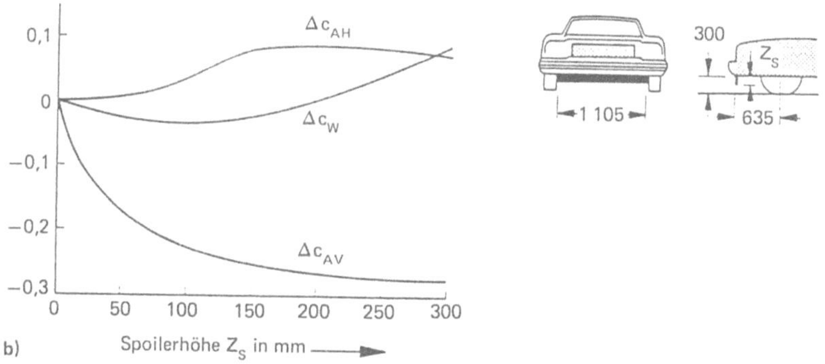

Die Druckverteilung im Bild 4.77 erklärt auch, warum durch einen Spoiler der Volumenstrom durch den Kühler verstärkt wird: Die ihn treibende Druckdifferenz wird vergrößert. Das gleichzeitige Ansteigen des Auftriebes an der Hinterachse kann darauf zurückgeführt werden, daß ein Teil der Luft, die wegen des Spoilers nicht mehr *unter* dem Fahrzeug hindurchströmen kann, *über* das Fahrzeug ausweicht und dort erhöhten Unterdruck erzeugt. Über der Motorhaube tritt diese Druckabsenkung deutlich hervor; über dem rückwärtigen Fahrzeug ist sie weniger ausgeprägt.

Höhe und Rücklage des Spoilers müssen dem jeweiligen Fahrzeug experimentell angepaßt werden; zwei Beispiele dafür sind in Bild 4.78 zusammengefaßt. Eine parametrische Untersuchung über den

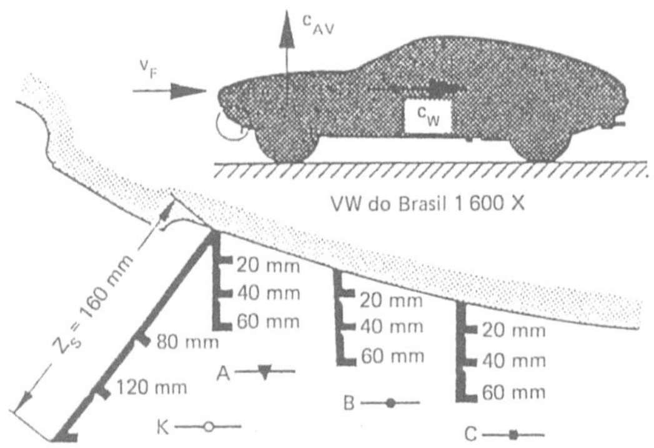

Bild 4.78. Zwei Beispiele für die Optimierung eines Bugspoilers mit dem Ziel eines möglichst niedrigen Luftwiderstandes.
a) nach [4.63];
b) nach [4.43][4.64].

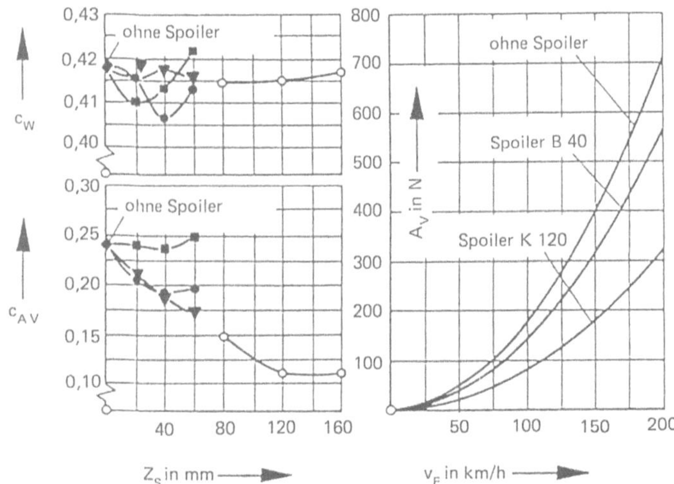

a)

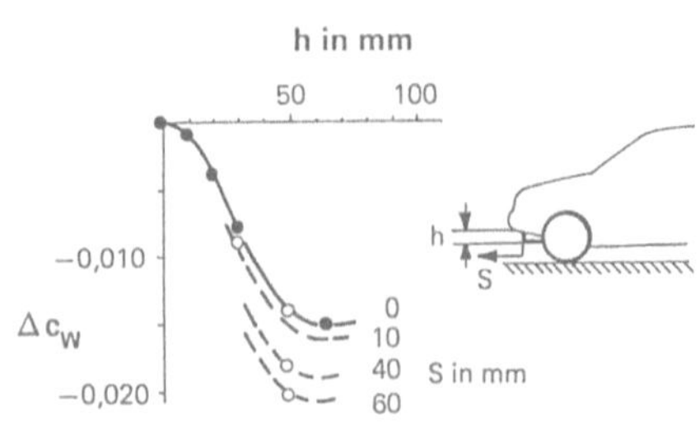

b)

174

Einfluß dieser beiden Größen haben R. BUCHHEIM et al. [4.65] mit Bild 4.79 vorgelegt; anstelle der Spoilerhöhe z_S ist seine auf den Bodenabstand e bezogene Bodenfreiheit H gewählt worden.

Fast alle bisher in die Serie eingeführten Bugspoiler weisen eine annähernd konstante Höhe über der Fahrzeugbreite auf. Im Zuge der Entwicklung des Opel Calibra konnten H.-J. EMMELMANN et al. [4.17] jedoch nachweisen, daß auch hier noch Spielraum für Verbesserungen besteht. Durch Ausschneiden des Spoilers in Fahrzeugmitte, wie im Bild 4.80a zu sehen, konnte der Widerstand weiter verkleinert werden. Eine nochmalige Reduzierung ergab sich durch eine Vergrößerung der Spoilerhöhe vor den Rädern, vgl Bild 4.80b. Durch beide Maßnahmen wird offenbar die Schräganströmung der Vorderräder gemildert und somit deren Widerstand ein wenig verkleinert.

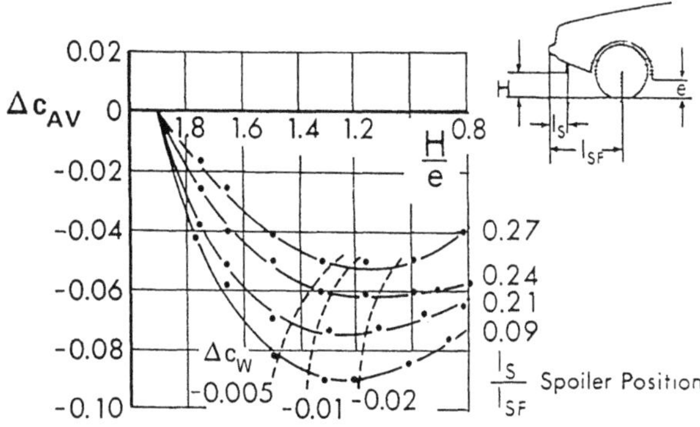

Bild 4.79. Einfluß eines Bugspoilers auf Widerstand und Auftrieb an der Vorderachse nach [4.65].

Bild 4.80. Spoilerentwicklung am Opel Calibra nach [4.17].
a) optimaler mittiger Spoilerausschnitt;
b) verlängerte Spoiler-„Ecken;

Folgeseite:
c) Herunterziehen des Schwellers;
d) Heckdiffusor.

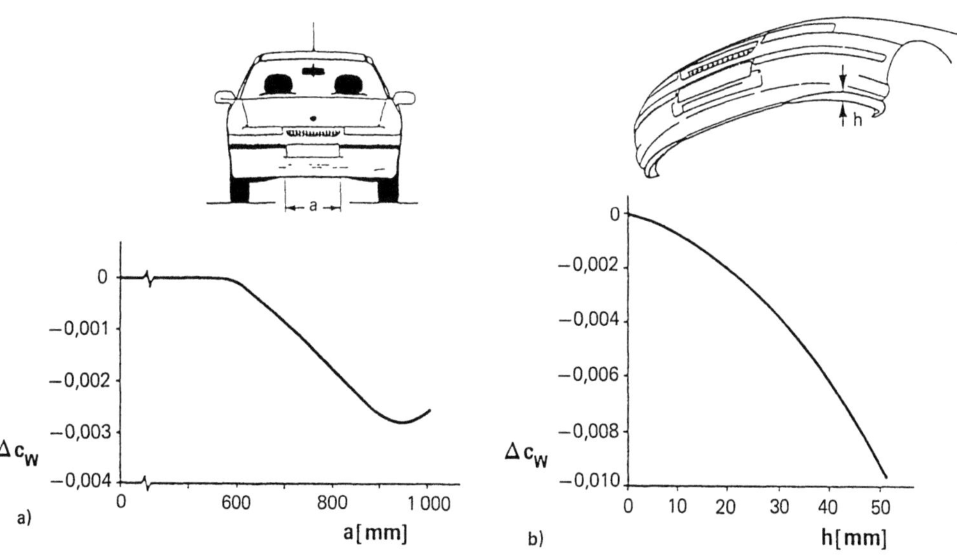

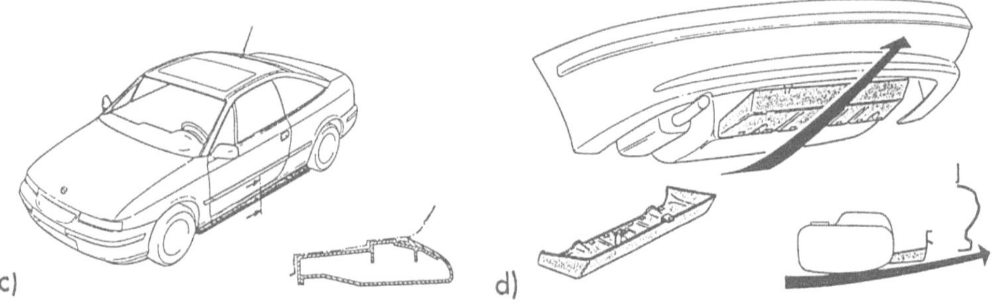

Bild 4 80 (Fortsetzung)
c) Herunterziehen des Schwellers,
d) Heckdiffusor

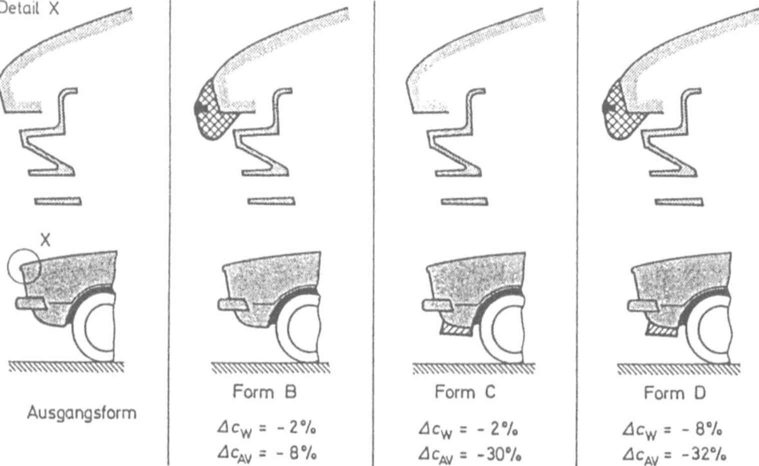

Bild 4 81
Abstimmung von
Bugspoiler und
Haubenvorderkante
nach [4 34].

Für Form B: $\Delta c_W = -2\%$, $\Delta c_{AV} = -8\%$
Für Form C: $\Delta c_W = -2\%$, $\Delta c_{AV} = -30\%$
Für Form D: $\Delta c_W = -8\%$, $\Delta c_{AV} = -32\%$

Diese Wirkung wird durch Herunterziehen der Türschweller weiter verstärkt, Bild 4.80c. Auch dadurch wird das seitliche Ausweichen der Strömung unter dem Vorderwagen vermindert; der Anströmwinkel der Vorderräder wird verkleinert. Schließlich ermöglicht es der Ausschnitt im Spoiler, die Strömung am Ende des Unterbodens zu verzögern, Bild 4.80d, und damit einen Diffusor zur Wirkung zu bringen. Daraus resultiert ein kleiner Widerstandsgewinn, und die Heckverschmutzung wird herabgesetzt.

Spoiler und *Details* der Bugkontur müssen sorgfältig aufeinander abgestimmt werden, das geht aus Bild 4.81 hervor. In diesem Fall wird durch die Kombination von Spoiler und Bugrundung, Form D, eine sehr viel größere Wirkung erzielt, als die Summe aus beiden einzeln ausgeführten Maßnahmen B und C erwarten läßt.

176

4.4.10 Heckspoiler

Auch mit einem Heckspoiler lassen sich drei Wirkungen erzeugen:

- Der Widerstand kann ebenso reduziert werden
- wie der Auftrieb an der Hinterachse und
- die Verschmutzung des Hecks.

Zwei Bauformen sind gebräuchlich: Leisten und Flügel. Die Leisten sind entweder anmontierte Kunststoffteile, aus einem Weichschaum gefertigt, um die Verletzungsgefahr herabzusetzen, oder aus dem Karosserieblech gezogene Teile. Flügel sind in der Regel aufgesetzt; integrierte Ausführungen findet man bei einigen Vollheckfahrzeugen.

Da wegen der hohen Heckformen die Sicht nach hinten ohnehin schon stark eingeschränkt ist, werden bei einigen sportlichen Fahrzeugen sogar ausfahrbare Heckspoiler eingesetzt. Diese treten nur dann in Aktion, wenn sie wirksam werden: bei hoher Fahrgeschwindigkeit.

Auch bei den Heckspoilern lag das Augenmerk zunächst auf dem Widerstand, zunehmend wird aber der Auftrieb betont. Flügel zur Verminderung der Heckverschmutzung werden vor allem bei Vollheckfahrzeugen und Bussen verwendet. Sie werden in den Abschnitten 6.4.3 und 8.7.2.2 behandelt.

Die Wirkung des Heckspoilers unterscheidet sich grundlegend von der des Bugspoilers. Sie läßt sich mit der der Wölbungsklappe eines Tragflügels vergleichen. K. OHTANI et al. [4.66] haben von dieser Analogie Gebrauch gemacht, um die Funktion des Heckspoilers anhand der angestellten ebenen Platte zu erklären. Das Ergebnis vermittelt Bild 4.82. Durch Ausschlagen der den Spoiler simulierenden Klappe steigt der Druck auf der Platte. Integriert man diese geänderte Druckverteilung in x- und z-Richtung, so resultieren daraus verminderte Werte für Widerstand und Auftrieb.

Die im Bild 4.83 aufgetragenen an einem Fließheckwagen gemessenen Isobaren bestätigen diese

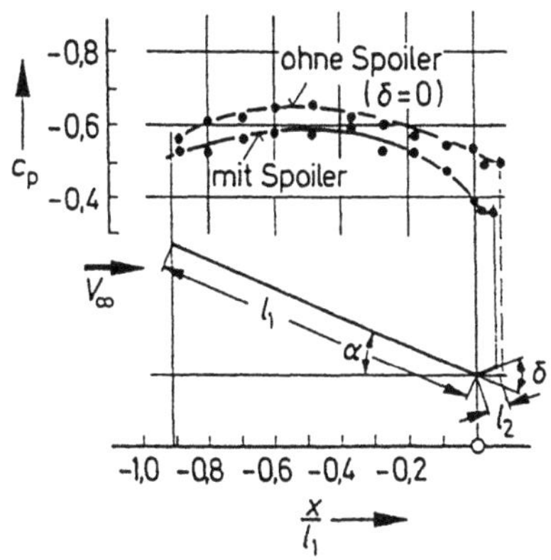

Bild 4.82. Zweidimensionale Klappe als Ersatzmodell für den Heckspoiler nach [4.66].

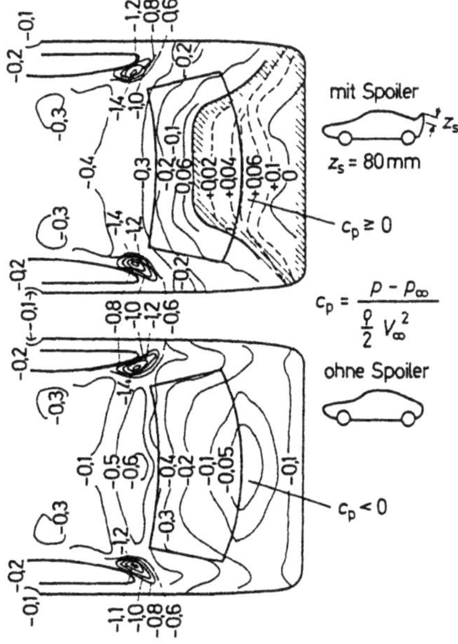

Bild 4.83. Isobaren an einem Fließheck, ohne und mit Spoiler nach [4.66].

177

Beobachtung. Der Spoiler bewirkt einen deutlichen Druckanstieg auf der vor ihm liegenden Heckschräge. Trägt man den Druck über der Fahrzeughöhe z/h auf, im Bild 4.84 ist das für den Mittelschnitt ausgeführt, so wird die Verminderung des Widerstandes evident. Der Abbau des Auftriebes an der Hinterachse folgt aus Bild 4.83 unmittelbar. Auf der Vorderseite des Fahrzeuges bleibt der Druck unverändert.

Wie Widerstand und Auftrieb von der Höhe des Heckspoilers abhängen, geht aus Bild 4.85 hervor. Die Möglichkeit, den Widerstand abzubauen, ist vergleichsweise gering. Bei sportlichen Fahrzeugen

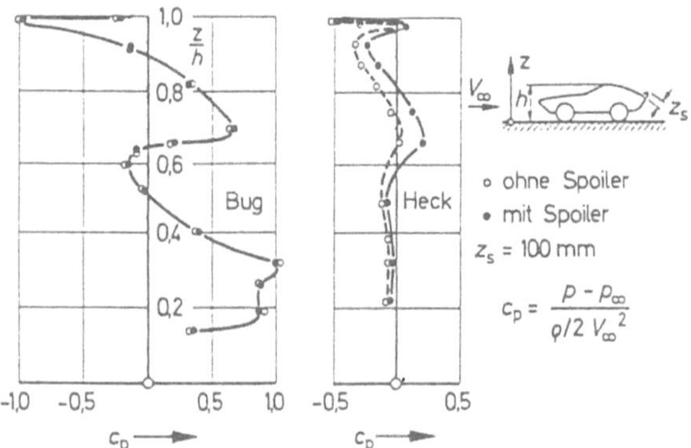

Bild 4.84. Druckerhöhung am rückwärtigen Fahrzeug infolge eines Heckspoilers nach [4.66].

$$c_p = \frac{p - p_\infty}{\varrho/2 \, V_\infty^2}$$

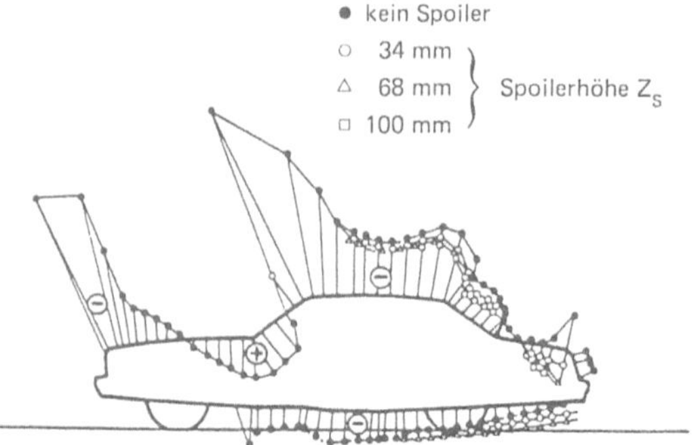

Bild 4.85. Einfluß der Höhe eines Heckspoilers nach [4.62].
a) die Druckverteilung;
b) auf Auftrieb und Widerstand eines Stufenheck-Pkw.

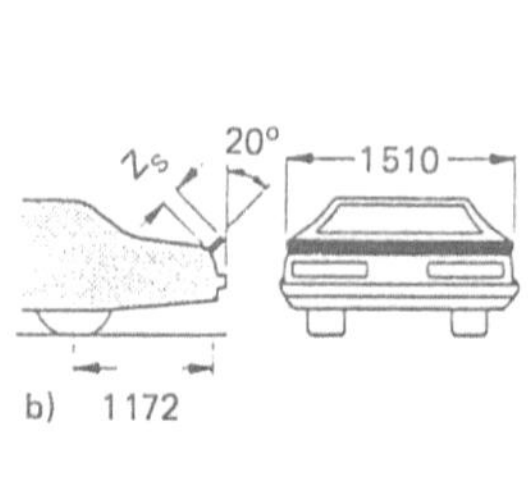

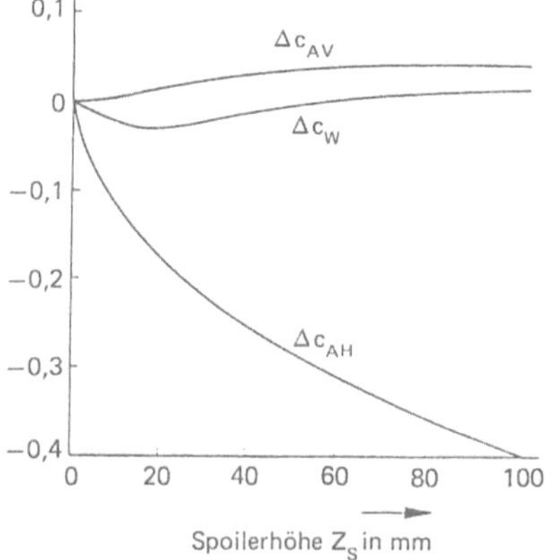

178

nimmt man, ähnlich wie bei Rennwagen, vgl. Abschnitt 7.4.1, sogar einen Widerstandsanstieg in Kauf, um den Auftrieb an der Hinterachse klein zu halten. Ein besonders markantes Beispiel dafür stellt Bild 4.86 dar. Die Wirkungsweise des Heckspoilers bei einem Stufenheck folgt aus der im Bild 4.85 aufgetragenen Druckverteilung. Überraschend ist, daß sich unter dem Einfluß des Spoilers der Druck auch auf der Unterseite so stark ändert.

Durch Formgebung und Positionierung des Heckspoilers läßt sich das Wertepaar Δc_W, Δc_A in bestimmten Grenzen beeinflussen. R. BUCHHEIM et al. [4.65] haben das im Bild 4.87 für die drei gängigen Heckkonturen zusammengestellt. Ergänzend dazu soll Bild 4.88 demonstrieren, wie sich ein gegebenes Wertepaar mit ganz unterschiedlichen Formen einstellen läßt, daß also dem Designer durchaus Freiraum bleibt.

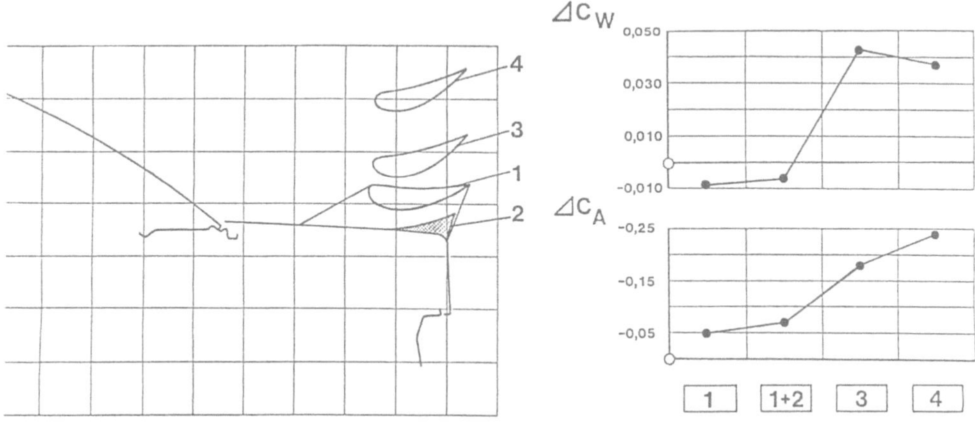

Bild 4.86. Abstimmung eines Heckspoilers für ein sportliches Straßenfahrzeug nach [4.67].

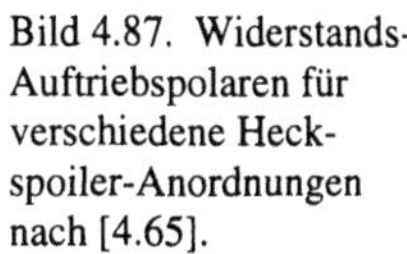

Bild 4.87. Widerstands-Auftriebspolaren für verschiedene Heck-spoiler-Anordnungen nach [4.65].

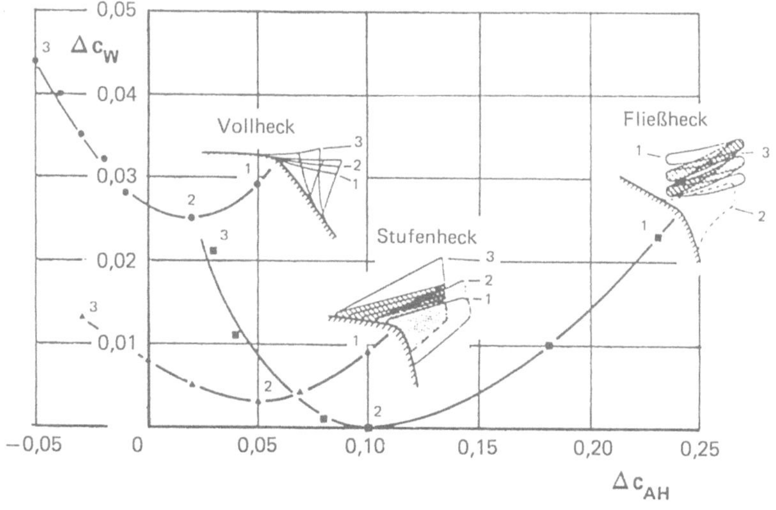

179

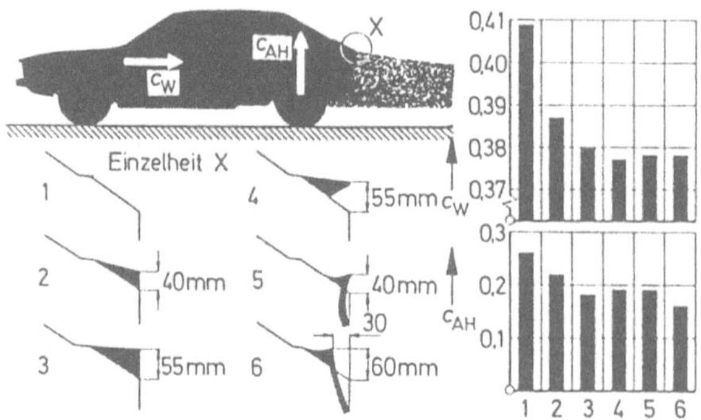

Bild 4.88 Varianten möglicher Heckspoilerformen für den VW Scirocco I nach [4.32].

Ein ausfahrbarer Heckspoiler wurde erstmals beim VW Corrado, Baujahr 1988, in der Serie angewandt. Darüber haben H. SCHUSTER et al. [4.68] berichtet. Die im Bild 4.89 aufgetragene Druckverteilung läßt seine Wirkungsweise erkennen: Der ausgefahrene Spoiler sorgt für eine Erhöhung des Druckes auf der Heckklappe; als Folge davon wird der Auftrieb an der Hinterachse um etwa ein Drittel abgesenkt. In absoluter Größe ist dieser „Gewinn" aus Bild 4.90 zu entnehmen.

4.4.11 Anbauteile

Außenspiegel und Antenne haben für sich genommen hohe c_w-Werte. Ihre Stirnflächen sind im Vergleich zu der des Fahrzeuges jedoch klein, und folglich ist auch ihr Anteil am Widerstand gering. Mehr als ihr Widerstand interessiert ihr Beitrag zum Windgeräusch und zur Verschmutzung, wie in den Abschnitten 6.4 und 6.5 ausgeführt. Der Widerstand von Dachgepäckträgern ist dagegen so groß, daß es sich sehr wohl lohnt, sie zu demontieren, wenn sie nicht benötigt werden.

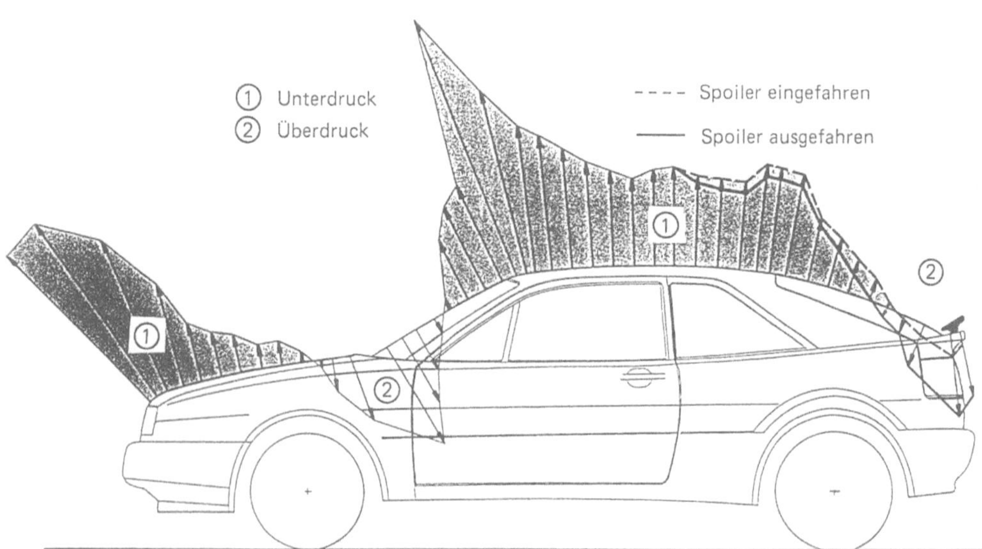

Bild 4.89 Veränderung der Druckverteilung um den VW Corrado durch einen ausfahrbaren Heckspoiler nach [4.68].

180

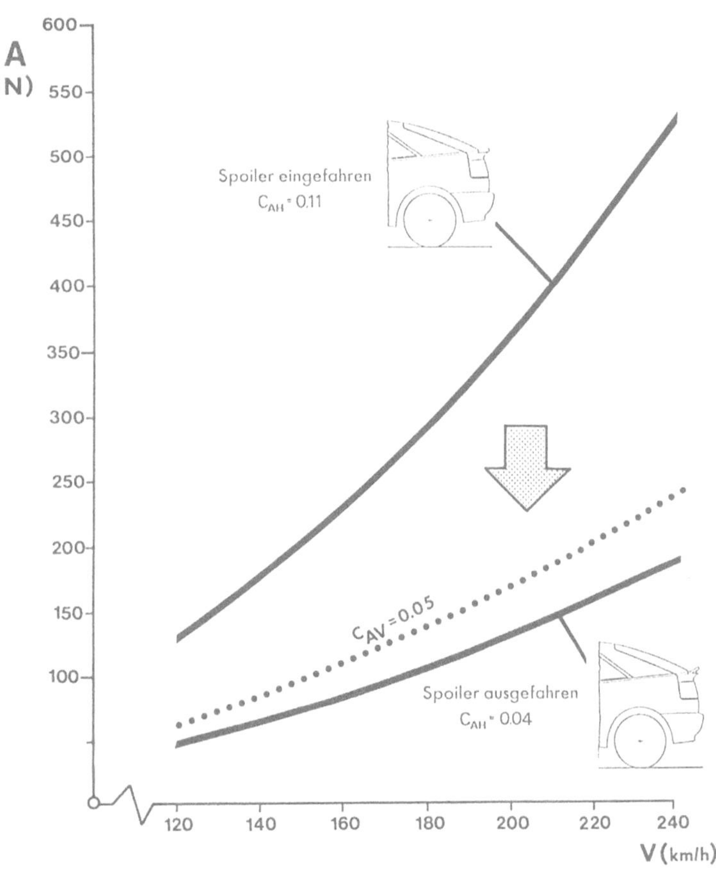

Bild 4.90. Abbau des Auftriebs an der Hinterachse des VW Corrado mittels ausfahrbarem Heckspoiler nach [4.68].

Sind W_S der Widerstand des Spiegels und A_S seine Stirnfläche, so folgt für seinen Widerstandsbeiwert $c'_{w,s}$

$$c'_{w,s} = \frac{W_s}{\frac{\rho}{2} V_s^2 A_s} = 0,4 \text{ bis } 1,2 \,. \tag{4.12}$$

Die Zahlenwerte in Gl. (4.12) sind, nach Rundung, Tabelle 2.1 entnommen. Für die Abschätzung des Beitrages des Spiegels zum c_w-Wert eines Autos kann bei einem gut ausgeformten Spiegel $c'_{w,s} = 0,5$ angesetzt werden. Spiegel, die einer scharfkantigen Kreisscheibe mit $c_w = 1,2$ gleichen, sind nicht mehr üblich. Die Stirnfläche eines Spiegels beträgt etwa 0,5 % derjenigen des Autos; die örtliche Anströmgeschwindigkeit V_S kann nach G. W. CARR [4.11] zu 1,3 V_F angenommen werden. Dann beträgt der mit den üblichen Bezugsgrößen gebildete c_w-Wert des Spiegels

$$c_{w,s} = \frac{W_s}{\frac{\rho}{2} V_F^2 A} = c'_{w,s} \, \frac{A_s}{A} \left(\frac{V_s}{V_F}\right)^2 = 0,004 \,. \tag{4.13}$$

181

Sind zwei Spiegel angebracht – und das ist inzwischen schon fast die Regel – so ist damit der Beitrag beider zum c_W-Wert von der Größenordnung 0,01, ist also durchaus merklich. Dabei sind Interferenzeinflüsse noch nicht berücksichtigt. Außenspiegel haben einen langen, breiten Nachlauf, der die Strömung auf den Seitenflächen beträchtlich stört.

Analog kann der Beitrag der Antenne abgeschätzt werden. Sind deren Widerstand W_A und ihre Stirnfläche A_A, so folgt

$$c'_{W,A} = \frac{W_A}{\frac{\rho}{2} V_A^2 A_A} = 1,2 \; . \tag{4.14}$$

Die Reynolds-Zahl für die Antenne ist unterkritisch:

$$Re_A = \frac{V_A \cdot d}{\nu} < 3 \cdot 10^5 \; .$$

Mit $A_A = 0,001\, A$ folgt für den Widerstandsbeiwert

$$c_{W,A} = c'_{W,A} \, \frac{A_A}{A} \left(\frac{V_A}{V_F}\right)^2 = 0,001 \; .$$

Der Widerstand der Antenne ist also vernachlässigbar klein.

Dachgepäckträger vergrößern den Luftwiderstand nachhaltig. Bild 4.91 gibt dafür einige Beispiele. Bei Skihaltern sind Widerstandserhöhungen um ein Drittel möglich; ein Fahrrad auf dem Dach

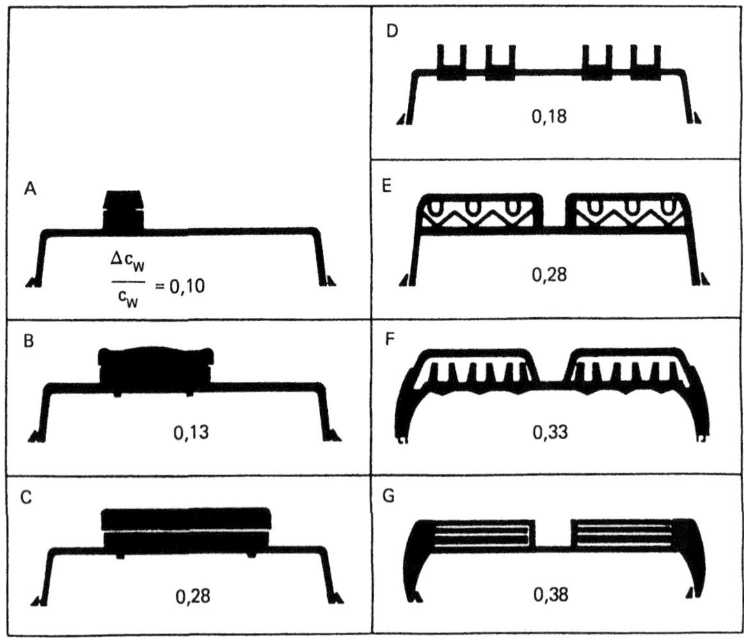

Bild 4.91.
Widerstandserhöhung durch Skiträger nach [4.69].

erhoht den Widerstand um etwa 40 % Dachkoffer werden zunehmend stromungsgunstig ausgelegt, um den mit ihnen verbundenen Verbrauchsanstieg zu begrenzen

4.4.12 Durchström-Widerstände

Ein Personenwagen wird von mehreren Stromrohren durchzogen, auf die sehr viel komplexeren Verhaltnisse bei Sport- und Rennfahrzeugen wird im Abschnitt 7 4 3 eingegangen Wasser- und ggf Olkuhler sowie Bremsen sind mit Kuhlluft zu versorgen, dem Motor muß Verbrennungsluft zugefuhrt werden Schließlich ist Frischluft durch den Fahrgastraum zu leiten

Die Druckverluste, die beim Durchstromen dieser einzelnen „Kanale" in ahnlicher Weise entstehen, wie im Abschnitt 2 4 fur ein Rohr erlautert, fuhren zu einem zusatzlichen Luftwiderstand des Fahrzeuges Wesentlich ist bei Pkw jedoch nur der Zusatzwiderstand, der aus der Durchstromung des Kuhlers oder *der* Kuhler resultiert

Dieser Widerstand setzt sich aus zwei Anteilen zusammen Bei der Durchstromung des Kuhlluftduktes entsteht ein Druckverlust, der in einem Impulsverlust resultiert Genau genommen ist nur fur diesen die Bezeichnung *Kuhlluft*-Widerstand zutreffend Die *Durch*-Stromung des Fahrzeuges andert aber auch seine *Um*-Stromung und damit seinen Luftwiderstand Diese als Interferenz-Widerstand bezeichnete Große kann sowohl positiv wie negativ sein In der Praxis werden diese beiden Komponenten jedoch nicht getrennt, vielmehr wird ihre *Summe* als Kuhlluft-Widerstand bezeichnet Sie ergibt sich aus der gemessenen Differenz der Widerstande des Fahrzeuges bei offener und verschlossener Kuhlluft-Einlaßoffnung

In allgemeingultiger Form sind die Krafte infolge der Kuhlluftstromung von J WIEDEMANN [4 70] aus den Erhaltungssatzen abgeleitet worden Im Bild 4 92 sind die Impulsflusse in der x,y-Ebene und die daraus folgenden Ausdrucke fur den Widerstand und den Auftrieb angeschrieben Tritt die Kuhlluft, wie gezeichnet, nach oben aus, so verursacht sie einen negativen Beitrag zum Auftrieb Diese Art der Luftfuhrung wird haufig bei Wettbewerbsfahrzeugen angewandt, nicht jedoch bei Pkw

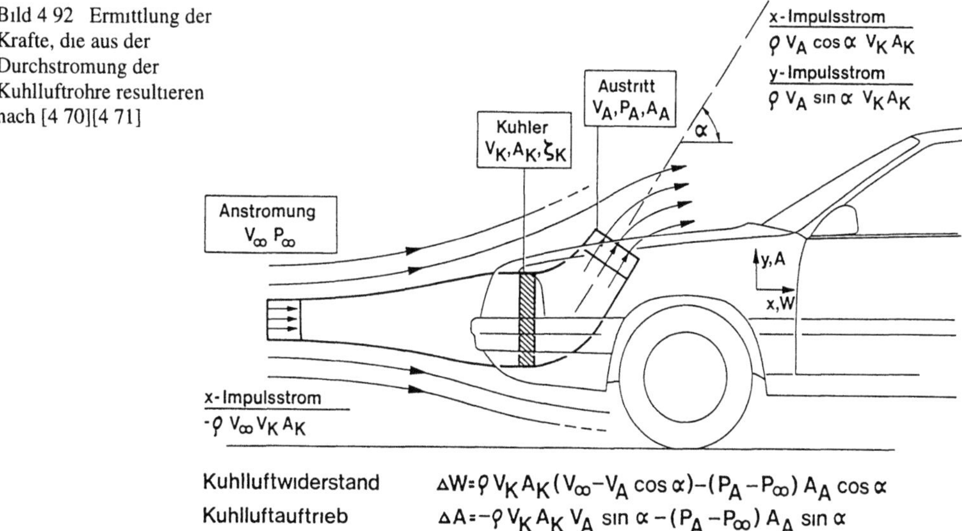

Bild 4 92 Ermittlung der Krafte, die aus der Durchstromung der Kuhlluftrohre resultieren nach [4 70][4 71]

Kuhlluftwiderstand $\qquad \Delta W = \varrho \, V_K A_K (V_\infty - V_A \cos\alpha) - (P_A - P_\infty) \, A_A \cos\alpha$

Kuhlluftauftrieb $\qquad \Delta A = -\varrho \, V_K A_K \, V_A \sin\alpha - (P_A - P_\infty) \, A_A \sin\alpha$

In dimensionsloser Form lautet der Kühlluft-Widerstand

$$c_{W,K} = \frac{W_K}{\frac{\rho}{2} V_F^2 A} = 2 \frac{A_A}{A} \frac{v_A}{V_F} \left(1 - \frac{v_A}{V_F} \cdot \cos \alpha\right) - c_{pA} \cos \alpha \frac{A_A}{A} \; . \tag{4.15}$$

Dabei ist für das Verhältnis der mittleren Anströmgeschwindigkeit v_A des Kühlers (face velocity) zur Fahrgeschwindigkeit V_F gesetzt worden zu

$$\frac{v_A}{V_F} = \sqrt{\frac{1 - c_{pA}}{1 - \zeta \left(\frac{A_A}{A_K}\right)^2}} \; . \tag{4.16}$$

Im Verlustbeiwert ζ sind sämtliche Verluste des Duktes zusammengefaßt und für die weitere Betrachtung gedanklich in der Ebene des Kühlers konzentriert.

Für den Fall $c_{pA} = 0$, also Austritt der Kühlluft an einer Stelle, an der Umgebungsdruck herrscht, bietet Bild 4.93 einen Vergleich von Gl. (4.16) mit Messungen. Dabei ergibt sich für die in der Praxis vorkommenden Verlustbeiwerte – sie liegen zwischen $\zeta = 4$ für ein sehr durchlässiges und $\zeta = 8$ für ein stark verblocktes System – eine gute Übereinstimmung. Und auch die Unterschiede gegenüber einer freien Abströmung der Kühlluft, dieses Modell geht auf Überlegungen von G. I. TAYLOR [4.73] zurück, sind gering.

Für den Grenzfall $A_A = A_k$, $c_{pA} = 0$ und $\alpha = 0$ geht Gl. (4.15) in die von S. HOERNER [4.56] für Ölkühler von Flugzeugen aufgestellte Beziehung über:

$$c_{WK}^* = 2 \frac{A_K}{A} \sqrt{\frac{1}{1 + \zeta}} \left(1 - \sqrt{\frac{1}{1 + \zeta}}\right) \; . \tag{4.17}$$

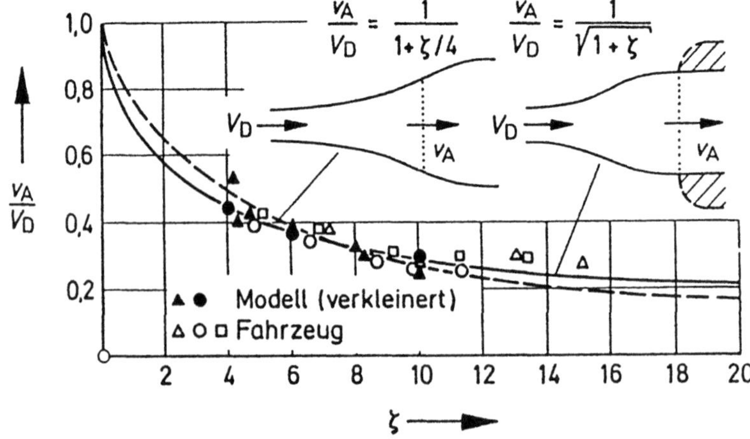

Bild 4.93. Verhältnis von Kühlluft- zu Fahrgeschwindigkeit in Abhängigkeit vom Verlustbeiwert der Kühlluftröhre nach [4.9][4.72].

Schließlich folgt aus Gl. (4.15) für $\alpha = 90°$, also für den Grenzfall, daß der gesamte x-Impuls des austretenden Volumenstromes gleich Null ist, der als Senkenwiderstand bekannte Ausdruck

$$c'_{WK} = \frac{W_K}{\frac{\rho}{2}\, V_F^2\, A_K} = 2\, \frac{v_A}{V_F} \cdot \tag{4.18}$$

Schätzt man den Kühlluft-Widerstand nach Gl. (4.18) ab, so folgt

$$c_{WK} = c'_{WK}\, \frac{A_K}{A} = 0,2 \text{ bis } 0,06 \ .$$

An serienmäßigen Fahrzeugen gemessene Kühlluftwiderstände liegen genau in diesem Bereich, vgl. Bild 4.94.

Um den Kühlluftwiderstand klein zu halten, darf durch den Motorraum nicht mehr Luft hindurchströmen, als unbedingt zur Kühlung benötigt wird. Konstruktiv ist dafür zu sorgen, daß die durch den Einlaß eingetretene Luft auch wirklich durch den Kühler hindurch und nicht um ihn herum strömt.

Bild 4.94. Kuhlluft-Widerstand
von ausgefuhrten Fahrzeugen.
a) nach [4.5];
b) nach [4.74].

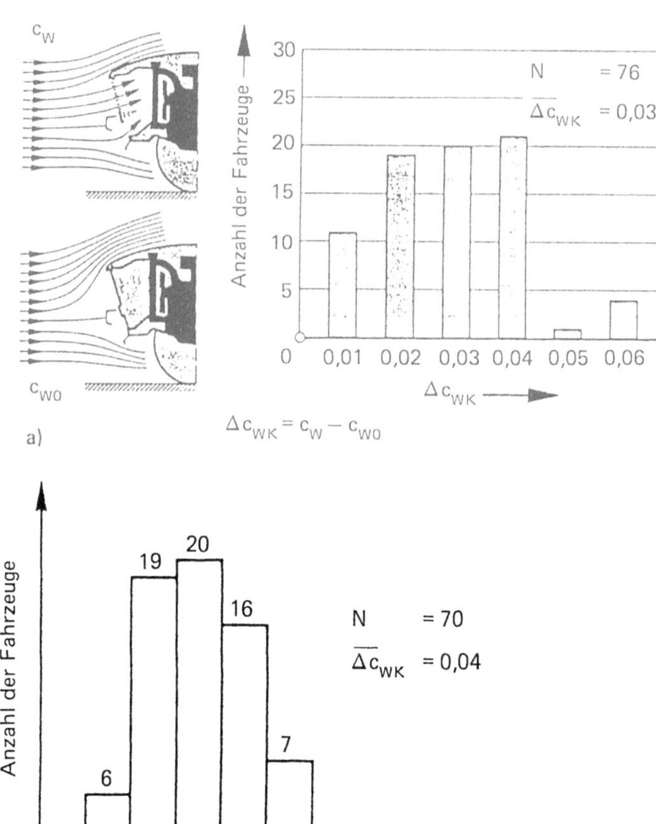

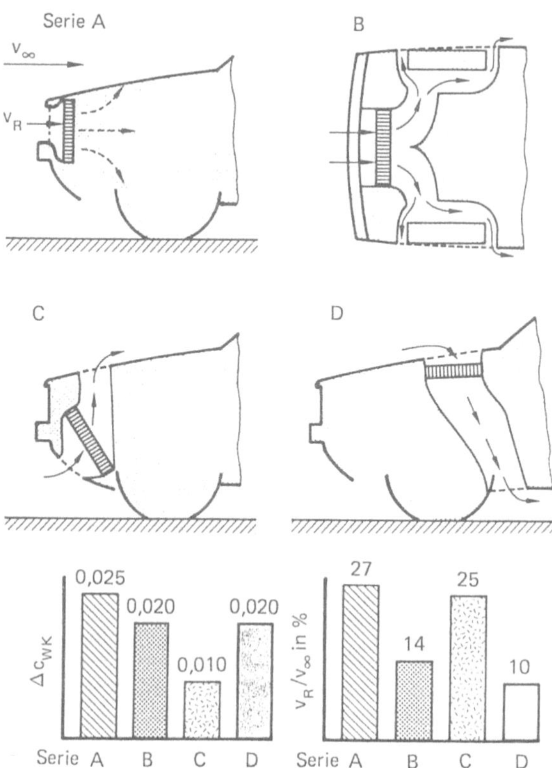

Bild 4.95. Möglichkeiten der Kühlluftführung nach [4.35].

Mit den im Bild 4.95 zusammengestellten Beispielen haben R. BUCHHEIM et al. [4.35] experimentell nachgewiesen, welchen großen Einfluß die Gestaltung der Kühlluftführung auf den Zusatzwiderstand hat. Ziel war dabei, einen möglichst *großen* Kühlluft –Volumenstrom – gekennzeichnet durch die Geschwindigkeit v_A, mit der der Kühler angeströmt wird (face velocity) - mit einem möglichst *kleinen* Zusatzwiderstand zu erreichen. Dieses Optimum bietet die Variante C. Bei ihr wird annähernd die gleiche Zuströmgeschwindigkeit v_A erreicht wie mit der Serienausführung A; ihr Kühlluftwiderstand ist jedoch nur weniger als halb so groß. Leider ist Version C nur für Wettbewerbsfahrzeuge, nicht jedoch für Pkw praktikabel. Denn bei diesen würde die erwärmte Kühlluft durch den Einlaß für die Frischluft in den Fahrgastraum strömen, der im Windlauf angeordnet ist.

4.4.13 Pkw mit Anhänger

Von den zahlreichen Anhängerbauformen, die von Pkw gezogen werden dürfen, sind vorwiegend die Wohnanhänger näher auf ihre aerodynamischen Eigenschaften hin untersucht worden. Dabei galt das Interesse zunächst dem Widerstand, zunehmend hat es sich jedoch auf die Stabilität des Gespannes verlagert.

Der Luftwiderstand des Zuges aus Pkw und Wohnwagen ist etwa dreimal so hoch wie der des Pkw allein. Zwei Gründe sind dafür maßgeblich: Zum einen beträgt die Stirnfläche des Wohnwagens etwa das Doppelte derjenigen des Pkw, und zum anderen haben Wohnwagen wegen ihrer Kastenform einen sehr hohen c_W-Wert. Durch konstruktive Maßnahmen kann dieser jedoch beträchtlich gesenkt werden, das allerdings um den Preis eines weniger gut nutzbaren Innenraumes und höherer Herstellkosten.

Bei der Zugbildung werden Interferenzeffekte wirksam, deren Grundlagen im Abschnitt 2 3 4 2 abgeleitet werden Der Widerstand des Gespannes ist kleiner als die Summe seiner beiden Einzelfahrzeuge Das arbeitete schon F BEAUVAIS [4 75] heraus, seine Ergebnisse sind im Bild 4 96 dargestellt Der Widerstand des Pkw wird durch den Anhanger drastisch reduziert, der des Anhangers durch den Pkw dagegen nur wenig Die daraus resultierende Verlagerung des Gesamtwiderstandes auf den Anhanger ist aber wenig gunstig Aus ihr folgt eine große Zugkraft an der Deichsel, und diese ist fur die Stabilitat der Pendelschwingung nachteilig

Nach Untersuchungen von R KUNSTNER [4 76] verstarkt sich dieser Effekt umso mehr, je stomungsgunstiger das Zugfahrzeug ist, vgl Bild 4 97, ja es kann sogar soweit kommen, daß der Widerstand des Zugfahrzeuges negativ und der des Anhangers im Verbund großer wird, als wenn er allein dem Luftstrom ausgesetzt ware Bei Beurteilung dieser Zahlenwerte ist zu beachten, daß hier nicht, wie im Bild 4 96, auf die Stirnflache des Zugfahrzeuges, sondern auf die des Gespannes bezogen worden

Bild 4 96 Luftwiderstand von Zugfahrzeug und Wohnwagen Anhanger nach [4 75]

	A in ft^2	c_W	$c_W \cdot A$	$c_{W\,Auto}$
Auto ohne Hänger	24,6	0,53	13,0	(= 1,9)
Auto vor Hänger	24,6	0,30	7,4	
Hänger ohne Auto	54,2	0,62	33,6	= 1,6
Hänger hinter Auto	54,2	0,59	32,0	

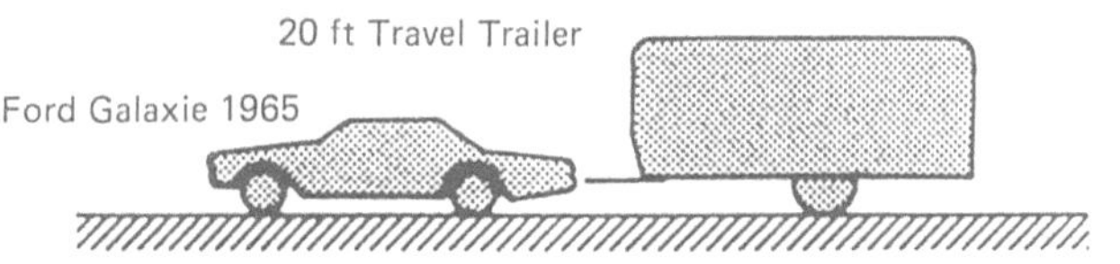

Bild 4 97 Luftwiderstand von Caravan-Gespannen, altere Bauart und gegenwartiger Stand nach [4 76]

Caravangespann-konfiguration	Zugfahrzeug	c_{W1} / $c_{W(1+2)}$	$A_x\,c_{W1}$ / $A_x\,c_{W(1+2)}$
	Opel Rekord C	0,452	0,87 m^2
	Opel Rekord C Caravan	0,435	0,84 m^2
	UNI-CAR	0,240	0,48 m^2
Altere Generation Wohnanhanger	Opel Rekord C	0,764	4,10 m^2
	Opel Rekord C Caravan	0,864	4,63 m^2
	UNI-CAR	0,743	3,98 m^2
Heutige Generation Wohnanhanger	Opel Rekord C	0,605	3,24 m^2
	Opel Rekord C Caravan	0,562	3,01 m^2
	UNI-CAR	0,581	3,11 m^2

ist Diese wiederum ist etwas großer als die des Hangers allein, da das Fahrwerk des Pkw aus dessen Silhouette herausragt, vgl Bild 4 98

Mit Maßnahmen, wie sie fur den Nutzfahrzeugbau im Abschnitt 8 beschrieben werden, laßt sich der Luftwiderstand von Wohnanhangern wesentlich verringern Vorteilhaft ist dabei, daß die erforderlichen Formanderungen zumindest in erster Naherung „universell" wirksam sind, also nicht an ein spezielles Zugfahrzeug angepaßt sein mussen Bewahrtes Mittel ist, wie bei Bussen, das Abrunden der Vorderkanten, vgl Bild 8 54 Um die Herstellkosten zu begrenzen, wird diese Maßnahme jedoch fast ausschließlich auf den Ubergang von der Stirnwand zum Dach beschrankt Das damit verbundene aufrichtende Nickmoment fuhrt jedoch zu einer Entlastung der Anhangerkupplung und mindert damit die Pendelstabilitat des Gespannes

Ein Beispiel fur die Wirksamkeit runder Vorderkanten an einem Wohnwagen hinter einem Pkw zeigt Bild 4 99, nach D M Waters [4 77], bei dem, abweichend von Bild 4 97, nur die Stirnflache des Hangers allein als Bezugsgroße dient Weitere Moglickeiten zum Abbau des Widerstandes bieten sich durch Einzuge an Bug und Heck Nach R Kunstner kann von einer Kombination aller dieser Maßnahmen erwartet werden, daß der Widerstandsbeiwert eines Gespannes von heute $c_w = 0,6$ auf $c_w = 0,4$ heruntergeht

Es ist aber auch moglich, die Umstromung eines Gespannes durch Maßnahmen am Zugfahrzeug zu verbessern Wie aus Bild 4 100 ersichtlich, ergeben sich mit dem Leitblech deutliche Parallelen zum Sattelschlepper, vgl Abschnitt 8 5 3 Ohne Leitblech bildet sich an der Stirn des Anhangers ein Staupunkt, und die Stromung lost an der Vorderkante seines Daches ab Mit einem Leitblech laßt sich

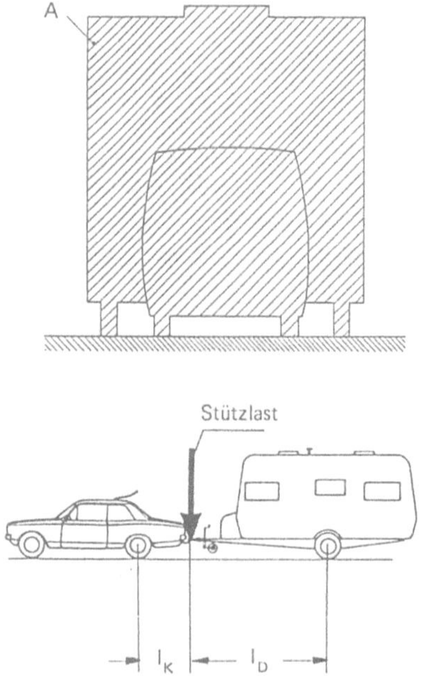

Bild 4.98. Bezeichnungen am Caravan-Gespann.

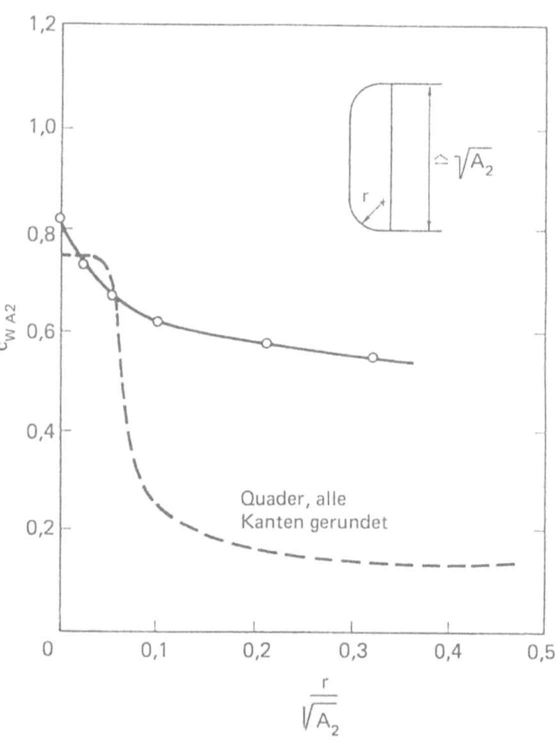

Bild 4.99. Abbau des Widerstandes eines Anhänger-Gespannes durch Runden der Frontkanten des Hängers nach [4.77].

188

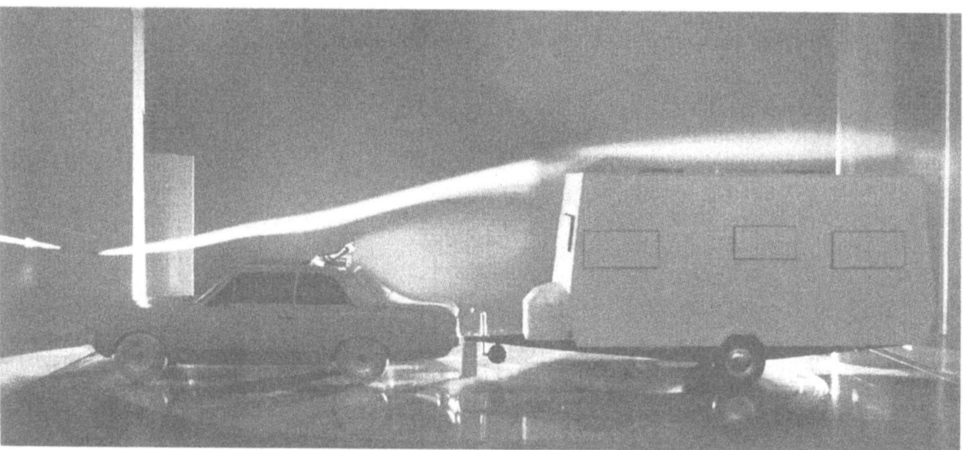

Bild 4 100   Beeinflussung der Anstromung des Caravans durch Runden der Dachvorderkante oder durch einen Flugel auf dem Dach des Zugwagens nach [4 76]

die Strömung jedoch so führen, daß sie ebenso tangential in das Dach einläuft, wie wenn dessen Vorderkante gut gerundet wäre. Genau für diesen Fall ergibt sich ein minimaler Widerstand, wie im Bild 4.101 zu sehen.

Daß jedoch auch diese Konfiguration nachteilig für die Stabilität des Zuges ist, haben W. PESCHKE und H. MANKAU [4.78] durch Windkanalmessungen an Fahrzeugen natürlicher Größe und in Fahrversuchen herausgefunden. Wie aus Bild 4.102 hervorgeht, ist die Widerstandsreduktion durch

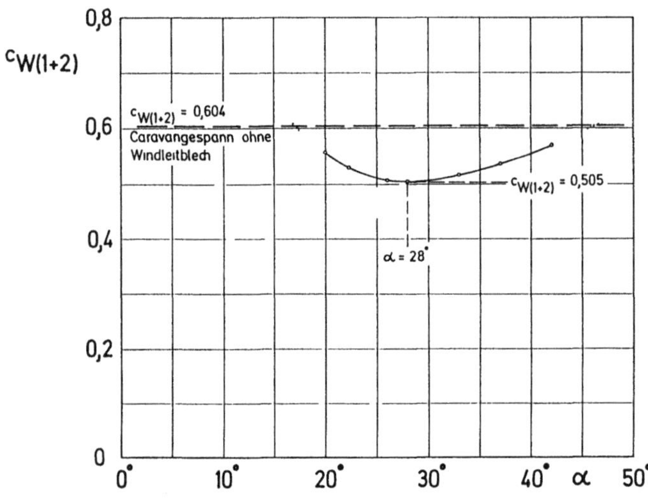

Bild 4 101. Optimale Stellung des Dachflugels nach [4.76].

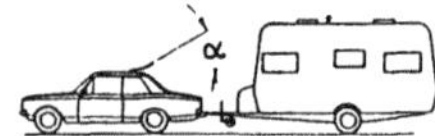

α = Anstellwinkel zur Horizontalen der Hinterseite der Windleitblechform

	c_W Wagen mit Hanger	Anderung Stutzlast in N bei $v = 80$ km/h
	0,53	−340*
	0,45	−315*
	0,53	±0

Bild 4 102 Auswirkung der Caravan-Umstromung auf das Nickmoment und damit auf die Stutzlast nach [4.78] Bezugsgroße fur den c_W-Wert ist die Stirnflache des Hangers, die Stutzlasten sind als Differenz zur Fahrgeschwindigkeit V = 0 angegeben
* Minus bedeutet Entlastung

das Leitblech mit einem aufrichtenden Nickmoment verbunden Mit zunehmender Fahrgeschwindigkeit wird somit die Stutzlast des Anhangers verkleinert

Welch negative Auswirkungen das fur die Stabilitat von Gespannen hat, hat A ZOMOTOR [4 79][4 80] nachgewiesen, Bild 4 103 macht die Zusammenhange anschaulich Eine durch eine Storung – Seitenwind oder Unebenheit der Straße – angefachte Pendelschwingung klingt nur solange ab, wie das Dampfungsmaß D > 0 ist Mit wachsender Fahrgeschwindigkeit nimmt D jedoch annahernd linear ab, sein Nulldurchgang wird bei umso kleinerer Geschwindigkeit erreicht, je kleiner die Stutzlast ist Im gewahlten Beispiel wird D = 0 bereits bei 120 km/h unterschritten, wenn die Stutzlast gleich Null ist Bei einer Geschwindigkeit also, die auf den Autobahnen einiger europaischer Staaten fur Gespanne durchaus zulassig ist

Gunstiger als der Leitflugel auf dem Dach des Zugfahrzeuges ist demgegenuber eine abgeschragte Front des Wohnwagens, vgl Bild 4 102 Gegenuber der senkrechten Front ergibt sich zwar keine Widerstandsreduzierung, aber das Nickmoment ist Null, die Stutzlast ist also von der Fahrgeschwindigkeit unabhangig

Daß sich das Verhalten des Gespannes im Seitenwind wesentlich von dem eines allein fahrenden Pkw unterscheidet, wird im Abschnitt 5 4 7 ausgefuhrt

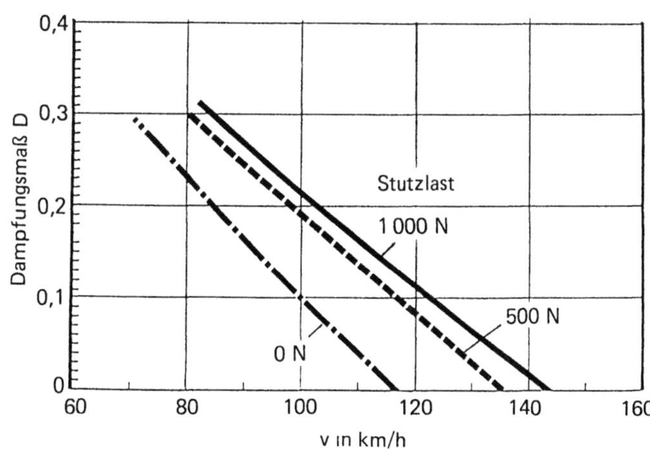

Bild 4 103 Dampfungsmaß D der Pendelschwingung uber der Fahrgeschwindigkeit V fur verschiedene Stutzlasten nach [4 79]

4.4.14 Konvoi-Fahren

Eine der Moglichkeiten, den begrenzten Verkehrsraum besser zu nutzen, wird darin gesucht, mehrere Fahrzeuge zu einem Konvoi zusammenzufassen Die elektronisch geregelten Folgeabstande werden dabei so klein, daß zwischen den Fahrzeugen aerodynamische Interferenz wirksam wird Daß durch Windschattenfahren eine betrachtliche Ersparnis an Widerstand moglich ist, davon ist zuerst im Rennsport Gebrauch gemacht worden, vgl G F ROMBERG et al [4 81] Fur Nutzfahrzeuge ist dieser Effekt von H GOTZ [4 82] eingehend untersucht worden, das wird im Abschnitt 8 6 1 ausgefuhrt Da Personenwagen einen vergleichsweise niedrigen c_W-Wert haben, ist bei ihnen der Windschatteneffekt zwar weniger stark ausgepragt, ist aber dennoch beachtenswert

Das hat H EWALD [4 83] durch Messungen an Modellen nachgewiesen Einen Auszug daraus zeigt Bild 4 104, in dem zunachst einmal „Zuge" betrachtet werden, die aus nur zwei Fahrzeugen bestehen und die beide den gleichen c_W-Wert haben Der c_W-Wert dieser Fahrzeugpaare ist dabei so abgestuft, daß der Bereich gangiger und moglicher zukunftiger Pkw uberdeckt wird Die Wagen extrem niedrigen Widerstandes, links im Bild 4 98, verhalten sich ganz ahnlich, wie die zwei hintereinander

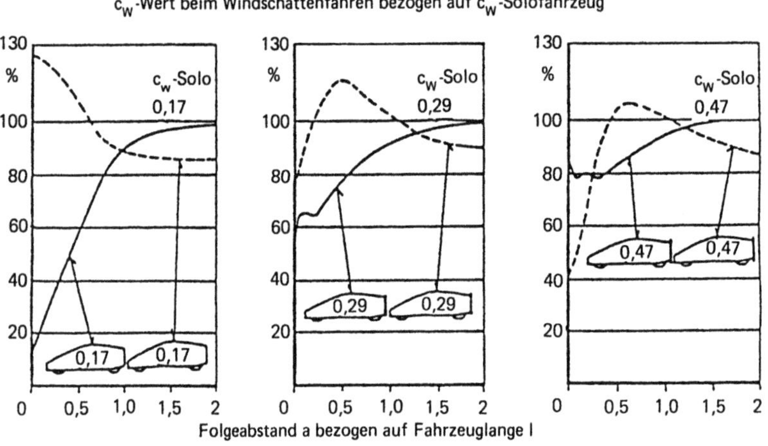

Bild 4.104. Fahren im Konvoi; Einfluß des Folgeabstandes auf den c_W-Wert von solchen Pkw, die solo einen niedrigen, einen maßigen und einen hohen Luftwiderstand haben nach [4 83]

angeordneten schlanken Profile, die mit Bild 2.20 charakterisiert werden: Der Widerstand des vorausfahrenden Fahrzeugs wird bei näherkommendem folgenden Fahrzeug stark reduziert, der des folgenden nimmt zu. Autos mit größerem Widerstand, rechts im Bild 4.104, ähneln dagegen mehr den hintereinander angeordneten Kreiszylindern, vgl. Bild 2.19. Bei sehr kleinem Abstand profitieren beide Fahrzeuge, das hintere jedoch mehr als das vordere. Bei größerem Abstand wird allein der Widerstand des hinteren Fahrzeuges verkleinert; es fährt im Nachlauf (Windschatten) des voranfahrenden.

Mit Druckverteilungsmessungen hat H. EWALD den Mechanismus der Interferenz erhellt; Bild 4.105 enthält das Ergebnis für die extrem strömungsgünstige Form. Aufgetragen ist jeweils der Differenzdruck zum Solofahrzeug; die relative Widerstandsänderung ist mit angeschrieben. Der Druck an der

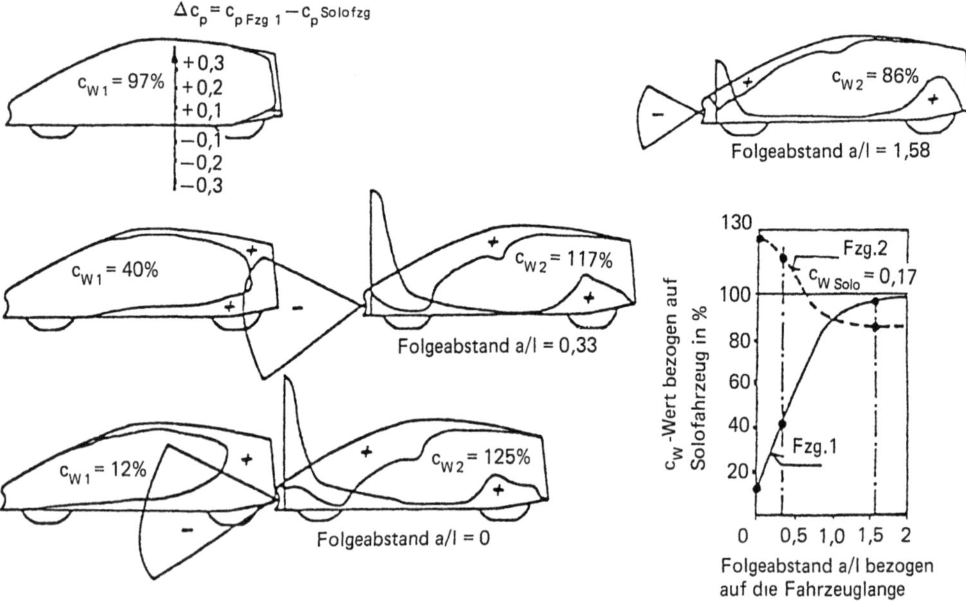

Bild 4.105. Anderung der Druckverteilung beim Windschatten-Fahren nach [4 83]

192

Basis des voranfahrenden Autos wird durch das folgende angehoben, daraus folgt dessen Widerstandsabbau unmittelbar Gleichzeitig wird der Druck am Bug des folgenden Fahrzeuges abgesenkt, nur bei größeren Abstanden wird das von dem Druckanstieg auf der Bugschrage kompensiert

Die Extrapolation der Messungen an Dreier-Konvois auf einen „Zug" aus zehn Fahrzeugen zeigt Bild 4 106 Bei einem Folgeabstand von einer Fahrzeuglange betragt danach der Widerstandsgewinn im Mittel 20 % Selbst bei Fahrzeugen mit dem extrem niedrigen Widerstandsbeiwert von $c_W = 0{,}17$ bietet demnach das Fahren im Konvoi einen merklichen Verbrauchsvorteil

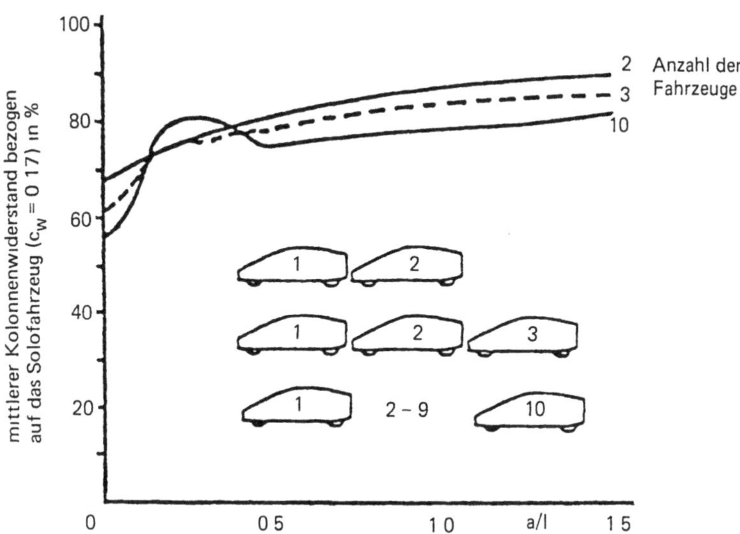

Bild 4 106 Widerstandsabbau durch Zugbildung als Funktion des Folgeabstandes nach [4 83]

4.5 Strategien für die Formentwicklung

4.5.1 Aufgabenstellung

Der Ablauf der Entwicklung eines technischen Gerates, einer Maschine, ist in der Regel zweistufig Zuerst erfolgt ein rechnerischer Entwurf, daran schließt sich die experimentelle Verifizierung an Aus dieser werden, wenn erforderlich, Modifikationen abgeleitet, die ihrerseits erneut im Versuch zu uberprufen sind Haufig wird diese Schleife mehrmals durchlaufen Bei komplexen Maschinen, wie z B Turbinen oder Flugzeugen, beginnt dieses iterative Verfahren mit den Komponenten, und es endet mit dem kompletten Produkt Dabei herrscht das Bemuhen vor, moglichst viele Schritte der Iteration auf die Komponenten-Ebene zu verlagern und sie in dieser parallel zu bearbeiten

Der stromungsmechanische Entwurf der *Form* eines Autos – wie auch der eines Schiffes – kann diesem Schema jedoch nicht folgen Der Grund dafur ist, daß erstens eine Zergliederung in Komponenten nicht sinnvoll ist und zweitens, daß die Umstromung derartiger Korper noch nicht mit der geforderten Genauigkeit berechnet werden kann, Einzelheiten dazu enthalt Abschnitt 14 Daraus folgt, daß die wichtigste Eigenschaft der Form, namlich ihr Stromungswiderstand, nicht *vorausgesagt* werden kann

Die Formgebung eines Autos nach Gesichtspunkten der Aerodynamik verlauft empirisch und noch immer fast ausschließlich experimentell Dafur haben sich Strategien herausgebildet, die eine schnelle Konvergenz des Optimierungsprozesses ermoglichen Sie sind auf die Arbeitsweise des Designs abgestimmt Auch diese ist empirisch und bedarf, zumindest bis heute, des physischen Modells Fortschritte in der Computer Graphik leiten hier jedoch einen Wandel ein Einzelheiten dazu folgen im Abschnitt 4.5.6. Danach ist zu erwarten, daß in Zukunft zumindest ein Teil des Designs auf dem Bildschirm entsteht. Die aerodynamischen Eigenschaften der dieserart entwickelten Formen müssen dann ermittelt werden, ohne daß dafür ein physisches Modell aus Ton oder Plastilin zur Verfügung steht.

4.5.2   Detail-Optimierung

Die Mehrzahl der im Abschnitt 4.4 dargestellten Versuchsergebnisse, die überwiegend aus der Entwicklung von Serien-Pkw stammen, läßt sich durch eine von drei charakteristischen Funktionen beschreiben. Diese Funktionen verknüpfen den Luftwiderstand mit den Vektoren r_i, durch die die einzelnen Formelemente beschrieben, d.h. konstruktiv festgelegt sind, vgl. Bild 4.107. Dabei können die Vektoren r_i Radien, Höhen oder Längen sein; sie werden auf eine charakteristische Abmessung bezogen, hier die Fahrzeuglänge l: $\rho_i = r_i / l$. c_{W0} ist der Widerstandsbeiwert *vor* Ausführung der Formänderung.

Es ergeben sich die folgenden drei Typen von Funktionen:

1. *Sättigung*; dieser Kurvenverlauf ist typisch für die Abrundung einer Kante. Beispiele dafür bieten die Bilder 4.23, 4.29 und 8.54, die den Einfluß der Abrundung einer quer angeströmten Kante auf den Widerstand des zugehörigen Körpers zeigen. Ebenso zählt aber auch das Boat-tailing dazu, vgl. die Bilder 4.41 und 4.43.

2. *Sprung*; dieser Typus stellt sich ein, wenn sich die Strömungsform *schlagartig* von einem Zustand zum anderen ändert, wie z.B. beim Übergang von der Fließheck- zur Vollheckform, vgl. die Bilder 4.47 und 4.53.

3. *Minimum*; dieses Muster ergibt sich immer dann, wenn sich der Widerstand aus zwei Anteilen zusammensetzt, die von dem betreffenden Formparameter gegenläufig beeinflußt werden. Klassisches Beispiel dafür ist die Höhe eines Bugspoilers, vgl. die Bilder 4.75 und 4.77.

Eine Strategie bei der aerodynamischen Entwicklung besteht nun darin, an dem gegebenen Modell diese Funktionen $c_W(\rho_i)$ für alle die Parameter zu ermitteln, von deren Variation ein Einfluß auf den Widerstand erwartet werden kann. Wegen der Interferenz unter den einzelnen Details müßte das iterativ geschehen. Wenn man aber die Reihenfolge der Versuche entsprechend dem Verlauf der Strömung von vorn nach hinten wählt, wird der wesentliche Teil dieser Wechselwirkung miterfaßt.

Allen drei Funktionen ist gemeinsam, daß es für sie einen Vektor ρ_i gibt, über den hinaus eine Änderung keine weitere Verringerung des Widerstandes erbringt. Dieser Vektor ρ_i wird als „optimal" bezeichnet; er ist *optimal* bezüglich des c_W-Wertes. Funktionen wie die im Bild 4.107 aufgetragenen bieten die Basis für eine sachliche Erörterung von Vorschlägen zur Formgestaltung.

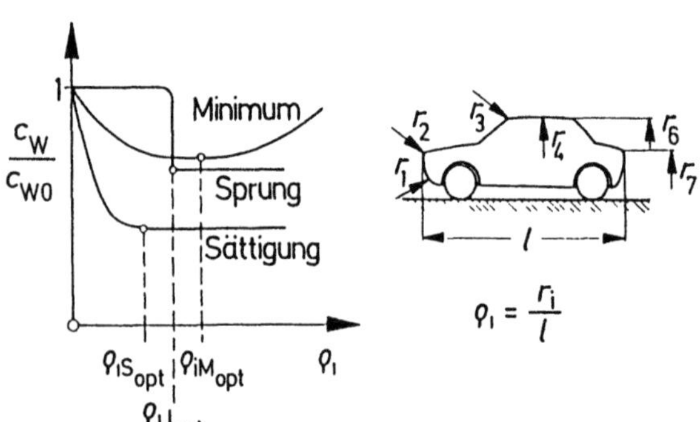

Bild 4.107. Schema typischer Widerstands-Charakteristiken nach [4.84].

194

Diese nach [4.34] als „Detailoptimierung" bezeichnete Vorgehensweise begann sich gegen Ende der sechziger Jahre in der Fahrzeugentwicklung durchzusetzen. Sie trug ganz wesentlich dazu bei, daß die Designer ihre traditionelle Aversion gegen die Aerodynamik überwanden. Es zeigte sich nämlich, daß sich die optimalen Parameter oft nur wenig von den von ihnen nach ästhetischen Gesichtspunkten gewählten Ausgangswerten unterschieden. Damit wurde es möglich, den Widerstand merklich abzusenken, ohne das Erscheinungsbild eines Fahrzeuges zu verändern, ohne in sein stilistisches Konzept einzugreifen.

Ein Beispiel dafür wird mit Bild 4.108 wiedergegeben. Durch die Optimierung von nur fünf Formdetails konnte der Widerstand gegenüber der Ausgangsform um 21 % verbessert werden; das dieserart optimierte Modell war vom Stylingmodell visuell nicht zu unterscheiden. Serien-Pkw, die nach dieser Methode entwickelt wurden, waren der VW Golf I, der VW Scirocco I und der Audi 80II.

Diese Beispiele und zahlreiche andere zeigten aber auch die Grenzen der Detailoptimierung auf. c_W-Werte unter 0,40 waren mit ihr bei den kantigen Ausgangsformen unter der Einschränkung „keine Änderung des Designs" kaum zu erreichen. Für Fahrzeuge, bei denen es weniger auf einen niedrigen Luftwiderstand ankommt, wie z.B. Geländewagen oder Pickup-Trucks, ist diese Strategie aber noch heute aktuell.

Bild 4.108. Beispiel für die Detailoptimierung eines Pkw nach [4.63].

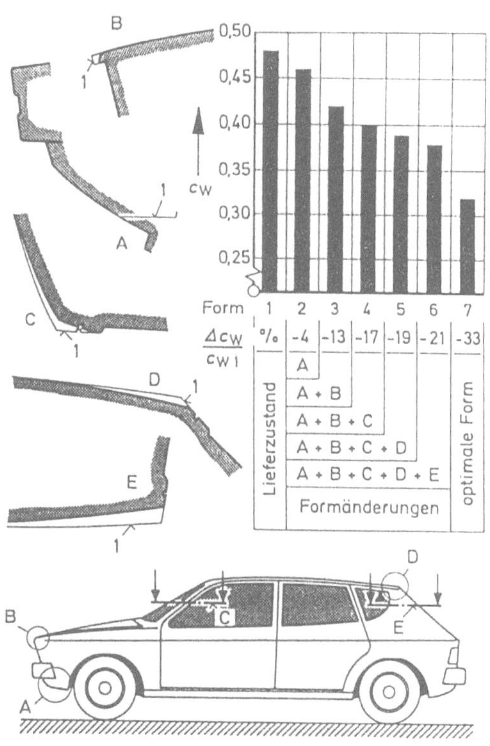

4.5.3   Form-Optimierung

Bei der Formoptimierung, vgl. [4.85], geht die Entwicklung von einem Körper sehr niedrigen Widerstandes aus, der als „Grund-*Körper*" bezeichnet wird. Für ihn gilt als einzige Einschränkung, daß er die Hauptabmessungen des projektierten Fahrzeuges, nämlich Länge, Breite und Höhe, nicht überschreiten darf und daß er dessen Bodenfreiheit einhält. Dieser Grundkörper wird, wie im Bild 4.109

am Beispiel des VW Passat III demonstriert, schrittweise in ein Fahrzeug verwandelt. Ähnlich wie bei der Detailoptimierung entsteht dabei ein Satz von Funktionen, die die einzelnen Formparameter mit dem Luftwiderstand verknüpfen. Die „Grund-*Form*", die schon alle wesentlichen Formelemente des späteren Autos enthält, aber noch ganz glatt ist, weist einen nur wenig ungünstigeren Widerstand auf, als der Grundkörper. Daß hingegen beim Übergang auf das „Grund-*Modell*" ein starker Widerstandsanstieg zu verzeichnen ist, weist einmal mehr darauf hin, wie sehr es auf die Detaillierung ankommt. Je nachdem, wie weit dieses Grund-Modell den Vorstellungen des Designs entspricht, ergibt sich beim Übergang auf das *Fahrzeug* ein weiterer Anstieg des Widerstandes.

Nach dieser Strategie konnte für den in Bild 4.110 abgebildeten VW Passat III ein Widerstandsbeiwert von $c_w = 0{,}29$ verwirklicht werden. Er reiht sich damit in die Spitzengruppe seiner Klasse ein: Audi 100 III $c_w = 0{,}30$; Opel Omega $c_w = 0{,}28$; Audi 80 III $c_w = 0{,}29$.

In jüngster Zeit sind die beiden Strategien, wie mit Bild 1.63 versinnbildlicht, miteinander verschmolzen. Die mit ihnen aufgedeckten Zusammenhänge werden heute bereits vom Design weitgehend berücksichtigt. Damit ist der bisherige sequentielle Arbeitsablauf zwischen Design und Aerodynamik durch einen interaktiven abgelöst worden.

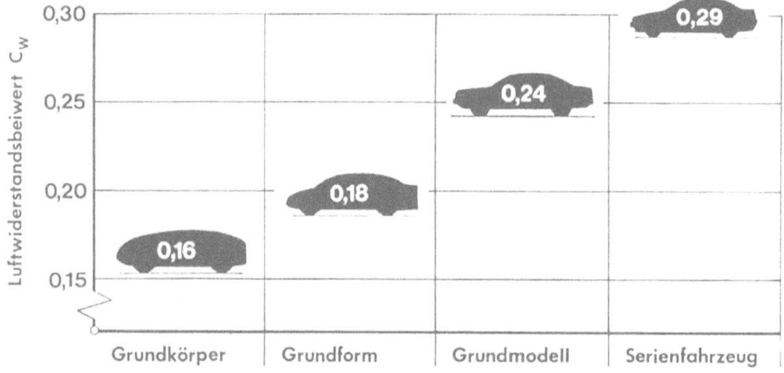

Bild 4.109. Formoptimierung des VW Passat III nach Unterlagen der Volkswagen AG.

Bild 4 110 Formoptimierter VW Passat III, $c_w = 0{,}29$, Foto Volkswagen AG

196

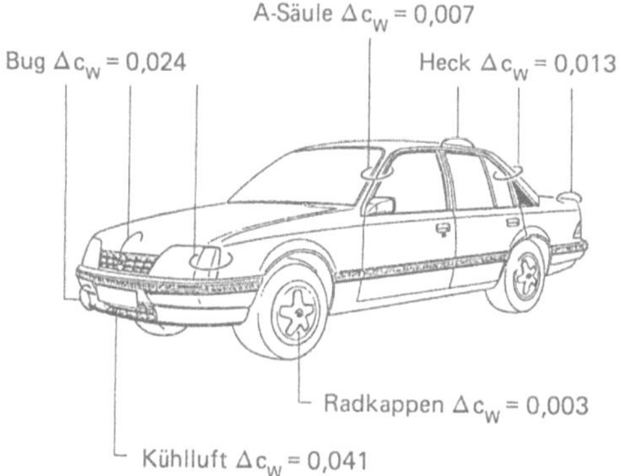

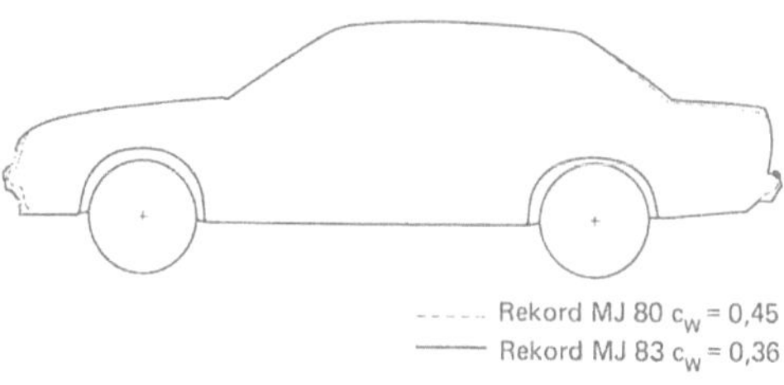

Bild 4.112. Vergleich der Längsmittelschnitte der im Bild 4.111 gezeigten Modelle von Opel nach Unterlagen der Adam Opel AG.

Bild 4 111   Face-Lift am Opel Rekord des Modelljahres 1980, ($c_W = 0,45$), fur das Modelljahr 1983, ($c_W = 0,36$), Zeichnung und Daten Adam Opel AG

4.5.4   Face-Lift

Formanderungen im Rahmen der Programmpflege werden in der Regel mit dem Ziel durchgefuhrt, ein schon langer laufendes Modell stilistisch zu aktualisieren, wenn moglich, an die nachste Generation heranzufuhren und damit aufzuwerten Die aerodynamische Entwicklung ahnelt dann einer Detailoptimierung Da die Formanderungen auf moglichst wenig Teile zu beschranken sind – bei diesen durfen sie aber durchaus signifikant sein – ist der Spielraum gegenuber einer Neuentwicklung eingeengt

Wie man ein Face-Lift dennoch zu einer betrachtlichen Verbesserung des Luftwiderstandes nutzen kann, belegt Bild 4 111 Mit nur funf Einzelmaßnahmen, von denen die Verbesserung der Kuhlluft- fuhrung die effizienteste war, konnte der Widerstand um 20 % reduziert werden Der Vergleich der Langsmittelschnitte im Bild 4 112 demonstriert, daß die Anderung der *Form* insgesamt nur klein war

Je mehr allerdings aerodynamische Gesichtspunkte bereits beim Neuentwurf eines Fahrzeuges Berucksichtigung finden, desto seltener durften derart große Verbesserungen bei einem Face-Lift zu erreichen sein

4.5.5   Anbauteile

Das gilt gleichermaßen fur Anbauteile Konnten in den siebziger Jahren mit nachtraglich angebrach- ten Spoilern beachtliche Verbrauchsvorteile erzielt werden, Einzelheiten dazu finden sich bei G W Carr [4 86], so sind die c_W-Wert-Verbesserungen mit Anbauteilen heute in der Regel nur noch marginal Spoiler werden deshalb zunehmend mit dem Argument angeboten, daß sie den Auftrieb mindern Bei der Entwicklung nachrustbarer Bugspoiler ist darauf zu achten, daß sie mit ausreichend großen und richtig plazierten Offnungen versehen werden, durch welche die Olwanne und die Bremsen mit Luft versorgt werden

4.5.6   Prognose- und Expertensysteme

Die aerodynamische Entwicklung von Fahrzeugen erfolgt bisher empirisch und experimentell Um eine optimale Form zu finden, werden einzelne geometrische Details schrittweise variiert Die Auswirkung dieser Modifikationen auf die angestrebten Eigenschaften wird experimentell uber- pruft, im Windkanal oder im Fahrversuch Indem das Entwicklungsziel bei jeder Neuentwicklung hoher gesteckt wurde, stieg der Versuchsaufwand steil an, wie Bild 1 64 am Beispiel des c_W-Wertes unterstreicht. Durch den Einsatz von *Expertensystemen* wird versucht, dem entgegenzusteuern. Von ihnen erwartet man – und das in dieser Prioritätenfolge – im wesentlichen drei Verbesserungen, nämlich

– Verkürzung der Entwicklungszeit,

– Verbesserung des Entwicklungsergebnisses,

– Einsparung von Entwicklungskosten.

Der Einsatz von Expertensystemen wird möglicherweise den Ablauf der aerodynamischen Entwicklungsarbeit wesentlich verändern. Dessen Änderung wird aber noch von einer zweiten Entwicklung erzwungen werden.

Der kreative Designprozeß erfährt derzeit einen Wandel bezüglich der dabei angewandten Techniken und zwar in zwei Stufen, vgl. W.-H. HUCHO [4.87]. Der zeichnerische Entwurf, der bisher unter Einsatz der „klassischen" künstlerischen Methoden der bildlichen Darstellung wie Zeichnen und Malen auf Papier erfolgt, verlagert sich auf den Bildschirm. Damit wird es dem Designer möglich, seinen Entwurf sehr viel genauer durchzuarbeiten als bisher, denn am Bildschirm kann er leicht variieren, Entwürfe vergleichen und aus Alternativen auswählen. Aber auch der Übergang auf das Dreidimensionale erfolgt interaktiv auf dem Bildschirm. Um die Packaging-Zeichnung herum entwirft der Designer die Außenhaut. Verfahren der Oberflächengestaltung und -darstellung gestatten es, im Verein mit hochauflösender Projektion von dem entstehenden Fahrzeug sehr wirklichkeitsgetreue Bilder in natürlicher Größe zu erzeugen. Ein großer Teil der langwierigen Modellierarbeit kann damit entfallen. Nur noch die Kandidaten der engeren Wahl werden als physisches Modell in Ton oder Plastilin ausgeführt.

Damit wird der Aerodynamiker vor eine neue Anforderung gestellt: Von ihm wird in Zukunft erwartet, daß er die Eigenschaften neuer Fahrzeuge beziffert, *bevor* ihm deren physische Modelle zur Verfügung stehen. Einen Teil seiner Antworten wird er mit Hilfe der numerischen Strömungsmechanik, die im Abschnitt 14 ausführlich dargestellt wird, generieren. Auf absehbare Zeit wird es jedoch nicht möglich sein, damit Aussagen über den Luftwiderstand zu machen. Mehrfach ist versucht worden, diese Lücke mit *Prognosesystemen* wenigstens teilweise zu schließen. Das gleiche wird von *Expertensystemen* erwartet.

Da Prognosesysteme älter als Expertensysteme sind und in mancher Hinsicht eine Vorstufe zu diesen darstellen, sollen sie zuerst beschrieben werden.

Ein erstes Verfahren zur quantitativen aerodynamischen Bewertung von Formdetails wurde von R. G. S. WHITE [4.88] bereits 1967 formuliert. WHITE leitete es aus Messungen an 118 Personenwagen und Kombis ab, die bis zu diesem Zeitpunkt im Windkanal der Motor Industry Research Association (MIRA) ausgeführt worden waren.

Wie im Bild 4.113 skizziert, wird danach das Fahrzeug in neun Regionen untergliedert. Jede wird bezüglich ihres Beitrages zum Luftwiderstand mit Punkten bewertet; ein strömungsgünstiges Formdetail erhält eine niedrige Punktzahl. Besonders störende Elemente, wie z.B. ein Bördelflansch an der A-Säule, werden durch Zusatzpunkte berücksichtigt. Die Kühlluftströmung bleibt außer Ansatz. Aus der Summe der Punkte ergibt sich der c_W-Wert wie folgt:

$$c_W = a \sum_{i=1}^{9} P_i. \tag{4.19}$$

Diese lineare Beziehung ist im Bild 4.113 zusammen mit der für dieses Verfahren angegebenen Toleranz von ±7 % dargestellt. Die Spanne der c_W-Werte der damals gebräuchlichen Fahrzeuge lag bei $0{,}3 < c_W < 0{,}6$; um in derart groben Kategorien zu differenzieren, reichte das Verfahren aus. Die

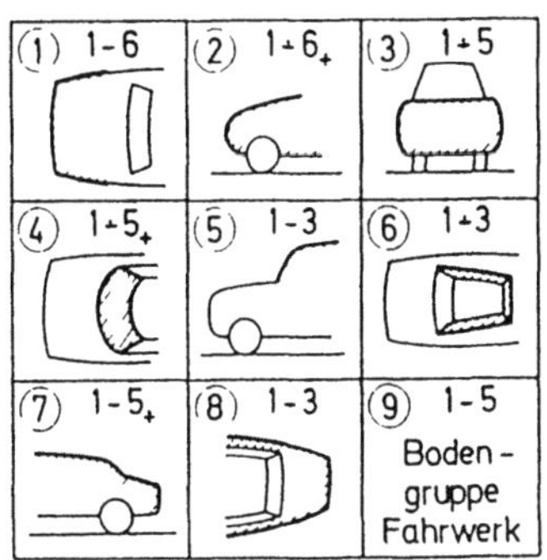

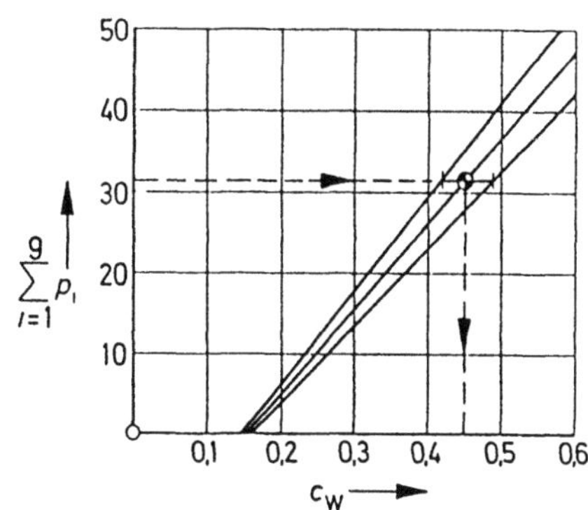

Bewertung mit Punkten setzte eingehende Erfahrung voraus und blieb in jedem Fall subjektiv; dieses Vorgehen erwies sich als nicht praktikabel. Jedoch, indem es die für die Umströmung kritischen Zonen identifizierte und gewichtete, bot das Verfahren dem Designer Hinweise darauf, wie ein widerstandsgünstiges Fahrzeug zu gestalten sei. Darin lag seine eigentliche Bedeutung.

Eine demgegenüber wesentlich verfeinerte Methode wurde 1984 von G. W. CARR [4.89] vorgestellt. Aus insgesamt 52 Maßen von Winkeln, Radien und Flächen, sie sind im Bild 4.114 hervorgehoben, werden danach Teilwiderstände berechnet und zu einem c_W-Wert zusammengesetzt. Die verwendeten Algorithmen basieren auf empirischen Funktionen der folgenden Form; sie gleichen denen, die im Bild 4.107 gezeigt werden:

$$c_W = \sum_i c_{Wt_i},$$

$$c_{Wt_i} = \sum_j K_j \, \rho_j .$$

$$(4.20)$$

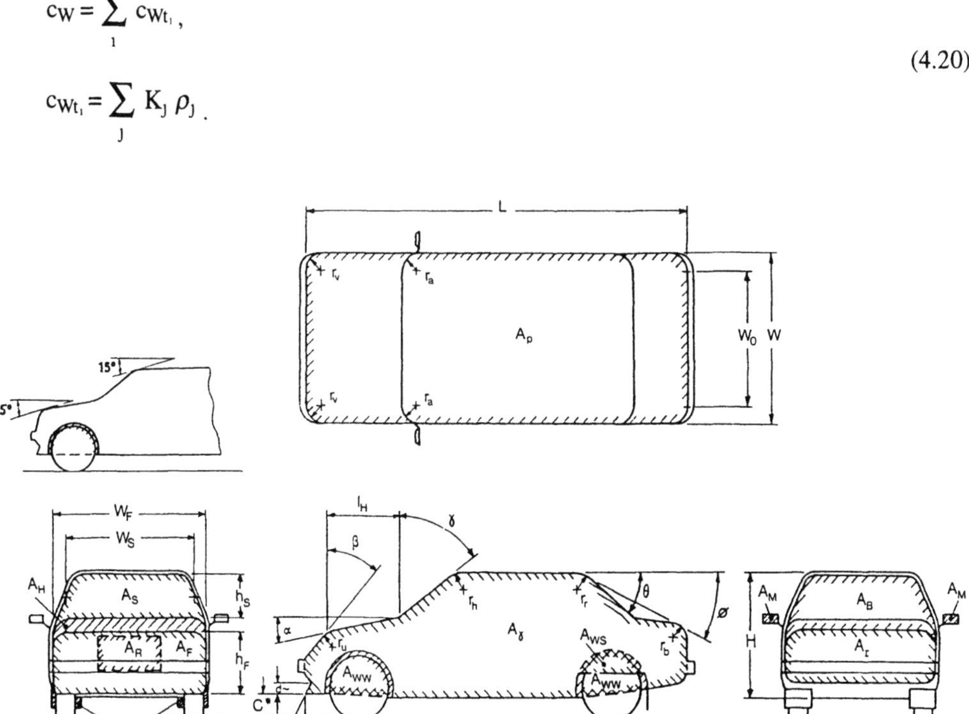

Bild 4.114. Neue Rating-Methode der MIRA, Kennzeichnung der Formparameter, die der Zeichnung zu entnehmen sind nach [4.89]

Dabei bedeuten c_{Wti} den betrachteten Teilwiderstand, ρ_j die die Geometrie beschreibenden Vektoren und K_j empirische Konstanten.

Diese Algorithmen hat G. W. CARR getrennt für die folgenden sieben Widerstandsanteile formuliert: Vorderwagen, Hinterwagen, Reibung, Unterseite, Räder und Radkästen, Anbauteile und Kühlluft. Die von M. J. ROSE [4.90] durchgeführte Verifizierung an 20 gängigen Pkw ergab im Vergleich zu Windkanalmessungen eine maximale Abweichung von ±5 %.

Gegenüber der älteren Methode von R. G. S. WHITE hat die neueren von G. W. CARR den Vorzug, vollkommen objektiv zu sein. Die erforderlichen Maße können dem jeweils aktuellen Datensatz (Zeichnungsstand) entnommen bzw. daraus berechnet werden. Das Verfahren kann so weit in ein CAD-System integriert werden, daß für jeden Fahrzeugentwurf der c_W-Wert abgerufen werden kann. Dabei gilt es jedoch, zwei Vorbehalte zu beachten:

Erstens werden Interferenzen zwischen den einzelnen Regionen ebensowenig berücksichtigt, wie Wechselwirkungen einzelner Parameter innerhalb einer Region. Diesbezüglich läßt sich die Methode ausbauen; sie wird dann nichtlinear. Und zweitens kann nur das bewertet werden, was bisher bekannt ist, was Eingang in empirische Funktionen wie z.B. Gl. (4.20) gefunden hat. Originäre Vorschläge können mit diesem Verfahren nicht beurteilt werden. Um zu vermeiden, daß dies dennoch aus Unkenntnis geschieht, muß der Gültigkeitsbereich der Methode bei deren Integration in ein CAD-System genau definiert werden. Eine Erweiterung dieses Verfahrens auf die übrigen Luftkraftkomponenten ist nach G.W. CARR in Vorbereitung.

Der Prototyp eines *Expertensystems* wurde 1989 von R. BUCHHEIM et al. [4.91] veröffentlicht. Dieses System stützt sich auf zwei Säulen:

– auf eine Datenbank, in der alle im Zuge zahlreicher vorangegangener Formoptimierungen experimentell ermittelten Zusammenhänge zwischen den geometrischen Details und den aerodynamischen Eigenschaften abgelegt sind und

– auf eine Wissensbasis, in die das von den Aerodynamikern im Lauf der Jahre erworbene Wissen in Form von Regeln eingebracht wird.

Der Prototyp dieses Systems berücksichtigt 100 geometrische Parameter; sie gehen aus Bild 4.115

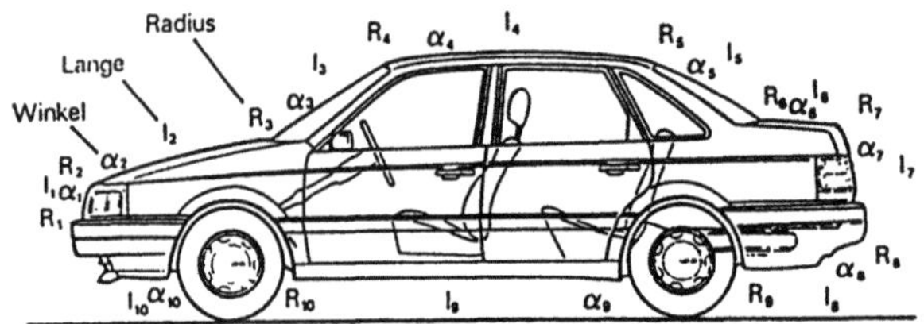
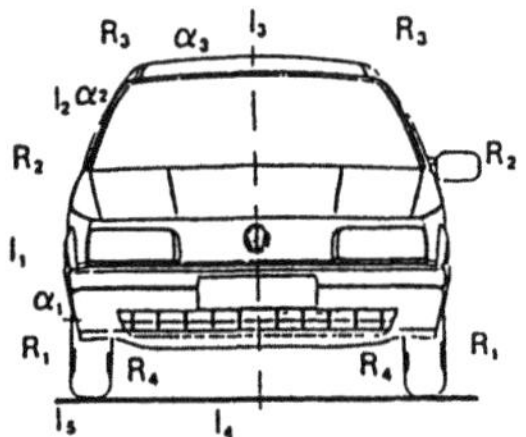
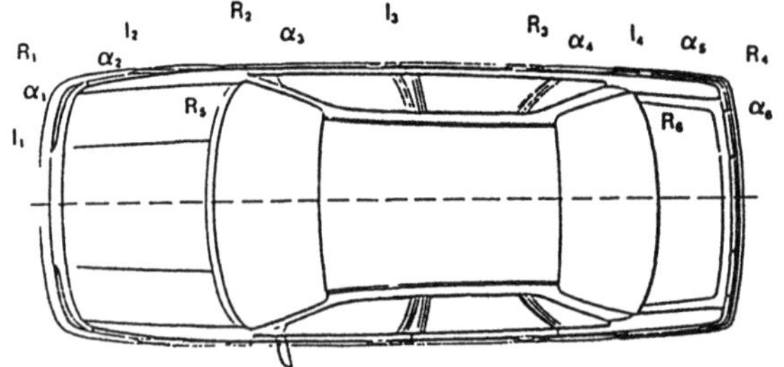

Anzahl der Geometrieparameter
(Längen, Winkel, Radien)

Seitenansicht	30
Draufsicht	15
Vorderansicht	18
Übergänge	10
Anbauteile (Spoiler)	10
Sonstiges	17
Gesamt	100

Bild 4.115. Vereinfachte Beschreibung der Geometrie durch 100 Parameter als Eingang für ein Expertensystem nach [4.91].

hervor. Unterbodendetails, Radausschnitte, Fenstertaschen und Motorraumdurchströmung sind dabei noch nicht erfaßt. Im Endausbau sollen „einige Hundert" Parameter Eingang finden. Die Wissensbasis umfaßt derzeit etwa 150 Regeln; das fertige System wird eine Größenordnung mehr davon benötigen.

Die Benutzung des Systems erfolgt interaktiv. Ausgangspunkt sind die experimentell ermittelten Eigenschaften des Fahrzeugs im Anlieferungszustand. Aufgabe ist es, Verbesserungsvorschläge zu erarbeiten, die anschließend durch Messung zu verifizieren sind.

Dabei stehen zwei Wege offen. Einmal können die Vorschläge durch Auswertung der Datenbasis abgeleitet werden; dabei dient ein möglichst ähnliches Vergleichsfahrzeug als Vorbild. Zum anderen kann die Erarbeitung von Vorschlägen durch Anwendung der Optimierungsregeln erfolgen; damit lassen sich vor allem die Wechselwirkungen berücksichtigen. Das Ergebnis ist in beiden Fällen ein Formvorschlag mit Angaben dazu, welche geometrischen Abweichungen gegenüber diesem Änderungen der aerodynamischen Eigenschaften erwarten lassen und wie groß diese sein werden. Anhand dieser Daten kann im Dialog mit dem Design eine Auswahl erfolgen. Die Zahl der Experimente - sei es im Windkanal oder auf dem Rechner - soll auf diese Weise ganz drastisch reduziert werden. Die Fertigstellung dieses Systems war für 1993 vorgesehen. Neuere Erkenntnisse haben jedoch Zweifel daran aufkommen lassen, ob das gesteckte Ziel erreichbar ist. Die ursprüngliche Hoffnung, man könne fehlende *präzise* Regeln – wie sehr es daran mangelt, ist ja gerade der Gegenstand dieses Kapitels – durch eine Vielzahl „weicherer" ersetzen, hat sich nicht erfüllt.

4.6 Widerstand von Serienfahrzeugen

4.6.1 Bewertung von Versuchsergebnissen

Es ist üblich, für einen Fahrzeugtyp einen einzigen c_W-Wert anzugeben. Tatsächlich überdeckt ein Typ aber einen ganzen Widerstands-Bereich, denn seine Ausstattung wie Motorleistung, Bereifung, Zahl der Außenspiegel, Spoiler, Bodenfreiheit etc. kann große Unterschiede aufweisen. Ebenso hat der Zustand des Fahrzeuges, z.B. Fenster offen oder geschlossen, einen Einfluß auf den Widerstand. Einen Sonderfall stellen die Kabrioletts dar. Im geschlossenen Zustand weicht ihre Form von der Limousine, von der sie abgleitet wurden, mehr oder weniger stark ab; bei offenem Verdeck ändert sich ihre Umströmung total. Weiter geht die Beladung des Fahrzeugs in den Widerstand ein; sie bestimmt Anstellwinkel und Bodenabstand und damit die Form der Umströmung. Und schließlich verändert auch der natürliche Wind, der in der Regel schräg zur Fahrtrichtung einfällt, den Luftwiderstand.

Alle diese sehr unterschiedlichen Einflußgrößen sollen im folgenden voneinander getrennt werden, soweit das aufgrund vorhandener Daten möglich ist.

4.6.2 Ausstattung

Wie stark der Einfluß der Ausstattung eines Fahrzeuges auf dessen c_W-Wert ist, dafür gibt Bild 4.116 ein Beispiel; siehe auch Bild 5.72. Selbst wenn man bei den breiteren Reifen und dem zweiten Außenspiegel die zusätzliche Stirnfläche in Ansatz bringt, überdeckt der Widerstandsbeiwert noch immer den Bereich von $0,29 < c_W < 0,31$. Allein diese Zahlen machen deutlich, wie wenig sinnvoll ein mit Tausendsteln geführter „c_W-Wettkampf" ist.

Die Geometrie eines gegebenen Fahrzeuges ist – in Grenzen natürlich – variabel. Das Öffnen von Fenstern und Schiebedach, das Ausfahren von Klappscheinwerfern oder Spoilern verändert die Form und damit die Umströmung. Die Auswirkungen auf den Widerstand sind in der Regel aber nur klein; einzeln betragen sie selten mehr als etwa $\Delta c_W = +0,01$.

Bild 4 116   Auswirkung der Ausstattung eines
Fahrzeugs auf seinen c_w-Wert, nach H.-J. EMMELMANN

Eine große Widerstandszunahme ergibt sich beim Kabriolett, wenn das Verdeck geöffnet wird. Der Widerstand bei geschlossenem Verdeck ist dagegen nur wenig größer als bei der zugehörigen Limousine. Einige Zahlen dazu sind im Bild 4.117 zusammengestellt. Daß der Widerstand durch Öffnen des Verdecks zunimmt, ist aber nur von untergeordneter Bedeutung. Denn in diesem Zustand wird nur selten gefahren – und vor allem auch langsamer; der höhere Kraftstoffverbrauch ist dann unerheblich. Wichtig ist hingegen, dafür zu sorgen, daß bei offenem Verdeck der Zug im Innenraum nicht zu stark wird. Das wird erreicht, indem die Rückströmung der sich oben an der Windschutzscheibe ablösenden Luft unterbunden wird. Dazu bieten sich zwei Maßnahmen an:

Bild 4.117. Widerstandsbeiwerte
von Kabrioletts; Foto:
Ford Werke AG, Werksangaben

c_w	VW-Käfer	Opel-Kadett 87	Ford-Escort 91	Mercedes-B. W 129
Limousine	0,49	0,32	0,32 [2]	0,32 [1]
Kabriolett geschlossen	0,50	0,34	0,36	0,34
Kabriolett offen	0,68	0,38	0,42	0,41
Kabriolett +Seitenfenster offen			0,43	0,43

[1] Hardtop

[2] Stufenheck

Einmal kann die Rückströmung durch die Heckgestaltung beeinflußt werden, z.B. durch die Höhe der Rücklehne der hinteren Sitzbank. Das ist mit dem Nachteil einer verschlechterten Sicht nach hinten verbunden.

Eine Alternative dazu ist die „Windschott" genannte Scheibe, die bei geöffnetem Verdeck hinter den Frontsitzen hochgeklappt wird. Sie hält die rückströmende Luft von den Insassen fern, wie Bild 4.118 anschaulich macht.

4.6.3 Fahrzeuglage, Seitenwind

Die Lage des Fahrzeuges relativ zu einem Bezugssystem wird mit Bild 4.119 definiert. Die Festlegung des Nullwertes für den Anstellwinkel α hat sich geändert. Wurde dafür früher die Konstruktionslage angesetzt, so bezieht man heute auf die Lage, die sich ergibt, wenn das Fahrzeug

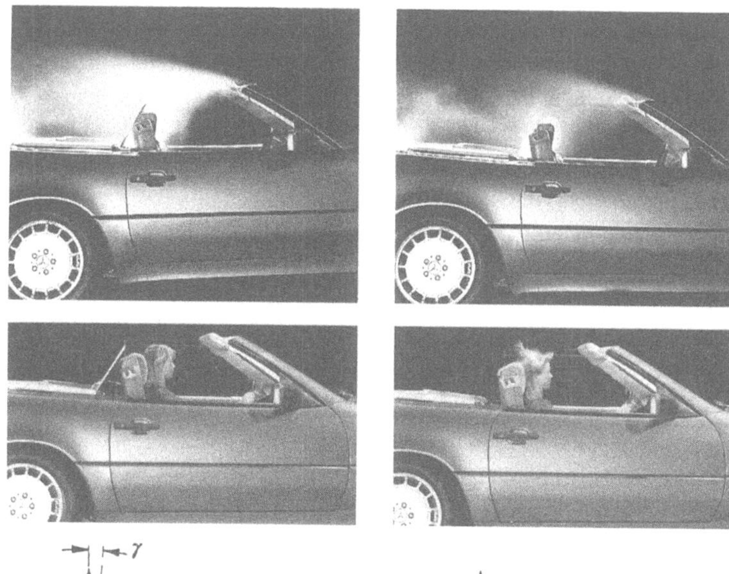

Bild 4 118 Verhinderung der Rückstromung bei geoffnetem Verdeck durch ein Windschott, Mercedes-Benz 500 SEL bei 120 km/h nach [4 92]

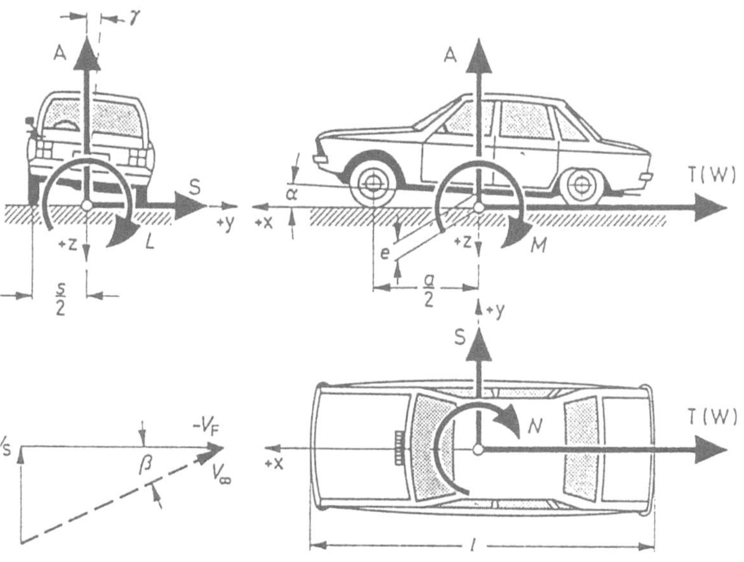

Bild 4 119 Definition der Fahrzeuglage, Luftkrafte und -momente

so beladen ist, wie für die Durchführung von Verbrauchsmessungen vorgeschrieben, vgl. Abschnitt 4.6.4

Der Einfluß des Anstellwinkels auf Widerstand und Auftrieb von Personenwagen geht aus Bild 4.120 hervor. Der Bodenabstand e, gemessen in Mitte Radstand, wurde bei diesen Messungen konstant gehalten. Auftrieb und Widerstand nehmen mit dem Anstellwinkel für alle Fahrzeuge in etwa gleich zu; einem Zuwachs des Anstellwinkels um ein Grad entspricht ein Widerstandsanstieg von 2 %. Von L. J. JANSSEN stammt der Vorschlag, diesen Effekt bei der Konstruktion des Fahrzeuges auszunutzen und die Karosserie gegenüber der Bodengruppe leicht negativ anzustellen, das aber durch die Linienführung zu kaschieren. Letztlich wird dem durch die Keilform implizit Rechnung getragen.

Der Einfluß des Bodenabstandes e auf Auftrieb und Widerstand ist weniger eindeutig; das geht aus Bild 4.121 hervor. Bei „normalen" Fahrzeugen, also solchen mit konstruktionsbedingten „Rauhigkeiten" der Unterseite, nimmt der Widerstand bei Annäherung an den Boden ab. Fahrzeuge mit glatter Unterseite, hier der Citroen ID 19, weisen eine gegenläufige Tendenz auf; bei ihnen nimmt der Widerstand mit kleinerem Bodenabstand ebenso zu wie bei einem strömungsgünstigen Körper, siehe Bild 1.44. Diese Zunahme des Widerstands ist auf die mit kleiner werdendem Bodenabstand anwachsende effektive Dicke zurückzuführen, wie im Abschnitt 4.7.2 näher ausgeführt wird. Diesem Dickeneffekt wirkt bei Fahrzeugen mit rauher Unterseite entgegen, daß der Widerstand der Unterseite abnimmt, wenn die Durchströmung zwischen Fahrzeug und Straße behindert wird.

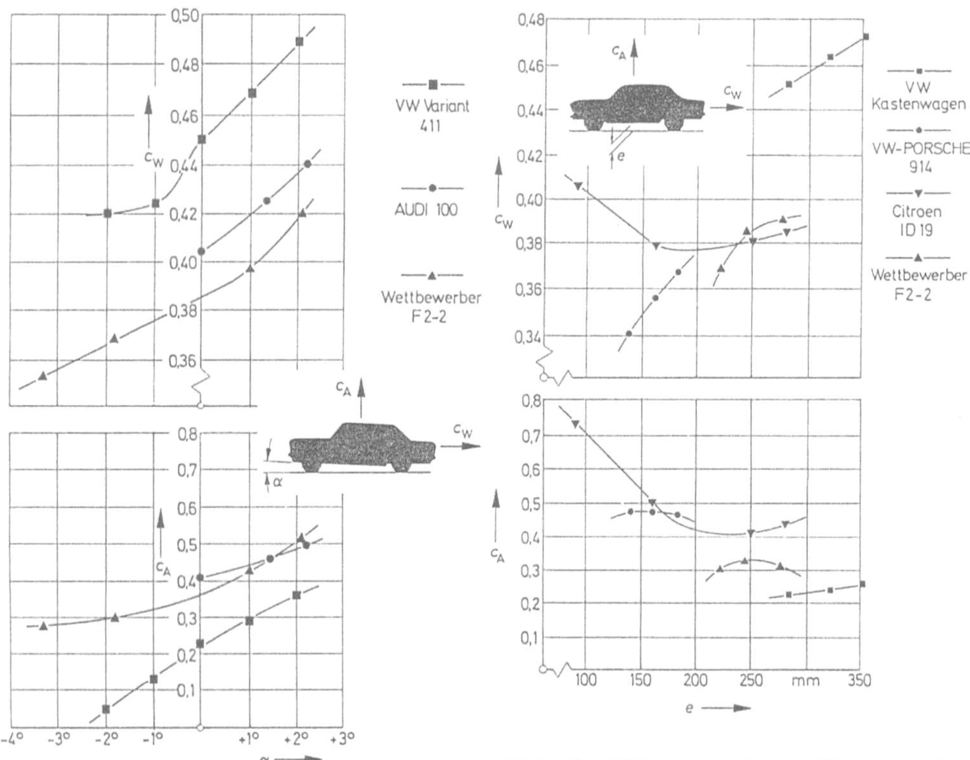

Bild 4.120. Widerstand und Auftrieb von Pkw in Abhängigkeit vom Anstellwinkel α nach [4.63].

Bild 4.121. Widerstand von Pkw und Kastenwagen in Abhängigkeit vom Bodenabstand e nach [4.63].

Im täglichen Einsatz eines Fahrzeuges werden Bodenabstand und Anstellwinkel durch die Beladung immer gleichzeitig variiert. Fast ausnahmslos befindet sich der Kofferraum eines Pkw hinten; der Anstellwinkel nimmt bei Beladung zu, und der Bodenabstand nimmt ab. Da beider Einfluß in der Regel gegenläufig ist, bleibt die resultierende Widerstandszunahme klein; ältere Messungen [4.63] weisen sie mit kleiner als 4 % aus.

Fährt ein Fahrzeug bei natürlichem Wind, dann ist die resultierende Zuströmung um den Schiebewinkel β gegen die Fahrtrichtung geneigt, vgl. Bild 4.119. Die Luftkräfte und insbesondere der Widerstand wachsen mit dem Schiebewinkel an. Bild 4.122 liefert dafür einige Beispiele. Die Bewertung dieses Widerstandsanstieges muß im Licht seiner Auswirkung auf den Kraftstoffverbrauch erfolgen. Und diese ist geringer, als vermutet. Denn wie eine von H.-J. Utz [4.93] durchgeführte Abschätzung ergeben hat, vgl. Abschnitt 5.4.5.1, kommen große Schiebewinkel bei solchen Fahrgeschwindigkeiten, bei denen der Luftwiderstand maßgeblich ist, nur sehr selten vor. Danach reicht es aus, den Anstieg des Widerstandsbeiwertes mit dem Schiebewinkel auf $\beta > 5°$ hinauszuschieben. Wie das untere Diagramm im Bild 4.119 erkennen läßt, ist das in der Regel möglich. Daß bei dem Prototyp P2 – es handelt sich um eine Entwicklungsstufe des VW Golf I – der Widerstand im Bereich kleiner Schiebewinkel gegenüber dem Wert bei gerader Zuströmung sogar abnahm, gab einen Hinweis auf ungünstige Umströmung bei $\beta = 0$, der im Lauf der Entwicklung beseitigt werden konnte.

Diese Begrenzung der zu berücksichtigenden Schiebewinkel darf aber nicht dazu verführen, die übrigen aerodynamischen Beiwerte bei großen Schiebewinkeln außer acht zu lassen. Denn für die Fahrtrichtungshaltung, die im Abschnitt 5 behandelt wird, ist auch das nur *kurzzeitige* Auftreten großer Schiebewinkel von Bedeutung.

Bild 4.122. Zunahme des Widerstandes von Pkw bei Schräganströmung unter dem Schiebewinkel β nach [4.63].

c_T bedeutet Tangentialkraftbeiwert.

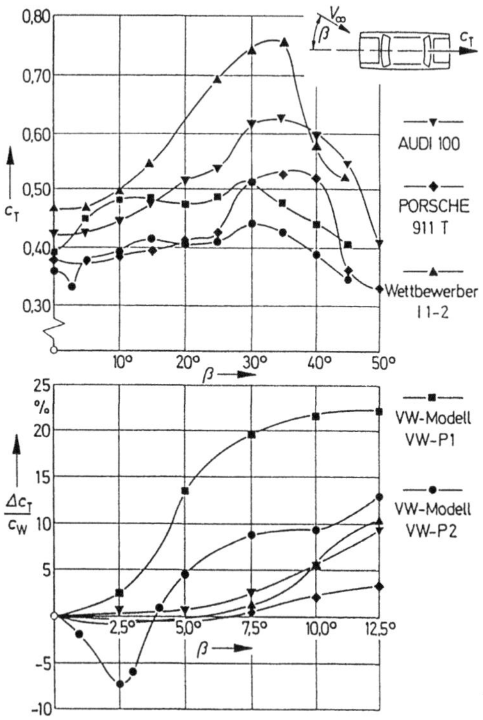

4.6.4 Widerstandsbeiwerte von Serienwagen

Bei der Markteinführung eines neuen Autos wird in der Regel sein c_w-Wert bekanntgegeben. Die Werbung hat sich dieser Zahl bemächtigt und versucht, mit ihr den technischen Standard des ganzen Produktes herauszustreichen. An der Vergleichbarkeit der Angaben der verschiedenen Hersteller sind jedoch wiederholt Zweifel geäußert worden und das wohl nicht zu Unrecht. „Streuungen" ergeben sich einmal wegen der schon in Abschnitt 4.6.2 diskutierten Varianz der Ausstattung, dann aber auch wegen unterschiedlicher Versuchsanordnungen und Simulationsfehler in den einzelnen Windkanälen. Darauf wird im Abschnitt 12 näher eingegangen. Diese Abweichungen können sich bis zu $c_w = 0,04$ addieren, also weit mehr als 10 % eines heute als Stand der Technik anzusehenden c_w-Wertes betragen.

Auf eine tabellarische Zusammenstellung von c_w-Werten wird deshalb hier – im Gegensatz zu vorangegangenen Auflagen – verzichtet. Stattdessen werden mit Bild 4.123 für die einzelnen Fahrzeugklassen Eckwerte angegeben - Mittel-, Best- und Schlechtestwerte - die C. Makepeace [4.94] aus Unterlagen der EADE zusammengestellt hat. Die Versuchsbedingungen sind im Bild 4.123 vermerkt. Berücksichtigt wurden nur Wagen derjenigen Hersteller, die sich an den Vereinbarungen der EADE beteiligen, also nur Autos, die in Westeuropa hergestellt werden.

Bild 4.123 läßt eine Tendenz erkennen: Die größeren Fahrzeuge warten mit niedrigeren c_w-Werten auf als die kleinen. Damit tritt mit fortschreitender aerodynamischer Verfeinerung der bekannte generelle Zusammenhang zwischen dem Widerstand eines Körpers und seiner Länge hervor, den die Schiffbauer zu der griffigen Formel „Länge läuft" zusammengefaßt haben. Wenn dieser Trend bei den größeren Wagen weniger deutlich ist, dann liegt das daran, daß diese in der Regel auch stärker motorisiert sind und somit einen größeren Kühlluftwiderstand haben. Weiter offenbart Bild 4.123, daß die Sportwagen ihren Vorsprung bezüglich des Widerstandsbeiwertes weitgehend eingebüßt haben.

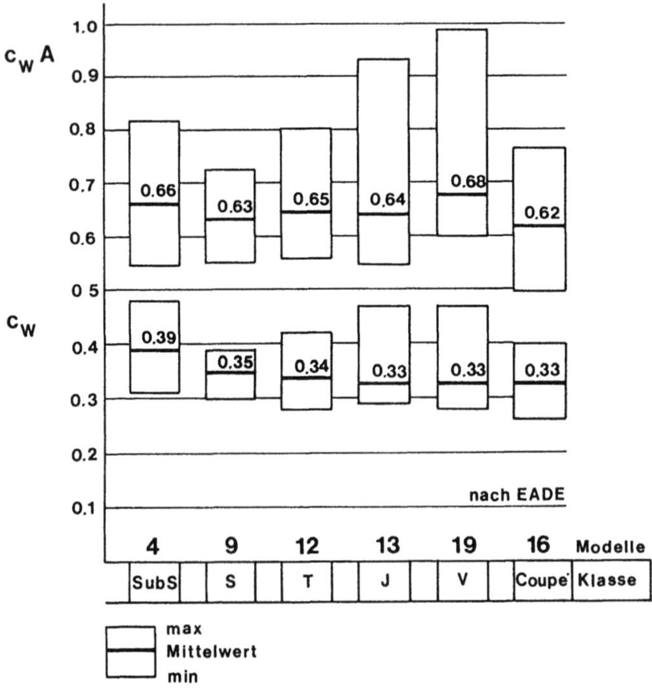

Bild 4.123. Widerstandsbeiwerte europäischer Pkw nach [4.94]. Beladung je 70 kg auf den beiden Vordersitzen, 70 kg Mitte Rücksitz. $V_F = 140$ km/h.

4.7 Forschung

4.7.1 Zielsetzung

In die Kategorie Forschung sind alle die Arbeiten einzuordnen, die nicht direkt auf die Entwicklung eines bestimmten Serienwagens abgestellt waren. Sie umfassen somit Untersuchungen über die Entstehung von Windgeräuschen oder den Widerstand von stumpfen Körpern in Bodennähe ebenso wie die Entwicklung von Konzept- und Rekordfahrzeugen. Aerodynamik-*Forschung* beschränkt sich in der Fahrzeugtechnik also nicht auf die Grundlagen; sie erstreckt sich vielmehr bis hin zur Anwendung.

Neben die objektbezogene, also auf das Fahrzeug zielende Forschung ist die Methodenforschung getreten. Schwerpunkte bilden die Windkanaltechnik, die Meßtechnik und die numerische Strömungsmechanik (CFD). Deren Aspekte werden in den Abschnitten 12, 13 und 14 behandelt.

Der Stand der Widerstandsforschung hat lange Zeit gegenüber den in der Serie verwirklichten c_W-Werten einen großen Vorsprung gehalten. Von verschiedenen Autoren sind fahrzeugähnliche Grundkörper entwickelt worden, die einen sehr niedrigen Luftwiderstand aufweisen. Solange deren Potential auch nicht annähernd für die Serie ausgeschöpft wurde, erschien es wenig sinnvoll, nach Grundkörpern noch niedrigeren Widerstandes zu suchen. Folgerichtig hat sich die Forschung zeitweilig anderen Phänomenen zugewandt, z.B. den Windgeräuschen oder der Richtungsstabilität.

Den gegenwärtigen Stand der Widerstandsforschung macht der folgende Vergleich deutlich: Im Jahr 1978, als die weltweiten Bemühungen um Senkung des Luftwiderstandes auf breiter Front Wirkung zu zeigen begannen (vgl. Bild 1.58), wies ein durchschnittlicher Serienwagen mit $c_W = 0{,}45$ einen um den Faktor drei höheren Luftwiderstand auf, als damals bekannte Grundkörper minimalen Wiederstandes. Im Lauf der 80er Jahre sind die Serienwagen bezüglich ihres Luftwiderstandes weiter an diese Grundkörper herangerückt. Mit $c_W = 0{,}30$ ist ihr Widerstand nur noch doppelt so hoch wie bei diesen; Konzeptfahrzeuge kommen ihnen sogar schon gleich. Soll nun der Luftwiderstand noch weiter verringert werden – inwieweit das sinnvoll ist, wird im Abschnitt 3.5.7 erörtert – dann muß man sich erneut den Grundkörpern zuwenden. Bild 4.68 legt es nahe, sich dabei der Umströmung der Räder anzunehmen. Je mehr der Vorsprung der Forschung vor der Serie schrumpft, desto dringlicher wird es, dieses Problem in Angriff zu nehmen. Andererseits kann nicht übersehen werden, daß die Motivation, den c_W-Wert weiter zu reduzieren, schwach bleibt, solange das Gewicht der Autos nicht ab- sondern eher wieder zunimmt.

4.7.2 Grundkörper

Die Entwicklung eines widerstandsarmen Grundkörpers nimmt ihren Ausgang bei einem freifliegenden Rotationskörper. Bringt man diesen in die Nähe des Bodens, so nimmt sein Widerstand zu; das hat bereits JARAY (vgl. Abschnitt 1.2.3) beobachtet. Dafür gibt es zwei Ursachen: der Einfluß der Wölbung und der der Dicke.

Erstens verliert die Umströmung bei Annäherung an den Boden ihre Rotationssymmetrie. Sie löst auf der dem Boden abgewandten (oberen) Seite ab, so, als ob der Körper gewölbt wäre; der Widerstand wächst an. Zweitens nimmt aber auch die effektive Völligkeit des Körpers zu, wie mit Bild 4.124 schematisiert. Für den Bodenabstand Null, dann also, wenn die Strömung zwischen Körper und Boden vollständig blockiert wird, ist die effektive Völligkeit doppelt so hoch, wie diejenige bei unendlichem Bodenabstand.

Daß die Völligkeit (Dicke) selbst einen großen Einfluß auf den Widerstand hat, geht aus Bild 4.125 hervor. Anstelle der Völligkeit wurde jedoch deren Kehrwert, der Schlankheitsgrad, als Abszisse gewählt. Ausgehend von der Kugel, die den Schlankheitsgrad 1 hat, fällt der Widerstand mit zunehmender Schlankheit zunächst ab, da der in diesem Bereich dominierende Druckwiderstand

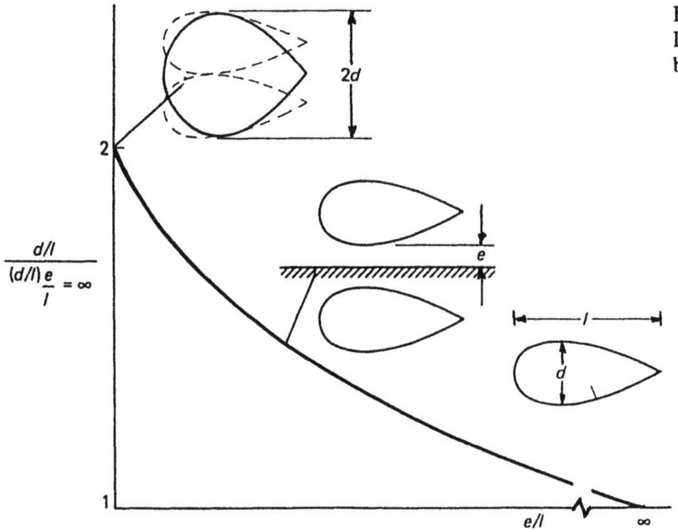

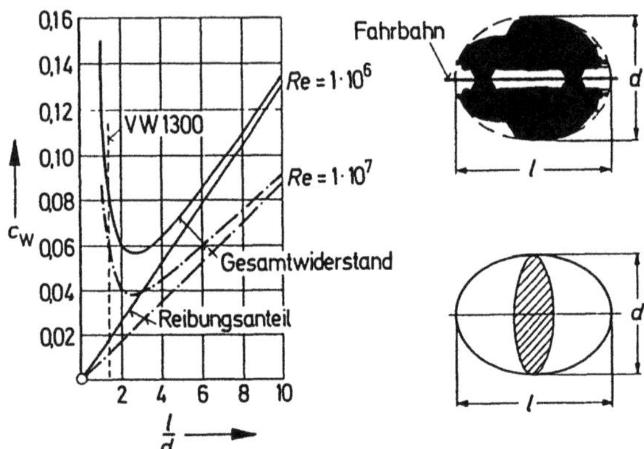

Bild 4.124. Zunahme der effektiven Dicke eines Rotationskörpers bei Annäherung an den Boden.

Bild 4.125. Gesamt- und Reibungswiderstand von Rotationsellipsoiden in Abhängigkeit von deren Schlankheitsgrad l/d nach [4.56].

kleiner wird. Bei weiter zunehmender Schlankheit tritt der Reibungswiderstand hervor, und der Widerstand nimmt wieder zu.

Der effektive Schlankheitsgrad von Personenwagen liegt mit l/d = 1,5 (entsprechend einem geometrischen Längen-Höhen-Verhältnis von l/h = 3) gerade dort, wo der Druckwiderstand überwiegt und der Einfluß des Schlankheitsgrades auf den Widerstand besonders groß ist. Bild 4.125 läßt für freifliegende Rotationskörper einen Anstieg des Widerstandes um etwa 50 % erwarten, wenn ihr Schlankheitsgrad, ausgehend von l/d = 3,0, halbiert wird, wie es bei Bodenabstand Null effektiv wird. Die gleiche Zunahme des Widerstandes weisen nach Bild 4.126 und Bild 1.44 fahrzeugähnliche Grundkörper bei Annäherung an den Boden auf. Für Gebrauchsfahrzeuge ist dieser wichtige Parameter mit deren Hauptabmessungen und mit ihrer Bodenfreiheit vorgegeben. Die Entwicklung strömungsgünstiger Grundkörper muß sich deshalb darauf konzentrieren, den Anstieg des Widerstandes in Bodennähe über die Kompensierung des Wölbungseinflusses auszugleichen.

Widerstand und Auftrieb von Körpern hängen außer von der Bodennähe auch vom Anstellwinkel ab. Das geht aus Messungen von J. L. STOLLERY und W. K. BURNS [4.95] hervor, die im Bild 4.127 zusammengestellt sind. Für den Widerstand ergibt sich ein ausgeprägtes Minimum, dessen zugehöriger Anstellwinkel wiederum vom Bodenabstand abhängt. Der Auftrieb selbst nimmt mit Annähe-

208

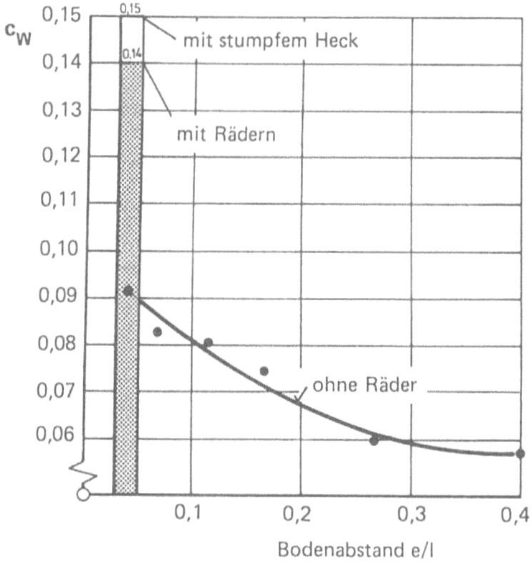

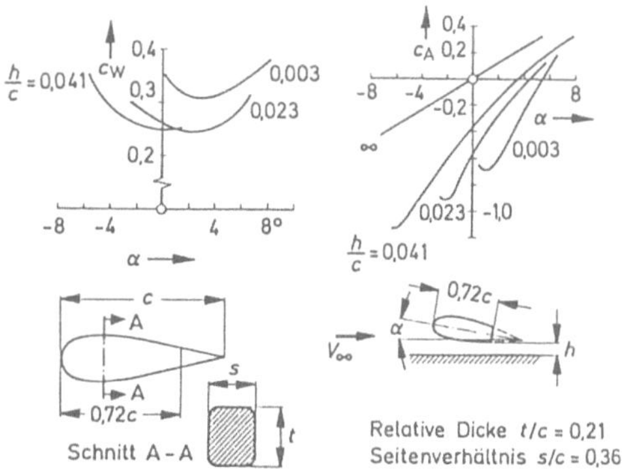

Bild 4 127 Widerstand und Auftrieb stumpfer Korper in Abhangigkeit von Bodenabstand und Anstellwinkel nach [4 95]

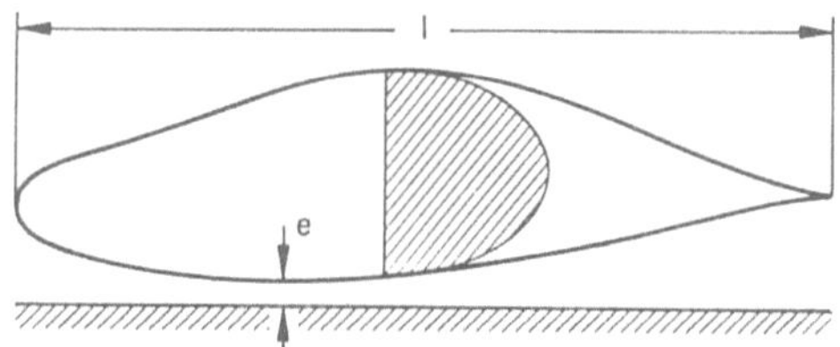

Bild 4 126 Anstieg des Widerstandes bei Verkleinerung des relativen Bodenabstandes e/l nach [4 35]

rung an den Boden ab (Dickeneinfluß), der Auftriebsgradient $dc_A/d\alpha$ hingegen nimmt zu (Zirkulationseinfluß) Mehr als ein genereller Trend kann Bild 4 127 jedoch nicht entnommen werden, denn die Form des in [4 95] vermessenen Korpers ist durch die neuere Entwicklung widerstandsarmer Grundkorper inzwischen uberholt

Die untere Grenze des c_W-Wertes fur fahrzeugahnliche Grundkorper in Bodennahe durfte bei dem ublichen Verhaltnis von Lange zu Hohe von etwa l/h = 3 bei c_W = 0,07 bis 0,09 liegen Durch Anfugen von Radattrappen erhoht sich der Widerstand bis zum Doppelten, fur Grundkorper *mit Radern* wurden Widerstandsbeiwerte von 0,14 < c_W < 0,16 gemessen Daraus folgt zwingend Soll der Widerstand der Fahrzeuge weiter reduziert werden, dann muß die Umstromung der Rader verbessert werden

Daß andererseits selbst bei dem niedrigen Widerstand von c_W = 0,16 noch Spielraum fur Formvarianten besteht, kann aus Bild 4 128 gefolgert werden

c_W < 0,15 laßt sich nach dem derzeitigen Erkenntnisstand nur mit Korpern erzielen, deren Langen-Hohen-Verhaltnis l/h > 3 ist Einer davon, allerdings ohne Rader, ist im Bild 4 129 im Vergleich zu anderen Korpern abgebildet Die niedrigen c_W-Werte der Konzeptfahrzeuge, die im nachsten Abschnitt vorgestellt werden, sind zumindest teilweise auf deren vergleichsweise großen Langen zuruckzufuhren

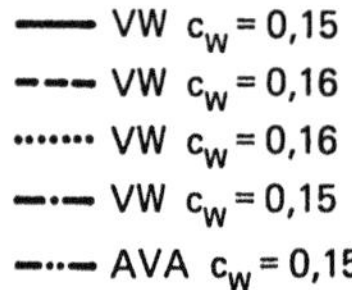

Bild 4.128. Formvarianten für Grundkörper, also stumpfe Körper niedrigen Widerstandes, in den Hauptabmessungen eines Pkw nach [4.35].

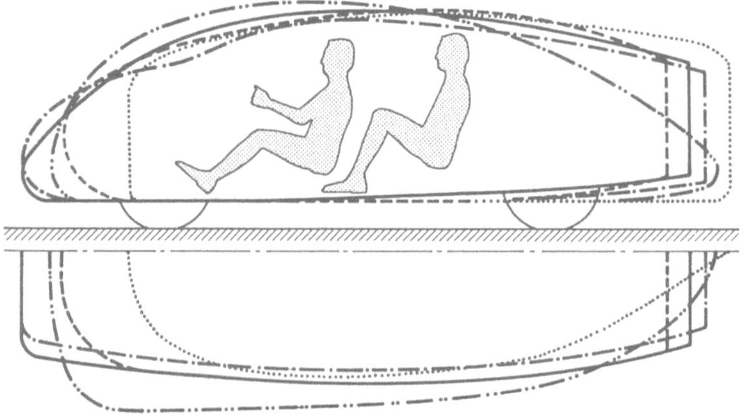

Bild 4.129. Widerstandsvergleich verschiedener Grundkörper.

Grundkörper	c_w	l/h	Bemerkung
	0,15	4,0	Räder angedeutet
	0,16	3,0	Räder angedeutet
	0,07	3,1	keine Räder
	0,18		mit Rädern
	0,05	3,9	keine Räder

4.7.3 Konzeptfahrzeuge

Konzeptfahrzeuge werden von den Automobilproduzenten mit ganz unterschiedlicher Zielsetzung entwickelt. Designstudien dienen dem Zweck, den Publikumsgeschmack zu testen oder gar zu beeinflussen. Mit Forschungsfahrzeugen sollen neue technische Lösungen erprobt werden. Dominierten früher Studien, bei denen *eine* Eigenschaft wie z.B. die Sicherheit besonders akzentuiert war, so werden heute vorwiegend „integrierte" Lösungen vorgestellt, bei denen mehrere aktuelle Zielgrößen wie z.B. Verbrauch, Emissionen, Sicherheit und die Möglichkeiten des Recycling, gemeinsam realisiert, und das heißt auch, gegeneinander abgewogen werden. Dadurch haben die Forschungsfahrzeuge einen sehr viel engeren Bezug zur Realität bekommen.

Fahrzeuge, die unter diesem Gesichtspunkt im Rahmen des vom Bundesminister für Forschung und Technologie (BMFT) geförderten Programmes Auto 2000 entwickelt wurden, werden im Bild 4.130 miteinander verglichen; sie wurden auf der Internationalen Automobilausstellung 1981 in Frankfurt ausgestellt. Mit sehr unterschiedlichen Formen wurden Widerstandsbeiwerte verwirklicht, die weit

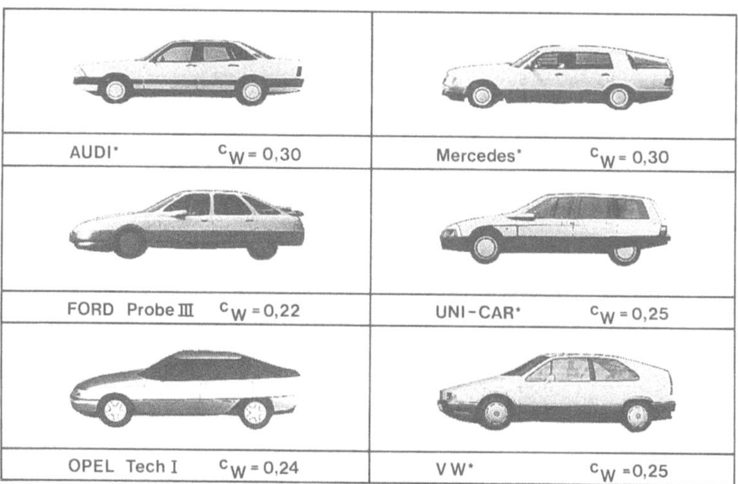

unter denen zeitgleicher Serienfahrzeuge lagen; deren Mittelwert betrug 1981 etwa $c_W = 0,43$. Die Formen zweier dieser Exponate wurden mit nur kleinen Änderungen kurz darauf in die Serie übernommen. Dabei konnte beim Audi 100 III der c_W-Wert des Prototyps mit 0,30 sogar gehalten werden. Dagegen erwies sich der Probe III von Ford als serienferner; beim Übergang auf den Sierra stieg der c_W-Wert von 0,22 auf 0,34, wie von U. BAHNSEN [4.97] mitgeteilt wurde.

In den USA wurde 1983 mit einigen der Konzeptfahrzeugen, sie sind im Bild 1.71 abgebildet, der Luftwiderstand gegenüber den 81er Forschungsautos nochmals verbessert; mit $c_W = 0,14$ bis 0,15 wurde der Wert des Grundkörpers erreicht. Das allerdings um den Preis einer größeren Länge. Das Längen-Höhen-Verhältnis beider im Bild 1.71 verglichenen Wagen lag knapp unter 4,0. Auch die Abdeckung der Vorderräder war ein Zugeständnis an die Aerodynamik, das seine Umsetzung in die Serie so schnell nicht finden wird. Die im gleichen Jahr präsentierten Kleinwagen, vgl. Bild 4.131, wiesen mit 0,30 bis 0,31 demgegenüber zwar den doppelten c_W-Wert auf; mit einem praxisgerechten Längen-Höhen-Verhältnis von unter 2,5 waren sie aber auch äußerst kompakt.

Das Forschungsauto Orbit, vgl. Bild 4.132, das VW 1985 vorstellte, rückte die aerodynamische Entwicklung der Mittelklassewagen wieder näher an die Serie heran. Aufgrund des am glatten 1 : 2,5-Modell gemessenen Beiwertes von $c_W = 0,16$ wurde für das fahrfähige Auto $c_W = 0,25$ vorausgesagt. Auch der von Pininfarina auf dem Turiner Salon von 1990 präsentierte fahrfähige Prototyp CNR E2, er ist im Bild 4.133 zusammen mit seinem Vorgänger CNR/PF aus dem Jahr 1976 zu sehen, kann als seriennah bezeichnet werden. Sein Widerstandsbeiwert $c_W = 0,19$ markiert einen vorläufigen Endpunkt der Entwicklung und nicht der der Prototypen im Bild 1.71, denn diese waren wesentlich schlanker, als für Pkw derzeit üblich.

Dagegen setzen die jüngsten amerikanischen Show-Cars die Aerodynamikentwicklung nur schein-bar fort. Der „Jahrgang" 1990, die Studien von GM zeigt Bild 4.134, zeichnete sich durch rundliche Formen aus, die sehr strömungsgünstig aussehen. Tatsächlich wurden diese Modelle aber ohne Mitwirkung der Aerodynamiker gestaltet, ihr c_W-Wert nicht einmal ermittelt. Sie offenbaren eine Entwicklung, die sich für die Aerodynamik als problematisch erweisen könnte: Es scheint, als würde die Aerodynamik von den US-Designern abermals als reines Stilmittel mißverstanden. Übertreibun-gen, die in den 50er Jahren zu den ausladenden Heckflossen geführt haben, könnten erneut Verdruß an der Aerodynamik hervorrufen und damit die Akzeptanz dieses Faches im Fahrzeugbau erschwe-ren. Die 1991 in Detroit ausgestellten Modelle, der Ford Contour ist im Bild 4.135 zu sehen, setzen diese Entwicklung fort.

Bild 4 131
Konzeptstudien für
Kompaktfahrzeuge,
IAA 1983
oben Opel Junior,
$c_w = 0,31$,
unten VW Student,
$c_w = 0,30$

Bild 4 132   Konzeptfahrzeug VW Orbit, 1985, Foto Volkswagen AG

212

Bild 4 133   Konzeptfahrzeuge von Pininfarina Foto Pininfarina
hinten CNR/PF 1976 $c_w = 0 172$ vorn CNR E2 1990 $c_w = 0 19$

Bild 4 134   Show Cars
die General Motors auf
der North American
International Auto Show
1990 in Detroit vorge
stellt hat,
Fotos General Motors

Bild 4 135 Ford Contour,
1991 in Detroit ausgestellt,
Foto Ford Motor

4.7.4 Rekordfahrzeuge

Im Gegensatz zu den *integrierten* Konzeptfahrzeugen werden Rekordfahrzeuge gebaut, um die Grenzen bestimmter einzelner Eigenschaften, wie z.B. Höchstgeschwindigkeit oder Verbrauch, auszuloten und hinauszuschieben. Dabei wird in Kauf genommen, daß sich diese Autos technisch oft sehr weit vom Serienstand entfernen. Extremes Beispiel dafür sind die Geschwindigkeits-Rekordfahrzeuge, vgl. Abschnitt 7.1.

Im Vergleich zu diesen war der Rekordwagen C 111 III (1978) von Mercedes-Benz noch sehr seriennah. Er wird mit den Bildern 4.136 und 4.137 beschrieben, vgl. H. LIEBOLD et al. [4.41]. Bei der Bewertung seines mit $c_w = 0{,}18$ sehr niedrigen Luftwiderstandes muß wiederum das im Vergleich zur Serie große Längen-Höhen-Verhältnis von $l/h = 4{,}94$ berucksichtigt werden. Inzwischen sind mit derart schlanken Fahrzeugen auch noch wesentlich niedrigere c_w-Werte verwirklicht worden, vgl. z.B. Bild 1.71.

Noch schlanker war mit $l/h = 5{,}93$ das Fahrzeug ARVW der Volkswagen AG, das Bild 4.138 zeigt. Dieses Längen-Hohen-Verhältnis entspricht dem Schlankheitsgrad $l/d = 2{,}97$ eines freifliegenden

Bild 4 136
Mercedes-Benz Rekordwagen C 111 III,
Foto Mercedes-Benz

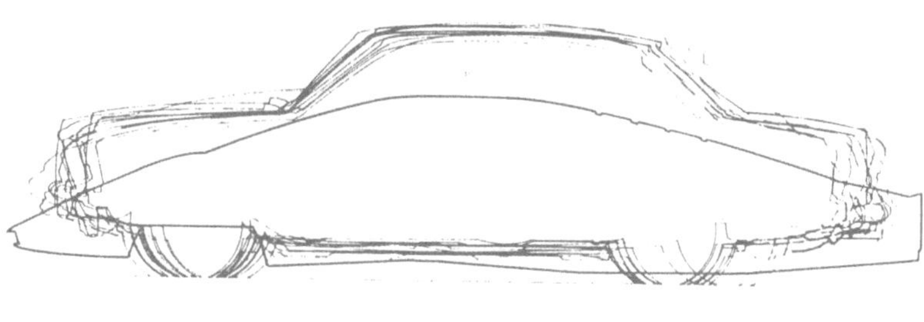

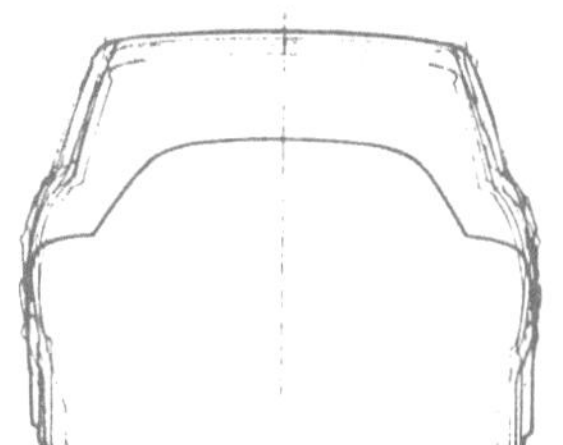

Bild 4 138   Forschungsauto ARVW von Volkswagen nach [4 98]

Körpers. Es liegt damit entsprechend Bild 4.125 genau im Bereich minimalen Widerstandes, ohne daß allerdings mit $c_w = 0,15$ dieses Minimum selbst erreicht wird.

Ein Auto, mit dem ein extrem niedriger Verbrauch verwirklicht wurde, ist das Sparmobil von VW; es ist im Bild 4.139 dargestellt. Mit $A = 0,32$ m² und $c_w = 0,15$ wurde für einen sehr niedrigen Luftwiderstand gesorgt. Es gelang damit, einen Weltrekord aufzustellen: Mit 1 l Diesel-Kraftstoff wurden 1491,3 km zurückgelegt; die Durchschnittsgeschwindigkeit betrug dabei 16,9 km/h.

Ungewöhnliche Anforderungen werden an die Aerodynamik der Solarmobile gestellt, die ihre Rennen in Australien austragen. Die Sieger der Jahre 1989 und 1990, der „Sunracer“ von GM und der „Spirit of Biel-Bienne II“, sind im Bild 4.140 abgebildet. Ihr besonders großes Längen-Höhen-Verhältnis von über fünf wird benötigt, um ausreichend Fläche für die Solarzellen bereitstellen zu können. Der mit $c_w = 0,13$ sehr niedrige Luftwiderstandsbeiwert enthält daher einen vergleichsweise hohen Reibungsanteil.

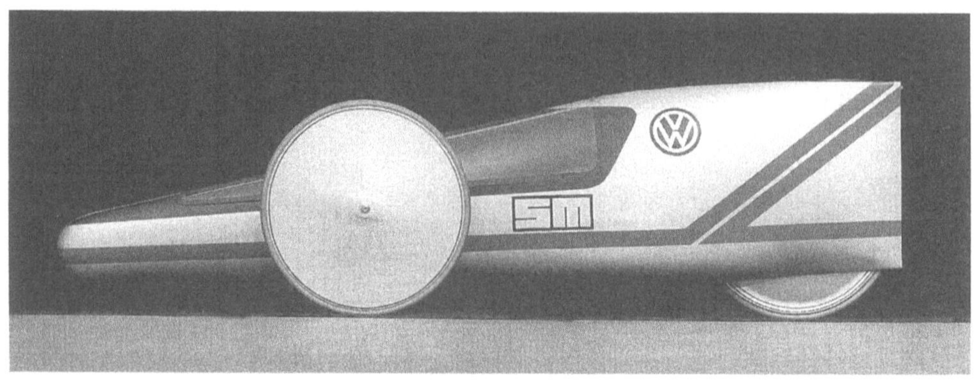

Bild 4 139   VW Sparmobil, $c_w = 0,15$, $A = 0,32$ m², Foto und Daten Volkswagen AG

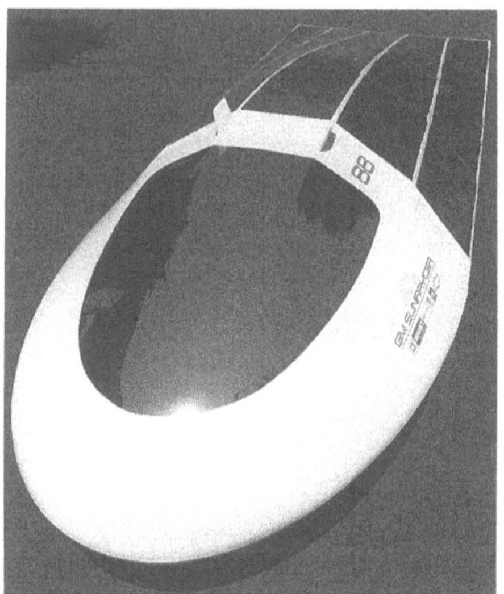

Bild 4 140   Sieger im Solarmobil-Rennen „World Solar Challenge" in Australien
links Sunracer von General Motors, 1987, $c_w = 0,125$, $A = 1,18$ m²,
rechts Spirit of Biel-Bienne, 1990, $c_w = 0,13$, $A = 1,1$ m²,
Fotos und Daten General Motors und Ingenieurschule Biel

4.8 Bezeichnungen

A	Stirnfläche, Bild 4.1
A_G	Grundrißfläche des Tragflügels bzw. des Autos, Gl. (4.5)
A	Auftrieb, Bild 4.119
A_A	Stirnfläche der Antenne, Gl. (4.14)
A_K	Stirnfläche des Kühlers, Bild 4.92
A_M	Stirnfläche des Außenspiegels, Gl. (4.12)
B	Breite des Rades, Bilder 4.69, 4.71
D	Durchmesser
D	Dämpfungskoeffizient, Bild 4.103
L	Rollmoment, Bild 4.119
M	Nickmoment, Bild 4.119
N	Giermoment, Bild 4.119
O	„benetzte" Oberfläche, Tabelle 4.1
Re	Reynolds-Zahl
S	Seitenkraft, Bild 4.119
T	Tangentialkraft, Bild 4.119
V_F	Fahrgeschwindigkeit
V_∞	resultierende Zuströmgeschwindigkeit, Bild 4.2
W	Luftwiderstand
W_A	Luftwiderstand der Antenne
W_B	Luftwiderstand des Fahrzeugbodens, Gl. (4.7)
W_{B+S}	Luftwiderstand von Boden plus Spoiler, Gl. (4.6)
W_K	Kühlluftwiderstand, Gl. (4.15)
W_M	Luftwiderstand des Außenspiegels, Gl. (4.13)
W_P	Druckwiderstand, Bild 4.12
W_S	Luftwiderstand des Spoilers, Gl. (4.10)
a	Radstand, Bild 4.119
a	Aussparung im Spoiler, Bild 4.80
a	Einzugsmaß, Bild 4.37
a	Seitenwölbung, Bild 4.64
b	Spannweite des Tragflügels bzw. Breite des Autos, Gl. (4.5)
c	Sehnenlänge, Bild 4.127
c_A	Auftriebsbeiwert
c_{AV}	Auftriebsbeiwert an der Vorderachse
c_{AH}	Auftriebsbeiwert an der Hinterachse
c_{AR}	Auftriebsbeiwert des Rades, Bilder 4.72, 4.73, 4.74
c_W	Widerstandsbeiwert, Bild 4.1
c_{WB}	Widerstandsbeiwert von Boden plus Spoiler, Bild 4.75
c_{WR}	Widerstandsbeiwert des Rades, Bilder 4.72, 4.73, 4.74
c_{W0}	Profilwiderstandsbeiwert, Gl. (4.3)
c_{W0}	Widerstandsbeiwert vor Änderung, Bild 4.107
c_{Wi}	Beiwert des induzierten Widerstandes, Gl. (4.4)
c_M	Nickmomentenbeiwert
c_p	Druckbeiwert, Gl. (2.8)
c_T	Tangentialkraftbeiwert
d	Durchmesser
e	Bodenfreiheit, Bild 4.119
h	Höhe des Fahrzeugs
h	Heckhöhe, Bild 4.62
h	Spoilerhöhe, Bild 4.78
l	Länge des Fahrzeugs
$l_{1,2}$	Länge von Profil und Klappe

l_D	Deichsellänge, Bild 4.98
l_K	Überhang, Bild 4.98
p	statischer Druck
p_∞	statischer Druck der ungestörten Strömung
r	Radius
s	äquivalente Sandrauhigkeit
t	Rezeßtiefe, Bild 4.66
v	lokale Strömungsgeschwindigkeit
v_S	Geschwindigkeit des natürlichen Windes, Bild 4.2
v_A	mittlere Kühlluft-Durchtrittsgeschwindigkeit
x, y, z	rechtwinklige Koordinaten
y	Seiteneinzug, Bild 4.43
z_S	Spoilerhöhe, Bild 4.75
Γ	Zirkulation, Bild 4.7
Δc_W	Widerstandsinkrement
Λ	Seitenverhältnis, Gl. (4.5)
τ	Wandschubspannung, Bild 4.12
α	Anstellwinkel
α_D	Diffusorwinkel, Bild 4.46
α	Neigungswinkel der Motorhaube, Bild 4.24
β	Heckwinkel, Bild 4.59
β	Schiebewinkel, Bild 4.2
δ	Neigungswinkel der Windschutzscheibe, Bild 4.35
δ	Windwinkel, Bild 4.2
δ	Einzugswinkel, Bild 4.51
δ	Klappenwinkel, Bild 4.82
φ	Neigungswinkel der Heckschräge bzw. der Rückscheibe
φ	Dachauslaufwinkel, Bild 4.45
γ	Wankwinkel, Bild 4.119
ν	kinematische Zähigkeit der Luft
ρ	Luftdichte
ρ_1	dimensionsloses Karosseriemaß, Bild 4.107
ζ_K	Verlustbeiwert des Kühlluftduktes, Bilder 4.92, 4.93

5 Richtungsstabilität

Alfons Gilhaus, Ralf Hoffmann

5.1 Einführung

Die Umströmung des Fahrzeuges führt nicht nur zu einem Widerstand sondern auch zu Luftkräften und Momenten, die die Fahrstabilität beeinflussen. Bei hoher Fahrgeschwindigkeit sind deren Auswirkungen auf den Fahrkomfort spürbar, und im Extremfall sind auch Sicherheitsaspekte betroffen.

Der eigene Fahrtwind erzeugt eine Auftriebskraft und ein Nickmoment. Daraus resultieren veränderte Radlasten und als Folge davon geänderte Haftbedingungen der Reifen. Das Wechselspiel dieser Kräfte und Momente am Fahrzeug beeinflußt sowohl dessen Richtungsstabilität bei Geradeausfahrt wie auch sein Eigenlenkverhalten bei Fahrtrichtungsänderungen.

Durch den natürlichen Umgebungswind und bei Überholvorgängen wird die Umströmung des Fahrzeuges unsymmetrisch. Es entstehen eine Seitenkraft, ein Gier- und ein Rollmoment, und auch Auftrieb und Nickmoment werden verändert. Dies führt zu Kursabweichungen, die vom Fahrer durch Lenkkorrekturen kompensiert werden müssen. Wie diese Luftkräfte- und Momente zustandekommen, wird im Abschnitt 5.3 näher ausgeführt.

Einflüsse aerodynamischer Kräfte auf die Fahrstabilität sind in der Praxis am deutlichsten spürbar bei böigem Seitenwind. Dies gilt insbesondere, wenn durch Überholmanöver oder Geländeformation schnelle Wechsel zwischen Windabschattung und freier Windanströmung auftreten. Entscheidend für die Richtungsstabilität ist dabei das Zusammenwirken von Luft- und Massenkräften. Die Aerodynamik allein reicht für die fahrdynamischen Betrachtungen nicht aus; die relevante Fahrmechanik wird im Abschnitt 5.4 mit einbezogen. Dort werden auch die verschiedenen typischen Fahrsituationen geschildert, bei denen aerodynamische Kräfte und Momente eine Rolle spielen.

Aufgabe der Aerodynamiker ist es, die Luftkräfte und -momente durch die Formgebung zu beeinflussen. Welche Zusammenhänge dabei zu beachten sind, ist Gegenstand von Abschnitt 5.5. Dabei bezieht sich der Begriff „Formgebung" nicht nur auf die Grundform des Fahrzeugs; mit eingeschlossen sind auch aerodynamische Effekte, die von Details, wie Kühlluftführung, Fugen, Rückspiegeln, Reifen, Spoilern und Dachlasten, hervorgerufen werden.

Schließlich ist neben den aerodynamischen und fahrdynamischen Aspekten das Regelverhalten des Fahrers zu berücksichtigen. Die von ihm *subjektiv* empfundene Richtungsstabilität und sein Gefühl der Sicherheit werden nicht allein durch die unmittelbare Störung des Fahrverhaltens unter dem Einfluß von Luftkräften bestimmt. Wichtig ist auch die Vorhersehbarkeit – und natürlich die Beherrschbarkeit – der Fahrzeugreaktionen auf korrigierende Lenkmanöver. In die subjektive Bewertung der „Seitenwindempfindlichkeit" eines Fahrzeuges durch den Fahrer gehen also ebenso die Charakteristik der Lenkung wie die des Fahrwerks mit ein.

Die Komplexität des behandelten Phänomens „Richtungsstabilität" spiegelt sich wider in einer Vielzahl von Test- und Bewertungsmethoden; diese werden im Abschnitt 5.6 beschrieben und bezüglich ihrer Aussagefähigkeit miteinander verglichen. Die am Anfang der Entwicklung eines neuen Fahrzeuges stehenden Windkanalmessungen gestatten nur erste Aussagen. Durch die sich anschließenden fahrdynamischen Berechnungen werden diese präzisiert. An Prototypen und Produktionsfahrzeugen wird das Fahrverhalten unter zumeist idealisierten Bedingungen meßtechnisch erfaßt und subjektiv beurteilt, z.B. mit der Vorbeifahrt an Seitenwindgebläsen. Ganz neue Möglichkeiten eröffnet der Einsatz von Fahrsimulatoren. Mit ihnen ist es möglich, Einblicke in das menschliche Regelverhalten im System Fahrer-Fahrzeug zu gewinnen und das auch in solchen Situationen, die im Versuch nicht so einfach und gefahrlos herbeizuführen sind.

5.2 Aerodynamik und Fahrstabilität – Geschichtliche Entwicklung

Der Zustand der Straßen und der technische Stand der Fahrzeuge selbst ließen bis zum Anfang der 30er Jahre nur verhältnismäßig niedrige Fahrgeschwindigkeiten zu. Das Thema „Aerodynamik und Richtungsstabilität" hatte daher keine nennenswerte Bedeutung für Automobile im Straßenverkehr.

Die Erfolge, die mit äußerst strömungsgünstigen Rekordfahrzeugen in der zweiten Hälfte der 30er Jahre erzielt wurden, lösten bei vielen Konstrukteuren Begeisterung für die Möglichkeiten aerodynamischer Gestaltung aus. Doch als am 28. Januar 1938 BERND ROSEMEYER bei einem Rekordversuch auf der Autobahn von Frankfurt nach Darmstadt tödlich verunglückte, kamen Zweifel am Nutzen der Fahrzeug-Aerodynamik auf. Von einer Seitenwindböe erfaßt, geriet sein Fahrzeug außer Kontrolle und zerschellte an Bäumen, vgl. H. A. FAERBER [5.1]. Daß an Rosemeyers „Auto" Lenkkorrekturen kaum möglich waren, blieb unbeachtet; um den Luftwiderstand zu vermindern, wurden die vorderen Radausschnitte verkleidet, und dadurch war der Radeinschlagwinkel auf $\delta = \pm 6°$ begrenzt. Vielmehr schockierte die Erfahrung, daß Luftkräfte am Auto lebensgefährlich werden können, eine breite Öffentlichkeit und hinterließ ihre Spuren im allgemeinen Bewußtsein.

Parallel zu diesem Ereignis entstand auch im Straßenverkehr eine neue Situation; drei wesentliche Änderungen trugen dazu bei, daß die Einwirkungen von Luftkräften auf das Fahrverhalten spürbar wurden:

– Verbesserte Verkehrswege und erste Schnellstraßen ließen höhere Fahrgeschwindigkeiten zu.

– Angeregt durch Aerodynamiker, die bemüht waren, den Luftwiderstand zu verringern und von Designern, die anstelle von „monumentalen" Formen neue dynamische Formen suchten, entstanden fließende Linien und weiche Rundungen. Die typischen schlanken Schrägheckformen gegen Ende der 30er Jahre reduzierten zwar den Luftwiderstand; sie führten jedoch im Vergleich zu den konventionellen kantigen Karossen zu ungünstigeren Bedingungen für die Fahrstabilität. Der hintere Auftrieb und das Giermoment bei Seitenwind stiegen stark an (Bilder 5.1 und 5.2).

– Schließlich kamen in dieser Zeit eine Reihe von Heckmotor-Fahrzeugen auf den Markt; dieses Konzept entsprach den neuen an der „Tropfenform" orientierten stylistischen Bestrebungen. Die fahrdynamischen Nachteile der Fahrzeuge mit weit hinten liegendem Schwerpunkt sind inzwischen gut bekannt.

Die Kombination von Schwerpunktrücklage, ungünstigen aerodynamischen Eigenschaften und erhöhten Fahrgeschwindigkeiten machte das Thema „Aerodynamik und Richtungsstabilität" zu einem vieldiskutierten Problem. Autos mit niedrigem Luftwiderstand wurden dabei generell als seitenwindempfindlich eingestuft.

Der Wechsel von den klassischen Stromformen der späten 30er Jahre zur „Pontonform" mit integrierten Kotflügeln und mit Stufenheck in den 50er Jahren änderte nicht viel an der Situation. Denn auch die neuen Formen mit stark gerundeten Konturen im Grundriß und in der Seitenansicht bewirkten ein relativ hohes Giermoment und einen hohen hinteren Auftrieb. Schließlich nahm die Verbreitung von Heckmotorfahrzeugen bis in die 60er Jahre zu.

Die Einführung von Heckflossen in der zweiten Hälfte der 50er Jahre brachte ebenso gewisse Vorteile im Hinblick auf die Richtungsstabilität wie die dann folgende „Trapezform". Tendenziell

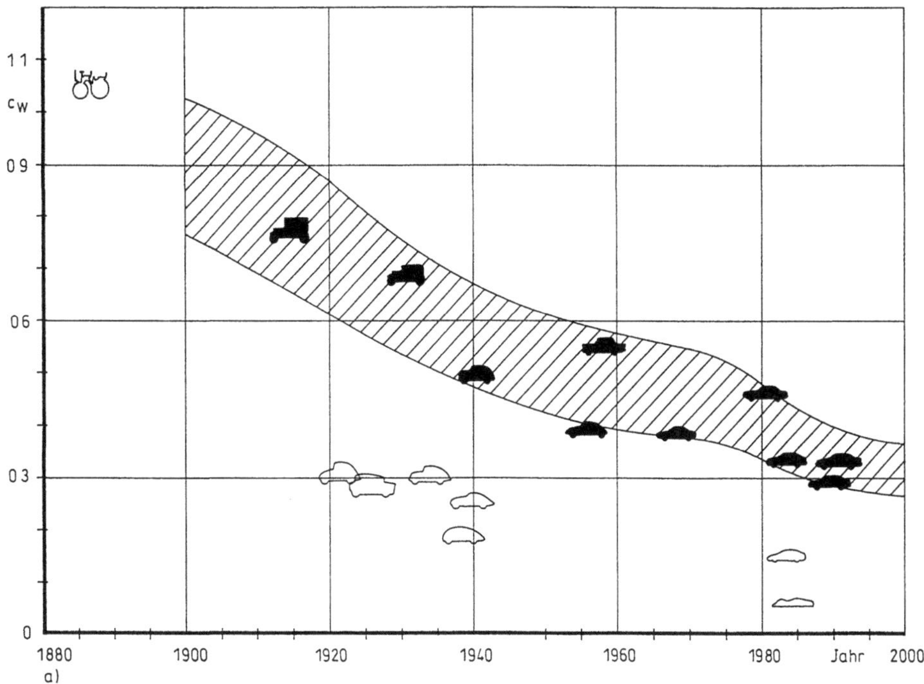

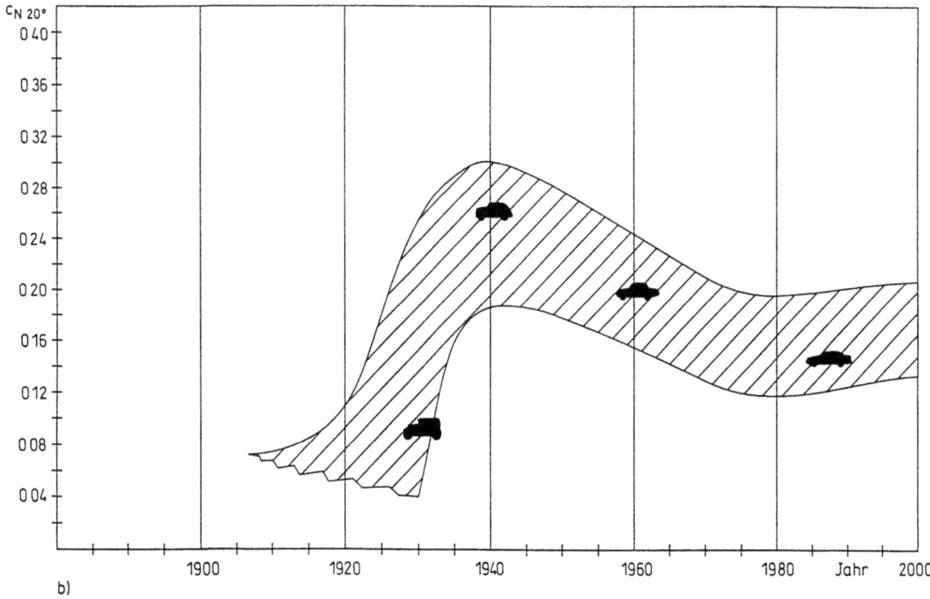

Bild 5 1   Geschichtliche Entwicklung der aerodynamischen Beiwerte
a) Luftwiderstand
b) Giermoment bei $\beta = 20°$ Anstromwinkel
Folgeseite Teilbilder c) und d)

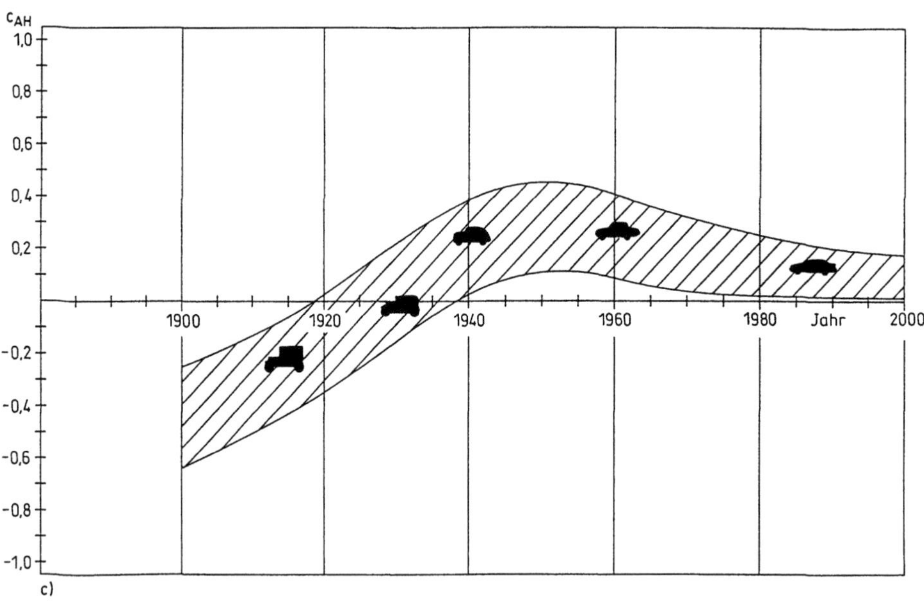

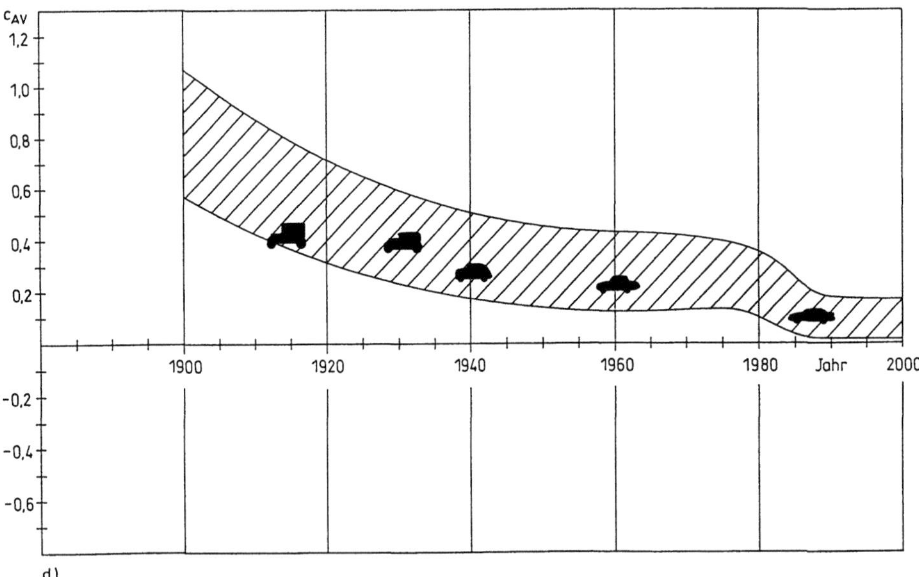

Bild 5.1. (Fortsetzung)
c) Auftrieb an der Hinterachse
d) Auftrieb an der Vorderachse

222

Bild 5 2 Windkanalmessungen an historischen Fahrzeugen, oben Ford A, 1930, unten Ford Taunus, 1940

nahm bei beiden das Giermoment ab. Die kantigeren Heckformen der 70er Jahre führten darüber hinaus auch zu einem vermindertem hinteren Auftrieb.

Mit dem Ende der Produktion von Fahrzeugen mit Heckmotor verschwand das Thema „Seitenwindunfälle" aus den Schlagzeilen. In den 70er und 80er Jahren wurde der Frontantrieb für kleinere und mittlere Pkw zum allgemeinen Standard. Die erhöhte Belastung der Vorderachse und der verringerte Abstand zwischen Schwerpunkt und Angriffszentrum der aerodynamischen Seitenkraft verbesserten die Richtungsstabilität entscheidend (vgl.Abschnitt 5.4.5). Dazu trug weiter bei, daß in dieser Zeit für kleine und kompakte Fahrzeuge eine neue typische Grundform entstand: die kurze Vollheckform. Diese zeichnet sich durch niedriges Giermoment und geringen Auftrieb aus (vgl. Abschnitt 5.5.1).

Die verbesserte Fahrwerkstechnik der Fahrzeuge mit Standardantrieb und das Auslaufen besonders problematischer Fahrzeugkonzepte führten dazu, daß die Frage nach dem Einfluß der Aerodynamik auf die Fahrstabilität zu Beginn der 80er Jahre in den Hintergrund trat. Doch unter dem Druck der zeitweilig angespannten Energieversorgungslage und umweltpolitischer Bestrebungen brachte die Zusammenarbeit von Aerodynamikern und Designern einen deutlichen Wandel der Fahrzeugformen. Mit den neuen auch optisch betont strömungsgünstigen Formen kam das Thema „Windempfindlichkeit" erneut in die Diskussion. Erinnerungen an die Probleme mit den frühen „Stromformen" wurden wieder lebendig.

Die „Keilform" mit niedrigem Bug und hohem Heck ließ kaum Zielkonflikte im Hinblick auf die Auftriebskräfte entstehen. Aber die modernen Formen mit erheblich verringertem Luftwiderstand führten zu einem Wiederanstieg des Giermoments, wie im Bild 5.1 zu erkennen. Diese Tendenz ist bei den im Windkanal optimierten Formen jedoch wesentlich weniger ausgeprägt als bei den eher gefühlsmäßig gestalteten „Stromlinienfahrzeugen" der 30er Jahre.

Eine Erhöhung des Giermoments ist vor allem bei Stufenheck- und Schrägheckformen zu beobachten; verstärkte Rundung des Grundrisses und Einzüge im Bereich der hinteren Säulen und der Rückblickscheibe sind die Hauptursache dafür. Mit dem Luftwiderstand nehmen zugleich auch die hinteren Seitenkräfte ab und zwar deutlicher als die vorderen, wie im Abschnitt 5.5.1.2 erklärt wird.

Durch gezielt positionierte Strömungsabrißkanten an den Seiten der Rückblickscheibe kann der Giermomentanstieg begrenzt werden. Abgesehen von Zugeständnissen an den Luftwiderstand widersprechen Kanten am Heck jedoch auch der ästhetischen Intention, die fließenden Linie am Bug mit entsprechend weichen Heckkonturen zu verbinden. Jüngste stylistische Studien zeigen eher einen Zug zu großzügiger gerundeten Heckformen.

Neben deutlicher betonten Keilformen kündigen einige der neusten „Show Cars" bereits Bestrebungen zu alternativen Grundformen an. Sanft abfallende Hecklinien, die Assoziationen an nun schon als klassisch empfundene Formen der 50er Jahre wecken, finden wieder Beachtung – Entwürfe, die keinen Windkanal gesehen haben (vgl. Bilder 4.134 und 4.135). Nach einer Phase, in der aerodynamisch begründete Anforderungen auch neue stylistische Themen anregten, droht nun eine Verselbständigung rein stylistischer Motive. Eine Abkehr von der „Keilform" und insgesamt stärker gerundete Heckformen würde Giermoment und Auftrieb vergrößern. Selbst bei Fahrzeugen mit Front- oder Allradantrieb und weit vorn liegendem Schwerpunkt würde das zu einer spürbaren Beeinträchtigung der Richtungsstabilität führen.

Die aerodynamische Instabilität läßt sich zwar durch „intelligente" Lenksystem überspielen, ähnlich, wie man in der Flugtechnik auf die aerodynamische Stabilität im klassischen Sinn verzichtet. Solange derartige Techniken jedoch aus Kostengründen nur in Fahrzeugen der oberen Klasse zur Anwendung kommen können, muß sich der Aerodynamiker der Herausforderung stellen, für immer neue Formen einen akzeptablen Kompromiß zwischen Luftwiderstand und Richtungsstabilität zu finden.

5.3 Luftkräfte und -momente

5.3.1 Entstehung

Die Umströmung des Fahrzeuges bewirkt Druckkräfte auf der gesamten Fahrzeugoberfläche. Hierdurch entstehen als Resultierende eine Kraft und ein Moment. Diese können in Richtung der räumlichen Koordinaten in Komponenten zerlegt werden, wie im Bild 5.3 durchgeführt. Druckunterschiede zwischen der Fahrzeugober- und der Fahrzeugunterseite, ein Beispiel dafür gibt Bild 5.4, bewirken einen Auftrieb A und ein Nickmoment M, denen sich die Auftriebskräfte an der Vorder- und der Hinterachse zuordnen lassen:

$$A = c_A(\beta)\frac{\rho}{2}V^2 F, \tag{5.1}$$

$$M = c_M(\beta)\frac{\rho}{2}V^2 F l. \tag{5.2}$$

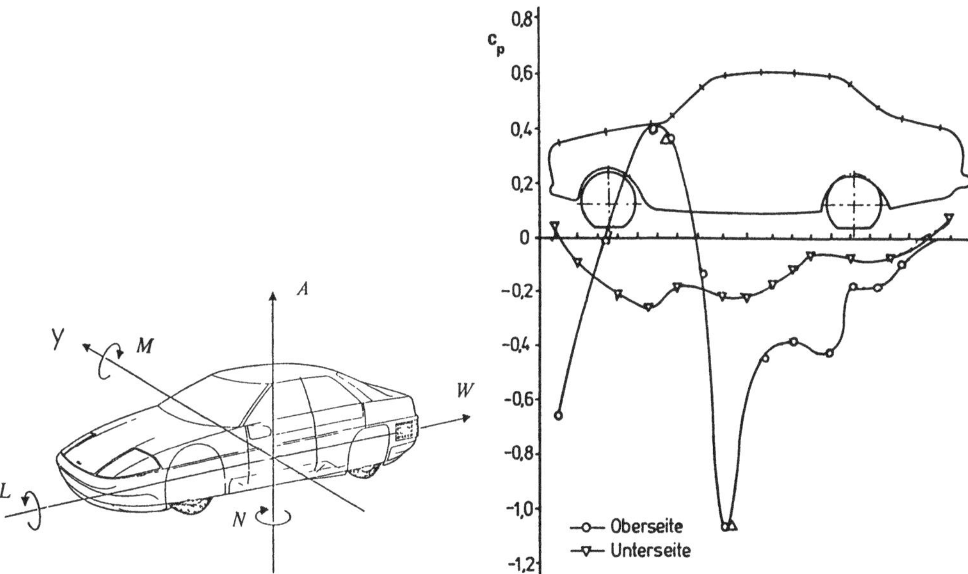

Bild 5.3. Kräfte und Momente am Fahrzeug.

Bild 5.4. Entstehung von Auftrieb und Nickmoment nach [5.2].

Wie mit den Gln. (5.1) und (5.2) zum Ausdruck gebracht, ist die Größe der Luftkräfte und -momente abhängig vom Quadrat der Anströmgeschwindigkeit, von der Anströmrichtung sowie auch von der Form des Fahrzeuges. Die Anströmgeschwindigkeit und deren Richtung resultieren aus der Addition der Vektoren von Fahrgeschwindigkeit und Umgebungswind.

Bei Seitenwind und auch beim Überholen entsteht eine unsymmetrische Anströmung, die ihrerseits zu einer asymmetrische Druckverteilung führt, wie im Bild 5.5 für einen ausgewählten Horizontal-schnitt aufgetragen. An der Leeseite treten an der Bugvorderkante und im Bereich der A-Säule infolge hoher Übergeschwindigkeiten große Unterdrücke auf, während an der Luvseite im Vorder-wagenbereich geringer Überdruck herrscht. In Verbindung mit einer gegenüber der Leeseite etwas stärkeren luvseitigen Unterdruckzone am Heck entstehen eine Seitenkraft und ein Giermoment. Diese wiederum lassen sich in je eine Seitenkraft an Vorder- und Hinterachse zerlegen. Bei allen modernen Fahrzeugformen ist bei Schräganströmung die vordere Seitenkraft erheblich größer als die hintere.

Bedingt durch die allgemeine Form der Fahrzeuge stimmen Anströmrichtung und Richtung der resultierenden Luftkraft nicht miteinander überein (vgl. Bild 5.6). Der Anströmwinkel - häufig auch Schiebewinkel genannt - ist kleiner als der Angriffswinkel der resultierenden Luftkraft. Bei starkem Seitenwind kann die Seitenkraft deutlich höher sein als der Luftwiderstand. Windseitenkraft Y und Giermoment N werden durch folgende Gleichungen ausgedrückt (vgl. auch Bild 5.3):

$$Y = c_Y(\beta) \frac{\rho}{2} V^2 F, \tag{5.3}$$

$$N = c_N(\beta) \frac{\rho}{2} V^2 F l. \tag{5.4}$$

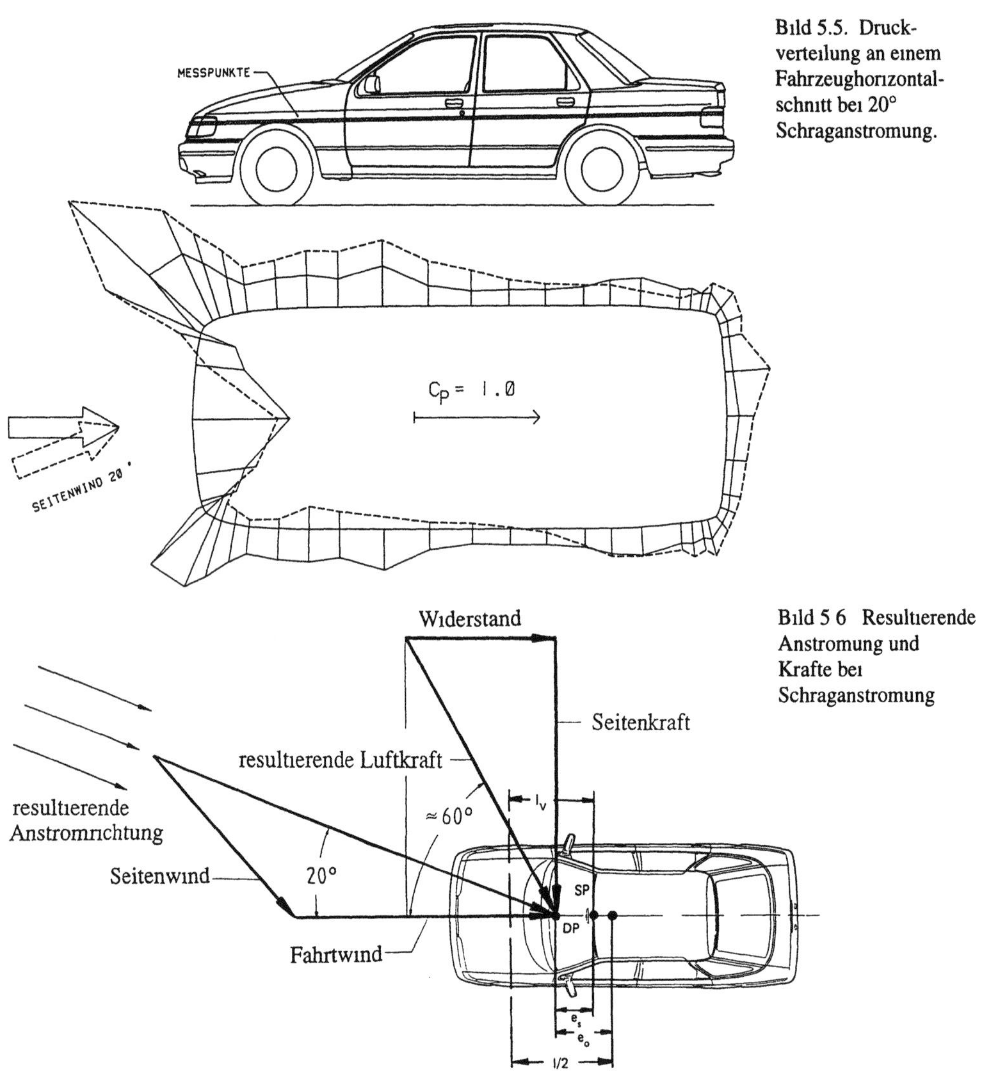

Bild 5.5. Druckverteilung an einem Fahrzeughorizontalschnitt bei 20° Schraganstromung.

Bild 5 6 Resultierende Anstromung und Krafte bei Schraganstromung

Bei Windkanalmessungen wird das Giermoment üblicherweise auf den Mittelpunkt des Radstandes bezogen. Dies führt zu Werten, die unabhängig sind von der individuellen Ausstattung und Beladung der Fahrzeuge. Sie ergeben eine einheitliche Vergleichsbasis für eine rein *aerodynamische* Beurteilung unterschiedlicher Formen. Für fahrdynamische Betrachtungen läßt sich das Giermoment als eine in einem bestimmten Punkt angreifende Seitenkraft darstellen, der von Mitte Radstand den Abstand e_0 hat. Dieser Punkt wird als Druckpunkt bezeichnet, vgl. z.B. R. BARTH [5.3]. Für den Druckpunktabstand e_0 läßt sich schreiben, vgl. z.B. M. MITSCHKE [5.4]:

$$e_0 = \frac{c_N\, l}{c_Y}\,.$$

(5.5)

Für die Fahrstabilität ist der Abstand e_S des Druckpunktes zum Fahrzeugschwerpunkt von Bedeutung; dieser ist

$$e_S = e_0 - \left(\frac{l}{2} - l_v\right).$$

(5.6)

226

Je naher der Druckpunkt am Fahrzeugschwerpunkt liegt, desto geringer wird das fahrdynamisch wirksame Giermoment

Die unterschiedliche Druckverteilung zwischen Lee- und Luvseite bewirkt neben einer Seitenkraft Y auch ein Rollmoment L, fur das sich analog zu Gl (5 4) schreiben laßt

$$L = c_L\left(\beta\right)\frac{\rho}{2}\, v^2\, F\, l \tag{5 7}$$

Dem Rollmoment, fur das die Langsmittelachse in der Fahrbahnoberflache Bezugslinie ist, wird nur eine vergleichsweise geringe Wirkung auf die Richtungsstabilitat von Pkw zugesprochen Die Signifikanz hangt ab vom Roll-Lenkverhalten des Fahrwerks In der Regel verbessert ein niedriges Rollmoment das Lenkverhalten bei boigem Seitenwind

5.3.2   Aerodynamische Stabilitat

Aerodynamische Stabilitat bedeutet, daß bei einer Anderung der Anstromrichtung ein ruckdrehendes Moment entsteht, also ein solches, das die *Anderung* wieder zu Null machen mochte Hat ein durch Seitenwind verursachtes Giermoment das Bestreben, die Storung zu vergroßern, so ist das Fahrzeug im aerodynamischen Sinne instabil Besonders anschaulich ist das von H SCHLICHTING [5 5] dargestellt worden Wie danach aus Bild 5 7 hervorgeht, entsteht bei schrager Anstromung durch eine im Bug- und Heckbereich anliegende Umstromung ein steiler Anstieg des Giermoments Dabei ist der Quotient aus der Anderung des Giermoments zur Anderung des Anstromwinkels *positiv*, d h das Fahrzeug ist instabil (Fall a) Lost die Stromung am Heck ab, wird die Instabilitat verringert (Fall b) Zum Beispiel laßt sich mit einer großen Heckflosse die hintere Seitenkraft soweit erhohen, daß ein aerodynamisch stabiles Giermoment entsteht (Fall c) Fur verkehrstaugliche Autos ist diese Maßnahme jedoch nicht praktikabel, wohl aber fur Rekordfahrzeuge, wie z B Motorrader, vgl Bild 1 55

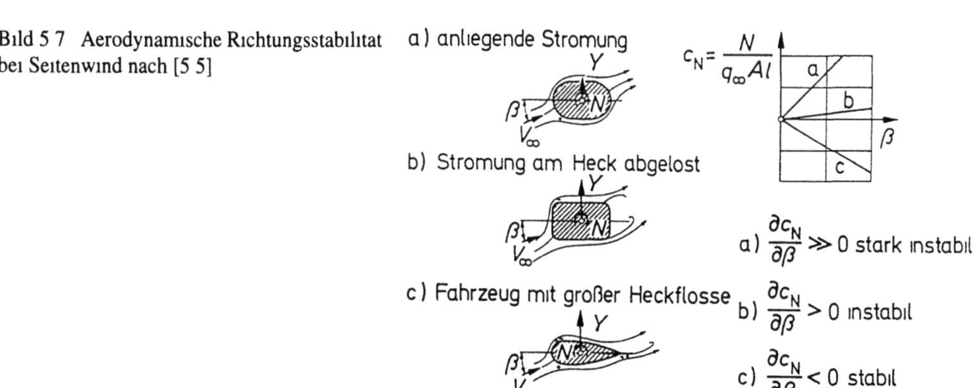

Bild 5 7 Aerodynamische Richtungsstabilitat bei Seitenwind nach [5 5]

Bild 5 8 zeigt den Einfluß der Bugformen auf das Giermoment von Kastenwagen Nur fur die vollkommen scharfkantige Bugform (Fall 1) besteht in einem engen Anstromwinkelbereich aerodynamische Stabilitat Fahrzeuge mit abgerundeten Bugkanten, wie sie im Hinblick auf einen niedrigen Luftwiderstand notwendig sind, fuhren zur aerodynamischen Instabilitat

Durch die Ausbildung der Bugkanten laßt sich das Giermomentenverhalten gezielt beeinflussen Nach W -H HUCHO [5 6] kann durch kontrollierte Stromungsablosung der lineare Giermomentenanstieg bei einem bestimmten Schiebewinkel unterbrochen und somit die Instabiltitat verringert

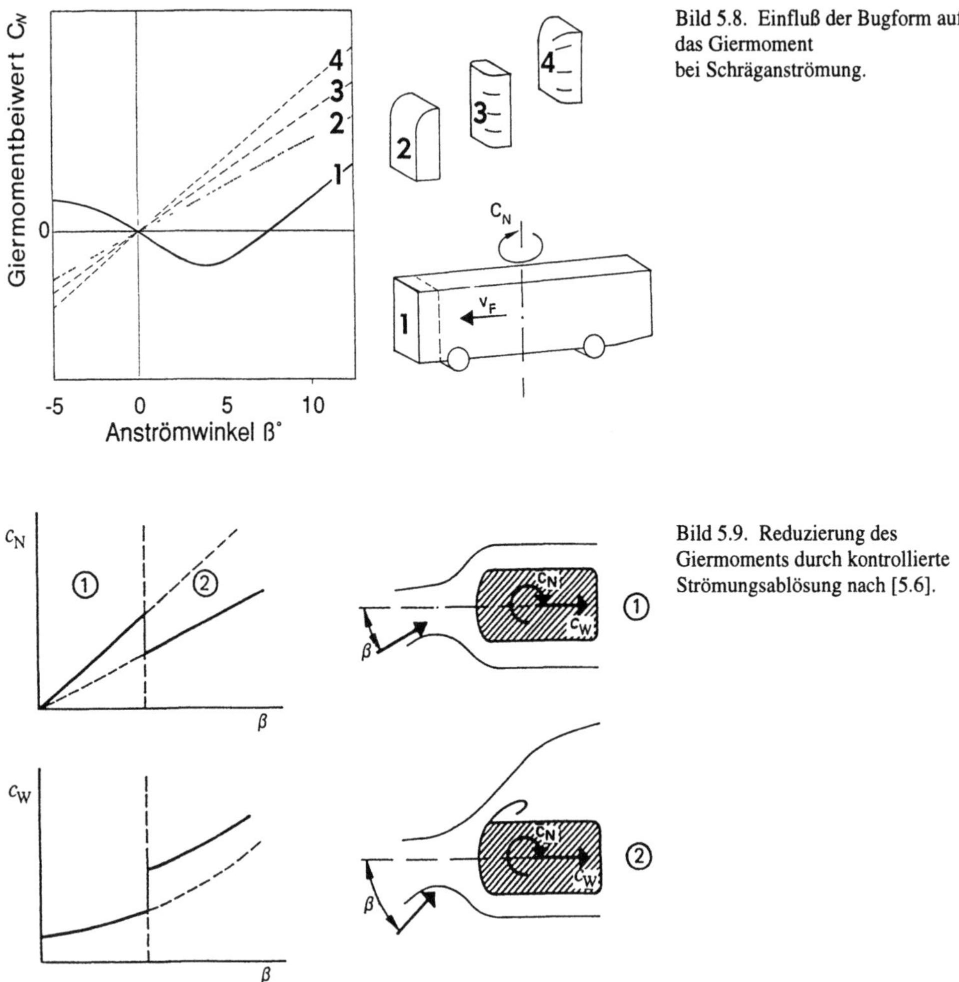

Bild 5.8. Einfluß der Bugform auf
das Giermoment
bei Schräganströmung.

Bild 5.9. Reduzierung des
Giermoments durch kontrollierte
Strömungsablösung nach [5.6].

werden. Der Widerstand steigt dabei jedoch sprunghaft an, wie schematisch im Bild 5.9 gezeichnet. Liegt dieser „kritische Winkel" oberhalb der im normalen Fahrbetrieb hauptsächlich auftretenden Schiebewinkel (vgl. Abschnitt 5.4.5.1), dann hat dieser Widerstandsanstieg keine nennenswerte Bedeutung für den Kraftstoffverbrauch.

5.3.3 Instationäre Kräfte und Momente

Die aerodynamischen Kräfte und Momente werden im Windkanal unter *stationären* Anströmbedingungen ermittelt; *instationäre* Anteile, wie sie durch natürlichen Seitenwind entstehen, werden nicht miterfaßt. W.-H. Hucho und H.-J. Emmelmann [5.7] haben in Anlehnung an die Flugaerodynamik Seitenkraft und Giermoment in einen stationären, einen quasistationären (Drehbewegung) und einen instationären Anteil aufgeteilt, vgl. Bild 5.10. Die instationären Anteile konnten mit Hilfe der Theorie schlanker Körper (slender-body-theory) abgeschätzt werden. Bei steilen Windprofilen ist, wie aus Bild 5.11 hervorgeht, ein deutliches Überschwingen sowohl der Seitenkraft wie auch des Giermomentes festzustellen. Mit abnehmendem Gradienten des Seitenwindprofils geht der instationäre Anteil zurück.

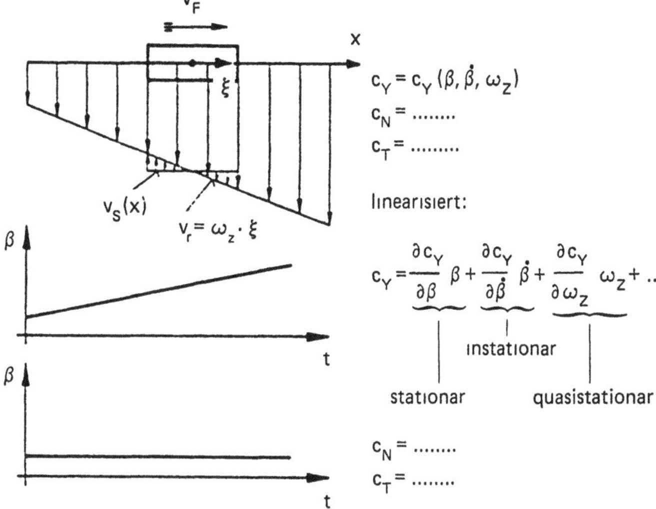

Bild 5.10. Linearisierte Betrachtung von instationaren Luftkraften und -momenten bei veranderlichem Seitenwindprofil nach [5 7]

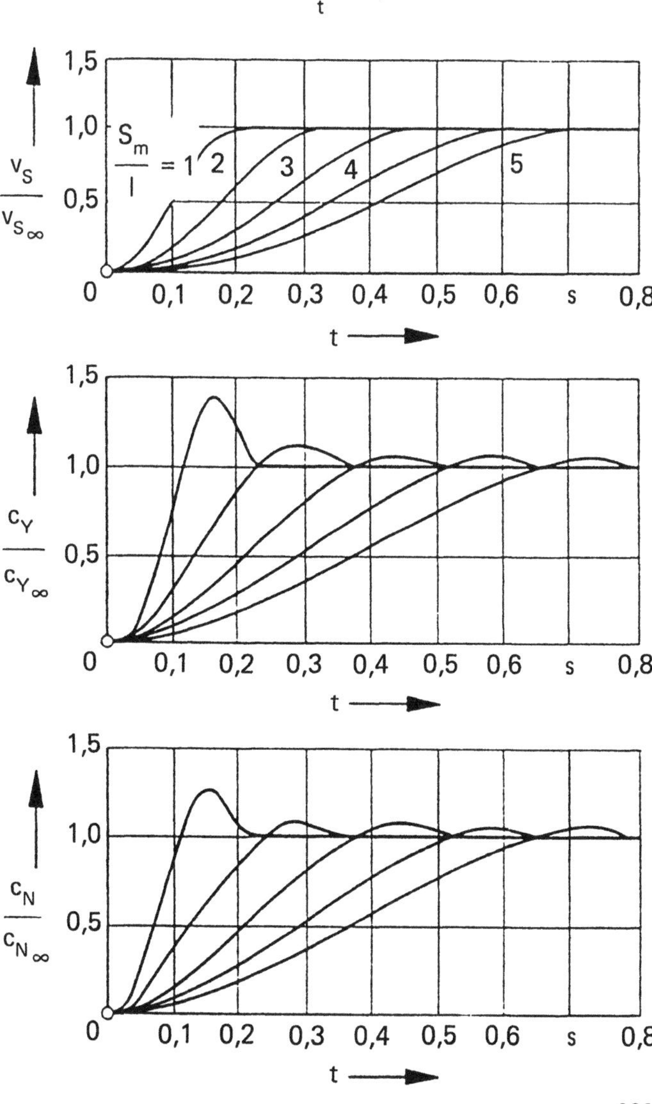

Bild 5 11 Berechnete instationare Seitenkraft- und Giermomenten- beiwerte für verschieden steile Windprofile nach [5 7]

5.4 Aerodynamik und Fahrverhalten

5.4.1 Auftrieb bei Geradeausfahrt

Pkw in den üblichen Formen haben einen positiven Auftrieb. Bei ungestörter Geradeausfahrt bis hin zu mittleren Fahrgeschwindigkeiten sind Auftrieb und Nickmoment von untergeordneter Bedeutung. Erst bei Geschwindigkeiten oberhalb etwa 150 km/h werden die Radlasten durch Auftriebskräfte deutlich verändert. So geht aus Bild 5.12 hervor, daß die hintere Achslast eines Stufenheckfahrzeugs bei hohen Geschwindigkeiten um bis zu 10 % sinken kann. Das aber verschlechtert die Richtungsstabilität und erhöht die Sensibilität des Lenkverhaltens auf kleine Störungen.

Nach I. MARETZKE und B. RICHTER [5.8] läßt sich der Einfluß des Auftriebes auf die Richtungsstabilität durch Einführung eines Stabilitätsindexes beurteilen. Zur Vereinfachung wird hierbei das reale Fahrzeug in einem Einspurmodell abgebildet (vgl. Bild 5.13). Nach der Momentenmethode, siehe auch W. F. MILLIKEN et al. [5.9], wird die instationäre Gierdrehung

$$\dot{\psi} = l_V\, F_{SV} - l_H\, F_{SH} + e_{SP} \cdot \frac{Y}{I_Z} \tag{5.8}$$

über der stationären Querbeschleunigung

$$A_Y = \frac{F_{SV} + F_{SH} + Y}{m} \tag{5.9}$$

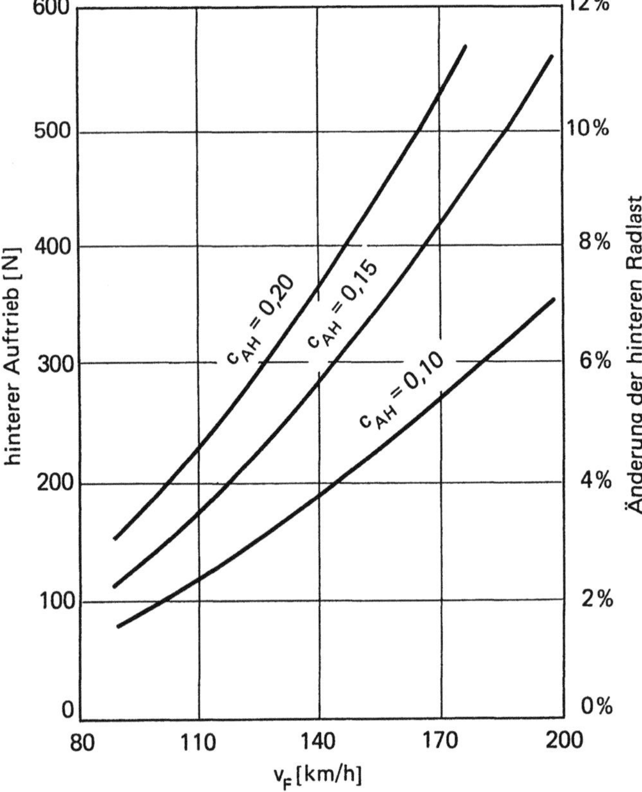

Bild 5.12. Geschwindigkeitsabhängige Änderung der hinteren Radaufstandslast eines Stufenheckfahrzeuges durch Auftrieb.

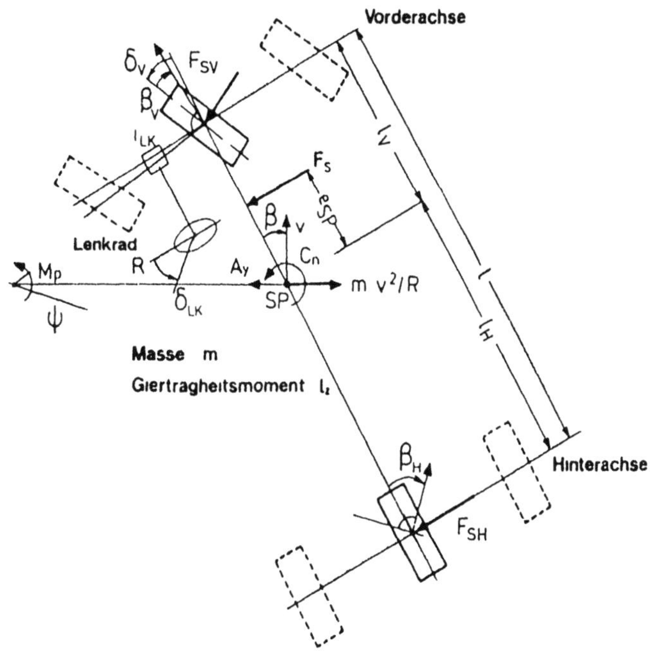

Bild 5 13 Einspuriges Fahrzeug-
kurshaltungsmodell nach [5 8]

fur verschiedene Lenkradwinkel δ_{LK} und Schwimmwinkel β^* aufgetragen, wie im Bild 5 14 ausgefuhrt

Der Stabilitatsindex SI gibt mit der Steigung der Linie fur den Lenkradwinkel Null (Geradeausfahrt) das Verhaltnis der stabilisierenden Gierdrehung zur stationaren Querbeschleunigung bei einer Storung an Der Betrag SI ist ein Maß fur die Schnelligkeit der stabilisierenden Gierreaktion bei *kleinen* Storungen Ein Fahrzeug ist solange stabil, wie SI negativ ist, und ein großer negativer

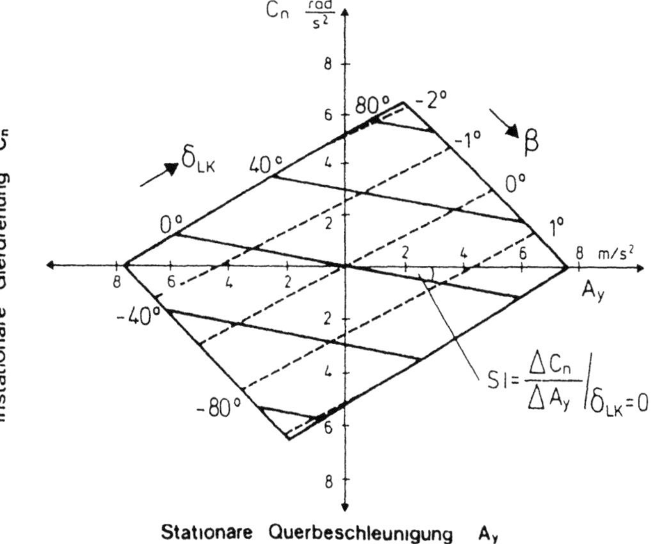

Bild 5 14 Fahrzeugverhalten nach
der Momentenmethode
Erlauterung des Stabilitatsindexes
nach [5 8]
Beispiel Leeres Fahrzeug bei
$V = 180$ km/h mit $c_{AV} = 0\,08$
und $c_{AH} = 0\,11$

Stabilitätsindex steht für ein schnelles Ansprechen des Fahrzeuges auf eine entsprechende Lenkwinkeleingabe.

Wie Bild 5.15 zeigt, nimmt die Fahrstabilität mit zunehmender Geschwindigkeit ab. Durch den Anbau eines Frontspoilers (negativer Auftrieb vorn) wird dieses noch verstärkt; geringer Auftrieb oder gar negativer Auftrieb hinten verbessern hingegen die Fahrstabilität.

Große Unterschiede zwischen vorderem und hinterem Auftrieb können zu einer Änderungen des Eigenlenkverhaltens mit steigender Fahrgeschwindigkeit führen. Ist zum Beispiel der Auftrieb an der Hinterachse deutlich größer als an der Vorderachse, ergibt sich eine Tendenz in Richtung Übersteuern („kurvengieriges" Verhalten). Leichter beherrschbar bleibt ein Fahrzeug mit ausgeglichener Auftriebsverteilung.

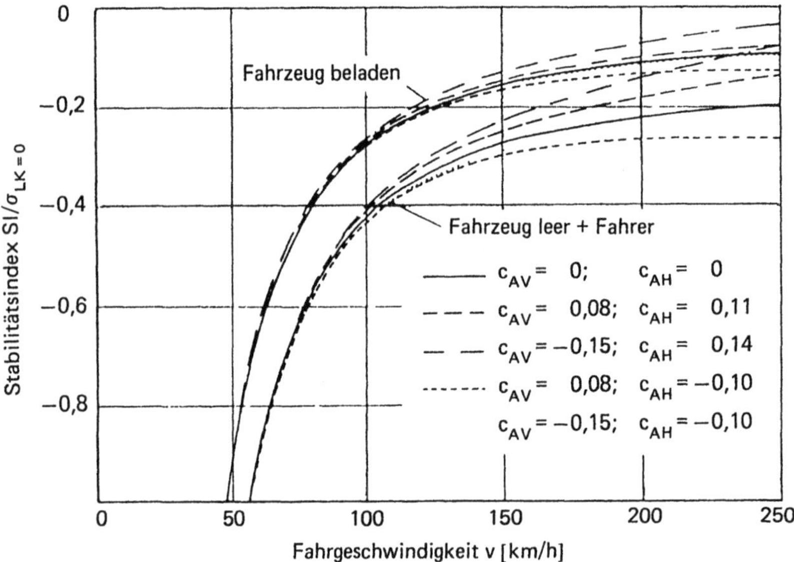

Bild 5.15. Stabilitätsindex in Abhängigkeit von der Fahrgeschwindigkeit bei leerem und beladenem Fahrzeug mit verschiedenen Auftriebseigenschaften an den Achsen nach [5.8].

Bild 5.16 zeigt die von K. Ohtani et al. [5.10] vorgenommene Auswertung eines Geradeausfahrt-Tests bei zwei Fahrgeschwindigkeiten. Dargestellt ist die Häufigkeitsverteilung des zur Kurshaltung benötigten Lenkwinkels bei unterschiedlichen Auftriebsbeiwerten. Durch den Anbau eines Heckspoilers reduziert sich die Standardabweichung der erforderlichen Lenkmanöver deutlich; der Geradeauslauf wird verbessert.

5.4.2 Kurvenfahrt

Das Kurvenverhalten ist ein wichtiges Kriterium zur Bewertung der Fahreigenschaften. Zunächst soll die stationäre Kreisfahrt bei konstanter Fahrgeschwindigkeit betrachtet werden. Für einige grundsätzliche Betrachtungen wird das Einspur-Fahrzeugmodell nach Bild 5.17 herangezogen, vgl. A. Zomotor [5.11]. Im Einspurmodell faßt man die beiden Räder einer Achse zu einem Rad in der Achsmitte zusammen. Der Winkel zwischen der Geschwindigkeit V im Schwerpunkt und der Fahrzeuglängsachse ist der Schwimmwinkel β. Das Fahrzeug dreht sich um den Schwerpunkt mit der Giergeschwindigkeit. In den Achsmitten wirken die Seitenkräfte F_{SV} und F_{SH}, die sich mit der

232

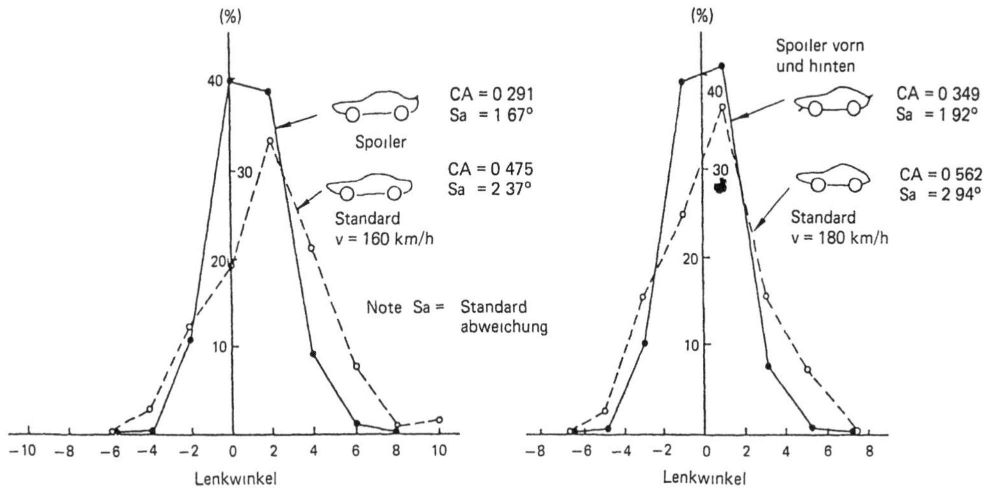

Bild 5 16 Haufigkeit von Lenkkorrekturen zur Kurshaltung bei hohen Geschwindigkeiten, Einfluß des Auftriebs, nach [5 10]

Bild 5 17 Einspurfahrzeugmodell bei schneller Kreisfahrt nach [5 11]

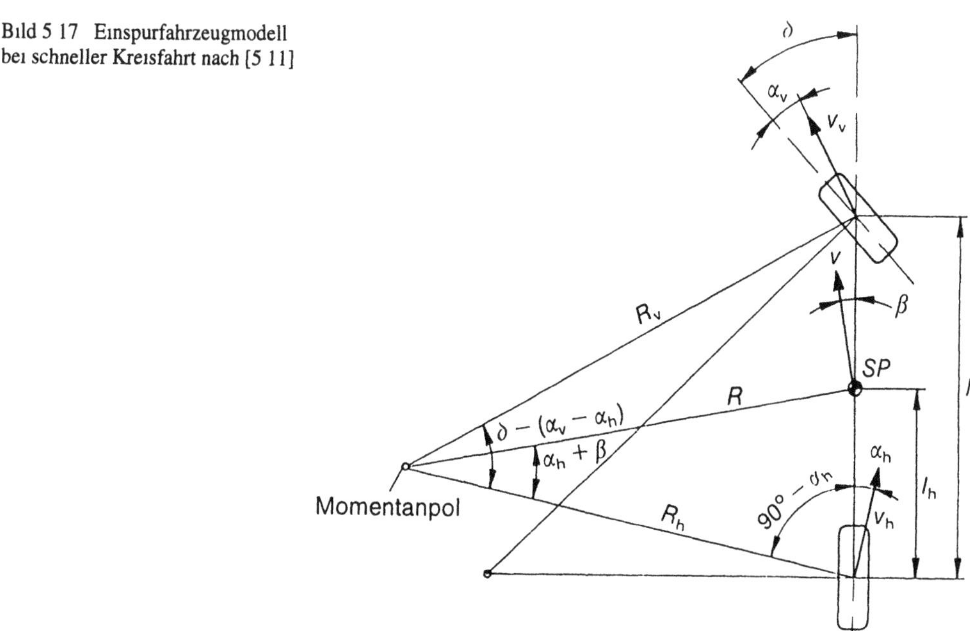

Fliehkraft und den durch Schraganstromung verursachten Luftkraften das Gleichgewicht halten Die Rader laufen unter den Schraglaufwinkeln α_V und α_H

Die Schraglaufwinkel α_V und α_H ergeben sich in Abhangigkeit von den Schraglaufkoeffizienten c_V und c_H zu

$$\alpha_V = \frac{F_{SV}}{c_V} = \frac{m_g}{c_V} \frac{l_H}{l} \frac{V^2}{R}, \qquad (5\ 10)$$

$$\alpha_H = \frac{F_{SH}}{c_H} = \frac{m_g}{c_H} \frac{l_V}{l} \frac{V^2}{R} . \tag{5.11}$$

Der Vorderradeinschlagwinkel läßt sich als eine Funktion der Schräglaufwinkeldifferenz beschreiben:

$$\delta = \frac{1}{R} + \alpha_V - \alpha_H , \tag{5.12}$$

$$R = \frac{1}{\delta - (\alpha_V - \alpha_H)} . \tag{5.13}$$

Mit zunehmendem Auftrieb werden die Schräglaufwinkel größer, wodurch die Kurvengrenzbeschleunigung sinkt.

Bild 5.18 zeigt den Einfluß verschiedener Auftriebsbeiwerte auf das Fahrverhalten bei Kreisfahrt nach M. MITSCHKE [5.4]. Grundsätzlich kann gesagt werden, daß größerer Auftrieb an der Vorderachse eine Tendenz zum Untersteuern und größerer Auftrieb an der Hinterachse eine Tendenz zum Übersteuern bewirkt.

Bild 5.19 zeigt das stationäre Kurvenverhalten (Kreisfahrt) bei konstanter Geschwindigkeit für verschiedene Kurvenradien R. Hierbei wurde die statische Lenkempfindlichkeit über der Querbeschleunigung aufgetragen. Durch den Anbau eines vorderen und eines hinteren Spoilers und der damit verbundenen Auftriebsreduzierung konnte das Fahrverhalten des Versuchsfahrzeuges deutlich verbessert werden, vgl. H.-H. BRAESS et al. [5.12]. *Ohne* Spoiler war wegen des Übersteuerns bei hohen Geschwindigkeiten ein Gegenlenken erforderlich; mit Spoiler zeigte der Lenkwinkelverlauf eine leicht ansteigende, stetige Tendenz. Eine achsengerechte Auftriebsverminderung ist also ein gutes Mittel sowohl zur Erhöhung des Grenzbereiches als auch zur Verbesserung des Eigenlenkverhaltens; Rennfahrzeuge machen davon, wie im Abschnittl 7 berichtet wird, ausgiebig Gebrauch.

Bild 5.20 zeigt eine Variation des vorderen bzw. hinteren Auftriebs und die daraus resultierende Änderung des Lenkradwinkels über der Zentripedalbeschleunigung nach Messungen von H. FLEGL et al. [5.13]. Das Basisfahrzeug sowie das Fahrzeug mit Auftrieb vorn und die Variante mit negativem Auftrieb („Abtrieb") hinten zeigen ein mehr oder weniger untersteuerndes Eigenlenkverhalten bis in den Grenzbereich. Die Variante mit Auftrieb hinten zeigt im Grenzbereich ein Übersteuern, das sich in einer deutlichen Vergrößerung des Schwimmwinkels ausdrückt; dieses Verhalten ist schwieriger zu beherrschen.

Der Schwimmwinkel β^* ergibt sich bei stationärer Kreisfahrt nach A. ZOMOTOR [5.11] zu

$$\beta^* = \frac{l_H}{R} - \frac{m_g}{c_H} \frac{l_V}{l} \frac{V^2}{R} . \tag{5.14}$$

Die absoluten Änderungen des Schwimmwinkels hängen nach Gl. (5.14) also auch von der Seitensteifigkeit der Hinterräder ab.

Abweichend vom Einspurmodell wird bei realen Fahrzeugen das Eigenlenkverhalten zusätzlich durch Radlastunterschiede zwischen kurvenäußerem und kurveninnerem Rad beeinflußt. Eine Tendenz zum Übersteuern durch großen hinteren Auftrieb kann zum Beispiel durch eine Fahrwerksauslegung mit vergrößerter Rollsteifigkeit der Vorderachse (Querstabalisator) vermindert werden.

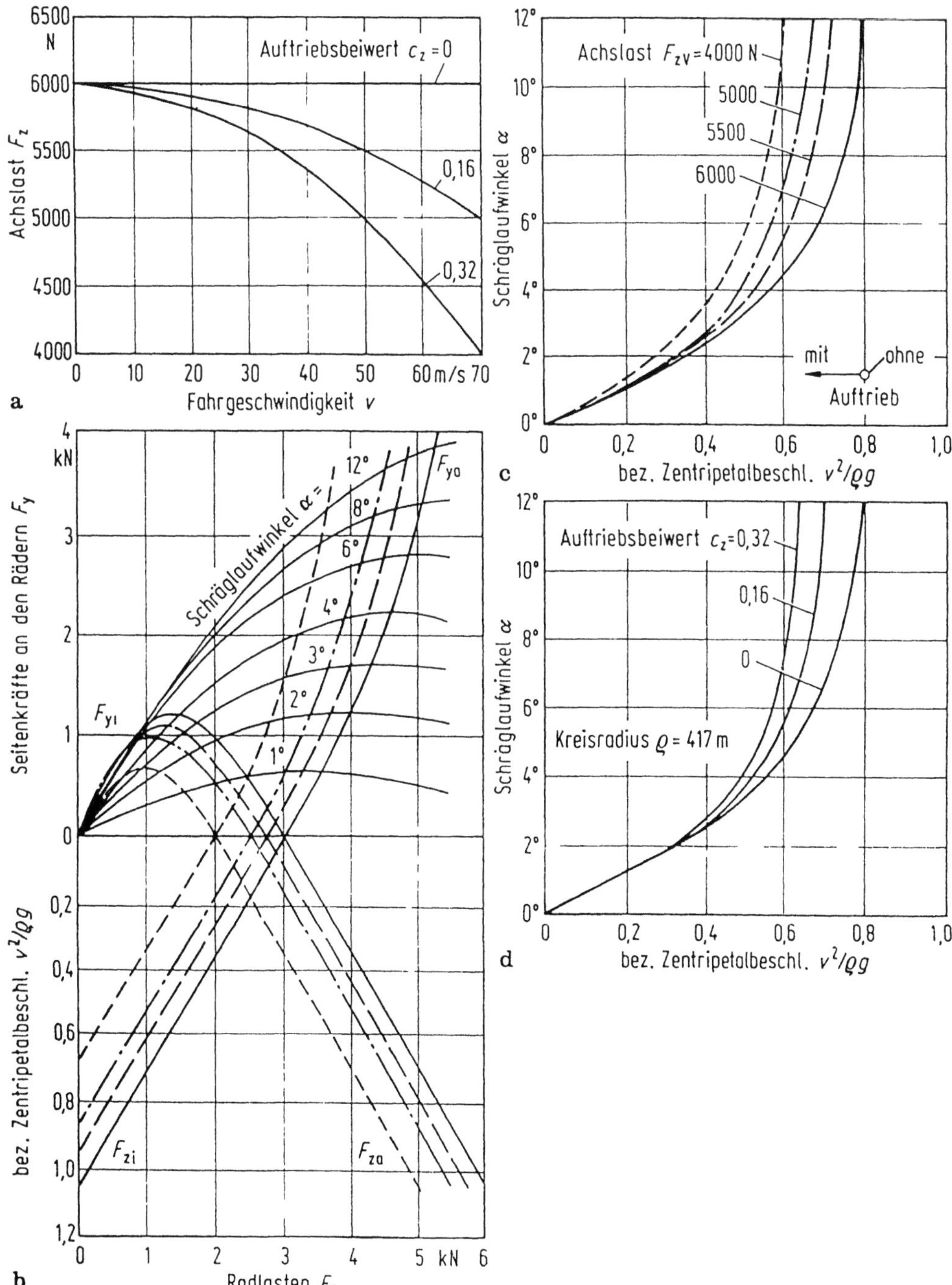

Bild 5.18. Einfluß des Auftriebs auf das Fahrverhalten bei Kreisfahrt nach [5 4]

a) Einfluß des Auftriebs auf die Achslast,

b) Einfluß verschiedener statischer Radlasten auf Seitenkräfte, Schräglaufwinkel, dynamische Radlasten,

c) Einfluß verschiedener statischer Achslasten auf Schräglaufwinkel und Zentripetalbeschleunigung,

d) Schräglaufwinkel als Funktion der Zentripetalbeschleunigung für verschiedene Auftriebsbeiwerte

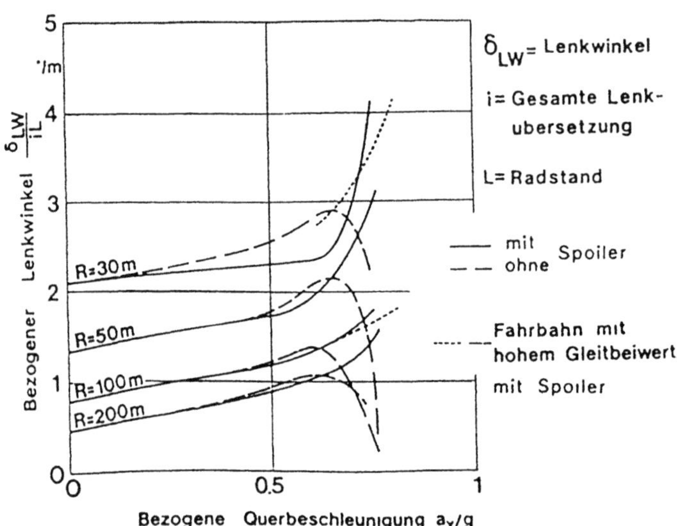

Bild 5.19. Stationares Kurven-
verhalten auf 2 Schleuderplatten
(Skid-Pad) bei verschiedenen
Kurvenradien R nach [5.12].

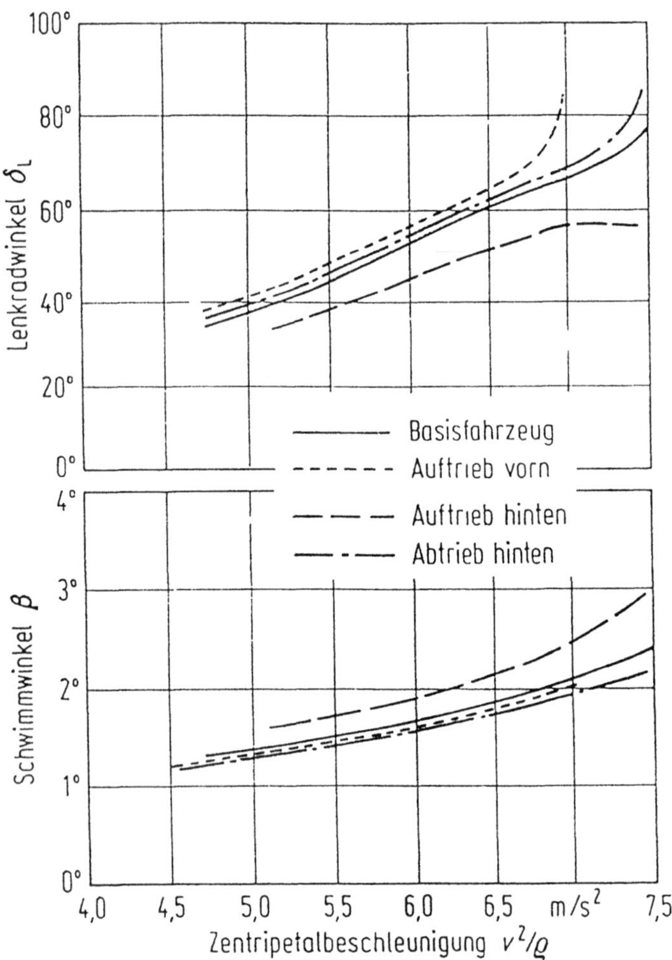

Bild 5 20 Lenkradwinkel- und
Schwimmwinkelverlauf uber
der Zentripetalbeschleunigung
bei verschiedenen Auftriebs-
und Abtriebsbeiwerten
nach [5 13]

5.4.3   Lastwechselreaktion

Zur Beurteilung der instationären Fahreigenschaften ist die Lastwechselreaktion bei schneller Kurvenfahrt ein wichtiges Kriterium. Gefährliche Fahrsituationen durch Lastwechsel entstehen häufig, wenn sich der Kurvenradius im Laufe der Straßenführung verkleinert („Hundskurve"). Bei plötzlichem Gaswegnehmen bewirkt der nun bremsende Motor eine Richtungsumkehr der an den Antriebsrädern wirkenden Umfangskräfte. Das resultierende Nickmoment verlagert die Radaufstandskräfte von der Hinter- auf die Vorderachse. Die dadurch hervorgerufene Schräglaufwinkeländerung führt zu einer Kursabweichung und kann im Extremfall zu einem nicht beherrschbarem Fahrzustand, zum Schleudern führen, vgl. H. OTTO [5.14]).

Eine Bewertung der Fahrzeugreaktionen bei Lastwechsel während stationärer Kreisfahrt ist nach H. FLEGL et al. [5.13] über die Giergeschwindigkeit und den Schwimmwinkel möglich. Bild 5.21 zeigt die auf ein Referenzfahrzeug bezogenen Differenzen von Giergeschwindigkeit und Schwimmwinkel über der Ausgangsquerbeschleunigung für verschiedene Auftriebsverteilungen. Die Giergeschwindigkeitsdifferenz bezieht sich auf ein ideales Referenzfahrzeug, welches unter Berücksichtigung der abnehmenden Fahrgeschwindigkeit genau auf der gewünschten Kreisbahn verbleibt. Hierzu wird die Differenz des Wertes eine Sekunde nach Lastwechselbeginn gebildet. In der zweiten Darstellung wird die Differenz des Schwimmwinkels zwischen dem stationären Wert vor Lastwechselbeginn und *nach* einer Sekunde angegeben. Aus Bild 5.21 wird deutlich, daß das Fahrzeug mit positivem hinteren Auftrieb bei Einleitung der Störung im Grenzbereich keinen stabilen Betriebspunkt mehr findet, und somit die Giergeschwindigkeits- und Schwimmwinkeldifferenz unbegrenzt zunehmen („Dreher").

5.4.4   Einfluß der Luftkräfte auf das Bremsverhalten

Luftkräfte haben nicht nur einen Einfluß auf das Fahrverhalten allgemein, sondern sie spielen auch beim Bremsvorgang eine Rolle, insbesondere beim Abbremsen aus hohen Geschwindigkeiten. Zunächst wird durch den Luftwiderstand die Abbremsung des Fahrzeugs – abhängig von der Fahrgeschwindigkeit – unterstützt, wie im Bild 5.22 aufgetragen. Hinzu kommt, daß sich die Auftriebskräfte an Vorder- und Hinterachse ändern, auch das geschieht geschwindigkeitsabhängig. Die daraus resultierenden Radlaständerungen können einen spürbaren Einfluß auf die Abbremsung wie auch auf die Bremstabilität haben.

Das Bremsverhalten eines Fahrzeuges ohne Bremskraftregelung hängt in erster Linie davon ab, wie die Bremskräfte auf die Vorder- und die Hinterachse verteilt sind. Bild 5.23 zeigt die beim Bremsen auf ein Fahrzeug wirkenden Kräfte. Die Radlastverteilung und damit auch die an der Vorder- und Hinterachse übertragbaren Bremskräfte werden vom Auftrieb beeinflußt. Für die Kräfte läßt sich schreiben:

$$W = c_W \, F \, \frac{\rho}{2} \, V^2 = K_W \, V^2, \tag{5.15}$$

$$F_{AVA} = c_{AV} \, F \, \frac{\rho}{2} \, V^2 = K_{VA} \, V^2, \tag{5.16}$$

$$F_{AHA} = c_{AH} \, F \, \frac{\rho}{2} \, V^2 = K_{HA} \, V^2. \tag{5.17}$$

Die Abbremsung eines Fahrzeuges ist nach DIN 74 250 definiert als die auf das Fahrzeuggewicht bezogene Bremskraft

$$Z = \frac{F_B}{G} \, . \tag{5.18}$$

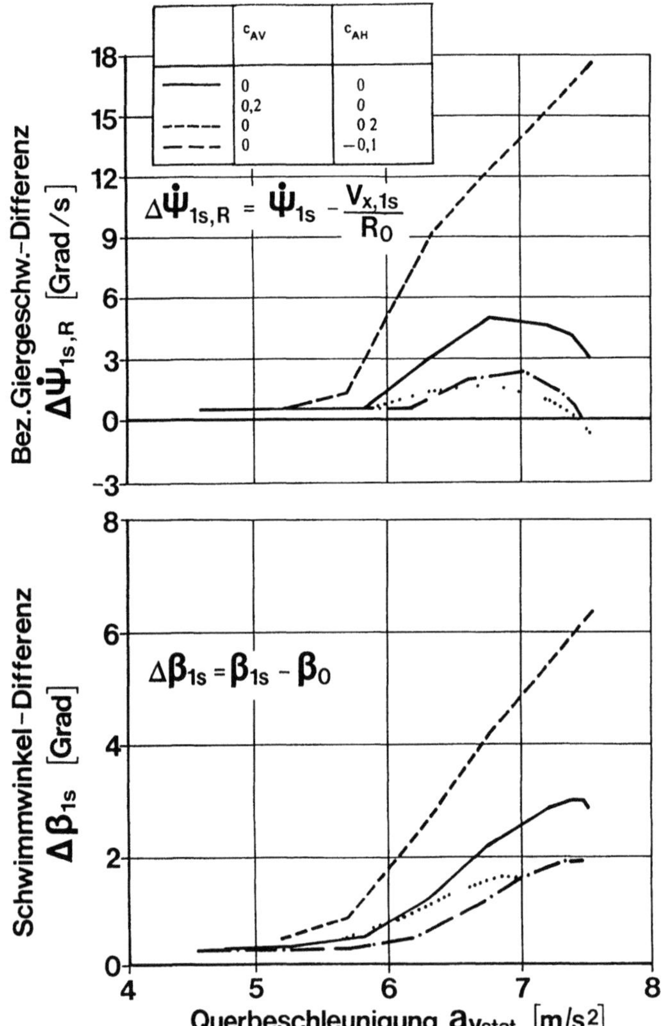

Bild 5 21 Lastwechsel aus stationarer Kreisfahrt Bezogene Giergeschwindigkeitsdifferenz und Schwimmwinkeldifferenz uber der Ausgangsquerbeschleunigung, nach [5 13]

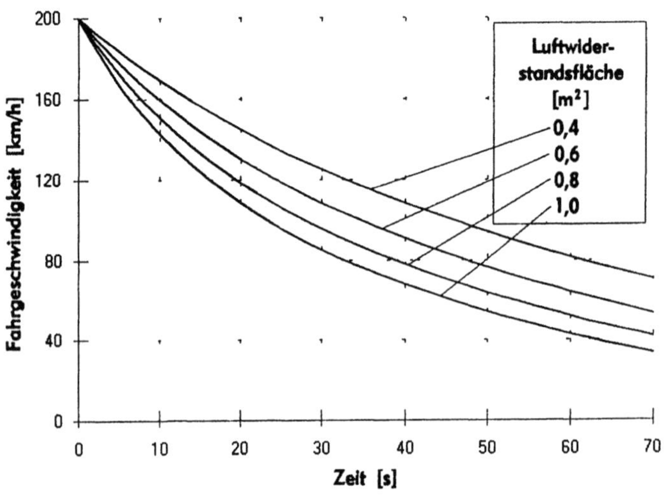

Bild 5 22 Abbremsung durch den Luftwiderstand

238

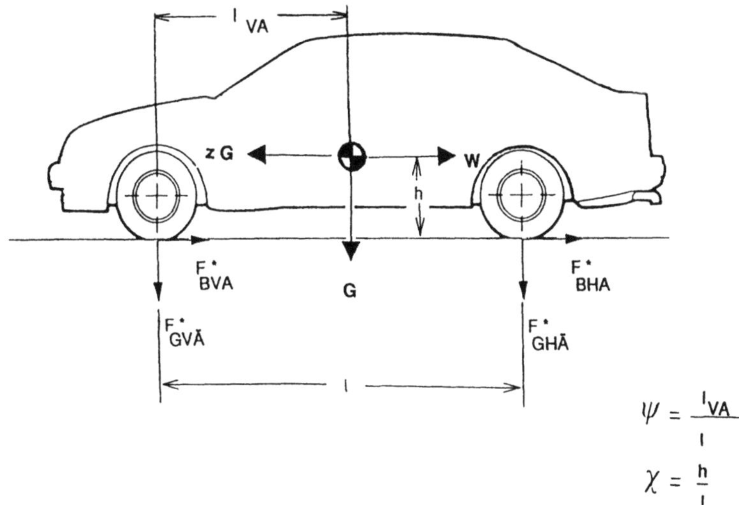

Bild 5.23. Kräfte am gebremsten Fahrzeug unter Berücksichtigung der Luftkräfte.

$$\psi = \frac{l_{VA}}{l}$$

$$\chi = \frac{h}{l}$$

Mit den Bremskräften an Vorder- und Hinterachse wird

$$Z = \frac{1}{G} \left(F_{BV} + F_{BH} \right) . \tag{5.19}$$

Unter Berücksichtigung der aerodynamischen Kräfte ergibt sich für die Abbremsung (siehe auch M. BURCKHARD [5.15])

$$Z = \frac{1}{G} \left(F_{BVA}^{*} + F_{BHA}^{*} + W \right) . \tag{5.20}$$

Dabei weist der Stern * darauf hin, daß der Einfluß der Luftkräfte berücksichtigt ist.

Ein wichtiges Kriterium bei der Auslegung der Bremsanlage ist die Bremsstabilität. Sie hängt vom Blockierverhalten der Vorder- bzw. Hinterräder ab. Beim Blockieren der Vorderachse geht zwar die Lenkfähigkeit verloren, daß Fahrzeug bleibt jedoch richtungsstabil, weil das durch eine Störung hervorgerufene Giermoment durch das rückdrehende Moment der Seitenkräfte an der Hinterachse kompensiert wird. Durch das Blockieren der Hinterachse wird das Fahrzeug hingegen instabil. Insbesondere bei höheren Geschwindigkeiten oder niedrigen Haftreibungszahlen kann dieses zu unkontrollierbaren Fahrzuständen führen, wie aus Bild 5.24 abgelesen werden kann.

Das Blockierverhalten der Achsen kann anhand des Bremskraftverteilungsdiagramms bestimmt werden; ein typisches Beispiel dafür liefert Bild 5.25. In einem derartigen Bremskraftdiagramm wird die spezifische Hinterachsbremskraft über der spezifischen Vorderachsbremskraft aufgetragen; spezifisch bedeutet: bezogen auf das Fahrzeuggewicht. Es ergibt sich die Parabel der idealen Bremskraftverteilung (BKV). Entlang dieser wird an beiden Achsen die maximal mögliche Abbremsung ausgenutzt. Im Bereich oberhalb der BKV wird die Haftreibung zuerst an der Hinterachse überschritten; hier ist das Fahrzeug instabil. Unterhalb der BKV blockieren zuerst die Räder an der Vorderachse.

Bei einer Bremsanlage mit Festabstimmung tritt ein Blockieren der Räder dann ein, wenn die Gerade der installierten Bremskraftverteilung die jeweils geltende Gerade konstanter Reibungszahl schneidet. Der Schnittpunkt der *idealen* Bremskraftverteilung mit der Geraden der *installierten* Bremskraftverteilung ist als Z_{krit}^{*} definiert. Bei größerer Abbremsung blockiert immer zuerst die Hinterach-

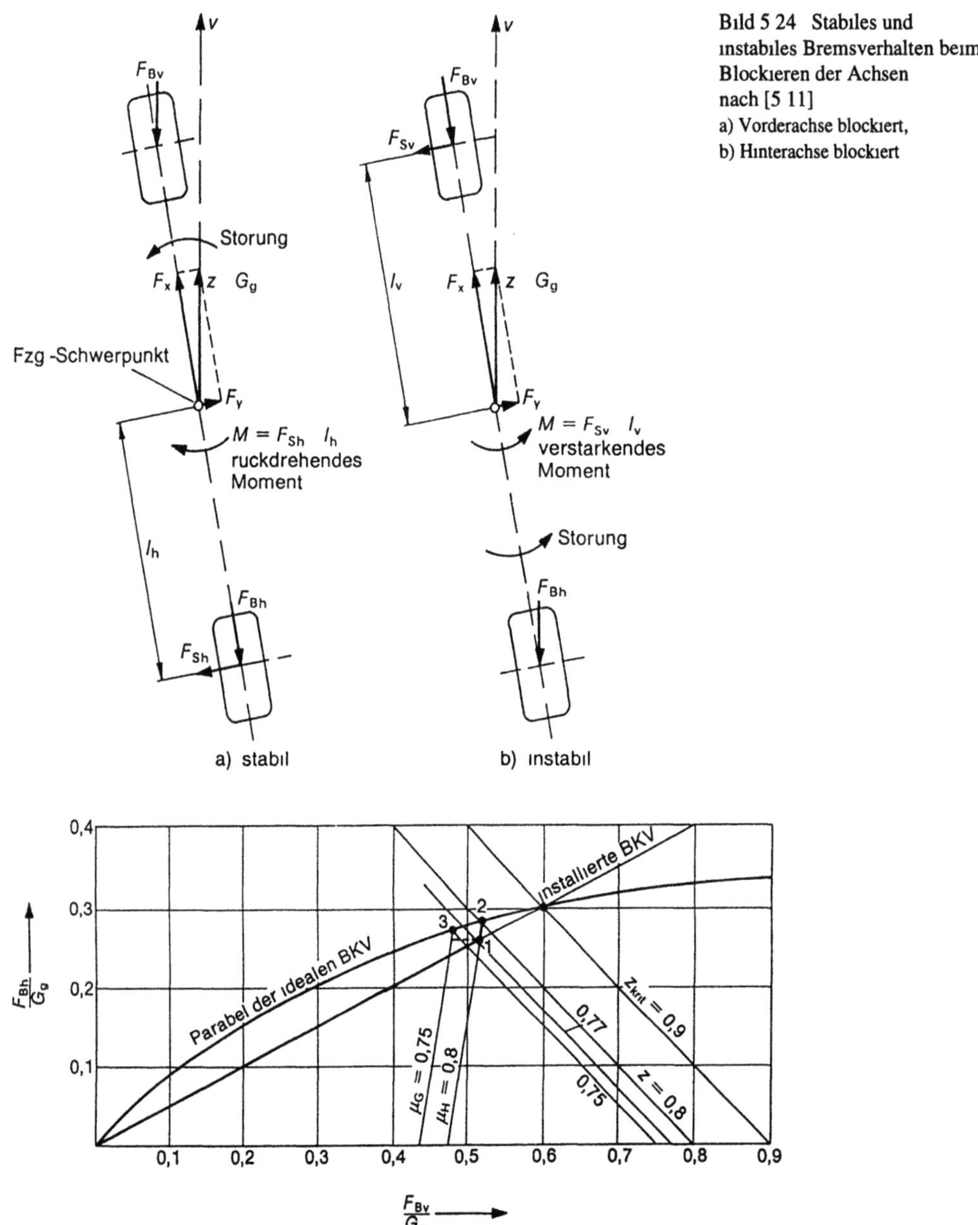

Bild 5 24 Stabiles und
instabiles Bremsverhalten beim
Blockieren der Achsen
nach [5 11]
a) Vorderachse blockiert,
b) Hinterachse blockiert

Bild 5 25 Blockiervorgang beim Bremsen nach [5 11]

Bei Haftreibungszahl = 0,8 blockiert die Vorderachse im Punkt 1 bei einer Abbremsung von z = 0,77

Wird die Bremse starker betatigt, dann blockiert auch die Hinterachse im Punkt 2, die maximale mogliche Abbremsung z = 0,8 ist erreicht

se. Nach M. Burckhard [5.15] ergibt sich für die kritische Abbremsung unter Berücksichtigung der Auftriebskräfte

$$Z^*_{knt} = \frac{\psi - \Phi}{\chi} + \frac{\Phi}{\chi} \cdot \frac{K_{VA} V^2}{G} - \frac{1 - \Phi}{\chi} \; \frac{K_{HA}}{G} V^2 . \tag{5.21}$$

240

Eine Zunahme des Auftriebes an der Vorderachse oder eine Abnahme des Auftriebes an der Hinterachse erhöhen die kritische Abbremsung und verbessern somit die Bremsstabilität.

Anhand eines Beispiels wird der Einfluß der Aerodynamik auf das Bremsverhalten eines Fahrzeugs ohne Bremskraftregelung dargestellt. Bild 5.26 zeigt die Kurven der idealen Bremskraftverteilung für unterschiedliche aerodynamische Auslegungen. Bei einer Bremsanlage mit Festabstimmung ($Z^*_{krit} = 0,9$) würde sich unter Berücksichtigung der aerodynamischen Kräfte (Kurve 1) bei einem Kraftschlußbeiwert von $\mu = 0,8$ eine Überbremsung der Hinterachse ergeben.

Mit je einem Spoiler vorn und hinten und somit reduziertem Gesamtauftrieb blockiert zuerst die Vorderachse, das Fahrzeug ist somit bremsstabil (Kurve 2). Gleichzeitig erhöht sich die Gesamtabbremsung bis zur Blockierung der Achse um ca. 4 %, der Bremsweg wird also kürzer. Wird nur der Frontspoiler eingesetzt (Fall 3) und somit nur vorn ein negativer Auftrieb erzeugt, ergibt sich ein geringeres Z^*_{krit}, in diesem Fall also eine Instabilität. Mit dem hinteren Spoiler allein (Fall 4) erhält man ein höheres Z^*_{krit}, die Stabilität des Fahrzeugs wird also verbessert.

Geschwindigkeitsabhängig ausklappbare Heckspoiler, wie sie bei einigen Fahrzeugen zur Verbesserung der Fahrstabilität bei hohen Geschwindigkeiten benutzt werden, könnten bei entsprechender Ansteuerung ebenso auch einen Beitrag zum Bremsen leisten, und zwar sowohl zur Bremsstabilität als auch zur Gesamtabbremsung.

Durch den Einsatz eines Bremskraftbegrenzers ist eine bessere Anpassung der Kurve der installierten Bremskraftverteilung an die Parabel der idealen Bremskraftverteilung möglich. Hierdurch werden kürzere Bremswege ohne Verlust der Stabilität erreicht. Eine lastabhängige Steuerung, die über ein Gestänge den Einfederungszustand der Hinterachse berücksichtigt, begünstigt die Stabilität weiter, vgl. auch A. Zomotor [5.11].

Mit Antiblockiersystemen (ABS) wird ein Blockieren der Räder beim Bremsen grundsätzlich verhindert; dadurch bleibt das Fahrzeug unabhängig von Auftriebseinflüssen richtungsstabil. Jede Verringerung des Auftriebes an Vorder- und Hinterachse bewirkt dann eine Erhöhung des nutzbaren Bremsmoments und verkürzt somit den Bremsweg.

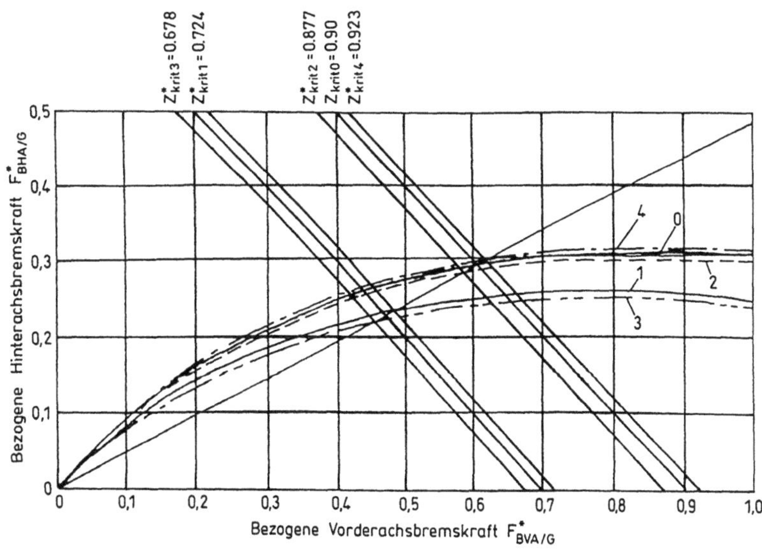

Bild 5.26. Der Einfluß der Luftkräfte auf das Bremskraftverteilungsdiagramm eines Fahrzeugs nach [5.15].

5.4.5   Fahrverhalten bei Seitenwind

Seitenwind kann zu einer Beeinträchtigung der stabilen Geradeausfahrt führen, starker gar zu einer Gefährdung. Das daraus resultierende Phänomen „Seitenwindempfindlichkeit" muß unter zwei Aspekten betrachtet werden. Ständig erforderliche Lenkkorrekturen bedeuten einen Verlust an Komfort; sie erfordern erhöhte Konzentration und führen somit zu schnellerer Ermüdung. Kritischer aber ist, daß es bei starkem böigem Wind, ggf. im Zusammentreffen mit nasser bzw. glatter Fahrbahn, zu einer Beeinträchtigung der Fahrsicherheit kommen kann. Drei Einflüsse müssen bei der Betrachtung der Seitenwindempfindlichkeit beachtet werden: die einwirkenden Luftktkräfte und -momente, die Reaktion des Fahrers und die des Fahrzeuges.

5.4.5.1   *Natürlicher Wind und Seitenwind*

Die Angaben der Wetterämter über Windstärke und Windrichtung stellen üblicherweise Mittelwerte aus Messungen dar, die in etwa 10 m Höhe über dem Erdboden vorgenommen werden. Wie u.a. von A. G. Davenport [5.16] berichtet, hat die bodennahe Windströmung Grenzschichtcharakter. Die Dicke der Grenzschicht hängt von der Geländebeschaffenheit ab, wie Bild 5.27 zeigt. Die Windgeschwindigkeit unmittelbar über der Straße kann also ganz wesentlich von den amtlichen Angaben abweichen; in der Regel ist sie niedriger.

Daß es aber auch zu einer Erhöhung der bodennahen Windgeschwindigkeit gegenüber der „amtlichen" Freilandgeschwindigkeit kommen kann, geht aus Bild 5.28 hervor, das nach Angaben

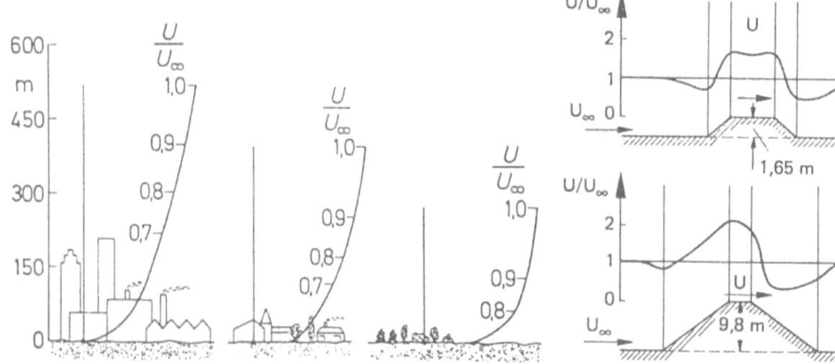

Bild 5 27   Naturliche Windgrenzschicht
uber verschieden rauhem Boden nach [5 16]

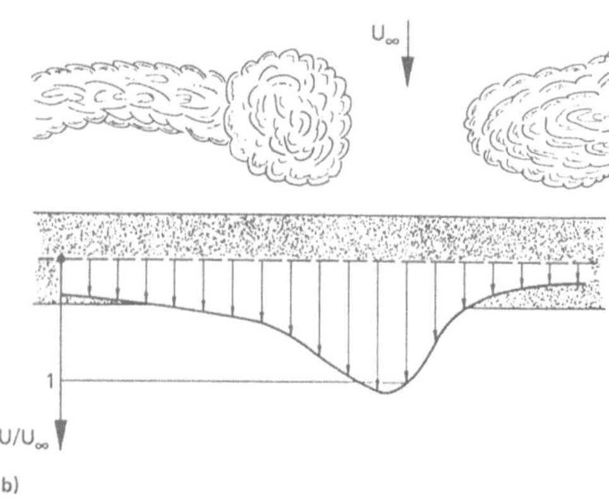

Bild 5 28   a) Ubergeschwindigkeit auf Straßendammen
bei Seitenwind, b) Dusenwirkung einer Lucke
im Buschwerk bei Seitenwind nach [5 17]

242

von F. BITZEL [5.17] zusammengestellt worden ist. Die Übergeschwindigkeit auf Dammkronen entsteht durch ein *vertikales* Zusammendrängen der Stromlinien; sie kann nach der im Bild 5.28 angeschriebenen Formel abgeschätzt werden. Ebenso erhöht sich die lokale Windgeschwindigkeit, wenn die Stromlinien in *horizontaler* Richtung zusammengedrängt werden, wie z.B. in engen Seitentälern oder an Waldschneisen. Auch auf Brücken ist mit erhöhter Windgeschwindigkeit zu rechnen, verbunden mit einem Wechsel der Windrichtung. Besonders die Talbrücken der Autobahnen ragen oft weit aus der Bodengrenzschicht heraus.

In Deutschland herrschen Winde aus westlicher Richtung vor. Im Durchschnitt beträgt nach F. BITZEL [5.17] die Dauer starker Winde (6 bis 7 Beaufort) im Vergleich von Nord- zu Süddeutschland nahezu das Siebenfache und das stürmischer Winde (mindestens 8 Beaufort) das Neunfache [5.17]. Im Jahresmittel liegt die Windgeschwindigkeit in den Küstenregionen bei 6 bis 7 m/s, im mittleren Deutschland zwischen 3 und 4 m/s, in Süddeutschland zwischen 2 und 3 m/s, vgl. Bild 5.29.

Bild 5.29. Häufigkeit von Seitenwind in verschiedenen deutschen Gebieten nach [5.17].

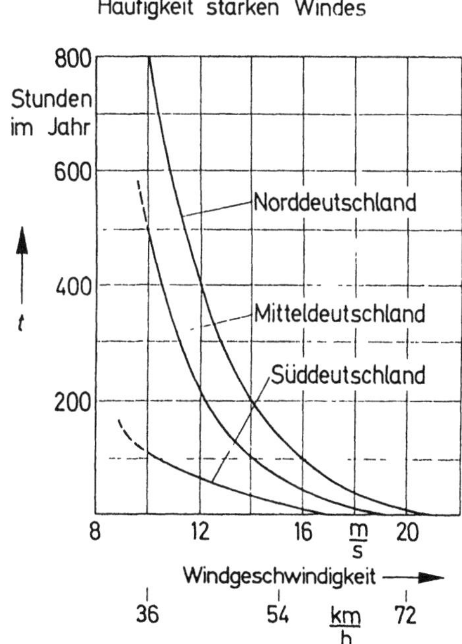

Unter dem Gesichtspunkt der Fahrsicherheit können besonders die plötzlich einfallenden Windböen gefährlich werden. Die Böigkeitsperioden von Winden in Bodennähe schwanken zwischen sieben und zehn Sekunden. Vor allem in den Wintermonaten können Böen mit Geschwindigkeiten von über 30 m/s auftreten, bei lokalen Gewittern und Sturmböen sogar Windspitzen bis zu 50 m/s (vgl.Bild 5.30). In Verbindung mit schlechten Fahrbahnbedingungen zu dieser Jahreszeit nimmt die Unfallhäufigkeit infolge Seitenwind zu, wie die im Bild 5.31 ausgewertete Statistik nach [5.19] belegt. Von insgesamt 340 000 polizeilich erfaßten Unfällen mit Personenschaden im Jahre 1986 ist danach 392- mal Seitenwind als Unfallursache angegeben worden. Es ist zu vermuten, daß Seitenwindeinflüsse im Zusammenhang mit anderen Hauptunfallursachen, wie z.B. Glatteis, eine zusätzliche Rolle spielen.

Im praktischen Fahrbetrieb treten Anströmwinkel, die größer als 10° sind, nur selten auf. Das geht aus zwei Untersuchungen hervor: einmal aus denen von K. COOPER [5.20], die für Nordamerika gelten, sie sind im Bild 5.32 zusammengestellt, sowie auch aus denen, die H.-J. UTZ [5.21] für die

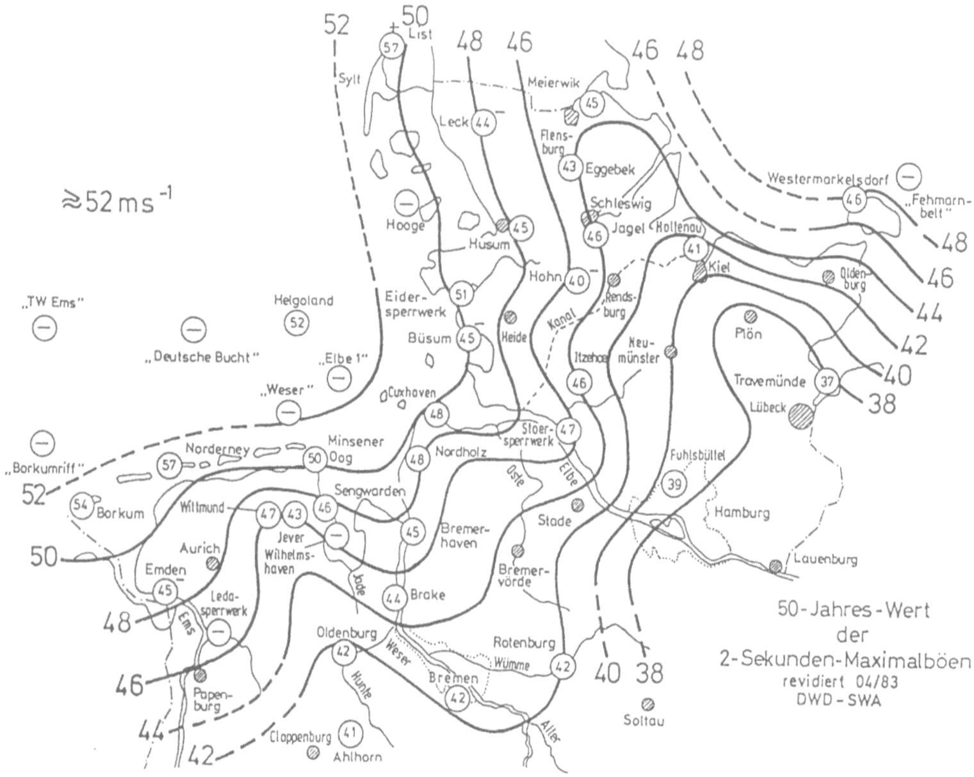

Bild 5 30 Funzigjahreswerte der Boen in m/s in 10 m Hohe uber Grund in Norddeutschland nach [5 18]

Bundesrepublik Deutschland (vor der Wiedervereinigung) angestellt hat, vgl. Bild 5.33. Anströmwinkel über 20° werden nur àußerst selten erreicht. Aerodynamische Untersuchungen konzentrieren sich daher auf einen Anströmwinkelbereich von 0° bis 20°.

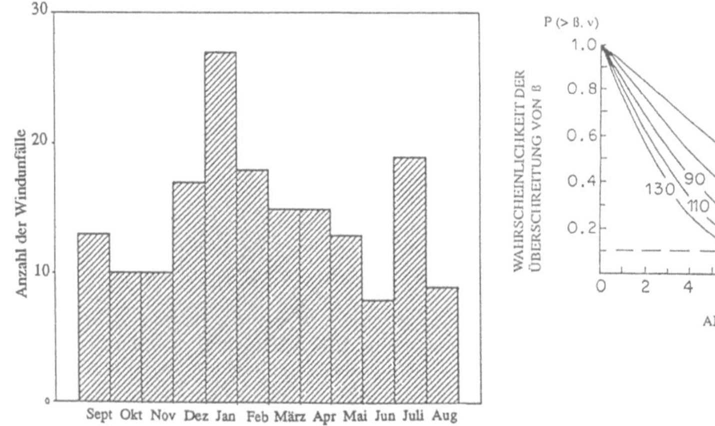

Bild 5.31 Jahreszeitliche Verteilung der Windunfalle (1950 bis 1959) in der BRD (West) nach [5 17]

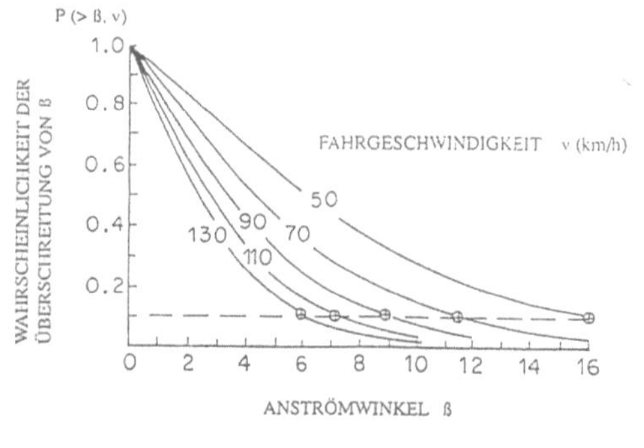

Bild 5 32 Wahrscheinlichkeit der Uberschreitung bestimmter Anstromwinkel fur verschiedene Fahrgeschwindigkeiten (Nord-Amerika) nach [5 20]

244

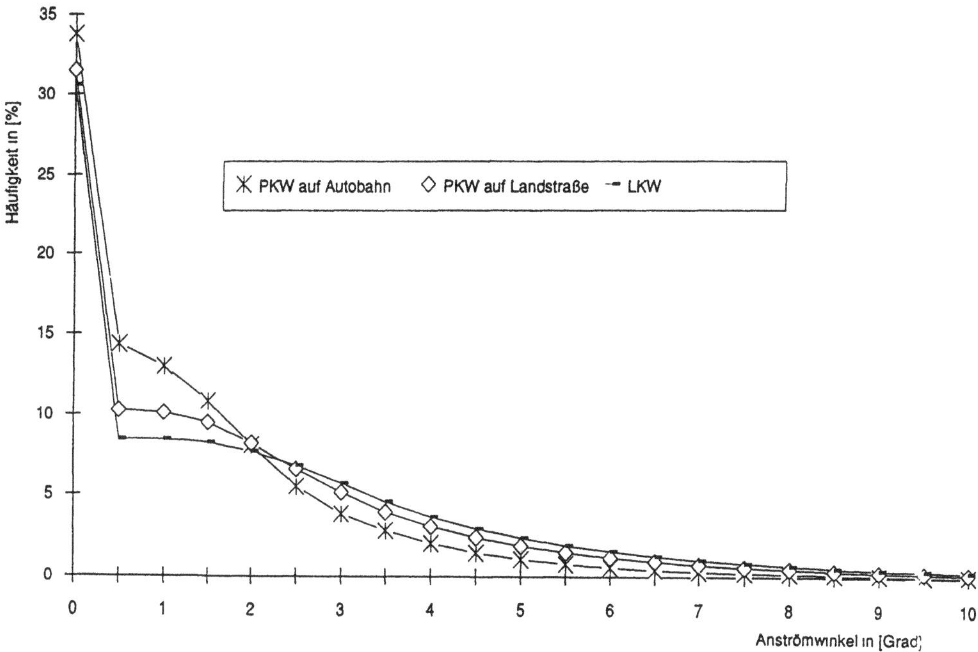

Bild 5.33. Anteile der Anstromwinkel im Bundesgebiet nach [5.21].

5.4.5.2 Seitenwindreaktionen

Ein unter Seitenwindeinwirkung geradeaus fahrendes Fahrzeug wird durch den eigenen Fahrtwind und durch Umgebungsseitenwind angeströmt. Aus der vektoriellen Addition von Fahr- und Windgeschwindigkeit ergeben sich eine resultierenden Anströmgeschwindigkeit V_{res} und eine resultierende Anströmrichtung β:

$$V_{res} = \sqrt{V_F^2 + V_S^2 + 2 \cdot V_F\, V_S \cos \beta}\,, \tag{5.22}$$

$$\cos \beta = \frac{V_{res}^2 - V_F^2 - V_S^2}{2V_{res} \cdot V_F}\,. \tag{5.23}$$

Die Gln. (5.22) und (5.23) sind im Bild 5.34 als Nomogramm abgebildet.

Im Anströmwinkelbereich bis etwa 20° können der Seitenkraft- und Giermomentenbeiwert linearisiert werden. Damit ergibt sich

$$c_Y = c_Y'\,\beta \quad \text{und} \quad c_N = c_N'\,\beta,$$

wobei c_Y' und c_N' die Steigungen der Geraden im Bild 5.35 darstellen. Mit $k_w = c_Y'\, F\, \dfrac{\rho}{2}$ wird

$$Y = k_w\, \beta\, V_{res}^2 \quad \text{und} \quad N = k_w\, e_S\, \beta\, V_{res}^2\,. \tag{5.24}$$

Die Bewegungsgleichungen des Einspurmodells unter Berücksichtigung der Windseitenkräfte ergeben sich aus der Bedingungen von Kräfte- und Momentengleichgewicht nach A. ZOMOTOR [5.11] wie folgt (vgl. Bild 5.36):

$$m_g\, v\, \dot{\beta}^* + \frac{1}{v}\left(m_g v^2 + c_V\, l_V - c_H\, l_H\right)\psi + \left(c_V + c_H\right)\beta^* - c_V\, \delta + k_w\, V_{res}^2 = 0\,, \tag{5.25}$$

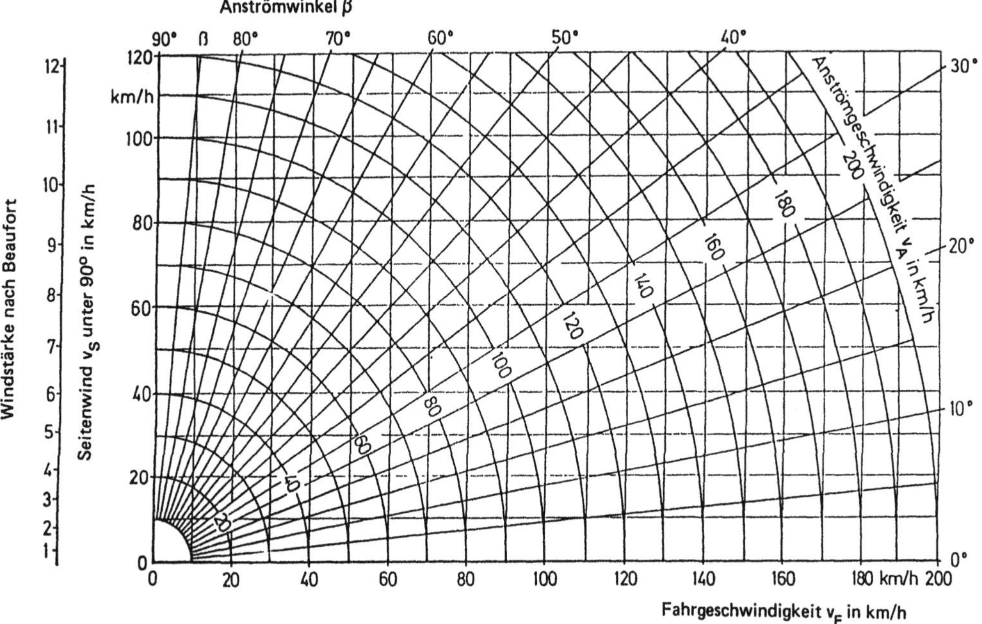

Bild 5.34. Zusammenhang zwischen Fahrgeschwindigkeit, Seitenwindgeschwindigkeit und Anströmrichtung, Diagramm: Mercedes-Benz AG.

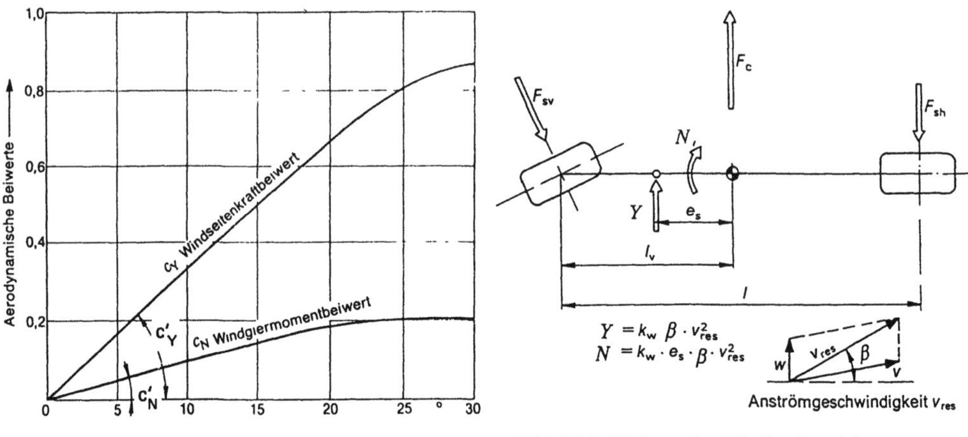

Bild 5.36. Wirkung der Windkraft und des Windmoments am Fahrzeug nach [5.11].

Bild 5.35. Windseiten- und Windgiermomentenbeiwert in Abhängigkeit vom Anströmwinkel nach [5.11].

$$I_{gz}\,\ddot{\psi} + \frac{1}{V}\left(c_V\,l_V^2 + c_H\,l_H^2\right)\dot{\psi} - \left(c_H\,l_H - c_V\,l_V\right)\beta^* - c_V\,l_V\,\delta + k_w\,e_s\,\beta\,V_{res}^2 = 0 \quad . \tag{5.26}$$

Die Seitenkraft-Schräglaufkoeffizienten an der Vorder- und Hinterachse c_V und c_H berücksichtigen die resultierenden Steifigkeiten aus Reifen-, Radaufhängungs- und Lenkungselastizität.

246

Mit diesen Bewegungsgleichungen läßt sich der Lenkwinkel ermitteln, der zur Kurskorrektur bei Seitenwind erforderlich ist. Je kleiner dieser Winkel ist, umso unempfindlicher reagiert das Fahrzeug auf Seitenwind.

Für die Geradeausfahrt gilt:

$$\ddot{\psi} = 0; \quad \dot{\psi} = 0; \quad \dot{\beta}^* = 0.$$

Durch Einsetzen in die Gln.(5.25) und (5.26) und durch Gleichsetzen von β^* ergibt sich für den für die Kurskorrektur erforderlichen Lenkwinkel:

$$\delta = \beta \, V_{res}^2 \, \frac{k_W}{l} \, \frac{c_H(l_H + e_S) - c_V(l_V - e_S)}{c_V + c_H} \, . \tag{5.27}$$

Aus Gl. (5.27) geht hervor, daß durch eine Reduzierung des Seitenkraftbeiwertes der zur Kurskorrektur erforderliche Lenkwinkel kleiner wird. Weiterhin besteht ein proportionaler Zusammenhang zwischen Lenkwinkel und Fahr- sowie Seitenwindgeschwindigkeit. Das Reifenkennfeld im Bild 5.37 zeigt, wie die Schräglaufsteifigkeit der Reifen von der Radlast abhängig ist. Daraus folgt, daß die Schräglaufsteifigkeiten der Vorder (c_v)- und der Hinterachse (c_h) durch den Auftrieb beeinflußt werden.

Aus Gl. (5.27) läßt sich ableiten, daß man *kleinere* Lenkwinkel erreicht, wenn Druckmittel- und Schwerpunkt dicht zusammenliegen, wenn also e_s klein ist. Bei allen Pkw liegt der Druckpunkt *vor* dem Schwerpunkt. Unter diesem Aspekt ist es also vorteilhaft, entweder den Schwerpunkt nach vorn zu verlagern (z.B. durch den Vorderradantrieb) oder den Druckpunkt nach hinten zu verschieben (durch Verringerung der vorderen oder Erhöhung der hinteren Seitenkraft).

Für das Empfinden des Fahrers und seine Reaktion bei plötzlichem Auftreten von Seitenwind sind die Giergeschwindigkeit und insbesondere ihr zeitlicher Verlauf, die Gierbeschleunigung, von Bedeutung. Um Vergleichsdaten für die Seitenwindreaktion zu erhalten, werden Testfahrten an Seitenwindanlagen durchgeführt (vgl. die Abschnitte 5.6 und 13.4.2).

Bei Seitenwindversuchen mit festgehaltenem Lenkrad spielt die Anfangsgierbeschleunigung bei der Einfahrt in die Seitenwindstrecke eine dominierende Rolle. Der Anstieg der Giergeschwindigkeit zu

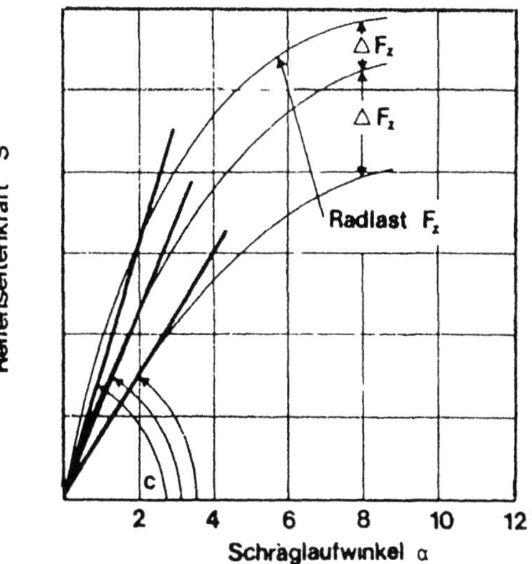

Bild 5 37. Zusammenhang zwischen Reifenseitenkraft und Reifenschräglaufwinkel bei unterschiedlichen Radlasten nach [5 8]

diesem Zeitpunkt (t = 0) ergibt sich aus Gl. (5.26). Für kurze Zeiten kann $\psi = \dot\psi\, t$ gesetzt werden (Bild 5.38).

Damit ergibt sich $\ddot\psi$ für den Zeitpunkt t = 0

$$\ddot\psi = \frac{k_w\, e_s}{I_{gz}}\,\beta\, V_{res}^2 \cdot \tag{5.28}$$

Wie aus Gl. (5.28) hervorgeht, hängt die Gierbeschleunigung vom Seitenkraftbeiwert, von der Lage des Druckpunktes, vom Trägheitsmoment um die Hochachse und von der resultierenden Anströmgeschwindigkeit ab. Bild 5.39 zeigt den Einfluß von Parametervariationen auf den Verlauf der Giergeschwindigkeit.

Betrachtet man das Verhalten eines Fahrzeuges bei der Vorbeifahrt an einer Seitenwindanlage (Bild 5.40), so wird deutlich, daß die Querbeschleunigung des Schwerpunktes und die Querabweichung mit kleiner werdendem Abstand vom Druckpunkt zum Schwerpunkt geringer werden. Bei negativem Schwerpunktabstand e_s sind sie fast Null (vgl. M. MITSCHKE [5.4]).

Bild 5.41 zeigt das errechnete Seitenwindverhalten für verschiedene Kombinationen von Giermoment und Seitenkraft. Durch die Reduzierung des Giermomentenbeiwertes ist grundsätzlich eine Verbesserung des Fahrverhaltens zu erreichen. Gegenüber dem Basisfahrzeug wurde bei Fahrzeug 1 zur Halbierung des Giermomentenbeiwertes die *hintere* Seitenkraft erhöht; damit steigt aber gleichzeitig der Gesamtseitenkraftbeiwert um ca. 25 % an. Insgesamt ist jedoch gegenüber dem Basisfahrzeug trotzdem eine deutliche Verbesserung des Fahrverhaltens festzustellen. Bei Fahrzeug 2 wurde ebenfalls das Giermoment halbiert, diesmal jedoch durch eine Verringerung der *vorderen* Seitenkraft, wodurch gleichzeitig die Gesamtseitenkraft um ca. 25 % reduziert wird. Diese Maßnahme bewirkt insgesamt die größten Vorteile. Fahrzeug 3 weist bei gleichem Giermoment wie Fahrzeug 2 eine höhere Gesamtseitenkraft auf. Die Richtungsstabilität ist daher etwas ungünstiger.

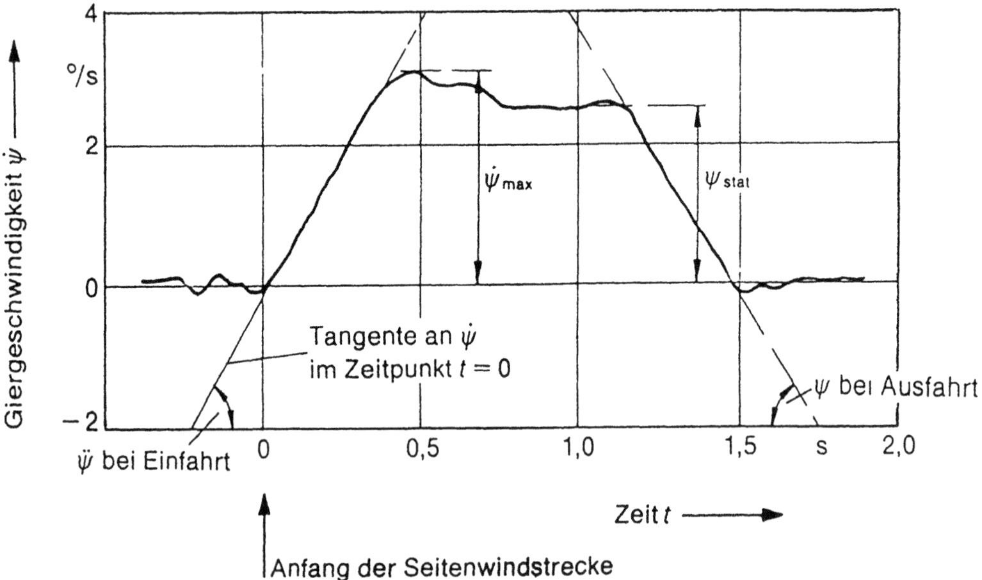

Bild 5.38. Verlauf der Giergeschwindigkeit über der Zeit beim Vorbeifahren an einer Seitenwindanlage nach [5.11]. Länge 32 m, Windgeschwindigkeit 80 km/h Mögliche Bewertungskriterien $\dot\psi_{max}$, $\dot\psi_{stat}$ und ψ bei Ein- und Ausfahrt

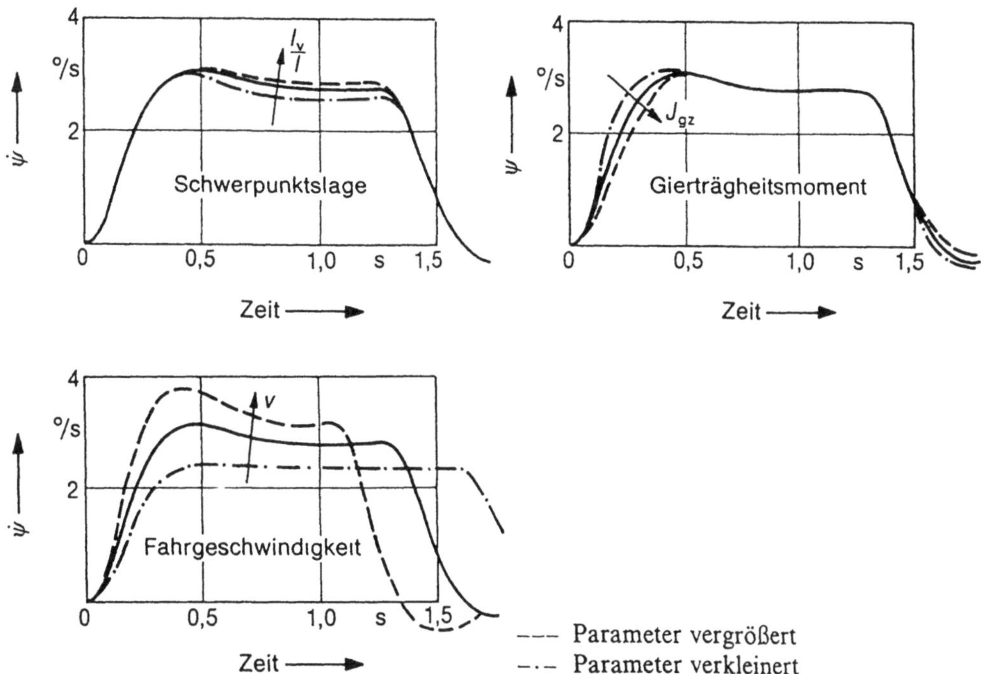

Bild 5.39. Einfluß einer Parametervariation auf den Verlauf der Giergeschwindigkeit beim Vorbeifahren an einer Seitenwindanlage nach [5.11]

Die Ergebnisse zeigen eindeutig, daß die Richtungsstabilität wesentlich stärker vom Giermoment bestimmt wird als von der Gesamtseitenkraft. Subjektive Tests bei der Vorbeifahrt an einer Seitenwindanlage haben diesen Sachverhalt immer wieder bestätigt. Vom Fahrer wird ein zu starkes Gieren – hohes c_N – ungünstiger beurteilt als ein großer Parallelversatz – hohes c_S.

In der Praxis ist es schwierig, die *vordere* Seitenkraft durch geeignete Formgebung zu reduzieren, vgl. Abschnitt 5.5. Hierbei können auch Zielkonflikte im Hinblick auf den Luftwiderstand entstehen. Die *hintere* Seitenkraft ist einfacher zu beeinflussen; deren Erhöhung hat aber eine Zunahme der Gesamtseitenkraft zur Folge. Das ist jedoch, wie oben gezeigt, weniger nachteilig als der positive Einfluß der damit erwirkten Verringerung des Giermomentes.

Auffällig an den im Bild 5.41 dargestellten Ergebnissen einer numerischen Simulation des Seitenwindverhaltens ist, daß der Anstieg der Querbeschleunigung über der Zeit im ersten Moment für alle untersuchten Varianten nahezu identisch ist. Der anfängliche „Ruck", den man beim Einfahren in die Seitenwindanlage spürt – oder übertragen auf den realen Straßenverkehr, beim Auftreffen der Seitenwindböe auf das Fahrzeug – ist annähernd gleich.

Zur Beurteilung des Übertragungsverhaltens wird von H. D. WEIR und R. J. DI MARIO [5.22] eine Verzögerungszeit T_{eg} definiert:

$$T_{eg} = \frac{1}{2\pi\, f_{(\psi = 45°)}} .$$
(5.29)

Die Verzögerungzeit T_{eg} entspricht dem Kehrwert der Giergeschwindigkeit-Lenkradwinkel-Frequenz bei einem Phasenwinkel von 45°.

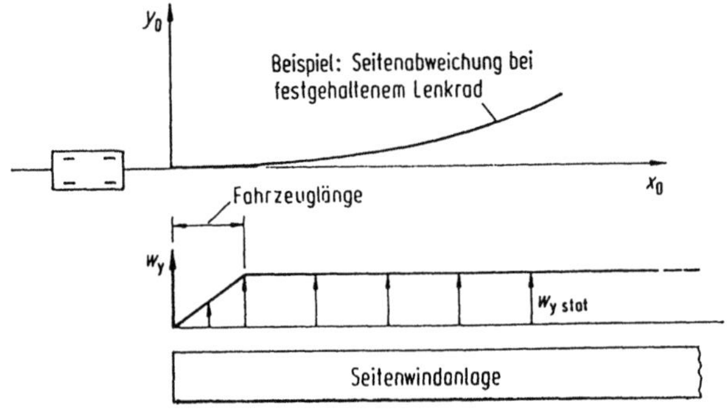

Vorbeifahrt an einer Seitenwindanlage

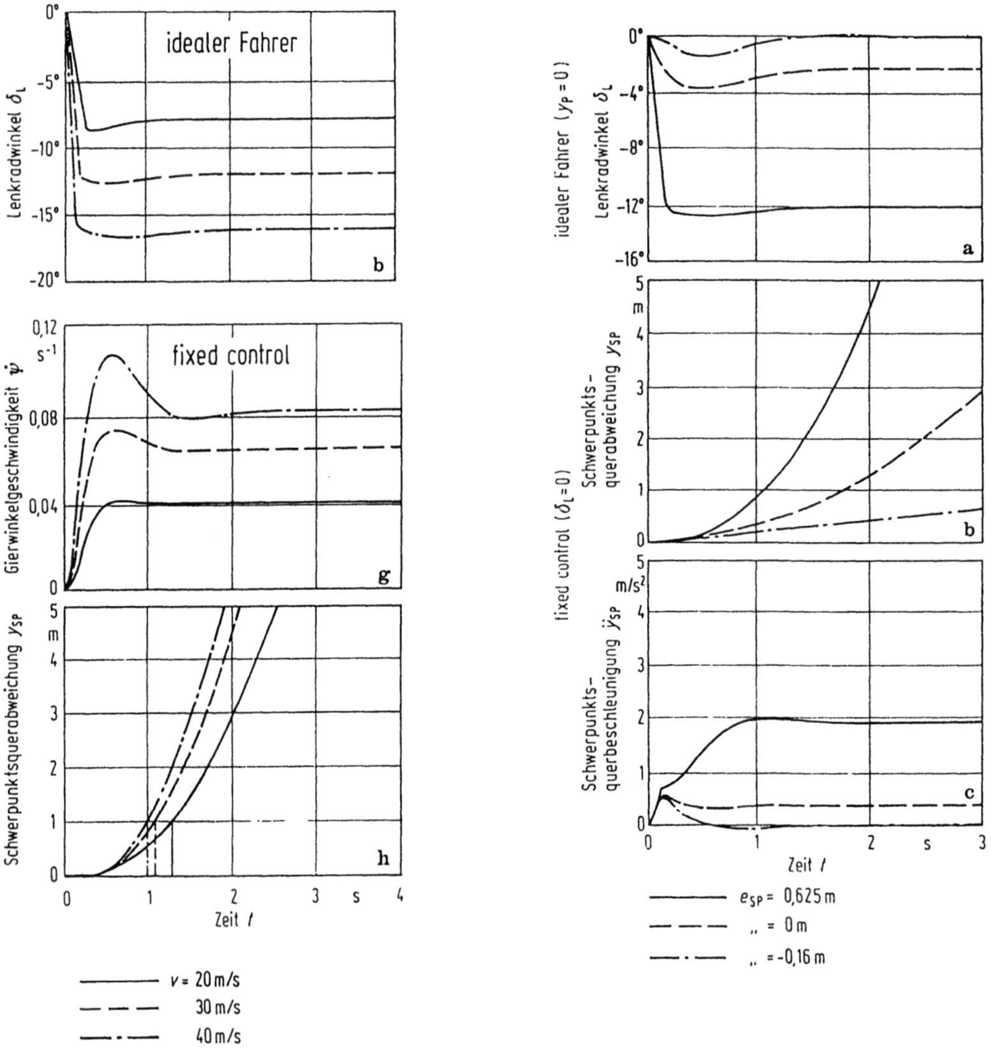

Bild 5.40. Seitenwindverhalten bei Einfahrt in eine Seitenwindanlage nach [5.4].

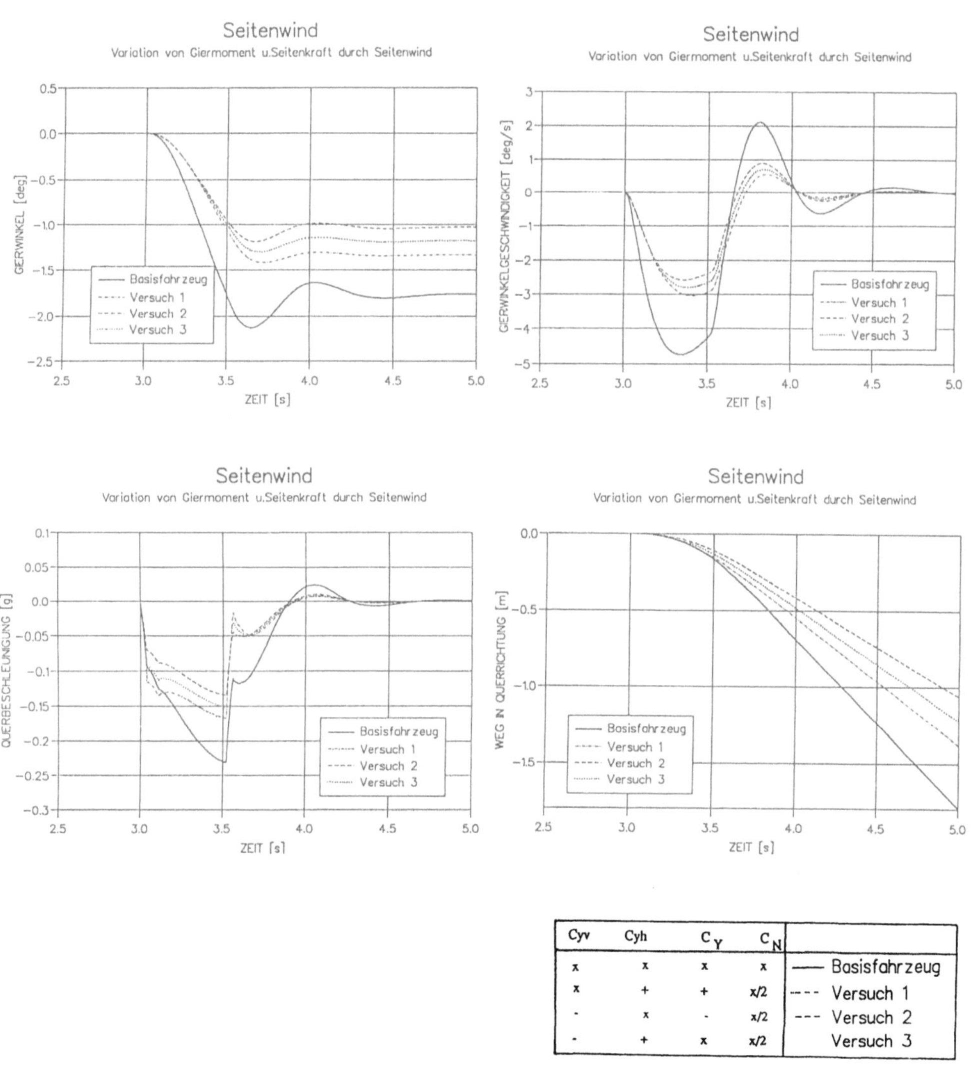

Bild 5.41. Seitenwindverhalten durch Variation von Giermoment und Seitenkraft; Fahrdynamisches Rechenmodell FRESH (18 Freiheitsgrade), Ford Werke AG.

Wie aus Bild 5.42 hervorgeht, zeigt die Variante mit hohem hinteren Auftrieb eine Verschlechterung gegenüber dem Basisfahrzeug, während durch eine Reduzierung des Auftriebes eine deutliche Verbesserung erzielt wird.

Böiger Wind führt zu sich ständig ändernden resultierenden Anströmgeschwindigkeiten und somit auch zu Änderungen der aerodynamischen Kräfte. Der natürliche Seitenwind setzt sich, wie für eine turbulente Strömung typisch, aus einem konstanten Anteil V_S und einem stochastischen Anteil V_S (t) zusammen (Bild 5.43 nach M. MITSCHKE [5.4]):

$$V_S\,(t) = V_S + \Delta V_S\,(t)\,.$$

$$(5.30)$$

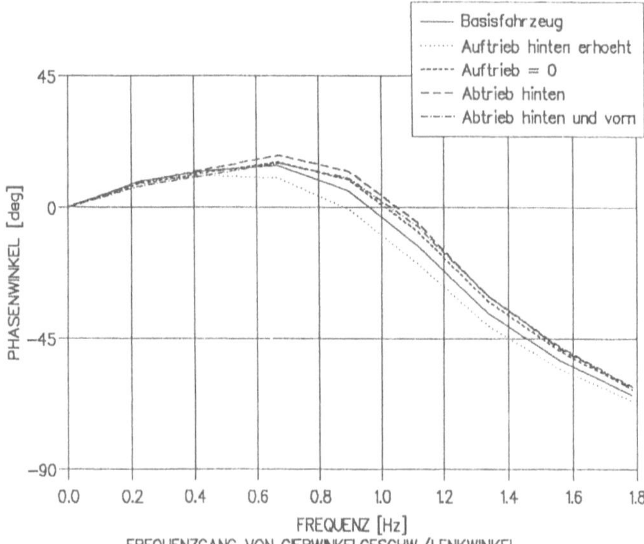

Bild 5.42. Einfluß des Auftriebs auf das Übertragsverhalten einer durch eine Störung hervorgerufenen Lenkwinkel-korrektur; Rechenmodell FRESH, Ford Werke AG.

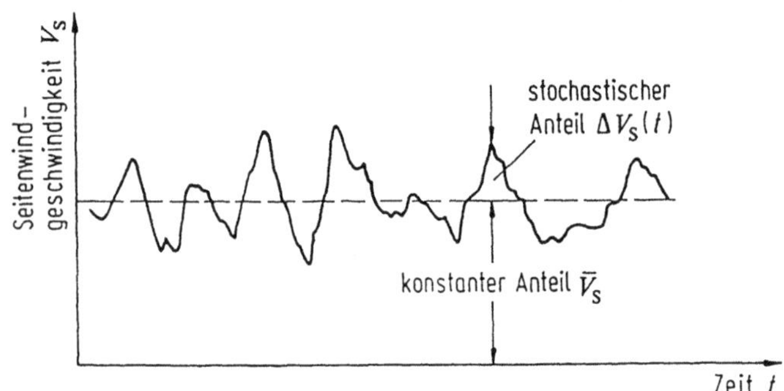

Bild 5.43. Überlagerung von konstanter und veränderlicher Seitenwindgeschwindigkeit nach [5.4].

Entsprechend ergibt sich für den idealen Fahrer, also für den, der bei Spurabweichung Null fährt ($y_{sp} = 0$), der Lenkradeinschlag

$$\delta_{L(t)} = \overline{\delta}_L + \Delta\delta_{L(t)} \ . \tag{5.31}$$

Bild 5.44 zeigt die Simulation eines natürlichen Seitenwindprofils und die entsprechende Lenkwin-kelkorrektur für verschiedene Fahrzeugversionen nach F. J. LAERMANN [5.23]. Eine Erhöhung des Giermomentenbeiwertes gegenüber dem Ausgangsfahrzeug erhöht den zur Kurskorrektur erforder-lichen Lenkradwinkel, während eine Reduzierung des Giermomentes den erforderlichen Lenkrad-winkel verkleinert. Eine gleichzeitige Reduzierung des hinteren Auftriebs verringert den erforder-lichen Korrekturwinkel nochmals. Die alleinige hintere Auftriebsreduzierung bewirkt schon eine Verbesserung, insbesondere bei etwas länger anhaltenden Böen.

Erfahrungsgemäß kann auch die Verminderung des vorderen Auftriebs das Fahrverhalten günstig beeinflussen. Das Fahrzeug reagiert spontaner und präziser auf Lenkkorrekturen.

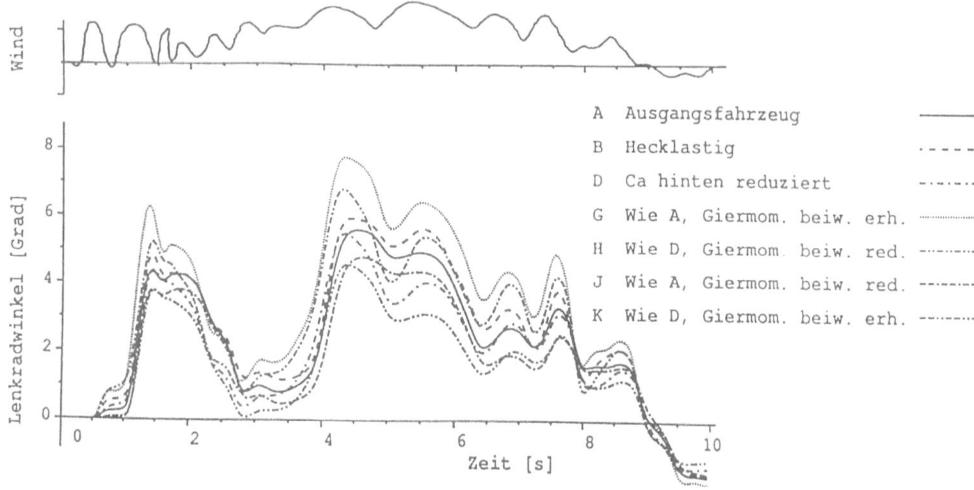

Bild 5.44. Lenkkorrekturen bei Geradeausfahrt mit V = 130 km/h unter naturlichem Seitenwind nach [5 23].

5.4.6 Überholvorgänge

Ein weiterer Gesichtspunkt zur Beurteilung der Fahrstabilität ist das Fahrverhalten bei Überholvorgängen. Durch die gegenseitige Beeinflussung der Fahrzeugumströmung ergibt sich gegenüber der normalen, ungestörten Geradeausfahrt beim Überholen eine veränderte Umströmung. Die hieraus resultierenden Kräfte und Momente können durch einen evtl. zusätzlich auftretenden Seitenwind noch verstärkt werden (vgl. H. ENGELHARD [5.24]).

Betrachtet man den Uberholvorgang Pkw - Bus (Bild 5.45), so wird deutlich, wie der zu überholende Bus die Umströmung des überholenden Pkw beeinflußt und somit die auf das Fahrzeug einwirkenden Kräfte und Momente verändert.

Bild 5.46 zeigt die Kraft- und Momentendifferenzen beim Überholvorgang Fließheckfahrzeug - Bus. Dabei sind von den während des Uberholens ermittelten Beiwerten die Beiwerte der ungestörten Fahrzeugumströmung abgezogen, um den störenden Einfluß des Busses darzustellen.

Die auf das überholende Fahrzeug wirkenden Seitenkräfte sind zum einen von der zwischen Bus und Pkw existierenden „Kanalstromung" und den daraus resultierenden hohen Übergeschwindigkeiten und zum anderen von dem vom Bus induzierten Anströmwinkel abhängig. Das größte Giermoment entsteht, wenn sich das überholende Fahrzeug eine halbe Wagenlänge vor dem Bus befindet. In diesem Fall hat das überholende Fahrzeug die Tendenz, mit dem Vorderwagen vom Bus wegzudrehen. Durch die in dieser Phase zusätzlich auftretenden starken Veränderungen des Auftriebs kann es zu einem kritischen Fahrzustand kommen.

Seitenwind verändert die auf das überholende Fahrzeug wirkenden Kräfte und Momente zusätzlich. Mit wachsendem Anströmwinkel ergeben sich beim Überholvorgang erhöhte Giermomenten- und Auftriebsschwankungen.

Beim Überholvorgang Pkw - Pkw sind die am am überholenden Fahrzeug auftretenden Änderungen der Kräfte und Momente *qualitativ* ahnlich, der Größe nach jedoch sehr viel schwächer ausgeprägt, da ein Pkw im Vergleich zum Bus eine geringere Verdrängungswirkung hat.

Durch eine Reduzierung des seitlichen Abstandes zwischen den Fahrzeugen verstärkt sich der gegenseitige Störeinfluß. Dies resultiert aus einer Erhöhung der Strömungsgeschwindigkeit zwi-

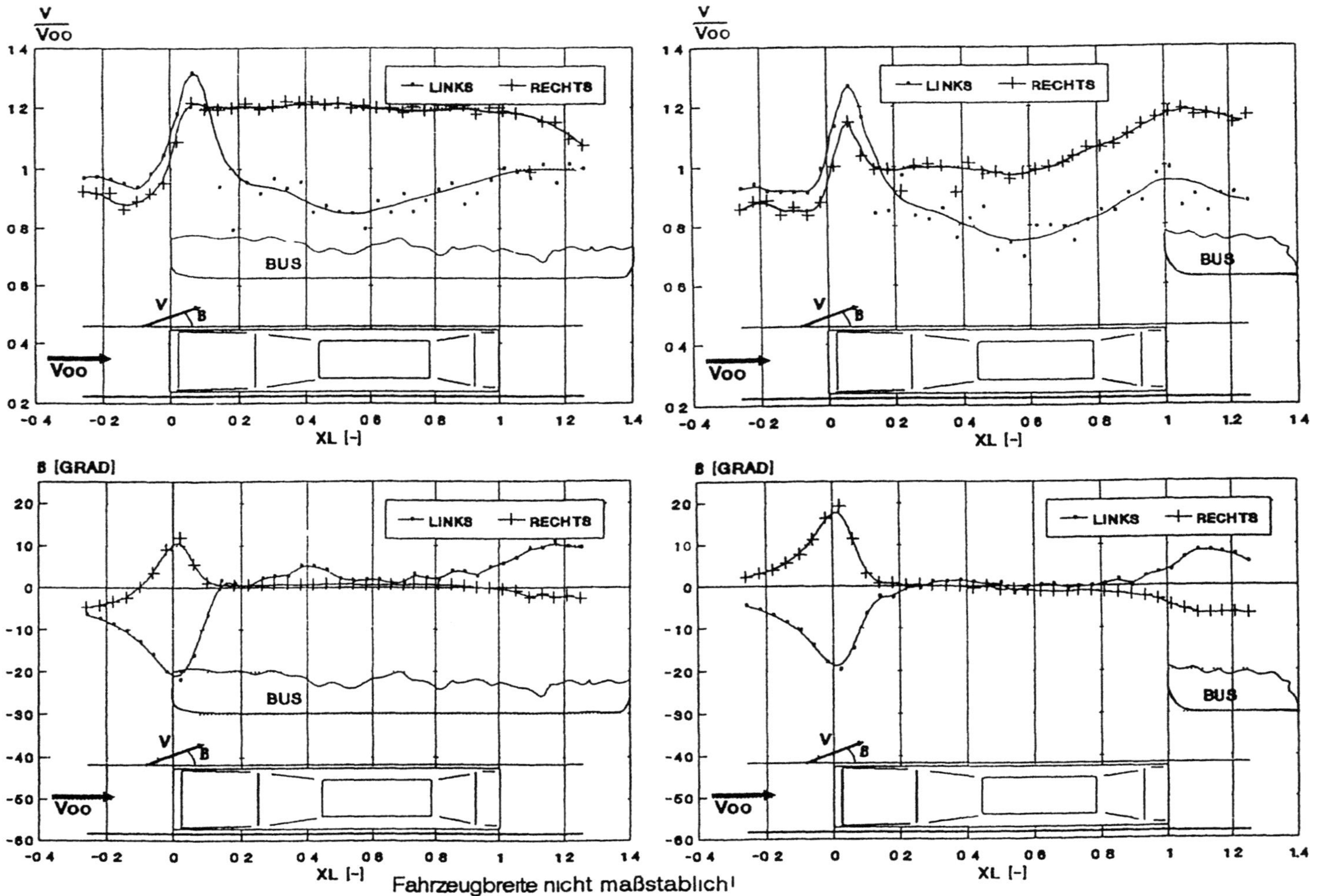

Bild 5 45   Einfluß eines Busses auf die Umstromung des uberholenden Fahrzeugs nach [5 24]

254

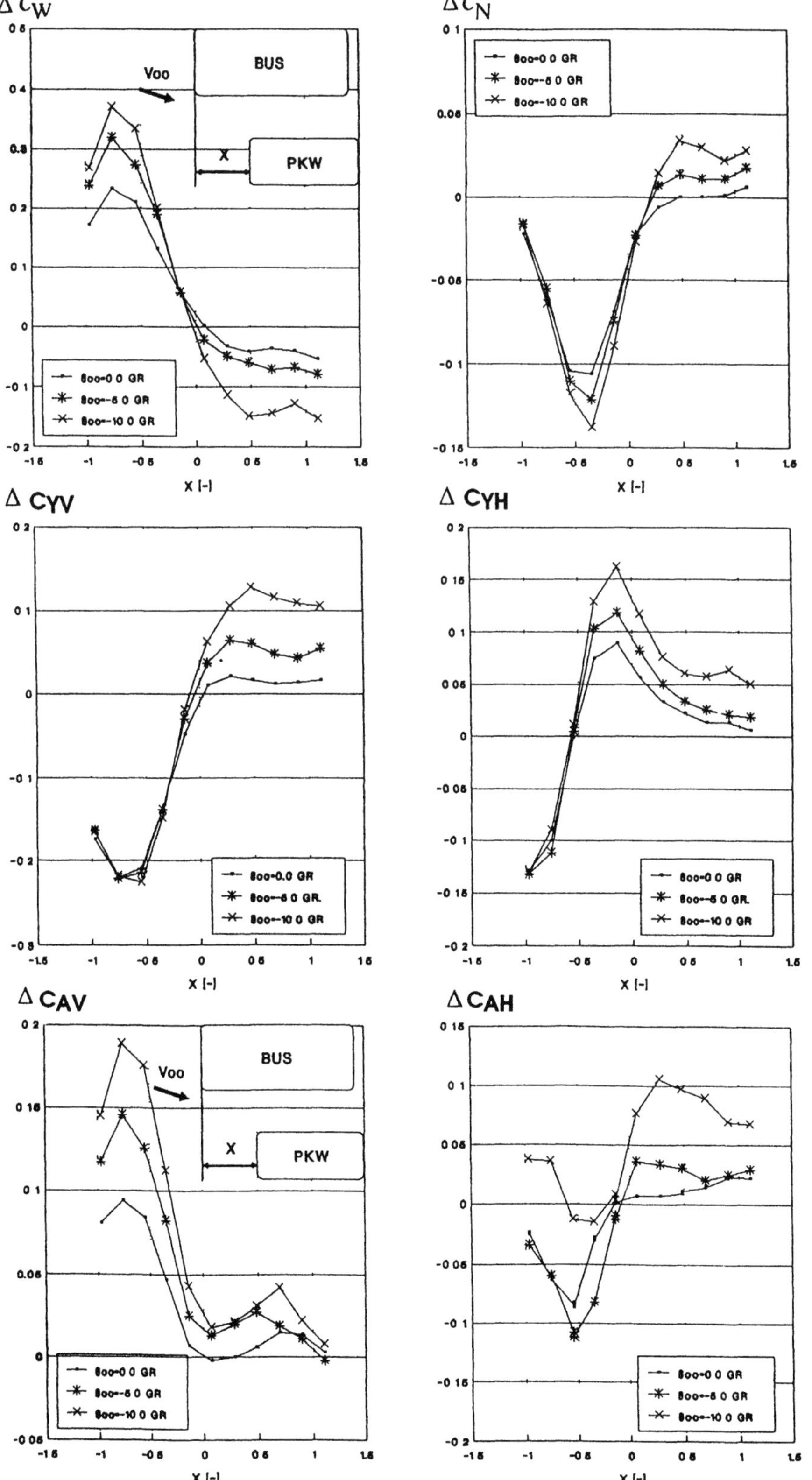

Bild 5 46 Schraganstromwinkeleinfluß beim Überholvorgang auf Kräfte und Momente nach [5 24]

255

schen den Fahrzeugen sowie aus einer stärkeren Umlenkung der Strömung an der Front des überholenden Fahrzeugs (siehe Bild 5.47).

Der Einfluß der Heckform – Stufenheck, Fließheck, Vollheck – auf die Fahrzeugreaktionen beim Überholvorgang ist nur gering. Tendenziell zeigt das Vollheckfahrzeug die deutlichsten Störeinflüsse in den Kraft- und Momentenbeiwerten.

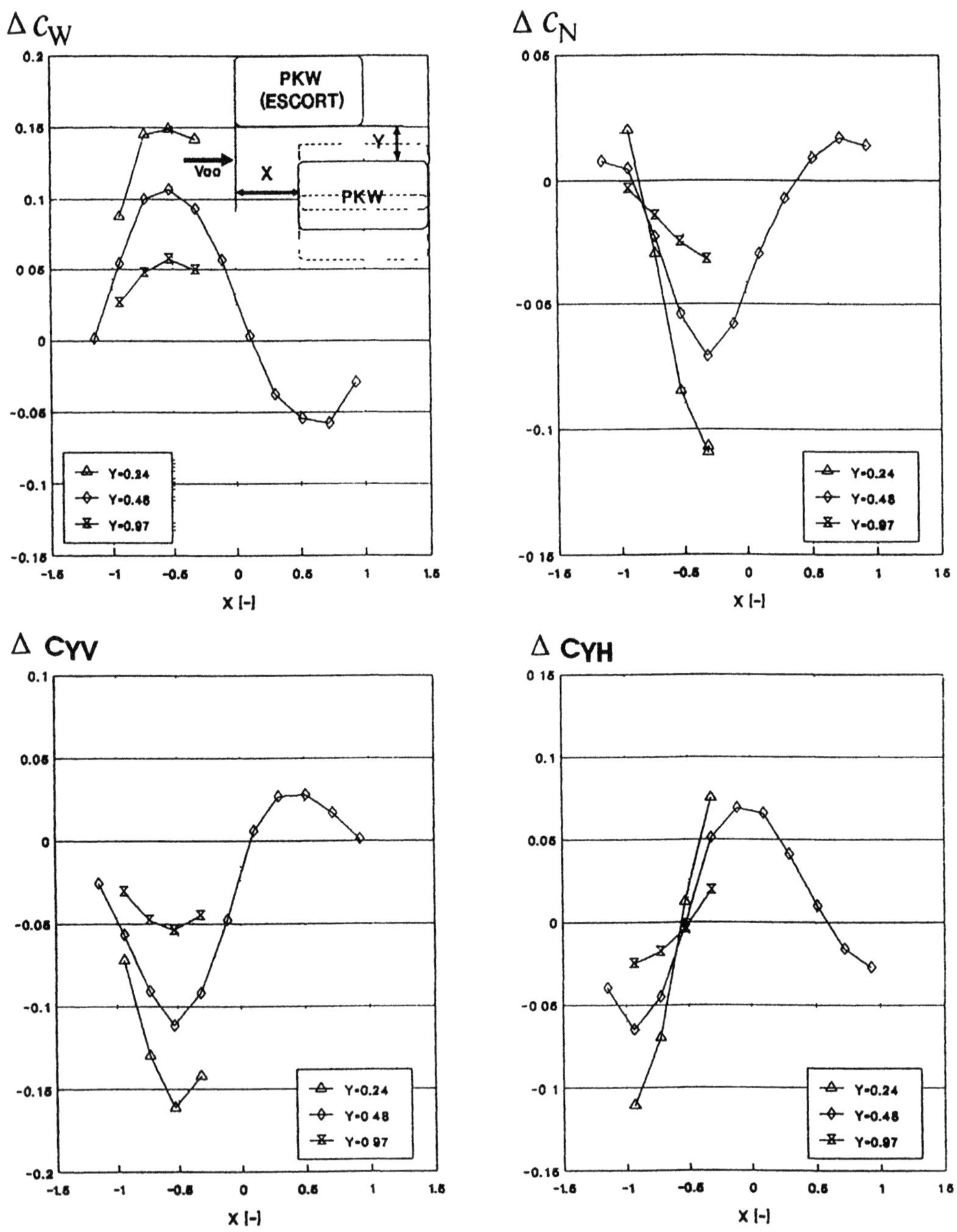

Bild 5.47. Einfluß des seitlichen Abstandes beim Überholvorgang nach [5.24].

256

Grundsätzlich spielt neben der *Größe* auch die *Form* des zu überholenden Fahrzeuges eine Rolle. Bild 5.48 zeigt den Einfluß, den die *Abrundung* der Front eines Omnibusses auf das Giermoment des überholenden Fahrzeuges hat. Durch die Abrundung der Fahrzeugfront werden die maximalen Amplituden von Giermoment und Seitenkraft reduziert, vgl. auch R. K. HEFFLEY [5.25]. Diese Erkenntnis wird auch bei der Konstruktion der modernen Hochgeschwindigkeitszüge genutzt. Durch extrem schlanke Bugformen wird die von ihnen ausgehende „Kopfwelle" so flach wie möglich gehalten, um die Druckbelastung der Scheiben am Bug bei Zugbegegnungen und bei der Einfahrt in Tunnel in Grenzen zu halten.

Zusammenfassend kann gesagt werden, daß die größten aerodynamischen Einflüsse auftreten, wenn das überholende Fahrzeug etwa 0,5 bis 1,0 Wagenlänge Vorsprung hat. Für das Fahrverhalten ist hierbei besonders die starke Schwankung des Giermomentes von Bedeutung.

Unabhängig von den Betrachtungen über die Fahrstabilität liefern die Bilder 5.45 und 5.46 auch eine Erklärung dafür, daß bei etwa leistungsgleichen Fahrzeugen Überholvorgänge sehr langwierig werden können. Am Anfang dieses Manövers nimmt der Widerstand des überholenden Fahrzeuges ab, es wird also bei konstanter Antriebsleistung etwas beschleunigt. In der zweiten Phase steigt sein Widerstand jedoch stark an. Sollte die Motorleistung des überholenden Fahrzeugs dieses nicht auffangen können, muß der Überholversuch sogar abgebrochen werden.

5.4.7 Fahren mit Anhänger

Durch einen Anhänger, wie z.B. einen Wohnwagen, ändert sich das Fahrverhalten des Zugfahrzeuges gegenüber der Solofahrt grundlegend. Wird ein Gespann durch Seitenwind beaufschlagt, entstehen am Zugfahrzeug und auch am Anhänger Giermomente, die jedes für sich abdrehend sind, vgl. Bild 5.49. Das Giermoment des Hängers wirkt jedoch über die Anhängerkupplung dem Giermoment des

Bild 5.48. Einfluß der Fahrzeugform des zu überholenden Fahrzeugs auf Kräfte und Momente des überholenden Fahrzeugs nach [5.25].

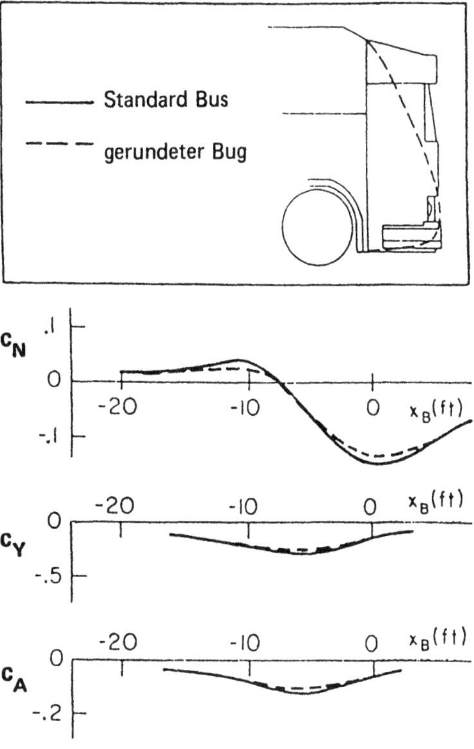

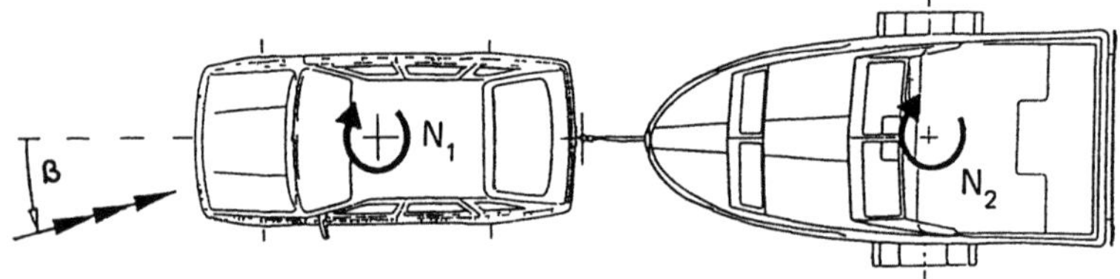

Bild 5.49. Momente am Zugfahrzeug und am Anhänger bei Seitenwind.

Zugfahrzeuges entgegen, es dreht dieses in den Wind hinein, wirkt also stabilisierend. Ein Spoiler auf dem Dach des Zugfahrzeuges kann diesen Effekt noch verstärken. Bild 5.50 zeigt den Giermomentenverlauf eines Pkw mit Bootsanhänger für verschiedene Modellkonfigurationen.

Der Einfluß eines Hängers auf das Zugfahrzeug wird noch deutlicher, wenn man anhand von Bild 5.51 den zeitlichen Verlauf der Giergeschwindigkeit während einer Seitenwindstörung betrachtet. Es fällt auf, daß die Giergeschwindigkeit durch den Anhänger das *Vorzeichen* ändert. Anfänglich wird das Zugfahrzeug vom Wind weg-, kurz danach in den Wind hineingedreht. Bei Abklingen der Böe, wiederholt sich dieser Vorgang in umgekehrter Richtung.

Es kommt vor, daß bei stürmischem Wetter Brücken für Caravan-Gespanne gesperrt werden, denn bei sehr starkem Seitenwind kann das Rollmoment am Wohnwagen so groß werden, daß dieser umstürzt.

Ein weiteres Beispiel für eine mögliche Gefährdung eines Gespanns zeigt Bild 5.52 nach H. Gotz [5.26]. Wird ein Gespann von einem Bus oder einem Lkw überholt, entstehen in der Anfangsphase des Überholvorganges am Anhänger eine hohe Seitenkraft und ein steiler Giermomentenanstieg. Die daraus resultierende hintere Seitenkraft am Zugfahrzeug kann den Fahrer überraschen und zu einer heftigen Lenkkorrektur veranlassen. Bei besonders kleinen Abständen zwischen Anhänger und überholendem Fahrzeug verstärkt sich dieser Effekt.

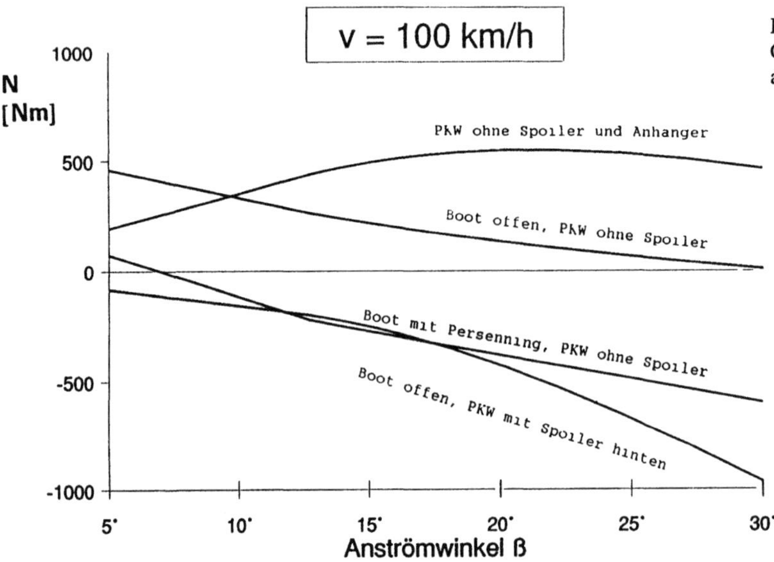

Bild 5.50. Giermomentenverlauf am Zugfahrzeug.

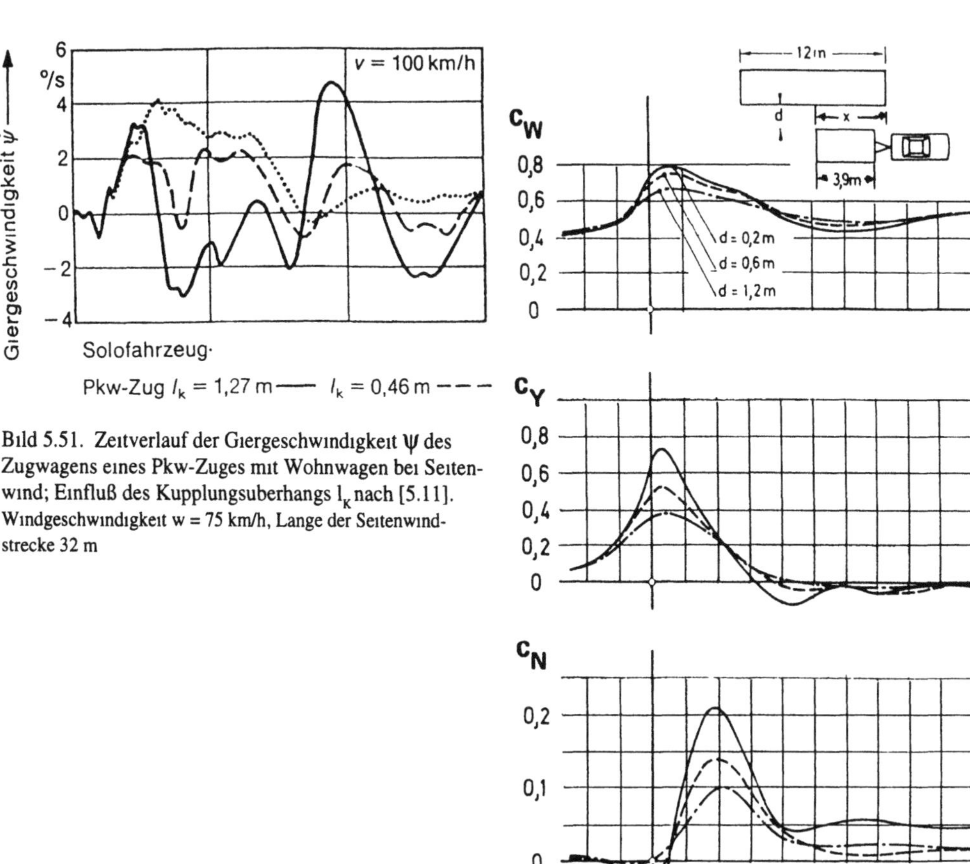

Bild 5.51. Zeitverlauf der Giergeschwindigkeit ψ des Zugwagens eines Pkw-Zuges mit Wohnwagen bei Seitenwind; Einfluß des Kupplungsüberhangs l_K nach [5.11]. Windgeschwindigkeit w = 75 km/h, Länge der Seitenwindstrecke 32 m

Bild 5.52. Einfluß des seitlichen Abstandes auf die aerodynamischen Kräfte am Anhänger nach [5.26].

5.5 Einfluß der Fahrzeugform auf die aerodynamischen Kräfte und Momente

Nachdem erläutert wurde, wie sich die Aerodynamik auf die Fahrdynamik auswirkt, soll nun darauf eingegangen werden, durch welche Maßnahmen am Fahrzeug die Luftkräfte und -momente beeinflußt werden können.

Prägend für die aerodynamischen Eigenschaften eines Fahrzeuges sind an erster Stelle seine wesentlichen Formmerkmale. Über sehr detaillierte Untersuchungen an stark vereinfachten Modellen (generic models) hat G. W. Carr [5.27] schon Ende der 60er Jahre berichtet. Sie wurden später durch Messungen ergänzt, die A. Gilhaus und V. Renn [5.28] durchgeführt haben. Diese Ergebnisse dienen als Ausgangsbasis für die Diskussion der komplexeren Zusammenhänge am realen, komplett *mit* Kühlluftströmung, Rückspiegeln, Fugen usw. ausgestatteten Fahrzeug.

5.5.1 Aerodynamische Eigenschaften der Grundformen

Um den Überblick zu erleichtern, wird eine Gliederung nach Aspekten der aerodynamischen Wirkung gewählt:

- Auftrieb und Nickmomente,

- Seitenkraft und Giermoment,

- Rollmoment.

Hinweise auf den Einfluß charakteristischer Formmerkmale auf den Luftwiderstand werden soweit mit eingeschlossen, als sich Zielkonflikte mit den hier im Vordergrund stehenden anderen aerodynamischen Größen ergeben.

5.5.1.1 Auftrieb und Nickmoment

Die Ausführungen im Abschnitt 5.4.1 haben gezeigt, daß für die Richtungsstabilität neben der Höhe des Auftriebs die aus dem Nickmoment resultierenden Unterschiede zwischen vorderem und hinterem Auftrieb entscheidend sind. Bild 5.53 veranschaulicht schematisch den Einfluß unterschiedlicher Grundformen auf Nickmoment und Auftrieb. Ein hoher Staupunkt am Bug bewirkt einen erhöhten vorderen Auftrieb, ein niedriger Strömungsabriß am Heck läßt den hinteren Auftrieb ansteigen. Bemerkenswert ist die Kombination von niedrigem Staupunkt vorn und hohem Strömungsabriß hinten. Dies führt zu kleinem Gesamtauftrieb und einem geringen Nickmoment (siehe auch die Abschnitte 7.12 und 7.13).

Zur genaueren Betrachtung des Einflusses einzelner Formmerkmale auf Auftrieb und Nickmoment wird zunächst der Effekt von abgerundeten Konturen untersucht, vgl. Bild 5.54. An einem scharfkantig ausgeführten Fahrzeugmodell wurden die einzelnen Kanten in der durch die Nummern gekennzeichneten Reihenfolge abgerundet. Dabei ist eine Tendenz zu höheren Auftriebsbeiwerten durch die Einführung zusätzlicher Abrundungen zu beobachten; sie läßt sich folgendermaßen erklären: Die Abrundung der quer zur Strömungsrichtung verlaufenden Kanten vermeidet Ablösung an der betreffenden Stelle, und die Strömungsgeschwindigkeit über dem Fahrzeug wird erhöht. Dies vermindert den statischen Druck an der Oberfläche. Entsprechend größer ist der Auftrieb.

Bemerkenswert ist die Wirkung einer Abrundung an der Unterkante (3) der Bugpartie. Die dadurch vermehrte Einströmung in den Unterbodenbereich wird verzögert und erzeugt einen Druckaufbau zwischen Straße und Fahrzeugunterseite. Vorderer Auftrieb und Gesamtauftrieb steigen steil an. Dagegen vermindern nach Bild 5.55 solche Maßnahmen den Auftrieb, die die Einströmung unter das Fahrzeug reduzieren. Typische Beispiel dafür sind die zurückgeneigte Bugpartie und ein weit nach unten reichender Spoiler. Diese Erkenntnis hat die Buggestaltung moderner Fahrzeuge bereits sehr deutlich geprägt. Günstig für einen niedrigen Auftrieb sind stärker geneigte Frontscheiben. Im Bereich der heute üblichen Neigungswinkel „schneller" Frontscheiben ergeben sich jedoch nur marginale Unterschiede.

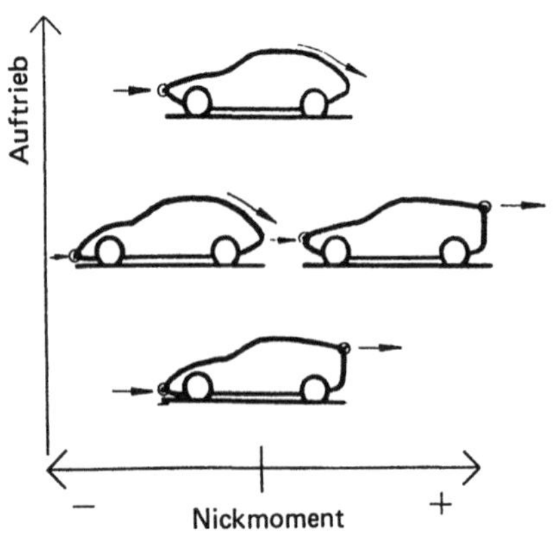

Bild 5.53. Einfluß der Staupunktlage und der Höhe der Strömungsablösung am Heck auf Nickmoment und Auftrieb.

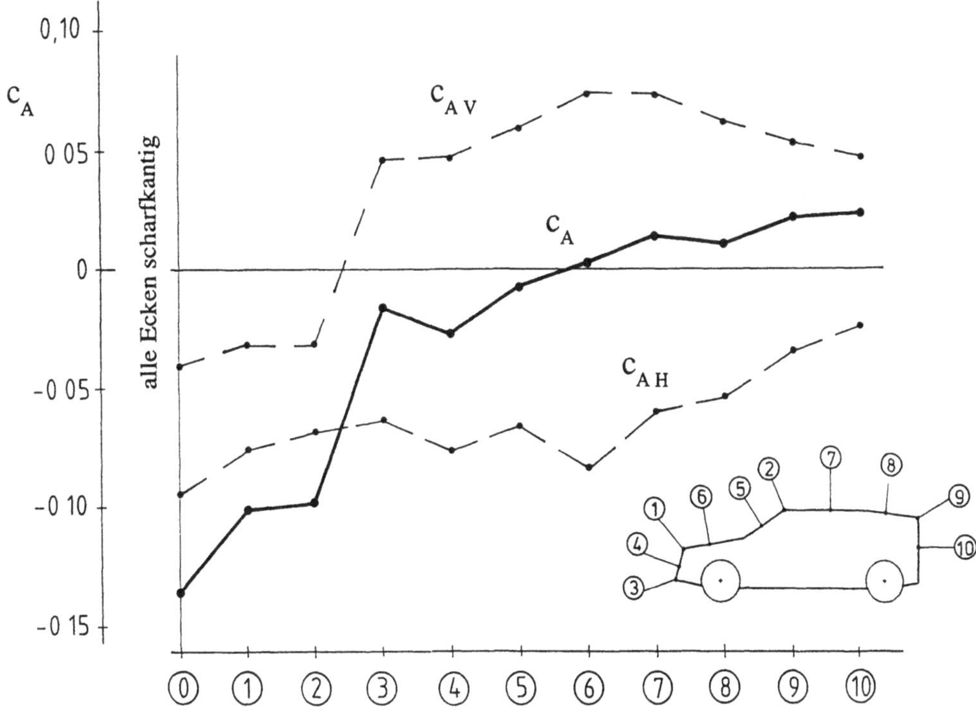

Bild 5.54. Wirkung abgerundeter Kanten auf und die Auftriebswerte nach [5 28]

Dagegen hat die Heckform einen entscheidenden Einfluß auf den Auftrieb. Hinterer Auftrieb und Gesamtauftrieb verringern sich mit abnehmendem Heckneigungswinkel und steigender Höhe der Strömungsablösung am Heck. Dieses ist dadurch erklärbar, daß die Stromlinien über dem Heckbereich weniger nach unten gekrümmt und mehr in die Horizontale gerichtet werden; somit ist der statische Druck über dem Fahrzeug höher.

Die Erhöhung des statischen Druckes im hinteren Fahrzeugbereich von Schrägheck- und Stufenheckfahrzeugen bewirkt auch eine vorwärtsgerichtete Kraftkomponente. Hohe Heckformen und Heckverlängerungen helfen also gleichzeitig Widerstand und Auftrieb zu vermindern, siehe Bild 5.56.

Dieser Zusammenhang gilt solange, wie die Überströmung der Heckkontur folgt und nicht bereits an der hinteren Dachkante ablöst. Der Übergang von einer Vollheck- zu einer Schräggheckabströmung erhöht den Auftrieb. Dieser Wechsel erklärt auch den Widerstandsanstieg durch die Heckverlängerung (Form A/0 zu Form A/1). Eine detaillierte Analyse des Einflusses der Heckform auf die Nachlaufstruktur und die Luftkräfte gibt Abschnitt 4.

5.5.1.2 Seitenkraft und Giermoment

Für ein breites Spektrum von Pkw-Formen steigt das Giermoment bis zu einem Anströmwinkel von 20° annähernd linear an, wie im Bild 5.57 zu sehen ist. Größere Anströmwinkel sind nach den im Abschnitt 5.4.5.1 referierten neueren Forschungsergebnissen für den praktischen Fahrbetrieb irrelevant. Daher können die Meßwerte für den Anströmwinkel $\beta = 20°$ gut als Referenzwerte zur Beurteilung des Seitenkraft- und Giermomentverlaufs dienen.

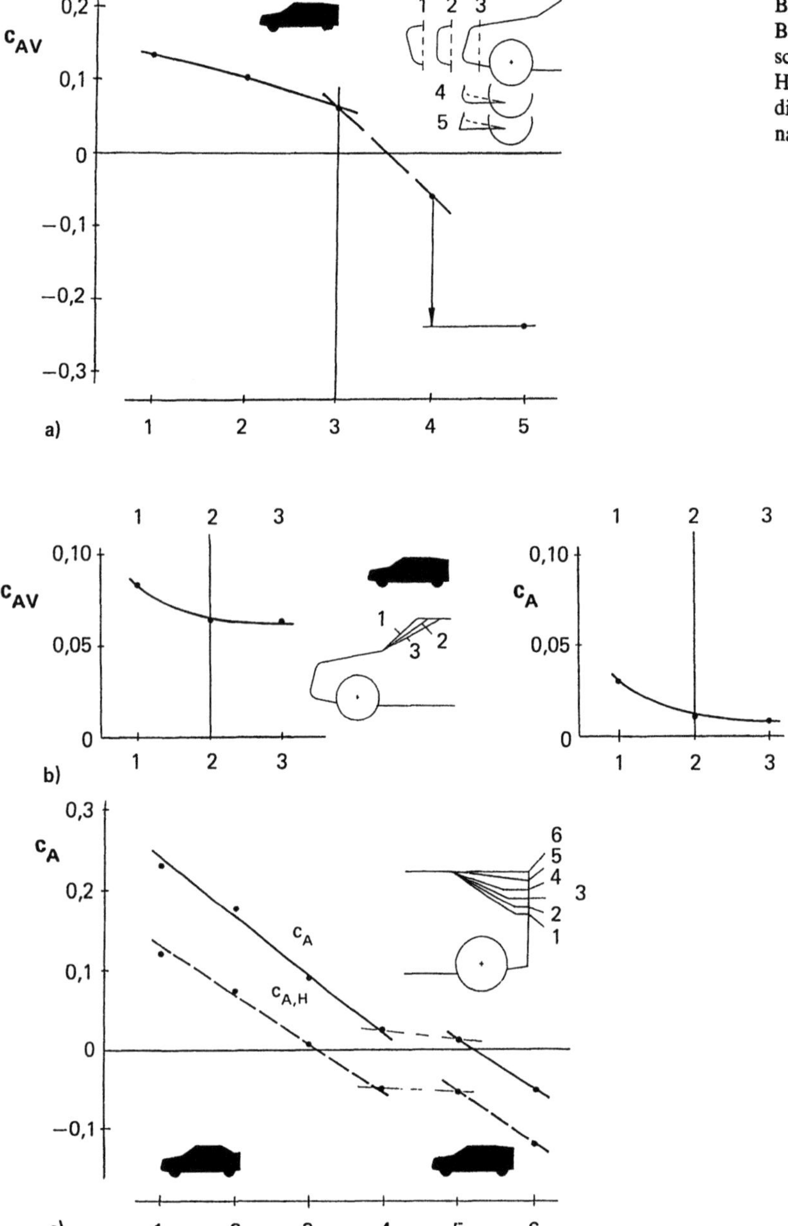

Bild 5.55. Einfluß von Bugform, Frontscheibenneigung und Heckkontur auf
die Auftriebswerte nach [5.28].

Im gezeigten Beispiel weist die Stufenheckform das höchste und die Vollheckform das geringste Giermoment auf. Dem hohen Giermoment entspricht eine kleine hintere Seitenkraft, dem niedrigen Giermoment eine größere. Da alle drei Modelle die gleiche Bugform haben und die vordere Seitenkraft daher nahezu gleich ist, ergibt sich in bezug auf die Gesamtseitenkraft eine gegenüber dem Giermomentverlauf umgekehrte „Rangfolge". Bemerkenswert ist, daß den verhältnismäßig kleinen Änderungen der Seitenkraft deutliche Unterschiede im Giermoment entsprechen.

262

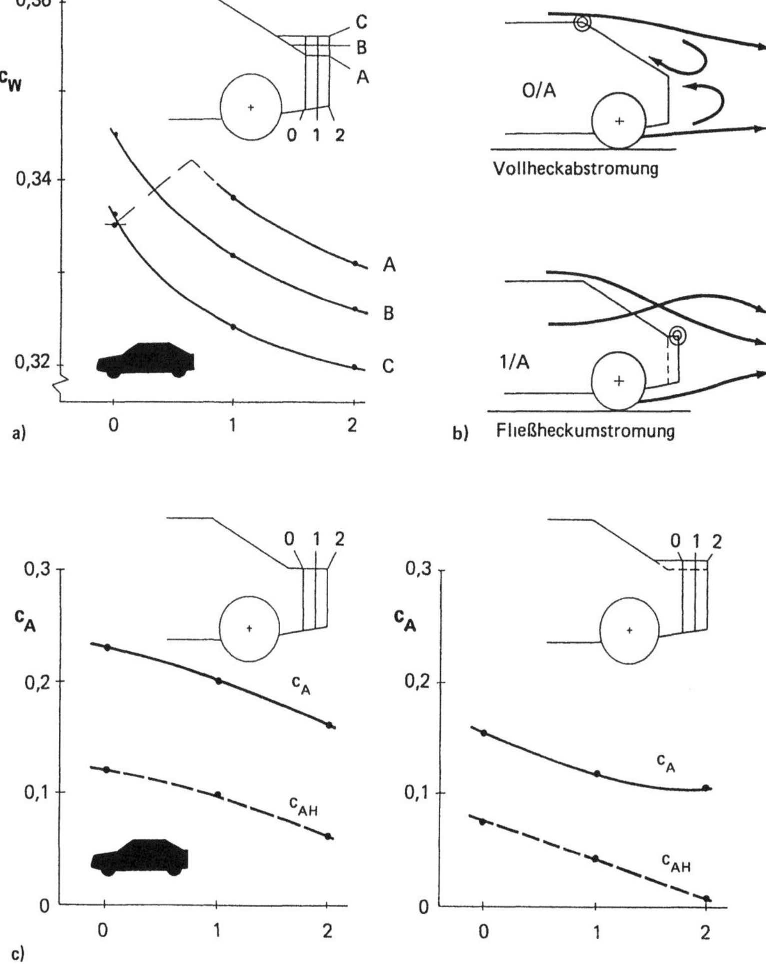

Bild 5 56 Widerstand, Auftrieb und Nachlaufstruktur unterschiedlicher Heckformen nach [5 28]

Im Bild 5.58 wird der Effekt gerundeter Kanten auf das Giermoment betrachtet. Die Abrundungen am Vorderwagen – Motorhaube und Seiten – erhöhen das Giermoment. Sie führen zu erhöhtem Unterdruck an der Leeseite des Bugs. Dagegen bewirken die Rundung der Seitenkanten der vorderen Haube sowie die Rundung der A-Säulen eine Verminderung der vorderen Seitenkraft und des Giermoments. Am Heck des Fahrzeugs führen alle seitlichen Abrundungen zu einem Abbau der hinteren Seitenkraft. Daraus ergibt sich ein Anstieg des Giermoments.

Bei der Bewertung der Meßergebnisse ist zu berücksichtigen, daß die Reihenfolge, in der die Rundungen vorgenommen werden, die Größe der einzelnen Luftkraftänderungen beeinflußt.

Ein Resultat der Messungen am Modell mit völlig glattem Unterboden weicht von Erfahrungen an realen Pkw ab. Die Abrundung der Unterkante am Bug (3) erzeugt an Fahrzeugen mit realistisch

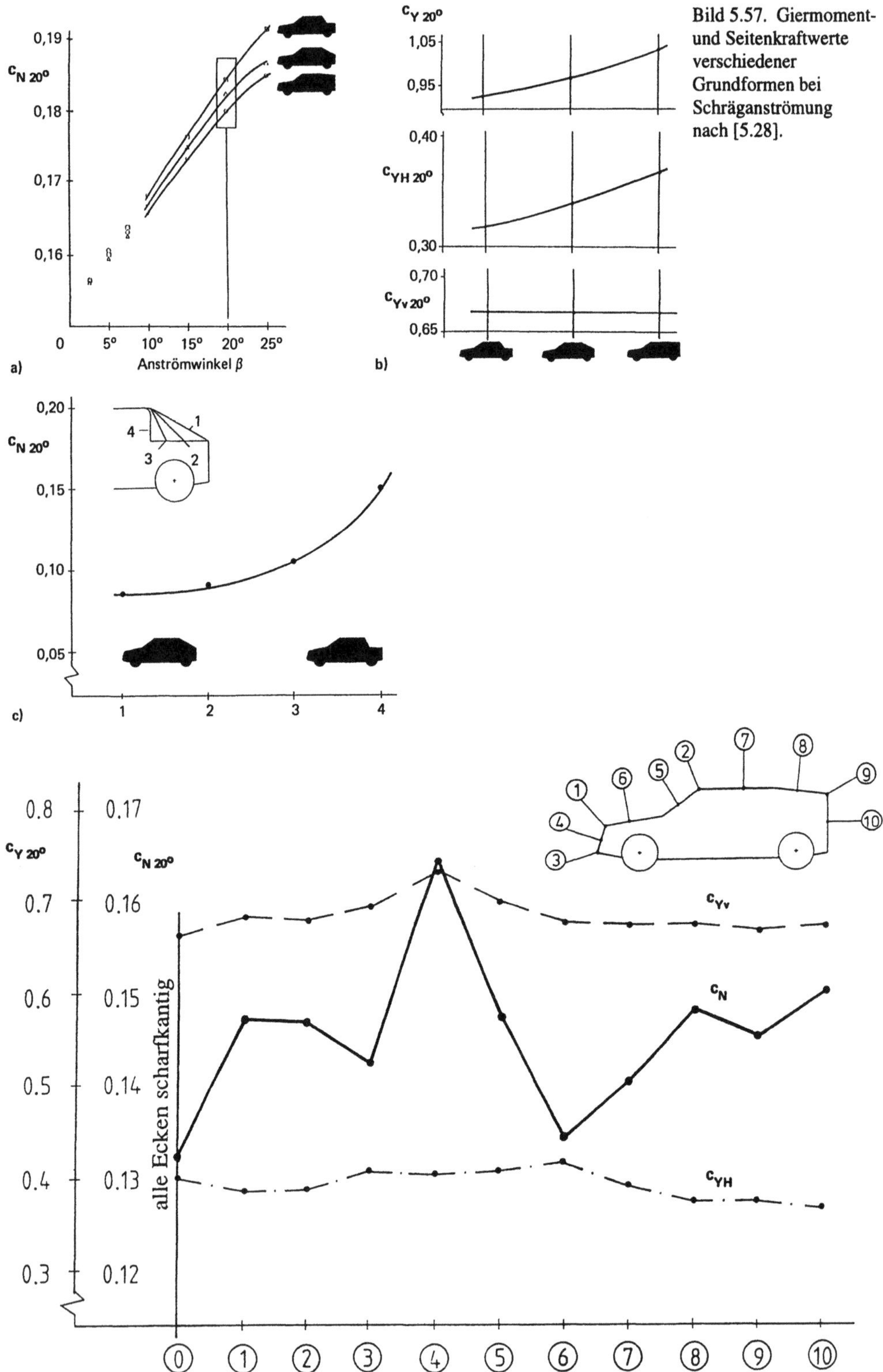

Bild 5.57. Giermoment- und Seitenkraftwerte verschiedener Grundformen bei Schräganströmung nach [5.28].

Bild 5.58. Wirkung abgerundeter Kanten auf die Seitenkräfte und das Giermoment nach [5.28].

gestaltetem Unterboden eine Erhöhung von Giermoment, Auftrieb und Widerstand. Ein niedriger vorderer Spoiler dagegen bewirkt eine Verringerung des Giermoments (Bild 5.59).

In guter Übereinstimmung mit Erfahrungen am realen Fahrzeug sind hingegen die Zusammenhänge im Bild 5.60. Ein tiefer gelegter Windlauf und auch, wenngleich in geringerem Maße, eine stärker geneigte Frontscheibe vermindert die vordere Seitenkraft und damit das Giermoment.

Bild 5.57 legt zunächst den Schluß nahe, daß eine Verminderung der seitlichen Projektionsfläche im Heckbereich die hintere Seitenkraft reduziert und dadurch das Giermoment erhöht. Dieser Zusammenhang gilt jedoch nicht für *stark* gerundete Heckformen. Große Grundrißrundungen und -überwölbungen im Heckbereich beeinflussen das Giermoment mehr als Unterschiede in der seitlichen Projektionsfläche. Bereits kleine Abrundungen an den hinteren Säulen führen generell zu einem Anstieg des Giermoments (Bild 5.61). Bei Schrägheckformen ist dieser Effekt am deutlichsten ausgeprägt. Andererseits bewirkt die Abrundung der D-Säulen beim Schrägheck eine große Reduzierung des Luftwiderstandes. Daraus resultiert ein Zielkonflikt in der Fahrzeugentwicklung.

Unterschiede im Heckneigungswinkel haben einen erheblichen Einfluß auf den Auftrieb und den Widerstand vgl. Bild 5.62. In bezug auf das Giermoment ergibt sich zunächst nur eine leichte Tendenz zu abnehmenden Werten für Formen mit höherem Strömungsabriß am Heck. Erst beim Übergang zu ausgesprochenen Vollheckformen wird das Giermoment deutlich vermindert.

Heckverlängerungen, die Auftrieb und Widerstand reduzieren, bewirken ein erhöhtes Giermoment, vgl. Bild 5.63. Dies zeigt, daß die größere seitliche Projektionsfläche im Heckbereich hier nicht zu einem Anstieg der hinteren Seitenkraft führt. Vermutlich bildet sich durch die Verlängerung des Kofferraumes eine größere luvseitige Unterdruckzone.

Moderne Pkw-Formen weisen typisch deutlich geneigte Seitenscheiben auf. Nach Bild 5.64 hat das keinen Einfluß auf das Giermoment. Mit wachsendem Neigungswinkel der Seitenscheiben ergibt sich jedoch eine verminderte Gesamtseitenkraft, und das Rollmoment wird deutlich reduziert.

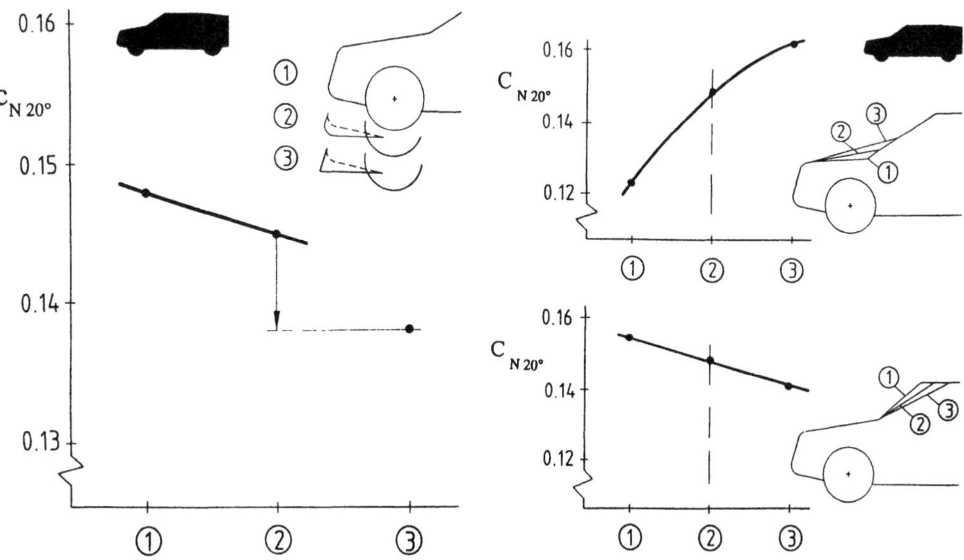

Bild 5.59. Änderung des Giermoments durch Modifikationen an der Unterkante des Fahrzeugbugs nach [5.28].

Bild 5.60. Einfluß von Windlaufhöhe und Frontscheibenneigung auf das Giermoment nach [5.28].

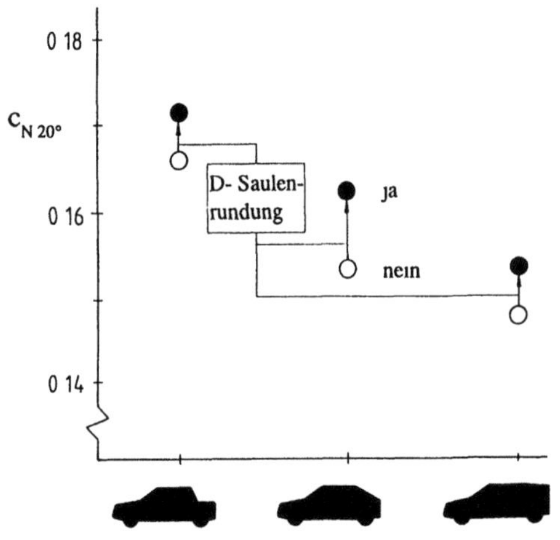

Bild 5 61   Giermoment-Anstieg durch Abrundung der hinteren Saulen fur
verschiedene Grundformen nach [5 28]

Bild 5 62   Einfluß der Heckneigung und der Hohe der hinteren Abstromkante auf
Luftwiderstand und Giermoment nach [5 28]

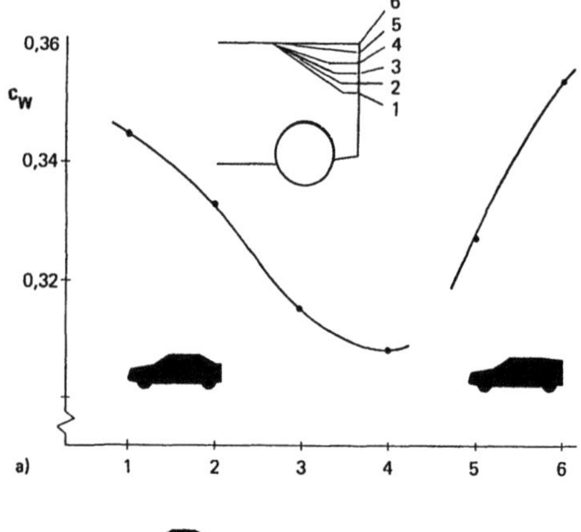

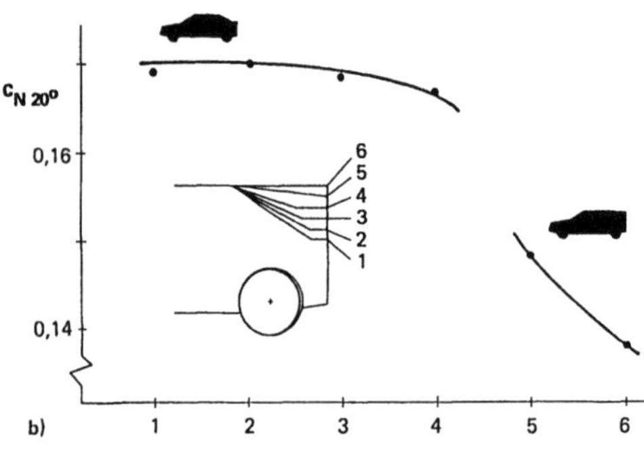

Bild 5 63   Anstieg des Giermoments durch Verlangerungen am Heck nach [5 28]

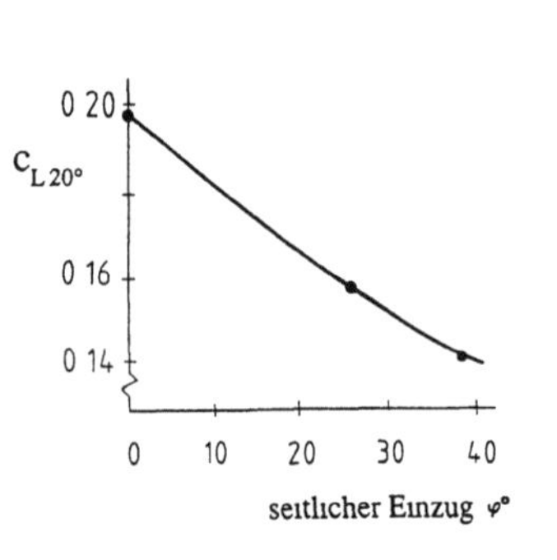

Bild 5 64   Wirkung geneigter Seitenscheiben auf Giermoment und Rollmoment nach [5 28]

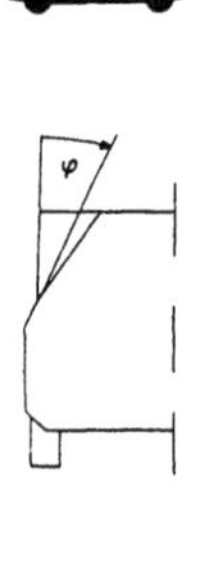

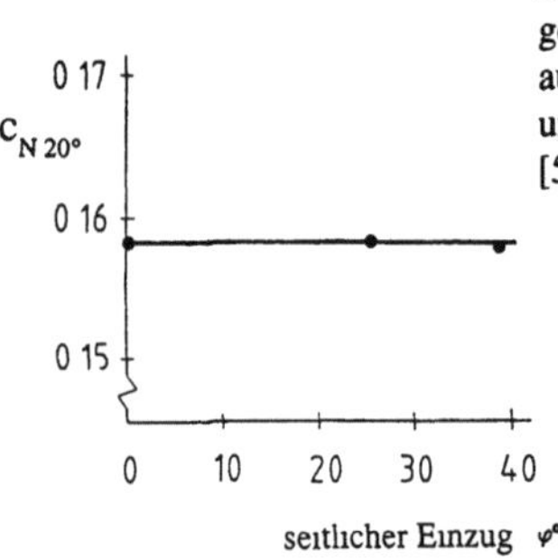

266

5.5.1.3 Rollmoment

Typische Beispiele für den Anstieg des Rollmoments mit wachsendem Schräganströmwinkel zeigt Bild 5.65. Wegen des stetigen annähernd linearen Verlaufs der Kurven im angegebenen Winkelbereich genügt auch hier zur Beurteilung unterschiedlicher Formen die Angabe des Beiwertes bei dem Anströmwinkel $\beta = 20°$.

Die Vollheckform weist das höchste Rollmoment auf, die Stufenheckform das geringste. Es ergibt sich eine im Vergleich zum Giermoment umgekehrte Rangfolge. Mit der Zunahme der Seitenkraftwerte steigt auch das Rollmoment, vgl. Bild 5.57.

Nach Bild 5.66 bewirkt die Abrundung zunächst scharfkantiger Formdetails eine Verminderung des Rollmoments. Nur die Rundung der Unterkante am Fahrzeugbug läßt das Rollmoment ansteigen. Eine scharfkantige Spoilerform erzeugt einen geringeren Druck im luvseitigen Bereich des Unterbodens und wirkt so dem Rollmoment entgegen.

Bild 5.65. Verlauf des Rollmoments bei schräger
Anströmung für verschiedene Grundformen nach [5.28].

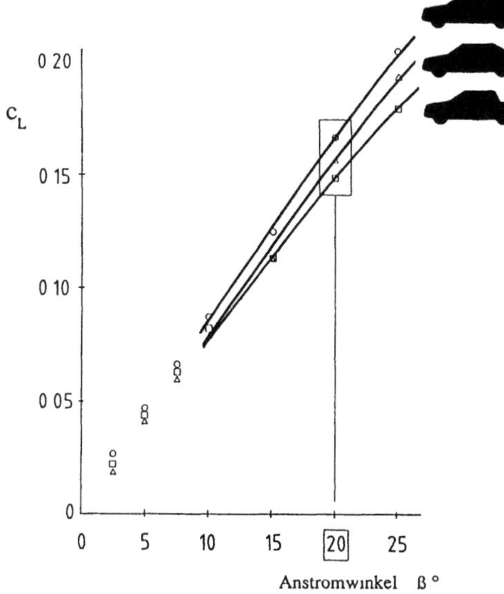

Bild 5.66. Wirkung
abgerundeter Kanten
auf das Rollmoment
nach [5.28].

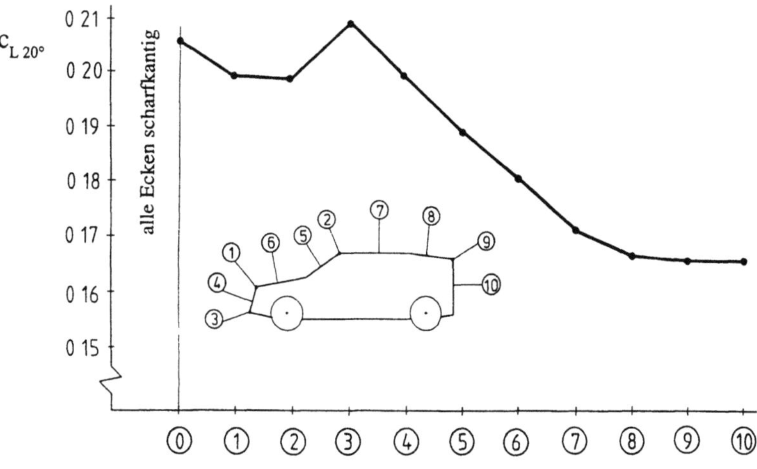

Für eine große Bandbreite von Heckformen ergeben sich nur relativ geringe Unterschiede im Rollmoment; Heckverlängerungen bewirken keine nennenswerten Änderungen (Bild 5.67). Ähnliches gilt für den Heckneigungswinkel und die Höhe der hinteren Abströmkante. Erst der Übergang zu Vollheckformen führt zu erhöhtem Rollmoment.

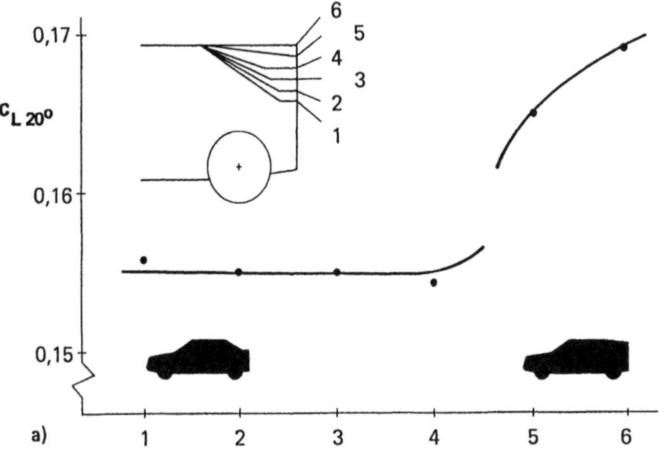

Bild 5.67. Einfluß der Heckform auf das Rollmoment nach [5.28].

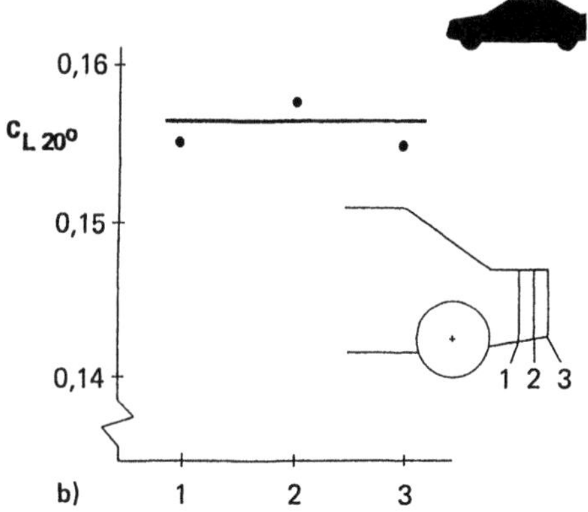

5.5.1.4 Vergleich der wesentlichen Grundformen

In der Praxis unterscheiden sich die Fahrzeuggrundformen in erster Linie durch die Gestaltung des Hecks. Vereinfacht kann man die üblichen Konzepte drei Gruppen zuordnen:

- Stufenheck,

- Schrägheck,

- Vollheck („Kombiform").

Einen Überblick über den Verlauf der aerodynamischen Beiwerte einer Fahrzeugmodellreihe mit diesen drei Heckvarianten bietet Bild 5.68. Bezogen auf die einzelnen Luftkraftkomponenten kann folgendes festgestellt werden:

- Die Unterschiede im Luftwiderstand sind für die drei Formen verhältnismäßig klein. Der Widerstandsanstieg bei schräger Anströmung ist für die Vollheckform steiler als für die Schrägheck- und Stufenheckvarianten.

268

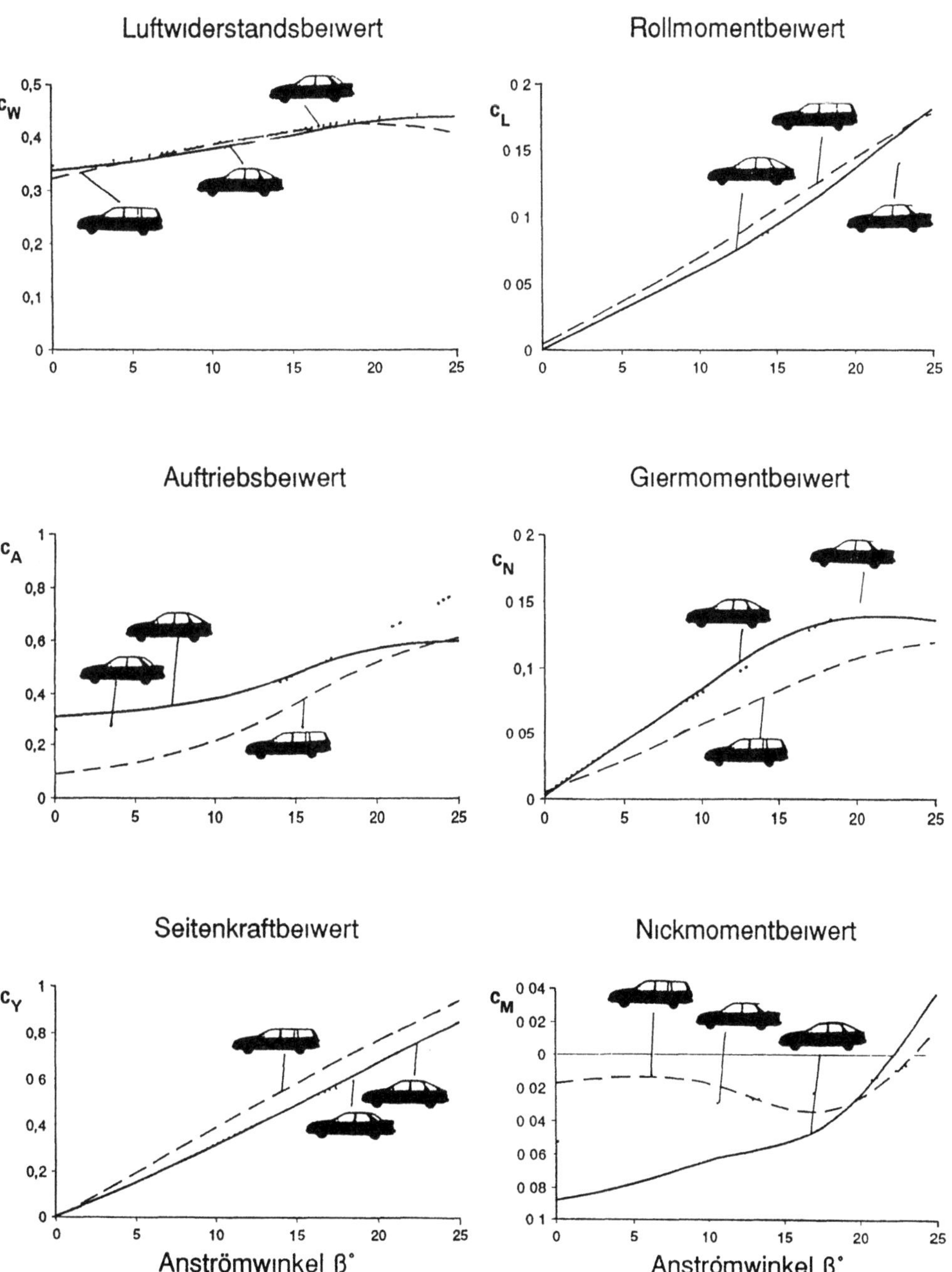

Bild 5 68   Vergleich der aerodynamischen Eigenschaften einer Pkw-Modellreihe mit den Varianten Stufenheck-, Vollheck- und Kombilimousine

—   Die Vollheckform erzeugt einen wesentlich geringeren Auftrieb als die Stufenheck- und die Schragheckform Den hochsten Auftrieb hat das Schragheck Mit wachsendem Schraganstrom- winkel steigt der Auftrieb aller Varianten Der Anstieg ist am geringsten fur die Schragheckform und am steilsten fur die Vollheckform Im Bereich sehr großer Anstromwinkel (20°) sind die Auftriebsunterschiede klein

–   Im gesamten Bereich der Anströmwinkel steigen die gemessenen Seitenkräfte annähernd proportional mit dem Schräganströmwinkel. Stufenheck und Schrägheck ergeben etwa gleiche Werte. Die Vollheckform weist einen steileren Anstieg der Seitenkraft auf.

–   Das Giermoment der Schrägheck- und der Stufenheckvariante steigt in etwa gleichem Maße mit dem Schräganströmwinkel an. Der Abfall des Giermoments der Schrägheckform im Bereich großer Anströmwinkel (über 15°) ist in diesem Fall auf spezielle Kanten zur verstärkten Strömungsablösung an den D-Säulen zurückzuführen; darauf wird im Abschnitt 5.5.3 näher eingegangen. Die Vollheckform zeichnet sich durch einen relativ geringeren Anstieg des Giermoments aus.

–   Bei schräger Anströmung entsteht eine annhähernd lineare Zunahme des Rollmoments. Die Vollheckform führt zu einem etwas höheren Rollmoment als die Schrägheck- und die Stufenheckform. Die Charakteristik der Kurven gleicht dem Verlauf der Seitenkraftwerte.

–   Die Nickmomentenbeiwerte aller drei Heckformen bleiben bis zu einem Anströmwinkel von ca. 20° negativ. Das ist gleichbedeutend mit einem Auftrieb, der an der Vorderachse geringer ist als an der Hinterachse. Die Vollheckform bewirkt das geringste Nickmoment, die absoluten Werte der Schrägheckform sind am größten. Mit wachsendem Schräganströmwinkel verringert sich der Betrag des Nickmoments für die Schrägheck- und die Stufenheckform. Die Nickmoment-kurven aller drei Formen nähern sich an und ergeben etwa gleiche Werte bei einem Anström-winkel von 20°.

Zusammenfassend läßt sich feststellen, daß Vollheckformen im Hinblick auf die Fahrstabilität günstigere Ausgangsbedingungen schaffen als Schrägheck- und Stufenheckformen (vgl. auch Untersuchungsergebnisse von U. SORGATZ und R. BUCHHEIM [5.39]).

Die im Bild 5.68 dargestellten aerodynamischen Beiwerte beziehen sich auf eine Modellreihe, die zu Anfang der 80er Jahre auf den Markt kam. Inzwischen ist bei neueren Stufenheck- und Schrägheck-fahrzeugen eine Tendenz zu höheren Heckformen und „schnelleren" Rückblickscheiben mit stärke-rer Überwölbung im Grundriß zu beobachten. Neben einem verringerten Luftwiderstand wird hierdurch eine Reduzierung des Auftriebs und der Größe des negativen Nickmoments erzielt. (Der hintere Auftrieb nimmt deutlich ab, der vordere leicht zu.) Die Unterschiede zur Vollheckform in bezug auf Auftrieb und Nickmoment werden kleiner.

Die ausgeprägte Überwölbung der Rückblickscheibe führt jedoch zu einem erhöhten Giermoment. Dieser Effekt kann bei einem Schrägheck deutlicher ausgeprägt sein als beim Stufenheck, da eine größere Rundung der Rückblickscheibe im Grundriß möglich ist.

5.5.2   Aerodynamische Effekte von Merkmalen realer Fahrzeuge

Die Außenhaut und der Unterboden realer Fahrzeuge weisen Rauhigkeiten, Öffnungen und Fugen auf; ihre aerodynamischen Eigenschaften unterscheiden sich von denen der Grundformen. Ein wesentlicher Teil der aerodynamischen Entwicklungsarbeit konzentriert sich darauf, diese Unter-schiede zu verringern: Bördelkanten werden nach innen verlegt, bündige Verglasung wird einge-führt, Fertigungstoleranzen werden kleiner, und die Kühlluftöffnungen werden genauer auf die thermischen Anforderungen abgestimmt.

5.5.2.1   *Kühlluftströmung*

Die Kühlluftströmung beeinflußt vor allem Luftwiderstand und Auftrieb. Wie V. RENN und A. GILHAUS [5.29] mit Bild 5.69 gezeigt haben, wird der Einfluß umso ausgeprägter, je höher die Motorleistung und, daraus folgend, der Kühlluftbedarf ist. Auffällig ist, daß der vordere Auftrieb erheblich stärker ansteigt als der Luftwiderstand.

270

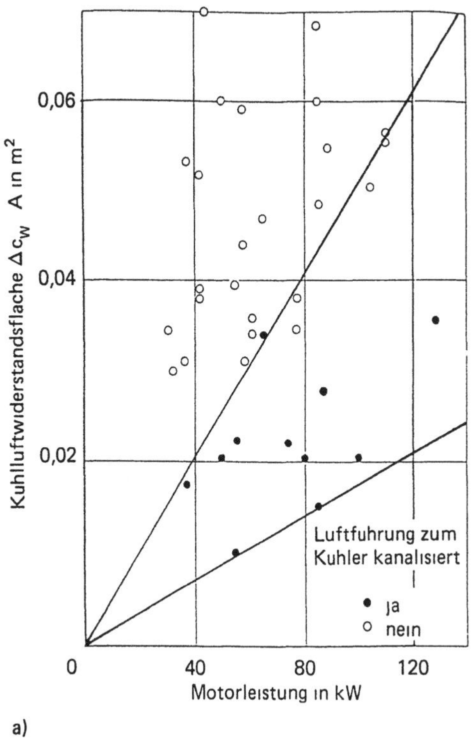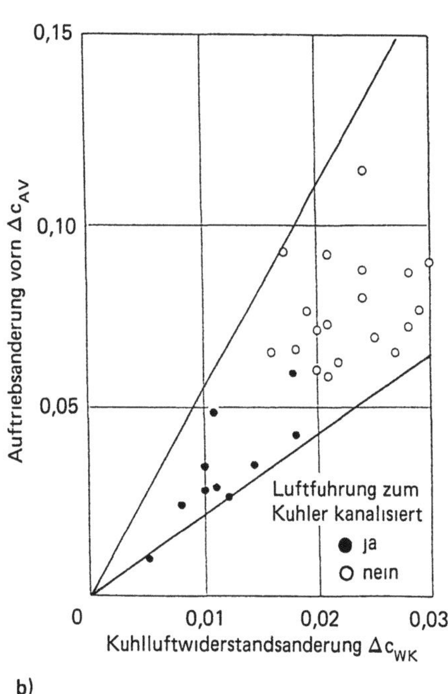

Bild 5 69   Anderung des Luftwiderstandes und des vorderen Auftriebs aufgrund der Kuhlluftstromung fur verschiedene Pkw nach [5 29]

Die Kuhlluftstromung bewirkt weniger Widerstand und Auftrieb bei solchen Fahrzeugen, die uber eine *geschlossene* Luftfuhrung vom Kuhllufteintritt zum Kuhler verfugen Bild 5 70 bestatigt diesen Zusammenhang und zeigt, daß eine abgestimmte Aufteilung des Lufteinlaufs auf Offnungen oberhalb und unterhalb des Stoßfangers zu vermindertem Auftrieb beitragen kann

Fur viele moderne Fahrzeuge resultiert aus der Kuhlluftstromung eine *Anderung* des vorderen Auftriebs in der Großenordnung des gesamten Vorderachsauftriebs (Bild 5 71) Verbunden mit dem Anstieg des vorderen Auftriebs durch die Kuhlluftstromung ist auch eine Anderung des hinteren Auftriebs, typischerweise ergibt sich eine gegenlaufige Tendenz Der Auftrieb an der Hinterachse nimmt ab, um etwa den halben Betrag der Erhohung an der Vorderachse Daraus resultiert in diesem Fall ein Wechsel von negativem zu positivem Nickmoment

Neben der Beeinflussung von Auftrieb und Nickmoment bewirkt die Kuhlluftstromung auch einen Anstieg des Giermoments, die vordere Seitenkraft nimmt zu, die hintere nimmt ab Der Effekt ist jedoch nicht so ausgepragt wie die Anderung der Auftriebskrafte

5 5 2 2   *Fugen und Offnungen*

An modernen Pkw sind alle Fugen und Offnungen – wenn sie nicht fur Kuhlung, Be- und Entluftung erforderlich sind – soweit verkleinert oder abgedichtet, daß sie kaum noch einen Einfluß auf die Aerodynamik haben Die Abdichtung von Fugen und Offnungen am Fahrzeugbug vermindert den vorderen Auftrieb und die vordere Seitenkraft Die Turfugen haben nahezu keine Auswirkungen auf Luftkrafte und -momente

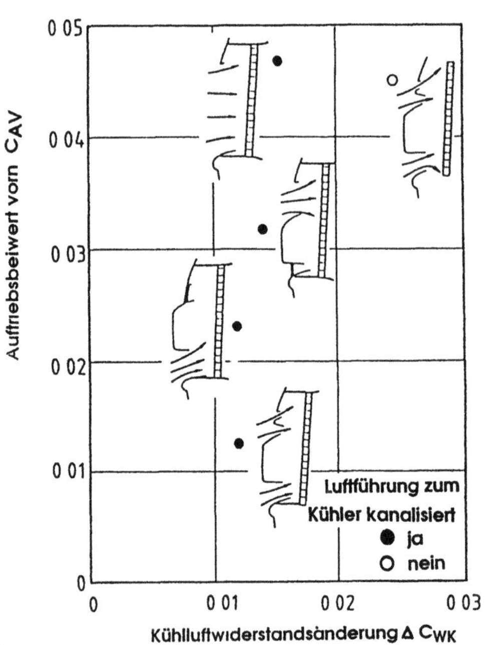

Bild 5.70. Einfluß der Gestaltung des Kuhllufteintritts auf den vorderen Auftrieb und den Luftwiderstand nach [5.29]

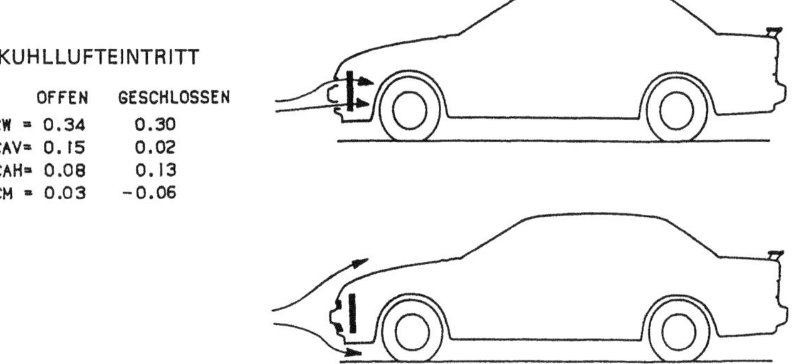

Bild 5 71
Aerodynamische Werte einer Sportlimousine mit geoffnetem und geschlossenem Kuhllufteintritt

Bei Schrägheckfahrzeugen kann die Abdichtung der seitlichen Fugen an der Heckklappe das Giermoment erhöhen. Dies geschieht, weil dadurch die Umströmung auf der Luvseite länger anliegt und sich dort eine größere Unterdruckzone bildet.

An vielen Kombilimousinen und kompakten Pkw mit geneigter Rückblickscheibe sichert die offene Fuge zwischen Dach und Heckklappe eine stabile Vollheckabströmung mit niedrigem hinteren Auftrieb. Durch eine Abdichtung dieser Fuge kann ein Umschlag zu einer Schrägheckabströmung mit hohem hinteren Auftrieb und hohem Widerstand ausgelöst werden.

5.5.2.3 Außenspiegel

Die Außenspiegel stören die Strömung an der A-Säule. Es entsteht eine Wirbelschleppe, die auch die Heckumströmung beeinflußt. Neben einer Erhöhung des Luftwiderstandes (ca. 2 bis 7 % für heutige Pkw) bewirkt die Strömungsablösung an der geneigten A-Säule eine geringfügige Verminderung des Auftriebs an der Vorderachse in der Größenordnung von $\Delta c_A = 0{,}01$. An der Hinterachse ist die Änderung etwa halb so groß. Im Hinblick auf die Richtungsstabilität resultiert daraus keine spürbare Verbesserung.

272

5.5.2.4 Räder, Reifen und Unterboden

In den letzten Jahren ist eine Tendenz zum Einsatz breiter Reifen zu beobachten; sie verbessern die Haftbedingungen auf ebener, trockener Fahrbahn, sie sehen besser aus und werten damit das Fahrzeug auf.

Aerodynamisch gesehen bewirken breitere Reifen eine zunehmende Versperrung der Strömung unterhalb des Fahrzeugs, besonders an den Vorderrädern. Dieses erhöht den Widerstand und den Auftrieb, wie H. KERSCHBAUM [5.30] mit Bild 5.72 nachgewiesen hat. Wie stark der Auftrieb erhöht wird, ist von der Form der Fahrzeugfront abhängig. Durch Spoiler unterhalb des Stoßfängers wird die Erhöhung des Auftriebs durch breitere Reifen kompensiert. Es kann daher sinnvoll sein, für sportliche Modellvarianten mit besonders breiten Reifen spezielle Bugspoiler zu entwickeln. Ein Beispiel dafür liefert Bild 4.80. Auf das Giermoment hat die Reifenbreite keinen nennenswerten Einfluß.

Öffnungen in den Radkappen und den Felgen an der Vorderachse, die zur Bremsenkühlung erforderlich sind, vermindern die vordere Seitenkraft und den Auftrieb geringfügig.

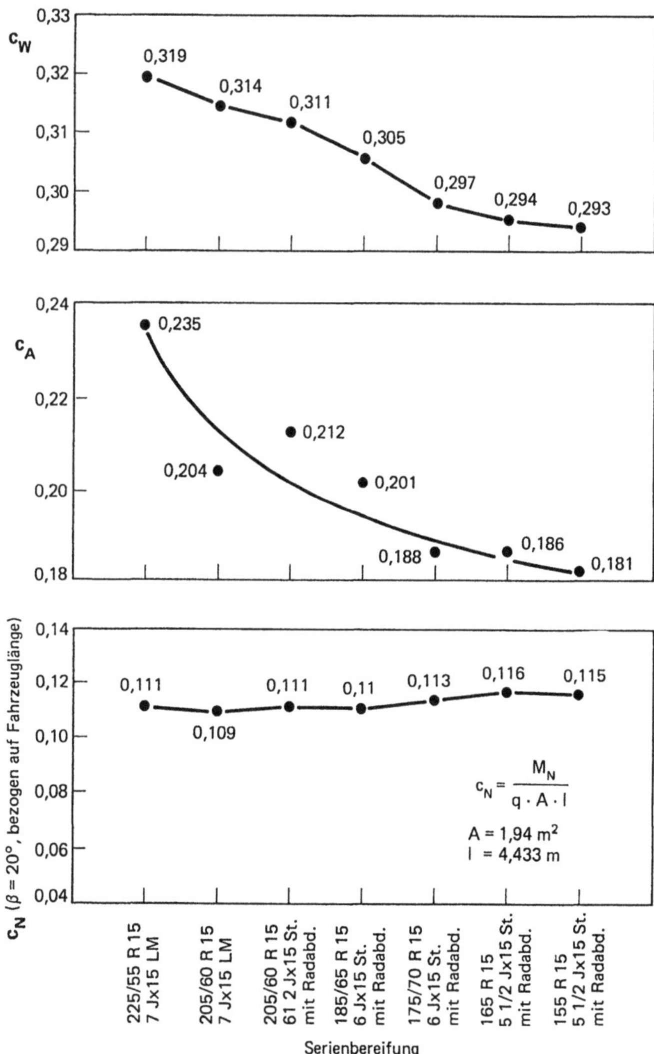

Bild 5.72. Einfluß der Reifenbreite auf Luftwiderstand, Auftrieb und Giermoment nach [5.30].

Zerklüftete Strukturen und Unebenheiten im Bereich des Fahrzeugunterbodens verzögern die Unterströmung und erhöhen den statischen Druck. Daraus resultiert eine Zunahme des Widerstandes und des Auftriebs. Bild 5.73 zeigt am Beispiel des Modells eines Stufenheckfahrzeugs mit Standardantrieb, wie Widerstand und Auftrieb durch Unterbodenverkleidungen vermindert werden. Die Verkleidungen im Bereich des Vorderwagens reduzieren den vorderen Auftrieb, sie erzeugen jedoch einen erhöhten hinteren Auftrieb. Zusätzliche Verkleidungen im mittleren und hinteren Bereich des Unterbodens reduzieren den hinteren Auftrieb und führen zu geringfügig erhöhtem vorderen Auftrieb.

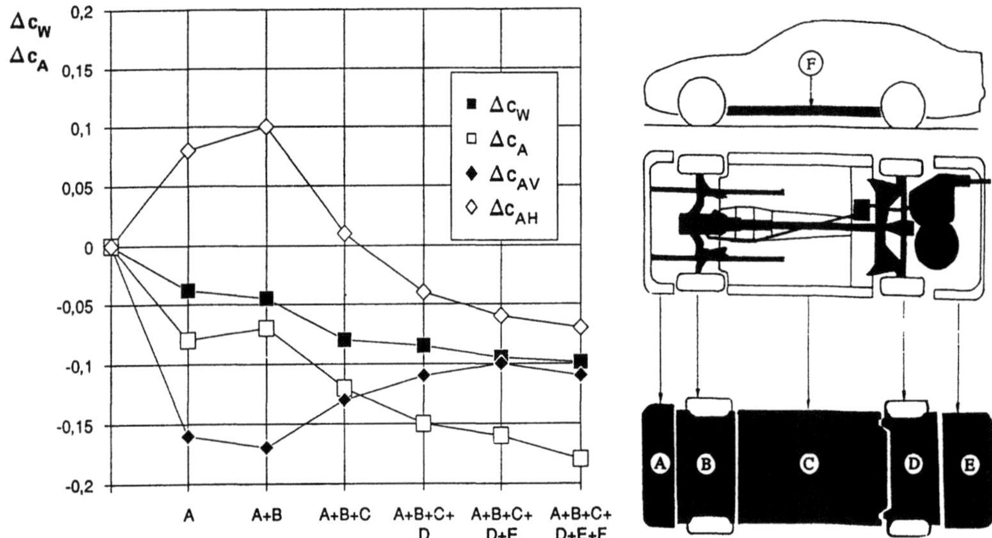

Bild 5.73. Änderung der Auftriebswerte und des Luftwiderstandes durch Unterbodenverkleidungen nach C. STOCKMAR.

5.5.3 Aerodynamische Anbauteile

Besonders Fahrzeuge mit sportlichem Charakter werden gern mit aerodynamischen Anbauteile ausgestattet; Hersteller und Zubehörmarkt bieten Bugspoiler, Heckspoiler und Schwellerleisten in großer Vielfalt an. Diese Teile können, wenn sie richtig abgestimmt sind, den Luftwiderstand verringern und zu besserer Fahrstabilität beitragen (vgl. Abschnitte 4.4.9 und 4.4.10). Ein Beispiel für einen „kompletten Satz" solcher Anbauten an einem Stufenheckfahrzeug zeigt Bild 5.74.

In dieser angegebenen Kombination wird ein geringerer Gesamtauftrieb erreicht, und das negative Nickmoment wird reduziert; beides erhöht die Fahrstabilität. Aus optischen Gründen ist die Unterkante des hinteren Stoßfängers tiefergelegt, um mit dem vorderen Stoßfänger und den Schwellern eine durchgehende Linie zu erzeugen. Dies verzögert jedoch die Unterströmung im Heckbereich und *erhöht* daher Auftrieb und Widerstand.

Bemerkenswert ist, daß im gezeigten Beispiel *ohne* den Heckspoiler zwar der vordere Auftrieb vermindert würde, der hintere Auftrieb jedoch zunähme. Eine Verbesserung der Fahrstabilität wäre so nicht zu erwarten. Dagegen kann in vielen Fällen allein durch einen Heckspoiler eine deutlich günstigere Auftriebsverteilung erreicht werden. Dies gilt insbesondere für Fahrzeuge mit relativ kurzem Schrägheck, bei denen der hintere Auftrieb erheblich höher als der vordere ist (Bild 5.75).

274

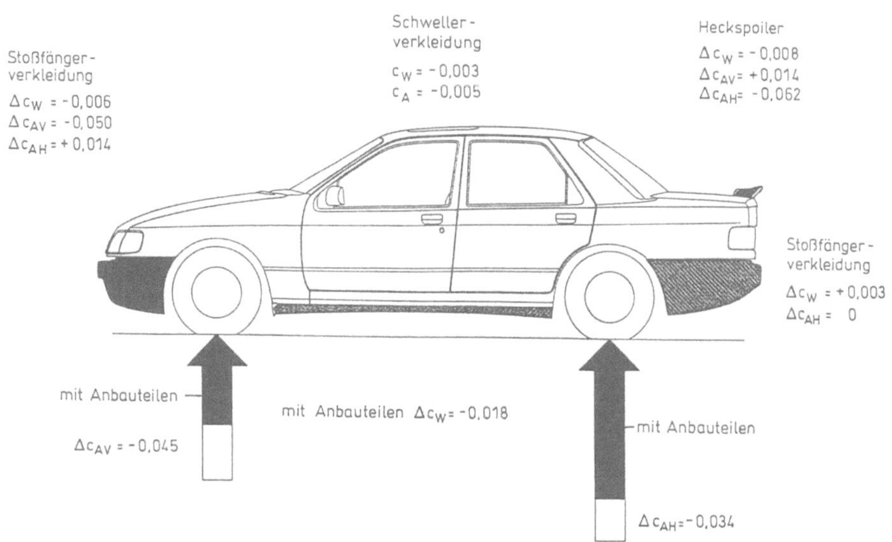

Bild 5 74   Aerodynamische Wirkung von Anbauteilen an einem Stufenheckfahrzeug

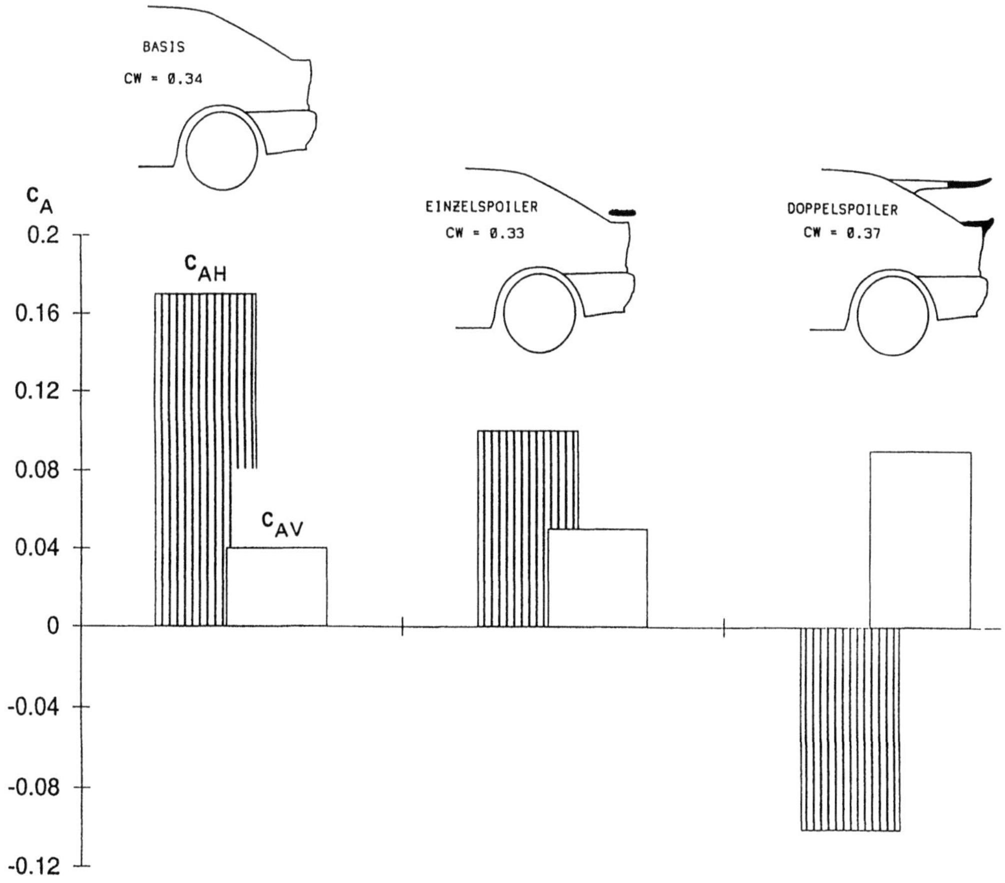

Bild 5 75   Einfluß von Heckspoilern auf die Auftriebswerte einer kompakten Schragheck-Limousine

Auch für Fahrzeuge mit Vollheck werden gelegentlich Heckspoiler angeboten. Da jedoch bei dieser Grundform der hintere Auftrieb ohnehin klein ist, führen zusätzliche Spoiler kaum zu spürbaren Verbesserung der Richtungsstabilität.

Zur Verminderung des Giermoments werden einige Schrägheck- und Stufenheckfahrzeuge mit Strömungsabrißkanten an den hinteren Säulen ausgerüstet. Diese Kanten können als Anbauteile ausgeführt werden oder auch in die Scheibeneinfassung integriert sein. Bild 5.76 veranschaulicht den Einfluß der Kanten auf die Umströmung der hinteren Säule an der Luvseite und auf das Giermoment.

Ohne Kante bewirkt die anliegende Strömung im äußeren Bereich der Rückblickscheibe eine Unterdruckzone auf der Luvseite. Daraus folgt eine niedrige hintere Seitenkraft. *Mit* der Kante entsteht eine definierte Strömungsablösung an der luvseitigen D-Säule. Dies erhöht die hintere Seitenkraft, vermindert also Giermoment. Trotz der Erhöhung der Gesamtseitenkraft wird damit eine Verbesserung der Richtungsstabilität erreicht, wie im Abschnitt 5.4.5.2 begründet. Allerdings muß dafür ein gewisser Anstieg des Luftwiderstandes akzeptiert werden.

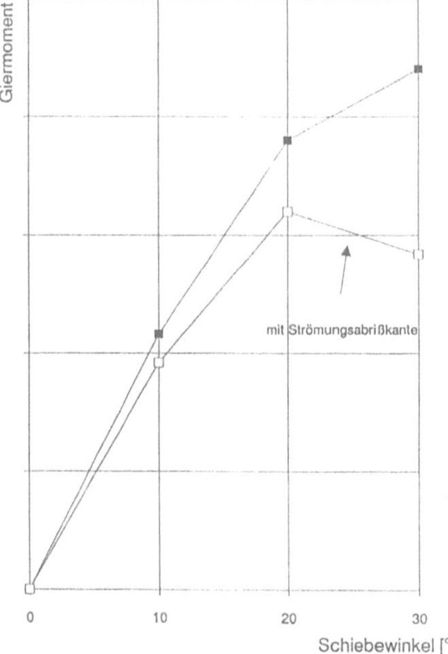

Bild 5.76. Verminderung des Giermoments durch Strömungsabrißkanten an den D-Säulen.

5.5.4 Dachlasten

Der Transport von Dachlasten beeinflußt die Fahrstabilität aus zwei Gründen: Einmal wird der Schwerpunkt des Fahrzeuges nach oben – und in der Regel auch nach hinten – verlagert, zum anderen werden die aerodynamischen Eigenschaften geändert. Je nach Art der Beladung können sich die Luftkräfte und Momente so grundlegend ändern, daß spürbare Auswirkungen auf das Fahrverhalten zu erwarten sind.

Einige Beispiele dafür, wie Dachlasten die aerodynamischen Eigenschaften beeinflussen, sind im Bild 5.77 zusammengestellt. Erwartungsgemäß führt jede Dachlast zu erhöhtem Luftwiderstand. Da

276

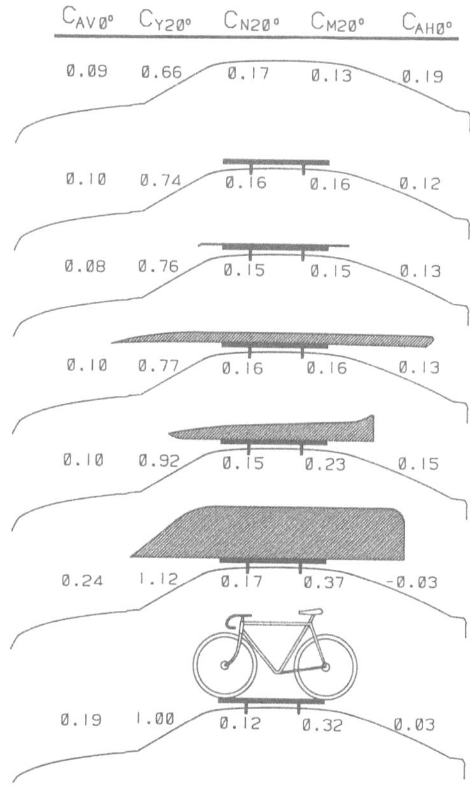

Bild 5.77. Änderung der aerodynamischen Eigenschaften durch verschiedene Dachlasten.

die zusätzliche Widerstandskraft relativ hoch angreift, entsteht eine Tendenz zur Entlastung der Vorderachse und zu größerer Belastung der Hinterachse.

Der Gesamtauftrieb wird durch die gestörte Dachüberströmung reduziert. Die konvexe Krümmung der Stromlinien im Heckbereich, die zu Auftrieb führt, wird in eine turbulente horizontale Abströmung mit geringerem Auftriebseffekt verändert, wie unten im Bild 5.78 zu erkennen.

Unter dem Einfluß schräger Anströmung führen alle Dachlasten zu erhöhter Seitenkraft und zu einem Anstieg des Rollmomentes. Da sich der Windangriffspunkt nach oben verlagert, wirkt die Luftkraft mit einem größeren Hebel, bezogen auf die Seitenführungskräfte der Räder. Folglich nimmt das Rollmoment stärker zu als die seitliche Luftkraft.

In der Regel bewirken Dachlasten keine Zunahme des Giermomentes. Der gesamte Dachbereich des Fahrzeugs liegt hinter dem Angriffspunkt der Seitenkraft (Druckpunkt) des Fahrzeugs. Objekte auf dem Dach verschieben daher den Angriffspunkt der Luftkraft nach hinten und erhöhen, von Ausnahmen abgesehen, die hintere Seitenkraft mehr als die vordere.

Eine Ausnahme bildet das Boot, das im Bild 5.77 mit aufgeführt ist; es überragt die Dachvorderkante weit. Bedingt durch seine Rumpfform greift die zusätzliche Seitenkraft weit vorn an.

Der Einfluß, den Dachlasten auf die Kursabweichung bei der Vorbeifahrt an einer Seitenwindanlage nehmen, wurde von K. ROMPE und B. HEISSING [5.31] untersucht; die wichtigsten Ergebnisse sind im Bild 5.79 zusammengestellt. Bemerkenswert ist, daß ein Koffer sowie auch ein Surfbrett als Dachlast nur zu geringen Änderungen der Kurshaltung führen. Dagegen bewirkt ein Kanu auf dem Dach eine erheblich größere Kursabweichung.

Bild 5 78. Stromungs-
verlauf uber dem
Fahrzeug mit und ohne
Dachlast

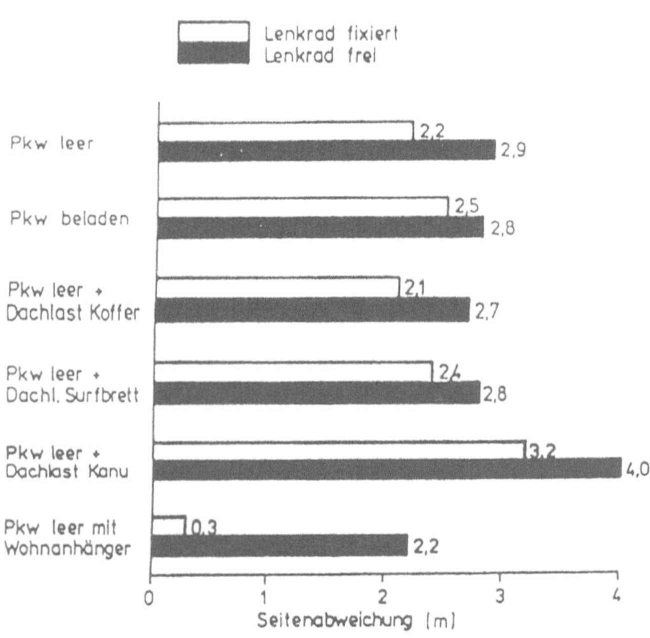

Bild 5 79 Seitenwindabweichung
50 m nach Einfahrt in eine
Seitenwindanlage fur einen
Stufenheck-PKW mit
unterschiedlicher Zuladung und
Anhangerlast nach [5 31]
Fahrgeschwindigkeit 100 km/h, Lange
der Seitenwindstrecke 32 m,
Seitenwindgeschwindigkeit 20 m/s

5.6 Test- und Bewertungsmethoden

Zur Beurteilung und Bewertung der aerodynamischen Einflüsse auf die Richtungsstabilität werden seit längerer Zeit sowohl Messungen im Windkanal als auch Fahrversuche durchgeführt. In den letzten Jahren werden in zunehmendem Maße auch detaillierte fahrdynamische Berechnungen angestellt. Einen besseren Einblick in das Regelsystem Fahrer - Fahrzeug - Straße verspricht der Einsatz von Fahrsimulatoren.

5.6.1 Messungen im Windkanal

Im Windkanal ermittelte aerodynamische Werte bilden die Ausgangsbasis für die Interpretation des Zusammenhangs von aerodynamischer Gestaltung und Richtungsstabilität. Aus der Erfahrung können bereits mit ihnen erste Abschätzungen gemacht werden. Zum Beispiel besteht, wie aus Bild 5.80 hervorgeht, eine deutliche Korrelation zwischen dem im Windkanal gemessenen Giermoment und der subjektiven Bewertung der Seitenwindstabilität; Voraussetzung dafür ist, daß dabei das Giermoment auf den *Schwerpunkt* bezogen wird.

Da die aerodynamischen Eigenschaften von Fahrzeugen bisher rechnerisch noch nicht mit der nötigen Genauigkeit bestimmt werden können (vgl. Abschnitt 14), basieren alle detaillierteren fahrdynamischen Berechnungen auf Meßwerten aus dem Windkanal. Ebenso dienen diese auch als Eingangsgrößen bei Untersuchungen über die Richtungsstabilität auf dem Fahrsimulator.

Vorteil der Windkanalmessungen ist, daß mit Daten, die bereits in einer früheren Entwicklungsphase an Modellen gewonnen werden, eine Einschätzung der aerodynamischen Eigenschaften eines Fahrzeugkonzepts möglich ist, lange bevor fahrfähige Prototypen zur Verfügung stehen. Allerdings unterliegen die Windkanalmessungen zahlreichen Einschränkungen und Idealisierungen, wie mit Bild 5.81 angedeutet und im Abschnitt 12 näher ausgeführt. Die Form natürlicher Windprofile wird dabei ebensowenig berücksichtigt, wie instationäre Effekte.

Eine genauere Abbildung der realen Anströmbedingungen im Windkanal hat A. COGOTTI [5.32] erprobt. Das Profil der Bodengrenzschicht und die erhöhte Turbulenz wurden durch Einbauten in der Windkanaldüse künstlich erzeugt. Das führte zu einem stärkeren Anstieg der Seitenkraft, des Giermoments und des hinteren Auftriebs als bei der üblichen idealisierten Anströmung mit Rechteckprofil.

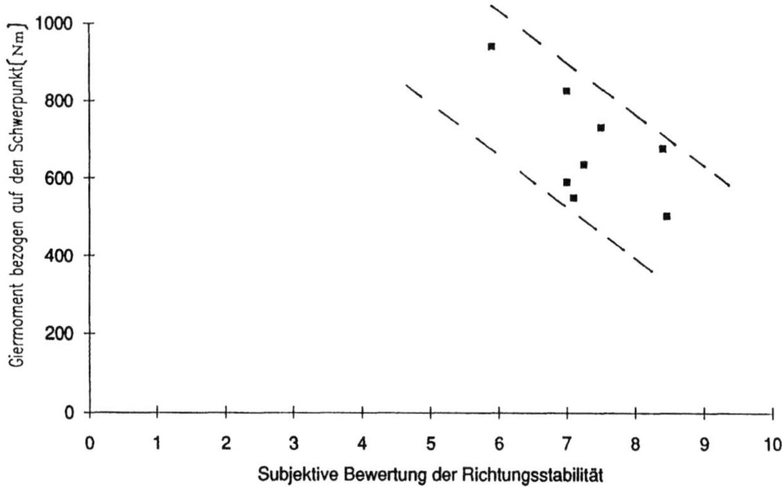

Bild 5.80. Korrelation von im Windkanal gemessenem Giermoment und subjektiver Bewertung der Richtungsstabilität bei der Vorbeifahrt an einer Seitenwindanlage; (Rating 1-10).

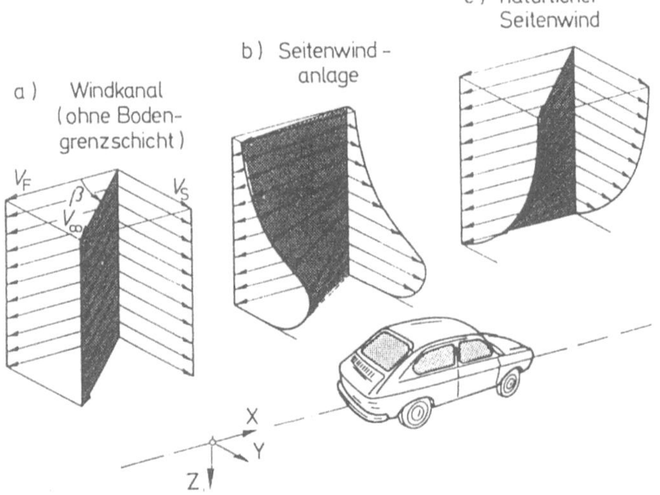

Bild 5.81. Vergleich verschiedener Seitenwindprofile nach W.-H. Hucho.

5.6.2   Fahrversuche

Fahrversuche zur Beurteilung des Einflusses der Aerodynamik auf die Richtungsstabilität erfolgen in erster Linie auf abgeschlossenen Teststrecken. Dies hat Vorteile hinsichtlich Sicherheit, Reproduzierbarkeit, Aufwand und Geheimhaltung, besonders bei Entwicklungsaufgaben, die an frühen Versuchsträgern und Prototypen durchgeführt werden. Ergänzende Erprobungen auf öffentlichen Straßen dienen dazu, praxisgerechte Beurteilungsmaßstäbe in solchen Fahrsituationen zu gewinnen, die auf dem Prüffeld nicht simuliert werden können: stürmische Küstenstraßen, hohe Brücken, Überholvorgänge.

Für die Untersuchungen des Zusammenhangs von Aerodynamik und Richtungsstabilität sind Messungen an Seitenwindanlagen von besonderer Bedeutung (vgl. Abschnitt 13.4.2); ein drastisches Beispiel liefert Bild 5.82. Bei derartigen Versuchen unterscheidet man zwischen „Open-loop"- und „Closed-loop"-Testverfahren; Bild 5.83 vergleicht die beiden Methoden. Bei „Open-loop" finden keine Lenkkorrekturen statt. Es werden lediglich die Gierreaktion und die seitliche Kursabweichung des Fahrzeugs unter Einwirkung des Seitenwindes gemessen.

„Open-loop"-Versuche erfolgen meist mit *festgehaltenem* Lenkrad (fixed control). Nach Vergleichsmessungen von K. Rompe und B. Heissing [5.31], die im Bild 5.79 ausgewertet sind, führen Erprobungen mit *losgelassener* Lenkung tendenziell zu größeren Kursabweichungen. Ganz wesentliche Unterschiede zwischen „fixed control" und „free control" wurden jedoch an einem Wohnwagen-Gespann gemessen. Mit festgehaltener Lenkung erfährt das Gespann nur eine minimale Kursabweichung; mit freigelassenem Lenkrad ergibt sich dagegen eine ähnlich große Abweichung wie beim Solo-PKW. Die divergierenden Ergebnisse lassen darauf schließen, daß „Open-loop"-Tests zur Beurteilung der Richtungsstabilität von Fahrzeugen mit Anhänger nicht ausreichen, daß vielmehr „Closed-loop"-Versuche notwendig sind.

Die „Closed-loop"-Methode schließt das Regelverhalten des Fahrers mit ein. Der Fahrer hat die Aufgabe, während der Vorbeifahrt an der Seitenwindanlage das Fahrzeug durch entsprechende Lenkmanöver auf dem vorgegebenen Kurs zu halten. Seine Lenkaktivität kann gemessen und die Richtungsstabilität von ihm subjektiv bewertet werden. In der Regel führen „Closed-loop"- und

Bild 5 82 Demonstration der Kippgefahr eines unbeladenen Wohnanhangers bei der Vorbeifahrt an einer Seitenwindanlage, Foto R RUYSINK, Volvo Car B V

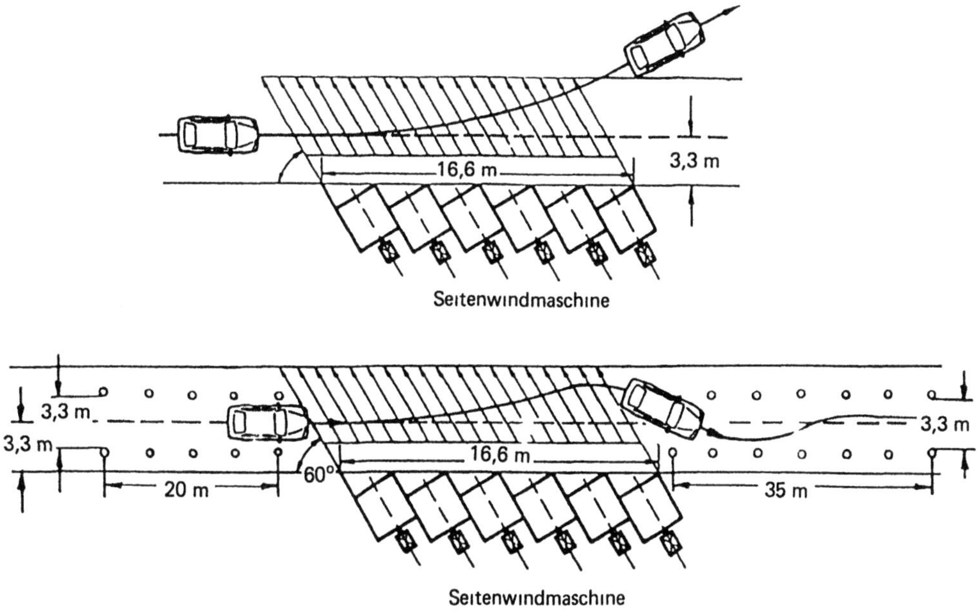

Bild 5 83 Vergleich der „Open-loop"- und „Closed-loop"-Testmethode zur Beurteilung der Seitenwindempfindlichkeit nach [5 38]
Fahrgeschwindigkeit 36 m/s, Seitenwindgeschwindigkeit 22 m/s

„Open-loop"-Erprobungen unterschiedlicher Solo-Fahrzeuge zu fast gleicher Rangfolge der Bewertung, Bild 5.84.

Nach Messungen von E. FIALA [5.33], die im Bild 5.85 zusammengestellt sind, ergeben sich bis 0,8s nach dem Einsetzen der Seitenwindstörung etwa gleiche Kursabweichungen und Gierwinkelgeschwindigkeiten, wenn im „Closed-loop" (Fahrer lenkt gegen) und im „Open-loop" (fixed control/ free control) gefahren wird. Bedingt durch die Reaktionszeit des Fahrers, Lenkungsspiel und Elastizitäten im System (Lenkung, Radaufhängung, Reifen) beginnen Kurskorrekturen erst nach 0,8s wirksam zu werden. Es ist daher wiederholt vorgeschlagen worden, die Kursabweichung zum Zeitpunkt $t = 0,8s$ nach dem Anfang der Seitenwindstörung als Bewertungsmaßstab für „Open-loop"-Tests zu wählen. Eine detaillierte Analyse des menschlichen Reaktionsverhaltens gibt A. ZOMOTOR [5.11].

Da „Open-loop"-Verfahren nicht subjektiv beeinflußt und besser reproduzierbar sind als „Closed-loop"-Methoden, eigenen sie sich besser zur Bewertung von Merkmalen der Grundkonzeption des Fahrzeugs, wie Schwerpunktlage, Trägheitsmoment, Radstand und Aerodynamik. Beispiele zeigen die Bilder 5.38 und 5.39. Als Bewertungsmaßstab wird der Verlauf der Gierwinkelgeschwindigkeit über der Zeit aufgetragen.

Die Auswertung zahlreicher Seitenwindversuche hat ergeben, daß die Gierwinkelgeschwindigkeit eine verläßlichere Bewertung erlaubt als die Kursabweichung. Die Gierwinkelgeschwindigkeit wird

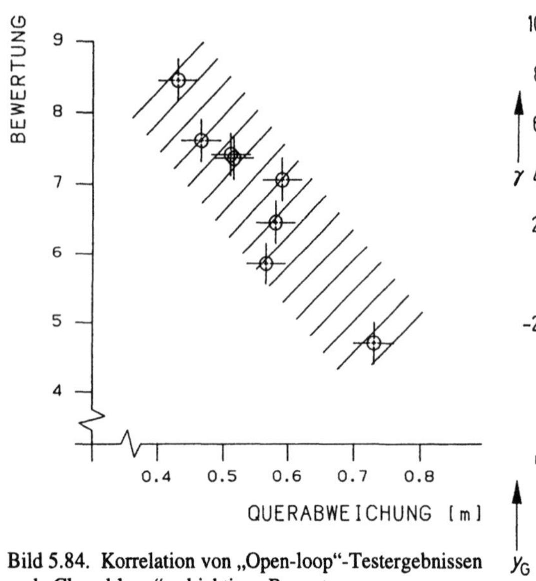

Bild 5.84. Korrelation von „Open-loop"-Testergebnissen und „Closed-loop" subjektiven Bewertung der Seitenwindstabilität von Pkw, nach A. MATHEIS.

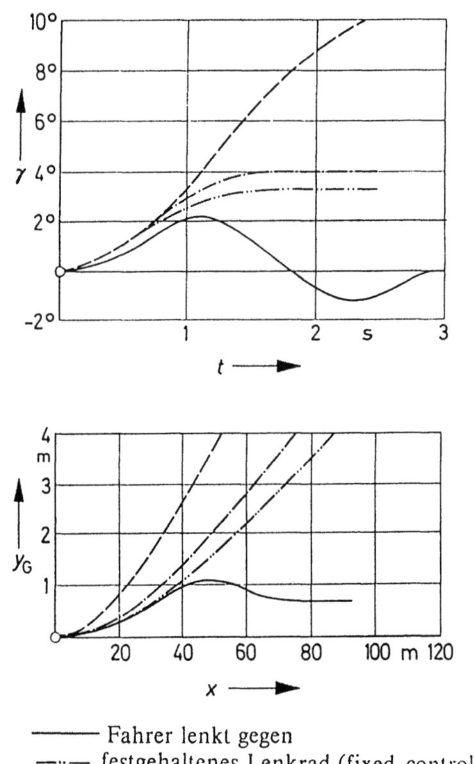

Bild 5.85. Gierwinkel und Seitenwindabweichung bei verschiedener Fahrerreaktion nach [5.33].

weniger durch den exakten Anfangskurs des Fahrzeugs beim Eintritt in die Seitenwindstrecke beeinflußt als die Kursabweichung. Und wie aus Bild 5.86 hervorgeht, ergeben die maximalen Gierwinkelgeschwindigkeiten auch eine stärkere Spreizung der Unterschiede zwischen verschieden richtungsstabilen Fahrzeugen. Schließlich entspricht die Gierwinkelgeschwindigkeit besser dem, was der Fahrer subjektiv als Störung der Richtungsstabilität empfindet; aus der Beobachtung der Gierwinkelgeschwindigkeit prognostiziert er die erforderliche Lenkkorrektur. Das Ansprechverhalten der Lenkung und die Reaktion des Fahrzeuges auf Lenkkorrekturen kann im „Open-loop" natürlich nicht miterfaßt werden, und subjektive Beurteilungen sind nur im „Closed-loop" möglich.

Ein Beispiel für die Bewertung unterschiedlicher Auslegungen der Lenkkräfte im Hinblick auf die „Seitenwindempfindlichkeit" gibt Bild 5.87. Die Ergebnisse zeigen, daß eine deutlich spürbare Mittellage der Lenkung und angemessene Lenkkräfte maßgeblicher für die subjektiv empfundene Richtungsstabilität sind als kleine Unterschiede in der Gierwinkelgeschwindigkeit.

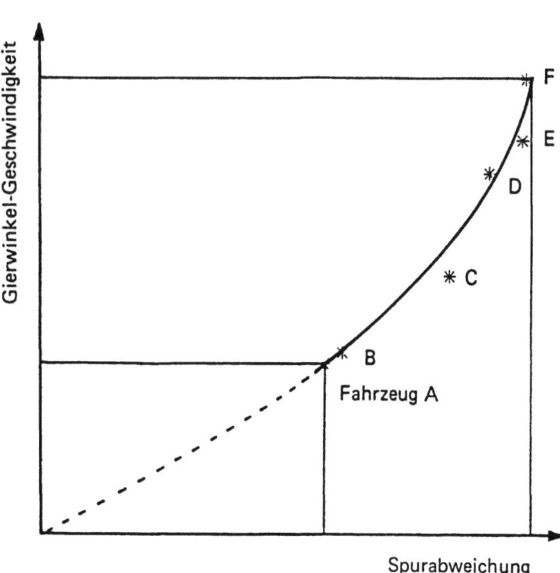

Bild 5.86   Vergleich von gemessenen Kursabweichungen und Gierwinkelgeschwindigkeiten an einer Seitenwindanlage Fahrgeschwindigkeit 130 km/h, Anstromwinkel ca 20 °

Lenkungsauslegung

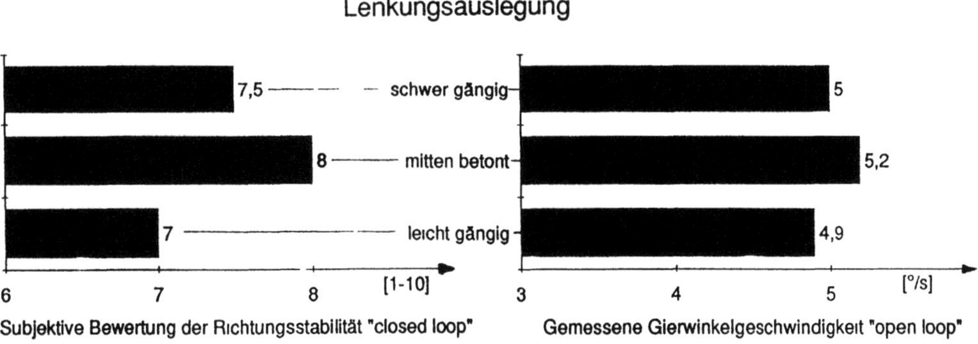

Bild 5.87. Einfluß der Lenkungsauslegung auf die subjektive Bewertung der Richtungsstabilität (Rating 1-10) bei der Vorbeifahrt an einer Seitenwindanlage, nach Messungen von M CILISSEN

5.6.3 Fahrdynamische Berechnungen

Mit den Daten aus den Windkanalmessungen werden fahrdynamische Berechnungen durchgefuhrt, und zwar bereits in der fruhen Konzeptphase, lange bevor erste fahrfahige Versuchstrager bereitstehen Es kommen Rechenprogramme zur Anwendung, die eine detaillierte Simulation der Fahrwerkskinematik und der Fahrzeugdynamik erlauben Grundlegende Ansatze dazu werden im Abschnitt 5 4 erlautert Trotz der Vereinfachungen, die im Windkanal erfolgen, werden sehr wirklichkeitsnahe Ergebnisse erzielt, ein Beispiel dafur liefert Bild 5 88 Nach F J LAERMANN et al [5 23] ergibt sich auch eine sehr enge Korrelation zwischen der Bewertung nach der *errechneten* maximalen Gierwinkelgeschwindigkeit fur „Open-loop"-Testbedingungen und der Bewertung der Lenkaktivitat fur „Closed-loop"-Simulationen, vgl Bild 5 89 Die Fahrdynamik-Modelle sind also sehr aussagekraftig, und sie bieten den weiteren Vorteil, daß die einzelnen aerodynamischen Parameter, die an realen Fahrzeugen nicht unabhangig voneinander geandert werden konnen, separat analysierbar werden, wie z B im Bild 5 41 ausgefuhrt

Fur die Berechnung von „Closed-loop"-Fahrzyklen werden Modelle fur den *Fahrer* erforderlich, die sein typisches Lenkverhalten bei außeren Storungen simulieren Erfolgreiche Ansatze dazu wurden von A RIEDEL [5 35] bereits 1970 veroffentlicht, neuere Untersuchungen finden sich bei

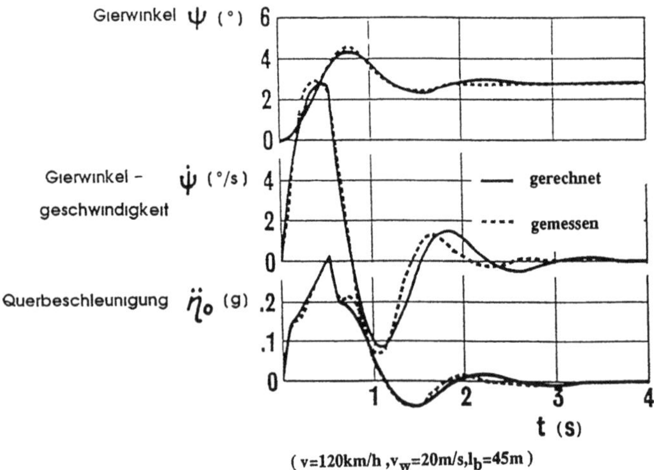

Bild 5 88 Vergleich berechneter und gemessener Fahrzeugreaktionen auf die „Open loop"-Vorbeifahrt an einer Seitenwindanlage nach [5 34]

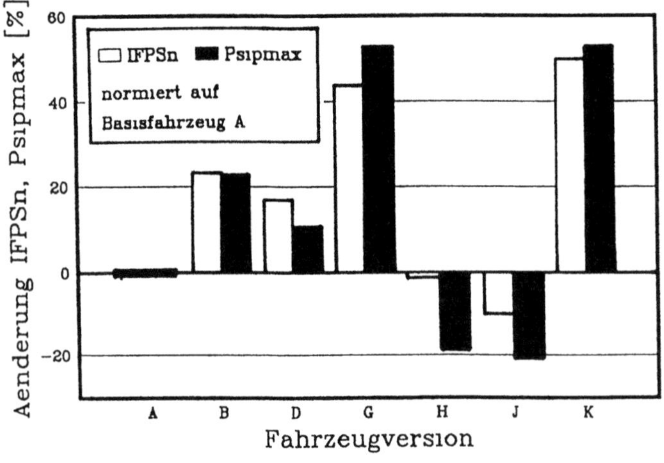

Bild 5 89 Vergleich der Bewertungskriterien Maximale Gierwinkelgeschwindigkeit („Open-loop"- Test) und Lenk aktivitat („Closed-loop"-Test) bei der Vorbeifahrt an einer Seitenwindanlage nach [5 23]

H Wallentowitz [5 36] Mit derartigen Modellen ist es moglich, den Schwierigkeitsgrad der Beherrschung naturlicher Seitenwindstorungen fur den Fahrer zu untersuchen, vgl auch M Mitschke [5 4]

Fur die Bewertung sind vor allem zwei Kriterien entscheidend die absolute Große der erforderlichen Lenkkorrekturen und die Amplituden der hoherfrequenten Anteile Aus beiden laßt sich ein Lenkaktivitatsgrad ableiten, der als qualitativer Bewertungsmaßstab dienen kann (vgl F -J Laermann et al [5 23]) Der Lenkaktivitatsgrad steht in einem engen Zusammenhang mit der Vorausschau, die das Fahrzeug dem Fahrer abverlangt Daraus resultiert eine Anstrengung des Fahrers die den Komfort und die Fahrsicherheit beeinflußt, vgl H J Risse [5 37] „Closed-loop"-Berechnungen der Lenkaktivitat unter Einschluß eines Fahrermodells lassen Ruckschlusse auf die *subjektiv* empfundene Fahrstabilitat zu, sie gewinnen daher zunehmend an Bedeutung innerhalb der Fahrzeugentwicklung

5.6.4 Fahrsimulator

Die Erprobung des Regelverhaltens des Systems aus Fahrer und Fahrzeug bei Storungen der Richtungsstabilitat erfolgte bisher fast ausschließlich mit realen Fahrzeugen Es existieren jedoch bereits Fahrsimulatoren, die eine sehr weitgehende Annaherung an die dynamischen Vorgange ermoglichen, wie sie in einem Straßenfahrzeug auftreten, vgl Bild 5 90

Zur Bewertung aerodynamischer Einflusse auf die Richtungsstabilitat bietet der Fahrsimulator besondere Vorteile

– Auf der Basis von im Windkanal an Modellen gemessenen aerodynamischen Beiwerten konnen Auswirkungen auf das Fahrverhalten erprobt werden

– Aerodynamische Eigenschaften und alle anderen fahrdynamisch relevanten Parameter konnen unabhangig voneinander variiert werden

– Besonders gefahrliche Fahrsituation, die aus Sicherheitsgrunden nicht real getestet werden, lassen sich wirklichkeitsnah simulieren, z B plotzlich auftretende Hindernisse, Nacht, Nebel, sturmisches Wetter und Regen oder Glatteis

– Die schnelle Reproduzierbarkeit unterschiedlicher Vergleichsbedingungen ermoglicht verlaßlichere *subjektive* Bewertungen, da „Erinnerungsfehler" minimiert werden

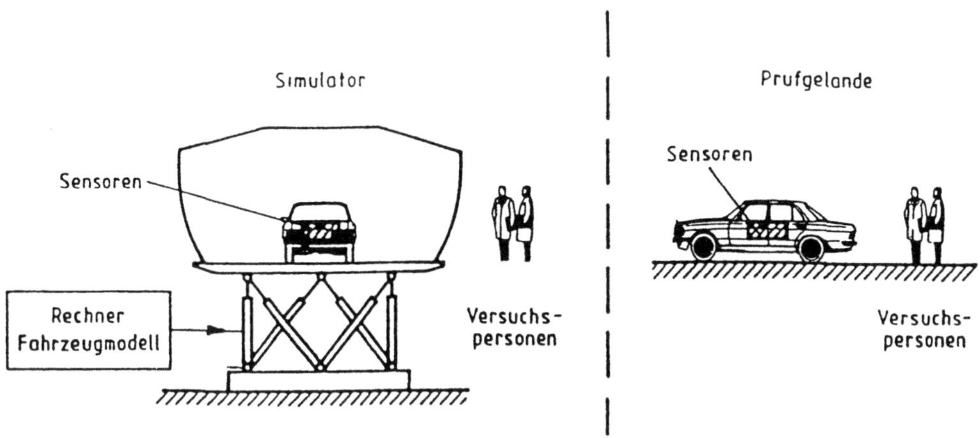

Bild 5 90 Meß und Testsituation am Fahrsimulator und auf dem Pruffeld nach [5 38]

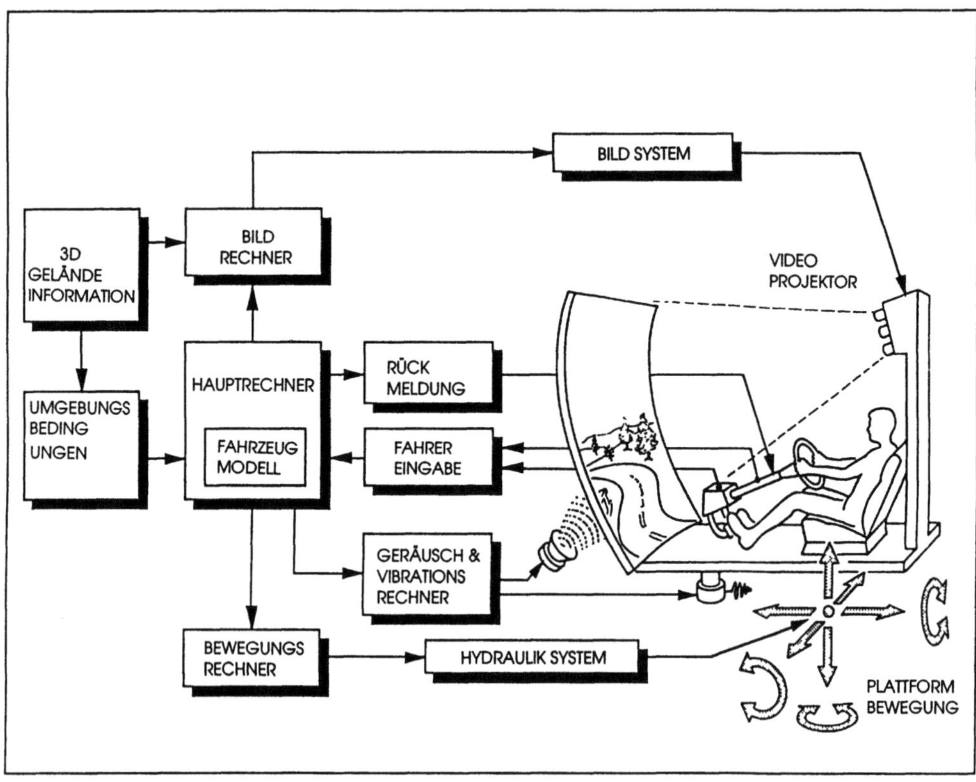

Bild 5.91. Prinzipieller Aufbau eines Fahrsimulators nach A. Matheis.

Den prinzipiellen Aufbau eines Fahrsimulators veranschaulicht Bild 5.91. Seine wesentlichsten Elemente sind

- Arbeitsplatz des Fahrers mit Bedienungs- und Kontrolleinrichtungen,

- Bildgenerator zur Darstellung der Umgebung,

- Bewegungssystem zur Simulation der Fahrzeugdynamik,

- Computer-Modell des Fahrzeugs.

Die Simulation echter Fahrzustände stellt hohe Anforderungen an die Geschwindigkeit der Bildgeneration und an das dynamische Verhalten des Bewegungssystems. Vereinfachungen sind erforderlich. So können Querbeschleunigungen nur für kleine Störungen der Geradeausfahrt korrekt nachgebildet werden, da die seitliche Auslenkung des Bewegungssystems begrenzt ist. Querbeschleunigungen, die länger anhalten (Darstellung schneller Kurvenfahrt) werden durch eine seitliche Neigung der Fahrerkabine simuliert. Phasen, in denen keine Beschleunigungen zu simulieren sind, werden dazu genutzt, die Kabine mit „unmerklich" kleinen Verzögerungen in die Mittellage des Bewegungssystems zurückzuführen („Wash-out"-Technik).

Einen Vergleich der Seitenwindreaktionen nach Messungen auf der Teststrecke mit denen auf einem Simulator zeigt Bild 5.92, das aus einer Studie von H.-P. Willumeit, A. Matheis und R. Müller [5.38] stammt. Die konstruktive Auslegung des Simulator-Bewegungssystems erlaubt es nicht, die Gierwinkelgeschwindigkeit in voller Höhe nachzubilden. Trotz dieser Einschränkung korrelieren die mit dem Fahrsimulator ermittelten Bewertungen der Seitenwindempfindlichkeit sehr gut mit Ergebnissen echter Testfahrten, vgl. Bild 5.93. Für ein Fahrzeug mit Heckflossen werden die

286

Bild 5.92. Vergleich von gemessenen und simulierten Seitenwindreaktionen nach [5.38].

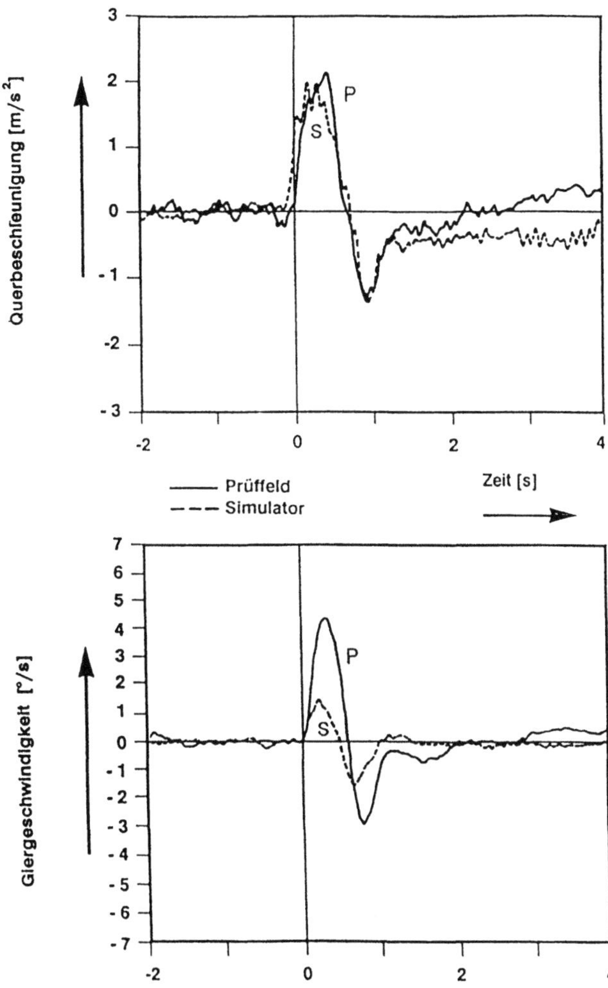

Bild 5.93. Vergleich der Bewertung von Seitenwind-reaktionen im Prüffeld an der Windmaschine und im Simulator bei simulierter Windmaschinen-Böe nach [5.38]

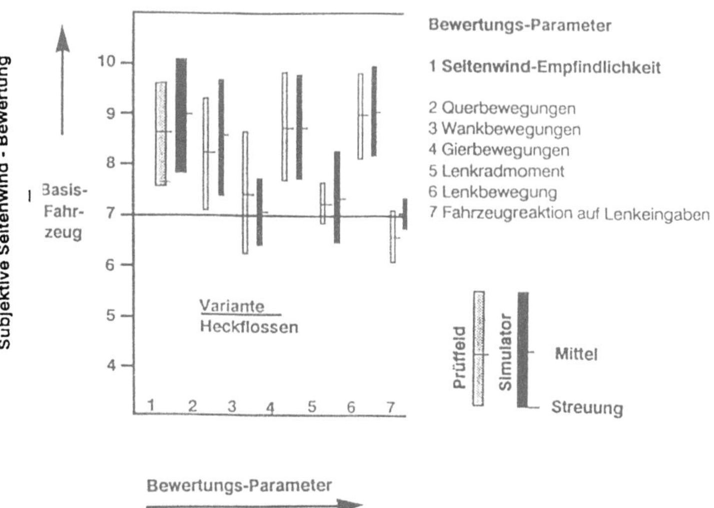

Unterschiede der Fahrzeugbewegungen und des Lenkverhaltens im Vergleich zum Basisfahrzeug ohne Heckflossen annähernd gleich bewertet.

Am Fahrsimulator wurde auch die Einwirkung *stochastischen* Seitenwindes untersucht, wie sie durch natürlichen Seitenwind entsteht. Dabei wurde die „Seitenwindempfindlichkeit" gleicher Fahrzeugvarianten tendenziell ungünstiger bewertet als im Versuch an der Seitenwindanlage.

Hier stellt sich die Frage, in welchem Maße das subjektive Urteil beeinflußt wird durch die Vorhersehbarkeit der Windeinwirkung und auch der Fahrzeugreaktion auf korrigierende Lenkmanöver. Eine genauere Abgrenzung der aerodynamisch bedingten Effekte bedarf weiterer Forschungsarbeit. Es bestehen offene Fragen in bezug auf die Bedeutung aerodynamischer Eigenschaften für den Fahrkomfort und die Fahrsicherheit, wenn mehrere ungünstige Umgebungsfaktoren zugleich auftreten, wie z.B. Wind, Dunkelheit und Regen oder Schnee.

Untersuchungen im Fahrsimulator könnten in Zukunft wesentlich dazu beitragen, Zusammenhänge zwischen den meß - bzw. berechenbaren Kenngrößen und der subjektiven Bewertung von Fahreigenschaften besser zu verstehen. Insbesondere können verstärkt ergonomische und psychologische Aspekte mit einbezogen werden.

5.7 Bezeichnungen

A	Auftrieb
W	Widerstand
M	Nickmoment
Y	Seitenkraft
L	Rollmoment
N	Giermoment
A_Y	Querbeschleunigung
F	projizierte Frontfläche
F_{AVA}	Vorderachsauftriebskraft
F_{AHA}	Hinterachsauftriebskraft
F_B	Bremskraft
F_{BV}	Bremskraft an den Aufstandsflächen der Vorderräder
F_{BH}	Bremskraft an den Aufstandsflächen der Hinterräder
F^*_{BV}	Luftkraftabhängige Bremskraft an den Aufstandsflächen der Vorderräder
F^*_{BH}	Luftkraftabhängige Bremskraft an den Aufstandsflächen der Hinterräder
F_{SV}	vordere Seitenkraft
F_{SH}	hintere Seitenkraft
G	Fahrzeuggewicht
R	Kurvenradius
I_{gz}	Trägheitsmoment
c_A	Auftriebsbeiwert
c_{AV}	Auftriebsbeiwert Vorderachse
c_{AH}	Auftriebsbeiwert Hinterachse
c_W	Widerstandbeiwert
c_M	Nickmomentbeiwert
c_Y	Seitenkraftbeiwert
c_L	Rollmomentenbeiwert
c_N	Giermomentenbeiwert
c_V	Schräglaufkoeffizient Vorderachse
c_H	Schräglaufkoeffizient Hinterachse
α_V	Schräglaufwinkel Vorderachse
α_H	Schräglaufwinkel Hinterachse
β	Anströmwinkel
β^*	Schwimmwinkel
δ	Lenkwinkel
V	Geschwindigkeit
V_S	Seitenwindgeschwindigkeit
$V_{.res}$	resultierende Anströmgeschwindigkeit
$\dot{\psi}$	Giergeschwindigkeit
Y	Windseitenkraft
Z	Abbremsung
l	Radstand
e_V	Abstand Schwerpunkt - Vorderachse
e_0	Abstand Druckpunkt - Mitte Radstand
e_S	Abstand Druckpunkt - Schwerpunkt
ψ	Hinterachslastanteil
Φ	Hinterachsbremskraftanteil l_V/l
χ	auf Radstand bezogene Schwerpunkthöhe h_S/l

6 Funktion, Sicherheit und Komfort

Raimund Piatek

6.1 Differenzierte Betrachtung

In den Abschnitten 4 und 5 wurde ein Zusammenhang zwischen der Art des Strömungsfeldes um einen Pkw und den daraus resultierenden Kräften und Momenten hergestellt; es ging also vornehmlich um integrale Größen. Diese „globale" Betrachtungsweise soll in diesem Abschnitt durch eine differenziertere ergänzt werden.

In einzelnen soll begründet werden, daß die Strömung um und durch ein Auto auch nach Gesichtspunkten zu entwickeln ist, die nichts mit der Fahrmechanik zu tun haben, die aber für seine Funktion, seine Betriebssicherheit und seinen Komfort wesentlich sind. Phänomene, wie die Verschmutzung der Karosserie, die Kühlung thermisch kritischer Bauteile, die Entstehung von Kräften auf Einzelbauteile und schließlich das Auftreten von Windgeräuschen hängen direkt mit der Fahrzeugum- und -durchströmung zusammen.

Bei der Bearbeitung der umrissenen Probleme kommt es darauf an, sich ein genaues Bild vom *lokalen* Strömungscharakter zu machen. In vielen Fällen reicht die eher qualitative, bildliche Darstellung nicht mehr aus. Vielmehr ist eine quantitative Vermessung einzelner örtlicher Strömungsfelder unerläßlich.

6.2 Strömungsfeld um ein Fahrzeug

6.2.1 Strömungsformen

An einem Fahrzeug können grundsätzlich zwei verschiedene Formen der Strömung unterschieden werden: Es finden sich Bereiche anliegender sowie abgelöster Strömung. Und bei den Ablösungen kann weiter differenziert werden zwischen quasi-zweidimensionaler und dreidimensionaler Art; in den Abschnitten 2.3.3.4 und 4.2 ist das ausführlich abgehandelt worden.

Das Auffinden solcher Gebiete abgelöster Strömung sowie ihre Eingrenzung über die Fahrzeugoberfläche ist mit einer relativ einfachen Versuchstechnik zu bewältigen, der Sichtbarmachung der Strömung. Die Bilder 6.1 und 6.2 zeigen zwei „klassische" Beispiele dazu: Fädchen- und Anstrichbilder.

Im Bild 6.1 erkennt man ein mit kurzen weichen Wollfäden bestücktes Fahrzeug im Luftstrom. Die Fädchentechnik vermittelt einen Einblick in den örtlichen Strömungscharakter auf der Oberfläche des Fahrzeugs. Anliegende Strömung kann gut von abgelöster unterschieden werden. Einem eindeutig und ruhig ausgerichteten Faden bei anliegender Strömung stehen rotierende oder mindestens sehr unruhige Fäden in abgelösten Bereichen gegenüber. Jedoch, so eindrucksvoll solche Aufnahmen sind, gemessen an ihrer aufwendigen Vorbereitung ist ihre Aussagekraft gering. Dies und die Tatsache, daß die Strömung selbst durch die Fädchen und deren Befestigung verändert werden kann, haben dazu geführt, daß diese Technik kaum noch angewendet wird.

Bild 6.2 zeigt das Anstrichbild eines 1:4-Fahrzeugmodells. Derartige Bilder werden erzeugt, indem vor Versuchsbeginn eine mit Festteilchen angereicherte Flüssigkeit auf das Modell gestrichen wird, die anschließend im Luftstrom des Windkanals austrocknet. Auch dieses Bild hat nur eine begrenzte Aussagekraft. Denn wegen des Einflusses der Schwerkraft werden die aufgeschwemmten Teilchen

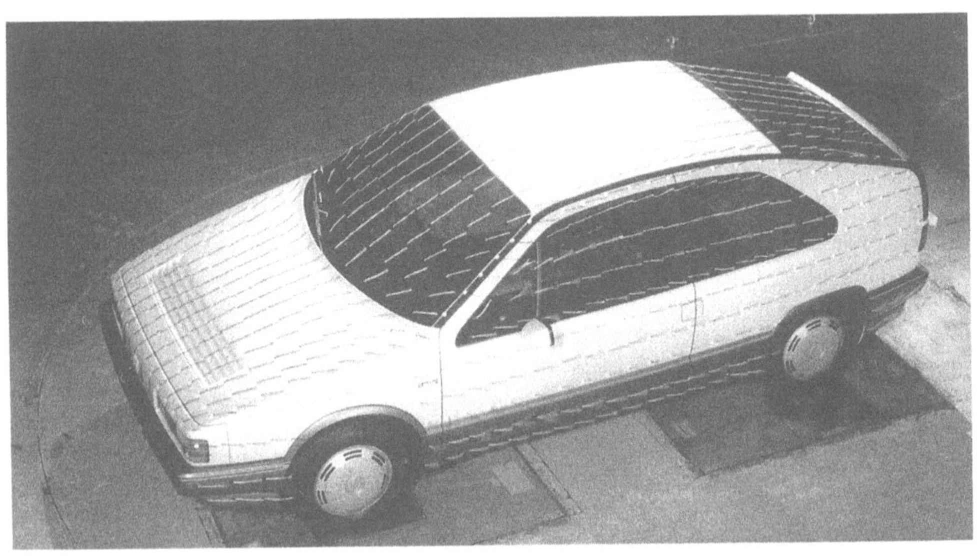

Bild 6 1   Sichtbarmachung der oberflachennahen Fahrzeugumstromung durch aufgeklebte Wollfaden nach [6 9]

Bild 6 2   Anstrichbild eines Kastenwagen-Modells mit Kantenradius r = 0, Schiebewinkel $\beta = 0$ nach [6 3]

nach unten „gezogen". Die im Anstrichbild erzeugten Linien auf der Oberfläche eines Körpers weichen gegenüber den tatsachlichen Stromlinien ab. Das um so mehr, je stärker die untersuchte Fläche zur Horizontalen geneigt ist. Das Foto zeigt dennoch gut erkennbar zwei Ablösegebiete, eines hinter der A-Säule, das andere hinter der senkrechten Bugkante. Die Anströmung erfolgte dabei frontal.

Beide hier erwähnten Techniken geben eine Vorstellung vom Verlauf der Stromlinien auf der Oberfläche des Fahrzeuges. Eine Aussage über die Stromung im Raum lassen sie nicht zu. Hier hilft nur die Sichtbarmachung der räumlichen Strömung unter Einsatz eines geeigneten Tracer-Materials

Bild 6.3. Totwasser hinter einem Fließheckfahrzeug nach [6.5].
oben kurz belichtet,
unten lang belichtet

– z.B. Rauch oder mit Helium gefüllte Seifenblasen – und einer darauf abgestimmten Beleuchtung weiter.

Als Beispiel dafür zeigt die im Bild 6.3 sichtbargemachte Strömung das Hecktotwasser hinter einem Fahrzeug. Dort kommt es aufgrund von Ablösungen zu einer vollkommen ungeordneten, instationären Rückströmung. Die Ausleuchtung erfolgt mit einem Laser-Lichtschnitt, vgl. Abschnitt 13.3.7. Sie ist so intensiv, daß selbst in Bereichen geringer Streuteilchendichte die Strömungsvorgänge noch gut aufgelöst werden. Durch Beobachtung mit einer Videokamera und anschließender Wiedergabe in „slow motion" ist hiermit auch die zeitliche Auflösung eines solchen Strömungsvorganges möglich. Exakte quantitative Aussagen können jedoch nur durch Vermessen von Geschwindigkeits- und Druckfeldern gemacht werden. Dazu werden die „klassischen" Sonden eingesetzt, in neuerer Zeit auch Laser-Doppler-Anemometer, die den Vorteil haben, die Strömung selbst nicht zu beeinflussen. Beide Techniken werden im Abschnitt 13.2.3 vorgestellt.

Im Rahmen der im Abschnitt 6.1 umrissenen Zielsetzung sind unter den Ablösungen, die an einem Fahrzeug auftreten können, folgende von besonderem Interesse:

- Haubenablösung,
- Dachablösung,
- A-Säulen-Wirbel,
- Ablösungen im Unterbodenbereich,
- Hecklängswirbel,
- Hecktotwasser.

Die Ablösung über der Fronthaube eines Fahrzeuges, im Bild 6.4 durch Injektion von Rauch in die abgelöste Strömung sichtbar gemacht, wird durch eine zu scharfkantige Ausführung der Haubenvorderkante hervorgerufen; sie kann, mit Ausnahme der seitlichen Bereiche, als quasi-zweidimensional betrachtet werden. Die Ablösung an der Dachvorderkante ist ihrer physikalischen Natur der Haubenablösung ähnlich. Beide, sowohl die Ablösung über der Fronthaube als auch die an der Dachvorderkante, sind bei heute produzierten Großserienfahrzeugen kaum mehr anzutreffen. Das in den letzten Jahren der Fahrzeugaerodynamik zugemessene Gewicht hat dazu geführt, daß derartige mit einfachen Mitteln zu unterbindende Strömungsformen vermieden werden.

Die dritte hier wichtige Form der Strömungsablösung tritt hinter der A-Säule auf; dort bildet sich der sogenannte A-Säulenwirbel. An dieser Säule, dem Dachpfosten zwischen Front- und Seitenscheibe, stellt sich, ähnlich wie an angestellten Delta-Flügeln, eine Wirbelablösung ein. Die an einem Fahrzeug sichtbar gemachte Oberflächenströmung in diesem Bereich zeigt Bild 6.5. Es bildet sich eine Wirbeltüte mit kantenseitig gelagertem Sekundärwirbel aus. Eine schematische Darstellung zeigt Bild 6.6. Diese Form der Ablösung besitzt dreidimensionalen Charakter.

Der Strömung im Bereich zwischen Fahrzeugunterboden und Fahrbahn muß mit zunehmender Widerstandsreduktion auch unter dem Blickwinkel dieses Abschnittes, also detailliert, immer mehr

Bild 6.4. Sichtbarmachung einer Ablöseblase durch Injektion von Rauch in die abgelöste Strömung nach [6.3].

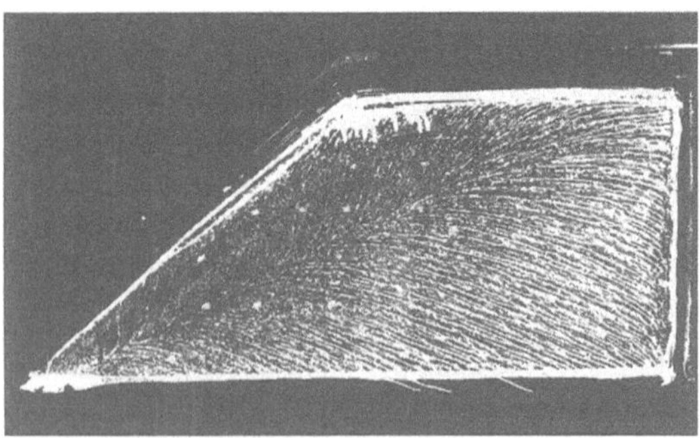

Bild 6.5. Anstrichbild von der dreidimensionalen Ablösung an der A-Säule nach [6.4].

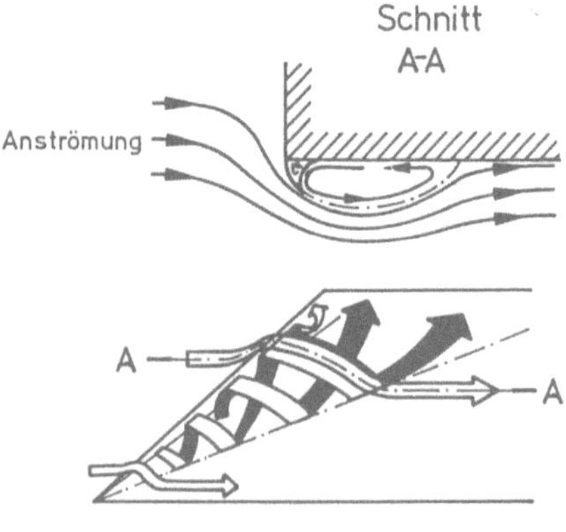

Bild 6.6. Wirbel an der A-Säule, schematisch, nach [6.4].

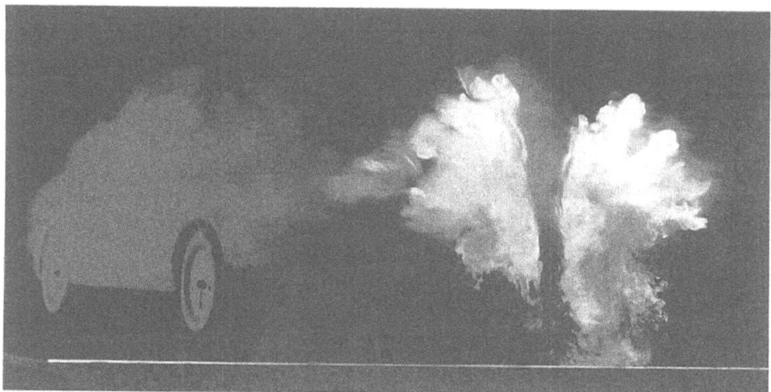

Bild 6.7. Langswirbel hinter einem Fließheck-fahrzeug; die dünne weiße Linie ist die Spur des Lichtschnittes auf dem Boden der Meßstrecke.

Beachtung geschenkt werden. Die widerstandssenkende Funktion von Frontspoilern beruht, wie im Abschnitt 4.4.9 erläutert, unter anderem auf ihrer versperrenden Wirkung; der Luftvolumenstrom unter dem Fahrzeug wird verringert, die Druckverluste am rauhen Unterboden und damit der Gesamtwiderstand des Fahrzeuges werden abgebaut. Eine „Nebenwirkung" ist aber auch, daß der Wärmetausch in diesem Bereich behindert wird. Hiervon können Bauteile wie Bremsen, der Abgasschalldämpfer sowie der Katalysator betroffen sein. Selbst die Heckverschmutzung wird von der Strömung unter dem Fahrzeug beeinflußt, siehe Abschnitt 6.4.

Im Bereich des Hecks gibt es zwei Formen der Strömungsablösung. Die Längswirbel, stark idealisiert im Bild 1.8 dargestellt, haben ihren Ursprung in der statischen Druckdifferenz zwischen Ober- und Unterseite des Fahrzeuges. Das Druckgefälle von der Unterseite zum Dach induziert an beiden Seiten eine aufwärts gerichtete Strömung, die sich zusammen mit der Dachüberströmung zu den Heckwirbeln aufrollt. Im Bild 6.7 sind die inneren Bereiche derartiger Randwirbel für ein Fließheckmodell mit Hilfe eines Laser-Lichtschnittes quer hinter dem Modell sichtbar gemacht.

Die zweite, hiermit interferierende Form der Strömungsablösung im Heckbereich eines Fahrzeuges ist das Hecktotwasser. Im Bild 6.3 ist dieses durch Einleiten von Rauch sichtbar gemacht. Die Strömung vermag der Kontur am Fahrzeugende nicht mehr zu folgen, sie reißt am Ende der Heckklappe ab; im Totwasser scheint sie völlig ungeordnet zu sein. Im zeitlichen Mittel ergeben sich aber bevorzugte Strömungsrichtungen, wie im Abschnitt 6.4.3 belegt wird. Im folgenden wird der Einfluß der hier skizzierten Strömungsdetails auf den Problemkreis Funktion, Betriebssicherheit und Komfort beschrieben.

6.2.2 Druckverteilung

Im Fahrbetrieb stellt sich um ein Fahrzeug eine bestimmte Geschwindigkeits- und Druckverteilung ein. Bild 6.8 zeigt einen Vergleich der im Längsmittelschnitt gemessenen Druckverteilungen für drei verschiedene Fahrzeugtypen, nämlich

- Kastenwagen,
- Stufenheck-Pkw,
- Sportfahrzeug.

Der Druck ist als dimensionsloser Beiwert c_p entsprechend Gl. (2.9) aufgetragen. Die Kenntnis der Druckverteilung wird für folgende Aufgaben benötigt (vgl. auch Abschnitt 2.3.2):

- Festlegen von Gebieten zur Belüftung des Fahrgastraumes,
- Festlegen von Gebieten zur Entlüftung des Fahrgastraumes,
- Ermittlung von Kräften auf Karosserieteile.

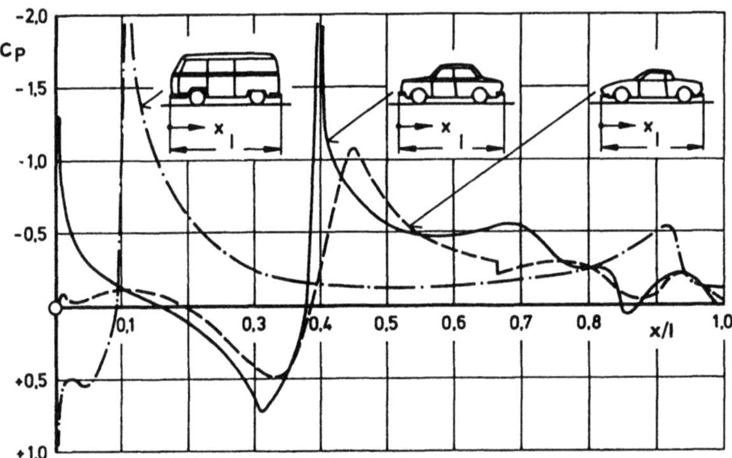

Bild 6.8. Druckverteilung auf der Oberseite verschiedener Fahrzeugtypen.

Bei der Be- und Entlüftung des Fahrzeuginnenraumes lassen sich zwei Auslegungskonzepte unterscheiden (vgl. Abschnitt 11.4.1):

- geschwindigkeitsabhängiger Volumenstrom,
- geschwindigkeitsunabhängiger Volumenstrom.

Die Abhängigkeit des Volumenstromes von der Fahrgeschwindigkeit kann unterbunden werden, indem die Öffnungen für die Be- und Entlüftung in Gebieten gleichen statischen Druckes angeordnet werden; zwischen ihnen besteht kein treibendes Druckgefälle. Das Belüftungsgebläse muß dann so groß bemessen werden, daß es den ganzen Frischluft-Volumenstrom allein fördert, und es muß permanent mitlaufen. Die Mehrzahl der Hersteller bevorzugt die andere Lösung. Der Staudruck wird zur Frischluftförderung herangezogen, und die Abhängigkeit des Volumenstromes von der Fahrgeschwindigkeit wird in Kauf genommen.

Bei der Wahl des Ortes für die Lufteintrittsöffnungen besteht im allgemeinen nur wenig Freiheit. Zur Gewährleistung einer ausreichenden Belüftung bei möglichst kleiner Gebläseleistung plaziert man den Lufteintritt in einem Gebiet möglichst hohen Druckes. Dafür bieten sich, wie aus Bild 6.8 ersichtlich, bei einem Pkw zwei Stellen an: Eine davon ist die Stirn des Fahrzeugs, d.h. das Gebiet nahe dem Staupunkt; mit $c_p = 1$ herrscht dort der höchste überhaupt mögliche statische Druck. Aus mehreren Gründen ist diese Stelle jedoch für den Eintritt von Frischluft ungeeignet. Zum einen ist wegen der Ansammlung von Abgasen in der Luftschicht über der Straße mit deren Eintritt zu rechnen; die Einlaßöffnung sollte deshalb möglichst weit oben angebracht werden. Hinzu kommt, daß diese Lösung einen langen Kanal vom Lufteintritt bis zum Fahrzeuginnenraum notwendig macht. Dieser ist im engen Motorraum nicht nur schwer unterzubringen; er würde auch dazu beitragen, daß sich die Frischluft unnötig erwärmt.

Der zweite Ort, in den der Lufteinlaß verlegt werden kann, ist der Windlauf; die Öffnungen werden in der Regel in seiner Mitte angebracht. Der statische Druck an dieser Stelle, der für die Auslegung der Belüftungsanlage bekannt sein muß, ist nicht bei allen Fahrzeugen gleich. Er wird in erster Linie von der Neigung der Windschutzscheibe bestimmt; der Trend, diese mit Rücksicht auf den c_W-Wert immer stärker zu neigen, hat dazu geführt, daß der statische Druck im Windlauf immer kleiner geworden ist. Aber auch der Charakter der Strömung auf der Haube ist für den statischen Druck im Windlauf maßgebend. Welchen Einfluß eine Ablösung an deren Vorderkante und das Wiederanlegen auf den Druck im Windlauf hat, geht aus Bild 6.9 hervor. Bei der Ausführung A, bei der die Strömung an der scharfen Vorderkante ablöst, ergibt sich ein nur geringer Überdruck von $c_p = +0,1$, der ein ständig mitlaufendes Gebläse erforderlich macht. Bei optimierter Bugkante entsprechend der Kontur

296

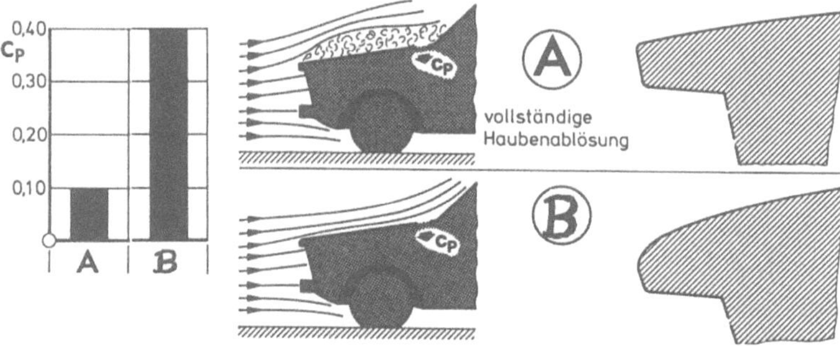

Bild 6.9. Einfluß der Strömungsform auf der Motorhaube auf den statischen Druck im Windlauf nach [6.1].

B bleibt die Strömung anliegend. Der Druck steigt auf $c_p = +0{,}4$ und gewährleistet einen höheren Frischluftvolumenstrom auch bei ausgeschaltetem Gebläse.

Bei einigen Pkw sind die Eintrittsöffnungen seitlich im Windlauf an Stellen plaziert, in denen bei symmetrischer Zuströmung Atmosphärendruck herrscht, $c_p = 0$. Das macht ein ständig laufendes Frischluftgebläse erforderlich; die Abhängigkeit des Volumenstromes von der Fahrgeschwindigkeit ist, je nach Lage der Entlüftungsöffnungen, nur schwach ausgeprägt.

Bei Kastenwagen kann, wie Bild 6.8 zeigt, der Lufteinlaß nur an der Stirnwand unterhalb der Windschutzscheibe erfolgen.

Bei der Wahl der Entlüftungsgebiete besteht in der Regel eine größere Freiheit. Auf den ersten Blick bietet es sich an, einen Bereich möglichst hohen Unterdruckes zu wählen, z.B. den Übergang zwischen Windschutzscheibe und Dach. Mit dieser Lösung kann zwar ein sehr großes Druckgefälle ausgenutzt und damit ein hoher Luftvolumenstrom gefördert werden; die Verteilung von Frisch- und Heizluft im Fahrgastraum wäre jedoch nicht zufriedenstellend, da der Fond nicht durchströmt würde. Hinzu kommt, daß damit eine Schallbrücke zu einem Gebiet hoher Strömungsgeschwindigkeit gebildet würde; das Eindringen von Windgeräuschen in den Fahrgastraum würde davon begünstigt.

Vergleichbare Nachteile weisen die Türentlüftungen auf; auch bei ihnen ist es schwierig, eine befriedigende Temperaraturverteilung zu erzeugen. Zudem verschaffen sie dem Rollgeräusch einen Zutritt in den Innenraum.

Weitere Gebiete hohen Unterdruckes findet man hinten am Fahrzeug, vgl. Bild 6.10. Dort werden insgesamt vier Unterdruckgebiete beurteilt, die konstruktiv für die Aufnahme von Entlüftungsöffnungen geeignet sind. Aufgetragen sind die Mittelwerte der in diesen Gebieten gemessenen Druckbeiwerte c_p. Man sieht deutlich, daß das Druckniveau im Bereich der C-Säule (Gebiete 1 bis 3) stark vom Schiebewinkel abhängig ist. Dagegen ist der statische Druck im Seitenbereich des hinteren Stoßfängers weitgehend konstant. Auf der Leeseite stellt sich bei allen vier Varianten nahezu der gleiche statische Druck ein, hier ca. $c_p = -0{,}25$, da sie alle im Totwasser des Fahrzeuges liegen.

Ginge es allein um das Niveau des statischen Druckes, dann wäre die C-Säule der ideale Ort für eine Entlüftung. Die Konstrukteure bevorzugen es aber mehr und mehr, deren Öffnungen hinter den rückwärtigen Stoßfängern anzuordnen und den Kofferraum mit in die Entlüftung einzubeziehen. Die Gründe hierfür sind:

– Exakt eingepaßte Verkleidungen an der im Blickfeld liegenden C-Säule sind in einer Großserie zu teuer.

– Der Öffnungsquerschnitt kann bei der Gepäckraumentlüftung deutlich größer sein. Der Strömungswiderstand wird damit kleiner; der Nachteil der kleineren Druckdifferenz läßt sich kompensieren.

- In den vergleichsweise kleinen Austrittsöffnungen in der C-Säule kann es zu Pfeifgeräuschen kommen. Dieses Risiko wird bei dem Entlüftungskonzept durch den Gepäckraum gar nicht erst eingegangen.

- Die weitgehende Unabhängigkeit der Druckverteilung im Gebiet 4 von der Schräganströmung, vgl. Bild 6.10, gewährleistet einen gleichmäßigeren Luftstrom im Fahrgastraum und führt somit zu höherem Komfort.

Aber es soll auch der Nachteil der hier favorisierten Lösung nicht verschwiegen werden: Der Druck im Fahrgastraum kann durch das Öffnen der Seitenscheiben oder des Schiebedaches derart absinken, daß es zu einem Druckgefälle von den Austrittsöffnungen in das Fahrzeuginnere kommt. Hierdurch besteht die Gefahr, daß mit Abgasen angereicherte Luft ins Fahrzeug gelangt. In den Abluftkanälen sind darum Rückschlagklappen unumgänglich.

6.3 Kräfte auf Karosserieteile

Daß die Druckverteilung um das Fahrzeug in integralen Luftkräften und -momenten resultiert, ist in den Abschnitten 4 und 5 behandelt worden. Hier soll auf die Kräfte eingegangen werden, die auf Teile der Karosserie wirken. Diese Kräfte können sowohl stationärer als auch instationärer Natur sein. Bild 6.11 zeigt am Beispiel einer vorderen Seitenscheibe, daß diese Kräfte hohe Beträge annehmen können, die entsprechende konstruktive Maßnahmen erfordern. Der Betrag der wirkenden Kraft hängt naturgemäß vom Charakter der Strömung neben der Scheibe, der Fläche der Scheibe und in erheblichem Maß auch von dem Schiebewinkel ß der effektiven Fahrzeuganströmung ab.

Auf der Leeseite nehmen die Kräfte zu, da sich dort hohe Unterdrücke einstellen. Bei rahmenlosen Scheiben kann es zu deren Abheben von der Türdichtung kommen. In der aufklaffenden Lücke kommt es infolge des hohen Druckgefälles zu einer Düsenströmung, die mit einem hochfrequenten Geräusch verbunden ist. Abhilfe kann hier nur geschaffen werden, indem die Verwindungsfestigkeit der Bauteile erhöht wird. Grundsätzlich ist es auch möglich, den leeseitigen Druck heraufzusetzen, z.B. dadurch, daß man die Strömung um die A-Säule bereits bei kleinen Schiebewinkeln ß gewollt zur Ablösung bringt. Dies führt jedoch zu einer spürbaren Erhöhung des Luftwiderstandes.

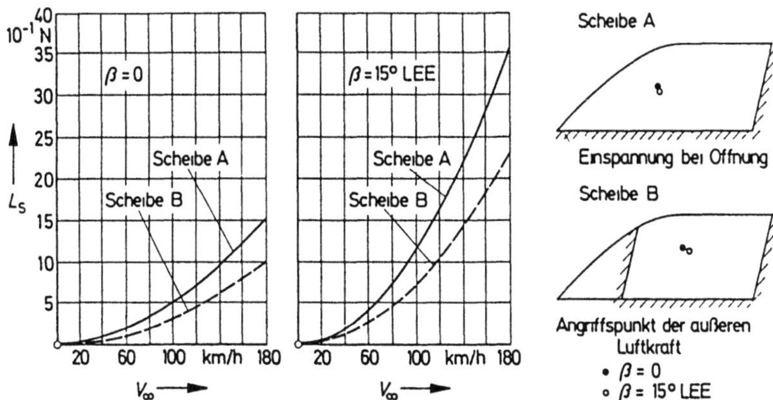

Ebenfalls zu beachten sind die Kräfte und Momente auf bewegliche Karosserieteile, wie Hauben und Deckel. Wegen der hohen Saugspitze an der Haubenvorderkante, die im Bild 6.8 zu erkennen ist, treten vor allem am vorderen Deckel große Kräfte auf. In dem Fall, daß sich vorn ein Kofferraum befindet, ist auf dichten Haubenverschluß auch bei hoher Fahrgeschwindigkeit zu achten. Ein Absenken der Haube oder ein größerer Radius an deren Vorderkante verkleinern die Saugspitze.

Eine genaue Vorstellung von der Druckverteilung auf einer Motorhaube geben die Bilder 6.12 und 6.13; eingetragen sind Linien konstanten Druckes (Isobaren). Bei gerader Zuströmung, ß = 0, zeigt sich vorn ein Unterdruck von etwa $c_p = -0,75$. Stromabwärts steigt der Druckbeiwert schnell an, um unmittelbar vor der Windschutzscheibe einen Überdruck von $c_p = +0,30$ zu erreichen. Bild 6.13 zeigt, wie sich die Isobaren verlagern, wenn die Anströmung um ß = 30° schiebend ist. Luvseitig liegt an der vorderen Ecke der Haube ein Unterdruck von $c_p = -1,40$ an. Der Konstrukteur muß demnach für eine ausreichende Haubensteifigkeit sorgen oder zwei seitlich liegende Haubenschlösser vorsehen.

Periodische Strömungserscheinungen, wie sie in abgelöster Strömung auftreten, führen zu einer instationären Krafteinwirkung auf Fahrzeugteile und können, begünstigt von deren Elastizität, zu

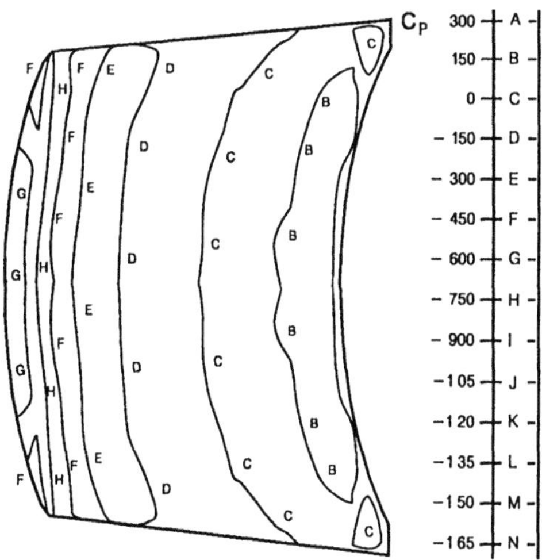

Bild 6.12. Verteilung des statischen Druckes auf einer Motorhaube, Schiebewinkel β = 0°

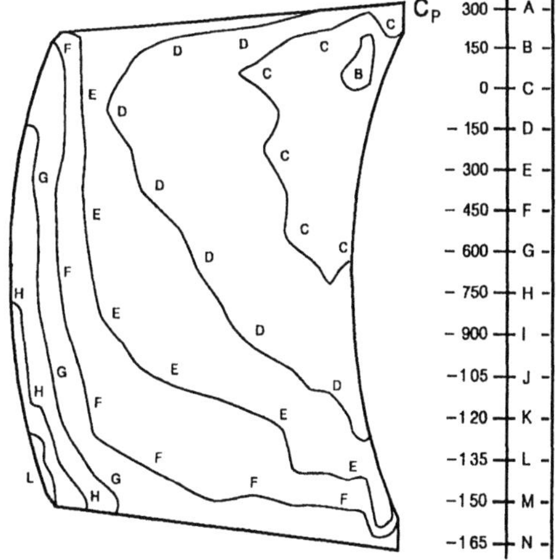

Bild 6.13 Verteilung des statischen Druckes auf einer Motorhaube, β = 30°

Schwingungen, dem sogenannten „Flattern" führen. Aber auch die statischen Drücke können bei ungenügender Aussteifung eines großflächigen Bauteils zu dessen Verformung und schließlich zum Flattern führen. Denn die Verformung führt ihrerseits zu einer veränderten Druckverteilung. Im ungünstigsten Fall liegt eine angefachte Bewegung vor, und es entsteht eine selbsterregte Schwingung. Derartige Effekte wurden bei den Motorhauben von Pkw sowie bei den Dächern von Transportern beobachtet. Die Tendenz zu flachen gestreckten Fahrzeugen und demzufolge zu geringeren Bombierungen haben wie der generelle Trend zum Leichtbau ebenso dazu geführt, daß dem Flatterproblem erhöhte Beachtung geschenkt werden muß.

Kritisch in bezug auf instationäre Kräfte sind auch Anbauteile wie Außenspiegel und Antenne. Die Ablösung am Gehäuse des Spiegels kann periodisch erfolgen und so zu einer instationären Spiegellast führen. Diese regt ihrerseits den Spiegel, der wegen seiner Verstellbarkeit „elastisch" eingespannt ist, zu so starken Schwingungen an, daß er kein scharfes Bild mehr liefert. Zwei Wege stehen offen, um dieses zu vermeiden:

Einmal kann durch Veränderung der Geometrie des Spiegelgehäuses die Frequenz der sich periodisch ablösenden Wirbel verschoben und soweit von der Eigenfrequenz des Spiegels entfernt werden, daß seine Anregung unterbleibt. Ein großer Freiraum besteht hier jedoch nicht, unterliegt doch die Gehäuseform auch noch weiteren Anforderungen: Ihr Design soll ansprechend sein, sie soll einen niedrigen Luftwiderstand aufweisen, nur geringe Windgeräusche verursachen, und schließlich soll sie den Spiegel auch noch frei vom Beschlag mit Wassertröpfchen halten.

Die zweite Möglichkeit, Spiegelschwingungen zu vermeiden, besteht darin, das Gehäuse stromabwärts über die Spiegeloberfläche hinaus zu verlängern und damit die rezirkulierende Strömung von der Spiegeloberfläche fernzuhalten. Dabei ist natürlich darauf achtzugeben, daß der Einblick in den Spiegel nicht beeinträchtigt wird. Eventuell kann die Gehäuseverlängerung auf den äußeren Rand begrenzt werden, wie im Bild 6.14 angedeutet. Ein typisches Maß „a" für eine wirksame Gehäuseverlängerung liegt je nach Fahrzeug und Spiegelbauart zwischen 5 und 15 mm.

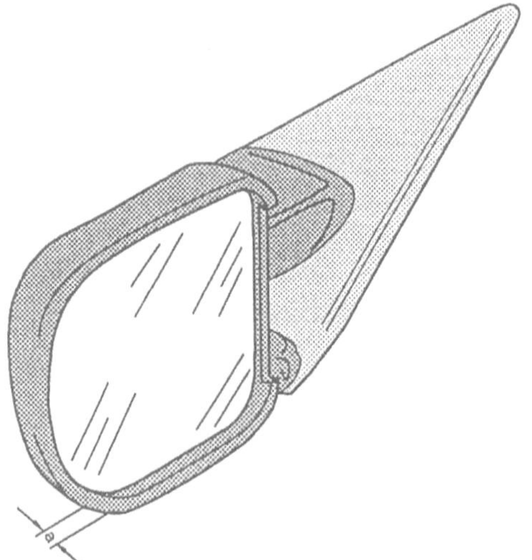

Bild 6.14. Überstand am Gehäuse eines Außenspiegels zur Vermeidung des Spiegelflatterns.

6.4 Fahrzeugbenetzung und -verschmutzung

6.4.1 Sicherheit und Ästhetik

Die Benetzung und Verschmutzung der Oberfläche eines Fahrzeuges muß unter zwei Gesichtspunkten gesehen werden, vgl. auch Abschnitt 8.7. Einmal unter dem Aspekt der Sicherheit: Die Verschmutzung von Scheinwerfern und Signalleuchten, bei Scheiben kommt die Benetzung hinzu, führt zu einer weit stärkeren Beeinträchtigung ihrer Funktion und damit der Sicherheit, als der bloße Augenschein vermuten läßt. Aber auch der Aspekt der Ästhetik darf nicht unterschätzt werden: Großflächige Ablagerungen von Schmutz lassen ein Fahrzeug häßlich aussehen; beim Einsteigen können die Fahrgäste schmutzig werden.

Mit den Phänomenen „Benetzung" und „Verschmutzung" kommt ein weiterer physikalischer Effekt ins Spiel: Die Strömung um das Fahrzeug ist nunmehr inhomogen, ist partikelbehaftet. Die Grundlagen dazu werden im Abschnitt 2.3.4.3 dargestellt. Die von der Luft mitgeführten „Teilchen" können flüssig oder fest, Wassertropfen oder Staubkörnchen sein. Sauberes Wasser kommt mit dem Regen in die Strömung. Schmutzpartikel, trocken oder feucht, können von den eigenen Rädern oder durch die Fahrzeugumströmung von der Straße aufgewirbelt werden. Sie können aber auch aus dem Nachlauf eines vorausfahrenden oder eines entgegenkommenden Fahrzeuges stammen.

6.4.2 Wasserströmung

Die Benetzung der Fensterscheiben führt zu einer erheblichen Sichtbeeinträchtigung. Wegen des optischen Streueffektes der Wassertropfen ist diese vor allem im Dunkeln lästig. Selten ist das aufgewirbelte Wasser sauber. Bei längeren Fahrten lagert sich eine Schmutzschicht ab, die die Durchsicht behindert. Mit geeigneten Maßnahmen muß versucht werden, das Wasser entweder von den Scheiben fernzuhalten oder es dort, wo das nicht möglich ist, wenigstens gezielt abzuleiten.

Am wichtigsten ist die freie Sicht durch die Windschutzscheibe. Sämtliche Versuche, deren Beaufschlagung durch Wasser mit Leitvorrichtungen oder gar einen Luftschleier (siehe H. GÖTZ [6.8]) zu verhindern, sind fehlgeschlagen. Zum konventionellen Scheibenwischer gibt es keine Alternative, allenfalls bei den Scheinwerfern, die auch mit unter hohem Druck auftreffenden Wasserstrahlen gereinigt werden können.

Die Benetzung der Seitenscheiben läßt sich durch eine geeignete Konstruktion der A-Säule vermeiden. Ohne besondere Vorkehrungen strömt das Wasser von der Windschutzscheibe zum größten Teil über die A-Säulen zu den Seiten ab. In dem sich dort aufrollenden Wirbel wird das Wasser versprüht; in Form von Tropfen gelangt es auf die Seitenscheiben und beeinträchtigt so den Einblick in den Außenspiegel. Bei der Entwicklung von Vorrichtungen, die dieses vermeiden, gilt es jedoch zu beachten, daß die A-Säule für den Widerstand des Fahrzeuges ebenso kritisch ist, wie für die Entstehung von Windgeräuschen.

Bei älteren Konstruktionen ist die A-Säule mit einer Blechabstellung versehen, die als Wasserfalle fungiert. Sie fängt das seitlich von der Windschutzscheibe abströmende Wasser auf. Wird dieses nach oben und unten abgeleitet, dann bleibt die Seitenscheibe frei. Wegen der mit dem Flansch verbundenen Erhöhung des Widerstandes und aus Gründen der Sicherheit wird diese Konstruktion heute nicht mehr angewandt. An ihre Stelle sind neue, nahezu widerstandsneutrale Lösungen getreten. Am Beispiel des VW Golf III zeigt Bild 6.15 die Wasserfangfunktion einer in die A-Säule integrierten Leiste. Zum Einfangen des Wassers genügt eine Rinne mit relativ kleinem Querschnitt. Das Wasser wurde bei diesem Versuch durch Einfärben mit Schlämmkreide sichtbar gemacht.

Eine weitere Ursache für Wasserablagerungen auf den Seitenscheiben sind die Außenspiegel. Wird ihrem Totwasser von der umgebenden Strömung Wasser zugeführt, so wird dieses von den sich am Gehäuse ablösenden Wirbeln an die Seitenscheibe transportiert. Mit einer Spaltströmung zwischen

Bild 6.15. In die A-Saule
integrierte Wasserfangleiste
nach [6.9].

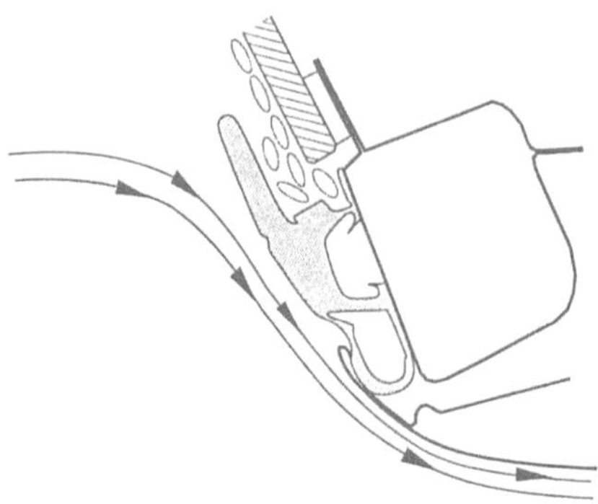

Spiegelgehäuse und Seitenscheibe versucht man zu erreichen, daß das Spiegeltotwasser die Seitenscheibe erst weiter hinten beaufschlagt, daß sich also die Tropfen erst dort niederschlagen, wo sie den Einblick in den Spiegel nicht mehr stören.

Die Benetzung der Rückblickscheibe wird bei Stufen- und Fließheckfahrzeugen von der Dachströmung verursacht. Mit einer Wasserfalle oberhalb der Rückblickscheibe kann das überkommende Wasser eingefangen und so von der Scheibe ferngehalten werden. Bei Stufenheckformen wird diese Falle als umlaufende Lippe in die Gummieinfassung der Heckscheibe integriert. Größe und Form dieser Lippe stellen immer einen Kompromiß dar. Einerseits soll sie keinen spürbaren Widerstandsanstieg verursachen, andererseits sollen „normale" Wassermengen noch einwandfrei aufgefangen und seitlich nach unten abgeleitet werden. Bild 6.16 zeigt die konstruktive Lösung einer derartigen Falle für die Limousine des VW Passat III. Um die Strömung sichtbar zu machen, ist das Regenwasser mit Schlemmkreide eingefärbt worden.

Bei Fließheckfahrzeugen mit großer Heckklappe bietet es sich an, die Fuge zwischen Dach und Heckklappe als Wasserfalle auszunutzen. Spaltmaß und Überstand der Klappe müssen im Versuch aufeinander abgestimmt werden. Die Wirkung einer derartigen Karosseriefuge zeigt Bild 6.17 am Beispiel des VW Corrado. Bei der linken Fahrzeughälfte wurde die Fuge abgedeckt; das Wasser fließt ungehindert über die Heckscheibe. Die rechte Hälfte entspricht dem in der Serie verwirklichten Zustand.

Bild 6 16 Wasserfalle uber der
Ruckblickfensterscheibe des VW
Passat III, Stufenheck,
nach [6.9]

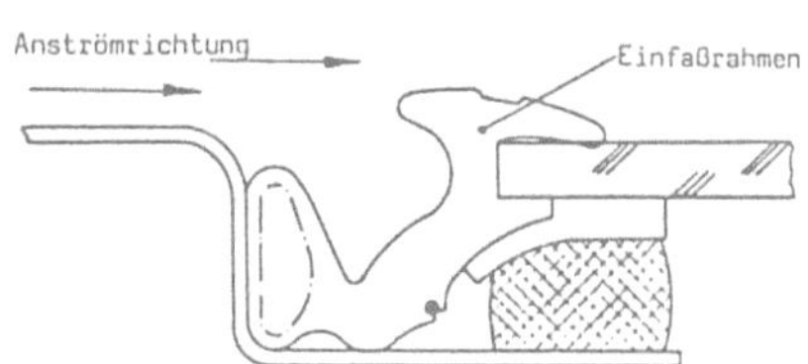

Bild 6 17 Wasserstromung am
Heck des VW Corrado,
lınks abgeklebte Klappenfuge,
rechts Fuge als Wasserfalle
wırksam

6.4.3   Schmutzablagerung

Schmutz lagert sich auch in trockener Form auf der Karosserie ab. Kritisch ist der rückwärtige
Bereich des Fahrzeuges, ganz besonders beim Vollheck. Bei diesem verschmutzen die Rückblickscheibe und die Rückleuchten dadurch, daß sich im Totwasser Schmutzpartikel sammeln und infolge
der Wirbelbewegung zur Karosserieoberfläche transportiert werden. Drei Wege sind es, auf denen
Festpartikel in das Hecktotwasser eines Fahrzeuges gelangen können:

- Von den sich drehenden Rädern wird Schmutz nach hinten abgeschleudert; er gelangt in das Hecktotwasser und wird durch Rückströmung auf die Fahrzeugoberfläche transportiert.

- Staub tritt aber auch, wie von R. PIATEK et al. [6.9] sichtbar gemacht wurde, seitlich aus den Radhäusern aus und wird von der Außenströmung stromabwärts getragen. Wie aus den Aufnahmen im Bild 6.18 hervorgeht, muß bei entsprechenden Untersuchungen die Drehung der Räder unbedingt dargestellt werden.

- Die stark turbulente Strömung unter dem Fahrzeug führt Partikel mit sich, die bei Erreichen des Hecks in die abgelöste Strömung eingemischt werden.

Mit aerodynamischen Mitteln läßt sich diese Heckverschmutzung nur in Grenzen beeinflussen. So kann mit einem Umlenkblech am Dachende, siehe Bild 6.19, ein Luftschleier abgezweigt und nach unten umgelenkt werden. Derartige Flügel werden als Anbauteile angeboten; in den USA sind sie sogar in den Dachgepäckträger integriert worden. Sie führen, wenn sie die Heckverschmutzung wirksam verhindern sollen, zu einer merklichen Zunahme des Widerstandes und des Auftriebes an der Hinterachse um bis zu $\Delta c_W = 0{,}1$ bzw. $\Delta c_{AH} = 0{,}15$.

Bild 6 18 Seitliche Abstromung aus einem hinteren Radhaus, sichtbar gemacht mit Rauch in einem Laserlicht-Schnitt nach [6 9]
oben bei stehendem Rad,
unten bei sich drehendem Rad

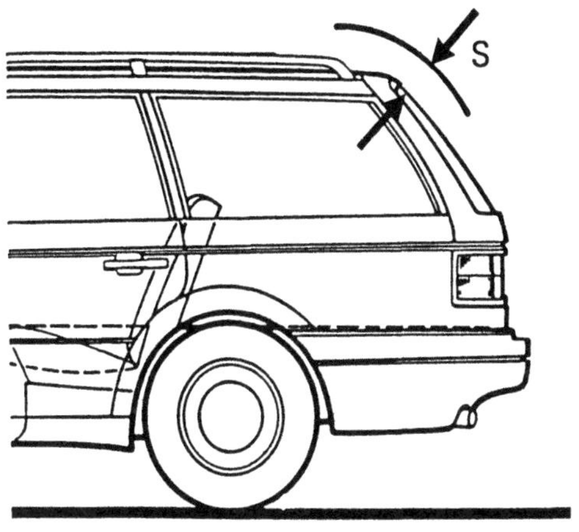

Bild 6.19. Aufgesetztes Luftleitblech zur Reduzierung
der Heckverschmutzung am Vollheck-Pkw.

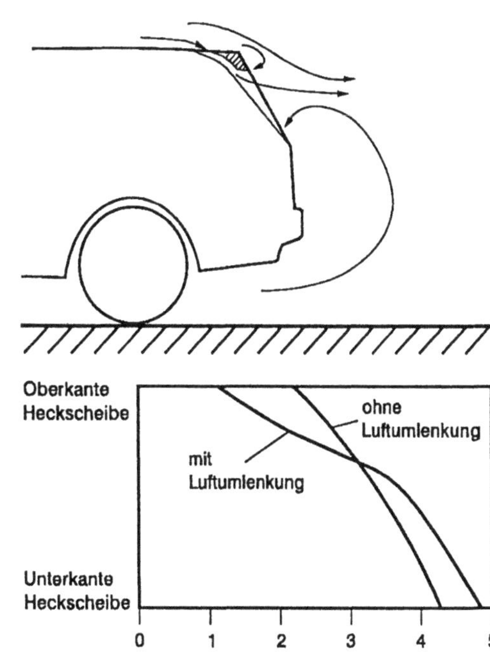

Bild 6.20. Integrierte Umlenkvorrichtung und deren
Einfluß auf die Schmutzablagerung auf der Heckscheibe
eines Vollheck-Pkw.

Vereinzelt sind auch in die Karosserie einbezogene Umlenkbleche bekannt geworden, so zuerst bei Bussen, vgl. Bild 8.100. Sie beeinträchtigen die aerodynamischen Beiwerte kaum: $\Delta c_W = +0,01$; $\Delta c_{AH} = +0,01$. Sie sind jedoch nur bedingt wirksam. Der obere Teil der Heckscheibe verschmutzt zwar deutlich weniger, wie aus Bild 6.20 hervorgeht, der untere dafür wesentlich stärker. Konstruktiv sind sie sehr aufwendig, und sie führen zudem zu einem Verlust an Innenraum und Durchladehöhe. Sie stellen also insgesamt keine befriedigende Lösung des Problems dar; Vollheckfahrzeuge werden deshalb heute serienmäßig mit Heckscheibenwischer und -waschanlage ausgerüstet.

Kritisch ist auch die Verschmutzung der Rückleuchten; H. Götz [6.8] kam zu folgendem Ergebnis: Die stärkste Ablagerung von Schmutzpartikeln stellt sich auf den Heckleuchten der Stufenheckfahrzeuge ein; danach folgen Fließ- und Vollheck. Auch bei Heckleuchten wurde, ähnlich wie am Dachende, mit Umlenkvorrichtungen experimentiert; zu brauchbaren Lösungen hat das jedoch nicht geführt. Dagegen erwiesen sich rippenförmig ausgeführte Heckleuchten als vorteilhaft; deren zurückstehende Partien werden von Schmutzpartikeln weniger stark beaufschlagt.

6.5 Windgeräusche

6.5.1 Grundlagen der Geräuschentwicklung an Fahrzeugen

Der Geräuschpegel im Fahrgastraum eines Pkw setzt sich aus den folgenden drei Anteilen zusammen, vgl. D. Zboralski [6.10],:

- dem des Motors einschließlich Getriebe und Abgasanlage,

- dem Abrollgeräusch der Reifen und aus

- dem Windgeräusch.

Wie die Schalldruckpegel dieser drei Quellen mit der Fahrgeschwindigkeit zunehmen, dafür gibt Bild 6.21 ein Beispiel. Bei dem gewählten Prüfling, einem Mittelklasse-Pkw, werden die Windgeräusche erst oberhalb 170 km/h dominant; bei neueren Modellen liegt dieser Wert eher bei 130 km/h, in der Komfortklasse gar bei 100 km/h.

Die gesetzlichen Vorschriften z.B. ISO R 362, die das Außengeräusch limitieren, konnten nur mit einer nachhaltigen Senkung des Motorengeräusches erfüllt werden. Die dazu ergriffenen Maßnahmen – Kapselung, Dämmung – kamen auch dem Geräuschpegel im Fahrgastraum zugute. Damit traten aber die Windgeräusche stärker hervor.

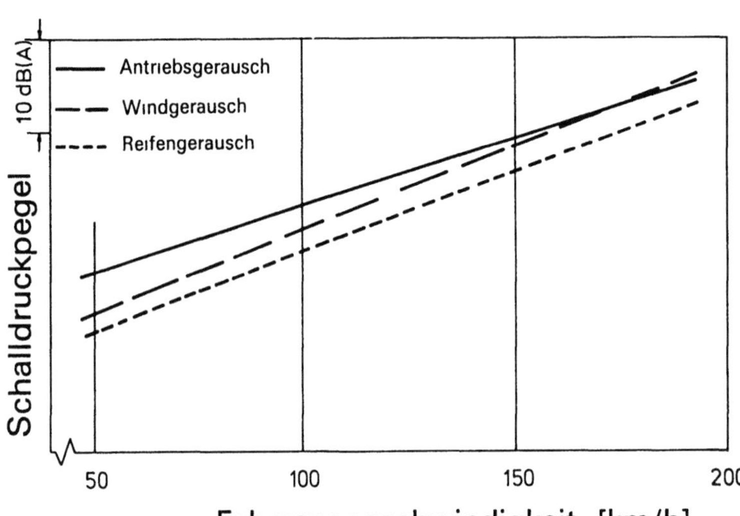

Bild 6.21. Antriebs-, Roll- und Windgerausch eines Pkw uber der Geschwindigkeit nach [6 13].

Die Beurteilung des Geräusches im Fahrgastraum und damit auch der Windgeräusche erfolgt unter einer Reihe verschiedener Gesichtspunkte: Erstes Kriterium ist der Schalldruckpegel. Daneben ist aber auch das Frequenzspektrum maßgeblich. Die Psychoakustik lehrt, daß dieses „gleichmäßig" sein soll, d.h. einzelne Frequenzen, z.B. Pfeiftöne, sollen sich nicht abheben. Und die Frequenzcharakteristik soll unabhängig von der Fahrgeschwindigkeit sein. Ein weiteres Prüfkriterium stellt die Sprachverständlichkeit dar.

Der im Fahrgastraum gemessene Pegel hängt aber nicht nur von der Geräuschentwicklung ab, also von den Schallquellen, sondern ebenso auch von den Übertragungseigenschaften und der Resonanzcharakteristik des Fahrzeuges. Die konstruktiven Möglichkeiten, die Einfügungsdämmung der Karosserieteile mit Dämmaterial so groß wie möglich zu machen, sind jedoch begrenzt. Das betrifft vor allem die Windgeräusche. Denn diese entstehen, wie im nächsten Abschnitt beschrieben, zu einem guten Teil in der Nähe der Fenster. Deren Einfügungsdämmung läßt sich nur steigern, indem Doppelverglasung eingesetzt wird; auf lange Zeit dürfte diese jedoch den ausgesprochenen Komfortfahrzeugen vorbehalten bleiben. Daraus folgt, daß die Windgeräusche in erster Linie am Ort ihres Entstehens bekämpft werden müssen. Das bringt den weiteren Vorteil mit sich, daß damit gleichzeitig ihr Beitrag zum Außengeräusch reduziert wird.

6.5.2 Entstehung der Strömungsgeräusche

Der Aeroakustik wird in den Lehrbüchern der Strömungsmechanik nur wenig Raum gewidmet, man bleibt auf Spezialliteratur angewiesen. Eine Einführung in die Physik der Strömungsgeräusche hat

M. HECKL [6.11] vorgelegt. Den Stand der Erkenntnisse über die Entstehung der Windgeräusche an Automobilen hat A. GEORGE [6.12] zusammengefaßt. Eine Zuordnung der Mechanismen der Schallerzeugung zu den Strömungsformen am Auto ist von W. R. STAPLEFORD und G. W. CARR [6.14][6.15] an einem einfachen Modell, dem rechteckigen Quader, vorgenommen worden. An diesem lassen sich, wie im Bild 6.22 schematisiert, die folgenden Strömungsformen darstellen:

- anliegende Strömung,

- quasi-zweidimensionale Ablöseblase,

- wiederanliegende Strömung,

- dreidimensionale Wirbelablösung.

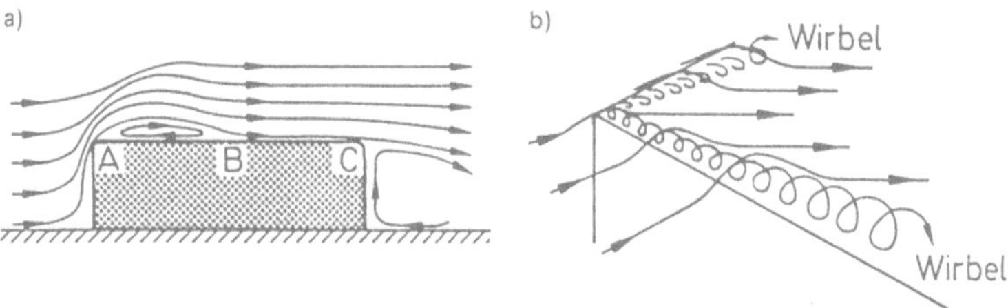

Bild 6.22. Verschiedene Strömungsformen, zur Untersuchung auf Windgeräusche an einem Quader erzeugt, nach [6.14].

Eine auf ganzer Länge anliegende Strömung kann durch einen ausreichend großen Kantenradius im Konturpunkt A erzeugt werden. Durch scharfkantige Ausführung in diesem Punkt entsteht zwischen A und B eine Ablöseblase; anschließend erfolgt, ausreichende Länge des Quaders vorausgesetzt, ein Wiederanlegen der Strömung. Die vierte hier betrachtete Form der Strömung kann durch eine schiebende Anströmung des scharfkantigen Körpers herbeigeführt werden.

Die Anstrichaufnahmen der so erzeugten Quaderumströmung zeigen die Bilder 6.23 bis 6.25. Innerhalb der Ablöseblase kann weiter unterschieden werden zwischen dem Gebiet A mit seitlicher Abströmung und dem Gebiet B mit eindeutiger Rückströmung. Die Messungen der Schalldruckpegel wurden mit oberflächenfluchtenden Mikrofonen vorgenommen.

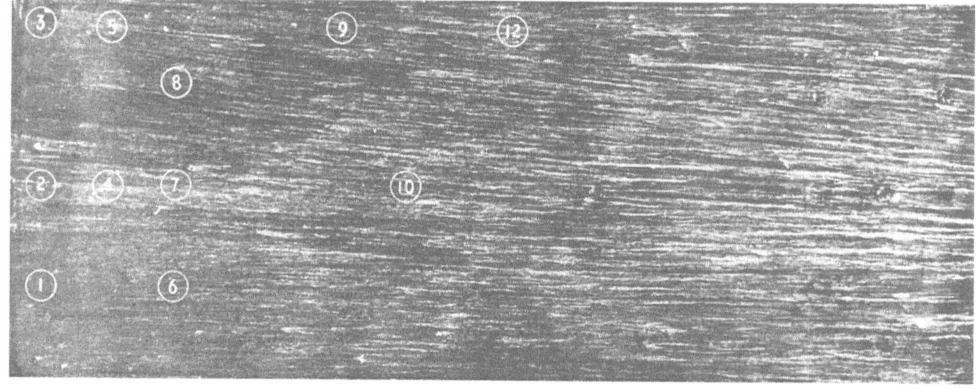

Bild 6.23. Anliegende Stromung, sichtbar gemacht mit der Anstrichtechnik nach [6.14].

307

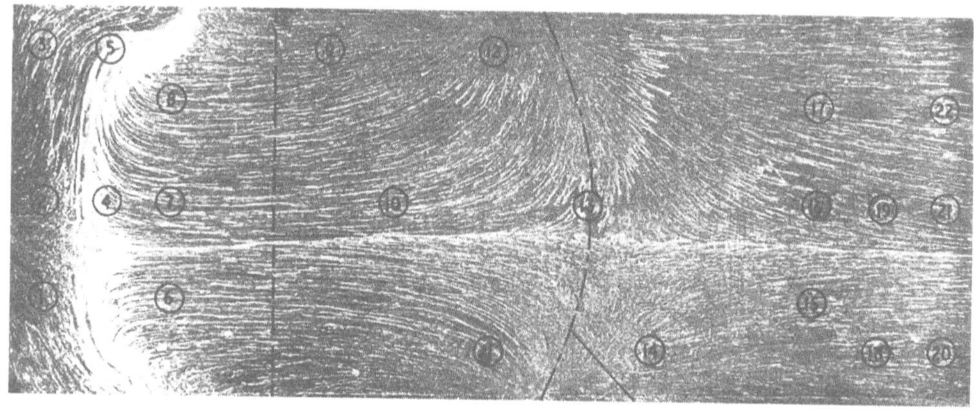

Bild 6.24. Quasi-zweidimensionale Ablösung mit sich wiederanlegender Strömung nach [6.14].

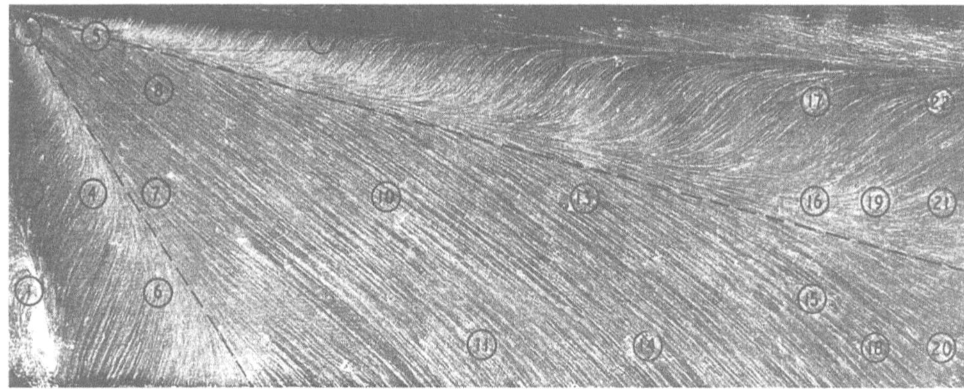

Bild 6.25. Anstrichbild eines dreidimensionalen Wirbels nach [6.14].

Tabelle 6.1 gibt die für alle Strömungsformen ermittelten maximalen Schalldruckpegel sowie den Frequenzbereich, über den dieser Pegel gemessen wurde, an. Die im Bereich von 500 bis 1500 Hz gemessenen maximalen Pegel sind in Form von Linien konstanten Schalldruckes im Bild 6.26 aufgetragen. Die Gebiete abgelöster Strömung erweisen sich als sehr geräuschintensiv; die höchsten Pegel sind der dreidimensionalen Wirbelablösung zuzuordnen. Die quasi-zweidimensionale Ablösung (Blase) zeichnet sich durch niederfrequente Geräusche, die dreidimensionale Wirbeltüte durch höhere Frequenzen aus.

Die im Innenraum von Fahrzeugen gemessenen Pegel liegen dagegen deutlich niedriger, wie aus den im Bild 6.27 zusammengestellten Versuchsergebnissen von R. Buchheim et al. [6.13] hervorgeht. Die Differenz entspricht in erster Näherung der Einfügungsdämmung durchschnittlicher Karosserien.

An Fahrzeugen werden zwei weitere aero-akustische Phänomene beobachtet: das niederfrequente „Wummern" und das hochfrequente „Pfeifen". Das Wummern tritt bei geöffneten Seitenscheiben oder offenem Schiebedach auf. Hierbei wird die Luftsäule im Inneren des Fahrzeuges durch die äußere Strömung zu Schwingungen angeregt; der Fahrgastraum wird zum Resonator. Typische

308

Tabelle 6.1. Zuordnung von Strömungsform, maximalem Schalldruckpegel und Frequenzbereich nach [6.14].

Strömungsform	Schalldruckpegel L_{max} dB(A)	Frequenzbereich von L_{max} Hz
anliegend	111	800 bis 1200
Ablöseblase A	108	400 bis 500
Ablöseblase B	115	200 bis 500
wiederanliegend	113	300 bis 600
Wirbel	130	500 bis 800

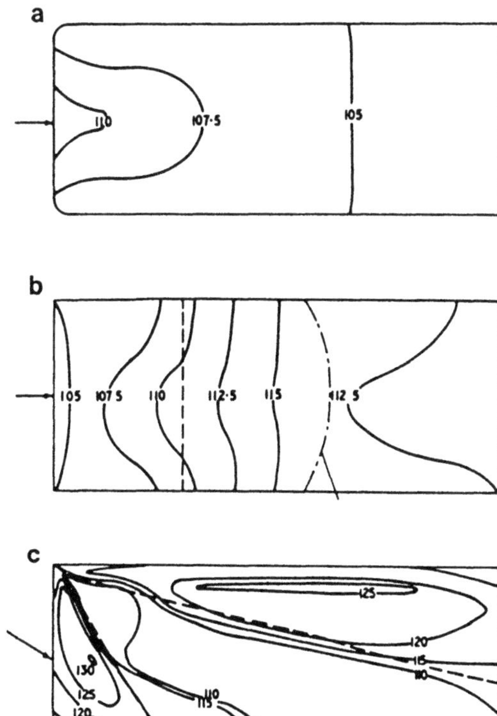

Bild 6 26 Linien gleichen Schalldruckpegels auf der Korperoberflache im Frequenzband von 500 bis 1500 Hz fur die in den Bildern 6 23, 6 24 und 6 25 sichtbar gemachten Stromungsformen nach [6 14]

Wummerfrequenzen sind sehr niedrig und liegen unter 20 Hz. Zu Pfeiftönen kommt es vor allem an mangelhaften Dichtungen.

Nach D. T. Aspinall [6.16] können sich bei geöffneten Seitenscheiben zwei mögliche Schwingungsformen ausbilden. Die erste tritt vornehmlich bei niedrigen Fahrgeschwindigkeiten, bis etwa 80 km/h, auf der Luvseite auf. Ihr Schalldruck besitzt periodischen Charakter. Die zweite Form stellt sich auf der Leeseite bei höheren Fahrgeschwindigkeiten ein; der Schalldruck besitzt Zufallscharakter. Im Fall der Frontalanströmung stellt sich der periodische Typ ein.

Für beide tieffrequenten Wummerformen wurden Möglichkeiten zu ihrer Reduzierung erarbeitet. Für den periodischen Fall des Wummerns haben sich Deflektoren an der Vorderseite der überström-

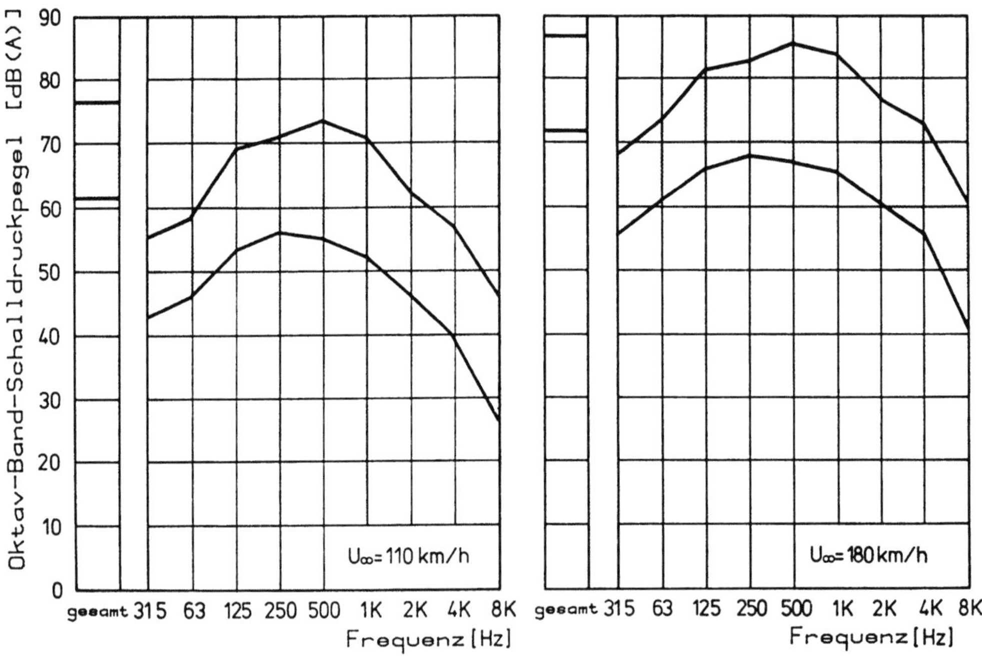

Bild 6.27   Streuband der Windgeräusche verschiedener Serienfahrzeuge nach [6 13]

ten Öffnung als effektiv erwiesen. Sie bilden „Rampen", die so so abzustimmen sind, daß sie zu einem eindeutigen Wiederanlegepunkt der Strömung hinter der Öffnung führen und so die lästigen Pumperscheinungen vermeiden. Mit ihnen konnte der örtliche Schalldruckpegel von über 120 dB auf unter 90 dB abgebaut werden.

Bei Seitenscheiben läßt sich diese Art der Strömungslenkung jedoch kaum ins Fahrzeugdesign integrieren. Anbauteile aus Plexiglas sind zwar im Handel erhältlich; eine Serienlösung stellen sie jedoch nicht dar. Bei Schiededächern hat sich dagegen der beim Öffnen mechanisch ausgefahrene Deflektor durchgesetzt. Selbst kleine aus dem Dach herausstehende Störkörper an der Vorderkante des Schiebedachs, die lediglich die Periodizität der Ablösung stören, können den Geräuschpegel bei der Wummerfrequenz erheblich reduzieren bzw. das Wummern ganz vermeiden.

In kritischen Fällen muß die Geometrie des Schiebedachs – Größe der Öffnung, Rücklage auf dem Dach – verändert werden. Hier bieten sich zwei Möglichkeiten an. Die Verkleinerung der Dachöffnung in Fahrzeuglängsrichtung führt dazu, daß sich die über dem Schiebedach abgelöste Strömung erst weiter hinten wieder anlegt und nicht gegen die Hinterkante der Öffnung aufprallt. Alternativ kann die Rücklage des Schiebedaches in Frage gestellt werden. Dachversteifungselemente sowie das Komfortempfinden der Insassen begrenzen hier jedoch den Spielraum.

Die zweite Form des Wummerns bei geöffneten Fenstern, die der zufälligen Druckschwankungen, kann gemildert werden, indem die Windschutzscheibe stärker geneigt wird. Die A-Säulen werden dann mit niedrigerer Geschwindigkeit umströmt; folglich treten an den Fensteröffnungen kleinere Luftgeschwindigkeiten auf. Welche Grenzen dem mit Rücksicht auf das Innenklima gesetzt sind, wird im Abschnitt 11.2.8 erörtert.

Weder für die Geometrie der Deflektoren noch für die Frontscheibenneigung kann ein allgemeingültiger Zusammenhang mit dem Schalldruckpegel und dem zugehörigen Frequenzspektrum des Wummerns angegeben werden. An verschiedenen Fahrzeugen haben sich unterschiedliche Formen,

310

Großen und Anordnungen als optimal erwiesen Ihre individuelle Abstimmung erfolgt empirisch im Rahmen von Windkanalversuchen Voraussetzung dafur ist ein genugend großer Pegelabstand zwischen Prufling und Windkanal, vgl Abschnitt 12 5 2 Die Mehrzahl der Fahrzeug-Windkanale ist wegen ihres hohen Larmpegels fur aero-akustische Untersuchungen nur bedingt geeignet

Zu welch drastischer Pegelanhebung schlecht schließende Dichtungen fuhren konnen, zeigt Bild 6 28 am Beispiel des vorderen Dreieckfensters Diese ist auf zwei Effekte zuruckzufuhren

Einmal stellt sich aufgrund der hohen Druckdifferenz zwischen dem Innenraum und der Außenseite hinter der A-Saule eine Dusenstromung hoher Geschwindigkeit ein, die selbst mit hochfrequenten Pfeifgerauschen gekoppelt ist Zum anderen entsteht durch die Offnung eine direkte Schallbrucke zu dem „lauten" Wirbel hinter der A-Saule

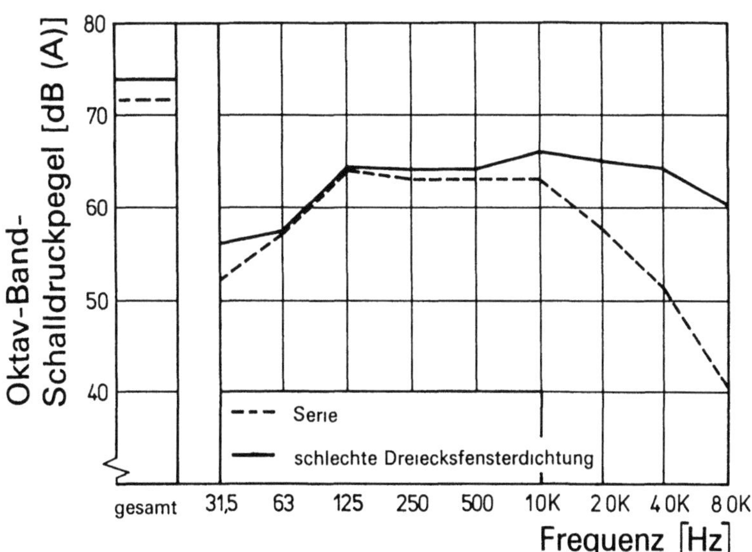

Bild 6 28 Einfluß einer schlecht eingepaßten Fensterdichtung auf das Innengerausch nach [6 13]

Bei der Konstruktion der Tur- und Fensterdichtungen mussen die großen Krafte berucksichtigt werden, die in diesem Bereich bei hoher Fahrgeschwindigkeit wirksam werden, vgl Bild 6 11 Vor allem bei rahmenlosen Turen besteht die Gefahr, daß die Scheiben oben von der Dichtung abheben Erst wenn derartige Mangel sicher vermieden werden, wird sich eine eindeutige Korrelation zwischen Luftwiderstand und Windgerauschpegel – innen wie außen – feststellen lassen

6.6 Umströmung von Einzelteilen

6.6.1 Scheibenwischer

Die Umstromung von Scheibenwischern ist so zu gestalten, daß die Wischerblatter unter keinen Umstanden von der Scheibe abheben Augenmerk muß man hierbei nur den vorderen Wischern widmen Die Funktion von Heckwischern ist wegen der niedrigen lokalen Geschwindigkeiten an der Heckscheibe nicht gefahrdet

Die Aerodynamik der Scheibenwischer konnte R Barth [6 17] anhand eines vereinfachten Modells weitgehend klaren Die Windschutzscheibe wurde dabei durch eine ebene Platte dargestellt, die Anstromung erfolgte parallel zu dieser Platte senkrecht zum Wischerblatt Damit wird der ungunstig-

311

ste Fall simuliert, der beim Betrieb der Scheibenwischer auftritt: die Abwärtsbewegung nahe dem unteren Umkehrpunkt.

Die am Wischer angreifenden Luftkräfte - Auftrieb und Widerstand - sind beachtlich. Der Auftrieb hängt, wie im Bild 6.29 abzulesen ist, stark vom Einstellwinkel ß des Wischerblattes ab; durch richtig angepaßte kleine Flügel läßt er sich weitgehend eliminieren und sogar negativ machen. Der Anpreßdruck des Wischers nimmt dann mit wachsender Fahrgeschwindigkeit zu. Dies ist erwünscht, weil bei höheren Fahrtgeschwindigkeiten auch größere Wassermengen verdrängt werden müssen. Der Gefahr des „Aquaplanings" von Scheibenwischern wird damit entgegengewirkt.

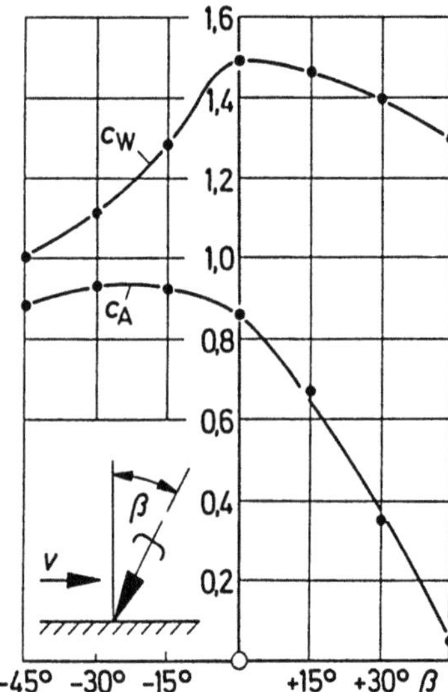

Bild 6.29. Auftrieb und Widerstand am Wischerblatt nach [6.17].

6.6.2 Bremsen

Die Bremsen gehören zu den Bauteilen des Fahrzeuges, die mechanisch und thermisch am höchsten beansprucht werden. Ihrer Kühlung ist besondere Aufmerksamkeit zu widmen. Das umso mehr, als im Bemühen um einen möglichst niedrigen Luftwiderstand die Strömung unter dem Fahrzeug manipuliert, und das heißt in vielen Fällen blockiert wird. Besondere Sorgfalt ist bei der Entwicklung des Bugspoilers vonnöten, vgl. Abschnitt 4.4.9.

Wie günstig sich die Temperatur an einer Vorderradbremse durch gezielte Kühlung beeinflussen läßt, zeigen die im Bild 6.30 verglichenen Versuchsreihen. Auslegungskriterium ist in diesem Fall die Temperatur der Bremsflüssigkeit direkt im Sattel einer Vorderradbremse. Das Bild zeigt den Anstieg dieser Temperatur als Funktion der Zeit. Der Test wird auf dem Rollenprüfstand im Windkanal ausgeführt. Er setzt sich aus zwei Abschnitten zusammen: aus einer ca. 30 minütigen Bergabfahrt mit vorgegebenem Gefälle, wobei das Fahrzeug durch Dauerbremsung auf $V_F = 30$ km/h gehalten wird und aus einer anschließenden Nachheizphase bei stillstehendem Fahrzeug. Jeweils bei Erreichen der maximalen Temperatur der Bremsflüssigkeit ist die Meßreihe beendet.

Zustand 2 wurde durch zusätzliche Kühlluftöffnungen in der Frontschürze gebildet; gegenüber dem Ausgangszustand 1 wurde bereits mit dieser Maßnahme eine Temperaturabsenkung von etwa 10 K erzielt. Noch wirksamer sind ein zusätzlich am Unterboden montiertes Luftleitblech (Zustand 3) sowie ein zusätzliches Blech am Bremssattel, das die wärmetauschende Fläche des Bremssattels vergrößert. Die Kombination dieser drei Maßnahmen erwirkte eine Absenkung der Temperatur der Bremsflüssigkeit um ca. 30 K.

312

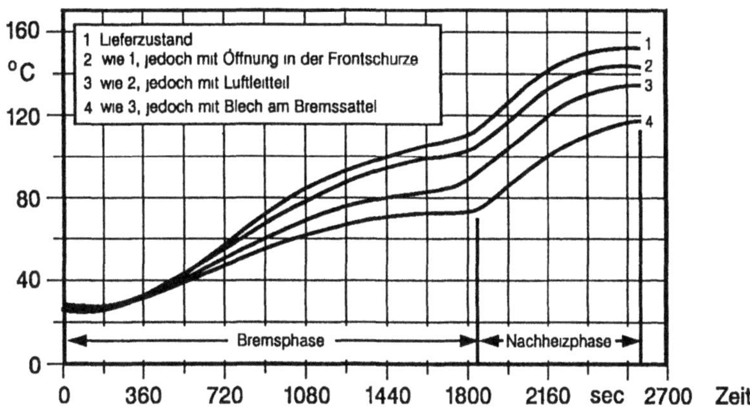

Bild 6 30 Verbesserung der Kuhlung der Vorderradbremsen eines Pkw durch Luftleitvorrichtungen

6.7 Ausblick

Je naher der Luftwiderstand asymptotisch an seinen – freilich nicht scharf definierten – Grenzwert herankommt, desto mehr verschiebt sich der Aufwand bei der aerodynamischen Entwicklung auf die in diesem Abschnitt erorterten Detailprobleme Um sie zu losen, ist eine sehr genaue Kenntnis der Stromung erforderlich Fur geraume Zeit wird sich diese nur experimentell gewinnen lassen Einige der angesprochenen Aufgaben konnen jedoch schon jetzt mit numerischen Methoden bearbeitet werden So lassen sich uberall dort, wo die Stromung anliegend verlauft, Krafte und Momente auf die Bauteile mit der Genauigkeit berechnen, die fur ihre Dimensionierung benotigt wird Andere Phanomene, wie z B die Zweiphasen-Stromung bei Regen oder Staub, konnen nur empirisch angegangen werden Die darauf abgestimmte Simulationstechnik bedarf der standigen Verfeinerung, sie ist selbst noch Gegenstand der Forschung

6.8 Bezeichnungen

r	Kantenradius, Bild 6 2
c_p	Druckbeiwert nach Gl (2 8)
β	Schiebewinkel
β	Neigungswinkel der Wischerlippe, Bild 6 29
L	Fahrzeuglange, Bild 6 8
L_S	Kraft auf die Seitenscheibe, Bild 6 11
V_∞	ungestorte Zustromgeschwindigkeit
V_F	Fahrgeschwindigkeit
a	Uberstand des Spiegelgehauses, Bild 6 14
s	Spaltmaß, Bild 6 19
L, L_{max}	Schalldruckpegel, Tabelle 6 1
c_A	Auftriebsbeiwert des Scheibenwischers
c_W	Widerstandsbeiwert des Scheibenwischers
T	Temperatur der Bremsflussigkeit, Bild 6 30
t	Versuchsdauer, Bild 6 30

7 Hochleistungsfahrzeuge

Helmut Flegl, Michael Rauser

7.1 Einführung

Hohe Motorleistung im Verhältnis zur Fahrzeugmasse ist die technische Voraussetzung für ein Hochleistungsfahrzeug. Starke Beschleunigung, extreme Bremsverzögerung, hervorragende Fahreigenschaften, verbunden mit hoher Endgeschwindigkeit und einem in Relation zu den Fahrleistungen niedrigen Kraftstoffverbrauch, stellen weitere wichtige Eigenschaften dar, die von Sport- und Rennfahrzeugen erfüllt werden müssen.

Zuerst sollen die drei grundlegenden Kategorien der Hochleistungsfahrzeuge definiert und mit je einem Bild verdeutlicht werden: Sportwagen, Rennwagen und Rekordfahrzeuge.

Sportwagen (Bild 7.1) sind für den täglichen Einsatz auf öffentlichen Straßen entworfen. Bei ihnen haben günstiges Leistung-Masse-Verhältnis, tiefe Schwerpunktlage und kompakte Außenabmessungen Vorrang vor Zuladekapazität und, in gewissem Umfang, Fahrkomfort. Überlegenes Beschleunigungs- und Bremsvermögen sowie ausgezeichnete Fahreigenschaften tragen zur aktiven Sicherheit bei.

Rennwagen (Bild 7.2) treten üblicherweise mit Fahrzeugen der gleichen Klasse auf abgesperrten Rennstrecken in Wettbewerb. Sie werden nach speziellen Vorschriften entworfen, wobei vom Konstrukteur im Rahmen dieses Reglements maximale Leistung in bezug auf Beschleunigung, Höchstgeschwindigkeit, Bremsvermögen und Kurvengrenzgeschwindigkeit angestrebt werden. Weiterhin weist das Reglement häufig besondere Verbrauchs- und Sicherheitsvorschriften auf, die vom Fahrzeug erfüllt werden müssen.

Rekordfahrzeuge (Bild 7.3) sind in ihrem Einsatzspektrum noch weiter beschränkt. Üblicherweise besteht ihr Konstruktionsziel darin, entweder eine Höchstgeschwindigkeit oder aber, bei gegebener Distanz, eine möglichst hohe Geschwindigkeit im Vergleich zum Kraftstoffverbrauch zu erreichen, vgl. auch Abschnitt 4.7.4

Bild 7.1. Porsche 911 Carrera 4. Ein typischer Hochleistungssportwagen, der mit seinem 6-Zylinder-Doppelzunder-Motor von 184 kW (250 PS) eine Höchstgeschwindigkeit von 260 km/h erreicht. Widerstandsbeiwert $c_w = 0,32$ bei 1,79 m² Stirnflache.

Bild 7 2 McLaren-Formel-1-Rennwagen mit TAG-V6-Turbomotor von ca 603 kW (820 PS) Maximalgeschwindigkeit 340 km/h

Bild 7.3. Raketengetriebenes Rekordfahrzeug „Blue Flame". Erreichte 1970 eine Geschwindigkeit von 1001,671 km/h, Bild Auto + Technik Museum, Sinsheim.

In allen diesen drei Fahrzeugkategorien hat die Aerodynamik eine herausragende Bedeutung sowohl für das Leistungsvermögen als auch für die Sicherheit.

Bei Rekordfahrzeugen genießen geringer Luftwiderstand und stabiler Geradeauslauf höchste Priorität, während Rennwagen zusätzlich hervorragende Fahreigenschaften verbunden mit hoher Kurvengrenzgeschwindigkeit benötigen. Sportwagen vereinen alle diese Leistungsmerkmale, wobei die Alltagstauglichkeit Abstriche in gewissem Maße erfordert.

Innerhalb der genannten drei Fahrzeugkategorien besteht eine Vielzahl von Bauformen, um den speziellen Regeln bzw. dem Anforderungsspektrum gerecht zu werden:

– offene Fahrzeuge mit freistehenden Rädern; heute nur noch als Einsitzer, sog. Monoposti, im Einsatz (Bild 7.4);

Bild 7.4. Quakerstate-Porsche-Rennwagen der amerikanischen CART-Serie. Das Fahrzeug erreicht mit seinem V-8-Turbomotor von 515 kW (700 PS) Leistung auf Ovalkursen eine Höchstgeschwindigkeit von über 360 km/h.

- offene Fahrzeuge mit in die Karosserie einbezogenen Radern (Bild 7.5), bei Sportwagen sind sie ublicherweise mit Faltdach versehen (Bild 7 6),

- geschlossene Fahrzeuge mit freistehenden Radern, heutzutage nur bei Rekordfahrzeugen in Gebrauch (Bild 7 3),

- geschlossene Fahrzeuge mit von der Karosserie abgedeckten Radern (Bild 7.7)

Bild 7 5   Porsche 936/78, ein offener Rennwagen aus dem Jahr 1978, der mit seinem 427-kW-(580 PS-) Motor 340 km/h erreichte Widerstandsbeiwert $c_w = 0{,}40$ Hinter dem Fahrersitz uber dem Motor ist die sogenannte „Airbox" angeordnet

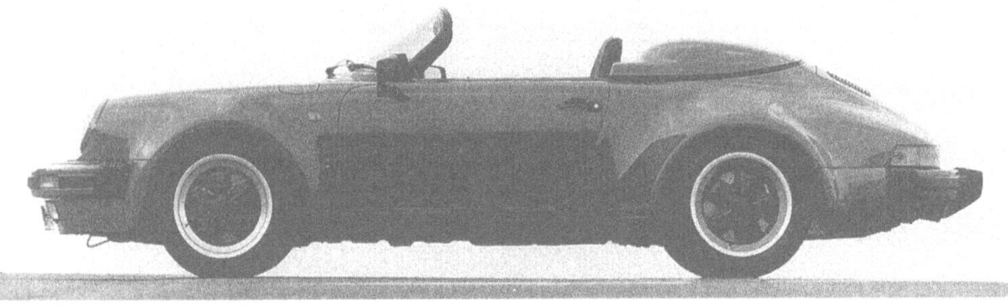

Bild 7 6   Porsche 911 Speedster aus dem Jahr 1989 Erreichte mit einem 6-Zylinder-Boxermotor von 160 kW (218 PS) eine Hochstgeschwindigkeit von 240 km/h Widerstandsbeiwert $c_w = 0{,}41$ bei 1,84 m² Stirnflache

Bild 7 7   Porsche 962 Ein Rennwagen mit Bodeneffekt, wie er in Le Mans startete Mit einem 529-kW-(720 PS-) Motor erreichte das Fahrzeug 385 km/h

318

7.2   Historische Meilensteine

Bereits vor der Jahrhundertwende wurde die Bedeutung der Aerodynamik für Rekordfahrzeuge erkannt. Das erste Automobil, das schneller als 100 km/h fuhr, war die „La Jamais Contente" von C. JENATZY aus dem Jahr 1899 (Bild 1.11). Das von einem Elektromotor getriebene Fahrzeug besaß einen zigarrenförmigen Rumpf, dessen Form offensichtlich vom Luftschiff beeinflußt war.

Nachfolgende Rekordfahrzeuge wurden mit mehr oder weniger stromlinienförmigen Karosserien ausgerüstet. Hierbei dienten häufig senkrechte Heckflossen zur Erhöhung der Längsstabilität. Der „Golden Arrow", mit dem HENRY SEGRAVE 1929 eine Geschwindigkeit von 372,456 km/h erreichte, stellt dafür das erste Beispiel dar (Bild 7.8).

Das Raketenfahrzeug Opel Rak 2 aus dem Jahr 1928, vgl. Bild 1.39, besaß zum erstenmal horizontale Flügel, deren negativer Auftrieb die Kontrolle des Fahrzeuges erleichtern sollten.

Im Mercedes-Benz T 80 von 1939 wurden erstmalig die stromlinienförmige Karosserie, vertikale Heckflossen und negativen Auftrieb erzeugende Flügel miteinander kombiniert (Bild 7.9). Leider wurde er wegen des Beginns des 2. Weltkrieges nie eingesetzt.

Bild 7 8. Rekordfahrzeug „Golden Arrow" aus dem Jahr 1929 Maximalgeschwindigkeit 372,456 km/h; Bild Auto, Motor + Sport

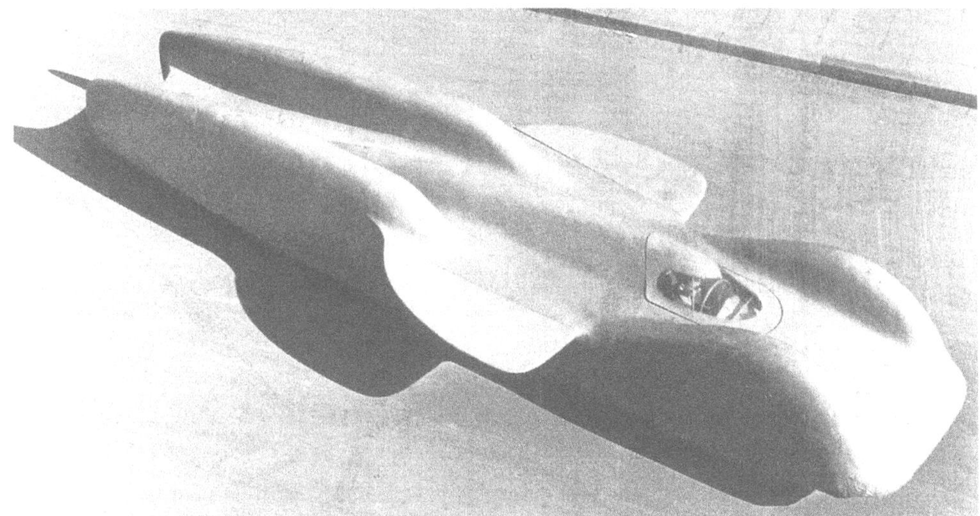

Bild 7 9. Rekordfahrzeug Mercedes-Benz T80 aus dem Jahr 1939 Mit 2200 kW (3000 PS) Antriebsleistung sollten uber 650 km/h erreicht werden

Die Notwendigkeit der Verbesserung der Stabilität bei hohen Geschwindigkeiten wurde durch den tödlichen Unfall von Bernd Rosemeyer bei Rekordfahrten 1939 evident, vgl. auch Abschnitt 5.2. Es wurde der Vorschlag gemacht, die Seitenwindabweichung durch selbsttätige Flossen zu kompensieren (Bild 7.10), und W. Kamm zeigte Wege zur „Vollstabilisierung" von Fahrzeugen auf.

Im Jahr 1947 erzielte John Cobb mit dem „Railton Mobil Special" einen neuen Rekord von 634,386 km/h, der bis in die sechziger Jahre nicht übertroffen wurde. Zwischen 1963 und 1970 wurde der absolute Geschwindigkeitsrekord für Landfahrzeuge von reaktionsgetriebenen Fahrzeugen auf über 1000 km/h angehoben. Die von einer Flüssiggasrakete getriebene „Blue Flame" (Bild 7.3) erreichte 1970 die Geschwindigkeit von 1001,671 km/h.

Die Weltrekordmarke für *rädergetriebene* Fahrzeuge wurde durch den „Golden Rod" 1965 auf 658,649 km/h gesetzt. Ein neuer Weltrekord wurde 1983 durch das gasturbinengetriebene Fahrzeug „Thrust 2" von Richard Noble mit 1019,7 km/h erreicht.

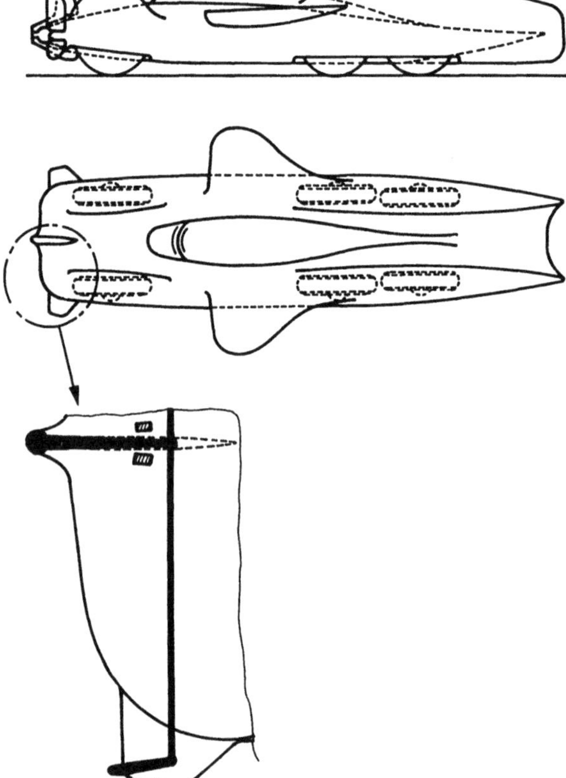

Bild 7.10. Patentzeichnung zur automatischen Stabilisierung bei Seitenwind von J. Mickl aus dem Jahr 1939.

Schon 1979 durchbrach Stan Barret mit seiner „Budweiser Rocket" (Bild 7.11) die Schallmauer mit 1190,23 km/h, allerdings wurde der Rekord nicht anerkannt.

Die aerodynamische Entwicklung der Rennwagen verlief etwas langsamer. Die Fahrzeuge in offener Bauweise besaßen freistehende Räder, versuchten aber durch Spitzkühler und schlanke Bauweise die Luft möglichst widerstandsarm zu durchdringen. Ein gutes Beispiel dafür ist der Mercedes von Lautenschlager aus dem Jahr 1914 (Bild 7.12), der mit $c_w = 0,65$ einen für diese Bauform relativ geringen Widerstandsbeiwert aufwies.

Bild 7.11. Raketengetriebenes Rekordfahrzeug „Budweiser Rocket"; durchbrach 1975 mit 1190,23 km/h als erstes Fahrzeug die „Schallmauer"; Bild. J.G Rettie

Bild 7.12. Mercedes-Rennwagen, gefahren von Lautenschlager beim Grand Prix von 1914 Widerstandsbeiwert $c_W = 0,65$ bei $1,37\ m^2$ Stirnfläche

Auf der Grundlage der Patente von E. Rumpler wurde 1923 die Rennversion des Benz- „Tropfenwagens" gebaut (Bild 7.13). Aus dem gleichen Jahr stammt der Bugatti-„Tank" (Bild 1.19) mit zum ersten Mal von der Karosserie überdeckten Rädern. Bei diesen Fahrzeugen handelte es sich allerdings um Einzelstücke. Die Hersteller von Sport- und Rennwagen hielten noch lange an der klassischen Formgestaltung mit großen Kühlern und freistehenden Rädern fest; den hohen Luftwiderstand nahmen sie in Kauf.

Kurze Zeit vor dem zweiten Weltkrieg erschienen die ersten stromlinienförmigen Rennwagen von Auto Union und Daimler-Benz auf den Rennstrecken (Bild 7.14). Diese Entwicklung wurde nach dem Krieg wieder aufgegriffen. Ein Beispiel ist der im Bild 7.15 gezeigte Mercedes-Benz 300 SLR, der 1955 in Le Mans eingesetzt wurde. Eine ausfahrbare Bremsklappe verbesserte die Verzögerung aus hohen Geschwindigkeiten; durch diese Klappe wurde der Widerstandsbeiwert von $c_W = 0,44$ auf 1,09 angehoben.

Bild 7.13. Benz-Tropfenwagen. Dieser Rennwagen aus dem Jahr 1923 erreichte mit 66 kW (90 PS) etwa 185 km/h; Bild: Daimler-Benz AG.

Bild 7.14. Stromlinienformiger Rennwagen der Daimler-Benz AG auf der Avus-Rennstrecke in Berlin 1937, Bild Daimler-Benz AG

Bis in die späten sechziger Jahre verfolgte die Konstrukteure der Rennwagen primär das Ziel eines geringen Luftwiderstandes. Ein gutes Beispiel hierfür ist der Porsche 906 Carrera Langheck von 1966 nach Bild 7.16. Noch weiter aerodynamisch verfeinert waren die von CHARLES DEUTSCH für das 24-Stunden-Rennen von Le Mans gestalteten Fahrzeuge von Panhard und Peugeot. Diese erreichten Spitzengeschwindigkeiten von 220 bzw. 245 km/h mit nur 63 bzw. 105 PS (Bild 7.17).

Allen diesen stromlinienförmigen Fahrzeugen war gemeinsam, daß sie hohe Endgeschwindigkeiten erreichten. Die hierbei entstehenden Auftriebskräfte verringerten aber Fahrstabilität und Kurvengrenzgeschwindigkeit. Der Chaparral 2F aus dem Jahr 1967 war der erste Rennwagen, der einen Flügel zur Erzeugung von negativem Auftrieb – vielfach „Abtrieb" genannt – mit dem Ziel verwendete, die Bodenhaftung in Querrichtung zu erhöhen und so Fahreigenschaften und Fahrstabilität zu verbessern.

322

Bild 7 15   Mercedes-Benz 300 SLR Dieser 1955 in Le Mans eingesetzte Rennwagen besaß eine Bremsklappe am Heck, die den Widerstandsbeiwert von $c_w = 0{,}44$ auf $c_w = 1{,}09$ anhob, Bild Daimler-Benz AG

Bild 7 16   Rennwagen Porsche Carrera 6 Langheck aus dem Jahr 1966 Mit 162 kW (220 PS) erreichte das Fahrzeug 265 km/h, Widerstandsbeiwert $c_w = 0{,}33$

Bild 7 17   Rennwagen CD Peugeot 66 aus dem Jahr 1966 Er erreichte mit 78 kW (105 PS) eine Geschwindigkeit von 245 km/h, Bild Automobiles Peugeot

In der Folge wurden Rennfahrzeuge generell mit Flügeln und Spoilern versehen, um den Auftrieb zu verringern. Als Beispiel möge der Porsche 917/30 der Can Am Serie (Bild 7.18) oder der aus dem Seriensportwagen abgeleitete Porsche 935 „Moby Dick" Bild (7.19) dienen.

Auch die Rennfahrzeuge mit freistehenden Rädern folgten dieser Entwicklungslinie. Die ersten dieser Monoposti erhielten möglichst schmale, stromlinienförmige Karosserien, um den Luftwiderstand zu verkleinern. Der Auftriebsminderung oder gar der Erzeugung von negativem Auftrieb widmete man zunächst wenig Aufmerksamkeit. Erst ab 1968 wurden Flügel zur Erzeugung von negativem Auftrieb mit den Radaufhängungen an Vorder- und Hinterachse verbunden. Und um die Flügel mit einer ungestörten Anströmung zu beaufschlagen, wurden sie *hoch* über dem Fahrzeug positioniert. Als sie in einigen Fällen während des Rennens abbrachen, wurde diese Bauform verboten. In der folgenden Saison wurden deshalb an der Karosserie befestigte Flügel eingesetzt.

Ein völlig andersgeartetes Konzept zur Erzeugung von negativem Auftrieb besaß der Chaparral 2J von 1969: Zwei motorgetriebene Gebläse saugten die Luft unter dem Fahrzeug ab und erzeugten so eine Anpresskraft zwischen Fahrzeug und Straße. Dieser im Bild 7.20 gezeigte „Staubsauger" wurde allerdings schnell durch das Reglement verboten. Ein ähnlicher Versuch wurde mit dem Brabham Formel I Rennwagen 1978 unternommen. Hier erzeugte das Kühlgebläse den Unterdruck. Dies verletzte allerdings das Reglement, welches zu dieser Zeit *bewegliche* aerodynamische Hilfsmittel untersagte.

Bild 7 18. Rennwagen Porsche 917/30 aus dem Jahr 1973 Erreichte mit 809 kW (1100 PS) eine Hochstgeschwindigkeit von 370 km/h, Widerstandsbeiwert $c_w = 0{,}57$. Deutlich sichtbar sind der Frontspoiler und der Flugel am Heck.

Bild 7.19. Rennwagen Porsche 935/78 „Moby Dick", eingesetzt 1978 in Le Mans. Erreichte mit 552 kW (750 PS) 365 km/h; Widerstandsbeiwert $c_w = 0{,}36$.

324

Bild 7.20. Rennwagen Chaparral 2J aus
dem Jahr 1979. Am Heck sind die beiden
Geblase zu sehen, welche die Luft
vom Fahrzeugboden absaugten, um uber
den entstehenden Unterdruck Abtrieb
zu erzeugen

Im Jahr 1977 entwickelte das Lotus-Team einen Unterboden, der den sogenannten „Bodeneffekt"
ausnutzte; im Formel-I-Rennwagen Lotus 79 (Bild 7.21) wurde er erstmals eingesetzt. Die Fahrzeugunterseite ist bei diesem so geformt, daß sie zusammen mit der Fahrbahn über den Venturi-Effekt
Unterdruck erzeugt. Wie im Bild 7.22 zu erkennen, wird durch seitliche bis zur Fahrbahnoberfläche
reichende Schürzen verhindert, daß Luft von den Seiten einströmen und so den Unterdruck mindern
kann. Durch die große Fläche des Unterbodens, auf die der Unterdruck wirkt, entsteht eine hohe
Anpreßkraft. Hierdurch konnte die maximale Querbeschleunigung wesentlich gesteigert werden.
Gleichzeitig stieg aber auch die physische Belastung des Fahrers sehr stark an. Daraufhin wurden die
seitlichen Schürzen verboten, und seit der Rennsaison 1983 muß der Unterbodenbereich zwischen
den Rädern vollkommen eben verlaufen.

Die Folge dieser Reglementsänderung war, daß nun wieder verstärkt Entwicklungsarbeit in Gestaltung und Lage der Flügel gesteckt wurde. Der Bodeneffekt wird heute neben der Formel I vor allem

Bild 7 21 Lotus 79, ein Rennwagen der Formel 1, der im Jahr 1977 erstmals den Bodeneffekt einsetzte,
Bild W WILHELM

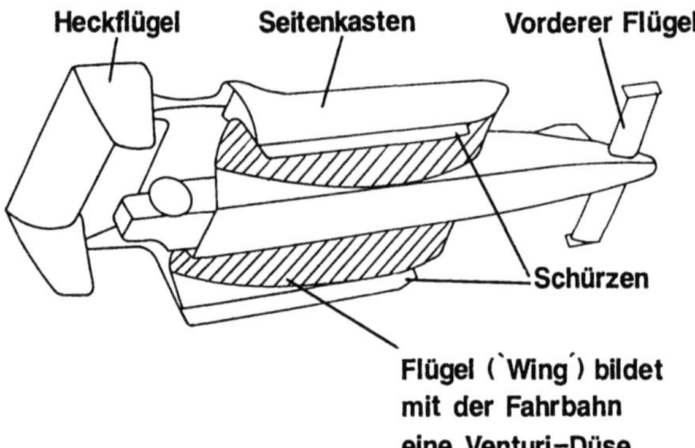

Bild 7.22. Schematische Darstellung des Unterbodens eines Bodeneffekt-Rennwagens der Formel 1 nach [7 26].

in der amerikanischen CART-Serie (Bild 7.4) und in Fahrzeugen der Gruppe C (Bild 7.7) ausgenutzt. Wie stark die maximal erreichbare Querbeschleunigung mit Hilfe der Aerodynamik gesteigert werden konnte zeigt Bild 7.23 in der zeitlichen Entwicklung. In den Jahren zwischen 1950 und 1970 konnte die Querbeschleunigung durch Verbesserungen an Reifen und Fahrwerk nur wenig gesteigert werden. Erst als es gelang, großen negativen Auftrieb zu erzeugen, stieg das Querkraftpotential dramatisch an.

Auf den Widerstand blieb das jedoch nicht ohne Einfluß. Tabelle 7.1 zeigt die Entwicklung des Widerstandsbeiwertes und der Stirnflächen der Rennwagen von Porsche seit den fünfziger Jahren. Deutlich wird, daß sowohl der Widerstandsbeiwert als auch die Stirnfläche zunahmen, als begonnen

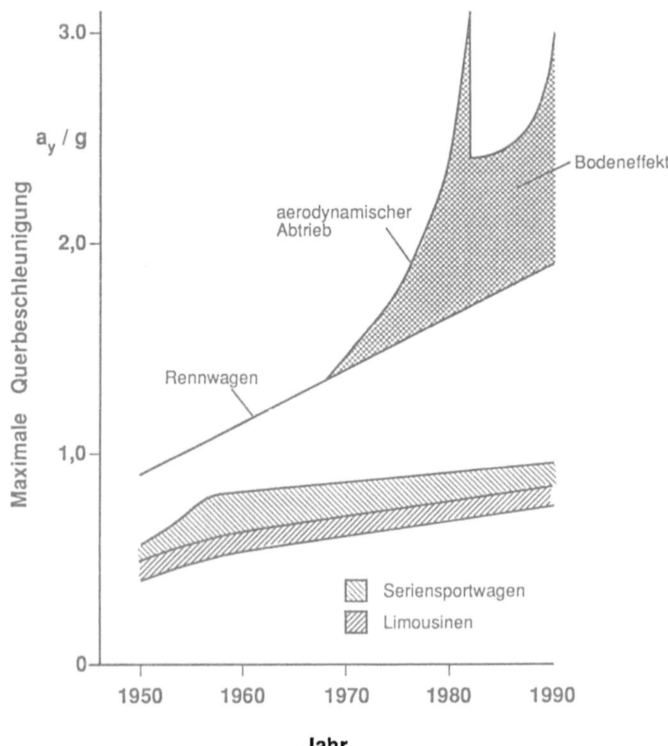

Bild 7.23. Zeitliche Entwicklung der maximalen Querbeschleunigung von Limousinen, Sportwagen und Rennwagen

Tabelle 7.1. Entwicklung von Widerstandsbeiwert c_w und Stirnfläche A der Rennfahrzeuge von Porsche, 1953 bis 1990.

Typ	Jahr	c_w	A m^2	c_w A m^2
Porsche 550 Coupé	1953	0,36	1,13	0,41
Porsche 550 Spyder	1954	0,45	1,03	0,46
Porsche Formel II	1960	0,53	0,89	0,47
Porsche Formel I	1962	0,60	0,72	0,43
Porsche Abarth	1962	0,39	1,40	0,58
Porsche 904 Carrera GTS	1964	0,38	1,40	0,54
Porsche Carrera 6	1966	0,34	1,33	0,45
Porsche 910	1966	0,35	1,32	0,46
Porsche 906 Carrera	1966	0,39	1,34	0,52
Porsche 908/02 Spyder	1969	0,49	1,27	0,62
Porsche 917 (Kurzheck)	1970	0,44	1,55	0,68
Porsche 914/6 GT Coupé	1970	0,45	1,66	0,75
Porsche 908/03 Spyder	1970	0,56	1,40	0,78
Porsche 917 (Langheck)	1971	0,36	1,57	0,57
Porsche 917/10	1972	0,60	1,85	1,11
Porsche 917/30	1973	0,57	1,86	1,06
Porsche 911 Carrera GTS	1974	0,43	1,91	0,82
Porsche 936	1977	0,40	1,75	0,70
Porsche 935/78	1978	0,36	2,00	0,72
Porsche 936	1978	0,40	1,65	0,66
Porsche 924 Carrera GT	1980	0,34	1,94	0,66
Porsche 956 (Kurzheck)	1982	0,54	1,80	0,97
Porsche 956 (Langheck)	1982	0,44	1,69	0,74
Porsche 961	1987	0,43	2,11	0,91
Porsche 962 (Kurzheck)	1988	0,53	1,80	0,95
Porsche 962 (Langheck)	1988	0,40	1,69	0,68
Porsche 944 Turbo	1989	0,35	1,88	0,65
Porsche 911 Carrera 2	1990	0,31	1,77	0,55

wurde, Wert auf negativen Auftrieb und auf Fahrwerke mit großer Spurweite und breiten Reifen zu legen.

Sportwagen für den Straßengebrauch unterlagen einer ähnlichen Entwicklung wie Rennwagen. In der Vorkriegszeit bevorzugten die Fahrzeugfirmen klassische Formen mit großen Kühlern und separaten Kotflügeln. Als Beispiel kann der Mercedes-Benz Typ 720 SSK aus dem Jahr 1928 dienen, der einen Widerstandsbeiwert von $c_w = 0{,}91$ und eine Stirnfläche von $A = 1{,}57$ m^2 besaß (Bild 7.24). Unmittelbar nach dem zweiten Weltkrieg wurde großer Wert auf geringen Widerstandsbeiwert und kleine Stirnfläche gelegt. So besaß der offene Porsche 356 Wagen 1 des Jahres 1948 einen Widerstandsbeiwert von 0,46 bei 1,41 m^2 Stirnfläche (Bild 7.25). Der geschlossene Porsche 356 A (Bild 7.26) erreichte 1950 sogar unglaubliche $c_w = 0{,}28$ bei 1,68 m^2 Stirnfläche. Allerdings war der Auftriebsbeiwert mit $c_A = 0{,}28$ sehr hoch; das war aber wegen der geringen Höchstgeschwindigkeit durchaus tolerierbar.

In den folgenden Jahren führten die Bemühungen, das Fahrverhalten durch aufwendigere Radaufhängungen, breitere Spur und breitere Reifen zu verbessern und gleichzeitig den Insassen durch mehr

Bild 7 25   Porsche 356 Wagen 1 aus dem Jahr 1948 Widerstandsbeiwert $c_w = 0,46$ bei 1,41 m² Stirnflache

Innenraum größeren Komfort zu gewähren, zu größerer Stirnfläche und höheren Widerstandsbeiwerten. Eine Rolle spielte auch der zunehmende Kühlluftbedarf, der durch höhere installierte Motorleistung bedingt war.

In den siebziger Jahren wurden auch im Seriensportwagen Front- und Heckspoiler eingeführt, um Widerstand und Auftrieb zu mindern. Der Porsche 911 Turbo (Bild 7.27) verdeutlicht dieses Vorgehen. Heute wird bei der Gestaltung von Sportwagenkarosserien in immer größerem Maße auf die Erkenntnisse der Renn-Aerodynamik zurückgegriffen. Der Porsche 959 (Bild 7.28) mit verkleidetem Unterboden und integriertem Heckflügel stellt hierfür ein Beispiel dar. Gleichzeitig sind Bestrebungen im Gange, die Leistung eines Sportwagens in eine elegante und nicht aggressiv wirkende Form zu kleiden. Um trotzdem die für Fahrleistung und Fahrverhalten wichtigen aerodynamischen Eigenschaften erhalten, werden Spoiler oder Flügel erst bei höheren Geschwindigkeiten ausgefahren. Ein Beispiel dafür liefert der in den Bildern 7.1 und 7.29 gezeigte Porsche 911 Carrera 4.

Bild 7.27. Porsche 911 Turbo aus dem Jahr 1983. Mit 221 kW (300 PS) Leistung erreicht der Wagen 260 km/h Widerstandsbeiwert $c_w = 0{,}40$ bei 1,87 m² Stirnfläche

Bild 7.28. Porsche 959 aus dem Jahr 1987 mit Heckflügel und verkleidetem Unterboden. Widerstandsbeiwert $c_w = 0{,}31$ bei 1,92 m² Stirnfläche

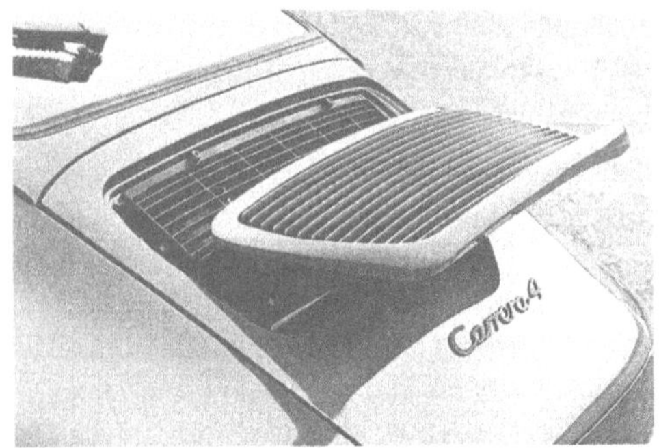

Bild 7 29. Porsche 911 Carrera 4 Bei Geschwindigkeiten uber 80 km/h fahrt der Heckspoiler automatisch aus und senkt den Auftriebsbeiwert an der Hinterachse von $c_{AH} = 0,18$ auf $c_{AH} = 0,02$

7.3   Bedeutung der Aerodynamik für Hochleistungsfahrzeuge

Gute aerodynamische Eigenschaften sind die Grundvoraussetzung dafür, daß Hochleistungsfahrzeuge hohe Endgeschwindigkeiten erreichen und dabei auch überlegene Fahreigenschaften aufweisen.

7.3.1   Widerstand und Auftrieb

Durch eine Verringerung des Luftwiderstandes kann bei gegebener Motorleistung die Höchstgeschwindigkeit gesteigert werden. Der Luftwiderstand, der mit dem Quadrat der Geschwindigkeit ansteigt, ist proportional dem Produkt aus Widerstandsbeiwert c_W und Stirnfläche A. Wie Bild 7.30 belegt, erreichten Sportwagen bereits in den fünfziger Jahren sehr niedrige Werte für die Widerstandsfläche $c_W \cdot$ A. Diese nahmen jedoch wegen verbesserter Platzverhältnisse im Innenraum, wegen breiterer Reifen und größerer Spurweite wieder zu. Nur durch verbesserte Formgestaltung konnte dem entgegengewirkt werden.

Die aerodynamische Entwicklung verlief bei den Limousinen zunächst langsamer; inzwischen haben sie aber mit den Sportwagen vergleichbare Werte erreicht, ja diese mit speziellen Aerodynamikstudien sogar deutlich unterboten.

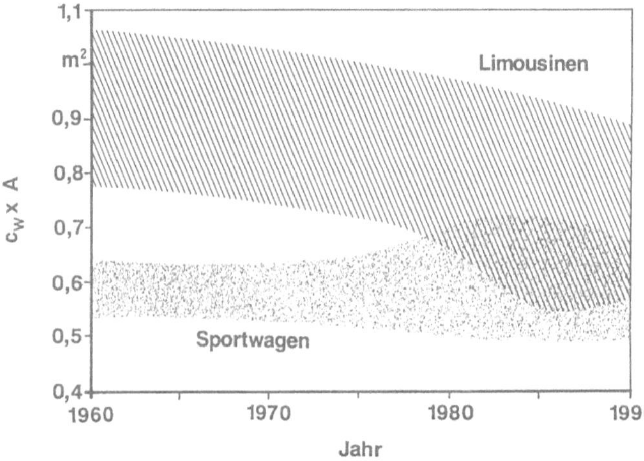

Bild 7 30 Entwicklung der Luftwiderstandszahl c_W A von Limousinen und Sportwagen.

Daß die Fahrzeugumströmung nicht nur den Widerstand, sondern auch die Aufstandskräfte der Räder beeinflußt, wurde schon erwähnt. Auch die Änderung der Vertikalkräfte, ob positiv oder negativ, erfolgt quadratisch mit der Anströmgeschwindigkeit. Jede Änderung der Radaufstandskräfte beeinflußt die maximal übertragbare Seitenkraft der Räder und damit auch das Fahrverhalten (Bild 7.31).

7.3.2 Fahrverhalten

Das Fahrverhalten wird primär vom Fahrwerk und von den Reifen bestimmt, kann aber durch aerodynamische Maßnahmen deutlich verbessert werden. Dies gilt vor allem bei hohen Geschwindigkeiten, bei denen die Luftkräfte eine signifikante Größenordnung erreichen.

7.3.2.1 Fahrversuche

Im Bild 7.32 zusammengestellte Fahrversuche, die von H. FLEGL [7.1] durchgeführt wurden, zeigen den Anstieg der maximal möglichen Querbeschleunigung mit der Geschwindigkeit bei Fahrzeugen mit aerodynamischem Abtrieb. Den positiven Einfluß von negativem Auftrieb an der Hinterachse

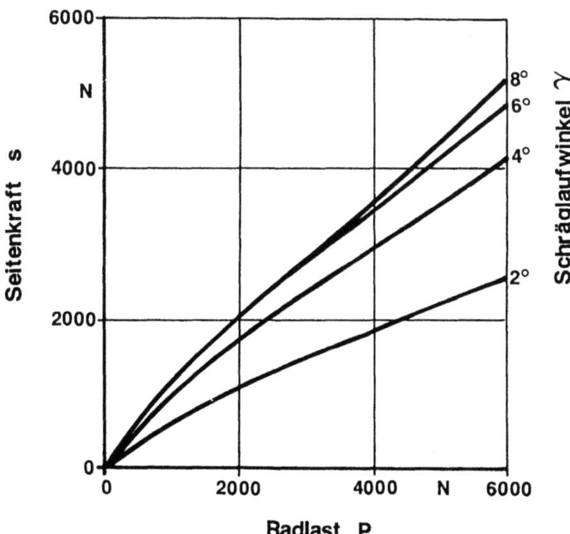

Bild 7.31 Die von den Reifen ubertragbare Seitenkraft nimmt mit der Radlast P und dem Schraglaufwinkel γ zu

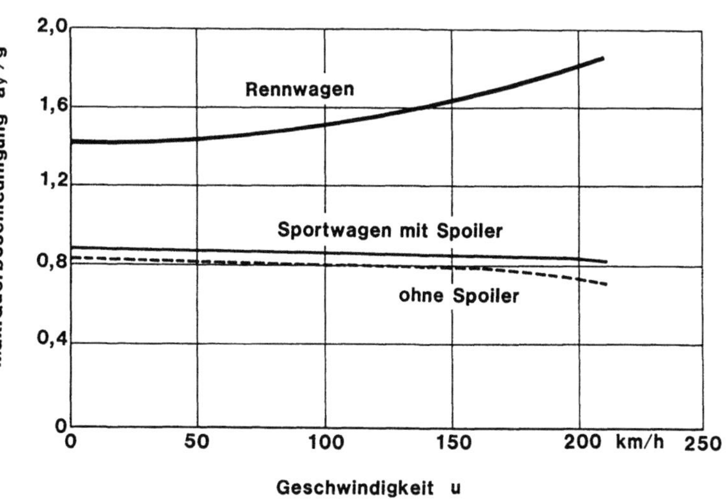

Bild 7 32. Bei Rennwagen nimmt die maximal mogliche Querbeschleunigung durch den Abtrieb zu Bei Sportwagen kann die Abnahme der maximalen Querbeschleunigung uber der Geschwindigkeit durch einen auftriebsmindernden Spoiler verkleinert werden

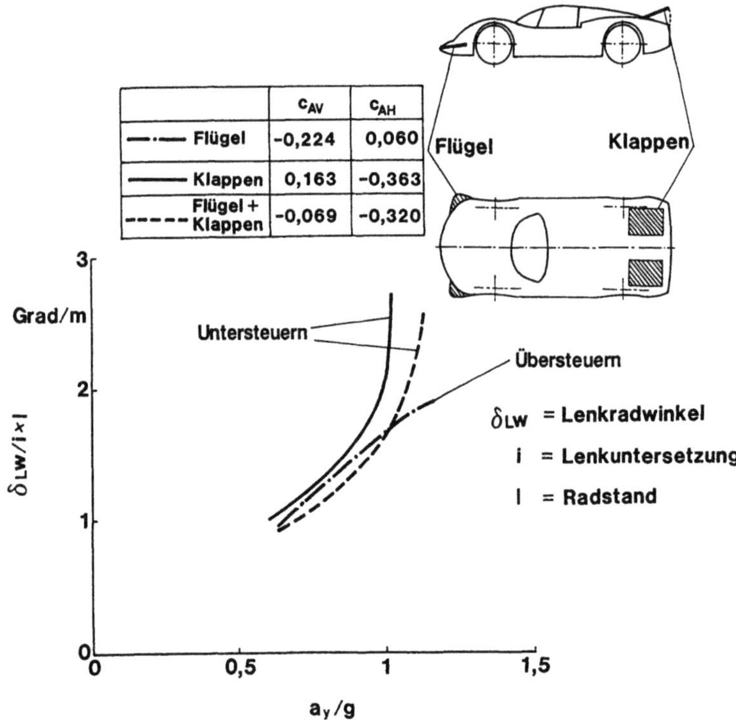

Bild 7.33. Bei stationärer Kreisfahrt verhält sich das Fahrzeug untersteuernd, wenn durch Klappen Abtrieb an der Hinterachse erzeugt wird.

zeigt Bild 7.33. Das verwendete Versuchsfahrzeug war mit einstellbaren Flügeln und Klappen ausgerüstet, um die Luftkräfte variieren zu können.

Wurden die Klappen am Heck ausgefahren, so erzeugten sie negativen Auftrieb an der Hinterachse, und der Lenkradwinkel nahm mit zunehmender Querbeschleunigung zu. Dies bedeutet, daß das Fahrzeug untersteuerte und daher einfacher zu beherrschen war. Wurden die vorderen Flügel negativ angestellt, so ergab sich an der Vorderachse ein negativer Auftrieb; das Fahrzeug tendierte nun zum Übersteuern, eine Eigenschaft, die weniger geschätzt wird. Dabei muß hervorgehoben werden, daß diese Versuche auf einer Kreisbahn von 190 m Durchmesser bei einer Geschwindigkeit von nur etwa 120 km/h gefahren wurden.

Von H.-H. BRAESS et al. [7.2] durchgeführte Versuche zeigten, daß durch Reduzieren der Auftriebskräfte das Fahrverhalten auch bei *Fahrmanövern* verbessert werden kann. Versuche mit einem Porsche 911 Carrera ergaben, daß das Fahrzeug dem Lenkeinschlag durch Verringerung der Auftriebskräfte (Bild 7.34) mit einer kürzeren Ansprechzeit folgt (Bild 7.35). Verringerte Auftriebskräfte verbessern auch das Bremsverhalten in der Kurve, wo sowohl die Reifenhaftung auf der Straße wie auch andere Fahrdynamikeffekte (vor allem Radlastverschiebungen) eine wichtige Rolle spielen.

Die untere Kurve im Bild 7.36 zeigt die erreichte Verzögerung beim Bremsen in einer engen Fahrspur. Ausgangsgeschwindigkeit war 145 km/h. Es wird deutlich, daß das Fahrzeug, das mit aerodynamischen Hilfsmitteln zur Verringerung der Auftriebskräfte ausgerüstet war, eine höhere Bremsverzögerung erreichte und eine Sekunde früher zum Stehen kam als das Ausgangsfahrzeug. Darüber hinaus war es leichter zu kontrollieren; es machte weniger Lenkkorrekturen erforderlich.

7.3.2.2 Anstellwinkel und Schräganströmung

In den bisherigen Betrachtungen wurde davon ausgegangen, daß die aerodynamischen Beiwerte konstante Größen sind. Tatsächlich hängen sie jedoch stark von der Lage des Fahrzeuges relativ zur

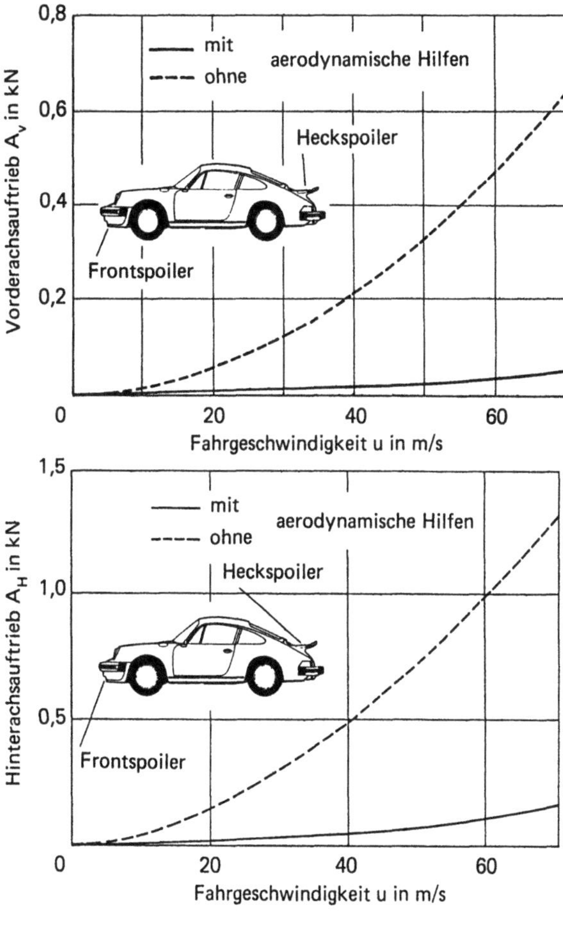

Bild 7.34. Durch Anbringen von aerodynamischen Hilfsmitteln wie Bug- und Heckspoiler können die Auftriebskräfte deutlich reduziert werden.

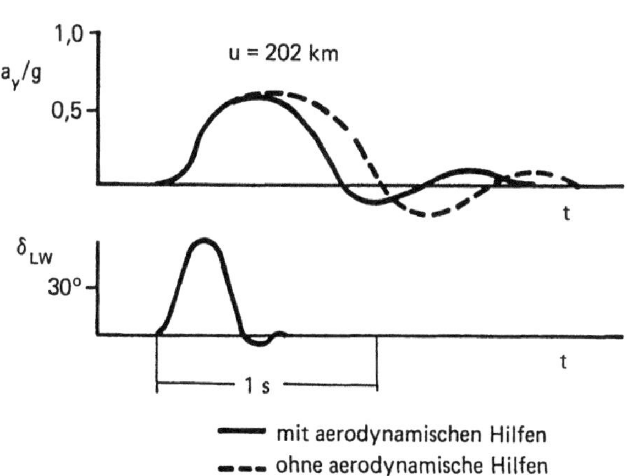

Bild 7.35. Am Beispiel des Porsche 911 Carrera wird deutlich, daß das Fahrzeug mit verringertem Auftrieb besser dem Lenkeinschlag folgt.

Fahrbahn und von der Anströmrichtung ab, sie ändern sich also im Verlauf von Fahrmanövern. Dadurch sind auch die durch die Aerodynamik hervorgerufenen Kräfte auf das Fahrzeug, die wiederum das Fahrverhalten beeinflussen, nicht konstant.

Ein Beispiel ist das Überfahren einer Kuppe. Hierbei federt das Fahrzeug vorne aus, der Anstellwinkel nimmt zu. Dadurch steigt, wie aus Bild 7.37 hervorgeht, der Auftriebsbeiwert an der Vorderachse

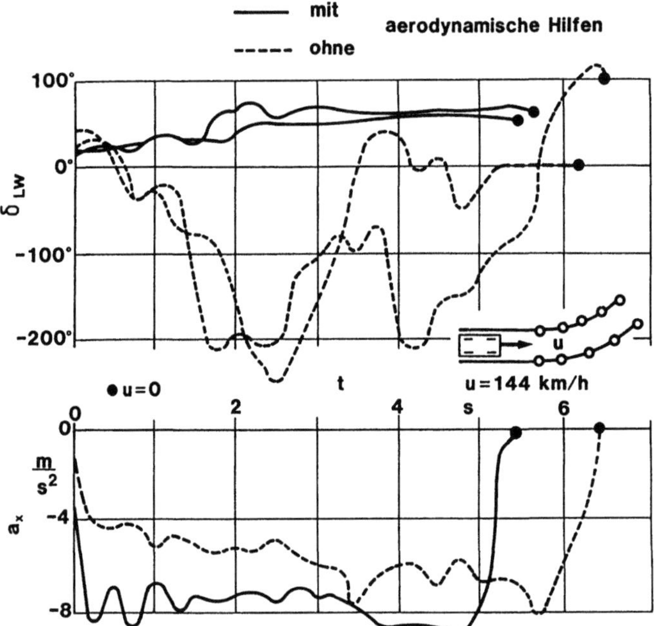

Bild 7.36. Beim Bremsen in einer engen Gasse verhält sich das Fahrzeug mit verringertem Auftrieb stabiler und kommt eine Sekunde früher zum Stehen.

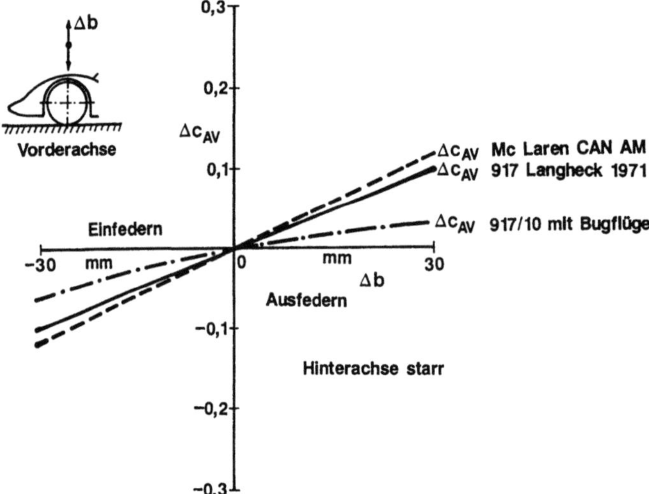

Bild 7.37. Beim Ausfedern, wie es z.B. beim Überfahren einer Kuppe auftritt, nimmt der Auftrieb an der Vorderachse zu.

an und vergrößert die Ausfederung weiter. Federt das Fahrzeug nach Überfahren der Kuppe wieder ein, so geschieht das Entgegengesetzte, und der verringerte Auftrieb führt zu einem verstärkten Einfedern.

Für die Fahrstabilität wäre aber genau das umgekehrte Verhalten wünschenswert. Jedoch zeigen alle derzeit gebräuchlichen Vorderwagenformen den im Bild 7.37 dargestellten Verlauf der Beiwerte; sie sind also nickinstabil. Nur mit *gesteuerten* Flügeln ließe sich dieser Mangel überwinden (siehe Abschnitt 7.4.2); sie sind aber vom Reglement verboten.

Schräganströmung, d.h. eine Anströmung, die nicht in Fahrzeuglängsrichtung verläuft, wird durch Seitenwind und durch Kurvenfahrt hervorgerufen. Seitenwind führt zusammen mit dem durch die

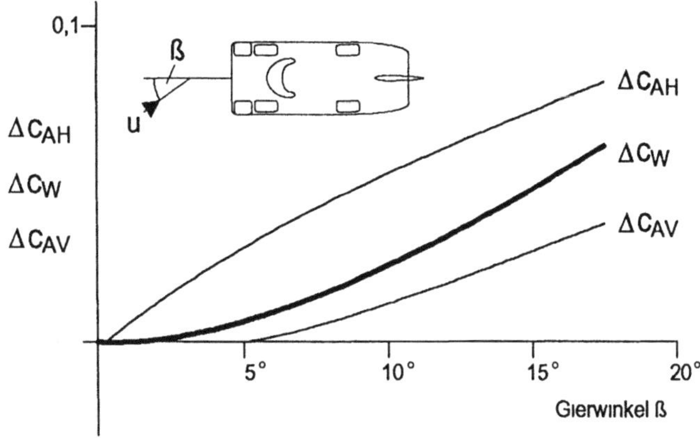

Bild 7 38   Mit zunehmendem Winkel der Schraganstromung nimmt der Widerstandsbeiwert zu, wahrend sich die Abtriebskrafte verringern

Eigenbewegung des Fahrzeuges hervorgerufenen Fahrtwind zu einer Anstromung, die nicht parallel zur Fahrtrichtung verlauft Bei Kurvenfahrt mussen die Reifen zum Aufbau der Querkrafte einen gewissen Schraglaufwinkel haben Dies fuhrt zu einem Schiebewinkel des Fahrzeugkorpers, der die gleiche Großenordnung wie der Schraglaufwinkel hat, also bis zu 10° fur Straßenreifen und bis zu 8° fur Rennreifen

Die sich hieraus ergebende Schraganstromung fuhrt ublicherweise zu einem Anstieg des Widerstandes und einer Abnahme des negativen Auftriebs (Bild 7 38) Um die Fahrstabilitat und damit die Fahrsicherheit zu gewahrleisten, sollte der Verlust an Abtrieb an der Hinterachse gleich oder kleiner als der an der Vorderachse sein (mehr Hinterachsabtrieb als Vorderachsabtrieb verbessert die Fahrstabilitat, siehe Abschnitt 7 3 2 1)

Neben dem Widerstand und den Auftriebskraften werden auch die Seitenkrafte an Vorder- und Hinterachse und damit das Giermoment um die Hochachse beeinflußt Da bei ublichen Fahrzeugformen der Druckpunkt, d h der Angriffspunkt der Luftkrafte, vor dem Schwerpunkt und damit vor dem Angriffspunkt der von den Reifen aufnehmbaren Seitenkrafte liegt, wird durch Schraganstromung ein Giermoment erzeugt, welches das Fahrzeug vom Wind wegdreht und damit destabilisierend wirkt (siehe auch Abschnitt 5 3 2)

Durch besondere Bauformen und insbesondere durch senkrechte Flossen (siehe Abschnitt 7 4 2) kann der Druckpunkt nach hinten verschoben werden Das hierdurch entstehende positive Giermoment unterstutzt eine Drehung *in* den Wind, vergleichbar einer Windfahne, und erhoht so die Stabilitat

Die wahrend der Kurvenfahrt durch den Schraglauf der Reifen entstehende schiebende Anstromung ergibt Seitenkrafte, die zum Kurveninnern zeigen und damit den Fliehkraften entgegenwirken Diesem stabilisierenden Effekt wirkt jedoch der durch den Abtriebsverlust hervorgerufene destabilisierende Effekt entgegen, denn bei veringerter Radlast resultiert aus einer gegebenen Seitenkraft ein großerer Schraglaufwinkel

7 3 2 3   *Windschattenfahrt*

Bis jetzt wurde davon ausgegangen, daß sich das Fahrzeug bei Geradeausfahrt in ungestorter Parallelstromung bewegt Im normalen Fahrbetrieb bewegt sich das Fahrzeug jedoch nicht allein auf der Straße, sondern es wird durch den Nachlauf der vorausfahrenden Fahrzeuge beeinflußt Im Rennbetrieb kommt dieses Fahren im „Windschatten" haufig vor Bezogen auf die Fahrgeschwindigkeit sind die Abstande dabei wesentlich geringer als im Straßenverkehr

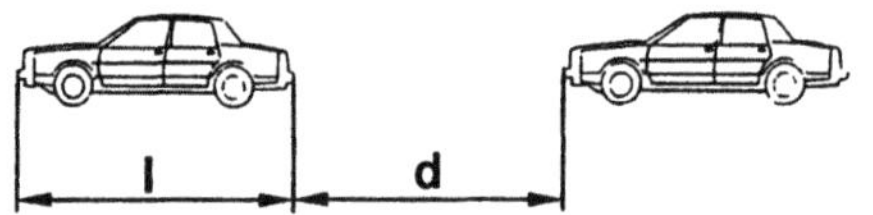

Bild 7.39. Bei der Windschatten-
fahrt beeinflussen sich die
Fahrzeuge gegenseitig umso
stärker, je geringer der Abstand ist
nach [7.3].

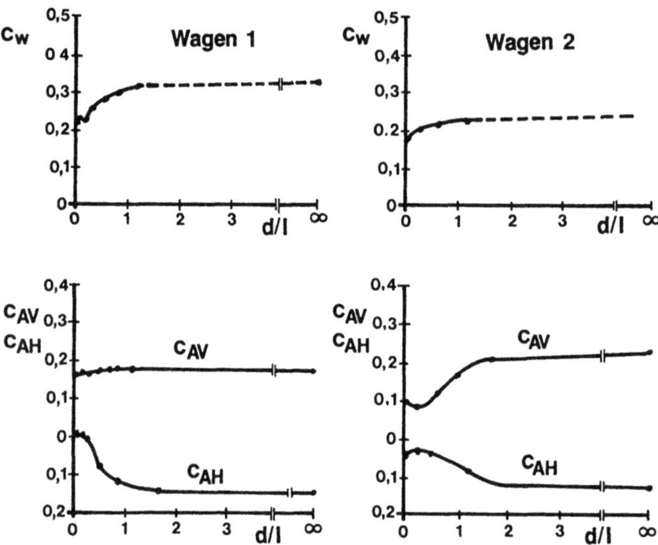

Windkanalversuche mit Modellen von amerikanischen „Stock-Cars" wurden von G. Romberg et al. [7.3] durchgeführt. In diesen Rennen wird von der Taktik des Windschattenfahrens besonders häufig Gebrauch gemacht. Hierbei ergab sich, daß je nach Abstand das vorausfahrende Fahrzeug um bis zu 30 % und das nachfolgende Fahrzeug um bis zu 37 % weniger Luftwiderstand als in der ungestörten Strömung aufwies, vgl. Bild 7.39 und Abschnitt 4.4.14.

Neben dem Widerstand wurden dabei aber auch die Auftriebskräfte derart beeinflußt, daß für beide Fahrzeuge eine Tendenz zum Übersteuern entstand, wie unten im Bild 7.39 zu erkennen ist.

Eine von der Jim-Clark-Foundation [7.4] durchgeführte Studie über die Wirksamkeit von Flügeln an einsitzigen Rennwagen beim Hintereinanderfahren zeigte folgendes Ergebnis: Befinden sich die Fahrzeuge in einer Linie, wird der Vorderachsauftrieb des folgenden Fahrzeuges nicht beeinflußt. Sind sie jedoch um 42 % der Fahrzeugbreite seitlich versetzt, eine übliche Position im Rennen, so nimmt der Abtrieb beim hinteren Fahrzeug so ab, daß an ihm Tendenz zum Übersteuern entsteht.

7.3.2.4 Theoretische Untersuchungen

Die Variation der aerodynamischen Beiwerte eines Fahrzeuges und die Untersuchung ihrer Einflüsse auf das Fahrverhalten ist äußerst schwierig, da sich diese Beiwerte gegenseitig beeinflussen und nicht unabhängig voneinander variiert werden können. Zudem sind die erforderlichen Fahrversuche sehr aufwendig. Einfacher ist es, derartige Untersuchungen mittels eines fahrmechanischen Simulationsmodells durchzuführen.

Die grundlegende Wirkung der Luftkräfte auf die Fahreigenschaften wurde 1975 von A. J. Scibor-Rylski [7.5] beschrieben. Der Einfluß der aerodynamischen Beiwerte auf das Fahrverhalten bei verschiedenen Fahrmanövern wurde erstmalig von W. Assmann et al.[7.6] mittels eines Simulationsprogrammes untersucht. Die Ergebnisse lassen sich wie folgt zusammenfassen:

- Verkleinerung des Auftriebsbeiwertes c_{AV} an der Vorderachse verringert die Untersteuertendenz des Fahrzeuges und ebenso die Stabilitätsreserve der Hinterachse. Dies wirkt sich negativ auf Lastwechselverhalten und Lenkwinkelsprung aus. Der Auftriebsbeiwert an der Vorderachse sollte für Sportwagen etwa Null sein, wobei leicht positive Werte akzeptabel sind.

- Negativer Auftrieb an der Hinterachse erhöht deren Stabilitätsreserve und verbessert die Kontrolle über das Fahrzeug bei allen Fahrzuständen. Somit sollte zumindest Nullauftrieb an der Hinterachse herrschen; ein positiver Auftrieb ist dort ungünstig.

- Der Nickmomentenbeiwert c_M ist dabei von besonderer Bedeutung. Er sollte positiv sein, um hohe Fahrstabilität zu erzielen.

- Die Verringerung des Gesamtauftriebsbeiwertes c_A erhöht die mögliche maximale Querbeschleunigung, wodurch sich das Handling verbessert. Vor allem für Rennfahrzeuge ist die Forderung nach negativem Gesamtauftrieb wichtig.

- Wird der Seitenkraftbeiwert c_S verkleinert, so wird das Fahrverhalten bei Seitenwind verbessert, ohne daß sich ein merkbarer Einfluß auf die anderen Fahrmanöver ergibt.

- Erhöht man den Seitenkraftbeiwert c_{SH} an der Hinterachse, so ergibt sich bei allen Fahrmanövern ein verbessertes Handling, hervorgerufen durch stabilisierende aerodynamische Querkräfte.

- Vergrößert sich der Giermomentenbeiwert c_N, so sinkt die Fahrstabilität bei Seitenwind.

- Das Rollmoment c_L hat keine meßbare Auswirkung auf das Fahrverhalten.

Zu beachten ist, daß nicht nur die Beiwerte bei Geradeausfahrt von Bedeutung sind, sondern diejenigen, die sich bei der tatsächlichen Fahrzeuglage während eines Fahrmanövers und bei der aktuellen Anströmrichtung einstellen. Daher wurde in einer weiteren Untersuchung von H. FLEGL et al. [7.7] auch die Änderung der aerodynamischen Beiwerte während der Fahrmanöver, die aus der geänderten Lage des Fahrzeuges relativ zur Fahrbahn und zur Anströmung resultieren, mit in die Berechnung einbezogen.

Für einen Sportwagen wurde rechnerisch untersucht, welche Auftriebsverteilung erforderlich ist, damit das Fahrzeug bei Störungen von außen und bei Fahrmanövern möglichst einfach beherrschbar bleibt:

- *Stationäre Kreisfahrt:* Das stationäre Eigenlenkverhalten ist zur Kennzeichnung der Fahreigenschaften von großer Bedeutung. Es ist eine wichtige Ausgangsgröße für weitere Fahrmanöver. Fahrzeuge mit neutralem Auftrieb vorn und neutralem oder sogar negativem Auftrieb hinten weisen dabei ein sicheres, leicht untersteuerndes Fahrverhalten bis hinein in den Grenzbereich auf. Positiver Auftrieb an der Hinterachse führt zu übersteuerndem Fahrverhalten.

- *Lenkwinkelsprung:* Der Lenkwinkelsprung repräsentiert den Übergang von der Geradeausfahrt in eine Kreisbahn; er hat als erster Teil eines Ausweichmanövers große Bedeutung. Auch hier weist das im Auftrieb neutrale bzw. an der Hinterachse negative Fahrzeug die kürzeste Reaktionszeit und ein mäßiges Überschwingverhalten auf.

- *Lastwechsel aus stationärer Kreisfahrt:* Bei diesem Manöver hat das Motorbremsmoment zusammen mit der verwendeten Gangstufe einen starken Einfluß. Trotzdem weisen Fahrzeuge mit Auftrieb an der Vorderachse und neutralem Hinterachsauftrieb bzw. neutralem Vorderachsauftrieb mit Abtrieb an der Hinterachse ein stabileres Verhalten als andere Auslegungen auf. Ungünstig ist wiederum ein positiver Auftrieb an der Hinterachse.

- *Stationäre Kreisfahrt mit Störung durch Bodenwelle:* Diese im realen Fahrbetrieb häufig auftretende Störung führt bei einem an der Vorderachse neutralen Fahrzeug mit Abtrieb an der Hinterachse zur geringsten Kursabweichung.

– *Seitenwinddurchfahrt:* Störungen durch Seitenwind sind bei einem Fahrzeug mit neutralem Auftrieb vorn und neutralem oder sogar negativem Auftrieb hinten am geringsten.

Hiermit hat auch diese Untersuchung gezeigt, daß ein Fahrzeug mit den folgenden Eigenschaften vom Fahrer bei allen untersuchten Fahrmanövern am einfachsten zu beherrschen ist:

– Auftriebsbeiwert an der Vorderachse etwa Null, wobei leicht positiver Auftrieb akzeptiert werden kann;

– Auftriebsbeiwert an der Hinterachse ebenfalls etwa Null, wobei geringer Abtrieb günstig ist, positiver Auftrieb aber auf alle Fälle vermieden werden sollte.

7.3.3 Kühlung und Lüftung

Ziel der Kühlung ist es, die entstehende Wärmeenergie von einem Aggregat oder Bauteil möglichst effektiv an die Umgebung abzuführen, ohne daß die äußere Aerodynamik des Fahrzeuges dabei wesentlich verschlechtert wird. Dies wird dadurch erreicht, daß Luft aus der Umströmung abgezweigt und an dem zu kühlenden Bauteil entlanggeführt wird. Dabei nimmt sie Wärme auf, die an die Umgebung abgeführt wird.

Durch Reibung im Kühlluftdukt entsteht ein Impulsverlust, der den Luftwiderstand des Fahrzeuges erhöht; durch Umlenkung des Luftstromes wird auch der Auftrieb beeinflußt. Anhand der von J. WIEDEMANN [7.8] abgeleiteten Beziehungen ist es möglich, die Anforderungen aus Kühlung und Lüftung gegen die der äußeren Aerodynamik abzuwägen; siehe Abschnitt 4.4.12.

Heizung, Lüftung und eventuell Klimatisierung bedingen bei Sportwagen denselben Aufwand wie bei Serienlimousinen; die im Abschnitt 11 abgehandelten Grundlagen sind direkt auf sie anwendbar. Renn- und Rekordfahrzeuge sind dagegen nur mit einfachen Belüftungsöffnungen ausgerüstet. Wegen der hohen installierten Motorleistung erfordert die Kühlung von Sportwagen besondere Maßnahmen, denn von ihnen wird dieselbe Alltagstauglichkeit wie von Serienlimousinen erwartet. Kritische Prüfkriterien sind die langsame Bergfahrt unter Last, das Fahren bei Höchstgeschwindigkeit und rennmäßiger Betrieb auf abgesperrter Strecke. Weiterhin müssen auch die Schleichfahrt im Stau („Stop and Go") und Leerlaufbetrieb im Stand abgedeckt sein.

Etwas einfacher ist die thermische Auslegung der Renn- und Rekordfahrzeuge, da sie ein genau definiertes Einsatzspektrum haben. Dafür sind aber die Motorleistungen und damit die abzuführenden Abwärmemengen deutlich größer als bei Sportwagen.

Die folgenden Aggregate sind mit Kühlluft zu versorgen:

– Wasserkühler,

– Ladeluftkühler,

– Ölkühler (Motor, Getriebe und Achsantrieb),

– Motor (mit Kraftstoffversorgung),

– Elektrik (Generator, Steuergeräte),

– Verdichter (Turbolader bzw. Kompressor),

– Antriebsstrang,

– Bremsen.

7.4 Konstruktive Möglichkeiten

Aus Abschnitt 7.3 lassen sich die Anforderungen an die Aerodynamik von Hochleistungsfahrzeugen wie folgt zusammenfassen:

- Geringer Luftwiderstandsbeiwert und eine kleine Fahrzeugstirnfläche, um einen möglichst kleinen Luftwiderstand zu erzielen.

- Ein großes Verhältnis von Abtrieb zu Widerstand. Je nach Einsatzgebiet besitzt die Verringerung des Widerstandes oder die Zunahme des Abtriebs Priorität.

- Abtriebskraft an der Hinterachse stärker als an der Vorderachse. Bis in den Schiebewinkelbereich von 10° bis 15°, je nach Einsatzzweck, Vermeidung von Auftrieb.

- Bei Schräganströmung sollte das aerodynamische Giermoment der Seitenauslenkung stabilisierend entgegenwirken.

- Sicherstellung eines ausreichenden Kühlluftstromes, ohne die aerodynamischen Beiwerte deutlich zu verschlechtern.

In den meisten Fällen können diese Anforderungen durch die in den nachfolgenden Abschnitten beschriebenen Maßnahmen erfüllt werden.

7.4.1 Widerstand und Auftrieb

Die Widerstandskraft ist dem Produkt aus Widerstandsbeiwert und Stirnfläche direkt proportional. Die Minimierung dieser beiden Faktoren führt bei Hochleistungsfahrzeugen oft zu Zielkonflikten. Nicht immer ist es möglich, den Widerstandsbeiwert auf ein Minimum zu senken, da die Regeln z.T. freistehende Räder fordern, breite Reifen für verbesserte Traktion montiert werden müssen, hohe aerodynamische Abtriebskräfte verlangt werden (Bild 7.40) oder ein großer Kühlluftstrom erforderlich ist.

Diese Vorgaben vergrößern in der Tendenz den Widerstandsbeiwert. Die Minimierung der Stirnfläche wird von der großen Spurweite, die für eine gute Straßenlage erforderlich ist, und durch Räder großen Durchmessers, die für die Rennbremsen erforderlich sind, begrenzt.

Wie der Luftwiderstand von Hochleistungsfahrzeugen durch die Gestaltung der Karosserie beeinflußt werden kann, hat H. FLEGL [7.9] beschrieben. Bug und Heck spielen dabei eine besondere Rolle. So senkt ein sich nach vorne verjüngender Bug den Widerstand. Wichtig ist die Lage der Spitze des Bugs – und damit des Staupunkts – in bezug zur Fahrbahn. Liegt sie relativ hoch, so wird hoher Vorderachsauftrieb erzeugt, da sich Überdruck an der Unterseite aufbaut. Durch Absenken fällt der Auftrieb bis in den negativen Bereich (Bild 7.41). In der mittleren Lage hat der Widerstandsbeiwert ein Minimum, aber der Auftrieb ist noch positiv. Daher sollte der Bug nach unten geneigt sein, um geringen Widerstand und negativen Auftrieb zu erzeugen.

Grundlage für die Aussagen anhand von Bild 7.41 waren Messungen an einem 1:5-Modell, das einen glattem Unterboden hatte. Diese Voraussetzung ist jedoch nur bei den sogenannten Bodeneffektfahrzeugen erfüllt, siehe Abschnitt 7.4.1.3. Auf Serienfahrzeuge trifft diese Voraussetzung jedoch nicht zu. Ihre Fahrwerkskomponenten können nur mit Aufwand abgedeckt werden, und eine Reihe von Aggregaten und Bauteilen muß durch die Anströmung gekühlt werden.

Geringerer Widerstand und verringerter Auftrieb können jedoch dadurch erzielt werden, daß der zerklüftete Unterboden durch einen Frontspoiler von der Anströmung abgeschirmt wird (Bild 7.34). Ein entsprechendes Verhalten kann auch durch Verminderung der Bodenfreiheit erzielt werden (siehe Bild 7.42): Durch Absenken des Bugs sinkt der Widerstand, da weniger Luft am Unterboden entlangströmt.

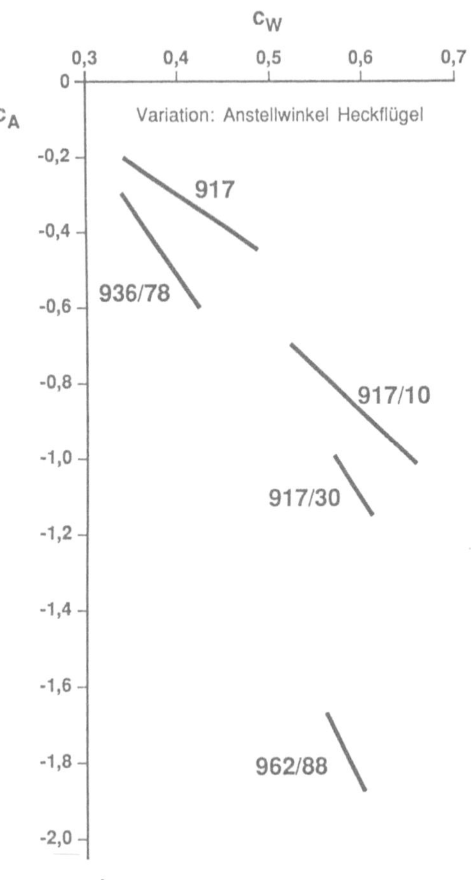

Bild 7.40. Die Forderung nach immer größeren Abtriebs-
kräften bei Rennfahrzeugen führte auch zu
einem stetigen Anwachsen des Widerstandsbeiwertes.

Bild 7.41. Je stärker der Bug eines Fahrzeuges nach
unten gezogen wird, desto geringer
ist der Auftriebsbeiwert c_{AV} an der Vorderachse.

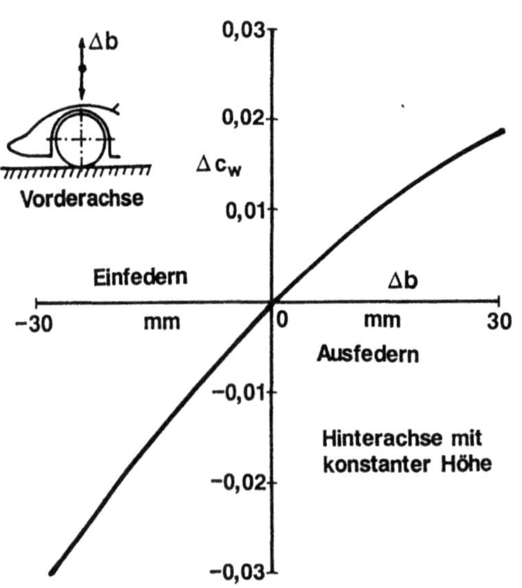

Bild 7.42. Durch Verminderung der Bodenfreiheit an
der Vorderachse nimmt der Widerstandsbeiwert ab.

340

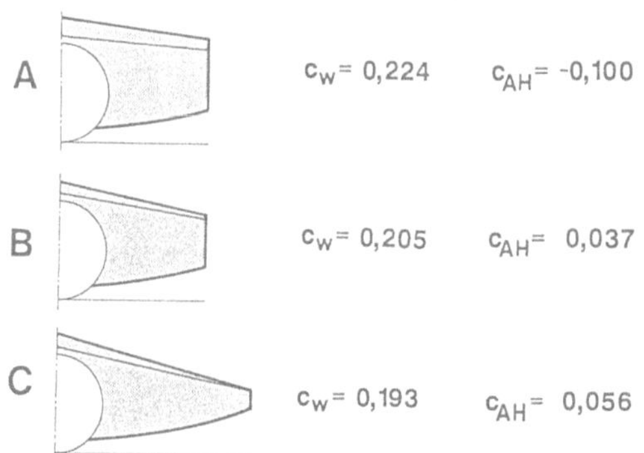

Bild 7.43. Je länger sich das Abrißheck nach hinten erstreckt, desto kleiner ist der Widerstandsbeiwert c_W (C). Ein hohes Abrißheck ergibt dagegen einen negativen Auftriebsbeiwert c_{AH} (A).

Von noch größerer Bedeutung für die aerodynamischen Eigenschaften ist die Heckgestaltung. Den geringsten Widerstand weisen lang auslaufende Hecks auf. Dies führt aber zu sehr langen Karosserien; es kann deshalb nur für Rekordfahrzeuge Anwendung finden. Wie schon in den Abschnitten 1 und 4 beschrieben, kann nach W. KAMM ein solches Heck glatt abgeschnitten werden, ohne daß sich der Widerstandsbeiwert merklich erhöht.

Bild 7.43 vergleicht verschiedene Bauformen dieses sogenannten Abrißhecks. Ein kleines Totwasser ist wünschenswert. Es kann entweder durch ein kurzes Heck mit starkem oder ein langes mit geringem Einzug verwirklicht werden. Der Einzug darf allerdings nicht zu stark sein; die Strömung löst sonst zu weit vorn ab, und der Widerstand steigt wieder an (siehe W.-H. HUCHO [7.10]).

Nahezu alle den Widerstand senkenden Maßnahmen beeinflussen den Auftrieb. Um Fahrsicherheit und gute Fahreigenschaften zu gewährleisten, müssen Hochleistungsfahrzeuge negativen Auftrieb aufweisen. Von den konstruktiven Möglichkeiten muß diejenige gewählt werden, welche diesen mit dem niedrigsten Widerstandszuwachs verwirklicht. Grundsätzlich bestehen drei Möglichkeiten, um negativen Auftrieb zu erzeugen:

– Grundform des Fahrzeuges,

– negativ angestellte Flügel,

– Bodeneffekt.

7.4.1.1 Einfluß der Grundform

Die Grundform für minimalen Auftrieb weist einen tiefgezogenen konkaven Bug, eine ebene Oberseite und ein angehobenes Heck auf. Aus Ergebnissen von H.-H. BRAESS et al.[7.2], vgl. Bild 7.34, geht hervor, daß die Wirkung eines angehobenen Hecks auch durch einen Heckspoiler hervorgerufen werden kann. Das entscheidende Merkmal ist die Höhe der Abrißkante in Relation zur Fahrzeugkarosserie. Alternativ zur Erhöhung des Hecks kann der Auftrieb auch durch Absenken des Bugs und eine negative Anstellung des Fahrzeugkörpers reduziert werden.

7.4.1.2 Flügel

Große negative Auftriebsbeiwerte im Bereich von $c_A = -1$ können mit der Grundform des Fahrzeugs allein nicht erzeugt werden; hier müssen Flügel zur Hilfe genommen werden. Die Wirksamkeit dieser Flügel nimmt mit steigendem Abstand von der Karosserie zu, da sie dann von ungestörter Luft angeströmt werden. Sie kann zusätzlich noch dadurch gesteigert werden, daß der Heckflügel hinter der Hinterachse und die Bugflügel vor der Vorderachse montiert werden und somit größere Hebelarme haben.

Im Bild 7.44 ist dargestellt, wie beim Heckflügel des Porsche 917/30 der Auftriebsbeiwert und der Widerstandsbeiwert vom Anstellwinkel abhängen. Das Verhältnis c_{AH}/c_W beträgt im Mittel -1,83.

Heckflügel ergeben ein besseres Verhältnis von c_A/c_W als das Anheben der Heckabrißkante. Dies geht im direkten Vergleich aus Bild 7.45 hervor. Das Heck mit Flügel erreicht bei gleichem Widerstandsbeiwert einen deutlich größeren negativen Auftriebsbeiwert als das angehobene Heck. Optimal wirken Flügel im Zusammenspiel mit einer Heckabrißkante.

7.4.1.3 Bodeneffekt

Der Bodeneffekt nutzt die zwischen der Fahrbahn und dem Fahrzeugunterboden durchströmende Luft zur Erzeugung einer Anpreßkraft aus. Die erste Anwendung des Bodeneffekts erfolgte in Formelrennwagen (Bild 7.21), die „wing cars" genannt wurden. „Venturi cars" wäre eine bessere Bezeichnung gewesen, denn, wie Bild 7.22 erkennen läßt, wird der Unterdruck durch eine Venturi-

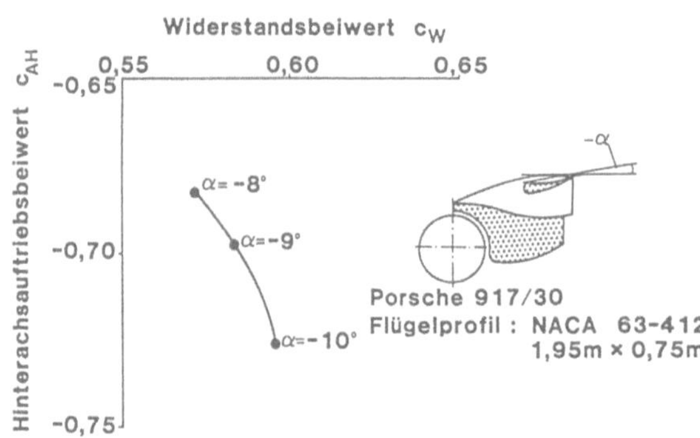

Bild 7.44. Stärkeres negatives Anstellen des Heckflügels führt zu mehr Abtrieb, aber auch zu größerem Widerstand.

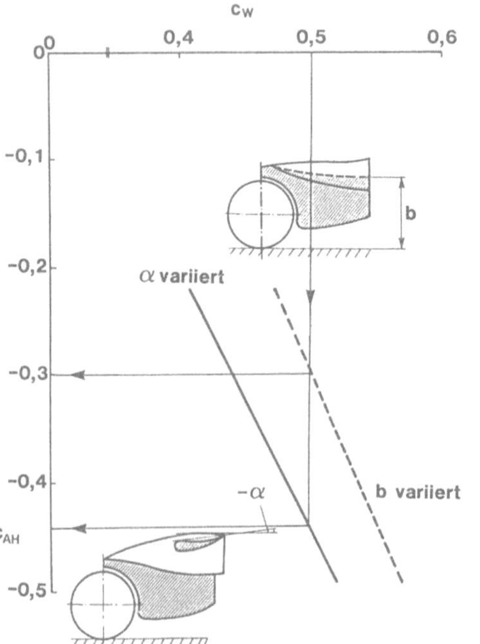

Bild 7.45. Bei gegebenem Widerstand ergibt ein Abrißheck mit Heckflügel mehr Abtrieb als ein Abrißheck allein.

düse erzeugt, die die Unterseite des Wagens mit der Fahrbahn bildet. Das Einströmen von Luft in das Unterdruckgebiet unter dem Fahrzeug, das zu einer Druckanhebung geführt hätte, wurde durch seitliche Schürzen verhindert, die bis zur Fahrbahnoberfläche reichten.

Erste Veröffentlichungen über Bodeneffektfahrzeuge berichteten von bis dahin nicht für möglich gehaltenen aerodynamischen Eigenschaften. Neuartig war der sehr hohe negative Auftrieb bei relativ günstigem Luftwiderstand. Nach P. G. WRIGHT [7.11] erreichten die Auftriebsbeiwerte von Formel-1-Rennwagen bis zu $c_A = -2{,}6$. Dies entspricht bei 290 km/h einer Abtriebskraft von 16 kN, wobei das Fahrzeuggewicht selbst nur 6,5 kN beträgt. Dieser Abtrieb soll zu 80 % durch den Bodeneffekt bewirkt worden sein, wobei die Druckbeiwerte im Unterboden örtlich bis zu $c_p = -2{,}0$ erreichten. Der Abtrieb hängt stark vom Bodenabstand und vom Spalt zwischen den Schürzen und der Fahrbahn ab (Bilder 7.46 und 7.47).

Windkanalmessungen an einem der Formel 1 vergleichbaren Fahrzeug mit Bodeneffekt durch R. FAUL [7.12] zeigten ähnliche Ergebnisse (Bild 7.48). Hierbei ergab der Bodeneffekt ein Verhältnis c_A/c_W von etwa -300; er lag damit weit über den durch Flügel erreichbaren Werten. Auch hier wurde der Einfluß des Spaltes zwischen Schürzen und Fahrbahn deutlich, vgl. Bild 7.48.

Da Schürzen für Rennsportwagen der Gruppe C nicht erlaubt waren, wurden solche Fahrzeugformen von Porsche grundlegend untersucht; die Ergebnisse haben M. RAUSER und J. EBERIUS [7.13] mitgeteilt.

Das Prinzip des Bodeneffektes besteht darin, daß Fahrbahn und Fahrzeugunterboden eine Kombination aus Düse und Diffusor bilden. (Bild 7.49). Die anströmende Luft wird durch den Einlauf teilweise unter das Fahrzeug geleitet und in der zwischen Unterboden und Fahrbahn gebildeten Düse beschleunigt. Der anschließende Diffusor verzögert die Luft wieder auf Anströmgeschwindigkeit. Wie in [7.13] gezeigt wird, hängt die Druckabsenkung und damit der Abtrieb wesentlich vom Verhältnis der Querschnitte von Diffusorende zur Düse ab.

Für nähere Untersuchungen dienten Grundkörper im Modellmaßstab von Sport- und Rennwagen, deren Ergebnisse nachfolgend dargestellt sind. Das Strömungsfeld zwischen Fahrzeug und Fahrbahn und damit vor allem die Vertikalkräfte werden stark von der Lage des Fahrzeuges zur Straße

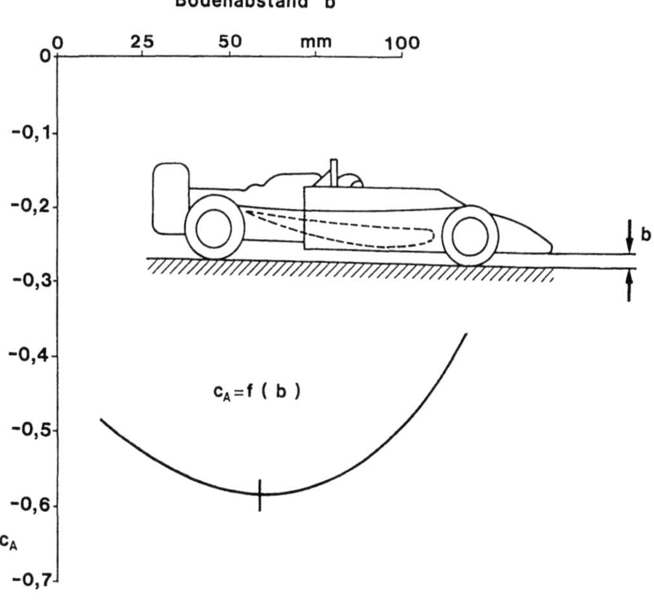

Bild 7.46. Bei einem Bodeneffektfahrzeug erreicht der Abtrieb bei einer bestimmten Bodenfreiheit ein Maximum; nach [7.11].

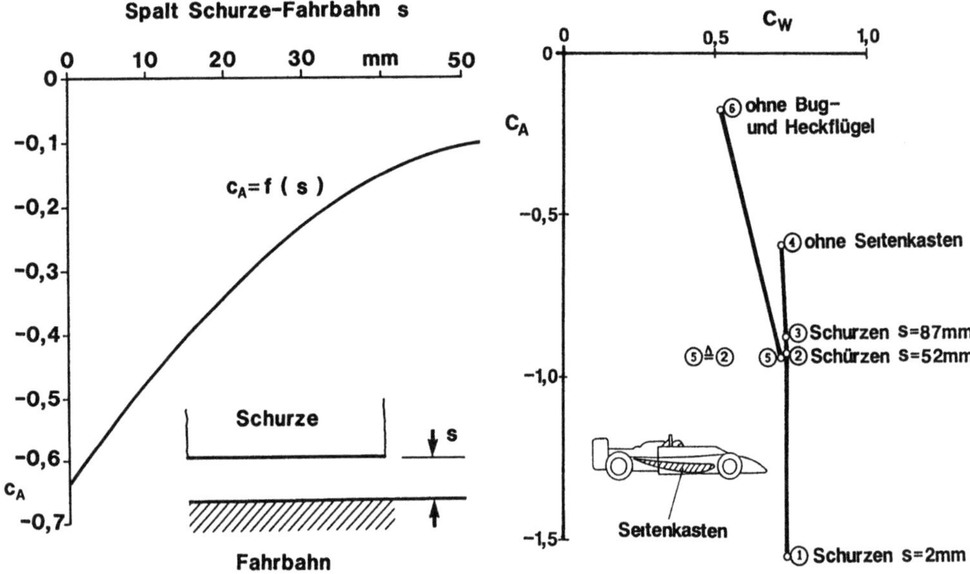

Bild 7 47 Mit abnehmendem Spalt zwischen Schurze und Fahrbahn wird der Abtrieb immer hoher, nach [7 11]

Bild 7 48 Bei einem Monoposto wird deutlich, wie durch die Bodeneffekt erzeugenden Seitenkasten hoher Abtrieb ohne wesentliche Widerstandserhohung erzeugt wird Dieser Abtrieb steigt mit kleiner werdendem Spalt zwischen Schurzen und Fahrbahn, nach [7 12]

bestimmt Aus Bild 7 50 wird diese Abhangigkeit deutlich Bei sehr kleinem Bodenabstand entsteht Auftrieb, da nahezu keine Luft unter dem Fahrzeug durchfließt

Mit zunehmendem Abstand vom Boden wird durch die Dusenstromung am Unterboden Unterdruck erzeugt, so daß der Gesamtauftrieb bis in den negativen Bereich hin abnimmt, um dann mit weiter steigender Bodenfreiheit wieder zuzunehmen Dieser Wiederanstieg erklart sich daraus, daß die Stromungsgeschwindigkeit unter dem Fahrzeug bei großerem Bodenabstand wieder abnimmt und der Unterdruck damit kleiner wird

Der Widerstand steigt mit zunehmender Bodenfreiheit an, wenngleich seine Zunahme um eine Großenordnung kleiner ist als die des Auftriebs Das Nickmoment zeigt eine dem Auftrieb analoge Tendenz, dies bedeutet, daß die Anderung des Auftriebs vorwiegend im Bugbereich stattfindet

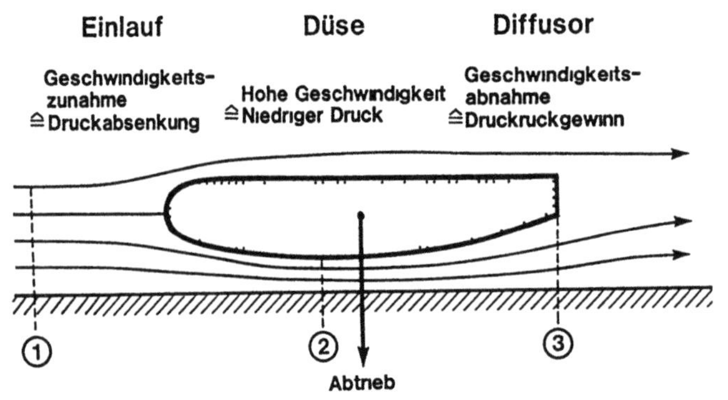

Bild 7 49 Durch Beschleunigung der unter dem Fahrzeug hin durch geleiteten Luft in einer aus Unterboden und Fahrbahn gebildeten Duse wird Unterdruck und damit Abtrieb erzeugt

344

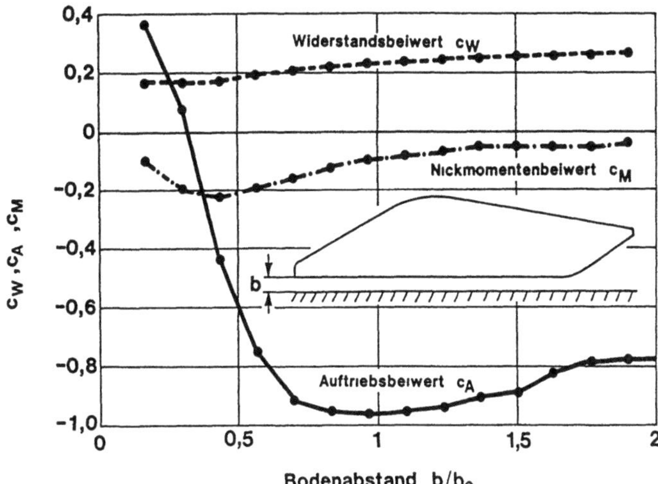

Bild 7 50 Mit zunehmendem Bodenabstand sinkt der Auftriebsbeiwert, aber nach Erreichen des Minimums steigt er wieder an Der Widerstandsbeiwert nimmt nur in geringem Maße zu

Wird das gesamte Fahrzeug gegenuber dem Boden angestellt, so zeigt sich eine starke Abhangigkeit des Auftriebs vom Anstellwinkel (Bild 7 51) Der Heckdiffusor beeinflußt Auftriebsbeiwert und Nickmoment sehr stark Je großer der Diffusorwinkel ist, umso starker nehmen diese Beiwerte bis in den negativen Bereich hin ab (Bild 7 52) Der Verlauf des Nickmomentes bestatigt, daß der durch den Heckdiffusor hervorgerufene vergroßerte Abtrieb weitgehend im Bereich des Bugs angreift

Nach heutiger Erkenntnis kann ein positives Nickmoment nicht durch Maßnahmen am Unterboden, sondern nur durch zusatzliche Spoiler oder Flugel am Heck erreicht werden Bild 7 53 zeigt, wie durch einen zusatzlichen Heckspoiler das Nickmoment weniger negativ wird Nachteilig ist, daß durch Flugel oder Spoiler zwar mehr Abtrieb erzeugt wird, gleichzeitig aber auch der Widerstand ansteigt und so die gunstige c_A/c_W-Relation des Bodeneffektfahrzeuges verschlechtert wird

Alle diese Untersuchungen zeigen, daß der Bodeneffekt nicht nur mit seitlichen Schurzen erzeugt werden kann, sondern auch durch folgende Maßnahmen

— Dusen-Diffusorkombination im verkleideten Unterboden, um Luft unter dem Fahrzeug hindurchzuleiten

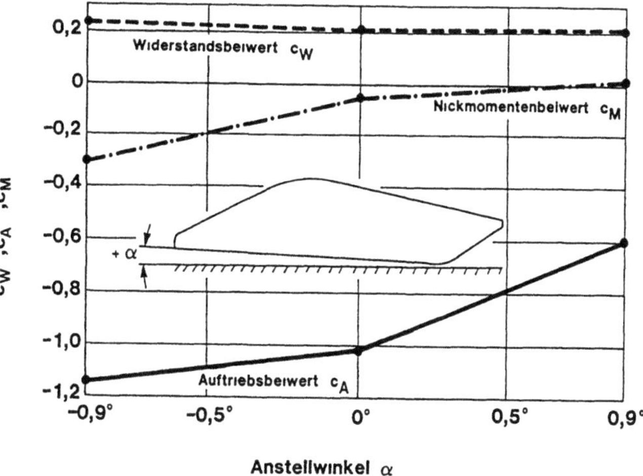

Bild 7 51 Negatives Anstellen des Rennwagenkorpers ergibt mehr Abtrieb bei nur geringfugig erhohtem Luftwiderstand

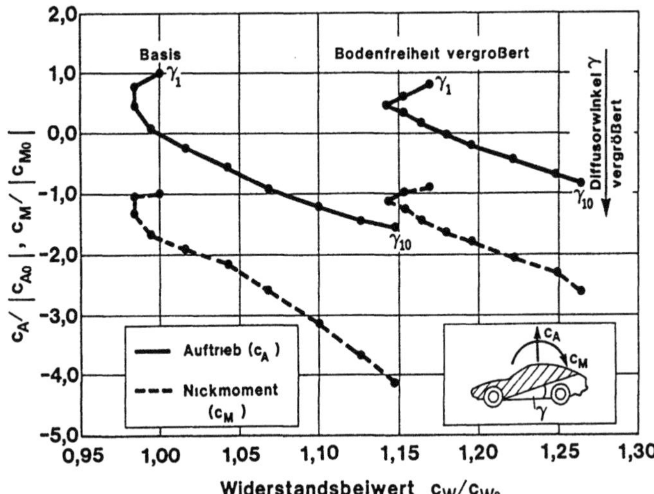

Bild 7.52 Mit zunehmendem Öffnungswinkel des Heckdiffusors nehmen Auftrieb und Nickmoment kontinuierlich bis in den negativen Bereich ab (*linke Kurvenschar*) Eine Erhöhung der Bodenfreiheit (*rechte Kurvenschar*) ändert daran nichts grundlegendes, das Widerstandsniveau nimmt aber zu

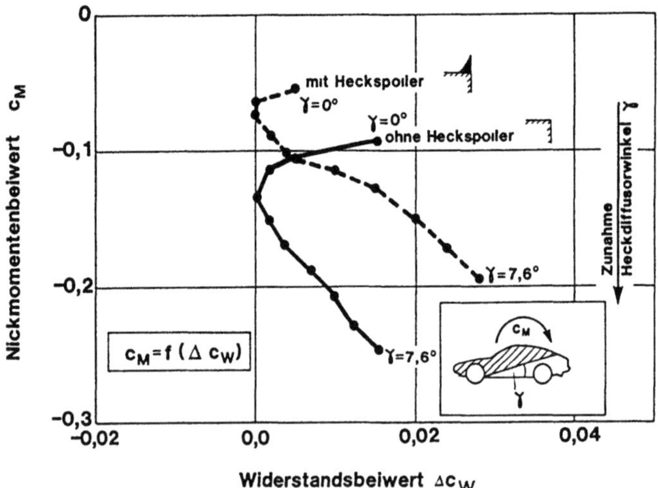

Bild 7 53 Wird der Heckdiffusorwinkel aus der Nullage heraus (parallel zur Fahrbahn) durch Anheben der Hinterkante vergrößert, so verschiebt sich der Angriffspunkt der Abtriebskraft zur Vorderachse hin Mittels eines Heckspoilers kann dies zum Teil kompensiert werden, der Widerstand nimmt hierbei zu

— Definierter Bodenabstand, damit der optimale Unterdruck erzeugt wird.

— Flügel oder Heckspoiler, um fahrdynamisch günstige Auftriebsverteilung zu gewährleisten.

Der Porsche 962 bewies, daß durch diese Maßnahmen ein im Vergleich zum Widerstandsbeiwert sehr hoher Abtrieb erzeugt werden kann (Bild 7.7).

7.4.2 Fahreigenschaften

Fahrzeuge, die hohe Geschwindigkeiten erreichen, benötigen ein besonders richtungsstabiles Fahrverhalten. Ziel dabei ist es, die Fahrsicherheit zu erhöhen und die Belastung des Fahrers zu senken. Dies kann zum einen durch Maßnahmen am Fahrwerk erreicht werden: ein langer Radstand und untersteuernd ausgelegtes Fahrverhalten sind die geeigneten Mittel. Zum anderen kann die Aerodynamik dazu herangezogen werden, wie im Abschnitt 7.3.2 diskutiert.

Die Erzeugung von aerodynamischem Abtrieb wurde im Abschnitt 7.4.1 behandelt. Für die Fahreigenschaften ist es wichtig, daß die Auftriebsverteilung so ist, daß stets ein *positives* Nickmo-

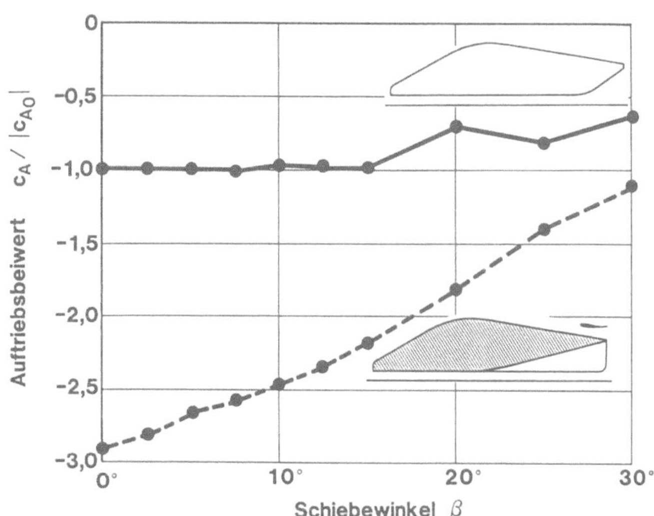

Bild 7.54. Bei Konfigurationen mit geringem Abtrieb ändert sich der Gesamtabtrieb nur wenig mit dem Schiebewinkel (*oben*). Dagegen vermindert sich bei auf Abtrieb optimierten Konfigurationen mit Bodeneffekt der Gesamtabtrieb sehr stark (*unten*).

ment entsteht, d.h., der Abtrieb an der Hinterachse ist größer als an der Vorderachse. Nach heutiger Erkenntnis kann diese Abtriebsverteilung nur durch Heckspoiler oder Heckflügel erreicht werden.

Der Bodeneffekt allein liefert zwar hohen Gesamtabtrieb; dieser greift aber im Bereich des Vorderwagens, und folglich kann auf Heckflügel und Heckspoiler nicht verzichtet werden. Abtrieb an der Vorderachse kann durch Bugspoiler oder, wesentlich effektiver in Relation von Abtriebszunahme zu Widerstandszunahme, durch den Bodeneffekt sichergestellt werden.

Die Stabilität bei Seitenwind kann durch günstige Auftriebsverteilung (siehe Abschnitt 7.3.2) erhöht werden. Hierbei ist zu beachten, daß sich gerade bei auf hohen Abtrieb ausgelegten Fahrzeugen die aerodynamischen Abtriebskräfte durch Schräganströmung stark verringern können (Bild 7.54).

Zusätzlich kann die Seitenwindempfindlichkeit dadurch verkleinert werden, daß der Druckpunkt hinter den Fahrzeugschwerpunkt gelegt wird. Hierdurch entwickelt die seitliche Windkraft ein *rückdrehendes* Giermoment, das den Seitenversatz kompensiert. Technisch kann dies durch eine senkrechte Heckflosse erreicht werden (Bild 7.55). Diese Maßnahme wird bei nahezu allen Rekordfahrzeugen eingesetzt (Bilder 7.3, 7.8, 7.11). Bei Rennfahrzeugen hat die seitliche Halterung des Heckflügels, die Endscheiben ähnelt, einen vergleichbaren Effekt (Bild 7.5).

Bei straßentauglichen Sportwagen sind derartige Bauelemente nicht einsetzbar. Hier kann – neben Maßnahmen am Fahrwerk und an der Auftriebsverteilung – nur versucht werden, durch geschickte Verteilung der Lateralfläche ein möglichst geringes abdrehendes Giermoment zu erzeugen. Dies kann durch einen tiefgezogenen, seitlich gerundeten Bug in Verbindung mit einem hohen, kastenförmigen Heck realisiert werden, vgl. Abschnitt 5.5.1.2.

Erfahrungen mit Sportwagen haben gezeigt, daß die Wirkung des aerodynamisch erzeugten Giermomentes oft überschätzt wird. Die Möglichkeiten der Verringerung der Seitenwindempfindlichkeit durch Verlegung des Schwerpunktes und Auslegung des Fahrwerks sind wesentlich größer als das realistisch verwirklichbare Potential der Aerodynamik in bezug auf Seitenkraft und Giermoment (siehe auch Abschnitt 7.14).

Neben den genannten Methoden, bei denen Variationen der aerodynamischen Beiwerte nur durch Änderungen von Lage und Anströmung auftreten, kann auch die Aerodynamik aktiv beeinflußt werden. Durch *bewegliche* aerodynamische Hilfsmittel kann ein Fahrzeug stabilisiert werden, wie es von H. Mezger [7.15] beschrieben wurde.

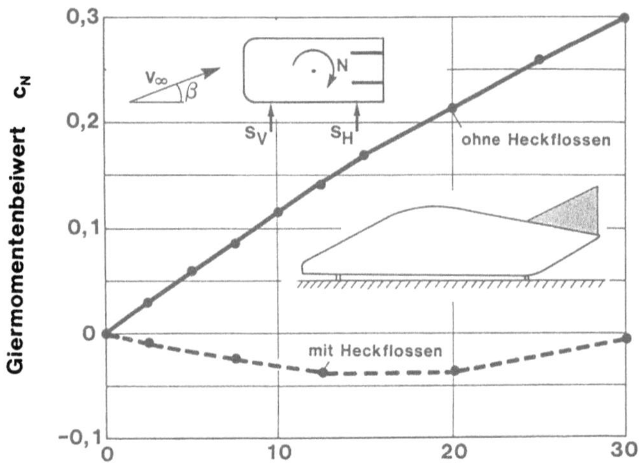

Bild 7.55. Giermomentenbeiwert und Schiebewinkel. Senkrechte Flossen am Heck erzeugen ein negatives, also stabilisierendes Giermoment bei Schräganströmung.

Bewegliche Klappen oder Spoiler werden derart mit der Radaufhängung verbunden, daß sie nach oben ausgelenkt werden, wenn das zugehörige Rad ausfedert (Bild 7.56). Die Wirkung läßt sich an zwei Beispielen erläutern. Beim Durchfahren einer Linkskurve neigt sich das Fahrzeug nach rechts, wodurch sich die an der linken Fahrzeugseite befindlichen Klappen nach oben bewegen und somit ein gegendrehendes Rollmoment erzeugen. Entsprechend schlagen die Klappen nach oben aus, wenn das Fahrzeug eine Kuppe überfährt, da alle Räder ausgefedert sind. Die hierdurch erzeugte Abtriebskraft drückt das Fahrzeug auf die Fahrbahn.

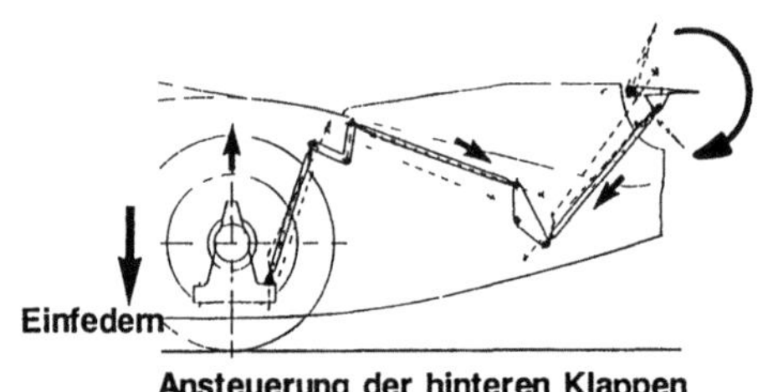

Bild 7.56. Durch Klappen, die von der Radhubbewegung gesteuert werden, kann die Fahrstabilität gesteigert werden.

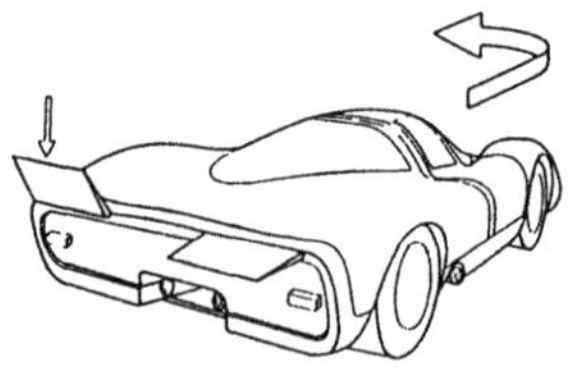

Eine weitere Moglichkeit besteht darin, die Flugel direkt an den Radnaben anzulenken Hierdurch wird der Federweg nicht durch die Abtriebskraft verringert, und das Handling wird verbessert Leider unterliegen diese technisch durchaus sinnvollen Maßnahmen dem vom Rennsport-Reglement festgelegten Verbot, bewegliche aerodynamische Hilfsmittel sind nicht mehr zulassig

Die sogenannte „aktive Federung", die auch schon in der Formel I eingesetzt wurde, bietet eine zusatzliche Moglichkeit, um die Fahrzeug-Aerodynamik *aktiv* zu beeinflussen Da die aktive Federung die Fahrzeuglage relativ zur Fahrbahn steuert, kann sie die aerodynamischen Beiwerte durch die Anderung von Bodenabstand und Anstellwinkel gezielt variieren

7.4.3   Kuhlung und Luftung

Das Ziel einer effektiven Kuhlung ist es, moglichst viel Warme abzufuhren, ohne daß dabei der Widerstand stark zunimmt Fur den *Betrag* des Widerstandes ist es ohne Belang, ob ein hoher Druckverlust an einer kleinen Kuhlerflache oder ein geringer Druckverlust an einer großen Kuhlerflache wirkt Allerdings ist der Warmeubergang effektiver, wenn der Kuhler mit relativ geringer Geschwindigkeit durchstromt wird So konnte F BOŠNJAKOVIĆ [7 16] zeigen, daß der geringstmogliche Schleppwiderstand in Relation zur abgefuhrten Warmemenge dadurch erzielt wird, daß die Luft durch einen kleinen Einlaß einstromt, in einem nachfolgenden Diffusor verzogert und nach Durchstromen des Warmetauschers durch eine Duse wieder nahezu auf Anstromgeschwindigkeit beschleunigt wird

G AMATO [7 17] wies nach, daß dieses System sogar wie ein Strahltriebwerk *Schub* erzeugt, wenn die aus dem Kuhler zugefuhrte Warmeenergie den Druckverlust ausgleicht Aus Platzgrunden und wegen des geringen Warmegefalles zur Außenluft laßt sich dieser Effekt in der Praxis aber kaum ausnutzen

Das beschrankte Platzangebot laßt es nur selten zu, eine ideale Kuhlluftfuhrung unterzubringen, Bild 7 57 zeigt ein Beispiel, das diesem nahe kommt Um ein moglichst großes Druckgefalle ausnutzen zu konnen, wird die Kuhlluft dem Staubereich im Bug entnommen, und die Ausstromung erfolgt nach oben, zur Seite oder nach unten, siehe auch Bild 4 95 Bei der Ausstromung nach oben muß darauf geachtet werden, daß die Fahrgastzelle nicht zu stark erwarmt wird Eine Ausstromung zum Unterboden vermindert bei Bodeneffektfahrzeugen deutlich den Abtrieb

Soll Kuhlluft an der Fahrzeugoberflache entnommen werden, so haben sich die NACA-Einlasse bewahrt, die D REILLY [7 18] beschrieben hat Bei geringem Widerstand kann man mit ihnen einen hohen Luftdurchsatz erzielen (Bild 7 58) Ihre Wirkungsweise besteht darin, daß die sich an den scharfen Seitenkanten aufrollenden Wirbel eine einwarts gerichtete Geschwindigkeitskomponente induzieren Die Luft folgt dadurch der Neigung des Einlasses besser, und der Durchsatz wird erhoht

Trotz der hier dargestellten allgemeinen Richtlinien fur die optimale Gestaltung der Kuhlluftfuhrung erfordert doch jedes Fahrzeug eigenstandige Losungen, die vom Fahrzeugentwurf, den Randbedin-

Bild 7 57 Luftfuhrung fur den Olkuhler im Bug
Die Gestaltung der Luftfuhrung und das große Druck
gefalle ergeben eine hohe Effektivitat

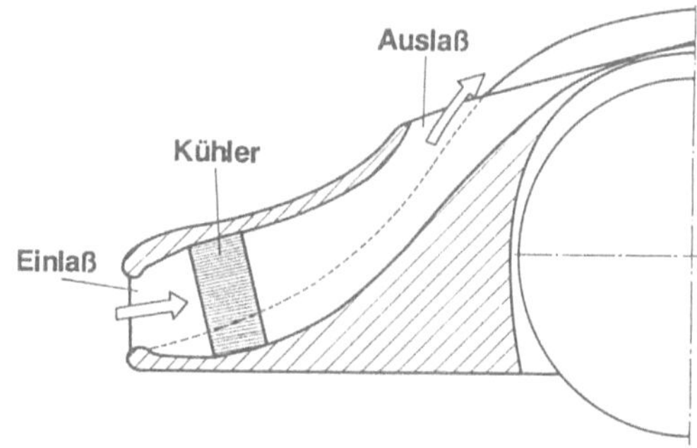

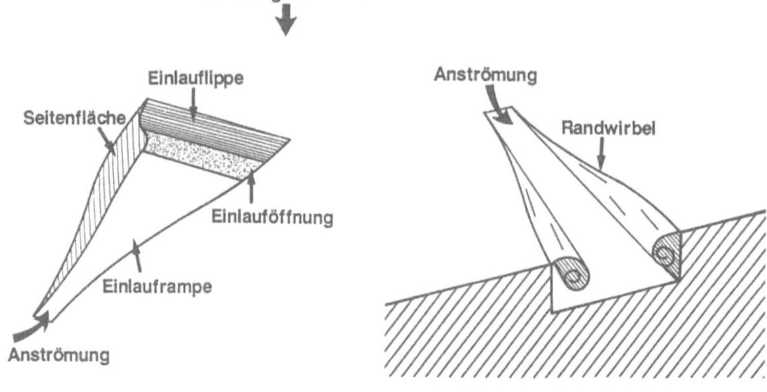

Bild 7.58. Schemadarstellung eines NACA-Einlaufes nach [7.18].

gungen und dem Einsatzspektrum abhängen. Am Beispiel des Porsche 956 soll die Lösung für ein Fahrzeug der Gruppe C dargestellt werden (Bild 7.59):

Aus Platzgründen konnte nur die Kühlluft für die Vorderradbremsen und den Innenraum im Staubereich entnommen werden. Die Kühlluft für den Wasserkühler, den Ölkühler und den Ladeluftkühler wird hinter dem Vorderrad seitlich an der Oberseite zugeführt. Da das Fahrzeug den Bodeneffekt nutzt, muß der Auslaß ebenfalls nach oben erfolgen. Die Kühlluft für das Motorgebläse, die Hinterradbremsen und den Getriebeölkühler wird an der Fahrzeugoberseite mit den beschriebenen NACA-Einlässe abgezweigt. Die Motorraumentlüftung erfolgt über Luftschlitze im Heckdiffusor.

Da in der Gruppe C die maximale Fahrzeughöhe 1,1 m beträgt, konnte keine sogenannte Airbox verwendet werden, die sich bei Rennsportwagen und Formel-Rennfahrzeugen bewährt hat. Diese Airbox, die im Bild 7.5 an einem Porsche 936 zu erkennen ist, dient zur Versorgung des Motors mit Ansaug- und Kühlluft. Durch deren geschickte Gestaltung konnte der Luftwiderstand gegenüber dem Vorgängermodell um 11 % gesenkt werden. Zusätzlich wurde der Druck vor dem Kühlgebläse und dem Ladeluftkühler verdoppelt, wodurch die Zylinderkopftemperatur um 15 K und die Ansauglufttemperatur um 17 K sanken. Der Aufstau der Ansaugluft ergibt darüber hinaus noch einen kleinen Aufladeeffekt für den Motor.

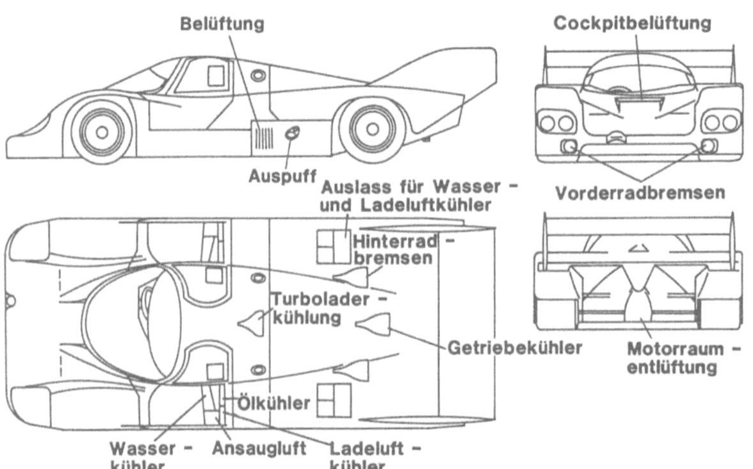

Bild 7.59. Anordnung der Öffnungen für Be- und Entlüftung am Rennwagen Porsche 956.

350

Rekordfahrzeuge, die nur für kurze Einsätze konzipiert sind und nicht bis zur Beharrungstemperatur gefahren werden, können unter Umständen ganz auf die widerstandserhöhende Luftkühlung verzichten. Bei ihnen wird das Kühlsystem mit Eis gefüllt, um das Antriebsaggregat für den kurzzeitigen Einsatz zu kühlen.

Durch die Verkleidung des Unterbodens bei Bodeneffektfahrzeugen und die hohe Leistungsdichte bei Hochleistungsfahrzeugen kommt der Belüftung eine immer größere Bedeutung zu. Reine Wärmedämmung reicht nicht mehr aus, um hitzeempfindliche Bauteile zu schützen; hier werden zusätzliche Zwangsbelüftungsmaßnahmen notwendig. Daneben geht man dazu über, Bauteile von ähnlicher Temperaturfestigkeit räumlich zusammenzufassen und von Zonen höherer Temperatur abzuschotten.

7.5 Besondere Fragestellungen

7.5.1 Rundenzeit und Kraftstoffverbrauch

Primäres Ziel beim Rennwagen ist die Erzielung möglichst kurzer Rundenzeiten. Bei gegebenem Motor und Fahrwerk hängt die Rundenzeit dominant vom Verhältnis c_A/c_W ab, das in der Luftfahrt mit Gleitzahl bezeichnet wird. Zwar kann die erreichbare Höchstgeschwindigkeit durch Verringerung des Widerstandsbeiwertes erhöht werden. Doch das führt üblicherweise auch zu weniger Abtrieb. Und damit verringert sich die zulässige Kurvengrenzgeschwindigkeit. Daraus erklärt sich die Bedeutung der Entdeckung des Bodeneffektes (Abschnitt 7.4.1.3), denn der erlaubt es, die Abtriebskraft wesentlich zu vergrößern ohne gleichzeitig den Widerstand zu erhöhen.

Um Abtrieb und Widerstand eines Fahrzeuges optimal auf auf einen bestimmten Rennkurs abzustimmen, sind Berechnungen und Straßentests erforderlich. Wie Bild 7.60 zeigt, kann der Abtrieb auf

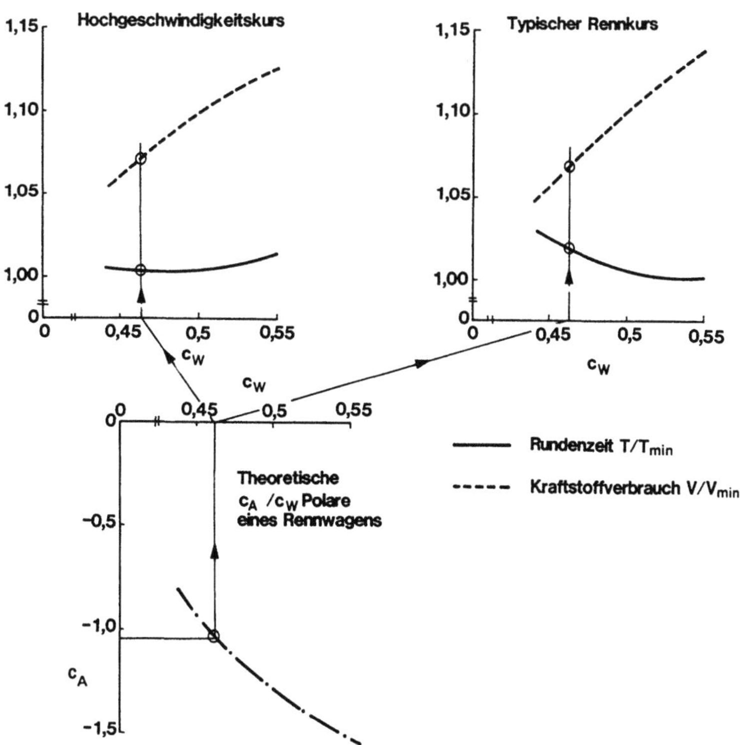

Bild 7.60. Kraftstoffverbrauch und Rundenzeit in Abhängigkeit vom Widerstandsbeiwert c_W für zwei verschiedene Rennkurse.

einer kurzen und kurvenreichen Strecke gar nicht groß genug sein. Auf einem Hochgeschwindigkeitskurs dagegen bietet ein geringer Luftwiderstand Vorteile.

Ausgeprägter aerodynamischer Abtrieb bewirkt größeren Widerstand und damit auch höheren Kraftstoffverbrauch. Dies bedeutet mehr Tankstops mit dem damit verbundenen Zeitverlust. Im schlimmsten Fall braucht das Fahrzeug mehr Kraftstoff als vom Reglement erlaubt wird und kann das Rennen nicht beenden. Aus diesem Grund muß genau vorausberechnet werden, welcher Abtrieb für einen geforderten Kraftstoffverbrauch gewählt werden kann.

Allgemein müssen die „wirtschaftlichsten" Maßnahmen gewählt werden, um Abtrieb zu erzeugen, d.h. ein Verhältnis von c_A/c_W, das dem Betrag nach möglichst groß ist.

Porsche hat dies detailliert untersucht und in Polarendiagrammen $c_W = f(c_A)$ für verschiedene Rennstrecken dargestellt, die in [7.19] veröffentlicht wurden. Wie im Bild 7.61 an den Linien gleichen Verbrauchs und gleicher Rundenzeit dargestellt ist, nehmen für einen schnellen Kurs wie Le Mans sowohl Rundenzeit als auch Kraftstoffverbrauch mit abnehmendem Widerstandsbeiwert ab. *Fahrzeug 1* hat durch Bodeneffekt hohen Abtrieb. Dieses Potential kann aber auf dem Hochgeschwindigkeitskurs nicht genutzt werden, so daß der relativ hohe Widerstand zu größerem Verbrauch und längeren Rundenzeiten führt. *Fahrzeug 3* erreicht durch den geringeren Widerstandsbeiwert eine höhere Endgeschwindigkeit und damit kürzere Rundenzeiten. Trotzdem ist *Fahrzeug 2* in der Rundenzeit etwas besser, da dessen größerer Abtrieb Zeitvorteile in den Kurven bietet. Allerdings ist auch der Kraftstoffverbrauch höher.

Ein ganz anderes Bild ergibt das Polarendiagramm Bild 7.62 für den kurvenreichen Kurs von Brands Hatch. Die Rundenzeit hängt nahezu ausschließlich vom Abtrieb, die endgültige Abstimmung vom zulässigen Kraftstoffverbrauch ab. Wie wichtig die Aerodynamik ist, zeigt der Vergleich von Fahrzeug 1 zu Fahrzeug 2. Zwar ist Nr. 2 um 8 % verbrauchsgünstiger als Nr.1, doch um die 3,1 s

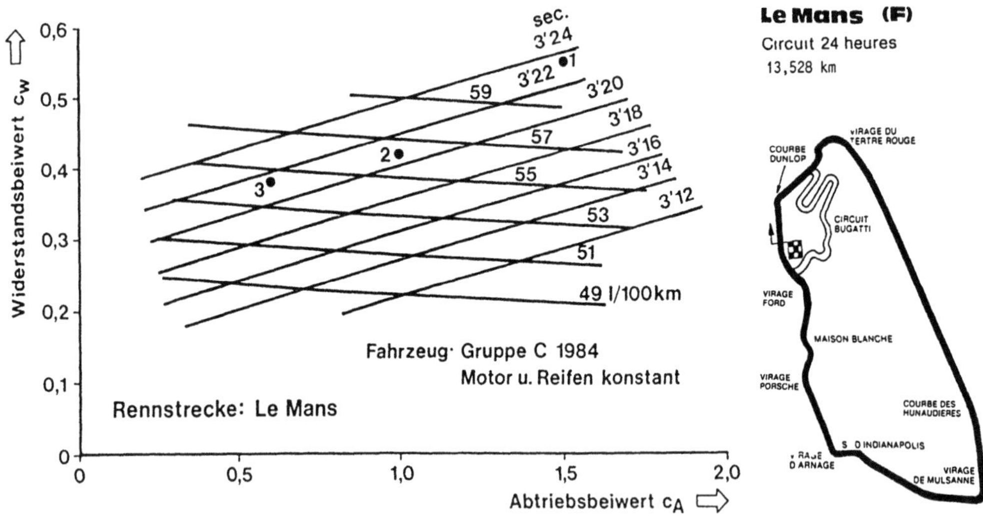

Bild 7.61. Polarendiagramm c_W uber c_A fur ein Wettbewerbsfahrzeug der Gruppe C auf der Rennstrecke von Le Mans mit Linien gleicher Rundenzeit und gleichen Verbrauchs

Fahrzeug 1 nutzt den Bodeneffekt, *Fahrzeug 2* hat trotz des geringeren Widerstands noch bemerkenswerten negativen Auftrieb, ein typischer „Le-Mans-Wagen", *Fahrzeug 3* mit einer Aerodynamik von 1978 (ohne Bodeneffekt), ist trotz geringerem Luftwiderstand langsamer als Fahrzeug 2 Auch auf einem Hochgeschwindigkeitskurs kommt es also auf den richtigen negativen Auftrieb an

352

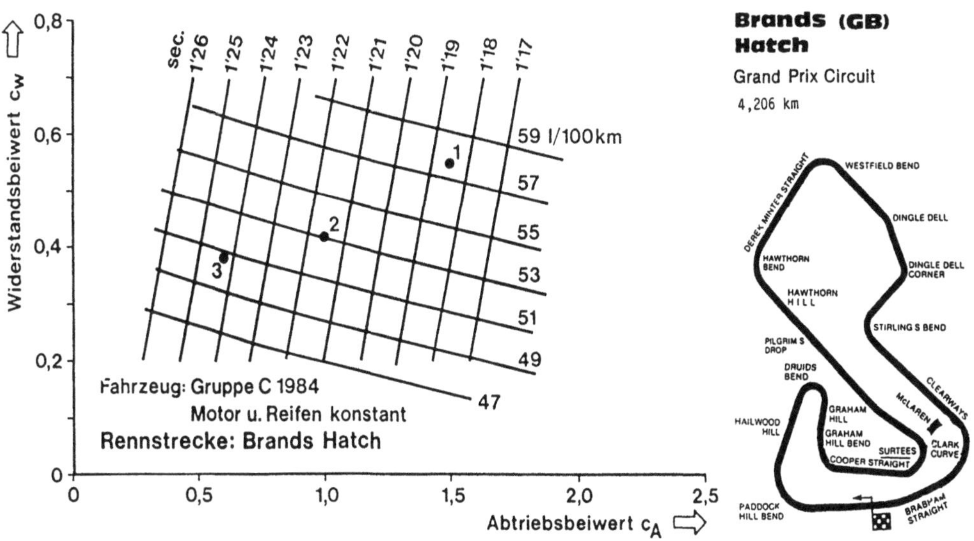

Bild 7.62. Polarendiagramm wie im Bild 7.61, jedoch für den kurvenreichen Kurs von Brands Hatch.
Fahrzeug 1 ist das schnellste, es hat den höchsten negativen Auftrieb
Fahrzeug 2 ist verbrauchsgünstiger als Fahrzeug 1 Um aber den Zeitnachteil von 3,1 s auszugleichen, brauchte man zusätzlich
257 kW (350 PS), die mit einem Mehrverbrauch von 23 % verbunden waren

längere Rundenzeit zu kompensieren, müßten zusätzliche 257 kW (350 PS) installiert werden, die
ihrerseits mit einem Mehrverbrauch von 23 % verbunden wären.

7.5.2 Schallnahe Geschwindigkeiten

Bei der Konstruktion von Rekordfahrzeugen für schallnahe Geschwindigkeiten kann die Kompressibilität der Luft nicht länger vernachlässigt werden. Daher sind besondere konstruktive Maßnahmen erforderlich, die von T. P. TORDA und T. A. MOREL [7.20] am Beispiel der „Blue Flame" (Bild 7.3) diskutiert wurden. Die von einer Flüssiggasrakete angetriebene „Blue Flame" erreichte 1970 eine Rekordgeschwindigkeit von 1001,67 km/h. Aus Voruntersuchungen wurde ermittelt, daß zwischen der Mach-Zahl $Ma = 0,5$ und $Ma = 1,2$ der Widerstandsbeiwert um 200 % ansteigen würde (Bild 7.63). Aus diesem Grund wurde der Formgestaltung große Aufmerksamkeit gewidmet und die Karosserie als äußerst schlanker Körper mit eiförmiger Spitze ausgebildet.

Um die Stirnfläche zu verringern, wurden die Bugräder in die Karosserie einbezogen. Wie Bild 7.64 zeigt, ist eine schlanke Bauweise Vorbedingung für geringen Luftwiderstand. Zur Gewährleistung der Kontrolle über das Fahrzeug bei allen Geschwindigkeiten wurde positiver Auftrieb grundsätzlich vermieden. Beachtet werden muß, daß beim Durchfahren der Schallgrenze ein neues Phänomen auftritt: Der negative Druck unter dem Fahrzeug wird positiv, wodurch Auftrieb entsteht.

Die Erklärung hierfür besteht darin, daß im Unterschallbereich die Luft zwischen Fahrzeugunterboden und Fahrbahn beschleunigt wird, wodurch Unterdruck entsteht. Im Überschallbereich jedoch geht von der Fahrzeugspitze ein Verdichtungsstoß aus. Hinter diesem herrscht ein höherer Druck, und dieser führt zu Auftrieb. Der Wechsel des Vorzeichens beim Auftrieb ändert beim Schalldurchgang den Anstellwinkel des Fahrzeugs und kann zu Instabilität führen.

Da diese Erscheinung bei ebenen Unterböden besonders stark auftritt, erhielt das Fahrzeug einen abgerundeten dreiecksförmigen Querschnitt, wobei eine Ecke nach unten weist. Darüber hinaus wurde die Längsachse um 1,5° negativ angestellt und die Nase leicht abfallend gestaltet. Die

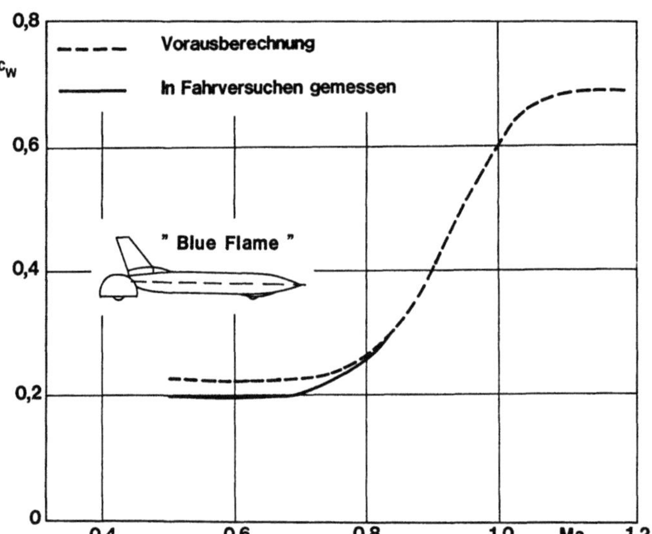

Bild 7 63 Widerstandsbeiwert der „Blue Flame" in Abhangigkeit von der Mach-Zahl, nach [7 20]

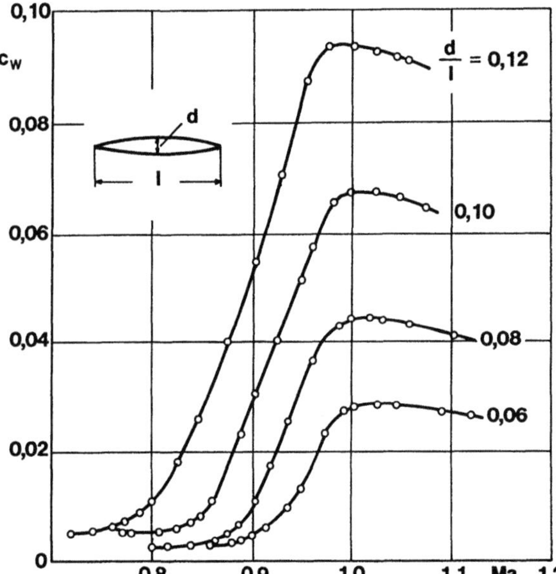

Bild 7 64 Widerstandsanstieg uber der Mach-Zahl fur ein symmetrisches Flugelprofil, abhangig vom Dickenverhaltnis, nach [7 21] Je schlanker das Profil ist, desto kleiner ist der Widerstandsanstieg beim Schalldurchgang

Trimmung des Fahrzeuges erfolgte durch kleine Flossen, sogenannte „canards" (Entenflügel), an den Bugseiten. Die Längsstabilität wurde durch eine vertikale Flosse am Heck verbessert. Durch diese Maßnahmen verhielt sich die „Blue Flame" stabil bis in den Bereich schallnaher Geschwindigkeit.

7.5.3   Freistehende Räder

Einsitzige Rennwagen (siehe Abschnitt 7.1) besitzen freistehende Räder, die sich im Luftstrom drehen. Allein aus der Größe dieser Räder relativ zur Karosserie ist zu erwarten, daß sie einen großen Einfluß auf die Aerodynamik haben und daß auch ihre Rotation von Bedeutung ist.

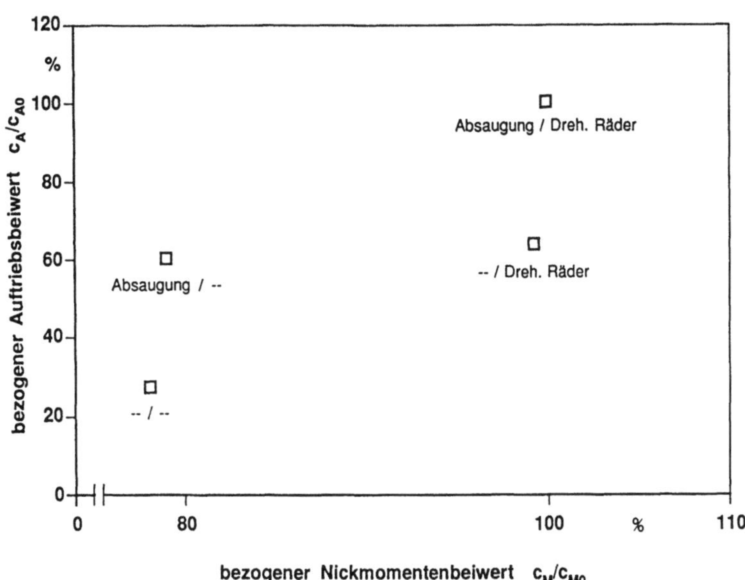

Bild 7.65. Sowohl Auftriebs- als auch Nickmomentenbeiwert werden durch die Art der Simulation im Windkanal (drehende Räder und Grenzschichtabsaugung) bei einem Bodeneffektfahrzeug (CART-Serie, siehe Bild 7.67) wesentlich beeinflußt.

Windkanalversuche von A. COGOTTI [7.22] mit freistehenden Rädern lieferten die folgende Information:

- Der Widerstandsbeiwert eines sich drehenden Pkw-Rades, der etwa $c_W = 0{,}6$ beträgt, kann durch eine glattflächige Felgenabdeckung auf $c_W = 0{,}5$ reduziert werden.

- Wenn sich das Rad dreht, hat es einen etwas geringeren Widerstandsbeiwert als wenn es still steht.

- Am Rad entsteht Auftrieb; beim stehenden Rad ist dieser größer als beim sich drehenden.

Untersuchungen, die bei Porsche an einem Monoposto durchgeführt wurden ergaben einen deutlichen Einfluß der Raddrehung auf den Auftrieb, vgl. Bild 7.65. Die Umströmung der Räder beeinflußt auch die Strömung um die Karosserie; die Interferenzeffekte sind aber noch immer nicht vollständig geklärt, nicht zuletzt, weil die Simulationstechnik noch unvollständig ist (siehe Abschnitt 7.5.5). Um den Zusatzwiderstand der Räder zu mindern, werden häufig Anströmkörper vor den Vorderrädern und zwischen Vorder- und Hinterrädern angebracht. Diese führen die Strömung so, daß möglichst wenig widerstandserhöhende Turbulenz erzeugt wird (Bilder 7.4 und 7.21).

7.5.4 Solarstromgetriebene Fahrzeuge

In den letzten Jahren hat eine eigenständige Bauart der Rekordfahrzeuge das Interesse der Öffentlichkeit erregt: Fahrzeuge, die durch Solarstrom angetrieben werden. Die technische Besonderheit dieser Fahrzeuge besteht darin, daß sie wegen der geringen Leistungsdichte der Sonneneinstrahlung zum einen nur minimale Fahrwiderstände aufweisen dürfen, zum anderen aber eine möglichst große Fläche für die Solarzellen der Sonne zuwenden müssen.

Ein weiteres Problem stellen der Platzbedarf und das Gewicht der Akkumulatoren dar. Somit muß der Aerodynamiker bei diesen Fahrzeugen sowohl einen kleinen Widerstandsbeiwert bei möglichst geringer Stirnfläche anstreben, als auch genügend Fläche für die Solarzellen bereitstellen. Bild 7.66 zeigt an einem Beispiel, wie dieses Problem gelöst werden kann. Weitere Beispiele finden sich im Abschnitt 4.7.4.

Bild 7.66. Solarauto Mercedes-Benz/Alpha-Real, das die 1. Tour de Sol 1985 gewann. Widerstandsbeiwert $c_w = 0{,}25$. Durchschnittsgeschwindigkeit 60 km/h

7.5.5 Entwicklungsmethoden und Simulationstechniken

Die Entwicklung von Hochleistungsfahrzeugen stellt an die Windkanaltechnik wesentlich höhere Anforderungen als die Untersuchung von Straßenfahrzeugen:

– Die bestehenden Windkanäle für Fahrzeuguntersuchungen erreichen bei weitem nicht die Anströmgeschwindigkeit, die der Maximalgeschwindigkeit von Hochleistungsfahrzeugen (250 bis 400 km/h für Rennwagen und über 1000 km/h bei Rekordfahrzeugen) entspricht. Somit können besondere, bei hohen Geschwindigkeiten auftretende Ereignisse, wie die tatsächliche Lage eines Fahrzeuges in bezug auf den Boden und die Verformung von Karosserieteilen unter Windkraft, nicht gemessen werden.

– Die Grenzschicht, die sich am Windkanalboden ausbildet, darf bei der sehr kleinen Bodenfreiheit von Renn- und Rekordfahrzeugen nicht vernachlässigt werden (siehe z.B. M. RAUSER [7.23]). Die Grenzschicht vermindert im Vergleich zur Straßenfahrt das zwischen Windkanalboden und Fahrzeugunterseite durchströmende Luftvolumen. Somit können die hierdurch bewirkten Kräfte, vorwiegend die Auftriebskräfte, nicht exakt erfaßt werden.

– Die Nachbildung der drehenden Räder ist im Windkanal mit Schwierigkeiten verbunden. Für Rennfahrzeuge mit großen, freistehenden Rädern ist sie aber unabdingbar, um die Luftkräfte und Momente korrekt messen zu können (J. E. FACKRELL et al. [7.24]).

Um die beiden letztgenannten Schwierigkeiten zu lösen, wurden besondere Modellwindkanäle entwickelt. In ihnen befindet sich die Windkanalwaage entweder über der Meßstrecke, und das Modell ist an Drähten oder Streben aufgehängt, oder aber die Waage ist im Modell eingebaut, und das Modell wird über einen Stiel von hinten geführt. Der Meßstreckenboden ist mit einem laufenden Band ausgerüstet, das sich mit Anströmgeschwindigkeit bewegt.

Die Räder sind dabei entweder am Modell aufgehängt und liegen auf dem Band auf, oder aber sie werden, unabhängig vom Modell, von außen geführt. In beiden Fällen treibt das Band die Räder an. Zwar simulieren diese Windkanäle sowohl die Raddrehung wie die Relativbewegung zwischen Fahrzeug und Straße, jedoch weisen auch sie einige Nachteile auf: Die Radkräfte können nicht direkt gemessen werden, die Aufhängung beeinflußt das Meßergebnis, Schräganströmung kann kaum

356

nachgebildet werden, und die Einhaltung der korrekten Reynolds-Zahl wird durch den Modellmaßstab erschwert.

Eine Lösung, die sowohl kleinen Modellen wie Fahrzeugen in voller Größe gerecht wird, bietet eine Grenzschichtabsaugung vor und unter dem Fahrzeug (siehe A. BERNDTSSON et al. [7.25]). Das Fahrzeug ruht dabei auf einer Unterbodenwaage, und es ist sogar möglich, die Räder mittels Elektromotoren anzutreiben (Bild 7.67).

Die genannten Einschränkungen bei der Simulation – Bodengrenzschicht und vernachlässigte Raddrehung – lassen sich im Schleppkanal vermeiden, vgl. L. LARSSON et al. [7.26]; Einzelheiten finden sich im Abschnitt 13.3.9.

Die abschließende Optimierung der Aerodynamik muß wegen der für die Windkanalsimulation genannten Probleme und wegen der Änderung der Luftkräfte bei realen Fahrmanövern (siehe Abschnitt 7.3.3.3) auf der Straße erfolgen. Sogenannte Überfahrwaagen ermöglichen die angenäherte Messung der Auftriebskräfte auf der Straße, und Druckmessungen an der Außenhaut lassen Rückschlüsse auf die tatsächlich wirkenden Luftkräfte zu.

Die Schlußabstimmung von Auftrieb und Auftriebsverteilung erfolgt dann auf der jeweiligen Rennstrecke durch Fahrversuche, so daß das gesamte Handling dem Fahrprofil angepaßt werden kann.

7.6   Zukünftige Entwicklungen der Hochleistungsfahrzeuge

Gesellschaftliche, ökonomische und ökologische Faktoren sowie die technische und wissenschaftliche Entwicklung werden die Zukunft des Automobils wesentlich beeinflussen. Auf der Grundlage früherer Entwicklungen und dem gegenwärtigen Stand der Technik ist es möglich, Aussagen für die zukünftige Weiterentwicklung der Aerodynamik der Hochleistungsfahrzeuge zu geben.

Sportwagen:

Mit dem Ziel, den Kraftstoffverbrauch weiter zu senken und damit auch die Umweltverträglichkeit zu verbessern, werden weiterhin Anstrengungen unternommen werden, um den Luftwiderstand zu reduzieren. Dies wird primär durch Senkung des Widerstandsbeiwertes, weniger durch Verkleinerung der Stirnfläche erreicht werden. Die weitere Steigerung der Fahrsicherheit wird verstärkte Anstrengungen bei der Minimierung der Auftriebsbeiwerte erfordern.

Bild 7.67. Quakerstate-Porsche-
Rennwagen der CART-Serie
Meßaufbau im Porsche-Windkanal
(Meßquerschnitt 22,4 m²,
Maximalgeschwindigkeit 230 km/h
Die Grenzschicht wird flachig am
Boden abgesaugt, die Räder
werden mittels Elektromotoren
angetrieben)

Somit ist langfristig zu erwarten, daß für Straßensportwagen ein neutraler Gesamtauftrieb angestrebt wird, wobei die Auftriebsverteilung so ist, daß das resultierende Nickmoment die Hinterachse belastet. Die weitere Senkung der Seitenwindempfindlichkeit wird primär durch Maßnahmen am Fahrwerk und an den Auftriebsbeiwerten erreicht werden. Darüber hinaus sind bei der Formgebung flankierende Maßnahmen denkbar, um das abdrehende Giermoment möglichst gering zu halten.

Bei allen aerodynamischen Maßnahmen muß natürlich darauf geachtet werden, daß die Form des Fahrzeuges höchsten ästhetischen Ansprüchen genügt und einen unverwechselbaren Markencharakter zeigt.

Rennfahrzeuge:

Die Entwicklung der Aerodynamik der Rennfahrzeuge hängt nahezu ausschließlich vom Reglement für die einzelnen Sportkategorien ab. Im wesentlichen sind bei Rundstreckenrennen zwei Hauptklassen zu erwarten:

- Hochspezialisierte Rennwagen, die ohne Bezug auf die Entwicklung der Serienfahrzeuge auf maximale Leistung ausgelegt sind. Beispiele dafür sind die Formel 1 und die CART-Serie.

- Rennfahrzeuge, die sich zumindest in der Form an Serienfahrzeugen anlehnen (z.B. Tourenrennsportwagen).

In beiden Klassen wird versucht werden, einen betragsmäßig möglichst hohen Wert für das Verhältnis $-c_A/c_W$ zu erreichen, wobei gerade der Bodeneffekt eine große Rolle spielt. Allerdings ist zu erwarten, daß das Reglement so gestaltet sein wird, daß extreme Belastungen des Fahrers vermieden werden und die Fahrsicherheit erhalten bleibt. Daher wird es Baubeschränkungen enthalten, die den Bodeneffekt begrenzen.

Weiter ist zu erwarten, daß der Kraftstoffverbrauch in immer größerem Maße reglementiert werden wird, so daß die Abstimmung der aerodynamischen Beiwerte auf die Rennstrecke von noch größerer Wichtigkeit wird.

Rekordfahrzeuge:

Das Überschreiten der Schallgrenze war ein Ziel, das lange verfolgt und inzwischen erreicht wurde. Noch höhere Geschwindigkeiten werden kaum fahrbar sein, da es keine Strecken gibt, die lang genug sind, um die Beschleunigung, die Messung und das sichere Abbremsen zu gewährleisten. Vermutlich wird sich das Schwergewicht eher auf die Erzielung hoher Durchschnittsgeschwindigkeiten über lange Strecken bei möglichst geringem Kraftstoffverbrauch verlagern. Auf diese Weise könnten die erzielten Entwicklungsfortschritte auch den Serienfahrzeugen zugute kommen.

Solche Wettbewerbe werden in der Zukunft auch verstärkt für Fahrzeuge mit alternativen Antrieben (Solarstrom, Wasserstoff) ausgeschrieben werden.

7.7   Bezeichnungen

a_x	Längsbeschleunigung
a_y	Querbeschleunigung
A	Stirnfläche
A_H	Hinterachsauftrieb
A_V	Vorderachsauftrieb
b	Bodenabstand
c_A	Auftriebsbeiwert
c_{AH}	Auftriebsbeiwert Hinterachse
c_{AV}	Auftriebsbeiwert Vorderachse
c_M	Nickmomentenbeiwert
c_N	Giermomentenbeiwert
c_p	Druckbeiwert
c_W	Widerstandsbeiwert
d	Fahrzeugabstand bzw. Profildicke
g	Erdbeschleunigung ($g = 9{,}81\ \mathrm{m/s^2}$)
i	Lenkübersetzung
Index $_0$	Ausgangs- oder Bezugswert
l	Radstand bzw. Profiltiefe
L	Fahrzeuglänge
Ma	Mach-Zahl (Schallgeschwindigkeit: $Ma = 1$)
N	Giermoment
P	Radlast
s	Spalt zwischen Schürzen und Fahrbahn
S	Seitenkraft
S_H	Seitenkraft Hinterachse
S_V	Seitenkraft Vorderachse
t	Zeit
T	Rundenzeit
u	Anströmgeschwindigkeit
V	Kraftstoffverbrauch
α	Anstellwinkel
β	Gier- oder Schiebewinkel
γ	Schräglaufwinkel bzw. Diffusorwinkel
δ	Lenkradwinkel

8 Nutzfahrzeuge

Hans Götz

8.1 Zielgruppe

Die in Zukunft zu erwartende Verknappung der Erdölvorräte, steigende Kraftstoffpreise und die von jeher bestehende Zielsetzung, Nutzfahrzeuge wirtschaftlich und rentabel zu betreiben, verlangen vom Hersteller, alle Möglichkeiten zur Minimierung des Kraftstoffverbrauches auszuschöpfen. Neben der Weiterentwicklung des wirtschaftlichen Dieselprinzips, der Verbesserung der Reifencharakteristik sowie der Optimierung des Triebstranges stellen aerodynamische Maßnahmen am Nutzfahrzeug eine Fortschreibung ökonomischer Bemühungen dar.

Es ist klar, daß die Aerodynamik bei einer Vielzahl der im Bild 8.1 zusammengestellten Nutzfahrzeuge aufgrund ihres speziellen Einsatzzweckes nur eine untergeordnete Rolle spielen kann, so z. B. bei Baufahrzeugen, landwirtschaftlichen Nutzfahrzeugen oder Fahrzeugen für Sonderaufgaben. Im Nahverkehr und insbesondere im Überland- und Fernverkehr, wo höhere Geschwindigkeiten gefahren werden, gewinnt die Aerodynamik zunehmend an Bedeutung. Die hier am häufigsten auftretenden Lastkraftwagen und Lastzüge mit hohen Aufbauten, Reiseomnibusse und Schnelltransporter sind deshalb die Zielgruppe für heutige und noch mehr für zukünftige aerodynamische Maßnahmen zur Verminderung des Kraftstoffverbrauchs.

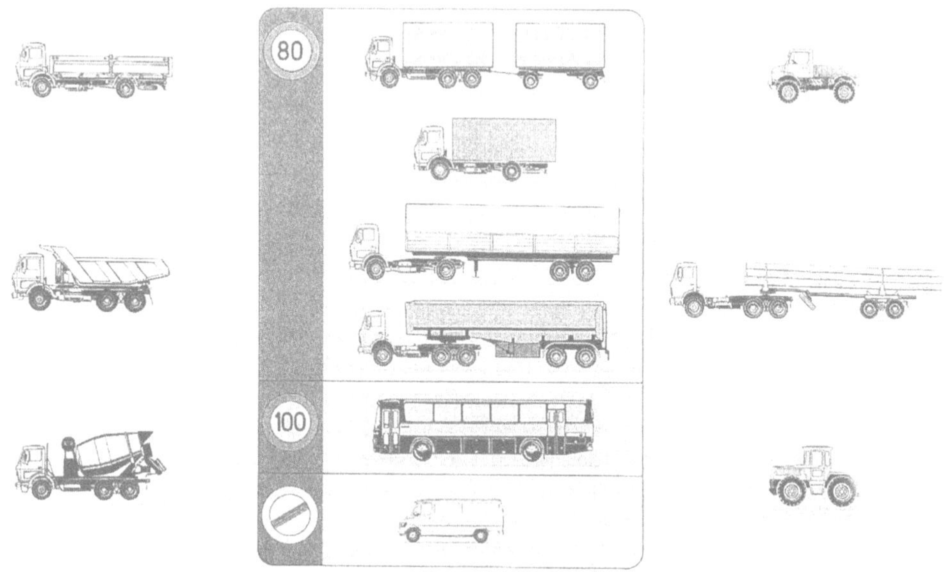

Bild 8 1   Vielfalt der Nutzfahrzeuge

8.2 Fahrwiderstände und Kraftstoffverbrauch

Bevor man Überlegungen anstellt, wie durch Verringerung des Luftwiderstandes Kraftstoff zu sparen ist, muß man sich vor Augen halten, wie groß derartige Einsparungen maximal werden können. Es sind hierzu die Fahrwiderstände und die zu ihrer Überwindung jeweils notwendige Energie zu ermitteln. Am Beispiel der Fahrt auf ebener Strecke mit konstanter Geschwindigkeit zeigt sich, vgl. Bild 8.2, daß in vielen Fällen der Rollwiderstand den Luftwiderstand übertrifft. Nur bei leichten Solo-Lkw und bei Schnelltransportern überwiegt schon bei mittlerer Geschwindigkeit der Luftwiderstand, bei schweren Lastzügen erst ab etwa 100 km/h. Trotzdem darf der Luftwiderstand auch bei schweren Lastzügen nicht vernachlässigt werden, wenn man bedenkt, daß der Leistungsbedarf z. B. eines 38-t-Lastzuges mit hohem Aufbau zur Überwindung des Luftwiderstandes 25 kW bei 60 km/h bzw. 60 kW bei 80 km/h beträgt.

Beim praktischen Einsatz der Fahrzeuge, der sich durch Steigungsfahrten und Beschleunigungen von der idealisierten Konstantfahrt in der Ebene unterscheidet, verschieben sich die Relationen. Bild 8.3 zeigt die Anteile der Fahrwiderstände am Kraftstoffverbrauch verschiedener Fahrzeuge für den Fall der Fahrt über die „hügelige Autobahn". Immer noch bleibt der prozentuale Luftwiderstandsanteil am gesamten Kraftstoffverbrauch eine beachtliche Größe, die zu Verbesserungsmaßnahmen herausfordert.

Speziell für einen 38-t-Sattelzug zeigt Bild 8.4, wie der Luftwiderstandsanteil von 2,5 bis 35 % entsprechend dem Straßenprofil und der möglichen Fahrgeschwindigkeit variiert [8.1].

Für den Omnibus ergeben sich die Fahrwiderstandsanteile nach Bild 8.5. Bei der in Deutschland zulässigen Höchstgeschwindigkeit von 100 km/h stellt der Luftwiderstand bereits in der Ebene die dominierende Größe dar, im Gegensatz zum Stadtverkehr, der durch seine vielen Halte die mittlere Beförderungsgeschwindigkeit herabsetzt und den Anteil des Beschleunigungswiderstandes erhöht.

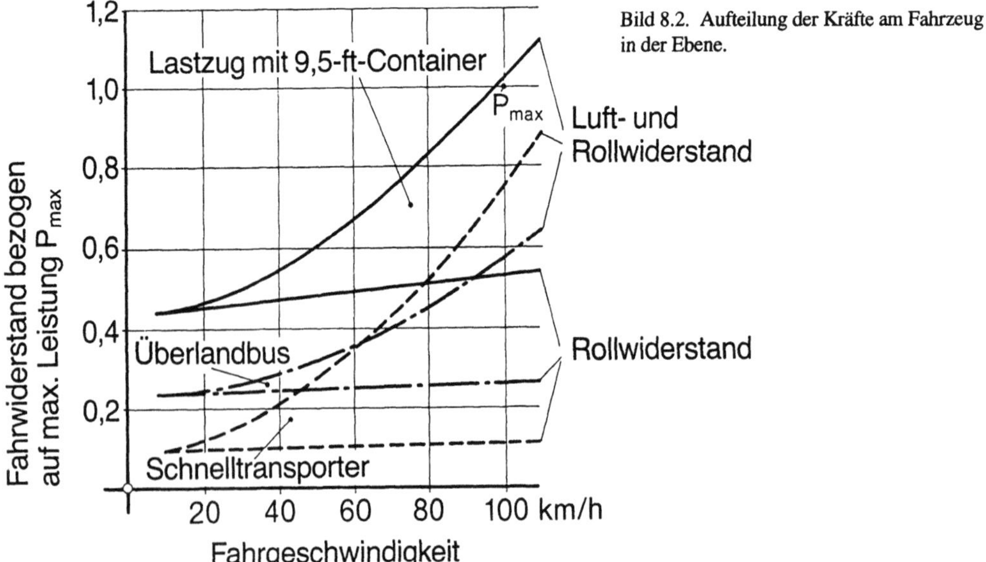

Bild 8.2. Aufteilung der Kräfte am Fahrzeug in der Ebene.

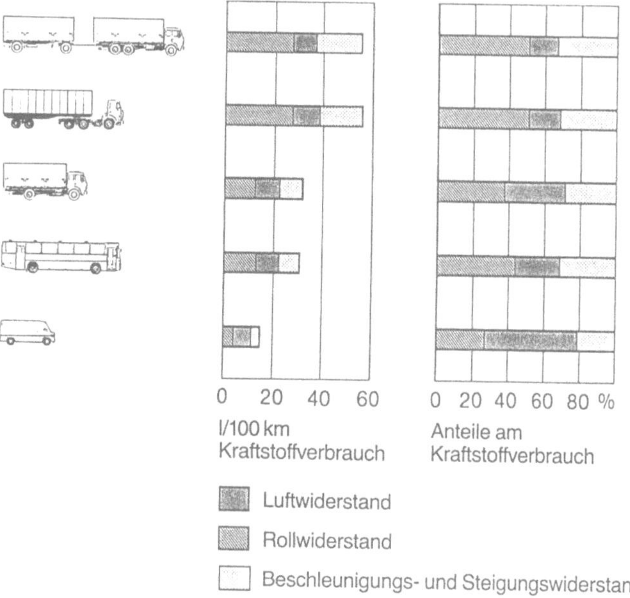

Bild 8.3. Anteile der Fahrwider-
standskomponenten am
Kraftstoffverbrauch
verschiedener Fahrzeuge.

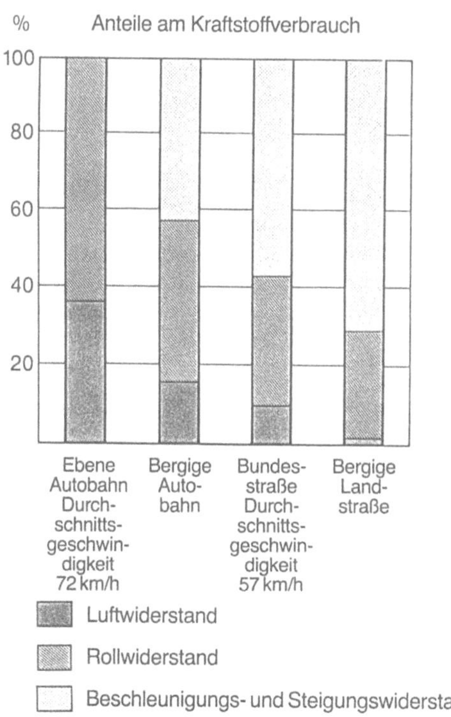

Bild 8.4. Energieverbrauch zur Überwindung
der Fahrwiderstandsanteile für einen 38-t-Sattelzug in
Abhängigkeit von verschiedenen Fahrstreckenprofilen.

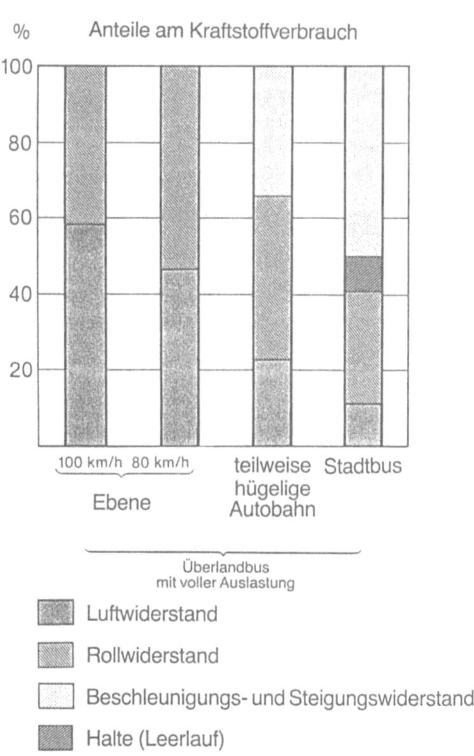

Bild 8.5. Energieverbrauch zur Überwindung der
Anteile des Fahrwiderstandes
für Stadt- und Überlandbusse.

8.3 Auswirkung luftwiderstandsreduzierender Maßnahmen auf den Kraftstoffverbrauch

Die Auswirkung der Luftwiderstandsreduzierung auf den Kraftstoffverbrauch im praktischen Fahrbetrieb läßt sich am besten anhand typischer Fahrzeuge und Fahrbedingungen aufzeigen. Im Bild 8.6 sind nach H. Gotz [8.2] die Verhältnisse für einen 38-t-Sattelzug als typischen Vertreter schwerer Lastzüge wiedergegeben. Hier zeigt sich im realen Fahrbetrieb unter Bedingungen wie „sehr schwerer Kurs" oder „Bundesstraße" eine gegenüber der idealisierten Konstantfahrt in der Ebene deutliche Abnahme der auf den Gesamtverbrauch bezogenen Kraftstoffeinsparung. Typische Fahrbedingungen und mögliche Kraftstoffeinsparungen des Omnibusses zeigt Bild 8.7. Im Stadtverkehr sind die Minderverbräuche bescheidener; eine separate Busspur weist dagegen deutliche Kraftstoffverbrauchsvorteile auf. Bei leichten Lkw oder Schnelltransportern ist diese Abhängigkeit von der Fahrstrecke in weitaus geringerem Maße vorhanden, Bild 8.8. Damit wird deutlich, daß luftwiderstandsmindernde Maßnahmen an schweren Lkw und Omnibussen besonders für Autobahnbetrieb, an leichten Lkw, Kleinomnibussen und Transportern auch für schwere Kurse und Bundesstraße sinnvoll und rentabel sind.

Nach der IAA-Forum-Broschüre 1989 [8.3] tragen die Automobilkonstrukteure mit ihren Forschungs- und Entwicklungsanstrengungen dem gewachsenen Umweltbewußtsein Rechnung. Die

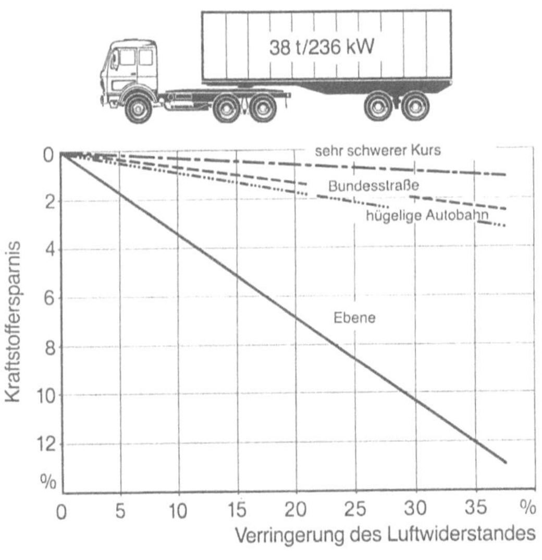

Bild 8.6. Einfluß des Luftwiderstandes auf den Kraftstoffverbrauch eines 38-t-Sattelzuges.

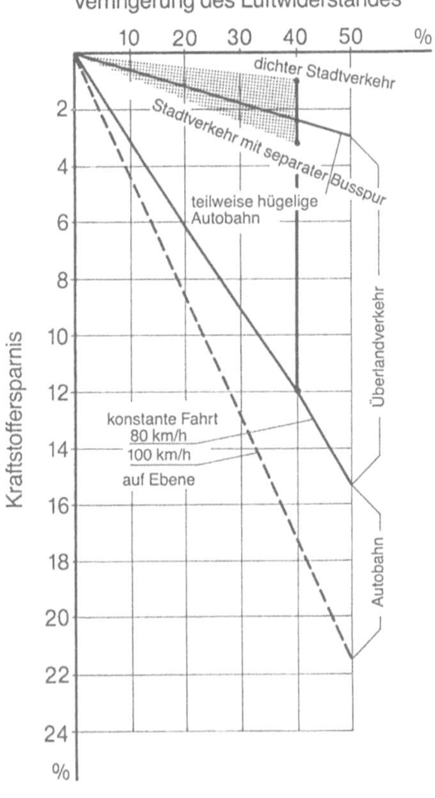

Bild 8.7. Einfluß des Luftwiderstandes auf den Kraftstoffverbrauch beim Omnibus.

Nutzfahrzeuge (Nfz) sind heute leiser, abgasärmer, sparsamer und sicherer geworden. Bild 8.9 bringt es an den Tag: Busse verbrauchen heute rund 20 %, ein 38-t-Lkw sogar über 30 % weniger Kraftstoff als vor 20 Jahren.

Bild 8.8. Einfluß des Luftwiderstandes auf den Kraftstoffverbrauch eines Schnelltransporters.

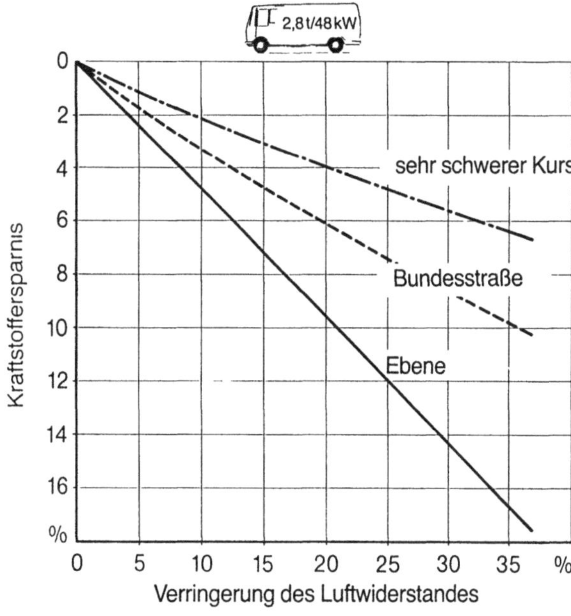

Bild 8.9. Nutzfahrzeuge auf Sparkurs.

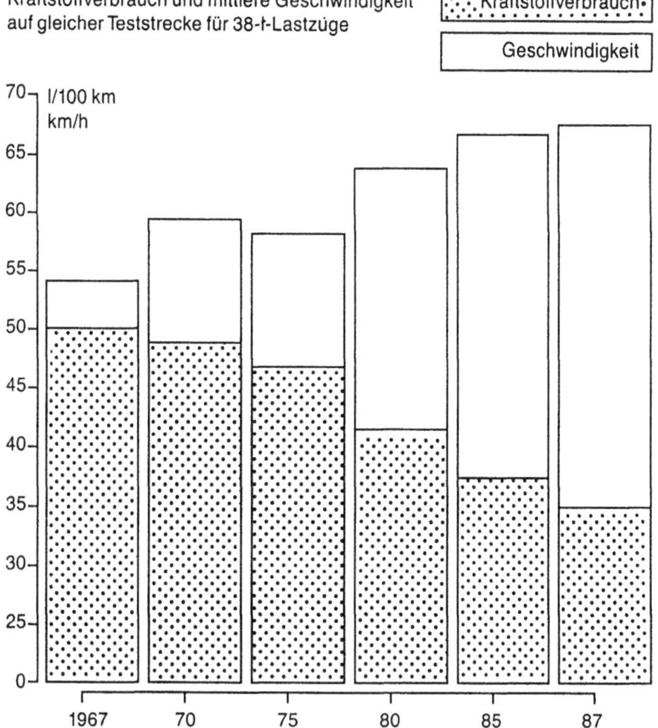

8.4 Luftwiderstandsbeiwerte verschiedener Nutzfahrzeuge

Verantwortlich für die hohen Luftkräfte am Nutzfahrzeug ist nicht ausschließlich die im Vergleich zum Pkw wesentlich größere Fahrzeugstirnfläche – die Flächen von Lkw mit hohem Aufbau, Omnibus, Schnelltransporter und Pkw verhalten sich, wie im Bild 8.10 veranschaulicht, etwa wie 9:7:4:2 –, entscheidenden Anteil hieran hat auch die aerodynamische Formgüte, der c_W-Wert.

8.4.1 Symmetrische Anströmung

Entsprechend den vielgestaltigen Ausführungen weisen Nfz ein breites Streuband der Luftwiderstandsbeiwerte auf, Bild 8.11. Im Vergleich zum Pkw erreichen Omnibusse etwa 1,5-fache, Lastzüge und Sattelfahrzeuge etwa doppelt so hohe c_W-Werte. Nur Schnelltransporter-Kastenwagen, bei deren Entwicklung aerodynamische Gesichtspunkte aufgrund der konstruktiv einfachen Realisierung bereits weitgehend Beachtung finden, liegen mit den Pkw-Werten dicht beisammen.

8.4.2 Schräganströmung

Der Luftwiderstandsbeiwert bei symmetrischer Anströmung, der einer Fahrt bei Windstille entspricht, genügt jedoch nicht allein zur Beurteilung der aerodynamischen Eigenschaften im realen Fahrbetrieb. Hier muß zusätzlich der Verlauf des Tangentialkraftbeiwertes c_T (Komponente in Fahrtrichtung) bei schräger Anströmung berücksichtigt werden. Wie aus Bild 8.12 hervorgeht, weisen mit Ausnahme des Schnelltransporters alle übrigen Fahrzeugarten eine deutliche Zunahme

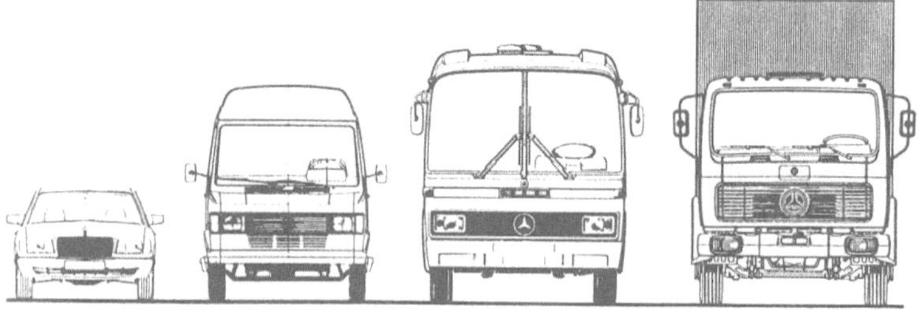

Bild 8 10
Fahrzeugstirnflachen.

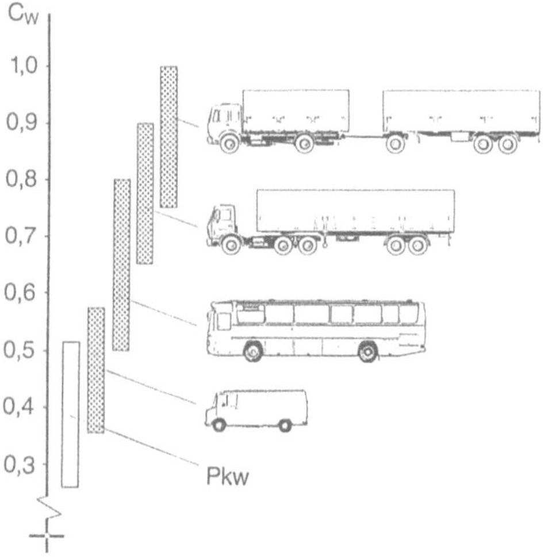

Bild 8 11 Aerodynamische Formgute verschiedener Nutzfahrzeuge

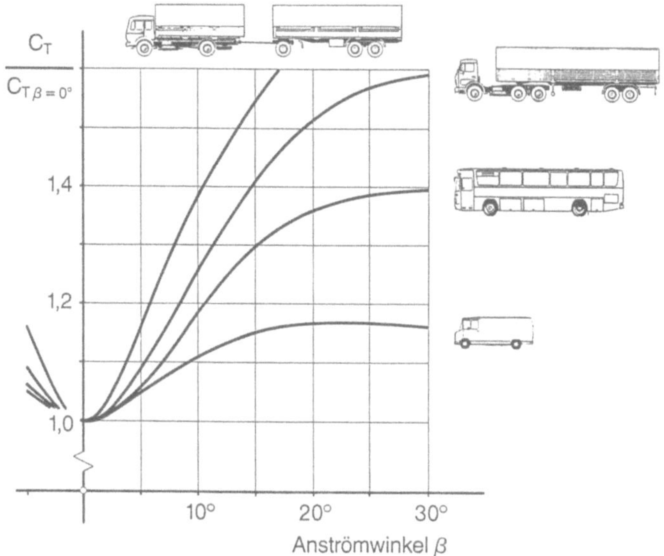

Bild 8.12. Luftwiderstand bei Schräganströmung.

des c_T-Wertes mit dem Schiebewinkel β auf. Bis zu welchem Schräganströmwinkel dieses Verhalten bei der Fahrzeugentwicklung berücksichtigt werden muß, ist von den realen Straßenwindverhältnissen abhängig.

8.4.3 Windeinflüsse - Abgrenzung des Anströmwinkels

Aufgrund der vielfältigen topographischen Gegebenheiten und meteorologischen Verhältnisse ist es sehr schwierig, allgemeingültige Aussagen über typische Straßenwindverhältnisse zu treffen. Hier soll nur eine grobe Abschätzung vorgenommen werden; weitere Einzelheiten dazu finden sich im Abschnitt 5.4.5.1.

Legt man die Windverhältnisse aller internationaler Flughäfen der Bundesrepublik Deutschland zugrunde, wie sie dort z. B. in Form von sogenannten Jahreswindrosen ausgewertet sind – Bild 8.13 als Beispiel für den Flughafen Stuttgart – so stellt man fest, daß Windstärken von 4 bis 5 Beaufort (20 bis 39 km/h) und höher im Jahresmittel nur zu etwa 20 % auftreten [8.4]. Daraus läßt sich folgern, daß unter Berücksichtigung der zulässigen Höchstgeschwindigkeit für Nfz ein Winkelbereich von $\beta < 14°$ relevant ist.

Mit in 2 m Höhe über der Fahrbahn gemessenen Windgeschwindigkeiten, die L. GARDELL [8.5] aus Schweden mitgeteilt hat, vgl. Bild 8.14, kommt man mit $\beta = 13°$ zu nahezu dem gleichen Ergebnis, wenn man eine Fahrgeschwindigkeit von 80 km/h und einen senkrecht zur Fahrtrichtung auftreffenden Seitenwind von 5 m/s (Häufigkeit $\approx$ 20 %) annimmt.

8.4.4 Charakterisierung des Luftwiderstandes im realen Fahrbetrieb

Um im realen Fahrbetrieb den Seitenwindeinfluß zu berücksichtigen, sind verschiedene Berechnungsformeln vorgeschlagen worden, die einen seitenwindgemittelten Luftwiderstandsbeiwert c_W repräsentieren sollen. Nach K. C. INGRAM [8.6] ist

$$\overline{c}_W = \int_0^{V_{max}} \int_0^{2\pi} c_W(\beta)\left[1 + \left(\frac{V_S}{V_F}\right)^2 + 2\left(\frac{V_S}{V_F}\right)\cos\varphi\right] p\left(V_S, \varphi\right) d\varphi\, dV_S\,,$$

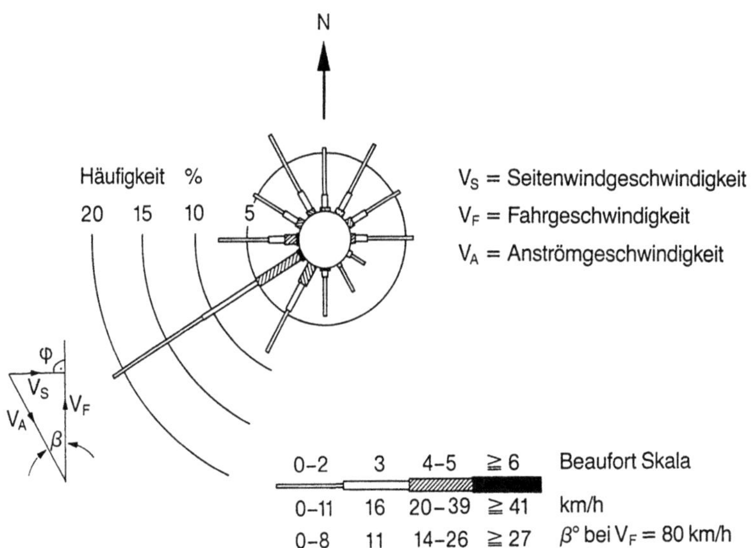

Bild 8.13. Jahreswindrose Flughafen Stuttgart, nach [8.5].

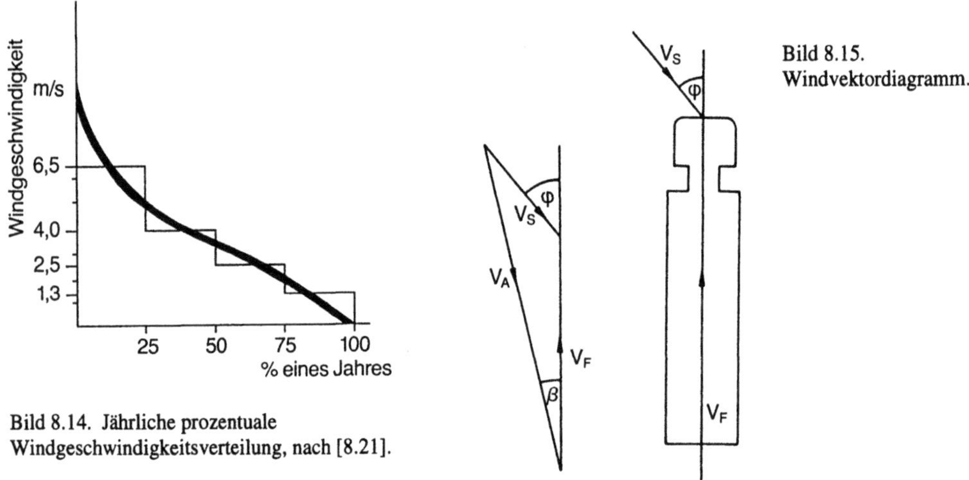

Bild 8.14. Jährliche prozentuale Windgeschwindigkeitsverteilung, nach [8.21].

Bild 8.15. Windvektordiagramm.

wobei p (V_S, φ) die Wahrscheinlichkeit ausdrückt, daß ein Seitenwind von der Größe V_S unter einem Winkel φ zur Fahrtrichtung vorherrscht.

Die numerische Integration berücksichtigt die gemessenen c_W-Werte über einen bestimmten Schräganströmwinkelbereich β, die meteorologischen Daten der Windgeschwindigkeit und die Aufteilung nach Straßenrichtungen, die den Winkel φ bestimmen, Bild 8.15.

Für den Geschwindigkeitsbereich 80 bis 110 km/h liegen die seitenwindgemittelten Werte c_W bei verhältnismäßig kompakter Ausführung noch unter 10 % Erhöhung gegenüber der symmetrischen Anströmung; bei komplexeren Konturen kann der c_W-Wert nach A. NAYSMITH [8.7] wesentlich höher liegen. In USA werden für die Auswertung eine Fahrgeschwindigkeit von V_F = 55 mph (89 km/h) und eine typische Windgeschwindigkeit von V_S = 7 mph (11 km/h) zugrunde gelegt (SAE - J 1252). Daraus resultieren für verschiedene aerodynamische Lkw-Konfigurationen um bis zu 19 % höhere c_W-Werte gegenüber symmetrischer Anströmung (Windstille), Bild 8.16.

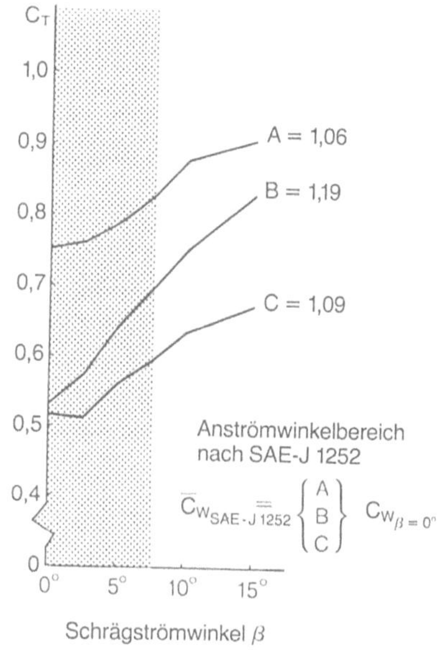

Bild 8.16. Windgemittelter c_w-Wert verschiedener aerodynamischer Lkw-Anbauverbesserungen.

8.5 Beeinflussung des Luftwiderstandes

8.5.1 Spielraum für aerodynamische Maßnahmen bei Nutzfahrzeugen

Im Gegensatz zum Pkw wird die Form des Nutzfahrzeuges vor allem durch den Anspruch nach maximalem Nutzraum geprägt. Quaderförmige, kantige Aufbauten dominieren. Eingeschränkt wird dieser Anspruch durch gesetzlich festgelegte Abmessungen, Bild 8.17. In der Bundesrepublik Deutschland sind dies z. B. eine max. Breite von 2,5 m, eine max. Höhe von 4 m und je nach

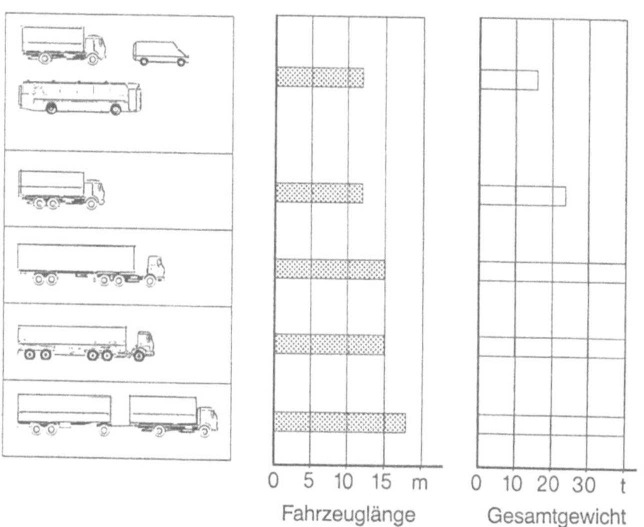

Bild 8.17. Zulässige Fahrzeuglängen und Gesamtgewichte.

Fahrzeugart begrenzte Fahrzeuglängen. Für den Aerodynamiker bleibt also kaum Spielraum für Formänderungen. Eine gewisse Freiheit besteht allerdings in der Gestaltung der Fahrzeugfront oder des Fahrerhauses und in der Entwicklung und Abstimmung von luftwiderstandsreduzierenden Anbauteilen.

8.5.2   Optimierung im Windkanal - Probleme der Modellmeßtechnik

Der Windkanal bildet aufgrund reproduzierbarer, witterungsunabhängiger Meßmöglichkeit die ideale Grundlage für sinnvolle, systematische Entwicklungstätigkeit zur Lösung aerodynamischer Aufgaben. Problematisch sind jedoch die bei Nutzfahrzeugen notwendigen Kanalabmessungen. So sind in den heute zur Verfügung stehenden großen Windkanälen gerade noch kleine Lkw und Kleinomnibusse in natürlicher Größe aerodynamisch exakt zu messen. Größere Fahrzeuge bilden eine zu große Versperrung in der Meßstrecke, sowohl in Quer- als auch in Längsrichtung. Sie müssen deshalb in verkleinertem Maßstab untersucht werden. Aber wie sicher können die Modellergebnisse auf das Originalfahrzeug übertragen werden?

Voraussetzung dafür sind die Einhaltung der geometrischen Ähnlichkeit, das heißt, exakte und detaillierte Nachbildung der Originale und gleiche Reynolds-Zahlen für Modell und Großausführung. Bei kleinen Modellen (Maßstab = 1:10) ist fertigungsbedingt fast immer ein Verlust an Oberflächendetails hinzunehmen. Ferner werden trotz hoher Anströmgeschwindigkeiten (v = 250 km/h) geringere Reynolds-Zahlen als bei entsprechenden, mit mittlerer Geschwindigkeit (v = 60 bis 70 km/h) fahrenden Originalfahrzeugen erreicht. Bei diesen Maßstäben muß deshalb berücksichtigt werden, daß Differenzen zwischen Modell- und Originalumströmung möglich sind, was sich z. B. in einer unterschiedlichen Lage des Strömungsumschlags laminar-turbulent und/oder der Strömungsablösungen zeigt.

So wird bei Messungen an einem 1:10 - Sattelzugmodell, Bild 8.18, eine deutliche Abhängigkeit von der Reynolds-Zahl sichtbar. Erst bei Anströmgeschwindigkeiten über 300 km/h, bei denen bereits Kompressibilitätseinflüsse spürbar werden, würde sich der c_w-Wert asymptotisch an den exakten Wert bei der Reynolds-Zahl der Großausführung annähern (gestrichelte Linie). Dieses Verhalten ist bei Nutzfahrzeugmodellen – ganz im Gegensatz zu Pkw-Modellen – im wesentlichen von der Fahrzeugfront- bzw. Aufbaufrontgestaltung abhängig. So ergeben sich z. B. an einem Omnibusmo-

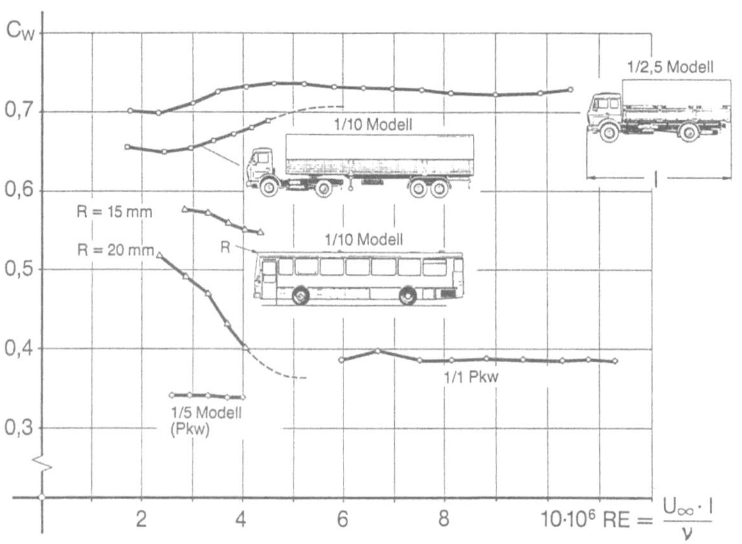

Bild 8.18. Einfluß der Reynolds-Zahl.

dell mit kritischen Frontradien, je nach Radius, recht unterschiedliche Kurvenverläufe. Zu ähnlichen Ergebnissen führten die Untersuchungen von F. W. Pawlowski [8.8] und W.-H. Hucho et al. [8.9], vgl. auch Abschnitt 12.4.3.

Diese Beispiele zeigen, daß Modellmessungen im kleinen Maßstab, abgesehen von solchen mit umständlichen Grenzschichtkorrekturen, z. B. durch Turbulenzdrähte oder örtliche Rauhigkeitsbelegung, nur annähernd die realen Verhältnisse wiedergeben können. Sie eignen sich deshalb in vielen Fällen lediglich für qualitative Voruntersuchungen; sie haben jedoch den Vorteil, kostengünstig zu sein.

Als Kompromiß kann der Modellmaßstab 1:2,5 angesehen werden. Hiermit lassen sich originalgetreue Umströmungsverhältnisse sowie die Innenraumdurchströmung (Kühler, Motorraum) darstellen. Die daran gewonnenen Luftkraftbeiwerte stimmen gut mit der Großausführung überein; auch Verschmutzungssimulationen lassen sich vorzüglich durchführen.

8.5.3   Luftwiderstandsoptimierung beim Lkw

8.5.3.1   *Charakteristische Stromungs- und Druckverhaltnisse*

Betrachten wir die Umstromungsverhaltnisse bei der am haufigsten anzutreffenden Gruppe der Last- und Sattelzüge mit hohen Aufbauten, so weisen Strömungsaufnahmen mit Rauch, Bild 8.19, auf eine starke Wechselwirkung zwischen Fahrerhaus und Aufbau hin.

Die Freiraumlänge s – gemessen zwischen Fahrerhausrückwand und Aufbaustirnseite – sowie die überstehende Aufbauhöhe h – gemessen uber dem Fahrerhausdach – sind hierbei die wesentlichen Parameter.

Bild 8 19 Charakteristische Stromungsverhaltnisse beim Lkw
oben symmetrische Anstromung,
unten Schraganstromung β = 30 °

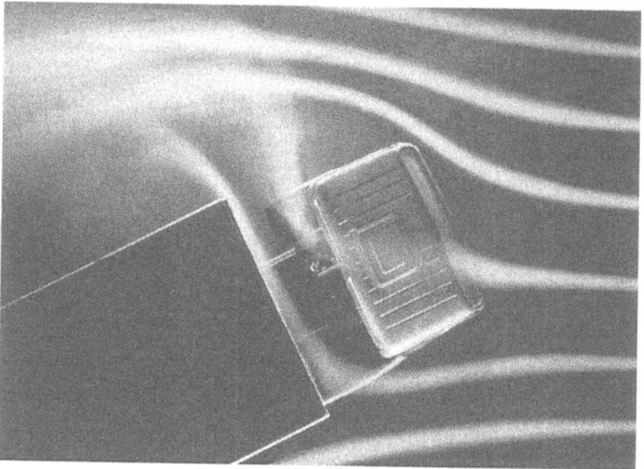

Die Druckverteilung über dem Fahrzeug, Bild 8.20, mit Zonen hohen positiven Druckes an den Fronten von Fahrerhaus und Aufbau sowie Unterdruck am Fahrzeugheck infolge Strömungsablösung, charakteristisch für stumpfe, kantige Körper lassen auf einen hohen Luftwiderstand schließen. Weiteren Aufschluß über die Formgüte eines Fahrzeugs vermittelt die Geschwindigkeitsverteilung im Nahfeld. Für einen serienmäßigen Sattelzug ist im Bild 8.21 das Verhältnis der örtlichen

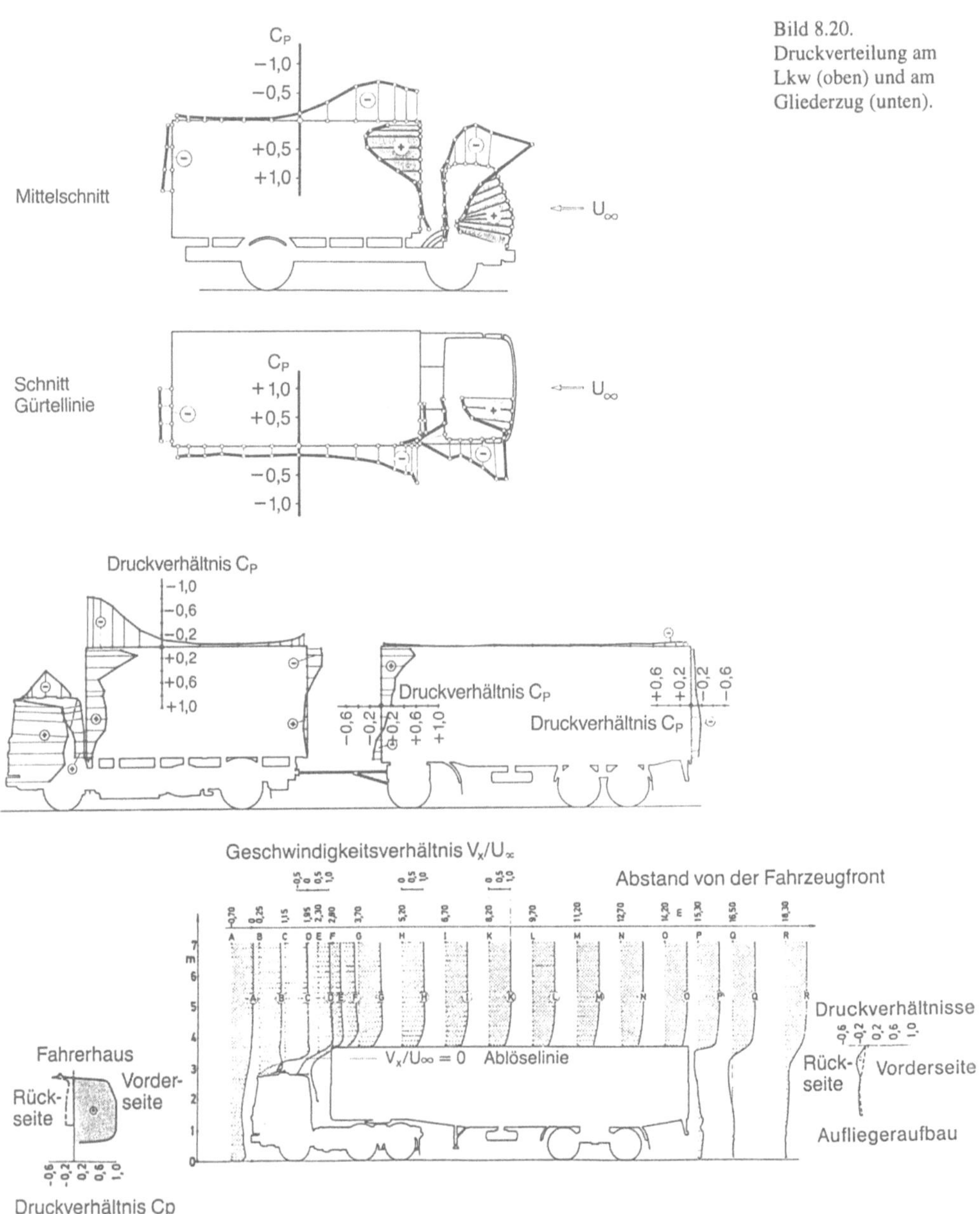

Bild 8.20.
Druckverteilung am Lkw (oben) und am Gliederzug (unten).

Bild 8.21. Geschwindigkeitsverteilung V_x/U_∞ und Druckverhaltnis c_p von Fahrerhaus und Auflieger beim Sattelzug (Höhe 3,67 m).

horizontalen Geschwindigkeitskomponente v_X zur ungestörten Geschwindigkeit U_∞ bei symmetrischer Anströmung nach Messungen von A. GILHAUS et al. [8.10] aufgetragen. Dargestellt sind Meßschnitte in der Fahrzeugmitte über der Fahrbahnebene und dem Fahrzeug. Über dem kantigen Fahrzeugdach sind Rückströmbereiche ersichtlich (negative Geschwindigkeitsverhältnisse sind nicht schraffierte Kurvenflächen), die das Totwassergebiet mit Rezirkulationsströmung in der Ablöseblase charakterisieren. Ferner läßt sich erkennen, bis zu welcher Höhe der Verdrängungseinfluß der Strömung wirksam ist.

8.5.3.2 Teilwiderstände – Interferenzproblem

Umströmte Sattelfahrzeuge und Lastzüge stellen – aerodynamisch gesehen – „Gebilde" dar, die aus verschiedenen Teilkörpern zusammengesetzt sind. Deren recht verwickelte Wechselwirkung (Interferenzproblem) ist von einer Reihe von Autoren untersucht worden: A. GILHAUS et al. [8.10)], T. MOREL et al. [8.11], sowie A. ROSHKO et al.[8.12.]. Um die Auswirkung aerodynamischer Maßnahmen besser erkennen zu können, werden die Luftkräfte der Teilkörper in entsprechender Zuordnung getrennt ermittelt.

Bild 8.22 zeigt ein Beispiel dieser Untersuchungsmethode. Der Gesamtwiderstand eines Sattelzuges wurde in die Teilwiderstände Fahrerhaus, Fahrgestell und Aufbau aufgeteilt. Bei symmetrischer Anströmung verhalten sich die Teilwiderstände von Aufbau, Fahrerhaus und Fahrgestell wie etwa 4:3:2. Mit zunehmender Freiraumlänge s wird ein leichter Anstieg der Teilwiderstände beobachtet. Bei Schräganströmung steigen die Tangentialkraftbeiwerte von „Aufbau" und „Fahrgestell" deutlich an; dies resultiert aus der leeseitigen Strömungsablösung und der Umströmung des zerklüfteten Fahrgestells. Dagegen wird der Tangentialkraftbeiwert des „Fahrerhauses" vom Seitenwind kaum beeinflußt.

Andererseits kann man den Sattelzug nach Bild 8.23 auch in die Teilluftwiderstände von Zugmaschine und Auflieger aufteilen. Die Höhe des Teiltangentialkraftbeiwertes der Sattelzugmaschine verändert sich über dem dargestellten Anströmwinkelbereich kaum. Dies bedeutet, daß der Anstieg des Gesamttangentialkraftbeiwertes des Sattelzuges bei wachsendem Anströmwinkel allein aus der Zunahme des Aufliegeranteiles resultiert. Eine Ursache hierfür liegt in der seitlichen Durchströmung des Spaltes zwischen Fahrerhaus undAuflieger mit nachfolgender leeseitiger Strömungsablösung. Dies verursacht eine Vergrößerung des Frontwiderstandes des Aufliegers. Die weiteren Ursachen sind die gegenüber der geraden Anströmung veränderte Abströmung am Heck des Aufliegers mit vergrößertem Totwassergebiet (größerer Aufliegerheckwiderstand) sowie das verstärkte Einströmen in den zerklüfteten, seitlich nicht abgedeckten Fahrgestellbereich.

Bild 8.22. Teilwiderstände beim
8-ft-Container-Sattelzug.

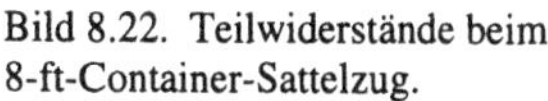

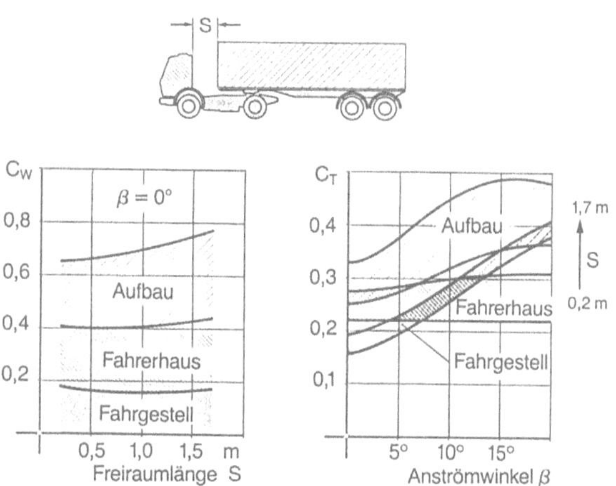

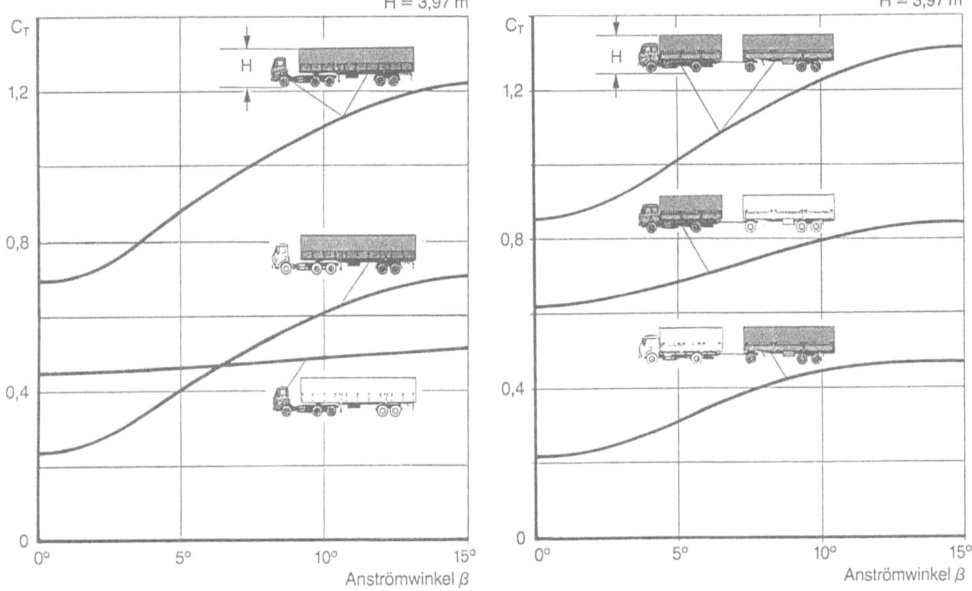

Bild 8.23. Tangentialkraftbeiwert c_T in Abhängigkeit vom Anströmwinkel für den Sattelzug und den Lastzug.

Die Teilluftwiderstände von Motorwagen und Anhänger am Lastzug verteilen sich bei symmetrischer Anströmung etwa im Verhältnis 70 % : 30 %. Beide Teiltangentialkraftbeiwerte steigen mit zunehmendem Anströmwinkel ß etwa gleich stark an, so daß Motorwagen und Anhänger in ungefähr gleichem Maße zu dem beträchtlichen Anstieg der Gesamttangentialkraft der Zuganordnung beitragen. Die Ursachen hierfür sind eine leeseitige Strömungsablösung an der Fahrzeugfront und die direkte Anströmung des überstehenden Motorwagenaufbaus mit vergrößertem Frontwiderstand desselben. Die Lücken zwischen Fahrerhaus, Motorwagenaufbau und Anhänger werden mit wachsendem Anströmwinkel β zunehmend seitlich durchströmt; dadurch wird eine zusätzliche leeseitige Ablösung hervorgerufen. Aus dieser wiederum resultiert eine Zunahme der Front- und Heckwiderstände der betroffenen Aufbauteile. Ähnlich wie am Sattelzug führt eine gegenüber der Geradanströmung veränderte Abströmung am Anhängerheck zu einem vergrößertem Totwassergebiet und damit zum Anstieg der Gesamttangentialkraft des Lastzuges; ebenso trägt dazu das verstärkte Einströmen in den zerklüfteten, seitlich nicht abgedeckten Fahrgestellbereich bei.

8.5.3.3 Fahrerhaus-Formgebung

Aus Bild 8.24 entnimmt man, daß ein Sattelzug mit kantigem Fahrerhaus nahezu den gleichen c_W-Wert aufweist wie ein solcher mit strömungsgünstigem Fahrerhaus. Daraus könnte man schließen, daß die Formgebung des Fahrerhauses ohne Einfluß auf den Luftwiderstand sei. Betrachtet man jedoch die Verteilung des Widerstandes bei symmetrischer Anströmung auf Aufbau und Fahrerhaus, so erkennt man, daß das kantige Fahrerhaus den Luftwiderstand voll übernimmt und mit seiner starken Ablösungen den nachfolgenden Aufbau so stark abschirmt, daß er keinen oder sogar einen negativen Teilwiderstand aufweist. Es findet also eine Umverteilung des Widerstandes statt, wie sie auch durch die Druckverteilung im Bild 8.25 bestätigt wird. Die Formgebung des Fahrerhauses darf also nicht isoliert betrachtet werden, sondern nur in Zuordnung zum Aufbau. Variiert man die Freiraumlänge s und die überstehende Aufbauhöhe h bei drei verschieden gestalteten jedoch in den

374

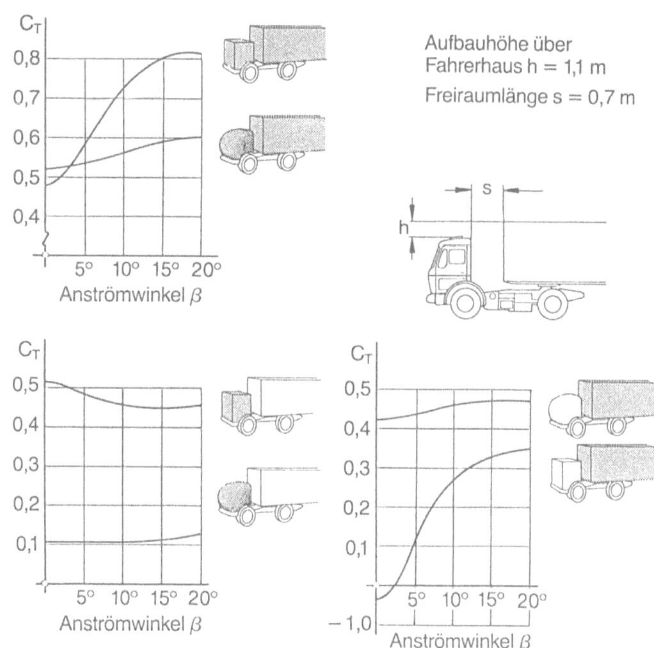

Bild 8.24. Einfluß der Fahrerhausformgebung auf die Teilwiderstände Fahrerhaus und Aufbau beim 30-ft-Container-Sattelzug.

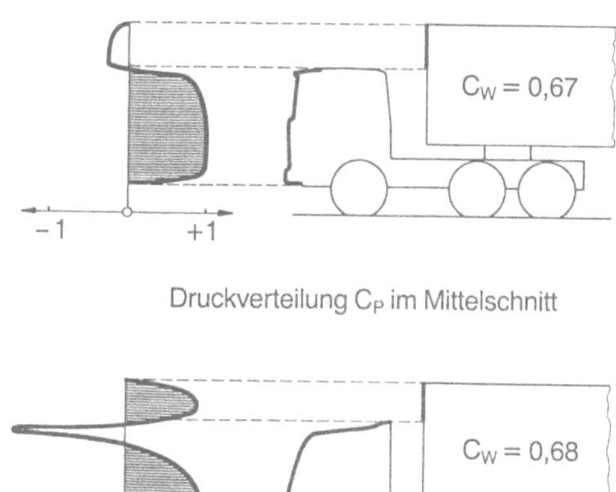

Bild 8.25. Strömungsinterferenz Fahrerhaus - Aufbaufront nach [8.10].

Hauptabmessungen gleichen Fahrerhäusern, so werden die folgenden Zusammenhänge deutlich, vgl. Bild 8.26:

Man erkennt beim kantigen Fahrerhaus (C):

- eine sehr geringe Abhängigkeit von der Freiraumlänge s,

- ein Luftwiderstandsminimum bei einer überstehenden Aufbauhöhe h = 1,0 m,

- bei überstehenden Aufbauhöhen h > 1,0 m kleinere Luftwiderstandsbeiwerte als bei strömungsgünstigen Fahrerhäusern;

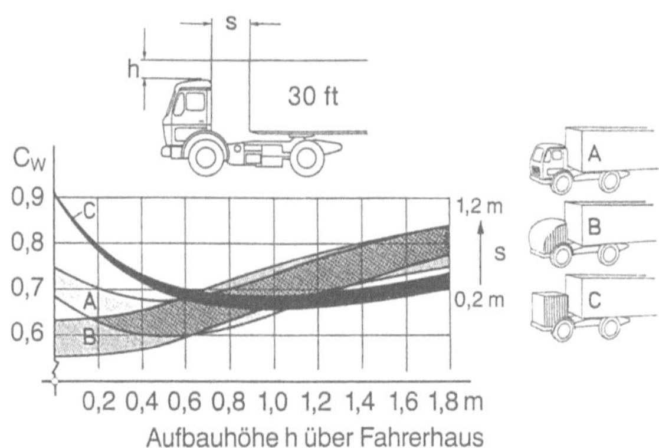

Bild 8.26. Einfluß der Fahrerhausformgebung auf den Luftwiderstandsbeiwert unter Berücksichtigung verschiedener Aufbauhöhen h und Freiraumlängen s nach [8.2].

beim strömungsgünstigen Fahrerhaus (B):

– eine Verbreiterung des Streubands der Luftwiderstandsbeiwerte mit zunehmender Freiraumlänge s, wobei das Streuband selbst mit größer werdender überstehender Aufbauhöhe h ebenfalls ansteigt;

Bei der serienmäßigen Ausführung eines Fahrerhauses (A):

– eine bereits weitgehende Annäherung an das strömungsgünstige Fahrerhaus,

– ein bei kleinen überstehenden Aufbauhöhen h < 0,6 m wieder ansteigender c_W-Wert, der aus dem Kompromiß resultiert, daß zum einen ein möglichst großer Innenraum des Fahrerhauses erreicht werden soll und daß andererseits kleinere Krümmungsradien oder fertigungsbedingte Kanten und Stufen in Kauf genommen werden.

Diese Untersuchungen machen deutlich, daß ab einer bestimmten überstehenden Aufbauhöhe h zumindest bei symmetrischer Anströmung auch mit kantigen Fahrerhäusern günstige Luftwiderstandsbeiwerte erreichbar sind. Grundsätzlich ergeben sich günstige Verhältnisse, wenn sich die vom Fahrerhaus ausgehende „Trennstromlinie" (trennt abgelöstes Gebiet und „gesunde" Außenströmung) „stoßfrei" an die nachfolgenden, meist kantigen Aufbauten anlegt.

Nimmt man jetzt den Einfluß bei Schräganströmung hinzu, so beobachtet man bei Fahrzeugen mit kantigem Fahrerhaus einen auffallend steilen Anstieg des Luftwiderstandes, Bild 8.27. Der bisher

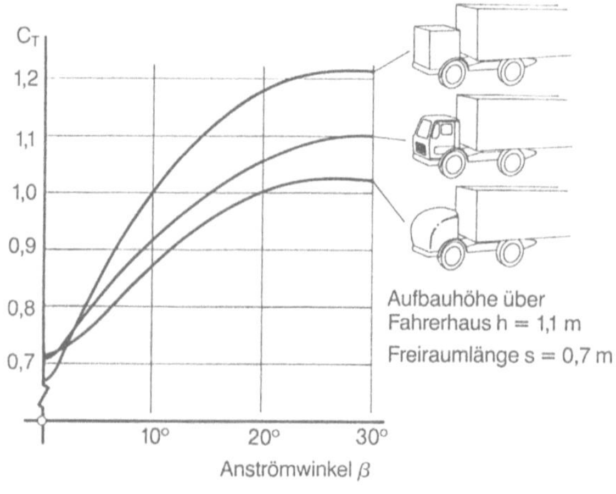

Bild 8.27. Einfluß der Fahrerhausform bei Schräganströmung beim 30-ft-Container-Sattelzug.

376

abgeschirmte Aufbau wird bei zunehmendem Anströmwinkel β der Anströmung immer stärker ausgesetzt. Lkw mit strömungsgünstigem Fahrerhaus weisen hierbei wesentlich kleinere Tangentialkraftbeiwerte auf. Die untere Grenzkurve der durch Fahrerhausformgebung erreichbaren Luftwiderstandsbeiwerte zeichnet sich ab, siehe auch Bild 1.54.

8.5.3.4 *Luftwiderstandsmindernde Anbauteile für Lkw*

Da bis heute dieselben Fahrerhäuser im Fern-, Nah- und Baustellenverkehr anzutreffen sind, kann mit strömungsgünstigen Ausführungen allein aufgrund der Vielfalt der Aufbauten nicht immer ein günstiger Luftwiderstandsbeiwert erzielt werden. Für hohe Aufbauten sind deshalb eine ganze Reihe von Zusatzanbauten zur Verringerung des Luftwiderstands bekannt geworden; einige davon sind im Bild 8.28 zusammengestellt, siehe auch Bild 1.54.

Für die Anordnung auf dem Fahrerhaus haben sich Luftleitkörper oder verstellbare Luftleitschilde bewährt. Letztere sind einfach zu handhaben, wirkungsvoll und kostengünstig. Die Druckverteilung im Bild 8.29 verdeutlicht ihre Wirkung. Am Aufbau tragen an der Stirnwand angeordnete flossenartige Wirbelstabilisatoren zur Reduzierung des Luftwiderstandes bei. Sie verhindern bei Seitenwind eine Durchströmung zwischen Fahrerhaus und Aufbau. Auch ballonförmige Anströmkörper werden an der Stirnwand eingesetzt, um die Anströmung des kastenförmigen Aufbaus zu verbessern.

Über ähnliche Untersuchungen an einem Sattelzug mit verripptem Container haben C. BERTA et al. [8.13] berichtet; Bild 8.30 faßt die wichtigsten Ergebnisse zusammen. Demnach sind ein glattflächiger Auflieger mit abgerundeten Seitenkanten jedoch ohne und ein verrippter Auflieger mit Luftleitvorrichtung aerodynamisch gleichwertig. Der niedrigste c_W-Wert wird erwartungsgemäß erreicht, wenn bei dem glattflächigen, gerundeten Auflieger auf dem Fahrerhaus eine Leitvorrichtung montiert wird.

Mit diesen Luftleiteinrichtungen sind bei Lkw mit kantigen Fahrerhäusern Verbesserungen des Luftwiderstandes um etwa 10 %, mit strömungsgünstigen Ausführungen dagegen bis zu 30 % erreichbar, Bild 8.31.

Bei zunehmender Schräganströmung erzielt man mit den halbballonförmigen Verkleidungen der Aufbaufront noch wesentlich kleinere Tangentialkraftbeiwerte als mit dem Luftleitschild. Ähnliche Konfigurationen sind in [8.14] und [8.15] beschrieben. Heute bilden Luftleitkörper und Endkanten-

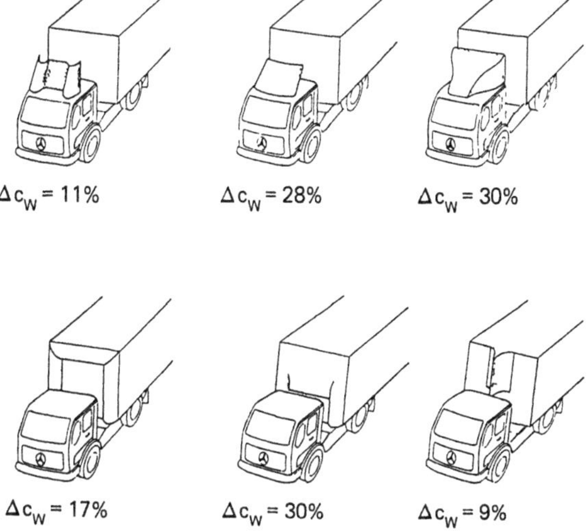

Bild 8.28. Luftwiderstandsverminderung durch Zusatzanbauten bei symmetrischer Anströmung.

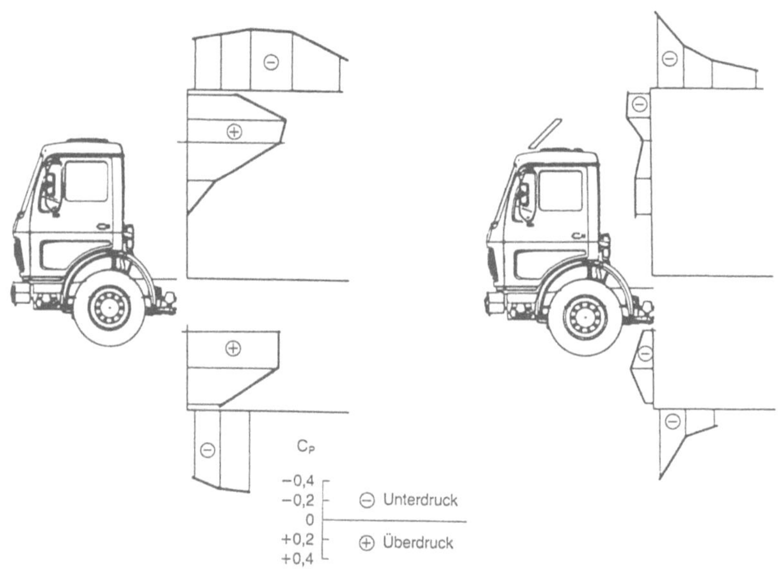

Bild 8.29 Einfluß des Luftleitschildes auf die Druckverteilung an der Aufliegerfront.

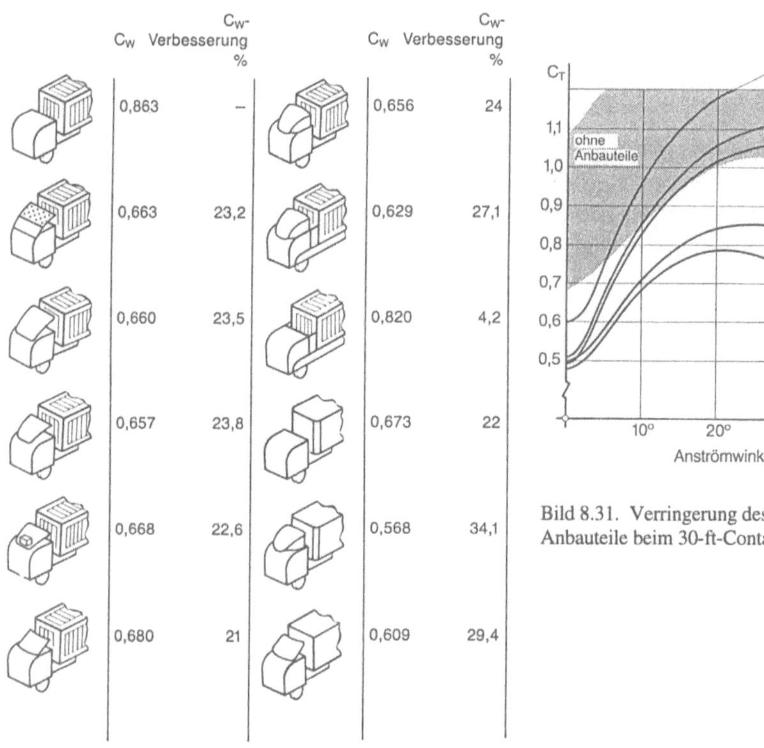

Bild 8.31. Verringerung des Luftwiderstandes durch Anbauteile beim 30-ft-Container-Sattelzug.

Bild 8.30. Luftwiderstandsverbesserungen am Fahrerhaus und Auflieger beim Sattelzug nach [8.13].

klappen mit dem Fahrerhaus eine formale Einheit sowohl fur Frontlenker als auch für Haubenfahrzeuge, Bilder 8.32 und 8.33.

Auch beim Solo-Lkw mit Kofferaufbau setzen sich aerodynamische Hilfsmittel zur Energieeinsparung und Leistungsverbesserung durch. Nach Untersuchungen von E. GOHRING et al. [8.16] verbessert sich der c_w-Wert mit dem Luftleitkorper auf dem Fahrerhaus um 17 %, mit der Bugschürze um 4 % und mit der Seitenverkleidung um weitere 6 bis 8 %, insgesamt also um bis zu 27 %; Ausführungsbeispiele finden sich in den Bildern 8.34 und 8.35. Bei leichten Lkw mit relativ großen Aufbauten läßt

Bild 8 32
Ausfuhrungsvielfalt
stromungsgunstiger
Sattelzugmaschinen,
Frontlenker

Bild 8 33
Ausfuhrungsvielfalt
stromungsgunstiger
Sattelzugmaschinen,
Frontlenker und
Haubenfahrzeuge

Bild 8 34   Lkw mit Kofferaufbau,
aerodynamisch optimiert

Bild 8 35   Lkw mit Planenaufbau,
aerodynamisch optimiert

sich durch aerodynamische Auslegung von Fahrerhaus, Aufbau und Fahrgestell der c_W-Wert um 36 % von 0,78 auf 0,50 verbessern, Bild 8.36.

Seitenverkleidungen sollten aber nicht nur wegen ihrer günstigen Wirkung auf den Widerstand angewendet werden. Sie verbessern die Sicherheit erheblich; Fußgänger und Radfahrer werden bei einem Unfall „abgewiesen" und können nicht so leicht unter den Lkw geraten. Weiter verringern Seitenverkleidungen die Bildung von Wasserschleiern und das Geräusch.

Selbst bei einem Lkw mit Pritschenaufbau, wie im Bild 8.37 zu sehen, läßt sich nach E. Gohring et al. [8.16] der c_W-Wert reduzieren: mit einer Bugschürze um 4 %, mit einer Seitenverkleidung um 6 bis 8 % und mit einer planen Abdeckung der Pritsche nochmals um 12 %.

8.5.3.5 Lastzug-Anhänger

Auch beim Lastzug besteht die Möglichkeit, durch Ausnutzung von Interferenzeffekten – hier zwischen Motorwagen und Anhänger – aerodynamische Verbesserungen zu erzielen. Ein strömungsgünstiges Fahrerhaus bewirkt sowohl eine Reduzierung als auch eine Umverteilung des Widerstandes auf Zugwagen und Anhänger, wie im Bild 8.38 verdeutlicht.

Die Lücke zwischen beiden Wagen des Zuges wird aerodynamisch immer wichtiger. A. Gilhaus et al. [8.17] gelang der Nachweis, daß es mit praktikablen Lösungen gelingt, dort einen Strömungsverlauf herbeizuführen, der annähernd so gut ist wie für einen glattflächigen, geschlossenen Übergang vom Motorwagen zum Anhänger – der sich technisch nicht realisieren läßt. Bild 8.39 demonstriert,

Bild 8.36 Ford Concept Cargo

Bild 8 37 Lkw mit Pritschenaufbau, aerodynamisch optimiert

Bild 8.38. Luftwiderstandsverringerung und Widerstandsumverteilung durch stromungsgunstige Fahrerhausform

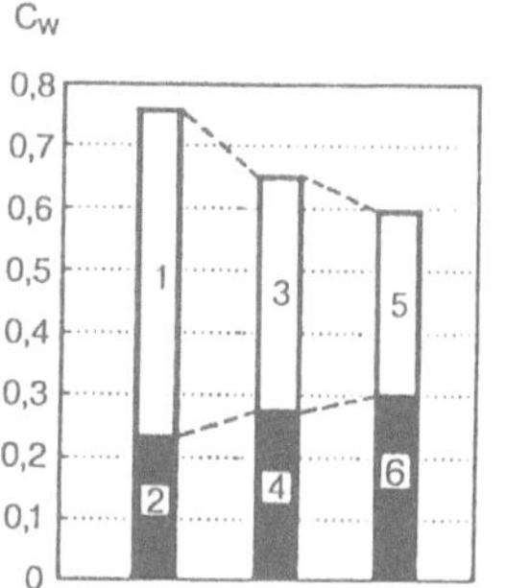

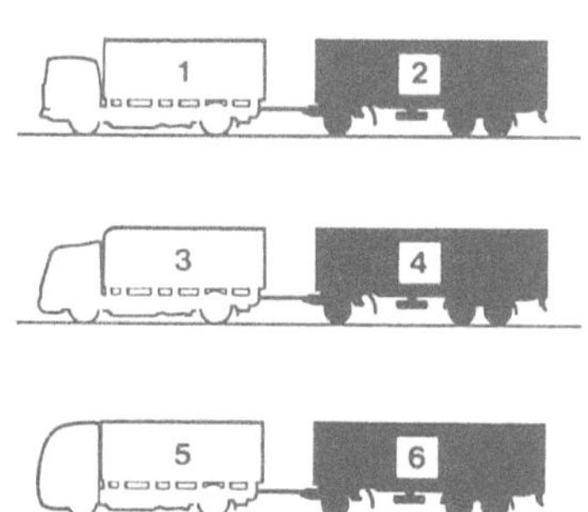

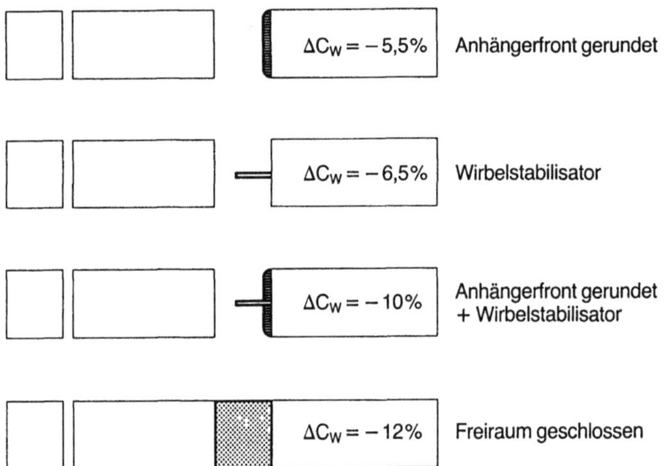

Bild 8.39. Verringerung des Luftwiderstandes eines Lastzuges durch Anbauteile am Anhänger.

in welchen Schritten der Luftwiderstand des Lastzuges auf den einer Konfiguration ohne Lücke angenähert wurde

Erwähnenswert ist, daß durch den Wirbelstabilisator in erster Linie der Luftwiderstand des Motorwagens reduziert wird, während abgerundete Kanten an der Anhängerfront vornehmlich den Widerstand des Anhängers selbst vermindern. Es bietet sich daher an, beide Maßnahmen zu kombinieren, wobei sich die Wirkung der Einzelmaßnahmen nahezu addiert.

Die Forderung nach mehr Nutzraum bei gleichzeitig verbesserter Aerodynamik führte zur Großraum-Lastzug-Konzeption nach Bild 8.40. Der Nutzraum konnte um rund 10 % vergrößert werden, indem die Schlafkabine über dem Fahrerhaus angeordnet und der Freiraum zwischen Motorwagen und Anhänger durch eine neue Lenkkinematik der Anhängervorderachse um mehr als die Hälfte verkürzt wurde; Ausführungsbeispiele bieten die Bilder 8.41 und 8.42.

8.5.3.6 Aerodynamisch ausgelegte Sattelzugkonzepte

Die aerodynamischen Erkenntnisse aus den verschiedenen Einzeluntersuchungen sind in ein für den Fernverkehr ausgelegtes Konzept eines Sattelzuges integriert worden, das im Bild 8.43 zu sehen ist.

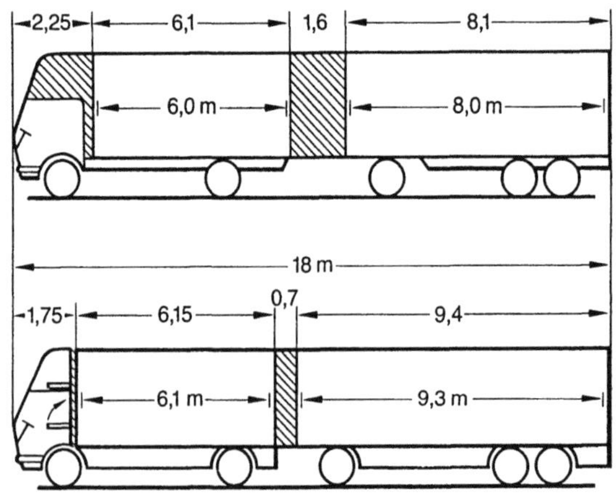

Bild 8.40. Großraum-Lastzug-Konzept.

Bild 8.41. Topsleeper verbessert c_w-Wert um bis zu 17 %.

Bild 8.42.
Kurzgekuppelter
Anhänger verbessert
c_w-Wert und vergrößert
Ladevolumen.

Bild 8.43. Aerodynamische
Verbesserungsstufen an einem
15-m-Sattelzug.

Das Ziel war dabei, eine Verringerung des Luftwiderstandes zu erreichen, die bei symmetrischer Anströmung und bei Seitenwind gleichermaßen wirksam ist. Im Bild 8.44 sind die einzelnen Schritte in ihrer Reihenfolge aufgeführt: Stirnkantenradien R = 150 mm am Auflieger, Luftleitkörper auf dem Fahrerhausdach, Bugschürze, Fahrgestellseitenverkleidungen für Sattelzugmaschine und Auflieger und schießlich Fahrerhausendkantenklappen. Insgesamt konnte der c_W-Wert von 0,65 im Ausgangszustand auf 0,42, also um 35 % reduziert werden. Und auch bei Schräganströmung erwiesen sich die Maßnahmen als wirkungsvoll: für β = 15° konnte der Tangentialkraftbeiwert von 1,00 auf 0,67, das sind 33 %, verbessert werden.

Aufbauend auf den vorstehend genannten Erkenntnissen sind aerodynamisch verbesserte und stilistisch ansprechende Prototypstudien für den Sattelzug entstanden, Bild 8.45. Aerodynamisch kompromißlos durchgebildet wurde der FEV 2000 [8.19]. Dieser Prototyp beeindruckt durch eine Senkung des Luftwiderstands um bis zu 57 %, die zu einer Kraftstoffeinsparung (einschließlich Rollwiderstandsverbesserung und Gewichtsreduzierung) bis zu 40 % bei einer gleichzeitigen Laderaumvergrößerung um 39 % führt. Nebenbei ergab sich ein optimaler Unterfahrschutz an der Front, auf beiden Seiten und im Heck. Die aerodynamischen Maßnahmen waren mit weiteren positiven „Nebenwirkungen" verbunden: Dank der weitgehend störungsfreien Umströmung wird der Sog, der von großen Nutzfahrzeugen auf überholende Personenwagen wirkt, spürbar verringert. Ebenso wird die Bildung der bei regennasser Fahrbahn auftretenden Gischtfahne so weit unterdrückt, daß die Sichtbehinderung für andere Verkehrsteilnehmer vermieden wird.

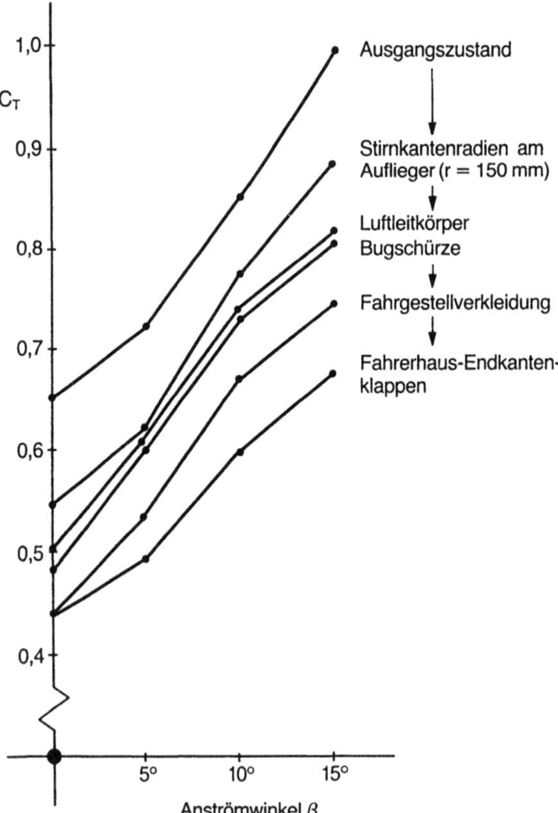

Bild 8.44. Einfluß aerodynamischer Verbesserungsmaßnahmen am 15-m-Sattelzug nach Bild 8.43.

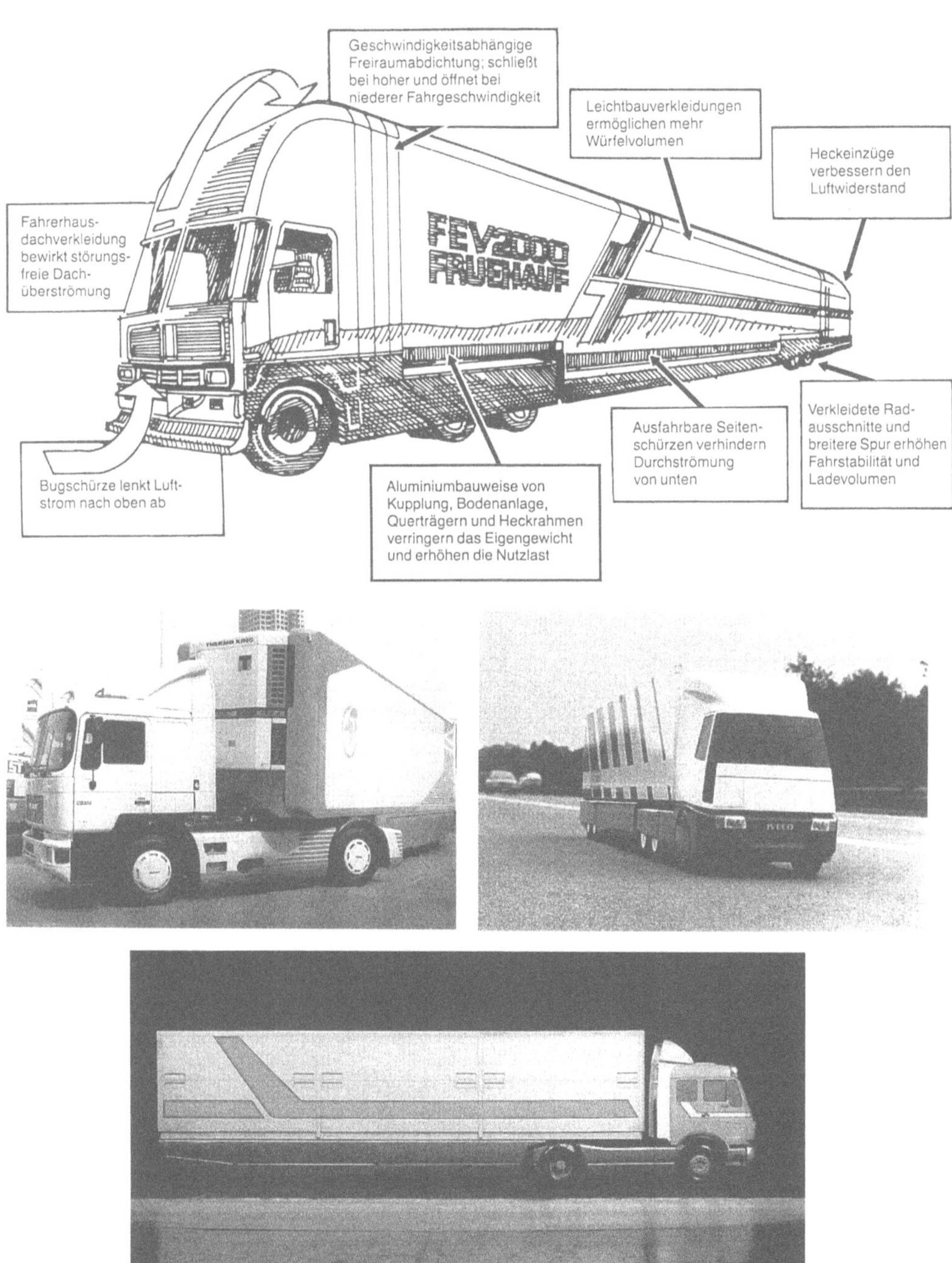

Bild 8 45   Aerodynamisch vorteilhafte Prototypstudien

8.5.3.7 Aerodynamische Optimierungsmaßnahmen am Autotransporter

Neuerdings werden auch Spezialfahrzeuge, z. B. Autotransporter, in die Betrachtung aerodynamischer Verbesserungen einbezogen. Untersuchungen an 1:10-Modellen, siehe Bild 8.46 oben, förderten sehr hohe c_W-Werte zutage: unbeladen $c_W = 0,94$ ($A = 6,7$ m^2) und mit 8 Pkw beladen $c_W = 0,82$ ($A = 8,9$ m^2). Seitliche Verkleidungen des Laderaums, Bild 8.46 Mitte, verbessern den c_W-Wert um 14 % auf 0,70. Eine experimentelle Studie mit Vollverkleidung, Bild 8.46 unten, verbessert den c_W-Wert sogar um 40 %; dabei können aber die Einschränkungen für den praktischen Einsatz nicht übersehen werden. Nach D. R. GLASS [8.20] wurden auch einseitige Laderaumverkleidungen von Autotransportern untersucht; das Be- und Entladen von Fahrzeugen wäre dann einfacher. Bei einer Schräganströmung von $\beta = 20°$ konnte mit luvseitiger Verkleidung eine Verbesserung um 28 % von $c_T = 1,66$ auf 1,20 und mit leeseitiger immer noch um 16 % erreicht werden.

Bild 8 46
Autotransporter mit
aerodynamischen
Optimierungs-
maßnahmen

8.5.4 Luftwiderstandsoptimierung beim Omnibus und bei Schnelltransporter-Kastenwagen

8.5.4.1 Randbedingungen

Die bei der Formoptimierung von Nutzfahrzeugen gegebenen Restriktionen sind im allgemeinen sehr viel härter als beim Pkw. Neben stilistischen und fertigungstechnischen Gesichtpunkten treten funktionale Argumente in den Vordergrund. Das führt dazu, daß von der Grundform des Quaders möglichst wenig abgewichen werden darf. Im Bild 8.47 ist der Spielraum bei der Formgestaltung schematisch dargestellt. Eine gewisse Freiheit besteht bei der Bombierung der Fahrzeugfront. Der Einzug der Seitenwände, der strömungstechnisch sehr günstig ist, bringt fertigungstechnische Nachteile - keine Teilegleichheit zwischen linker und rechter Seite - und engt den Transportraum ein. Einzüge müssen deshalb auf kleine Längen am vorderen und hinteren Ende beschränkt bleiben. Etwas größeren Gestaltungsspielraum gewähren die Windschutzscheibe und der Dachansatz zum Beispiel bei Reisebussen.

8.5.4.2 Charakteristische Strömungsverhältnisse an einfachen geometrischen Körpern

Strömungsaufnahmen mit Rauch an quaderförmigen Körpern nach H. NAKAGUCHI [8.21], Bild 8.48, weisen auf starke Ablösungen an der Frontkante hin, die bei kleinen Längen-Breiten-Verhältnissen

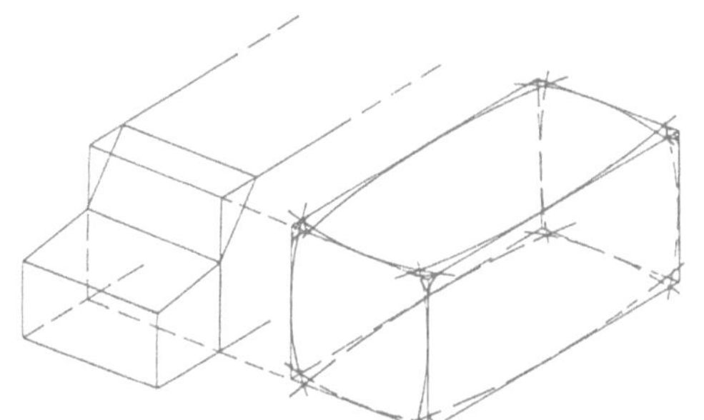

Bild 8.47. Spielraum für die Formentwicklung von Kastenwagen nach [8.25].

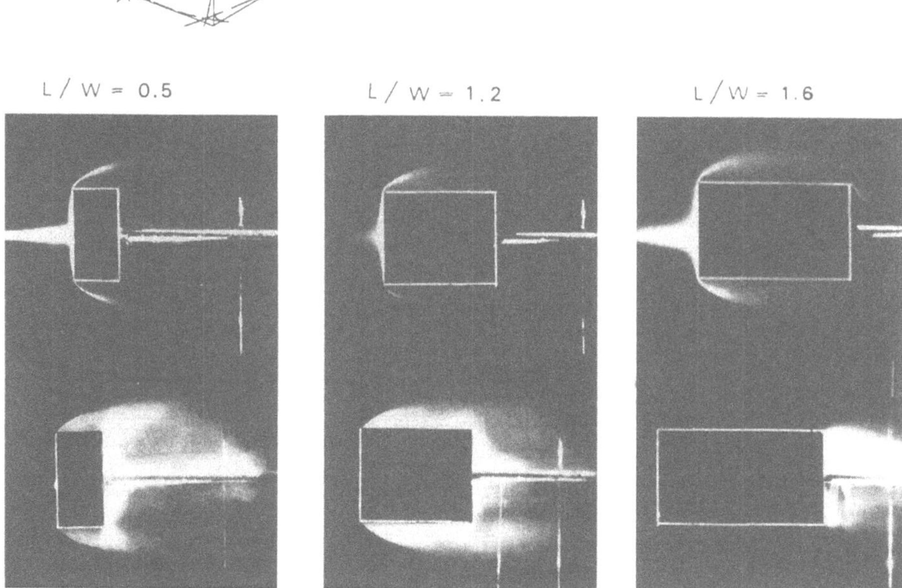

Bild 8.48. Strömungsablösung bei Quadern mit verschiedenen Längen-Breiten-Verhältnissen L/W, nach [8.21].
a) Rauch von vorne; b) Rauch von hinten.

L/W < 1,6 durch eine korpernahe Ruckstromung, von hinten nach vorne, verstarkt wird Erst ab L/W = 1,6 bis 1,8 wird eine Ruckstromung durch Wiederanlegen an die Seitenflachen verhindert Messungen der Luftwiderstandsbeiwerte c_w weisen hier auch ein Minimum auf, Bild 8 49

Zu ahnlichen Ergebnissen ist schon fruher R BARTH [8 22] mit Bild 8 50 gekommen Es besteht eine eindeutige Abhangigkeit des Widerstandsbeiwertes c_w von der Korperform und vom Langenverhaltnis l/d Besonders fallt die erhebliche Verminderung des Luftwiderstands durch Abrunden der Stirnkanten auf Die Rauchaufnahmen im Bild 8 51 sowie die in den Bildern 8 52 und 8 53 aufgetragenen Druckverteilungen zeigen auf, wo nach Verbesserungen gesucht werden muß an der Fahrzeugfront

Die grundlegenden Erkenntnisse, die im folgenden am Omnibus aufgezeigt werden, lassen sich ohne weiteres auch auf andere kastenformige Fahrzeuge, wie z B Schnelltransporter, ubertragen

8 5 4 3   Optimieren der Frontpartie

Von wesentlichem Einfluß auf den Luftwiderstand eines Omnibusses ist die Große der Stirnkantenradien Im Bild 8 54 wurden diese, ausgehend von einer scharfkantigen Bugform, sukzessive vergroßert Es zeigt sich, daß bereits ein Radius von ca 150 mm vollig ausreichend ist, um den Widerstand des Omnibusses so weit herabzusetzen, daß selbst mit einer ausgesprochen „stromlinienformigen" Frontgestaltung keine weiteren nennenswerten Verbesserungen erzielt werden konnen Das belegt Bild 8 55, das aus systematischen Untersuchungen stammt, die A GILHAUS [8 23] an Modellen von Omnibussen vorgenommen hat Zu ahnlichen Ergebnisse sind auch andere Autoren gekommen, so z B G W CARR [8 24], dessen Ergebnisse im Bild 8 56 zusammengestellt sind

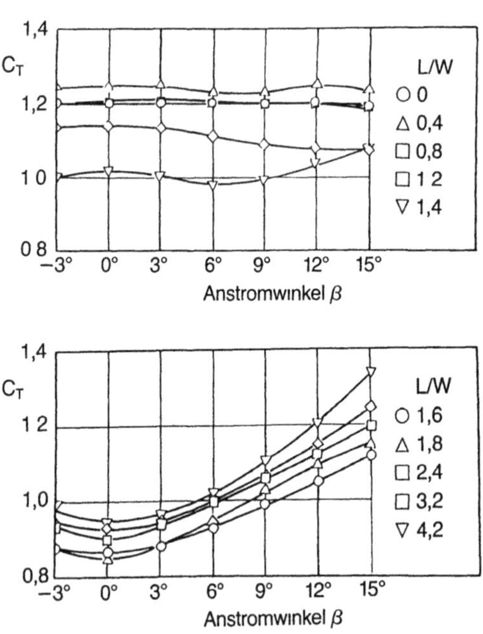

Bild 8 49 Tangentialkraftbeiwert c_T eines Quaders in Abhangigkeit vom Anstromwinkel β bei verschiedenen Langen-Breiten Verhaltnissen L/W, nach [8 21]

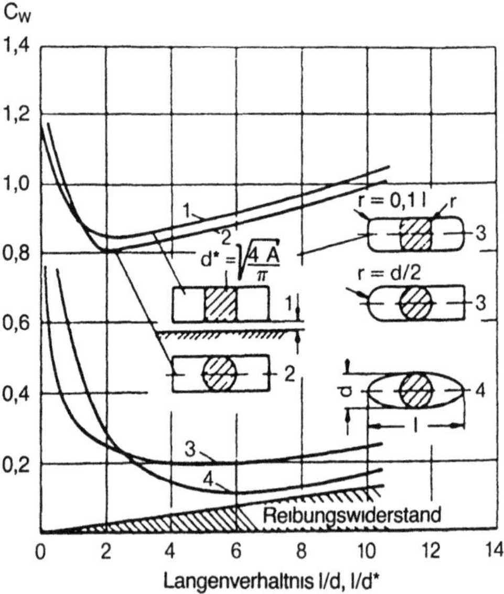

Bild 8 50 Luftwiderstandsbeiwert c_w geometrischer Korperformen in Abhangigkeit vom Langenverhaltnis l/d, nach [nach 8 22]

388

Bild 8 51 Charakteristische
Strömungsverhältnisse
am Omnibus
oben symmetrische Anströmung,
unten Schräganströmung $\beta = 15°$

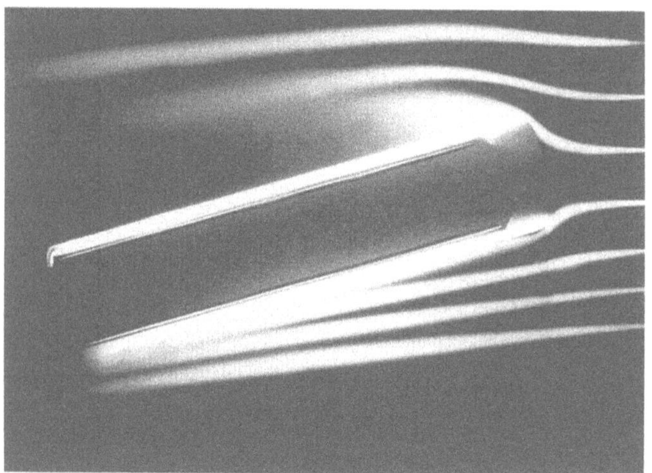

Bild 8 52 Druckverteilung c_p am
Omnibus bei
symmetrischer Anströmung

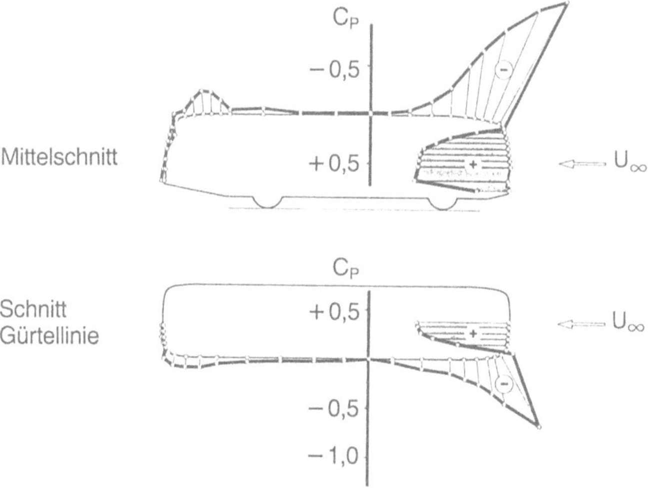

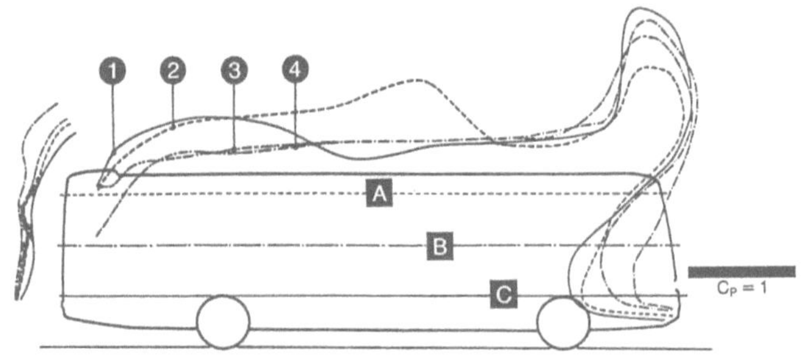

Bild 8.53. Druckverteilung c_p in verschiedenen Horizontal- und Vertikalebenen bei 20° Schräganströmung.

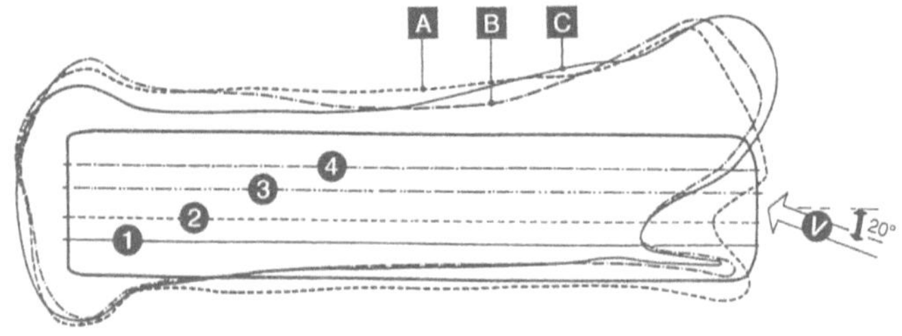

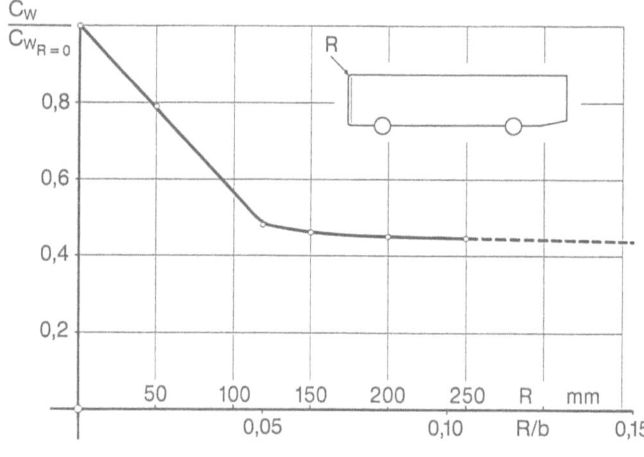

Bild 8.54. Einfluß der Frontradien auf den Luftwiderstand.

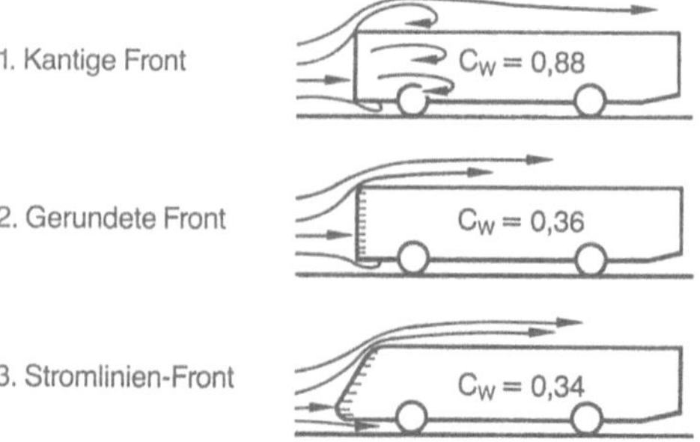

Bild 8.55. Einfluß der Frontgestaltung auf den c_w-Wert, nach [8.23].

390

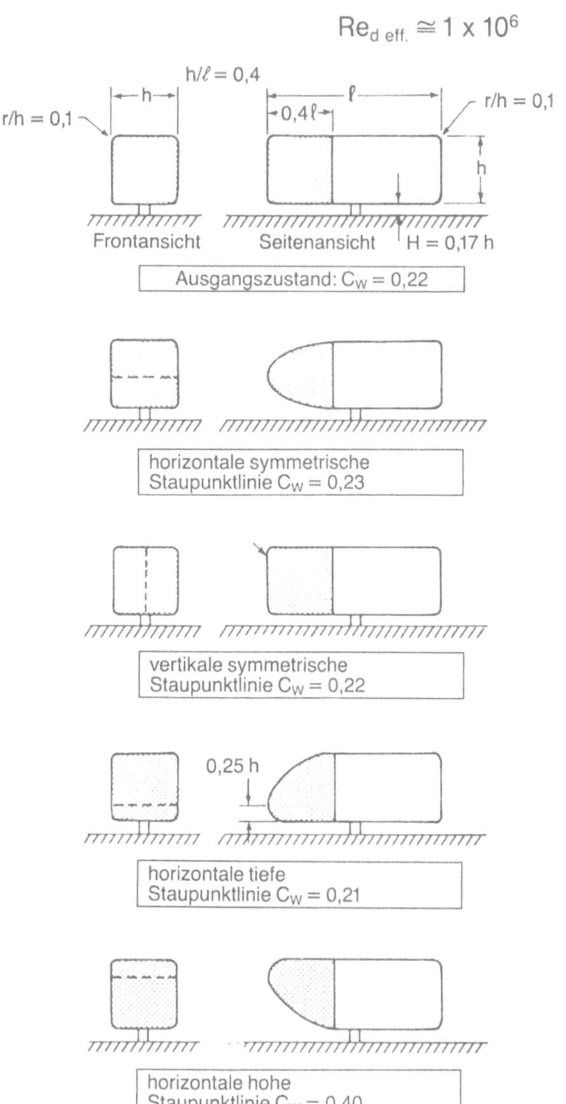

Bild 8.56. Einfluß von stromlinienförmigen Vorbauten an Quadern auf den Luftwiderstandsbeiwert c_w in Bodennähe nach [8.24].

Diese Ergebnisse sind direkt in praktische Lösungen umgesetzt worden. Dabei gelang es, vgl. W.-H. Hucho et al. [8.40], mit nur geringfügigen Modifikationen gegenüber der bisherigen Ausführung das verfügbare Potential der Widerstandsreduzierung voll zu nutzen; Bild 8.57 gibt ein Beispiel dafür. Und die Rauchfadenbeobachtungen nach Bild 8.58 weisen auf eine ablösungsfreie Umströmung hin, wenn die A-Säule mit dem „optimalen" Radius ausgestattet wird, siehe auch Bild 1.53. Einen zusätzlichen Abbau des Widerstandes erreicht man durch den im Bild 8.59 gezeigten steiler verlaufenden Dachansatz. Auch eine fertigungstechnisch bedingte Regenrinne am Übergang von der Windschutzscheibe ins Dach, vgl. Bild 8.60, kann strömungsgünstig positioniert werden, wie die in im Bild 8.61 sichtbar gemachte Bugumströmung beweist.

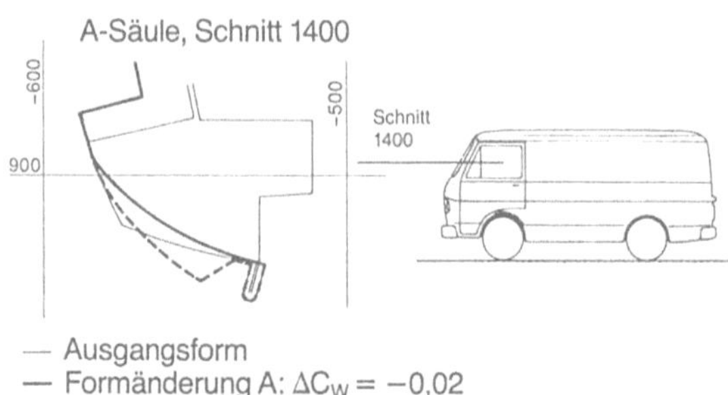

— Ausgangsform
— Formänderung A: $\Delta C_W = -0{,}02$
-- Formänderung B: $\Delta C_W = -0{,}02$

Bild 8.57. Widerstandsabbau durch A-Säulen-Gestaltung nach [8.40].

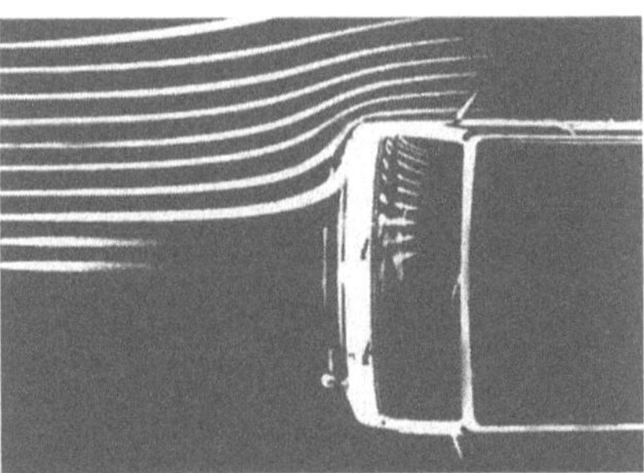

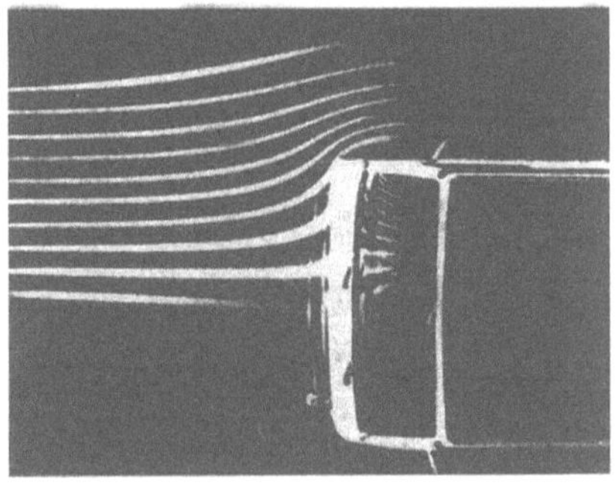

Bild 8.58. Seitliche Bugumströmung nach [8.40].
oben: anliegend durch Formänderung A oder B;
unten: durch scharfkantigen Flansch abgelöst.

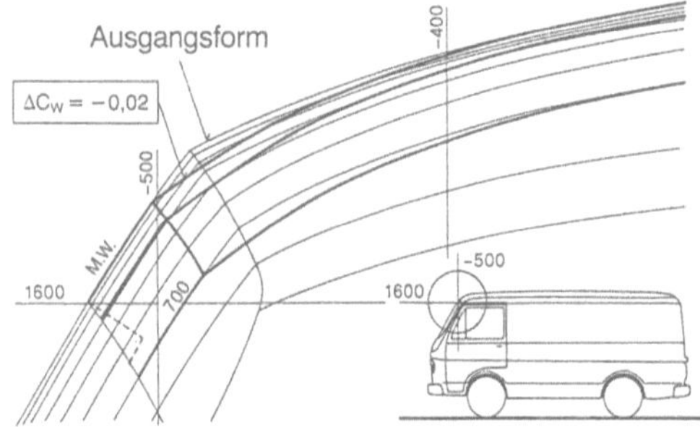

Bild 8.59. Widerstandsabbau durch verbesserten Dachansatz nach [8.40].

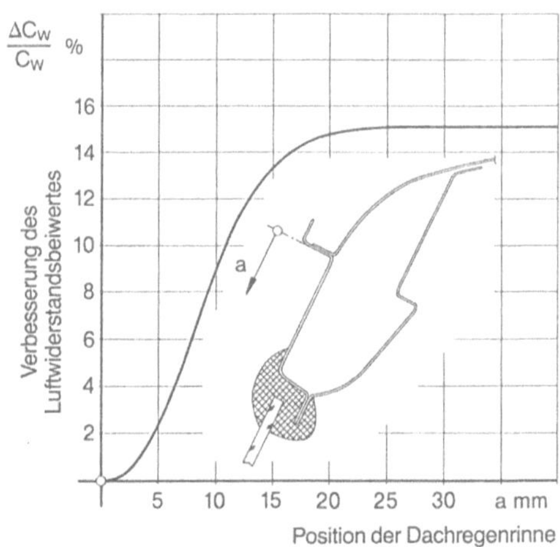

Bild 8.60. Strömungsgünstige Anordnung einer Regenrinne.

Um die Grenzen für eine aerodynamische Ausbildung des Vorderwagens von Schnelltransportern auszuloten, hat R. Buchheim [8.26] die Konstruktionsparameter in einem Spielraum variiert, der über das hinausgeht, was sich bei Nutzfahrzeugen durchsetzen läßt, vgl. Bild 8.62. Für den c_W-Wert erkennt man daraus folgendes:

392

Bild 8.61. Bugumströmung, Längsmittelschnitt.

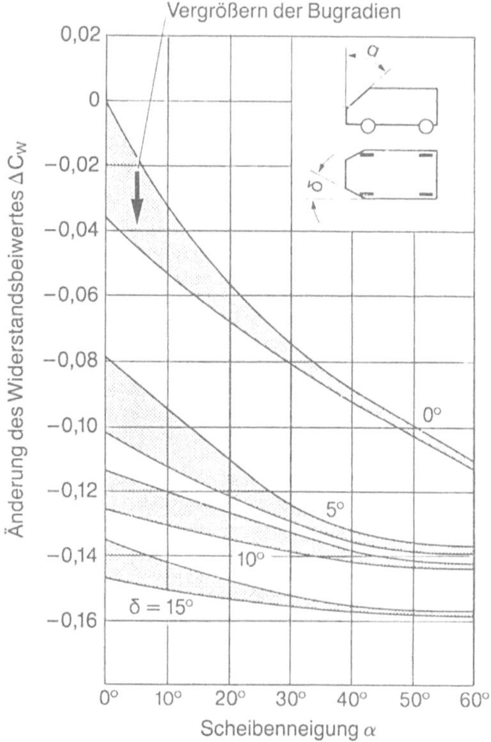

Bild 8.62. Einfluß der Bugform auf den c_w-Wert, nach [8.26]

- Bei steiler Windschutzscheibe sind Bugeinzüge sehr effektiv.

- Wenn keine Bugeinzüge verwirklicht werden, sind geneigte Windschutzscheiben sehr wirksam. Bei starkem Bugeinzug ist die Scheibenneigung nur von geringem Einfluß.

- Radien an den Bugkanten sind bis zu gewissen Größen ebenfalls von Einfluß.

Damit ist zumindest eine Tendenz für die Entwicklung zukünftiger leichter Nutzfahrzeuge aufgezeigt. Dabei geht es aber nicht nur um den Luftwiderstand. Daß auch für Belüftungszwecke notwendige Staukanten strömungsgünstig ausgeführt werden können, zeigt Bild 8.63.

Bild 8.63. Strömungs-günstige Staukante am Omnibus.

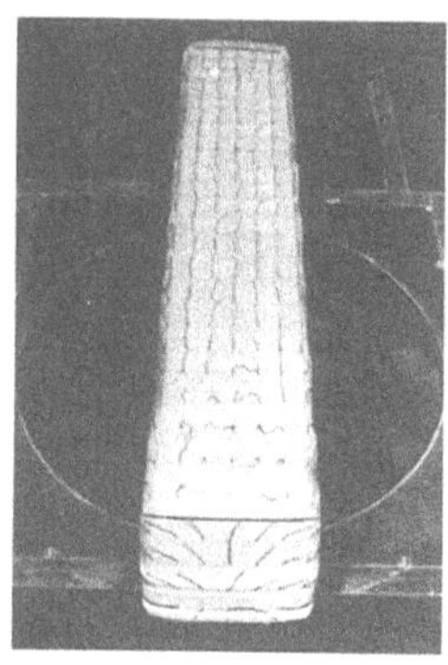

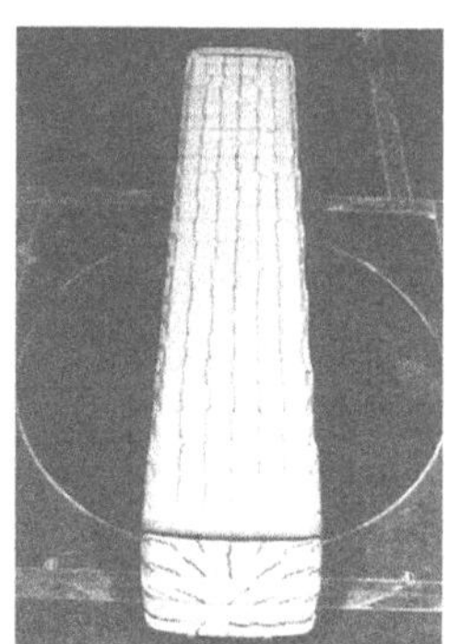

Die Aufteilung des Luftwiderstandes auf die Fahrzeugbereiche Front, Rumpf und Heck, Bild 8.64, macht deutlich, daß auf die Front nur noch ein minimaler Widerstandsanteil entfällt, wenn deren Radien optimiert wurden. Angesichts des wesentlich höheren Rumpf- und Heckanteils lohnt sich eine weitere Optimierung des Bugs dann nicht mehr.

8.5.4.4 Optimieren des Heckbereichs

Bei Omnibussen haben alle die Maßnahmen, die auf eine starke Verengung des Innenraums hinauslaufen, kaum Chancen auf Verwirklichung. Deshalb konnten sich die strömungsgünstigen Omnibusse der dreißiger Jahre mit Heckabschlüssen nach P. JARAY, Bild 8.65 und W. KAMM, Bild 8.66, auch dann nicht durchsetzen, als der Kraftstoffverbrauch wichtig wurde. Sie erfordern Verjüngungsverhältnisse, die heutigen Anforderungen nicht mehr gerecht werden. Die Benutzer stellen hohe Ansprüche an bequemem Einstieg, Sitzzugang, Gepäckablage und guten Sitzkomfort; die Betreiber achten auf Wirtschaftlichkeit, Kapazität und Wendigkeit.

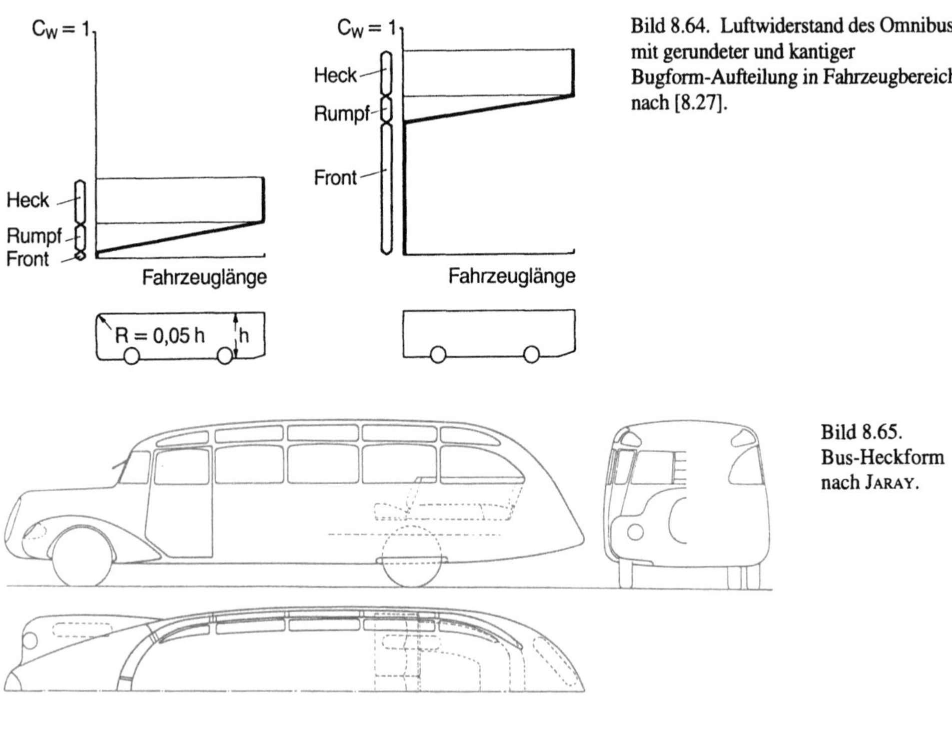

Bild 8.64. Luftwiderstand des Omnibusses mit gerundeter und kantiger Bugform-Aufteilung in Fahrzeugbereiche nach [8.27].

Bild 8.65. Bus-Heckform nach JARAY.

Bild 8.66. Bus-Heckform nach KAMM.

Realistisch erscheinen jedoch Heckkantenradien, eine leichte Absenkung am Dachende und geringfügige Verjüngungen in der Seitenwand, wie im Bild 8.67 dargestellt. Untersuchungen an vereinfachten Busmodellen (keine Räder, glatter Unterboden) im Maßstab 1:10 weisen nochmals auf den dominierenden Einfluß der Busfront hin. Nur wenn der Bug anliegend umströmt wird, greifen Maßnahmen am Heck. Nimmt man gewisse Einschränkungen bezüglich des Transportvolumens in Kauf, dann läßt sich aus der Heckform die folgende c_W-Wertverbesserungen herausholen: durch Radien an den Heckkanten 4 bis 8 %, durch Seitenwand- und Dacheinzüge 6 bis 20 %. Dagegen dürfte der Abströmkörper kaum dazu geeignet sein, das noch vorhandene Potential zu einer weiteren Widerstandsreduzierung von 14 bis 35 % zu erschließen. Ohne deutliche Verringerung des Transportvolumens oder Überschreiten der gesetzlich vorgeschriebenen Fahrzeuglänge läßt er sich nicht darstellen.

Vielleicht lohnt es sich, den im Bild 8.68 skizzierten Lösungsansatz aus den dreißiger Jahren neu zu überdenken. Konstruktiv ließe sich ein Abströmkörper mit einer elastischen, eventuell erst bei höheren Geschwindigkeiten ausfahr- und aufblasbaren Abströmhülle verwirklichen, die sich bei kleinen Fahrgeschwindigkeiten im Stadtverkehr wieder einrollt.

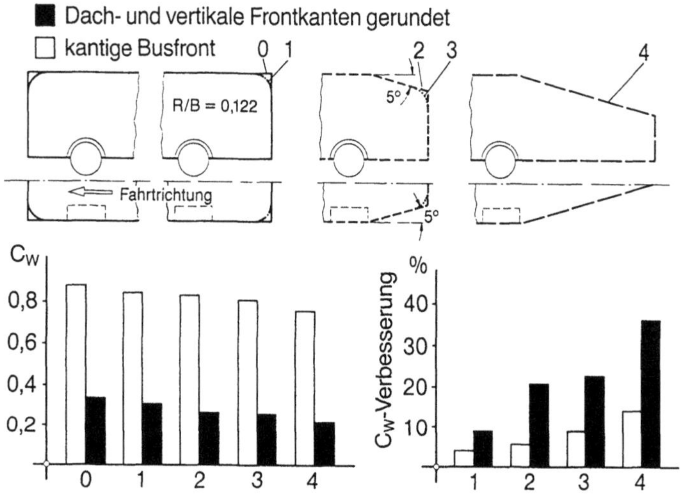

Bild 8.67. Einfluß der Busheckgestaltung auf den Luftwiderstandsbeiwert.

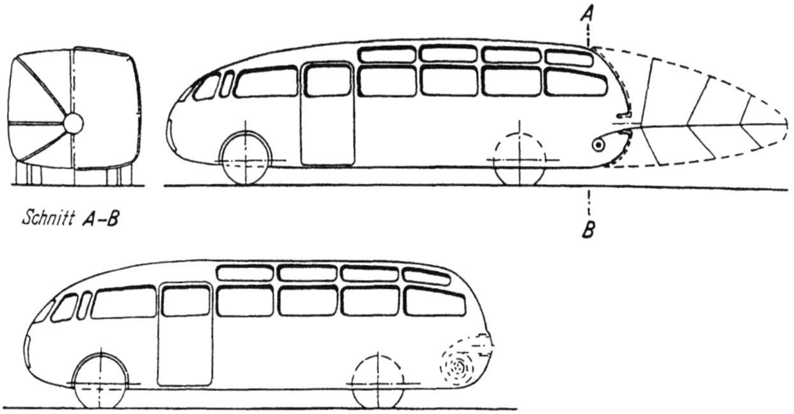

Bild 8.68. Ausfahrbarer Bus-Heckabströmkörper.

Weiterhin sind die von W. T. Mason et al. [8.28] beschriebenen Maßnahmen denkbar, die den Unterdruck im Abrißquerschnitt des Hecks abbauen. An der Heckfläche angeordnete horizontale ($1 \approx d$) oder vertikale ($1 \approx 0{,}5\ d,\ 1{,}0\ d$) Endflächen, vgl. Bild 8.69, bewirken jedoch keine Änderung des Widerstandes. Auch die positiven Ergebnisse, die K. Frey [8.29] mit Umlenkprofilen an zweidimensionalen Körpern erzielte, vgl. Bild 8.70, konnten auf dreidimensionale Körper in Bodennähe nicht wirkungsvoll übertragen werden. Der zusätzliche Widerstand der Umlenkschaufeln war offensichtlich größer als die Erhöhung des Druckes auf der Heckflache, vgl. Bild 8.69 links unten. Durch seitliche Verlängerungsflächen ($1 \approx 0{,}13\ d$), Bild 8.69 rechts unten, sind hingegen Widerstandsverbesserungen bis zu 5 % erreichbar; ähnliche Verbesserungen sind auch bei Schnelltransportern gemessen worden, siehe Bild 8.71. Fahrzeugverlängerungen ohne praktischen Nutzraum sind jedoch keine akzeptablen Maßnahmen.

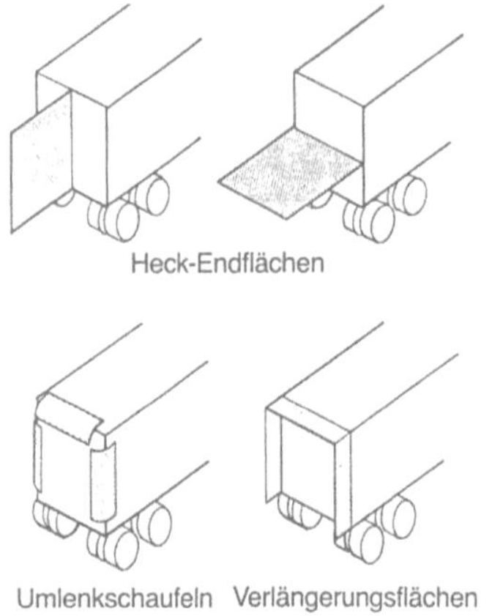

Bild 8 69   Maßnahmen zur Beeinflussung des Heckflachendruckes, nach [8 28]

Bild 8 70   Leitprofile am Heck verbessern c_W-Wert, nach [8 29]

Bild 8 71   Widerstandsverrıngerung durch Heckverlangerung, nach [8 40]

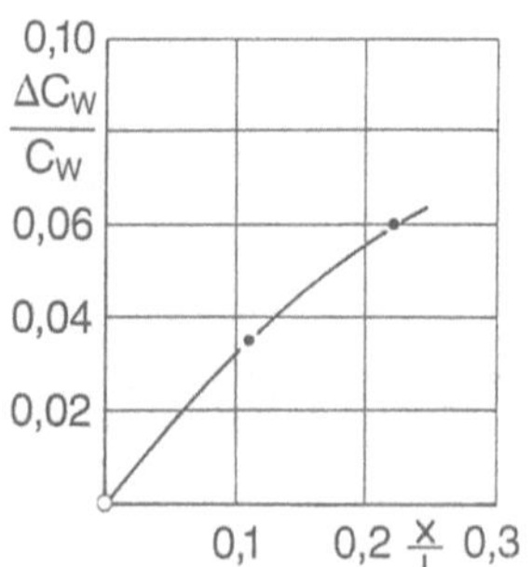
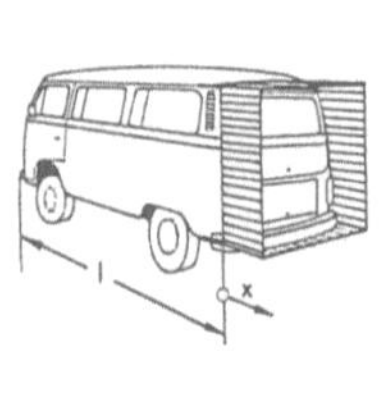

Grundsatzuntersuchungen von W. A. MAIR [8.30] weisen eine Reduzierung des Widerstandes für stumpfe, rotationssymmetrische Körper durch eine im Nachlauf der Strömung konzentrisch angeordnete Scheibe nach, wie im Bild 8.72 zu sehen. Mit einem Scheibendurchmesserverhältnis $d/D = 0,8$ wird im Abstand $x/D = 0,5$ ein Minimum erreicht ($\Delta c_W \approx 7\ \%$); im kritischen Bereich bei $x/D = 0,3$ erhöht sich hingegen der Widerstandsbeiwert sogar!

Die Anordnung von Wirbelgeneratoren an den Seitenflächen im Heckbereich zweidimensionaler Profile, die R. A. YOUNG [8.31] vorgeschlagen hat, vgl. Bild 8.73, sorgt für einen Druckanstieg an deren Heckfläche; der Einfluß auf dreidimensionale Körper ist nicht bekannt.

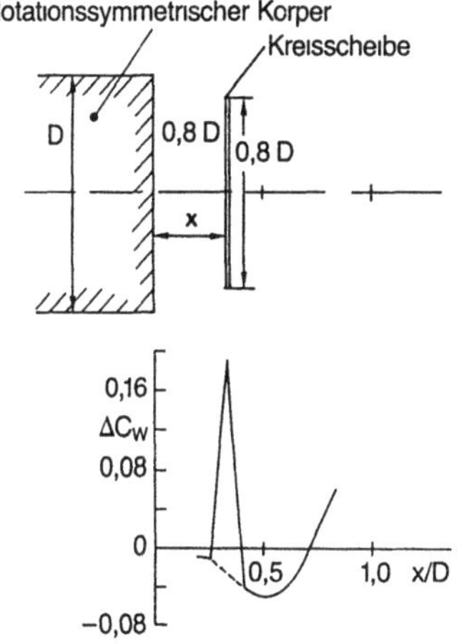

Bild 8.72. Einfluß einer Kreisscheibe im Nachlauf auf den Luftwiderstand, nach [8.30].

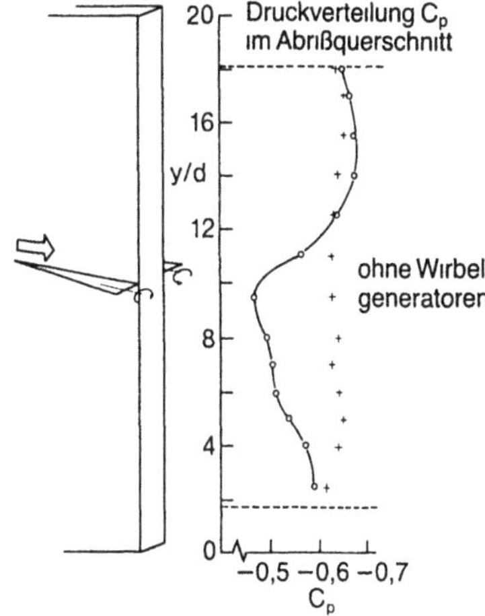

Bild 8.73. Widerstandsabbau durch seitliche Wirbelgeneratoren bei stumpfem Heckabschluß, nach [8.31].

8.5.4.6 Trends im Bus-Design

Zahlreiche der bisher diskutierten Vorschläge zur Verbesserung der Aerodynamik sind in einem Forschungsprojekt für Hochdeckerbusse verwirklicht worden, welches die Fachhochschule Hamburg ausgeführt hat. Der hauptsächlich für Langstreckenreisen eingesetzte Hochdeckerbus hat üblicherweise einen c_W-Wert von 0,6; nach [8.32] kann er auf $c_W = 0,3$ verringert werden. Bild 8.74

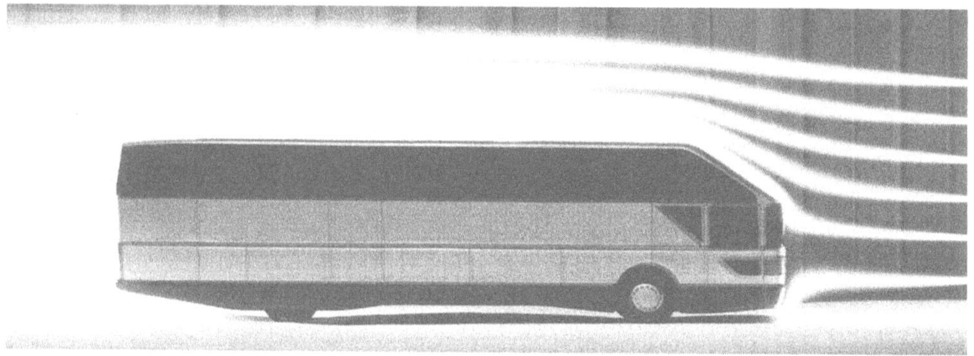

Bild 8.74. Design-Studie Hochdecker-Reisebus (Fachhochschule Hamburg)

zeigt die mit Rauchfäden sichtbar gemachte Umströmung. Die 50 %ige Reduzierung des Luftwiderstands verringert den Kraftstoffverbrauch bei 80 km/h um 15 % und bei 100 km/h um mehr als 20 %. Bild 8.75 zeigt eine originelle Lösung für den Einstieg auf. Mit Rücksicht auf die abgeschrägte Bugfläche und die kuppelförmige Windschutzscheibe ist er in die Front verlegt worden.

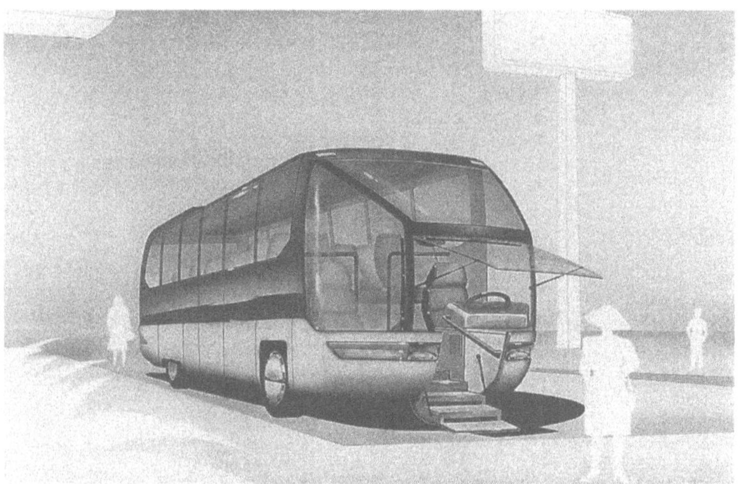

Bild 8 75 Reisebus-Designstudie, Einstieg von vorne ermoglicht aerodynamisch gunstige Fronteinzuge

8.6   Aerodynamische Wechselwirkungen

8.6.1   Kolonnenbildung

Eine Möglichkeit, den Luftwiderstand zu verringern, bietet die Kolonnenfahrt. Die zunehmende Verkehrsdichte führt immer häufiger zur Bildung von Fahrzeugkolonnen. Gerade bei Nutzfahrzeugen lösen sich diese nur zogernd auf, da oft nicht überholt werden kann, nicht zuletzt, weil die Höchstgeschwindigkeit begrenzt ist. Gleichzeitig wird zumindest auf Autobahnen eine hohe mittlere Geschwindigkeit beobachtet. Dabei treten zwischen den Fahrzeugen Interferenzerscheinungen auf, die in ihren Grundzügen im Abschnitt 2.3.4.2 erläutert werden.

Jedes Fahrzeug zieht ein ausgeprägtes Totwasser hinter sich her. Dieses vermindert die Staudruckbeaufschlagung des nachfolgenden Fahrzeugs. Dieser Effekt, im Automobilrennsport unter dem Begriff Windschattenfahren bekannt, vgl. Abschnitt 7.3.2.3, ist bei Nutzfahrzeugen besonders stark ausgeprägt; auch bei großeren Folgeabständen stellen sich noch deutliche Widerstandsverbesserungen ein, wie im Bild 8.76 zu erkennen ist.

Hat sich nun eine Kolonne von mehreren Fahrzeugen gebildet und halten die Fahrzeuglenker bei einer Fahrgeschwindigkeit von 80 km/h den sicheren „halben Tachoabstand" von 40 m ein, so erreicht man für das zweite Fahrzeug eine c_W-Wertverbesserung von etwa 20 %, für das dritte und jedes weitere von etwa 30 %. Hierbei ist nicht unbedingt die Fahrspur des Vorausfahrenden genau einzuhalten, es kann bis zur halben Fahrzeugbreite versetzt gefahren werden. Ausdrücklich soll jedoch vor einer Euphorie zum Einsparen von Kraftstoff gewarnt werden! Die mit kleiner werdenden Fahrzeugabstanden steil zunehmende Verbesserung des Luftwiderstandes darf nicht durch eine fahrlässige Verkürzung der Folgeabstände ausgenutzt werden.

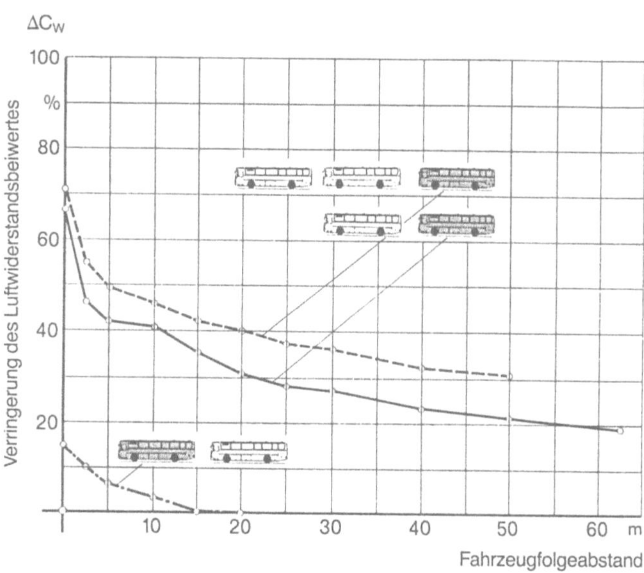

Bild 8.76. Einfluß der Kolonnenfahrt auf den Luftwiderstandsbeiwert.

8.6.2   Tunneldurchfahrt

Ähnlich wie beim Kolonnenverkehr auf freier Strecke ergeben sich für Busse deutliche Verbesserungen im Luftwiderstand, wenn sie in engen Tunnelröhren in Pulks geführt werden. Hier wird die Ausnutzung des Windschatteneffektes besonders interessant, denn, fährt ein Bus im Tunnel, so ist sein c_w-Wert bis zu sechsmal größer als auf freier Strecke.

Die Tunnelfahrt ist aber für Busse besonders aktuell: Die Lösung städtischer und regionaler Verkehrsprobleme wird im Ausbau des öffentlichen Personen-Nahverkehrs gesucht. In einem sehr weiten Bedarfsbereich ist der Bus das wirtschaftlichste Verkehrsmittel. Er fährt auf normalen Straßen und reagiert flexibel auf neuen Beförderungsbedarf. Während der Stoßzeiten werden jedoch die Busse in den Innenstädten vom Individualverkehr behindert, wenn sie dieselben Fahrspuren benutzen. Niedrige Fahrgeschwindigkeiten und, daraus folgend, geringe Akzeptanz sind die Folgen.

Für einen pünktlichen, zuverlässigen, schnellen und komfortablen öffentlichen Personen-Nahverkehr wurde deshalb in [8.33] ein Omnibus-Verkehrssystem, eine O-Bahn, vorgeschlagen. Dieses wird überall dort auf eigenen Trassen und in Tunnelröhren geführt, wo Busspuren im Straßenverkehr nicht mehr genügend Platz finden. Bild 8.77 gibt eine Vorstellung von dem Fahrweg. Nach ihrer

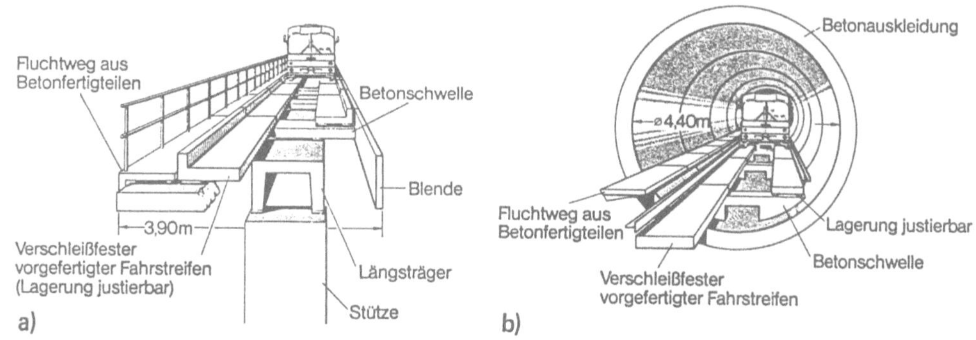

Bild 8.77. Fahrweg aufgeständert (a) und Fahrweg im Tunnel (b).

erfolgreichen Vorführung anläßlich der Internationalen Verkehrsausstellung in Hamburg 1979 hat die Stadt Essen die O-Bahn 1980 auf einer Teilstrecke eingeführt. In Adelaide, Australien, verbindet eine in der Endstufe 12 km lange O-Bahnstrecke die nordöstlichen Vororte mit dem Stadtzentrum. Wie harmonisch sich ihre Trasse in die Landschaft einfügt, macht Bild 8.78 deutlich.

Bei rohrgebundenen Transportsystemen ist der Luftwiderstand die für den Entwurf und den Antrieb wesentliche Größe. Zu seinem Studium wurden „Fahrversuche" auf einer Beschleunigungsanlage durchgeführt, die normalerweise Crashversuchen dient. Als Modelle dienten zylindrische Körper, die Bussen vergleichbare Hauptabmessungen aufwiesen; Modellmaßstab war 1:20. Bild 8.79 und Bild 8.80 zeigen die Versuchsanordnungen für Bus-Pulk-Messungen im Tunnel. Es standen ein

Bild 8 78 O-Bahn
in Adelaide,
Australien

Bild 8 79
Anordnung der Bus-
Pulk-Modelle auf
einem Linearmotor

kurzer Tunnel ($L_{1\,1} = 180$ m) und ein langer Tunnel ($L_{1\,1} = 2200$ m) zur Verfügung. Im langen Tunnel konnten die Meßwerte aus versuchstechnischen Gründen jedoch nur auf den ersten $L_{1\,1} = 180$ m exakt erfaßt werden. Die Modelle erreichten Fahrgeschwindigkeiten bis 70 km/h. Das Versperrungsverhältnis, als Verhältnis der Querschnitte von Bus und Tunnel wie in der Windkanaltechnik definiert, vgl. Abschnitt 12.3.3, betrug $\varphi = 0{,}54$. Es kam den praktischen Anforderungen sehr nahe. Die ersten Untersuchungen bestanden in Druckmessungen an Front- und Heckfläche; die Ergebnisse zeigt Bild 8.81.

Auffallend ist der steile Druckgradient, der sich während der Einfahrtphase an der Frontfläche aufbaut; er wird durch das impulsartige Beschleunigen der Tunnelluftmasse verursacht. Ihm folgt ein rascher Abfall des Drucks auf der Frontfläche bis auf Werte unter denen in freier Atmosphäre. Die Tunnelluftmasse ist in dieser Phase bereits beschleunigt; der gesamte Druckwiderstand wird dann im wesentlichen von der Größe des Sogs am Heck bestimmt.

Der Luftwiderstand selbst wurde über ein im Modell eingelassenes Kraftmeßglied ermittelt. Während der Tunneldurchfahrt wiesen der c_W-Wert und der zuvor über Front- und Heckfläche des

Bild 8 81 Druckverlauf an Front- und
Heckfläche eines stumpfen zylindrischen
Körpers mit busähnlichen
Hauptabmessungen

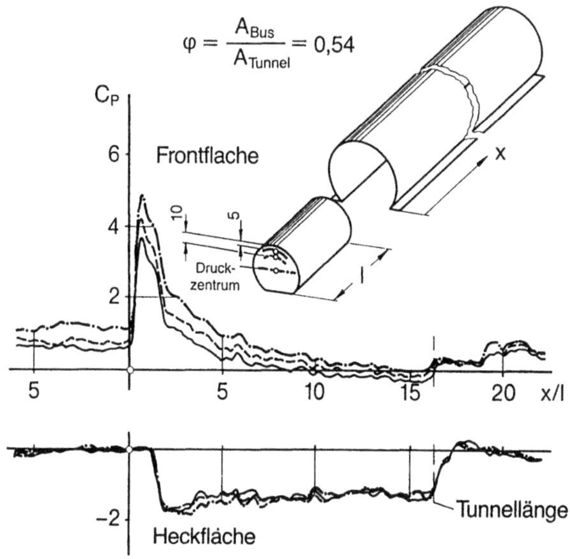

401

zylinderförmigen Bus-Körpers addierte Druck ähnliche Kurvenverläufe auf, Bild 8.82. Je kürzer der Tunnel, desto rascher nimmt der c_W-Wert ab; dies korrespondiert mit der zu beschleunigenden Tunnelluftmasse. In der Austrittsphase zeigt der c_W-Wertverlauf einen kurzen „Abschwung" unter den Wert auf freier Strecke. Dies beruht auf der Anhebung des Druckes im Totwasser hinter dem Zylinder, der seinerseits auf den nun plötzlich zerfallenden Ringstrahl zurückzuführen ist, der im Tunnel das Totwasser umschließt und dort in der Art eines Injektors druckmindernd wirkt.

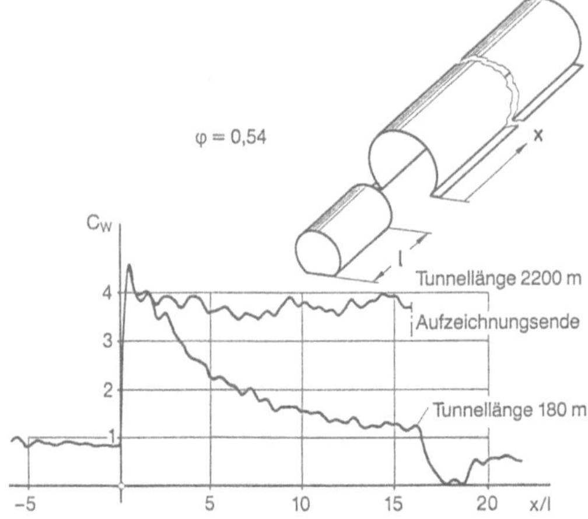

Bild 8.82. Typischer c_W-Verlauf bei Tunneldurchfahrt.

Im Pulk ergeben sich gegenüber dem Solobus in der Einfahrtphase in den Tunnel mehr oder weniger große Widerstandsverringerungen. Sie hängen von der Zahl der Busse und deren Position im Pulk ab. Für den vorausfahrenden Bus ergibt sich beim „Eintauchen" des nachfolgenden in die Tunnelröhre ein ausgeprägter c_W-Wert-Abfall. Dieser wiederholt sich, wenn auch schwächer ausgeprägt, wenn der als nächstes folgende Bus in den Tunnel einfährt, vgl. Bild 8.83, oben. Der Unterdruck an der Heckfläche wird abgebaut.

Die Höhe des „c_W-Wert-peaks" in der Tunnel-Einfahrphase wird umso kleiner, je mehr Busse vorausfahren und damit die Sogwirkung auf die nachfolgenden verstärken. Während der Tunneldurchfahrt weisen alle Busse, in den verschiedensten Positionen gemessen, einen etwa nur halb so hohen c_W-Wert auf wie der Solo-Bus.

Im langen Tunnel ($L_{1:1}$ = 2200 m) verlaufen die Widerstandsänderungen in ähnlicher Form wie im kurzen; nach der Einlaufphase ergibt sich jedoch ein höheres Niveau, zumindest über die erfaßte Meßstrecke $L_{1:1}$ = 180 m, Bild 8.83, unten.

Bild 8.84 zeigt, daß bei Bus-Pulkbildung Verbesserungen des Widerstands um bis zu 50 % möglich sind. Bei einem Versperrungsverhältnis von φ = 0,54 und einer Tunnellänge von 180 m haben drei im Konvoi in einem Abstand von 15 m fahrende Busse (V_{max} = 50 km/h) zusammen nur noch den halben Luftwiderstand wie drei alleinfahrende.

Aus Kostengründen ist man bestrebt, die Querschnittsfläche des Tunnels möglichst klein zu halten. Daraus resultiert ein hoher c_W-Wert während der Tunneldurchfahrt. Damit stellt sich die Frage, ob die Geschwindigkeit auf freier Strecke auch im Tunnel gehalten werden kann. Aus Bild 8.85 geht hervor, daß für einen Stadtomnibus mit 147 kW Motorleistung und 16 t Gesamtgewicht eine Fahrgeschwindigkeit von 60 km/h – für spurgeführte Busse angemessen – bis zu einem Luftwiderstandsbeiwert $c_W \approx 5{,}7$ zu halten ist. Dabei muß allerdings ein deutlich erhöhter Kraftstoffverbrauch hingenommen werden.

Bild 8.83. Einfluß der Reihenfolge
auf den c_w-Wert
bei Bus-Pulks im Tunnel.

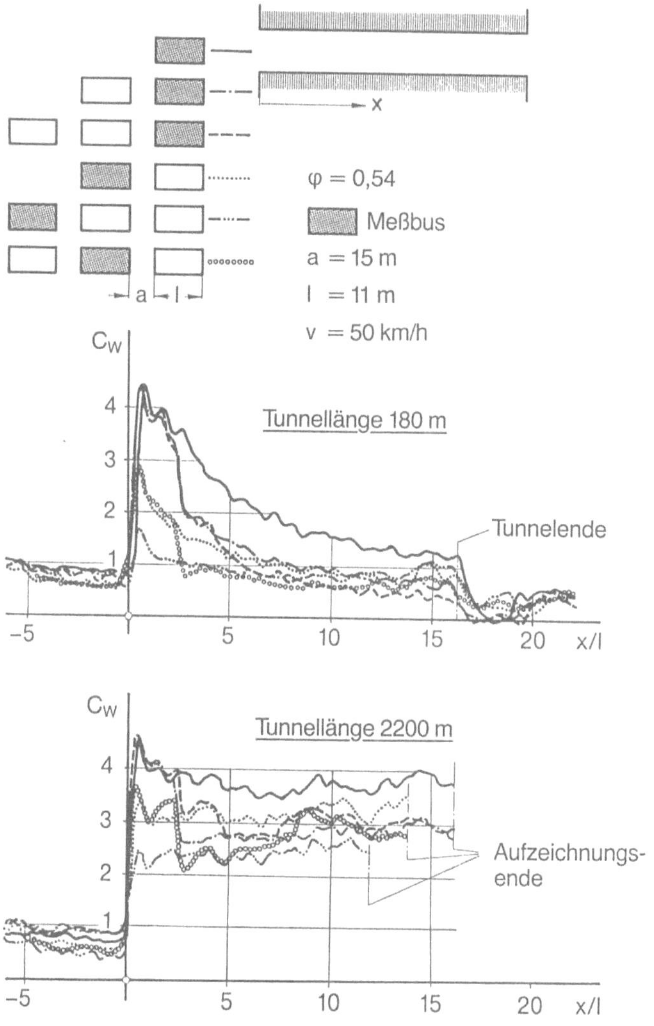

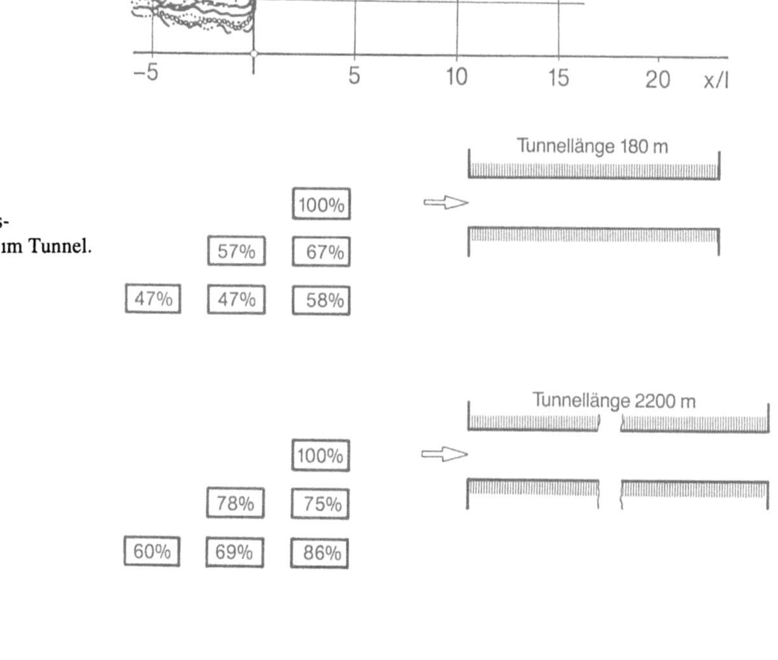

Bild 8.84. Luftwiderstandsreduzierung bei Bus-Pulks im Tunnel.

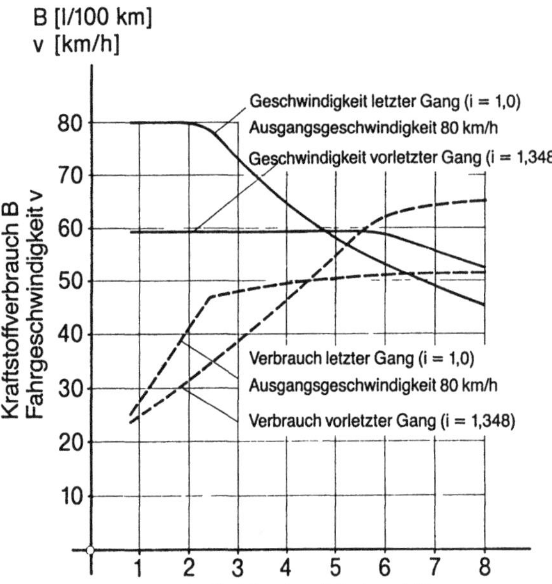

Bild 8.85. Einfluß des Luftwiderstandsbeiwertes auf Fahrgeschwindigkeit und Kraftstoffverbrauch bei gegebener Motorleistung.

8.7 Fahrzeugverschmutzung

Sehen und Gesehenwerden werden durch die Verschmutzung beeinträchtigt, die bei Fahrt auf nassen Straßen, besonders in dichtem Verkehr, auftritt. Die Fahrzeugräder wirbeln Schmutzteilchen auf. Diese setzen sich am eigenen Fahrzeug ab (Eigenverschmutzung). Oder sie vermischen sich mit der turbulenten Nachlaufströmung und schlagen sich auf nachfolgenden und entgegenkommenden Fahrzeugen nieder (Fremdverschmutzung).

Daraus resultieren Sichtbehinderung durch verschmutzte Scheinwerfer, Windschutz-, Seiten- und Heckscheiben, Sichtbehinderung durch Nebeleffekte infolge Wassernebels in der Nachlaufschleppe der Fahrzeuge, verminderte Erkennbarkeit der Heckleuchten und des Kennzeichens und schließlich eine Verschmutzung der Leiteinrichtungen am Fahrbahnrand. Man sieht, Verschmutzungsfreiheit ist längst keine Frage des Komforts oder der Ästhtik mehr, sie ist ein wichtiger Betrag zur aktiven Sicherheit – zur Wahrnehmungssicherheit.

Maßnahmen gegen die Verschmutzung müssen entweder den abgelagerten Schmutz beseitigen, also verschmutzte Flächen reinigen, oder den Schmutzstrom so lenken, daß er sauber zu haltende Flächen nicht trifft, oder schließlich das Aufwirbeln des Schmutzwassers verhindern.

8.7.1 Fremdverschmutzung

Um die Ablagerung von Schmutz in den ausgeprägten Staugebieten am Fahrzeug (Scheinwerfer, Windschutzscheibe) zu verhindern, sind in den Jahren 1950 bis 1955 transparente Luftleiteinrichtungen für Pkw und Nfz bekannt geworden, Bild 8.86. Die praktische Anwendung machte jedoch deutlich, daß die spezifisch schweren Schmutzpartikel oder Insekten einer Strömungsumlenkung nur schwerlich folgen können, da sie infolge ihrer Massenträgheit aus der Stromlinie herausgeschleudert werden und die Luftleiteinrichtungen selbst verschmutzen.

Ebenso zeigten die Untersuchungen, die H. Gotz [8.34][8.35] mit gebläseerzeugten „Luftvorhängen" unternahm, um die Windschutzscheibe vom Schmutz freizuhalten, daß derartige Lösungen aus

404

Bild 8.86. Frühere Ansätze zur
Schmutzfreihaltung
der Windschutzscheibe.

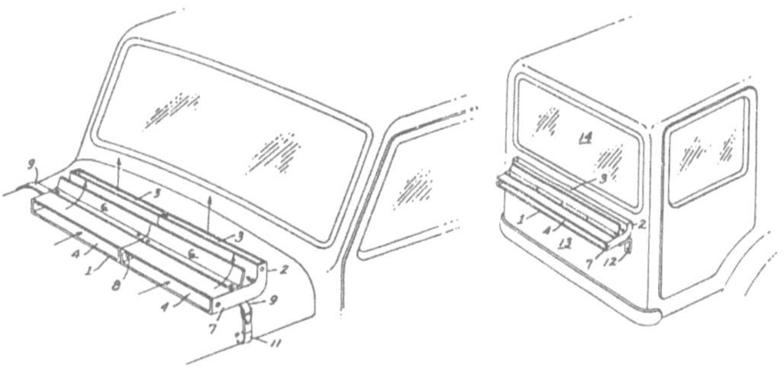

Raumgründen und noch mehr wegen zu hohen Leistungsbedarfs und Geräuschentwicklung vorerst ausscheiden. Man wird also weiterhin Wisch- und Wascheinrichtungen beibehalten und verbessern müssen.

Das Schmutzfreihalten der Seitenscheiben wird durch aerodynamisch profilierte und stoßnachgiebige Blenden, Regenrinnen oder Zierstäbe entlang der A-Säule und in ihrer Fortsetzung nach unten entlang des Türausschnittes erreicht. Diese Einrichtungen müssen auf die Umströmung der jeweiligen Form des Fahrzeugs abgestimmt werden. Ein Beispiel dafür bietet das schmutzwasserabführende Lkw-Fahrerhaus im Bild 8.87. Im praktischen Fahrzeugeinsatz haben sich aufgesetzte Luftleitteile nach Bild 8.88 bewährt.

Insbesondere bei Nutzfahrzeugen wird die Verschmutzung der Seitenscheibe durch den dort abstehenden Außenspiegel und seine Halterung verursacht, Bild 8.89. Durch geeignete Formgebung des Außenspiegels und mit wasserabführenden Profilen gelingt es, die Spiegelfläche trocken zu halten und das Abspritzen von Wasser auf das Seitenfenster wesentlich zu vermindern, Bild 8.90.

Bild 8.87. Schmutzfreihaltung der
Seitenwand durch Regenrinne.

Bild 8.88. Geringe Verschmutzung
der Seitenscheiben, Türen und
Außenspiegel durch Luftleitteile
am Vorbau.

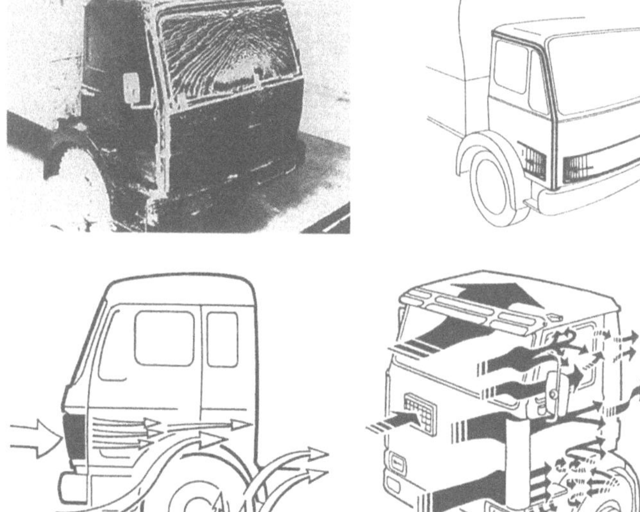

Bild 8 89 Verschmutzte Seitenscheibe durch
Einwirkung des Außenruckspiegels

Bild 8 90 Reduzierte Seitenfensterverschmutzung durch
geeignete Formgebung des Außenruckspiegels und
schmutzwasserabfuhrendes Profil

8.7.2 Eigenverschmutzung

Die Eigenverschmutzung resultiert aus der Eigenbewegung des Fahrzeugs über eine nasse und verschmutzte Fahrbahn. Die Vorgänge beim Abrollen des Reifens hat P. KOSSLER [8.36] untersucht und mit Bild 8.91 festgehalten. Danach wird einmal das Wasser aus der Aufstandsfläche des Reifens nach vorn und zu den Seiten verdrängt (Spritzwasser). Zum anderen wird es vom Reifenprofil aufgenommen und infolge von Fliehkräften vorzugsweise unter einem Winkel von 0° bis 30° nach hinten abgeschleudert (Sprühwasser). Gegen das Spritzwasser, das in Form relativ großer Tropfen auftritt und unter einem flachen Winkel abspritzt, konnte bisher keine wirksame Maßnahme gefunden werden. Dagegen sind zur Verminderung der Sprühwasserbildung verschiedene Lösungsansätze für Lkw und Omnibus bekanntgeworden.

8.7.2.1 *Verringerung der Seitenwandverschmutzung beim Omnibus*

Umströmung und Druckverteilung im vorderen Karosseriebereich haben einen großen Einfluß auf den Sprühwasseraustritt aus den vorderen Radkästen. Je geradflächiger die Fahrzeugfrontpartie gestaltet ist, und je schärfer die senkrechten Kanten ausgebildet sind, desto ausgeprägter wird eine seitliche Unterdruckzone mit hohen Werten in Höhe der Vorderachse beobachtet. Dadurch entwik-

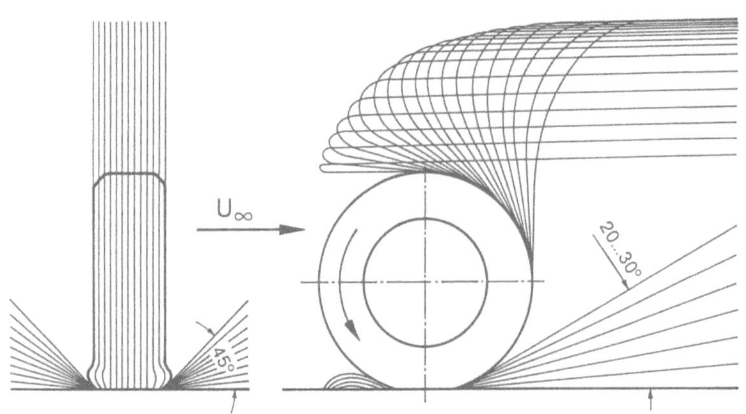

Bild 8 91 Abspruhen
von Schmutzwasser
vom freirollenden Rad

406

kelt sich leicht eine aus dem Radhaus herausgerichtete Luftströmung, die einen Teil des dort befindlichen Sprühwassers mit herausreißt. Diese Erscheinung führt bei kantiger Busbuggestaltung zu kräftiger Seitenwandverschmutzung. Ein Paradebeispiel dafür, und von Anfang an Gegenstand von Diskussionen, war die kantige Fahrzeug-Außengestaltung eines Stadtbusses der achtziger Jahre, Bild 8.92. Der vom Verband Öffentlicher Verkehrsbetriebe (VÖV) erarbeitete, vom BMFT geförderte und von den Fahrzeugwerkstätten Falkenried (FFG) gebaute 1. Prototyp widersprach den Forderungen nach kleinem c_W-Wert und geringer Fahrzeugverschmutzung, Bild 8.93.

Mit durch elastische Blenden verkleinerten Radausschnitten und einer bis auf 10 cm zur Fahrbahn reichenden und vor der Vorderachse quer über die gesamte Fahrbahnbreite verlaufenden Staublende, Bild 8.94, läßt sich der Sprühwasseraustritt aus den Radkästen verringern. Durch den hinter der Schürze auftretenden, sich bis in den Radlauf auswirkenden Unterdruck wird die aus dem Radlauf nach außen gerichtete Strömung abgeschwächt. Verbesserte Bugumströmung, kleinere Radausschnitte und eine elastische Staublende vor der Vorderachse lassen nur noch eine sehr geringe

Bild 8.92. FFG 1 Prototyp VOV II

Bild 8 93   Seitenwandverschmutzung bei kantiger Frontgestaltung

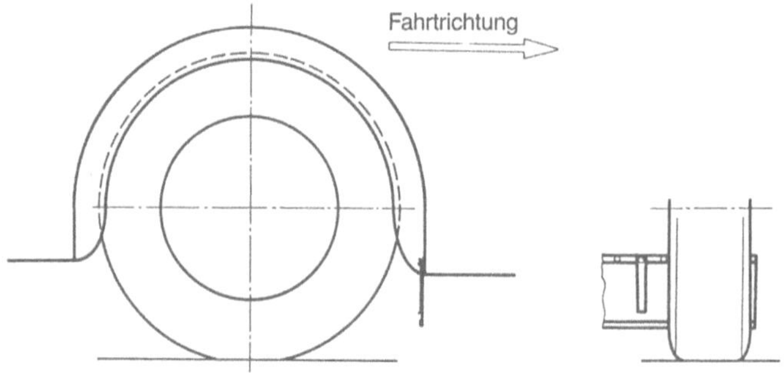

Bild 8.94. Staublende vor
Vorderachse verringert
Seitenwandverschmutzung.

Bild 8.95. Geringe Seitenwandverschmutzung durch Frontradien, verkleinerte Radausschnitte und Staublende vor
Vorderachse.

Seitenwandverschmutzung erkennen, Bild 8.95. Dies gilt auch für Reisebusse, Bild 8.96. Vielfältige
technische Verbesserungen, niedrige und breite Einstiege, ansprechendes Design und störungsfreie
Frontumströmung kennzeichnen den heutigen Standard-Linienbus, Bild 8.97.

Eine weitere Maßnahme ist die Vollverkleidung des Rades mit einer an der Radnabe befestigten
Schale, die bis zum unteren Felgenhorn reicht. Dabei wird der Schmutzwasseraustritt auf die unterste
Zone der Seitenwand beschränkt, Bild 8.98. Jedoch wirft ihre Verwirklichung Probleme auf, zum
Beispiel erhöhter Bauaufwand, beschränkte Geländegängigkeit, zusätzliche Reifen- und Bremsen-
kühlung, vermehrtes Anhaften von Schmutz und Vereisung.

8.7.2.2 Verringerung der Heckflächenverschmutzung

Besonders bei Omnibussen wird eine starke und im Vergleich zu den übrigen Fahrzeugflächen
raschere Verschmutzung des Heckfensters bzw. der Rückwand beobachtet. Der Strömungsverlauf
im Nahfeld eines Omnibus-Hecks, der im Bild 8.99 skizziert ist, bietet eine Erklärung dafür. Die
Schmutzpartikeln in der Nachlaufströmung können der starken Strömungsumlenkung im oberen
Bereich der Heckfläche nicht mehr folgen, sie werden herausgeschleudert und setzen die Heckscheibe mit Schmutz zu.

Durch Anordnung eines Flügels am Dachende gelingt es, die Dachströmung derart umzulenken, daß
die mit Schmutzpartikel behaftete Nachlaufströmung durch einen Keil sauberer Luft von der

408

Bild 8 96   Einfluß der Omnibus-Bugform
auf die Seitenflächenverschmutzung

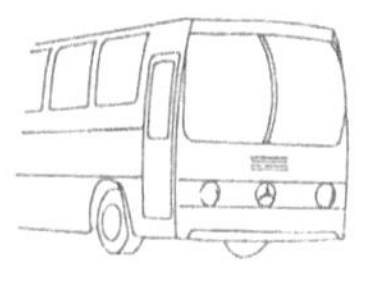

Bild 8 97   Moderne Standard-
Linienbus Ausführung

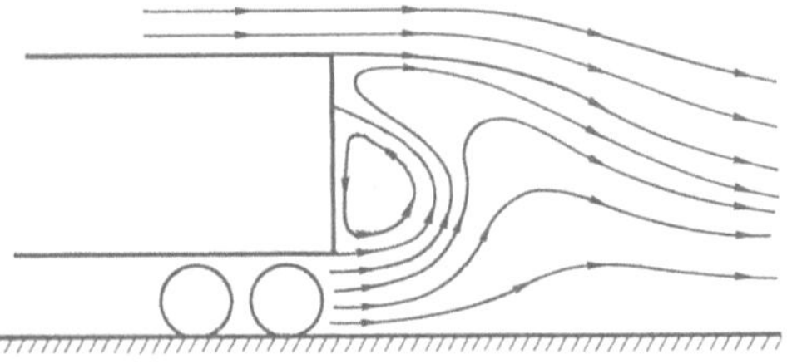

Bild 8 98 Verringerte Seitenwandverschmutzung
durch Rad-Vollverkleidung

Bild 8 99 Nachlaufstromung im Nahfeld eines
Omnibus-Hecks, schematisch

Heckscheibe abgedrängt wird. Der Vergleich der Heckverschmutzung mit und ohne diesen Flügel im Bild 8.100 demonstriert die Wirksamkeit dieser Maßnahme.

Eine weitere Möglichkeit, die Verschmutzung der Heckfläche zu mindern, bietet die Heckschürze nach Bild 8.101. Sie ist jedoch gegenüber einem Luftleitflügel am Dachende ($\Delta c_w = +4\,\%$) mit einem höheren Zusatzwiderstand verbunden ($\Delta c_w = 7$ bis $27\,\%$), wie der Vergleich im Bild 8.102 deutlich macht.

Bild 8 100 Luftleitflugel zur Schmutzfreihaltung des Heckfensters

Bild 8 101 Heckschurze
vermindert
Heckflachenverschmutzung

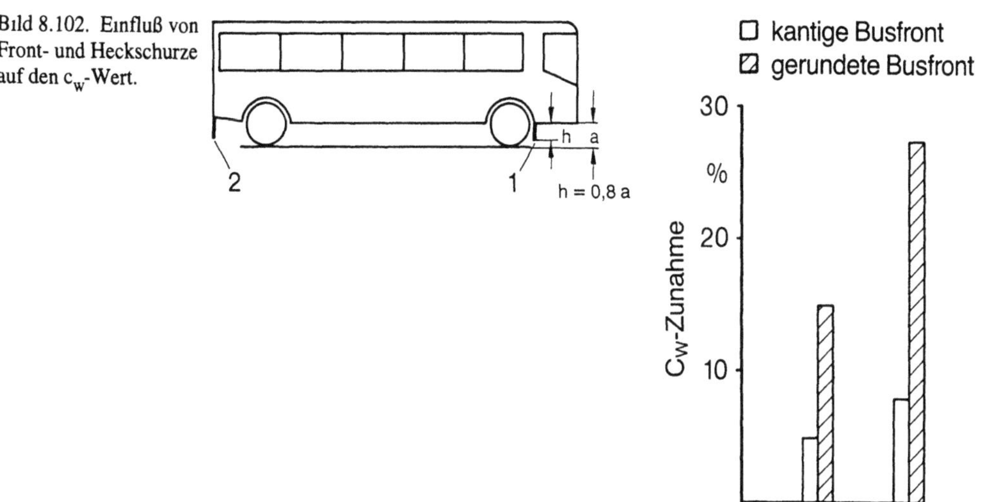

Bild 8.102. Einfluß von Front- und Heckschurze auf den c_w-Wert.

8.7.3 Verringerung der Lkw-Verschmutzung

Beim Lkw bewirken die heute üblichen Radabdeckungen, bedingt durch ihre großen Freiwinkel, weder eine Einschränkung der Spritzwasserabgabe noch ein wesentliches Zurückhalten des nach hinten abgeschleuderten Sprühwassers.

Bild 8.103 zeigt einen Vorschlag für eine Radabdeckung nach H. BRAUN [8.37], die das Absprühen unterbindet. Das vom Reifen abgesprühte Wasser soll die gut benetzbare Innenseite der Radabdeckung möglichst unter einem flachen Winkel treffen, sich dann in Rinnen von ausreichendem Querschnitt an allen Längskanten sammeln, auf die Fahrzeugmitte hin gelenkt und dort an Stellen kleiner Anströmgeschwindigkeit auf kürzestem Wege und in möglichst geschlossenem Strahl zur Fahrbahn abgeleitet werden. Eine weiter verbesserte Radverkleidung wird im Bild 8.104 gezeigt. Das unmittelbar hinter der Radaufstandsfläche abgegebene Sprühwasser, das von der Radverkleidung nicht aufgenommen werden kann, wird mit einem elastischen, luftdurchlässigen und grobporigen Schmutzfänger im hinteren Bereich des Radkastens aufgefangen. Der Einfluß von Fahrzeugform, Fahrgeschwindigkeit, Bereifung und Fahrbahnoberfläche auf den Verschmutzungsgrad wird dadurch weitgehend beseitigt.

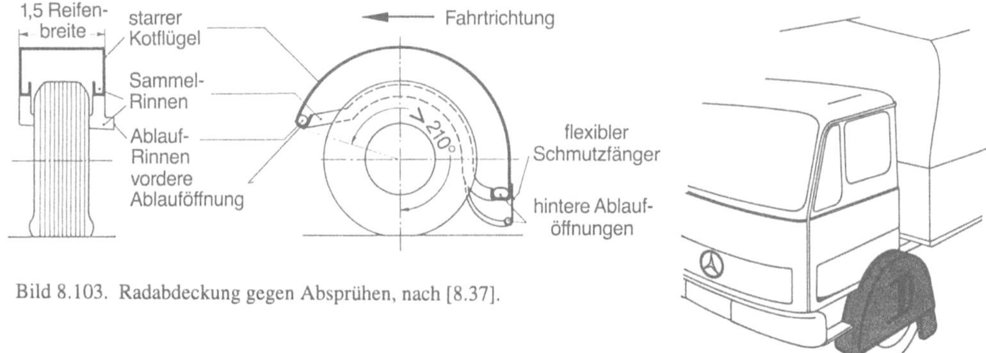

Bild 8.103. Radabdeckung gegen Absprühen, nach [8.37].

Bild 8.104 Radverkleidung mit luftdurchlässigem Schmutzfänger.

8.7.4 Sprühwasserbeaufschlagung nachfolgender Fahrzeuge

Maßnahmen, die zur Reduzierung der Eigenverschmutzung der Nutzfahrzeuge führen, dienen auch zur Verminderung der Beaufschlagung nachfolgender Fahrzeuge mit Sprühwasser. Damit wird vor allem die Sicherheit für Pkw erhöht, denn vor allem diese werden wegen ihrer vergleichsweise niedrigen Höhe vom Sprühwasser eingenebelt.

A. YAMANAKA et al. [8.38] haben die Wirksamkeit verschiedener Radabdeckungen und Fahrgestellverkleidungen auf die Sprühwasserbeaufschlagung eines nachfolgenden Pkw untersucht. Vor der Fahrzeugfront des Pkw, etwa in Augenhöhe des Fahrers, wird das aufgewirbelte Wasser von einer 0,2 m² großen Auffangfläche erfaßt und quantitativ ausgewertet. Eine qualitative Abschätzung wird durch die zur Fahrsicherheit erforderliche Wischerfrequenz des Scheibenwischers ermöglicht. Bild 8.105 zeigt den Einfluß verschiedener Abschirmmaßnahmen in Abhängigkeit von der Fahrgeschwindigkeit. Aus Bild 8.106 ist der deutliche Einfluß des Fahrzeugfolgeabstandes zu erkennen.

E. GOHRING et al. [8.16] haben den Einfluß der Seitenverkleidungen auf die Sichtverhältnisse fotografisch erfaßt. Die bei einer Fahrgeschwindigkeit von 80 km/h und einer Wassertiefe von 1 bis 1,5 mm verursachte Sichtbehinderung für überholende Pkw oder Zweiradfahrer ist erheblich. Hinzu kommt die eigene Sichteinschränkung bei der Beobachtung des rückwärtigen Verkehrsgeschehens durch den Rückspiegel.

Mit seitlichen Abdeckungen nach Bild 8.107 wurde die Strömung an den Fahrzeugseiten derart verbessert, daß die überwiegende Wassermenge im Bereich der an der Fahrzeugkontur anliegenden Luftströmung geführt wird. Dadurch konnte auch der belästigende Wasseraustritt im Umfeld des Hinterrades wirksam reduziert werden, selbst wenn die Abdeckung der Hinterräder entfällt. Die Wirkung geht sehr eindrucksvoll aus dem Vergleich im Bild 8.108 hervor. Ist der Lkw mit einer Seitenverkleidung ausgerüstet, wird die Sicht für den überholenden Pkw nicht beeinträchtigt.

Bild 8.109 demonstriert die Wirkung der Seitenverkleidung aus Sicht von hinten, so, wie sie der überholende Verkehrsteilnehmer wahrnimmt. Dabei ist der Lkw nur auf der rechten Seite mit einer seitlichen Abdeckung ausgerüstet. Es bleibt aber die starke Belästigung durch die am Fahrzeugheck

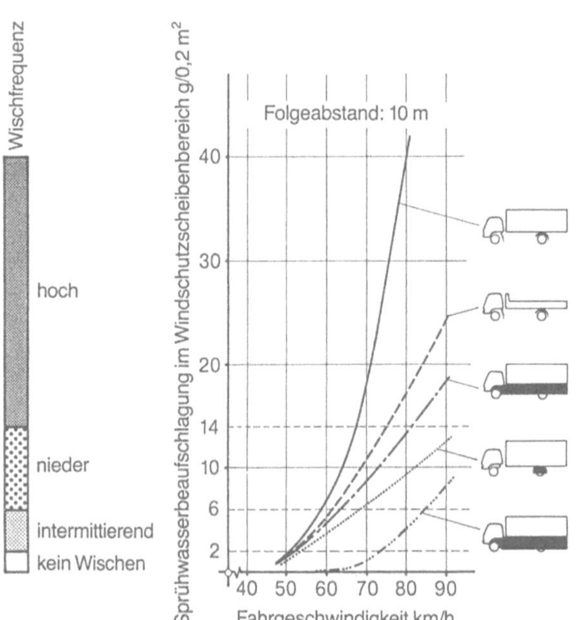

Bild 8.105. Abhilfemaßnahmen am Lkw gegen die Sprühwasserbeaufschlagung eines nachfolgenden Pkw nach [8.38].

412

Bild 8 106   Wirkung einer Lkw-Fahrgestell-
verkleidung auf die Sprühwasserbeaufschlagung
eines nachfolgenden Pkw nach [8 38]

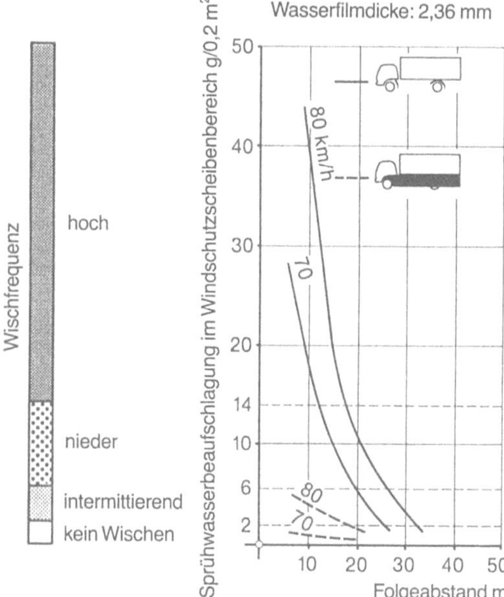

Bild 8 107   Lkw ohne seitliche
Fahrgestellverkleidungen (oben)
und mit seitlichen Fahrgestellverkleidungen (unten) auf
nasser Fahrbahn, nach [8 16]

Bild 8 108 Uberholsicherheit Lkw ohne (oben) und mit (unten) seitlichen Verkleidungen, nach [8 16]

Bild 8 109 Uberholsicherheit Lkw links ohne, rechts mit seitlicher Verkleidung, nach [8 16]

austretenden Wassernebel. Diese läßt sich durch zusätzliche Spritzlappen am Heck weitgehend unterdrücken, wie im Bild 8.110 erkennbar.

J. W. ALLAN et al. [8.39] haben die Sichtbehinderung durch Spritzwasser mit optischen Methoden untersucht. Bild 8.111 bietet einen Ausschnitt aus den damit erzielten Ergebnissen. Durch die am Rad angeordnete Kombination verschiedener Auffang- und Ableitmaßnahmen für das Spritz- und Sprühwasser wurde die Durchsicht von 4 % im Ausgangszustand auf 35 % verbessert; dabei entsprechen 100 % der Sicht auf trockener Straße.

Bild 8.110. Überholsicherheit; Lkw mit seitlichen Verkleidungen und heckseitigen Spritzlappen, nach [8.16].

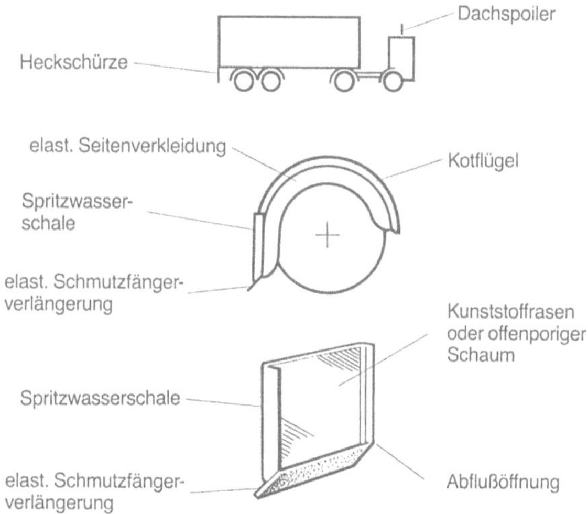

Bild 8.111 Reduzierung des Spruhwasser-nebels durch Kombination mehrerer Maßnahmen, nach [8.39]

9 Motorräder

Bernward Bayer

9.1 Einleitung

Als GOTTLIEB DAIMLER am 29. August 1885 – ein Jahr vor der Erfindung des Automobils durch CARL BENZ – das Deutsche Reichspatent Nr. 36423 für sein auch „Reitwagen" genanntes hölzernes „Fahrzeug mit Gas- bzw. Petroleum-Kraftmaschine", Bild 9.1 (Widerstandsfläche $c_w \cdot A = 0{,}67$ m² mit sitzendem Fahrer, nach W. SCHNEPF [9.2]), erhielt, waren die Grundlagen der Stabilisierung von Einspurfahrzeugen trotz der kurz zuvor schon erfolgten Entwicklung des Nieder(fahr)rades (1884) aus dem ansonsten aber noch verbreiteteren Hochrad noch nicht erforscht. Erst um 1898 erschienen die ersten wissenschaftlichen Publikationen von C. BOURLET [9.3] und F. J. W. WHIPPLE [9.4], die sich mit der Fahrdynamik von nicht motorisierten Zweiradfahrzeugen auseinandersetzten. So verließ sich denn DAIMLER bei seinem Kraftrad, mit dem er zunächst wohl im wesentlichen die grundsätzliche Möglichkeit der Motorisierung eines Fahrzeuges durch einen Verbrennungsmotor unter Beweis stellen wollte, nicht ausschließlich auf die Einspurigkeit seines Gefährts, sondern stellte dessen eisenbereiften Holzrädern zwei seitliche Stützräder zur Seite, um Kippstabilität zu gewährleisten. Gleichwohl wies dieses erste, nicht in Serie gebaute Motorrad der Welt in etlichen Details bereits die Merkmale und Proportionen heutiger Krafträder auf.

Die Aerodynamik als auf das Fahrzeug angewandte Wissenschaft oder gar Windkanäle waren zu jener Zeit noch unbekannt. Die Verknüpfung von Fahrleistungen - und später Fahrstabilität - mit der Aerodynamik begann beim Motorrad erst in den späten 20er Jahren unseres Jahrhunderts, als man wegen damals entwicklungstechnisch begrenzter Motorleistungen mittels aerodynamischer Hilfsmittel die Höchstgeschwindigkeit bei Weltrekordversuchen heraufsetzen wollte.

Bild 9.1. DAIMLER-„Reitrad" 1885 (Nachbau, Original 1903 verbrannt) nach [9.1]

9.2 Überblick über die Entwicklung der Motorrad-Aerodynamik

9.2.1 Historie

Mit ERNST HENNES im September 1929 auf einer 750er BMW bei München aufgestelltem ersten deutschen Motorradweltrekord – rund 215 km/h – schlug die Geburtsstunde der Kraftrad-Aerodynamik. Damals widmete man sich in Ermangelung besserer Erkenntnisse allerdings weniger den Anströmverhältnissen des nur seitlich etwas verschalten Fahrzeuges als vielmehr den aerodynamischen Eigenschaften des Fahrers, und hier vor allem dem Abströmverhalten der Luft hinter ihm, vgl. H. HUTTEN [9.5]. HENNE mußte sich bei diesen und späteren Rekordfahrten mit zunächst noch unverkleideten Motorrädern einen „widerstandsoptimierten" Helm mit vogelschnabelartigem hinteren Auslauf aufsetzen sowie eine trichterähnliche Rückenverlängerung anschnallen lassen, was ein Verwirbeln und Abreißen der Strömung verhindern sollte, vgl. Bild 9.2. Innerhalb gewisser Grenzen waren diese Maßnahmen durchaus wirksam, wie E. SAWATZKI et al. [9.6] feststellen konnten.

Erste zaghafte Versuche, das Motorrad für Rekordzwecke zu verkleiden, zeigten sich 1931/32 bei Excelsior (GB), Bild 9.3, und Brough Superior (GB), Bild 9.4. Dabei wurde auch hier noch dem Fahrzeugheck große Bedeutung zugemessen; aber bei Excelsior ist bereits eine „Bugnase" zu erkennen. Im übrigen galt zu jener Zeit eine Seitenverkleidung immer noch als wichtiger für Windschlüpfigkeit als die Optimierung der Motorradfront.

Bild 9.2. ERNST HENNE auf Weltrekord-BMW 750 cm³ nach [9.7]

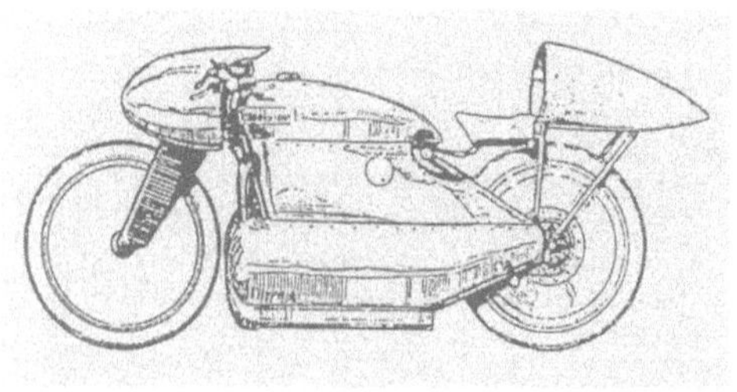

Bild 9.3. Excelsior Silver Comet, 1931 nach [9.2].

Bild 9.4 Brough Superior, 1932 nach [9.2].

„Voll-karossierte" Motorräder mit Aluminium-Verkleidungen, wiederum nur zum Zweck der Steigerung der Endgeschwindigkeit bei Weltrekorden, finden sich erstmals um das Jahr 1936. Erneut war es HENNE, der 1937 auf BMW R5 (500 cm^3) schließlich einen weiteren Weltrekord mit fast 280 km/h aufstellte. Bei diesen Fahrten zeigten sich zum Teil erhebliche Stabilitätsprobleme (s. Abschnitte 9.3.2 und 9.3.3), die BMW schließlich nur durch die Anordnung einer Heckflosse lösen konnte, Bild 9.5.

Zur gleichen Zeit versuchte DKW, in den unteren Hubraumklassen mit vollverkleideten Motorrädern ebenfalls Rekorde aufzustellen. Auch dort ergaben sich große Stabilisierungsprobleme. R. VON KOENIG-FACHSENFELD, der die DKW-Verkleidungen entworfen hatte, hielt die großen Angriffsflächen für den Seitenwind der wegen der konventionellen Fahrersitzposition relativ hochbauenden Motorräder für die Quelle des Übels. Er entwarf daraufhin erstmals einen sogenannten *Tiefsitzer* mit verringerter Bauhöhe, wie im Bild 9.6 zu sehen, den er 1938 zum Patent anmeldete. Elf Jahre später wurde solch ein Fahrzeug bei NSU (jedoch ohne Motor) gebaut; D. HERZ et al. [9.9] und H. TRZEBIATOWSKI [9.10] berichteten: $c_W = 0{,}14$ bis $0{,}15$. Es kam aber nie zum Einsatz, da die Sitzposition zum damaligen Zeitpunkt noch als zu gewöhnungsbedürftig eingestuft wurde.

Das sollte sich ändern: Unter Mitwirkung von H. SCHLICHTING [9.11] entwickelte NSU vollverkleidete Motorräder mit Heckflosse, über die W. FROEDE [9.12] berichtete. Auf diesen konnte WILHELM HERZ 1951 stark nach vorne gebeugt, aber an üblicher Stelle sitzend, absolute Weltrekorde verbuchen: 290 km/h; die Daten seiner Maschine waren: $c_W = 0{,}24$ bis $0{,}32$; Stirnfläche $A = 0{,}54$ bis $0{,}55$ m^2, vgl. [9.5][9.9]. 1956 konnte dieser Rekord auf knapp 340 km/h verbessert werden; der Luftwiderstand betrug $c_W = 0{,}18$ bis $0{,}20$, die Stirnfläche blieb unverändert.

Parallel dazu baute man ab 1951 völlig flache Rekordfahrzeuge, in denen der Fahrer eine rückwärtige, fast liegende Sitzposition einnahm. Diese Idee ging auf G. A. BAUMM zurück. Er wollte vor allem in den kleinen Hubraumklassen Weltrekorde aufstellen, und er hatte richtig erkannt, daß außer einem niedrigen Widerstandsbeiwert auch eine geringe Hauptspantfläche zählt. Zum ersten Mal eingesetzt wurden diese „BAUMMschen Liegestühle" 1954, Bild 9.7. Diesmal ging es NSU nicht ausschließlich

Bild 9.5. ERNST HENNE
auf Weltrekord-
BMW 500 cm^3 1937;
Quelle: BMW.

Bild 9.6. Entwurf eines
„Stromlinien-Motorrades"
für Rekordzwecke von
R. v. KOENIG-FACHSENFELD,
1938 nach [9.9].

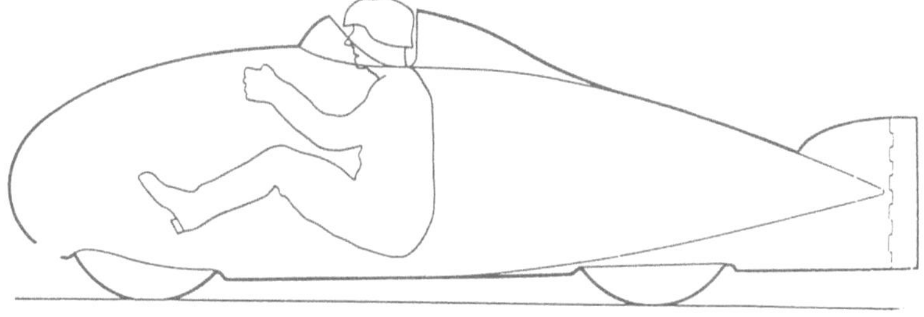

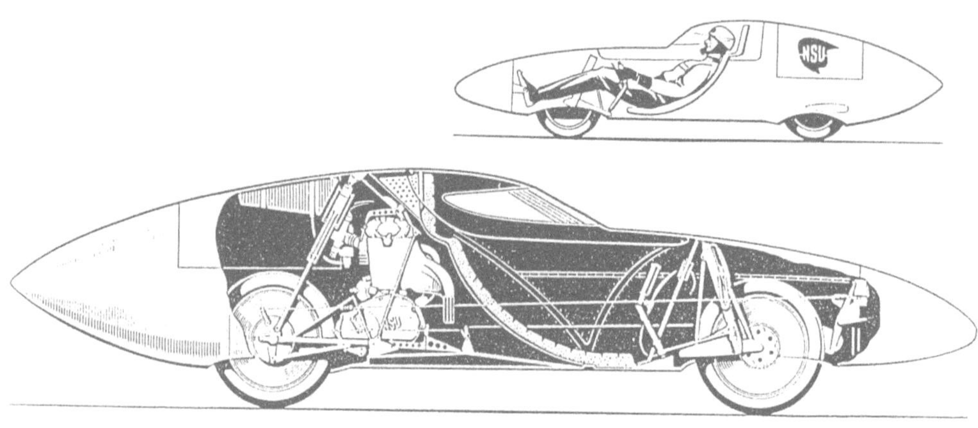

Bild 9.7. Der „BAUMMsche Liegestuhl" von NSU in der 100 ccm-Ausfuhrung, 1954 nach [9.9].

um Geschwindigkeitsrekorde, sondern es sollte mittels optimaler Aerodynamik auch die Kraftstoff-Ökonomie unter Beweis gestellt werden [9.5][9.9][9.13] (siehe Abschnitt 9.3.1). Die c_W-Werte dieser für den öffentlichen Straßenverkehr wegen der unorthodoxen Sitzposition ungeeigneten Einspurfahrzeuge bewegten sich je nach Ausführung zwischen 0,07 und 0,16; die Stirnflächen lagen bei 0,25 bis 0,4 m² [9.5][9.9]. Aus Stabilitätsgründen wurden zum Teil auch bei diesen Fahrzeugtypen Heckflossen verwendet.

Vorläufiger Schlußpunkt von Weltrekordfahrten sind „zigarren"-förmige Tiefsitzer, Bild 9.8, wie z.B. von D. VESCO 1974/75 benutzt (468 km/h). Bei einigen derartigen „Geschossen" mußte der Fahrer das Fahrzeug sogar auf dem Bauch liegend steuern. Zu beachten ist, daß die Mindestradgröße bei Rekord- und Rennfahrzeugen aus Gründen der thermischen und Fliehkraftbeanspruchung der Reifen 16 Zoll kaum unterschreiten darf; damit sind der Unterbringung des Fahrers gewisse bauliche Grenzen gesetzt.

Etwa gleichzeitig zur Entwicklung aerodynamischer Verkleidungen von Weltrekordmaschinen in den 50er Jahren setzte sich ab 1954 auch im „normalen" Grand-Prix-Straßenrennsport die „Stromformverkleidung" durch [9.10]. Noch gab es keine einheitliche Linie, die Fahrzeuge waren anfangs nur partiell verkleidet, Bilder 9.9 und 9.10. Doch wandelte sich dann ihr Aussehen rasch; fast das gesamte Fahrzeug wurde verschalt, Bild 9.11. Dabei wurde auch das Vorderrad mit in die Verkleidung einbezogen. Als Material fand handgeformtes Aluminiumblech Verwendung, wie auch bei den bereits beschriebenen Weltrekordversuchen der entsprechenden Epoche.

Gerade die Integration des Vorderrades in das Gesamtkonzept ergab aerodynamische Bestwerte (siehe Abschnitt 9.5.1). Sie wurde jedoch später aus Sicherheitsgründen durch die zuständigen Sportbehörden verboten, weil sich bei verbeulter Verkleidung – z.B. nach einem Unfall – ein

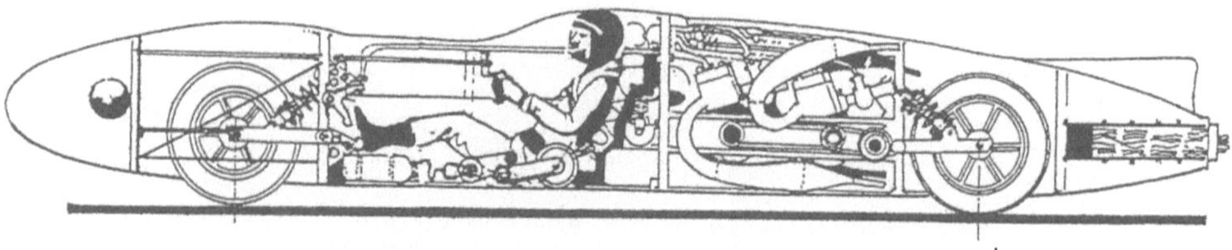

Bild 9.8. Rekord-"Zigarre" von DON VESCO, 2x 750 ccm, USA 1974/75 nach [9.14].

Bild 9 9   NSU Rennmax 250 cm^3,
1953, mit „Bananentank"
nach [9 8]

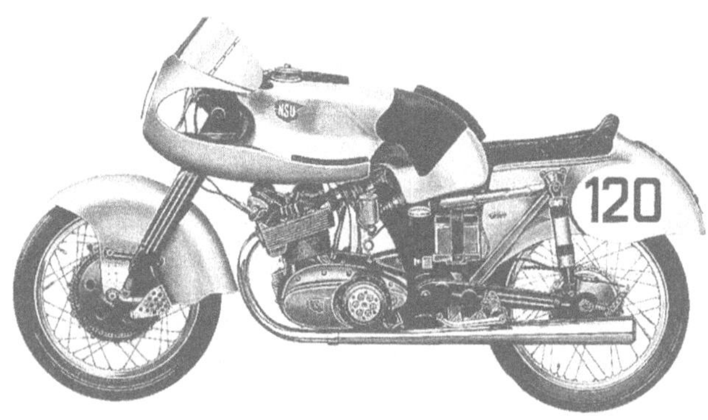

Bild 9 10   NSU Rennmax 250 cm^3,
1954, mit „Delphin-Verkleidung",
Quelle NSU

Bild 9 11   NSU Sportmax 250 cm^3,
1955, mit „Wal-Verkleidung"
nach [9 8]

Klemmen des lenkbaren Vorderrades ergeben konnte. Außerdem konnten die aerodynamischen
Giermomente durch den voluminösen Vorderbau kritisch werden, wie in den Abschnitten 9.3.2 und
9.3.3 näher ausgeführt wird. Auch bei intakter Verkleidung waren die erreichbaren Lenkeinschlag-
winkel eng begrenzt.

So ging man ab Ende der 50er Jahre auf die im wesentlichen jetzt noch übliche Form der
Rennverkleidung, Bild 9.12, über; sie ist aus Kunststoff gefertigt, und ihre „Bugnase" darf heute nicht
mehr als 50 mm über die Vorderachse hinausragen [9.15].

Bild 9.12. MZ RE 125 mit
Polyesterverkleidung, DDR 1964
nach [9.8].

9.2.2 Heutiger Stand der Technik

Mit der Vorstellung der BMW-Tourensportmaschine R 100 RS im Jahr 1976, Bild 9.13, wurde
erstmals ein Motorrad mit Vollverkleidung, das nicht für den Renneinsatz gedacht war, in Großserie
gebaut. Ziel war nicht so sehr die Steigerung der erreichbaren Endgeschwindigkeit, sondern – außer
stilistischen Gründen – ein bestimmter Witterungsschutz für den Fahrer sowie eine ergonomische
Entlastung seines Oberkörpers von Windkräften. Zu erkennen sind auch seitlich angearbeitete
Spoilerflächen; durch dynamische Erhöhung der Vorderradlast soll mit ihnen eine günstige Beeinflussung der Fahrstabilität (Pendeln) erzielt werden (siehe Abschnitte 9.3.2 und 9.3.4).

Bild 9.13. BMW R 100 RS
Tourensport-Modell;
Quelle· BMW.

Man unterscheidet heute bei Serienmotorrädern diverse Formen von Verkleidungen, Bilder 9.14 bis 9.16. Dabei haben sich rahmenfeste Vollverkleidungen in Touren- oder Sportausführung weitgehend durchgesetzt. Wegen der ungünstigen Beeinflussung der Pendelstabilität finden sich lenkerfeste, das Trägheitsmoment erhöhende Teilverkleidungen kaum noch.

Um die Frontscheibe, deren Höhe laut deutschen Zulassungsvorschriften [9.16] limitiert ist, in gewissen Grenzen der Fahrerstatur anzupassen, wurden bereits in der Neigung verstellbare Scheiben (bei Tourenverkleidungen) eingesetzt. Sogar per Servomotor während der Fahrt in der Höhe regulierbare Scheiben, Bild 9.17, gibt es. Dabei ist laut Vorschrift bei Verstellmöglichkeit die

Bild 9.14. Lenkerfeste Teilverkleidung an BMW K 75 C; Quelle: BMW.

Bild 9.15. Rahmenfeste „Halbschale", erganzt durch separaten Bugspoiler an BMW K 75 S; Quelle: BMW.

Bild 9.16. Tourenverkleidung an Prototyp-Studie der Honda Pan European ST 1100; Quelle: Honda.

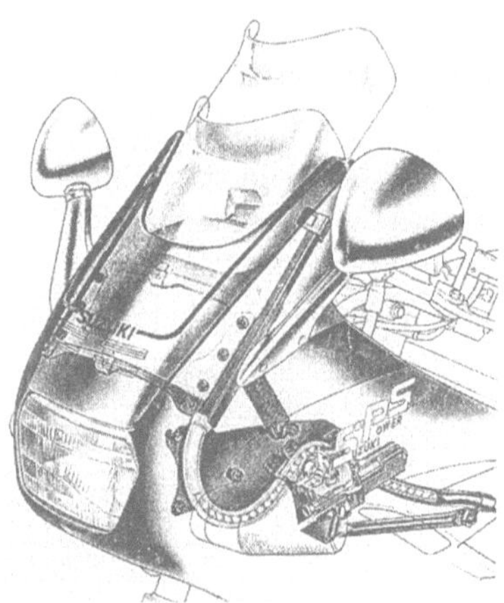

Bild 9.17   Hohenverstellbare Frontscheibe der Suzuki GSX 1100 F; Quelle: Suzuki.

Scheibenhöhe in der untersten Position zu homologieren. Eine weitere Variante stellt ein von Hand einstellbarer „Miniatur-Spoiler", der von R. HEYDENREICH [9.17] beschriebene Vorflügel an der Scheibenoberkante, dar. Wie im Bild 9.18 zu erkennen, trifft der Luftstrom bei richtiger Einstellung nicht mehr direkt auf den Schutzhelm des Fahrers.

Nicht unerwähnt bleiben soll, daß wegen der bei einer wirksamen Vollverkleidung fast vollständigen Abkoppelung des Fahrers vom Fahrtwind eine gewisse erwünschte und gezielte Luftzufuhr über definiert angebrachte Belüftungskanäle mit einstellbaren Rosetten – ähnlich Lösungen beim Pkw – im Serieneinsatz zu finden ist. Dennoch bleibt es aber u.a. Zweck einer Verkleidung, direkte Zugluftbeaufschlagung und Wirbelbildung vom Fahrer fernzuhalten und so seinen Fahrkomfort zu steigern. Nachteilig daran ist, daß dadurch die Rückkopplung zur gefahrenen Geschwindigkeit erschwert wird.

Bild 9.18.   Verstellbarer Spoiler an Scheibenoberkante bei BMW K 100 RS; Quelle: BMW.

424

Mittlerweile werden sogar schon (Reise-)Enduro-Motorräder teilverkleidet, Bild 9.19. Auch hier spielt vor allem die Entlastung des Fahrers vom direkten Fahrtwind eine dominierende Rolle; dagegen sollen Übersichtlichkeit und Geländegängigkeit möglichst wenig eingeschränkt werden.

An den Vorderradkotflügel angesetzte (kleine) Spoiler dienen meist mehr optischen als funktionellen Zwecken, da ihre Fläche für eine wirksame Vorderradbelastung viel zu klein ist. Hingegen ist mit ihnen eine gewisse Verbesserung der Motor-Kühlluftanströmung erreichbar, Bild 9.20. Günstiger für eine optimale Vorderradbelastung ist es, die Hauptverkleidung selbst im Frontbereich mit Spoiler-flächen zu versehen (s. z. B. Bild 9.13), als nur das Vorderradschutzblech spoilerartig zu formen.

Moderne Sportmotorräder („Superbikes"), die ohne oder fast ohne technische Änderungen wettbe-werbstauglich sind, weisen durchweg Vollverkleidungen auf, Bild 9.21. Hierbei wird auf eine strömungsgünstige Zu- und Abfuhr von Ansaug- und Kühlluft geachtet, da heutige Kraftradmotoren mit serienmäßigen spezifischen Leistungen von bis zu rd. 200 kW/l thermisch extrem hoch belastet sind.

Einige interessante, beispielhafte Einzelheiten für eine Rennmaschine finden sich bei U. BETTERMANN [9.18], vgl. Bild 9.22: Zusatz-(Wasser- bzw. Getriebeöl-)Kühler in der Verkleidungsnase bzw. am

Bild 9.19. Teilverkleidete
Reise-Enduro Yamaha XTZ 750
Super-Ténéré, Quelle Yamaha

Bild 9.20 Vorderrad-Kotflugel-
Spoiler zur Verbesserung
der Motor-Kuhlluftanstromung
an Honda CX 650 Turbo,
Quelle. Honda

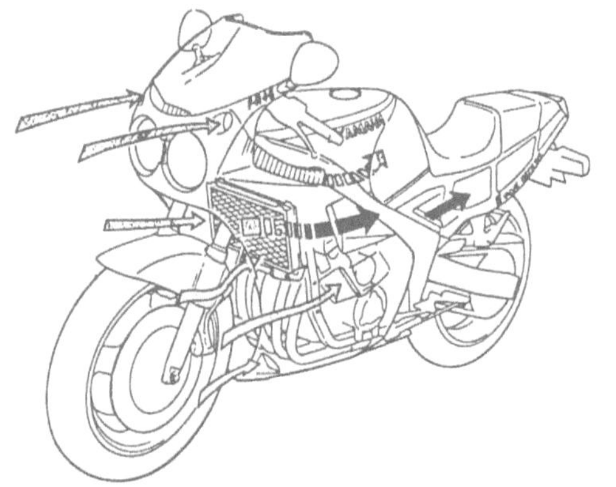

Bild 9.21. Kuhlluft- und Ansaugluftstromung bei der Yamaha FZR 1000; Quelle: Yamaha.

Bild 9.22. Details zur Kuhlungsverbesserung bei einem Rennmotorrad nach [9.18].

Fahrzeugheck erwiesen sich für eine verbesserte Kühlung als praktisch wirkungslos: Ein partielles Verkleiden des Hinterrades, wie im Bild 9.23 anhand eines anderen Fahrzeuges dargestellt (und auch im Bild 9.22 angedeutet), erbrachte hingegen durch die verbesserten Abströmverhältnisse eine Absenkung der Kühlwassertemperatur um 7 K [9.18]. Das sich im oberen Bereich nach vorne drehende Hinterrad neigt nämlich in nicht abgedecktem Zustand dazu, Luft in Fahrtrichtung und damit entgegen der gewünschten Kühlluftabströmrichtung zu fördern, und es tritt ein gewisser „Barriere"-Effekt ein.

Wie sich, wenn auch in bescheidenem Umfang, der Staudruck zur Erhöhung des Liefergrades des Motors nutzen läßt, ist im Bild 9.24 gezeigt. Hier wird bei einem schnellen Tourensport-Modell die Ansaugluft im Bereich des Staupunktes nahe dem Lenkkopf angesaugt und dem Motor zugeführt.

In zunehmendem Maße werden in letzter Zeit auch *Details* in das aerodynamische Gesamtkonzept einbezogen. So sind, wie Bild 9.16 erkennen läßt, die Vorderradgabel-Tauchrohre häufig bereits vom Schutzblech ummantelt, und unter dem Motor finden sich Spoiler, die sich nahe an das Vorderrad anschmiegen, vgl. Bild 9.15. Sogar die Packtaschen im Bild 9.16 wurden bereits unter aerodynamischen Gesichtspunkten – auch bezüglich Schräganströmung – ins Fahrzeug integriert.

Bild 9.23. Optimierte Kuhlluftabstromung durch eng verkleidetes Hinterrad an Honda CBR 600 F; Quelle· Honda

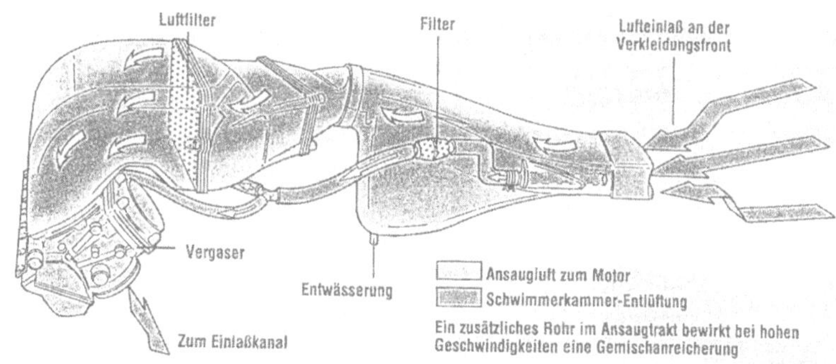
Bild 9.24. Liefergrad-
erhöhung durch
Staudruckausnutzung
bei Kawasaki
ZZ-R 1100
nach [9.19].

Im Bild 9.25 ist eine moderne Sport-Vollverkleidung mit allen Einzelteilen dargestellt. Man sieht, daß am Oberteil der Verkleidung Protektoren angesetzt sind (sie dienen gleichzeitig, je nach länderspezifischer Ausführung, als Blinkerhalter), die den Luftstrom von den Fahrerhänden abhalten sollen. Bei geschickter Gestaltung erzeugen sie sogar etwas negativen Auftrieb und fördern so die Fahrstabilität. Auf eine ähnliche Wirkung zielen aerodynamisch ausgelegte Rückspiegel (Bild 9.16) ab, die gleichzeitig als Blinkergehäuse dienen. Bei der im Bild 9.26 gezeigten weiteren Rückspiegel-variante wird der Luftstrom durch die geteilten Halterungen geleitet; ähnliche Konstruktionen werden auch bei Pkw eingesetzt, siehe Bild 6.14.

Wie sich einige Komponenten auf die Luftkräfte auswirken wird im Abschnitt 9.5.1. behandelt.

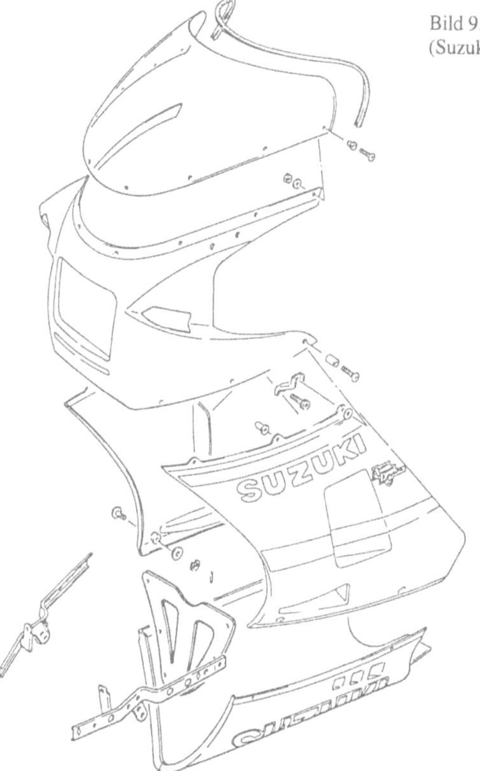

Bild 9.25. Einzelteile einer modernen Kunststoff-Sportverkleidung (Suzuki RG 500 Gamma); Quelle: Suzuki.

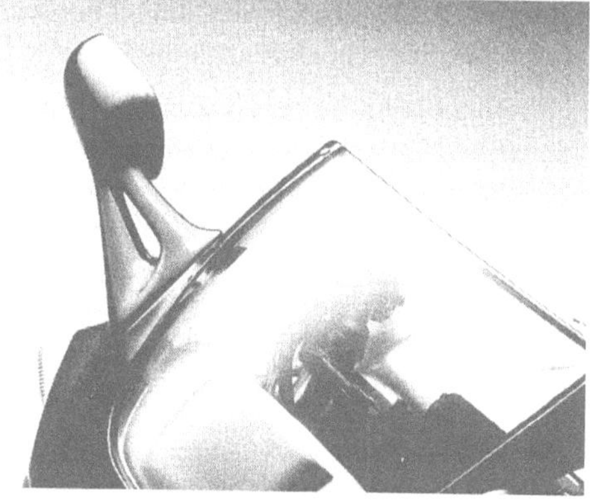

Bild 9.26. Detail „Rückspiegelhalterung" an Honda CBR 1000 F; Quelle: Honda.

9.3 Fahrdynamik und ihr Bezug zur Aerodynamik

9.3.1 Fahrleistungen

Bekanntlich wird die erreichbare Endgeschwindigkeit eines Fahrzeuges maßgeblich durch den Luftwiderstand bestimmt. Die Grundgleichungen lauten:

Luftwiderstandskraft

$$F_L = \frac{\rho}{2} \cdot V_F^2 \cdot c_W \cdot A \,. \tag{9.1}$$

Mit

$$P_L = F_L \cdot V_F \tag{9.2}$$

ergibt sich die motorisch zur Überwindung des Luftwiderstandes aufzubringende Leistung zu

$$P_L = \frac{\rho}{2} \cdot V_F^3 \cdot c_W \cdot A \,. \tag{9.3}$$

Will man aus der verfügbaren Kurbelwellenleistung durch einen vereinfachten Ansatz, der – im Sinne eines konstanten Verlustfaktors – sämtliche Kraftübertragungsverluste einschließlich des Rollwiderstandes der Reifen beinhaltet, überschlägig die zu erwartende Endgeschwindigkeit vorausberechnen, so bietet sich aufgrund der in der dritten Potenz mit der Höchstgeschwindigkeit V_{max} in km/h wachsenden notwendigen Motornennleistung P in kW folgende Formel an:

$$V_{max} = 48 \text{ bis } 61 \cdot P^{1/3} \,. \tag{9.4}$$

Darin gilt ein Faktor von 48 bis 50 in der Regel für konventionelle, unverkleidete sowie tourenverkleidete Straßenmotorräder. Geländemodelle (wie z.B. Enduros), sogenannte Chopper mit langen Vorderradgabeln, sehr schwere Reisemotorräder (speziell mit ausladenden Verkleidungen), Motorroller sowie „gedrosselte", auf der Motor-„Abregelkennlinie" laufende Fahrzeuge mit Geschwindigkeitsbeschränkung sind von der Betrachtung ausgeschlossen. Ein Faktor von 61 trifft hingegen für extrem sportliche, schmale und optimal verkleidete Maschinen mit *liegender* Sitzposition zu. Rennfahrzeuge sind hierbei nur insoweit eingeschlossen, wie es sich um wettbewerbstaugliche und dennoch straßenzulassungsfähige Modelle handelt.

Näherungsweise ist dieser Zusammenhang auch im Bild 9.27 enthalten. Darin wird mit dem Scharparameter $c_W \cdot A$ die erreichbare Endgeschwindigkeit im Bereich bis 200 km/h als Funktion der Kurbelwellenleistung bei einem Gesamt-Kraftübertragungswirkungsgrad von 85 % dargestellt. Dabei gilt für übliche Motorräder der Bereich $c_W \cdot A = 0{,}4$ bis $0{,}5$ m². Aerodynamische Bestwerte liegen z.Z. für Serienfahrzeuge mit *liegendem* Fahrer um $0{,}30$ m² (siehe Abschnitt 9.5.2.1). J. HELLING [9.20] stellte das Zugkraftdiagramm im Bild 9.28 auf; es gilt exemplarisch für ein 51 kW (70 PS) starkes, mit kleiner Lenkerverkleidung ausgestattetes Kraftrad. Die Fahrwiderstandslinie ist für sitzenden und liegenden Fahrer eingetragen.

Die Verbrauchsökonomie speziell im Zusammenhang mit dem Luftwiderstand wird in der Motorradtechnik seitens Industrie und Forschung bis auf wenige Ausnahmen (H. HÜTTEN [9.5], K. R. COOPER [9.21]) unverständlicherweise kaum diskutiert und beachtet. Der Einfluß der Aerodynamik, nicht nur auf die im Zeitalter der „Hypersport-Bikes" wohl generell als ausreichend zu betrachtende Höchstgeschwindigkeit, sondern auch auf den Kraftstoffverbrauch, sollte aber nicht übersehen

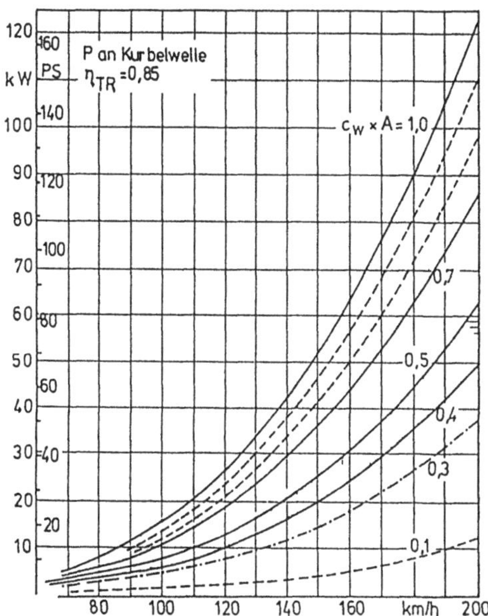

Bild 9.27. Erreichbare Geschwindigkeit als Funktion der Kurbelwellenleistung für verschiedene $c_w \cdot A$- Werte nach [9.5].

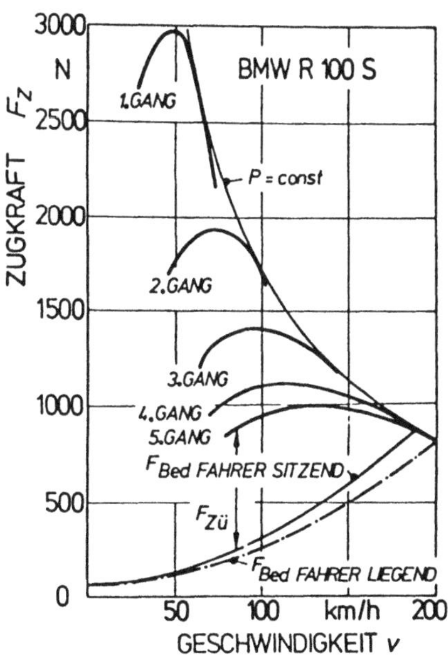

Bild 9.28. Zugkraftdiagramm eines Kraftrades nach [9.20].

werden. So ergaben Messungen an BMW-Modellen, die H. KOKOSCHINSKI [9.22] mit verschiedenen Verkleidungsvarianten bereits 1978 ausgeführt hat, ein Potential an möglicher Kraftstofferparnis von bis zu 10 % im Vergleich zur unverkleideten Basisvariante – trotz des Mehrgewichtes der Verkleidungen von bis zu rund 10 kg. Die Messungen wurden bei Konstantfahrt im Geschwindigkeitsbereich zwischen 100 und 180 km/h durchgeführt.

NSU hatte schon 1956 mit einem vollverkleideten BAUMMschen Fahrzeug mit 125-cm³-Viertaktmotor einen Verbrauchsrekord mit 1,1 l/100 km bei 100 km/h Schnitt über 502 km Distanz auf dem Hockenheimring aufgestellt. Bei diesem Motorrad bewegte sich der Luftwiderstand bei 100 km/h in derselben Größenordnung wie die Rollwiderstände beider Reifen [9.5][9.9][9.13].

9.3.2 Fahrstabilität

Ein einspuriges Zweiradfahrzeug ist im wesentlichen kreiselstabilisiert. Seinen quasi-stabilen Gleichgewichtszustand erhält es erst durch ein Wechselspiel zwischen (geringen) Kipp- und Lenkbewegungen. Es soll nicht Gegenstand dieses Abschnittes sein, diese Wirkmechanismen im einzelnen zu erläutern; sie sind u. a. von E. DOHRING [9.23] und B. BAYER [9.24] ausführlich abgehandelt worden. Zum „Selbststabilisierungsmechanismus" eines Zweirades soll hier nur „qualitativ" folgendes gesagt werden: Wird ein sich drehender Kreisel (hier: Motorrad-Vorderrad) durch einen Kippimpuls (entspricht einem aufgezwungenen Roll- bzw. Schräglagewinkel) um seine Längsachse (hier: Reifenaufstandslinie) in Schräglage gebracht (z.B. durch Seitenwind), so reagiert er mit einer Lenkreaktion, die mit der Kippbewegung, welche die „Actio" darstellt und das Lenken als „Reactio" auslöst, „gleichsinnig" ist. Also: Kippen nach links ergibt Lenken nach links (und sinngemäß umgekehrt). Lenkt man hingegen einen Kreisel nach einer Seite um seine Hoch- bzw. Gierachse (hier: Lenkachse) aus, so stellt sich als Folge „automatisch" eine „gegensinnige" Kippbewegung ein. Also: Lenken nach rechts ergibt Kippen nach links (und sinngemäß umgekehrt).

Angewandt auf die Kraftradfahrdynamik heißt dies: Neigt sich das wegen seiner Einspurigkeit ja stets kippinstabile Zweirad z.B. nach links, so baut sich ein Lenkwinkel nach links auf. Hierdurch befährt das Fahrzeug (kurzzeitig) einen Bogenabschnitt nach links, wodurch eine nach rechts gerichtete Fliehkraft entsteht (ähnlich Kurvenfahrt). Nun ergibt aber – wie bereits festgestellt – Lenken nach links ein Kippen nach rechts, wodurch, im Verbund mit der nach rechts gerichteten Fliehkraft, ein Neigen des Fahrzeuges nach rechts – mit folgendem selbsttätigen Lenkeinschlag nach rechts – entsteht. Auf diese Weise bewegt sich das Fahrzeug im „stabilen" Fall mit (unmerklich) kleinen Lenk- und Kippbewegungen (letztere stets auch „unterstützt" durch die Graviationskraft) in einem „eingeschwungenen" Zustand um die „Nullage" herum in „Schlangenlinien" vorwärts. Wenn die Ausschlagwinkel aufgrund fahrdynamischer (innerer oder äußerer) Störungen bei gleichzeitig mangelhafter Dämpfung groß werden, nennt man den Vorgang „Hochgeschwindigkeitspendeln" (weave mode). Dabei ist noch zu beachten, daß das Gesamtfahrzeug aus zwei am Steuerkopf gelenkig miteinander verbundenen Einzelsystemen besteht, wobei aber die Wirkungen des gelenkten Vorderrades dominieren. Die entstehenden Bewegungen sind gekoppelte Lenk/Roll/Gier-Schwingungen (fühlbar beim Pendeln meist erst ab ca. 150 km/h und mehr), die mit einer Schwingfrequenz von rund 3 Hz ablaufen.

Grundsätzlich bleibt festzuhalten, daß beim prinzipiellen Selbststabilisierungsvorgang aerodynamische Kräfte noch keine Rolle spielen.

K. R. Cooper [9.21] wies aber nach, daß sich speziell instationäre aerodynamische Kräfte durchaus dem gesamten Stabilisierungs- bzw. Pendelvorgang überlagern. Durch die seitlichen Bewegungen des Lenk- sowie Rahmensystems werden aerodynamische Giermomente erzeugt, die – besonders bei stark verkleideten Rekordfahrzeugen – abdrehend, also destabilisierend wirken können. Abhilfe bringt eine Vorverlegung des Fahrzeugschwerpunktes oder aber die Anbringung einer „Schwanzflosse" (Bild 9.5), so daß der Druckpunkt bei Schräganströmung hinter den Fahrzeugschwerpunkt zu liegen kommt. Kritisch können hier auch vollverkleidete Vorderräder werden, die den Gesamtdruckpunkt (der natürlich auch vom Anströmwinkel abhängt) unter Umständen zu sehr nach vorne verlagern.

Der Vollständigkeit halber soll noch auf eine Form der kinetischen Instabilität des Vorderradsystems von Krafträdern, das sogenannte „Flattern" (shimmy, wobble mode) eingegangen werden. Diese üblicherweise im niedrigen Geschwindigkeitsbereich bis rund 100 km/h auftretende Lenkoszillation (Frequenz ca. 9 Hz) läßt sich durch Montage einer *lenker*festen Teilverkleidung im Regelfall gut dämpfen. Dabei spielen aber nicht aerodynamische Gegebenheiten, sondern die Erhöhung des Lenkmassenträgheitsmomentes die ausschlaggebende Rolle, obwohl durch Karman-Wirbelablösungen sogar eine gewisse Destabilisierung zu befürchten wäre, die aber in der Praxis nicht eintritt [9.25] bzw. vom hier positiv wirkenden erhöhten Massenträgheitsmoment überkompensiert wird [9.24].

Entgegengesetzt wirkt beim Pendeln ein erhöhtes Lenk-Massenträgheitsmoment: Hier ist nach B. Bayer [9.24] und T. Chikada et al. [9.26] mit einer dramatischen Verschlechterung der Dämpfung zu rechnen, wobei sich zusätzlich Auftriebs- oder Abtriebseffekte überlagern können. Die beim gefährlicher als Flattern einzustufenden Pendeln notwendige Minimierung des Massenträgheitsmomentes um die Lenkachse führte dazu, daß seit einigen Jahren sowohl in der Erstausrüstung als auch von den Herstellern von Zubehör praktisch keine lenkerfesten Verkleidungen mehr angeboten werden.

Zusammenfassend läßt sich zum Komplex Fahrstabilität feststellen: Nicht, wie bisweilen vermutet, instationäre aerodynamische Effekte, wie Wirbelablösungen an Auf- oder Anbauteilen, beeinflussen das Fahrverhalten eines Motorrades maßgeblich, sondern vielmehr die konstruktive Fahrzeugauslegung als solche (Masseverteilung, Trägheitsmomente, Fahrwerkssteifigkeiten, geometrische

Fahrwerksdaten usw. [9.24]) sowie *stationäre* Auftriebseffekte, speziell am Vorderrad (siehe Abschnitt 9.3.4).

9.3.3 Seitenwindverhalten

Das Seitenwindverhalten eines Kraftrades soll etwas näher behandelt werden, ohne weiter auf additiv mögliche Schwingungen einzugehen. Behandelt wird beispielhaft ein Motorrad, das als ganzes plötzlich durch einen von in Fahrtrichtung gesehen rechts einfallenden Seitenwind beaufschlagt wird.

Im Moment der ersten Seitenwindbeaufschlagung entsteht durch die im Druckpunkt angreifende resultierende Seitenwindkraft ein Rollmoment um die Reifenaufstandslinie, welches das Fahrzeug zunächst auf die Lee-Seite zu neigen versucht. Dies ist ein instabiler Zustand, weil ein Kraftrad, wie im Abschnitt 9.3.5. erläutert, stets *in* die von außen angreifende Seitenkraft *hineingelegt* werden muß, um nicht umzukippen; die Resultierende aus Seiten- und Gewichtskraft muß durch die Reifenaufstandslinie gehen. Bei Beaufschlagung durch Seitenwind ist zusätzlich zu beachten, daß die Schräglage, die zum Ausgleich dieser Seitenkraft nötig ist, im allgemeinen eine andere sein wird als diejenige, die bei einer gleich großen Fliehkraft bei Kurvenfahrt nötig wäre. Dies folgt aus der Lage des Druckpunktes in bezug auf den Gesamtschwerpunkt von Fahrzeug plus Fahrer: Liegt der Druckpunkt *über* dem Schwerpunkt, dann ist die benötigte Schräglage größer, im anderen Fall (Druckpunkt unterhalb Schwerpunkt) kleiner als bei entsprechender Kurvenfahrt.

Der notwendige Neigungswinkel berechnet sich zu

$$\tan \gamma = \frac{h_D \cdot F_S}{h_S \cdot m \cdot g} \, . \tag{9.5}$$

Auf jeden Fall muß durch eine fahrerseitige Reaktion „von Hand" die zunächst vom Vorzeichen her *falsche* Schräglage schnell korrigiert werden. Dies geschieht durch ein kurzes (unbewußtes) Lenkmoment (mit momentaner Bogenfahrt) nach links, welches bekanntlich ein Kippen nach rechts induziert (siehe Abschnitt 9.3.2). Auf diese Weise kann das Fahrzeug dann im *Kräfte*-Gleichgewicht gehalten werden, und zwar mit einer Seitenneigung nach rechts gemäß Gl. (9.5), jedoch mit Kursabweichung nach links (wegen des vorherigen, kurzzeitigen Korrektur-Lenkmomentes nach links sowie der nach links wirkenden Seitenwindkraft). Dieses *Einschwingen* in die „richtige" Schräglage ließe sich dadurch erleichtern, daß ein geschickt geformtes Vorderradschutzblech bzw. eine mitschwenkbare Teilverkleidung des Vorderrades mit einem Druckangriffspunkt vor der (verlängert gedachten) Lenkachse vorhanden ist, so daß in diesem Fall ein seitenwindbedingt linksdrehendes Lenkmoment erzwungen würde, das den notwendigen Kippvorgang nach rechts zur „geometrischen" Kompensation der Seitenwindkraft durch Schräglage begünstigt. Ob dieses Lenkmoment zur Kompensation der durch Seitenwind und Rollmoment bedingten „Erst"-Schräglage nach links im Sinne eines schnellen Herstellens der gewünschten und stabilitätsnotwendigen Endschräglage nach rechts „ausreicht", hängt u.a. von der Seitenwindkraft auf den Vorderradkotflügel, multipliziert mit dem Abstand Druckpunkt zu Lenkachse, dem Lenk-Massenträgheitsmoment, dem Seitenwind-Rollmoment des Gesamtfahrzeugs und dessen Roll-Massenträgheitsmoment (um die Spurlinie) sowie von den fahrseitigen Ankoppelkräften an das Lenksystem ab.

Ist nun ein quasistationärer Zustand mit nach rechts geneigter Schräglage eingestellt, so gilt folgende Betrachtung: Nach K. R. Cooper [9.21] fallen bei verkleideten wie unverkleideten normalen Straßenkrafträdern Schwerpunkt und Druckpunkt in Längsrichtung nahezu zusammen. In Verbindung mit einer bei modernen Motorrädern üblichen Radlastverteilung des solo besetzten Fahrzeuges von je ca. 50 % ergibt sich, daß eine Seitenwindkraft praktisch kein resultierendes Giermoment bzw.

keine Gierdrehung auf das Motorrad ausübt, was einer *neutralen* Kursabdrift entsprechen würde. Hierbei spielen jedoch die Seitenführungskräfte der Reifen eine wichtige Rolle: Anders als beim kippstabilen Mehrspurfahrzeug werden beim Motorrad Seitenführungskräfte größtenteils durch den Rollwinkel und *nicht* über Schräglauf an den Reifen initiiert. Je nach Rollwinkel, siehe Gl. (9.5), kann u.U. das Seitenführungskraftangebot bereits so groß sein, daß kein zusätzlicher Schräglauf mehr nötig ist, wie von P. KRONTHALER und B. BAYER nachgewiesen wurde [9.27]. Wird aber durch Seitenwind nun den Reifen additiv Schräglauf – und damit Seitenkraft – durch Kursabdrift aufgezwungen, kann sich wiederum ein instabiler Fahrzustand einstellen; der Fahrer wird zu dauernden Lenkkorrekturen gezwungen. Dabei ist stets zu beachten, daß eine gewünschte Kurskorrektur nach rechts (luvseitig, also gegen den Wind) wegen der Kreiselmechanik eine Lenkmomenteneingabe nach links – mit erst anschließender Bogenfahrt nach rechts – benötigt (und umgekehrt).

Bei der weiter oben beschriebenen Auslegung des Vorderradkotflügels würde natürlich permanent ein seitenwindbedingtes Lenkmoment nach links wirken, was sich allen Fahreraktionen und -reaktionen überlagerte. Wollte man eine luvseitige „Selbstkompensation" der Kursabdrift (nicht des Schräglagewinkels) erreichen, müßte der Vorderradkotflügel genau umgekehrt wie vorher beschrieben gestaltet sein, nämlich mit einem Druckpunkt hinter der Lenkachse anstatt davor [9.10], was aber wiederum den instationären Einschwingvorgang behindern würde! Ein guter Kompromiß dürfte daher eine neutrale Lenkauslegung bezüglich Druckpunkt des Vorderradsystems sein, denn Kompensation der Kursabdrift und Einschwingen in die stabile Schräglage erfordern widersprüchliche konstruktive Auslegungen.

Es soll noch angemerkt werden, daß in der Praxis kaum der Fall einer plötzlich auf das gesamte Fahrzeug wirkenden Seitenwindkraft auftritt; vielmehr kommt oftmals das Fahrzeug aus einem Windschatten in eine seitenwindgefährdete Zone (z.B. Autobahnbrücke anschließend an Waldstück). Hierbei gerät naturgemäß zuerst nur das Vorderrad und erst dann das ganze Fahrzeug in die Seitenwindbeaufschlagung. Dadurch ergeben sich nochmals verwickeltere Verhältnisse als bisher dargelegt. Denn nun ist auch die zeitliche Abfolge der Vorgänge auf das Lenksystem bzw. Gesamtfahrzeug verändert. Im Regelfall wird sich dabei doch eine Gierdrehung des Motorrades, und zwar abdrehend (leeseitig) – natürlich gekoppelt mit einer Kursabdrift – einstellen, wie von U. BURBACH [9.28] und H. W. BÖNSCH [9.29] bei Tests an Seitenwindanlagen festgestellt wurde. Schließlich sei erwähnt, daß die sich einstellende Abdrift vom Sollkurs nicht nur von der Lage des seitlichen Druckpunktes, sondern natürlich auch von der projizierten Seitenfläche des Fahrzeuges abhängt.

Durch die dargelegten komplexen Überlagerungen stationärer und instationärer Vorgänge wird klar, wie hochsensibel die „seitenwindgerechte" Auslegung eines Kraftrades ist. Schon wegen des „Regelfaktors Mensch" ist man nach wie vor auf Fahrversuche angewiesen. Dabei stellen sich interessante Superpositionen fahrdynamischer (Kreiselgesetze), aerodynamischer (Lage der Druckpunkte von Vorderradsystem und Gesamtfahrzeug) und reifenmechanischer (stationäre und instationäre Kennfelder der i.a. nicht identischen beiden Laufräder) Gegebenheiten ein.

9.3.4 Auftriebseffekte

Von großer Bedeutung für die Pendelstabilität bei hohen Fahrgeschwindigkeiten ist die dynamische Vorderradlast. Da der gelenkte Vorderradreifen, welcher maßgeblich am Stabilisierungsprozeß beteiligt ist, maximal nur in etwa soviel Seitenführungskraft übertragen kann, wie als Aufstands-Normalkraft auf ihm lastet, andererseits aber aus Gründen der Handlichkeit bei niedrigen Fahrgeschwindigkeiten keine zu hohe Vorderradlast wünschenswert ist, werden, wie bereits festgestellt, moderne Krafträder mit einer statischen Radlastverteilung von je etwa 50 % vorne und hinten ausgelegt, gemessen bei fahrbereitem, mit Fahrer besetztem Fahrzeug. Höhere statische Vorderradlasten sind zudem konstruktiv (Geometrie, Aggregateanordnung) kaum möglich.

Wegen des stationären, aerodynamischen Nickmomentes entsteht im Fahrbetrieb primär stets eine unerwünschte Umverteilung der Radlasten zugunsten des Hinterrades und zu Lasten des „leichter" werdenden Vorderrades. In Abhängigkeit der geometrischen Daten sowie von Gesamtgewichts- und Luftwiderstandskraft berechnen sich diese Radlasten nach B. BREUER et al. [9.30] wie folgt:

$$G_{dyn\,v} = m \cdot g \cdot l_h / l - F_L \cdot x / l \,, \tag{9.6}$$

$$G_{dyn\,h} = m \cdot g \cdot l_v / l + F_L \cdot x / l \,. \tag{9.7}$$

Der Term $F_L \cdot x/l$ beschreibt in beiden Gleichungen die negative (vorne) bzw. positive (hinten) Radlastveränderung G_{dyn}, welche durch den beim Motorrad im Vergleich zum Pkw nur etwa halb so großen Radstand besonders groß wird:

$$|G_{dyn}| = F_L \cdot x / l \,. \tag{9.8}$$

Das Nickmoment selbst hat die Größe

$$M_N = F_L \cdot x \,. \tag{9.9}$$

Durch geschickte Formgebung einer Verkleidung sollte versucht werden, den aerodynamischen Nickmomenteneinfluß am Vorderrad durch negativen Auftrieb möglichst aus-, gegebenenfalls sogar überzukompensieren, um auf diese Weise die statische Radlast bei allen Geschwindigkeiten weitestgehend zu erhalten. Zur Zeit gelingt dies mit Serienfahrzeugen noch nicht (siehe Abschnitt 9.5.1), doch eine deutliche Verringerung des Nickmomenteneinflusses ist durchaus möglich (Teilkompensation des Radlast-„Verlustes" vorne). Immerhin ist dieser erzielbare negative Auftrieb *selbstregulierend*. Bei hohen Geschwindigkeiten ist er aufgrund der großen aerodynamischen Kräfte – sie wachsen quadratisch mit der Geschwindigkeit – entsprechend stärker als bei langsamer Fahrt. Damit kann dem ebenfalls aerodynamisch bedingten Nickmoment bzw. der daraus folgenden Entlastung des Vorderrades in korrespondierendem Maß entgegengewirkt werden.

Ein Zahlenbeispiel soll verdeutlichen, mit welcher Vorderradentlastung (und Hinterradbelastung) alleine aufgrund des Nickmomentes im Hochgeschwindigkeitsbereich zu rechnen ist, wenn keinerlei zusätzlicher Abtrieb bzw. Auftrieb wirkt.

Daten:

V_F = 200 km/h = 55,56 m/s,

ρ = 1,202 kg/m^3 (in 200 m Höhe über „Normal-Null"),

A = 0,80 m^2,

c_W = 0,60,

l_v = 0,80 m,

l_h = 0,70 m,

l = $l_h + l_v$ = 1,50 m,

m = 300 kg (fahrbereit mit Fahrer),

x = 0,75 m,

g = 9,81 m/s^2.

Die statischen Achslasten errechnen sich, indem in den Gln. (9.6) und (9.7) $F_L = 0$ gesetzt wird:

$$G_{dyn\,v} = 300\,\text{kg} \cdot 9,81\,\frac{\text{m}}{\text{s}^2} \cdot \frac{0,70\,\text{m}}{1,50\,\text{m}} = 1373,4\,\text{N}\,,$$

$$G_{dyn\,h} = 300\,\text{kg} \cdot 9,81\,\frac{\text{m}}{\text{s}^2} \cdot \frac{0,80\,\text{m}}{1,50\,\text{m}} = 1569,6\,\text{N}\,.$$

Der Luftwiderstand F_L ergibt sich gemäß Gl. (9.1) zu

$$F_L = \frac{1,202\,\text{kg/m}^3}{2} \cdot 55,56^2\,\text{m}^2/\text{s}^2 \cdot 0,80\,\text{m}^2 \cdot 0,60 = 890,5\,\text{N}\,.$$

Damit wird die Radlaständerung $|G_{dyn}|$ nach Gl. (9.8)

$$\cdot \quad \left|G_{dyn}\right| = 890,5\,\text{N} \cdot \frac{0,75\,\text{m}}{1,50\,\text{m}} = 445,3\,\text{N}\,.$$

Mit den Gln. (9.6) bzw. (9.7) errechnet sich nun

$$G_{dyn\,v} = 1373,4\,\text{N} - 445,3\,\text{N} = 928,1\,\text{N},$$

$$G_{dyn\,h} = 1569,6\,\text{N} + 445,3\,\text{N} = 2014,9\,\text{N}.$$

Die *dynamische* Vorderradlast verringert sich also von 1373,4 N um 445,3 N auf 928,1 N und entspricht somit bei 200 km/h Fahrgeschwindigkeit nur noch 67,6 % der *statischen* Vorderradlast. War die statische Achslastverteilung im Verhältnis vorn zu hinten mit 46,7 % : 53,3 % nahezu ausgewogen, so nimmt sie dynamisch bei der genannten Geschwindigkeit ein Verhältnis von vorne zu hinten von 31,5 % zu 68,5 % an. Dies entspricht einer (scheinbaren) Schwerpunktsverschiebung nach hinten von 0,23 Metern, womit der Schwerpunktsabstand vom Hinterradaufstandspunkt jetzt den (fiktiven) Wert von nur noch 0,47 m annimmt. Bereits hier wird klar, daß zusätzlicher Abtrieb hinten – im Gegensatz zu vorne – nicht notwendig ist.

Den absoluten Verlust an Vorderradaufstandskraft hat A. WEIDELE [9.31] qualitativ recht eindrucksvoll mit Bild 9.29 demonstriert: Man erkennt die drastische, im wesentlichen auftriebsbedingte Abnahme der Vorderreifenaufstandsfläche, gemessen bei 80 km/h und bei 200 km/h Fahrgeschwindigkeit (die Latschabdrücke wurden aus dynamischen Abrollspuren rekonstruiert).

Bild 9.29. Vorderrad-Reifenlatschabdrücke bei 80 und 200 km/h nach [9.31].

9.3.5 Kurvenfahrt

Zur Erhaltung seines Gleichgewichtszustandes muß ein Motorrad bei Bogenfahrt „in die Kurve gelegt" werden, Bild 9.30.

Die dazu notwendige Schräglage bestimmt sich in erster Näherung nach der einfachen Gleichung

$$\tan \gamma = \frac{V_F^2}{g \cdot R} \,. \tag{9.10}$$

Also:

$$\gamma = \text{arc tan} \frac{V_F^2}{g \cdot R} \tag{9.11}$$

mit der Querbeschleunigung

$$V_F^2 / R = a_q \,. \tag{9.12}$$

Für einen Reifenquerhaftreibbeiwert von eins liegt die Grenzschräglage bei 45°, der Wert des Quotienten $V_F^2/(g \cdot R)$ nimmt dann diesen Wert eins an (horizontierte Querbeschleunigung $a_q = 1$ g).

Die Schräglage eines Motorrades bei Kurvenfahrt ergibt für die Aerodynamik eine interessante Konsequenz in bezug auf die im Gegensatz zum Pkw durch Spoiler nicht darstellbare Steigerung der Kurvengrenzgeschwindigkeit.

Zunächst zu den grundsätzlichen Zusammenhängen: Befährt ein Kraftfahrzeug eine Kurve, so wirkt einerseits die Fliehkraft, die das Fahrzeug aus der Kurve zu „ziehen" versucht. Ihr wird durch Seitenführungskräfte an den Reifen das Gleichgewicht gehalten, vgl. Abschnitt 5.4.2. Diese Seitenführungskräfte entstehen proportional zur Normal-Aufstandskraft (im Regelfall gleichzusetzen mit der Gewichtskraft, also der Masse). Da sowohl Normal- als auch Fliehkraft masseabhängig sind, kürzt sich die Masse bei der Berechnung der erreichbaren Kurvengrenzgeschwindigkeit heraus.

Der Ansatz Seitenführungskraft = Normalkraft × Reibbeiwert = Fliehkraft = Masse × Querbeschleunigung ergibt

$$F_s = m \cdot g \cdot \mu_q = F_F = m \cdot V_F^2 / R \,. \tag{9.13}$$

Also ist die Grenzgeschwindigkeit

$$V_F = (g \cdot \mu_q \cdot R)^{1/2} \,. \tag{9.14}$$

Gelingt es nun, durch aerodynamische Effekte die Normalkraft und damit die maximal an den Rädern verfügbare Seitenführung „masseunabhängig" zu erhöhen, so läßt sich die erzielbare Grenzge-

Bild 9.30. Schräglage eines Motorrades in der Kurve nach [9.32].

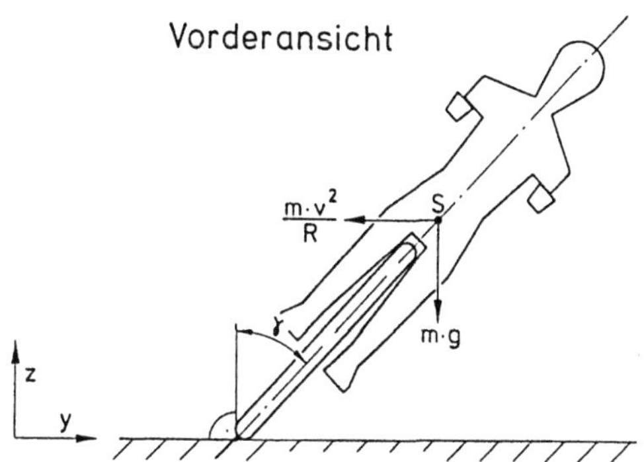

schwindigkeit steigern. Dies kann nur beim kippstabilen Mehrspurfahrzeug gelingen, welches unter Vernachlässigung des in der Regel „kurvenauswärts" gerichteten – im Vergleich zur nach „innen" geneigten Motorradschräglage aber geringen – Wankwinkels (i.w. aufbaufederbedingt) stets horizontiert auf der Fahrbahn bleibt. Das heißt, hier wirkt eine Abtriebskomponente tatsächlich „normal" (senkrecht) zur Fahrbahn und damit praktisch rein radlasterhöhend, z.B. durch geschickte Anbringung von Spoilern und Flügeln bei Formelrennwagen.

Wegen der gemäß Gl. (9.11) aber notwendigen Schräglage schwenken beim Kraftrad alle Aufbauteile und somit auch eventuell vorhandene aerodynamische Hilfsmittel mit, woraus sich sowohl eine normal wirkende Radlastüberhöhung als auch eine additive Komponente zur horizontalen Fliehkraft ergeben. Die Resultierende aus beiden bleibt, zusammen mit der Resultierenden aus Gewichts- und Fliehkraft, in der Fahrzeugsymmetrieebene, wodurch sich keine Steigerung der Kurvengrenzgeschwindigkeit einstellt (Flieh- und Normalkraft werden im gleichen Verhältnis gesteigert). Zwar sind Abtriebseffekte am Vorderrad zwecks Erhöhung der Fahrstabilität (siehe Abschnitt 9.3.2) dennoch durchaus auch in Kurven wünschenswert. Doch Heckspoiler, wie im Bild 9.31 zu sehen, müssen in diesem Zusammenhang als fragwürdig gelten. Einerseits resultiert wegen der Ablösung der Strömung hinter dem Fahrer kaum eine Wirkung, wie H. G. Kasten [9.33] festgestellt hat, und andererseits weist das Hinterrad in der Regel bereits nickmomentbedingte aerodynamische Radlastüberhöhungen auf, wie im Abschnitt 9.3.4 beschrieben.

Bild 9.31. Kraftrad mit Heckspoiler; Quelle· Gimbel.

9.4 Meßmethodik im Fahrversuch

Die aerodynamischen Daten eines Kraftrades lassen sich isoliert und reproduzierbar nur in einem Windkanal messen. Wegen der teils intensiven Verknüpfung von Aerodynamik und Fahrverhalten, die in den Abschnitten 9.3.2 und 9.3.3 beschrieben wurde, sind jedoch auch fahrdynamische Untersuchungen von Interesse. Dabei wird ein mit geeigneter Meßtechnik bestücktes Motorrad im realen Straßeneinsatz bei objektiver Versuchsdatenaufzeichnung vermessen.

Tests zur Feststellung der erreichbaren Höchstgeschwindigkeit sowie zum Kraftstoffverbrauch - beide Größen hängen mittelbar vom Luftwiderstand ab - werden mit am Heck angebauten, quasi schlupffrei abrollenden dritten Schlepp-Rädern gemessen, Bild 9.32. Dabei kommt es darauf an, die

eigentliche Fahrstabilität des Motorrades durch die angebaute Meßtechnik, die im Hinblick auf Einbau-Volumen und Masse minimiert sein muß, nicht zu beeinträchtigen.

Echte Fahrstabilitätsmessungen werden daher in der Regel ohne solche Schleppräder, aber mit kalibrierten Tachometern gefahren, wobei unterschiedliche Meßwertgeber zum Einsatz kommen, Bild 9.33. Im wesentlichen wird mit dieser Meßtechnik die Fahrstabilität bei hoher Geschwindigkeit (Pendeln) geprüft; die Anregungen sind dabei: Bodenwellen auf der Fahrbahn, Lenkimpulse des Fahrers und aerodynamische Einflüsse bei der Vorbeifahrt an Vierradfahrzeugen, vgl. T. OISHI et al. [9.34] und U. HACKENBERG [9.35]. Üblicherweise wird das Abklingen entstandener Fahrzeugschwingungen aufgezeichnet und anschließend ausgewertet, Bild 9.34. *Feste* Grenzwerte für eine Mindestdämpfung gibt es jedoch nicht; es wird in der Regel vergleichend gemessen und optimiert. Dabei wird häufig die *subjektive* Fahrereinschätzung für eine endgültige Freigabe herangezogen.

Experimentelle Untersuchungen zur Aerodynamik als solche sind im Fahrversuch selten, nachdem Windkanäle weltweit verfügbar sind. In früheren Zeiten wurden Krafträder bisweilen mit Wollfäden beklebt, um den Strömungsverlauf zu beobachten und gegebenenfalls fotografisch festzuhalten; Einzelheiten haben W. SCHNEPF [9.2] und G. SCHMITZ et al. [9.36] mitgeteilt.

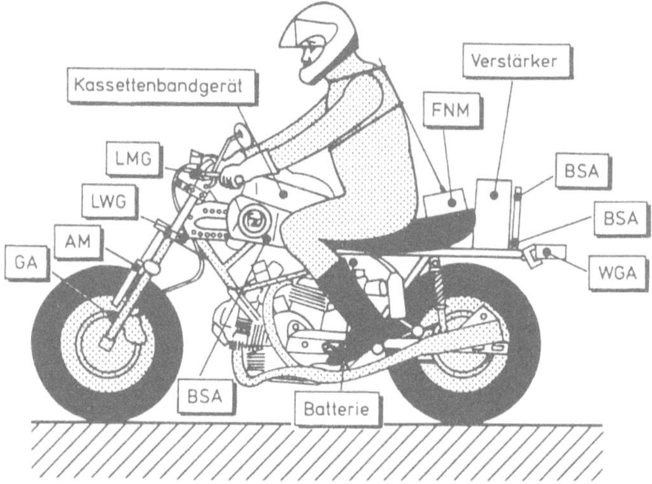

Bild 9.33. Fahrstabilitätsmeßtechnik nach [9.24].
LMG Lenkmomentengeber (mit Dehnmeßstreifen bestückte Konstruktion, integriert in die Lenkerklemmung an der oberen Gabelbrücke); LWG Lenkwinkelgeber (Drehinduktivgeber); AM Auftriebsmeßsensor (Federwegmessung am Vorderrad über Stabpotentiometer); GA Geschwindigkeitsaufnehmer (Induktionsspule oder Lichtschranke); BSA Beschleunigungsaufnehmer; WGA Winkelgeschwindigkeitsaufnehmer (Gasstrahlsensor nach Coriolis-Prinzip, wahlweise für Gier- oder Rollwinkelgeschwindigkeitserfassung); FNM Fahrerneigungsmessung (zweiaxiale, quasikardanisch messende Konstruktion zur Beugungsmessung des Fahreroberkörpers längs und quer zur Fahrtrichtung).

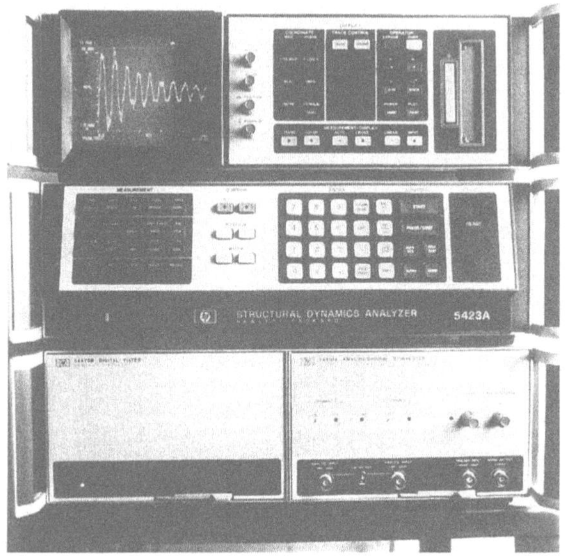

Bild 9 34 Auswertung einer Pendelschwingungsaufzeichnung, Quelle Metzeler

Bild 9 35 Auftriebsmessung an Vorderradgabel nach [9 37]

Eine recht einfache, wenngleich aufgrund von Hystereseeffekten der Vorderradfederung auch fehlerbehaftete Methode zur ungefähren Auftriebsbestimmung ist die Messung des Federweges an der Teleskopgabel, Bild 9.35, wie sie H. F. WEINBUCH [9.37] vorgenommen hat. Es wird ein induktiver, potentiometrischer oder mit Dehnmeßstreifen bestückter Weggeber eingesetzt, der den Ausfederhub der Vorderradgabel als Funktion der ebenfalls zu messenden Fahrgeschwindigkeit festhält. Uber eine Laborzuordnung „Federweg zu Radlast" kann dann eine erste Aussage über die dynamische Vorderradlast (statische Radlast minus Nickmomenteinfluß plus „echter" Auftrieb) getroffen werden. Endgültige Messungen sollten jedoch im Windkanal vorgenommen werden.

9.5 Windkanalergebnisse

9.5.1 Messungen an Solomotorrädern

In diesem Abschnitt werden Windkanalmeßergebnisse von Solo-Krafträdern aus unterschiedlichen Quellen dargelegt und diskutiert. Der Begriff „Solo"-Motorrad bezieht sich dabei auf *einspurige* Motorräder; sie können aber durchaus auch mit Sozius besetzt sein (siehe Abschnitt 9.5.2.1). Im Gegensatz dazu sind Meßwerte von „Gespannen", also Krafträdern mit Bei- oder Seitenwagen, im Abschnitt 9.5.3 zu finden.

Zunächst soll anhand von Messungen verschiedener Autoren die Reproduzierbarkeit von Widerstandsmessungen bei Motorrädern untersucht werden. Diese ist wegen des im Abschnitt 9.5.2 noch näher zu behandelnden Fahrereinflusses (Statur, Sitzposition, Kleidung) beim Motorrad durchaus geringer als bei geschlossenen Fahrzeugen.

Für die in Tabelle 9.1 aufgeführten Fahrzeuge liegen mehrere Meßwerte für die Widerstandsfläche $c_w \cdot A$ vor. Sie gelten für eine bauartangepaßte, in der Regel aber „sitzende" Fahrer- bzw. Dummy-Position.

438

Tabelle 9.1. Aerodynamik-Vergleichsuntersuchungen.

Fahrzeug	c_w	A m²	$c_w \cdot A$ m²	Bemerkung	Quelle
BMW R 100	—	—	0,51	Werksangabe	[9.17]
(unverkleidet)	0,63	0,79	0,50	VW-Kanal	[9.22]
	0,82	0,70	0,57	Auslaufversuche	[9.36]
BMW R 100 S	0,59	0,79	0,47	VW-Kanal	[9.22]
(Lenker-Cockpitverkl.)	0,67	0,70	0,47	Auslaufversuche	[9.36]
BMW R 100 RS	—	—	0,43	Werksangabe	[9.17] [9.38]
(Tourensport-	0,57	0,81	0,46	VW-Kanal	[9.22]
Vollverkleidung)	—	—	0,44	BMW-Kanal Ismaning	[9.2]
	0,61	0,74	0,45	Auslaufversuche	[9.36]
BMW K 100 RT	—	—	0,51	Werksangabe	[9.17]
(Touren-	—	—	0,50	BMW-Kanal Ismaning	[9.2]
Vollverkleidung)	0,57	0,89	0,51	Ford-Kanal	[9.39]
BMW K 100 RS	—	—	0,39	Werksangabe	[9.1] [9.40]
(Tourensport-	—	—	0,40	BMW-Kanal Ismaning	[9.2]
Vollverkleidung)	—	—	0,43	VW-Kanal	[9.41]
BMW K 1	—	—	0,38	Werksangabe	„MOTORRAD" Nr. 14/89, S. 40
(Sport-Vollverkleidung)	0,48	0,77	0,37	BMW-Kanal Ismaning Mittelwerte von zwei Fahrern bzw. Dummies	[9.42]
Ducati 750 SS Desmo (Sport-Halbschalenverkl.)	—	—	0,42	BMW-Kanal Ismaning	[9.2]
Ducati 900 SS Desmo (baugleich mit 750 SS Desmo)	0,56	0,71	0,40	VW-Kanal	[9.22]
Suzuki GSX-R 750 X	—	—	0,46	BMW-Kanal Ismaning	[9.2]
(Sport-Vollverkleidung)	0,61	0,78	0,48	Ford-Kanal	[9.39]

Läßt man einmal die Auslaufversuche wegen meßtechnischer Imponderabilien (z.B. externe Windeinflüsse) außer acht, so ergibt sich dennoch eine recht große Streubandbreite der Meßwerte für je einen Fahrzeugtyp. Es stellt sich heraus, daß Windkanalmessungen bezüglich Widerstandsfläche insgesamt mit einer Reproduzierbarkeits-Abweichung von bis zu ca. ± 5 % behaftet sind, woran natürlich auch die jeweilige Windkanalkonfiguration beteiligt ist. Unter dieser Prämisse sind die in Tabelle 9.2 aufgeführten Meßwerte weiterer, verschiedener Motorräder zu sehen (Fahrerposition „sitzend", bis auf gesondert angegebene Ausnahmen bei Rennmaschinen).

Der Widerstandsbeiwert hängt zudem vom Schiebewinkel (Anströmwinkel) ab, Bild 9.36, wie T. Wüsten [9.39] mitgeteilt hat. Dabei stellt sich mit zunehmendem Anströmwinkel zur Fahrzeuglängsachse eine deutliche Verschlechterung des c_w-Wertes ein, wie sie auch für Automobile beobachtet wird, vgl. Bild 4.122.

Von überragender aerodynamischer Bedeutung für die Fahrstabilität sind die Auftriebskräfte am Vorderrad. Im folgenden werden – da im Windkanal stets beide Einflüsse implizit überlagert gemessen werden – sowohl Nickmoment als auch „echter" Auftrieb (bzw. Abtrieb) gemeinsam betrachtet, d.h. alle Meßwerte beinhalten beide Effekte zugleich. In den Bildern 9.37 und 9.38 sind

Tabelle 9 2   Widerstandswerte verschiedener Motorrader

Fahrzeug	c_w	A m²	c_w A m²	Bemerkung	Quelle
Ducati 750 Paso (Sport-Vollverkleidung)	—	—	0,46		[9 43]
Honda RS 500 (Rennsport-Vollverkl)	—	—	0,24	Fahrer „liegend"	[9 41]
Honda XL 600 V Transalp (teilverkl Enduro)	—	—	0,52		[9 43]
Honda CBR 1000 F (Tourensport-Vollverkl)	—	—	0,44		[9 43]
Kawasaki Z 450 LTD (unverkl Chopper)	0,76	0,80	0,61		[9 39]
Kawasaki KLR 600 (unverkl Enduro)	—	—	0,57		[9 2]
Kawasaki GPZ 900 R (Sport-Vollverkleidung)	—	—	0,44		[9 41]
Kawasaki ZX-10 (Sport-Vollverkleidung)	0,51	0,77	0,39	Mittelwerte von zwei Fahrern bzw Dummies	[9 42]
NSU Rennfox (Rennsport-Vollverkl)	—	—	0,20	Fahrer „liegend", Fahrzeug ahnlich Bild 9 11, aber mit zus Heckabdeckung	[9 2]
Suzuki GSX-R 1100 (Sport-Vollverkleidung)	0,55	0,77	0,42	Mittelwerte von zwei Fahrern bzw Dummies	[9 42]
Yamaha TZR 250 (Sport-Vollverkleidung)	—	—	0,42		[9 43]
Yamaha TZ 250 (Rennsport-Vollverkl)	—	—	0,27	Fahrer „liegend"	[9 2]
Yamaha SR 500 (unverkleidet)	0,77	0,78	0,60		[9 39]
Yamaha FZR 1000 (Sport-Vollverkleidung)	0,54	0,74	0,40	Mittelwerte von zwei Fahrern bzw Dummies	[9 42]
Yamaha FJ 1100 (Tourensport- Vollverkl)	—	—	0,48		[9 41]

Bild 9 36   Veranderung des c_w-Wertes bei Schraganstromung zur Fahrzeuglangsachse nach [9 39]

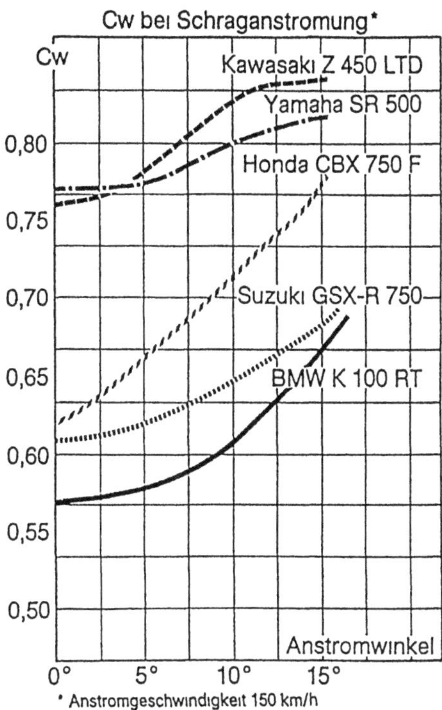

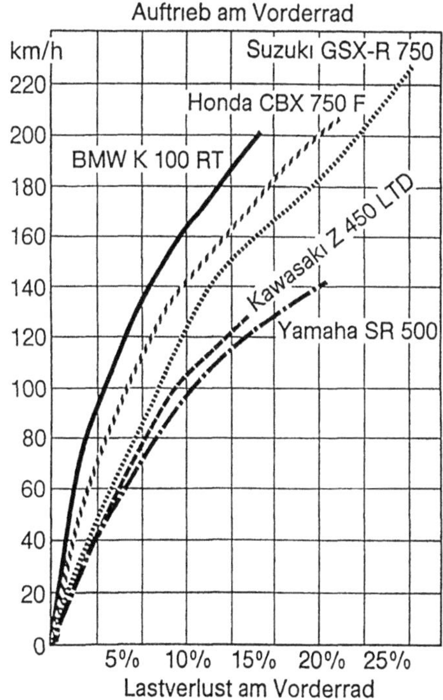

Bild 9 37   Prozentualer Auftrieb am Vorderrad als
Funktion der Anstromgeschwindigkeit nach [9 39]

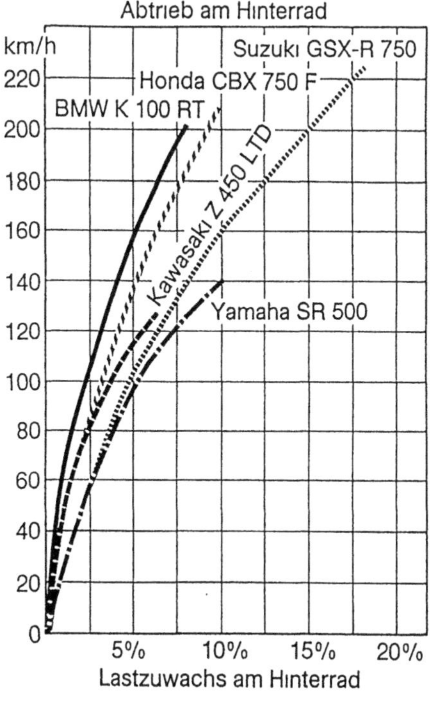

Bild 9 38   Prozentualer Abtrieb am Hinterrad als
Funktion der Anstromgeschwindigkeit nach [9 39]

die Auftriebswerte (Vorderrad) und Abtriebswerte (Hinterrad) als relative prozentuale Radlastver-
änderungen in bezug auf die statischen Lasten in Abhängigkeit der Fahr- (= Anström-) Geschwindigkeit als Windkanal-Meßergebnisse von je 5 Motorrädern (gleiche Fahrzeuge wie im Bild 9.36)
enthalten. Entsprechend den natürlichen aerodynamischen Gegebenheiten handelt es sich i.w. um
quadratische Zusammenhänge (Lastveränderung wächst im Quadrat der Anströmgeschwindigkeit).

Zwar zeigte sich bei früheren Verkleidungsuntersuchungen von H. KOKOSCHINSKI [9.22] die Tendenz,
daß widerstandsarme Verschalungen hohen Vorderradauftrieb begünstigen, doch muß dies keine
Regel sein. Spätere Untersuchungen an Rennmaschinen, über die H.J. NOWITZKI [9.44] Mitteilung
macht, ergaben nämlich an einer Kawasaki KR 250 (mit liegendem Fahrer), daß Bugspoiler vor bzw.
unter dem Motor in gewissen Grenzen sowohl den Gesamtwiderstand als auch den Auftrieb vorne
verkleinern können, siehe Tabelle 9.3 (positives Vorzeichen bei den Auftriebskoeffizienten bedeutet
Auftrieb, negatives Abtrieb).

Durch wirkende Auf- und Abtriebskräfte bleibt speziell im Hochgeschwindigkeitsbetrieb die
Summe der statischen Radlasten i.a. nicht mehr konstant bzw. entspricht nicht mehr dem statischen
Gesamtgewicht. So hat U. BURBACH [9.28] in einigen Fällen sogar Auftriebswerte an Vorder- und
Hinterrad gleichzeitig festgestellt. In Tabelle 9.4 sind für einige Serienkrafträder die wichtigen
Werte $c_{av} \cdot A$ („Auftriebsfläche") an der Vorderachse enthalten, wobei als projizierte Fläche die
Hauptspantfläche im Frontriß bei meist sitzendem Fahrer eingesetzt wurde.

Auch aus diesen Zahlen wird klar, daß eine geringe Widerstandsfläche durchaus mit minimierten
Vorderradauftriebswerten Hand in Hand gehen kann. Die sich absolut einstellende Vorderradentlastung als Funktion der Geschwindigkeit findet sich für einige der genannten Fahrzeuge im Bild 9.39.

Nach einer Zusammenfassung von W. SCHNEPF [9.41] sind im Bild 9.40 etliche die Aerodynamik von
Motorrädern beeinflussende Einzelmaßnahmen dargestellt. „Störende" Einflüsse des Fahrers gehen
bereits deutlich in die Hauptspantfläche ein, und seine Einbeziehung ins Gesamtfahrzeug ist nur
partiell möglich. Der nicht gesondert ausgewiesene Widerstandszuwachs aufgrund sich drehender
Räder beträgt nach älteren Untersuchungen von E. SAWATZKI et al. [9.6] rund 1 % beim solo besetzten
Motorrad. Werte über den Einfluß der Relativgeschwindigkeit zwischen Fahrzeug und Fahrbahn sind
für Krafträder nicht bekannt.

Insgesamt läßt sich feststellen, daß der Aerodynamik von Gebrauchsmotorrädern im Vergleich zum
Pkw recht enge Grenzen gesetzt sind, die sich im wesentlichen ergeben durch

– ungünstige Abströmverhältnisse durch relativ kurzen Radstand sowie

– „zerklüftete" Bauweise mit

– nur mangelhaft möglicher Fahrerintegration.

Tabelle 9.3. Widerstands- und Auftriebswerte einer Rennmaschine.

Verkleidung	c_w	A m^2	c_{av}	c_{ah}
Serien-Vollverkleidung ohne Bugspoiler	0,492	0,45	+ 0,16	- 0,05
Serien-Vollverkleidung plus kleinen Bugspoiler	0,475	0,45	+ 0,13	- 0,03
Serien-Vollverkleidung plus großen Bugspoiler	0,467	0,45	+ 0,14	- 0,05

Tabelle 9 4   Auftriebs- und Widerstandswerte verschiedener Motorräder

Fahrzeug	c_{av} A m²	c_w A m²	Bemerkung	Quelle
BMW R 100 (unverkleidet)	0,25	0,51		[9 17]
BMW R 100 RS (Tourensport-Vollverkl)	0,17 0,17	0,44 0,43		[9 2] [9 17]
BMW K 100 (unverkleidet)	0,20	0,54		[9 17]
BMW K 100 RT (Touren-Vollverkleidung)	0,16 0,16	0,50 0,51		[9 2] [9 17]
BMW K 100 RS (Tourensport-Vollverkl)	0,17 0,16	0,40 0,39		[9 2] [9 17]
Ducati 750 SS Desmo (Sport-Vollverkleidung)	0,14	0,42		[9 2]
Kawasaki KLR 600 (unverkleidete Enduro)	0,26	0,57		[9 2]
NSU Rennfox (Rennsport-Vollverkl)	0,03	0,20	Fahrer „liegend", Fahrzeug ähnlich Bild 9 11, aber mit zus Heckabdeckung	[9 2]
Suzuki GSX-R 750 X (Sport-Vollverkleidung)	0,12	0,46		[9 2]
Yamaha TZ 250 (Rennsport-Vollverkl)	0,01	0,27	Fahrer „liegend"	[9 2]

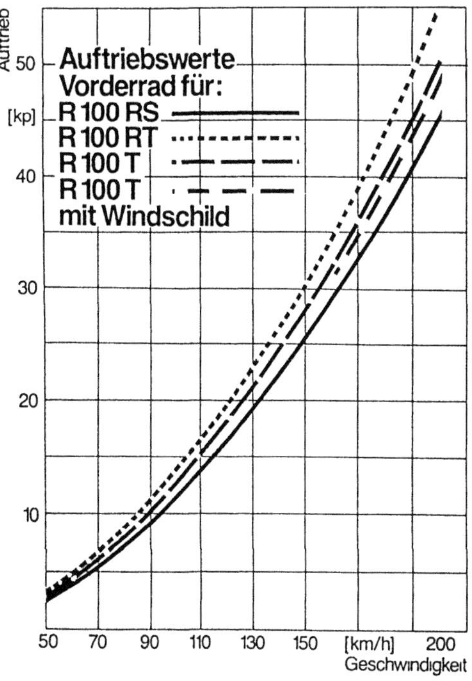

Bild 9 39   Absoluter Auftrieb am Vorderrad als Funktion der Anströmgeschwindigkeit nach [9 38]

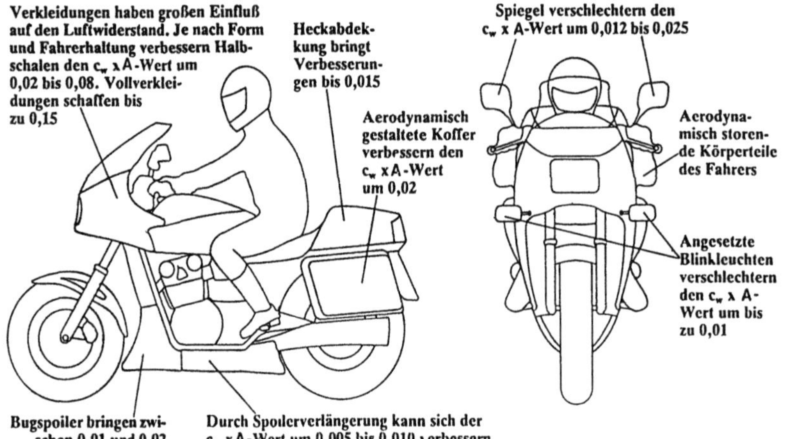

Bild 9.40. Einzeleinflusse auf die Aerodynamik von Kraftradern nach [9.41].

9.5.2.   Fahrereinflüsse

9.5.2.1.   *Fahrer und Sozius*

Von erheblichem Einfluß auf das aerodynamische Verhalten eines Kraftrades ist sein Fahrer, der - im Gegensatz zum Pkw - der *äußeren* Aerodynamik zuzuordnen ist. Da eine völlige Abkopplung des Fahrers vom Fahrtwind zwar einen wünschenswerten Witterungsschutz darstellen, aber auch die Rückmeldung und Wahrnehmung der Fahrgeschwindigkeit erschweren würde – unabhängig davon, daß viele Motorradbenutzer bewußt nicht auf ein gewisses Maß an Fahrtwind verzichten möchten –, gibt es bis auf ganz wenige Ausnahmen (siehe Abschnitt 9.6) bisher keine vollverschalten Einspurfahrzeuge in Serie.

In den Bildern 9.41 und 9.42 ist der Fahrereinfluß auf den Luftwiderstand von vier modernen, vollverkleideten Krafträdern ausgewiesen. Bei verkleideten Motorrädern kann es durchaus vorkommen, daß der c_w-Wert bei liegendem im Vergleich zum sitzenden Fahrer ungünstiger wird, weil ein aufrecht sitzender Mensch ein besseres Abströmverhalten für die Luft aufweisen kann als in

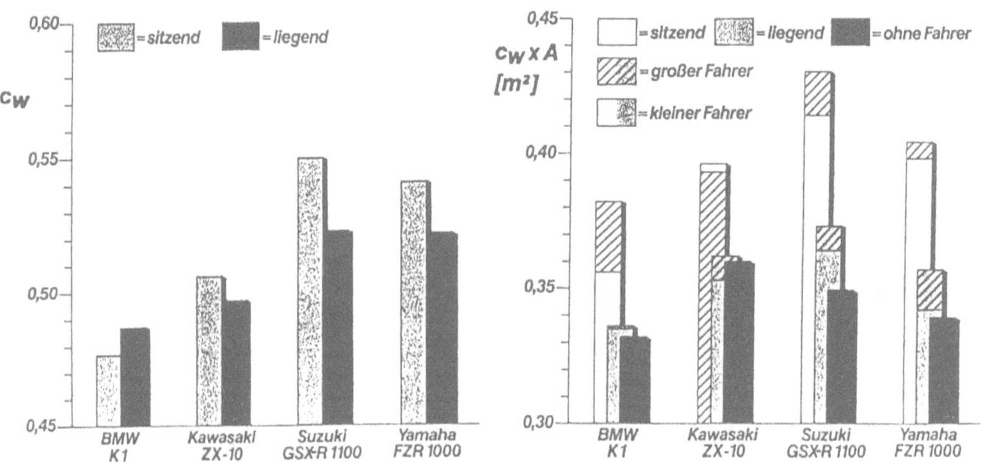

Bild 9.41. Fahrereinfluß auf den Widerstandsbeiwert nach [9.42].

Bild 9.42. Fahrereinfluß auf die Widerstandsflache nach [9.42].

444

vornübergebeugt liegender Position; darauf hat T. WUSTEN [9.39] hingewiesen. Dies wird jedoch meist (nicht immer) überkompensiert durch den Effekt der stark verkleinerten Frontfläche bei langliegender Fahrerposition. In Ausnahmefällen kann es bei verkleideten Maschinen sogar vorkommen, daß – je nach Fahrzeugkonfiguration – mit einem großen (sitzenden) Fahrer niedrigere Gesamtwiderstandswerte erzielt werden als mit kleinem Fahrer.

Bei unverkleideten Motorrädern sinken sowohl c_w als auch A in der Regel mit liegendem Fahrer, das Produkt $c_w \cdot$ A mithin deutlich gegenüber sitzender Position; Tabelle 9.5 enthält auch Vergleichswerte verkleideter Motorräder. Die c_w-Werte der unbesetzten Fahrzeuge finden sich in Tabelle 9.6; sie sind eher von akademischem Interesse. Bisweilen sind sie besser, meist aber schlechter als die des besetzten Kraftrades.

Bei Sozius-Betrieb verbessern sich durch länger anliegende Strömung manchmal die c_w-Werte – speziell bei unverkleideten Fahrzeugen –, so daß das Produkt $c_w \cdot$ A annähernd konstant bleibt oder sogar besser wird als bei (aufrechter) Solo-Fahrt. So ist eine Steigerung der Höchstgeschwindigkeit im 2-Personenbetrieb in Ausnahmefällen durchaus möglich, wie von P. SIMSA [9.45] berichtet. Aerodynamische Beiwerte liegen nur aus Auslaufversuchen vor, vgl. Tabelle 9.7 [9.36].

Die *Auf*triebskräfte an der Vorderachse verringern sich bei liegender Fahrerposition in der Regel signifikant; gleichzeitig reduziert sich der meist vorhandene Hinterrad*ab*trieb ebenfalls deutlich, vgl. J. HECKEMULLER [9.42]. Die Ursache dafür dürfte das in liegender Position verringerte Nickmoment sein (siehe Abschnitt 9.3.4, geringere resultierende Höhe des Luftwiderstands-Angriffspunktes über der Fahrbahn), das in den eigentlichen Auftrtiebs- und Abtriebswerten ja definitionsgemäß beinhaltet ist.

Tabelle 9.5 Widerstandswerte verschiedener Serienmotorrader bei unterschiedlicher Fahrersitzposition

Fahrzeug	c_w		A m²		c_w A m²		Quelle
	sitzend	liegend	sitzend	liegend	sitzend	liegend	
BMW K 100 RT (Touren-Vollverkleidung)	0,57	0,68	0,89	0,79	0,51	0,54	[9.39]
BMW K 100 RS (Tourensport-Vollverkl)	—	—	—	—	0,40	0,38	[9 2]
					0,43	0,40	[9 41]
Ducati 750 SS Desmo (Sport-Halbschalenverkl)	—	—	—	—	0,42	0,34	[9 2]
Ducati 750 Paso (Sport-Vollverkleidung)	—	—	—	—	0,46	0,33	[9 43]
Kawasaki Z 450 LTD (unverkl. Chopper)	0,76	0,71	0,80	0,71	0,61	0,50	[9 39]
Suzuki GSX-R 750 X (Sport-Vollverkleidung)	—	—	—	—	0,46	0,41	[9.2]
	0,61	0,66	0,78	0,63	0,48	0,42	[9.39]
Yamaha TZR 250 (Sport-Vollverkleidung)	—	—	—	—	0,42	0,30	[9 43]
Yamaha SR 500 (unverkleidet)	0,77	0,62	0,78	0,63	0,60	0,39	[9.39]
Yamaha FJ 1100 (Tourensport-Vollverkl)	—	—	—	—	0,48	0,43	[9 41]

Tabelle 9.6. Widerstandswerte verschiedener unbesetzter Serienmotorräder.

Fahrzeug	c_w	A m	Quelle
BMW K 100 RT (Touren-Vollverkleidung)	0,48	—	[9.39]
BMW K 100 RS (Tourensport-Vollverkl.)	0,46	—	[9.40]
BMW K 1 (Sport-Vollverkleidung)	0,53	0,63	[9.42]
Kawasaki ZX-10 (Sport-Vollverkleidung)	0,59	0,61	[9.42]
Suzuki GSX-R 1100 (Sport-Vollverkleidung)	0,65	0,54	[9.42]
Yamaha FZR 1000 (Sport-Vollverkleidung)	0,63	0,54	[9.42]

Tabelle 9.7. Widerstandswerte verschiedener Serienmotorräder mit unterschiedlichem Besetzungsgrad.

Fahrzeug	c_w			A in m^2			$c_w \cdot A$ in m^2		
	solo liegend	solo sitzend	mit Sozius	solo liegend	solo sitzend	mit Sozius	solo liegend	solo sitzend	mit Sozius
BMW R 100 (unverkleidet)	0,67	0,82	0,76	0,66	0,70	0,76	0,44	0,57	0,58
BMW R 100 S (Lenker-Cockpitverkleidung)	0,65	0,67	0,73	0,65	0,70	0,75	0,42	0,47	0,55
BMW R 100 RS (Tourensport-Vollverkleidung)	0,59	0,61	0,71	0,69	0,74	0,77	0,41	0,45	0,55

9.5.2.2 Bekleidung und Helm

Schließlich sei noch auf die Fahrer-Schutzbekleidung eingegangen: Bei der ohnehin starken Tendenz zu Verwirbelungen der Luftströmung beim Kraftrad stören flatternde Kleidungsstücke die Aerodynamik durchaus fühlbar. Nach U. HACKENBERG [9.35] ist hier speziell die Pendelfahrstabilität zu nennen. Sie kann Einbußen erleiden, wenn keine enganliegende Schutzkleidung getragen wird und sich aerodynamische Effekte (z.B. vermehrter Auftrieb bzw. verringerte Vorderradlast) der eigentlichen Fahrdynamik überlagern. Das wird durch Messungen von B. BAYER [9.24] bestätigt, die im Bild 9.43 aufgetragen sind. Nicht unbeachtet bleiben dürfen die aerodynamischen Eigenschaften der heutigen Integral-Schutzhelme. Dabei ist nach R. VIERI [9.46] zu differenzieren in die *äußere* und die *innere* Aerodynamik. Erstere bestimmt über die auftretenden Kräfte und Momente – z.B. Belastung der Nackenmuskulatur – den Tragekomfort, letztere das Kleinklima des Fahrers.

Die Probleme der *äußeren* Helm-Aerodynamik sind nach W. BERGE [9.47]:

– Winddruck (Widerstand): es sollte möglichst $c_w \leq 0{,}32$ sein;

– Auftrieb („Steigen"): ideal = leichter Abtrieb;

446

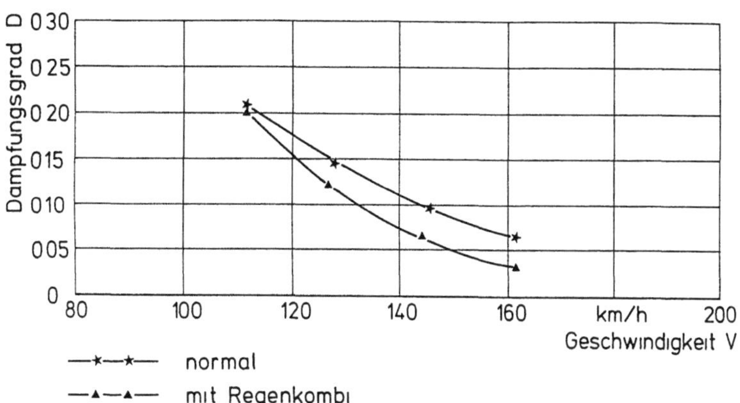

Bild 9 43 Einfluß der Fahrerbekleidung auf die Pendel-Fahrstabilitat nach [9 24]

- Seitenkrafte bei Kopfdrehung sollten $\leq$ 18 N bei 45° betragen (bei 180 km/h),

- Nickmomente sollten moglichst = 0 sein,

- Rutteln stark fahrzeugabhangig, je nach Verkleidung,

- Gerausche aus Wirbelablosungen resultierend, wie auch Rutteln

Die Widerstandskrafte einiger Helme bei symmetrischer Langsanstromung und geschlossenem Visier, veroffentlicht von P Jessl et al [9 48], sind im Bild 9 44 beinhaltet Bei offenem Visier ergeben sich je nach Helmkonstruktion teils dramatisch schlechtere Werte (c_W-Werte bis 1,85, nach P Jessl [9 49]')

Eine Verminderung von lastigen Auftriebs- bzw Nickeffekten, die den Helm vom Fahrerkopf abheben oder verdrehen wollen, laßt sich nach R Vieri [9 46] durch einen Vorflugel am vorderen unteren Helmbereich (Handley-Page-Klappe) erzielen Dieser wird durch ein nach vorn entsprechend verlangertes und geformtes Kinnteil [9 46][9 47] gebildet, welches aber die Gefahr großer Seitenkrafte bei Schraganstromung birgt Eine ahnliche Wirkung laßt sich nach W Berge [9 47] auch durch eine strukturierte, profilierte Oberflache erzielen, wie schematisch im Bild 9 45 angedeutet

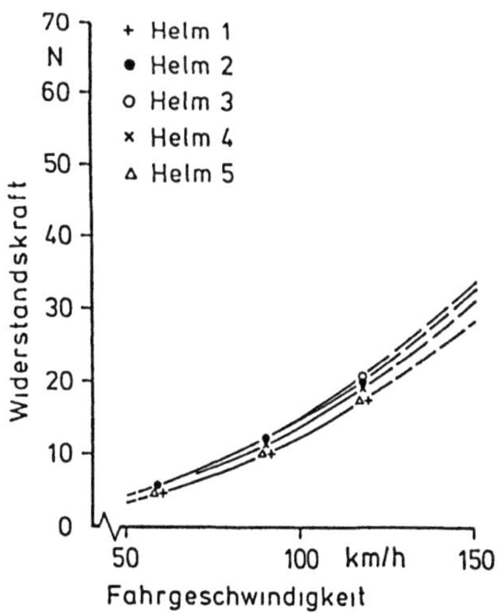

Bild 9 44 Widerstandskrafte von Helmen nach [9 48]

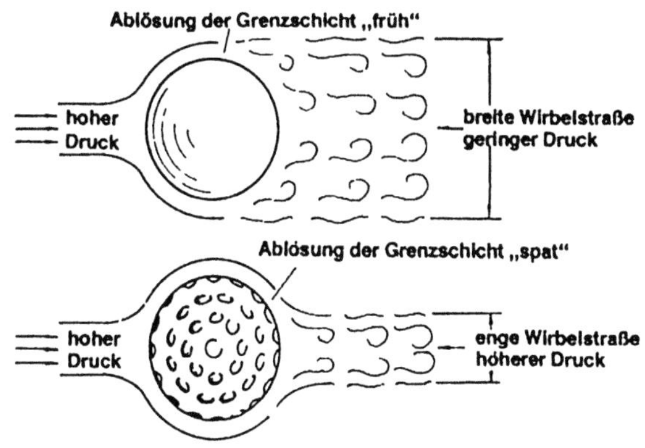

Bild 9 45 Helm mit Golfball ahnlich strukturierter Oberflache nach [9 50]

Rütteln und Helmvibrationen sind im wesentlichen auf Wirbelablösungen zurückzuführen. Zur Vermeidung solcher Erscheinungen erweisen sich glatte Übergänge zwischen Visier und Helmkörper als günstig. Im Bild 9.46 sind die aus solchen Erscheinungen herrührenden, bisweilen sehr hohen Schallpegel dargestellt. Wirbelablösungen können zu unangenehmen Interferenzen mit dem Helm des Beifahrers führen, so daß auch die Soziustauglichkeit von Schutzhelmen aerodynamisch zu überprüfen ist. Bei der aerodynamischen Optimierung von Schutzhelmen sollte zwar dem Übergang Helmkalotte - Fahrernacken - Rücken durchaus im Sinne einer möglichst lang anliegenden Strömung Aufmerksamkeit gewidmet werden, doch darf dies zu keinerlei Behinderungen in der Kopfbewegungsfreiheit führen. Außerdem müssen biomechanische Überlastungen der Nackenwirbel im Falle eines Unfalles zuverlässig vermieden werden. Priorität vor der Aerodynamik hat hier selbstverständlich die eigentliche Schutzfunktion.

Bei der *inneren* Aerodynamik stehen nach G. Heyl [9.51] ausreichende Belüftung des Mund-Nase-Bereiches (Notwendigkeit der Atemluftzufuhr und -abfuhr) und Vermeidung von Hitzestaus bei gleichzeitiger Zugfreiheit sowie die Forderung nach größtmöglicher Beschlagfreiheit des Visiers im Vordergrund. Dazu weisen moderne Vollschutzhelme verschließbare Be- bzw. Entlüftungsöffnungen auf. Die Belüftung ist meist im Kinnteil oder Stirnbereich, die Entlüftung in der Helmkalotte, am Nacken oder seitlich im Wangenbereich angeordnet. Dabei sind Überdruckzonen für die Luftzufuhr und Unterdruckzonen für die Luftabfuhr durch Windkanalversuche am Helm zu ermitteln, wie es die Helmhersteller nach W. Berge [9.47] mittlerweile teilweise selbst vornehmen.

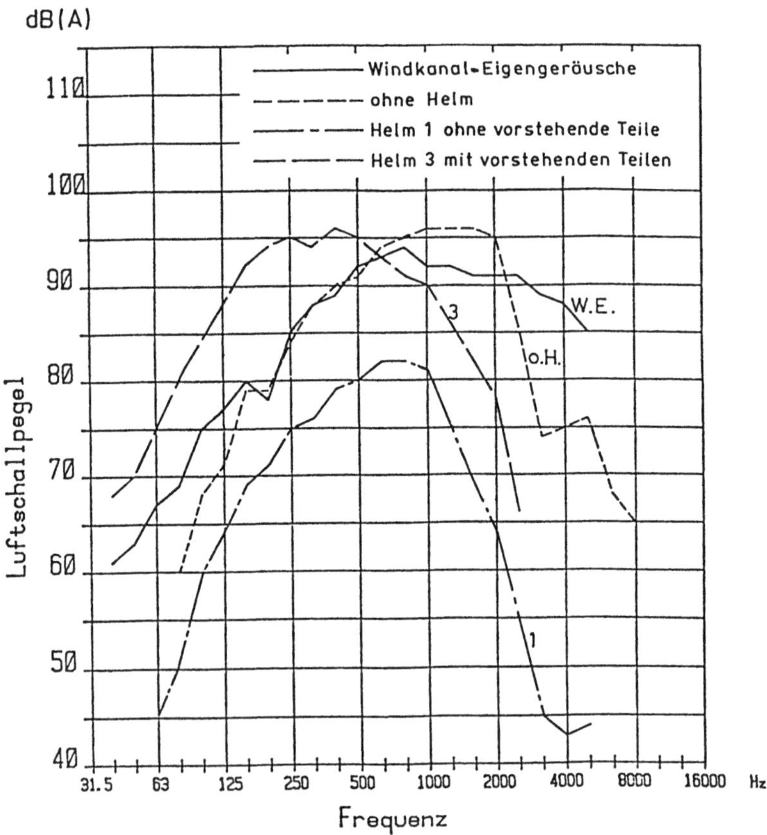

Bild 9.46. Luftschallpegel (Terzspektren) verschiedener Helme nach [9.49].

9.5.3 Gespanne

Motorräder mit Seitenwagen werden heute meist als fertige Gespanne hergestellt. Sie entspringen nicht mehr dem früheren Konzept eines Solomotorrades mit *nachträglich* angeschraubtem Beiwagen. Trotzdem verlangen die Vorschriften heute in der Regel immer noch eine Abnehmbarkeit des Beiwagens. Die Bedeutung von Gespannen im Verkehr nimmt neuerdings wieder zu. Aerodynamische Untersuchungen dieser asymmetrischen Dreiradfahrzeuge sind selten. Im Bild 9.47 wird die Hauptspantfläche eines Kraftrades mit Seitenwagen im Vergleich zu einem Solomotorrad gezeigt. Die projizierte Fläche beträgt beim Gespann rund 1,2 bis 1,5 m², je nach Ausführung. Bild 9.48 zeigt ein Renngespann im Windkanal; die aerodynamischen Beiwerte eines schweren Touren-Seriengespannes sowie eines Renngespannes sind in Tabelle 9.8 aufgelistet.

Spezielle Probleme beim Gespann bereiten

- die bei Serienfahrzeugen i.a. heute noch bestehende, aus veralteten Vorschriften herrührende Forderung nach Abnehmbarkeit des Beiwagens;

- die asymmetrische Bauweise mit im Motorrad und nicht mittig im Gesamtfahrzeug untergebrachtem Motor (bei Renngespannen heute noch Vorschrift);

- die *offene* Bauweise mit mangelhafter Fahrer- und Passagierintegration.

Bild 9.47. Hauptspantflachen beim Solomotorrad und Gespann nach [9.52].

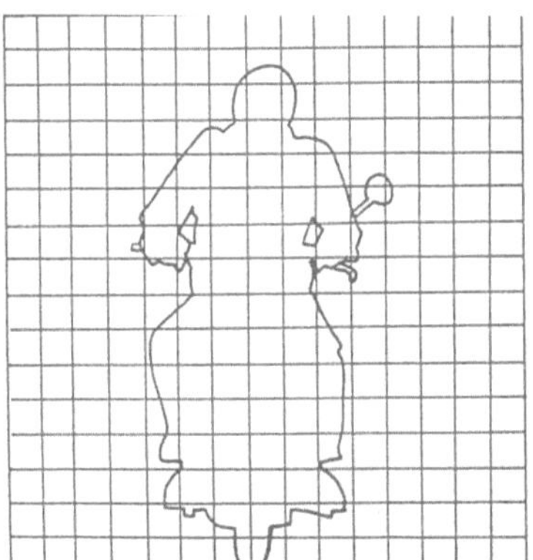
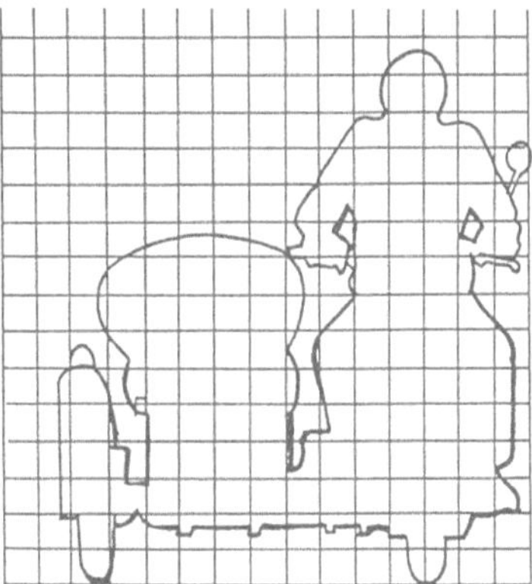

Bild 9.48   Renngespann im Windkanal nach [9 44]

Tabelle 9.8. Widerstandswerte von Gespannen

Fahrzeug	c_w	A m^2	c_w A m^2	Bemerkung	Quelle
Seriengespann Hartmann Dreamline	—	—	0,78	Fahrer + Beifahrer sitzend	[9 43]
Renngespann	0,49	0,86	0,42	Fahrer + Beifahrer liegend	[9.44]
Renngespann plus Unterbodenverkl.	0,48	0,86	0,41	Fahrer + Beifahrer liegend	[9.44]
Renngespann plus Seitenradverkl.	0,47	0,86	0,40	Fahrer + Beifahrer liegend	[9 44]

Hieraus resultiert bei Seriengespannen ein Luftwiderstand ($c_w \cdot$ A), der durchaus größer als bei einem modernen Pkw ist.

Weltrekordversuche wurden übrigens teils mit Solo-Motorrädern, die lediglich ein verkleidetes (ballastiertes) Seitenwagenrad ohne Passagier trugen, Bild 9.49, teils mit symmetrischen Dreirad-„Zigarren" („Cycle Cars", [9.14]) gefahren.

Bild 9 49 Rekord-Gespann von NSU 1951 nach [9 9]

9.6 Ausblick

Wie geht es weiter? Die Aerodynamik des Motorrades – jahrzehntelang zumindest im Serienbau vernachlässigt – ist noch entwicklungsfähig. Dabei sollten nicht mehr die weitere Steigerung der Endgeschwindigkeit, wie es heute noch vielfach der Fall ist, sondern ergonomische Fahrerentlastung, Wetter- und Witterungsschutz, Schaffung zusätzlichen Stauraumes, Komfortsteigerung und Verbrauchssenkung sowie passive Sicherheit im Vordergrund stehen. Auch bei Gebrauchsfahrzeugen der unteren Leistungsklassen kann hier, wie Bild 9.50 belegt, in Verbindung mit gefälliger Optik noch einiges getan werden.

Das heute in bezug auf Luftwiderstand weltbeste großvolumige Serienmotorrad ($c_w \cdot$ A $= 0{,}38\,m^2$ mit sitzendem und $0{,}34\,m^2$ mit liegendem Fahrer), die im Bild 9.51 gezeichnete BMW K 1, entstammte u.a. einer innovativ-futuristischen Studie, von der Bild 9.52 einen Eindruck vermittelt. Sowohl diese Studie „Racer" als auch die spätere Serien-K 1 erhielten eine ungewöhnlich große Vorderradabdek-

Bild 9 50 Motorroller-Prototyp,
Quelle Lissmeier/Lobermeier

Bild 9 51   BMW K 1, Quelle BMW

Bild 9 52   BMW-Studie „Racer",
Quelle BMW

kung in Keilform, wobei bei der K 1 durch zusätzliche Luftschlitze auf ausreichende Belüftung der vorderen Doppelscheibenbremsanlage geachtet wurde. Eine Honda-Studie, vgl. Bild 9.53, die schließlich zur CBR-Baureihe führte, läßt erahnen, in welche Richtung die Entwickler denken. Dabei demonstrierten sie bei diesem Prototyp – im Gegensatz zum späteren „gemäßigten" Serienfahrzeug (siehe Bilder 9.23 und 9.26) – extreme Sportlichkeit.

Bei Gespannen herrscht derzeit, wie anhand von Bild 9.54 deutlich wird, im wesentlichen ebenfalls noch die Tendenz vor, den Rennsport zu imitieren. Gerade die Aerodynamik des Motorrades mit Seitenwagen enthält tatsächlich noch viele Verbesserungsansätze.

Bild 9.53. Honda-Vorstudie zur CBR 1000 F; Quelle: Honda.

Bild 9.54. Krauser-Gespann Domani; Quelle: KRAUSER.

Schon in den fünfziger Jahren gab es Vorschläge von W. FROEDE [9.13], die neue Einspurfahrzeug-Konfigurationen zum Inhalt hatten, ähnlich Bild 9.7. Dabei ging es zunächst um Weltrekordversuche (NSU); später dachte man aber auch über einen Serieneinsatz nach, wie C. BARTSCH [9.8] berichtet. Doch scheiterten die Dinge an ungewohnter Fahrersitzposition, unkonventioneller Optik sowie dem damaligen allgemeinen Niedergang der bis dahin noch führenden deutschen Kraftradindustrie.

Der Kreis schließt sich jedoch: Seit kurzem gibt es das im Bild 9.55 dargestellte vollkarossierte Kraftrad in Kleinserie ($c_W = 0,25$, rückgerechnet aus Fahrleistungen; $A = 0,93$ m^2). Es wurde im Hinblick auf eine aerodynamisch bedingte Verbrauchsverbesserung entwickelt und wird von einem Pkw-ähnlich sitzenden, angeschnallten Fahrer gelenkt. Wenngleich sicherlich nur ein geringer Prozentsatz der Motorradenthusiasten ein solches Fahrzeug favorisieren dürfte, ist es immerhin ein erneuter Denkanstoß in eine schon einmal beschrittene und dann zunächst wieder verlassene Richtung.

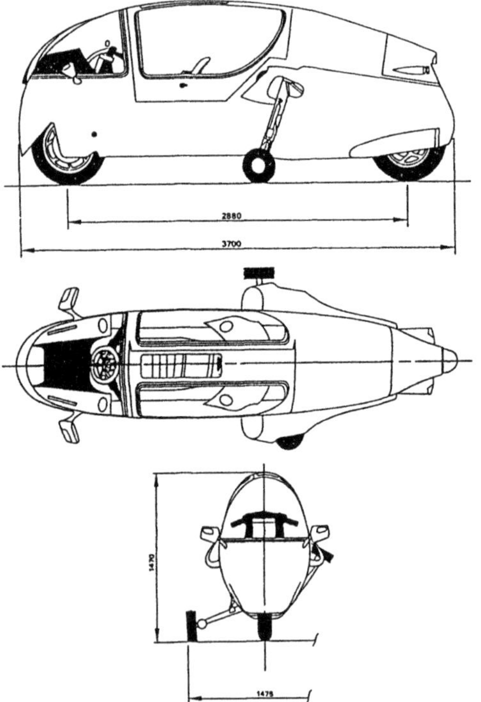

Bild 9.55. Ecomobile aus der Schweiz; Quelle PERAVES

9.7   Bezeichnungen

A	Hauptspantfläche in m²
a_q	Querbeschleunigung in m/s²
$c_{ah,v}$	Auftriebsbeiwert hinten bzw. vorne
c_w	Luftwiderstandsbeiwert
D	Dämpfungsgrad (Lᴇʜʀsche Dämpfung)
F_{Bed}	Bedarfs-Zugkraft in N
F_F	Fliehkraft in N
F_L	Luftwiderstandskraft in N
F_s	Seitenführungskraft in N
F_S	Seitenwindkraft in N
F_{Zu}	Überschuß-Zugkraft in N
F_Z	Zugkraft in N
g	Erdbeschleunigung = 9,81 m/s²
G_{dyn}	dynamische Radlastveränderung in N
$G_{dyn\ h,v}$	dynamische Radlast hinten bzw. vorne in N
h_D	Höhe seitlicher Druckpunkt über Fahrbahn in m
h_S	Höhe Schwerpunkt über Fahrbahn in m
l	Radstand in m
$l_{h,v}$	Schwerpunktsabstand von Hinterachse bzw. Vorderachse in m
m	Masse in kg
M_N	Nickmoment in N · m
P	Motorleistung in kW
P_L	Luftwiderstandsleistung in kW
R	Kurvenradius in m
V_F	Fahrgeschwindigkeit in m/s
V_{max}	Höchstgeschwindigkeit in km/h
x	Höhe Luftwiderstandsangriffspunkt über Fahrbahn in m
γ	Schräglagewinkel in Grad
ρ	Luftdichte = 1,202 kg/m³
μ_q	Querreibbeiwert
η_{TR}	Kraftübertragungs-Wirkungsgrad

10 Motorkühlung

Wulf Sebbeße, Peter Steinberg, Norbert Deußen, Dieter Schlenz

10.1 Aufgabe des Kühlsystems

10.1.1 Anforderungen zur Funktion

Die Grundanforderung an ein Kühlsystem besteht darin, daß unter allen Betriebsbedingungen des Fahrzeuges die Bauteile des Motors ausreichend gekühlt sind. Bei der konventionellen Wasserkühlung muß zusätzlich darauf geachtet werden, daß das Kühlmittel nicht über seinen Siedepunkt erhitzt wird, wodurch der Grenzdruck im Kühlsystem überschritten wird und der Motor abkocht. Die höchsten Temperaturen an den Bauteilen, die den Brennraum umgeben, stellen sich in der Regel bei der maximalen Motorleistung ein, also im Bereich der Höchstgeschwindigkeit des Fahrzeuges. Weitere Grenzfälle für das Kühlsystem sind die langsame Bergfahrt des vollbeladenen Wagens, der Anhängerbetrieb und der Motorleerlauf bei stehendem Fahrzeug. Bei diesen Betriebspunkten erreichen die brennraumumgebenen Bauteile des Motors zwar keine sehr hohen Temperaturen, jedoch muß hier die Abstimmung von Kühler und Lüfter überprüft werden, um das Kühlmittel vor Überhitzung zu schützen. Diese extremen Betriebspunkte müssen mit der höchsten Umgebungstemperatur, die in der jeweiligen Einsatzregion des Fahrzeuges vorkommt, abgesichert werden.

10.1.2 Anforderungen an passive Merkmale

Hier werden Anforderungen an die passiven Merkmale des Kühlsystems beschrieben, also alle die, die sich nicht auf die Hauptfunktionen des Kühlsystems beziehen. Es gibt bei den Fahrzeugherstellern eine große Zahl von unterschiedlichen Vorschriften, in denen festgelegt ist, welche Eigenschaften das Kühlsystem und seine Komponenten haben müssen.

Bei den passiven Merkmalen geht es im wesentlichen um die Haltbarkeit des Kühlsystems über der Nutzungsdauer des Fahrzeuges. Für die Bauteile wie z. B. den Kühler wird die Erhaltung der vollen Funktionstüchtigkeit über eine Fahrstrecke von ungefähr 150 000 km gefordert. Die Kühlmittel sollen mindestens eine Strecke von 60 000 km oder 2 Jahre funktionstüchtig bleiben. Die angestrebten Haltbarkeitszeiten werden weiter steigen.

Die Forderungen nach einer langen Haltbarkeit sind beim Kühler nicht einfach zu erfüllen, da eine Vielzahl von technischen Problemen durch Korrosion, Verschmutzung, Verstopfung und Undichtigkeiten auftreten können. Die Anzahl der Rippen des Kühlers soll zur Vermeidung der äußeren Verschmutzung der Kühlernetze nicht größer als 100 je Dezimeter Rohrlänge sein. Wasserpumpen sind besonders durch Kavitationserscheinungen und Undichtigkeiten an den Lagern gefährdet, und bei den Schläuchen und ihren Verbindungen sind besonders die Festigkeit und Dichtheit zu beachten. Die im Kühlsystem verwendeten Kühlmittelgemische sind aus Äthylenglykol, teilweise Propylenglykol, in wässriger Lösung unter Zusatz von Entschäumern, Korrosionsschutzstoffen und Farbstoffen zusammengesetzt. Das Kühlmittel soll ungiftig, nicht brennbar, nitrit- und aminfrei sein.

Das Kühlsystem soll so konstruiert sein, daß man sich beim Öffnen des heißen Systems keine Verbrennungen zuziehen kann.

10.1.3 Entwicklungspotential des Kühlsystems

Zusätzlich zu den im Abschnitt 10.1.1 aufgezeigten Grundanforderungen an das Kühlsystem, nämlich die Bauteile und das Kühlmittel unter allen Betriebsbedingungen vor Überhitzung zu schützen, hat das Kühlsystem einen großen Einfluß auf den Kraftstoffverbrauch und auf die Abgasemission des Motors.

Ein weiterentwickeltes Kühlsystem soll die Wärme von den brennraumumgebenen Bauteilen wirksam und dem jeweiligen Motorbetriebspunkt angepaßt abführen. Dabei sollen die Bauteile weder unterkühlt noch überhitzt werden, sondern sie sollen eine möglichst gleichmäßig hohe Temperatur haben.

In der Warmlaufphase ist die Prozeßwärme so auszunutzen, daß die Bauteile schnell Betriebstemperatur erreichen. Die großen durch das Kühlmittel abzuführenden Wärmemengen sollen mit möglichst geringer Hilfsenergie zum Kühler transportiert werden, wobei die Kühlmittelmasse und die Masse der Hilfsaggregate gering gehalten werden sollen.

Ein weiteres Entwicklungspotential liegt in der Konstruktion und Auslegung von Kühlwasserräumen und Kühlsystemkomponenten, wenn Berechnungsmodelle zu Hilfe genommen werden. Mit Berechnungsmodellen können aufwendige Fahrzeugversuche verringert werden. Ein wichtiges Kriterium zur Auslegung eines Kühlsystems ist die Kenntnis der sich einstellenden Bauteiltemperaturverteilung und der Wärmeströme bei bestimmten Betriebspunkten des Verbrennungsmotors. So können z. B. hohe örtliche thermische Belastungen zu Festigkeitsproblemen und zu großen Temperaturdehnungen und -spannungen am Zylinder führen. Deshalb ist es sehr hilfreich, schon in der Konstruktionsphase das Kühlsystem berechnen zu können.

10.2 Kühlsysteme

10.2.1 Wasserkühlung

Bei der konventionellen Umlaufkühlung wird das Kühlmittel mit einer Pumpe in einem Kreislauf abwechselnd durch den zu kühlenden Motor und durch die Wärme abgebenden Bauteile Kühler oder Heizung gepumpt (Bild 10.1). Es durchströmt dabei zuerst die Wasserräume des Kurbelgehäuses und gelangt durch Übertrittsöffnungen in der Trennebene von Kurbelgehäuse und Zylinderkopf in den Wasserraum des Zylinderkopfes. Die Öffnungen in der Zylinderkopfdichtung werden so ausgebildet, daß eine möglichst gleichmäßige Kühlung der einzelnen Zylinder erreicht wird. Der Kühlmit-

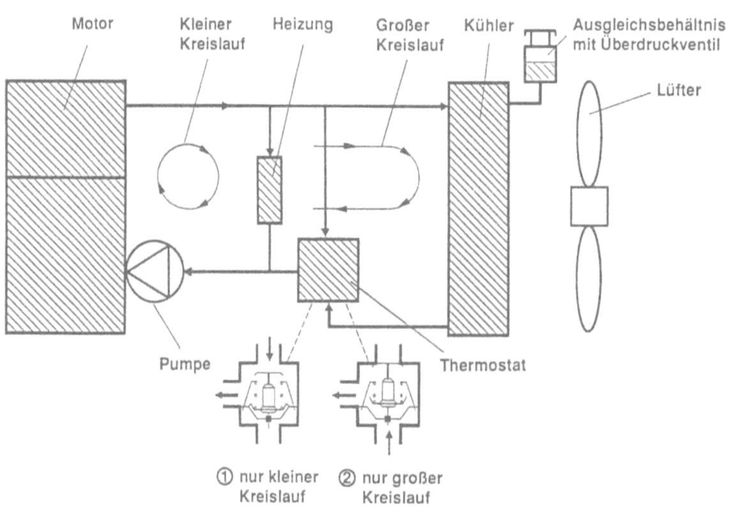

Bild 10.1. Prinzip der Wasserkühlung.

telstrom teilt sich dann je nach Stellung eines Thermostaten in einen Teilstrom durch den Kühler (großer Kreislauf) und einen durch die Kurzschlußleitung (kleiner Kreislauf) auf.

Die Pumpe, im allgemeinen eine Kreiselpumpe, wird über einen Riemen von der Kurbelwelle des Motors angetrieben, so daß die Strömungsgeschwindigkeit des Kühlmittels von der Motordrehzahl abhängt. Dadurch ist die Wärmeübergangszahl zwischen den zu kühlenden Bauteilen und dem Kühlmittel ebenfalls stark drehzahlabhängig.

Je nach Motorbetriebspunkt und Wärmeabfuhr am Kühler steuert der Thermostat die Kühlwassermengen in dem großen Kreislauf durch den Kühler und im kleinen Kreislauf direkt zur Pumpe (Bild 10.1) so, daß die Temperatur des Kühlmittels innerhalb einer engen Toleranz konstant gehalten wird. Die notwendigen Hubbewegungen der Ventildeckel im Thermostaten erzeugt ein Dehnstoffelement in Abhängigkeit von der Kühlwassertemperatur.

Hat der Thermostat den großen Kreislauf vollständig geöffnet, so kann ein Lüfter für einen höheren Luftdurchsatz durch den Kühler und damit für eine höhere Wärmeabfuhr sorgen. Der Lüfter wird nach Bedarf in Abhängigkeit von der Kühlmitteltemperatur eingeschaltet. Für geringe und mittlere Leistungen werden solche Lüfter von Elektromotoren angetrieben. Bei höheren Leistungen werden sie mechanisch über den Motor oder bei sehr großen Kühlsystemen mit einem Hydromotor betrieben. Die Zuschaltung und Lastregelung geschieht elektrisch oder mechanisch in Abhängigkeit von der Temperatur des Wassers oder der Abluft hinter dem Kühler. Weitverbreitet ist die sogenannte Visko-Lüfterkupplung mit einem Bimetallstreifen, der von der Kühlerabluft angeblasen wird und mit seinen Dehnungsbewegungen die Ölfüllung der hydraulischen Kupplung und damit die Drehzahl regelt und sie teilweise von der Motordrehzahl unabhängig macht.

Im Vollastbetrieb werden durch das Kühlsystem von 15 bis 30 % der mit dem Kraftstoff zugeführten Energie an die Umgebung als Verlustwärme abgeführt. Wesentlich ungünstiger wird dieses Verhältnis im unteren Teillastbetrieb des Motors. Bild 10.2 zeigt eine Wärmebilanz im Straßenteillastbetrieb nach H.P. WILLUMEIT et al. [10.1]. Mit abnehmender Fahrleistung nimmt der Wirkungsgrad des Motors ab. Die Folge davon ist, daß das Verhältnis der durch das Kühlsystem abgeführten Wärmeleistung zu der effektiven Motorleistung stark zunimmt.

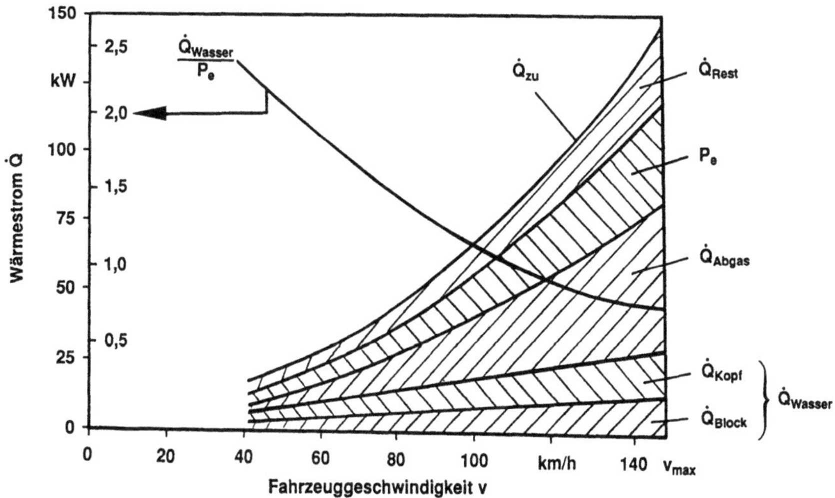

Bild 10.2. Wärmebilanz eines Motors bei Straßenteillast nach [10.1].

10.2.2 Luftkühlung

Bei der Luftkühlung wird die Wärme des zu kühlenden Bauteils direkt an die Umgebungsluft übertragen. Wärmeträger als Zwischenglied von Bauteil zur Umgebungsluft, wie bei der Wasserkühlung, entfallen. Der geringe Wärmeübergangskoeffizient vom Bauteil zur Luft muß durch große Oberflächen kompensiert werden. Bei luftgekühlten Motorradmotoren sind die Kühlrippen an Zylinderkopf und Zylinder so reichlich dimensioniert, daß der Fahrtwind und die Strahlung der Rippenoberflächen ausreichen, die Bauteiltemperaturen niedrig genug zu halten. Nutzfahrzeug- und Pkw-Motoren benötigen zusätzlich ein Kühlluftgebläse. Bild 10.3 zeigt den prinzipiellen Aufbau der Luftkühlung.

Das Kühlmedium strömt in einem offenen System, bei dem die mit dem Gebläse angesaugte Frischluft nach dem Umströmen des Motors wieder an die Umgebung abgegeben wird.

Bei der Luftkühlung werden sowohl Radial- als auch Axialgebläse eingesetzt. Der Luftvolumenstrom wird mit einem Thermostaten über eine Klappe geregelt. Die Regelung ist aber auch über die Drehzahl des Gebläses möglich. Es wird dann mit einer Visko-Kupplung, siehe Abschnitt 10.2.1., angetrieben. Wegen ihrer geringen Verbreitung wird die Luftkühlung nicht näher betrachtet.

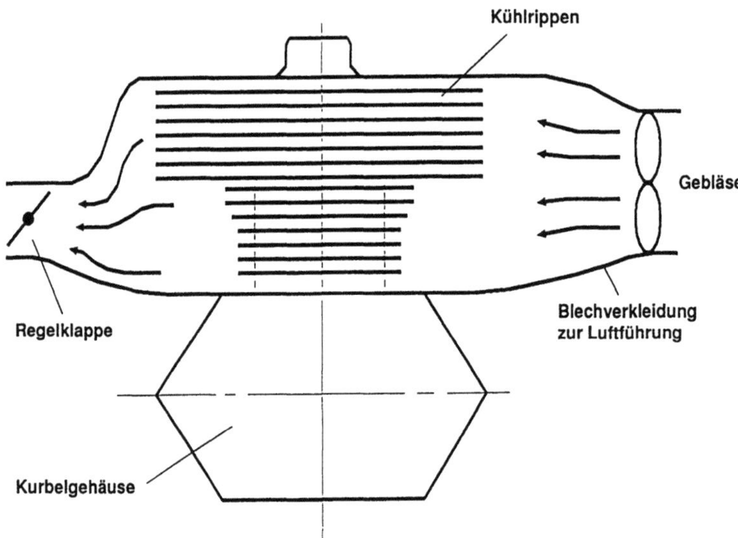

Bild 10.3. Prinzip der Luftkühlung.

10.2.3 Kühlung mit Bauteiltemperaturregelung

Das konventionelle Kühlsystem bewirkt im Teillastbereich des Motors eine überhöhte Wärmeabfuhr (vgl. Bild 10.2). Die Bauteiltemperaturen werden in diesem Betriebsbereich stark abgesenkt. Bild 10.4 zeigt die Zylindertemperatur in Abhängigkeit von der Motordrehzahl bei Nullast- und Vollastbetrieb nach Messungen von H. P. WILLUMEIT et al. [10.2]. Die höchste Bauteiltemperatur wird bei Vollast und einer Motordrehzahl von 6000 min^{-1} erreicht. Im übrigen Motorkennfeld ist die Zylindertemperatur geringer. Wird mit Hilfe einer Regelung die Wärmeabfuhr des Kühlsystems so eingestellt, daß in jedem Betriebspunkt eine konstant hohe Bauteiltemperatur gefahren wird, spricht man von einem bauteiltemperaturgeregelten Kühlsystem (Bild 10.5). Die konstant hohe Bauteiltemperatur verändert das Emissionsverhalten des Motors und bringt hier im ECE-Test einen Verbrauchsvorteil von 13,5 % (Bild 10.5) [10.2].

Die Kühlmitteltemperatur wird bei diesem System zu einer freien Größe. Deshalb muß ein Kühlmittel mit hohem Siedepunkt verwendet werden.

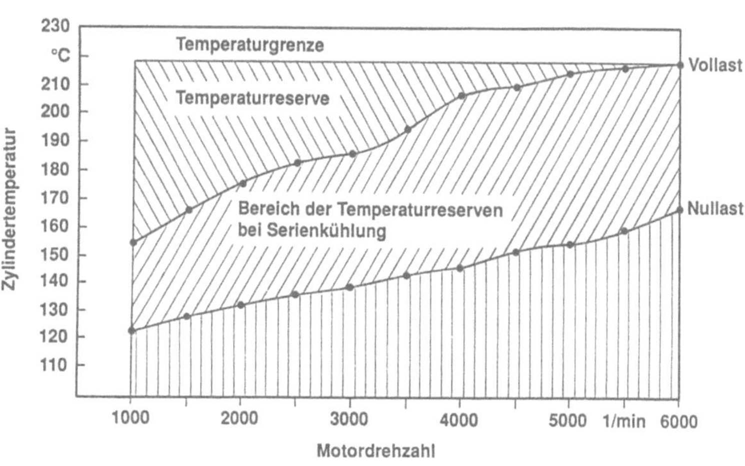

Bild 10.4. Zylindertemperaturen in der oberen Ringumkehr in Abhängigkeit von der Motordrehzahl bei Vollast und Teillast im konventionellen Kühlsystem nach [10.1].

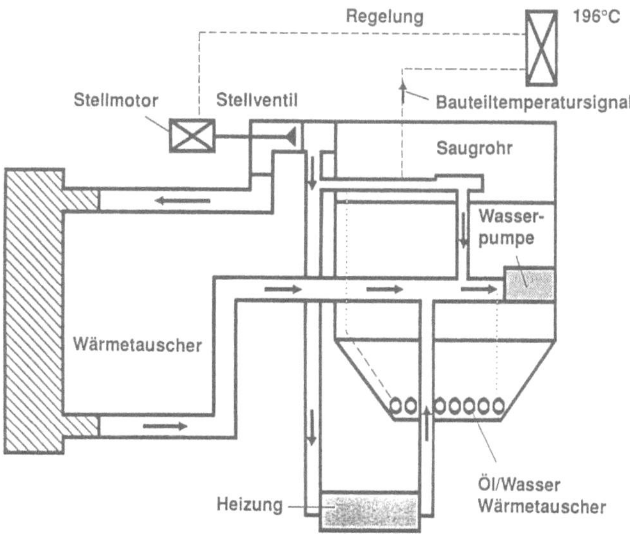

ECE - Warmstart		
g/Test	Serie	bauteil-temperatur-geregelt
HC	8,39	6,1 (-27,3%)
CO	68,5	45 (-34,3%)
NO	5,4	6,5 (+20,4%)
Kraftstoff-verbrauch l/100 km	8,9	7,7 (-13,5%)

Bild 10.5. Bauteiltemperaturgeregeltes Kuhlkonzept. Emissıonen und Kraftstoffverbrauch im Vergleich mit konventionellem Kühlsystem nach [10.2].

10.2.4 Zweikreiskühlsystem und Warmlaufkonzept

In der Warmlaufphase arbeiten Verbrennungsmotoren mit erhöhter Reibleistung, was zu erhöhtem Kraftstoffverbrauch und Motorverschleiß führt. Zusätzlich muß in diesem Fahrbetrieb das Kraftstoff-Luft-Verhältnis angehoben werden, wodurch Verbrauch und Emissionen ebenfalls steigen. Damit die Warmlaufphase so schnell wie möglich überwunden wird, soll das Kühlsystem dann keine Wärme aus dem Motor aufnehmen und abführen. Dagegen steht die Anforderung, die Fahrzeugheizung so schnell wie möglich mit warmem Wasser aus dem Kühlkreislauf zu versorgen.

Das Zweikreissystem löst diesen Zielkonflikt dadurch, daß in der Warmlaufphase nur der Zylinderkopf vom Kühlmittel durchströmt wird. Bild 10.6 zeigt, wie ein solches Zweikreissystem realisiert wird [10.2]. Über ein zusätzliches Regelventil kann in der Warmlaufphase der Kühlmittelumlauf im Motorblock abgeschaltet werden. Durch das ruhende Kühlmittel wird die Wärmeübergangszahl an den Zylinderwänden stark verringert, so daß sich die Zylinderwände sehr rasch erwärmen. Der größte Anteil der Zylinderreibleistung wird dadurch herabgesetzt. Die geringe Wärmekapazität des Zylinderkopfes im Vergleich zum Motorblock (C_{Kopf}/C_{Block} = 30/70) und der höhere Wärmeanfall im Zylinderkopf ($\dot{Q}_{Kopf}/\dot{Q}_{Block}$ = 60/40; vgl. Bild 10.2) bieten der Fahrzeugheizung sehr schnell warmes Kühlmittel [10.2].

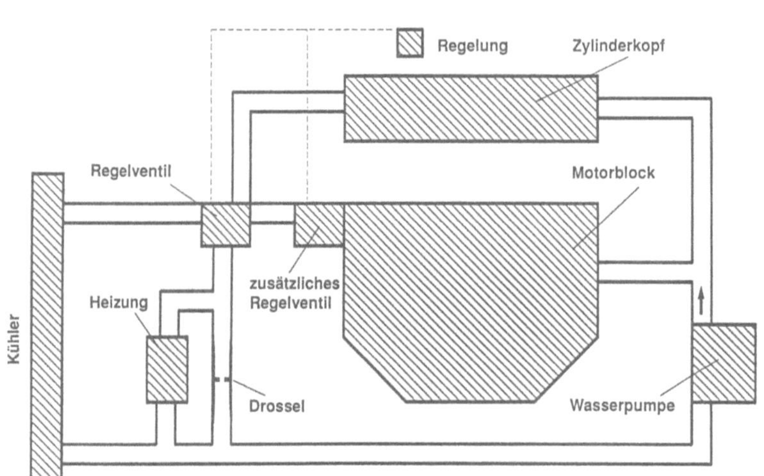

Bild 10.6. Zweikreiskühlkonzept für eine optimierte Warmlaufphase nach [10.2].

10.2.5 Heißkühlung

Heißkühlung bedeutet, daß die Bauteiltemperaturen im Motor mit Hilfe einer höheren Kühlmitteltemperatur angehoben werden. Bild 10.7 nach E. MÜHLBERG und W. BESSLEIN [10.3] zeigt die Verringerung des spezifischen Kraftstoffverbrauches bei dem Übergang von der normalen Wasserkühlung mit einer Wassertemperatur von 80 °C auf eine Glykol-Heißkühlung mit einer Kühlmitteltemperatur von 140 °C für einen Dieselmotor. Allgemein stellen sich bei der Heißkühlung höhere Öltemperaturen ein, und damit wird der Kraftstoffverbrauch verringert.

Untersuchungen an einem heißgekühlten Dieselmotor ergaben je nach Motorlast eine Reduzierung der CO-Emission um 35 bis 40 % und der HC-Emission um 19 bis 33 % gegenüber der konventionellen Kühlung. Die Stickoxid-Emissionen werden nur unwesentlich höher [10.3].

Damit die hohen Kühlmitteltemperaturen bei der Heißkühlung gefahren werden können, muß ein spezielles Kühlmittel mit hohem Siedepunkt eingesetzt werden. Bei konventionellem Kühlmittel würde sonst der Systemdruck zu stark ansteigen.

Die hohen Kühlmitteltemperaturen bewirken auch im Vollastbereich eine starke Anhebung der Bauteiltemperaturen, so daß besonders bei hohen Vollastdrehzahlen die Bauteile an kritischen Stellen (z. B. Ventilsteg) thermisch zu stark belastet werden. In der Regel wird durch die hohe Motortemperatur der Liefergrad verschlechtert und bei Ottomotoren die Klopfgrenze negativ beeinflußt. Deshalb ist die Heißkühlung nur bei niedrig belasteten Dieselmotoren einzusetzen.

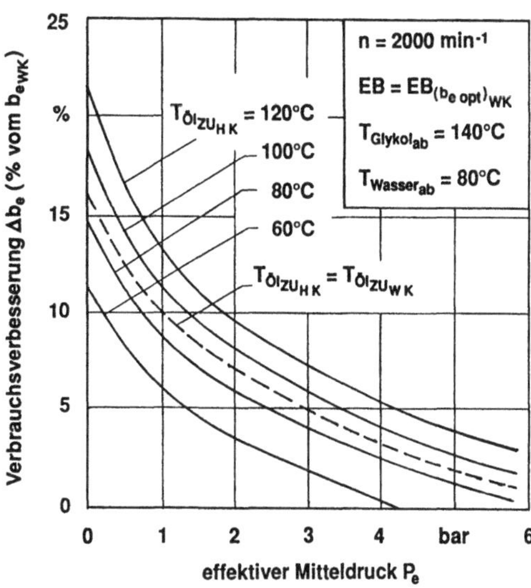

Bild 10.7. Verringerung des Kraftstoffverbrauchs in Abhängigkeit vom effektiven Mitteldruck durch den Übergang von der Wasserkühlung auf Heißkühlung nach [10.3].

10.2.6 Ölkühlung

Im Abschnitt 10.2.5 wird aufgezeigt, daß durch höhere Kühlmitteltemperaturen bzw. Bauteiltemperaturen Vorteile im Kraftstoffverbrauch und in den Emissionen zu erreichen sind. Als Kühlmittel muß ein Medium mit höherem Siedepunkt als beim konventionellen Kühlwasser eingesetzt werden. Es liegt demzufolge nahe, ein Kühlsystem zu entwerfen, welches das im Motor befindliche Schmieröl gleichzeitig als Kühlmittel benutzt (Bild 10.8). Dafür benötigt man eine zweistufige Ölpumpe. Die erste Stufe (Hochdruckstufe) versorgt wie üblich die Motorschmierstellen, während die zweite Stufe (Niederdruckstufe) einen größeren Volumenstrom für die Motorkühlung bereitstellt. Schmieröl und Kühlöl vermischen sich im Sumpf und werden von der Pumpe wieder angesaugt. Ein Thermostat regelt auf eine konstante Öltemperatur.

Der ölgekühlte Motor bietet einige konstruktive Vorteile, weil er mit nur einem Medium befüllt ist. Die Dichtstellen im Motor, insbesondere die Zylinderkopfdichtung, werden leichter beherrscht, und die Kombination von Schmier- und Kühlkreislauf verringert die Anzahl der Bauteile.

Bild 10.8. Prinzip des ölgekühlten Motors.

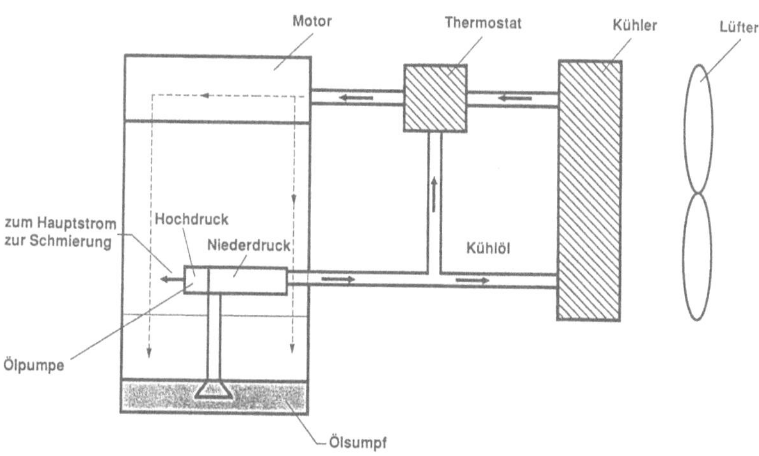

Die wärmetechnische Besonderheit des Kühlmittels Öl ist, daß die Viskosität stark temperaturabhängig ist. Die Viskosität beeinflußt ihrerseits den Wärmeübergang von den zu kühlenden Bauteilen auf das Kühlmittel (vgl. Abschnitt 10.3). Bei kaltem Motor (hohe Viskosität) wird wenig Wärme abgeführt, dementsprechend steigt die Wärmeabfuhr des Kühlsystems bei heißem Motor (kleine Ölviskosität). Daraus ergeben sich Verbrauchs- und HC-Emissionsvorteile in der Warmlaufphase und im unteren Teillastgebiet des Motors. Bild 10.9 zeigt einen ausgeführten ölgekühlten Motor. Das Schnittbild zeigt deutlich den Kühlölraum um die Zylinder. Zusätzlich ist die Motoroberfläche ähnlich einem luftgekühlten Motor stark verrippt. Dieses Beispiel macht deutlich, daß verschiedene Kühlungsarten durchaus miteinander verknüpfbar sind. Weitere Beispiele für ölgekühlte Motoren findet man in der Literatur [10.4] [10.5].

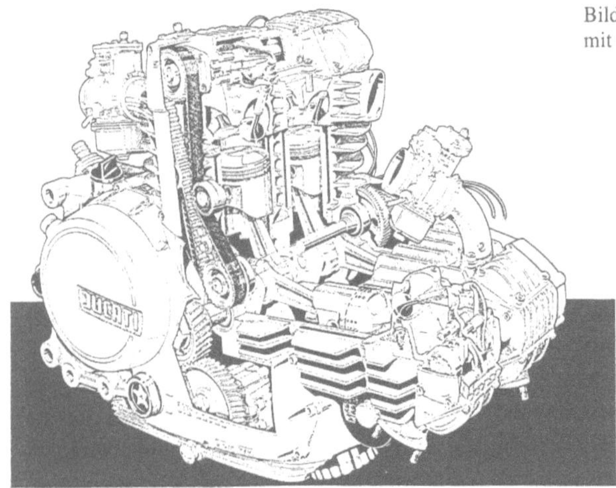

Bild 10.9. Beispiel eines Vierzylinder-V-Motors mit Ölkühlung nach [10.5].

10.2.7 Phasen-Wechsel-Kühlung

Die bisher behandelten Kühlsysteme arbeiten nach dem Prinzip des Wärmeüberganges durch *erzwungene* Konvektion. Das strömende Kühlmedium erwärmt sich an den zu kühlenden Bauteilen, wird mit einer Pumpe zum Wärmetauscher transportiert und dort durch die Umgebungsluft abgekühlt.

Ein System nach dem Prinzip der *Phasen-Wechsel*-Kühlung (PWK) erfüllt besonders gut die im Abschnitt 10.1 definierten Anforderungen an eine moderne Kühlung. Das Bild 10.10 zeigt den prinzipiellen Aufbau der PWK. Die Funktion beruht darauf, daß der von den Bauteilen abzuführende Wärmestrom eine Änderung des Aggregatzustandes des Kühlmittels von flüssig zu dampfförmig bewirkt. Während des Phasenwechsels speichert das verdampfende Medium eine sehr hohe Wärmemenge. Die Temperatur des Mediums bleibt dabei konstant.

Im Kondensator verflüssigt sich das Kühlmittel, der zweite Phasenwechsel, und gibt die nun freiwerdende Wärme an die Umgebungsluft ab. Ein spezielles Entlüftungssystem läßt während der Warmlaufphase die Luft aus den nicht mit Wasser gefüllten Kühlsystembauteilen (z. B. Kondensator) entweichen.

Die hohe Verdampfungswärme (Wasser: 2258 kJ/kg) führt zu einem sehr geringen Kühlmittelumlauf. Die Baugröße und die Förderleistung der Kühlmittelpumpe werden im Vergleich zur konventionellen Wasserkühlung stark herabgesetzt (vgl. Bild 10.11). Deshalb kann eine elektrisch angetriebene Pumpe verwendet werden. Sie fördert das kondensierte Kühlmittel wieder in den Motor zurück.

462

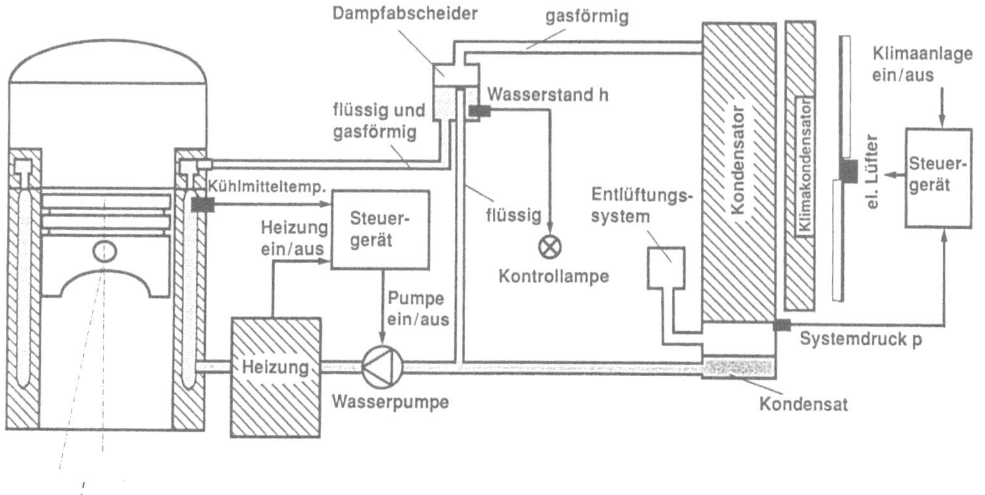

Bild 10.10. Kreislauf der Phasen-Wechsel-Kühlung.

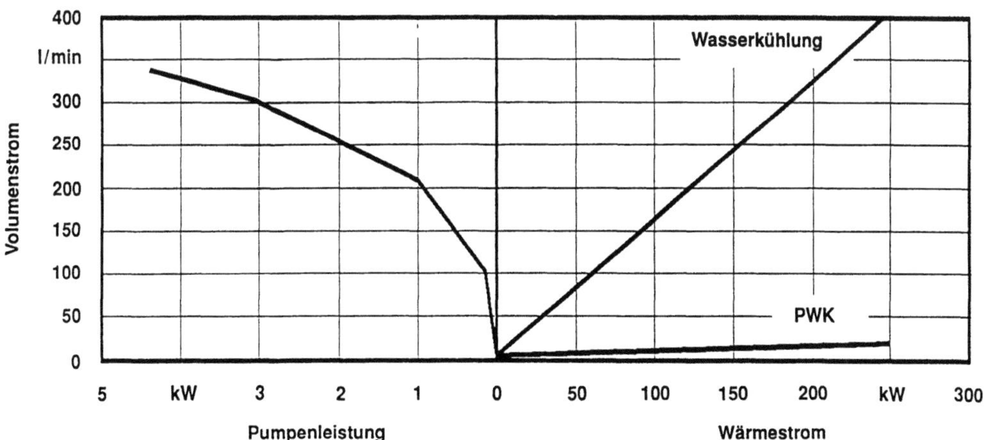

Bild 10.11. Kühlmittelvolumenstrom in Abhängigkeit von der abzuführenden Wärmemenge und die zugehörige hydraulische Pumpenleistung bei Wasser- und Phasen- Wechsel-Kühlung.

Im Abschnitt 10.3.1 wird die Physik des Wärmeüberganges durch Blasenverdampfung behandelt. Die Wärmeübergangszahl und somit der vom Motor abgeführte Wärmestrom ist von der Bauteiltemperatur abhängig. Dieser physikalische Effekt trägt einerseits zur ausreichenden Kühlung bei thermisch hochbelasteten Betriebspunkten (Vollast) des Motors bei. Auf der anderen Seite wird der Motor im Teillastbetrieb warmgehalten bzw. in der Warmlaufphase sehr rasch erwärmt. Dieses wirkt sich konsequent in einer Verringerung des Kraftstoffverbrauches (vgl. Bild 10.12) und den HC-Emissionen (vgl. Bild 10.13) aus.

Bild 10.14 zeigt die schnelle Motorerwärmung in ihrer Auswirkung auf die Bauteil- und Öltemperatur bei der Phasen-Wechsel-Kühlung. Eine schnelle Motorerwärmung ergibt Vorteile im Kraftstoffverbrauch, bei den Abgasemissionen und verringert den Motorverschleiß.

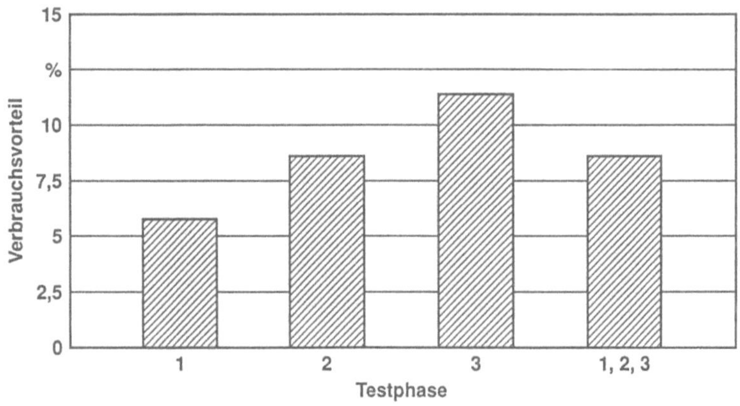

Bild 10.12. Einfluß der Phasen-Wechsel-Kühlung auf den Kraftstoffverbrauch im FTP-75-Test.

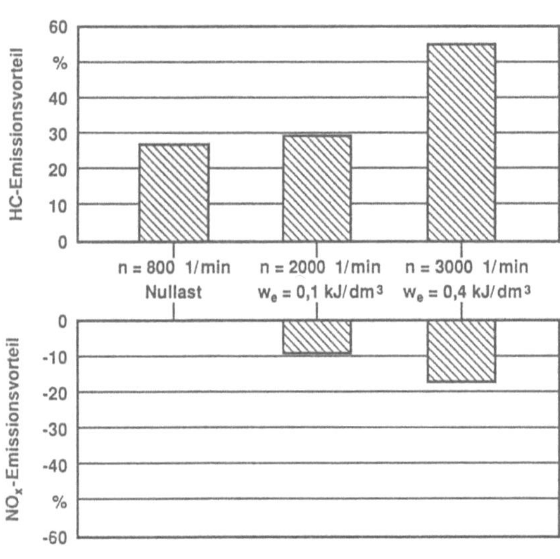

Bild 10.13. Einfluß der Phasen-Wechsel-Kühlung auf die Abgasemissionen.

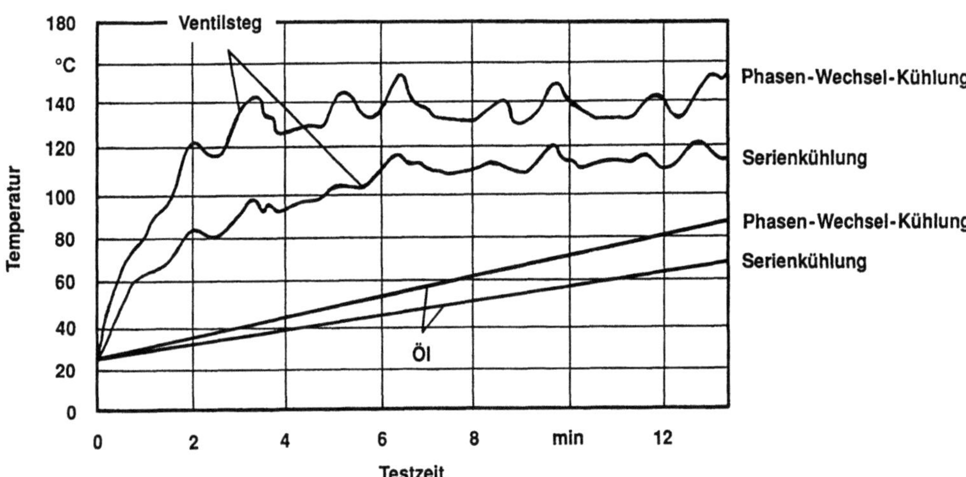

Bild 10.14. Ventilsteg- und Öltemperatur nach dem Kaltstart im ECE-Test bei Wasser- und Phasen-Wechsel-Kühlung.

464

Zusätzlich zu den Verbrauchs- und Emissionsvorteilen in der Warmphase und Warmlaufphase sind neben dem geringen Kühlmittelumlauf noch weitere Vorteile der Phasen-Wechsel-Kühlung gegenüber der konventionellen Wasserkühlung zu verzeichnen:

- sehr geringe Kühlmittelmasse,
- geringer Kraftstoffanteil im Öl,
- hohe Öltemperatur im unteren Teillastbereich,
- je nach Auslegung gleichmäßige Bauteiltemperaturverteilung,
- je nach Auslegung gleichmäßige Kühlung der Zylinder untereinander.

10.3   Berechnungsverfahren

10.3.1   Grundlagen der Wärmeübertragung

Unter dem Begriff Wärmeübertragung werden in der Thermodynamik alle physikalischen Erscheinungen, die während eines Wärmeflusses von einer Stelle eines Raumes zu einer anderen Stelle auftreten, zusammengefaßt. Das Kühlsystem eines Verbrennungsmotors bewirkt eine Wärmeübertragung vom Verbrennungsgas zur Umgebungsluft (Bild 10.15).

Die Wärmeübertragung geschieht nicht auf direktem Wege, vielmehr treten dabei alle in der Thermodynamik bekannten Übertragungsmechanismen wie Wärmeleitung, Wärmeübergang und Strahlung auf. Eine Wärmeübertragung kann nur bei einer aufgeprägten Temperaturdifferenz stattfinden.

Bei der Wärmeleitung findet ein Wärmeaustausch zwischen benachbarten Teilchen eines festen, flüssigen oder gasförmigen Stoffes statt. Der Wärmübergang beinhaltet einen Wärmeaustausch in der Grenzfläche zwischen einem festen Stoff und einem flüssigen oder gasförmigen Stoff. Die materiellen Teilchen des gasförmigen oder flüssigen Stoffes ändern ihre Stelle im Raum und übernehmen so den Wärmetransport.

Es liegt eine besondere Art des Wärmeübergangs vor, wenn zwischen festem Körper und dem Fluid eine Änderung des Aggregatzustandes des Fluids eintritt, das heißt, wenn Flüssigkeiten durch Wärmeaufnahme verdampfen oder Dämpfe durch Wärmeabgabe kondensieren. Ein weiterer Wär-

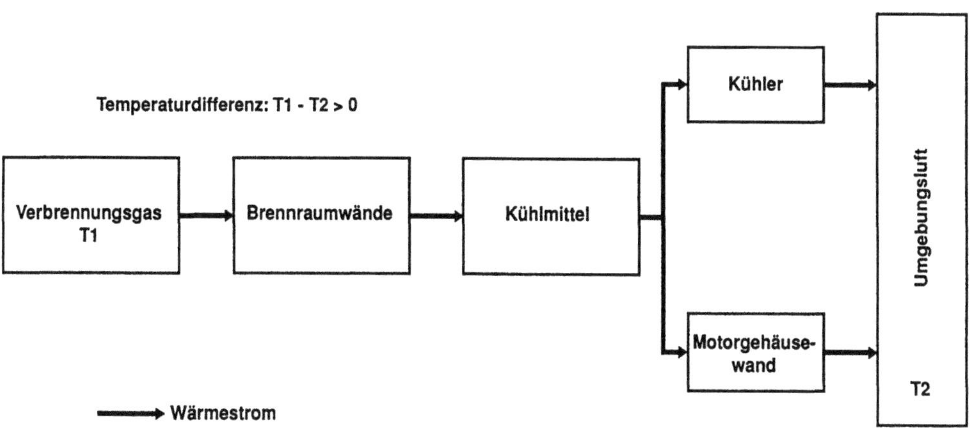

Bild 10.15. Wärmeübertragung durch das Motorkühlsystem.

metausch zwischen zwei Körpern oder Stoffen kann durch elektromagnetische Wellen stattfinden. Dieses wird als Wärmestrahlung bezeichnet.

10.3.1.1 Wärmeübergang und Strahlung

Der Wärmeübergang innerhalb eines Motorkühlsystems findet zwischen den Bauteilen und den flüssigen und gasförmigen Fluiden statt. Sind gasförmige Stoffe am Wärmetausch beteiligt, ist ein Wärmetausch durch Strahlung überlagert. Zu den wichtigsten Begriffen des Wärmeübergangs gehört die Wärmeübergangszahl α. Mit ihr wird der Wärmestrom bezeichnet, der durch eine 1 m² große Grenzfläche bei einer Temperaturdifferenz von 1 K zwischen Körper und Medium übergeht.

Tritt überlagert Wärmestrahlung auf, so wird ihr Anteil in der Wärmeübergangszahl α mit berücksichtigt. Bei bekannter Temperaturdifferenz ΔT zwischen Bauteil und Medium kann der Wärmestrom über die Grenzfläche A errechnet werden:

$$\dot{Q} = a \cdot A \cdot \Delta T. \tag{10.1}$$

Die Übertragbarkeit der meist empirisch gewonnenen Wärmeübergangszahlen auf verschiedene Fälle wird durch Zusammenfassen der Wärmeübergangszahlen, Stoffwerte und geometrischer Größen zu Kennzahlen nach der Ähnlichkeitstheorie erreicht. Die Kennzahlen für den Wärmeübergang lauten:

$$\text{Nußelt-Zahl} \qquad Nu = \alpha \cdot \frac{l}{\lambda}\ , \tag{10.2}$$

$$\text{Reynolds-Zahl} \qquad Re = c \cdot \frac{l}{v}\ , \tag{10.3}$$

$$\text{Prandtl-Zahl} \qquad Pr = v \cdot \rho\, \frac{c_p}{\lambda}\ , \tag{10.4}$$

$$\text{Grashof-Zahl} \qquad Gr = \frac{g \cdot \beta \cdot \Delta T \cdot l^3}{v^2}\ . \tag{10.5}$$

10.3.1.1.1 Wärmeübergang vom Arbeitsgas zu den brennraumumgebenden Bauteilen

G. Woschni und F. Fieger [10.6] betrachten den Verbrennungsmotor als einen vom Arbeitsgas durchströmten Körper und wenden den ähnlichkeitstheoretischen Ansatz für die Rohrströmung an.

$$\alpha = 130 \cdot d^{-0,2} \cdot T^{-0,53} \cdot p^{0,8} \left[C_1 \cdot c_m + C_2\, \frac{V_H \cdot T_1}{p_1 \cdot V_1}(p - p_0) \right] . \tag{10.6}$$

Die in Gl. (10.6) enthaltenen Größen und deren Abhängigkeiten sind in [10.6] nachzulesen.

10.3.1.1.2 Wärmeübergang vom Zylinder zum Kühlmittel

Herkömmliche Systeme nutzen mit einer Pumpe den Wärmeübergang durch Konvektion vom zu kühlenden Bauteil zum Kühlmittel. P. Steinberg [10.8] erzielt sehr gute Ergebnisse bei der Berechnung der gekühlten Zylinder eines Verbrennungsmotors, wenn der Ansatz für Rohrbündelwärmetauscher nach V. Gnielinski [10.9] zugrunde gelegt wird. Dieser ähnlichkeitstheoretische Ansatz muß auf die Verhältnisse im Verbrennungsmotor angepaßt werden, nachzulesen bei P. Steinberg und H. P. Willumeit [10.7].

Bei der Phasen-Wechsel-Kühlung (Abschnitt 10.2.7) bewirkt der Wärmestrom aus dem Bauteil ein Verdampfen des Kühlmittels. Der Wärmeübergang bei der Verdampfung ist sehr verwickelt und ist bis heute nicht genügend geklärt. Deshalb gibt es auch keine genauen rechnerischen Ansätze für diese Vorgänge.

Der Verdampfungsprozeß findet stets an der Trennfläche zwischen Heizfläche und Flüssigkeit statt. Mit Verdampfung ist immer dann zu rechnen, wenn die Temperatur der Heizfläche T_W höher ist als die Siedetemperatur T_S der Flüssigkeit. Das bedeutet, daß eine Temperaturdifferenz $\Delta T = (T_W - T_S)$, das sogenannte Siedepotential, bestehen muß, um einen Wärmetransport durch Verdampfung zu ermöglichen. Beheizt man eine Flüssigkeit, so ergibt sich die allgemeine Siedekurve (Bild 10.16). Sie gibt die Abhängigkeit der Heizflächenbelastung $\dot{q}$ bzw. der Wärmeübergangszahl α vom Siedepotential ΔT an. Der qualitative Verlauf der Kurve ist unabhängig vom Verdampfungsmedium.

An der allgemeinen Siedekurve (Bild 10.16) sind unterschiedliche physikalische Vorgänge zu beobachten.

Bereich A

Bei kleiner Heizflächenbelastung und der damit verbundenen geringen Temperaturdifferenz ΔT gibt es keine Phasenänderung der Flüssigkeit an der Grenzfläche. Für diesen Bereich gelten die Gesetze der natürlichen, freien Konvektion.

Bereich B

In diesem Bereich der Siedekurve ist das Siedepotential ΔT so groß, daß sich an der Heizfläche Dampfblasen bilden. In den Dampfblasen herrscht die Siedetemperatur. Die Blasen wachsen bis zu einem bestimmten Volumen an, reißen dann unter dem Einfluß der angreifenden Kräfte von der Oberfläche ab und steigen in der Flüssigkeit hoch. Die Dampfblasenbildung ist um so intensiver und der Wärmeübergang um so besser, je größer die Temperaturdifferenz zwischen Wand und Flüssigkeit ist.

Mit steigender Überhitzung der Heizfläche steigt die Anzahl der Blasen soweit an, daß sie sich gegenseitig beeinflussen. Sie gehen kurzzeitig und örtlich ineinander über, so daß schließlich an der

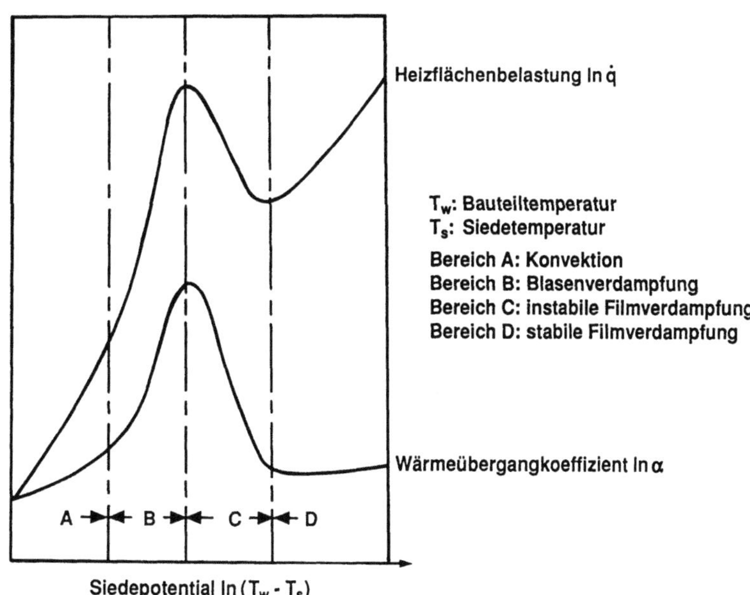

Bild 10.16.
Charakteristischer Verlauf der Heizflächenbelastung q̇ und der Wärmeübergangszahl α beim Verdampfen von Flüssigkeiten.

Siedekurve ein relatives Maximum erreicht wird. Dieses Maximum wird als kritische Heizflächenbelastung bezeichnet.

Bereich C

Wird das Siedepotential ΔT weiter erhöht, so verbinden sich die entstandenen Dampfblasen zu einem Dampffilm zwischen Heizfläche und Flüssigkeit. Diese Dampfpolster sind am Anfang örtlich begrenzt und werden von der Flüssigkeit noch durchbrochen, so daß der Vorgang instabil ist.

Bereich D

Ab einer bestimmten Heizflächentemperatur stabilisiert sich der Vorgang, indem ein vollständiger Dampffilm, der die Flüssigkeit von der Wand trennt, entsteht. Die Wärme geht von der Heizfläche nur noch durch Strahlung an die Flüssigkeit über, wobei die Wärmeübergangszahl stark abnimmt. Bei einem aufgeprägten Wärmestrom steigt die Temperatur an der Heizfläche stark an.

Bis heute ist der Mechanismus des Wärmeübergangs beim Blasensieden nicht vollständig geklärt, so daß für die Praxis häufig einfache empirische Ansätze verwendet werden müssen. Ein oft verwendeter Ansatz hat nach W. HELD [10.10] die Form

$$\alpha = C \cdot \dot{q}^{\,n} \,. \tag{10.7}$$

In diesem Ansatz müssen die Größen C und n für jeden Einzelfall experimentell ermittelt werden.

Die Wärmestromdichte $\dot{q}$ in Gl. (10.7) kann nach [10.10] durch das Siedepotential ΔT ersetzt werden:

$$\alpha = C^{\frac{1}{1-n}} \cdot \Delta T^{\frac{1}{1-n}} \,. \tag{10.8}$$

Die Wärmeübergangszahl α ist danach von der Bauteiltemperatur sehr stark abhängig.

10.3.1.1.3 Wärmeübergang an der Gehäusewand

Die Motorgehäusewand ist eine ebene Wand, die einerseits Wärme von den heißen Kühlmitteln aufnimmt und andererseits Wärme an die Umgebungsluft abgibt.

In den meisten praktischen Fällen, wie auch im Verbrennungsmotor, wird sich schon bei kleinen Reynoldszahlen infolge der Turbulenz des zuströmenden Mediums schnell eine turbulente Grenzschicht ausbilden. In der Literatur, V. GNIELINSKI [10.9] und O. KRISCHER, W. KAST [10.11], wird deshalb für alle praktischen Anwendungen eine Mittelkurve, die aus dem Wärmeübergang bei laminarer und turbulenter Grenzschicht resultiert, erstellt. Die Berechnung der laminaren und turbulenten Anteile hat P. STEINBERG [10.8] speziell für den Verbrennungsmotor dargestellt.

10.3.1.2 Wärmeleitung in Bauteilen

In jedem Körper, der in sich Temperaturgradienten aufweist, entstehen Wärmeströmungen in Richtung des Temperaturgefälles. Ändert sich das Temperaturfeld mit der Zeit, so spricht man von einer instationären Wärmeströmung.

In den Bauteilen von Verbrennungsmotoren treten in der Regel instationäre dreidimensionale Wärmeströmungen auf, die mit der Fourierschen Differentialgleichung der Wärmeleitung zu beschreiben sind:

$$\frac{\partial T}{\partial t} = \frac{\lambda}{c_{p \cdot \rho}} \cdot \left(\frac{\partial^2 T}{\partial x^2} + \frac{\partial^2 T}{\partial y^2} + \frac{\partial^2 T}{\partial z^2} \right) \,. \tag{10.9}$$

468

Die Mathematik liefert für einige Sonderfälle geschlossene Lösungen der Wärmeleitungsdifferentialgleichung, nach A. SCHACK [10.12].

Keiner dieser Sonderfälle spiegelt auch nur annähernd die Bedingungen im Verbrennungsmotor wider. Deshalb ist man auf Näherungsverfahren, bei denen beliebige Wärmeströme im Bauteil zugelassen werden dürfen, angewiesen. Ein geeignetes Näherungsverfahren ist das Finite-Differenzen-Verfahren, das von A. SCHACK [10.12] und schon sehr viel früher von E. SCHMIDT [10.13] angegeben wurde. Hierbei werden in der allgemeinen Differentialgleichung für die Wärmeleitung Gl. (10.9) statt der unendlich kleinen Änderungen, Änderungen von endlicher Größe eingesetzt. Es entsteht eine sogenannte Differenzengleichung für die Wärmeleitung. Das zu berechnende Bauteil wird in kleine endliche Schichten der Dicken Δx, Δy, Δz in die drei Raumrichtungen aufgeteilt. Ebenso wird die gesamte zu betrachtende Zeitspanne in kleinere Zeitabschnitte Δt zergliedert.

Mit der Finite-Element-Methode (FEM) [10.14] existiert neben dem Differenzenverfahren eine weitere Möglichkeit zur näherungsweisen Lösung der Differentialgleichung (10.9). Grundgedanke der FEM ist es, den zu untersuchenden Körper in endlich viele Elemente zu unterteilen und für die physikalische Zustandsgröße elementweise lokale Ansatzfunktionen zu definieren, um dann durch Verknüpfung der Ansätze unter Berücksichtigung der in der Differentialgleichung enthaltenen Informationen zu einem Gleichungssystem, dessen Lösung die gesuchte physikalische Größe in den sogenannten Knotenpunkten ist, zu gelangen. Gegenüber dem Differenzenverfahren besteht hinsichtlich der Geometrie des zu untersuchenden Körpers mehr Flexibilität, jedoch ergeben sich weitaus größere Rechenzeiten.

10.3.1.3 Berechnungsmodell und Simulationsergebnisse

Die verschiedenen Wärmeübergangsgleichungen lassen sich mit der mehrdimensionalen instationären Differentialgleichung der Wärmeleitung zu einem Wärmeflußmodell zusammenfügen [10.8]. Die Differentialgleichung zur Berechnung der Temperaturfelder in den Brennraumwänden und in der Motorgehäusewand muß mit Näherungsverfahren gelöst werden. Hierzu eignet sich besonders die Finite-Element-Methode oder das Finite-Differenzen-Verfahren.

Eine Reihe von Eingangsgrößen für das Simulationsmodell ergibt sich aus dem Motorbetriebspunkt. Mit einer Kreisprozeßrechnung erhält man daraus den Arbeitsgasdruck und die Arbeitsgastemperatur. Zusätzlich müssen die Motorgeometrie, die Stoffwerte der Bauteile und der Kühlmittel, der Kühlmittelvolumenstrom und die Temperatur der Umgebung in die Modellrechnung eingehen.

Als Beispiele sind in den Bildern 10.17, 10.18 und 10.19 die Ergebnisse von solchen Modellrechnungen dargestellt. Diese Ergebnisse stimmen gut mit praktischen Meßwerten von Prüfstandsversuchen überein.

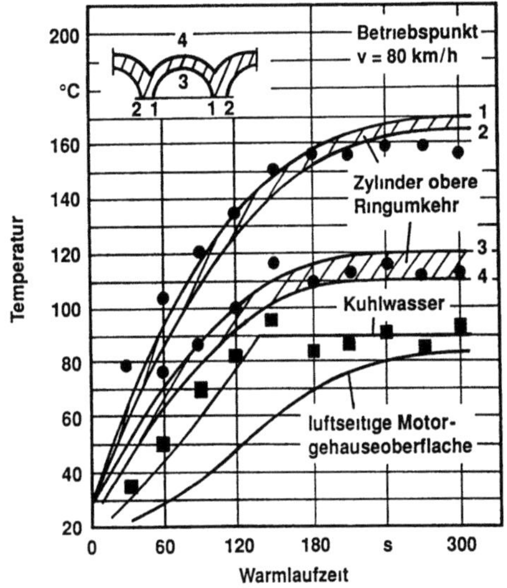

Bild 10 17   Berechneter Temperaturverlauf von Bauteilen und Kuhlmittel wahrend der Warmlaufphase eines 1,3-l-Ottomotors nach [10 8]

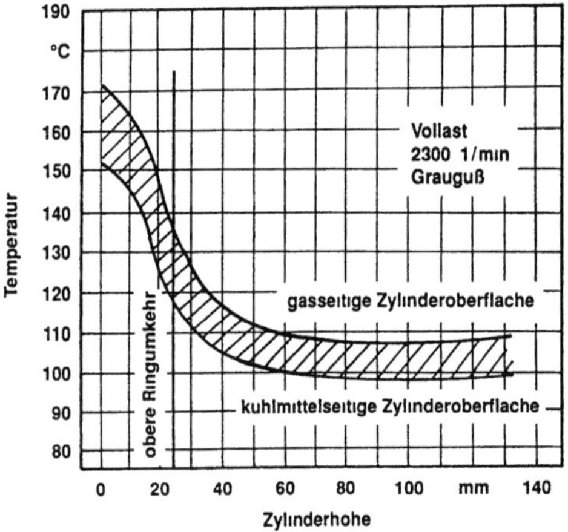

Bild 10 18   Berechneter Temperaturverlauf uber der Zylinderhohe eines 1,8-l-Dieselmotors nach [10 8]

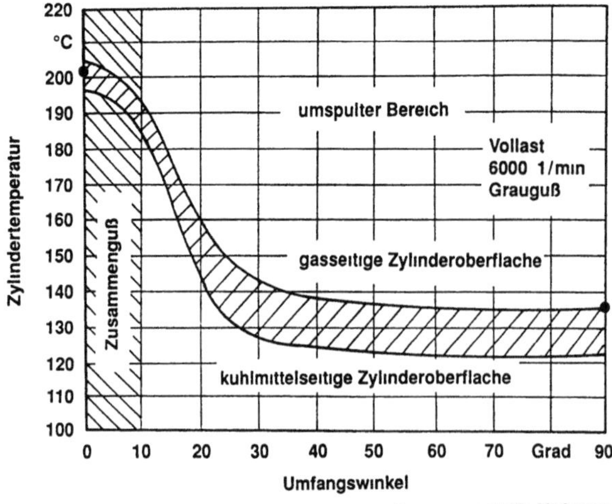

Bild 10 19   Berechnete Temperaturunrunde in Zylinderumfangsrichtung bei zusammengegossenen Zylindern eines 1,3-l-Ottomotors nach [10 8]

DIE ZUVERLÄSSIGEN TYPEN VON BEHR

MILLIONEN FAHREN GUT MIT IHREN PRO-DUKTEN, DOCH KEINER DENKT AN SIE - DREI VON 9.000 BEHR-MITARBEITERN

Behr – das sind über 9 000 Menschen, die weltweit alles für die Kraftfahrzeug-Klimatisierung und Motorkühlung liefern. Sie finden unsere Systeme überall dort, wo es auf Qualität ankommt. Von der Luxuslimousine bis hin zu schweren Brummis. Unsere Kunden stellen höchste Ansprüche. Deshalb sind Klima- und Kühlsysteme von Behr mehr als einfach nur technische Spitzenleistungen.

Behr GmbH & Co. Postfach 30 09 20, D-70449 Stuttgart

BEHR
AUTOMOBILTECHNIK

10.3.2 Modulare Verfahren zur Dimensionierung von Kühlsystemen

10.3.2.1 Konzeption des Verfahrens

Bei der Fahrzeugentwicklung werden zunehmend Berechnungsverfahren für die Auslegung und Dimensionierung der Fahrzeugsysteme eingesetzt. Dadurch kann der Entwicklungsaufwand bei gleichzeitiger Steigerung der Entwicklungstiefe und Auslegungssicherheit reduziert werden.

In der Literatur finden sich mehrere umfassende Arbeiten über Auslegungsverfahren für Fahrzeugkühlsysteme. Die erste geschlossene Betrachtung des Kühlsystems wurde von K.-D. EMMENTHAL [10.15] vorgelegt. Ziel des Verfahrens ist die Berechnung von stationären Daten des Kühlsystems. Instationäre Funktionswerte des Kühlsystems wurden erstmals in dem von E. C. CHIANG et al. [10.16] entwickelten Berechnungsverfahren bestimmt. Berechnungsergebnisse hoher Genauigkeit erhält N. DEUSSEN [10.17], während U. ESSERS et. al. das Kühlsystem klimatisierter Automobile beschreiben [10.18].

Das im folgenden besprochene Verfahren zur Auslegung des Fahrzeugkühlsystems ist modular aufgebaut [10.17]. Jede Komponente wird isoliert betrachtet und kann in ihrer Wirkung eindeutig beschrieben werden. Dadurch liegen alle Schnittstelleninformationen für eine flexible Vernetzung der Komponenten vor. Die Ergebnisse der Berechnung sind *quasistationäre* Funktionsdaten des Kühlsystems mit vergleichsweise hoher absoluter Genauigkeit.

Das hier vorgestellte Verfahren bezieht sich auf das im Abschnitt 10.2.1. beschriebene Flüssigkeitskühlsystem (Bild 10.1), wobei folgende Randbedingungen beachtet werden müssen. Da bevorzugt Daten an der Kühlsystemauslegungsgrenze berechnet werden, kann die Regelfunktion des Thermostaten vernachlässigt werden, und er wird als voll geöffnet angenommen. Ebenso wird der Heizungswärmetauscher als nicht durchströmt betrachtet. Zur weiteren Vereinfachung soll an dieser Stelle das System keinen Motorölkühler enthalten.

Bei der Einbindung des Klimasystems, der Motorlastparameter und des Ölwärmestroms aus dem Automatikgetriebe in das Verfahren ergeben sich die Schnittstellen zur Kühlsystemumgebung. Für die Berechnung des Klimasystems wird ein weiteres Auslegungsverfahren angewendet. Die damit berechnete Schnittstelleninformation zur Kühlsystemauslegung besteht in der Temperaturverteilung auf der Luftaustrittsseite des Kondesators. Dieses Temperaturprofil ist Eingangsgröße für den Wasserkühler.

Die Motorlastparameter Drehzahl und Drehmoment werden in einem Fahrleistungsblock aus den Größen Fahrgeschwindigkeit, Straßensteigung, Gesamtmasse des Fahrzeugs und Umgebungsströmung berechnet. Der Wärmestrom des Automatikgetriebes wird abhängig von Motordrehzahl, -drehmoment und Fahrstufe beschrieben. Diese Schnittstelleninformation wird für jeden Lastpunkt berechnet.

Während der Berechnung greift das Programm auf Funktionskennfelder für die Komponenten zu und nähert sich schrittweise an die stabilen Endergebnisse an. Die Subsysteme für das Kühlmittel, die Kühlluft etc. werden nacheinander berechnet. Das Verfahren wiederholt die einzelnen Berechnungsschritte, bis im Gesamtergebnis eine stabile Lösung erreicht wird. Als Voraussetzung für diesen Lösungsweg müssen alle Module des Programms im gesamten zulässigen Eingabewertebereich eindeutige Ausgabegrößen ergeben. Dann kann die berechnete stabile Lösung als richtiges Gesamtergebnis betrachtet werden.

Im folgenden werden nun die einzelnen Module des Programms vorgestellt und es wird die Art der Berechnung beschrieben.

10.3.2.2 Kühlmittelkreislauf

In dem Modul Kühlmittelkreislauf werden die Funktionsdaten des Flüssigkeitssystems berechnet. Im Bild 10.20 ist er mit seinen wesentlichen Ein- und Ausgabedaten, die das physikalische Verhalten der

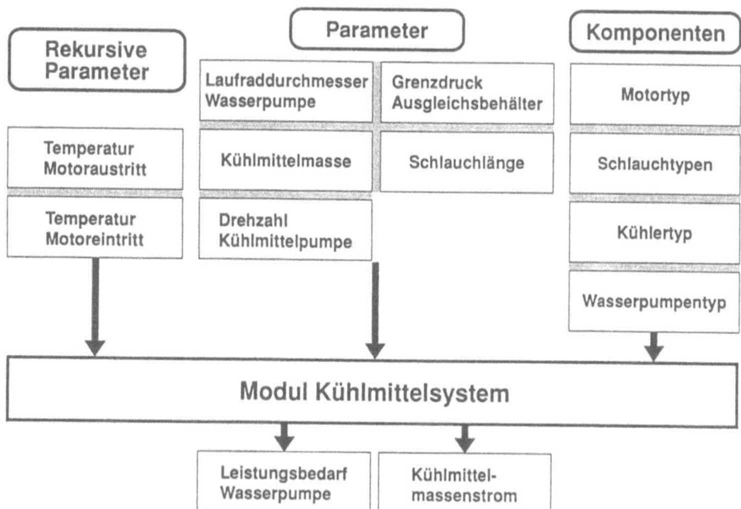

Bild 10.20. Modell und Prozeßparameter des Kühlmittelkreislaufs.

Teilsysteme beschreiben, dargestellt. Die rekursiven Parameter im Bild 10.20 sind Größen, die im betrachteten Unterprogramm nicht bestimmt werden können. Sie werden in anderen Programmbereichen berechnet und ändern sich bei jedem Durchlauf. Die Parameter sind für den Anwender beeinflußbare Größen, mit denen Optimierungsschritte durchgeführt werden können. Die Komponenten werden durch mehrdimensionale Datenvektoren beschrieben, wobei eine eindeutige Zuordnung zwischen Bauteil und Vektor besteht.

Zunächst wird der Druck im Ausgleichsbehälter, der aus den geometrischen Daten Füllmenge im Kühlsystem, den Schlauchabmaßen und den Werten für die Schlauchelastizität, Elastizität von Kühler und Ausgleichsbehälter sowie den Temperaturen im Kühlsystem berechnet wird, bestimmt. Der Druck im Ausgleichsbehälter entspricht dem Druck am Eintritt der Wasserpumpe. Mit den Parametern Pumpendrehzahl und angenommenem Kühlmittelvolumenstrom läßt sich der Pumpenaustrittsdruck aus dem Kennfeld der Wasserpumpe entnehmen. Für die Restkomponenten des Flüssigkeitssystems liegen aus Versuchen die Druckverlustbeiwerte über dem Durchfluß vor. Es kann aus der Förderdruckdifferenz zwischen Pumpenein- und -austritt ein neuer Kühlmittelvolumenstrom berechnet werden. Der neu berechnete Wert wird wieder in das Gleichungssystem eingesetzt. Dieser iterative Weg wird solange fortgesetzt, bis die Änderung der jeweils neu berechneten Zielgröße ein Abbruchkriterium unterschreitet.

Der Kühlmittelkreislauf ist ein System mit ausgeprägt stabilem Verhalten. Die gesuchte Zielgröße läßt sich in wenigen Durchläufen der Berechnungsschleifen ermitteln.

10.3.2.3 *Lüfter und Lüfterkupplung*

Auch der Lüfter und seine Kupplung werden als eigenständiges Modul, mit dem die Lüfterdrehzahl berechnet werden soll, behandelt. Der Lüfter wird in dem vorliegenden Fall von der Wasserpumpenwelle über eine hydrodynamische Kupplung angetrieben. Das Übertragungsverhalten dieser Visko-Lüfterkupplung läßt sich in mehrere Betriebsbereiche einteilen.

Ein Bimetallelement an der Kupplungsvorderseite läßt die Arbeitsflüssigkeit erst oberhalb der Schalttemperatur von ca. 70 °C in den Arbeitsraum strömen. Bis zu dieser Schalttemperatur wird das übertragene Drehmoment von der Schlupfdrehzahl zwischen An- und Abtrieb, geringfügigen Leckagen in der Lüfterkupplung und durch das Reibmoment des Wälzlagers zwischen An- und Abtriebsseite der Kupplung bestimmt.

Nach Erreichen der Schalttemperatur wird die Überströmöffnung in der Kupplung freigegeben, das übertragene Drehmoment steigt etwa um den Faktor 10. Bei hohen Fluidtemperaturen in der Kupplung wird zum Schutz des Bauteils der Flüssigkeitsstrom durch ein zweites Bimetallelement gedrosselt. Es stellt sich ein übertragenes Drehmoment, dem etwa eine konstante Schlupfleistung in der Kupplung entspricht, ein.

Das Drehmoment der Lüfterkupplung läßt sich eindeutig über die Variablen Antriebsdrehzahl (Wasserpumpendrehzahl), Abtriebsdrehzahl (Lüfterdrehzahl), Anblasetemperatur und Anblasegeschwindigkeit zuordnen. Das Lüfterdrehmoment ist näherungsweise dem Quadrat der Lüfterdrehzahl proportional und wird außerdem vom Luftvolumenstrom und von der Lufttemperatur beeinflußt.

Aus dem Drehmomentkennfeld des Lüfters und dem der Lüfterkupplung kann iterativ die Lüfterdrehzahl berechnet werden.

10.3.2.4 Kühlluftsystem

Zu dem Modul des Kühlluftsystems wird der gesamte Bereich der Innenströmung vom Kühllufteintritt im Vorderwagen bis zum Luftaustritt am Unterboden des Fahrzeuges gezählt. Ziel ist es, für eine gewählte Karosseriestruktur und die Einbauten die Druckverluste der Luftströmung, die Verteilung der Luftströmung in der Kühlerebene und daraus den Volumenstrom der Luft durch den Kühler zu berechnen.

In einem speziellen Prüfstandsversuch kann an dem betrachteten Fahrzeugvorderwagen nur der Druckverlust der gesamten Kühlluftführung vom Fahrzeugeintritt bis zum Luftaustritt bestimmt werden. Bei der gleichen Messung wird auch das Geschwindigkeitsfeld der Luftströmung vor dem Kühler, das im wesentlichen von der Geometrie, der Lüfterdrehzahl und der simulierten Fahrgeschwindigkeit abhängt, gemessen. Die Druckverlustbeiwerte des Kühlers auf der Luftseite bei homogener Durchströmung sind bekannt.

Mit der Kenntnis des Geschwindigkeitsprofils am Kühler aus dem Prüfstandsversuch kann der gemittelte Druckverlust am Kühler berechnet werden. Mit diesem Kühlerdruckverlust kann der Druckverlust des restlichen Kühlluftsystems, der nur vom Luftvolumenstrom, nicht aber von der Luftgeschwindigkeitsverteilung in der Kühlerebene abhängt, bestimmt werden.

Bei der Durchströmung des Fahrzeuges wird die Luft durch die Kühlluftführung, durch den Kondensator der Klimaanlage, durch den Wasserkühler und durch die Motoroberfläche aufgeheizt, so daß der Volumenstrom ständig bis zum Austritt am Fahrzeugunterboden ansteigt.

Mit den mittleren Temperaturen an den einzelnen Bilanzflächen der Luftströmung wird der Gesamtdruckabfall aus den Druckverlustbeiwerten der einzelnen Komponenten für einen angenommenen Kühlluftmassenstrom berechnet. Aus dem Lüfterkennfeld läßt sich für den korrespondierenden Luftvolumenstrom mit der Lüfterdrehzahl der Gesamtdruckanstieg im Lüfter ermitteln.

Aus dem Druckanstieg im Lüfter und der Druckdifferenz zwischen Lufteintritt und -austritt durch den Fahrtwind wird der Fördergesamtdruck im Kühlluftsystem errechnet. Er muß nach iterativer Berechnung der Zielgröße Luftmassenstrom dem Gesamtdruckabfall im Kühlluftsystem entsprechen. Nach der Ermittlung des Luftvolumenstroms liegt auch die exakte Geschwindigkeitsverteilung in der Kühlerebene vor.

10.3.2.5 Wärmebilanz an Motor und Motoroberfläche

Für die Auslegung des Kühlsystems haben die Wärmeströme, die der Motor an das System abgibt, zentrale Bedeutung. An einem Motorenprüfstand lassen sich die Wärmeströme in Kühlmittel und Motorenöl als Funktion der eingestellten Lastparameter ermitteln. Diese Messung wird hier als Medienwärmebilanz oder Wärmeflußmessung bezeichnet.

Zunächst soll das Ölsystem betrachtet werden. Für gegebene Kühlmittel-, Öl- und Ansauglufttemperaturen kann im jeweiligen Motorlastpunkt der in das Öl abgegebene Wärmestrom aus der Wärmebilanzmessung entnommen werden. Da das vorliegende Fahrzeugkonzept keinen Ölkühler aufweist, muß der gesamte Ölwärmestrom an der Motoroberfläche abgeführt werden. Der im Motorraum befindliche Teil dieser Oberfläche wird mit der warmen Kühlerabluft umströmt, der unter dem Fahrzeug freiliegende Teil der Ölwanne wird von der Umgebungsluft angeblasen. Für beide Flächen sind die Parameter für den Wärmeaustausch bekannt, und es kann der übertragene Wärmestrom berechnet werden. Dieser Oberflächenwärmestrom muß dem vom Motor abgegebenen Ölwärmestrom durch Variation der Öltemperatur angepaßt werden. Ergebnis dieser Iterationsschleife ist die Öltemperatur.

Mit der Öltemperatur und den anderen Parametern kann der Wärmeflußmessung der Kühlmittelwärmestrom entnommen werden. Ein Teil des Kühlmittelwärmestromes wird ebenfalls an der Motoroberfläche abgeführt. Der entsprechend verminderte Kühlmittelwärmestrom wird dem Kühlsystem zugeführt.

10.3.2.6 Wärmebilanz am Kühler

Dem Kühlwasser wird in einem stabilen Betriebspunkt im Kühler der gleiche Wärmestrom, der durch den Motor und den im Wasserkasten des Kühlers angeordneten Wärmetauscher für das Automatikgetriebe zugeführt wird, wieder entzogen.

Da die Strömung der Kühlluft nicht homogen über den Kühler verteilt ist, müssen die Wärmeströme jeweils für kleine Elemente des Kühlers berechnet werden. An jedem einzelnen Element sind die Zuströmtemperatur und der partielle Massenstrom bekannt. Mit diesen Eingabedaten und den Wärmeübergangsparametern wird nach der Ähnlichkeitstheorie für Wärmeübergang im Kreuzstrom der Wärmestrom am Element bestimmt.

Die Summe der partiellen Wärmeströme ergibt den gesamten am Kühler übertragenen Wärmestrom. Ist in dieser Schleife ein stabiler Endwert errechnet worden, sind alle Funktionsdaten an den Schnittstellen des Verfahrens ermittelt und können ausgegeben werden.

10.3.2.7 Medienwärmeflußmessung am Vollmotor

Am Beispiel des Moduls Wärmeflußmessung am Vollmotor sollen einige wesentliche Meßergebnisse aus Prüfstandsversuchen besprochen werden, um die Art der Abstützung auf Versuche und die Berechnung zu zeigen. Das Bild 10.21 zeigt einen Motor am Prüfstand mit den von ihm abgegebenen Wärmeströmen und den Prozeßparametern. Zu den hier festen, die Wärmebilanz beeinflussenden Größen gehört auch der Oberflächenwärmestrom.

Der Motor gibt über seine Oberfläche Wärme an seine Umgebung ab. Dieser Wärmestrom ist von der Umströmung des Motors mit Luft und den Temperaturdifferenzen zwischen Umgebung und Motoroberfläche abhängig. Aus diesem Grund sind die Wärmeströme am Motorprüfstand und im Fahrzeug unterschiedlich, da die Wärmeübergangsparameter wesentlich voneinander abweichen. Bei der exakten Bestimmung der Wärmeströme im Kühlmittel und Öl darf der Oberflächenwärmestrom daher nicht vernachlässigt werden.

Am Prüfstand wird der Oberflächenwärmestrom des Motors berechnet und geregelt, um so bei den Wärmeflußmessungen zu einheitlichen und direkt vergleichbaren Medienwärmeströmen zu kommen. Die Ölwanne und der Ölfilterkopf sind gegen Wärmeverluste isoliert. Die restliche Motoroberfläche wird mit Luft aus der Lüftungsanlage umströmt. Aus der wirksamen Motoroberfläche und den Wärmeübergangsparametern wird im Prüfstandsprozeß die erforderliche Anblasegeschwindigkeit, die dann über die Regeleinrichtung der Lüftung eingestellt wird, errechnet. Neben dem Oberflächenwärmestrom sind die Motorbetriebsparameter Motordrehzahl und -drehmoment und Ansauglufttem-

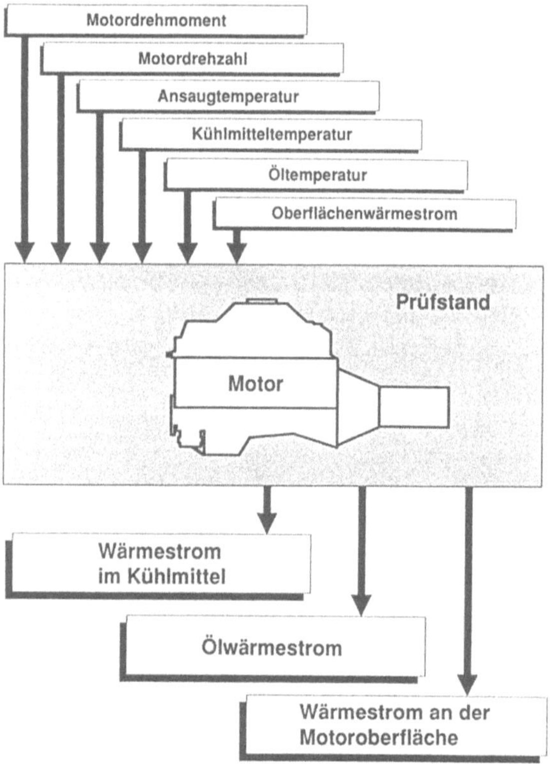

Bild 10.21. Medienwärmebilanz am Vollmotor mit den Einflußgrößen und Meßgrößen.

peratur sowie die Medientemperaturen von Kühlmittel und Öl zu berücksichtigen. Insgesamt sind also die Medienwärmeströme von sechs Parametern abhängig.

Da nur die Wärmebilanz an der Kühlungsauslegungsgrenze interessiert, wird für die Motoransaugluft eine Temperatur von z. B. 50 °C eingestellt. Sie ist hier bei etwa 38 °C Außentemperatur zu erwarten. Die Ansauglufttemperatur wirkt sich über die digitale Motorsteuerung auf den Motorprozeß aus. Alle anderen Parameter müssen in Stufen variiert werden und führen zu insgesamt 300 bis 400 Betriebspunkten, die eine vollständige Wärmeflußmessung ergeben. Die Messung wird an einem automatisch gesteuerten Prüfstand, der die Sollwerte einstellt und stabile Lastpunkte in ein Datenfeld zur Weiterverarbeitung überträgt, durchgeführt.

Einige der genannten Abhängigkeiten sollen für einen 3,5-l-Ottomotor mit 6 Zylindern dargestellt werden. Die wesentliche Abhängigkeit besteht in der Zuordnung der Motorlastparameter zum Wärmestrom. Bild 10.22 zeigt den Kühlmittelwärmestrom in einer dreidimensionalen Grafik über der Motordrehzahl und dem Motordrehmoment. Die Kühlmittel- und die Öltemperatur betragen 80 °C. Der Wärmestrom steigt mit zunehmender Drehzahl und etwas geringer mit zunehmendem Drehmoment nahezu linear an. Dadurch ergibt der Wärmestrom im Kühlmittel näherungsweise eine geneigte Ebene im Motorkennfeld. Im Kennfeldmittel beträgt der Wärmestrom das 1,05fache der effektiven Motorleistung. Bei niedrigen Drehzahlen wird relativ mehr Wärme abgeführt, bei hohen Drehzahlen sinkt der spezifische Wärmestrom bis auf ca. 0,55.

Bild 10.23 zeigt den Ölwärmestrom im gleichen Kennfeld. Hier ist eine andere Abhängigkeit erkennbar. Der Wärmestrom steigt geringfügig linear mit dem Drehmoment, progressiv dagegen mit der Motordrehzahl. Diese Abhängigkeit ist aus der Literatur auch von der Motorreibleistung bekannt.

476

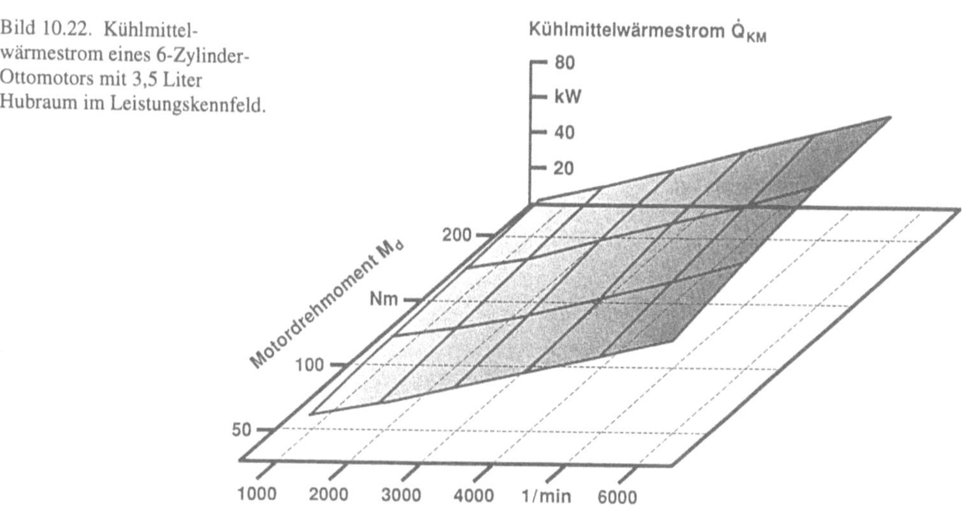

Bild 10.22. Kühlmittel-
wärmestrom eines 6-Zylinder-
Ottomotors mit 3,5 Liter
Hubraum im Leistungskennfeld.

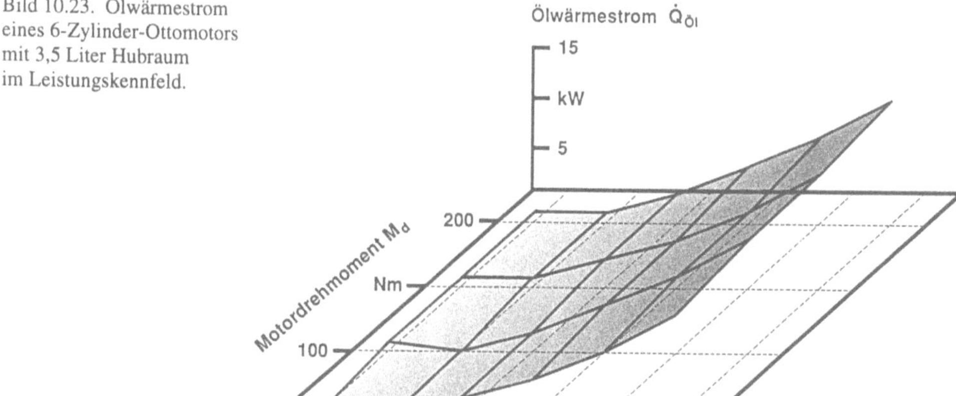

Bild 10.23. Ölwärmestrom
eines 6-Zylinder-Ottomotors
mit 3,5 Liter Hubraum
im Leistungskennfeld.

Es ist daher anzunehmen, daß der überwiegende Anteil des Ölwärmestroms aus der Reibleistung des Motors stammt. Bei Drehzahlen unter 2500 min^{-1} sind nur ca. 10 % des maximalen Ölwärmestroms meßbar. Dieser Grundwärmestrom wird dem Öl durch Wärmeaustausch im Motorgehäuse zugeführt.

Bild 10.24 zeigt für einen 1.8-l-Vierzylindermotor die Zuordnung der gemittelten Medienwärmeströme zu den hier gleichen Temperaturen in Kühlmittel und Öl. Erwartungsgemäß sinken Kühlmittelwärmestrom $\dot{Q}_{KM}$ und Ölwärmestrom $\dot{Q}_{Öl}$ mit steigender Temperatur, weil die treibende Temperaturdifferenz zwischen den Medien und der Zylinderfüllung sinkt. Die Absolutbeträge der Wärmeströme zeigen bei diesen Betriebsbedingungen ein Verhältnis $\dot{Q}_{KM}$ zu $\dot{Q}_{Öl}$ von 5,3 bis 5,9.

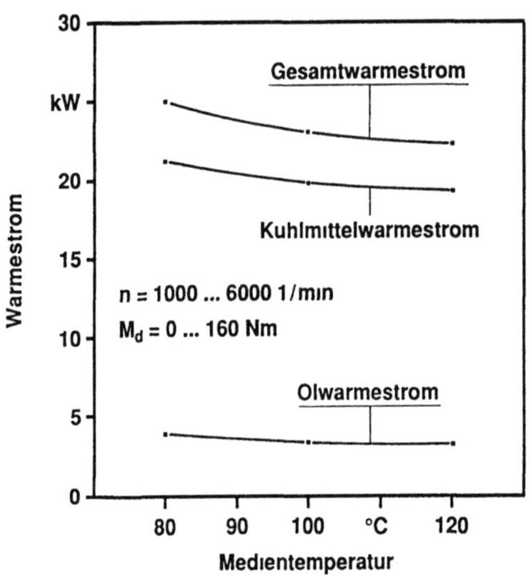

Bild 10 24   Anderung der gemittelten Medienwarme-
strome mit der Temperatur

10.4   Fahrzeuginnenströmung

10.4.1   Kühlluftsystem

Bei der gebrauchlichsten Anordnung mit Frontmotor befindet sich der Motor mit den Komponenten des Kuhlsystems im Fahrzeugvorderwagen Der uberwiegende Anteil der Personenkraftwagen wird mit flussigkeitsgekuhlten Motoren ausgestattet Das Kuhlsystem fuhrt die im Motor zugefuhrte Warme im Wasserkuhler an den Kuhlluftstrom ab Bild 10 25 zeigt einen Fahrzeugvorderwagen im Langsmittelschnitt Im folgenden werden am Beispiel dieses Fahrzeugkonzeptes die Stromungsfuhrung und die Bauteile des Kuhlluftsystems diskutiert, vgl auch Abschnitt 4 4 12 Die Erkenntnisse aus dieser Betrachtung lassen sich auch auf andere Anordnungen ubertragen

Die Aufgabe des Kuhlluftsystems ist es, in allen Fahrzeugbetriebspunkten eine ausreichende Menge Kuhlluft fur die Warmeabfuhr an den Warmetauschern zu fordern Die Kuhlluft soll an einer Stelle hohen statischen Druckes in die Fahrzeugaußenhaut einstromen und an einem Ort niedrigen Drucks aus dem Vorderwagen wieder ausstromen Daher befinden sich die Lufteinlaßoffnungen 1 und 2 direkt uber und unterhalb des Stoßfangers An der Luftauslaßoffnung 9 im Unterbodenbereich vorn ist der statische Druck durch die Beschleunigung der Umstromung niedrig Die Fahrzeugentwickler

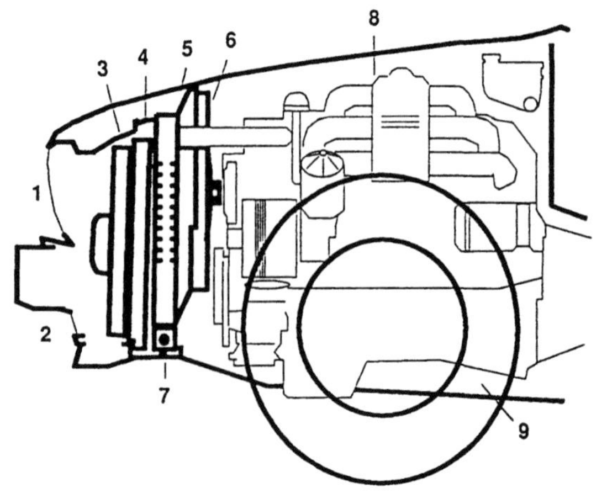

Bild 10 25   Kuhlluft-
system an einem
Fahrzeug mit Motor in
Langsanordnung
Bauteile im Vorderwa-
gen im Langsmittel-
schnitt nach [10 17]

streben zur Erzielung günstiger Fahreigenschaften einen statischen Druck unter dem Umgebungsniveau an, d. h. der dimensionslose Druckbeiwert c_{pu} ist kleiner als Null. Man erreicht hier niedrige Drücke durch eine niedrige Frontspoilerkontur.

Vom Lufteintritt 1 und 2 strömt die Luft durch die vordere Kühlluftführung, den Einlaßkanal, zu den Wärmetauschern Kondensator der Klimaanlage 4, dem Kühler 5 und dem Ölkühler 7. Die Fläche des Einlaßkanals nimmt von der Eintrittsöffnung bis zu den Wärmetauschern zu und die Strömungsgeschwindigkeit damit ab. Diese divergente Strömung ist kritisch, und es kann besonders bei unstetigen Querschnittserweiterungen zu Strömungsablösungen und Wirbeln kommen. Dadurch geht ein Teil der Energie der Strömung verloren, und die nachfolgenden Wärmetauscher werden ungünstig angeströmt. Deshalb ist im Einlaßkanal eine stetige Querschnittserweiterung besonders wichtig.

Fahrzeuge mit Klimaanlage führen die Abwärme aus dem Klimasystem über einen Kondensator an die Kühlluft ab. Dieser Kondensator 4, hier zusammen mit einem elektrischen Zusatzlüfter 3 verbaut, wird in Strömungsrichtung vor dem Wasserkühler 5 angeordnet. Bei der Unterbringung mehrerer Wärmetauscher in einer gemeinsamen Kühlluftführung sollen die Netze grundsätzlich die gesamte Fläche des Einlaßkanals ausfüllen, um Rückströmungen und inhomogene Luftgeschwindigkeitsfelder in den Wärmetauschern zu vermeiden. Bei paralleler Durchströmung mehrerer Netze, hier des Wasserkühlers 5 und des Ölkühlers 7, ist auf gleiche Strömungswiderstände zu achten. Die Abluft des Kühlers wird dem Kühlerlüfter 6, der hier mechanisch über eine hydrodynamische Kupplung vom Motor angetrieben wird, über eine Zarge zugeführt. Fahrzeuge mit querliegenden Motoren haben üblicherweise elektrisch angetriebene Lüfter. Teilweise wird der elektrische Antrieb auch bei längs eingebauten Motoren und kleiner Kühlleistung bevorzugt.

Für ein homogenes Geschwindigkeitsfeld im Kühlernetz ist es günstig, den Lüfter hinter dem Kühler saugend anzuordnen. Ebenso wirkt sich eine möglichst große Überdeckung von Kühler und Lüfter aus.

Die vom Lüfter 6 geförderte Kühlluft strömt zwischen Motor 8 und der Karosserie zum Luftaustritt 9. Dieser Teil der Luftführung wird im folgenden als Auslaßkanal bezeichnet. Das Ziel bei der Gestaltung des Auslaßkanals ist eine geordnete Strömungsführung vom Lüfteraustritt bis zum Luftaustritt im Unterbodenbereich. Zur Minimierung von Rückströmungen ist bei der Festlegung des Luftaustritts ein Kompromiß zwischen einer Lage im Bereich des niedrigsten Druckes und einem großen Abstand zur Fahrzeugfront zu finden. Für eine thermische Entlastung der Bauteile auf der Saugseite des Motors ist es günstig, die Kühlerabluft direkt vom Lüfter in den Unterbodenbereich zu leiten (Motorraumkapsel).

10.4.1.1 *Auswirkung der Innenströmung auf die Fahrzeugaerodynamik*

Bei den in Fahrzeugkühlsystemen auftretenden Strömungsgeschwindigkeiten kann allgemein von inkompressibler Strömung ausgegangen werden. Die das Kühlsystem verlassende Strömung tritt bei vielen Fahrzeugen ungeführt nach unten aus. Der ohnehin geringe Impuls dieser Austrittsströmung trägt in diesem Fall nicht zum Druckanstieg im Fahrzeugheck bei.

Unter diesen Voraussetzungen kann angenommen werden, daß der Energieverlust der Innenströmung proportional zur Widerstandserhöhung des Fahrzeuges beiträgt. Im Windkanalversuch ermittelt man den Widerstandsanteil der Kühlluftströmung durch Vergleich der Widerstandsbeiwerte c_w mit und ohne Kühlluftströmung. Diese Betrachtung ist ebenfalls als Näherung anzusehen, da sich die Außenströmung in den beiden Fällen nicht gleicht und wesentliche Merkmale der Strömung, wie die Staulinienlage, verändert sein können.

Bei hohen Fahrgeschwindigkeiten in der Nähe der maximalen Geschwindigkeit ist der Förderdruckanteil des Lüfters sehr niedrig und es kann davon ausgegangen werden, daß die gesamte Kühlluftförderung durch das Druckgefälle zwischen Lufteintritt und Luftauslaß bewirkt wird. Durch das Beziehen der Leistungsverluste der Kühlluftströmung auf die Verlustleistung der Außenströmung des Fahrzeuges wird unter den oben genannten Einschränkungen der näherungsweise Zusammenhang zwischen dem Widerstandsbeiwert der Kühlluftströmung und den Parametern des Kühlluftsystems mit folgender Gleichung beschrieben:

$$c_{WK} = \left(1 - c_{pu}\right) \frac{\varphi_{KL} \cdot A_{KL}}{A_{ST}} \; . \tag{10.10}$$

Der Durchflußkoeffizient φ_{KL} errechnet sich aus dem Kühlluftvolumenstrom, bezogen auf die Kühlerstirnfläche und die Fahrgeschwindigkeit. Der Druckbeiwert am Luftauslaß c_{pu} ist vom Fahrzeugkonzept abhängig und soll für die weitere Betrachtung als konstant angenommen werden.

Offenbar steigt der Widerstandsbeiwert der Kühlluftströmung c_{wk} proportional mit dem Produkt aus der Kühlerstirnfläche A_{KL} und dem Durchflußkoeffizienten φ_{KL} des Kühlers. Da erfahrungsgemäß die Vergrößerung der Kühlerfläche die Kühlleistung mehr steigert als die Erhöhung der Massenstromdichte, soll ein Hochleistungskühlsystem mit niedrigem Widerstandsanteil einen Kühler großer Fläche, aber niedrigem Durchflußkoeffizienten, aufweisen. Weitere Optimierungsschritte bestehen in der Verhinderung von Kühlluftleckagen durch undichte Kühlluftführungen und in der Erhöhung der Kühlerablufttemperaturen. Diese Wege sind in der Vergangenheit beschritten worden. Für die Erhöhung der Kühlerablufttemperaturen ist durch die maximal zulässige Kühlmitteltemperatur und die begrenzte Wärmetauscherwirksamkeit das bei heutigen Fahrzeugkonzepten zur Verfügung stehende Potential weitgehend ausgeschöpft. In zukünftigen Fahrzeugen wird die Homogenisierung der Kühlluftströmung durch die Wärmetauscher zunehmende Bedeutung erlangen.

Neben dem Einfluß der Kühlluftströmung auf den Widerstandsbeiwert wirkt sich die Innenströmung auch auf den Auftriebsbeiwert des Fahrzeuges aus. Wie die Untersuchungen von V. RENN und A. GILHAUS [10.19] zeigen, korreliert der Widerstandsanteil der Innenströmung für unterschiedliche Fahrzeugkonzepte näherungsweise mit der Verschlechterung des Auftriebsbeiwertes an der Vorderachse. Das bedeutet, daß bei Fahrzeugen mit einem optimierten Kühlluftsystem niedrige Druck- und Kraftbeiwerte an der Vorderachse erwartet werden können. Gleichzeitig zeigt die Untersuchung aber auch, daß Bestwerte für Widerstands- und Druckbeiwerte nur durch Parametervariation und schrittweise Optimierung zu erzielen sind, denn auch die Lage und Größe der Einströmöffnungen wirken sich auf die Beiwerte aus. Große Einlaßöffnungen unter- *oder* oberhalb des Stoßfängers sind nach diesen Untersuchungen ungünstiger als aufgeteilte Flächen.

10.4.1.2 Aerodynamik der Innenströmung

Die Kühlluft wird im Fahrzeug durch die äußere Druckdifferenz zwischen Lufteinlaß und Luftauslaß sowie durch den in das Kühlluftsystem integrierten Lüfter gefördert. Die Förderdruckanteile der äußeren Druckdifferenz und des Lüfters sind je nach Fahrzeugbetriebspunkt unterschiedlich. Bei niedriger Fahrgeschwindigkeit unter ca. 20 km/h dominiert der elektrisch oder mechanisch angetriebene Lüfter, bei höheren Geschwindigkeiten überwiegt der Förderdruckanteil der Außenströmung. In der Nähe der maximalen Geschwindigkeit ist der Förderdruckanteil des Lüfters unbedeutend und kann sogar negativ werden.

Die Kühlluftströmung wirkt sich wesentlich auf das Strömungsfeld in und um den Fahrzeugvorderwagen aus. Im folgenden sollen zwei typische Betriebspunkte des Fahrzeuges besprochen werden. Bild 10.26 zeigt schematisch das Strömungsumfeld bei Vollastbetrieb. Die Lufteintrittsöffnungen oberhalb und unterhalb des Stoßfängers sind so bemessen, daß die Luft bis zum Eintritt in das Fahrzeug bereits abgebremst wird. Dadurch wird ein Teil der kinetischen Energie der Kühlluftströmung in Druckenergie umgewandelt, und die Verluste durch Wirbelbildung im Einlaßkanal werden begrenzt.

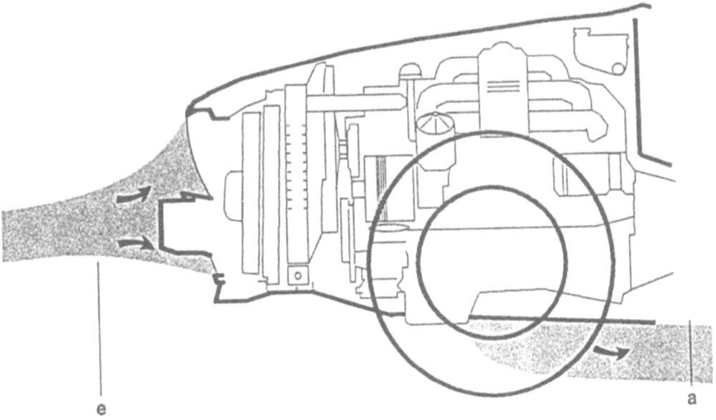

Bild 10.26. Innenstromung bei Vollastbetrieb an einem Fahrzeug mit Motor in Langsanordnung und Bezugsebenen nach [10.17].

Gleichzeitig kann durch eine relativ große Eintrittsöffnung erreicht werden, daß das Geschwindigkeitsfeld vor dem Kühler homogen ist. Die erhitzte Kühlluft strömt unter dem Fahrzeug im Bereich der Vorderachse aus und vermischt sich mit der Unterbodenströmung. Rückströmungen von Kühlluft treten in diesem Betriebspunkt nicht auf.

Bild 10.27 zeigt die Strömung im Leerlaufbetrieb ohne Überlagerung einer Umgebungsströmung. Die Kühlluftströmung wird ausschließlich durch die Förderleistung des Lüfters und den thermischen Auftrieb geprägt. Die Eintrittsströmung ist nicht mehr gerichtet, die Luft wird aus der gesamten Vorderwagenumgebung angesaugt. Auch innerhalb der Kühlluftführung saugen der Lüfter und der Zusatzlüfter die Luft ungerichtet an. Dadurch treten in diesem Betriebspunkt häufig Rückströmungen auf. Bei M. E. OLSON [10.20] finden sich Windkanalmeßergebnisse, die Zirkulationen an einem Fahrzeug ohne Kühlluftführung zeigen. Kühlluftzirkulationen vermindern die Kühlleistung, da die Wärmetauschereintrittstemperaturen wegen der zurückströmenden warmen Luft ansteigen. Der Einfluß der inhomogenen Zuströmtemperaturen auf die Kühlleistung wurde von J. P. CHIOU [10.21] untersucht.

Im Bild 10.27 sind verschiedene Formen der Zirkulationsströmung schematisch dargestellt. Die am leichtesten versuchstechnisch nachzuweisende Zirkulation vom Luftaustritt an der Fahrzeugunterseite zum Lufteintritt in der Fahrzeugfront wird besonders dann beobachtet, wenn die Luftaustrittsöffnungen in der Nahe der Fahrzeugfront liegen. Besonders ungunstige Verhaltnisse liegen dann vor, wenn der Fahrzeugströmung eine schwache Umgebungsströmung in Fahrtrichtung überlagert ist („Rückenwind").

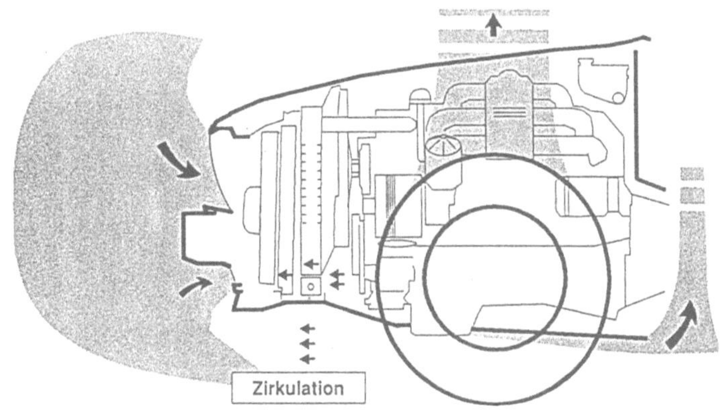

Bild 10 27 Innenstromung bei Leerlaufbetrieb. Luftforderung und uberlagerte interne und externe Zirkulationsstromung nach [10 17]

Im Bereich der Wärmetauscher können ebenfalls Rückströmungen auftreten, wenn der Lüfter *vor* dem Kühlernetz angeordnet ist oder wenn parallele Strömungswege bestehen, wie hier die Strömungen durch den Kühler, die Lüfterzarge und den Lüfter sowie parallel dazu durch den Ölkühler.

Maßnahmen gegen äußere Zirkulationen sind z. B. die Verlagerung der Austrittsöffnungen nach hinten bzw. oben. Wie im Bild 10.27 gezeigt, tritt ein wesentlicher Teil der Kühlluft oben aus den Radkästen aus, was der gewünschten Verlagerung entspricht.

Während der Fahrt befindet sich das Kühlluftsystem in Betriebspunkten, die zwischen den beschriebenen Extremen Leerlauf und Vollast liegen. Mit zunehmender Fahrgeschwindigkeit nehmen vorhandene Rückströmungen ab, zunächst die äußeren, dann die inneren Zirkulationen.

Im folgenden wird ein einfacher Ansatz für die Berechnung des Kühlluftsystems und die Beschreibung seiner Betriebsparameter hergeleitet. Bei der Berechnung werden die Verlustbeiwerte der Wärmetauschernetze, die im allgemeinen vom Hersteller gemessen werden, benötigt. Die übrigen Größen können an einer Versuchsanordnung, die vom Zweikammerprüfstand abgeleitet wurde, ermittelt werden. Bei dieser Prüfanordnung wird der Fahrzeugvorderwagen mit allen eingebauten Komponenten und Aggregaten ausschließlich durch das Kühlluftsystem durchströmt. Vor dem Eintritt der Luft in das Fahrzeug wird der Luftvolumenstrom in einer Normdüse ermittelt. Die Luft wird in der Fahrzeugzuströmung konditioniert, wobei der eingestellte Druck einem bestimmten Fahrzustand entspricht. Der Betriebszustand am Prüfstand kann mit folgender Gleichung in eine entsprechende Fahrgeschwindigkeit auf der Straße umgerechnet werden:

$$V_F = \sqrt{\frac{\rho_e \cdot c_e^2 + 2\,\Delta p_{stat,e}}{\rho \cdot \left(1 - c_{pu}\right)}} \quad . \tag{10.11}$$

Darin ist c_e die Anströmgeschwindigkeit vor dem Fahrzeug am Prüfstand. Der Druckbeiwert c_{pu} wird im Windkanalversuch ermittelt. Er berücksichtigt den bei der Umströmung des Gesamtfahrzeuges auftretenden statischen Druck am Kühlluftaustritt.

Wegen der definierten Querschnitte im Wärmetauschernetz ist es üblich, die Strömungsverluste des Kühlsystems auf die gemittelten Strömungsgeschwindigkeiten im Kühler zu beziehen. Bei der Bilanzierung der Druckverluste werden die Bezugsebenen nach Bild 10.26 herangezogen. Während der Durchströmung des Kühlluftsystems ist die Luftdichte näherungsweise konstant, da hier keine Wärme an die Kühlluft übertragen wird. Für die Ermittlung des Verlustbeiwertes des Kühlluftsystems wird die Druckdifferenz über Eintritt und Austritt des Fahrzeugvorderwagens bei stehendem Lüfter gemessen. Aus den Meßwerten läßt sich der Verlustbeiwert der Kühlluftführung durch Abzug der Verlustbeiwerte der Wärmetauschernetze nach folgender Gleichung bestimmen:

$$\zeta_{KLF} = \frac{2 \cdot \rho_e \cdot \Delta p_{ges} \cdot A_{KL}^2}{\dot{m}_L^2} - \zeta_{KK} - \zeta_{KL} - 1 \quad . \tag{10.12}$$

Nach einem zweiten Versuch wird nun mit Gl. (10.13) die Förderdruckdifferenz bei Betrieb des Lüfters berechnet:

$$\Delta p_{LU} = \frac{\dot{m}_L^2}{2\,\rho_e \cdot A_{KL}^2}\left(1 + \zeta_{KLF} + \zeta_{KK} + \zeta_{KL}\right) - \Delta p_{ges} \quad . \tag{10.13}$$

Bei der Bestimmung des Betriebspunktes für den Fahrbetrieb ist zu beachten, daß die Kühlluft in den Wärmetauschern aufgeheizt wird und dadurch der Volumenstrom ansteigt. Nimmt man an, daß sich die Verluste der Kühlluftführung zu gleichen Teilen auf Ein- und Auslaßkanal aufteilen, läßt sich der Kühlluftmassenstrom $\dot{m}_L$ im Fahrbetrieb berechnen:

$$\dot{m}_L = \rho \cdot A_{KL} \cdot \sqrt{\frac{V_F^2 \left(1 - c_{PU}\right) + \dfrac{2\,\Delta_{p_{LU}}}{\rho}}{1 + 0,5 \left(\zeta_{KLF} + \zeta_{KK} + \zeta_{KL}\right)\left(1 + \dfrac{T_a}{T_e}\right)}} \; . \tag{10.14}$$

Darin ist T_e die Temperatur der eintretenden und T_a die der austretenden Luft, siehe Bild 10.26.

Nachdem ein Ansatz für die Berechnung des Kühlluftsystems erarbeitet wurde, soll im folgenden die Verteilung der Geschwindigkeiten im Vorderwagen untersucht werden. Da bisher in der Literatur kaum Ergebnisse von Geschwindigkeitsmessungen an diskreten Punkten des Kühlluftsystemes zu finden sind, sollen die Meßergebnisse von einem Fahrzeug mit längsangeordnetem 6-Zylinder-Ottomotor als Beispiel erwähnt werden. Damit werden die grundlegenden Strukturen der Kühlluftströmung dokumentiert. Diese Ergebnisse lassen sich qualitativ auf andere Vorderwagenkonzepte übertragen.

Bei der Untersuchung wurde das Fahrzeug mit mehreren Heißfilmanemometern bestückt, und die Geschwindigkeiten wurden dem Betrag nach erfaßt. Gl. (10.14) zeigt, daß der Luftmassenstrom und damit die Geschwindigkeit bei gesamthafter Betrachtung von dem Förderdruckanteil des Lüfters Δp_{LU} und von der Fahrgeschwindigkeit V_F abhängt. Bei der Betrachtung an festen Meßorten zeigt sich, daß die beiden Einflüsse unterschiedlich stark ausgeprägt sind.

Im Bereich des Zylinderkopfes und im hinteren Vorderwagenbereich ist das Geschwindigkeitsniveau niedrig. Die Geschwindigkeit nimmt erkennbar mit der Fahrgeschwindigkeit V_F zu. Die Lüfterdrehzahl wirkt sich dagegen umgekehrt proportional aus. Mit zunehmender Lüfterdrehzahl nimmt der Betrag der Geschwindigkeit ab. Tatsächlich verlagert der Lüfter die Kühlluftströmung in den unteren Vorderwagenbereich, da er die Umlenkung der Strömung nach unten begünstigt.

Die Luftgeschwindigkeit zwischen Ölwanne und Unterbodenabdeckung ist grundsätzlich höher. Sie hängt wenig von der Fahrgeschwindigkeit, stark dagegen von der Lüfterdrehzahl ab.

Die Messung der Strömungsgeschwindigkeiten in den übrigen Bereichen des Vorderwagens zeigt, daß bei den gegenwärtigen Vorderwagenkonzepten mit weitgehend durch Zusatzaggregate verbauten Freiräumen die Durchströmung des oberen Vorderwagens keine Bedeutung für die Kühlluftströmung besitzt und es besser ist, bei der Gestaltung die gezielte Strömungsführung vom Lüfteraustritt *unter* den Motor bzw. zu hinten gelegenen Luftaustritten anzustreben. Ein Beispiel für dieses Vorgehen ist die Kühlluftführung des UNI CAR, die U. Essers et al. [10.22] beschrieben haben.

10.4.1.3 *Luftgeschwindigkeitsverteilung in der Kühlerebene*

Wichtiger noch als die Geschwindigkeitsfelder im Vorderwagen ist das Zuströmprofil vor Kühler und Kondensator. Wie V. Renn und A. Gilhaus [10.19] gezeigt haben, läßt sich eine sehr homogene Zuströmung des Kühlers erreichen, wenn große Eintrittsflächen für die Kühlluftführung zur Verfügung stehen. Da der Einlaßkanal im allgemeinen nicht nach aerodynamischen Gesichtspunkten entworfen wird, und oft Störkörper wie Signalhörner usw. eingebaut werden müssen, wird die Wärmetauscherzuströmung sehr inhomogen [10.23]. J. P. Chiou [10.24] hat sich mit dem Einfluß der Strömungsinhomogenität auf die übertragene Wärmeleistung beschäftigt. Von K.-D. Emmenthal [10.17] wurde die Auswirkung der inhomogenen Kühlluftströmung auf die Auslegung des Kühlsystems und seine Betriebsparameter untersucht. Wenn man die auf Strömungsinhomogenitäten zu untersuchende Ebene in n endliche Flächenabschnitte unterteilt, kann diese Inhomogenität i mit Gl.

(10.15) definiert werden, und es läßt sich näherungsweise die Minderleistung des Wärmetauschers berechnen.

$$i = \frac{1}{n} \sum_{K=0}^{n} \frac{\left| \dot{m}_K \cdot \dfrac{A_{KL}}{A_K} - \dot{m}_{ges} \right|}{\dot{m}_{ges}} . \tag{10.15}$$

Darin bedeuten:

$\dot{m}_K$ Massenstrom durch einen Flächenabschnitt,

A_K Größe eines Flächenabschnittes,

$\dot{m}_{ges}$ gesamter Luftmassenstrom.

Bild 10.28 zeigt den Zusammenhang zwischen Inhomogenität, Luftmassestrom und Wärmetauscherleistung, hier jeweils normiert auf die Maximalwerte. Dem Diagramm liegt die Berechnung eines Aluminiumkühlers mit gelötetem Netz zugrunde. Bei Fahrzeugen mit der zur Zeit üblichen Baugruppenanordnung werden Inhomogenitäten in der Größe von i = 50 % ermittelt. Der Kühlluftstrom nimmt dadurch um 6 % und der übertragene Wärmestrom um 10 % ab. J. P. CHIOU [10.24] geht in seinem Bericht von angenommenen Geschwindigkeitsverteilungen aus. Gemessene Geschwindigkeitsprofile finden sich u. a. bei K. FUJIKAKE et al. [10.25].

Die Bilder 10.29 und 10.30 zeigen Messungen des Geschwindigkeitsprofiles an einem Fahrzeug mit Klimaanlage, Lüfter und Zusatzlüfter. Im Bild 10.29 ist die Geschwindigkeitsverteilung bei laufendem Lüfter, aber ohne elektrischen Zusatzlüfter, dargestellt. Bild 10.30 zeigt die Geschwindigkeitsverteilung bei zusätzlich betriebenem Zusatzlüfter. Das Geschwindigkeitsfeld verändert sich deutlich, wenn der druckseitig angeordnete Zusatzlüfter läuft. Die Inhomogenität steigt von i = 0,265 auf i = 0,448, da der Zusatzlüfter im wesentlichen nur auf seiner Projektionsfläche fördert. Bei beiden Darstellungen ist an der Geschwindigkeitsverteilung deutlich die Lage des Lüfters und der Nabe zu erkennen.

Zum Schluß dieses Abschnittes soll gezeigt werden, wie die Strömungsgeschwindigkeitsverteilung von der Fahrgeschwindigkeit oder dem Kühlluftmassenstrom beeinfluß wird. Dazu wurden an einem Fahrzeug ohne Lüfter und Zusatzlüfter während der Fahrt die Geschwindigkeiten an festen Punkten in der Kühlerebene gemessen. In den folgenden Bildern sind die Meßergebnisse klassiert und über der Fahrgeschwindigkeit dargestellt.

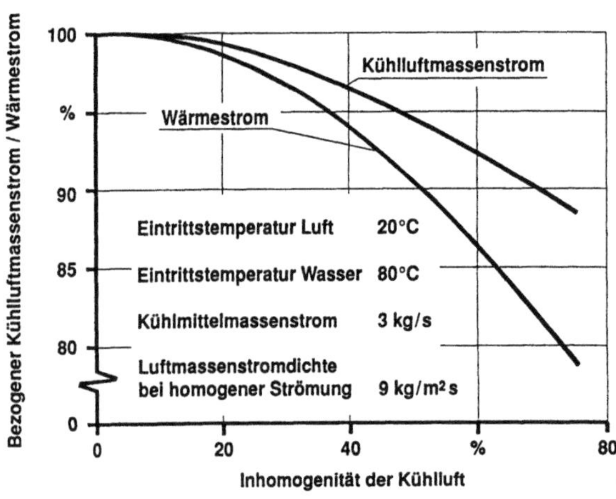

Bild 10.28. Einfluß der Strömungsinhomogenität auf Kühlluftmassenstrom und übertragene Wärmeleistung nach [10.17].

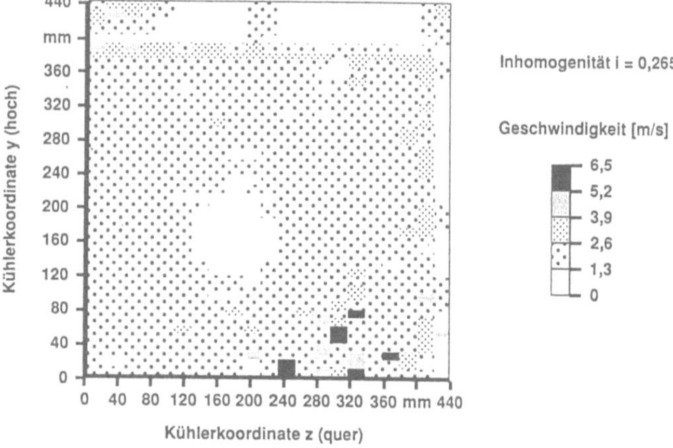

Bild 10.29. Luftgeschwindigkeitsverteilung bei ausgeschaltetem
Zusatzlüfter nach [10.17].

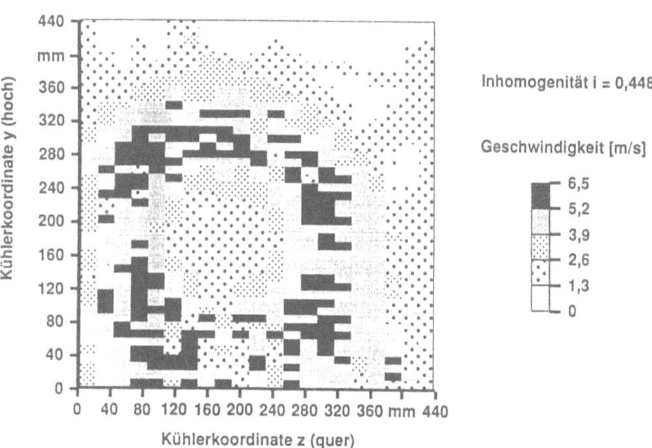

Bild 10.30. Luftgeschwindigkeitsverteilung bei eingeschaltetem
Zusatzlüfter nach [10.17].

Bild 10.31 zeigt für den Meßort 1, wie lange die verschiedenen Strömungsgeschwindigkeiten insgesamt bei den verschiedenen Fahrgeschwindigkeiten in dem betrachteten Geschwindigkeitsbereich auftreten. Durch die stochastischen Störungen der Kühlluftströmung insbesondere durch die Umfeldströmung ergibt sich im Diagramm ein Zusammenhang, der von streuenden Meßwerten überlagert ist. Die Fahrgeschwindigkeit V_F ist in x-Richtung, die Strömungsgeschwindigkeit c_{L1} in y-Richtung aufgetragen, und die Zeiten, in denen c_{L1} in Kombination mit der Geschwindigkeit V_F auftritt, sind der z-Achse zugeordnet. Die Verbindung der Punkte mit den höchsten Zeitanteilen ergibt den Zusammenhang zwischen der Fahrgeschwindigkeit V_F und der Strömungsgeschwindigkeit c_{L1}. Er ist mit einem näherungsweise konstanten Verhältnis von c_{L1} zu V_F proportional. Dieser Verlauf kann auch aus Gl. (10.14) gefolgert werden, wenn der Verlustbeiwert der Strömung nicht vom Luftdurchsatz abhängt. Die Proportionalität gilt im Geschwindigkeitsbereich bis etwa 35 m/s, dann springt die Proportionalitätskonstante auf einen kleineren Wert. An anderen Meßorten im Kühlernetz tritt ebenfalls bei 35 m/s ein Sprung in der Kennlinie auf. Teilweise ist der weitere Anstieg weniger steil, teilweise steigt die lokale Geschwindigkeit schneller an (Bild 10.32). An manchen Meßorten wird auch eine Störung im Geschwindigkeitsbereich um 35 m/s festgestellt (Bild 10.33). Die Ursache für diese sprunghaften Veränderungen im lokalen Strömungsfeld sind die Ablösung bzw. das Wiederanlegen der Strömung an Teilen des Einlaßkanals. Für die Kühlung ist diese

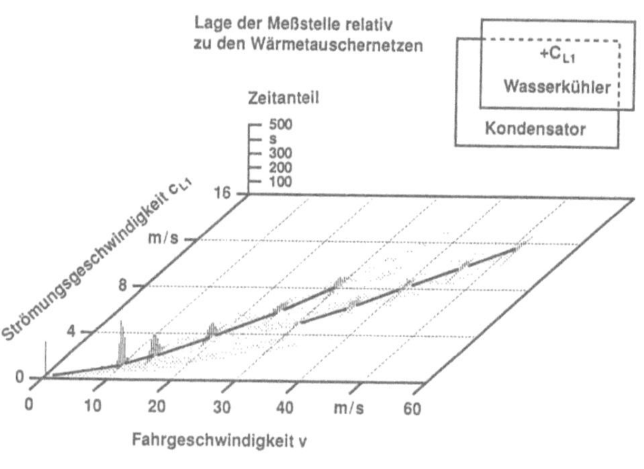

Bild 10.31. Klassierung der Strömungsgeschwindigkeit c_{L1} über der Fahrgeschwindigkeit V_F nach [10.17].

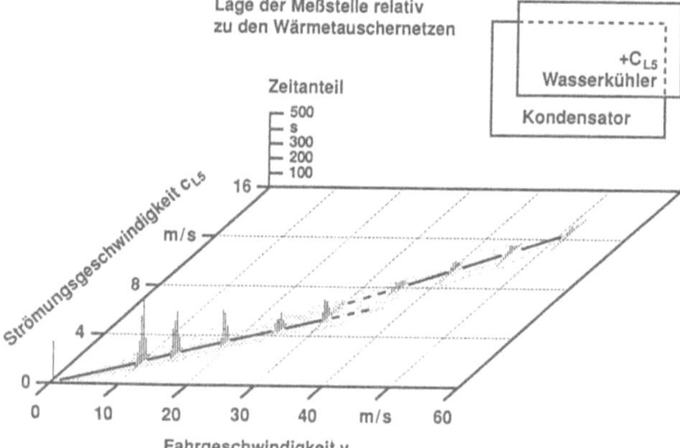

Bild 10.32. Klassierung der Strömungsgeschwindigkeit c_{L5} über der Fahrgeschwindigkeit V_F nach [10.17].

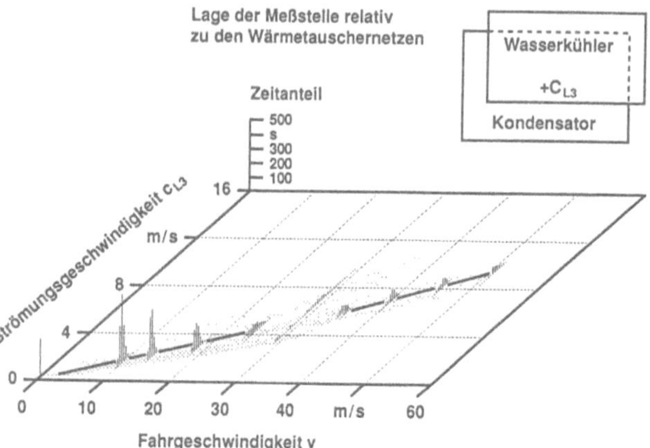

Bild 10.33. Klassierung der Strömungsgeschwindigkeit c_{L3} über der Fahrgeschwindigkeit V_F nach [10.17].

Verlagerung von Nachteil. Durch schrittweise Optimierung des Einlaßkanals und der Zuordnung der Wärmetauscher ist eine homogene Kühlerzuströmung, bei der der Kühlerwärmestrom maximal ist, zu erreichen.

10.4.2   Kühlmittelkühler

Da für die Berechnung des Kühlers als Bauteil eine große Anzahl von Publikationen, siehe z. B. [10.26], verfügbar ist, soll hier der Fahrzeugkühler mit den Schwerpunkten Konzept, Materialauswahl und Leistungsfähigkeit beschrieben werden. Die heute verfügbaren Kühlsysteme sind als Kreuzstromwärmetauscher konzipiert (Bild 10.34). Sie lassen sich in *gelötete* und *gesteckte* Systeme aufteilen.

Gelötete Kühler werden entweder mit Kupferrohren und Messinglamellen oder ganz aus Aluminium gefertigt, wobei sich inzwischen der Aluminiumkühler am Markt fast vollständig durchgesetzt hat. In diesen Systemen werden beim Lötprozeß die flachen Kühlmittelrohre gleichzeitig mit dem Rohrboden des Wasserkastens und den Lamellenblechen verbunden. Der Lötvorgang ist sehr aufwendig und erfordert eine große Produktionserfahrung bei dem Hersteller.

Gegenüber den gelöteten werden bei den gesteckten Systemen die Kühlerrohre und die Lamellenbleche durch eine Klemmung miteinander verbunden. Die runden oder ovalen Kühlerrohre werden im Wasserkasten mit einer gesonderten Dichtung abgedichtet. Die systembedingten Schwächen der gesteckten Kühler liegen in dem für den Wärmeübergang ungünstigen Rohrquerschnitt und der meist damit verbundenen Mehrfachanordnung der Rohre in Luftströmungsrichtung. Zusätzlich ist der Wärmeübergang vom Kühlerrohr zur Lamelle ungünstiger als bei gelöteten Kühlernetzen.

Da der Wärmeübergang an konvektiv gekühlten Bauteilen immer mit einem Druckverlust des strömenden Mediums verbunden ist, kann die Leistungsfähigkeit des Kühlers in einer Darstellung des übertragenen Wärmestromes über dem Druckverlust beschrieben werden, W.-H. Hucho, K.-D. Emmenthal [10.27]. Mit der zu wählenden Rippendichte und Rohrteilung kann das Verhältnis zwischen Wärmestrom und Druckverlust in weiten Grenzen beeinflußt werden. Das Verhältnis ist vom Betriebspunkt des Fahrzeuges abhängig und soll hier für zwei charakteristische Lastpunkte näher betrachtet werden. Der Betrieb bei Bergfahrt mit etwa 20 km/h ist durch niedrige Massenströme des Kühlmittels und der Kühlluft gekennzeichnet. Es wird eine Massenstromdichte der Kühlluft von 3 kg/(m² · s) und ein Kühlmittelmassenstrom von 1 kg/s zugrundegelegt. Für den Vollastbetrieb wird von einer Massenstromdichte der Luft von 12 kg/(m² · s) und einem Kühlmittelmassenstrom von 4 kg/s ausgegangen.

Das Bild 10.35 zeigt die Entwicklung der Kühler in den letzten 15 Jahren für den Betrieb bei Höchstgeschwindigkeit in der oben erwähnten Darstellung. Da der Druckverlust des Kühlmittels für die übertragene Wärme weniger entscheidend ist, wurde hier der Druckverlust der Luft als Parameter gewählt. Die übertragene Wärme wird mit der spezifischen Wärmetauscherleistung $\dot{Q}$/ETD, die sich aus der Division des Wärmestromes durch die Differenz der Kühlmittel- und Lufteintrittstemperaturen ergibt, beschrieben. Die Zahlenwerte gelten nur für eine, hier jeweils gleiche, Kühlerstirnfläche.

Bild 10.34. Schnittbild eines Kreuzstromwärmetauschers.

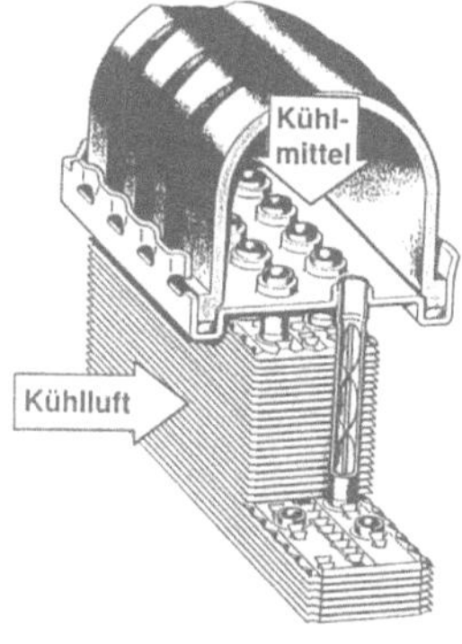

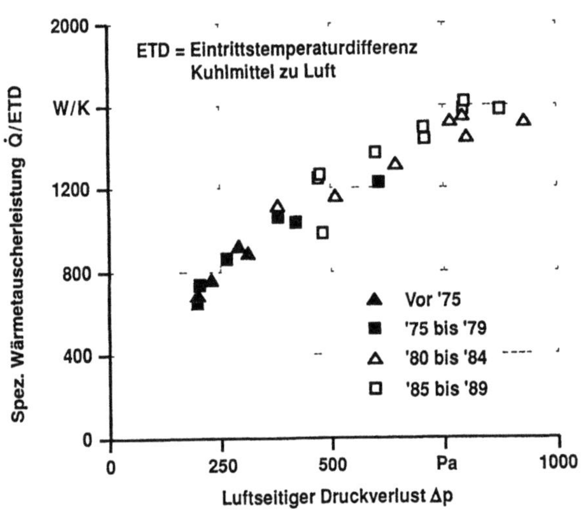

Bild 10 35 Zuordnung von Warmetauschern (Kuhler) zum Jahr ihrer Serieneinfuhrung

In dem Bild 10.35 sind nur gelötete Systeme berücksichtigt. Bis zum Jahr 1980 wurden fast ausschließlich Buntmetallkühler eingesetzt. Es zeigt sich, daß sich die Konzepte in der übertragbaren Wärme bei gleichem Druckverlust relativ wenig unterscheiden. Dagegen hat man die Auslegung der Kühler in den letzten Jahren stark verändert. Die Auslegung wurde besonders mit dem Übergang auf Aluminiumkühler zu höheren Wärmeströmen, verbunden mit höheren Druckverlusten, verschoben. Dieser Übergang auf *dichtere* Systeme führte zu kleineren Kühlerstirnflächen, die kleine Kühlluftmassenströme bewirken und damit den Luftwiderstand des Fahrzeuges durch die Kühlluftströmung verringern. Diese modernen Kompaktkühler erfordern optimierte und angepaßte Lüfterkonzepte. Mit diesem Entwicklungsstand wird das heute verfügbare Potential weitgehend ausgeschöpft. Der rechte Teil des Bildes 10.35 zeigt, daß die Kühlerentwicklung nach 1984 durch einen geringfügig verbesserten Wärmeübergang bei gleichbleibenden Druckverlusten auf der Luftseite gekennzeichnet ist. Ein Merkmal dieser Kühler sind die Turbulenzeinlagen in den Kühlmittelrohren.

Die Bilder 10.36 und 10.37 zeigen die unterschiedlichen Kühlersysteme bei ungefähr 20 km/h (Bergfahrt) und bei maximaler Geschwindigkeit. Bei niedrigen Fahrgeschwindigkeiten ist der Leistungsunterschied weniger ausgeprägt als bei hohen Geschwindigkeiten. Insbesondere bei der Maximalgeschwindigkeit zeigt sich, daß die gesteckten den gelöteten Systemen in der Leistungsfä-

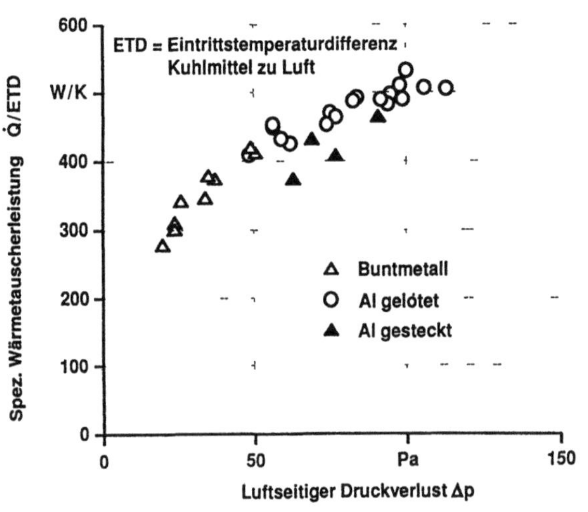

Bild 10.36. Zuordnung von Warmetauschern (Kuhler) zu ihrer Bauart bei Bergfahrt.

488

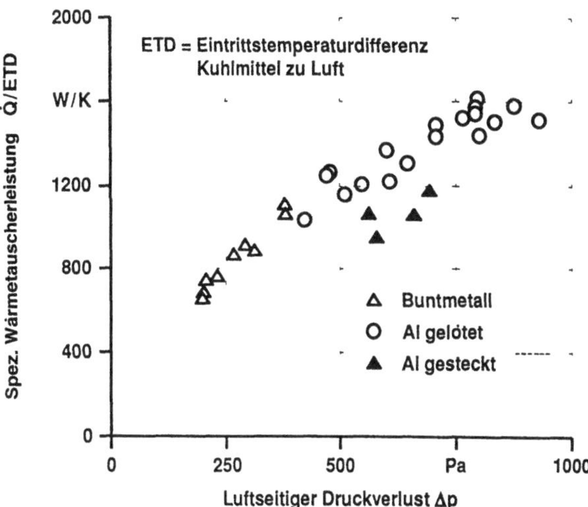

Bild 10.37. Zuordnung von Warmetauschern (Kuhler) zu ihrer Bauart bei Hochstgeschwindigkeit.

higkeit unterlegen sind. Bei der Übertragung der gleichen Wärmemenge muß auf der Luftseite ungefähr 70 % mehr Druckabfall hingenommen werden. Da die gesteckten Kühler in der Herstellung wesentlich preisgünstiger sind, findet man sie überall dort, wo die Dimensionierung der Kühler nicht kritisch ist. Hochleistungskühlsysteme dagegen erfordern in der Regel gelötete Kühler.

10.4.3 Lüfter für Kühler

10.4.3.1 Aufgaben des Kühlerlüfters

Der Kühlerlüfter hat die Aufgabe, immer dann für eine zusätzliche Kühlung zu sorgen, wenn die natürliche Durchströmung des Kühlers durch den Fahrtwind gering ist und gleichzeitig hohe Motorleistungen verlangt werden. Dieser Fall tritt z. B. bei Bergfahrten mit großer Steigung und Zuladung auf, oder im „Stop-and-Go-Betrieb" nach einer schnellen Autobahnfahrt bei hohen Außentemperaturen. In diesen Betriebsfällen wird der Lüfter gesondert entweder elektrisch oder mechanisch zugeschaltet.

Die Anforderungen an die Lüfter sind in den letzten Jahren immer stärker gestiegen, da einerseits die Motorleistungen und damit die abzuführenden Wärmemengen gestiegen sind, andererseits aber die Kühlernetze immer dichter geworden sind. Das ist die Folge der immer besser gewordenen Aerodynamik moderner Personenkraftwagen. Der Anteil des Luftwiderstandes vom Kühlsystem am Gesamtluftwiderstand ist durch den Einsaz kompakter Kühler mit guter Wärmeübertragung und mit einem hohen Strömungswiderstand ständig verringert worden. Von J. WIEDEMANN [10.28] ist der Zusammenhang zwischen dem Druckverlust und dem Luftwiderstandsanteil des Kühlsystems näher beschrieben worden, vgl. auch Abschnitt 4.4.12.

Die stärkere Motorisierung und der günstigere Widerstandsbeiwert moderner Personenkraftwagen erfordern also Lüfter, die bei relativ hohem Förderdruck einen für die Wärmeabfuhr ausreichenden Volumenstrom erzeugen. Dabei soll die Geräuschentwicklung niedrig, der Wirkungsgrad hoch sein und das Aggregat soll leicht und kompakt bauen.

Bevor auf diese Eigenschaften und Auslegungskriterien eines Lüfters eingegangen wird, sollen an Hand von drei in Serie produzierten Personenwagen und einem Sonderfahrzeug die typischen Lüfterbauarten mit den dazugehörenden Antrieben besprochen werden.

10.4.3.2 Bauarten für Lüfter und Antrieb

In Personenkraftwagen sind bis heute fast ausschließlich Axiallüfter, die sich aber in der Antriebsart, der Schaufelgeometrie und der Fertigungstechnik unterscheiden, verwendet worden.

Für Fahrzeuge bis ungefähr 80 kW Motorleistung und 300 W Antriebsleistung für den Lüfter werden üblicherweise Kühlsysteme eingesetzt, wie es am Beispiel des VW Golf Baujahr 1983 im Bild 10.38 gezeigt wird. Das ganze System von Kühler und Lüfter ist im Fahrzeug fest montiert.

Das Bild 10.39 zeigt den Motor mit Kühlerlufter in einem BMW 525i Baujahr 1990. Der Lüfter ist fest am Motor gelagert und wird über einen Keilriemen angetrieben. Die Drehzahl des Lüfters wird mit einer Visko-Kupplung in Abhängigkeit von der Lufttemperatur geregelt.

Zwischen dem Lüfter und dem Kühler, der am Fahrzeug montiert ist, befindet sich ein relativ großer Spalt von etwa 20 mm.

Das Bild 10.40 zeigt das Kühlsystem des Porsche 959 Baujahr 1986, das mit Luftkühlung für die Zylinderwände und einem wassergekühlten Zylinderkopf arbeitet. Der Axiallüfter dieses Fahrzeugs hat eine besonders große Nabe und kurze Schaufeln. Dies sind Merkmale für Axiallüfter mit großem Druckverhältnis, die in der Lage sind, die hohen Strömungswiderstände bei relativ großem Volumenstrom zu überwinden. Diese Bauart erfordert eine größere Bautiefe als die beiden oben gezeigten Systeme.

Das Bild 10.41 zeigt eine für Fahrzeugkühlsysteme ungewöhnliche Bauart. Der Kühler ist ringförmig gebogen und nimmt im Zentrum einen Radiallüfter, der die Luft axial ansaugt und radial durch den Kühler blast, auf. Derartige Kuhlsysteme werden in Sonderfahrzeugen, bei denen auf engstem Raum sehr große Wärmemengen übertragen werden müssen, eingesetzt.

Bild 10 38   Elektrolufter beim VW Golf, Baujahr 1983

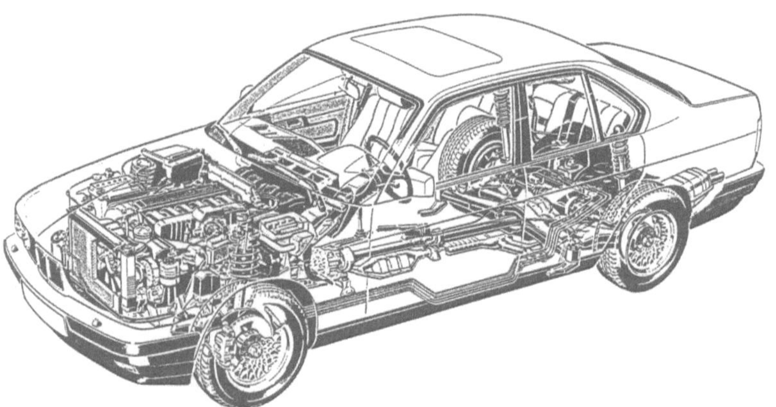

Bild 10 39
Mechanisch ange-
triebener Lufter
im BMW 525i,
Baujahr 1990.

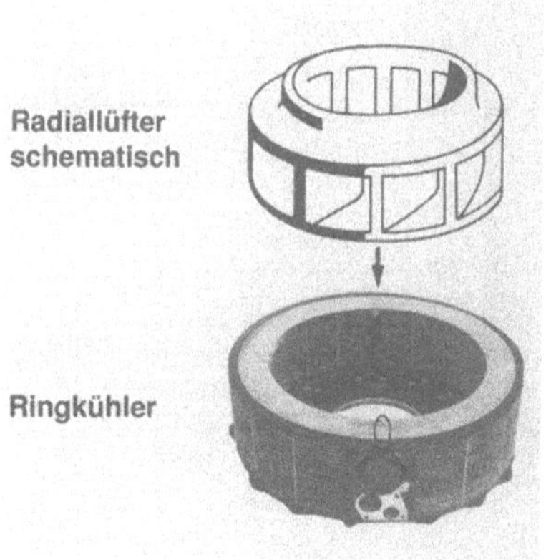

Bild 10.40. Porsche-Motor mit Hochleistungs-Axiallufter und Nachleitrad, Baujahr 1986.

Bild 10.41. Ringkuhler mit Radiallufter fur Sonderfahrzeuge der Fa. Behr.

10.4.3.3 Auslegungskriterien und Eigenschaften

Im vorigen Abschnitt wurden typische Beispiele für Lüfteranordnungen ohne eingehende Bewertung vorgestellt. In diesem Abschnitt werden die Lüfter mit ihren Eigenschaften etwas genauer betrachtet, wobei vor allem folgende Parameter für die Auslegung und den Betrieb des Lüfters von Bedeutung sind:

- Volumenstrom,

- Leistungsaufnahme/Wirkungsgrad,

- Geräusch,

- Masse/Bauraum.

10.4.3.3.1 Volumenstrom

Der wichtigste Parameter für den Lüfter ist ein ausreichend hoher Volumenstrom, der über die Lüfterkennlinie mit der Druckerhöhung im Laufrad verknüpft ist. Er kann durch verschiedene Größen beeinflußt werden, wie den Durchmesser des Lüfterlaufrades D, die Lüfterdrehzahl n_{LU}, den Schaufelwinkel β_{LU}, das Nabenverhältnis $v = d_{LU}/D$, den Laufradspalt s, die Gehäusegestaltung und natürlich durch die Grundbauform als Axial-, Radial- oder Querstromlüfter. Diese zahlreichen Einflüsse sind in der Literatur ausführlich beschrieben, wie z. B. von H. MARCINOWSKI [10.29] und F. MODE [10.30] sowie in einer Reihe von Berichten der Forschungsvereinigung Verbrennungskraftmaschinen (FVV) [10.31] [10.32][10.33]. Die wichtigsten Zusammenhänge können anhand des Bildes 10.42 erläutert werden. Im Bild 10.42a sind die Kennlinien eines Axiallüfters bei zwei verschiedenen Durchmessern und Drehzahlen zusammen mit der Anlagenkennlinie des Kühlsystems aufgetragen. Der Betriebspunkt des Lüfters liegt jeweils im Schnittpunkt zwischen der Anlagenkennlinie und der Lüfterkennlinie. Man sieht, daß seine Lage im Kennfeld durch Variieren von Durchmesser und Drehzahl in weiten Grenzen verschoben werden kann.

Mit sogenannten Aufwerteformeln kann man Kennlinien zu anderen Durchmessern und Drehzahlen berechnen, siehe z. B. R. v. HOFE [10.34].

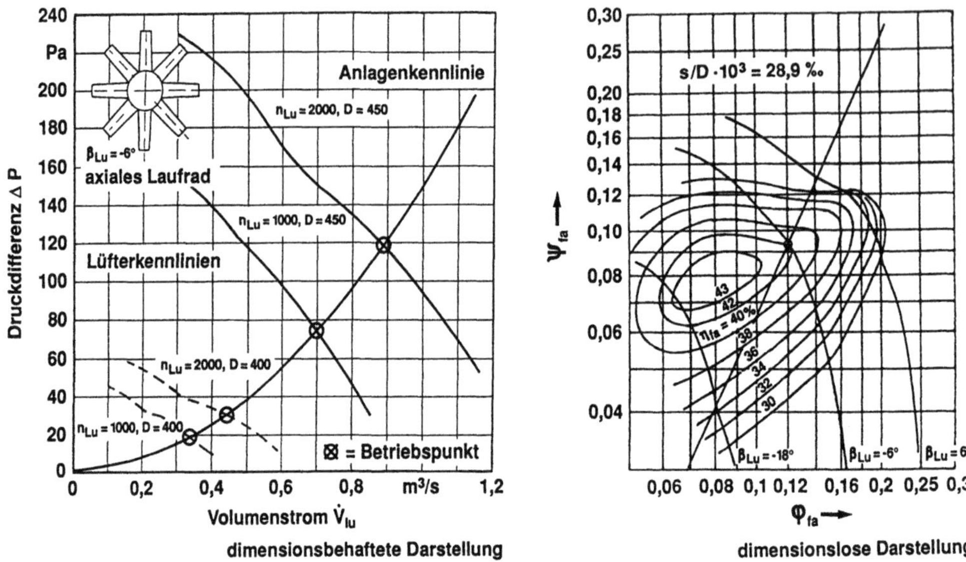

Bild 10.42. Kennfelder eines frei ausblasenden Axiallüfters nach [10.29].

Zur Erläuterung weiterer Einflüsse wie des Schaufelwinkels oder der Bauform ist es zweckmäßig, die dimensionsbehafteten Größen Δp_{LU} und $\dot{V}_{LU}$ durch die dimensionslose Druckziffer ψ_{fa} und die Lieferzahl φ_{fa} zu ersetzen. Dabei gelten die Gln. (10.16) und (10.17). Mit dem Index fa wird angezeigt, daß der Lüfter ins Freie ausbläst.

$$\psi_{fa} = \frac{\Delta p_{LU}}{\frac{\rho}{2} c_{uL}^2} , \qquad (10.16)$$

$$\varphi_{fa} = \frac{\dot{V}_{LU}}{\frac{\pi}{2} D^2 c_{uL}^2} . \qquad (10.17)$$

In den Gleichungen ist c_{uL} die Umfangsgeschwindigkeit und D der Durchmesser des Lüfterlaufrades.

Durch die Umrechnung schmelzen die vier Kennlinien aus Bild 10.42a zu einer einzigen zusammen. Im Bild 10.42b ist dies die Kennlinie mit dem Schaufelwinkel $\beta_{LU} = -6°$. Mit größerem Schaufelwinkel sind höhere Lieferzahlen und damit höhere Volumenströme erreichbar, allerdings unter Inkaufnahme eines schlechteren Wirkungsgrades.

Mit der dimensionslosen Darstellung ist man auch in der Lage, die Leistungsfähigkeit verschiedener Bauarten vergleichen zu können. Dies geschieht in dem eben beschriebenen ψ, φ-Diagramm, in dem die vollständigen Kennlinien verschiedener Lüfter eingetragen sind, oder in einem Cordier-Diagramm, in dem ein Lüfter nur noch durch den Bestpunkt seiner Kennlinie repräsentiert wird.

Das Bild 10.43 zeigt in der Darstellung Druckziffer über Lieferzahl einen Vergleich der Kennlinien eines typischen Axial-, Radial- und Querstromlüfters, jeweils bei optimalen Einbauverhältnissen. Aus der Darstellung läßt sich grob folgende Einteilung ableiten. Der Axiallüfter erzeugt einen hohen Volumenstrom bei niedrigem Druck, der Radiallüfter mit rückwärts gekrümmten Schaufeln liefert

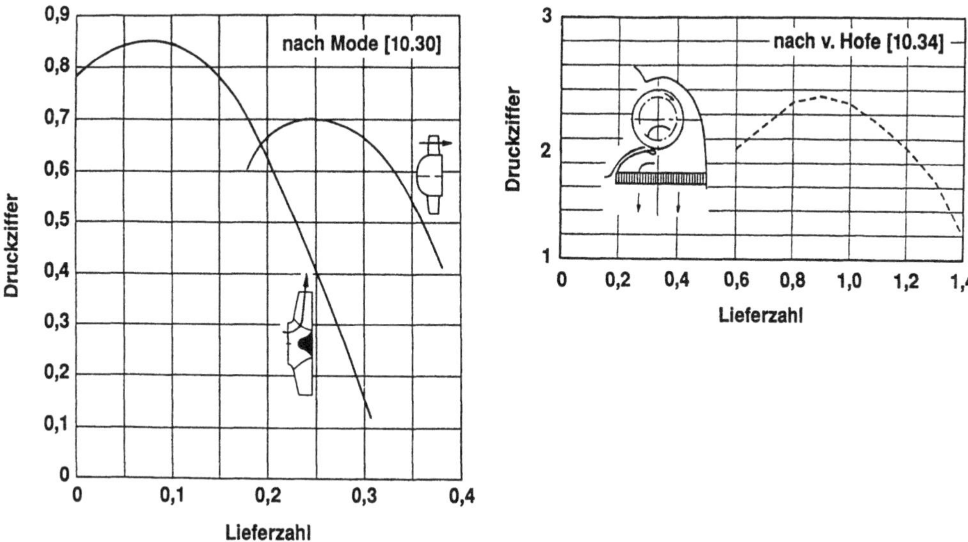

Bild 10.43. Vergleich typischer Kennlinien von Axiallüfter, Radiallüfter, Querstromlüfter im Druckziffer-Liefer-zahl-Diagramm.

hohe Drücke bei niedrigeren Volumenströmen, während der Querstromlüfter hohe Volumenströme bei hoher Druckziffer erzeugt. Die relativ guten Werte dieses Laufrades werden allerdings nur in Kombination mit dem dargestellten Gehäuse und der druckseitigen Kühleranordnung erreicht, bei Wirkungsgraden, die unter 50 % liegen. Von der AVL Graz wurde ein derartiger Lüfter für die Motorkühlung entwickelt. Eine nähere Beschreibung findet sich bei R. v. HOFE [10.34].

Das Bild 10.44 zeigt das Cordier-Diagramm, mit dem eine Auswahl unter Axial- und Radiallüftern oder Mischformen möglich ist. Dabei wird jeder Lüfter durch ein Wertepaar σ_{opt} / δ_{opt}, das sich wiederum aus den bei optimalem Wirkungsgrad ermittelten ψ_{opt} und φ_{opt} errechnet, repräsentiert. Es gilt

$$\sigma_{opt} = \frac{\varphi_{opt}^{1/2}}{\psi_{opt}^{3/4}} \, , \qquad (10.18)$$

$$\delta_{opt} = \frac{\psi_{opt}^{1/4}}{\varphi_{opt}^{1/2}} \, . \qquad (10.19)$$

Wie bei W. BOHL [10.35] näher beschrieben, ist es somit möglich, für einen geforderten Volumen-strom und den zugehörigen Druckverlust unter den dargestellten Laufradformen diejenige auszu-wählen, die am besten geeignet ist.

10.4.3.3.2 Leistungsaufnahme und Wirkungsgrad

Das Ziel einer guten Lüfterauslegung ist es, eine niedrige Leistungsaufnahme bei gutem Wirkungs-grad zu erreichen. Besonders wichtig ist dies bei elektrisch angetriebenen Lüftern, da die Leistung des Fahrzeuggenerators begrenzt ist und eine große Antriebsleistung einen schweren Lüftermotor erfordert. Bei mechanisch angetriebenen Lüftern mit Visko-Kupplung liegt die Grenze der übertrag-baren Leistung (ca. 2 kW) deutlich höher, jedoch wird sie bei sehr stark motorisierten Fahrzeugen

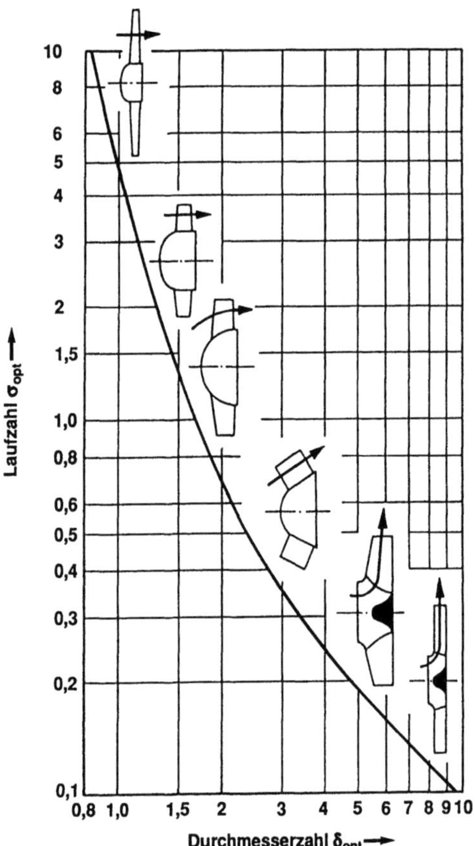

Bild 10.44. Cordier-Diagramm.

ebenfalls erreicht und erfordert auch dann Lüfter mit gutem Wirkungsgrad. Dieser hängt von der Bauart, dem Betriebspunkt, der Schaufelgeometrie, dem Laufradspalt und der Gleichförmigkeit des Zuströmprofils ab. Im Prinzip lassen sich bei allen Bauarten gute Wirkungsgrade von 50 bis 80 % erzielen. Bei den üblichen Anordnungen im Fahrzeug werden diese Wirkungsgrade jedoch nicht erreicht.

Die Lüfter werden in der Regel ohne Nachleitapparat und frei ausblasend montiert. In dem Bild 10.45 sind die erreichbaren Wirkungsgrade über der Drosselzahl für verschiedene Anordnungen aufgetragen. Die Variante 1 im Bild 10.45 entspricht der Situation in Fahrzeugen mit Wasserkühlung. Die Luft wird durch den Kühler angesaugt und nach dem Lüfter frei ausgeblasen. Bei luftgekühlten Motoren liegt eine Anordnung ähnlich Variante 2 oder 30 vor.

Bei mechanisch angetriebenen Lüftern ist der große Laufradspalt s ein weiterer Grund für die Verringerung des Wirkungsgrades gegenüber den prinzipiell erreichbaren Werten. Wegen der Bewegung des motorfesten Lüfters relativ zur fahrzeugfesten Kühlerzarge müssen Spalte von ungefähr 20 mm vorgesehen werden. Im Bild 10.46 ist der Einfluß des Laufradspaltes auf den Wirkungsgrad dargestellt. Unter diesen Randbedingungen ist es nicht möglich, Wirkungsgrade von mehr als 30 bis 40 % zu erhalten.

Alle Systeme haben in der Regel ein ungleichförmiges Zuströmprofil, da verschiedene Bauteile als Hindernis im Luftstrom liegen können, wie z. B. Hupe, Kühlergrill, Verstrebungen, weitere Lüfter mit Naben und Befestigungselementen. Teilweise löst die zuströmende Luft durch eine zu starke Umlenkung ab, so daß das Laufrad nur noch zum Teil durchströmt wird. Diese Probleme treten vor

494

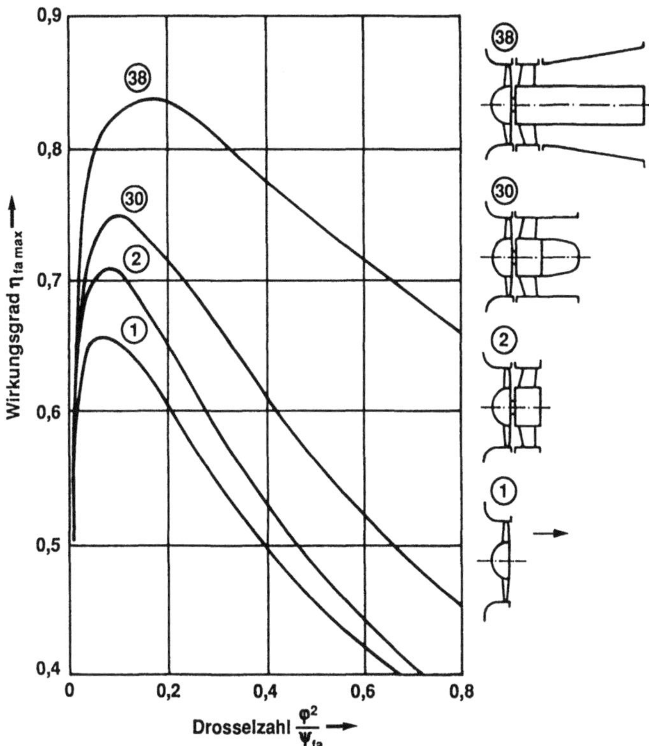

Bild 10.45. Maximal erreichbare Wirkungsgrade von frei ausblasenden Axiallüftern verschiedener Ausführungsformen nach [10.37].

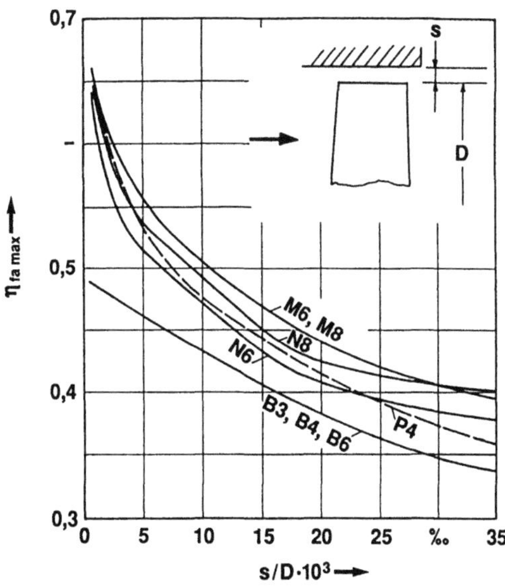

Bild 10.46. Einfluß des Laufradspaltes bei leitradlosen Axialrädern nach Marcinowski [10.29].

allem bei motorfesten Lüftern auf. Elektrolüfter arbeiten in der Regel mit einem kleinen Laufradspalt und haben eine günstige Zuordnung zum Kühler. Für hohe Wirkungsgrade ist eine gute Anpassung der Lüfterkennlinie an die Anlagenkennlinie wichtig. Anhand von Bild 10.42 wurde am Beispiel eines Axiallüfters bereits auf diesen Sachverhalt hingewiesen. Bei einem richtig ausgelegten Lüfter liegt der Betriebspunkt im Bestpunkt des Wirkungsgradkennfeldes. Verläuft die Anlagenkennlinie außerhalb dieses Bereichs, so ist der Lüfter falsch ausgelegt und wird nicht regulär durchströmt.

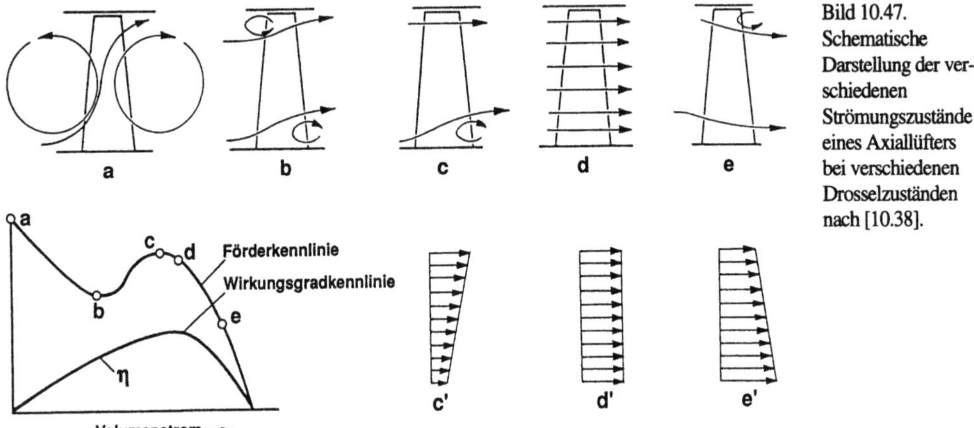

Bild 10.47.
Schematische
Darstellung der ver-
schiedenen
Strömungszustände
eines Axiallüfters
bei verschiedenen
Drosselzuständen
nach [10.38].

Bild 10.47 zeigt den Strömungsverlauf im Laufrad für fünf Betriebspunkte bei unterschiedlichen Drosselungen. Im vollkommen gedrosselten Fall a liegen zwei gegenläufige Wirbel im Laufrad, das keine Förderwirkung hat. Im Punkt b liegen zwei Wirbel an der Schaufelspitze und am Schaufelfuß. Das Laufrad wird radial nach außen durchströmt. Punkt d ist der optimale Betriebspunkt, bei dem der höchste Wirkungsgrad erreicht wird. In der Praxis werden Lüfter häufig aus verschiedenen Gründen nicht optimal ausgelegt, z. B. weil vorhandene Fertigungswerkzeuge wirtschaftlich weiter benutzt werden sollen. Aber auch in solchen Fällen lassen sich durch Detailoptimierungen noch Verbesserungen erreichen. H. KATAGIRI et al. [10.36] haben einen Axiallüfter, der mit Hilfe kleiner Leitschaufeln auf den Lüfterblättern diese eben beschriebene Diagonalströmung im Laufrad unterstützt und dadurch den Wirkungsgrad im Betriebspunkt des Lüfters verbessert, beschrieben. Ein hilfreiches Instrument für das Erreichen hoher Wirkungsgrade ist auch hier das Cordier-Diagramm (s. Abschnitt 10.4.3.3.1), mit dem bereits in einem frühen Entwicklungsstadium der optimale Lüfter ausgewählt werden kann.

10.4.3.3.3 Geräuschentwicklung

Das akustische Verhalten des Gesamtfahrzeuges wird immer wichtiger. Da die Motoren ständig leiser und laufruhiger werden, treten andere Geräusche immer mehr in den Vordergrund. Das Lüftergeräusch kann in einem Fahrzeug unter Umständen eine beherrschende Rolle spielen.

Der Schalleistungspegel des Lüfters L_N hängt bei gegebener Bauart vom Betriebspunkt, der Druckerhöhung Δp_{LU} und dem Volumenstrom $\dot{V}_{LU}$ ab. Im Vergleich mit den Größen Δp_{opt} und $\dot{V}_{opt}$ für einen Bezugslüfter gilt folgender Zusammenhang:

$$L_N = L_{NS} + 10 \cdot \log \frac{\dot{V}_{LU}}{\dot{V}_{opt}} + 20 \log \frac{\Delta p_{LU}}{\Delta p_{opt}} \quad \text{in dB.} \tag{10.20}$$

L_{NS} ist darin ein für die Bauart typischer Grundpegel, der im Bild 10.48 für Radial- und Axialgebläse dargestellt ist. Die Größe n_q ist in dem Bild eine auf ein Normlaufrad bezogene Drehzahl, siehe R. v. HOFE [10.32]. Es ist zu erkennen, daß Radiallüfter im Prinzip leiser als Axialgebläse sind, da sie bei kleineren spezifischen Drehzahlen arbeiten.

Ist der Lüfter, wie bereits beim Wirkungsgrad diskutiert, nicht optimal ausgewählt, so erhöht sich die Geräuschentwicklung. Im Bild 10.49 ist der Zusammenhang zwischen der Schalleistungszunahme und der Abweichung des Volumenstromes vom Bestpunkt anhand von drei Beispielen dargestellt.

496

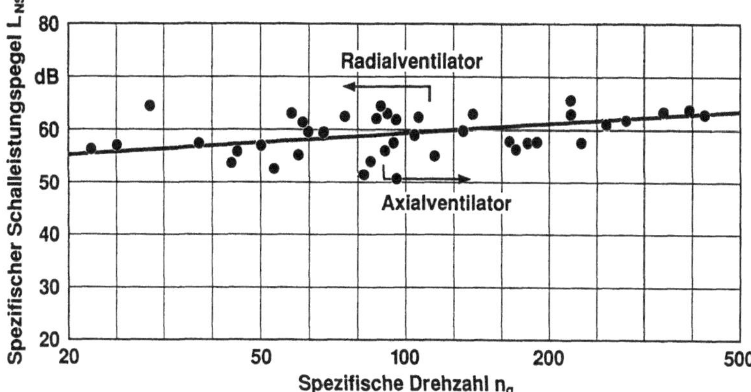

Bild 10.48. Spezifischer Schalleistungspegel verschiedener Axial- und Radiallüfter in Abhängigkeit von der spezifischen Drehzahl nach [10.30].

Bild 10.49. Schalleistungspegeldifferenz ΔL_N in Abhängigkeit von der relativen Durchflußmenge $\dot{V}/\dot{V}_{opt}$ für verschiedene Axial- und Radiallüfter nach [10.30].

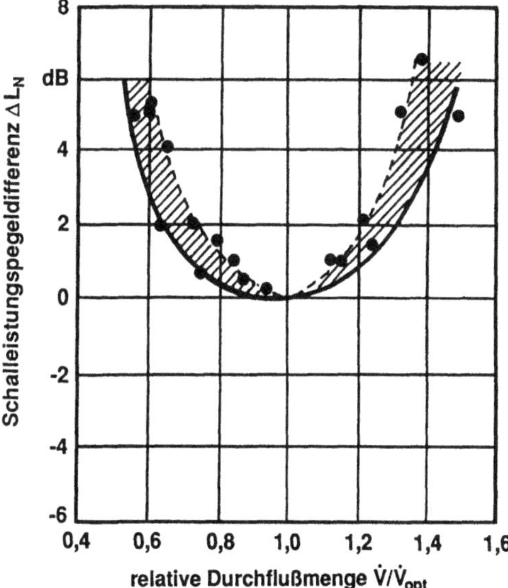

Neben diesem vom Laufradtyp abhängigen Geräuschanteil spielen noch eine Vielzahl von Parametern eine Rolle. Sie ergeben sich durch die Wechselwirkung von Lüfter, Kühler, Gehäuse und Karosseriekomponenten. Ausführliche Untersuchungen zu diesem Thema sind bei R. v. Hofe und G. E. Thien [10.31][10.32][10.33] beschrieben.

10.4.3.3.4 Masse und Bauraum

An jedes Bauteil im Fahrzeug sind immer die beiden Anforderungen nach geringer Masse und kleinem Platzbedarf zu stellen. Für die gesamte Masse des Lüfters mit seinem Antrieb ist vor allem die Art des Antriebes entscheidend. Die Motoren der Elektrolüfter haben zur Zeit auf die Leistung bezogen eine sehr große Masse von ungefähr 8 kg/kW. Aus diesem Grund und wegen der nur begrenzt zur Verfügung stehenden elektrischen Leistung werden Elektrolüfter in Fahrzeugen mit großer Motorleistung kaum eingesetzt.

Bei mechanischen Antrieben sind die Massen der Riemenscheibe und der Visko-Kupplung zur Gesamtmasse zu addieren. Die Visko-Kupplungen wiegen je nach Ausführung 500 bis 1000 g und die Riemenscheiben ungefähr 300 g. Diese Massen sind nicht sehr stark von der Antriebsleistung abhängig. Die Massen der Laufräder hängen von der Bauart und den Werkstoffen ab. Am leichtesten sind die Axiallüfter aus Kunststoff mit ungefähr 500 g, während die Radiallüfter bei gleichem Durchmesser etwa das Doppelte wiegen.

Der für die Kühlsysteme verfügbare Bauraum wird im Laufe der Zeit immer kleiner, weil die Motorhauben aus aerodynamischen Anforderungen heraus immer niedriger liegen. Man muß die Kühlsysteme also gleichzeitig möglichst kurz und niedrig bauen. Am kürzesten ist die allgemein verbreitete Anordnung in der Reihenfolge Kühler, Axiallüfter, Motor. Sie hat sich in der Vergangenheit gut bewährt. Jedoch laufen die Forderungen nach großen Durchmessern für einen großen Volumenstrom und eine geringe Geräuschentwicklung den Forderungen nach niedrigen Motorhauben zuwider. Dies führt besonders bei leistungsstarken Fahrzeugen mit mechanischem Lüfterantrieb zu Problemen, da die Lüfterwelle aus konstruktiven Gründen nicht beliebig am Motorgehäuse angebracht werden kann. Einen Ausweg aus dieser Situation könnten hier vollständig neue Kühler-Lüfter-Systeme mit Querstrom- oder Radiallüftern bieten.

Für die Beurteilung der Geräuschabstrahlung von Lüftern ist es allerdings praktischer, diese im Fahrzeug zu untersuchen und am ganzen Fahrzeug Innen- und Außengeräuschmessungen anzustellen. Damit werden gleichzeitig alle Wechselwirkungen zwischen dem Lüfter, dem Motor mit dem Motorraum, der Unterbodenverkleidung, den Bauteilen zur Schallisolierung berücksichtigt.

10.5 Bezeichnungen

A	Fläche, Wärmeübergangsfläche
A_K	Fläche eines Elementes oder Flächenabschnittes eines Kühlers
A_{KL}	Fläche des Kühlernetzes
A_{ST}	Projektionsfläche der Fahrzeugstirnfläche
b_e	spezifischer Kraftstoffverbrauch
b_{eWK}	spezifischer Kraftstoffverbrauch bei Wasserkühlung
C_1, C_2	Konstante
C_{Block}	Wärmekapazität des Motorblocks
C_{Kopf}	Wärmekapazität des Zylinderkopfes
CO	Kohlenmonoxidemission
c	Strömungsgeschwindigkeit
c_{L1}, c_{L2}	Strömungsgeschwindigkeit der Luft an dem Meßort 1 oder 2
c_m	mittlere Kolbengeschwindigkeit
c_p	spezifische Wärmekapazität
c_{pu}	Druckbeiwert am Vorderwagen, Unterboden
c_{uL}	Umfangsgeschwindigkeit des Lüfterlaufrades
c_W	Luftwiderstandsbeiwert
c_{WK}	Luftwiderstandsbeiwert der Kühlluftströmung
c_0	Luftanströmgeschwindigkeit vor dem Fahrzeug
D	Durchmesser des Lüfterlaufrades
d	Zylinderdurchmesser, Durchmesser
d_{LU}	Nabendurchmesser des Lüfterlaufrades
EB	Einspritzbeginn
$EB_{(beopt)WK}$	Einspritzbeginn bei optim. spez. Kraftstoffverbrauch und Wasserkühlung (WK)
ECE	Economic Commission for Europe
ETD	Eintrittstemperaturdifferenz von Kühlmittel zu Luft
FTP	Federal Test Procedure; USA
Gr	Grashof-Zahl
g	Erdbeschleunigung
HC	Kohlenwasserstoffemission
h	Wasserstand im Dampfabscheider der Phasen-Wechsel-Kühlung (PWK)
i	Inhomogenität der Luftströmung am Kühler
k	Zählindex
L_N	abgestrahlter Schallpegel des Lüfters
L_{NS}	spezifischer Schalleistungspegel des Lüfters bei $\Delta p_{LU} = \Delta p_{opt}$; $\dot{V}_{LU} = \dot{V}_{opt}$
l	Länge, charakteristische Länge
M_d	Motordrehmoment
$\dot{m}_L$	Luftmassenstrom
$\dot{m}_{ges}$	gesamter Luftmassenstrom durch den Kühler
$\dot{m}_k$	Luftmassenstrom durch einen Flächenabschnitt des Kühlers
NO	Stickoxidemission
Nu	Nußelt-Zahl
n	Motordrehzahl
n	Anzahl der Flächenelemente bzw. Flächenabschnitte eines Kühlers
n	Exponent

n_{LU}	Lüfterdrehzahl
n_q	spezifische auf ein Normlaufrad bezogene Drehzahl des Lüfterrades
P_e	effektive Motorleistung
Pr	Prandtl-Zahl
p	Zylinderdruck mit Verbrennung
PWK	Phasen-Wechsel-Kühlung
p_{LU}	Förderdruck des Lüfters
p_e	mittlerer Kolbendruck, effektiver Mitteldruck
Δp_{ges}	Luftdruckdifferenz über Lufteintritt und -austritt des Kühlluftsystems
Δp_{opt}	Druckerhöhung eines Bezugslüfters
Δp_{stat}	statische Druckdifferenz
p_0	Zylinderdruck ohne Verbrennung
p_1	Zylinderdruck bei Verdichtungsbeginn
$\dot{Q}$	Wärmestrom
$\dot{Q}_{Abgas}$	durch das Abgas abgeführter Wärmestrom
$\dot{Q}_{Block}$	durch den Motorblock an das Kühlwasser abgeführter Wärmestrom
$\dot{Q}_{KL}$	vom Kühler an die Luft abgeführter Wärmestrom
$\dot{Q}_{KM}$	vom Motor an das Kühlmittel abgegebener Wärmestrom
$\dot{Q}_{Kopf}$	durch den Zylinderkopf an das Kühlwasser abgeführter Wärmestrom
$\dot{Q}_{Öl}$	Ölwärmestrom
$\dot{Q}_{Rest}$	nicht erfaßbarer Restwärmestrom
$\dot{Q}_{Wasser}$	durch das Kühlmittel an die Umgebung abgeführter Wärmestrom
$\dot{Q}_{zu}$	mit dem Kraftstoff zugeführter Wärmestrom
$\dot{q}$	Wärmestromdichte, Heizflächenbelastung
Re	Reynolds-Zahl
s	Laufradspalt am Lüfter
T	absolute Temperatur, Gastemperatur
T_a	absolute Temperatur der Luft am Fahrzeugaustritt
ΔT	Temperaturdifferenz, Siedepotential
T_e	absolute Temperatur der Luft am Fahrzeugeintritt
$T_{Glykol\,ab}$	Glykolablauftemperatur
$T_{Öl\,zu\,HK}$	Ölzulauftemperatur bei Heißkühlung (HK)
$T_{Öl\,zu\,WK}$	Ölzulauftemperatur bei Wasserkühlung (WK)
T_S	Siedetemperatur
T_W	Wandtemperatur, Temperatur der Heizfläche
$T_{Wasser\,ab}$	Wasserablauftemperatur
t	Zeit
V_H	Hubvolumen
$\dot{V}_{LU}$	Volumenstrom des Lüfters
$\dot{V}_{opt}$	Volumenstrom eines Bezugslüfters
V_1	Zylindervolumen bei Verdichtungsbeginn
V_F	Fahrgeschwindigkeit
w_e	Spezifische Motorarbeit
x	Länge, Weg
y	Länge, Weg
z	Länge, Weg
α	Wärmeübergangszahl, Wärmeübergangskoeffizient

β	Temperaturausdehnungskoeffizient, Längenausdehnungskoeffizient
β_{LU}	Schaufelwinkel am Lüfterrad
δ_{opt}	Durchmesserzahl des Lüfters mit optimalem Wirkungsgrad
ζ_{KK}	Verlustbeiwert der Luftströmung im Klimakondensator
ζ_{KL}	Verlustbeiwert der Luftströmung im Kühler
ζ_{KLF}	Verlustbeiwert der gesamten Kühlluftführung ohne Wärmetauscher
η_{fa}	Wirkungsgrad des frei ausblasenden Lüfters
η_{LU}	Wirkungsgrad des Lüfters
χ	Wärmeleitfähigkeitskoeffizient, Wärmeleitfähigkeit
ν	kinematische Viskosität eines strömenden Mediums
ν	Nabenverhältnis des Lüfters $n = d_{LU}/D$
ψ_{fa}	Druckziffer des frei ausblasenden Lüfters
ψ_{opt}	Druckziffer des Lüfters mit optimalem Wirkungsgrad
ρ	Dichte der Umgebungsluft
ρ_e	Dichte der Luft am Prüfstand
σ_{opt}	Laufzahl des Lüfters mit optimalem Wirkungsgrad
φ_{fa}	Lieferzahl des frei ausblasenden Lüfters
φ_{KL}	Durchflußkoeffizient der Kühlluft am Kühler
φ_{opt}	Lieferzahl des Lüfters mit optimalem Wirkungsgrad

11 Heizung, Lüftung, Klimatisierung von Pkw

Holger Großmann

11.1 Definition der Aufgaben: Komfort und Sicherheit

Bei allen Betrachtungsweisen der Pkw-Klimatisierung ist der Mensch als Fahrer oder Fahrgast der Mittelpunkt. Im Pkw mit seinem kleinen Innenraum – ca. 2 bis 3 m³ – und den relativ großen Scheibenflächen – ca. 2 bis 3 m² – soll bei allen Umgebungsbedingungen, wie Hitze mit Sonnenstrahlung, extreme Kälte, Regen und Schneefall, ein komfortables Klima erzeugt werden. Bei instationären Vorgängen, wie Aufheizen, Scheibenenteisung und Entfeuchtung im Winter sowie Abkühlen eines in der Sonne geparkten Fahrzeugs, müssen alle möglichen Belästigungen minimiert werden. Eine Erhöhung der Kondition und Konzentrationsfähigkeit von Fahrer und Fahrgästen sowie die Vermeidung von vorzeitigen Ermüdungserscheinungen soll durch richtig ausgelegte und abgestimmte Heizungs- und Klimaanlagensysteme erreicht werden. Störungen des Wohlbefindens, die beispielsweise durch Zugerscheinungen, kalte Füße, Geräuschentwicklung durch das Heizungsgebläse, hervorgerufen werden, müssen vermieden werden.

Ein Pkw kann nur bei klarer Sicht durch die Scheiben sicher gesteuert werden. Deshalb müssen diese schnell enteist sein und beschlagfrei bleiben. Dabei sind insbesondere die gesetzlichen Vorschriften zu beachten.

11.2 Klimaphysiologie

11.2.1 Auf die Insassen wirkende Größen

Im Kleinklima des Innenraums wirken folgende Größen auf den Menschen:

- Temperatur (inhomogenes Temperaturfeld),
- Luftgeschwindigkeit (inhomogenes Strömungsfeld),
- Luftfeuchte,
- Strahlung von Bauteilen,
- direkte Sonnenstrahlung,
- Luftinhaltsstoffe.

Für die Gebäudeklimatisierung gibt es gründliche Untersuchungen und eine umfangreiche Literatur, die für grundsätzliche Betrachtungen auch für die Pkw-Klimatisierung sehr hilfreich ist (vgl. hierzu z. B. H. Recknagel, E. Sprenger, W. Hönmann [11.26]). Leider sind einzelne Ergebnisse nicht oder nur mit Vorbehalt auf die Verhältnisse im Pkw anwendbar. Dies liegt an den im Fahrgastraum vorhandenen inhomogenen Strömungs- und Temperaturfeldern und den nahen Umschließungsflächen sowie Bauteilen, die Wärme durch unsichtbare Strahlung mit den Insassen austauschen. Die Auswirkungen der direkten Sonnenstrahlung auf den Menschen wird in der Gebäudeklimatisierung nicht berücksichtigt. Ihr Einfluß auf den Menschen, insbesondere bei sommerlichen Bedingungen, hat für den Pkw jedoch einen hohen Stellenwert. Über „Hygienische und physiologische Grundlagen der Pkw-Klimatisierung" berichtet J. Temming [11.30] mit einem ausführlichen Quellenverzeichnis. In dieser systematischen Arbeit werden die wesentlichen Gesichtspunkte mit Ausnahme der Sonnenstrahlung behandelt. Zum „Klima im Auto" vgl. auch W. Diebschlag, W. Müller-Limmroth und V. Mauderer [11.9].

Bei den meisten Betrachtungsweisen wird versucht, das erforderliche Innenraumklima möglichst einfach darzustellen und Kriterien für die Auslegung festzulegen. Dabei muß einem bewußt sein, daß Behaglichkeitskurven und Kennfelder lediglich einen Anhalt bieten. Sie erlauben nur eine unvollständige Aussage über die sich einstellende Behaglichkeit oder Unbehaglichkeit. Dies gilt auch für die nachstehenden Diagramme. Die *objektive* physiologische Bewertung ist also nicht einfach. Deshalb sind *subjektive* Beurteilungen durch Testfahrten unumgänglich. Nicht das Thermometer, sondern der Mensch soll sich im Pkw wohlfühlen.

11.2.2 Innenraumtemperatur

Die für Behaglichkeit notwendige Innenraumtemperatur ist nicht bei ca. 22 °C = konst. angesiedelt, sondern hängt z.B. von der Außentemperatur ab. Im Bild 11.1 hat J. Temming die Empfehlungen verschiedener Verfasser zusammengestellt. Bei *tiefen* Umgebungstemperaturen ist die notwendige Innentemperatur *höher*, um die vom Menschen an die kalten Umschließungsflächen abgegebene Wärmestrahlung zu kompensieren. Im Sommer hat sich der Körper an die höheren Temperaturen gewöhnt; in dieser Jahreszeit wird leichte Bekleidung getragen. Die ins Fahrzeug eintretende Luft, mit der sich Fahrer und Beifahrer auch direkt anblasen lassen können, ist kühler als der von der Sonne aufgeheizte Innenraum. Daher sind die empfohlenen Innenraumtemperaturen *höher* als 22 °C.

Leistungsfähige Klimaanlagen sind durchaus in der Lage, bei 45 °C Umgebungstemperatur, 800 W/m² Sonneneinstrahlung und einer relativen Feuchte von 30 %, den Innenraum auf 20 °C abzukühlen. Im Fahrgastraum ist es dann jedoch auf Dauer eindeutig zu kalt. Beim Verlassen des Pkw wird der menschliche Organismus erheblich belastet. Versuchsingenieure schützen sich daher bei Leistungsmessungen der Klimaanlage aus Erfahrung mit langärmeliger warmer Kleidung, langen Hosen und ggf. mit einem Schal.

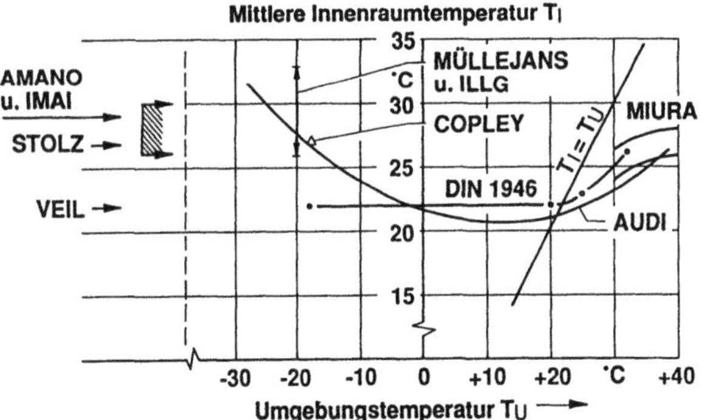

Bild 11.1. Vorschläge zur mittleren Innenraumtemperatur in Abhängigkeit von der Umgebungstemperatur; zusammengestellt von J. Temming.

11.2.3 Temperaturschichtung

T. Miura [11.21] führte mit 50 Probanden Untersuchungen durch, um den optimalen Unterschied zwischen Fuß- und Kopfraumtemperatur statistisch zu ermitteln. Die angenehmste Schichtung wurde mit ca. 7 K gefunden. Mitte der 70er Jahre war eine Schichtung von ca. 10 K bei einer Umgebungstemperatur von -20 °C üblich. Heute ist dieser Wert wegen der größeren Scheiben kleiner als 7 K.

11.2.4 Luftgeschwindigkeit

Im Fahrgastraum herrscht je nach Einstellung des Belüftungssystems ein unterschiedliches Strömungsfeld. Der menschliche Körper wird also nicht homogen angeströmt (vgl. hierzu J. Temming,

W.-H. Hucho [11.31]). Bild 11.2 zeigt eine Messung der Isotachen (Linien gleicher Strömungsgeschwindigkeit) im Fahrgastraum.

Um im Fahrgastraum ein gleichbleibendes, behagliches Klima aufrechtzuerhalten, muß mit steigender Lufttemperatur auch die Luftgeschwindigkeit angehoben werden. Bild 11.3 zeigt die für gleiche Behaglichkeit erforderliche Luftgeschwindigkeit in Abhängigkeit von der Lufttemperatur.

Ist die Umgebungstemperatur noch viel höher und damit die ins Fahrzeug einströmende Luft eindeutig zu heiß, nützt auch eine Erhöhung der Luftgeschwindigkeit nichts mehr, um das Empfinden zu verbessern. Es tritt sogar der umgekehrte Effekt auf. Bild 11.4 zeigt den PMV (Predicted Mean Vote ist ein Maß zur Beschreibung des Empfindens, vgl. hierzu Abschnitt 11.2.7) in Abhängigkeit von der Luftgeschwindigkeit mit der Temperatur als Parameter.

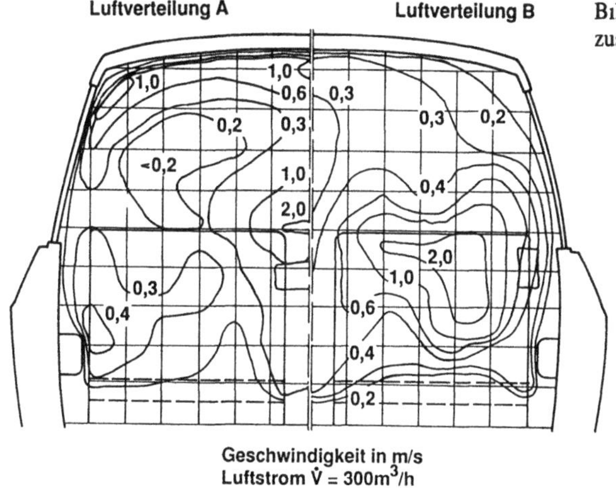

Bild 11.2. Isotachen im Fahrgastraum; zusammengestellt von J. Temming.

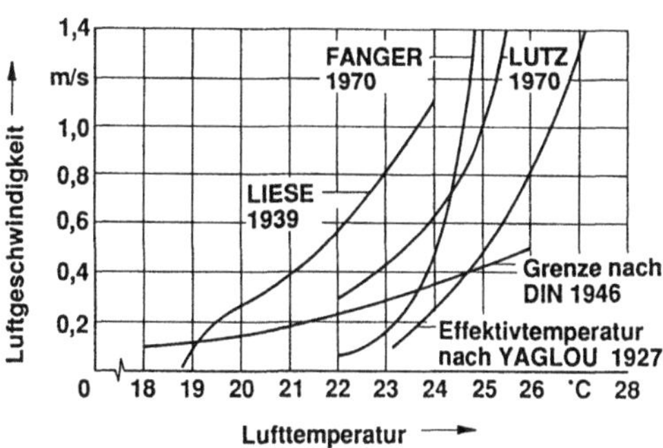

Bild 11.3. Behaglichkeitsäquivalenz von Luftgeschwindigkeit und Temperatur; zusammengestellt von J. Temming

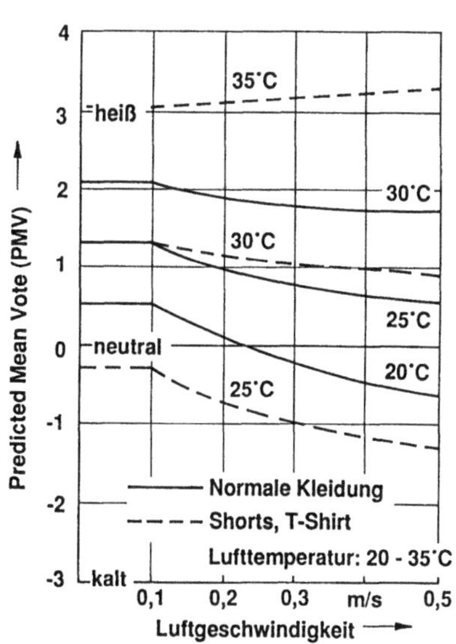

Bild 11.4. Predicted Mean Vote in Abhängigkeit von der Luftgeschwindigkeit und Temperatur, berechnet nach [11.17].

11.2.5 Direktes Anblasen des Körpers

Das direkte Anblasen von Körperteilen ist nur während einiger instationärer Vorgänge kurzzeitig erwünscht. Hierzu zählen das Aufheizen der Füße mit warmer Luft im Winter und im Sommer die Anblasung des Oberkörpers zur Vermeidung von übermäßiger Schweißbildung nach dem Einsteigen in ein durch die Sonne aufgeheiztes Fahrzeug. Beim direkten Anblasen steigt mit zunehmender Strömungsgeschwindigkeit der Wärmeübergang an den Stellen des Körpers, die von der Luft getroffen werden. Das wird als Zug empfunden; Zugerscheinungen müssen aber unbedingt vermieden werden.

11.2.6 Luftfeuchtigkeit

Behaglichkeitskennfelder im Mollier-h,x-Diagramm geben weiterhin einen Anhalt für den Sommer und Winterbetrieb. Die sogenannte Schwülegrenze (12 g Wasser pro kg trockener Luft) soll nicht überschritten werden, da der Mensch zur Kühlung Schweiß abgibt. Dies ergibt eine relative Feuchte von 80 % bei 20 °C, 60 % bei 25 °C und 45 % bei 30 °C.

Bei feuchtwarmer Luft und zusätzlicher Sonneneinstrahlung ist deshalb eine Klimaanlage unumgänglich.

11.2.7 Behaglichkeitsmodell von P.O. Fanger

P. O. Fanger [11.13] hat ein Behaglichkeitsmodell aufgestellt. Darin wird der Einfluß folgender Größen berücksichtigt: Stoffwechselrate, Aktivität, Kleidung, Lufttemperatur, mittlere Strahlungstemperatur der Umschließungsflächen, Luftgeschwindigkeit und Dampfdruck. Umfangreiche statistische Untersuchungen sind die Grundlage für die mathematische Verknüpfung dieser Größen. Die Bewertung des Gesamtempfindens wird mit dem Predicted Mean Vote (PMV = Vorhergesagtes durchschnittliches Gesamtempfinden = mittlerer Wärmebeurteilungsindex) dargestellt. Die Skala liegt zwischen kalt und heiß, und mindestens 5 % der Menschen sind mit vorgegebenen Klima unzufrieden (vgl. Tabelle 11.1).

Die Arbeiten und Gleichungen für den PMV nach Fanger sind wesentlicher Bestandteil der ISO 7730 [11.17]. Eine Übersicht und praktische Anwendungen zur Ermittlung des PMV veröffentlichte B.W. Olesen [11.24]. Leider fehlt auch hier der Einfluß der Sonne.

Das Behaglichkeitsmodell nach Fanger ist zur Beurteilung des Klimas im Pkw nicht ohne weiteres anwendbar. Die prinzipielle Betrachtungsweise setzt sich jedoch immer weiter durch. Hierbei müssen Modifikationen an den verwendeten Gleichungen wegen der inhomogenen Verhältnisse im Fahrgastraum und der Sonneneinstrahlung vorgenommen werden. Arbeiten, die den gesamten Klimabereich im Pkw abdecken und einfach angewendet werden können, sind bisher jedoch nicht bekannt geworden. Auf diesem Gebiet wird jedoch intensiv geforscht, vgl. hierzu A. Dick, R. Stricker [11.8].

Tabelle 11.1. Skala des PMV.

PMV	-3	-2	-1	0	1	2	3
	kalt	kühl	leicht kühl	neutral	leicht warm	warm	heiß
Anteil Unzufriedener	100 %	78 %	26 %	5 %	26 %	78 %	100 %

11.2.8 Sonneneinstrahlung

Die Sonnenstrahlung ist dem Menschen prinzipiell sehr willkommen. Sie fördert das Wohlbefinden und die Gesundheit beispielsweise beim Baden an der See oder beim Skifahren. Dagegen wird die sommerliche Sonneneinstrahlung in einem aufgeheizten Pkw als unbehaglich und manchmal sogar als belastend empfunden.

Systematische Untersuchungen führte die FAT (Forschungsvereinigung Automobiltechnik e.V. im VDA) durch. Dabei wurde das thermische Empfinden von ca. 50 Versuchspersonen bei Lufteintrittstemperaturen von 28 und 32 °C und gleichzeitiger Sonneneinstrahlung von 600 und 800 W/m² (außerhalb des Pkw) bei variiertem Anteil direkt bestrahlter Körperoberflächen ermittelt (vgl. hierzu R. Schwab, E. Mayer [11.27]). Bild 11.5 zeigt den PMV in Abhängigkeit von der Sonneneinstrahlung bei einem Luftstrom von ca. 3 kg/min, wenn der menschliche Körper von vorn (Sonnenhöhe 60°) ab der Mitte des Gesichts bis zu den Knieen beschienen wird. Verwendet wurden die Gleichungen nach [11.27], wobei im Bild die eingezeichneten Geraden über den untersuchten Bereich hinausgehen.

In diesem Bild entsprechen 800 W/m² Sonneneinstrahlung etwa einer Erhöhung des PMV um den Zahlenwert 1. Bei einer Lufteintrittstemperatur in den Düsen von beispielsweise 32 °C ändert sich hier der PMV von 2 (warm, ohne Sonne) auf 3 (heiß, mit Sonne). Um mit Sonneneinstrahlung gleiches Empfinden zu erreichen, muß hier die Lufteintrittstemperatur von 32 °C auf ca. 24 °C abgesenkt werden, also näherungsweise 1 K je 100 W/m² Sonneneinstrahlung.

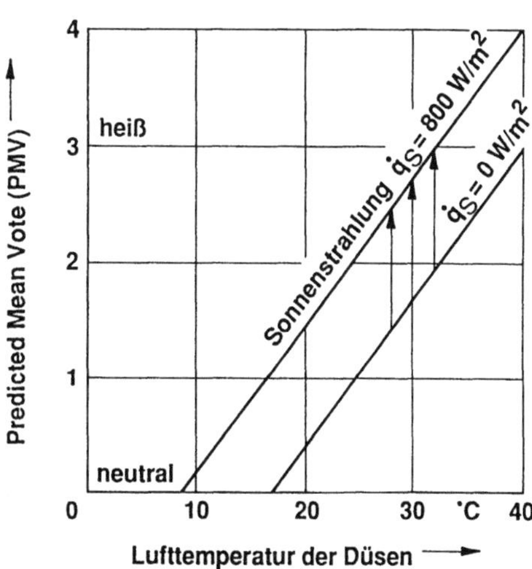

Bild 11.5. Predicted Mean Vote in Abhängigkeit von der Lufteintrittstemperatur in den Düsen und Sonnenstrahlung; berechnet nach [11.27].

11.2.9 Klimameßpuppen

Zur Beurteilung des Klimas sind verschiedene Klimameßpuppen bekannt geworden mit Namen wie „Bassmann", „Heatman", „Thermal Manikin" usw. (vgl. hierzu auch [11.27]). Klimadummies erfordern eine aufwendige Meßtechnik, sind umständlich zu handhaben und eignen sich bis heute nicht für den Sommerbetrieb bei direkter Sonneneinstrahlung.

11.3 Auf den Pkw wirkende Größen

Auf den Pkw wirkt das jeweils herrschende natürliche Klima der Umgebung. Die Umgebungstemperatur kann zwischen -40 und +50 °C liegen, die Sonneneinstrahlung bis 1 kW/m² betragen.

Entsprechend der Fahrgeschwindigkeit wird die Karosserie mit hohen Windgeschwindigkeiten beaufschlagt. Nun müssen durch geeignete strömungs- und thermodynamische Maßnahmen das System Lüftung-Heizung-Klimaanlage-Innenraumdurchströmung so gestaltet werden, daß die im vorigen Abschnitt beschriebenen Anforderungen erfüllt werden. In Tabelle 11.2 sind Anhaltswerte für die Auslegung zusammengestellt.

Für die strömungs- und thermodynamischen Betrachtungen in den folgenden Abschnitten ist u.a. der VDI-Atlas [11.32] als Arbeitsunterlage sehr hilfreich.

Tabelle 11.2. Anhaltswerte für die Auslegung.

Betriebsfall	Max. Luftstrom in kg/min	Max. Leistung in kW
Lüften im Sommer	7 bis 12	–
Heizen bei -20 °C	5 bis 7	6 bis 10
Kühlen mit einer Klimaanlage bei 40 °C, 30 % Feuchte u. 800 W/m² Sonne im Umluftbetrieb	7 bis 12	3 bis 5

11.4 Luftstrom durch den Fahrgastraum

Für die Wärme- und Stoffübertragung dient der Luftstrom als Transportmedium. Deshalb wird auf die grundlegenden Mechanismen der Luftdurchströmung durch den Fahrgastraum besonders eingegangen.

11.4.1 Zu- und Abluftöffnungen

An der Karosserie gibt es gezielt angebrachte und ungewollte Öffnungen. Durch die Umströmung stellt sich an der Karosserie eine Druckverteilung ein, so daß an den Öffnungen entsprechend unterschiedliche Drücke wirken, vgl. Abschnitt 6.2.2.

Zu den gezielt angebrachten Öffnungen zählen der Lufteintritt vor der Windschutzscheibe im positiven Druckgebiet – dimensionsloser Druckbeiwert c_p zwischen 0,1 und 0,3 – sowie die Entlüftungen. Letztere werden an unterschiedlichen Stellen angeordnet (vgl. hierzu Bild 11.6 und Tabelle 11.3).

Der Druckbeiwert ist folgendermaßen definiert, vgl. auch Gl. (2.9):

$$c_p = \frac{p_a - p_u}{q} \quad \text{mit} \quad q = \frac{\rho}{2} \cdot w^2 . \tag{11.1}$$

Dabei bedeuten

p_a Außendruck an der Karosserie,
p_u Umgebungsdruck,
w Geschwindigkeit des Pkw,
r Luftdichte.

Typische Werte für den Druckbeiwert c_p sind in Tabelle 11.3 zusammengestellt.

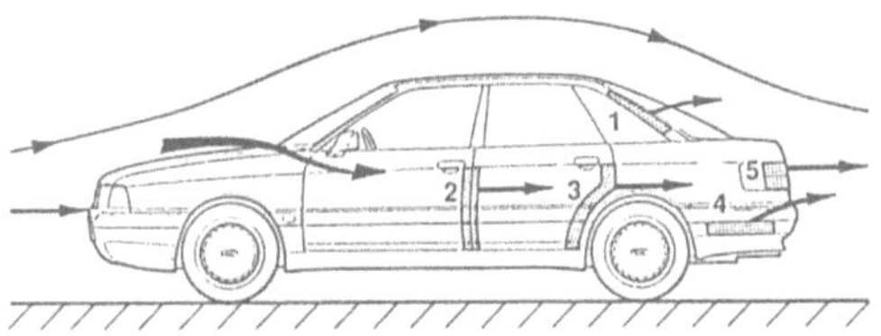

Bild 11.6. Anordnung von Entlüftungen.

Tabelle 11.3. Druckbeiwerte unterschiedlicher Entlüftungen.

Nr.	Anordnung	Druckbeiwert c_p
1	Pfosten C	- 0,3 bis -1,0
2	Türspalt Pfosten B	- 0,1 bis - 0,3
3	Türspalt Pfosten C	0 bis - 0,1
4	Stoßfänger, hinten	0 bis - 0,1
5	Heckleuchten	0 bis - 0,1

Ungewollte Öffnungen sind die Leckzuluft- und -abluftöffnungen. Natürliche Lecköffnungen sind bei einer Pkw-Karosserie unvermeidbar (Dichtungen, Tüllen für Durchführungen usw.). Durch diese Öffnungen kann Luft aus der Karosserie ausströmen aber auch bei Fahrt von der Umgebung hineinströmen.

11.4.2   Definition der Luftströme

Für die einzelnen Teil-Luftströme haben sich die unterschiedlichsten Bezeichnungen eingebürgert. Die hier verwendeten sind in Tabelle 11.4 definiert.

Tabelle 11.4. Definition der Luftströme.

Zuluftstrom:	Frischluftstrom, der von außen in den Innenraum gelangt.
Belüftungsstrom:	Durch das Belüftungssystem eintretender Luftstrom
Leckzuluftstrom:	Durch Lecköffnungen in der Karosserie eintretender Luftstrom
Abluftstrom:	Luftstrom, der den Innenraum verläßt
Entlüftungsstrom:	Durch das Entlüftungssystem austretender Luftstrom
Leckabluftstrom:	Durch Lecköffnungen in der Karosserie austretender Luftstrom
Umluftstrom:	Luftstrom, der vom Belüftungssystem wieder aus dem Innenraum angesaugt wird

11.4.3   Meßmethoden von Luftströmen

Es gibt drei verschiedene Möglichkeiten, den Luftstrom durch den Fahrgastraum zu messen.

– *Direkte Messung des Belüftungsstroms mittels „geeichter" Blenden.* Werden als Blenden konstruktiv gegebene Drosselstellen verwendet, wird das Kanalsystem dadurch nicht beeinträchtigt. Der über die Leckagen der Karosserie ausgetauschte Luftstrom wird dabei nicht erfaßt.

– *Messung der sich einstellenden Konzentration eines zugeführten Spürgases* (Tracergastechnik). Für jeden Betriebspunkt, der gemessen werden soll, wird der Luft im Fahrgastraum ein „Spürgas" (z.B. CO_2, früher auch Kältemittel und radioaktive Stoffe) zugeführt, bis eine bestimmte Konzentration erreicht ist. Aus der folgenden zeitlichen Abnahme der Konzentration wird dann der Luftstrom berechnet. Es kann auch permanent Gas zugeführt werden und aus der sich einstellenden stationären Konzentration der Luftstrom ermittelt werden, vgl. hierzu W. Krämer [11.18]. Gemessen wird im Innenraum der gesamte Zuluftstrom (Belüftungs- und Leckzuluftstrom). Es können also auch die Leckzuluftströme ermittelt werden, jedoch ist dies erst an Serienfahrzeugen sinnvoll, da Prototypen meist sehr undicht sind. Die Fehlermöglichkeiten dieses Verfahrens sind groß (Absorption von Gas in den Sitzen, inhomogene Strömungsverhältnisse, etc.).

Beide Methoden lassen keine vollständige Analyse zu.

– *Innendruckmethode,* vgl. auch Abschnitt 13.3.3. Bei dieser Methode kann eine genaue Analyse des Be- und Entlüftungssystems erfolgen. S. B. Wallis beschreibt 1972 in [11.34] „Ventilation System Aerodynamics - A New Design Method" ausführlich die Innendruckmethode und teilt Messungen mit. Bei geschlossener Belüftung werden definierte Luftströme in den Fahrgastraum, zum Beispiel über die Seitenscheibe, mittels eines Hilfsgebläses eingebracht, und der sich einstellende Innenraumdruck wird bei verschiedenen Geschwindigkeiten im Windkanal gemessen. Erhalten werden Kurvenscharen mit der Geschwindigkeit als Parameter. Danach wird die Luftmeßstrecke geschlossen und das Belüftungssystem wieder geöffnet. Für eine beliebige Einstellung des Belüftungssystems stellt sich dann bei einer bestimmten Fahrgeschwindigkeit der entsprechende Innenraumdruck ein. Damit ist der Luftstrom des Belüftungssystems bekannt.

Für trennscharfe und gesicherte Ergebnisse muß meistens eine Kombination aus o.g. Methoden angewendet werden.

11.4.4 Charakteristische Kurvenscharen

Bei der Innenraumdurchströmung stellen sich in Abhängigkeit von der Betriebsart des Lüftungssystems, der Fahrgeschwindigkeit und der konstruktiven Ausführung der Einzelkomponenten bestimmte Innenraumdrücke ein. Dieser Zusammenhang wird durch das Zusammenspiel nachstehender charakteristischer Kennlinien beschrieben.

Anhaltswerte für den Innenraumdruck sind:

maximal ca.   200 Pa bei w = 0 km/h,
minimal ca. -1000 Pa bei w_{max} und geöffnetem Ausstelldach oder Seitenfenster.

11.4.4.1 Gebläsekennlinien

Axialgebläse (Bauart wie bei den Gebläsen der Motorkühlung) wurden in den 70er Jahren noch in vielen Pkws verwendet. Wegen der besseren Leistung und einem günstigeren Geräuschverhalten wurden diese durch Radialgebläse abgelöst. Eine schematische Darstellung beider Bauarten zeigt Bild 11.7.

Radialgebläse werden ein- und zweiflutig ausgeführt. Bei manchen Anlagen sind sogar zwei zweiflutige Gebläse parallel angeordnet, um das Geräuschniveau weiter abzusenken. (Geräuschpegel heutiger Pkws bei höchster Gebläsestufe: ca. 58 bis 70 dB(A) im Innenraum.) Nachteilig ist beim Radialgebläse die mit der Fahrgeschwindigkeit zunehmende Stromaufnahme.

Bild 11.8 zeigt ein Gebläsekennfeld im Zusammenspiel mit der Kennlinie der Karosserie. Eingetragen ist die Linie des gesamten Druckabfalls vom Lufteintritt in die Karosserie bis zum Luftaustritt; Betriebsfall: stehendes Fahrzeugs bei geschlossenen Fenstern, „maximales Lüften". Diese Kurve schneidet die Gebläsekennlinie $\Delta p = f(\dot{M})$ bei 330 Pa. Der Luftstrom durch den Innenraum ist also in diesem Beispiel 10 kg/min.

Die physikalischen Grundlagen von Ventilatoren beschreibt B. Eck ausführlich in [11.12].

510

Bild 11.7. Gebläsetypen, schematische Darstellung.

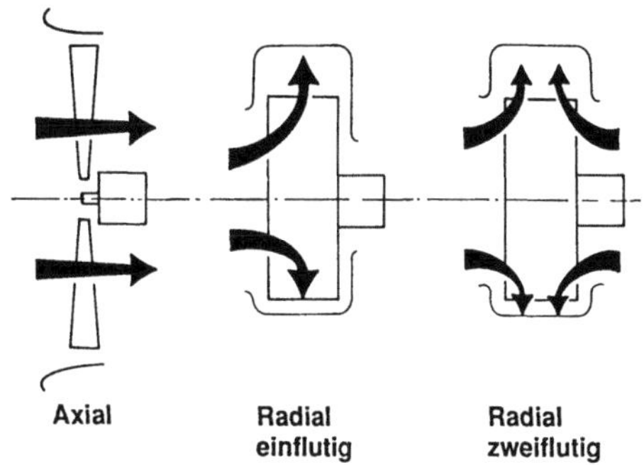

Bild 11.8. Kennlinien eines
Radialgebläses;
zusammengestellt von P. RISCH.

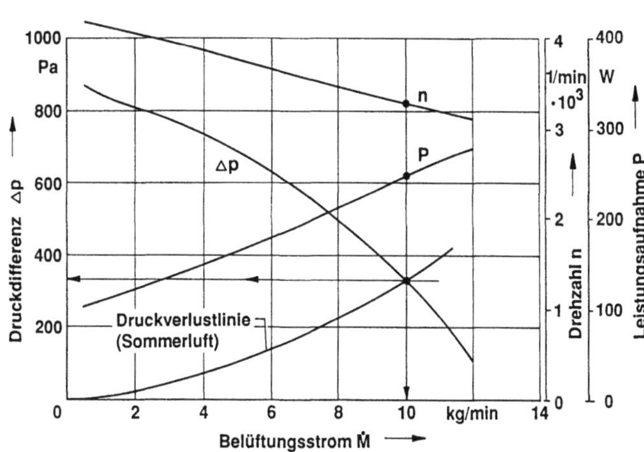

11.4.4.2 Leckagelinien L_w der Karosserie

Die Schar von Druckverlustlinien $p_I - p_U = f(\dot{M})$ der Karosserieleckage mit der Geschwindigkeit als
Parameter zeigt Bild 11.9 (Innendruckmethode, Entlüftungen sind geschlossen). Auffallend an
diesen Linien ist, daß sie nicht einfach parallel mit wachsendem Unterdruck verschoben sind. Sie
weisen bei einem Luftstrom $\dot{M} = 0$ Gradienten auf (vgl. eingezeichnete Tangenten), die mit der
Fahrgeschwindigkeit steigen. Dies liegt daran, daß Luft über die Karosserie ausgetauscht wird. Diese
Druckverlustlinien (hier und im weiteren als Leckagelinien bezeichnet) setzen sich aus partiellen
Leckzuluft- und -abluftlinien zusammen.

Der Luftstrom durch die Karosserie kann bei einer Geschwindigkeit $w = 0$ als Potenzfunktion
betrachtet werden:

$$\dot{m} = a \cdot (p_I - p_a)^k . \tag{11.2}$$

Im Spaltkoeffizienten a spiegelt sich die Summe der Lecköffnungen wider.

Anhaltswerte sind:

$k \approx 4/7$ (turbulente Spaltströmung),
$a \approx 0{,}2$ bis $0{,}4$ mit Kofferraum.

11.4.4.3 Abluftlinien A_w

Die Schar von Abluftlinien mit der Geschwindigkeit als Parameter charakterisiert das Zusammenspiel der Karosserie mit dem gezielt angebrachten Entlüftungssystem. Rechnerisch werden die

511

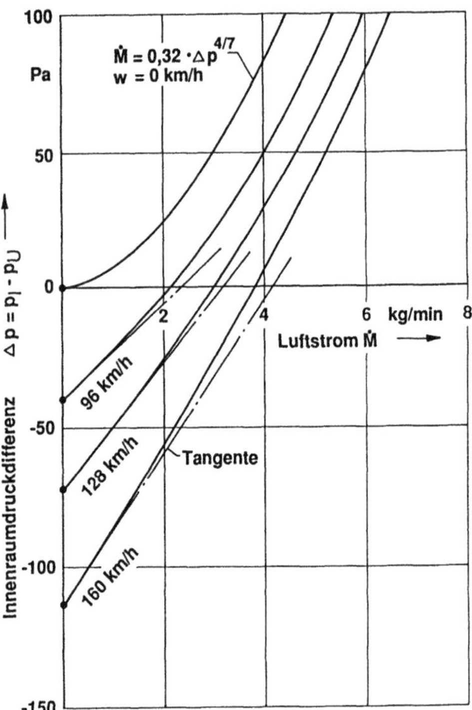

Bild 11.9. Druckverlustlinien der Karosserie mit der Fahrgeschwindigkeit als Parameter; Leckagelinien.

Luftströme, die durch die Karosserie und durch das Entlüftungssystem strömen, bei gleichem Innendruck und gleicher Geschwindigkeit summiert (Parallelschaltung in Analogie zur Elektrotechnik). In den Bildern 11.10 und 11.11 sind die Abluftlinien zweier verschieden ausgeführter Fahrzeuge A und B für die Geschwindigkeiten 0 und 160 km/h eingetragen. Fahrzeug A hat stark saugende Entlüftungen im Bereich der C-Pfosten mit einem Druckbeiwert von $c_p = -0,5$. Fahrzeug B weist hingegen eine vergleichsweise dichte Karosserie mit großflächigen Entlüftungen (kleiner Druckabfall) im Bereich der hinteren Stoßfänger ($c_p = -0,07$) mit Rückschlagklappen auf.

11.4.4.4 Belüftungslinien B_W

Im Bild 11.10 sind die Belüftungslinien für den Betriebsfall „Sommerluft, kalt" in max. Gebläsestufe bei 0 und 160 km/h sowie im Staubetrieb (Gebläse ausgeschaltet) bei 160 km/h eingetragen. Die Belüftungslinien entstehen aus dem Zusammenspiel des Gebläses, den Druckverlusten der Einzelkomponenten wie Luftführungen und Wärmetauscher vom Lufteintritt bis zum Innenraum und dem geschwindigkeitsabhängigen Druck am Lufteintritt vor der Windschutzscheibe.

11.4.4.5 Belüftungsstrom

Der Belüftungsstrom ergibt sich nun im Frischluftbetrieb aus dem Schnittpunkt der Belüftungslinie mit der dazugehörigen Abluftlinie (vgl. hierzu die Bilder 11.10 und 11.11). Damit sind der Innendruck im Fahrzeug, der Belüftungsstrom, die Luftströme durch die Karosserie sowie durch das Entlüftungssystem bekannt. Die Leckzuluftströme sind vorerst noch unbekannt.

Nachstehend werden die beiden Fahrzeuge A und B verglichen. Sie unterscheiden sich in der Fahrzeugdichtheit, dem Druckabfall an der Entlüftung und dem an der Entlüftung anliegenden Druck. Die Belüftungssysteme sind identisch. Die Diagramme (Bilder 11.10 und 11.11) zeigen die Kurvenscharen B_W, L_W und A_W. Die Belüftungsströme in Abhängigkeit von der Fahrgeschwindigkeit

512

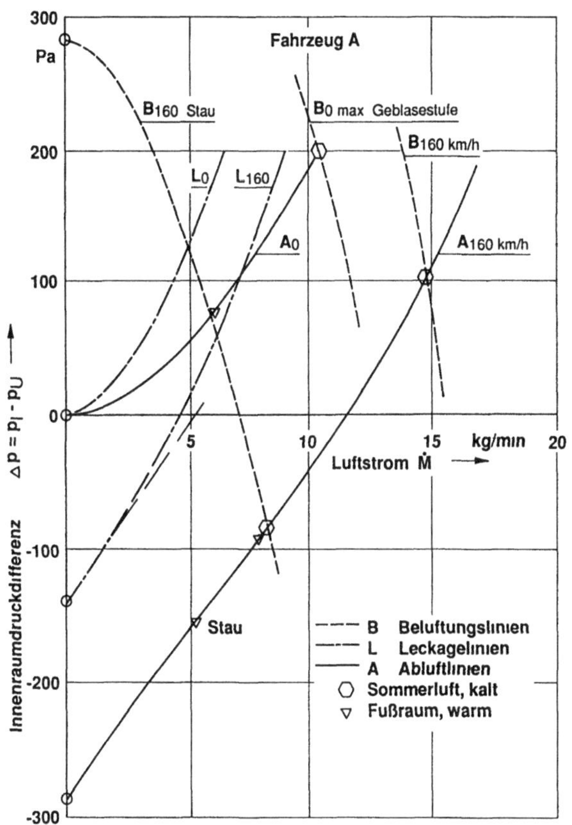

Bild 11 10   Zuluft- und Abluftlinien eines Pkw (A) mit Entluftungen im Bereich der Pfosten C ($c_p = -0{,}5$)

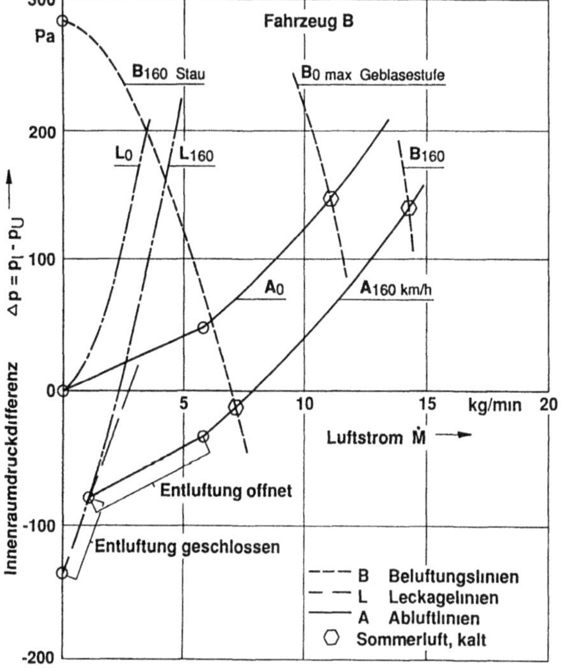

Bild 11 11   Zuluft- und Abluftlinien eines relativ dichten Pkw (B) mit großflächigen Entluftungen im Bereich der hinteren Stoßfänger ($c_p = -0{,}07$), Entluftungen mit Ruckschlagklappen sind bei beiden Fahrzeugen von gleicher Größenordnung (Bild 11.12). Beide unterscheiden sich jedoch grundlegend im Innenraumdruck. Je größer der Unterdruck im Fahrgastraum und je undichter die Karosserie ist, desto höher ist der Betrag des unerwünschten Leckzuluftstroms.

11.4.4.6 Belüftungsstrom bei geöffnetem Schiebe-Ausstelldach

Schiebe-Ausstelldächer sind in einem Gebiet hohen Unterdrucks angebracht (c_p etwa -0,5). Diese Vorrichtungen wirken als großflächige Entlüftung mit geringem Druckabfall. Bild 11.13 zeigt die Zunahme des Belüftungsstroms in Abhängigkeit von den Verstellmöglichkeiten.

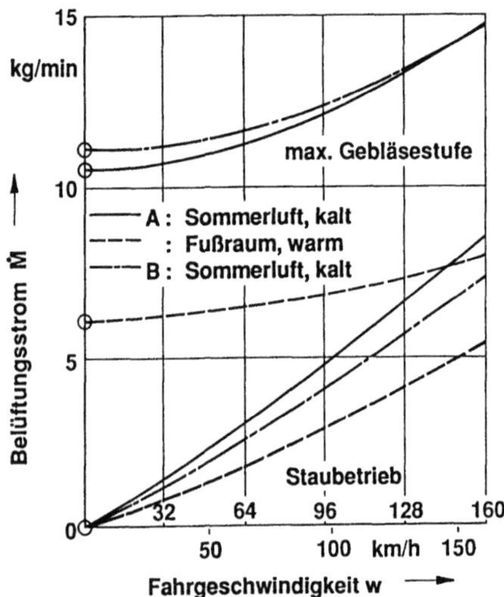

Bild 11.12. Belüftungsströme der Fahrzeuge
A und B in Abhängigkeit
von der Fahrgeschwindigkeit in der
maximalen Gebläsestufe und im Staubetrieb.

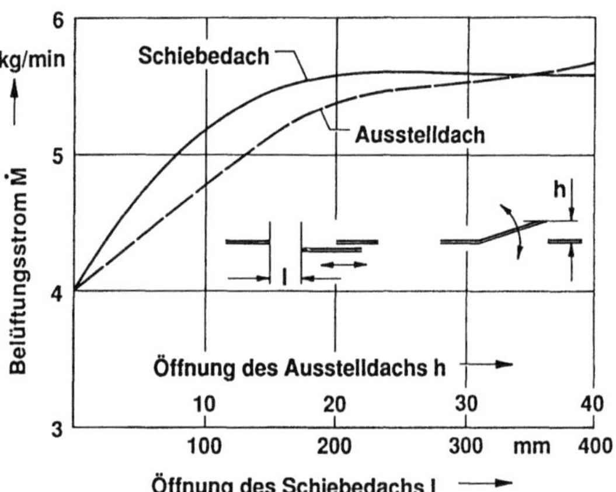

Bild 11.13. Belüftungsstrom in Abhängigkeit von der
Einstellung des Schiebe/Ausstelldachs
bei ausgeschaltetem Gebläse und 120 km/h.

11.4.5 Leckzufluftstrom

11.4.5.1 Bedeutung des Leckzuluftstroms

Die Leckzuluft strömt insbesondere bei Unterdruck im Fahrgastraum von außen durch die Lecköffnungen in diesen hinein und beeinflußt das Klima nachteilig. Die Wirkung der Heizung und der Klimaanlage wird insbesondere im Umluftbetrieb verschlechtert, vgl. hierzu auch Abschnitt 11.5.1, Gl. (11.12). Weiterhin können Stoffe wie Sand, Staub, Schnee und Salz sowie Schadstoffe aus der Umgebung in den Fahrgastraum eindringen.

Der Anteil der Leckzuluftströme am gesamten Zuluftvolumenstrom hängt einmal von konstruktiven Gegebenheiten wie der Dichtheit der Karosserie und der Ausführung des Entlüftungssystems und zum anderen von der Fahrgeschwindigkeit und der gewählten Gebläsestufe ab.

11.4.5.2 Berechnung der Leckzuluftströme

H. GROSSMANN [11.16] entwickelte ein Verfahren zur Berechnung des Leckluftstroms durch die Pkw Karosserie. Damit können aus *gemessenen* Leckagelinien die Leckzuluftströme für alle Betriebszu-

514

stande mit hinreichender Genauigkeit ermittelt werden Weiterhin wird dadurch die Synthese des gesamten Luftungssystems ermoglicht

Grundlage fur die Berechnung ist die stromungsmechanische Zuordnung der einzelnen Leckoffnungen zu den Druckbeiwerten der Außenstromung Ein Beispiel dafur liefert Bild 11 14 Die Anteile des Spaltkoeffizienten Δ a/a sind nach den zugehorigen Druckbeiwerten klassiert Dort, wo Anteile des Spaltkoeffizienten Druckbeiwerten zugeordnet sind, die hoher als der auf den Staudruck bezogene Innenraumdruck sind, stromt Luft *in* den Fahrgastraum hinein Der Leckzuluftstrom ergibt sich durch Integration zu

$$m_{zu} = a \quad q^k \int_{c_I}^{c_{p\,max}} (c_p - c_I)^k \quad H(c_p) \quad dc_p \tag{11 3}$$

Dabei bedeuten $H(c_p)$ die Haufigkeitsverteilung und c_I den dimensionslosen Innenraumdruck

Die *experimentelle* Ermittlung der Haufigkeitsverteilung ist außerordentlich muhsam H GROSS-MANN konnte jedoch zeigen, daß die im Bild 11 14 eingetragene Verteilung anhand von gemessenen Leckagelinien durch eine Gaußsche Verteilung ersetzt werden kann Dabei ergeben sich folgende Anhaltswerte

Streuung σ der Verteilung ca 0,1,

Lage des Pols $\bar{c}$ bei ca c_p = -0,08 bis -0,16

Der Pol $\bar{c}$ markiert den auf den Staudruck q der Außenstromung bezogenen Innenraumdruck bei geschlossener Be- und Entluftung

Bild 11 14 Anteil des Spaltkoeffizienten in Abhangigkeit vom Druckbeiwert

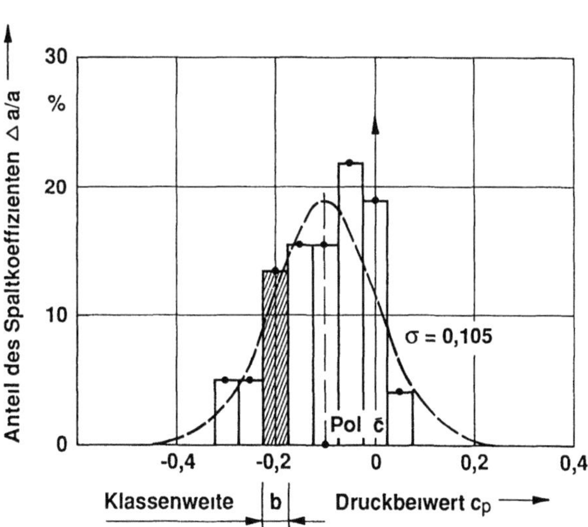

11 4 5 3 Leckzuluftstrom bei geschlossener Be- und Entluftung

Dieser besondere Fall liegt vor, wenn z B eine Klimaanlage im *Umluftbetrieb* arbeitet und wenn durch den Unterdruck im Innenraum die Ruckschlagklappen der Entluftungsoffnungen geschlossen sind. Nachstehender Luftstrom wird dann über die Karosserie ausgetauscht, wenn die Streuung bekannt ist:

$$\dot{m}_{zu} = a \cdot q^k \cdot \sigma^k \cdot \frac{\Gamma\left(\frac{k+1}{2}\right)}{\sqrt{\pi} \cdot 2^{1-\frac{k}{2}}} \cdot \qquad (11.4)$$

Darin bedeutet $\Gamma(x)$ die Gammafunktion, vgl. J. DRESZER [11.11].

Wenn die Gradienten in den Polen bekannt sind, wird

$$\dot{m}_{zu} = \text{Const.} \cdot \left[a \cdot \left(\frac{d\Delta p}{d\dot{M}}\right)_{\dot{M}=0}^k \right]^{\frac{1}{1-k}} \qquad (11.5)$$

mit folgenden Zahlenwerten:

Const = 0,34 für k = 4/7,

Const = $1/8^{0,5}$ für k = 1/2.

11.4.5.4 Beispiele

Mit zwei Beispielen aus der Praxis soll demonstriert werden, wie der Leckzuluftstrom berechnet werden kann.

Beispiel 1. Gegeben ist die Schar von Leckagelinien nach Bild 11.9. Gesucht ist der Leckzuluftstrom bei 160 km/h, wenn Be- und Entlüftung geschlossen sind, der Luftaustausch also nur über die Lecköffnungen der Karosserie erfolgt (Fahrzeug B).

Für w = 0 werden mittels linearer Regression der Spaltkoeffizient $a = a_1 = 0,32$ und der Exponent k = 4/7 gefunden. Der Pol $c_p = \bar{c}_1$ liegt bei -0,10. Der Gradient im Pol wird bei 160 km/h durch Anlegen der Tangente ermittelt zu $(Dp/\dot{M})_{\dot{M}=0} = 27,713$.

Mit Gl. (11.5) wird der Leckzuluftstrom bei 160 km/h zu ca. 2,0 kg/min erhalten.

Beispiel 2. Wie in 1, jedoch mit einer offenen C-Pfosten-Entlüftung (Fahrzeug A). Daten der Entlüftung: $a = a_2 = 0,20$, k = 4/7, $c_p = \bar{c}_2 = -0,5$.

Diese Entlüftung saugt partiell stark an der Karosserie. Der sich infolge der Karosserieöffnungen und der Entlüftung einstellende Innenraumdruck berechnet sich näherungsweise zu

$$\bar{c}_I = \frac{a_1 \cdot \bar{c}_1 + a_2 \cdot \bar{c}_2}{a_1 + a_2} \cdot \qquad (11.6)$$

Allein durch das Entlüftungssystem strömen wegen

$$\dot{m}_2 = a_2 \cdot q^k \cdot (c_I - c_2)^k \qquad (11.7)$$

ca. 5,0 kg/min bei 160 km/h ins Freie. Aufgrund der Kontinuität muß diese Luft von außen als Leckzuluft in die Karosserie strömen. Der gesamte Luftaustausch durch die Karosserie ist etwas größer (ca. 5,8 kg/min), da auch Luft unmittelbar den Fahrgastraum verläßt.

Bild 11.15 zeigt die Leckluftströme dieser beiden Beispiele in Abhängigkeit von der Fahrgeschwindigkeit. Das Fahrzeug mit der C-Pfosten-Entlüftung (Fahrzeug A) weist einen erheblich höheren Leckzuluftstrom auf. Die Linien sind keine Geraden, da der Exponent k größer als 0,5 ist.

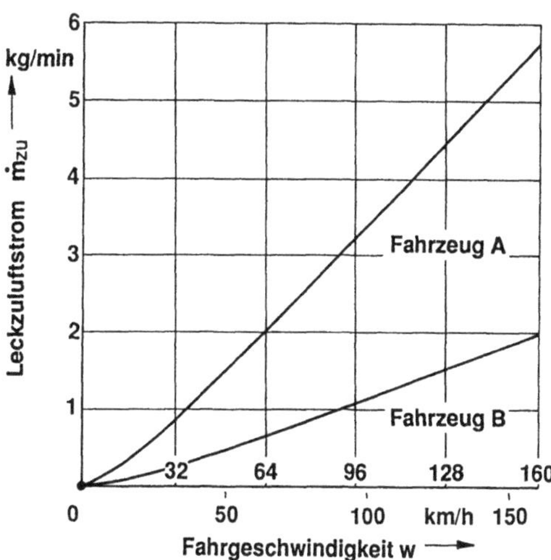

Bild 11.15. Leckzuluftstrom im Umluftbetrieb
(mit Anteil des Kofferraums).
Fahrzeug A mit C-Pfosten-Entlüftung;
Fahrzeug B mit geschlossener Entlüftung.

11.5   Wärmestrom durch den Fahrgastraum

Beim Betrieb einer Heizung oder Klimaanlage entstehen Wärmeverluste durch den Abluftstrom sowie durch Konvektion und Leitung über die Karosserie. Bei Vernachlässigung der Strahlung, Wärmequellen wie Sonneneinstrahlung, Auspuffwärme usw., lautet die Wärmebilanz (vgl. hierzu Bild 11.16):

$$\dot{Q}_{\text{Wärmetauscher}} = \dot{Q}_{\text{Karosserie}} + \dot{Q}_{\text{Abluft}}. \tag{11.8}$$

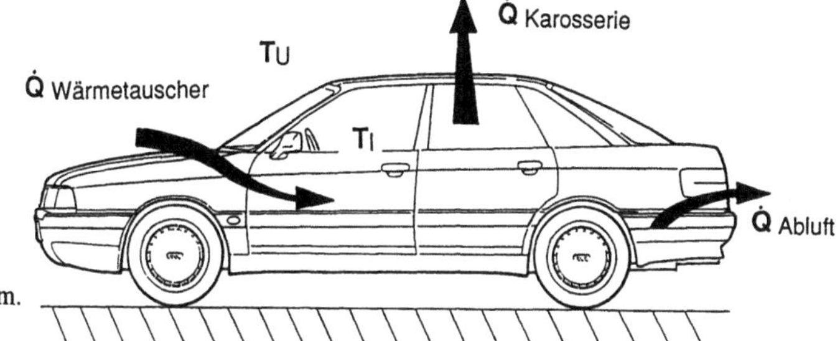

Bild 11.16. Wärmebilanz;
Wärmestrom durch den Fahrgastraum.

11.5.1   Wärmedurchgang durch die Karosserie

Der Wärmestrom durch die Karosserie beträgt bei Vernachlässigung der Strahlung

$$\dot{Q} = KA \cdot (T_I - T_U). \tag{11.9}$$

Die Wärmeübertragung hängt von den äußeren und inneren Strömungsfeldern sowie den eingesetzten Materialien ab:

$$KA = \sum_{n=1}^{n} \frac{A_n}{\dfrac{1}{\alpha_{i,n}} + \left(\dfrac{\delta}{\lambda}\right)_n + \dfrac{1}{\alpha_{a,n}}}. \tag{11.10}$$

Über die Wärmeübergangskoeffizienten in Abhängigkeit vom Belüftungsstrom und der Fahrgeschwindigkeit berichten S. SHIMUZU, H. HARA, F. ASAKAWA [11.28]:

$$a_i = C_i \cdot \dot{M}^{0,5}, \quad a_a = C_a \cdot W^{0,8} . \tag{11.11}$$

Bei Messungen des KA-Wertes wird nach Erfahrungen des Verfassers grundsätzlich die Wärmeübertragung infolge des natürlichen Luftaustausches miterfaßt:

$$KA_{gemessen} = KA + f\,(\dot{m}_{zu} \cdot c_p) . \tag{11.12}$$

W. FRANK [11.14] schlug bereits 1971 für den KA-Wert eine Funktion vor, die den Luftstrom und die Fahrgeschwindigkeit berücksichtigt:

$$KA = \cfrac{1}{\cfrac{1}{K_I \cdot \dot{M}^{0,6}} + \cfrac{1}{K_a \cdot w^{0,6}}} . \tag{11.13}$$

Damals hatten die Pkws Entlüftungen mit einem sehr hohen Unterdruckbeiwert, etwa $c_p = -1,0$. Deshalb war der Wärmeaustausch infolge Leckluft beträchtlich. Dieser Anteil ist hier im KA-Wert mit enthalten. Für heutige Fahrzeuge sind diese Werte im allgemeinen zu hoch.

J. NITZ und W.-H. HUCHO [11.23] stellten 1979 nachstehenden Zusammenhang her:

$$KA = (0,025 \cdot w^{0,7} + 0,156 \cdot \dot{V}^{0,5} + 0,607) \cdot A, \tag{11.14}$$

wobei folgende Einheiten gelten: w in km/h, $\dot{V}$ in m³/h.

A ist hierbei die wärmeübertragende Karosseriefläche, ihre Größe reicht von ca. 9 bis 15 m². Bei diesen Untersuchungen wurden die Öffnungen sorgfältig abgedichtet, so daß Ergebnisse erzielt wurden, die noch heute ihre Gültigkeit haben.

Die Bilder 11.17 und 11.18 zeigen den KA-Wert im Frischluft- und im Umluftbetrieb. Verglichen werden die Formeln nach FRANK und NITZ/HUCHO sowie eigene Ergebnisse unter Berücksichtigung der Wärmeübertragung durch Leckluft.

Bei den folgenden Betrachtungen wird der Einfluß des Leckzuluftstroms auf den KA-Wert immer mit berücksichtigt.

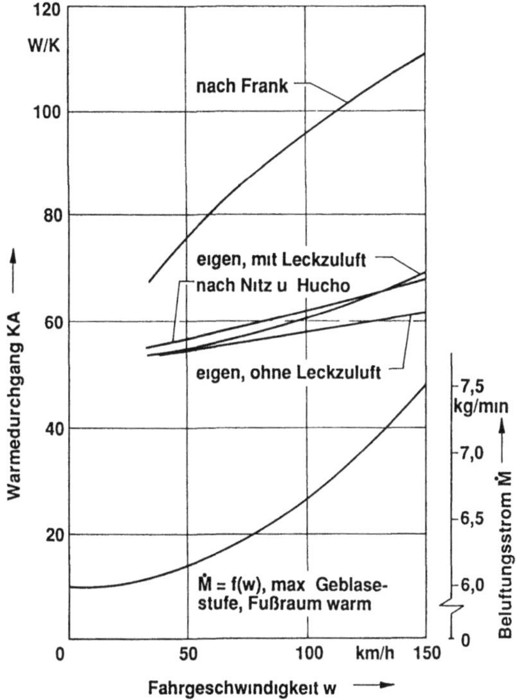

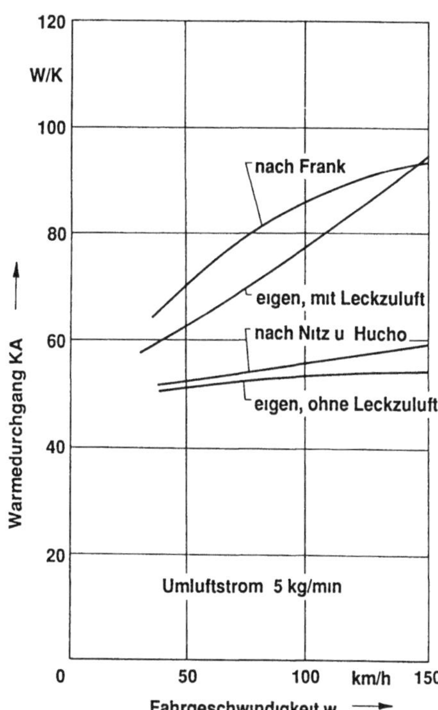

Bild 11 17   Warmedurchgang durch die Karosserie in Abhangigkeit von der Fahrgeschwindigkeit im Frischluftbetrieb

Bild 11 18   Warmedurchgang durch die Karosserie bei Umluftbetrieb Pkw mit stark saugenden Entluftungen

11.5.2   Schnittstelle Heizungswarmetauscher/Innenraum

Heizungswarmetauscher werden prinzipiell wie Fahrzeugkuhler aufgebaut Die Stirnflache betragt ca 3 bis 6 dm² und die Blocktiefe ca 25 bis 50 mm Heute werden in Europa hauptsachlich nicht gelotete, gesteckte Warmetauscher verwendet Zum Einsatz kommen Rund- und Ovalrohre aus Aluminium oder Kupfer (weniger empfindlich gegenuber Korrosion), die mechanisch aufgeweitet werden und so einen festen Verbund mit den Lamellen bilden Zur Erhohung des Warmeubergangs werden die luftseitigen Aluminiumlamellen mit Turbulenzschlitzen u a versehen, und in den Rohren befinden sich meistens Turbulatoren Die geloteten Ausfuhrungen haben Flachrohre und damit eine gute Warmeubertragung Auf Turbulatoren kann verzichtet werden

11 5 2 1   Kennfeld des Warmetauschers

Bild 11 19 zeigt das Kennfeld eines Heizungswarmetauschers

Der Warmestrom wird ublicherweise auf eine treibende Temperaturdifferenz der Eintrittstemperaturen von 100 K bezogen (Vorlauftemperatur 80 °C, Lufteintrittstemperatur -20 °C)

$$Q_{100} = \left(\frac{Q_{WT}}{T_{Vor} - T_{LE}} \right)_{gemessen} 100 \qquad (11\ 15)$$

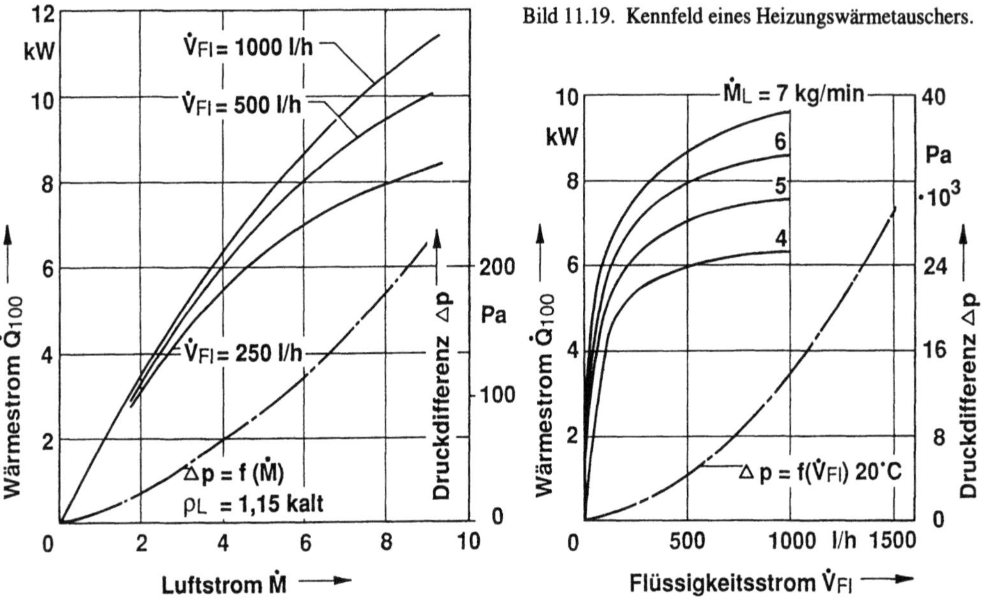

Bild 11.19. Kennfeld eines Heizungswärmetauschers.

Die Flüssigkeit besteht aus einem Gemisch aus Äthylenglykol und Wasser mit einem Mischungsverhältnis von 50/50 oder 40/60 Volumen-%. Der Flüssigkeitsstrom ist über die Kennlinie der mechanisch angetriebenen Wasserpumpe linear abhängig von der Motordrehzahl; er beträgt ca. 300 l/h bei 1000 min⁻¹.

11.5.2.2 Stationäre Innnenraumtemperatur im Frischluftbetrieb

Mittels einer Wärmebilanz kann die mittlere Innenraumtemperatur berechnet werden. Hauptproblem bei der Lösung der Gl. (11.8) ist die Kenntnis der sich einstellendenAblufttemperatur. Zwei verschiedene Ansätze führen zu nahezu gleichen Ergebnissen:

1. Ansatz nach W. FRANK [11.14]:

Die Temperatur der in den Innenraum strömenden Luft verhält sich zur Innenraumtemperatur wie die Innenraumtemperatur zur Ablufttemperatur:

$$\frac{T_e}{T_I} = \frac{T_I}{T_{ab}} \ . \tag{11.16}$$

Dieser Ansatz gilt nur für eine Umgebungstemperatur von 0 °C; für instationäre Betrachtungsweisen (numerische Verfahren) ist er nicht geeignet. Deshalb werden in einem modifizierten Ansatz die Differenzen zur Umgebungstemperatur betrachtet $\Delta T_x = (T_x - T_U)$:

$$\frac{\Delta T_e}{\Delta T_I} = \frac{\Delta T_I}{\Delta T_{ab}} \ . \tag{11.17}$$

2. Ansatz nach J. NITZ und W.-H. HUCHO [11.23]:

Die Karosserie wird, wie im Bild 11.20 dargestellt, als Gleichstromwärmetauscher aufgefaßt. Dann folgt für die Differenz aus Abluft- und Umgebungstemperatur:

$$\Delta T_{ab} = \Delta T_e \cdot e^{\frac{-KA}{\dot{m} \, c_p}} \ . \tag{11.18}$$

520

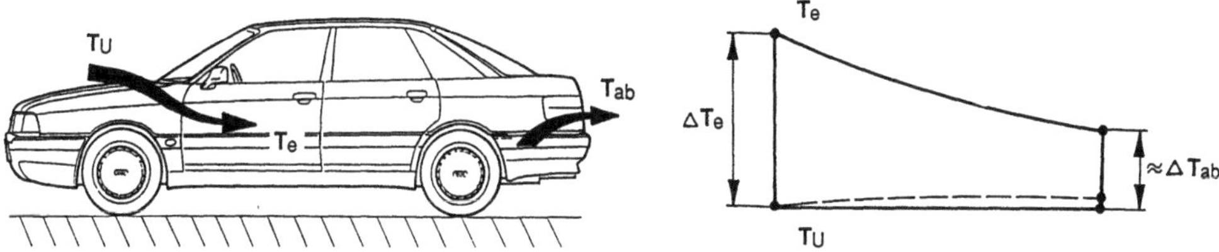

Bild 11.20. Karosserie als Gleichstromwärmetauscher.

Für die stationäre Innenraumtemperatur folgt mit dem modifizierten Ansatz nach W. FRANK:

$$T_I = \dot{Q}_{zu} \cdot \frac{-KA + \sqrt{(KA)^2 + 4(\dot{m} \cdot c_p)^2}}{2 (\dot{m} \cdot c_p)^2} + T_U \tag{11.19}$$

bzw. mit dem Ansatz nach J. NITZ und W.-H. HUCHO:

$$T_I = \dot{Q}_{zu} \cdot \frac{1 - e^{\frac{-KA}{\dot{m} \, c_p}}}{KA} + T_U \cdot \tag{11.20}$$

Der zugeführte Wärmestrom beträgt, wenn die Luft nicht an der Motorhaube vorgewärmt wird:

$$\dot{Q}_{zu} = \frac{\dot{Q}_{100}}{100} \cdot (T_{Vor} - T_U) . \tag{11.21}$$

Beide Ansätze werden in folgendem Beispiel mit einander verglichen:

Gegeben sind:
$\dot{Q}_{100} = 6$ kW, $\dot{m} = 5$ kg/min, Vorlauftemperatur = 90 °C,
Umgebungstemperatur = -20 °C, KA = 0,055 kW/K.

Gesucht sind: Lufteintritts-, Innenraum- und Ablufttemperatur. Tabelle 11.5 zeigt die Ergebnisse.

Tabelle 11.5. Vergleich verschiedener Ansätze.

Ansatz nach	$T_{Eintritt}$ °C	T_{Innen} °C	T_{Abluft} °C	$\dot{Q}_{WT}$ kW
FRANK, modifiziert	59,2	37,3	21,4	6,6
NITZ/HUCHO	59,2	38,0	20,9	6,6

Bild 11.21 zeigt die mittlere Innenraumtemperatur in Abhängigkeit vom Luftstrom im Frischluftbetrieb. Bei konstanter Vorlauftemperatur (Thermostatöffnungstemperatur) kann mit großen Luftströmen gefahren werden. Es tritt ein Maximum bei einem Luftstrom zwischen 4 und 6 kg/min auf. Hingegen sind bei Motoren, die nicht genügend Wärme zur Verfügung stellen, die Maxima bei kleineren Luftströmen angesiedelt, da die Vorlauftemperatur mit steigendem Luftstrom sinkt.

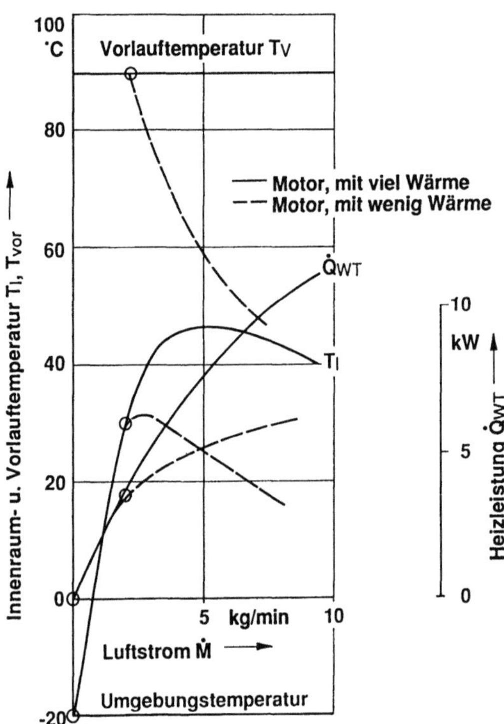

Bild 11.21. Innenraumtemperatur und Wärmetauscherleistung in Abhängigkeit vom Belüftungsstrom;
Motor mit viel und wenig Wärmeabgabe.

11.5.2.3 Instationäre Innenraumtemperatur im Frischluftbetrieb

Nach dem Start im Winter soll der Fahrgastraum möglichst schnell aufgeheizt werden. Die Wärmequelle ist der Motor. Deshalb sind an diesem Wärmeverluste zu vermeiden und die Speicherwärmen klein zu halten. Bild 11.22 zeigt die Vorlauftemperatur und die mittlere Innenraumtemperatur in Abhängigkeit von der Zeit.

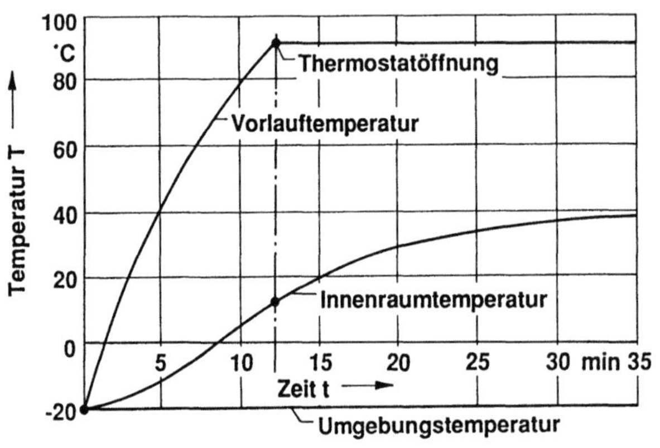

Bild 11.22. Innenraum-
und Vorlauftemperatur beim Aufheizen.

11.5.2.4 Mittlere Innenraumtemperatur im Umluftbetrieb

Im Umluftbetrieb hat die dem Wärmetauscher zugeführte Luft nach Erfahrungen des Verfassers in den meisten Fällen eine Temperatur, die etwa der mittleren Innenraumtemperatur entspricht. Für diesen Sonderfall lautet dann die mittlere Innenraumtemperatur

522

$$T_I = \frac{\dot{Q}_{100}}{100} \cdot \frac{T_{Vor} - T_U}{KA + \frac{\dot{Q}_{100}}{100}} + T_U \, , \tag{11.22}$$

und die dazugehörige Wärmetauscherleistung beträgt

$$\dot{Q}_{WT} = KA \cdot (T_I - T_U) = \frac{\dot{Q}_{100} \cdot (T_{Vor} - T_U)}{100 + \frac{\dot{Q}_{100}}{KA}} \, . \tag{11.23}$$

Dazu wiederum ein Beispiel:

Gegeben sind: $\dot{Q}_{100} = 6$ kW, Vorlauftemperatur = 90 °C, Umgebungstemperatur = -20 °C, $KA = 0,055$ kW/K, $\dot{m} = 5$ kg/min. Gesucht sind die Lufteintritts- und die Innenraumtemperatur sowie die Heizleistung. Die Ergebnisse sind in Tabelle 11.6 zusammengestellt.

Tabelle 11.6. Heizung im Umluftbetrieb.

$T_{Eintritt}$	T_{Innen}	$\dot{Q}_{WT}$
°C	°C	kW
75,3	37,4	3,16

In diesem Beispiel beträgt der zum Heizen notwendige Wärmestrom im Vergleich zum Frischluftbetrieb nur ca. 50 %. Damit können Pkw, deren Motoren wenig Wärme abgeben, bei niedrigen Fahrgeschwindigkeiten besser beheizt werden. Diesem Vorteil steht aber eine Beschlagneigung der Scheiben entgegen (Sicherheit, gesetzliche Bestimmungen). Weiterhin können sich bei undichten Fahrzeugen, insbesondere in Verbindung mit Entlüftungen in Gebieten hohen Unterdrucks, bei höheren Fahrgeschwindigkeiten niedrigere Innenraumtemperaturen einstellen als im Frischluftbetrieb. Aus hygienischen Gründen sollte eine Heizung ohnehin nicht in Umluft betrieben werden. Die Innentemperatur des obigen Beispiels kann durch ein sorgfältig abgestimmtes Strömungs- und Temperaturfeld deutlich verbessert werden (bis ca. 10 K). Dabei müssen Rückströmungen im Fahrgastraum, insbesondere im Bereich der Heizung, vermieden werden.

11.5.2.5 Motor mit niedrigem Verbrauch

Es ist das Ziel, Fahrzeuge mit möglichst kleinem Verbrauch zu bauen. Wegen des guten thermischen Wirkungsgrades (hohes Verdichtungsverhältnis) kommt ein heutiger Dieselmotor im Durchschnitt mit ca. 5 l/100 km aus. Fahrzeuge mit noch günstigeren Verbräuchen fallen häufig wegen ungenügender Heizleistung auf. Der Einbau einer Zusatzheizung oder wirkungsgradverschlechternde Maßnahmen schaffen hier Abhilfe. Mittels einer Wärmebilanz kann jedoch überschlägig festgestellt werden, inwieweit die Abwärme bei einer vernünftigen Vorlauftemperatur tatsächlich genutzt wird.

Der Motor verbraucht eine Leistung von $\dot{m}_B \cdot H_u$. Diese teilt sich in mechanische Leistung und Abwärme auf. Die Abwärme lautet dann:

$$\dot{Q} = \dot{m}_B \cdot H_U \cdot \left(1 - \eta\right) . \tag{11.24}$$

Im einzelnen betragen:

H_U unterer Heizwert ca. 11,61 kWh/kg,

$\dot{m}_B$ Brennstoffverbrauch in kg/h,

η effektiver Wirkungsgrad (optimale Werte: Dieselmotor ca. 0,34, Ottomotor ca. 0,30).

Bild 11.23 zeigt die aus einer gemessenen Wärmebilanz resultierende Vorlauftemperatur in Abhängigkeit von der Wärmetauscherleistung am Beispiel eines 1,8-l-Dieselmotors im Leerlauf bei -20 °C Umgebungstemperatur.

Bei zunehmend abgeführtem Wärme- bzw. Luftstrom bleibt die Vorlauftemperatur zunächst konstant (Thermostatöffnungstemperatur) und sinkt dann schnell ab (Kurve 1). Durch Konvektion und Strahlung gibt der Motor u.a. Wärme an die Motorhaube ab, so daß im Frischluftbetrieb die Luft bei Eintritt in den Wärmetauscher bereits vorgewärmt ist. Gesucht sind nun die sich einstellende Vorlauftemperatur und die Heizleistung bei vorgebenem Wärmetauscher. Eingetragen ist eine Wärmetauscherauslegung von $Q_{100} = 5$ kW [Kurve 2, vgl. Gl. (11.21)]. Bis zum Eintritt hat sich die Luft hier auf - 6 °C vorgewärmt. Der Wärmetauscher gibt also 5 kW bei einer Vorlauftemperatur von 94 °C ab. Im Schnittpunkt A der Kurven 1 und 2 stellt sich die resultierende Vorlauftemperatur ein. Für die Heizung stehen nun insgesamt die Wärmetauscherleistung und der additive Wärmestrom infolge Luftvorwärmung zur Verfügung (B). Die Kennlinie für den Umluftbetrieb ist ebenfalls eingetragen, vgl. Gl. (11.23). Die Einzelergebnisse sind in Tabelle 11.7 zusammengestellt.

Im Frischluftbetrieb ist eine Innenraumtemperatur von ca. 19 °C eindeutig zu niedrig. Im Umluftbetrieb ist es um ca. 8 K wärmer, jedoch können die Scheiben von innen beschlagen. Durch Vermeidung von unnötigen Wärmeverlusten am Motor sind im Frischluftbetrieb ca. 30 °C im Innenraum

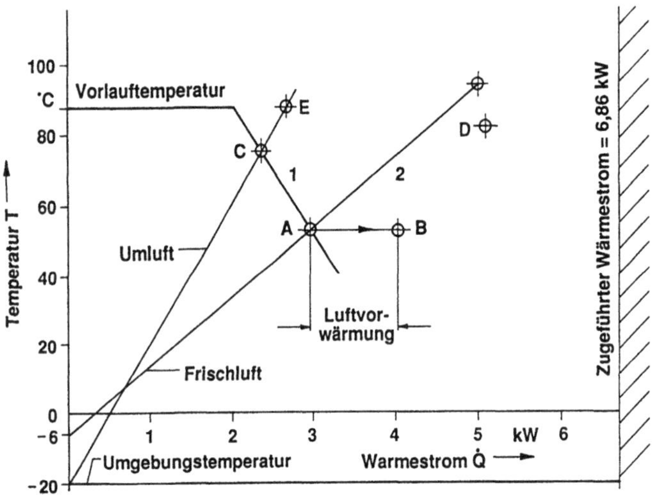

Bild 11 23 Vorlauftemperatur in Abhangigkeit von der Warmetauscherleistung am Beispiel eines 1,8-l-Dieselmotors im Leerlauf bei -20 °C

Tabelle 11 7 Heizleistung eines Dieselmotors im Leerlauf bei -20 °C
$Q_{100} = 5$ kW, $\dot{m} = 4{,}5$ kg/min, KA = 0,050 kW/K

		T_{Vor} °C	Q_{WT} kW	$Q_{Vorwär}$ kW	$\dot{Q}_{Ges}$ kW	T_e °C	T_I °C
Frischluft	B	53,6	2,98	1,05	4,03	38,8	19,2
Umluft	C	75,4	2,39		2,39	59,6	27,7
Frischluft	D	81,8	4,96	0,19	5,15	48,7	30,1
Umluft	E	88,0	2,70		2,70	70,0	34,0
D und E Warmeverluste am Motor reduziert							

524

erreichbar. Dies bedeutet, daß ein Pkw mit wenig Verbrauch nicht zwangsläufig eine schlechte Heizleistung haben muß. Mit folgenden Maßnahmen kann die Heizleistung verbessert werden:

- thermische Isolierung des Motors,

- Reduzierung des Luftüberschusses (Dieselmotor),

- Erhöhung der Wärmetauscherleistung,

- Optimierung des Luftstroms durch den Fahrgastraum,

- Verstellung des Zündzeitpunktes in Richtung „spät" (Ottomotor).

11.5.3   Schnittstelle Verdampfer/Innenraum

Die Verdampfer müssen mit einer Stirnfläche von 5 bis 9 dm² und einer Blocktiefe von 70 bis 120 mm deutlich größer sein als der Heizungswärmetauscher. Ursache dafür ist die kleinere treibende Temperaturdifferenz zwischen Lufteintritts- und Verdampfungstemperatur. Weiterhin können die Lamellenabstände nicht beliebig eng gewählt werden, da sonst das Abfließen des Wasserkondensats behindert wird und ggf. Vereisungen auftreten. Zum Einsatz kommen heute Rohr/Lamellen, Serpentinen- und Plattenverdampfer.

11.5.3.1 Kennfeld des Verdampfers

Der Verdampfer ist ein Wärmetauscher, der dem Luftstrom Wärme und Feuchtigkeit entzieht. Die Kühlung wird innerhalb eines Kreisprozesses erzielt. Im Bild 11.24 ist dieser im log p,h-Diagramm für das Kältemittel R 12 (CF₂Cl₂ = Difluordichlormethan) eingetragen.

Notwendige Komponenten für einen Kältemaschinen-Kreislauf sind ein Verdichter, ein Kondensator, eine Drosseleinheit und ein Verdampfer. Als Kältemittel wird heute noch R 12 (FCKW) verwendet. Wegen seiner Eigenschaft, den Ozongürtel der Erde zu schädigen, wird dieses in Zukunft durch das unchlorierte R 134 a ersetzt. Dessen thermodynamische Eigenschaften sind denjenigen des R 12 ähnlich (vgl. hierzu D. J. BATEMAN [11.4]. In den meisten Fällen muß die Kondensatorleistung um ca. 10 bis 15 % angehoben werden. Für die Schmierung des Kompressors werden nun nicht mehr, wie bei R12-Anlagen, Mineralöle verwendet, sondern PAG, ein Polyalkylenglykol.

Bild 11.25 zeigt das Kennfeld eines Verdampfers (Lufteintrittstemperatur 40 °C, relative Feuchte 30 %). Eingetragen ist auch das der Luft entzogene Wasser.

Bild 11.24. Kreisprozeß einer Kälteanlage.

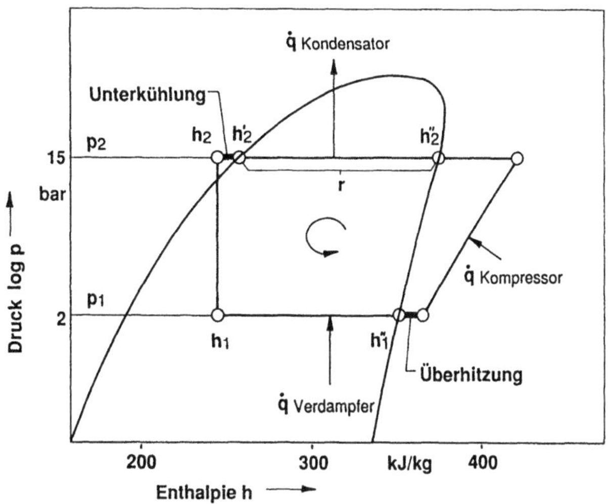

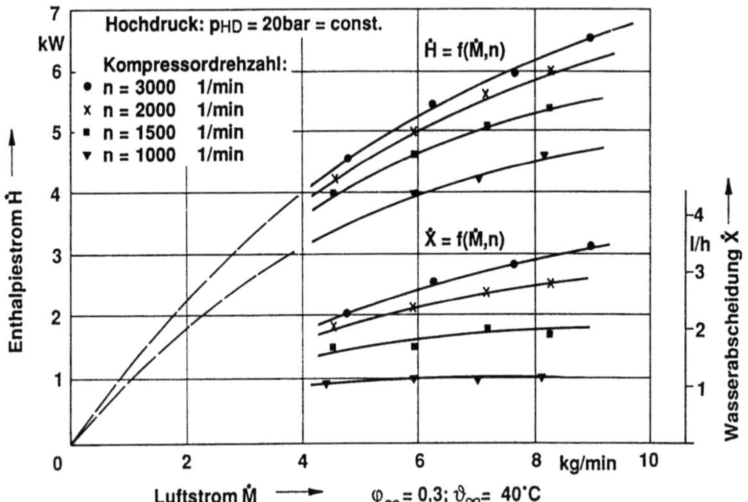

Bild 11.25. Enthalpiestrom und Wasserabscheidung eines Verdampfers in Abhängigkeit vom Luftstrom und der Motordrehzahl bei konstant gehaltenen Hochdruck.

Während beim Heizungswärmetauscher mit trockener Luft gerechnet werden kann, ist dies hier in fast allen Fällen nicht möglich. Grundlage für die feuchte Luft ist das Mollier-h,x-Diagramm (h = Enthalpie, x = Wassergehalt). Bild 11.26 zeigt ein solches Diagramm. Eingetragen ist die idealisierte Abkühlung feuchter Luft in einem Verdampfer. Weitere Einzelheiten zum Mollier-h,x-Diagramm finden sich bei H. BAEHR [11.5].

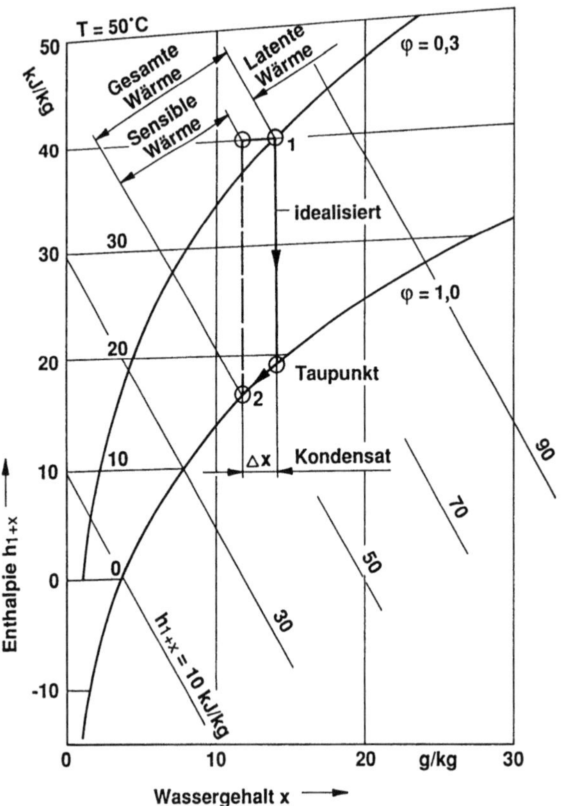

Bild 11.26. Mollier-h,x-Diagramm. Kondensation bei Unterschreitung des Taupunktes (idealisiert).

Die spezifische Enthalpie der feuchten Luft lautet nach [11.5]

$$h_{1+x} = 1,006 \cdot T + x\,(2500 + 1,86 \cdot T), \tag{11.25}$$

und die Verdampferleistung beträgt

$$\dot{H}_{Verdampfer} = \dot{H}_{Sensibel} + \dot{H}_{Latent}\,. \tag{11.26}$$

Die *sensible* Wärme ist die *fühlbare* Wärme. Nur diese steht zum Kühlen des Pkw zur Verfügung. Die *latente* Wärme ist im Kondensat enthalten und wird über den Wasserablauf des Klimagerätes ins Freie abgeführt. Der Wasssergehalt der Luft wird also beim Durchgang durch den Verdampfer kleiner. Bild 11.26 zeigt die sensible und latente Wärme für die idealisierte Abkühlung. Der reale Fall weicht in der Praxis etwas ab.

Den Einfluß der relativen Feuchte der in den Verdampfer eintretenden Luft auf die sensible Wärme, auf die Temperatur, auf den Wassergehalt nach dem Verdampfer und auf das Kondensat zeigt Bild 11.27 bei einer konstant gehaltenen Vedampferleistung und einer Lufteintrittstemperatur von 40 °C. Wenn der Taupunkt überschritten wird, sinkt mit größer werdender zuluftseitiger Feuchte die sensible Wärme, und es steigen die Lufttemperatur und der Wassergehalt nach dem Verdampfer sowie das abgeführte Kondensat. Im Kältekreislauf des Pkw bleibt jedoch die Verdampferleistung mit zunehmender zuluftseitiger Luftfeuchte nicht gleich, da sich bei der Tropfenkondensation die Wärmeübertragung an den Lamellen vergrößert. Dies äußert sich auch in einer Erhöhung des luftseitigen Durchströmwiderstands. Beim Erreichen des Taupunktes wächst dieser sprunghaft auf etwa den zweifachen Betrag an. Weiterhin erhöht sich dabei der Druck im Kondensator und damit die Leistungsaufnahme des Kompressors.

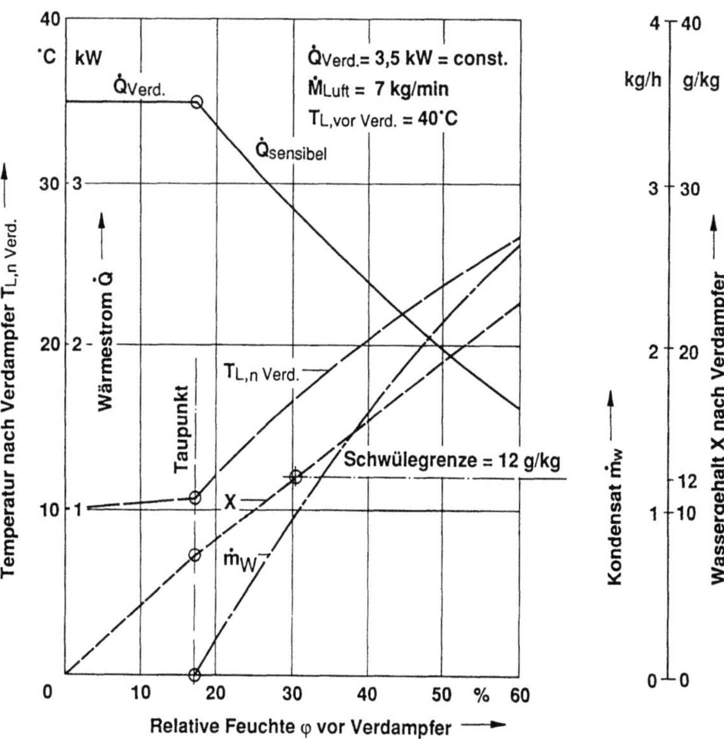

Bild 11.27. Einfluß der relativen Feuchte auf die sensible Wärme, die Temperatur, den Wassergehalt nach Verdampfer und dem Kondensat bei konstanter Verdampferleistung und Lufteintrittstemperatur.

11.5.3.2 Mittlere Innenraumtemperatur im Frischluftbetrieb

In Abhängigkeit von der Feuchte tritt ein Verlust an verfügbarer Verdampferleistung infolge Kondensation ein. Die Verdampfungsenthalpie beträgt:

$$\dot{H}_{Latent} = \dot{m}_{Wasser} \cdot r. \tag{11.27}$$

Für die Innenraumtemperatur gilt nun analog zum Heizbetrieb [vgl. Gl. (11.20)]

$$T_I = \left(\dot{Q}_{Sonne} - \dot{H}_{Sensibel}\right) \cdot \frac{1 - e^{\frac{-KA}{\dot{m} \cdot c_p}}}{KA} + T_U \ . \tag{11.28}$$

Bild 11.28 zeigt die stationäre Innenraumtemperatur in Abhängigkeit von der Feuchte der in den Verdampfer eintretenden Luft. Bei einer relativen Feuchte von 30 % beträgt hier der Wassergehalt 12 g/kg im Innenraum. Damit wird die Schwülegrenze erreicht, und es wird für die Fahrgäste unbehaglich. Es muß also auf Umluft geschaltet werden.

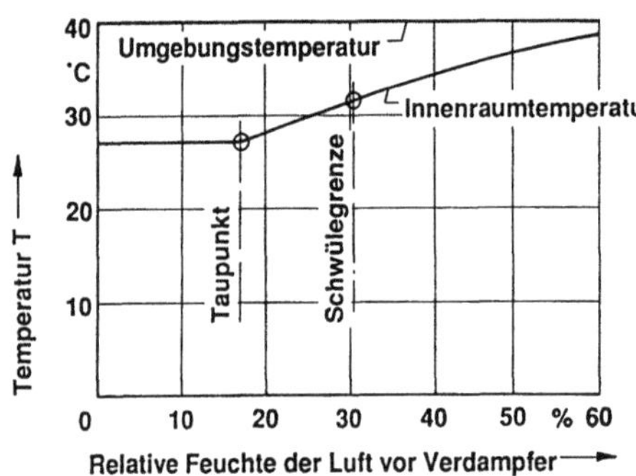

Bild 11.28. Innenraumtemperatur in Abhängigkeit von der Luftfeuchte der Umgebung im Frischluftbetrieb.

11.5.3.3 Innenraumtemperatur im Umluftbetrieb

Wegen des großen Luftstroms bei höchster Gebläsestufe kann der Innenraum in erster Näherung als „ideal gerührter Behälter" aufgefaßt werden.

$$T_I = \frac{\dot{Q}_{Sonne} - \dot{H}_{Sensibel}}{KA} + T_U \ . \tag{11.29}$$

Zur Veranschaulichung das folgende Beispiel:

Gegeben sind: Verdampferleistung = 3 kW, Umgebungstemperatur = 40 °C, abzuführendes Wasser 0,9 l/h, KA = 0,065 kW/K, Sonneneinstrahlung = 1,24 kW, Luftstrom = 8 kg/min. Gesucht sind die Innenraumtemperatur und die Lufttemperatur nach dem Verdampfer.

Mit $\dot{H}_{latent} = \dot{m}_W \cdot r = 0,63$ kW und $\dot{H}_{sensibel} = 2,37$ kW folgt $T_I = 22,6$ °C, und die Lufttemperatur nach dem Verdampfer beträgt $T_{L,nV} = T_I - \dot{H}_{sensibel}/\dot{m} = 4,8$ °C.

Folgende Anhaltswerte für die Lufttemperaturen sollten eingehalten werden:

Nach Verdampfer mindestens ca. 2 °C (bestimmt durch die mögliche Vereisung des Verdampfers); aus den Düsen strömend ca. 10 bis 12 °C im stationären Betrieb.

11.5.3.4 Schnittstelle Verdampfer/Kältekreislauf

Die sich einstellenden Drücke und Temperaturen im Kältekreislauf können bei Kenntnis der einzelnen Komponenten simuliert werden. Der Aufwand und die Fehlermöglichkeiten dürfen dabei nicht unterschätzt werden.

Gesucht sind im einfachsten Fall beispielsweise die Verdampfungstemperatur und der Saugdruck bei einer vorgegebenen konstanten Verdampferleistung und einer konstanten Druckdifferenz $p_2 - p_1$.

Nachstehende Annahmen seien getroffen: Idealer Kreisprozeß, keine Überhitzung und Unterkühlung, isentrope Kompression, Kältemittelstrom und Druckabfall an der Drosseleinheit sind konstant. Die dem Kältekreis zugeführte Verdampferleistung lautet dann (vgl. Bild 11.24)

$$\dot{H}_{Verd} = \left(h_1'' - h_2'\right) \cdot \dot{m}_k = \Delta h \cdot \dot{m}_k \ . \tag{11.30}$$

Hierin bedeuten:

h   spezifische Enthalpie des Kältemittels,

$\dot{m}_k$ Kältemittelstrom.

Die Funktion $h_1'' - h_2' = f(p_{saug} = p_1)$ wird mittels Dampftafeln, log p,h - Diagrammen oder den Formeln nach R. Plank [11.25] aufgestellt und mit der zugeführten Enthalpiedifferenz Δh = konst. zum Schnitt gebracht. Damit sind der Saugdruck und die dazugehörige Verdampfungstemperatur bekannt.

Der Verdampfer kann bei trockener Luft auch formal als Heizungswärmetauscher aufgefaßt werden.

$$H_{Verd} = Const \cdot (T_{LE} - T_{Verd}) \ . \tag{11.31}$$

Const entspricht dabei $Q_{100}/100$

Dadurch besteht die einfache Möglichkeit, den Saugdruck, die Verdampfungstemperatur und die sich einstellende Leistung in Abhängigkeit von der Lufteintrittstemperatur zu ermitteln.

Das zeigt das folgende Beispiel: Gegeben sind die Verdampferleistung = 3 kW, der Kältemittelstrom $\dot{m}_k = 2{,}1$ kg/min und der Druckabfall $p_2 - p_1 = 13$ bar.

Die spezifische Enthalpiedifferenz ist dann $\Delta h = 85{,}7$ kJ/kg, und durch Iteration wird erhalten: $p_{saug} = 2$ bar, $T_{Verd} = -13$ °C (vgl. hierzu Bild 11.29).

Bild 11.29. Enthalpiedifferenz $h_1'' - h_2'$ und Verdampfungstemperatur in Abhängigkeit vom Saugdruck

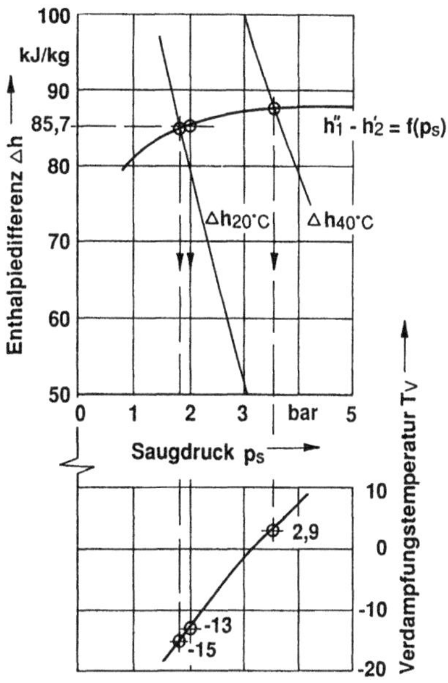

In einem weiteren Beispiel gilt: Bei einer Lufteintrittstemperatur von 20 und 40 °C (trockene Luft) sollen die Verdampfungstemperatur und der Saugdruck bestimmt werden. Const = 0,0841 kW/K, $p_2 - p_1$ = 13 bar, Kältemittelstrom = 2,1 kg/min. Die Enthalpiedifferenz lautet

$$\Delta h = \frac{C}{\dot{m}_k} \cdot (T_{LE} - T_{Verd}) \,. \tag{11.32}$$

Die Ergebnisse sind in Tabelle 11.8 zusammengestellt.

Tabelle 11.8. Verdampfungstemperatur, Saugdruck und Verdampferleistung.

	T_{Saug} °C	p_{Saug} bar	$\dot{Q}_{Ver}$ kW
T_{LE} = 20 °C	-15,0	1,8	2,9
T_{LE} = 40 °C	2,9	3,5	3,1

11.5.3.5 Instationäre Abkühlung im Umluftbetrieb

Für eine konstante Verdampferleistung und trockene Luft lautet bei einer eindimensionalen Betrachtungsweise („ideal gerührter Behälter") die instationäre Abkühlung:

$$T_I = \frac{\dot{Q}_{Sonne} - \dot{Q}_{Verd}}{KA} + \left[(T_{I_{t=0}} - T_U) - \frac{\dot{Q}_{Sonne} - \dot{Q}_{Verd}}{KA} \right] \cdot e^{\frac{-KA}{m\,c_p}\,t} + T_U \,. \tag{11.33}$$

Bild 11.30 zeigt eine Messung für den Umluftbetrieb. Eingetragen ist auch der Kurvenverlauf, der sich aus der eindimensionalen Betrachtungsweise ergibt. Angenommen wurde eine scheinbare Wärmekapazität $m \cdot c_p$ von 20 kJ/K.

S. Shimizu, H. Hara, F. Asakawa berichten ausführlich in „Analysis on Air-Conditioning Heat Load of a Passenger Vehicle" [11.28] über Wärmebilanzen, Wärmeübertragungskoeffizienten, Einfluß der Sonnenstrahlung und verschiedener Verglasungen.

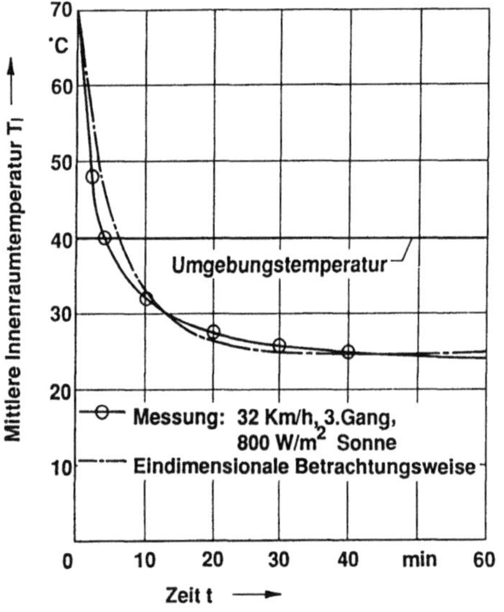

Bild 11.30. Abkühlung des Innenraums im Umluftbetrieb.

530

11.5.4 Sonneneinstrahlung und Sommerluftaufheizung

11.5.4.1 Sonneneinstrahlung durch die Scheibe

Globalstrahlung und Sonnenstand hängen bei klarem Himmel von der geographischen Breite, dem Datum und der Uhrzeit ab. Bild 11.31 zeigt die Tagesgänge der Globalstrahlung, des Sonnenstandes und der Umgebungstemperatur in Abhängigkeit von der Sonnenzeit für den Standort Ingolstadt.

Die Sonnenhöhe (Deklination) ψ hängt vom Azimut τ ($0° = $ Nord $= 0°°$ Uhr, $180° = $ Süd $= 12°°$ Uhr) der Sonne, der geographischen Breite φ und der Neigung α der Erde ab.

$$\psi \approx \alpha - (90 - \varphi) \cdot \cos \tau \tag{11.34}$$

Die geographische Breite beträgt für Ingolstadt $\varphi = 48° \, 46'$.

$$\alpha \approx -23° \cdot \cos \frac{360 \cdot (z + 10)}{365} \, . \tag{11.35}$$

Darin bedeutet z = Anzahl der Tage ab 1. Januar; für den 21. Dezember ist z = 355.

Die von der Sonne eingestrahlte Leistung hängt nicht nur vom Tagesgang, sondern auch von der geometrischen Anordnung der Scheiben und der Fahrtrichtung ab. Fährt das Fahrzeug beispielsweise zur Mittagszeit nach Süden, so lautet die eingestrahlte Leistung für die Frontscheibe:

$$\dot{Q} = \dot{q} \cdot A \cdot \sin (\beta + \psi). \tag{11.36}$$

Dabei bedeuten: $\dot{q}$ Sonnenstrahlung; A Scheibenfläche; β Winkel zwischen Scheibe und Horizont.

Das Maximum wird für $\beta + \psi = 90°$ erreicht.

Bei der ins Fahrzeug gelangenden Strahlung muß die Ausführung des Glases mit der dazugehörigen spektralen Energiedichteverteilung berücksichtigt werden. Dabei gelangt bei Wärmeschutzgläsern weniger Strahlung in den Pkw (vgl. hierzu R. D. GOODMAN [11.15] und Bild 11.32).

Der Gesetzgeber schreibt für die Frontscheibe im sichtbaren Bereich (Wellenlänge 0,4 bis 0,76 µm) eine Transmission von mindestens 75 % vor. Deshalb können Frontscheiben praktisch nur im IR-Bereich (0,76 bis 2,3 µm) als eigentliche Wärmeschutzverglasung ausgeführt werden. In diesem Bereich könnten theoretisch bis maximal 46 % der gesamten Sonneneinstrahlung vermieden werden.

11.5.4.2 Aufheizung geparkter Pkw

Bild 11.33 zeigt die Aufheizung der Luft im Kopfraum geparkter Pkw in Abhängigkeit vom Tagesgang. Gegenübergestellt sind zwei identische Fahrzeuge. Das Fahrzeug mit dem niedrigeren

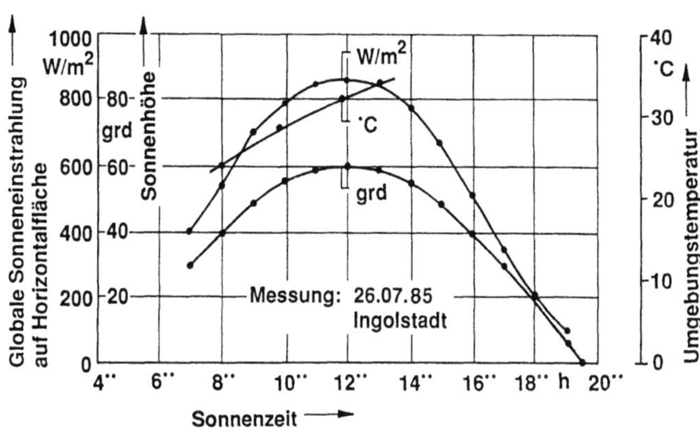

Bild 11.31. Tagesgänge der Globalstrahlung, des Sonnenstands und der Umgebungstemperatur.

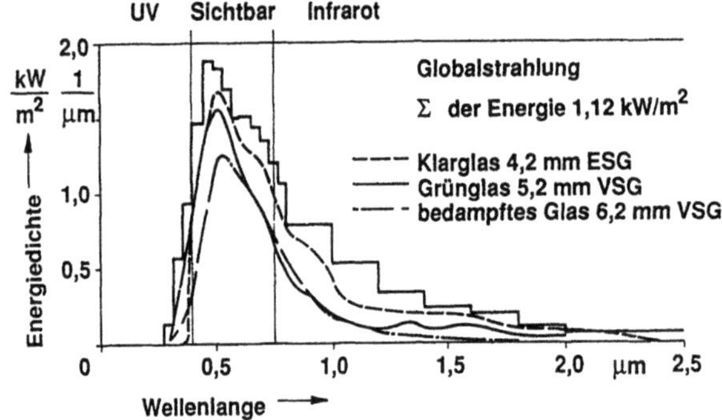

Bild 11.32. Spektrale Energiedichte-verteilung verschiedener Warmeschutzverglasungen; zusammengestellt von H.-G. PABST.

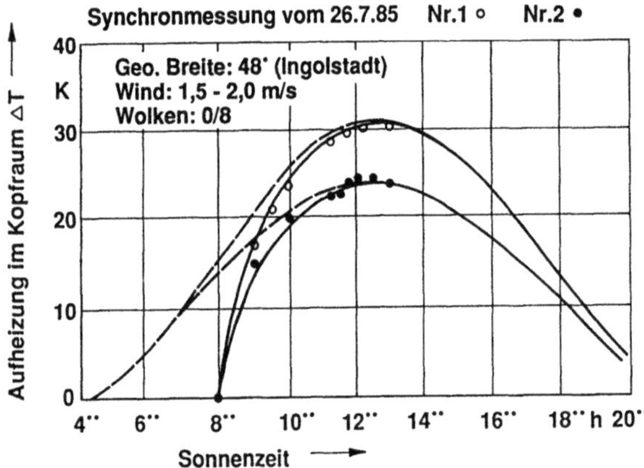

Bild 11.33. Aufheizung des Kopfraumes geparkter Pkw in Abhangigkeit vom Tagesgang

Temperaturverlauf wurde wie folgt modifiziert: Heckscheibe von außen mit Alufolie abgeklebt. Die anderen Scheiben wurden soweit abgeklebt, daß eine ausreichende Sicht gerade noch möglich war. Die angestrahlten Bauteile können sich noch erheblich stärker aufheizen als die Luft im Fahrgastraum, vgl. hierzu auch W. J. ATKINSON [11.3].

11.5.4.3 Solarzellenbetriebene Standbelüftung

Der Einstiegskomfort kann erheblich verbessert werden, indem das Gebläse mit von Solarzellen erzeugten Strom angetrieben wird und für eine *Standbelüftung* sorgt. Ausführlich berichtet hierüber J. P. CHIOU [11.6]. Damit wird aber nicht nur die Temperatur im Innenraum abgesenkt, sondern es wird auch die Konzentration von Luftinhaltsstoffen erheblich reduziert. Bild 11.34 zeigt eine eigene Messung, die 1984 in der Sahara durchgeführt wurde. Durch die Standbelüftung wird hier die Temperatur im Innenraum um mehr als 20 K abgesenkt.

11.5.4.4 Aufheizung bei Fahrt

Bei Fahrt kann für den stationären Betrieb mit einer Wärmebilanz die Aufheizung des Innenraums wie folgt angegeben werden.

$$\Delta T_I = \dot{Q}_{zu} \ \frac{1 - e^{\frac{KA}{\dot{m} \, c_p}}}{KA} . \tag{11.37}$$

Dazu das folgende Beispiel:

Gegeben sind: $KA = 0,07$ kW/K, $Q_{Sonne} = \dot{Q}_{zu} = 1,2$ kW, $\dot{m} = 10$ kg/min. Gesucht ist die Aufheizung.

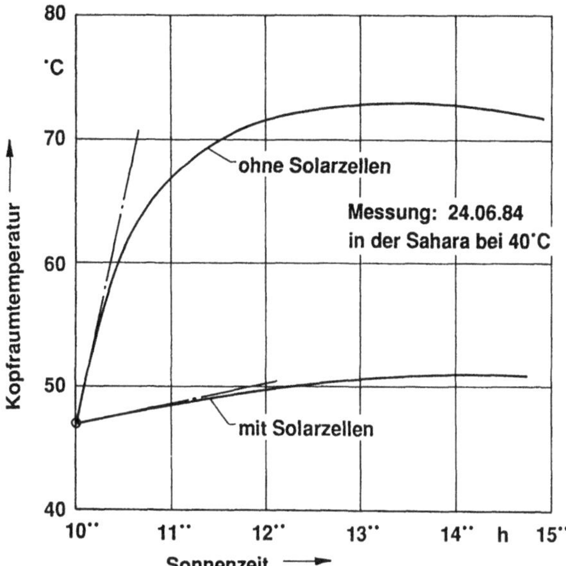

Bild 11.34. Solarzellenbetriebene Standbelüftung.

Sie beträgt gegenüber der Umgebungstemperatur 5,9 K. Dabei wurde angenommen, daß die Lufteintrittstemperatur gleich der Umgebungstemperatur ist.

Tatsächlich heizt sich jedoch die eintretende Luft an der Motorhaube und in den Luftführungen bis zum Eintritt in den Innenraum auf. Dieser Effekt tritt insbesondere bei langsamer Fahrt („Stop and Go") auf. Schmale, isolierte Luftansaugungssysteme nach südländischem Vorbild sind günstiger als solche, die über die gesamte Fahrzeugbreite angeordnet sind. Im Bild 11.35 sind solche Systeme einander gegenübergestellt. Der Aufheizeffekt ist beachtlich. Eingetragen ist auch die theoretisch erreichbare Grenzkurve bei einem Pkw, dessen Motor vorn angeordnet ist.

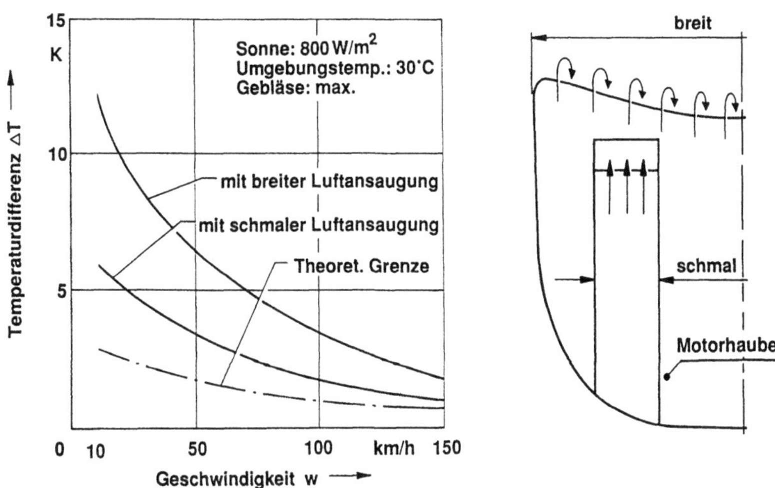

Bild 11.35. Aufheizung der Sommerluft in den Düsen. Vergleich einer breiten mit einer schmalen, isolierten Luftansaugung.

11.6 Stofftransport

11.6.1 Wasserdampf

Der Luftstrom transportiert Wasserdampf und nimmt Wasser aus dem Fahrgastraum bis zur Sättigungsgrenze auf. Wasser kann bei bestimmten Betriebsfällen (Taupunktunterschreitung) an den Scheiben auskondensieren und zu Beschlag führen. Bei Unterschreitung des Eispunktes gefriert der Beschlag. Je größer der Frischluftstrom und die Temperatur sind, desto geringer ist dieser Effekt. Die Feuchtigkeit spielt bei sommerlichen Bedingungen für die Behaglichkeit und die Kondition des Fahrers eine wesentliche Rolle.

Der stationäre Wassergehalt x_2 im Innenraum ergibt sich aus einer Stoffbilanz.

$$x_2 = x_1 + \frac{\dot{m}_{W_{Quelle}} - \dot{m}_{W_{Senke}}}{\dot{m}_{Frischluft}} . \tag{11.38}$$

Dabei bedeuten: x_1 Wassergehalt des Frischluftstroms, $\dot{m}_{W,Q}$ Wasserdampfabgabe von den Insassen, ihrer Kleidung und den Bauteilen, $\dot{m}_{W,S}$ Wasserdampfsenke (z.B. Kondensation am Verdampfer).

Die Wasserdampfabgabe des Menschen hängt natürlich von seiner Betätigung und der Temperatur ab; sie beträgt ca. 50 bis über 100 g/h.

Drei Beispiele sollen die verschiedenen Einflüsse auf den Feuchtehaushalt deutlich machen:

1. Beispiel: Heizung im Frischluftbetrieb.

Gegeben sind: Außentemperatur -10 °C mit einer relativen Feuchte von 80 % (x_1 = 1,3 g/kg), Innenraumtemperatur 22 °C, 4 Fahrgäste, trockene Kleidung und trockener Innenraum. Belüftungsstrom 5 kg/min. Bei welcher Temperatur wird der Taupunkt unterschritten?

Ergebnis: Die Wasserdampfabgabe beträgt pro Person bei 22 °C Lufttemperatur 47 g/h, vgl. [11.26, Tafel 122-2]. Also ist x_2 = 1,93 g/kg und der dazugehörige Taupunkt wird bei -8 °C erreicht (Mollier-Diagramm). Die Scheiben bleiben beschlagfrei!

2. Beispiel: Heizung im Umluftbetrieb

Es gelten die gleichen Daten wie im vorigen Beispiel, jedoch tritt zusätzlich ein Leckzuluftstrom von 1,0 kg/min auf.

Ergebnis: x_2 = 4,43 g/kg. Die Taupunkttemperatur ist 2 °C. Die Scheiben beschlagen (vgl. Abschnitt 11.6.3)!

3. Beispiel: Klimaanlage im Umluftbetrieb

Gegeben sind: Umgebungstemperatur 40 °C, relative Feuchte 50 % (x_1 = 24 g/kg), Innenraumtemperatur 22 °C, 4 Personen, Leckzuluftstrom 1 kg/min. Wieviel Wasser muß der Verdampfer pro Stunde abführen, damit die Schwülegrenze von x_2 = 12 g/kg nicht überschritten wird?

$$\dot{m}_{Senke} = \dot{m}_{Quelle} - (x_2 - x_1) \cdot \dot{m}_{luft} = 4 \cdot 47 - (12 - 24) \cdot 1 \cdot 60 = 908 \text{ g/h}.$$
Ergebnis: Pro Stunde müssen ca. 0,9 Liter Wasser abgeführt werden.

11.6.2 Gaskonzentrationen im Fahrgastraum

Über die Luftqualität in Fahrgasträumen berichten G. ARENDT und H.-J. DECKER [11.2] Die stationären Gaskonzentrationen stellen sich in Analogie zum Wassergehalt ein. Bild 11.36 zeigt die vom Verfasser gemessenen CO_2-Konzentrationen bei geschlossener Heizung. Die Fahrzeuge waren jeweils mit 5 Personen besetzt. Da die Messungen bei -4 °C durchgeführt wurden, mußten die

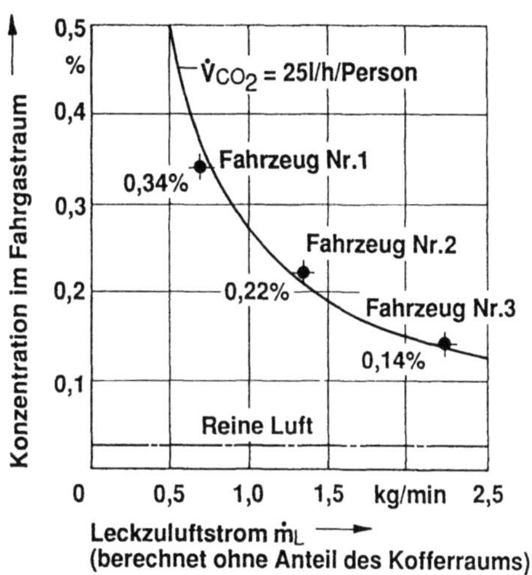

Bild 11.36. Messung der CO_2-Konzentration im Fahrgastraum bei geschlossener Belüftung.

Scheiben innen beschlag- und eisfrei gehalten werden. Die Personen betätigten sich, und deshalb ist ihre CO_2-Abgabe höher als beim ruhenden Menschen.

Die CO_2-Ausatmung eines Menschen beträgt nach [11.26] Tafel 121-1 etwa 10 bis 23 l/h.

11.6.3   Scheibenenteisung und Entfeuchtung

Hierzu gibt es gesetzliche Vorschriften: die US-Vorschrift MVSS 103 für die Scheibenenteisung, die australische Vorschrift ADR 15 für die Scheibenentfeuchtung sowie EG-Vorschriften. Im einzelnen besagen diese:

MVSS 103: Die Testprozedur ist genau vorgeschrieben. Bei einem vollständig auf -18 °C (0 °F) abgekühlten Fahrzeug wird mit einer Düse eine definierte Wassermenge auf die Front- und Seitenscheiben aufgesprüht. Nach Eisbildung und einer Wartezeit von 40 min wird der Motor gestartet. Während der ersten 5 min sind Motordrehzahlen von maximal 2500 min⁻¹, anschließend maximal 1500 min⁻¹ zulässig. Die Abtaulinien werden alle 5 min aufgezeichnet. Nach spätestens 20 min muß das Sichtfeld A des Fahrers frei sein. Bild 11.37 zeigt ein typisches Abtaubild.

ADR 15: Bei 0 °C Umgebungstemperatur wird im Fahrgastraum eine definierte Dampfmenge erzeugt, die zur Beschlagbildung führt. Der kalte Motor wird gestartet, und die sich zeitlich einstellenden beschlagfreien Flächen werden aufgezeichnet.

Die EG-Vorschriften lehnen sich an diese beiden Vorschriften an.

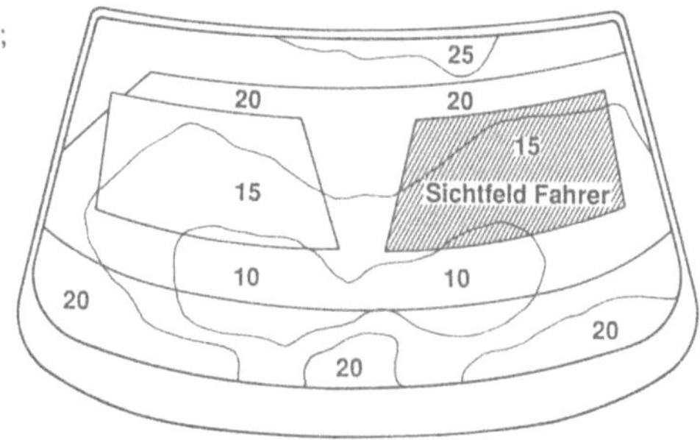

Bild 11.37. Abtaubild einer Frontscheibe nach MVSS 103; zusammengestellt von E. Seubert.

535

Scheibenbeschlag tritt ein, wenn der Taupunkt unterschritten wird. Der Wärmestrom an der Scheibe lautet

$$\dot{q} = \frac{T_i - T_a}{\dfrac{1}{\alpha_i} + \dfrac{\delta}{\lambda} + \dfrac{1}{\alpha_a}} \, , \qquad\qquad (11.39)$$

und damit wird die innere Scheibentemperatur

$$T_{S_i} = T_i - \frac{\dot{q}}{\alpha_i} \, . \qquad\qquad (11.40)$$

Für das Beispiel 1 aus Abschnitt 11.6.1 ergibt sich mit $\lambda_{Glas} = 0{,}75$ W/(m·K), einer Scheibendicke von 4,2 mm, $\alpha_i = 12$ W/(m²·K), $\alpha_a = 74$ W/(m²·K) eine Scheibeninnentempertur von -4 °C. Der Taupunkt des Frischluftbetriebs mit -8 °C wird nicht erreicht. Die Scheibe bleibt frei. Der Taupunkt des Umluftbetriebes (Beispiel 2) mit 2 °C wird jedoch voll unterschritten, so daß die Scheiben innen beschlagen und vereisen.

11.6.4 Filterung

Zur Filterung der eintretenden Luft bieten sich zwei Möglichkeiten. Einmal kann die Klimaanlage diese Aufgabe übernehmen: An den Lamellen des Verdampfers kondensiert in den meisten Betriebsfällen Wasser aus. Mit diesem Kondensat werden Partikel, Pollen und wasserlösliche Gase über den Wasserablauf teilweise und in vielen Fällen bis zu 70 % weggeschwemmt.

Wesentlich wirksamer sind Partikelfilter. Zur Anwendung kommen Feinfilter. Von diesen werden Partikel, die größer als 10 mikron sind, zu 100 % abgeschieden. Die Filter müssen hydrophob sein, d.h., sie dürfen kein Wasser aufnehmen und ggf. einfrieren. In den ausgefilterten Ablagerungen darf keine Kompostierung stattfinden. Es dürfen sich keine neuen Schadstoffe bilden.

11.7 Steuerungen und Regelungen

11.7.1 Temperatursteuerung der Heizung

Die Temperatursteuerung der Heizungen wird entweder *wasserseitig* oder *luftseitig* vorgenommen. Die Vorteile der luftseitigen Steuerung sind ihre geringe Drehzahlabhängigkeit und die schnelle Reaktion (vgl. hierzu W. FRANK [11.14]). Das Bauvolumen ist etwas größer, und die Entwicklung ist aufwendiger.

Bild 11.38 zeigt einen Vergleich zwischen einer luft- und wassergesteuerten Heizung. W. GENGEN-BACH gab dazu die folgende Erklärung: Bei einer luftgesteuerten Anlage wird z.B. bei 0 °C Umgebungstemperatur und einem Luftstrom von 6 kg/min nicht die gesamte Heizleistung benötigt. Also wird der heißen Luft nach dem Wärmetauscher kalte Luft zugemischt (3 kg/min Heißluft + 3 kg/min Kaltluft = 6 kg/min Mischluft mit ca. 43 °C). Eingetragen sind die sich ergebenden Lufttemperaturen in Abhängigkeit von der Motordrehzahl bzw. dem Flüssigkeitsstrom. Die Temperatur der Mischluft ändert sich im gesamten Bereich um ca. 4,5 K.

Würde dieselbe Heizung wassergesteuert betrieben werden, kann durch Drosselung des Flüssigkeitstroms bei 96 km/h ebenfalls die erforderliche Temperatur von 43 °C erzielt werden. Fällt die Drehzahl jedoch ab, sinkt diese bis auf 22 °C im Leerlauf. Dieser Nachteil kann durch eine zusätzliche elektrische Pumpe und/oder ein elektrisch angesteuertes Taktventil ausgeglichen werden.

Bild 11.38. Die Luftaustrittstemperaturen einer luft- und einer wasserseitig gesteuerten Heizung in Abhängigkeit vom Luft- und vom Flüssigkeitsstrom.

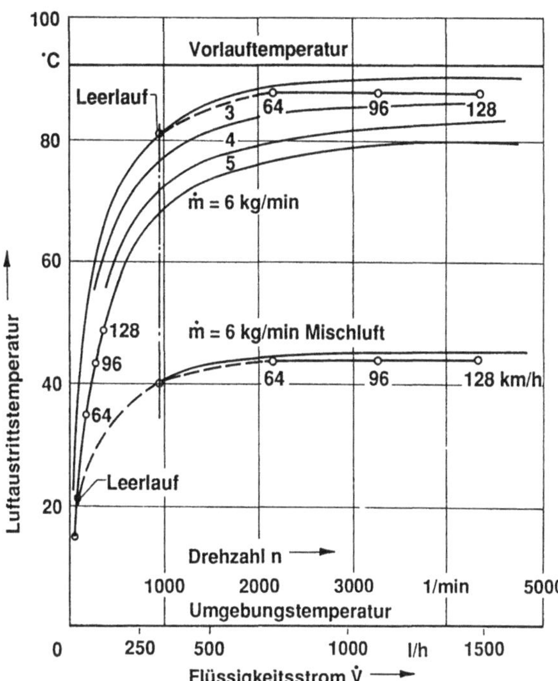

11.7.2 Regelung der Verdampfer

Der Verdampfer muß geregelt werden, damit auskondensiertes Wasser nicht an den Lamellen einfriert und so seinen Luftwiderstand erhöht. Dabei dienten die Temperatur der Lamellen oder der Saugdruck (kältemittelseitiger Druck am Verdampferausgang) als Regelgröße. Der Kompressor wird dann einfach ein- und ausgeschaltet. Dies kann zu einen spürbaren Einschaltstoß führen. Bei Verwendung eines Saugdruckreglers kann der Kompressor permanent in Betrieb sein, so daß diese Erscheinungen vermieden werden. Kompressoren mit variablen Hubraum können den auftretenden Betriebsverhälnissen jedoch besser angepaßt werden und verbrauchen weniger Energie.

11.7.3 Steuerung der Luftverteilung und der Temperatur

Die Ansteuerung der Luftverteilung, des Gebläses und der Temperatur wird an der Betätigung nach Bedarf eingestellt. Vollelektronisch geregelte Anlagen (ECC = Electronic Climate Control) bieten hohen Komfort. Gewählt wird die gewünschte Lufttemperatur. Luftverteilung, Gebläseleistung und Luftaustrittstemperatur werden je nach Umgebungstemperatur und Sonneneinstrahlung automatisch auch bei den instationären Vorgängen ins Optimum geregelt. Von Sonderfällen abgesehen, braucht sich der Fahrer nicht mehr um die richtige Einstellung der Betätigung zu kümmern. Der notwendige Aufwand, um ein solches System abzustimmen, darf nicht unterschätzt werden. Für die Feinabstimmung sind aufwendige Versuche in der Natur weltweit erforderlich.

11.8 Ausgeführte Anlagen

11.8.1 Luftgesteuertes Heizgerät

Im Bild 11.39 ist der Schnitt einer luftgesteuerten Heizung am Beispiel des AUDI 100 dargestellt. Das Radialgebläse hat vorwärtsgekrümmte Schaufeln, und die Luft strömt je nach Einstellung der

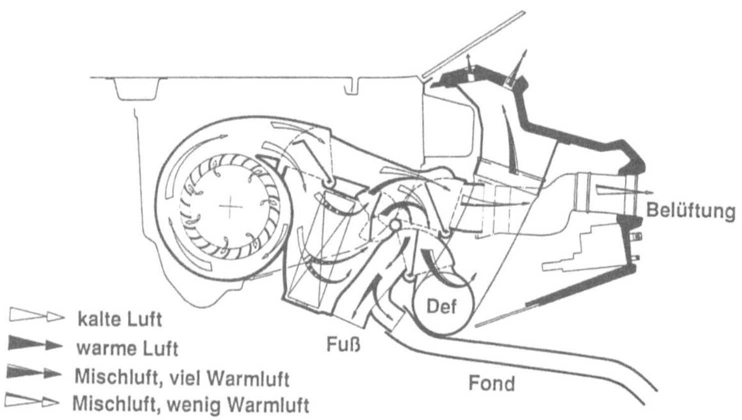

Bild 11.39. Luftgesteuerte Heizung des AUDI 100; zusammengestellt von H.-G. PABST.

miteinander gekoppelten Temperaturklappen durch den Wärmetauscher und den Bypass. Mit den Luftverteilerklappen kann die Luft zu den eingezeichneten Öffnungen, wie Belüftung, Defrostung, Fußraum und Fondraum, geleitet werden. Einige Daten dieser Heizung sind in Tabelle 11.9 zusammengestellt.

Tabelle 11.9. Daten der Heizung des AUDI 100.

Heizleistung bei -20 °C und 90 °C Vorlauftemperatur	ca. 9 kW
Stirnfläche des Wärmetauschers	4,26 dm²
Blocktiefe	42 mm
Maximaler Luftstrom (Belüften bei stehendem Pkw; Fenster geschlossen)	10 kg/min

11.8.2 Wassergesteuertes Heizgerät

Bild 11.40 zeigt eine wassergesteuerte Heizung am Beispiel der Mercedes-Benz-Typen 200 bis 300. Der Flüssigkeitsvolumenstrom wird mittels Taktventils und Pumpe so geregelt, daß die Luftaustrittstemperatur nicht von der Motordrehzahl abhängt.

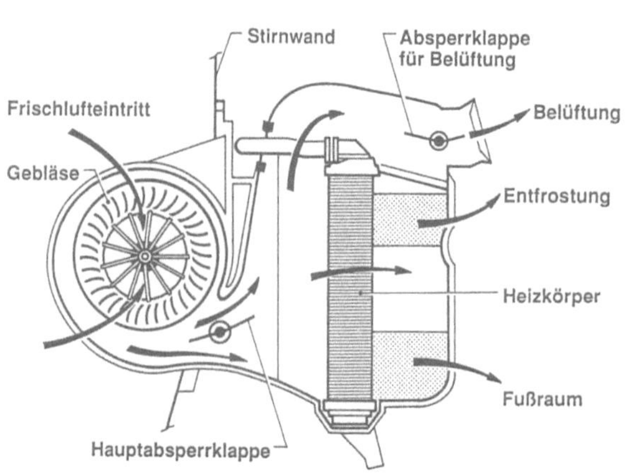

Bild 11.40. Wasserseitig gesteuerte Heizung für Mercedes-Benz Typen 200 und 300; mit freundlicher Genehmigung der Fa. Behr.

11.8.3 Integrierte Klimaanlagen

Die Bilder 11.41 (MB-Typen 200 bis 300) und 11.42 (Jaguar) zeigen integrierte Klimaanlagen.
Integriert bedeutet, daß der Verdampfer nicht in einem separaten Gehäuse untergebracht ist. Damit
wird im Pkw Platz gespart. Meistens werden Anlagen dieser Bauart derart ausgeführt, daß sie mit dem
Heizgerät austauschbar sind. Da der Verdampfer stromabwärts hinter dem Gebläse angeordnet ist,
wirkt dieser als Geräuschdämpfer.

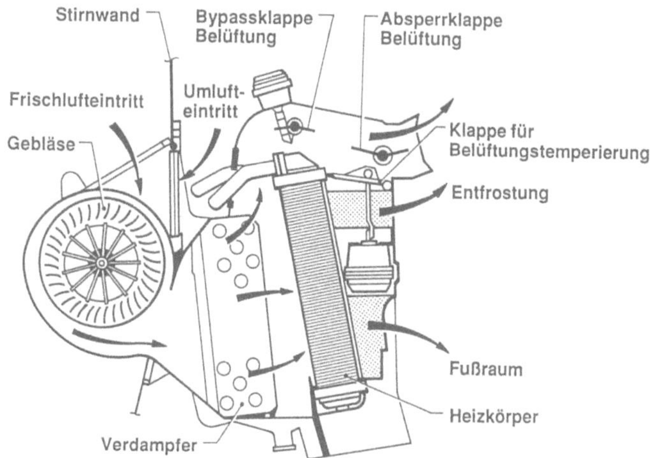

Bild 11.41. Integrierte Klimaanlage für Mercedes-Benz-Typen 200 und 300; mit freundlicher Genehmigung der Fa. Behr.

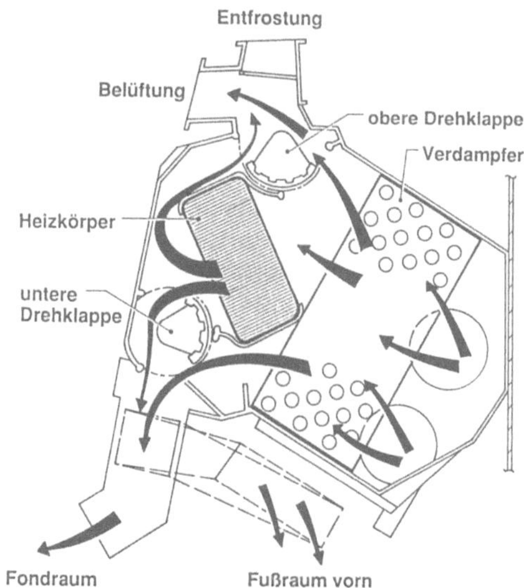

Bild 11.42. Integrierte Klimaanlage für Jaguar XJ 40; mit freundlicher Genehmigung der Fa. Behr.

11.9 Bezeichnungen

a	Spaltkoeffizient	kg/min Pa^k
A	Fläche	m^2
A_w	Abluftlinie	
B_w	Belüftungslinie	
C	Konstante	
c_p	Spezifische Wärmekapazität	kJ/(kg· K)
c_p	Druckbeiwert der Außenströmung	
c_I	dimensionsloser Innenraumdruck	
$\bar{c}$	dimensionsloser Innenraumdruck bei geschlossener Be- und Entlüftung	
e^x	exp(x) Exponentialfunktion	
H	Häufigkeit = f(c_p)	
H	Enthalpie	kJ
$\dot{H}$	Enthalpiestrom	kW
$\dot{H}_{sen}$	sensible Wärme	kW
$\dot{H}_{lat}$	latente Wärme	kW
h	spezifische Enthalpie	kJ/kg
$\dot{h}$	spezifischer Enthalpiestrom	kW/kg
H_u	unterer Heizwert	kWh/kg
I	Strom	A
k	Exponent	
K	Wärmedurchgangszahl	W/(m^2· K), kW/(m^2· K)
KA	Wärmedurchgang	W/K, kW/K
L_w	Leckagelinie	
$\dot{M}$	Belüftungsstrom	kg/min
m	Masse	kg
$\dot{m}$	Luftstrom	kg/min
$\dot{m}_{zu}$	Leckzuluftstrom	kg/min
$\dot{m}_k$	Kältemittelstrom	kg/min
$\dot{m}_w$	Wasser pro Zeit	kg/h
$\dot{m}_B$	Brennstoffverbrauch	kg/h
n	Drehzahl	min^{-1}
p	Druck	Pa, bar
$\dot{Q}$	Wärmestrom	kW
$\dot{Q}_{100}$	Wärmestrom, bezogen auf eine Temperaturdifferenz von 100 K	kW
$\dot{q}$	Wärmestromdichte	W/m^2, kW/m^2
q	Staudruck	Pa
r	Verdampfungswärme	kJ/kg
t	Zeit	s, min, h
T	Temperatur	°C
U	Spannung	V
$\dot{V}$	Volumenstrom	m^3/h
$\dot{V}_{Fl}$	Flüssigkeitsvolumenstrom	l/h
w	Geschwindigkeit	km/h, m/s
x	Wassergehalt	g/kg
z	Anzahl der Tage ab 1. Januar	

Griechische Bezeichnungen

α	Wärmeübergangskoeffizient	$W/(m^2 \cdot K)$
α	Neigung der Erde	°
β	Winkel der Scheibe zur Horizontalen	°
Γ	Gammafunktion	
Δ	Differenz	
δ	Dicke	m, mm
η	Wirkungsgrad	-
λ	Wärmeleitzahl	$W/(m \cdot K)$
π	Pi = 3,14.....	
ρ	Dichte	kg/m^3
Σ	Summe	
σ	Streuung	
τ	Taupunkt	°C
τ	Azimut der Sonne	°
φ	geographische Breite	°
ψ	Deklination der Sonne	°

Indizes

a	außen
ab	Abluft
B	Brennstoff
e	Eintritt in den Innenraum
Fl	Flüssigkeit
Ges	Gesamt
i	innen
I	Innenraum
k	Kältemittel
lat	latent
LE	Eintritt in den Wärmetauscher
L,nV	Luft nach Verdampfer
Saug	Kältmittelseitiger Zustand am Verdampferaustritt
U	Umgebung
Verd	Verdampfer, Verdampfungstemperatur
Vor	Vorlauf
Vorwär	Luftvorwärmung an der Motorhaube
W	Wasser
WT	Wärmetauscher
S	Scheibe
S	Sonne
sen	sensibel
zu	Zuluft

12 Windkanäle

Wolf-Heinrich Hucho

12.1 Aufgabenstellung

12.1.1 Anforderungen an einen Fahrzeug-Windkanal

Um die strömungs- und wärmetechnischen Eigenschaften von Fahrzeugen so zu verwirklichen, wie in den vorangegangenen Abschnitten beschrieben, bedarf es erheblicher Anstrengungen. Viele der gewünschten Effekte lassen sich nur über einen Eingriff in die *äußere* Form des Fahrzeuges realisieren. Da diese zu *Beginn* einer Neuentwicklung festgelegt wird, muß mit den relevanten Arbeiten sehr früh begonnen werden. Mit zunehmender Realitätsnähe der numerischen Strömungsmechanik (CFD) werden zwar immer mehr dieser Eigenschaften berechenbar sein; sie werden dann bereits beim *Entwurf* des Fahrzeuges verwirklicht. Auf absehbare Zeit wird man aber auf ihre experimentelle Verifizierung und Verfeinerung nicht verzichten können.

Stark vereinfacht findet die experimentelle Aerodynamik-Entwicklung in den folgenden drei Phasen statt: Sie beginnt am Modell, sei es im verkleinerten Maßstab oder in natürlicher Größe; sie wird am fahrfähigen Prototyp fortgesetzt und findet ihren Abschluß am Vorserienfahrzeug. Versuche an nicht fahrbaren Modellen werden nahezu ausschließlich im Windkanal ausgeführt; Wasserkanäle werden gelegentlich im Rahmen der Forschung eingesetzt, ebenso Anlagen, bei denen die Modelle durch ruhende Luft bewegt werden. Sobald fahrfähige Prototypen bereitstehen, werden die Windkanalarbeiten zunehmend durch Versuchsfahrten auf der Straße ergänzt. Schließlich ist sie ja die letzte Instanz, an der sich das Entwicklungsergebnis bewähren muß.

Im Windkanal wird die Fahrt auf der Straße *simuliert*, keineswegs jedoch exakt reproduziert. Wie bei jeder Simulation kommt es zu Abweichungen gegenüber der Realität; sie werden im Abschnitt 12.3 ausführlich behandelt. Die daraus resultierenden Fehler sind oft schwer zu quantifizieren; totschweigen sollte man sie deshalb aber dennoch nicht. Qualitativ lassen sie sich erkennen, indem man den Originalvorgang, die Fahrt auf der Straße, analysiert.

Das geschieht anhand von Bild 12.1. Dort sind die für die *Um*strömung und die thermische Belastung eines Fahrzeuges maßgeblichen Einflußgrößen zusammengestellt. Zunächst sei die Umströmung betrachtet. Wie schon in den Bildern 4.2, 5.6 und 8.15 skizziert, setzt sich das Strömungsfeld aus zwei Teilen zusammen: Das eine Feld resultiert aus der Vorwärtsbewegung des Fahrzeuges, das andere wird vom natürlichen Wind gebildet. Dieser ist böig, und seine Geschwindigkeitsverteilung senkrecht zum Boden hat Grenzschichtcharakter. Das Fahrzeug wird von einem resultierenden Anström-

Bild 12.1. Das Fahrzeug in seiner realen Umwelt.

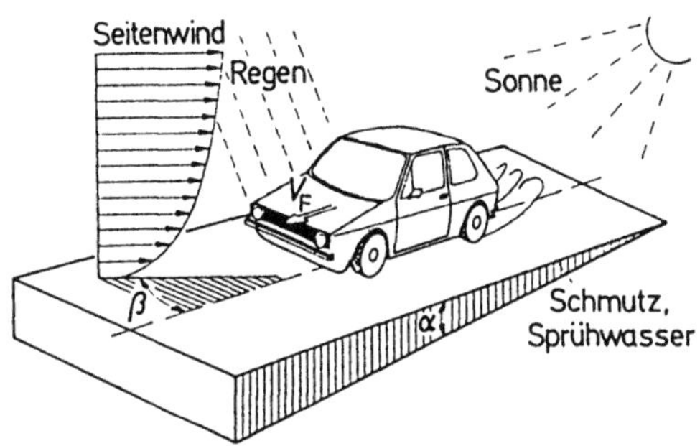

profil beaufschlagt, das stark verwunden ist und dessen Geschwindigkeit sich ständig nach Größe und Richtung ändert.

Die Bodengrenzschicht des natürlichen Windes ist turbulent; die Abmessungen der Turbulenzballen haben etwa die gleiche Größenordnung, wie die Länge eines Autos. Weiter wird die Böigkeit im Relativsystem des sich bewegenden Fahrzeuges scheinbar noch dadurch erhöht, daß dieses durch Nachläufe von Hindernissen am Straßenrand, wie Brücken, Häuser, Windschutzwände und Bäume, hindurchfährt und vom Totwasser (Nachlauf) voranfahrender oder vom Mitstrom entgegenkommender Fahrzeuge beaufschlagt wird.

Insgesamt ist demnach das Zuströmfeld zu einem Fahrzeug in hohem Maße *inhomogen* und *instationär*; es ist sehr viel komplexer, als dasjenige eines Flugzeuges im Reiseflug. Die Anforderungen an die Strömungsqualität eines Automobilwindkanals dürfen daher nicht unbesehen aus der Flugtechnik übernommen werden.

Auch das Temperaturfeld über der Straße ist keineswegs immer homogen. Bei intensiver Sonneneinstrahlung heizt sich die Fahrbahn gegenüber der Umgebung beträchtlich auf; über der Straße bildet sich eine Temperaturschichtung.

Beide, das Strömungs- und das Temperaturfeld auf der Straße, lassen sich im Windkanal nur in stark idealisierter Form darstellen; angestrebt werden möglichst *gleichförmige* Felder. Wenn an deren Homogenität hohe Anforderungen gestellt werden, dann sind diese allenfalls durch den Wunsch nach Vergleichbarkeit von Messungen aus verschiedenen Versuchsanlagen zu rechtfertigen, nicht aber durch Forderungen aus der Simulation.

Große Abweichungen gegenüber der Realität ergeben sich bei der Aero-Akustik. Windkanäle sind in der Regel sehr laut. Ihr Schallfeld wird im wesentlichen vom Gebläse bestimmt, und dessen Lärm verdeckt weitgehend das sich am Fahrzeug ausbildende Schallfeld, die „Windgeräusche".

Das Klima im Fahrgastraum hängt außer von der Umgebungstemperatur von der Sonneneinstrahlung ab, weiter aber auch von der Diffusstrahlung. Die Sonnenstrahlung – Intensität, Spektrum, strahlende Fläche und Einfallsrichtung – läßt sich im Windkanal mit hinreichender Genauigkeit nachbilden; die Diffusstrahlung bleibt dagegen stets unberücksichtigt.

Geht es um die Behaglichkeit der Insassen, dann ist die Luftfeuchte von Bedeutung und muß mit abgebildet werden. Sie beeinflußt aber auch die Funktion der Klimaanlage; Austauen oder gar Vereisung müssen bei der Konstruktion ihres Verdampfers (Gehäuse, Wasserablauf) berücksichtigt werden.

Bei schlechtem Wetter wird das Fahrzeug aus verschiedenen Richtungen von Wasser beaufschlagt: vom natürlichen Regen und von schmutzbeladenem Spritzwasser, das von anderen Fahrzeugen oder von den eigenen Rädern aufgewirbelt wird. Die Erzeugung von Regen im Windkanal ist einfach; Wasser wird horizontal vor dem Prüfling eingesprüht. Der von den eigenen Rädern ausgelöste Sprühvorgang kann nur annähernd imitiert werden, solange nicht mit drehenden Rädern gearbeitet wird. Bei Verschmutzungsversuchen, vgl. Abschnitt 13.4.4, ist zu beachten, daß das Reinigen großer Windkanäle sehr aufwendig ist.

Bei fast allen thermischen Versuchen muß der Anstriebsstrang entsprechend dem Fahrleistungsdiagramm belastet werden. Das geschieht über einen Rollenprüfstand. Für Kühlermessungen in der Modellphase läßt sich der Kühlwasserstrom des Motors auch mit einem Heizgerät erzeugen.

Für alle Arbeiten, die in der Modellphase ausgeführt werden müssen, gibt es zum Windkanal keine Alternative. Zu entscheiden bleibt aber, ob Modelle in verkleinertem Maßstab oder in natürlicher Größe eingesetzt werden sollen. Sobald fahrfähige Prototypen bereitstehen, ist in jedem Einzelfall abzuwägen, ob der Versuch im Windkanal oder auf der Straße erfolgen soll. *Für* die Straße spricht, daß sie die Realität selbst gewährleistet; *gegen* sie, daß sie kaum reproduzierbare Bedingungen bietet

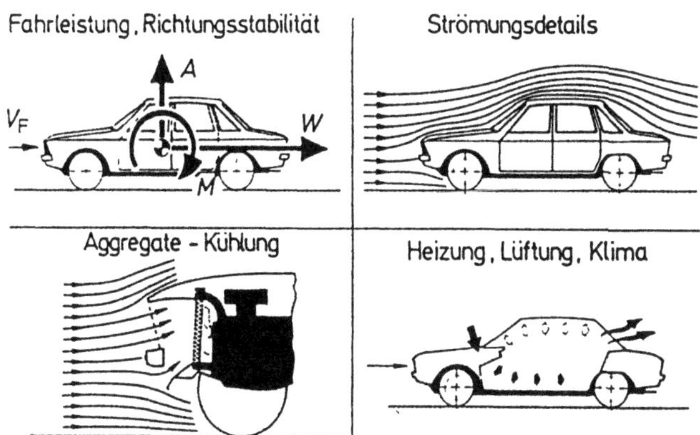

Bild 12.2. Die vier Arbeitsgebiete der Fahrzeug-Aerodynamik.

und daß bei Versuchen im Freien die Geheimhaltung einer Neuentwicklung nicht sicherzustellen ist. *Gegen* den Windkanal sprechen seine Defizite bei der Simulation, seine hohen Kosten und seine begrenzte Verfügbarkeit, *für* ihn die einfachere und in der Regel auch schnellere Meßtechnik und die Möglichkeit, einzelne Effekte zu entkoppeln, die beim Fahren nur gemeinsam auftreten. Als Beispiel dafür seien die Fahrgeräusche genannt.

12.1.2 Simulation der Straßenfahrt

Die Fahrzeug-Aerodynamik läßt sich bezüglich ihrer Zielsetzung in vier Kategorien einteilen, wie mit Bild 12.2 veranschaulicht. Die Anforderungen, die bei der Simulation der Straßenfahrt im Windkanal gestellt werden, sind für diese sehr unterschiedlich.

Fahrleistung und Richtungsstabilität werden entscheidend von den auf das Fahrzeug einwirkenden Luftkräften und -momenten bestimmt. Für deren Messung kommt es darauf an, das Strömungfeld möglichst wirklichkeitsgetreu abzubilden. Da der Druck p an jeder Stelle – und damit auch die aus ihm abgeleiteten integralen Größen, wie die einwirkenden Kräfte und Momente, – proportional dem Quadrat der lokalen Geschwindigkeit v ist,

$$p \sim v^2, \tag{12.1}$$

gehen Fehler in der Geschwindigkeitsverteilung stark in das Versuchergebnis ein. Ein homogenes Geschwindigkeitsfeld läßt sich in einem Windkanal gut darstellen. Bei der „Umkehr" der Bewegung – das Fahrzeug steht still und wird vom Fahrtwind angeblasen, vgl. Bild 12.3 – wird in der Regel die Relativbewegung zwischen Fahrzeug und Straße nicht berücksichtigt. Auf die daraus resultierenden Fehler und die Möglichkeiten ihrer Vermeidung wird im Abschnitt 12.3.2 ausführlich eingegangen.

Gelegentlich werden auch Versuche mit *geschleppten* Modellen durchgeführt, ähnlich, wie im Schiffbau üblich. Probleme der Tunnelfahrt oder bei der Ermittlung instationärer Effekte während des Durchfahrens von Seitenwindböen sind mit speziell dafür entwickelten katapultartigen Schleppanlagen bearbeitet worden. Und für die Klärung des Einflusses der Relativbewegung zwischen Fahrzeug und Straße sowie der Raddrehung werden bisweilen sogar Schlepprinnen von Schiffbau-Versuchsanstalten eingesetzt, wie im Abschnitt 13.3.9 beschrieben.

Für die Untersuchung von Strömungsdetails, wie sie im Abschnitt 6 behandelt werden, werden an die Qualität der Umströmung etwa die gleichen Ansprüche gestellt, wie bei der Ermittlung von Kräften und Momenten. Geht es um die Windgeräusche, so kommen harte Anforderungen an den Lärmpegel des Kanals hinzu. Angestrebt wird ein Störpegelabstand von mindestens 30 dB(A), da es nicht nur um die Messung der Schalldruckpegel sondern auch um die *subjektive* Beurteilung von Windgeräuschen geht.

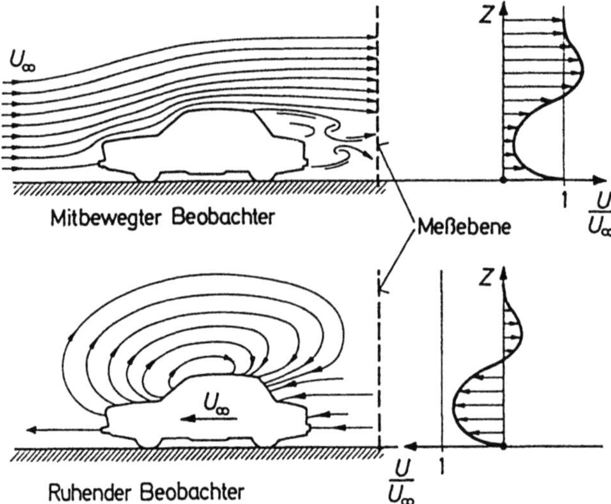

Bild 12.3. Umkehrung des Bewegungsablaufes bei der Übertragung der Straßenfahrt in den Windkanal.

Für Verschmutzungsuntersuchungen müßten die Relativbewegung zwischen Auto und Straße und die Drehung der Räder dargestellt werden. Technisch ist das mit einem Laufband möglich, aber sehr aufwendig; keiner der großen Windkanäle der Autoindustrie verfügt bis dato über eine entsprechende Vorrichtung; nur der Deutsch-Niederländische Windkanal (DNW) ist damit ausgerüstet. Das Abschleudern von Wasser und Schmutz durch die Räder wird simuliert, indem man versucht, ein der Realität ähnliches Sprühbild zu erzeugen, vgl. Abschnitt 13.4.4.

Bei Messungen an Kühlsystemen werden an die Qualität der Strömung nur mäßige Anforderungen gestellt. Es muß nur die Anströmung des Vorderwagens im Bereich des Kühllufdtein- und austritts nachgebildet werden. Wesentlich ist, daß die gewünschte Lufttemperatur eingehalten werden kann. Die Belastung des Motors erfolgt über einen Rollenprüfstand.

Für Versuche an Heizung, Lüftung und Klimaanlagen werden an die Simulation Anforderungen gestellt, die zwischen denjenigen bei Versuchen zur „klassischen" Aerodynamik und denen zur Aggregatekühlung liegen. Die Umströmung des Fahrzeuges darf gröber angenähert werden. Wichtig ist, daß die Druckverteilung an all *den* Stellen der Wirklichkeit nahekommt, wo Luft in das Fahrzeug ein- oder aus diesem wieder austritt. Denn der Volumenstrom, der durch das Fahrzeug hindurchtritt, ist proportional der Wurzel aus dem treibenden Druckgefälle. Und mit ihm ist der Hauptanteil des Wärmestromes durch das Fahrzeug gekoppelt. Der sehr viel kleinere Wärmestrom $\dot{Q}_L$ infolge Leitung durch die Karosserie und Wärmeübertragung an deren Außen- und Innenseite ist mit

$$\dot{Q}_L = v^{0,5} \text{ bis } v^{0,8} \tag{12.2}$$

weniger stark von der Geschwindigkeit abhängig. Fehler in der Geschwindigkeit an der Außenhaut des Fahrzeuges gehen also nicht so stark in das Ergebnis ein.

Vorrangig ist eine genaue Abbildung des einwirkenden Klimas; Lufttemperatur, Feuchte und ggf. die Sonnenstrahlung müssen in weiten Grenzen frei wählbar sein. Da die Heizung mit dem Abwärmestrom des Motors betrieben wird, ist natürlich auch dessen Belastung wirklichkeitsgetreu einzustellen.

Für die Erzeugung der Prüfbedingungen für die vier Versuchsgruppen nach Bild 12.2 gibt es zwei konträre Ansätze. Der eine besteht darin, daß man alle Parameter gleichzeitig in *einem einzigen* Prüfstand darstellt; das resultiert in einem großen *Klimawindkanal*. Alternativ dazu baut man *mehrere spezialisierte* Anlagen, bei denen die Hauptparameter genau, die anderen nur angenähert berücksichtigt werden. Beide Ansätze sind in der Praxis realisiert worden; sie werden im Abschnitt 12.5 vorgestellt.

Auch die Spezialprüfstände werden in der Regel *Windkanal* genannt. Diese Bezeichnung sollte aber *den* Anlagen vorbehalten bleiben, die der Aerodynamik dienen, bei denen also die Umströmung Gegenstand der Simulation ist. Prüfstände, deren Zweck die Simulation des Klimas ist, sind *Klimakanäle*; wird dabei auf die Nachbildung der Umströmung ganz verzichtet, dann ist *Klimakammer* zutreffender. Und Anlagen, bei denen nur ein kleiner Luftstrahl zur Sicherstellung der Kühlung erzeugt wird, werden treffender mit *Blaskanal* oder als *Rollenprüfstand mit Wind* bezeichnet.

Um die Übertragbarkeit der auf den Prüfständen erzielten Ergebnisse auf die Realität sicherzustellen, ist ein Aufwand zu treiben, der um so größer ist, desto mehr Vernachlässigungen bei der Simulation in Kauf genommen wurden. Durch Vergleichsmessungen zwischen Straße, Prüfstand und ggf. Großwindkanal müssen die Simulationsmängel aufgedeckt und soweit möglich entweder quantifiziert oder durch Maßnahmen am Prüfstand beseitigt werden. Beispiele dazu folgen im Abschnitt 12.3.

12.2 Auszüge aus der Windkanaltechnik

12.2.1 Literaturauswahl

Über die Windkanaltechnik existiert eine umfangreiche Literatur, die sich zwei Kategorien zuordnen läßt: einmal liegt die Betonung bei der Darstellung auf der *Auslegung* von Windkanälen, zum anderen auf deren *Einsatz*. Für ersteres soll hier nur ein Werk zitiert werden:

R. C. PANKHURST und D. W. HOLDER [12.1] haben den *Stand der Windkanaltechnik* bis zum Jahr 1965 zusammengefaßt; Belange der Automobiltechnik blieben unberücksichtigt. Seit Erscheinen dieses Standardwerkes sind in der Technik der Normalwindkanäle noch beachtliche Fortschritte erzielt worden, und die Meßtechnik hat sich bis auf die „klassischen" Sonden und Manometer total erneuert. Die entsprechenden Details müssen Einzelveröffentlichungen entnommen werden, die an den relevanten Textstellen zitiert werden.

Die *Durchführung* von Windkanalversuchen ist umfassend von W. H. RAE und A. POPE [12.2] beschrieben worden; sie haben sogar dem Auto ein Kapitel gewidmet, ohne aber auf dessen typische Probleme, wie Fahrbahndarstellung oder Versperrungskorrektur für stumpfe Körper, näher einzugehen.

Die spezifischen Belange der Windkanaltechnik im Automobilbau werden derzeit von der Society of Automotive Engineers (SAE) erarbeitet und in einer Reihe von Schriften niedergelegt, die als „Recommended Practice" und „Information Report" bezeichnet werden [12.3] bis [12.5]. Diese liegen aber zum Teil erst im Entwurf (Draft) vor.

In Ergänzung dazu sei auf zwei der Industrie-Aerodynamik gewidmete Veröffentlichungen zur Windkanaltechnik verwiesen: D. C. BAIN et al. [12.6] beschreiben vorwiegend die Belange der Bau-Aerodynamik; sie fügen eine umfangreiche Bibliografie bei. C. KRAMER et al.[12.7] gehen besonders auf die Gestaltung der Düse, des Kollektors und der Diffusoren ein.

Im folgenden wird nur auf die für die Fahrzeugtechnik typischen Aspekte der Windkanaltechnik eingegangen. Ausgangspunkt ist dabei der „klassische" Windkanal, von dem die anderen Bauformen abgeleitet worden sind.

12.2.2 Aufbau und Funktion

Aufbau und Funktion eines Windkanals gehen aus Bild 12.4 hervor. Nach Art der Luftführung lassen sich zwei Bauformen unterscheiden. Bei der auf L. PRANDTL zurückgehenden „Göttinger" Bauart,

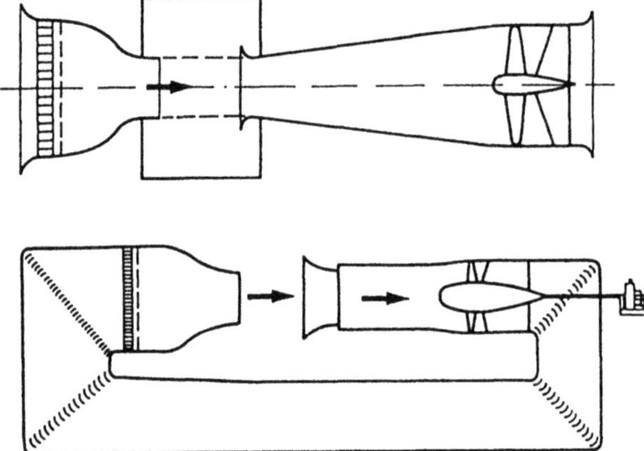

Bild 12.4. Windkanal mit geschlossener und
mit offener Rückführung,
Göttinger und Eiffel-Bauart nach [12.8].

unten im Bild 12.4 dargestellt, wird die Luft vom Gebläse in einem geschlossenen Kreislauf
umgewälzt. Dagegen wird die Luft bei einem „Eiffel"-Kanal, wie ihn A.G. EIFFEL gebaut hat, oben
im Bild 12.4 skizziert, aus der Umgebung angesaugt und wieder ins Freie ausgeblasen. Zwischen
diese beiden Bauarten läßt sich eine dritte einordnen: der Eiffel-Kanal mit „offener" Rückführung.
Große Eiffel-Kanäle werden nicht selten in verhältnismäßig kleinen Gebäuden aufgestellt. In diesen
strömt die Luft um den Kanal herum frei vom Auslaßtrichter zur Einlaufdüse zurück.

Für alle drei Bauformen werden im Abschnitt 12.5 Beispiele angeführt. Ihnen sind Vor- und
Nachteile eigen, die quantitativ nur im konkreten Anwendungsfall gegeneinander aufgewogen
werden können.

Für den Kanal in Göttinger Bauart spricht vor allem seine vergleichsweise niedrige Antriebsleistung.
Sie führt zu mäßigen Betriebskosten. Nicht nur, daß er weniger Energie verbraucht, auch die
Stromanschlußkosten sind niedriger. Diese sind proportional zur installierten Leistung; bei größeren
Windkanälen schlagen sie erheblich zu Buche. Der Aufwand für die Antriebseinheit ist kleiner, der
für die Kanalröhre aber wesentlich größer, als bei der reinen Eiffel-Bauart. Wenn mit Modellen aus
Plastilin gearbeitet werden soll, muß auch auf die Lufttemperatur geachtet werden; wird diese zu
hoch, so verlieren sie ihre Festigkeit. Bei geschlossener Luftführung muß deshalb ein Kühler
vorgesehen werden, der zusammen mit der Einrichtung für die Rückkühlung (Kühlturm) ein teures
Element darstellt. Und sein Druckverlust erfordert eine erhöhte Antriebsleistung; ein Teil des
Vorzugs gegenüber der Eiffel-Bauart geht damit wieder verloren. Für klimatisierte Windkanäle
kommt nur die geschlossene Rückführung in Betracht.

Ein reiner Eiffel-Kanal, also ein solcher ohne Rückführung, der im Freien aufgestellt ist, verliert
einen Teil seiner Vorzüge durch den Aufwand, der getrieben werden muß, um seinen Betrieb von der
Witterung unabhängig zu machen. Mit Netzen vor dem Einlauf läßt sich zwar verhindern, daß feste
Gegenstände mit angesaugt werden. Aber der Einfluß des natürlichen Windes auf die Strömung in
der Meßstrecke ist nur auszuschalten, wenn zwischen den Fangsieben und dem Einlauf der Düse eine
großvolumige Beruhigungskammer angeordnet wird. Ein weiterer Nachteil des freistehenden Eiffel-
Kanals ist seine Lärmbelästigung der Umgebung. Auch der oft genannte Vorzug, bei Versuchen mit
laufendem Fahrzeugmotor auf die Absaugung der Abgase verzichten zu können, kommt nur in
unbesiedeltem Gebiet zum Tragen.

Nachdem diese Schwierigkeiten mit freistehenden Eiffel-Kanälen bekannt geworden sind – bei
einem derartigen Kanal ist wegen ungünstiger Windverhältnisse im Durchschnitt pro Woche ein
Meßtag verloren gegangen – sind in der Autoindustrie keine Kanäle dieses Typs mehr gebaut worden,
wohl aber Eiffel-Kanäle in geschlossenen Gebäuden.

548

12.2.3 Eigenschaften der wesentlichen Komponenten

Die Einsatzmöglichkeiten eines Windkanals werden durch die Größe seiner Meßstrecke und die mögliche Windgeschwindigkeit bestimmt. Diese beiden Kenndaten determinieren ihrerseits die Hauptabmessungen des Kanals und die Antriebsleistung seines Gebläses. Für den *Benutzer* eines Windkanals kommt es darauf an zu wissen, wie die darin erzielten Meßergebnisse zu beurteilen sind und wie diese auf die Straßenfahrt zu übertragen sind. Nur diejenigen Bauelemente eines Windkanals, die dafür relevant sind, sollen näher betrachtet werden. Das sind vor allem

- die Meßstrecke,

- die Düse samt der ihr vorgeschalteten Vorkammer,

- bei Kanälen mit offener Meßstrecke der Auffangtrichter

- und bei klimatisierbaren Kanälen der Wärmetauscher.

Die übrigen konstruktiven Details, wie Ausbildung der Diffusoren und der Umlenkecken, Auslegung des Gebläses, Wahl des Antriebs und der Geschwindigkeitsregelung, interessieren vor allem den *Erbauer* und den *Betreiber* eines Windkanals. Sie sind jedoch kaum automobilspezifisch; es soll deshalb auf die allgemeine Windkanalliteratur [12.1][12.2] verwiesen werden.

Die *Meßstrecke* wird durch ihre Hauptabmessungen, nämlich die Querschnittsfläche A_N, die auch mit Düsen- oder Strahlquerschnitt bezeichnet wird, und die Länge L, charakterisiert. Maßgeblich sind die folgendermaßen definierten dimensionslosen Größen:

- die Versperrung $\varphi = A/A_N$ mit A als der Stirnfläche des Fahrzeuges und

- die dimensionslose Länge $\vartheta = L/d_N$ mit d_N als dem äquivalenten (hydraulischen) Durchmesser der Düse $d_N = 4A_N/U$, U Umfang der Düse.

Bei Freistrahl-Meßstrecken tritt ein dritter Parameter hinzu:

- das Verhältnis der Querschnittsflächen vom Auffangtrichter (Kollektor) zur Windkanaldüse A_C/A_N.

Die Versperrung φ, die auf der Straße gleich Null ist, soll mit Rücksicht auf die angestrebte Ähnlichkeit der Kinematik der Strömung von Straße und Kanal so klein, mit Rücksicht auf die Bau- und Betriebskosten jedoch so groß wie gerade noch zulässig sein.

Beim Bau der ersten Automobil-Windkanäle wurde die in der Flugzeug-Aerodynamik übliche Forderung von $\varphi = 0{,}05$ übernommen. Das führte zu einer Strahlfläche von etwa 40 m². Später durchgeführte Meßvergleiche zwischen sehr unterschiedlich großen Windkanälen, über die im Abschnitt 12.6 berichtet wird, legten den Schluß nahe, daß sich auch mit einer Versperrung von $\varphi = 0{,}10$ noch eine ausreichende Simulationsqualität gewährleisten läßt. Windkanäle, die nach diesem Kriterium ausgelegt sind, weisen einen Strahlquerschnitt von etwa 20 m² auf. Der kleinste für Autos natürlicher Größe betriebene Windkanal hat sogar nur einen Strahlquerschnitt von 10 m² entsprechend einer Versperrung von etwa $\varphi = 0{,}20$. Einige ausgewählte Strahlquerschnitte werden im Bild 12.5 miteinander verglichen.

Die *Form* des Strahlquerschnittes ist in der Regel ein Rechteck mit dem Seitenverhältnis Höhe H zu Breite B von etwa 0,6; mitunter werden die Ecken abgerundet oder abgeschrägt. Bei Kanälen, die ausschließlich für Pkw eingesetzt werden, sind davon abweichende Formen gewählt worden. So hat A. Morelli [12.9][12.10] die Düsenberandung des 11-m²-Kanals von Pininfarina kreisbogenförmig ausgeführt, um einen zur Stirnfläche des Pkw annähernd affinen Strahlquerschnitt zu erhalten. L. J. Janssen [12.11] hat mit der Düsenkontur des 10-m²-Akustik-Windkanals der BMW Technik GmbH die Isobaren um einen Pkw angenähert, vgl. Bild 12.6. Das darauf abgestimmte Verhältnis von Höhe zu Breite ist mit 0,7 etwas größer als das beim Rechteck übliche von 0,6.

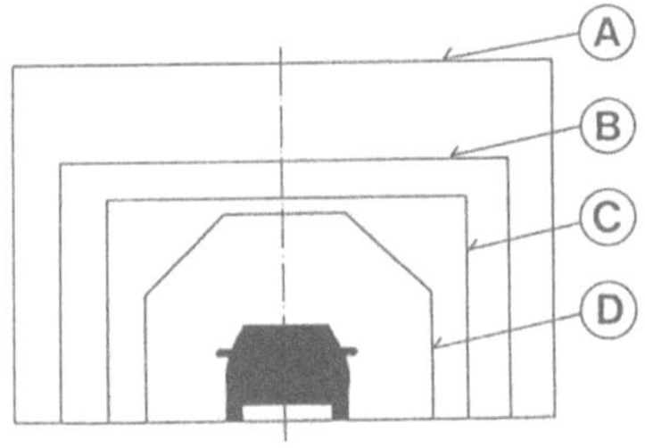

Bild 12.5. Querschnitte der Meßstrecken verschieden großer Automobil-Windkanäle nach [12.11].

Bild 12.6. Anpassung der Kontur der Windkanaldüse an die Form der Isobaren nach [12.11].

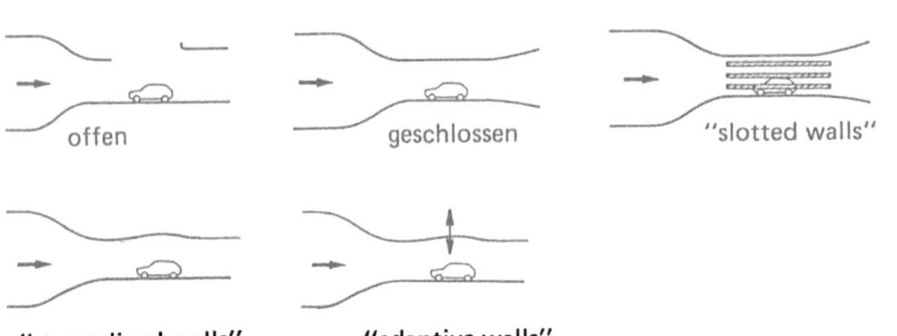

Bild 12.7.
Die unterschiedlichen Möglichkeiten zur Berandung der Meßstrecke.

Nach Art ihrer Berandung lassen sich zwei Ausführungen der Meßstrecke unterscheiden: die offene und die geschlossene. Daraus haben sich weitere Sonderformen entwickelt: die stromlinienförmige (streamlined), die angepaßte (adaptive) und die geschlitzte (slotted walls) Meßstrecke; sie sind im Bild 12.7 skizziert. Allen gemeinsam ist der feste Boden, der die Fahrbahn darstellt.

Die Kinematik der Strömung um einen Prüfling unterscheidet sich in einem Luftstrahl endlicher Abmessungen von derjenigen im unendlich ausgedehnten Raum. In einer *offenen* Meßstrecke kann die das Fahrzeug umströmende Luft nach außen ausweichen; die Stromlinien weiten sich im Vergleich zu denen im unendlichen Raum auf. Im Gegensatz dazu werden die Stromlinien in einer *geschlossenen* Meßstrecke zusammengedrängt. Der Einfluß des Strahlrandes, ob offen oder geschlossen, ist um so ausgeprägter, je größer das Versperrungsverhältnis ist.

Die unterschiedlichen Arten der Strahlberandung haben physikalische Eigenarten sowie betriebliche Vor- und Nachteile. Diese werden im folgenden dargestellt. Auf die *Korrekturen*, mit denen versucht wird, die Endlichkeit der Strahlabmessungen und die Art der Berandung zu berücksichtigen, wird im Abschnitt 12.3.3 eingegangen.

Der *offenen* Meßstrecke – die oft gewählte Bezeichnung „Freistrahl" ist wegen der festen Wand des Bodens nicht ganz korrekt – wird als erster Vorteil zugeschrieben, daß der statische Druck auf der Strahlachse – bei leerer Meßstrecke – konstant ist; für Messungen an völligen Körpern ist das besonders wichtig. Wie F. K. v. SCHULZ-HAUSMANN und J.-D. VAGT [12.12] mit Bild 12.8 nachgewie-

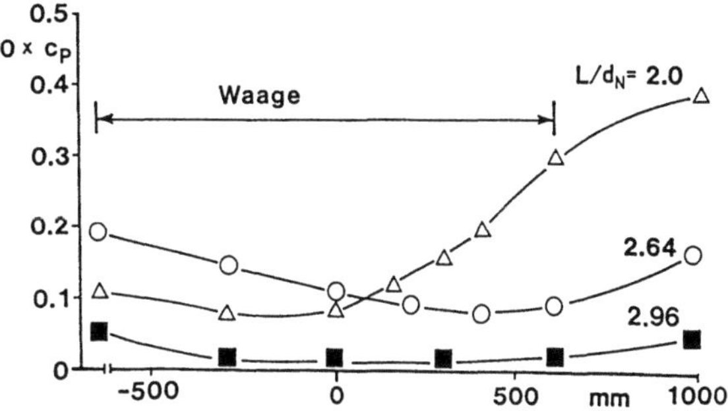

Bild 12.8. Verlauf des statischen Druckes in der leeren Meßstrecke bei unterschiedlicher Länge der Meßstrecke nach [12.12].

sen haben, wird dieser Vorzug jedoch nur dann erzielt, wenn die Länge der Meßstrecke genügend groß gewählt und wenn der Querschnitt des Auffangtrichters (Kollektorfläche A_C) richtig darauf abgestimmt wird.

Wenn jedoch die dimensionslose Meßstreckenlänge zu $\delta = 2{,}0$ gewählt wird – und genau das ist bei Automobil-Windkanälen häufig der Fall – dann tritt ein starker positiver Druckgradient in Strömungsrichtung auf. Allein das kann nach [12.12] einen um $\Delta c_W = 0{,}03$ zu kleinen Widerstand vortäuschen. Wie stark der gemessene Widerstand von den beiden Größen Meßstreckenlänge L und Kollektorfläche A_C abhängt, demonstriert Bild 12.9. Danach erweist sich eine dimensionslose Meßstreckenlänge von $\delta = 3{,}0$ als optimal; für diese hat die Kollektorfläche kaum noch einen Einfluß auf den Widerstand. Andererseits geht die Kollektorfläche um so stärker ein, je kürzer die Meßstrecke ist. Hinweise zur Auslegung des Kollektors finden sich auch bei C. KRAMER et al. [12.7]; wichtig für die Stabilität des Windkanalstrahles ist danach vor allem die Geometrie des Kollektoreinlaufes.

Der zweite Vorzug der offenen Meßstrecke ist betrieblicher Art: ihre gute Zugänglichkeit erleichtert das Einbringen von Sonden, die Beobachtung der Strömung und schließlich auch das Hantieren am Modell.

Nachteilig ist an der offenen Meßstrecke, daß ihre nutzbare Länge begrenzt ist. Denn an den drei freien Flächen vermischt sich der Strahl mit der ruhenden Luft in der Meßhalle; der Strahlkern, in dem

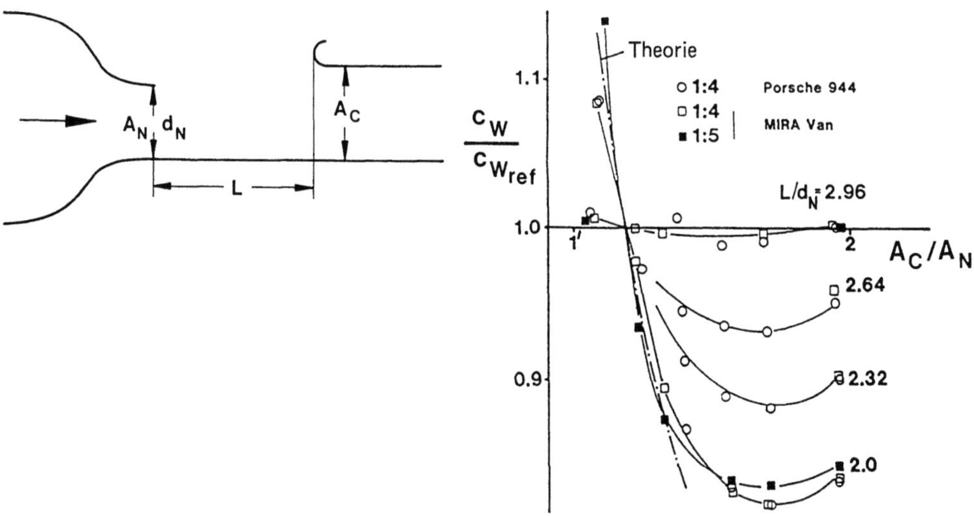

Bild 12.9. Einfluß von Meßstreckenlänge und Kollektorfläche auf die Widerstandsmessung nach [12.12].

die gewünschte Windgeschwindigkeit V_∞ herrscht, wird, wie bei einem Freistrahl, aufgezehrt. Diese Vermischung ist zudem mit einem im Vergleich zur festen Wand erhöhten Verlustbeiwert verbunden; die offene Meßstrecke erfordert also eine etwas höhere Antriebsleistung. Ein weiterer Nachteil der offenen Meßstrecke ist ihre ungehinderte Schallabstrahlung. Bei Klimakanälen mit offener Meßstrecke muß die Meßhalle mit in den klimatisierten Bereich einbezogen werden; es sind größere Wandflächen zu isolieren.

Der Vorteil der *geschlossenen* Meßstrecke liegt in ihrer großen nutzbaren Länge; ihr Strahlkern wird mit der Lauflänge sehr viel langsamer aufgezehrt als bei freien Strahlgrenzen. Der Reibungsverlust an den Wänden führt jedoch zu einem Druckabfall entlang der Strahlachse. Dieser kann zwar durch eine leichte Erweiterung des Kanalquerschnittes in Strömungsrichtung kompensiert werden. Aber korrekt ist diese Kompensation nur für die *eine* Konfiguration, für die sie ausgelegt wurde, z. B. für die leere Meßstrecke. Mit eingebrachtem Modell gilt sie nur näherungsweise; eine Berücksichtigung des Druckabfalls durch eine rechnerische Korrektur wird versucht, vgl. Abschnitt 12.3.3. Ein weiterer Nachteil der geschlossenen Meßstrecke besteht darin, daß es bei großer Strahldeformation, z.B. infolge eines sehr großen Schiebewinkels, zur Ablösung der Strömung von den Kanalwänden kommen kann.

Mit *geschlitzten* Wänden ist es möglich, die wesentlichen Vorteile der offenen und der geschlossenen Meßstrecke zu vereinen, ohne deren jeweilige Nachteile in Kauf nehmen zu müssen. Durch die Längsschlitze in den Kanalwänden wird ein Druckausgleich mit der Umgebung ermöglicht; Ziel ist ein auf der Strahlachse konstanter Druck. Der feste Teil der Wände verhindert die Strahlvermischung; damit bleibt der Strahlkern über eine größere Lauflänge nutzbar. Diese auf K. Wieghardt und F. Vandrey [12.13][12.14] zurückgehende Idee ist zuerst in Wasser- und Windkanälen für Zwecke der Schiffshydrodynamik eingesetzt worden; dort geht es oft darum, Messungen an besonders langen Körpern bei möglichst großen Reynolds-Zahlen durchzuführen. Eine Reihe von Automobil-Windkanälen ist ebenfalls mit geschlitzten Wänden ausgerüstet worden. Die Erfahrungen damit sind aber nicht einhellig positiv, wie C. Kramer et al. [12.15] berichten.

Für das Verhältnis der Flächen der Schlitze zu denen der festen Wand, auch mit Öffnungsverhältnis bezeichnet, hat sich durch Vergleich mit Straßenmessungen für Pkw ein Wert von etwa 30 % als optimal ergeben, vgl. R. G. J. Flay et al. [12.16] und P. M. Waudby-Smith, W. J. Rainbird [12.17]. Für die Berechnung der Hauptabmessungen einer geschlitzten Meßstrecke hat L. N. Goenka [12.18][12.19] ein halbempirisches Verfahren angegeben.

Daß die geschlitzte Meßstrecke die in sie gesetzten Erwartungen erfüllt, belegt ein von J.-D. Vagt [12.20] durchgeführter Vergleich, der im Bild 12.10 zusammengestellt ist. Das Geschwindigkeitsprofil liegt bei geschlitzten Wänden zwischen demjenigen in der geschlossenen und der offenen Meßstrecke.

Eine Möglichkeit, bei einer geschlossenen Meßstrecke den Fehler zu vermeiden, der durch das Zusammendrücken der Stromlinien entsteht, besteht darin, die Wände *stromlinienförmig* auszubilden (streamlined walls). Bei dieser Idee geht man davon aus, daß das Stromlinienbild in einer gewissen Entfernung vom Fahrzeug, im sogenannten Fernfeld, von dessen einzelnen Formdetails kaum noch abhängt. Das Fernfeld wird vielmehr von den Hauptabmessungen des Prüflings, wie Länge und Stirnfläche, beziehungsweise von einem geeignet definierten Schlankheitsgrad geprägt. Formt man die Kanalwände entsprechend dem Stromlinienverlauf um einen Mittelklasse-Pkw im unendlichen Raum, so wird die Umströmung der demgegenüber kleineren und größeren Fahrzeuge nur wenig verfälscht, in jedem Fall wesentlich weniger, als bei geraden Wänden.

Ein Vergleich von Strömungsbildern, bei denen die Stromlinien mit Rauch sichtbar gemacht wurden, bestätigt diese Überlegung. Wie Bild 12.11 zeigt, ist der Verlauf der Stromlinien für Fahrzeuge unterschiedlicher Größe und Form schon bei nur zwei Metern über dem Meßstreckenboden sehr

Bild 12 10 Verteilung
der Windgeschwindigkeit
bei den drei Arten der
Strahlberandung „offen',
„geschlossen"
und „geschlitzte Wande"
nach [12 20]

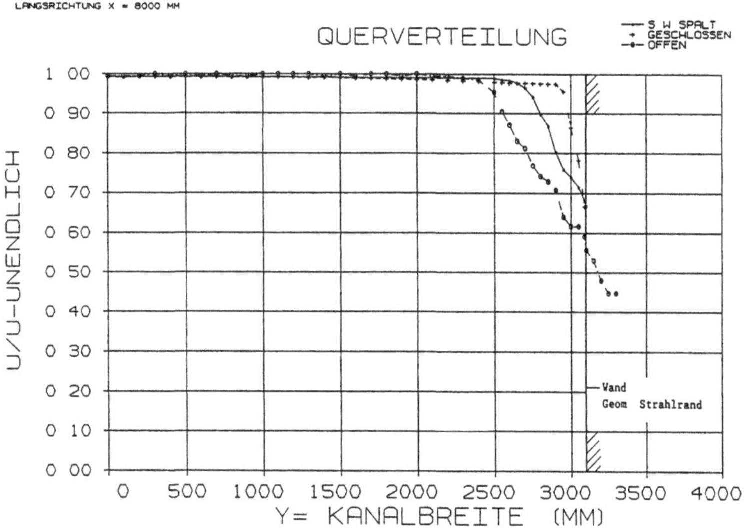

Bild 12 11 Vergleich der Stromlinien
im Fernfeld verschieden großer Pkw,
ermittelt aus Rauchnahmen
der Volkswagen AG

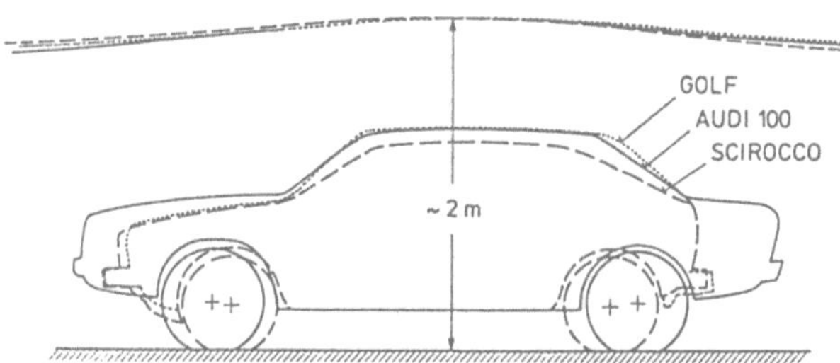

ahnlich L G Stafford [12 21] hat mit einem numerischen Modell nachgewiesen, daß mit stromlinienformig ausgebildeten Wanden eine Versperrung von 20 % einer solchen von 5 % bei parallelen Wanden entspricht Trotz dieses Vorzuges, der wesentlich kleinere Abmessungen eines Windkanals zulaßt, ist von dieser Moglichkeit bisher noch kein Gebrauch gemacht worden

Der Nachteil einer *starr* ausgefuhrten stromlinienformigen Meßstrecke liegt darin, daß die Wandform fur solche Fahrzeuge nicht paßt, die in ihren Hauptabmessungen stark von demjenigen abweichen, das der Berechnung der Wandkontur gedient hat Dieser Fall tritt z B ein, wenn in einer fur Pkw geformten Meßstrecke ein kastenformiger Transporter untersucht werden soll Mit *adaptiv angepaßten* Wanden wird dieser Nachteil uberwunden, das allerdings um den Preis eines erheblichen konstruktiven Aufwandes J D Whitfield et al [12 22] haben ein Konzept dazu vorgestellt und an einem Modellwindkanal erprobt

Danach sind die Meßstreckenwande, wie aus Bild 12 12 ersichtlich, in Langsstreifen gegliedert, deren Konturen dem Stromlinienverlauf angepaßt werden konnen Das erfolgt iterativ Mit einem potentialtheoretischen Modell wird die Druckverteilung berechnet, die sich am Ort der Wand in unendlich ausgedehntem Medium ergeben wurde Die Wandstreifen werden dann schrittweise solange deformiert, bis an den Referenzorten die gemessene Druckverteilung mit der gerechneten ubereinstimmt Mit einem von L N Goenka und M O Varner [12 23] entwickelten Algorithmus reicht dazu ein einziger Iterationsschritt aus Bild 12 13 vermittelt einen Eindruck von den ermittelten Wandkonturen Selbst bei Versperrungen von uber 20 % sind nach [12 22] keine Korrekturen

553

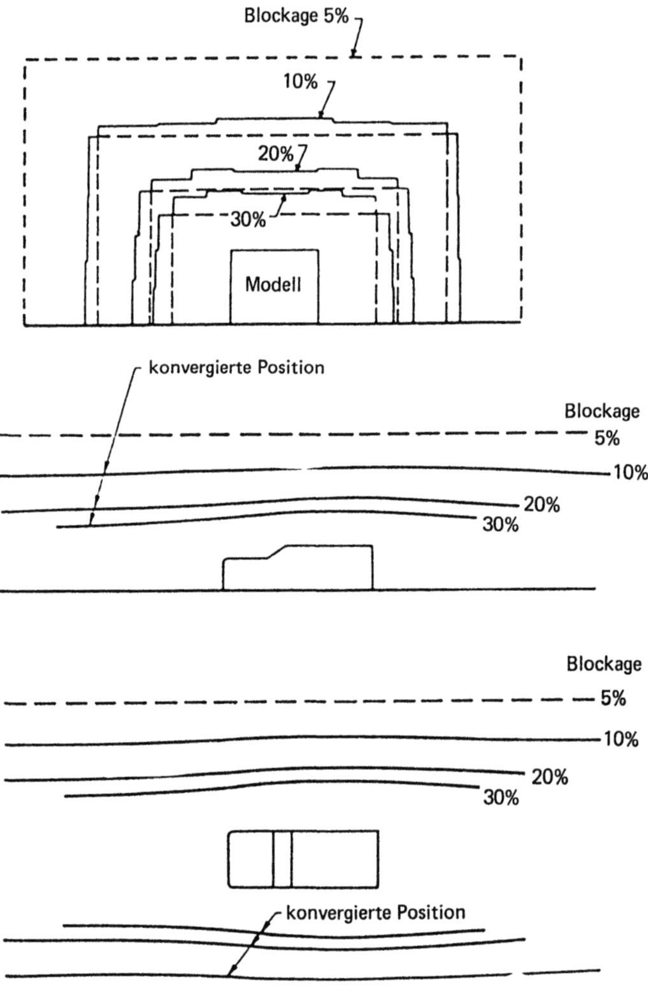

Bild 12.12. Geschlossene Meßstrecke mit adaptiv einstellbarer Wandkontur nach [12.22].

Bild 12.13. Adaptive Meßstreckenwände für die geometrischen Versperrungsverhältnisse $\varphi = 0{,}1;\ 0{,}2;\ 0{,}3$ nach [12.22].

erforderlich. Auch bei unsymmetrischer Strömung, also bei schiebendem Fahrzeug, lassen sich die Kanalwände anpassen; die Meßstrecke ist dann asymmetrisch. Bis jetzt ist aber noch kein Automobil-Windkanal mit adaptiven Wänden gebaut worden. Der *transsonische* Windkanal der DLR in Göttingen hat im Zuge seiner Modernisierung eine 1x1-m-Meßstrecke mit adaptiven Wänden erhalten.

Die *Windkanaldüse* hat zwei Aufgaben: sie beschleunigt und vergleichmäßigt die Strömung, und sie dient zur Messung der Windgeschwindigkeit. Ihre Form bestimmt die Qualität der Strömung in der Meßstrecke, nämlich die Gleichförmigkeit der Geschwindigkeit nach Größe und Richtung und den Turbulenzgrad. Zwei ihrer geometrischen Eigenschaften sind dafür maßgeblich: das Kontraktionsverhältnis und ihre Kontur.

Das Kontraktionsverhältnis κ ist das Verhältnis der Querschnittsflächen von Düseneintritt (Vorkammer) zu Düsenaustritt (Meßstrecke), $\kappa = A_V/A_D$. Es bestimmt ganz wesentlich die Hauptabmessungen des Windkanals und auch die erforderliche Antriebsleistung. Ein großes Kontraktionsverhältnis ist Voraussetzung für eine gleichförmige Geschwindigkeitsverteilung, und es führt zu einem niedrigen Turbulenzgrad. Im Bild 12.14 ist für eine Reihe ausgeführter Windkanäle der Zusammenhang zwischen kritischer Reynolds-Zahl der Kugel, Turbulenzgrad und Kontraktionsverhältnis aufgetragen. Mit dem schon von L. PRANDTL vorgeschlagenen Kontraktionsverhältnis von $\kappa = 4$ läßt sich danach ein Turbulenzgrad von kleiner 0,5 % erreichen; $\kappa = 4$ ist demnach für Automobil-Windkanäle ausreichend. Bei Eiffel-Kanälen, bei denen ja die Strömung nicht durch die „Vorgeschichte" – Gebläse, Diffusor, Umlenkecken – gestört ist, genügt schon ein Kontraktionsverhältnis von $\kappa = 2$ bis 3.

Ein größeres Kontraktionsverhältnis wird oft auch mit dem niedrigeren Leistungsbedarf des Windkanals begründet; die Strömungsgeschwindigkeiten und damit die Druckverluste in der Röhre des Kanals sind klein, wenn die Strömungsquerschnitte weit bemessen sind. Wenn jedoch die Aufweitung der Strömung vor der Vorkammer durch einen Kurzdiffusor bewältigt wird, wie er von P. BRADSHAW und R. C. PANKHURST [12.24] zumindest für so große Kontraktionsverhältnisse wie $\kappa = 10$ bis 12 empfohlen wird, zehrt dieser den Leistungsgewinn weitgehend wieder auf.

Die *Kontur* der Windkanaldüse ist maßgeblich für ein gleichmäßiges Geschwindigkeitsprofil an ihrem Austritt. Eine Genauigkeit von ±0,5 % ist jedoch vollkommen ausreichend. Die Strömungsform um völlige Körper in Bodennähe ist sehr sensibel gegen Anstellwinkeländerungen, vgl. Bild 4.120. Wichtig ist deshalb eine gute Parallelität der Strömung zur geometrischen Kanalachse. Die Winkelabweichung sollte kleiner als ±0,2° sein; die in [12.4] spezifizierten ±0,5° sind zu großzügig bemessen.

Bild 12.14. Kritische Reynolds-Zahl der Kugel und Turbulenzgrad im Strahl in Abhängigkeit vom Kontraktionsverhältnis bei ausgeführten Windkanaldüsen.

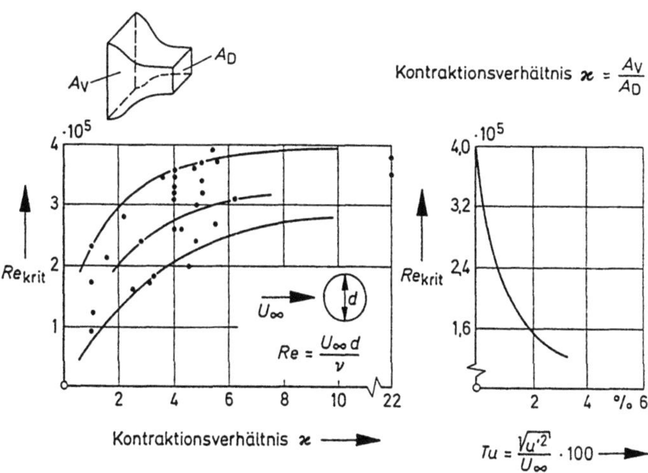

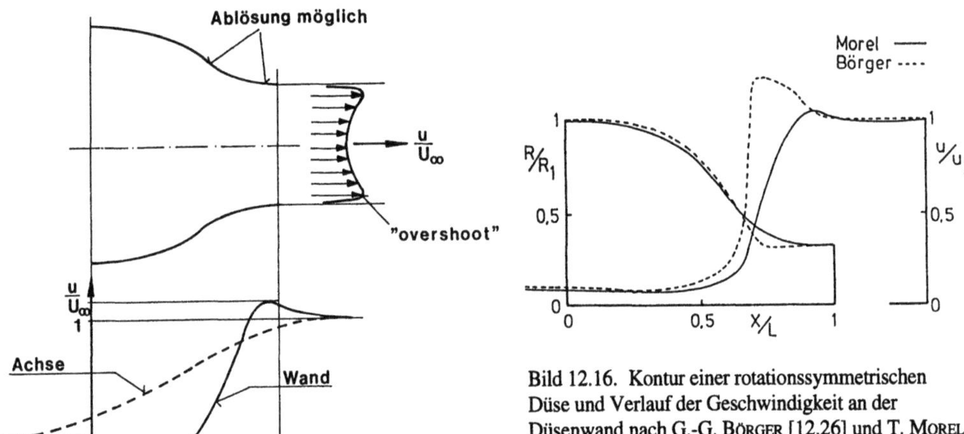

Bild 12.16. Kontur einer rotationssymmetrischen Düse und Verlauf der Geschwindigkeit an der Düsenwand nach G.-G. BÖRGER [12.26] und T. MOREL [12.27], Bild nach [12.7].

Bild 12.15. Verlauf der Geschwindigkeit in einer Windkanaldüse, schematisch.

Um Sekundärströmungen zu vermeiden, sollen die *Formen* der Querschnittsflächen am Ein- und Austritt der Düse einander ähnlich sein. Welchen Einfluß die Kontur der Düse auf ihre Eigenschaften nimmt, geht aus dem Schema im Bild 12.15 hervor. Während die Strömung auf der Strahlachse stetig beschleunigt wird, tritt an den zwei markierten Stellen der Wand eine Verzögerung auf, die immer dann zur Ablösung führt, wenn der damit verbundene Druckanstieg zu steil ist. Diese Gefahr besteht bei zu *kurzen* Düsen; die Folge ist eine *dicke* Wandgrenzschicht. Zu kurze Düsen weisen zudem ein Geschwindigkeitsprofil mit einer Übergeschwindigkeit („overshoot") in Wandnähe auf. Baut man hingegen die Düse zu *lang*, so ergibt sich wegen der großen Lauflänge ebenfalls eine zu *dicke* Wandgrenzschicht.

Die älteren Verfahren zur Berechnung der Düsenkontur basieren auf der reibungslosen Strömung; demgemäß machen sie keine Aussage über die erforderliche Länge. Als Beispiel dafür sei E. WITOSZYNSKI [12.25] genannt, dessen Düsenformel lange Zeit verwendet wurde.

Für ebene und für rotationssymmetrische Düsen hat G.-G. BÖRGER [12.26] ein Berechnungsverfahren vorgelegt, das dem „klassischen" Konzept folgt: Die Kernströmung ist nahezu reibungslos; sie wird potentialtheoretisch berechnet. Die Reibung an der Wand wird mit einer Grenzschichtrechnung berücksichtigt. Eine danach gerechnete Kontur zeigt Bild 12.16 im Vergleich zu der nach dem Verfahren von T. MOREL [12.27] ermittelten. Die nur kleinen Unterschiede in der Geometrie führen aber zu einer beachtlichen Differenz der Geschwindigkeiten nahe dem Düsenaustritt.

Die Differenz der statischen Drücke am Ein- und Austritt der Düse wird zur Bestimmung der Strahlgeschwindigkeit herangezogen. Der Staudruck q_∞ in der Meßstrecke ist

$$q_\infty = k\,\Delta p. \tag{12.3}$$

Dabei ist k der *Düsenfaktor*, der experimentell durch eine Staudruckmessung in der *leeren* Meßstrecke bestimmt wird. Er ist größer als eins, denn da die Geschwindigkeit in der Vorkammer nicht gleich Null ist, ist der dort herrschende statische Druck kleiner als der Gesamtdruck.

Hat der Windkanal eine *offene* Meßstrecke, dann kann die Druckdifferenz Δp auf zwei verschiedene Weisen gebildet werden. Einmal wird, wie bei der geschlossenen Meßstrecke, der Druck p_D am Düsenaustritt als Gegendruck genutzt, zum anderen der Druck p_P in der die Meßstrecke umgebenden Meßhalle (Plenum), in der in der Regel Atmosphärendruck herrscht. Für den ungestörten Freistrahl, also bei leerer Meßstrecke, sind diese beiden Drücke gleich. Befindet sich jedoch ein Modell in der Meßstrecke, so ergibt sich zwischen beiden eine Differenz, die mit wachsender Versperrung zunimmt.

Welchen Einfluß die Art der Geschwindigkeitsbestimmung des Windkanalstrahles auf das Meßergebnis hat, haben R.KÜNSTNER et al. [12.28] im Zuge von Versperrungsuntersuchungen im BMW-Akustik-Windkanal ermittelt; die Ergebnisse der an querangeströmten quadratischen Platten durchgeführten Widerstandsmessungen zeigt Bild 12.17. Wird zur Staudruckbildung als Referenz der Druck p_P in der Meßhalle (Plenum) verwendet, dann ergibt sich mit zunehmender geometrischer Versperrung A/A_D eine Abnahme des *gemessenen* Widerstandsbeiwertes c_W. Wird dagegen der Druck p_D am Austritt der Düse als Referenz gewählt, ist der Einfluß der Versperrung gering.

Eine Erklärung dafür liefert das Zusammenspiel der Kennlinien von Gebläse und Kanal. Das in die Meßstrecke eingebrachte Modell erhöht den Druckverlust des Kanals und zwar um so mehr, je größer sein Widerstand ist. Mit wachsender Versperrung wird also die „Rohrleitungs-Kennlinie" des Kanals steiler. Bei unverändertem Druck p_P in der Meßhalle – dieser ist ja gleich dem Atmosphärendruck – steigt der Druck p_V in der Vorkammer, d.h. die Druckdifferenz Δp_P steigt. Wird diese jedoch auf den Wert der leeren Meßstrecke eingestellt, dann sinkt der effektive Staudruck q_∞. Verwendet man den zu großen scheinbaren Staudruck, der sich aus der Druckdifferenz Δp_P ergibt, um nach Gl. (1.2) den Widerstand dimensionslos zu machen, dann erhält man einen zu kleinen c_W-Wert.

Im Gegensatz dazu bleibt die Druck-*Differenz* Δp_D zwischen Vorkammer und Düsenende jedoch unverändert, wenn das Druckniveau im Kanal infolge des Modellwiderstandes anwächst; Δp_D ist deshalb für die Geschwindigkeitsmessung gut geeignet. Das aber nur solange, wie die Versperrung nicht so groß ist, daß der Druck am Düsenende vom *lokalen* Druckfeld des Modells („Rückstau") beeinflußt wird.

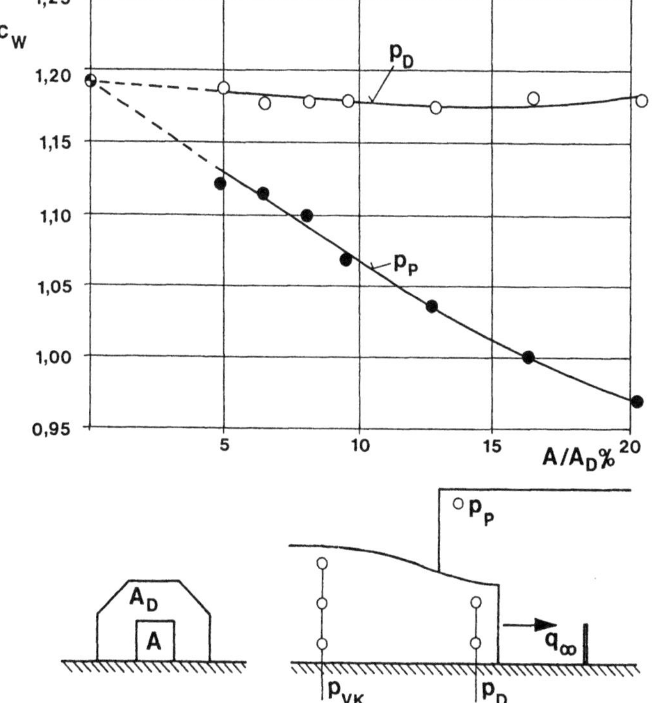

Bild 12.17. Widerstandsmessungen an quadratischen quer angeströmten Platten; Einfluß der Versperrung bei unterschiedlicher Wahl des Referenzdruckes nach [12.28].

557

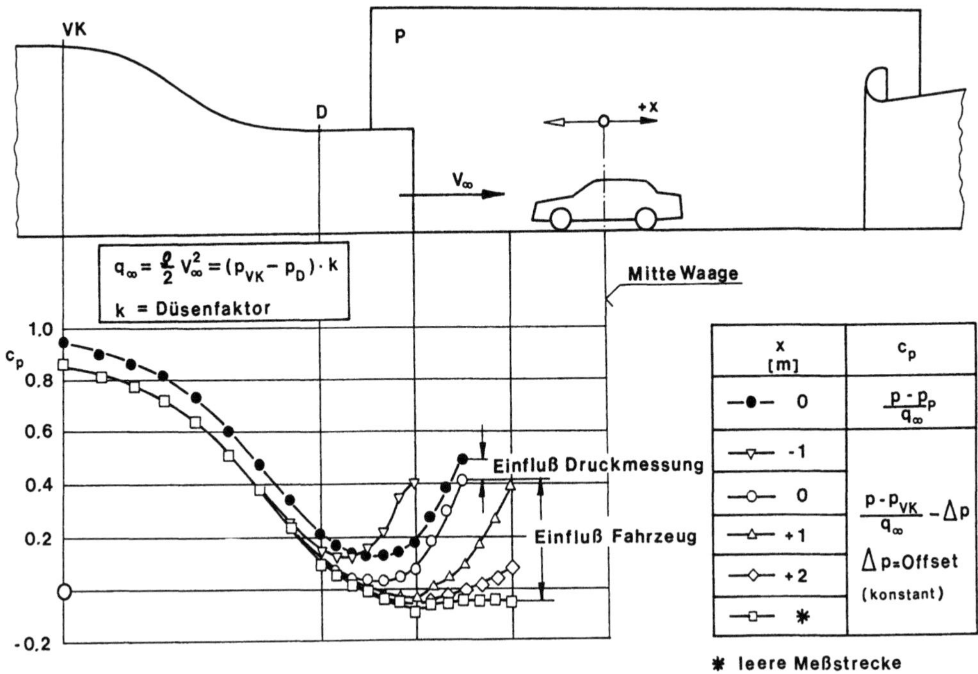

x [m]	c_p
—●— 0	$\dfrac{p - p_P}{q_\infty}$
—▽— -1	
—○— 0	$\dfrac{p - p_{VK}}{q_\infty} - \Delta p$
—△— +1	
—◇— +2	Δp=Offset
—□— *	(konstant)

Bild 12.18. Bestimmung des Staudruckes im Windkanal mit offener Meßstrecke; Einfluß der Position des Fahrzeuges in der Meßstrecke nach [12.28].

Diese Rückwirkung des Modells auf den statischen Druck am Düsenaustritt hängt außer von der Versperrung auch vom Abstand zwischen Modell und Düsenaustritt ab, wie R. KÜNSTNER et al. [12.28] durch Messung der Druckverteilung innerhalb der Düse und auf dem Boden der Meßstrecke demonstriert haben. Steht der Prüfling auf Mitte Drehscheibe, dann ist, wie aus Bild 12.18 ersichtlich, seine aufstauende Wirkung am Ort der Druckbohrungen am Düsenende abgeklungen. Schiebt man ihn jedoch näher an den Düsenaustritt heran, so wirkt der sich vor ihm aufbauende Druckanstieg bis in die Düse hinein. Bei gegebenem Staudruck nimmt dabei die Druckdifferenz Δp_D ab, der Staudruck wird also zu klein angezeigt.

Bei Klimakanälen ist die *Lufttemperatur* der wichtigste Simulations-Parameter. Ihre Schwankung über dem Meßstreckenquerschnitt sollte ±1K nicht übersteigen. Diese Forderung läßt sich wegen der Kreuzstromcharakteristik des für die Temperierung des Kanals eingesetzten Wärmetauschers nur bei hohem Kühlmitteldurchsatz erfüllen. Für die Dimensionierung der Kälteanlage ist neben der gewünschten Betriebstemperatur auch die *Zeit* maßgeblich, innerhalb der ein neues Temperaturniveau angefahren werden kann.

Für die Simulation des Sonnenlichtes wird eine Strahlungsintensität von 1000 W/m² benötigt; eine Gleichmäßigkeit von ±10 % wird als ausreichend angesehen.

Die Windgeschwindigkeit muß kontinuierlich einstellbar sein. Bei Automobil-Windkanälen kommt es darauf an, auch niedrige Geschwindigkeit einregeln zu können, z. B. für Kühleruntersuchungen beim Bergan-Fahren. Die Einstellung der Windgeschwindigkeit erfolgt vornehmlich über die Drehzahl des Gebläses; die Verstellung des Anstellwinkels der Gebläseschaufeln wird nur noch selten angewendet. Nachteilig an der Blattverstellung ist vor allem, daß der Gebläselärm wegen der konstanten Umfangsgeschwindigkeit bei *allen* Windgeschwindigkeiten, also auch bei Leerlauf, sehr hoch ist; für alle, die am Modell hantieren müssen, bedeutet das eine empfindliche Belästigung.

12.2.4 Ausrüstung

Zur Ausrüstung eines Automobil-Windkanals gehören zahlreiche Meßsysteme und Zusatzeinrichtungen, die weitgehend rechnergesteuert betrieben werden. Der damit verbundene Aufwand ist unumgänglich. Zum einen ist es die große Zahl der Meßstellen, die anzusteuern, abzufragen und sofort auszuwerten ist. Zum anderen reicht die verfügbare Meßzeit in einem Großwindkanal nie aus, und sie ist sehr teuer. Schließlich ist die Entwicklungszeit immer knapp bemessen.

Die gebräuchlichen Meßsysteme und Versuchseinrichtungen sind in Tabelle 12.1 zusammengestellt; sie werden in den Abschnitten 10, 11 und 13 ausführlich beschrieben.

Tabelle 12.1. Meßsysteme und Versuchseinrichtungen von Automobil-Windkanalen.

Meßsysteme	
Krafte und Momente·	Standwaage, bei mitbewegtem Boden Stielwaage
Geschwindigkeiten	„klassische" Sonden, Hitzdrahtsonden und Laser-Doppler-Anemometer, Dreikoordinaten-Verschiebegerat
Drucke:	„klassische" Manometer, elektromechanische Druckaufnehmer, Umschaltventile fur große Anzahl von Meßstellen
Durchflusse	Wirkdruck, Flugelrad- und Heißfilmsonden
Sichtbarmachung der Stromung	Rauch, Oldampf, Fadchen, Suspensionen, Beleuchtung
Schallfelder	Mikrophone
Temperaturen:	Thermometer, Thermoelemente
Zusatzeinrichtungen	
Zugkraft:	Rollenprufstand
Warmestrom:	Warmwassergerat fur Kuhlermessung an noch nicht fahrfahigen Modellen
Sonnenstrahlung	Gluhlampen mit einer spektralen Verteilung ahnlich dem Sonnenlicht
Luftfeuchte:	Dampfgenerator fur Befeuchtung der Luft, Hygrometer
Regen.	Wasserspruhvorrichtung
Schmutz:	Einblasen von Talkum oder Einspruhen von Wasser

12.3 Einschränkungen bei der Simulation

12.3.1 Idealisierung und systematische Fehler

Bei der Abbildung der Straßenfahrt in einem Windkanal und in davon abgeleiteten Varianten wie Klima- und Blaskanälen wird die Wirklichkeit vereinfacht, *idealisiert*. Das nicht zuletzt deshalb, weil sie in ihrer Komplexität schwer erfaßbar und nicht darstellbar ist. So wird z. B. eine möglichst gleichförmige Anströmung zum Fahrzeug angestrebt, obwohl sie auf der Straße, wie schon im Abschnitt 12.1 angedeutet, alles andere als das ist.

Aber selbst die Idealisierung gelingt nur mit *Einschränkungen*; auch dafür liefert die Anströmung ein Beispiel: Auf der Straße bewegt sich das Fahrzeug im *unendlichen* Raum; der Querschnitt eines Windkanalstrahles ist dagegen *endlich* und vergleichsweise klein. Dadurch wird die Umströmung verändert, und diese Abweichungen vom Ideal führen zu *systematischen* Fehlern.

Die möglichst genaue Kenntnis dieser systematischen Fehler ist erforderlich,

- um beim Entwurf eines Windkanals abwägen zu können, welche davon man tolerieren und a posteriori durch Korrekturen berücksichtigen kann und welche a priori durch die Auslegung unbedingt vermieden werden müssen;
- um aus den bereitstehenden Versuchseinrichtungen unter Berücksichtigung ihrer Betriebskosten die geeignete auszuwählen.

Lange Zeit gab man sich mit Relativmessungen zufrieden; Bezugsgröße war der Anlieferungszustand des Prüflings. Heute reicht das aber nicht mehr aus. Absolute Größen werden benötigt, um die Erreichung von Entwicklungszielen, wie z.B. eines bestimmten Verbrauchs, zu gewährleisten. Und weiter werden ausgewählte Windkanaldaten, wie der c_W-Wert, in der Werbung verwendet; sie sollten daher einem – allerdings noch nicht normierten – Genauigkeitsanspruch genügen.

Die wesentlichen systematischen Fehler, auf die zum Teil schon bei der Beschreibung der einzelnen Bauelemente, wie Düse, Meßstrecke und Auffangtrichter, eingegangen wurde, entstehen im Windkanal durch

- die Endlichkeit des Strahlquerschnitts und die Art der Strahlberandung,
- Defizite der Strahlqualität bezüglich der Gleichförmigkeit der Geschwindigkeit und der Temperatur, der Turbulenzstruktur und der Winkel gegenüber der geometrischen Strahlachse,
- den Druckgradienten entlang der Meßstrecke,
- die Art der Fahrbahndarstellung,
- die fast immer vernachlässigte Raddrehung,
- den Windkanallärm,
- die Art der Darstellung von Umwelteinflüssen, wie Sonne, Regen und Schmutz.

Von diesen sollen im folgenden die Fahrbahndarstellung und die Endlichkeit der Strahlabmessungen näher behandelt werden.

12.3.2 Fahrbahndarstellung

Technisch ist es durchaus möglich, im Windkanal sowohl die Relativbewegung zwischen Fahrzeug und Straße als auch die Drehung der Räder kinematisch einwandfrei zu *reproduzieren*. Das Mittel dazu ist das Laufband, auf dem die Räder abrollen. Jedoch ist der damit verbundene Aufwand so groß, daß man bei Routineversuchen an Fahrzeugen in natürlicher Größe – und in der Regel auch bei solchen an verkleinerten Modellen – darauf verzichtet; man begnügt sich damit, Fahrbahn und Raddrehung zu *simulieren*. Dabei kommen sehr unterschiedliche Techniken zur Anwendung; sie sind im Bild 12.19 skizzenhaft aufgeführt.

Die Reproduktion der Raddrehung ist keineswegs an das Laufband gebunden; sie kann unabhängig von der Art der Fahrbahnsimulation verwirklicht werden. Denn wie mit Bild 12.20 angedeutet, läßt sich in jedem der vier Aufnahmeelemente einer Standwaage ein kleiner Zweirollenantrieb unterbringen. Damit ist die Raddrehung also auch bei all den Verfahren nach Bild 12.19 zu reproduzieren, bei denen die Fahrbahn durch den starren Meßstreckenboden ersetzt wird. Bei Versuchen an Modellen von Rennwagen werden gelegentlich die Räder vom Fahrzeugkörper getrennt und von außen angetrieben; die auf sie einwirkenden Luftkräfte werden dann nicht mitgemessen.

Am bequemsten – und deshalb am weitesten verbreitet – ist es, die Fahrbahn durch den starren Boden der Meßstrecke zu ersetzen. An diesem bildet sich jedoch eine Grenzschicht aus, die ihrerseits die Strömung um das Fahrzeug verändert; die größten Abweichungen sind an dessen Unterseite zu erwarten. Sie sind im Bild 12.21 schematisiert, und zwar sowohl aus der Sicht eines raumfesten als

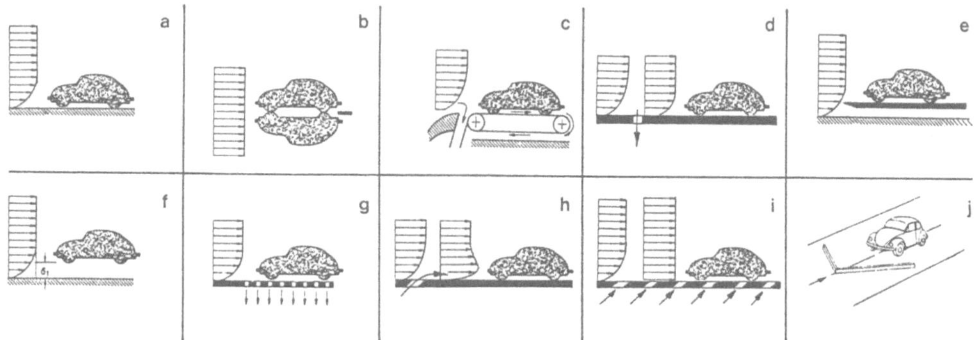

Bild 12.19. Techniken zur Abbildung der Fahrbahn im Windkanal; die Bodengrenzschicht ist stark überhöht gezeichnet

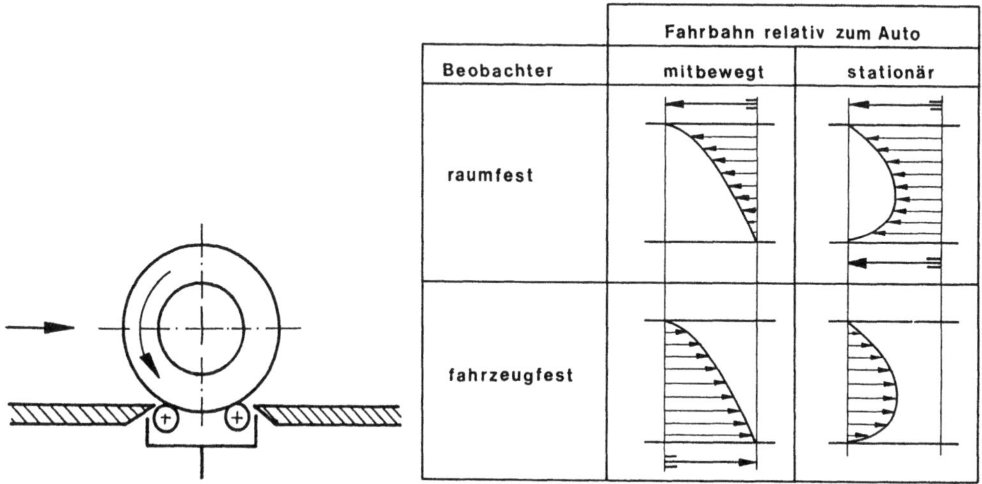

Bild 12.20. In die Aufnahmeelemente
der Waage integrierter Zweirollenantrieb.

Bild 12.21. Strömung zwischen Fahrzeug und Fahrbahn
bzw. stationärem Meßstreckenboden.

auch eines fahrzeugfesten Beobachters. An den festen Wänden, an Fahrzeugboden und Fahrbahn, gilt die im Abschnitt 2.3.3 erklärte Haftbedingung. Aus der *Scherströmung* bei relativ zum Fahrzeug bewegter Fahrbahn wird eine *Kanalströmung*, wenn beide stationär sind.

Alle im Bild 12.19 skizzierten Verfahren zur *Simulation* der Fahrbahn sind darauf ausgerichtet, die Einflüsse dieser Grenzschicht zu minimieren. Der Erklärung, worin diese Einflüsse bestehen und zu welchen Fehlern sie führen, soll die Bemerkung vorausgeschickt werden, daß die oben genannten Simulationsdefizite um so deutlicher hervortreten, je mehr die folgenden Bedingungen erfüllt sind:

– Das Fahrzeug ist strömungsgerecht geformt und weist einen niedrigen Luftwiderstand auf; in diese Kategorie fallen moderne Pkw und insbesondere solche, die auf niedrigen Auftrieb ausgelegt sind.

– Der Bodenabstand ist sehr klein; das trifft auf Rennwagen, aber auch auf manche Sportwagen zu. Maßnahmen zur Ausnutzung des im Abschnitt 7.4.1.3 beschriebenen Bodeneffektes („ground effect") sind ohne eine geeignete Fahrbahnsimulation im Windkanal nicht zu entwikkeln.

Im Vergleich zur reibungslosen Strömung entstehen in der Bodengrenzschicht Defizite an Massen- und an Impulsfluß. Diese werden durch die im Bild 12.22 definierten Größen Verdrängungs- und Impulsverlustdicke gekennzeichnet. Erstere führt, wie ihr Name sagt, zu einem Abdrängen der Strömung vom Boden der Meßstrecke. Das aber ist gleichbedeutend mit einem positiven Anstellwinkel, der nach Bild 4.120 selbst dann zu einem Fehler im Widerstand und vor allem im Auftrieb führt, wenn er nur klein ist: In der Regel werden beide Komponenten zu groß gemessen. Letzteres, das Impulsdefizit, hat auf den Widerstand – nicht aber auf den Auftrieb – einen *gegenläufigen* Einfluß: Alle diejenigen Teile, die, wie die Räder, in die Grenzschicht „eintauchen", erfahren einen kleineren Widerstand.

Störender als diese oft nur kleinen Fehler ist aber, daß es überall dort zur *Ablösung* der Bodengrenzschicht kommt, wo sich ihr ein zu steiler Druckgradient entgegenstellt. Das tritt einmal vor den Rädern ein. Die Ablösung vor den Vorderrädern ist deutlich an den im Bild 4.15 gezeigten Nachlaufmessungen sichtbar; sie drücken sich in dem seitlich dicht über dem Boden liegenden Gesamtdruckverlust aus. Zum anderen kann auch *unter* dem Fahrzeug Ablösung auftreten, z. B. unter dem Heck, wenn dort ein Diffusor nach Bild 4.46 eingesetzt wird.

Schließlich erschwert die Bodengrenzschicht auch die Auswertung der Nachlaufmessungen nach Gl. (4.1). Erstreckt man dabei nämlich die Kontrollfläche bis zum Boden der Meßstrecke, dann wird deren Reibungswiderstand bei der Integration miterfaßt; der Widerstand des Fahrzeugs erscheint um diesen Betrag größer als bei der Wägung.

Die Entwicklung der Grenzschicht in der Meßstrecke eines großen Windkanals, hier des Klima-Windkanals der Volkswagen AG, ist im Bild 12.23 wiedergegeben. Daraus läßt sich entnehmen, daß deren Dicke δ bei leerer Meßstrecke etwa die Hälfte der Bodenfreiheit e eines typischen Pkw ausmacht; bei Sportwagen ist die Bodengrenzschicht nahezu so dick, wie dessen Bodenabstand. Das Wachstum der Bodengrenzschicht folgt annähernd dem 1/7-Potenzgesetz.

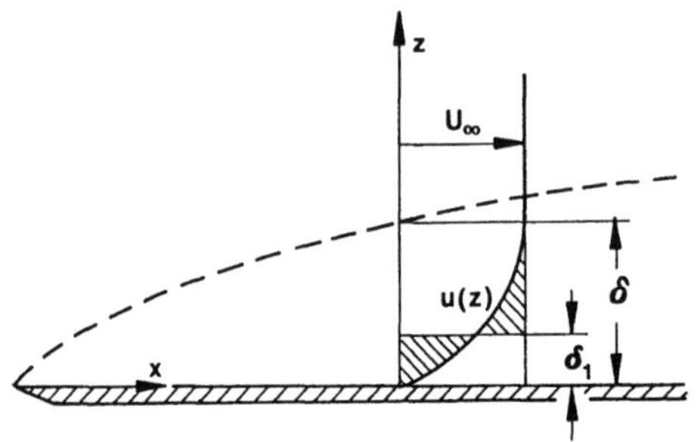

Bild 12.22. Grenzschicht an einer ebenen Platte, Definition der Kenngrößen.

δ = Grenzschichtdicke

δ_1 = Verdrängungsdicke

$$\delta_1 = \int_0^\delta \left(1 - \frac{u}{U_\infty}\right) dz$$

δ_2 = Impulsverlustdicke

$$\delta_2 = \int_0^\delta \frac{u}{U_\infty}\left(1 - \frac{u}{U_\infty}\right) dz$$

562

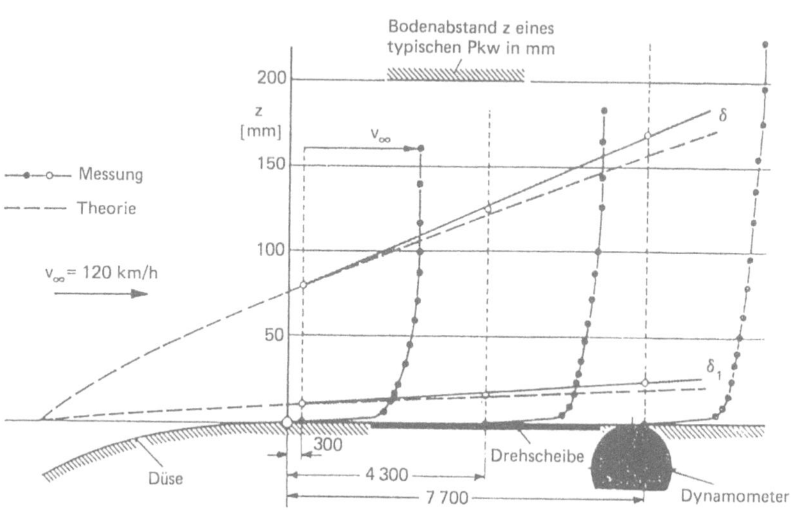

Bild 12.23.
Bodengrenzschicht
in der Meßstrecke
des Klima-
Windkanals I der
Volkswagen AG
nach [12.29].

Durch die Anwesenheit eines Prüflings ($\delta_1/e = 0,1$) verändert sich jedoch das Geschwindigkeitsprofil in unmittelbarer Nähe des Windkanalbodens vollständig; das geht aus Bild 12.24 hervor. Betrug die Dicke der Grenzschicht auf dem Kanalboden *ohne* Fahrzeug je nach Meßschnitt zwischen 100 und 150 mm, so wird diese durch seine Anwesenheit auf 25 bis 50 mm reduziert. Offenbar wird die Strömung auch *unter* dem Fahrzeug im wesentlichen von dessen Verdrängungseinfluß geprägt.

Die gute Übereinstimmung mit den Straßenmessungen, die ebenso für die Druckverteilung im Bild 12.25 gilt, wurde in [12.29] auch für einen Sportwagen mit dem niedrigen Bodenabstand $\delta_1/e = 0,05$ nachgewiesen. Sie zeigt, daß die Umströmung dieser Fahrzeuge durch die Grenzschicht des Windkanals weit weniger verändert wird, als befürchtet. Sie ist auch der Grund dafür, warum in einigen Automobilwindkanälen noch immer auf eine Beeinflussung der Bodengrenzschicht verzichtet wird. Unter Bezug auf [12.29] hat sich die Regel gebildet, daß das bis zu einem Verhältnis von Verdrängungsdicke δ_1 zu Bodenfreiheit e von $\delta_1/e < 0,1$ zulässig ist. Dabei darf aber nicht übersehen werden, daß es sich bei den in [12.29] untersuchten Fahrzeugen um solche mit verhältnismäßig *hohem* c_w-Wert

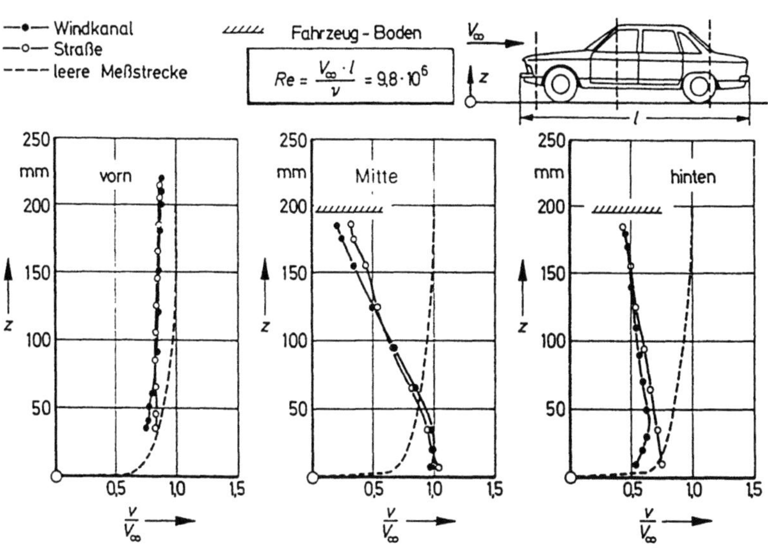

Bild 12.24.
Geschwindigkeits-
profile unter
einem Pkw, Vergleich
zwischen Windkanal
und Straße
nach [12.29].

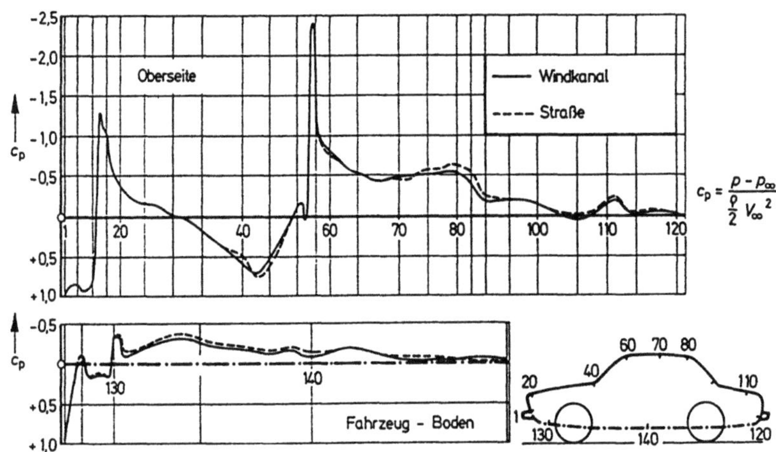

Bild 12.25. Druckverteilung im Längsmittelschnitt eines Pkw, Vergleich zwischen Windkanal und Straße nach [12.29].

handelte und daß dem Auftrieb früher noch nicht die Beachtung geschenkt wurde, wie heute bei einigen Herstellern üblich.

Die einfachste Möglichkeit, die Fahrbahn *perfekt* darzustellen, scheint das Spiegelungsprinzip zu bieten, siehe Bild 12.19b. Von ihm wird in der theoretischen Strömungsmechanik Gebrauch gemacht, vgl. Abschnitt 14. In *reibungsloser* Strömung stellt sich zwischen dem Modell und seinem Spiegelbild eine ebene Stromfläche ein, die, wie jede andere Stromfläche auch, als feste Wand gedeutet werden kann. Die sich in der zähen Strömung bildenden Wirbel „durchschlagen" jedoch diese *Ebene*; mit einer hinter Modell und Spiegelbild eingebrachten ebenen Platte kann das nur teilweise unterbunden werden. Die Qualität dieser Fahrbahndarstellung ist schwer zu bestimmen. In der Frühzeit der Fahrzeug-Aerodynamik wurde – auch bei Eisenbahnen – die Spiegeltechnik gern angewendet, Einzelheiten findet man z. B. bei C. SCHMID [12.30] und bei P.-A. MACKRODT [12.31]; heute ist sie jedoch nicht mehr in Gebrauch.

Versuchstechnisch hatte das Spiegelungsprinzip zwei gravierende Nachteile: Zum ersten wurden zwei Modelle benötigt, und zum zweiten mußte, wenn das Versperrungsverhältnis konstant bleiben sollte, ein Windkanal der doppelten Größe eingesetzt werden.

Eine ebenfalls vollkommene Darstellung der Fahrbahn bietet, wie schon erwähnt, das Laufband, vgl. Bild 12.19c. Schneidet man die Grenzschicht, die sich stromaufwärts gebildet hat, mittels eines „Scoops" ab, so kann am Ort des Modells, wie aus Bild 12.26 hervorgeht, ein nahezu rechteckiges

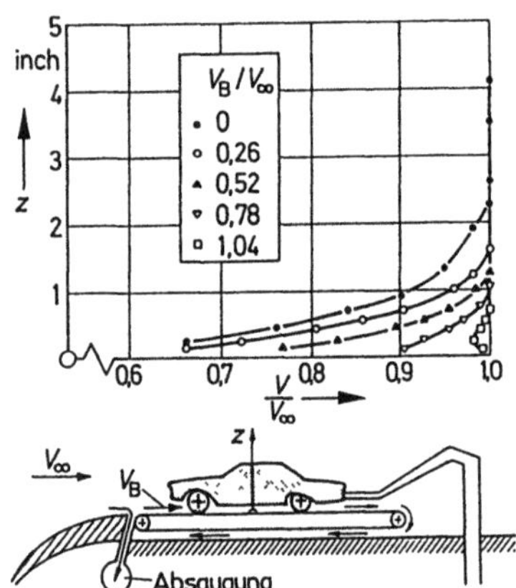

Bild 12.26. Geschwindigkeitsprofile in der Grenzschicht über einem Laufband nach [12.32].

564

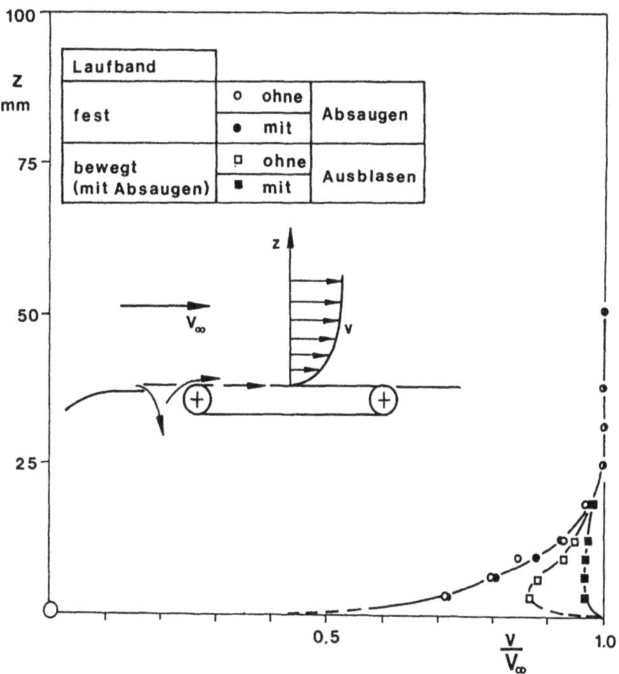

Bild 12.27. Geschwindigkeitsprofile über einem Laufband mit und ohne Beeinflussung der ankommenden Grenzschicht nach [12.33].

Geschwindigkeitsprofil erzeugt werden. Noch besser ist es, vor dem Laufband *auszublasen*, denn damit läßt sich – im Gegensatz zur Absaugung – der Impulsverlust der Grenzschicht *vollständig* kompensieren. Beides, Absaugen *und* Ausblasen vor dem Laufband, hat G. W. CARR [12.33] im Modell-Kanal der MIRA realisiert; den Einfluß der einzelnen Maßnahmen auf die Form des Grenzschichtprofils zeigt Bild 12.27.

Auf die einwandfreie Darstellung der Fahrbahn kommt es besonders dann an, wenn die Strömung mit Maßnahmen an der Fahrzeugunterseite beeinflußt werden soll. Das wird u.a. an Ergebnissen deutlich, die P. BEARMAN et al. [12.34] an einem idealisierten Fahrzeugkörper (ohne Räder) generiert haben, vgl. Bild 12.28. Ist der Widerstand – zumindest bei kleinen Winkeln des Heckdiffusors – gegen die Art der Fahrbahndarstellung ziemlich unempfindlich, so ergeben sich beim Auftrieb erhebliche Unterschiede; bei stehendem Boden wird der Auftrieb dem Betrag nach um fast 30 % zu klein gemessen.

Keinesfalls aber dürfen die Räder vom Laufband abgehoben werden. Wie schon F. N. BEAUVAIS et al. [12.32] feststellten, verfälscht die sich dann zwischen Rädern und Laufband einstellende Spaltströmung den Widerstand, noch mehr aber den Auftrieb. Von E. MERCKER et al. [12.35] ist für Fahrzeuge in natürlicher Größe eine Technik entwickelt worden, mit der die Räder bei reduzierter, genau geregelter Radlast während der Wägung auf dem Laufband abrollen. Der Versuchsaufbau geht aus der Skizze im Bild 12.29 hervor. Der Rollwiderstand der Räder wird bei gleicher Radlast in einem Vorversuch bei laufendem Band, jedoch ohne Anströmung bestimmt; er enthält den Ventilationsverlust der sich in ruhender Luft drehenden Räder. Aus Bild 12.29 geht hervor, daß sich für den mitbewegten Boden plus Raddrehung gegenüber dem stationären Fall ein deutlich kleinerer Widerstand ergibt und daß dieser Effekt mit abnehmendem Bodenabstand zunimmt.

J. POTTHOFF [12.36] hat vorgeschlagen, das Laufband gerade so breit auszuführen, daß es nur *zwischen* den Rädern läuft. Das bietet den großen Vorteil, daß dann wie beim festen Boden eine Standwaage eingesetzt werden kann. Nach H.-J. EMMELMANN [12.37] ergibt sich damit eine gute

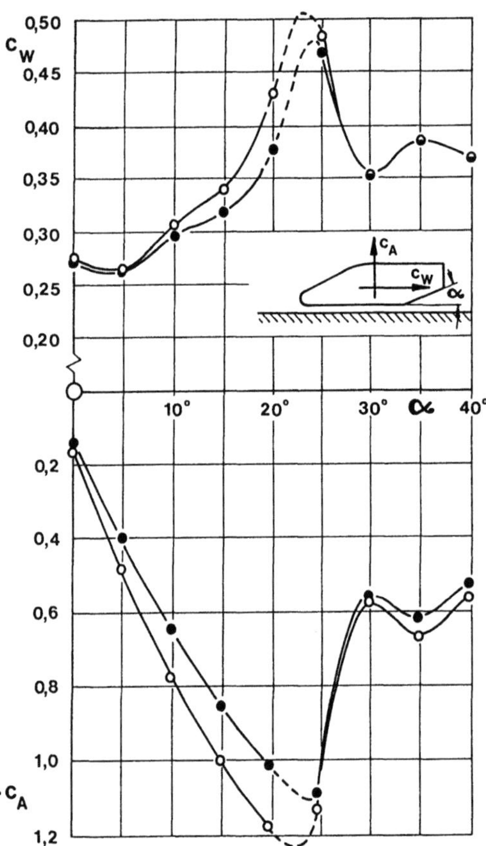

Bild 12.28. Auswirkung der Art der Fahrbahndarstellung auf Widerstand und Auftrieb, wenn diese durch Maßnahmen an der Unterseite des Fahrzeuges beeinflußt werden sollen nach [12.34].

—○— Boden mitbewegt
—●— Boden stehend

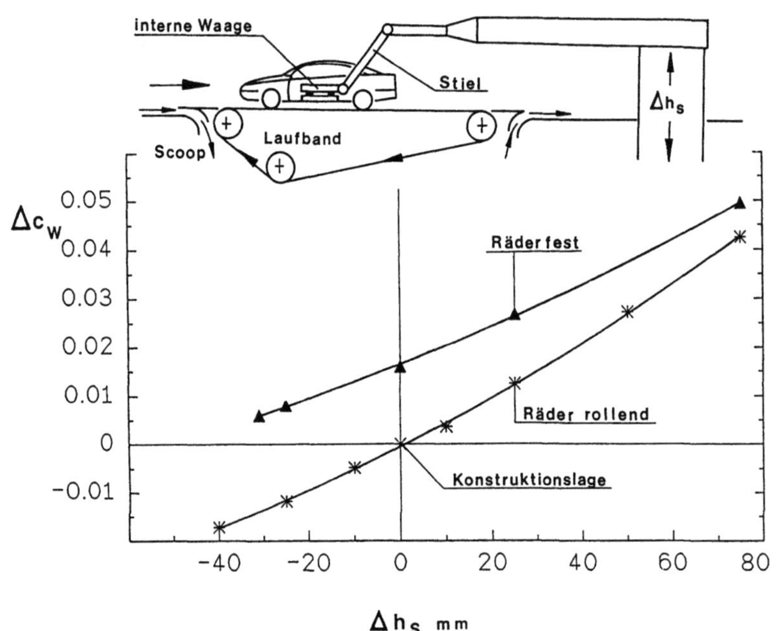

Bild 12.29. Widerstand als Funktion der Bodenfreiheit bei starrem Boden und stehenden Rädern sowie bei laufendem Band und darauf abrollenden Rädern nach [12.35].

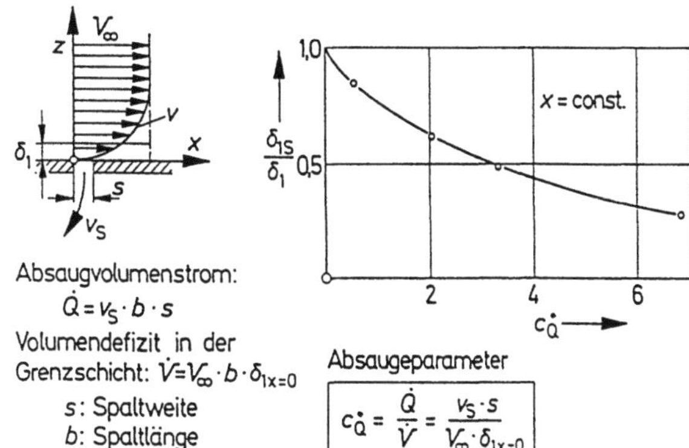

Bild 12.30. Reduktion der Verdrängungsdicke δ_1 einer turbulenten Grenzschicht durch Schlitzabsaugung nach [12.38].

Übereinstimmung im Vergleich zu Messungen mit einem die ganze Meßstrecke überspannenden Laufband.

Alle übrigen im Bild 12.19 skizzierten Methoden dienen der *Simulation* der Fahrbahn, nicht ihrer *Reproduktion*. In ihrer Wirkung müssen sie am Laufband – oder an der Straße – gemessen werden. Naheliegend ist es, die Grenzschicht, die sich auf dem Weg durch den Windkanal bis zum Eintritt in die Meßstrecke aufgebaut hat, vor dem Modell abzusaugen, vgl. Bild 12.19d. Das Absaugen kann entweder durch einen Schlitz oder durch einen „porösen" Streifen im Boden erfolgen. Am Ende der Meßstrecke muß das abgesaugte Volumen dem Strahl des Windkanals wieder zugeführt werden.

Der Zusammenhang zwischen reduzierter Grenzschichtdicke und Volumenstrom kann für die Schlitzabsaugung Untersuchungen von K. O. ARNOLD [12.38] entnomen werden; er ist im Bild 12.30 aufgetragen. Das Verhältnis von Absaug- zu Strahlgeschwindigkeit wird geregelt. Ebenso wird das abgesaugte Volumen bei der Bestimmung der Strahlgeschwindigkeit in einer Korrektur berücksichtigt. E. MERCKER und J. WIEDEMANN [12.39] weisen darauf hin, daß wegen des Senkeneffektes der Volumenstrom der Absaugung nicht zu groß gewählt werden darf; andernfalls ergibt sich ein negativer Anstellwinkel.

Häufig wird die Absaugung so eingestellt, daß sich im Drehpunkt der Waage etwa eine Halbierung der Grenzschichtdicke ergibt. Bild 12.31 zeigt die Grenzschichtprofile, die A. COGOTTI [12.40] im Windkanal von Pininfarina aufgemessen hat. Ähnliche Ergebnisse finden sich z.B. bei G. ANTONUCCI et al. [12.41] für den Windkanal von FIAT und bei K. KELLY et al. [12.42] für den Windkanal von General Motors.

Bei einem Ringvergleich unter den großen europäischen Automobil-Windkanälen zeigte sich, daß eine *Halbierung* der Grenzschichtdicke des Meßstreckenbodens *keinen* Einfluß auf den Widerstand des verwendeten Korrelationsfahrzeugs ($c_W > 0{,}3$) hatte, vgl. R. BUCHHEIM et al. [12.43]. Später haben A. BERNDTSSON et al. [12.44] den Grenzschichteinfluß für Pkw, Sport - und Rennwagen genauer untersucht. Danach steigt der Widerstand mit abnehmender Verdrängungsdicke δ_1 erwartungsgemäß an, vgl. Bild 12.32.

Nachteilig an der *einmaligen* Absaugung ist, daß die Bodengrenzschicht stromabwärts vom Ort der Absaugung, ausgehend von ihrer „Restdicke", mit dem gleichen Exponenten erneut anwächst, wie zuvor. Montiert man dagegen den Prüfling auf einem *erhöhten* zweiten Boden, vgl. Bild 12.19e, so kann die relativ dicke Grenzschicht des *Meßstreckenbodens* das Modell überhaupt nicht stören. Gegenüber der einmaligen Absaugung scheint sich ein Vorteil dadurch zu ergeben, daß das Wachstum der Grenzschicht dieses zweiten Bodens an dessen Vorderkante mit der Dicke Null beginnt. Dieser Gewinn wird aber teilweise dadurch wieder aufgezehrt, daß der Boden *vor* dem Modell lang genug sein muß, um einen Druckausgleich zu verhindern. Zusätzliche Schwierigkeiten ergeben sich bei der Bestimmung der Geschwindigkeit in der durch den Boden *geteilten* Meßstrecke

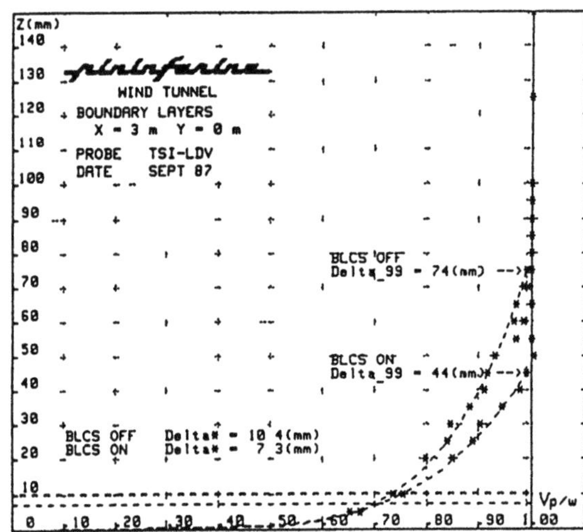

Bild 12 31 Geschwindigkeitsprofil auf dem Meßstreckenboden, ohne und mit Absaugung, LDA-Messung nach [12 40]

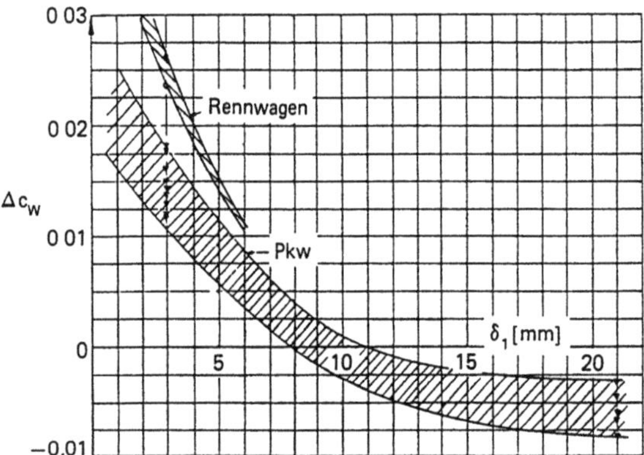

Bild 12 32 Einfluß der Verdrangungsdicke δ_1 auf den Widerstand bei Absaugung der Grenzschicht nach [12 44]

(,,flow-split") Anwendung findet die Technik des zweiten Bodens haufig dann, wenn in Großwindkanalen Messungen an Modellen in verkleinertem Maßstab ausgefuhrt werden

Dagegen ist der im Bild 12 19f skizzierte Vorschlag von K OHTANI et al [12 45], das Modell um den Betrag der Verdrangungsdicke δ_1 der Grenzschicht anzuheben, nicht empfehlenswert Die Spaltstromung zwischen den Radern und dem Boden hat den gleichen Effekt, wie schon beim Laufband diskutiert vor allem der Auftrieb wird verfalscht

Das erneute Anwachsen der Grenzschicht hinter dem Ort der Absaugung läßt sich verhindern – oder zumindest begrenzen –, wenn unter dem Modell *flachenhaft* abgesaugt wird, vgl Bild 12 19g Die Absaugung muß dabei in die Drehscheibe der Waage integriert werden Beide, die Absaugung vor und unter dem Modell (,,basic suction", ,,distributed suction"), lassen sich kombinieren, ein Beispiel dafur gibt der Windkanal von Porsche Um zu verhindern, daß der abgesaugte Volumenstrom und dessen Verteilung uber der Flache von der Druckverteilung um das Modell verandert werden, haben W T MASON und G SOVRAN [12 46] mit einem uberkritischen Druckverhaltnis abgesaugt (,,choked flow")

Eine weitere Moglichkeit, die Dicke der Bodengrenzschicht zu reduzieren, bietet das Ausblasen nach Bild 12 19h Ihre Defizite an Masse und Impuls werden durch einen Strahl ausgeglichen, der aus einem engen Spalt tangential zum Boden austritt Als Beispiel einer konstruktiven Ausfuhrung zeigt Bild 12 33a die Vorrichtung im DNW Wie sich damit das Grenzschichtprofil ,,auffullen" läßt,

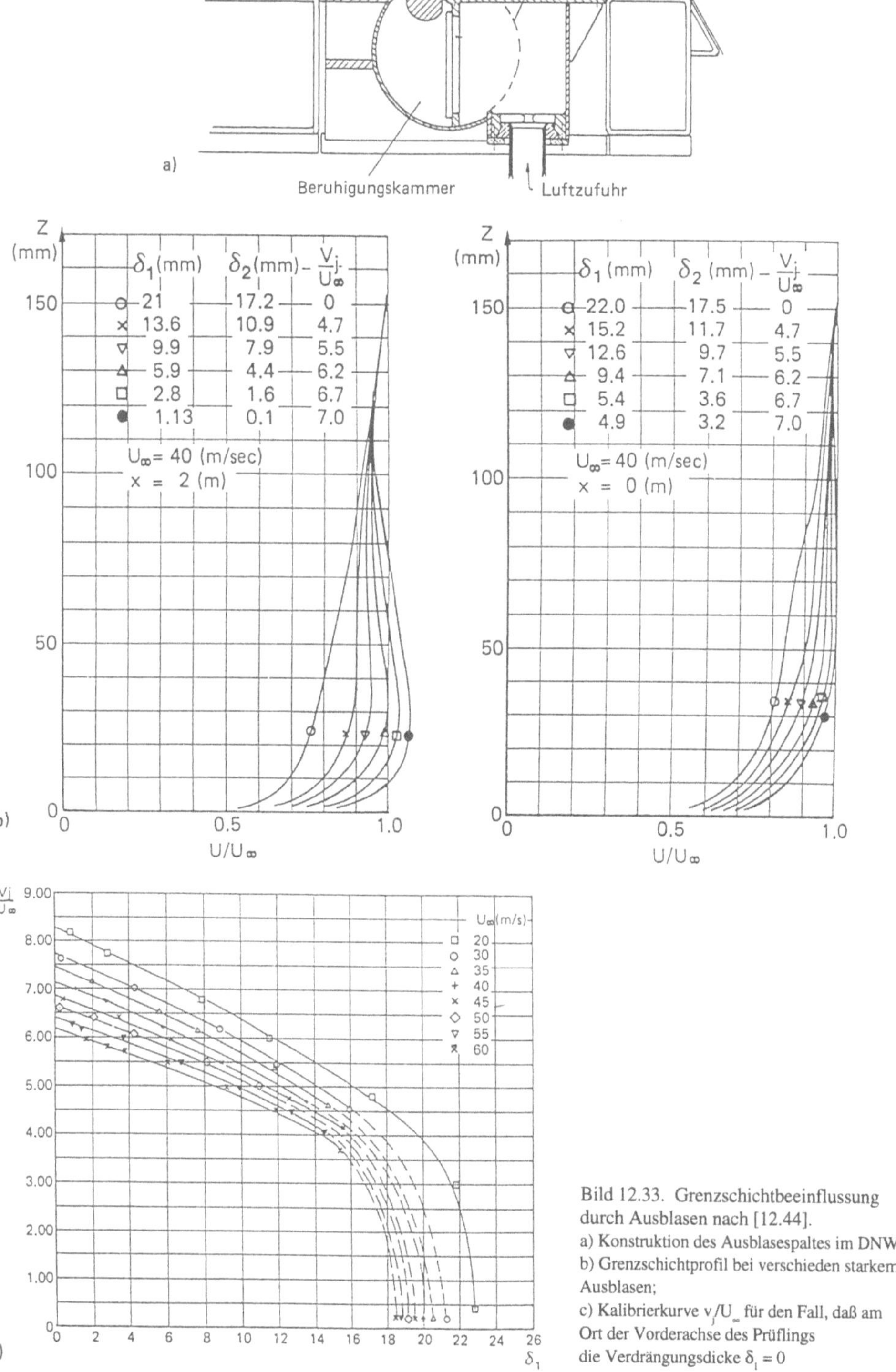

Bild 12.33. Grenzschichtbeeinflussung durch Ausblasen nach [12.44].
a) Konstruktion des Ausblasespaltes im DNW;
b) Grenzschichtprofil bei verschieden starkem Ausblasen;
c) Kalibrierkurve v_j/U_∞ für den Fall, daß am Ort der Vorderachse des Prüflings die Verdrängungsdicke $\delta_i = 0$

erkennt man im Bild 12.33b. Mit einer Strahlgeschwindigkeit v_j, die das sechs- bis achtfache der Windgeschwindigkeit U_{∞} betragt, laßt sich an einem bestimmten Ort $\delta_1 = 0$ erreichen, wie aus der in [12.44] veroffentlichten Kalibriertafel $v_j / U_{\infty} = f (\delta_1)$ abgelesen werden kann, vgl. Bild 12.33c.

Welchen Einfluß die dieserart erzielte Reduktion der Verdrangungsdicke δ_1, hier gemessen am Ort der Vorderachse, auf den Widerstand hat, geht aus Bild 12.34a hervor. Wie schon bei der Absaugung beobachtet, ist die Zunahme des Widerstandes mit abnehmender Verdrangungsdicke bei den Rennfahrzeugen sehr viel starker ausgepragt als bei Pkw mit „normaler" Bodenfreiheit. Die Auftragung der relativen Widerstandszunahme uber der Impulsverlustdicke δ_2, vgl. Bild 12.34b, erhartet diese Erkenntnis. Ist die Impulsverlustdicke am Ort der Vorderachse gleich Null, so ergibt sich fur Pkw ein bis zu 3 % hoherer Widerstand, bei Rennwagen sind es sogar 4 bis 5 %

Anstelle der Ausblasung durch einen Schlitz ist auch eine solche durch einzelne Dusen bekannt geworden, vgl. Bild 12.35. Auch damit laßt sich, wie die im Windkanal von Lockheed Georgia gemessenen Geschwindigkeitsprofile belegen, die Bodengrenzschicht gunstig beeinflussen.

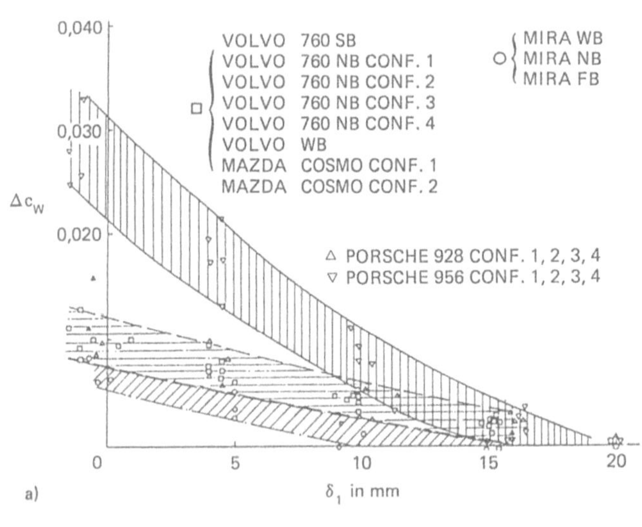

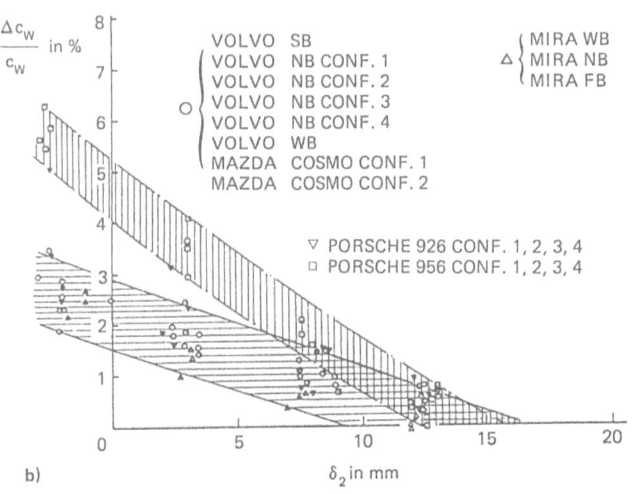

Bild 12 34 Abhangigkeit des gemessenen Widerstandes von a) der Verdrangungsdicke δ_1 und b) der Impulsverlustdicke δ_2 bei tangentialem Ausblasen nach [12 44]

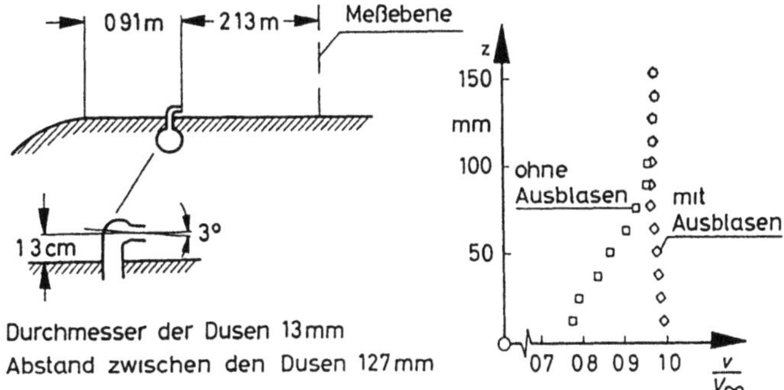

Bild 12 35 Beeinflussung der Bodengrenzschicht bei Ausblasen durch eine Reihe einzelner Dusen nach [12 47]

Nicht weiter verfolgt wurde dagegen ein *verteiltes* Ausblasen nach Bild 12 19i Diese Technik wurde bereits 1934 von E A STALKER [12 48] angeregt, wobei, wie aus der Skizze im Bild 12 36 ersichtlich, Ausblasen und Absaugen alternierend erfolgten

Schließlich ist im Bild 12 19j noch eine einfache Vorrichtung abgebildet, mit der sich die Dicke der Bodengrenzschicht etwa halbieren laßt Dieser „Grenzschichtzaun", dessen Hohe der Dicke der Grenzschicht gleicht, ist von R W F GOULD [12 49] bei Windkanaluntersuchungen an Schiffsaufbauten eingesetzt und spater von G W CARR et al [12 50] im Windkanal der MIRA naher untersucht worden Dabei zeigte sich, daß die sich an den scharfen schiebenden Kanten aufrollenden Wirbel seitlich in Form von Langswirbeln „abfließen" und die Stromung nachhaltig storen Diese Vorrichtung kann deshalb nicht empfohlen werden

Daß so zahlreiche Wege beschritten wurden, um eine Alternative zum Laufband zu erarbeiten, hat seinen Grund in dem Aufwand, der mit diesem verbunden ist Welcher der beiden *Simulations*-Techniken, Ausblasen oder Absaugen, der Vorzug zu geben ist, kann trotz der zahlreichen Arbeiten, die dazu vorliegen, nicht entschieden werden, vgl z B J WIEDEMANN [12 51] E MERCKER und H W KNAPE [12 52] geben dem Ausblasen den Vorzug Die im Bild 12 37 miteinander verglichenen Geschwindigkeitsprofile zeigen, daß man dem Laufband nahe kommt, wenn gerade so stark ausgeblasen wird, daß die Impulsverlustdicke der Bodengrenzschicht am Ort der Vorderachse zu Null wird G W CARR [12 53] hat dagegen fur den großen Kanal der MIRA die verteilte Absaugung ausgewahlt, auch der Kanal von Porsche ist damit ausgerustet Wie Bild 12 38 fur ein Modell mit glatter Unterseite und kleiner Bodenfreiheit zeigt, ist die damit an der Unterseite des Modells gemessene Druckverteilung derjenigen bei laufendem Boden sehr ahnlich

Bild 12 36 Verringerung der Grenzschichtdicke durch alternierendes Ausblasen und Absaugen Vorschlag nach [12 48]

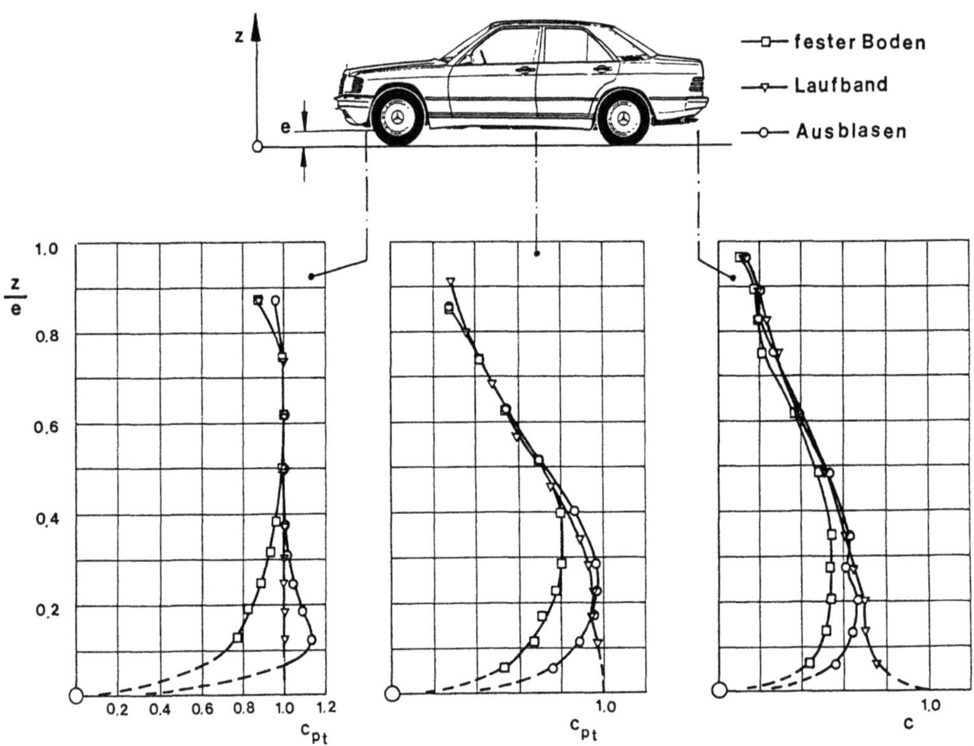

Bild 12.37. Vergleich der Geschwindigkeitsprofile unter einem Pkw bei starrem Boden, bei tangentialem Ausblasen und mit Laufband nach [12.52].

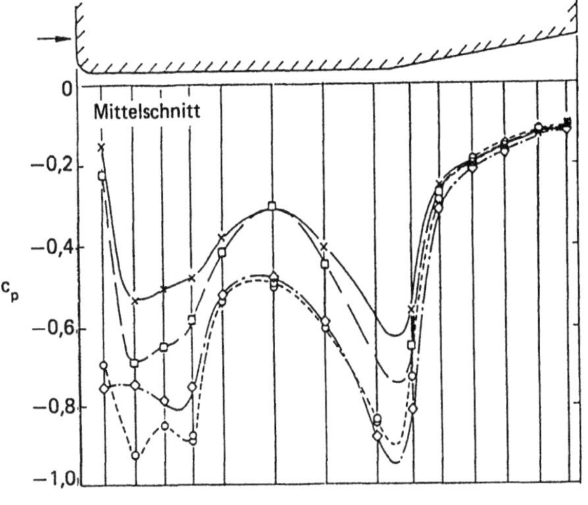

Bild 12.38. Einfluß der verschiedenen
Arten der Fahrbahndarstellung
auf die Druckverteilung an der Unterseite
eines Testmodells nach [12.53].

×	fester Boden
□	Grenzschichtzaun wie im Bild 12.19j
◊	Laufband
0	verteilte Absaugung

12.3.3 Windkanalkorrekturen

Im Windkanal soll die Fahrt eines Fahrzeuges im *unendlich* ausgedehnten Raum nachgebildet werden; die Abmessungen seines Luftstrahls sind aber nur *endlich*. Das führt zu drei *systematischen* Fehlern, denen man durch entsprechende Korrekturen Rechnung zu tragen versucht. Diese Fehler entstehen durch

-   die Versperrung des Strahles durch das Modell,
-   den Druckgradienten entlang der Strahlachse und
-   die Deformation des Strahles bei schiebender Anströmung.

Begrifflich lassen sich diese drei Einflüsse trennen und einzeln darstellen. In der Praxis hingegen überlagern sie einander derart, daß es trotz großer Anstrengungen [12.4][12.5] bis heute für die offene Meßstrecke nicht gelungen ist, verbindliche Korrekturformeln zu vereinbaren.

Mit der *Versperrungskorrektur* wird berücksichtigt, daß der Luftstrom des Windkanals nur einen endlichen Querschnitt aufweist. Wie das Stromlinienbild von der Strahlberandung, d.h. ihrer Nähe zum Modell und ihrer Art, verändert wird, ist im Bild 12.39 skizziert. Ist die Meßstrecke *geschlossen*, so können die Stromlinien dem Modell nicht so weiträumig ausweichen wie im unendlich ausgedehnten Raum: Sie werden enger zusammengedrängt; ihnen steht nur noch ein um die Stirnfläche des Modells reduzierter Querschnitt zur Verfügung. Nach der mit Gl. (2.5) formulierten Kontinuitätsbedingung bedeutet das jedoch, daß am Ort des Modells eine effektive Geschwindigkeit herrscht, die *höher* ist, als die weit vor dem Modell gemessene.

Genau das Entgegengesetzte stellt sich bei der *offenen* Meßstrecke ein. Die Stromlinien weiten sich stärker auf, als es ihnen im unendlichen Raum möglich wäre. Dem entspricht am Ort des Modells eine *kleinere* effektive Geschwindigkeit.

Die Veränderung der effektiven Geschwindigkeit durch die Nähe des Strahlrandes führt dazu, daß ohne eine Korrektur in einer geschlossenen Meßstrecke der Widerstand zu groß, in einer offenen dagegen zu klein gemessen wird; das gleiche gilt auch für alle anderen Kräfte und die Momente.

Der Ansatz, diesen „Versperrung" genannten Fehler durch eine Korrektur („blockage-correction") zu berichtigen, beschränkt sich einzig darauf, die veränderte, die effektive Zuströmgeschwindigkeit zu bestimmen. Implizit wird unterstellt, daß sich die Erhöhung oder Verminderung der Anströmgeschwindigkeit *gleichmäßig* über den Querschnitt des Windkanals verteilt. Und daraus folgt weiter, daß das Stromlinienbild demjenigen im unendlichen Raum gleichgesetzt wird, daß also die *Form* der Druckverteilung nicht verändert wird, wohl aber – infolge der geänderten Geschwindigkeit – die absolute Höhe der Drücke. Nur unter dieser Sequenz von Annahmen ist es zulässig, am Meßwert eine *additive* Korrektur anzubringen.

Daraus folgt aber auch, daß diese Korrektur nur eine *Näherung* sein kann; sie darf demnach nur dann angewendet werden, wenn sie selbst dem Betrag nach klein ist. Demgegenüber ändert sich – und zwar besonders bei völligen Körpern – der Verlauf der Stromlinien sehr wohl, und damit wird natürlich auch die Form der Druckverteilung um das Modell „verzerrt". Wird im Extrem davon die Ablösung beeinflußt, dann versagt jede Korrektur.

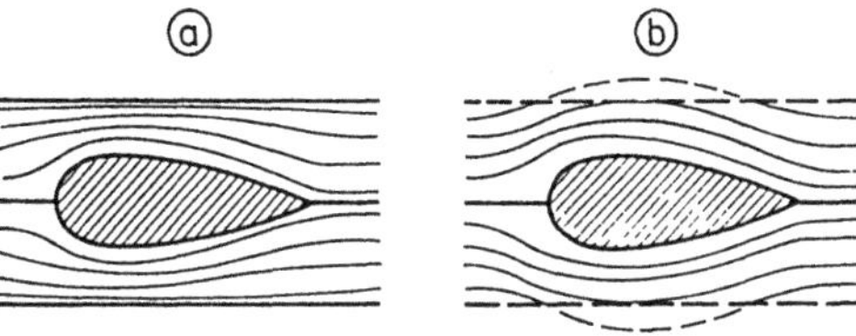

Bild 12.39. Auswirkung der Strahlberandung auf das Strömungsfeld nach [12.8].
a) Zusammendrängen der Stromlinien bei geschlossener Meßstrecke;
b) Aufweiten des Feldes beim Freistrahl.

Der Widerstand wird infolge der veränderten Geschwindigkeit u_1

$$\frac{W}{W_0} = \left(1 + \frac{u_1}{V_\infty}\right)^2 \approx 1 + 2\,\frac{u_1}{V_\infty}\,.$$

(12.4)

Für die Zusatzgeschwindigkeit u_1 kann formal der folgende Ansatz gemacht werden:

$$\frac{u_1}{V_\infty} = f\left(\tau,\,\lambda,\,\varphi\right),$$

(12.5)

den C. N. H. Lock [12.54] folgendermaßen quantifizierte:

$$\frac{u_1}{V_\infty} = \tau\,\lambda\,\varphi^{3/2}\,.$$

(12.6)

τ enthält den Einfluß der Strahlberandung, und zwar sowohl bezüglich deren Art, also offen oder geschlossen, deren Form, z.B. kreisförmig oder rechteckig, als auch bezüglich der Lage des Modells in der Meßstrecke, mittig oder exzentrisch. λ beschreibt den Einfluß der Körperform; φ ist das geometrische Versperrungsverhältnis A/A_N.

Die Einflußgröße τ nach C. N. H. Lock ist von W. Wuest [12.55] mit einem potentialtheoretischen Ansatz berechnet worden. Um diesen einfach zu halten, wurden dabei die folgenden zusätzlichen Idealisierungen unterstellt:

- Der Strahl des Windkanals ist vor und hinter dem Modell so lang, daß Einflüsse von Düse und Kollektor vollständig abgeklungen sind.

- Die Strahlberandungen sind „ideal", d.h., bei geschlossener Meßstrecke bilden sich an den Wänden keine Grenzschichten, und bei offener bleibt die Vermischung des Strahls mit der ruhenden Umgebung unberücksichtigt.

Das Modell in der Meßstrecke wurde durch Rotationskörper ersetzt; diese wiederum setzten sich aus je einer Quelle und einer Senke zusammen. Die Strahlränder wurden durch Spiegelung modelliert, und die Art des Randes wurde durch das Vorzeichen der von den gespiegelten Körpern induzierten Geschwindigkeiten berücksichtigt. In späteren Erweiterungen wurde das Totwasser des Modells hinzugenommen; seine Größe wurde als Funktion des Widerstandes formuliert.

Die sich damit ergebende Widerstandskorrektur ist im Bild 12.40 *qualitativ* dargestellt. Hervorzuheben sind einmal das unterschiedliche Vorzeichen der Korrektur für die offene und die geschlossene Meßstrecke und zum anderen der Unterschied im Betrag. Bei gleicher geometrischer Versperrung ist der Betrag der Korrektur für die geschlossene Meßstrecke sehr viel größer als für die offene. Das hat in der Automobil-Aerodynamik zu der Praxis geführt, daß bei geschlossener Meßstrecke immer eine Versperrungskorrektur angebracht, daß bei der offenen dagegen bis jetzt darauf verzichtet wird.

Die zahlreichen Vorschläge zur Ausführung von Windkanalkorrekturen sind von der SAE eingehend untersucht worden. Für die geschlossene Meßstrecke existieren danach zuverlässige Korrekturverfahren; sie werden in [12.5] ausführlich beschrieben. Der besonders einfache Ansatz, die Zusatzgeschwindigkeit u_1 mit Hilfe der Kontinuitätsbedingung zu berechnen [12.56] [12.57], erwies sich als nicht brauchbar. Für die offene Meßstrecke sind die Arbeiten der SAE [12.4] noch zu keinem abschließenden Ergebnis gekommen.

Gute Vorraussetzungen für die Ableitung von Windkanalkorrekturen bieten die im Abschnitt 14 beschriebenen numerischen Verfahren. Das selbst dann, wenn mit ihnen das Nahfeld eines Fahrzeugs noch nicht mit der Genauigkeit berechnet werden kann, die erforderlich ist, um z. B. den Widerstand

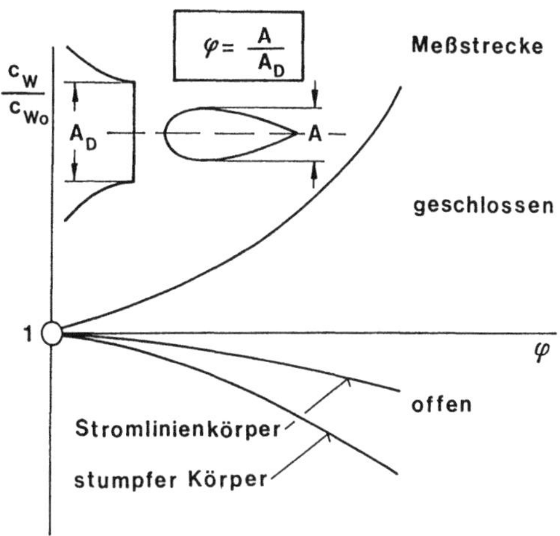

Bild 12.40. Versperrungskorrektur für die offene und die geschlossene Meßstrecke, schematisch nach [12.4].

zu beziffern. Meßstrecke und Modell können ohne die von LOCK und WUEST gemachten Einschränkungen gemeinsam modelliert und ihr Fernfeld berechnet werden. Eine Trennung des Einflusses der Versperrung (blockage) und des Druckgradienten (buoyancy) ist damit nicht mehr erforderlich. Entsprechende Arbeiten sind im Gang.

Bei der Durchführung von *thermischen* Versuchen muß die effektive Windgeschwindigkeit schon *während* des Versuches bekannt sein. Eine Korrektur der gemessenen Temperaturen a posteriori ist nicht möglich; vielmehr muß während des Versuches für die Gleichheit von Umfangsgeschwindigkeit an der Rolle des Dynamometers und der effektiven Windgeschwindigkeit gesorgt werden. Man behilft sich hier so, daß diejenige Windgeschwindigkeit als die effektive gilt, die im Staupunkt nach Gl. (2.9) den Wert $c_p = 1$ ergibt.

Auch dem *Druckgradienten* in *Strahlrichtung* versucht man mit einer Korrektur Rechnung zu tragen. Der statische Druck entlang der Achse der *leeren* Meßstrecke ist in der Regel nicht vollkommen konstant. In der geschlossenen Meßstrecke tritt wegen des Druckverlustes an den Wänden ein Druckabfall ein. Wie dieser kompensiert werden kann, wurde im Abschnitt 12.2.3 beschrieben. In der offenen Meßstrecke, vgl. Bild 12.8, wird häufig ein Druckanstieg beobachtet, der besonders vor dem Kollektor signifikant ist. Dieser Druckgradient in Strömungsrichtung führt dazu, daß der Widerstand in der geschlossenen Meßstrecke tendenziell zu groß, in der offenen zu klein gemessen wird.

Als Korrektur wird vorgeschlagen, die aus dem Druckgradienten folgende statische Kraft in x-Richtung („buoyancy") je nach Vorzeichen vom Widerstand abzuziehen oder zu diesem zu addieren:

$$\Delta c_W = l \cdot \frac{\Delta c_p}{\Delta x}. \tag{12.7}$$

Der Druckgradient über den Nachlauf („wake buoyancy") kann in gleicher Weise berücksichtigt werden. Die Zulässigkeit der linearen Behandlung (Superposition) der „buoyancy"-Korrektur ist jedoch umstritten.

Bei geschlossener Meßstrecke wird meist eine „buoyancy"-Korrektur angebracht; bei offener wird in der Regel darauf mit dem Hinweis verzichtet, daß dem Strahl von der Umgebung ein konstanter Druck aufgeprägt wird. Daß das keineswegs immer zutrifft, geht z. B. aus Bild 12.8 hervor.

Wird ein Modell schiebend angeströmt, so wird der Strahl des Windkanals seitlich deformiert; das führt zu einer Verfälschung des Schiebewinkels. Die Krümmung der Stromlinien ist bei geschlossener Meßstrecke kleiner, bei offener größer als im unendlich ausgedehnten Raum. Der effektive

Schiebewinkel ist bei geschlossener Meßstrecke also größer, bei offener kleiner als der geometrische. Die Verhältnisse gleichen denen bei einem angestellten Tragflügel, vgl. W. H. RAE, A. POPE [12.2]; die Korrektur des Anstellwinkels könnte unmittelbar für den Schiebewinkel übernommen werden.

In der Praxis wird jedoch immer auf diese Korrektur verzichtet. Der Gradient $dc_S/d\beta$ ist im Vergleich zu Tragflügeln nur klein, folglich fällt auch die β-Korrektur klein aus. Kommt hinzu, daß, wie in den Abschnitten 5.6.1 und 13.4.2 hervorgehoben, die Simulation von natürlichem Seitenwind durch die schiebende Anströmung im Windkanal eine weitgehende Idealisierung darstellt. Ein möglicher Fehler im Schiebewinkel ist demgegenüber von kleiner Größenordnung.

12.4　Versuche mit verkleinerten Modellen

12.4.1　Vor- und Nachteile

Die experimentelle Automobil-Aerodynamik nahm ihren Anfang mit verkleinerten Modellen. Die damals für Zwecke der Luftfahrt gebauten Windkanäle ließen nur sehr kleine Maßstäbe zu; M 1:10 war gängig. Diesen frühen Modellversuchen hafteten drei wesentliche Mängel an, die die Übertragbarkeit der Versuchsergebnisse auf die Großausführung in Frage stellten:

1. Die Modelle waren der Großausführung *geometrisch* nicht genügend ähnlich. Details ließen sich bei einem so kleinen Maßstab nicht nachbilden. Auf den Nachbau der Unterseite verzichtete man anfangs ebenso wie auf die Simulation der Kühlerdurchströmung.

2. Die Darstellung der Fahrbahn war unzureichend. Mit den sich daraus ergebenden Unsicherheiten, die auch auf die Großausführung zutreffen, setzt sich Abschnitt 12.3.3 auseinander.

3. Die Reynolds-Zahlen waren zu klein; damit wurde zusätzlich, wie im Abschnitt 12.4.3 näher ausgeführt, die Forderung nach mechanischer Ähnlichkeit verletzt.

Mit dem Übergang auf größere Maßstäbe, wie M 1:5 und M 1:4, hätte zwar die Forderung nach geometrischer Ähnlichkeit besser erfüllt werden können. Daß diese dennoch häufig verletzt wurde, ist lange Zeit übersehen worden. Erst im Lauf der Zeit „entdeckte" man, daß die Formgestalter an den kleinen Modellen unwillkürlich Übertreibungen vornehmen: Formdetails, wie Einzüge, Rundungen, Fenstervertiefungen, Radwülste und Sicken, werden vom Modelleur im kleinen Maßstab in der Regel überbetont. Beim späteren Übergang auf das 1:1-Modell werden diese Überhöhungen schrittweise korrigiert, und damit geht die geometrische Ähnlichkeit zum verkleinerten Modell, an dem auch die Windkanalversuche ausgeführt werden, verloren.

Wegen der Schwierigkeit, ein verkleinertes Modell formal zu beurteilen, neigen die Designer heute dazu, fast ausschließlich in natürlicher Größe zu modellieren. Verkleinerte Modelle verwenden sie nur noch für Formstudien, nicht aber für die Ausarbeitung von Details. Und in dem Maß, wie sich die Bildschirmgrafik durchsetzt, werden sie aus den Designstudios weiter verdrängt.

Die Verfügbarkeit großer Windkanäle eröffnete den Aerodynamikern die Möglichkeit, die Versuchsarbeit am großen Modell, nicht selten direkt am Stylingmodell, vorzunehmen. Und als sich in der Phase der Detailoptimierung die dabei ausgenutzten Grenzeffekte als besonders Reynolds-Zahl-empfindlich erwiesen, kamen verkleinerte Modelle bei der Entwicklung neuer Personenwagen und Kleintransporter vollends in Mißkredit. Sie wurden nur noch für Belange der *Forschung* verwendet, für Parameterstudien und Grundsatzuntersuchungen. Bei großen Nutzfahrzeugen setzte sich der Maßstab 1:2,5 durch; einige der vorhandenen Großwindkanäle erlauben eine so hohe Windgeschwindigkeit, daß damit das Reynoldssche Ähnlichkeitsgesetz erfüllt werden kann.

Die Weiterentwicklung der Modelltechnik führte jedoch dazu, daß ihre Vorteile nun auch bei Pkw wieder mehr zum Tragen kommen. Das Arbeiten mit kleinen Modellen ist vergleichsweise schnell und kostengünstig. Nach dem Datensatz des 1:1-Modells lassen sie sich weitgehend auf numerisch gesteuerten Fräsmaschinen herstellen. Änderungen, die im Zuge der Windkanalmessungen erforderlich werden, sind schnell ausgeführt, denn bei einem Maßstab von M 1:4 ist nur 1/64 des Volumens ab- oder aufzutragen. Da die Stirnfläche nur 1/16 der Großausführung beträgt, genügt einer der zahlreichen kleineren Windkanäle, wie sie in Lehre und Forschung betrieben werden. Diese sind kostengünstig im Betrieb, und die Möglichkeit, auf verschiedene Windkanäle zurückgreifen zu können, erhöht die Flexibilität, zumal die Modelle auch einfach zu transportieren sind.

Diese Vorteile gehen natürlich in dem Maß verloren, wie der Modellmaßstab vergrößert wird. Und dieser Trend zeichnet sich ab. In USA, wo traditionell „3/8-scale" (1:3,75) verwendet wurde, wird in einigen Firmen auf „1/3-scale" (1:3,33) übergegangen, in Europa auch bei Pkw auf 1:2,5.

12.4.2 Details zur Modelltechnik

Die Bilder 12.41 und 12.42 vermitteln einen Eindruck von der Detailtreue, mit der verkleinerte Modelle hergestellt werden. Die Karosserie wird mit allen Anbauten, wie Stoßfängern und Außenspiegeln, ausgestattet; der Unterboden wird mit sämtlichen vorstehenden Einzelheiten des Triebstranges, des Fahrwerks, der Abgasanlage und des Tanks versehen. Die Radkästen werden hohl ausgeführt. Um das Gewicht der Prüflinge zu begrenzen, werden sie auf einem hohlen Kasten aus Sperrholz aufgebaut. Dort, wo Änderungen zu erwarten sind, wird Plastilin oder Ton in entsprechender Stärke aufgetragen. Einzelheiten hat N. Watts [12.58] am Beispiel der Entwicklung des Schnelltransporters Ford Transit beschrieben.

Bild 12.41. Beispiel für die Detailtreue eines Modells im Maßstab 1 5; Bild. Adam Opel AG

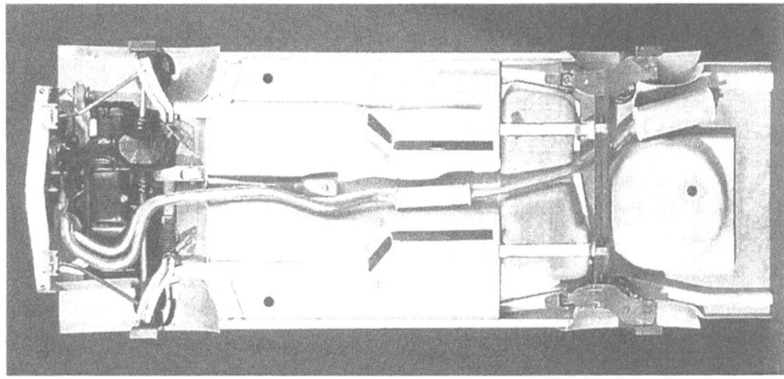

Bild 12.42. Unterseite des Modells im Bild 12.41, Bild· Adam Opel AG

Wichtig ist auch die richtige Darstellung des Kühlluftduktes. Die Summe von Durchström- und Interferenzwiderstand läßt sich dann ebenso ermitteln, wie die Größe des Kühlluftvolumenstromes. Zwei Verfahren werden dazu angewandt, ein angenähertes und ein genaueres.

Die *näherungsweise* Nachbildung des Kühlluftduktes greift auf Gl. (4.18) und Bild 4.93 zurück. Die Eintrittsöffnung der Kühlluft wird maßstabsgerecht ausgeführt; der für das fertige Fahrzeug zu erwartende Verlustbeiwert ζ des Duktes wird an einer Stelle der Stromröhre konzentriert. Dabei ist darauf zu achten, daß der Druckverlust mit Hilfe von Ablösungen an scharfen Kanten erzeugt wird; die häufig dafür verwendeten Siebe sind weniger geeignet, weil ihr Verlustbeiwert von der Reynolds-Zahl abhängig ist. Der Kühlluftwiderstand wird durch Wägung gemessen, indem einmal der Kühllufteinlaß offen und zum anderen verchlossen ist. Unter Vernachlässigung des Interferenzwiderstandes wird der Volumenstrom mit Gl. (4.18) und der aus Bild 4.93 abgelesenen Anströmgeschwindigkeit v_A („face velocity") sowie der Fläche der Eintrittsöffnung abgeschätzt.

Die *genauere* Methode wurde von J. WIEDEMANN [12.59] angegeben; sie basiert auf Gl. (4.15), die den vollständigen Zusammenhang zwischen Kühlluftwiderstand und allen die Stromröhre kennzeichnenden physikalischen Größen wiedergibt. Danach wird die Strömung durch den Kühlluftdukt mit dem im Bild 12.43 skizzierten Simulator eingestellt. Dieser wird durch einen kleinen Strömungskanal gebildet; ein Schieber gestattet die Regulierung des gewünschten Druckverlustes; Gleichrichter und Siebe vergleichmäßigen die Strömung. Der Simulator wird ein für allemal kalibriert; in Abhängigkeit von der Schieberstellung werden Volumenstrom und Druckverlust gemessen. Er kann dann bei jedem Modell verwendet werden.

Auch bei Messungen an verkleinerten Modellen wird in der Regel die Raddrehung vernachlässigt. Solange bei drehenden Rädern – und mitbewegtem Boden – ein Spalt zwischen Rad und Fahrbahn vorgesehen werden muß, ist der damit verbundene Fehler so groß, daß er die Effekte der Rotation überdeckt. Die im DNW für 1:1-Fahrzeuge entwickelte Technik, bei vom Laufband mitgeschleppten Rädern zu messen, kann aber auch auf kleine Modelle übertragen werden.

Bei Fahrzeugen mit breiten freistehenden Rädern, wie z.B. Formel-I-Rennwagen, wird die Umströmung der rotierenden Räder dadurch angenähert, daß der Ablösepunkt, der sich infolge der Raddrehung nach vorn verlagert, am stationären Rad durch eine Stolperleiste so fixiert wird, wie im Bild 12.44 skizziert.

Um wieviel größer der Einfluß des Spaltes zwischen Rad und Meßstreckenboden auf die Umströmung des Rades ist als der der Raddrehung, geht aus Untersuchungen von A. COGOTTI [12.61] hervor, die im Bild 12.45 reproduziert sind. Dort ist der statische Druck auf dem Boden *unter* dem Rad aufgetragen. Mit Annäherung des Rades an den Boden bildet sich eine starke Saugspitze aus; die

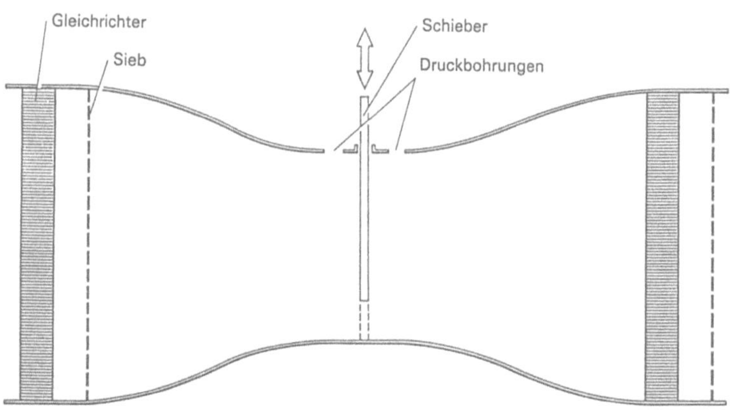

Bild 12.43. Vorrichtung zur Einstellung des Kühlluft-Volumenstromes von Modellen („Kühlluft-Simulator") nach [12.59].

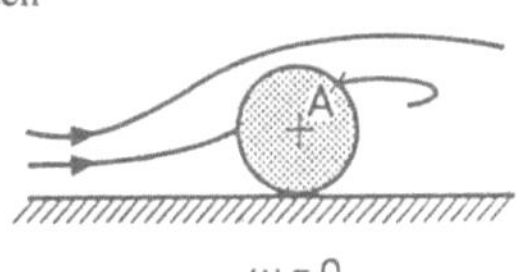
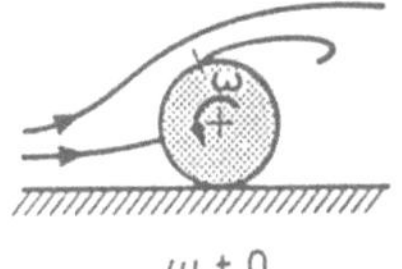
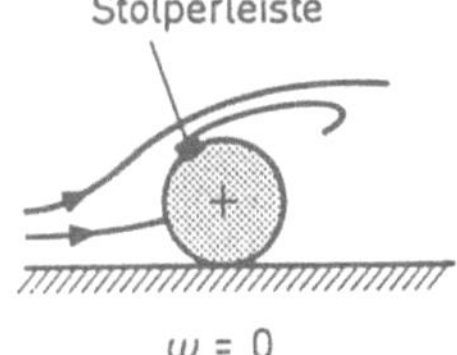

Bild 12.44. Simulation der Umströmung eines rollenden Rades durch Anbringen einer Stolperleiste beim stehenden Rad nach [12.60].

Bild 12.45. Druckverteilung auf dem Boden unter einem Rad bei verschiedenen Bodenabständen, Rad drehend und stationär nach [12.61].

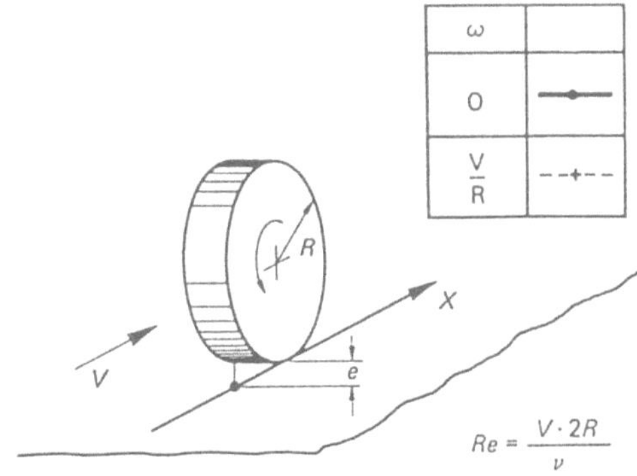

Raddrehung ändert an deren Form nur wenig. Berührt jedoch das Rad den Boden, dann ändert sich der Druckverlauf total. Vor dem Rad entsteht nun ein Überdruck; der negative Auftrieb schlägt in einen positiven um.

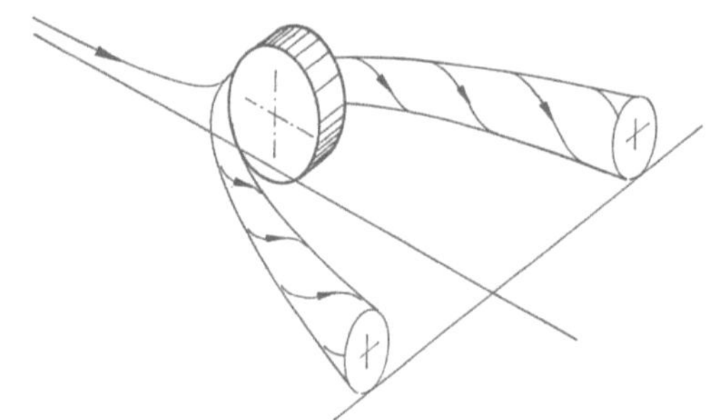

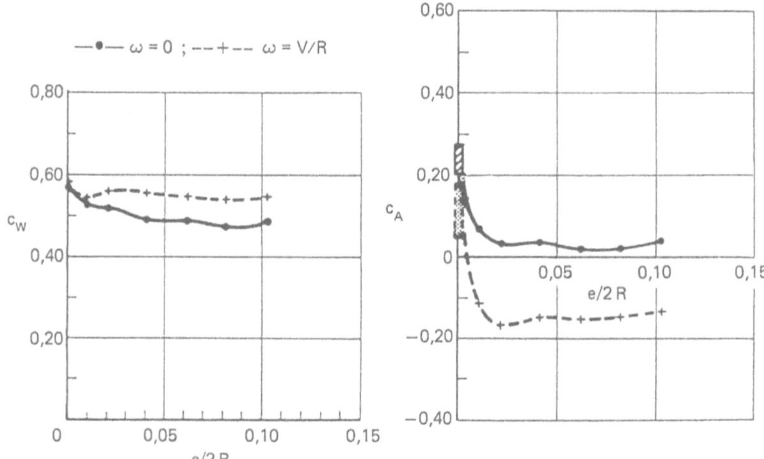

Bild 12.47. Auftrieb und Widerstand eines freifahrenden Rades bei verschiedenen Bodenabständen, Rad rollend und stationär nach [12.61].

Dabei hat sich auch die Strömungs*form* stark verändert; Bild 12.46 zeigt das schematisch. Vor dem Rad löst die Strömung vom Boden ab und rollt sich zu einer Wirbelwalze auf, die hufeisenförmig nach hinten umgebogen wird. Ähnliche Strömungformen sind aus der Aerodynamik der Bauwerke bekannt; sie treten am Fuß von Gebäuden auf.

Wie Bodenabstand und Drehung die Kräfte am Rad verändern, geht aus Bild 12.47 hervor. Der Widerstand steigt bei Annäherung an den Boden leicht an; gleichzeitig nimmt der Einfluß der Raddrehung ab. Aber auch bei dem Bodenabstand $e = 0$ ist der Widerstand des stationären Rades noch etwas größer als der des rotierenden. Der Einfluß auf den Auftrieb ist stärker ausgeprägt; dessen positiver Wert wird bei $e = 0$ durch die Raddrehung halbiert.

Aus den Untersuchungen von A. COGOTTI läßt sich weiter folgern, daß der Einfluß der Raddrehung auf den Widerstand um so gößer wird, je mehr die Umströmung des Rades verbessert wird. Wird die Radschüssel mit einer Kappe abgedeckt, so bringt das am stehenden Rad eine Widerstandssenkung um $\Delta c_W = -0,049$; rotiert das Rad, so ergibt sich mit $\Delta c_W = -0,091$ fast der doppelte Gewinn.

Analog zum 1:1-Fahrzeug folgt daraus für die Modelltechnik: Je strömungsgünstiger die Autos werden, desto höher sind die Anforderungen an die Simulation im Windkanal. Eine weitere Reduzierung des c_W-Wertes ist vor allem von einer Verbesserung der Strömung an der Fahrzeugunterseite – und hier wiederum der der Räder – zu erwarten. Für die Windkanaltechnik bedeutet das, daß dann die Drehung der Räder ebenso darzustellen ist wie die Relativbewegung der Fahrbahn.

580

12.4.3 Einfluß der Reynolds-Zahl

Neben der Forderung nach geometrischer Ähnlichkeit ist bei Modellversuchen auch die nach der *mechanischen* zu erfüllen. Die Strömungen um Modell und Großausführung sind dann einander ähnlich, wenn im ganzen Feld die sie beeinflussenden Kräfte im gleichen Verhältnis zueinander stehen. Solange das Medium als inkompressibel angesehen werden kann, sind nur die Trägheits- und die Reibungskräfte maßgeblich. Wie in Lehrbüchern der Strömungsmechanik abgeleitet, vgl. z. B. H. SCHLICHTING, E. TRUCKENBRODT [12.62], ergibt sich aus dem Verhältnis von Trägheits- zu Reibungskräften eine dimensionslose Kennzahl, die mit Reynolds-Zahl bezeichnet wird. Diese ist definiert zu:

$$Re = \frac{V_\infty \, l}{\nu} \; .\qquad\qquad(12.8)$$

Dabei ist V_∞ die Geschwindigkeit der ungestörten Zuströmung, l eine charakteristische Länge und ν die kinematische Zähigkeit des Arbeitsfluids. Mechanische Ähnlichkeit liegt vor, wenn diese Kennzahl für Modell und Großausführung gleich ist, wenn also gilt

$$\frac{V_{\infty 1} \, l_1}{\nu_1} = \frac{V_{\infty 2} \, l_2}{\nu_2} \; .\qquad\qquad(12.9)$$

Bei Landfahrzeugen werden meist auch die Modellversuche im Medium Luft ausgeführt. Dann läuft die Forderung nach mechanischer Ähnlichkeit darauf hinaus, daß das Produkt aus Geschwindigkeit mal Länge in beiden Fällen gleich sein muß. Im gleichen Verhältnis, um das das Modell gegenüber der Großausführung verkleinert wird, ist also die Geschwindigkeit zu erhöhen. Diese Vorschrift wird selbst bei Modellen im Maßstab 1:4 häufig nicht eingehalten. Bei noch kleineren wird sie regelmäßig verletzt; die Reynolds-Zahl beträgt oft allenfalls die Hälfte des Wertes der Großausführung. Das einmal, weil die Windgeschwindigkeit in den Modellkanälen begrenzt ist, dann aber auch, weil sich, wie noch gezeigt wird, bei derart völligen Körpern wie Automobilen schon bei relativ niedrigen Geschwindigkeiten ein Einfluß der Mach-Zahl störend bemerkbar macht.

Eine für Pkw typische Funktion $c_W = f(Re)$, eine sogenannte „Reynolds-Reihe", zeigt Bild 12.48 am Beispiel des Opel Kadett. Bei größeren Reynold-Zahlen ist der c_W-Wert praktisch konstant, und die am Fahrzeug gemessenen Werte liegen nur wenig unter denjenigen des 1:5-Modells. Für $Re < 4\cdot10^6$ ist der Einfluß der Reynolds-Zahl jedoch stark ausgeprägt. Das kann u. a. darauf zurückgeführt

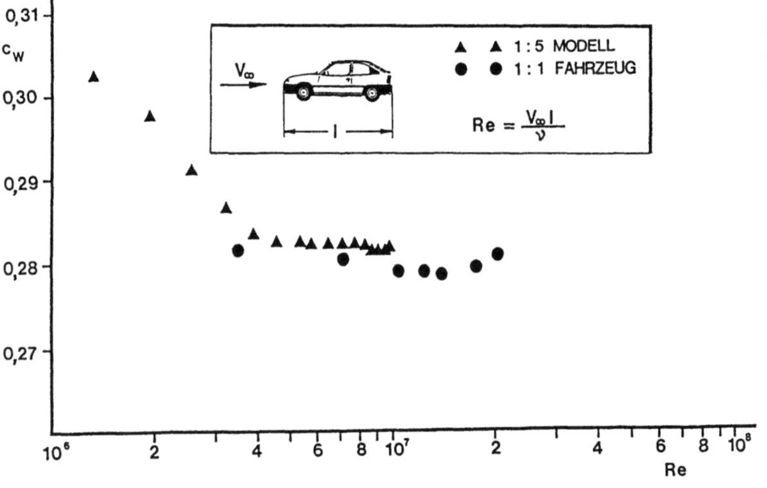

Bild 12.48. c_W-Wert des Opel Kadett über der Reynolds-Zahl, gemessen am Modell M 1:5 und an der Großausführung nach [12.63].

werden, daß in diesem Bereich einzelne Bauteile des Modells, wie z.B. die Räder, eine kritische Reynolds-Zahl durchlaufen.

Wie aus Bild 12.49 hervorgeht, fallen die Beiwerte für Widerstand und Auftrieb des Modellrades bei einer mit dem Raddurchmesser gebildeten Reynolds-Zahl von etwa $Re_D = 2\cdot10^5$ steil ab. Da der Durchmesser eines Rades um eine Größenordnung kleiner ist als die Länge des zugehörigen Fahrzeuges, entspricht das einer mit der Fahrzeuglänge gebildeten Reynolds-Zahl von etwa $Re_l = 2\cdot10^6$; sie liegt damit also genau in dem Bereich, in welchem der Widerstandsabfall im Bild 12.48 auftritt.

Durch Verletzung des Reynoldsschen Ähnlichkeitsgesetzes kann es zu gravierenden Fehlern kommen. Mit den zwei Beispielen im Bild 12.50, die aus der Entwicklung von Serienfahrzeugen stammen, soll das hervorgehoben werden. In beiden Fällen handelt es sich um Kastenwagen. Die an

Bild 12.49. Widerstand und Auftrieb eines freifahrenden, stationären Rades als Funktion der Reynolds-Zahl nach [12.61].

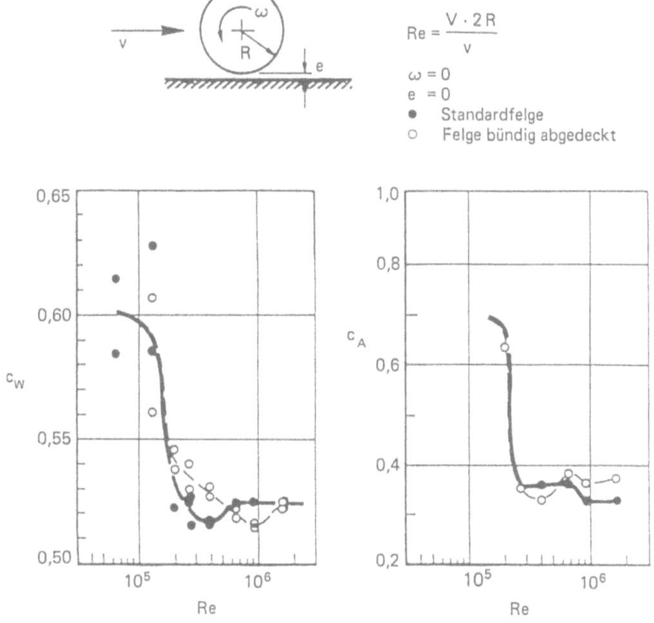

Bild 12.50. Einfluß der Reynolds-Zahl auf den „optimalen" Radius am Übergang vom Bug zum Seitenteil eines Kastenwagens nach [12.64].

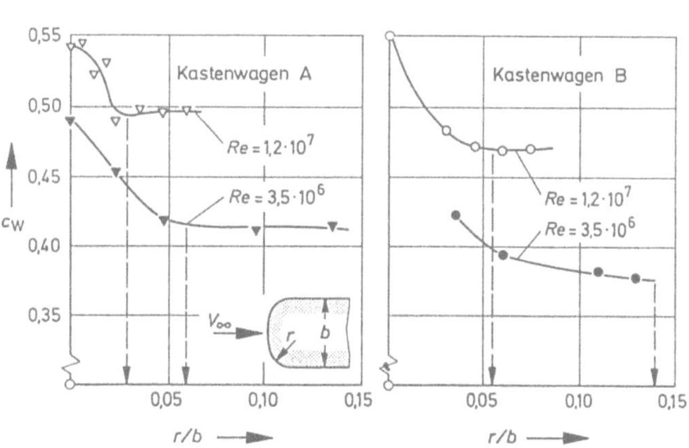

den 1:4-Modellen ermittelten „optimalen" Radien – wegen der Definition von „optimal" siehe Abschnitt 4.5.2 – waren sehr viel größer als an den Fahrzeugen natürlicher Größe. Beim Kastenwagen B – es handelte sich um den VW LT – war der optimale Radius gar so groß, daß er von den Designern als unausführbar zurückgewiesen wurde; der am 1:1-Modell ermittelte sehr viel kleinere Wert hingegen wurde akzeptiert und ausgeführt.

Aus den Messungen von F.W. Pawlowski, die im Bild 1.50 im Original reproduziert sind, konnten W.-H. Hucho et al. [12.64] einen Zusammenhang zwischen optimalem Radius und Reynolds-Zahl ableiten. Aus der dimensionslosen Darstellung rechts im Bild 12.51 geht hervor, wie der optimale Radius mit wachsender Reynolds-Zahl abnimmt. Von K. R. Cooper [12.65] wurde dieser Zusammenhang weiter verallgemeinert. Für die Durchführung von Modellversuchen erwies sich das als ebenso von Bedeutung wie für die Gestaltung der Front von kastenförmigen Karosserien.

An einem längs angeströmten Quader in Bodennähe, dessen Stirnkanten an den Seiten und oben schrittweise gerundet wurden, ermittelte K. R. Cooper den im Bild 12.52 aufgetragenen Zusammenhang zwischen Widerstand und Reynolds-Zahl; Scharparameter der Kurven ist der dimensionslose Kantenradius η, der entsteht, wenn r auf $\sqrt{A}$ bezogen wird. Es ergeben sich Parallelen zum Widerstandsverhalten der Kugel, das mit Bild 12.53 in Erinnerung gerufen wird.

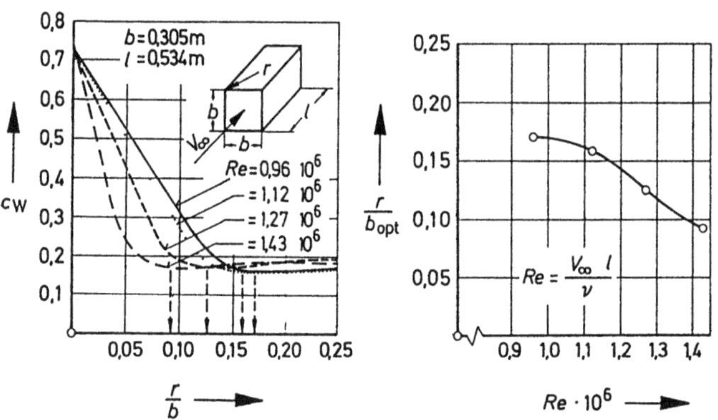

Bild 12.51. Einfluß der Reynolds-Zahl auf den „optimalen" Radius der Stirnkanten eines Quaders.

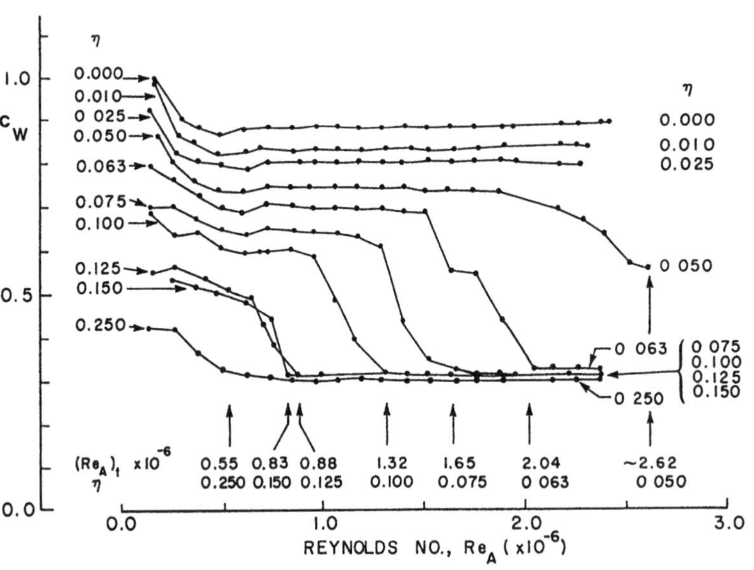

Bild 12.52. Abhängigkeit des c_W-Wertes von der Reynolds-Zahl bei verschiedenen Radien der Stirnkanten eines Quaders nach [12.65].

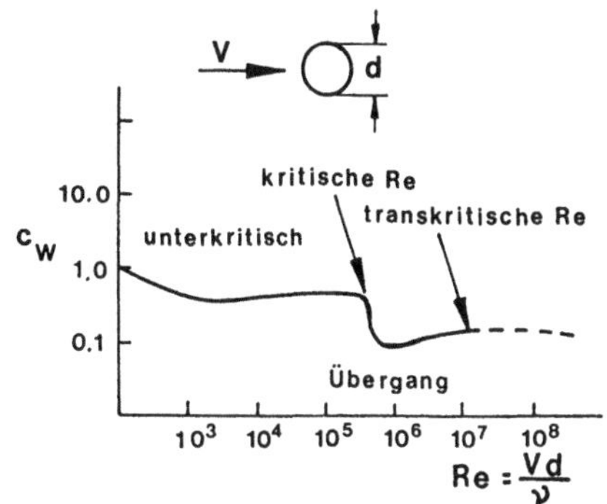

Bild 12.53. c_w-Wert der Kugel als Funktion der Reynolds-Zahl nach [12.65].

Bei kleinen Radien η ist die Strömung für alle Reynolds-Zahlen abgelöst, und der Widerstandsbeiwert des Quaders ist hoch. In dem sich daran anschließenden Übergangsbereich mittlerer Radien löst die Strömung zwar noch ab, kommt jedoch weiter hinten wieder zum Anliegen. Der Ort des Wiederanlegens wanderst mit wachsender Reynolds-Zahl solange stromaufwärts, bis die Ablösung an den „Ecken" ganz unterbleibt. Vergrößert man den Radius über diesen „optimalen" Wert hinaus, dann fällt der Widerstand nicht weiter ab.

Ordnet man die optimalen Radien η_{opt} den zugehörigen „kritischen" Reynolds-Zahlen analog Bild 12.54 zu, so ergibt sich ein universeller Zusammenhang. Wird die Reynolds-Zahl wie in [12.65] mit der Wurzel aus der Stirnfläche gebildet, so wird die Abnahme des optimalen Radius mit wachsender Reynolds-Zahl in doppeltlogarithmischer Auftragung durch die rechts gezeigte Gerade beschrieben. Wählt man als charakteristische Länge den jeweils optimalen Radius selbst, so folgt die links dargestellte Konstante

$$Re_{(r/b)opt} = 1{,}3 \cdot 10^5 \,.$$

Weitere aus der Literatur verfügbare Daten bestätigen beide Zusammenhänge mit hinreichender Genauigkeit. Mit $Re_{(r/b)opt} = 1{,}3 \cdot 10^5$ ist die konstante Reynolds-Zahl nur wenig kleiner als die für den Umschlag laminar/turbulent für Kugel und Kreiszylinder bekannte; diese beträgt $Re_{krit} = 1{,}5 \cdot 10^5$, wenn sie mit dem *Radius* und nicht, wie sonst in der Literatur üblich, mit dem *Durchmesser* gebildet wird.

Bild 12.54. „Optimaler" Stirnkantenradius und zugehörige „überkritische" Reynolds-Zahl nach [12.65]. Index t = transkritisch

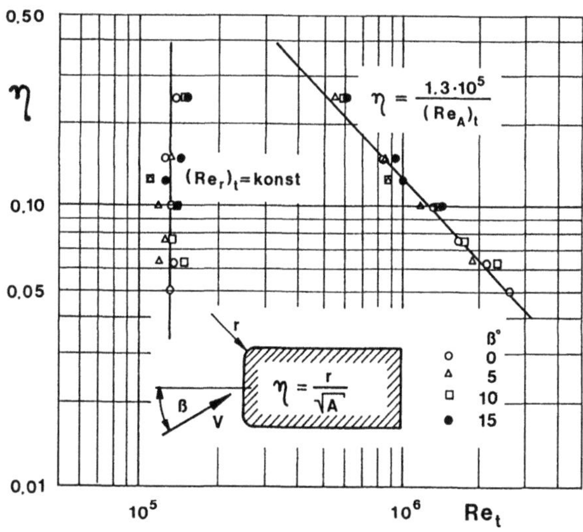

Man kann deshalb folgern, daß die Abhängigkeit der Ablösung von der Reynolds-Zahl am Quader mit gerundeten Kanten dem gleichen Mechanismus unterliegt wie an Kugel und Kreiszylinder: Bei kleiner Reynolds-Zahl ist die Grenzschicht vor der „Ecke" laminar; bei etwa 90° löst sie ab. Ist der sich anschließende Körper lang genug, legt sich die Grenzschicht weiter hinten an diesen wieder an, nachdem sie über der sich bildenden Ablöseblase ins Turbulente umgeschlagen ist. Mit wachsender Reynolds-Zahl wandert der Punkt des Wiederanlegens nach vorn. Ist die Reynolds-Zahl groß genug, erfolgt der Umschlag laminar/turbulent schon vor der „Ecke", und diese wird ablösungsfrei umströmt. Da die Lauflänge der Grenzschicht am betrachteten Quader wegen des Wegstückes vor der „Ecke" größer ist als bei einem frei angeströmten Kreiszylinder oder einer Kugel, findet der Umschlag am Quader schon bei einer etwas kleineren Reynolds-Zahl statt als bei diesen Körpern.

Aus Bild 12.54 kann weiter gefolgert werden daß die Reynolds-Zahl bei Modellmessungen mindestens $Re_A = 2 \cdot 10^6$ betragen muß, wenn *optimiert* werden soll, denn dimensionslose Radien $r/b = 0{,}05$ kommen dabei durchaus vor. Dagegen ist die Empfehlung der „Standard Practice" J1252 der SAE [12.66] mit $Re = 0{,}7 \cdot 10^6$ zu niedrig; sie reicht allenfalls aus, wenn stärker gerundet werden darf als dem Optimum bei der Großausführung entspricht. Die Länge von Pkw ist etwa dreimal so groß, wie die Wurzel aus ihrer Stirnfläche; die mit der Länge gebildete Reynolds-Zahl muß für sie beim Optimieren also mindestens $Re_l = 6 \cdot 10^6$ betragen. Bei einer Modellänge von $l = 1$ m führt das auf eine Windgeschwindigkeit von $V = 90$ m/s, die sich aber wegen des dann schon merklichen Mach-Zahleinflusses verbietet. Bild 12.54 kann ebenso dazu verwendet werden, den optimalen Kantenradius am Bug eines kastenförmigen Fahrzeuges festzulegen. Dabei kann nach [12.66] bei den seitlichen Kanten auch eine schiebende Anströmung berücksichtigt werden.

Auch für Einzüge („Boat tailing") ist eine Abhängigkeit von der Reynolds-Zahl zu erwarten. Je größer die Reynolds-Zahl, desto stärker sollte der Einzug sein, der ablösungsfrei umströmt werden kann, denn turbulente Grenzschichten können mit wachsender Reynolds-Zahl einen stärkeren Druckanstieg überwinden.

Die Vorteile des Arbeitens mit verkleinerten Modellen kommen nur dann zum Tragen, wenn die an ihnen erzielten Ergebnisse auch wirklich zuverlässig auf die Großausführung übertragen werden können. Zwei Wege bieten sich an, um dieses Ziel zu erreichen. Der eine scheint trivial zu sein; es muß für die Einhaltung des Reynoldschen Ähnlichkeitsgesetzes Sorge getragen werden. Der zweite besteht darin, durch Ausnutzung anderer Effekte das Vorhandensein einer größeren Reynolds-Zahl *vorzutäuschen*. Beide Möglichkeiten sollen kurz erörtert werden:

Große Reynolds-Zahlen lassen sich einmal damit erreichen, daß die Modelle oder die Windgeschwindigkeit groß gewählt werden. Mit größer werdenden Prüflingen verliert die Modelltechnik jedoch schnell an Attraktivität. Es wird ein großer Modellwindkanal benötigt, und die Modelle werden unhandlich. Daß dennoch ein Trend zu größeren Modellen auszumachen ist, wurde schon erwähnt.

Von der Alternative, die Windgeschwindigkeit zu steigern, kann ebenfalls nur behutsam Gebrauch gemacht werden, wie von W.-H. HUCHO et al. [12.64] aufgezeigt und weiter oben schon angedeutet wurde. Wegen der großen Völligkeit und wegen starker Krümmungen der Kontur treten an Fahrzeugen örtlich hohe Übergeschwindigkeiten auf. Wie aus den im Bild 12.55 zusammengestellten Beispielen hervorgeht, ergibt sich bei so völligen Körpern wie Kugel und Kreiszylinder schon bei sehr niedrigen Anström-Mach-Zahlen ein Widerstandsanstieg infolge Kompressibilität. Die kritische Mach-Zahl – das ist diejenige Mach-Zahl der ungestörten Zuströmung, bei der am Körper erstmals lokal die Schallgeschwindigkeit erreicht wird – sinkt mit wachsender Völligkeit zu sehr kleinen Werten ab. Die Faustregel, daß bis $Ma = 0{,}3$ die Kompressibilität der Luft vernachlässigt werden darf, gilt für Fahrzeuge nicht mehr. Die Grenze ist eher bei $Ma_\infty = 0{,}2$ zu ziehen; damit ist die Anströmgeschwindigkeit auf etwa $V = 70$ m/s begrenzt. Um die Forderung nach $Re_l = 6 \cdot 10^6$ zu erfüllen, dürfte für einen Pkw der Modellmaßstab deshalb nicht kleiner als M 1:3 gewählt werden.

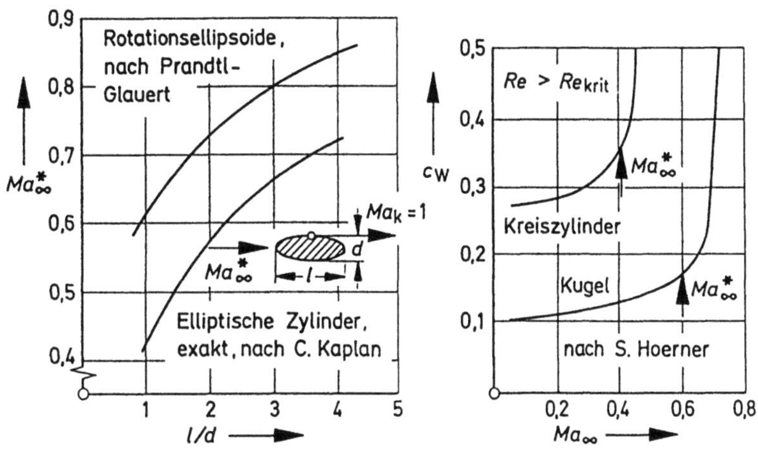

Bild 12.55. Kritische Mach-Zahl und c_w-Wert von stumpfen Körpern, deren Völligkeit derjenigen von Pkw vergleichbar ist nach [12.64].

Um eine höhere Reynolds-Zahl *vorzutäuschen*, bieten sich zwei Hilfsmittel an, die beide das Gleiche bewirken, nämlich eine Vorverlegung des Umschlages laminar/turbulent der Grenzschicht. Das läßt sich einmal durch Stolperdrähte oder Streifen von Sandrauhigkeit bewirken, zum anderen durch Erhöhung des Turbulenzgrades der Anströmung. Beide „Tricks" sind in der Versuchstechnik des Flugzeugbaus im Einsatz, im Schiffbau nur ersterer. In der Fahrzeug-Aerodynamik gibt es dazu bis jetzt nur Ansätze.

Über die Anwendung von Stolperdrähten bei extrem kleinen Modellen, etwa M 1:24 wie bei Spielzeugmodellen, berichten L. D. METZ und K. SENSENBRENNER [12.67]; sie schlagen sogar vor, damit auch die Grenzschicht auf dem Meßstreckenboden vor dem Modell zum Umschlag zu bringen. In einem Stichversuch gelang es K. R. COOPER [12.65], mit vor der Kante aufgeklebter Sandrauhigkeit den Umschlag laminar/turbulent zu kleineren Reynolds-Zahlen vorzuverlegen. Bevor diese Technik in der Fahrzeug-Aerodynamik angewendet werden kann, müßte sie jedoch eingehender untersucht werden.

Dagegen ist die Technik, eine höhere Reynolds-Zahl durch Steigerung des Turbulenzgrades der Anströmung vorzutäuschen, durch Untersuchungen von J. WIEDEMANN und B. EWALD [12.68] soweit geklärt, daß von ihr in der Praxis Gebrauch gemacht werden kann. Mit künstlich erzeugter isotroper Turbulenz geeigneter Struktur läßt sich danach die effektive Reynolds-Zahl um den Faktor Zwei erhöhen.

Der Turbulenzgrad des Windkanals wurde in [12.68] mit Sieben am Düsenaustritt von Tu = 0,8 % auf 2,8 % am Ort vor dem Modell angehoben. Wie der Vergleich der Druckverteilungen im Bild 12.56 zeigt, gelang es damit, den Einfluß der Reynolds-Zahl, der bei normalem Turbulenzgrad signifikant ist (linkes Bild), nahezu vollständig zu überbrücken. Die starke Abhängigkeit des Widerstandes von der Reynolds-Zahl, die bei normaler Turbulenz im Bild 12.57 beobachtet werden kann, wird fast vollständig eliminiert.

Mit zunehmender Lauflänge des Windkanalstrahles klingt die künstlich erzeugte Turbulenz jedoch von selbst wieder ab, im vorliegenden Beispiel über eine Distanz von 1,7 m von 2,8 % auf 1 %. Der einmal gewählte Abstand zwischen Modell und Turbulenzsieb ist also genau einzuhalten.

587

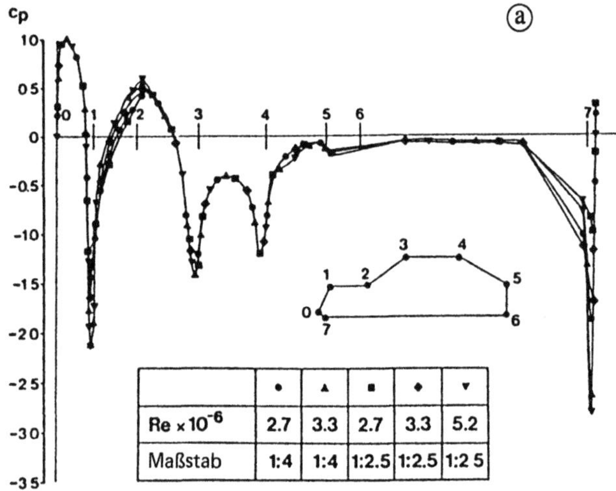

Bild 12.56. Einfluß der Reynolds-Zahl auf die Druckverteilung am Modell eines Pkw nach [12.68].
a) oben naturlicher Turbulenz des Windkanalstrahles, Tu = 0,8 %,
b) unten mit einem Sieb kunstlich erhohter Turbulenz, Tu = 2,8 %

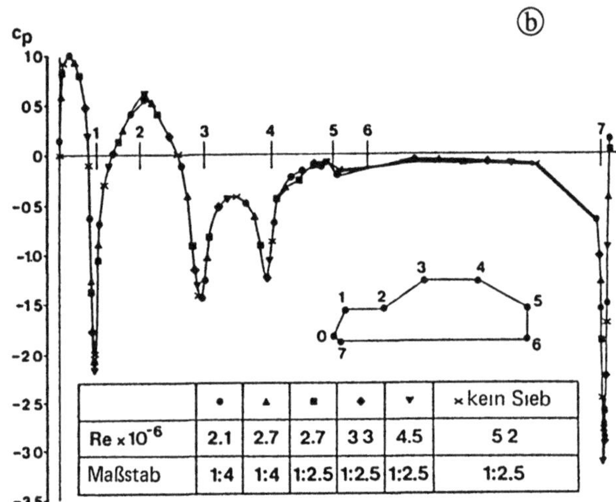

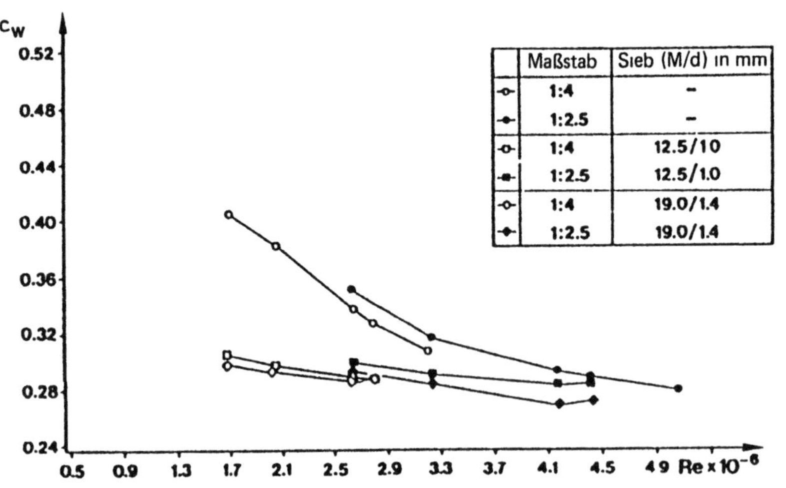

Bild 12 57
Verminderung der Reynolds-Zahl-Abhangigkeit des c_w-Wertes des Pkw-Modells durch kunstlich erhohte Turbulenz, Modell und Turbulenzgrade wie Bild 12 56 nach [12.68].

12.5 Ausgeführte Fahrzeug-Windkanäle

12.5.1 Einteilung der Versuchsanlagen

Die meisten Automobilhersteller verfügen über eigene Versuchsanlagen zur Durchführung aerodynamischer und thermischer Versuche; sie nutzen aber auch Einrichtungen in Forschungsinstituten der Fahrzeugtechnik und der Luftfahrt. Daß nicht alle Versuchsanlagen, die man so nennt, die Bezeichnung *Windkanal* rechtfertigen, wurde bereits im Abschnitt 12.1.2 begründet.

Tabelle 12.2 gibt eine Übersicht über diese Prüfstände. Die großen Windkanäle wurden, soweit Informationen über sie vorliegen, vollständig berücksichtigt. Dagegen erhebt die Aufstellung der Klima- und Blaskanäle keinen Anspruch auf Vollständigkeit; die benannten Anlagen haben eher exemplarischen Charakter. Nur solche sind aufgeführt, die Versuche an Fahrzeugen in natürlicher Größe erlauben, aber auch nur insoweit, als ihr Strahlquerschnitt größer als 2 m² ist. Alle kleineren Anlagen, das sind vor allem die vielen Rollenprüfstände mit Fahrtwind, bleiben ebenso unberücksichtigt wie auch die Modellwindkanäle. Die angefügten Zitate enthalten ausführliche Beschreibungen dieser Versuchseinrichtungen und der in ihnen eingesetzten Meßtechnik.

Bei einem Vergleich der *Windkanäle* fällt der große Unterschied im Querschnitt der Meßstrecke (Strahlquerschnitt) auf. Läßt man den Deutsch-Niederländischen Windkanal (DNW) unberücksichtigt, weil er primär für Zwecke der Flugzeug-Aerodynamik gebaut wurde, dann bleibt bezüglich des Meßstreckenquerschnitts zwischen dem größten Kanal, demjenigen von GM, und dem kleinsten, dem Akustik-Kanal von BMW, ein Faktor von 6,6. Diese Spannweite weist darauf hin, mit welchen Unsicherheiten die Auslegung eines Windkanals lange Zeit behaftet war – und es noch immer ist. Für die Größendifferenz gibt es zwei ganz unterschiedliche Gründe:

- Die Art der Meßstrecke; sie ist bei GM geschlossen, bei BMW offen. Wegen des unterschiedlichen Blockierverhaltens, auf das im Abschnitt 12.3.3 eingegangen wird, verlangt die geschlossene Meßstrecke nach einem größeren Querschnitt.

- Das Versuchsspektrum; der große GM-Kanal ist sowohl für Pkw und Kleintransporter als auch für Schwerlastwagen und Busse ausgelegt; beabsichtigt waren auch Interferenzuntersuchungen an Fahrzeugen in voller Größe. Der kleine Kanal von BMW ist primär für Zwecke der Aeroakustik entworfen, und als Prüflinge waren bei seinem Entwurf nur Pkw und Motorräder zu berücksichtigen.

Neben dem vorgesehenen Versuchsspektrum hängt der Aufwand für einen Windkanal danach entscheidend davon ab, wie gut man die Windkanal- und die Modelltechnik beherrscht. Die Mehrzahl der in jüngster Zeit für Pkw und Kleintransporter gebauten Kanäle weist bei offener oder geschlitzter Meßstrecke einen Strahlquerschnitt von etwa 25 m² auf. Wenn man bei der Auslegung eines Kanals die im Abschnitt 12.2.3 dargestellten Erkenntnisse über die Wahl der Meßstreckenlänge und über die Messung der Windgeschwindigkeit berücksichtigt, wird mit diesem Strahlquerschnitt ein gutes Ergebnis erzielt. Das gilt auch für solche Fahrzeughersteller, die große Lastwagen und Busse im Programm haben. Für deren aerodynamische Entwicklung kann in einem 25-m²-Kanal ein so großer Modellmaßstab (z. B. M:2,5) gewählt werden, daß eine sichere Übertragung der Versuchsergebnisse auf die Großausführung gewährleistet ist.

Für *Klimakanäle*, die für Pkw und Kleintransporter eingesetzt werden sollen, ist ein Strahlquerschnitt von 10 bis 12 m² ausreichend. Ist die Anlage ausschließlich für Pkw gedacht, dann genügen auch 6 m². R. Buchheim et al. [12.69] haben aus Vergleichsmessungen abgeleitet, daß dann der Fehler im Wärmehaushalt der Fahrgastzelle gegenüber der Straße kleiner als 5 % ist. In jedem Fall ist es zweckmäßig, durch eine Kalibriermessung in einem größeren Windkanal oder auf der Straße eine empirische Versperrungskorrektur für den kleineren Klimakanal zu ermitteln und danach die Windgeschwindigkeit einzustellen. Denn bei thermischen Versuchen ist, wie schon erwähnt, wegen

Tabelle 12 2 Windkanale, Klimakanale und Blaskanale in der Fahrzeug-Aerodynamik

	A_N m^2	L m	V_{max} km/h	M	κ	L_K m	P kW	Quelle
DNW	90,25	15,0	220	g	4,8	320	12700	[12 85]
	48,0	16,0	400	g	9,0			
General Motors	65,9	23	240	g	5	303	2950	[12 42]
Volkswagen	37,5	10,0	180	o	4,0	114,0	2600	[12 71]
Lockheed-Georgia	35,1	13,1	406	g	7,02	238,0	6700	[12 86]
MIRA	35,0	15,24	133	g	1,45	50,5	970	[12 87]
Mercedes-Benz	32,6	10,0	270	o	3,53	125,0	4000	[12 70]
Fiat	30,0	10,5	200	o	4,0	144,0	1865	[12 41]
CSTB (Nantes)	30,0	12	300	g	$\approx 2,2$	≈ 192	3200	[12 88]
Nissan (Low Noise)	28,0	12	190	o	6,43	210	2200	[12 89]
	15		270	o	12			
Volvo	27,06	15,8	200	sw	6,0	165,3	2300	[12 90]
Ford (Koln)	24,0/8,6	10,0	182/298	o	4,0	124,0	1650/1960	[12 91]
Mazda	24	12,0	230	g/o	6	?	1600	[12 92]
Mitsubishi	24	12,0	216	g/o	?	?	2350	[12 92]
Ford (Dearborn/ Klima)	23,2	9,15	201	g	3,80	?	1865	[12 93]
FKFS	22,5	9,5	220	o	4,41	150	2550	[12 94]
Porsche	22,3	12,0	230	sw	6,06	149,9	2200	[12 74]
WAZ (Togliatti)	22,3	12,0	224	sw	6,06	149,9	2300	[12 106]
Nissan	21,0	10,0	119	g	2,86	?	?	[12 45]
BMW	20,0	12,5	160	sw	3,66	45	1676	[12 95]
Toyota	17,5	8,0	200	g	3,66	95,0	1500	[12 96]
Nippon Soken	17,5/12	12,5/8,5	120/200	g	3,66	104	1450	[12 92]
Inst Aérotechnique St Cyr	15,0	10,0	144	sw	5,0	39,2	516	[12 97]
Fiat (2x Klima)	12,0	11,6	160	o	4,0	99,0	560	[12 41]
JARI	12,0	10,0	205	g	4,06	83,3	1200	[12 98]
Pininfarina	11,75	9,5	150	o	6,2	27,3	625	[12 9]
Volvo (Klima)	11,2/4,3	8,6	75/195	o	2,45/6,6	93,2	500	[12 101]
Ford (Koln, Klima)	11,0	9,0	180	g	6,0	113,4	1120	[12 73]
Sofica	11,0/4,3	16,5/14,0	80/170	g	?	?	380	[12 99]
BMW (Akustik)	10	10	250	o		36,5	1900	[12 75]
Thermal	7,6/4,3	18	80/120	g	2,9/5,2	58	570	[12 104]
FKFS	6,0	15,8	200	o	4,16	84	1000	[12 79]
Volkswagen II	6,0	7,2/6,0	170/180	o	6,0	73,4	460	[12 69]
Behr II	5,8	22	120	g	1	34	392	[12 78]
	3,1		180		1,9			
	2,0		230		2,9			
Chrysler (Klima)	4,74	8,6	190	o	5,56	58,8	560	[12 100]
Opel	4,30	-	120	g	?	?	460	[12 103]
Mercedes-Benz (Warmkanal)	4,0	≈ 8	100	o	2,56	≈ 41	340	[12 102]
Behr I	3,24	16	110	g	4,6	24	140	[12 78]
Audi (Klima)	3,01	7,5	250	o	8,97	45,5	970	[12 105]
Behr III	2,4	11,0	80	g	2,8	26	60	[12 78]
Audi (Akustik)	2		230	o				[12 80]

A_N Dusenaustrittsflache, L Lange der Meßstrecke, V_{max} maximale Windgeschwindigkeit, M Meßstreckentyp, o offen, g geschlossen, sw geschlitzte Wande (slotted walls), κ Kontraktionsverhaltnis, L_K Lange der Kanalachse, P Antriebsleistung (elektrisch)

der geforderten Gleichheit von Rollengeschwindigkeit und Windgeschwindigkeit eine a posteriori angebrachte Korrektur nicht praktikabel. Als Anleitung für die Durchführung einer derartigen Kalibrierung kann der Bericht von B. HAMSTEN und F. M. CHRISTENSEN [12.104] dienen.

Zu den *Blaskanälen* sollen die Prüfstände gerechnet werden, deren Strahlquerschnitt kleiner als etwa 4 m^2 ist. Für Klimauntersuchungen an Pkw sind sie nur bedingt zu gebrauchen. Mit Leitblechen wird versucht, das fahrzeugnahe Strömungsfeld an dasjenige anzugleichen, das in einem großen Windkanal gemessen wurde. Konsequent angewandt führt dieser Gedanke auf die adaptive Meßstrecke. Dagegen sind Blaskanäle mit Strahlquerschnitten bis herab zu 1,5 m^2 gut für Kühleruntersuchungen geeignet. Der Vergleich der Druckverteilungen, der im Bild 12.58 durchgeführt wird, läßt erkennen, daß im Bereich des Vorderwagens auch mit einem sehr kleinen Luftstrahl eine noch brauchbare Umströmung zu erzeugen ist.

Im Bild 12.59 sind vier klimatisierbare Versuchseinrichtungen ganz unterschiedlicher Größe einander gegenübergestellt. Die größte und die kleinste unterscheiden sich sowohl bezüglich des investierten Kapitals als auch der laufenden Betriebskosten um mindestens eine Größenordnung. Der kostenbewußte Versuchsingenieur wird das berücksichtigen, wenn er eine Anlage für seinen Versuch auswählt.

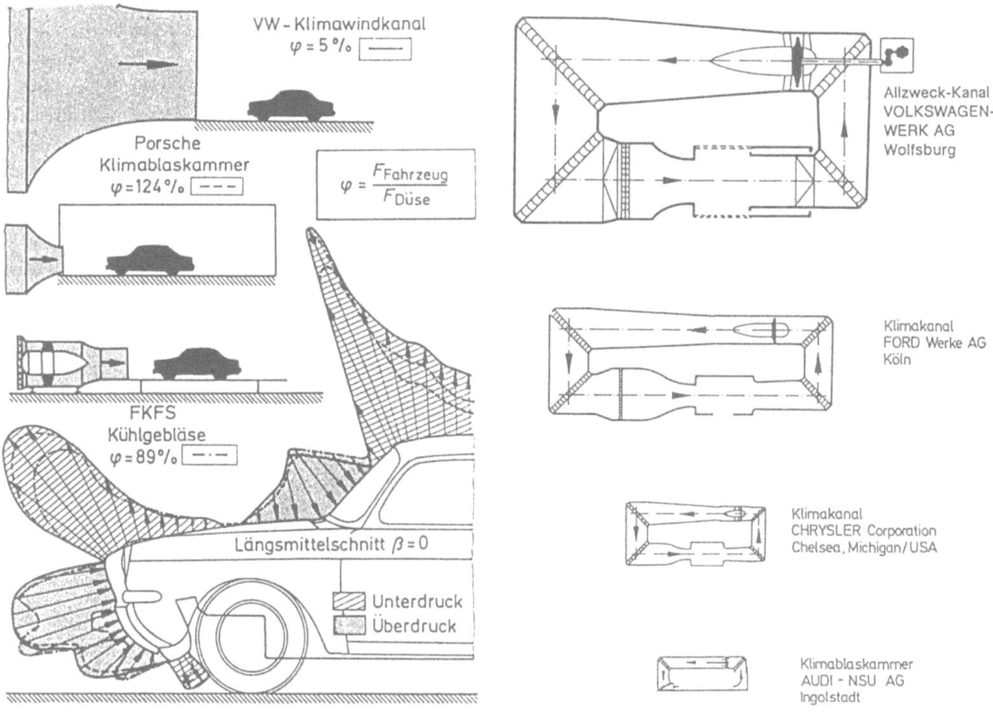

Bild 12.58. Druckverteilung am Vorderwagen eines Pkw, gemessen in einem großen Windkanal, in einer Klimablaskammer und mit einem Kühlgebläse; Messungen R. UNGER.

Bild 12.59. Größenvergleich verschiedener der Fahrzeug-Aerodynamik dienender, klimatisierbarer Versuchseinrichtungen.

12.5.2 Windkanäle für Fahrzeuge in natürlicher Größe

Der älteste große Windkanal, der für Zwecke der Fahrzeug-Aerodynamik ausgelegt wurde, steht in Stuttgart-Untertürkheim, vgl. Bild 12.60. Er wurde im Jahr 1939 von W. KAMM für das Forschungsinstitut für Kraftfahrwesen und Fahrzeugmotoren (FKFS) gebaut; 1970 wurde er von der Daimler-Benz AG übernommen und von Grund auf renoviert. Mit $V_{max} = 270$ km/h zeichnet sich dieser Kanal durch eine besonders hohe Windgeschwindigkeit aus. Diese ist einmal bei der Entwicklung schneller Fahrzeuge von Vorteil, auch wenn in der Regel die Umströmung dann nicht mehr von der Reynolds-Zahl abhängt. Die Veränderung der Fahrzeuglage infolge der Luftkräfte und -momente und die Rückwirkung der Lageänderung auf die Aerodynamik können so direkt untersucht werden.

Die hohe Windgeschwindigkeit und der große Strahlquerschnitt sind aber auch für die Messung an verkleinerten Nutzfahrzeugmodellen nützlich. Mit einem Modellmaßstab von 1:2,5 wird die Reynolds-Zahl der Großausführung erreicht, und das Produkt aus Stirnfläche mal Widerstand, die Widerstandsfläche des 1:2,5-Modells eines Schwerlastwagens, ist mit ca. 0,7 m² nur wenig größer als für einen Pkw.

Im Vergleich dazu zeigt Bild 12.61 den Klima-Windkanal I der Volkswagen AG in Wolfsburg. In dieser Versuchsanlage ist ein großer Windkanal mit einem Klimakanal kombiniert worden; der Kanal ist für alle Zwecke der Fahrzeug-Aerodynamik geeignet. Er ist von -30 bis +40 °C voll klimatisierbar; die offene Meßstrecke kann verschlossen werden. Der Meßstreckenmantel ist jedoch so weiträumig dimensioniert, daß auch dann die Eigenschaften des 3/4-Freistrahls erhalten bleiben. Die Windgeschwindigkeit ist mit $V = 180$ km/h für Zwecke der Pkw-Entwicklung angemessen.

Der im Jahr 1965 fertiggestellte Wolfsburger Klima-Windkanal I ist der einzige seiner Art geblieben. Die anderen Automobilfirmen, die später mit dem Bau von eigenen Wind- und Klimakanälen nachfolgten, haben es vorgezogen, für Zwecke der Aerodynamik und der Wärmetechnik getrennte und auf die verschiedenen Untersuchungen spezialisierte Versuchsanlagen zu erstellen. Vor- und

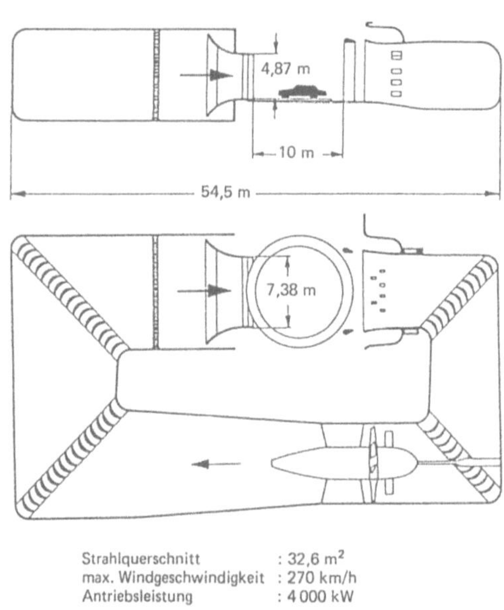

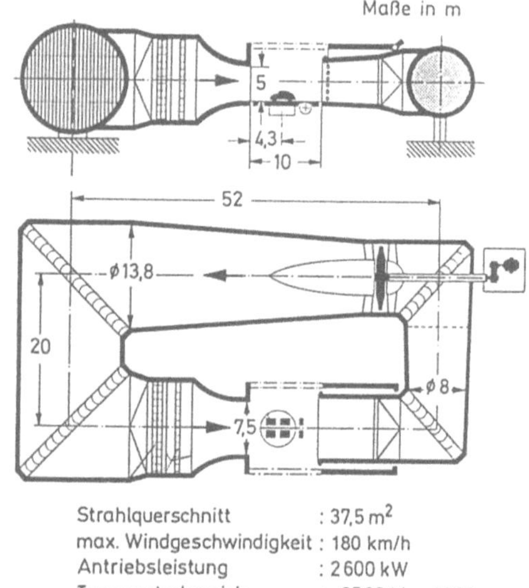

Bild 12.60. Großer Windkanal der Mercedes-Benz AG, der 1938 von W. KAMM für das FKFS erbaut wurde nach [12.70].

Bild 12.61. Klimawindkanal I der Volkswagen AG nach [12.71].

Nachteile der beiden unterschiedlichen Ansätze sind von W.-H. Hucho [12.72] diskutiert worden. H. Bengsch [12.73] berichtet über ähnliche Überlegungen, die dem Bau des Klimakanals der Ford Werke AG vorangingen. Inzwischen hat sich das Konzept der *spezialisierten* Anlagen als eindeutig überlegen erwiesen. Das Versuchsaufkommen ist bei einem Fahrzeughersteller mit drei bis vier Pkw-Baureihen und ein bis zwei Typen von Kleintransportern so groß, daß allein aus Gründen der Prüfstandskapazität *mehrere* Anlagen für die aerodynamische und die wärmetechnische Entwicklung benötigt werden. Dann aber sind mehrere spezialisierte Anlagen zweckmäßiger, als die Duplizierung des einen Universalkanals.

Typisch für den Stand der Windkanaltechnik ist der Kanal, den die Porsche AG 1986 in Weissach in Betrieb genommen hat. Einen Eindruck von der gesamten Anlage vermittelt das Photo im Bild 12.62. Besonderes Kennzeichen ist die lange, geschlitzte Meßstrecke, siehe Bild 12.63. Das Kontraktions-verhältnis ist mit $\kappa = 6$ größer als für die Fahrzeug-Aerodynamik erforderlich; es wurde gewählt, um den Kanal auch für Anwendungen in der Luftfahrt einsetzen zu können.

Neben diesen *großen* Windkanälen mit Strahlquerschnitten von über 20 m² sind für Pkw natürlicher Größe auch *kleine* von etwa 10 m² im Betrieb. Bild 12.64 gibt den Kanal wieder, der 1972 von Pininfarina nach einem Entwurf von A. Morelli [12.9] gebaut wurde. Als Eiffel-Kanal ausgelegt, wurde er mit einem Gebäude umgeben, das für eine verlustarme Rückführung der Luft sorgt. Mit 11,75 m² Strahlquerschnitt schien dieser Windkanal nach dem damaligen Erkenntnisstand für Messungen an Pkw in natürlicher Größe viel zu klein zu sein; bei Vergleichsmessungen, die im Abschnitt 12.6 referiert werden, schnitt er jedoch erstaunlich gut ab.

Den wohl kleinsten Windkanal für Messungen an Originalfahrzeugen – im Sinne der obigen Einteilung – hat BMW im Jahr 1988 eröffnet; es ist der im Bild 12.65 gezeichnete Akustik-Windkanal der BMW Technik GmbH mit nur 10 m² Strahlquerschnitt. Auch dieser Kanal ist in Eiffel-Bauart ausgeführt; die Rückführung der Luft erfolgt in einem relativ engen Gebäude. Durch zwei Schall-dämpfer wird der Gebläselärm von der Meßstrecke ferngehalten: auf der Saugseite des Gebläses mittels eines patentierten „Pilzschalldämpfers", der zugleich die Umformung der Strömung vom

Bild 12 62. Windkanal der Porsche AG,
Foto vom Modell, nach [12 74]

Bild 12 63. Geschlitzte Meßstrecke des Windkanals
nach Bild 12.62; Foto Porsche AG

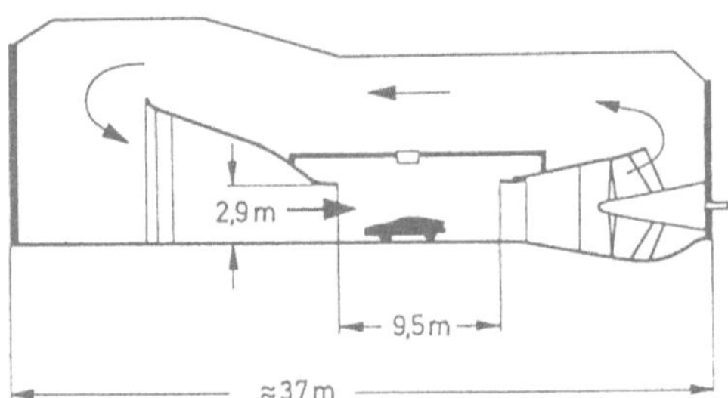

Bild 12.64. Windkanal von Pininfarina nach [12.9][12.10].

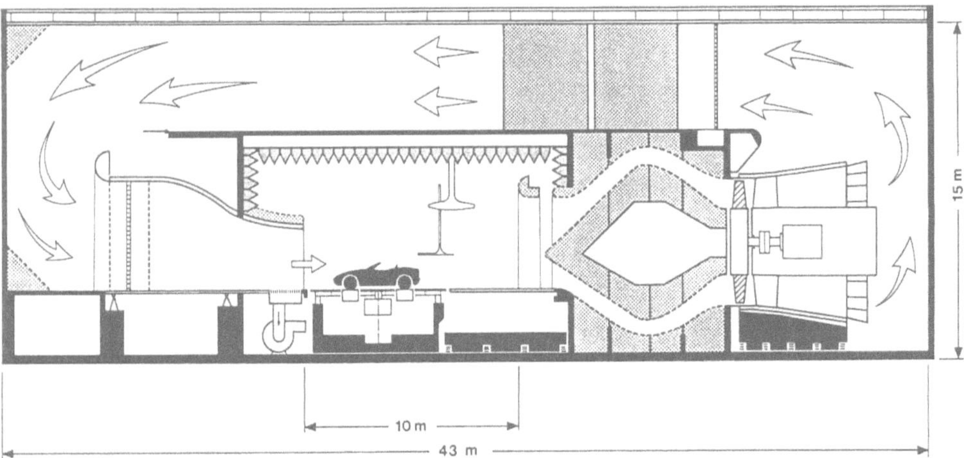

Bild 12.65. Akustik-Windkanal der BMW Technik GmbH; Bild: BMW Technik GmbH [12.75].

Rechteckquerschnitt der Meßstrecke auf den Kreisring vor dem Gebläse bewirkt, siehe Bild 12.66, in der Rückführung durch großflächige Kulissenschalldämpfer, wie sie aus der Klimatechnik bekannt sind.

Im Vergleich zu „normalen" Windkanälen liegt der Schalldruckpegel im Akustik-Windkanal von BMW um ca. 30 dB(A) niedriger, wie Bild 12.67 durch „outflow"-Messungen bei leerer Meßstrecke dokumentiert. Damit ist nicht nur ein genügend großer Störpegelabstand vom „Nutzsignal", den Windgeräuschen, gegeben – gefordert sind mindestens 10 dB(A) –, sondern es ist auch eine subjektive Beurteilung des Umströmungslärms möglich, wie sie z.B. mit Verfahren der Sprachverständlichkeit vorgenommen wird.

Dieser Windkanal ist auch mit einer Sechskomponentenwaage ausgestattet. Damit ist es möglich, die Wechselwirkung zwischen Umströmung, Luftkräften und Windgeräuschen in ein und derselben Anlage zu untersuchen. Zumindest für gerade Zuströmung ergibt sich eine gute Übereinstimmung mit Kraftmessungen in sehr viel größeren Windkanälen.

594

Bild 12.66. Akustik-Windkanal nach Bild 12.65, Blick auf den „Pilzschalldämpfer"; Foto: BMW Technik GmbH.

Bild 12.67. A-bewerteter Schalldruckpegel
des Akustik-Windkanals von BMW, Kurve A,
im Vergleich zu „normalen" Automobil-
Windkanälen, Streuband B; Messung BMW,
zitiert nach [12.75].

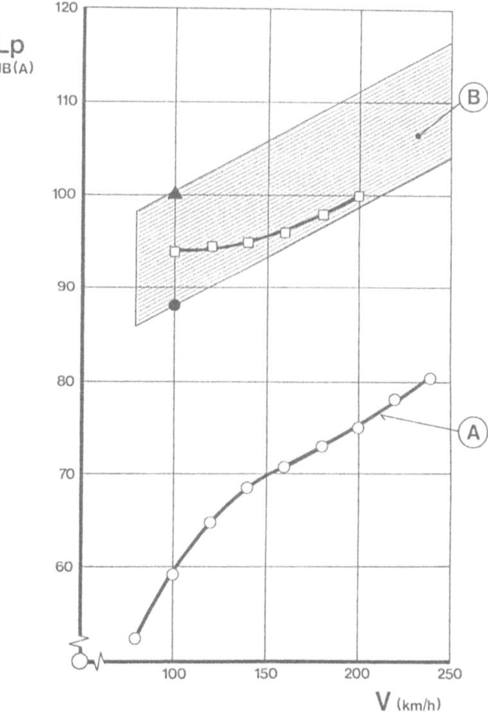

12.5.3 Modellwindkanäle

Für Messungen an verkleinerten Fahrzeugmodellen steht eine sehr große Zahl von Windkanälen zur Verfügung. Einmal sind das Kanäle aus Lehre und Forschung, die nur gelegentlich für die Fahrzeug-Aerodynamik eingesetzt werden, dann aber auch solche, die speziell für Fahrzeuge eingerichtet wurden. Einige davon, so der 1:4-Kanal der Porsche AG, dienten während der Entwurfsphase des großen Windkanals als Pilotkanal. Der Vorteil eines verhältnismäßig großen Pilotkanals ist zweifach: Erstens werden mit ihm größere Reynolds-Zahlen erreicht, und damit werden die an ihm erarbeiteten konstruktiven Details sicherer für den Bau des 1:1-Kanals verwertbar. Und zweitens liegen wegen der zwischen ihnen bestehenden geometrischen Ähnlichkeit bei Messungen an verkleinerten Modellen und deren Großausführung die gleichen Einschränkungen bei der Simulation – z.B. gleiche Versperrung – vor. Das erleichtert die Übertragung der Versuchsergebnisse.

Mit welch geringem Aufwand sich ein Modellwindkanal erstellen läßt, dafür gibt die im Bild 12.68 skizzierte Anlage der britischen Motor Industry Research Association (MIRA) ein Beispiel. Der vergleichsweise billige Betrieb derartiger Windkanäle hat zusammen mit der bequemen Handhabbarkeit von 1:4-Modellen dazu geführt, der Modelltechnik wieder mehr Aufmerksamkeit zuzuwenden.

Für Strömungsbeobachtungen an Fahrzeugmodellen und an Komponenten sind besonders turbulenzarme Rauchkanäle entwickelt worden. Dreidimensionale Rauchbilder aus dem 1-m^2-Kanal von Isuzu Motors haben N. ODA und T. HOSHINO [12.77] veröffentlicht. Nissan betreibt einen Rauchkanal, der vorzugsweise für Untersuchungen an zweidimensionalen Modellen des Kühlluftduktes oder der Klimaanlage verwendet wird. Ein Beispiel für derartige Aufnahmen gibt Bild 12.69.

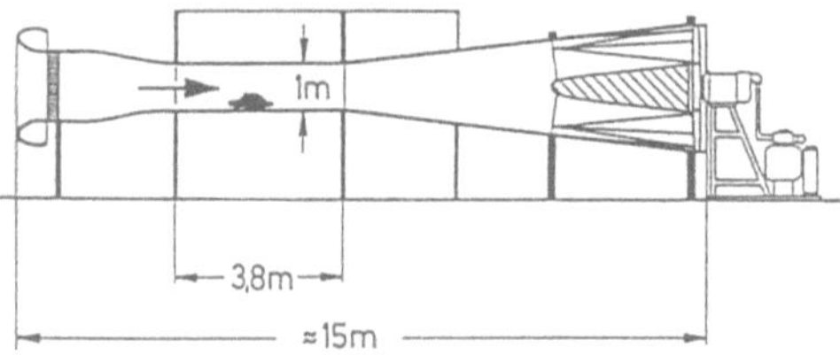

Bild 12.68. Modellwindkanal M 1:4 der MIRA nach [12.76].

Bild 12.69. Durchströmung des Motorraumes, mit Rauch an einem zweidimensionalen Modell sichtbar gemacht; Foto: W.-H. HUCHO; mit freundlicher Genehmigung von Nissan Motor Co., Ltd. aufgenommen.

12.5.4 Klimakanäle

Bei den Klimakanälen lassen sich nach ihrer Größe – sie wird, wie bei den Windkanälen, durch den Strahlquerschnitt charakterisiert – drei Gruppen unterscheiden: Kanäle mit 10 bis 12 m² für Pkw, Kleintransporter und im Extrem sogar für Reisebusse; mit 6 m² für Pkw und endlich solche mit ca. 4 m², die ebenfalls für Pkw genutzt werden.

Typisch für die erste Kategorie ist der Klimakanal der Ford Werke AG in Köln, der 1975 in Betrieb ging. Anfangs wurden hier auch aerodynamische Untersuchungen durchgeführt. Seine im Bild 12.70 gezeigte Luftführung gleicht der eines „normalen" Windkanals; die Meßstrecke ist offen. Auffallend ist das mit $\kappa = 6$ sehr reichlich bemessene Kontraktionsverhältnis. Es findet seine Rechtfertigung weniger in den Anforderungen an die Qualität der Strömung, als vielmehr in der großflächigen, verlustarmen Dimensionierung des Wärmetauschers. Die Ausstattung dieses Klimakanals – Rollenprüfstand, Temperatur, Feuchte, Sonnenstrahlung – ermöglicht die Durchführung *aller* Klimauntersuchungen, wie sie im Zuge einer Fahrzeugentwicklung anfallen.

Der 1986 eingeweihte Klimakanal II der Volkswagen AG, seine Gesamtanlage zeigt Bild 12.71, konnte mit 6 m² Strahlquerschnitt allein für Pkw ausgelegt werden; für die größeren Fahrzeuge, wie Transporter und Kleinbusse, steht der Volkswagen AG der eigene große Klima-Windkanal I zur Verfügung. Die gute Strömungsqualität – das Kontraktionsverhältnis beträgt auch hier $\kappa = 6$ – läßt in dem Klimakanal auch aerodynamische Messungen an Modellen bis zum Maßstab 1:2,5 zu.

Für thermische Versuche ist das Aufkommen sehr viel größer als für aerodynamische. Es wird also sehr viel mehr an Kapazität in Klimakanälen als in Windkanälen benötigt. Damit ergibt sich die Möglichkeit, erstere weiter zu spezialisieren. So sind solche für niedrige und andere für höhere Temperaturen gebaut worden, die „Kalt-" bzw. „Warmkanal" genannt werden. Ein Beispiel dafür bietet der *Warmkanal* der Mercedes-Benz AG, der 1990 vorgestellt wurde. Sein Aufbau geht aus Bild 12.72 hervor. Bei seiner Konzipierung standen die thermischen Parameter im Vordergrund; mit einem Strahlquerschnitt von $A_N = 4,3$ m² läßt sich die Umströmung eines Pkw nur annähernd abbilden. Da für die Auslegung von Klimaanlagen vor allem die kleinen Fahrgeschwindigkeiten kritisch sind, wurde seine Windgeschwindigkeit auf 100 km/h begrenzt.

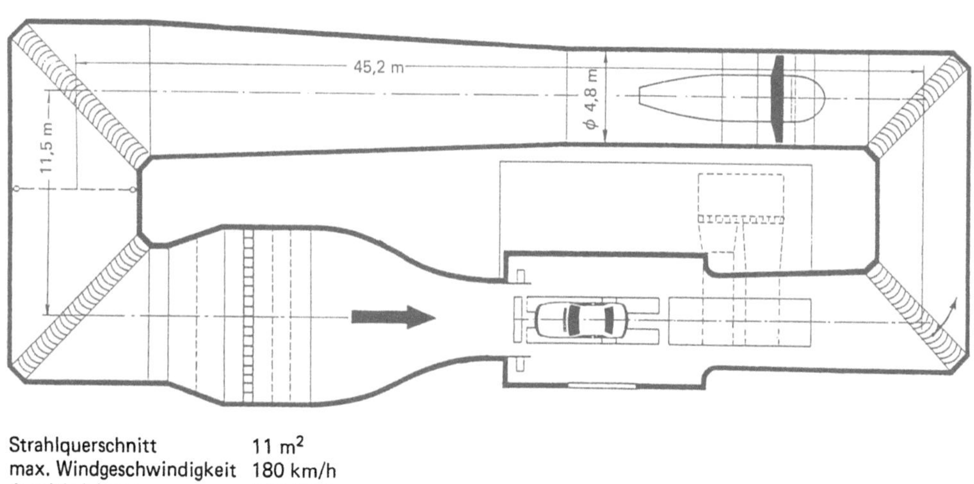

Strahlquerschnitt	11 m²
max. Windgeschwindigkeit	180 km/h
Antriebsleistung	1 120 kW
Temperaturbereich	−40° bis + 50 °C
Sonnensimulation	1 kW/m²

Bild 12.70. Klimakanal der Ford Werke AG nach [12.73].

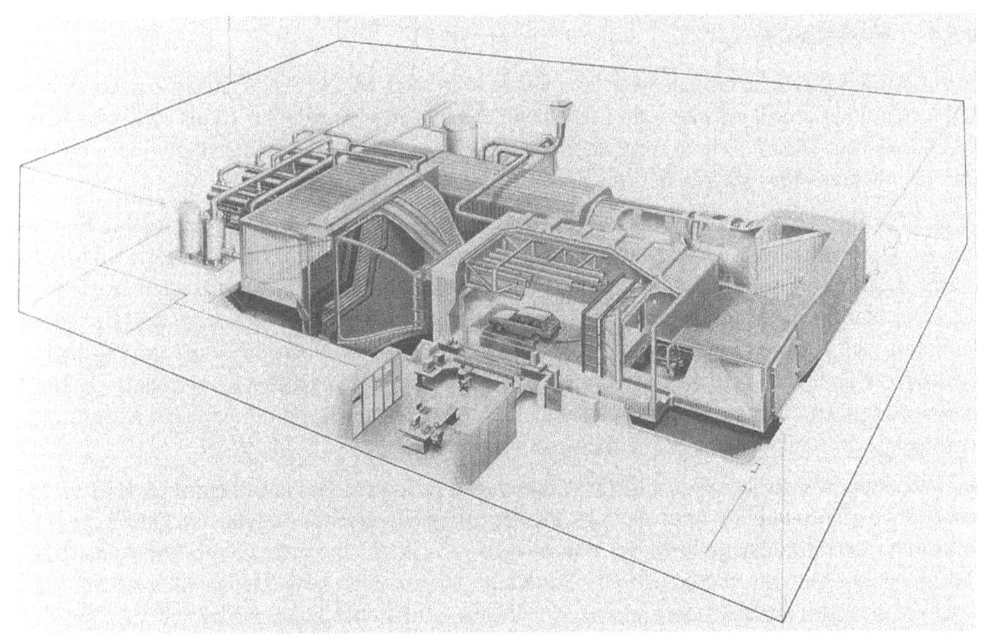

Bild 12 71   Klimawindkanal II der Volkswagen AG nach [12 69]

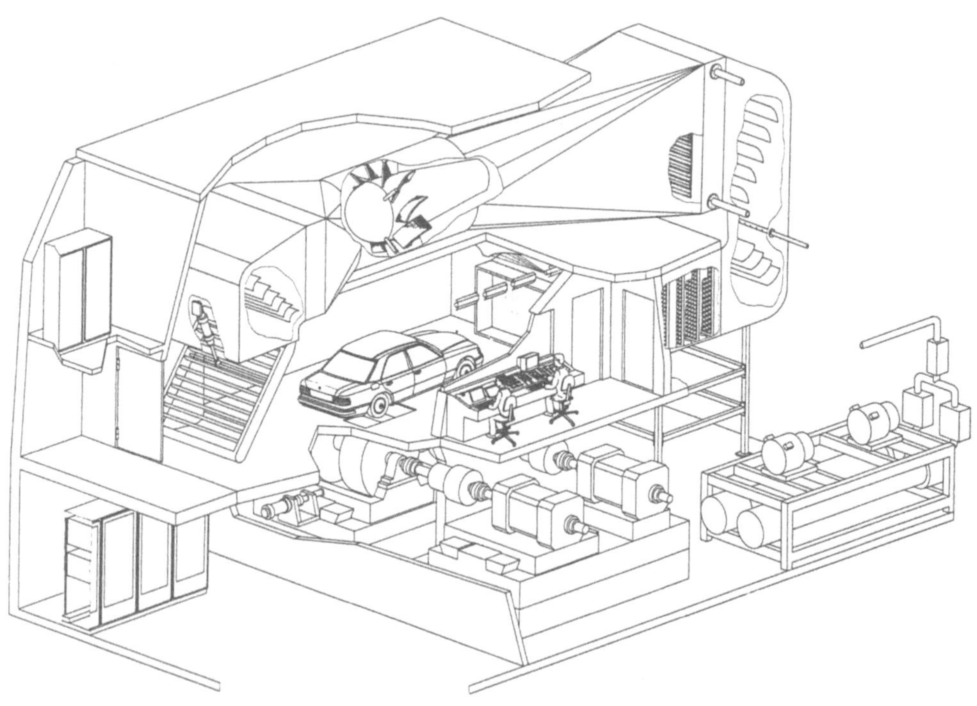

Bild 12 72   Warmkanal der Mercedes Benz AG, Zeichnung Mercedes-Benz AG

12.5.5 Blaskanäle

Blaskanäle dienen vor allem der Entwicklung von Motor- Kühlanlagen; dazu ist nur die Umströmung des Vorderwagens abzubilden. Bild 12.58 kann man entnehmen, daß bei Pkw dafür ein Strahlquerschnitt von 2 m² ausreicht; bei großen Nutzfahrzeugen sollten es dagegen 4 bis 5 m² sein.

Die „Packung" der Aggregate im Motorraum wird derzeit immer dichter. Um ihre Kühlung sicherzustellen, muß die Strömung gezielt um sie herum geführt werden. Das gelingt jedoch nur, wenn nicht nur die Zuströmung zum Fahrzeug nachgebildet wird, sondern auch die Strömung an seiner Unterseite, denn dorthin fließt die den Motorraum durchsetzende Luft ab.

Einen „klassischen" Blaskanal zeigt Bild 12.73; seiner Luftführung nach ist er ein Eiffel-Kanal. Mit drei verschiedenen Düsen und einer axial verschiebbaren Gebläseeinheit kann er jeder gängigen Fahrzeuggröße angepaßt werden. Neuere Blaskanäle werden, um die Umwelt nicht mit Lärm zu belasten, vornehmlich mit geschlossener Luftführung konzipiert; ein Beispiel dafür liefert Bild 12.74.

Auch bei den Blaskanälen zeichnet sich eine Spezialisierung ab. So betreibt die Audi AG seit 1987 in Neckarsulm einen *Akustik*-Blaskanal, der der Geräuschoptimierung von Hochleistungs-Pkw mit

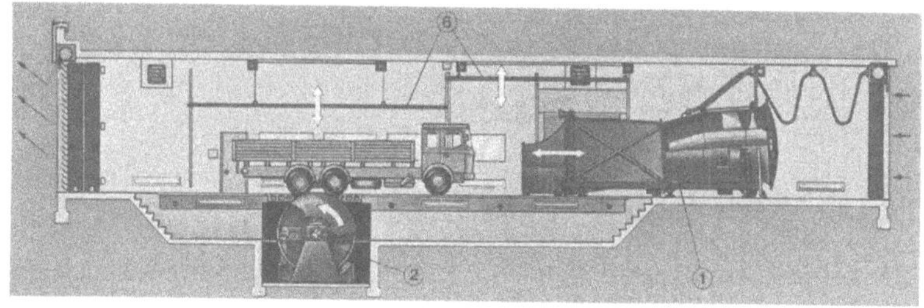

Bild 12.73.
Blaskanal
der Suddeutschen
Kuhlerfabrik
J. F. Behr
nach [12.78]

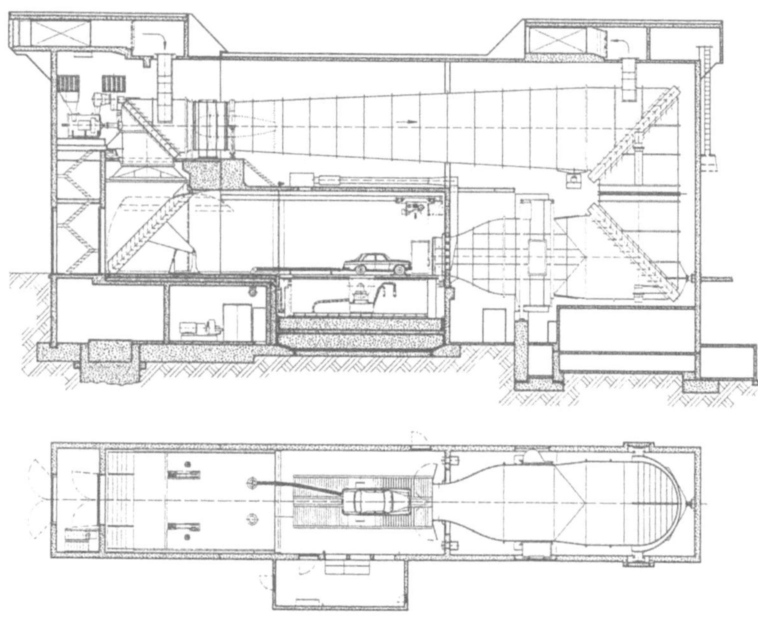

Bild 12.74.
Großer Blaskanal des
FKFS nach [12 79]

Allradantrieb dient. Damit der Lärm des für die Motorkühlung erforderlichen Luftstrahles nicht die zu untersuchenden Triebstranggeräusche des Prüflings verdeckt, waren besondere Vorkehrungen zur Luftschalldämmung zu treffen. Sie gehen aus Bild 12.75 hervor. Der Kulissenschalldämpfer nimmt zugleich die Aufgaben der Umlenkecken wahr; er wurde in Modellversuchen auf geringe Verluste optimiert.

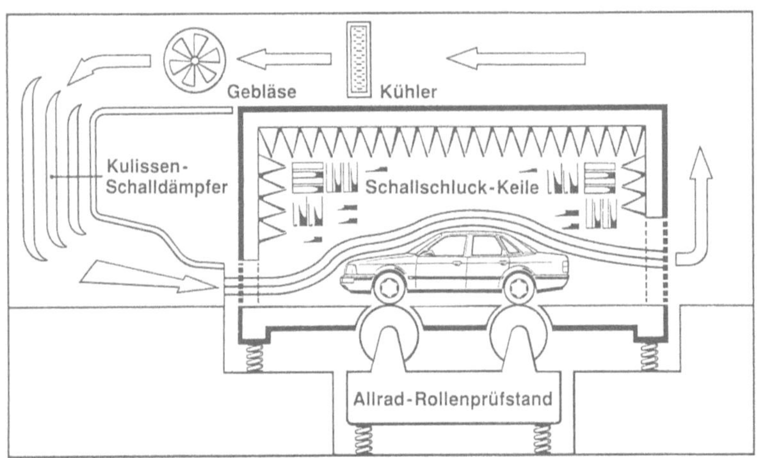

Bild 12.75.
Akustik-Blaskanal
der Audi AG
nach [12.80].

12.6 Windkanal-Vergleichsmessungen

Je mehr die Aerodynamik zum festen Bestandteil der Fahrzeugtechnik wurde, desto höher stiegen die Anforderungen, die an die Genauigkeit von Windkanalmessungen gestellt werden. Die Lösungsvorschläge der Aerodynamiker setzen sich in der Regel aus einer Vielzahl oft nur kleiner Schritte zusammen. Jeder für sich muß *einzeln* bewertbar sein, und zwar sowohl bezüglich seiner Funktion als auch seiner Auswirkungen auf Design und Kosten.

Dafür würden „Relativmessungen" noch ausreichen, nicht mehr aber, wenn es um definitive Entwicklungsziele, wie Verbrauch, Bergsteigfähigkeit, Behaglichkeit oder Höchstgeschwindigkeit geht. Diese sind mitbestimmend für die Position eines Fahrzeuges im Markt, und dort muß es sich dem Vergleich mit anderen stellen.

Schließlich werden aerodynamische Größen auch unmittelbar zur Kennzeichnung der Güte eines Fahrzeuges verwendet; allen voran wird der c_W-Wert für die Werbung benutzt. Und es werden damit Aussagen wie „Weltmeister" oder „Klassenbester" verknüpft, die ihrem Charakter nach *absolut* sind und ggf. einer gerichtlichen Überprüfung standhalten müssen.

Um die Zuverlässigkeit ihrer Versuchsergebnisse sicherzustellen, haben die Betreiber der großen Automobil-Windkanäle umfangreiche Vergleichsmessungen durchgeführt. Mit identischen Modellen wurde ein Ringvergleich unter zehn „full-scale"-Windkanälen in Europa, USA und Kanada unternommen; diese Kanäle verfügen über offene und geschlossene Meßstrecken und solche mit geschlitzten Wänden. In einer Reihe von SAE-Veröffentlichungen ist darüber ausführlich berichtet worden, vgl. [12.83] bis [12.86] sowie [12.43]. Die verwendeten Modelle sind dort ebenso beschrieben, wie die für den Vergleich wesentlichen Eigenheiten der Windkanäle und die routinemäßig angewandten Korrekturen. Weitere Vergleichsmessungen wurden im Rahmen der Untersuchungen über den Einfluß der Fahrbahnsimulation angestellt, vgl. Abschnitt 12.3.2. Unlängst wurden auch die akustischen Eigenschaften der Kanäle mit in den Vergleich einbezogen.

600

Exemplarisch für die Vielzahl der Ergebnisse ist Bild 12.76; dort werden die c_W-Werte miteinander verglichen, die an einem VW 1600 ermittelt wurden. Durch Anbringen von Spoilern ließ sich dessen Widerstand in einem weiten Bereich variieren. Angesichts der großen Unterschiede unter den Windkanälen ist die Standardabweichung mit ±2,2 %, entsprechend einem Widerstandsbeiwert von $\Delta c_W = \pm 0{,}009$ als sehr gut zu bezeichnen. Andererseits weisen Einzelmessungen, deren Abweichungen deutlich höher sind, auf *systematische* Fehler hin.

F. K. v. Schulz-Hausmann und J.-D. Vagt [12.12] haben die Mittelwerte obiger Messungen im Bild 12.77 zusammengefaßt und in Form der Abweichung vom Mittelwert aller Messungen aufgetragen. Daran fällt auf, daß die c_W-Werte aus den Kanälen mit geschlossener Meßstrecke – mit Ausnahme des DNW – deutlich höher, aus denen mit offener dagegen tiefer als der Mittelwert liegen, der selbst allerdings nicht notwendigerweise der „wahre" Wert ist. Die Meßwerte aus den Kanälen mit geschlossener Meßstrecke sind jeweils so korrigiert worden („blockage" und „buoyancy"), wie im betreffenden Kanal üblich, die aus den Freistrahl-Kanälen blieben ohne jegliche Korrekturen.

Konkret bedeuten die Angaben im Bild 12.77, daß für ein und dasselbe Fahrzeug Abweichungen im c_W-Wert auftreten können, die 5 % betragen, wenn dabei der Windkanal von St. Cyr wegen seiner ungewöhnlichen Bauart einmal unberücksichtigt bleibt. Aber nicht nur diese absolute Abweichung ist unbefriedigend. Auch bei „relativen" Messungen zeigten sich, wie aus Bild 12.78 hervorgeht, Unterschiede, die für Entscheidungen über die Produktgestaltung relevant sein können. So ergab sich, wenn z.B. ein Heckspoiler angebracht wurde (Modifikation von B nach G), in einem Kanal eine Widerstandsreduktion von 1,3 %, in einem anderen aber von 5,1 %. Das erstere Ergebnis würde möglicherweise dazu führen, daß auf den Spoiler verzichtet wird, während letzteres seinen Einsatz rechtfertigen mag.

Weit größere Abweichungen ergaben sich nach [12.12] bei den Auftriebsbeiwerten. Über die bereits beim Widerstand genannten Gründe (Versperrung und Druckgradient) hinaus können dafür Differenzen im Strahlwinkel, unterschiedlich dicke Bodengrenzschichten oder die Art der Aufnahme auf der Standwaage verantwortlich gemacht werden.

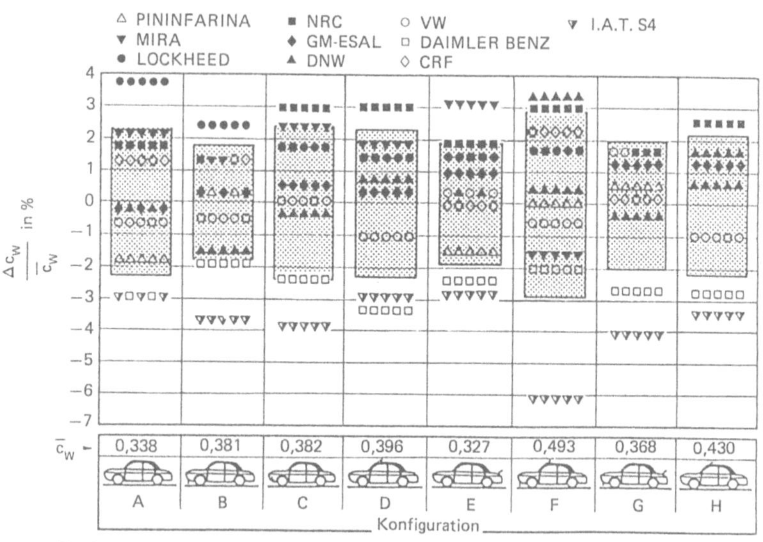

Bild 12.76. Vergleich von Widerstandsmessungen in 10 Automobil-Windkanälen in Europa, USA und Kanada nach [12.43].

$\overline{c}_W$ = Mittelwert aus 10 (8) Windkanälen

Standardabweichung vom Mittelwert aus 10 (8) Windkanälen

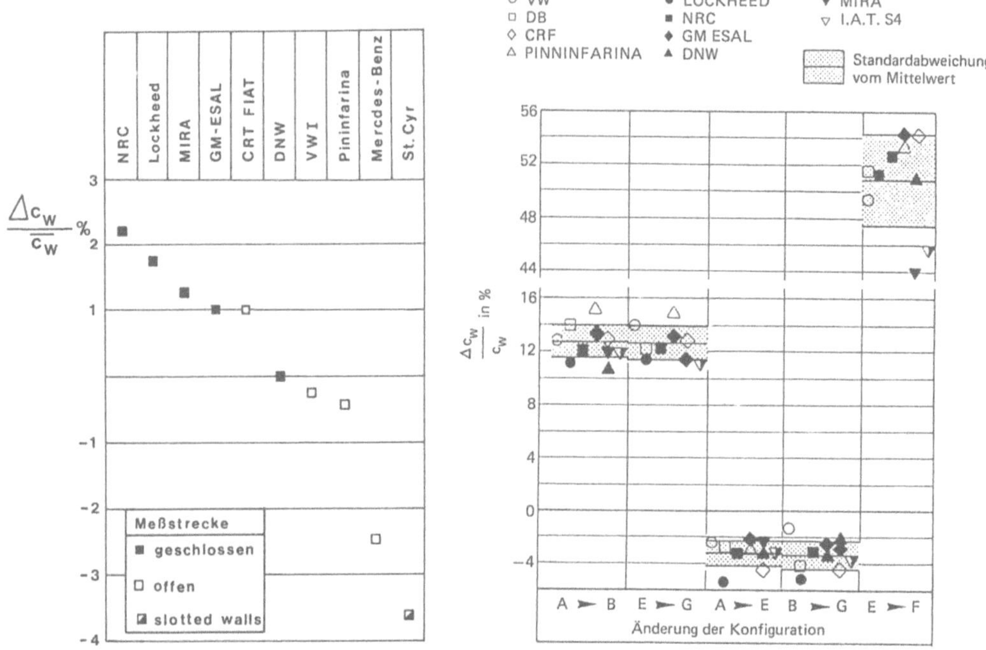

Bild 12.77. c_w-Wert-Vergleich wie im Bild 12.76 in einer Auswertung nach [12.12].

Bild 12.78. Änderung des c_w-Wertes durch sukzessiv vorgenommene Maßnahmen, Windkanäle wie im Bild 12.76, nach [12.43].

Die Erwartungen, die ursprünglich in die Vergleichsmessungen gesetzt wurden, haben sich nicht sofort erfüllt. Die Zahl der konstruktiven Details eines Windkanals, die die Meßergebnisse beeinflussen, ist zu groß, als daß eine derart globale Vorgehensweise zu einer universellen Korrekturformel führen könnte. Der Ringvergleich hat jedoch eine differenziertere Betrachtung ausgelöst. So konnten die Einflüsse der Art der Geschwindigkeitsmessung, der Meßstreckenlänge, des Auffangtrichters und der Bodengrenzschicht aus dem Komplex „Windkanalkorrekturen" herausgelöst werden. Für die geschlossene Meßstrecke ist es gelungen, zuverlässige Versperrungskorrekturen abzuleiten, vgl. [12.5]. Nur für die offene Meßstrecke stehen diese noch aus.

12.7 Ausblick

Nahezu alle großen Automobilhersteller verfügen heute über einen eigenen Groß-Windkanal und zusätzlich über *mehrere* Klima- und Blaskanäle. Bedenkt man, daß für einen 1:1-Windkanal zwischen 20 und 40 Mill. DM investiert werden müssen und daß dessen Betrieb mit hohen laufenden Aufwendungen verbunden ist, so wird allein daran evident, welchen hohen Stellenwert die Aerodynamik im Automobilbau inzwischen eingenommen hat.

Auffallend ist die große Mannigfaltigkeit, in der diese Windkanäle ausgeführt worden sind. Dafür gibt es ganz verschiedene Gründe. Einmal sind die mit ihnen verfolgten Ziele unterschiedlich. Wenn z.B. in einem Kanal die Modellpalette vom Pkw bis zum Rennfahrzeug reicht, wie bei Porsche, dann führt das zu einer anderen Auslegung, als wenn sich die Produktskala vom Pkw bis zum großen Nutzfahrzeug erstreckt, wie bei General Motors. Daß diese Differenzierung aber nicht zwingend ist, zeigt die Ähnlichkeit der Windkanäle von Volvo und Porsche.

602

Zum zweiten, und das wird bei einem Vergleich oft übersehen, darf man den Lerneffekt nicht vergessen. Zwischen dem Bau des ersten Groß-Windkanals, der für Zwecke der Automobilentwicklung 1939 von W. Kamm in Stuttgart erstellt wurde und der heute von Mercedes-Benz betrieben wird, und dem des jüngsten, der 1990 im FKFS, wiederum in Stuttgart, in Betrieb ging, liegen gut fünfzig Jahre. In dieser Zeit haben sich, meist empirisch, eine Reihe von Regeln gebildet, wie z.B. diese, daß für die Untersuchung von Pkw ein Strahlquerschnitt von 20 bis 25 m^2 ausreicht, die Versperrung also von dem aus der Luftfahrt entliehenen Wert von 5 % durchaus auf 10 % gesteigert werden darf. Vergleichbare Erkenntnisse sind für den Bau von Klima- und Blaskanälen entstanden.

Drittens kommt ein quantitatives Argument hinzu. Der Umfang an aerodynamischen und thermischen Versuchen hat derart zugenommen, daß *eine* Versuchsanlage „für alles" allein wegen der Auslastung nicht ausreicht. Der Zwang zu mehreren Versuchsanlagen begünstigte deren Spezialisierung auf ganz bestimmte Teilaufgaben, und diese Spezialisierung wird sich weiter fortsetzen.

Trotz ihrer Vervielfachung bilden die Windkanäle für Fahrzeuge in voller Größe noch immer Engpässe im Entwicklungsablauf. Abhilfe ist aus zwei Richtungen zu erwarten. Zum einen läßt sich die Technik der verkleinerten Modelle weiterentwickeln; die dazu bestehenden Ansätze wurden im Abschnitt 12.4 diskutiert. Zum anderen ist von der numerischen Strömungsmechanik eine Entlastung der Versuchseinrichtungen zu erwarten, und zwar sowohl bei Problemen der inneren Aerodynamik wie z.B. der Motor- und der Fahrgastraumdurchströmung, als auch bei solchen der äußeren; das wird im Abschnitt 14 dargestellt. Dabei muß ein vernünftiges Ziel darin gesehen werden, Modelltechnik und Numerik zur Entwicklung von alternativen Formvorschlägen zu nutzen und den großen Windkanal vornehmlich zu deren Verifizierung einzusetzen.

12.8 Bezeichnungen

A	Stirnfläche des Modells
A_N, A_D	Querschnittsfläche der Windkanaldüse
A_C	Querschnittsfläche des Kollektors
L	Länge der Meßstrecke
L_p	Schalleistungspegel
Ma_∞	Machzahl der Zuströmung
Ma_∞^*	kritische Machzahl der Zuströmung, Bild 12.55
Q_L	Wärmestrom, Gl. (12.2)
R	Radius
Re	Reynolds-Zahl, Gl. (12.8)
Tu	Turbulenzgrad, Bild 12.14
U	Geschwindigkeit
U	Umfang der Düse
U_∞	Geschwindigkeit der ungestörten Zuströmung
V	Geschwindigkeit
V_B	Geschwindigkeit des Laufbandes, Bild 12.26
V_∞	Geschwindigkeit der ungestörten Zuströmung
W_0	gemessener Widerstand, Gl. (12.4)
W	wahrer Widerstand, Gl. (12.4)
b	Breite
c_Q^*	Absaugeparameter, Bild 12.30
c_W	Widerstandsbeiwert
d_N	hydraulischer Durchmesser der Windkanaldüse
e	Bodenabstand
k	Düsenfaktor, Gl.(12.3)
l	Modellänge
p	statischer Druck
q_∞	Staudruck der ungestörten Zuströmung
s	Spaltweite, Bild 12.30
u	lokale Geschwindigkeit
u_1	Zusatzgeschwindigkeit, Gl. (12.4)
v	lokale Geschwindigkeit
v_A	Durchsatzgeschwindigkeit („face-velocity")
v_J	Ausblasgeschwindigkeit
x, y, z	rechtwinkliges Koordinatensystem
Δ	Differenz
α	Winkel des Heckdiffusors, Bild 12.28
β	Schiebewinkel
δ	dimensionslose Meßstrecke
δ	Grenzschichtdicke, Bild 12.22
δ_1	Verdrängungsdicke, Bild 12.22
δ_2	Impulsverlustdicke, Bild 12.22
η	dimensionsloser Radius, Bilder 12.52, 12.54
κ	Kontraktionsverhältnis, Bild 12.14
λ	Einflußparameter der Form, Gln. (12.5), (12.6)
ν	kinematische Zähigkeit der Luft
ρ	Luftdichte
τ	Einflußparameter der Meßstreckenberandung, Gln. (12.5), (12.6)
φ	Versperrungsverhältnis
ω	Winkelgeschwindigkeit, Bild 12.44

13 Meß- und Versuchstechnik

Gorgun A Necatı

13.1 Einleitung

In diesem Abschnitt werden im ersten Teil die Instrumente und Gerate beschrieben, die bei der aerodynamischen Entwicklung von Fahrzeugen zum Einsatz kommen Im zweiten Teil folgt eine Darstellung der Meßverfahren, die im Windkanal und auf der Straße Anwendung finden

13.2 Meßgeräte und Meßwertaufnehmer

13.2.1 Messung aerodynamischer Kräfte und Momente

Die prazise Messung aerodynamischer Krafte und Momente, die auf das Fahrzeug einwirken, geschieht in der Regel in einem Windkanal mit Hilfe einer aerodynamischen Waage Als Koordinatensystem wird ein rechtwinkliges, senkrechtes Achsenkreuz gewahlt, wie es im Bild 4 119 definiert ist Sein Ursprung liegt in der Mitte der Radaufstandsflachen Es ist auf das Fahrzeug bezogen und hat den Vorteil, daß die Richtungen der Koordinatenachsen mit denen des in der Fahrdynamik angewandten Koordinatensystems ubereinstimmen, wie es z B in der SAE [13 1] vereinbart wurde Aus diesem Grund ist es moglich, Daten aus dem Windkanal mit richtigen Vorzeichen fur die fahrdynamischen Untersuchungen zu ubernehmen, wenn der Einfluß aerodynamischer Krafte und Momente auf die Fahreigenschaften untersucht werden soll Dieses Koordinatensystem weicht jedoch von dem in der Flugtechnik gebrauchlichen ab, die x- und die z-Achse weisen dort in die entgegengesetzte Richtung

13 2 1 1 Windkanal-Waagen

Aufgabe der Windkanal-Waage ist es, die auf das Fahrzeug einwirkende, resultierende Luftkraft und das resultierende Moment zu messen und diese in Richtung der drei Koordinatenachsen zu zerlegen (Sechs-Komponenten-Waage) Wird das Fahrzeug symmetrisch angestromt – der Schiebewinkel ist dann gleich Null – treten Krafte nur in x- und z- Richtung und ein Moment um die y-Achse auf, es genugt dann eine Waage einfacherer Ausfuhrung, eine Drei-Komponenten-Waage

Zur Durchfuhrung praziser Kraft- und Momentmessungen mussen Windkanal-Waagen eine ganze Reihe von Voraussetzungen erfullen

– Die zur Waage gehorenden Bauteile durfen die Umstromung des Testfahrzeuges nicht verandern Wenn eine Hilfskonstruktion benutzt wird – z B bei der Befestigung des Fahrzeugmodells an einem Stiel – muß zunachst deren Einfluß auf die Meßergebnisse festgestellt werden, um die Meßwerte entsprechend korrigieren zu konnen

– Wahrend der Messung darf sich die Fahrzeuglage nicht verandern

– Da die zu messenden Auftriebskrafte nur Bruchteile der ursprunglichen Radaufstandskrafte sind, mussen die Vorlasten in Richtung der z-Achse durch entsprechende Taragewichte kompensiert werden

– Wenn Messungen bei sich veranderndem Schiebewinkel durchgefuhrt werden sollen, muß die Waage um die z-Achse entsprechend weit drehbar sein

– Die Kraftübertragung zwischen Testobjekt und den Meßdosen muß reibungslos und hysteresefrei erfolgen. Aus diesem Grund ist die Verwendung spezieller Präzisionselemente, wie Kombinationen aus Kreuzschneiden und Kreuzpfannen, elastische Aufhängungen oder hydrostatische und pneumatische Lager, notwendig.

Heute werden fast ausschließlich automatische Waagen eingesetzt. Lange Zeit waren Balkenwaagen vorherrschend. Ihr Wiegeelemente bestehen aus Waagebalken mit elektrisch verstellbarem Laufgewicht. Wenn sich der Balken nach unten neigt, verschiebt ein Antriebsmotor das Laufgewicht automatisch solange in Gegenrichtung, bis der Balken wieder im Gleichgewicht ist. Die Endstellung des Laufgewichtes wird als Maß für die Größe der zu messenden Kraft genommen.

Eine preiswertere Methode, die zu ermittelnden Kräfte zu messen, ist die Verwendung hochpräziser, elektrischer Kraftmeßzellen; sie finden in modernen Windkanal-Waagen zunehmend Verwendung. In der Regel handelt es sich dabei um kapazitive oder induktive Meßwertaufnehmer oder um Dehnmeßstreifen (DMS).

13.2.1.2 *Zerlegung der aerodynamischen Kräfte und Momente in ihre Komponenten*

Um die bereits erwähnten drei Kräfte und drei Momente im einzelnen ermitteln zu können, werden die gemessenen Größen entsprechend zerlegt. Dies geschieht, abhängig von der Bauweise der Waage, in unterschiedlicher Art und Weise. Die verschiedenen Ausführungen der 6-Komponenten-Waage, die für Fahrzeugtests im Windkanal entwickelt wurden, sind im Bild 13.1a zusammengefaßt. Als ein Ausführungsbeispiel ist eine Waage in Schwimmrahmen-Ausführung im Bild 13.1b vereinfacht dargestellt; sie entspricht Fall 2 im Bild 13.1a. Eine ausführliche Behandlung der Windkanal-Waagen haben T. PREUSSER et al. [13.2] vorgelegt.

Das örtliche Strömungsfeld um die Räder erzeugt normalerweise auf der Oberseite der Plattformen, auf denen die Räder des Fahrzeuges stehen, einen statischen Druckabfall. Durch die statische Druckdifferenz zwischen der Ober- und Unterseite der Plattformen entsteht eine zusätzliche Kraftkomponente, die von der Waage gemessen wird. Sie verfälscht somit die Auftriebskraftmessung. Die Fläche der Oberseite der Plattformen muß daher so klein wie möglich gehalten werden. Gleichzeitig muß aber auch die Möglichkeit der Einstellung des Radstandes und der Spurweite gewährleistet sein, damit Testfahrzeuge unterschiedlicher Größe gemessen werden können. Im Bild 13.1b wird ein Weg gezeigt, dieses Problem zu lösen: Die auf den Plattformen angebrachten Kopfplatten lassen sich vorwärts und rückwärts verschieben, um eine Anpassung an den jeweiligen Radstand zu ermöglichen. Die verbleibenden Öffnungen über den Meßplattformen sind mit verschiebbaren Platten abgedeckt, die mit dem Boden der Meßstrecke abschließen, der im Bild nicht dargestellt ist. Die seitliche Position jeder dieser Kopfplatten läßt sich ebenfalls verändern, und ein aus mehreren Gliedern bestehendes Band, das auf dem Boden der Meßstrecke aufliegt, bedeckt die restliche Fläche. Auf diese Weise wird ein ebener Meßstreckenboden mit minimaler Kopfplattenfläche erreicht.

Eine weitere Möglichkeit, gewünschte Radstand- und Spurweiten-Einstellungen zu erreichen, ist im Bild 13.2 dargestellt. Zwei exzentrische, runde Platten sind für jedes Rad vorgesehen. Die kleinere der Platten ist die Kopfplatte der Waage; die größere, äußere Platte wird vom Boden der Meßstrecke getragen. Durch Drehen der Platten kann die Kopfplatte in die gewünschte Stellung gebracht werden; jede Kombination von Spurweite und Radstand läßt sich einstellen. Weitere Einzelheiten sind der Veröffentlichung von K. KELLY et al. [13.3] zu entnehmen.

Wenn die Fläche der für die Räder vorgesehenen Kopfplatten nicht ausreichend klein ist, bleibt ein Auftriebsfehler unausweichlich. In diesem Fall müssen die durchschnittlichen statischen Druckwerte auf der Oberseite jeder Platte bestimmt werden. Die Differenz zwischen dem auf Ober- und Unterseite einwirkenden statischen Druck multipliziert mit der Plattenfläche ergibt die Kraft, die als Auftriebsfehler berücksichtigt werden muß.

606

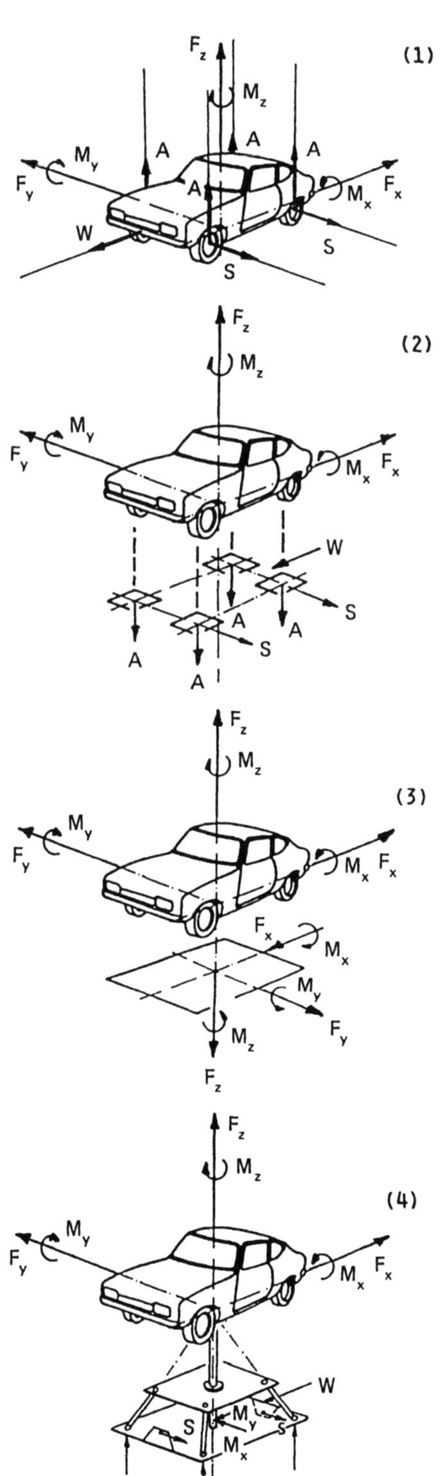

Bild 13.1a. Übersicht über verschiedene Windkanal-Waagen.

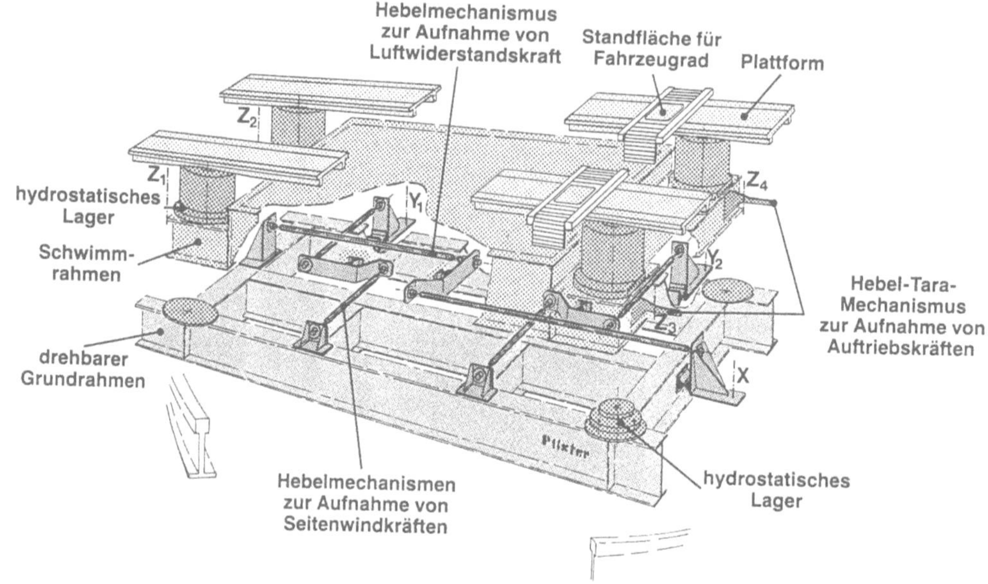

Bild 13.1b. Sechs-Komponenten-Waage mit hydrostatischen Lagern, Grundrahmen und Schwimmrahmen. Die Auftriebskraft, die Roll- und Nickmomente werden aus den vier Auftriebskraften Z1, Z2, Z3 und Z4 abgeleitet Die Seitenkraft und das Giermoment werden aus Y1 und Y2 berechnet

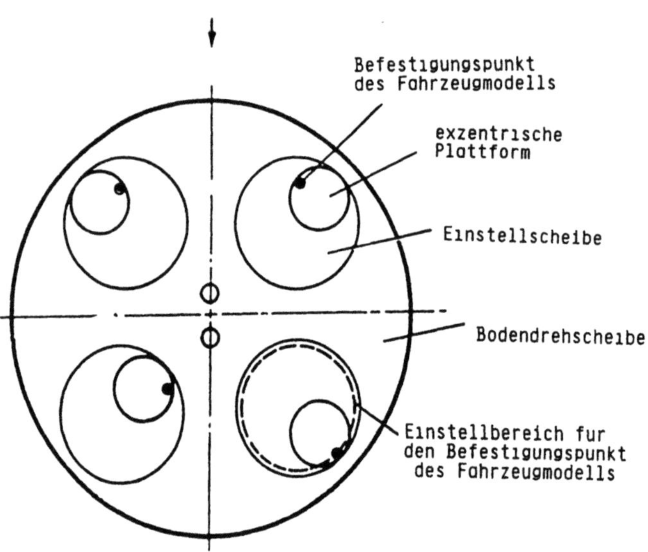

Bild 13.2. Radstand- und Spureinstellmoglichkeit durch Verwendung exzentrischer Platten nach [13.3].

13.2.1.3 Messung der Stirnfläche

Um die Beiwerte der aerodynamischen Kräfte und Momente berechnen zu können (vgl. Abschnitt 2.3.3.5), muß die Stirnfläche bekannt sein. Verschiedene Meßmethoden wurden entwickelt, um diese zu messen, siehe M.-A. BEECK und B. STOFFREGEN [13.4]:

Das wohl älteste Verfahren ist die Schattenmessung. Die Außenkontur des Fahrzeuges wird dabei mit Hilfe eines Scheinwerfers (Spotlicht) ermittelt. Er muß in ausreichender Entfernung vom Fahrzeug

608

(200 m oder mehr) in der Symmetrie-Ebene des Fahrzeuges in halber Fahrzeughöhe aufgestellt werden. Hinter dem Fahrzeug wird senkrecht zur Symmetrie-Ebene des Fahrzeuges eine transparente Wand installiert. Auf ihr erscheint der Fahrzeugschatten. Seine Berandung kann aufgezeichnet und anschließend planimetriert werden. Trotz der großen Entfernung der Lichtquelle vom Fahrzeug muß der Fehler, der durch die Divergenz der Lichtstrahlen entsteht, korrigiert werden. Auf diese Weise kann eine Meßgenauigkeit von ± 0,5 % erreicht werden.

Eine im Prinzip ähnliche Messung ist mit einer Fotoaufnahme des Fahrzeuges ebenfalls aus großer Entfernung möglich. Dazu werden Objektive mit großer Brennweite (1000 mm oder größer) verwendet. Die Meßgenauigkeit dieses Verfahrens ist vergleichbar mit der des Schatten-Verfahrens.

Mit Hilfe der Laser-Technik wurden Stirnflächenmeßverfahren entwickelt, die in kleinem Raum und ohne Beleuchtungsdivergenzfehler Meßwerte mit hoher Genauigkeit liefern [13.4]:

Das Fahrzeug wird parallel zu seiner Symmetrie-Ebene mit einem Laser (z.B. Helium-Neon) bestrahlt. Der Laser ist auf einer zweidimensionalen Traversiereinrichtung montiert, deren Bewegungsebene senkrecht zur Fahrzeugsymmetrie-Ebene angeordnet ist. Hinter dem Fahrzeug befindet sich ein Laserlicht-Detektor, der ebenfalls auf einer Traversiereinrichtung montiert ist und sich in einer Ebene parallel zur Ebene der ersten Traversiereinrichtung bewegt. Die Bewegungen des Lasers und des Detektors laufen synchron ab. Damit kann die Außenkontur des Fahrzeuges abgetastet und anschließend die Stirnfläche ermittelt werden.

Wenn anstatt des Detektors eine CCD-Arraykamera montiert und zwischen dem Fahrzeug und der Kamera eine Maratascheibe angebracht wird, kann das auf der Maratascheibe entstehende Schattenbild digitalisiert und in einem Rechner gespeichert werden (ISRA-Verfahren). Aus diesen Meßwerten kann schließlich die Stirnfläche errechnet werden.

In einem weiteren Meßverfahren wird hinter dem Fahrzeug anstatt des Laserlicht-Detektors eine retroreflektive Wand installiert, siehe Bild 13.3. Das Lasergerät, in dessen Optik gleichzeitig der Detektor integriert ist, befindet sich auf einer Traversiereinrichtung. Die Außenkonturen des Fahrzeuges werden erfaßt, wenn die Laserstrahlen die Wand erreichen und dort reflektiert werden. Auf diese Weise gewonnene Daten ermöglichen, die Fahrzeugaußenkontur und damit die Stirnfläche zu ermitteln.

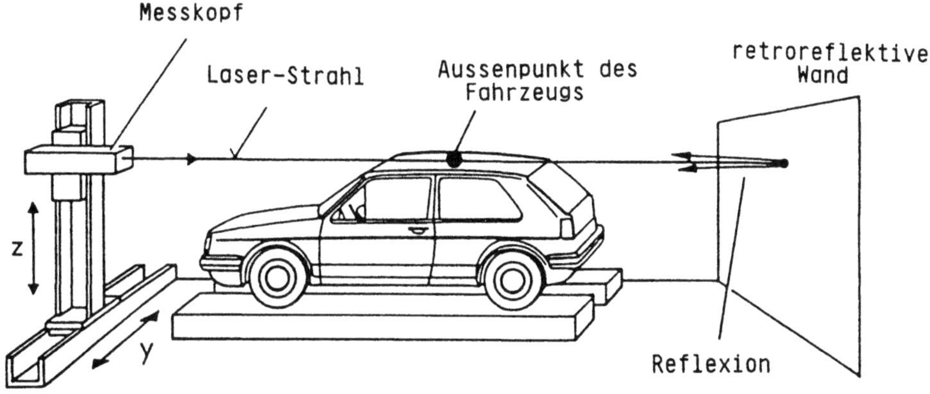

Bild 13 3   Messung der Stirnflache mit Hilfe der Lasertechnik nach [13 4].

13.2.2 Druckmessungen

Zu den im Windkanalbetrieb am häufigsten vorkommenden Aufgaben gehört die Messung des Staudruckes oder statischen Druckes in einem freien Luftsttrom. Außerdem wird sehr oft die durch die Luftströmung über einer festen Fläche entstehende statische Druckverteilung gemessen.

13.2.2.1 Druckmeßsonden

Die Messung des Staudruckes und des statischen Druckes in einem freien Luftstrahl läßt sich am einfachsten mit einem Staurohr nach Bild 13.4 durchführen. Der Gesamtdruck g wird an der Öffnung am Sondenkopf und der statische Druck p an den Löchern oder Schlitzen im Staurohr gemessen. Die Druckdifferenz g – p entspricht dem dynamischen Druck, auch Staudruck genannt; aus ihr kann die Strahlgeschwindigkeit nach Gl. (2.11) bzw. Gl. (13.1) errechnet werden.

Zum Messen werden verschiedene Typen von Staurohren verwendet. Sie unterscheiden sich in der Form ihres Sondenkopfes. Als Kopfformen kommen zum Einsatz: eine Halbkugel, ein Ellipsoid und gelegentlich auch ein Konus.

Das Staurohr liefert in einem freien Luftstrahl, der weitgehend drall- und wirbelfrei ist, präzise Ergebnisse. Seine Achse muß mit der Strömungsrichtung übereinstimmen, sonst treten Fehler auf. Dieser Fehler ist im Bild 13.4 für ein Staurohr mit Halbkugelkopf in Abhängigkeit vom Anströmwinkel dargestellt, vgl. A. POPE und J. J. HARPER [13.5]. Daran ist zu erkennen, daß Anströmwinkel bis zu 12° eine Verfälschung des Staudruckes von weniger als 1 % verursachen – eine für die meisten Meßaufgaben akzeptable Meßgenauigkeit.

Die Empfindlichkeit des Staurohres gegen Schräganströmung wird stark von der Form seines Kopfes beeinflußt; ellipsoidaler Kopf und Halbkugelkopf sind in etwa gleichwertig. Ein Standardstaurohr mit konischem Kopf (N.P.L.) ist jedoch erheblich empfindlicher, vgl. S. M. GORLIN und I. I. SLEZINGER [13.6] und R. C. PANKHURST und D. W. HOLDER [13.7]. Eine korrekte Ausrichtung ist für diesen Typ besonders wichtig.

Eine Sonderform des Staurohres ist die Pitot-Sonde: Bei dieser fehlen die Öffnungen für die Messung des statischen Druckes; mit ihr kann man nur den Gesamtdruck messen, Bild 13.5a. Durch entsprechende Formgebung des Sondenkopfes kann sie nach W. WUEST [13.8] bis zu Anströmwinkeln von über ± 30° zuverlässig arbeiten. Die Kiel-Sonde ist ein extrem richtungsunempfindliches

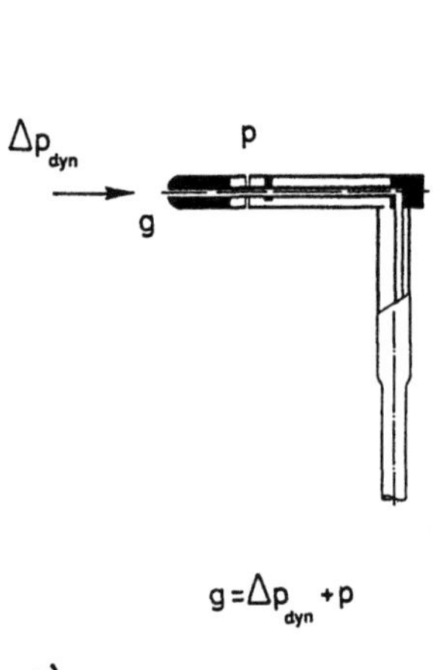

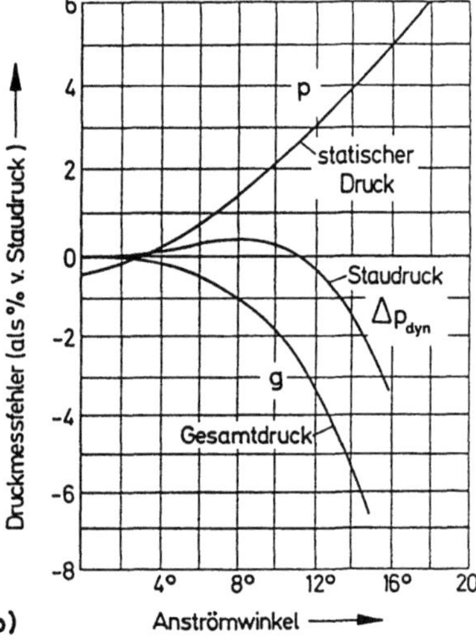

Bild 13.4. Meßfehler eines Staurohres mit Halbkugelkopf bei Schräganströmung nach [13.5]. Anmerkung: Der statische Druck ist mit negativem Vorzeichen aufgetragen.

610

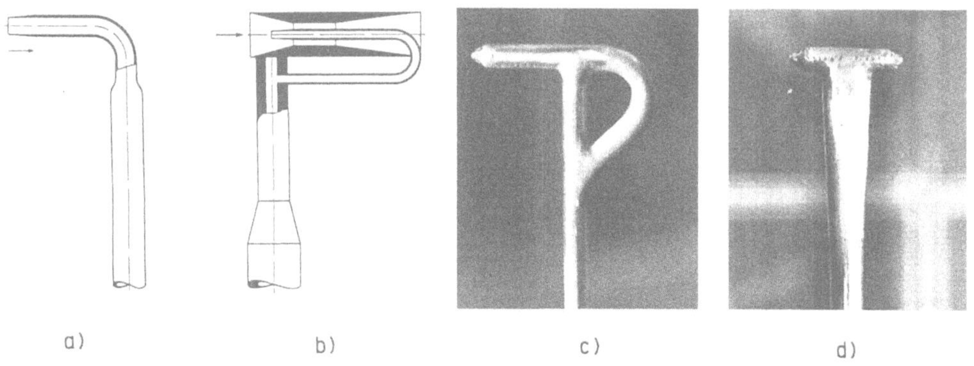

Bild 13.5. Gesamtdrucksonden
a) Pitot-Sonde; b) Kiel-Sonde; c) Sieben-Loch-Sonde nach [13.9];
d) Vierzehn-Loch-Sonde (6 mm Durchmesser, 28 mm Lange) nach [13.10].

Pitot-Rohr, bei dem der Kopf zusätzlich abgeschirmt ist, siehe Bild 13.5b. Sie kann nach [13.8] Schräganströmung bis über ± 60° vertragen. Kiel-Sonden werden oft für Messungen in instationären Strömungsfeldern, so z.B. im Nachlauf, verwendet.

Eine Weiterentwicklung der Kiel-Sonde stellt die „Sieben-Loch-Sonde" dar, die aus einem Bündel von sieben Pitot-Sonden besteht, Bild 13.5c. Die Zwischenräume der Sonden sind gefüllt, und der gemeinsame Sondenkopf ist konisch geformt, siehe A. Cogotti [13.9]. Diese Sonde verträgt Schräganströmungswinkel bis ± 70°, arbeitet jedoch bei Windgeschwindigkeiten unterhalb von 8 m/s ungenau.

Die von A. Cogotti [13.10] entwickelte „Vierzehn-Loch-Sonde" setzt sich aus zwei Sieben-Loch-Sonden zusammen (Bild 13.5d). Deren Achsen liegen auf einer Linie, während die beiden Sonden-köpfe einander um 180° entgegengerichtet sind. Damit können sowohl Gesamtdruck und statischer Druck als auch die Position des Geschwindigkeitsvektors im Raum gemessen werden. Die Sonde funktioniert in einem Anströmwinkelbereich von ±180°; ihre Kalibrierung ist sehr aufwendig. Sie arbeitet bis zu einem unteren Geschwindigkeitsgrenzwert von 4 m/s zuverlässig.

Die Verteilung der statischen Drücke auf der Karosserie wird gewöhnlich mittels einer kleinen, dünnen, scheibenförmigen Sonde gemessen, die „Wanze" genannt wird. Als Skizze ist sie im Bild 13.6a dargestellt. Sie kann mit Hilfe von doppelseitigem Klebeband auf der Karosserie angebracht werden. Ein Loch mit einem Durchmesser von 0,8 mm, das in die Mitte des Sensors gebohrt wird, ist durch eine radiale Bohrung mit einem Anschlußröhrchen verbunden, das an der Seite der Sonde angelötet ist, und dieses ist wiederum durch einen Plastikschlauch mit einem Druckmeßwertaufneh-mer verbunden.

Bild 13.6a zeigt, daß der Fehler dieses Sensors vernachlässigbar klein ist, wenn er auf einer *ebenen* Fläche angebracht ist. Wenn der statische Druck auf einer stark *gekrümmten* Fläche gemessen werden soll, kann der Fehler des Sensors indessen unzulässig hoch werden.

Wenn mehrere Sensoren gleichzeitig eingesetzt werden, ist darauf zu achten, daß die lokale Strömung nicht durch die Plastikschläuche verändert wird.

Vielfach wird die Karosserie auch direkt angebohrt. Dabei hat es sich bewährt, die Meßstelle nach einem Vorschlag von G. W. Carr und M. J. Rose [13.11] so auszustatten, wie im Bild 13.6b zu sehen. Unmittelbar hinter der Bohrung wird eine Kunststoffkapsel angeklebt, die ein relativ großes Volumen aufweist.

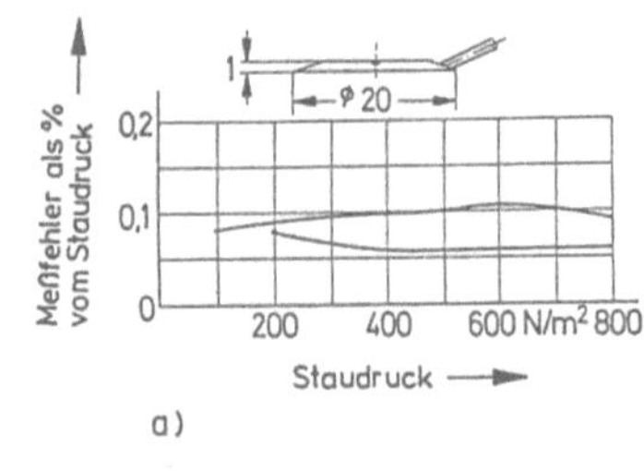

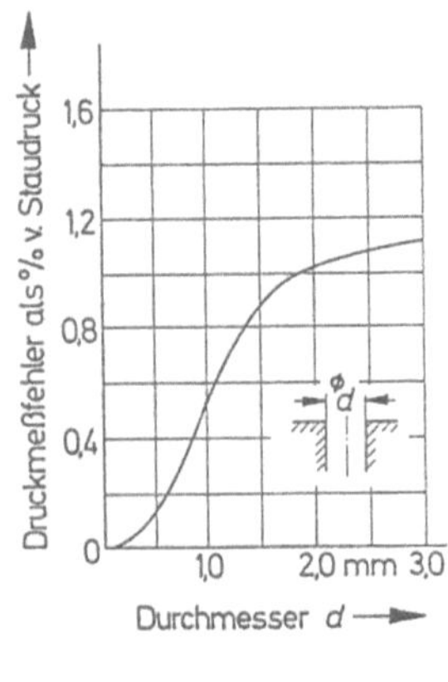

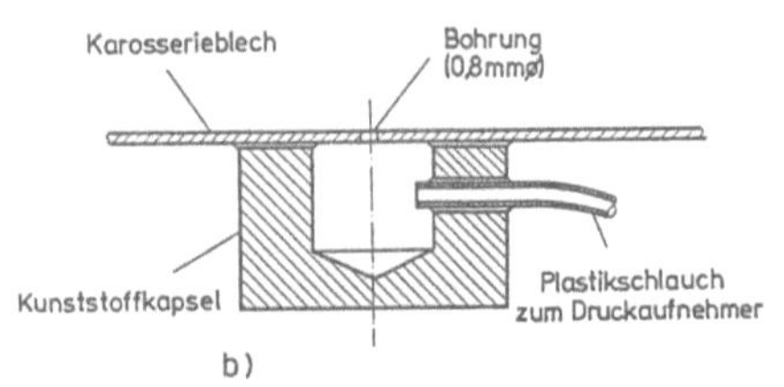

Bild 13.6. a) Sensor zur Messung des statischen Druckes und dessen Meßfehlerbereich nach [13.8]; b) Statische Druckmessung am Karosserieblech ohne Veränderung der örtlichen Strömungsverhältnisse an der Meßstelle nach [13.11]; c) Einfluß des Bohrungsdurchmessers auf den Meßfehler einer statischen Drucksonde nach [13.6].

Wenn der Bohrungsdurchmesser nicht korrekt gewählt wird, kann dies zu einer Verfälschung der Meßergebnisse führen. Bild 13.6c zeigt, wie die Größe des Fehlers vom Bohrungsdurchmesser abhängt. Durchmesser von bis zu 1 mm werden für die meisten Meßaufgaben als annehmbar genau angesehen.

13.2.2.2 *Meßwertaufnehmer für Drücke*

Die Druckaufnehmer werden mittels Plastikschläuchen mit den Druckmeßsonden verbunden. Die zu messenden Drücke sind in den meisten Fällen niedrig, sie liegen im Bereich von 10 bis 1000 Pa. In der Regel wird eher die Messung der Differenzdrücke als die der absoluten Druckwerte verlangt. Bei den im Windkanalbetrieb gemessenen Drücken handelt es sich äußerst selten um konstante Werte. Der Einsatz von Meßgeräten mit guten Dämpfungseigenschaften ist daher von Vorteil. Früher wurden vorwiegend Flüssigkeits-Manometer eingesetzt. Sie sind einfach in der Handhabung, wegen fehlender Signalwandlung ist das Risiko einer Fehlfunktion gering, und dank der Trägheit der Flüssigkeitssäule besitzen sie gute Dämpfungseigenschaften. Ein Schrägrohr-Manometer in Kombination mit einer Flüssigkeit niedriger Dichte, wie z.B. Alkohol, ermöglicht die Messung sehr niedriger Drücke [13.5][13.7][13.8].

Eine Weiterentwicklung der Flüssigkeits-Manometer stellt das Projektionsmanometer nach A. BETZ dar [13.7][13.8]. Ein vergrößertes Abbild der Schwimmerskala, die proportional zur gemessenen Druckdifferenz steigt und sinkt, ermöglicht Druckmessungen mit hoher Auflösung. Wegen seiner guten Ablesbarkeit eignet sich das Betz-Manometer besonders gut als Kontrollinstrument für wichtige Betriebsparameter, wie z.B. den Vorkammerdruck im Windkanal.

Weitere Druckmeßwertaufnehmer sind mechanische oder elektrische Geräte: Die mechanischen Aufnehmer arbeiten mit Membrankörpern oder Tauchglocken, um das Drucksignal in eine lineare Bewegung umzuwandeln und anschließend an ein Anzeigegerät zu übertragen. Sie werden in der Fahrzeug-Aerodynamik kaum verwendet. Bei den elektrischen Aufnehmern wird die physikalische Verschiebung, z.B. die Auswölbung einer Membran, in ein elektrisches Signal umgewandelt. Als Signalwandler werden kapazitive, induktive oder piezoelektrische Bausteine ebenso eingesetzt wie Dehnmeßstreifen. Seltener werden auch Potentiometer verwendet [13.6].

Die elektrischen Aufnehmer ermöglichen die kontinuierliche Aufzeichnung von Daten auf Linienschreiber oder Magnetband. Außerdem bieten sie den Vorteil der computergerechten Datenerfassung und -verarbeitung. Sie haben die „klassischen" Meßgeräte auf Basis des U-Rohrs fast vollständig verdrängt.

Die mechanischen und elektrischen Druckaufnehmer haben einen deutlich höheren Frequenzgangbereich als die Flüssigkeits-Manometer. Aus diesem Grunde ist für die meisten Messungen im Windkanal eine zusätzliche Dämpfung erforderlich. Diese Dämpfung kann entweder auf der pneumatischen Seite, d.h. zwischen Drucksensor und Aufnehmereingang erfolgen. Oder sie wird auf der elektrischen Seite, zwischen Aufnehmerausgang und Datenaufzeichnung, vorgenommen.

Zur Glättung der Druckschwankungen vor ihrer Umwandlung in ein elektrisches Signal ist entweder eine Widerstands- oder eine volumetrische Dämpfung möglich. Die Widerstands-Dämpfung wird mittels eines langen Plastikschlauches mit einem Durchmesser von 1 mm oder weniger erzielt. Seine Länge kann verändert werden, um die gewünschte Dämpfung zu erzielen. Die volumetrische Dämpfung wird erreicht, indem Abschnitte mit großem Durchmesser in die Verbindungsleitung zwischen Sensor und Aufnehmer eingesetzt werden. Eine Kombination beider Dämpfungsarten ist vorteilhaft, wenn sehr kleine Drücke gemessen werden sollen, wie dies zum Beispiel bei der Messung des Luftdurchsatzes durch den Fahrgastraum der Fall ist, vgl. Abschnitt 13.3.3. Wenn Signalglättung auf der elektrischen Seite vorgezogen wird, kann die gewünschte Dämpfung mit Hilfe eines Aktivfilters zwischen Meßwertaufnehmer und Aufzeichnungsgerät erzielt werden.

Bei bestimmten Meßaufgaben, so z.B. in der Aero-Akustik, sollen die Druckschwankungen jedoch aufgelöst werden. In diesem Fall muß die Dämpfung des Drucksignals so klein wie möglich sein. Die Anbringung eines kleinen, hochempfindlichen Druckmeßwertaufnehmers direkt an der Meßstelle ohne Verbindungsschläuche stellt einen zweckmäßigen Meßaufbau dar. Piezoelektrische Druckaufnehmer oder Meßmikrofone sind für diese Art der Messung geeignet, siehe Bild 13.7.

Wenn Messungen an einer Vielzahl von Druckmeßstellen durchgeführt werden, wie z.B. bei der Messung der Druckverteilung an der Karosserie, dann kann ein *einziger* Druckmeßwertaufnehmer in Verbindung mit einem Scanner eingesetzt werden. Der jeweilige Druck wird für eine vorwählbare Zeit auf den Druckaufnehmer geschaltet. Die von den einzelnen Drucksensoren empfangenen Drücke werden über Plastikschläuche zum Druckscanner geleitet. Der Scanner wiederum wählt mechanisch nacheinander jeden Drucksensor an und verbindet ihn mit dem Druckaufnehmer. Der Vorteil bei der Anwendung eines Druckscanners besteht darin, daß es möglich ist, mit nur einem Meßwertaufnehmer eine große Anzahl von Drucksignalen zu erfassen. Nachteilig ist, daß der

Bild 13.7. Messung des Einflusses der A-Säulen-Modifikationen auf den Geräuschpegel an der Fensterscheibe mit Hilfe von Meßmikrofonen. Diese sind *bündig* mit der Scheibenaußenfläche montiert nach [13.17].

mechanische Teil des Systems mit der Zeit verschleißt und damit die Zuverlässigkeit des Systems abnimmt.

In einem ähnlichen Meßsystem werden an jeder einzelnen Meßstelle Miniatur-Drucksensoren (Quarz) eingesetzt und durch rechnergesteuerte Abtastung dieser Aufnehmer mit einer sehr hohen Scann-Frequenz (mehrere 10 000 pro Sekunde) wird eine zeitgleiche Erfassung der Druckverläufe von bis zu 100 Meßstellen möglich. Diese Art elektronischen Scannings hat keine mechanischen Verschleißteile und kann im Falle einer großen Anzahl von Druckmeßstellen erheblich an Meßzeit sparen helfen. Wegen der Vielzahl der benötigten Meßwertaufnehmer ist sie aber teuer.

13.2.3   Messung der Strömungsgeschwindigkeit

Zu den Hauptaufgaben bei der Geschwindigkeitsmessung im Windkanal gehört die korrekte Erfassung der Strahlgeschwindigkeit des Windkanals sowie von Strömungsgeschwindigkeiten außerhalb oder innerhalb des Testfahrzeuges. Außerdem kann für Detailuntersuchungen die Messung des Turbulenzgrades gefordert werden.

Die Strömungsgeschwindigkeit kann mit Hilfe eines Staurohres ermittelt werden. Im vorhergehenden Abschnitt wurde das bekannte Verfahren zur Messung des Staudruckes einer freien Luftströmung mit einem Staurohr beschrieben. Die Windgeschwindigkeit kann wie folgt aus dem Staudruck berechnet werden:

$$v = \sqrt{\frac{2}{\rho}\, \Delta p_{dyn}} \, , \tag{13.1}$$

wobei v die Windgeschwindigkeit in m/s, ρ die Luftdichte in kg/m^3 und Δp_{dyn} der Staudruck in Pascal ist.

Die Luftdichte verändert sich wie folgt mit der Temperatur, dem atmosphärischen Druck und der Luftfeuchte:

$$\rho = \frac{349p - 131p_e}{T} \, . \tag{13.2}$$

wobei T die absolute Temperatur in K und p der atmosphärische Druck in bar ist. $p_e = U \cdot E / 100$ ist der Teildruck des Wasserdampfes in der Luft (bar), U ist die relative Luftfeuchte in Prozent, und E ist der maximale Dampfdruck bei T in bar.

13.2.3.1 Messung der Windgeschwindigkeit außerhalb und innerhalb des Testfahrzeuges

Das Staurohr kann im allgemeinen zur Ermittlung der Windgeschwindigkeit eingesetzt werden, wenn die Luftströmung im Meßbereich drall- und wirbelfrei ist und die Richtung mit der Achse des Staurohrkopfes übereinstimmt. Die Genauigkeit dieser Sonde ist indessen bei geringer Windgeschwindigkeit nicht zufriedenstellend, und unter 3 m/s müssen andere, geeignetere Sonden zur Anwendung kommen. Ein typisches Meßgerät, das bei niedrigen Geschwindigkeiten gute Dienste leistet, ist das Miniatur-Flügelrad-Anemometer.

Dieses Anemometer besteht aus einem kleinen Flügelrad (Durchmesser: 15 mm und größer), das koaxial in einem zylindrischen Gehäuse untergebracht ist, Bild 13.8. Die Drehgeschwindigkeit des Flügelrades dient als Meßgröße für die Windgeschwindigkeit. Die zur Erhaltung korrekter Meßwerte geforderten Betriebsbedingungen sind die gleichen wie für das Staurohr: Die Luftströmung muß drall- und wirbelfrei sein, und die Flügelradachse muß mit der Richtung der Luftströmung übereinstimmen. Bei einem Anemometer mit zylindrischem Gehäuse beträgt der zulässige Anströmwinkel ungefähr 5° bis 7°, wenn eine Meßgenauigkeit bis 1 % gewährleistet werden soll. Diese Toleranz-

614

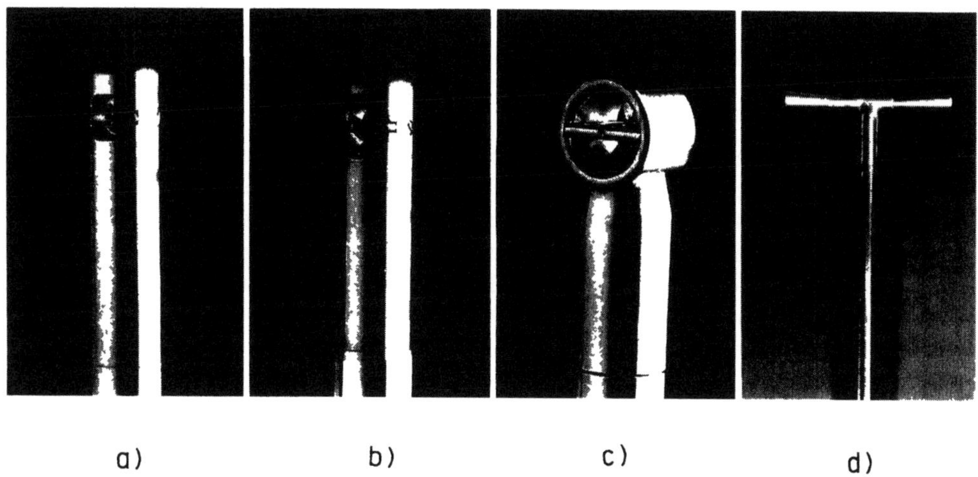

Bild 13.8. Verschiedene Ausführungen der Flügelrad-Anemometer. Die Ausführung d) mit einem gegen Schräganströmung unempfindlichen Kopf; Bild: HÖNTZSCH.

grenze kann indessen auf einen Anströmwinkel von 15° bis 30° erhöht werden, wenn das Anemometergehäuse aerodynamisch optimiert wird, Bild 13.8d. Auf der anderen Seite wurden auch Gehäuseformen entwickelt, die bis zu einem begrenzten Anströmwinkel nur die Komponente des Windgeschwindigkeitsvektors in Achsrichtung des Flügelrades messen. Wegen ihrer einfachen Handhabbarkeit werden Flügelrad-Anemometer in der Fahrzeug-Aerodynamik besonders gern verwendet.

Das Funktionsprinzip des Hitzdraht-Anemometers beruht auf der Tatsache, daß der Wärmeverlust eines elektrisch geheizten Drahtes, der einer Luftströmung ausgesetzt wird, sich mit steigender Windgeschwindigkeit erhöht. Da der elektrische Leitungswiderstand temperaturabhängig ist, kann die Widerstandsänderung des der Luftströmung ausgesetzten Drahtes benutzt werden, um die Geschwindigkeit der Luftströmung zu messen. Im Bild 13.9 sind verschiedene Hitzdrahtsonden schematisch dargestellt. Der Draht hat einen Durchmesser von ungefähr 0,005 mm. Er ist an zwei Elektroden aufgeschweißt, die eine Gabel bilden. Der Draht wird während der Messung senkrecht zur Strömungsrichtung gehalten.

Eine Möglichkeit, die Windgeschwindigkeit zu bestimmen, besteht darin, den durch den Draht fließenden Strom konstant zu halten (CCA = Constant Current Anemometer). Dabei bildet der heiße Draht einen Zweig einer Wheatstoneschen Brücke. Eine durch die Luftströmung hervorgerufene

Bild 13.9. Hitzdrahtsonden zur Geschwindigkeitsmessung in ein-, zwei- und dreidimensionalen Strömungsfeldern.

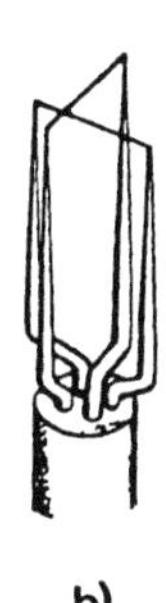

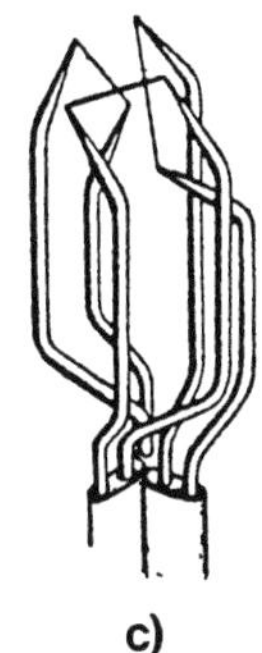

Änderung des elektrischen Widerstandes des Drahtes führt zu einer Brückenverstimmung, die als Meßgröße für die Windgeschwindigkeit dient. Mit diesem Verfahren ist eine genaue Messung sehr niedriger Windgeschwindigkeiten und deren Schwankungen bis 10 kHz möglich. Die Meßgenauigkeit nimmt jedoch mit steigender Windgeschwindigkeit ab.

Alternativ dazu wird die Windgeschwindigkeitsmessung mit konstanter Drahttemperatur betrieben (CTA = Constant Temperature Anemometer). Die auf die Änderung des Hitzdrahtwiderstandes zurückzuführende Brückenverstimmung wird durch Änderung des elektrischen Stromes durch den Sensor mittels eines elektronischen Regelkreises wieder ausgeglichen (geringere Durchbrenngefahr!). Mit anderen Worten, die Temperatur des Drahtes – und somit auch sein elektrischer Widerstand – wird konstant gehalten. Die Stromänderung (bzw. Spannungsänderung) dient als Meßgröße für die Luftgeschwindigkeit. Das CTA erlaubt Messungen in den Geschwindigkeits- und Frequenzbereichen, die im Windkanalbetrieb vorkommen.

Abgesehen vom Bereich sehr niedriger Luftgeschwindigkeiten sind Hitzdrahtsonden wegen ihrer geringen Trägheit besonders gut zur Messung schwankender Geschwindigkeiten (z.B. zur Messung von Turbulenzen) geeignet. Ein weiterer Vorteil ist, daß sie sehr klein gebaut werden können, so daß Messungen an gerundeten Karosserieteilen oder in engen Kanälen und Spalten möglich werden, ohne die lokalen Strömungsverhältnisse nennenswert zu verändern. Durch Verwendung von Mehrfachsonden ist es möglich, zwei oder alle drei Komponenten des Geschwindigkeitsvektors gleichzeitig zu messen, vgl. Bild 13.9. Die Hitzdrahtsonden werden vor ihrem Einsatz mit Hilfe eines Miniaturwindkanals kalibriert.

Vortex-Meßköpfe ermöglichen die Bestimmung der Luftgeschwindigkeit durch Messung der Wirbelablösefrequenz hinter einem senkrecht zur Strömungsrichtung gehaltenen Stab (periodische Wirbelablösung nach T.v. KARMAN). Der Strömungswirbel wird mit Ultraschall abgetastet. Aus der gemessenen Frequenz kann die Luftgeschwindigkeit abgeleitet werden.

Laser-Doppler-Anemometer (LDA) sind Meßgeräte, die bei hoher Genauigkeitsanforderung einzusetzen sind. R. BUCHHEIM et al. [13.12] zeigten, daß LDA für die Messung von Grenzschichten und die Erfassung des Geschwindigkeitsfeldes um das Fahrzeug verwendet werden können. Bild 13.10 zeigt als Beispiel mit LDA-Technik aufgenommene Korrelogramme und schließlich das Grenzschichtprofil auf dem Dach eines Fahrzeuges. Einzelheiten der LDA-Meßtechnik hat J. WIEDEMANN [13.13] beschrieben.

13.2.3.2 *Bestimmung der Strahlgeschwindigkeit des Windkanals*

Zur Messung der Windgeschwindigkeit im Windkanal kann ein Staurohr am Düsenaustritt verwendet werden. Wegen der Verdrängungswirkung des Testfahrzeugs entspricht jedoch die dort gemessene Geschwindigkeit nicht der entsprechenden Fahrgeschwindigkeit auf der Straße. Daher muß die Windgeschwindigkeit in einem Windkanal kalibriert werden.

Ein eher empirisches Verfahren zur Kalibrierung der Windgeschwindigkeit im Windkanal besteht darin, daß zunächst Straßentests mit einem oder mehreren Fahrzeugen gefahren werden, um die statische Druckverteilung an mehreren typischen Karosserieteilen zu messen. Der gleiche Testablauf ist dann im Windkanal zu wiederholen. Aus dem Ergebnis dieser Tests kann der statische Druckkoeffizient für jede Meßstelle nach Gl. (2.9) wie folgt berechnet:

$$c_p = \frac{p - p_\infty}{\frac{\rho}{2} V_\infty^2} . \qquad (13.3)$$

Die statischen Druckkoeffizienten aus dem Windkanal werden über den Meßwerten aus dem Straßentest aufgetragen. So lange die Windgeschwindigkeiten während der Tests über der Mindest-

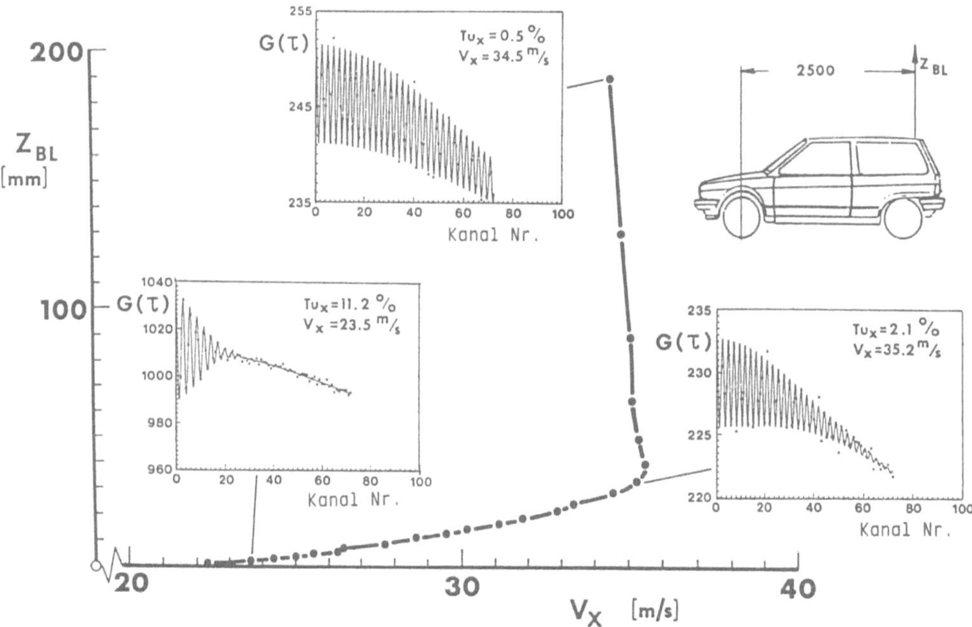

Bild 13.10. Grenzschichtverlauf auf dem Dach eines Pkw, aufgenommen mit einem Laser-Doppler-Anemometer nach [13.12].

geschwindigkeit liegen, bei der c_p konstant bleibt, müssen die eingetragenen Punkte eine um 45° geneigte Gerade bilden, die durch den Nullpunkt verläuft. In der Regel weist die Linie jedoch einen anderen Verlauf auf. Sie kann auf dreierlei Weise abweichen:

1. Die aufgetragenen Punkte sind um eine Gerade herum gestreut. Das weist auf eine unvollkommene Strömungssimulation im Windkanal hin. Eine polynomische Näherung ersten Grades muß dann durch die Punkte gelegt werden.

2. Die Neigung der angepaßten Gerade beträgt nicht 45°. Dies ist auf die Abweichung zwischen der mit dem Staurohr gemessenen Windkanal-Windgeschwindigkeit und der entsprechenden Geschwindigkeit auf der Straße zurückzuführen. Aus der Neigung der Geraden und der Definition des statischen Druckkoeffizienten läßt sich nach G. W. CARR [13.14] ein Korrekturfaktor für die gemessene Windkanal-Windgeschwindigkeit V_∞ bestimmen.

3. Die Gerade verläuft nicht durch den Nullpunkt. Daraus kann die Abweichung des statischen Referenzdruckes p_∞ im Windkanal vom atmosphärischen Druck beim Straßentest ermittelt und korrigiert werden.

Die Kalibrierung der Geschwindigkeit im Windkanal mittels des oben beschriebenen Verfahrens bietet die Möglichkeit, zugleich auch die Korrektur des im Windkanal auftretenden Blockage-Fehlers zu berücksichtigen, der im Abschnitt 12.3.3 näher beschrieben wurde.

Die „klassische" Methode, die Windgeschwindigkeit im Windkanal zu bestimmen, besteht darin, den statischen Druckabfall Δp zwischen Düseneintritt (d.h. vor der Kontraktion) und Düsenaustritt heranzuziehen. Für die Messung des mittleren statischen Druckes am Düsenein- bzw. -austritt werden in der Regel mehrere Meßstellen an der Düsenwand zu einer Ringleitung zusammengeschlossen.

617

Der statische Druck am Düsenaustritt kann sich bei gleichbleibender Strahlgeschwindigkeit ändern, wenn verschieden große Fahrzeuge in der Meßstrecke stehen. Es ist daher erforderlich, durch Messung des Verlaufs des statischen Druckes entlang der Düsenwand diejenige Stelle am Düsenaustritt zu ermitteln, die gegen den „Rückstau" von Objekten in der Meßstrecke am wenigsten empfindlich ist.

Der durch die Windgeschwindigkeit V_∞ im Windkanal verursachte Staudruck Δp_{dyn} kann nach folgender Gleichung als proportional zu Δp angesehen werden,

$$\Delta p_{dyn} = \frac{\rho}{2}\, V_\infty^2 = k\,\Delta p \tag{13.4}$$

so daß die Windkanal-Windgeschwindigkeit berechnet werden kann, wenn Δp gemessen wird. Die Konstante k muß aus den Messungen der Luftgeschwindigkeit der leeren Meßstrecke bestimmt werden. Diese Kalibrierung muß über den gesamten Geschwindigkeitsbereich des Windkanals erstreckt werden, um die Abhängigkeit von der Reynolds-Zahl zu überprüfen.

Empfohlen wird, die Kalibrierung der Windgeschwindigkeit zu überprüfen, indem die auf der Straße und im Windkanal gemessenen statischen Druckverteilungen auf der Fahrzeugkarosserie in ähnlicher Weise miteinander verglichen werden, wie schon zuvor beschrieben wurde.

Nach R. BUCHHEIM et al. [13.12] kann der Einsatz eines Laser-Doppler-Anemometers, das eine sehr präzise Messung der Strömungsgeschwindigkeit ermöglicht, die Kalibriergenauigkeit der Windkanalgeschwindigkeit verbessern.

13.2.3.3 Messung der Strömungsrichtung

Voraussetzung für die korrekte Messung der Windgeschwindigkeit in einer freien Luftströmung ist, daß die Strömungsrichtung der Luft an der Meßstelle bekannt ist, so daß, wie schon erwähnt, eine Fehlmessung durch Schräganströmung der Sonde vermieden werden kann. Der einfachste Weg, einen Geschwindigkeitsensor korrekt in der Luftströmung auszurichten, ist, die Strömungsrichtung im betroffenen Bereich mittels eines Wollfadens, der am Ende eines dünnen Stabes befestigt ist, festzustellen.

Wenn die Messung der Strömungsrichtung Auskunft über die Luftströmungsverhältnisse in einem Geschwindigkeitsfeld geben soll, können zu diesem Zweck Spezialmeßgeräte (Anströmwinkelmeßgeräte) verwendet werden. Die verschiedenen Arten der Winkelsonden zur Messung des räumlichen Winkels des Geschwindigkeitsvektors im Luftstrom sind ausführlich in der Fachliteratur beschrieben, [13.6][13.8]. Diese Sonden werden in zwei Hauptgruppen unterteilt: Bei der ersten Gruppe wird die Druckdifferenz bei symmetrisch angeordneten Meßstellen eines Sensors gemessen. Beim zweiten Sensortyp handelt es sich um das Hitzdraht-Anemometer mit Mehrfachsonden.

Bei der Druckdifferenzmessung werden die Drücke an Bohrungspaaren gemessen, die achssymmetrisch auf einem stromlinienförmigen Körper angebracht sind. Deren Druckdifferenz ist gleich Null, wenn die Strömungsrichtung mit der Symmetrieebene beider Meßstellen übereinstimmt. Zur Winkelbestimmung gibt es zwei Varianten: Einmal wird die Sonde so lange um eine bzw. zwei Achsen gedreht, bis die Druckdifferenz an den einander gegenüberliegenden Bohrungen zu Null wird; der Winkel wird auf einer Skala abgelesen. Diese Nullmethode ist sehr genau, aber recht langsam, da der Abgleich meist von Hand erfolgt. Zum anderen wird über eine zuvor ermittelte Kalibrierkurve aus der Druck-*Differenz* auf den Winkel geschlossen.

Zur Messung in einer zweidimensionalen Strömung genügen zwei Bohrungen. Wenn die Strömungsrichtung in einer dreidimensionalen Strömung ermittelt werden soll, sind vier Bohrungen erforderlich; sie müssen paarweise in zwei zueinander senkrechten Ebenen angeordnet sein. Nach diesem

Prinzip gebaute Anströmwinkelsonden sind von S. M. Gorlin und I. I. Slezinger [13.6] und von W. Wuest [13.8] beschrieben worden. Bild 13.11 vermittelt eine Übersicht über die gängigen Ausführungen. Die bereits mit Bild 13.5d beschriebene Vierzehn-Loch-Sonde nach A. Cogotti [13.10] stellt eine Weiterentwicklung dieser Richtungssonden dar.

Bei Richtungsmessungen mit Hitzdrahttechnik werden Mehrfachsonden eingesetzt, die aus zwei bzw. drei zueinander im rechten Winkel angebrachten Sensoren bestehen. Damit können beide bzw. alle drei der im rechten Winkel zueinander stehenden Komponenten des Geschwindigkeitsvektors bestimmt werden, vgl. Bild 13.9.

Bild 13.11. Sonden für die Messung der Strömungsrichtung. a) Zylindersonde mit drei Bohrungen; b) Hakenstaurohr; c) Doppelstaurohr; d) Kugelsonde mit fünf Bohrungen; Bilder: Schiltknecht SIA.

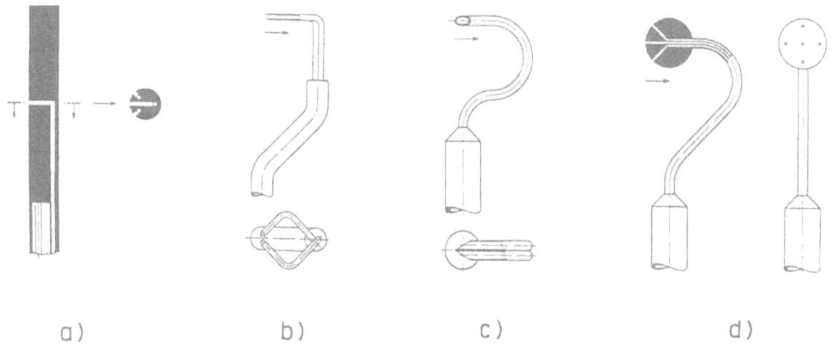

13.2.4 Temperaturmessung

Temperaturmessungen haben in der Fahrzeug-Aerodynamik zwei Zielvorgaben:

1. Durchführung von Tests, um die *Leistungsfähigkeit* der Fahrzeugsysteme zu definieren. Dazu gehören hauptsächlich Motorkühlung, Kalt- bzw. Warmlaufverhalten des Motors, Fahrgastraumheizung und -klimatisierung sowie Entfeuchtung und Entfrostung der Scheiben.

2. Durchführung von Tests, um das *Temperaturniveau* von Fahrzeugteilen zu untersuchen. Dazu gehören einmal Sicherheitsteile wie die Bremsen, aber auch Kunststoffteile, die beschädigt werden können, wenn sie zu hohen Temperaturen ausgesetzt werden. Zunehmend kritisch werden die Aggregate, die im immer dichter „gepackten" Motorraum untergebracht sind.

Zwei verschiedene Arten von Temperaturmessungen können erforderlich sein:

– Messung von Temperaturen an einzelnen Meßstellen.

– Messung von Differenztemperaturen zwischen zwei Meßstellen.

Meist wird im Versuchsbetrieb die erste Art der Temperaturmessung verlangt. Wenn jedoch während eines Leistungstests die Erstellung einer Energiebilanz gefordert wird, müssen Temperatur-*Differenzen* in der Luft oder im Kühlmittel mit besonderer Genauigkeit bestimmt werden.

13.2.4.1 Temperatursensoren

a) **Thermoelemente**: Der am weitesten verbreitete Temperatursensor für Windkanalversuche mit Fahrzeugen ist das Thermoelement. Im Bild 13.12 ist eine schematische Darstellung des elektrischen Schaltkreises einer Thermoelementsonde gezeigt.

Das Themoelement besteht aus einem Paar elektrisch leitender Drähte, Thermopaar genannt, die aus unterschiedlichen metallischen Werkstoffen gefertigt und an beiden Enden miteinander verlötet oder verschweißt sind. Wenn die beiden Verbindungsstellen voneinander verschiedenen Temperaturen ausgesetzt werden, entsteht zwischen ihnen ein elektrisches Potential, die Thermospannung, die der

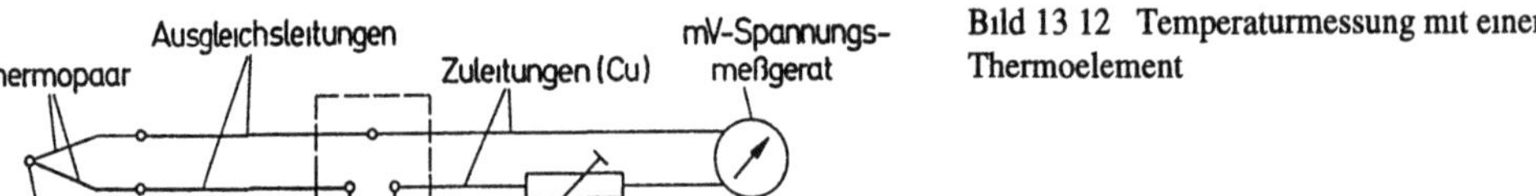

Bild 13 12   Temperaturmessung mit einem Thermoelement

Temperaturdifferenz ungefahr proportional ist Die Temperatur-*Differenz* kann somit mit einem Voltmeter im Schaltkreis gemessen werden Wenn dafur Sorge getragen wird, daß eine der beiden Verbindungsstellen einer konstanten Referenztemperatur ausgesetzt wird, z B 0 °C, dann kann mit der zweiten Verbindungsstelle die Temperatur an einer gewunschten Stelle gemessen werden Die Vergleichsstelle kann auch durch eine elektrische Ausgleichsschaltung simuliert werden

Am haufigsten kommen die nachstehend aufgefuhrten Thermoelemente zur Anwendung, ihre ISA-Kennkodes (Instrument Society of America) lauten

Unedelmetall-Thermoelemente	*ISA-Typ*
Kupfer – Konstantan	T
Eisen – Konstantan	J
Chromel – Alumel (entspricht Nickelchrom-Nickel)	K

Edelmetall-Thermoelemente

Platin - 10 Prozent Rhodium-Platin	S

Fur die Referenztemperatur von 0 °C sind die bei unterschiedlichen Temperaturen zu erwartenden Thermospannungswerte genormt, in Tabelle 13 1 sind einige davon nach der Definition von drei verschiedenen nationalen Normen zusammengestellt

Tabelle 13 1   Uberblick uber einige genormte Thermospannungswerte von Thermoelementen nach der Definition deutscher, amerikanischer und britischer Normen

Tempe ratur °C	Thermospannung in mV											
	Kupfer Konstantan			Eisen Konstantan			Chromel Alumel			Platin 10% Rh Platin		
	DIN 43710	ASTME 230 72	BS 4937	DIN 43710	ASTME 230 72	BS 4937	DIN 43710	ASTME 230 72	BS 4937	DIN 43710	ASTME 230 72	BS 4937
100	3 40	3 378		4 75	4 632							
0	0	0	0	0	0	0	0	0	0	0	0	0
100	4 25	4 277	4 227	5 37	5 268	5 268	4 095	4 095	4 095	0 645	0 645	0 645
500	27 41			27 85	27 388	27 388	20 640	20 640	20 640	4 234	4 234	4 234
1000							41 269	41 269	41 269	9 585	9 585	9 585
1500										15 576	15 576	15 576

Im Bild 13 13 werden die Kennlinien der verschiedenen Thermoelementtypen miteinander verglichen Kupfer – Konstantan und Eisen – Konstantan eignen sich fur den Temperaturbereich von –200 °C bis +500 °C bzw 700 °C Beide Thermopaare erzeugen hohe Thermospannungswerte, sie neigen jedoch bei hohen Temperaturen zur Oxidation Chromel-Alumel-Thermoelemente (entspricht Nickelchrom-Nickel) konnen bei Temperaturen bis uber 1000 °C eingesetzt werden Sie sind bestandig gegen Oxidation, haben eine fast lineare Kennlinie und erzeugen hohe Thermospannungen Sie eignen sich daher besonders gut zum Einsatz im Windkanalbetrieb

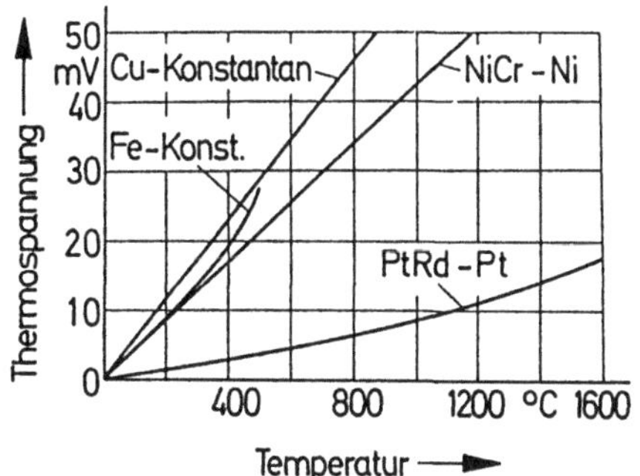

Bild 13.13. Kennlinien verschiedener Thermoelemente (Vergleichsstelle wird auf einer konstanten Temperatur von 0 °C gehalten).

Die gemessene Temperatur kann aufgrund der Produktionstoleranzen des Thermoelementes von der tatsächlichen Temperatur abweichen. Die Grenzwerte der zulässigen Abweichung sind ebenfalls für jeden Thermoelementtyp in den jeweiligen nationalen Normen definiert. Sie sind für Edelmetall-Thermoelemente kleiner als das für Unedelmetall-Thermoelemente. Das Toleranzband für Chromel-Alumel-Thermoelemente ist aus Bild 13.14 ersichtlich. Das Toleranzband wird auf die Hälfte oder ein Drittel reduziert, wenn den Thermoelementen 1/2- bzw. 1/3-DIN-Toleranz bescheinigt wird.

b) **Widerstandsthermometer** finden gewöhnlich bei Versuchen im Windkanal Verwendung, wenn eine höhere Meßgenauigkeit gefordert wird, als sie mit einem Thermoelement erreicht werden kann. Das Meßprinzip beruht darauf, daß sich der elektrische Widerstand von Metallen und Halbleitern mit der Temperatur verändert. Durch die Messung der Widerstandsänderung kann somit auf die Temperaturänderung geschlossen werden.

Zwischen der Widerstandsänderung von Metallen und der Temperaturänderung besteht, wie aus Bild 13.15 hervorgeht, eine fast lineare Abhängigkeit. Halbleiter haben dagegen in der Regel eine nichtlineare Kennlinie; ihr Widerstand kann mit steigender Temperatur kleiner oder größer werden. Aus diesem Grunde werden sie NTC-Sensoren (negativer Temperaturkoeffizient = Heißleiter) oder Thermistor-Sensoren genannt, wenn eine fallende Kurve zu beobachten ist, und PTC-Sonden (positiver Temperaturkoeffizient), wenn der Widerstand mit der Temperatur steigt.

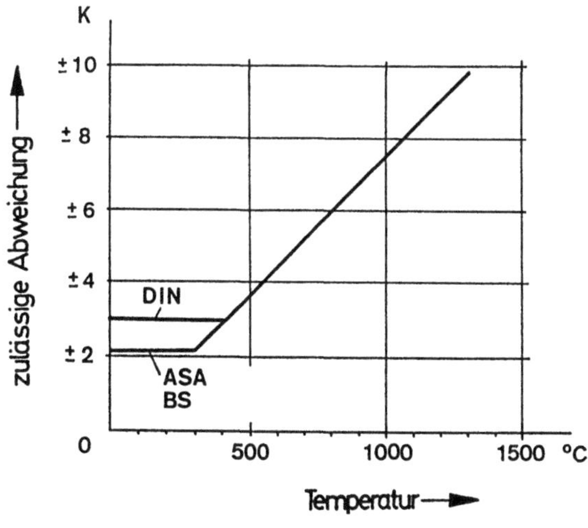

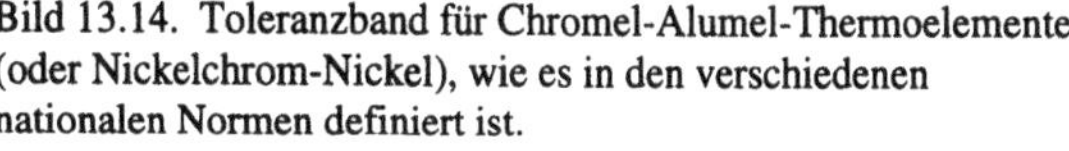

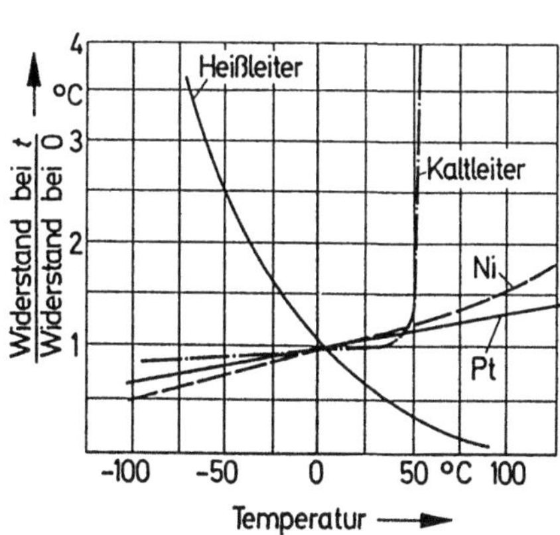

Bild 13.14. Toleranzband für Chromel-Alumel-Thermoelemente (oder Nickelchrom-Nickel), wie es in den verschiedenen nationalen Normen definiert ist.

Bild 13.15. Änderung des elektrischen Widerstandes verschiedener für Temperaturmessungen eingesetzter Materialien.

Die Änderung des Widerstandes mit der Temperatur von zwei der am häufigsten verwendeten Metalle, nämlich Platin und Nickel, wird im Bild 13.15 gezeigt. Sehr genaue Temperaturmessungen im Bereich von –200 °C bis +750 °C sind mit Widerstandsthermometern aus reinem Platin möglich. In der Praxis ist der Nennwiderstand von Platinsensoren gewöhnlich bei 0 °C definiert, und dieser Widerstand wird häufig auch benutzt, um die Sonde zu kennzeichnen, z.B. Pt 100 oder Pt 500 für Sonden mit einem Nennwiderstand von 100 Ω oder 500 Ω bei 0 °C. Ähnlich wie bei den Thermoelementen sind auch Platin- und Nickel-Widerstandsthermometer genormt, und ihre Kenndaten sind in nationalen und internationalen Normen festgelegt. Die Normen geben außerdem Auskunft über die Toleranzgrenzen der Sonden. Tabelle 13.2 zeigt einen Auszug aus den genormten Kenndaten von Platin- und Nickel-Sonden mit einem Nennwiderstand von 100 Ω bei 0 °C. Der Widerstand der Sonden bei verschiedenen Temperaturen und das Verhältnis des Sondenwiderstandes bei 100 °C zum Widerstand bei 0 °C (R100/R0) sind dort ebenfalls zusammengefaßt. Bild 13.16 veranschaulicht die Fehlergrenzen einer Pt-100-Sonde nach DIN 43760. Die angegebenen Genauigkeiten erhöhen sich entsprechend, wenn dem Widerstandsthermometer 1/2- oder 1/3-DIN-Toleranz bescheinigt wird.

Die Widerstandsänderung und damit die Temperatur wird gemessen, indem der Sensor in eine Brückenschaltung eingebaut wird. Der durch die Eigenerwärmung des Sensors verursachte Meßfehler ist gewöhnlich vernachlässigbar klein. Die Eigenerwärmung ist auf den durch den Sensor fließenden Meßstrom, der ungefähr 10 mA beträgt, zurückzuführen.

Tabelle 13.2. Auszug aus den in deutschen und internationalen Normen definierten Kenndaten für Widerstandsthermometer.

Temperatur	Platin		Nickel
	DIN 43760	ISO	DIN 43760
°C	Ω	Ω	Ω
-100	60,20	59,65	
0	100,00	100,00	100,0
100	138,50	139,10	142,60
500	280,93	283,80	
1000		438,2	
R_{100}/R_0	1,385	1,391	1,617

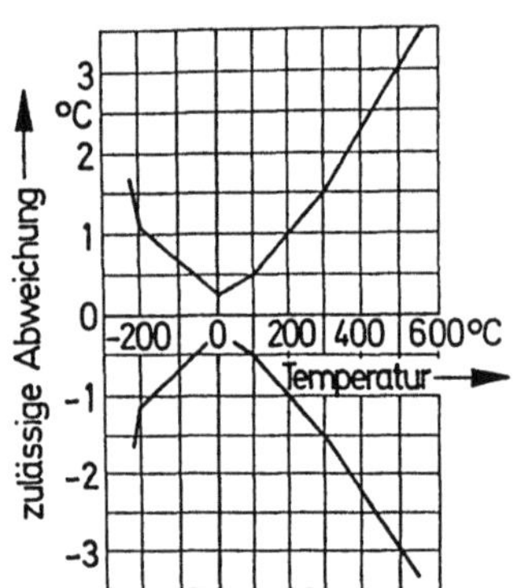

Bild 13.16. Toleranzband für Platinwiderstandsthermometer Pt 100 nach DIN 43 760.

13.2.4.2 Typische Meßfehler bei Temperaturmessungen

Der Eindruck, daß Temperaturmessungen sehr einfach durchzuführen sind, täuscht. Durch Unachtsamkeit und fehlerhafte Handhabung kann es zu erheblichen Meßfehlern kommen. Während der Messung wird gewöhnlich Wärme zwischen dem Sensor und dem Testobjekt übertragen, und dies kann zu unzulässig stark abweichenden Ergebnissen bei der Temperaturmessung führen. Wärmeübertragung durch Leitung findet statt, wenn die Temperatur an der Oberfläche oder im Inneren eines Festkörpers gemessen werden soll. Bei Messungen in einer Flüssigkeit oder in einem Gas wird die Wärme zwischen Medium und Sensor durch Konvektion übertragen. Wenn sich jedoch genügend nahe neben dem Sensor ein heißes Teil befindet, muß aufgrund seiner Wärmeabstrahlung mit einem Meßfehler gerechnet werden.

Der auf Wärmeleitung oder Konvektion zurückzuführende Fehler ist groß, wenn eine hohe Temperaturdifferenz zwischen dem Sensor und seinem Verbindungskabel vorliegt. Im Bild 13.17a wird als

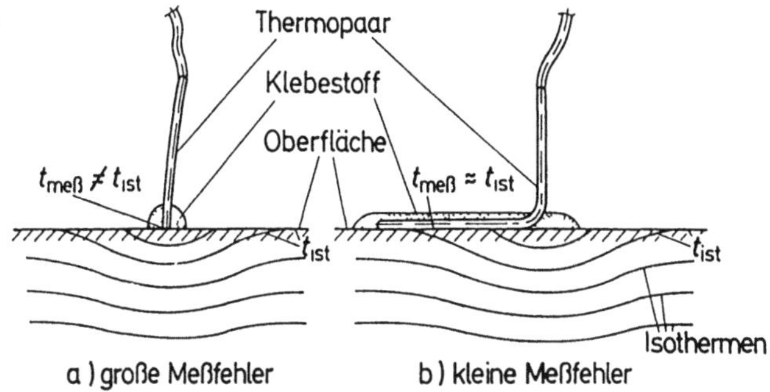

Bild 13.17. Während einer Oberflächentemperaturmessung auf die
Wärmeleitung zwischen Meßobjekt
und Thermoelement zurück-
zuführender Fehler nach [13.15].

Beispiel die Oberflächentemperaturmessung an einem Festkörper dargestellt: Die Wärmeleitung durch den Sensor führt dazu, daß die Isothermen des Meßobjektes verändert werden. Daher weicht die vom Thermoelement gemessene Temperatur von der tatsächlichen Ist-Temperatur der Oberfläche ab.

Der Fehler ist um so größer, je kleiner die Wärmeleitzahl des Meßobjektes, je höher die Wärmeleit- und Wärmeübergangszahl (bezogen auf die Luft) des Sensors und je schlechter der Kontakt zwischen Sensor und Meßobjekt ist. Bei der Messung der Oberflächentemperatur von Kunststoff- oder Gummiteilen muß mit jeder oder auch allen diesen ungünstigen Bedingungen gerechnet werden. Im Bild 13.17b wird gezeigt, wie dieser Fehler vermieden werden kann: Wenn eine bestimmte Länge des Sondenkopfes (bzw. Kabels) auf die Oberfläche aufgeklebt wird, ist der Thermoelementverbindungspunkt, der die Temperatur in Wirklichkeit mißt, immer noch der tatsächlichen Oberflächentemperatur ausgesetzt. Je länger das aufgeklebte Stück ist, um so kleiner ist der Fehler. Bild 13.18 zeigt am Beispiel, wie der Fehler sich mit der aufgeklebten Länge eines Thermoelementes verändert. Außerdem ist ersichtlich, wie die Meßgenauigkeit sich mit größer werdendem Durchmesser des Thermoelementes verschlechtert, da die Wärmeleitung des Sensors sich mit größerem Durchmesser erhöht.

Die zur Verbesserung der Meßgenauigkeit durchgeführten Maßnahmen dürfen jedoch die thermischen Eigenschaften des Meßobjektes nicht verändern. Wenn das Kabel des Thermoelementes z.B. auf eine Oberfläche aufgeklebt wird, sollten Kabel und Klebstoff möglichst die gleiche Wärmeübergangszahl wie das Meßobjekt haben. Dies ist vor allem dann wichtig, wenn das zu messende Objekt klein ist.

Wenn Körpertemperaturen gemessen werden sollen, müssen ähnliche Maßnahmen wie die vorstehend zur Oberflächentemperaturmessung beschriebenen getroffen werden, um die ursprünglichen Isothermen des Meßobjektes so wenig wie möglich zu verändern.

Bild 13.18. Änderung der Temperturmeßgenauigkeit
in Abhängigkeit von der auf die Oberfläche aufgeklebten
Kabellänge und dem Kabeldurchmesser nach [13.15].

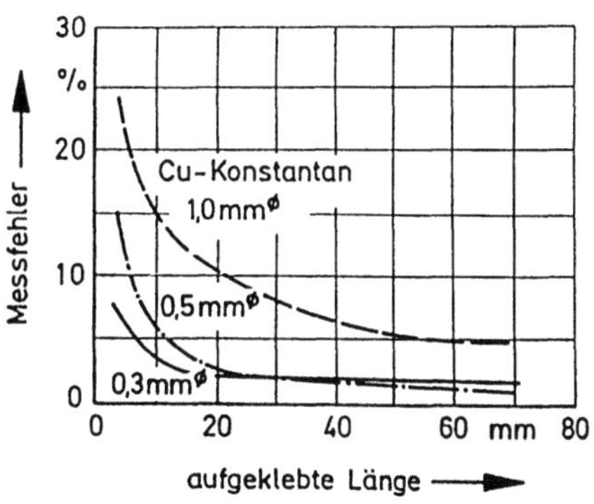

Bei der Temperaturmessung von Luft (z.B. in Belüftungs- und Entlüftungskanälen) oder einer Flüssigkeit (z.B. Kühlmittel in Schläuchen, Motoröl usw.) ist darauf zu achten, daß die Temperatursensoren nicht die umgebenden Wände berühren.

Grobe Meßfehler mit Thermoelementen werden oft durch Verwendung falscher Thermoelement- und Ausgleichsleitungen oder durch falsche Polarität verursacht.

Die Werkstoffeigenschaften von Thermoelementen können sich durch Oxidation oder andere chemische Einflüsse verändern. Eine weitere Änderung der Kalibrierung von Thermoelementen ist durch Alterung möglich. Sie kann bis zu einigen Grad im Jahr betragen.

Die meisten bei Widerstandstemperatursensoren auftretenden Fehler werden durch fehlerhafte Isolierung der Sonde verursacht.

13.2.5 Meßdatenerfassung und Daten-Management

Bei der Auswertung der in einem Windkanal on-line gemessenen bzw. während eines Straßentests auf Magnetband gespeicherten Daten leisten moderne Rechenanlagen gute Dienste.

Die in der Regel als analoge Größen vorliegenden Daten können mit Hilfe von Digitalvoltmetern oder Analog/Digital-Wandlern digitalisiert und von einem Prozeßrechner gelesen werden. Als Sofortinformation können diverse, wichtige Meßdaten auf einem Monitor wiedergegeben werden. Die Prozeßrechner mehrerer Prüfstände können zu einem gemeinsamen Leitrechner verbunden werden, der die weitere Verarbeitung der Daten übernehmen kann oder die vorliegenden Ergebnisse in einer Datenbank ablegt. Eine ausführliche Beschreibung eines solchen modernen Daten-Management-Systems, das schematisch im Bild 13.19 dargestellt ist, wurde von J. POTTHOFF [13.16] gegeben.

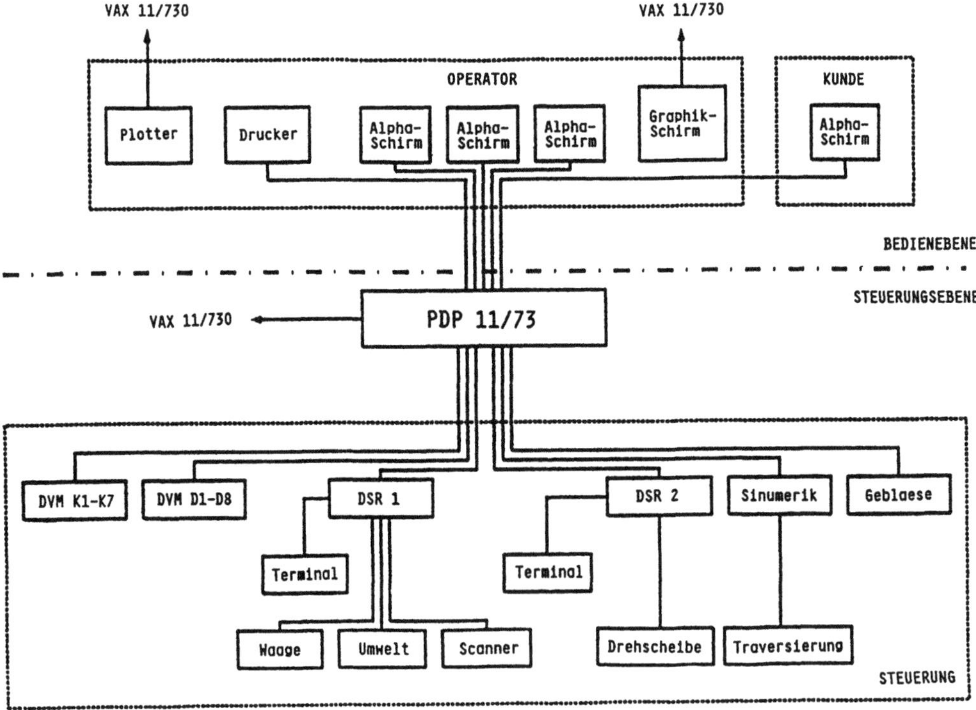

Bild 13.19. Hardware-Konfiguration, Meßwerterfassung und Systemsteuerung, verknüpft mit dem Windkanal-Prozeßrechner nach [13.16].

Graphische Darstellungsmöglichkeiten der gemessenen Daten mit Hilfe von EDV-Anlagen liefern dem Aerodynamiker wertvolle Informationen über die Strömungsvorgänge um das Fahrzeug: Durch Messung der Geschwindigkeits- oder Druckverteilung in den Ablösungszonen oder im Nachlauf können mit Hilfe des Computers Isotachen oder Isobaren gezeichnet werden, die wichtige Hinweise über die untersuchte Strömungserscheinung enthalten [13.10][13.12][13.17]. Stirnflächenmessung mit Hilfe der Laser-Technik setzt ebenfalls den Einsatz ähnlicher Rechnersysteme voraus [13.4].

Eine Reihe von Meßverfahren ist ohne Computerunterstützung gar nicht mehr denkbar. Als Beispiel sei die 14-Loch-Sonde nach A. Cogotti [13.10] erwähnt. Allein für die Kalibrierung dieser Sonde ist die Messung von 33.670 Druckwerten erforderlich. Wenn die Sonde eingesetzt wird, werden aus 14 gemessenen Drücken alle Druck-, Geschwindigkeits- und Anströmungswinkeldaten ermittelt.

Zur Erfassung der Meßdaten um das Fahrzeug herum müssen die Sonden in die gewünschten Positionen gebracht werden. Zu diesem Zweck wurden computergesteuerte Traversiereinrichtungen und Roboter entwickelt [13.9][13.10][13.16][13.18], mit denen die Meßstellen schnell und genau angefahren werden können.

13.3 Meßverfahren im Windkanal

13.3.1 Messung der aerodynamischen Koeffizienten

Aerodynamische Kräfte und Momente werden in einem Windkanal mit Hilfe einer Waage gemessen, siehe Abschnitt 13.2.1.1. Zu Beginn des Tests wird das Fahrzeug auf die Waage gestellt und fixiert, vorzugsweise durch Blockierung der angetriebenen Räder. Zur Erzielung zuverlässiger aerodynamischer Daten müssen einige einfache Versuchseinzelheiten sorgfältig beachtet werden, um gute Meßergebnisse zu erhalten.

Einer der wichtigen Punkte ist die korrekte Beladung des Testfahrzeuges auf sein Testgewicht. Nicht nur das Gesamtgewicht muß eingehalten werden, sondern auch die Gewichtsverteilung zwischen der Vorder- und Hinterachse. Wenn diese Verteilung nicht stimmt, entspricht die Einfederungshöhe vorn und hinten und damit der Anstellwinkel an der Fahrzeugkarosserie nicht dem geforderten Testfall. Das Resultat sind fehlerhafte Meßergebnisse.

Durch die Auftriebskräfte verändern sich die Einfederungshöhen vorn und hinten. Bei Einzelradaufhängung bewirken Veränderungen der Federwege jedoch gleichzeitig auch eine Veränderung der Spurweite. Da die Räder sich im Windkanal aber nicht drehen, kann auch keine Änderung der Spurweite und damit der Einfederungshöhe erfolgen. Die einfachste Methode, die richtige Einfederungshöhe zu erreichen, besteht darin, das Lenkrad jedesmal, bevor ein Meßwert abgelesen wird, durch einen Fahrer zu bewegen. Auf diese Weise werden die Einfederungshöhen des Vorderwagens zuverlässig angepaßt. Eine entsprechende Korrektur für das Heck ist nicht so einfach. Da der Fehler jedoch im allgemeinen, verglichen mit dem Vorderwagen, klein ist, kann er vernachlässigt werden.

Weil die Luftströmung an verschiedenen Karosseriestellen abreißt und Wirbel entstehen, wird das Fahrzeug Schwingungen ausgesetzt, und die erhaltenen Meßsignale sind infolgedessen nicht konstant. Die Meßwerte sollten daher so lange abgelesen werden, bis ein repräsentativer Mittelwert gebildet werden kann. Die zur Messung erforderliche Mindestzeit muß experimentell ermittelt werden. Sie hängt außerdem von dem zur Kraftmessung verwendeten Aufnehmersystem der Waage ab. Wenn das Meßsystem mit Waagebalken anstelle von elektrischen Lastzellen arbeitet, kann die Meßzeit infolge der höheren Trägheit dieser Geräte länger sein.

13.3.2 Air-Flow-Management-Versuche

Die Strömungsverhältnisse an bestimmten Stellen der Karosserie müssen optimiert werden, um den

Wirkungsgrad verschiedener Fahrzeugsysteme zu verbessern (Air-Flow-Management). Zu diesem Zweck müssen die Strömungsverhältnisse im Bereich dieser Stellen untersucht werden.

Um die Wärmeabgabe des Motors über den Kühler zu verbessern, muß der Luftdurchsatz durch den Kühler einen möglichst hohen Wert erreichen; Einzelheiten dazu finden sich im Abschnitt 10.4. Die Messung der Geschwindigkeitsverteilung über der Stirnfläche des Kühlers zwecks Ermittlung des Luftdurchsatzes durch den Kühlerblock ist jedoch schwierig. Der Grund dafür ist, daß die Luftströmung zwischen Grill und Kühler verwirbelt wird und daß die sich ständig ändernde Richtung der Strömung *vor* dem Kühler die Einsatzmöglichkeit der meisten Geschwindigkeitsmeßgeräte beschränkt. Wenn die Messung *hinter* dem Kühler durchgeführt wird, treten aufgrund der durch den Lüfter hervorgerufenen Verwirbelungen ähnliche Schwierigkeiten auf. Eine Möglichkeit ist jedoch die Verwendung von Hitzdrahtanemometern, mit denen dreidimensionale Strömungsfelder gemessen werden können. Mit Hilfe dieser Sensoren ist es möglich, die zum Kühler senkrecht stehende Komponente des Geschwindigkeitsvektors zu bestimmen. Hinzu kommt, daß sie dank ihrer geringen Abmessungen in unmittelbarer Nähe des Kühlers angebracht werden können, ohne selbst die Strömung zu stören. Indem der Sensor mit Hilfe einer Traversiereinrichtung verschoben wird, können kontinuierliche Meßschriebe angefertigt werden. Ähnliche Messungen können mit Hilfe eines Flügelradanemometers durchgeführt werden. Um zuverlässige Ergebnisse zu erhalten, sollte eine Anemometerausführung gewählt werden, die gegen Schräganströmung unempfindlich ist bzw. die dann die in Achsrichtung des Flügelrades weisende Geschwindigkeit erfaßt.

Eine weitere Aufgabe der Air-Flow-Management-Tests ist die Optimierung der Luftströmung zur Kühlung der Bremsen, vgl. Abschnitt 6.6.2. Die *qualitative* Bewertung der Strömungsverhältnisse ist mittels Rauchsonde möglich. Ein Spiegel, der unterhalb der Bremsanlage auf dem Windkanalboden angebracht ist, ermöglicht die einfache Beobachtung des Strömungsverlaufes. Zu *quantitativen* Aussagen ist die Messung der lokalen Geschwindigkeit erforderlich.

Am schnellsten kommt man jedoch zu Aussagen, wenn die Bremsen-Kühlung *direkt* gemessen wird. Dazu muß der Windkanal mit einem Rollenprüfstand ausgerüstet sein. Die Bremsen werden bei einer den Betriebsbedingungen auf der Straße entsprechenden Fahrgeschwindigkeit, z.B.bei 100 km/h, betätigt, um die Bremsanlage zu erhitzen. Bestimmte Temperaturen (z.B. von Bremsflüssigkeit, Bremsscheibe oder Bremstrommel) werden gemessen. Nach Erreichen eines vorgewählten Temperaturniveaus wird die Bremse gelöst und so lange der Luftströmung ausgesetzt, bis sich alle Teile abgekühlt haben. Anhand der Zeit, die benötigt wird, um eine vorgegebene untere Temperaturgrenze (z.B. der Bremsflüssigkeit) zu erreichen, kann die Kühlleistung der Bremsanlage im Vergleich zu anderen Ausführungen beurteilt werden.

13.3.3   Messung des Luftdurchsatzes durch den Fahrgastraum

Die Leistung des Be- und Entlüftungssystems des Fahrzeuges wird durch Messung des Luftvolumens, das durch den Fahrgastraum strömt, beurteilt. Das wird im Abschnitt 11.4 ausführlich abgehandelt. Die Luft, die durch das Innere des Fahrzeuges strömt, tritt im Normalfall durch die Eintrittsöffnungen im Windlauf ein und durch die Entlüftungsöffnungen sowie Leckagen wieder aus. Der Luftdurchsatz hängt einmal von der Anströmung des Fahrzeuges (Windgeschwindigkeit, Schiebewinkel) ab, dann aber auch von der Einstellung der Lüftungsanlage (Klappenstellungen, Drehzahl des Belüftungsgebläses).

13.3.3.1 Luftdurchsatzmessung mit Hilfe von „Austrittskennlinien"– das Wirkdruckverfahren

Die Messung erfolgt in zwei Schritten:

1.   Ermittlung der „Austrittskennlinien",
2.   Zuordnung des Luftdurchsatzes mit Hilfe dieser Kennlinien.

Zur Ermittlung der Austrittskennlinien müssen zunächst die Lufteintrittsöffnungen im Windlaufbereich abgedichtet werden (z.B. mit Klebeband). Die Luft wird durch ein *externes* Gebläse in den Fahrgastraum eingeblasen (vgl. Bild 13.20a), das mittels eines flexiblen Verbindungsschlauches an einen in ein Fenster eingepaßten Einsatz angeschlossen wird. Der Luftdurchsatz dieses Gebläses ist veränderbar; er wird am Gebläseaustritt mit einem geeigneten Durchflußmengenmeßgerät gemessen.

Zur Ermittlung der Austrittskennlinien wird der Luftdurchsatz des Gebläses variiert, und es wird der sich bei jedem Luftdurchsatz $\dot{V}_i$ im Inneren des Fahrzeuges ergebende statische Druck, der Wirkdruck $\Delta p_i = p_i - p_\infty$ gemessen. Die zu ermittelnde Druckdifferenz ist normalerweise sehr klein. Es muß daher darauf geachtet werden, daß die Meßstelle im Fahrgastraum gegen Luftbewegungen geschützt ist. Die Druckmeßstelle wird deshalb gern in eine durchlöcherte, mit loser Glaswolle gefüllte Dose verlegt.

Der Versuch wird zuerst ohne Wind durchgeführt und anschließend bei verschiedenen Windgeschwindigkeiten wiederholt. Alle erhaltenen Kurven werden in einem Diagramm aufgetragen, wie es im Bild 13.21 gezeigt ist. Diese Kurven werden die „Austrittskennlinien" der Karosserie genannt. Sie zeigen den Zusammenhang zwischen dem Luftdurchsatz der aus dem Fahrgastraum ausgetretenen Luft und der Druckänderung im Fahrgastraum. Die einzige Abweichung von den im tatsächlichen Fahrbetrieb vorliegenden Bedingungen besteht darin, daß das fahrzeugeigene Lufteintrittssystem durch ein *externes* Gebläse ersetzt wurde.

Diese Methode läßt sich dahingehend erweitern, daß auch der Luftstrom, der durch die Leckagen austritt, festgestellt werden kann. Dazu muß die Messung mit dem externen Gebläse wiederholt

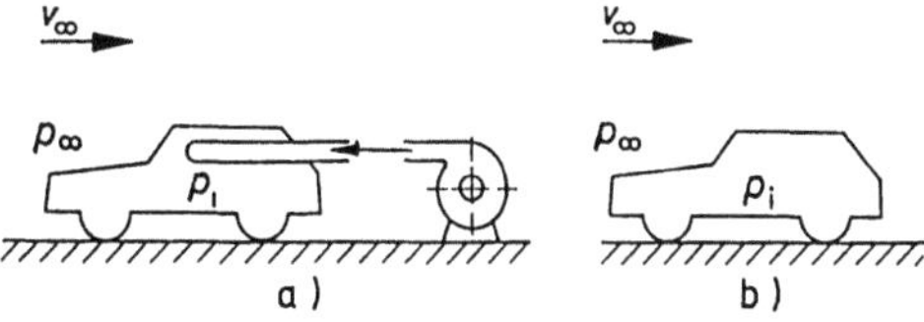

Bild 13.20. Windkanalversuch zur Messung des Luftdurchsatzes durch den Fahrgastraum.
a) Versuchsaufbau zur Ermittlung der Austrittskennlinien,
b) Luftdurchsatzmessung

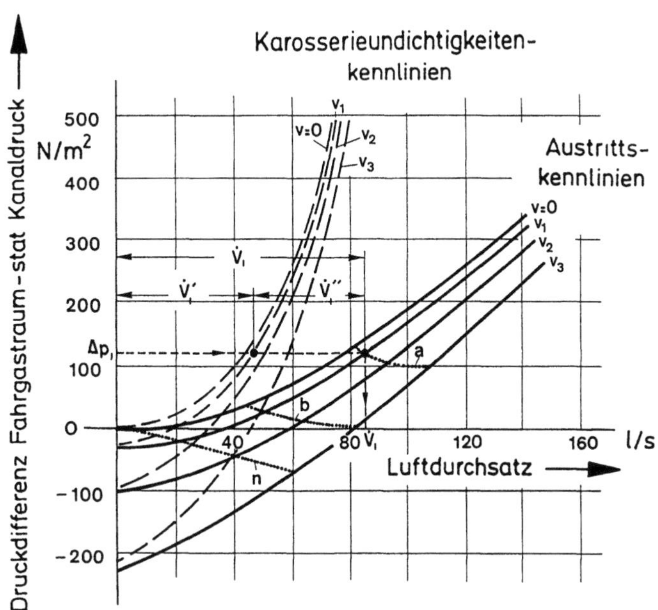

Bild 13.21. Ermittlung des Luftdurchsatzes $\dot{V}_i$ durch den Fahrgastraum durch Messung des Wirkdruckes Δp_i.

werden. Dieses Mal müssen jedoch auch die *Entlüftungs*öffnungen geschlossen sein. Bei den dann noch verbleibenden Öffnungen, durch die Luft austreten kann, handelt es sich um Karosserieundichtheiten, um Leckagen (vgl. Bild 13.21).

Nachdem die Austritts- und Undichtheitenkennlinien feststehen, wird der ursprüngliche Zustand des Fahrzeuges wieder hergestellt, d.h. die Belüftungs- und Entlüftungsöffnungen werden wieder geöffnet, und das externe Gebläse wird entfernt (Bild 13.20b). Typische Betriebszustände des Heizungs-Belüftungssystems können jetzt mittels der verschiedenen Klappenstellungen und Gebläsedrehzahlen definiert werden. Der Innendruck wird bei den schon zur Ermittlung der Austrittskennlinien eingesetzten Windgeschwindigkeiten gemessen. Diese Punkte werden auf der entsprechenden Austrittskurve aufgetragen, vgl. Bild 13.21. Für jede Kombination aus Druckmessung Δp_i und Windgeschwindigkeit v läßt sich der dazu gehörende Luftdurchsatz $\dot{V}_i$ auf der x-Achse ablesen.

Im Bild 13.22 sind die Luftdurchsätze für drei verschiedene Einstellungen der Belüftung dargestellt. Die Kurve n steht für den Fall, daß das Gebläse ausgeschaltet ist, also reine Staubelüftung vorliegt. Erwartungsgemäß nimmt der Volumenstrom linear mit der Fahrgeschwindigkeit zu. Kurven a und b gelten für Gebläsebetrieb in zwei Stufen.

Des weiteren kann das im Bild 13.21 gezeigte Diagramm dazu verwendet werden, festzustellen, welcher Teil des gemessenen Luftdurchsatzes durch die Entlüftungsöffnungen der Karosserie strömt und welcher Anteil durch die undichten Stellen der Karosserie austritt. Beispielsweise wird der Innendruck Δp_i bei der Windgeschwindigkeit v_1 gemessen; die Schnittpunkte der durch seinen Wert gezogenen horizontalen Linie mit der Undichtheitenkennlinie und der Austrittskennlinie werden markiert, vgl. Bild 13.21. Der gesamte Luftdurchsatz $\dot{V}_i$ wird am Schnittpunkt mit der Undichtheitenkennlinie in zwei Komponenten aufgeteilt, nämlich in $\dot{V}_i'$ und $\dot{V}_i''$. $\dot{V}_i'$ ist der Anteil der Luft, der durch die *undichten* Stellen entweicht, und $\dot{V}_i''$ ist der Anteil, der durch die Entlüftungsöffnungen austritt.

Die Karosserieundichtheit ist das Ergebnis vieler kleiner Öffnungen. Nach B. Eck [13.19] kann für diese eine äquivalente Querschnittsfläche für Karosserieundichtheiten, die „äquivalente Düse", so definiert werden, daß ein einziger Wert A_e für die Summe der Undichtheiten erhalten wird, (vgl. auch Abschnitt 11.4):

$$A_e = \frac{\dot{V}_i'}{\sqrt{\frac{2}{\rho}\,\Delta p_i}} \cdot \tag{13.5}$$

Der für A_e ermittelte Wert sollte bei verschiedenen Fahrzeuginnendrücken Δp_i überprüft werden.

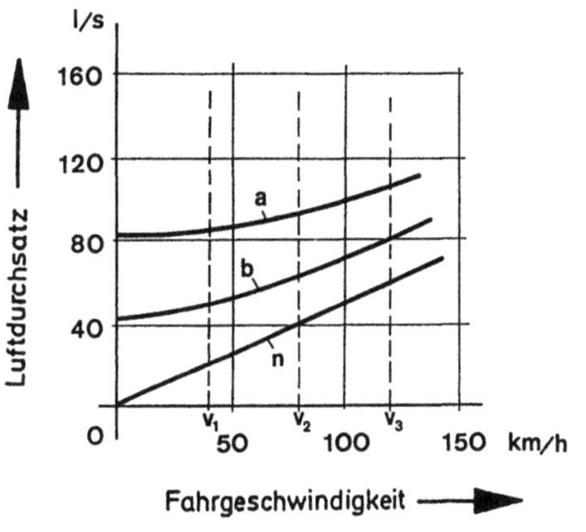

Bild 13.22. Abschließende Darstellung der aus Bild 13.21 abgeleiteten Luftdurchsatzmeßergebnisse.

Ebenso kann für die Entlüftungsöffnungen eine äquivalente Düse definiert werden. Damit ist es möglich, die Wirksamkeit verschiedener Entlüftungssysteme quantitativ miteinander zu vergleichen.

Die hier beschriebene Methode ist einfach in der Anwendung und daher weitverbreitet. Die Meßgenauigkeit ist jedoch begrenzt, da von der Voraussetzung ausgegangen wird, daß die in den Fahrgastraum gelangende Luftmenge ausschließlich durch die Belüftungsöffnungen im Windlaufbereich einströmt, an jeder undichten Stelle in der Karosserie jedoch Luft nur austritt. Wenn jedoch an einigen undichten Stellen Luft eintritt, anstatt auszutreten, werden zwangsläufig falsche Meßergebnisse erhalten. Dies kann zum Beispiel der Fall sein, wenn das Belüftungsgebläse ausgeschaltet ist und die Luftklappen so eingestellt sind, daß der Luftdurchsatz durch den Fahrgastraum sehr klein bleibt, im Fahrzeug also ein hoher Unterdruck herrscht.

13.3.3.2 *Weitere Methoden zur Messung des Luftdurchsatzes durch den Fahrgastraum*

Der Luftdurchsatz durch den Fahrgastraum kann auch aus den Ergebnissen eines Heizungstestes berechnet werden, indem nach W. Krämer et al. [13.20] eine Wärmebilanz erstellt wird. Zur Erzielung präziser Ergebnisse muß der Wärmeverlust an jeder Stelle der Karosserie genau bekannt sein, und die Temperatur muß sehr genau gemessen werden. Aus diesem Grund wird diese Methode in der Praxis nicht angewandt.

Bei einer weiteren Methode der Luftdurchsatzmessung wird der im Fahrgastraum befindlichen Luft vor Versuchsbeginn eine bestimmte Menge Isotopengas (z.B. Krypton 85) als Indikator („Tracer") beigemischt. Anschließend wird die Abnahme der Konzentration über der Zeit gemessen, während das Fahrzeug der Luftströmung im Windkanal ausgesetzt wird. Daraus kann der Luftdurchsatz durch den Fahrgastraum berechnet werden, vgl. [13.20]. Ebenso kann auch ein leicht detektierbares Gas zugesetzt werden, z.B. CO_2 . Das hat den Vorteil, daß die bei Verwendung eines Isotopentracers erforderlichen speziellen Sicherheitsmaßnahmen entfallen.

Schließlich muß noch erwähnt werden, daß die Messung des Luftdurchsatzes im Windkanal normalerweise bei symmetrischer Anströmung durchgeführt wird. Bei Schräganströmung – entspechend Seitenwind auf der Straße – können sich davon stark abweichende Ergebnisse einstellen, da sowohl der Druck am Ort des Lufteintritts wie auch des -austritts verändert wird.

13.3.4 Fahrgastraum-Heizungs- und -Klimatisierungstests

Ein mit einem Rollenprüfstand ausgerüsteter klimatisierter Windkanal bietet gute Voraussetzungen für die Durchführung von Heizungs- und Klimatisierungstests. Da diese Klimakanäle aber normalerweise kleiner als *aerodynamische* Windkanäle sind (vgl. Abschnitt 12.5.4), muß ihre Eignung durch Korrelationstests sichergestellt werden. Diese finden entweder im Vergleich mit einem Großwindkanal oder mit der Straße statt, indem die Druckverteilung an exponierten Stellen der Karosserie untersucht wird. Diese Korrelation stellt sicher, daß an den Öffnungen der Karosserie wirklichkeitsnahe Druckverhältnisse herrschen, die durchgesetzten Luftmengen also der Realität entsprechen. Wenn keine ausreichende Korrelation festgestellt wird, weil z. B. die Düsenaustrittsfläche des Klimakanals im Verhältnis zum Testobjekt zu klein ist, kann dadurch eine Korrektur angestrebt werden, daß die Strömung durch Aufstellen von Leitblechen in der Meßstrecke „getrimmt" wird.

Bild 13.23 ist ein für einen Aufheizungstest typisches Diagramm. Vor dem Test wird das Fahrzeug so lange bei Testtemperatur abgestellt, bis alle Motor- und Fahrgastraumteile diese Temperatur erreicht haben. Dann wird der Versuch begonnen. Mit dem Rollenprüfstand wird der Motor auf die zu jeder Fahrgeschwindigkeit gehörige Zugkraft abgebremst, die durch ein zuvor festgelegtes Prüfprogramm vorgegeben ist. Während des Tests werden die Lufttemperaturen an mehreren Stellen im Fahrgastraum aufgezeichnet. Im Bild 13.23 werden nur die gemittelten Temperaturwerte für Fuß-, Brust- und Kopfbereiche sowie der Gesamtdurchschnittswert aller Mittelwerte gezeigt. Die endgül-

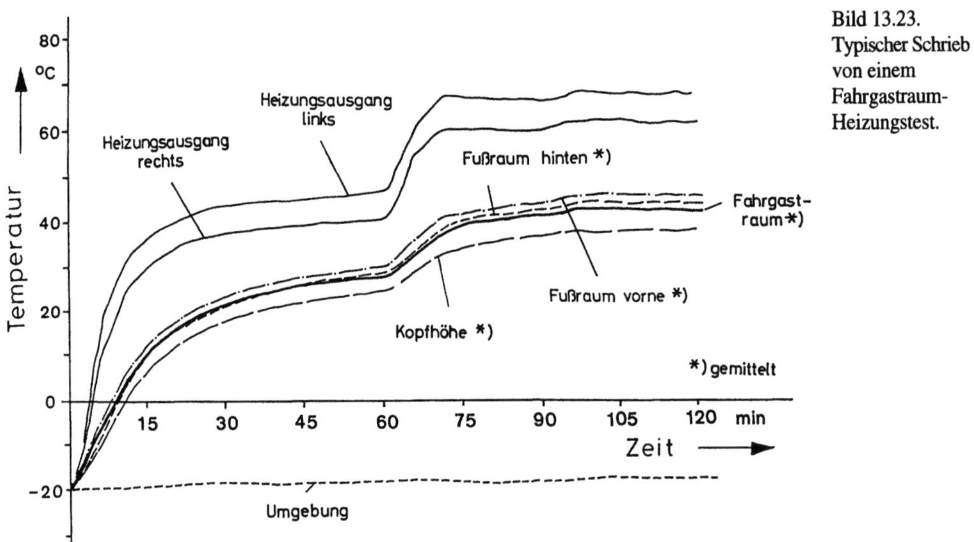

Bild 13.23.
Typischer Schrieb
von einem
Fahrgastraum-
Heizungstest.

tige Beurteilung der Heizungssystemleistung erfolgt, indem die Durchschnittswerte bzw. der Gesamtdurchschnitt mit den Mindestanforderungen verglichen werden, die gewöhnlich in Anlehnung an praktische Erfahrungen aufgestellt werden.

Das Verfahren zur Durchführung der Leistungstests von Klimaanlagen ist im Prinzip diesem Verfahren ähnlich. Das Fahrzeug wird zuerst bei einer hohen Lufttemperatur abgestellt. Dann wird der Test mit nach und nach ansteigenden Fahrgeschwindigkeiten durchgeführt. Zusätzlich zu der hohen Lufttemperatur simulieren Speziallampen die durch Sonnenstrahlen erzeugte Wärmelast. Außerdem wird die Luftfeuchtigkeit erhöht, um die Klimaanlage unter härtesten Betriebsbedingungen zu testen. Typische Testbedingungen sind z. B. Umgebungstemperatur 40 °C und höher, 40 % Luftfeuchtigkeit und 1 kW/m^2 Intensität der Sonnenstrahlung.

Die zur Simulation der Sonnenstrahlung eingesetzten Speziallampen müssen parallele Strahlen aussenden und ein dem Sonnenlicht ähnliches Spektrum nach Tabelle 13.3 aufweisen. Eine

Tabelle 13.3. Vergleich der spektralen Verteilung der Sonnenstrahlung mit einigen künstlichen Strahlern. Anteile an der Gesamtstrahlung in Prozent.

Strahler	UV-C	UV-B	UV-A	sichtbar	IR-A	IR-B	IR-C
Wellenlänge in µm	< 0,28	0,28 bis 0,315	0,318 bis 0,38	0,38 bis 0,78	0,78 bis 1,4	1,4 bis 3,0	>3,0
Terrest. Strahlung nach Schulze (1,12 kW/m^2)	–	0,4	3,9	51,8	31,2	12,7	–
HMI 4000 W (Osram)	0,1	0,8	6,2	53,3	32,3	7,3	–
Xenon CSX (Philips)	Summe UV: 4,8			24,2	32,3	38,7	
Halogen 3400 K (Osram)	–	–	0,4	19,1	47,4	33,1	
Siccatherm 250 W (Osram)	–	–	–	4,0	42,5	50,8	2,7

zufriedenstellende Simulation der Sonnenstrahlung kann jedoch schon mit Hilfe von Infrarotlampen erreicht werden. Allerdings sind Absorption und Reflexion der Strahlungsenergie, die auf getönte oder klare Glasoberflächen trifft, bei Infrarotlicht und simulierter Sonnenlichteinstrahlung nicht dieselben. Der Aufheizeffekt im Inneren des Fahrzeuges ist daher ebenfalls nicht gleich, und Abweichungen von den im praktischen Einsatz erhaltenen Meßergebnissen sind nicht auszuschließen.

Die Bewertung der von der Klimaanlage erbrachten Leistung erfolgt ähnlich wie beim Aufheiztest durch den Vergleich der Durchschnittswerte für Innenraumtemperaturen mit Mindestanforderungen.

13.3.5 Entfeuchtungs- und Entfrostungstests

Bei Fahrzeugen, die in kälteren Klimazonen gefahren werden, ist eine Heizung mit guter Entfrostungsleistung eine unabdingbare Voraussetzung. Einige Staaten fordern eine Mindestleistung für die Entfrostung der Windschutzscheibe. Die FMVSS 103 [13.21] legt die Prüfvorschrift für die nordamerikanischen Länder fest, und die 78/317/EEC [13.22] wird als Abnahmeforderung in den europäischen Ländern herangezogen.

Vor Durchführung eines Entfrostungstests wird das Fahrzeug so lange bei niedrigen Temperaturen abgestellt, bis alle Fahrzeugteile die für den Test geforderte Temperatur aufweisen. Die Standardtesttemperaturen betragen $-3\ °C$ und $-18\ °C$. Der Test beginnt mit der Aufbringung einer Eisschicht vorgegebener Dicke (z.B. 0,044 g/cm^2) auf die Glasoberflächen des Fahrzeuges; zu diesem Zweck wird Wasser mit einer Spritzpistole aufgesprüht. Das Fahrzeug wird für weitere 30 bis 40 Minuten der Testtemperatur ausgesetzt. Anschließend wird der Motor gestartet und läuft warm, entweder, indem er bei einer vorgegebenen Drehzahl im Leerlauf läuft oder daß das Fahrzeug auf dem Rollenprüfstand bei definierter Teillast gefahren wird. Das Entfrostungssystem wird eingeschaltet, und die entfrosteten Bereiche der Glasoberflächen werden auf der Scheibeninnenseite in Abständen von fünf Minuten markiert. Das entstandene Entfrostungsbild wird nach Beendigung des Tests photographiert oder auf Papier übertragen. Diese Bilder können benutzt werden, um das Leistungsniveau des Entfrostungssystems zu bewerten. Zu diesem Zweck werden in den genannten Standard-Prüfvorschriften auf der Windschutzscheibe besondere Zonen definiert. Nur diese werden bei den Beurteilungen der Testergebnisse herangezogen, siehe auch Abschnitt 11.6.3.

Bild 13.24 zeigt die Umrisse der entfrosteten Bereiche auf der Windschutzscheibe; die gestrichelten Linien entsprechen den genannten besonderen Bereichen. Die von einem Entfrostungssystem geforderte Mindestleistung wird in Prozent der in einer vorgegebenen Zeitspanne entfrosteten Fläche jeder Windschutzscheibenzone festgelegt.

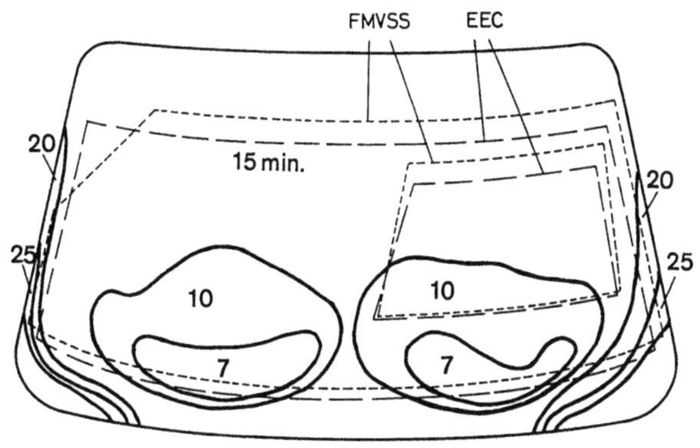

Bild 13 24. Ergebnis eines Windschutzscheiben-Entfrostungstests Die eingezeichneten Linien zeigen die entfrosteten Flächen der Windschutzscheibe in Abständen von funf Minuten. Die gestrichelten Linien umreißen die spezifizierten Scheibenzonen

Während eines Entfeuchtungstests wird der Feuchtigkeitsausstoß der Fahrzeuginsassen (ungefähr 70 g/h je Insasse) mittels eines speziell für diesen Zweck entwickelten Dampfgenerators simuliert [13.22]. Die Testtemperatur liegt knapp unter dem Gefrierpunkt (z.B. –3 °C). Nach Ablauf der Standzeit bei Testtemperatur wird der Dampfgenerator 5 Minuten lang im Fahrzeug betrieben, um einen Feuchtigkeitsfilm auf den Glasoberflächen zu erzeugen. Dann wird der Motor gestartet und die Entfrostungs-Entfeuchtungsanlage eingeschaltet, um die Feuchtigkeit auf den Glasoberflächen zu entfernen. Der Dampfgenerator bleibt dabei so lange in Betrieb, bis der Test abgeschlossen ist. Die Umrisse der entfeuchteten Flächen werden ähnlich wie beim Entfrostungstest markiert und zur Auswertung festgehalten. Die Mindestentfeuchtungsleistung für europäische Länder ist in der Vorschrift 78/317/EEC definiert.

Im Rahmen der zur Optimierung des Entfrostungs- und Entfeuchtungssystems durchgeführten Entwicklungsarbeiten kann eine Infrarotkamera wertvolle Dienste leisten (Thermographie). Die mit dieser Einrichtung unter echten Betriebsbedingungenen erhaltenen Temperaturverteilungsaufnahmen der Windschutzscheibe und der anderen Glasflächen helfen dem Entwicklungsingenieur, entsprechende Maßnahmen zu entwickeln.

13.3.6 Motorkühlungstest im Windkanal

In der Regel wird die Entwicklungsarbeit in einem mit einem Rollenprüfstand ausgerüsteten Windkanal durchgeführt, um die Leistung des Motorkühlungssystems zu optimieren. Die Tests werden gewöhnlich bei hohen Umgebungslufttemperaturen gefahren, um die Leistungsgrenzen des Kühlsystems zu zeigen. Sonneneinstrahlungs- und Rückenwindsimulation wird u.U. ebenfalls gewünscht, um die in der Fahrpraxis vorkommenden, extremen Fahrbedingungen zu berücksichtigen.

Für eine gute Übereinstimmung der Versuchsergebnisse im Windkanal und auf der Straße ist es ausreichend, wenn die Umströmung des Fahrzeugs nur im Bereich des Vorderwagens simuliert wird, vgl. Bild 12.58. Es können somit kleinere Kanäle, sog. Blaskanäle eingesetzt werden, die ausschließlich für Motorkühlungstests ausgelegt sind. Besonderes Augenmerk ist jedoch auf die Kalibrierung der Anströmgeschwindigkeit zu richten; mit kleiner werdender Düsenaustrittsfläche wird deren Definition immer schwieriger (vgl. auch Abschnitt 13.2.3.2).

Um die Motorkühlungsleistung in einem Windkanal zu überprüfen, kommen drei Prüfverfahren zur Anwendung:

a)   Simulation eines Höchstgeschwindigkeitstests auf ebener Straße

b)   Simulierte Alpenpaßfahrt mit Anhänger

c)   Im Anschluß des Tests a) oder b) Betrieb im Leerlauf oder Abschalten des Motors.

Beim Höchstgeschwindigkeitstest und bei der Alpenpaßfahrt werden mit dem Rollenprüfstand die Fahrwiderstände einschießlich des Steigungswiderstandes nachgebildet. Dabei ist der Rollwiderstand der angetriebenen Räder wegen des endlichen Durchmessers der Rolle größer als auf der Straße. Bei einem Rollendurchmesser von 2 m beträgt der Faktor ungefähr zwei, so daß der Rollwiderstand der nicht angetriebenen Räder in etwa mit berücksichtigt wird. Ist diese Näherung nicht zulässig, so müssen bei der Simulation des Fahrwiderstandes der höhere Rollwiderstand der angetriebenen Räder sowie der fehlende Anteil der nicht angetriebenen Räder einzeln berücksichtigt werden.

Die einzelnen Betriebspunkte des Tests werden so lange gefahren, bis die Kühlmittel- und die Motoröltemperatur einen Beharrungszustand erreichen. Die wichtigsten zu messenden Temperaturen sind die Temperatur des Kühlmittels im oberen und unteren Kühlwasserschlauch, die Motoröltemperatur und die Temperatur der Umgebungsluft. Zur Bewertung des Kühlsystems wird der Unterschied zwischen der Temperatur im oberen Kühlwasserschlauch t_r und der Temperatur t_a der Umgebungsluft als der wichtigste Parameter herangezogen:

$$\Delta t = t_r - t_a . \tag{13.6}$$

Der Wert Δt bleibt bei verschiedenen Umgebungstemperaturen fast konstant, solange die Öffnung des Thermostats unverändert und der Elektrolüfter ein- oder ausgeschaltet bzw. der Viskolüfter ein- oder ausgekuppelt bleibt.

Die Umgebungstemperatur könnte bis auf einen Grenzwert (t_{ATB}) erhöht werden, bei der die Kühlflüssigkeit im oberen Kühlerschlauch zu sieden beginnen würde.

In diesem Fall gilt $\quad \Delta t = t_r - t_a = t_{cb} - t_{ATB}.$

Somit ist $\qquad t_{ATB} = t_{cb} - (t_r - t_a) = (t_{cb} - t_r) + t_a . \tag{13.7}$

t_{cb} ist die Siedetemperatur des Kühlmittels; sie hängt vom Druck im Kühlsystem ab, der vom Öffnungsdruck des Kühlerverschlußdeckels bestimmt wird. t_{ATB} wird als „air-to-boil-temperature" (ATB-Temperatur) bezeichnet. Es ist diejenige Umgebungstemperatur, bei der die Kühlflüssigkeit zu sieden beginnen würde, wenn das Testfahrzeug unter den gleichen Fahrbedingungen, wie sie im Kühlungstest simuliert werden, gefahren wird. t_{ATB} wird daher als Beurteilungsmaßstab des Kühlsystems genutzt; je höher die ATB-Temperatur, um so größer ist seine Leistungsfähigkeit.

Wenn die Temperatur im Windkanal frei gewählt werden kann, empfiehlt es sich, mit *hohen* Testtemperaturen zu arbeiten. Damit wird sichergestellt, daß Thermostat und Lüfter unter denselben Betriebsbedingungen arbeiten, wie sie unter ungünstigen Umgebungs- und Fahrbedingungen vorliegen. Andernfalls muß damit gerechnet werden, daß die bei relativ niedrigen Testtemperaturen im Windkanal ermittelte ATB-Temperatur von der für die Praxis interessanten ATB-Temperatur bei hohen Umgebungstemperaturen abweicht. Diese Schwierigkeit kann indessen umgangen werden, wenn der Thermostat in der Stellung „voll offen" blockiert wird, und wenn der Lüfter ständig mitläuft. Aber selbst dann besteht noch ein kleiner Unterschied zwischen den für die beiden Umgebungstemperaturen berechneten ATB-Temperaturwerten. Dies ist auf die geänderte Dichte der Luft und damit auf den unterschiedlichen Liefergrad des Motors zurückzuführen. Unter Anwendung der im praktischen Einsatz mit verschiedenen Motoren gewonnenen Erfahrung ist folgende Korrekturgleichung möglich, um die ATB-Temperatur bei anderen Umgebungstemperaturen zu berechnen:

$$t'_{ATB} = t_{ATB} + 0,16\,(t'_1 - t_1), \tag{13.8}$$

wobei t_{ATB} die gemessene ATB-Temperatur bei einer Umgebungstemperatur von t_1 und t'_{ATB} die zu erwartende ATB-Temperatur bei einer anderen Umgebungslufttemperatur t'_1 ist.

Die ATB-Temperatur eines Motorkühlsystems, die nach einem Höchstgeschwindigkeitstest berechnet wurde, stimmt nicht mit der ATB-Temperatur, die nach einem Bergauffahrttest mit demselben Fahrzeug ermittelt wurde, überein. Die t_{ATB}-Werte können aus diesem Grunde nur miteinander verglichen werden, wenn gleichartige Fahrbedingungen vorliegen.

Für jedes der drei Testverfahren können ATB-Temperaturen als Abnahmekriterien definiert werden. Die Festlegung dieser Grenzwerte beruht auf praktischer Erfahrung. $t_{ATB} = 48\ ^\circ\mathrm{C}$ bis $55\ ^\circ\mathrm{C}$ kann als Abnahmegrenze für Höchstgeschwindigkeitstests gelten. Dagegen kann die Toleranzgrenze für die Bergauffahrt mit $t_{ATB} = 28\ ^\circ\mathrm{C}$ bis $35\ ^\circ\mathrm{C}$ niedriger angesetzt werden, denn normalerweise herrscht in den höheren Alpenregionen eine niedrigere Umgebungslufttemperatur.

In der Regel wird für die Simulation der Bergauffahrt eine Steigung von 10 bis 12 % gewählt. Dies entspricht Fahrbedingungen, wie sie bei einer Alpenpaßfahrt anzutreffen sind.

13.3.7 Techniken zur Sichtbarmachung der Strömung

Die Sichtbarmachung der Umströmung des Fahrzeuges und der Durchströmung des Fahrgast- und des Motorraumes stellt eine wirksame Hilfe für die Optimierung dieser Strömungsfelder dar. W.-H. HUCHO und L. J. JANSSEN [13.23], M. TAKAGI et al. [13.24] sowie W. HENTSCHEL und R. PIATEK [13.25] haben ausführliche Berichte darüber veröffentlicht. Der Strömungsverlauf auf der Oberfläche der Karosserie kann ganz einfach mit Hilfe von Wollfäden sichtbar gemacht werden (vgl. Bilder 6.1 und 8.63). Die Bereiche anliegender bzw. abreißender Strömung sind auf diese Weise deutlich erkennbar. Der Nachteil dieser Methode ist weniger die Störung der wandnahen Strömung durch die Wollfäden, als der Aufwand, der mit dem Aufbringen der Fädchen verbunden ist. Eine andere Möglichkeit, die Strömung an der Oberfläche sichtbar zu machen, besteht darin, einen Ölfilm auf der Oberfläche aufzubringen, der farbige Pigmente beinhaltet. Bild 6.2 veranschaulicht diese Technik. In Bereichen abgelöster Strömung sind derartige Anstrichbilder jedoch immer dann mit Vorsicht zu interpretieren, wenn der Einfluß der Schwerkraft die Bahn der Partikel beeinflußt, wie z. B. an den Seitenteilen der Fahrzeuge.

Ein sehr häufig eingesetztes Gerät ist ein Rauchgenerator. Durch Einblasen von Rauch in die Luftströmung werden die Strömungsverläufe sichtbar. Bei den am weitesten verbreiteten Rauchgeneratoren wird ein Alkohol-Wasser-Gemisch erhitzt. Es entsteht dichter, nicht toxischer Dampf – fälschlich Rauch genannt –, der mit Hilfe eines langen, dünnen Rohres der Strömung zugeführt wird. Dafür gibt es zwei Möglichkeiten:

Einmal wird der Rauch in die „gesunde" Strömung eingeführt; damit werden Stromlinien sichtbar, wie z. B. in den Bildern 1.2, 8.19, 8.51 und 8.61. Zum anderen wird der Rauch in die abgelöste Strömung eingeleitet. Er füllt dann das ganze Totwassergebiet bis hin zur Stelle der Ablösung aus, wie z. B. in den Bildern 1.3 und 6.3 zu sehen.

Eine *detaillierte* Untersuchung des Nachlaufs oder der Ablösungen wird jedoch erst möglich, wenn die betroffenen Bereiche gezielt beleuchtet werden. R. BUCHHEIM et al. [13.12] haben zu diesem Zweck eine Laser-Lichtschnitt-Technik entwickelt, die im Bild 13.25 in einigen Anwendungs-Varianten dargestellt ist. Dazu wird das Licht eines Hochleistungslasers (5 bis 24 W) erst durch eine Zylinderlinse geleitet und dann mit einem Spiegel so umgelenkt, daß das Fahrzeug in jeder

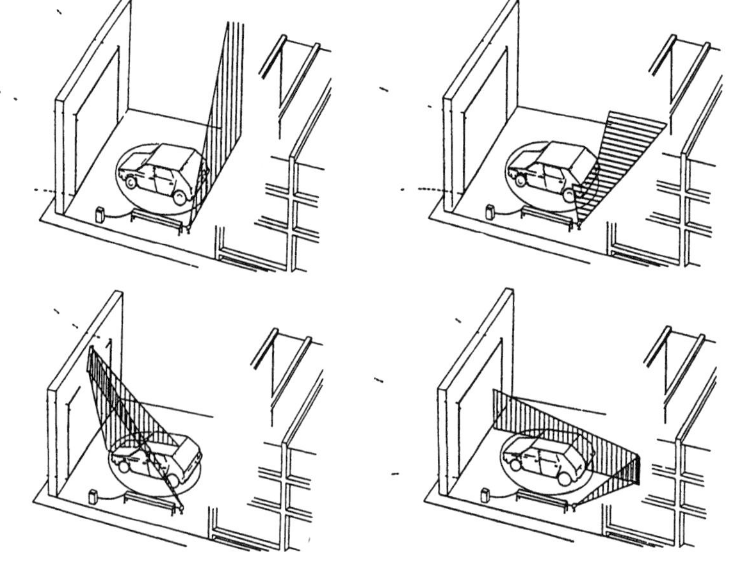

Bild 13 25 Laser-Lichtschnitt-Technik zur Sichtbarmachung der Stromungsvorgange um das Fahrzeug nach [13 12]

gewünschten Ebene in voller Breite, Länge oder Höhe beleuchtet werden kann. Die Dicke des Lichtschnittes kann zwischen wenigen Millimetern und mehreren Zentimetern eingestellt werden. Als Beispiel zeigt Bild 6.7 die Erfassung der Heckwirbel hinter einem Fließheckfahrzeug.

Wenn die Strömung in einem abgelösten Feld untersucht wird, kann mit einem Blasengenerator (Bubble-Generator) gearbeitet werden. Mit Helium gefüllte Seifenblasen werden in die Luftströmung eingeleitet, und ihre Bewegungen werden fotografisch festgehalten. Wenn die Belichtungszeit gut gewählt wird, sind die sich überlagernden Strömungsverläufe deutlich auf den Fotografien zu unterscheiden, siehe Bild 13.26. Diese Technik eignet sich besonders gut zur Sichtbarmachung der Strömung bei Versuchen an kleinen Modellen, vgl. [13.23], sie wird aber gelegentlich auch bei Detailuntersuchungen an Modellen in natürlichem Maßstab eingesetzt [13.25].

Eine *indirekte* Methode, die Strömung „sichtbar" zu machen, stellt die Aufzeichnung der Nachlaufmessungen dar. Linien gleicher Geschwindigkeit, gleichen Druckes oder gleicher Drehung (vorticity), wie im Bild 4.15 wiedergegeben, vermitteln eine Anschauung von der Strömung.

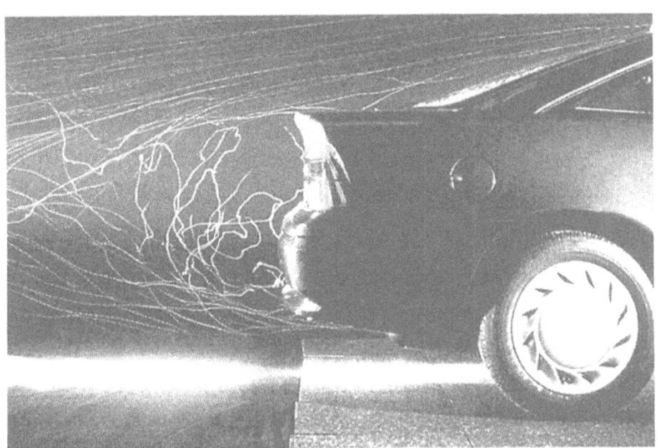

Bild 13.26. Sichtbarmachung der Strömung
im Hecktotwasser mit Hilfe
heliumgefüllter Seifenbläschen;
Bild: Adam Opel AG, aufgenommen
bei Pininfarina.

13.3.8 Windgeräuschmessung im Windkanal

Der Meßingenieur steht vor zwei unterschiedlichen Meßaufgaben, wenn Windgeräusche im Windkanal untersucht werden sollen:

a) Messung des Windgeräuschpegels im Fahrzeug,

b) Geräuschpegel- bzw. Druckschwankungsmessungen im Bereich der potentiellen Windgeräuschquellen, also außerhalb des Fahrzeuges.

a) Für die Messung des Windgeräuschpegels im Fahrzeuginneren werden Mikrofone an den Ohrpositionen der Passagiere und des Fahrers installiert. Die damit gewonnenen Meßsignale enthalten jedoch neben dem Windgeräusch des Fahrzeugs das Eigengeräusch des Windkanals, das in der Regel erheblich ist. Das Eigengeräusch eines Windkanals kann sehr niedrig gehalten werden, wenn bei seiner Konzipierung entsprechende geräuschmindernde Maßnahmen getroffen werden; ein Beispiel dafür stellt der Akustik-Windkanal von BMW [13.17] dar, vgl. Bilder 12.65 bis 67.

Der Anteil des Windkanaleigengeräusches kann nach R. Buchheim et al. [13.18] in zwei Stufen ermittelt werden:

– Das Fahrzeug wird in der Meßstrecke aufgebaut und der Luftströmung ausgesetzt. Innengeräuschmessungen werden durchgeführt, die sowohl das Fahrzeugwindgeräusch als auch das Windkanaleigengeräusch enthalten.

– Das Fahrzeug wird neben der Meßstrecke, also außerhalb der Luftströmung aufgebaut. Der Windkanal wird mit derselben Windgeschwindigkeit wie in der ersten Teststufe betrieben, und im Fahrzeuginneren werden Geräuschwerte aufgenommen, die nur das Windkanaleigengeräusch enthalten.

Die Differenzbildung zwischen den beiden Geräuschaufzeichnungen ergibt das Windgeräusch, das im Fahrzeuginneren wahrgenommen wird.

In der Regel werden Frequenzanalysen beider Signale durchgeführt, siehe Bild 13.27. Wenn die Differenz beider Kurven 10 dB oder mehr beträgt, können die in der Luftströmung aufgenommenen Innengeräuschwerte ohne Korrektur als Windgeräusch im Fahrzeuginneren übernommen werden. Anderenfalls müssen die Windgeräuschwerte für den Fahrgastraum durch Subtraktion (logarithmisch) der beiden Kurven ermittelt werden.

Die vorstehend beschriebene Vorgehensweise setzt voraus, daß die Meßstrecke ausreichend diffuse Schallfeldeigenschaften besitzt, d.h. im Falle einer Beschallung der Meßstrecke dürfen die Schalldruckpegelmessungen und deren Frequenzanalysen an verschiedenen Stellen in der Meßstrecke nur geringfügig voneinander abweichen.

Ein Fehler kann bei dieser Vorgehensweise dadurch entstehen, daß sich die Qualität der Türdichtungen und damit deren akustische Effizienz verschlechtert, wenn das Fahrzeug hohen Windgeschwindigkeiten ausgesetzt wird und dann die Türen infolge der hohen Druckdifferenz zwischen Fahrgastraum und äußerem Strömungsfeld nach außen gezogen werden. Dieser Effekt läßt sich beim zweiten Test, der außerhalb der Meßstrecke ausgeführt wird, nicht nachahmen.

Eine ähnliche Meßmethode wird von A. LOREA et al. [13.26] beschrieben, jedoch mit dem Unterschied, daß auf die Messung *außerhalb* der Windströmung verzichtet wird. Um die Windkanaleigengeräusche berücksichtigen zu können, wird zunächst mit Hilfe eines Mikrofons, das außerhalb des Fahrzeuges in der Luftströmung angebracht ist, das Windkanaleigengeräusch aufgenommen. Im nächsten Schritt wird dieses Geräusch *ohne* Wind über ein Lautsprechersystem in der Meßstrecke abgespielt. Die Differenz zwischen den in den beiden Teststufen aufgenommenen Innengeräuschpegeln ergibt das Windgeräusch im Fahrzeuginneren.

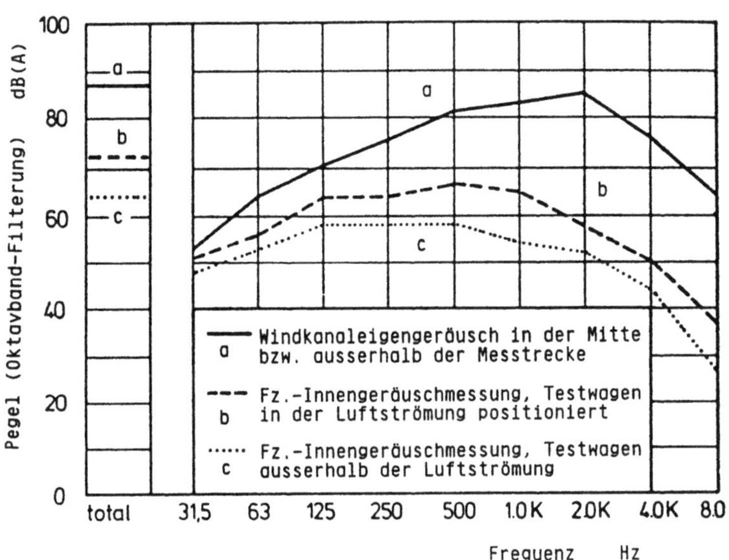

Bild 13.27.
Windgeräuschmessung im Windkanal nach [13.18]. Durch antilogarithmische Differenzbildung zwischen den Kurven b und c kann die Windgeräuschkurve für den Fahrgastraum abgeleitet werden.

Das auf diese Weise im Fahrgastraum ermittelte Windgeräusch enthält einen Anteil, der auf die *Durchströmung* der Be- und Entlüftungskanäle und der Leckagen zurückzuführen ist, sowie eine weitere Komponente, die ihren Ursprung in dem *außerhalb* des Fahrgastraumes entstehenden Windgeräusch hat, das durch die Formgebung der Karosserie und die dadurch bedingten Ablösungen und Verwirbelungen hervorgerufen wird. Zur Abtrennung der *Durchström*-Geräusche werden in einem zweiten Test alle Karosserieöffnungen und -undichtheiten zugeklebt, und die Messung wird wiederholt. Die Differenz zwischen den Geräuschpegeln, die bei nicht zugeklebtem und zugeklebtem Fahrzeug erhalten werden, ergibt den Anteil der Durchströmungsgeräusche.

Da das Ergebnis der ersten Meßreihe die beiden anderen oben erwähnten Geräuschanteile enthält, kann mit einem weiteren Rechenschritt die zweite Geräuschkomponente ermittelt werden, und zwar die, deren Ursprung das außerhalb des Fahrzeugs entstehende Strömungsgeräusch ist. Ausgehend von dem Zustand „alle Öffnungen und Fugen zugeklebt" können einzelne Öffnungen und Fugenabschnitte sukzessive wieder geöffnet werden, um den Beitrag dieser einzelnen Stellen zum Durchströmgeräusch zu ermitteln.

Den Aeroakustiker interessiert vornehmlich die Beeinflussung des Außengeräusches; durch geeignete Formgebung muß er versuchen, dieses so niedrig wie möglich zu halten. Das außen entstehende „Windgeräusch" durchdringt die Karosseriewandungen (Blech, Glas, Trimmteile) und gelangt so in den Fahrgastraum. Das Schalldämmaß der Karosserie wird in Abhängigkeit von der Frequenz gemessen; dabei werden sämtliche Öffnungen abgedichtet [13.26]. Addiert man dieses Schalldämmaß zu dem Geräuschpegel, der im Fahrzeug im abgeklebten Zustand gemessen wurde, so erhält man das außerhalb des Fahrzeugs entstehende Strömungsgeräusch, das Windgeräusch.

b) In den Wirbel- und Ablösezonen treten erhöhte Druck- und Geschwindigkeitsschwankungen auf, die für die Entstehung des Windgeräusches verantwortlich sind. Außerdem können die angrenzenden Karosserie- oder Glasflächen dadurch so angeregt werden, daß sie schließlich selbst zur Geräuschquelle werden. Deshalb wird verlangt, in solchen Strömungsfeldern auch den lokalen Geräuschpegel bzw. die Druck- und Geschwindigkeitsschwankungen zu messen.

Mikrofone können Druckschwankungen zuverlässig messen, wenn Sorge dafür getragen wird, daß keine Meßwertverfälschungen durch Ablösungen am Körper des Mikrofons selbst auftreten. Diese Forderung läßt sich erfüllen, indem die Mikrofone an dem zu untersuchenden Karosserie- oder Glasteil flächenbündig montiert werden, siehe Bild 13.7. In ähnlicher Weise können piezoelektrische Druckaufnehmer eingesetzt werden. Wenn jedoch das Mikrofon im Strömungsfeld eingesetzt wird, besteht die Gefahr, daß es selbst die örtliche Strömung und somit auch das Schallfeld stört. Es muß dann mit einer speziell dafür entwickelten Verkleidung, meist einem Nasenkonus, ausgerüstet werden. Alternativ kann auf die Messung der Geschwindigkeitsschwankungen mit Hilfe eines Hitzdraht-Anemometers (siehe Abschnitt 13.2.3.1) zurückgegriffen werden; Einzelheiten findet man bei P. CATCHPOLE et al. [13.17].

Um aussagekräftige Windgeräuschmessungen in einem Windkanal durchführen zu können, muß der Pegelabstand zwischen dem Windgeräusch und dem Eigengeräusch des Windkanals, gemessen im Fahrzeug, mindestens 3 dB betragen. Für eine *subjektive* Beurteilung des Geräusches reicht dieser Pegelabstand aber nicht aus.

13.3.9 Versuche im Wasserbassin

Die sich auf dem Meßstreckenboden des Windkanals bildende Grenzschicht beeinträchtigt die Simulation der Strömung *unter* dem Fahrzeug; im Abschnitt 12.3.2 wird dieses ausführlich abgehandelt. Je geringer die Bodenfreiheit (z.B. bei Sport- und Rennwagen), desto größer sind die Abweichungen, die im Vergleich zur Straße zu erwarten sind. Die Relativbewegung zwischen Fahrzeug und Straße läßt sich einmal abbilden, indem der Boden der Meßstrecke bewegt wird; das kann mit einem Laufband bewerkstelligt werden. Eine Alternative dazu bieten Schleppkanäle, die in der Schiffshydrodynamik zum Einsatz kommen. Wie man dabei vorgeht, ist von L. LARSSON et al. [13.27] demonstriert worden. Einen Querschnitt der dabei verwendeten Schlepprinne zeigt Bild 13.28.

Um die gleiche Reynolds-Zahl zu erhalten, muß das Fahrzeug im Wasser mit nur 1/15 der Geschwindigkeit bewegt werden, mit der es auf der Straße fährt bzw. im Windkanal angeblasen wird. Der Verlauf des Gesamtdruckes zwischen der Bodengruppe und der Straßenoberfläche sowie der statische Druckverlauf an der Bodengruppe des Testfahrzeuges wurden von L. LARSSON et al. [13.27] sowohl im Windkanal als auch im Wasserbassin untersucht. Den Vergleich der Ergebnisse zeigt Bild 13.29. Die bei den Gesamtdruckprofilen zu beobachtenden Differenzen gleichen weitgehend den im Bild 12.24 abgebildeten. Der Einfluß der Grenzschicht des Meßstreckenbodens bleibt auf eine dünne Schicht beschränkt. Auch die Differenzen im statischen Druck scheinen klein zu sein. Wegen der großen Grundfläche des Fahrzeugs, an der der statische Druck wirksam ist, ist jedoch eine meßbare Differenz im Auftrieb zu erwarten. Die in [13.27] berichteten Kraftmessungen bestätigen das: Der im Windkanal gemessene Auftrieb war höher als im Wasserbassin.

Der Fahrwiderstand wurde mit einem in der Abschleppvorrichtung untergebrachten Kraftaufnehmer gemessen. Der Rollwiderstand der Räder wurde berücksichtigt, indem die Messung bei gleicher Geschwindigkeit, jedoch in Luft, wiederholt wurde. Für die Messung der Auftriebskräfte wurden die Radaufhängungen anstelle der Federn und Stoßdämpfer mit Kraftaufnehmern ausgestattet.

Weitere Vorteile bieten Versuche im Wasserbassin, wenn Strömungsdetails vermessen oder beobachtet werden sollen. So werden z.B. Strömungsuntersuchungen im Motorraum in Wasser ausgeführt; die Strömung wird sichtbar gemacht, indem Farbstoffe eingeleitet werden.

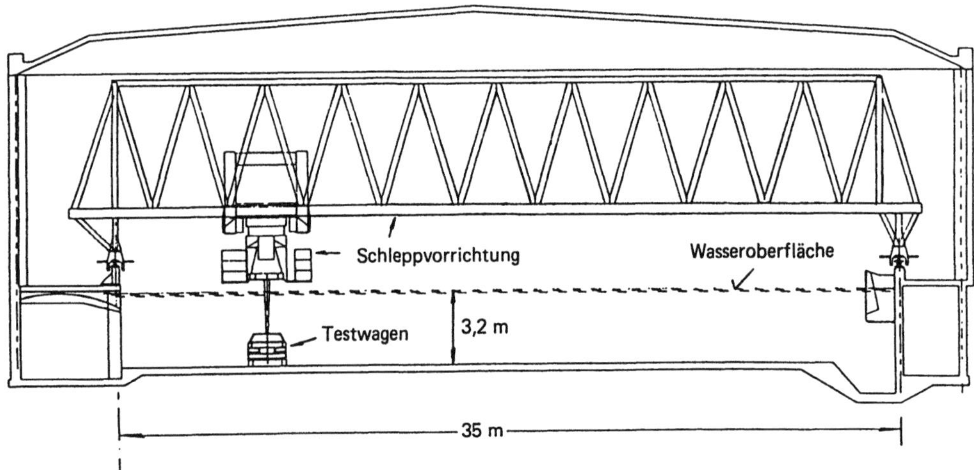

Bild 13.28. Durchführung von Strömungsmessungen an einem Fahrzeug in der Schlepprinne einer Schiffbau-Versuchsanstalt nach [13.27].

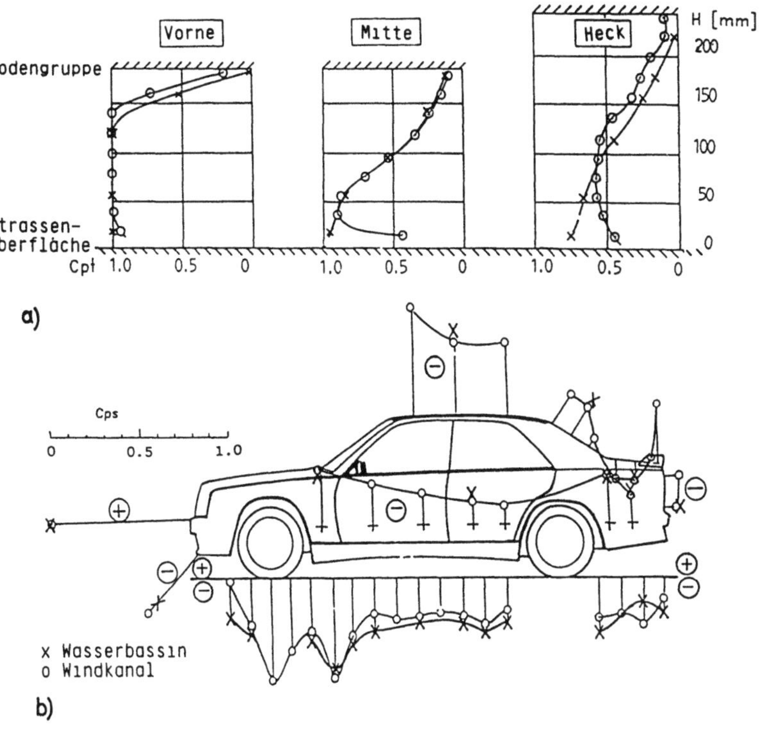

Bild 13.29.
a) Gesamtdruck zwischen der Bodengruppe und Fahrbahn;
b) statischer Druck an der Bodengruppe; Vergleich Windkanal und Schlepprinne nach [13.27].

13.4 Meßverfahren auf der Straße

13.4.1 Messung des Luftwiderstandes im Auslaufversuch

Die Ermittlung des c_W-Wertes wird gewöhnlich im Windkanal durchgeführt; es wurden jedoch auch Verfahren für die Messung auf der Straße entwickelt. Wegen der nicht kontrollierbaren Umweltbedingungen ist die Zuverlässigkeit dieser Messungen jedoch begrenzt. Hinzu kommt, daß die Trennung von Luft- und Rollwiderstand schwierig ist.

Die am häufigsten zur Anwendung kommende Methode ist der Auslauftest, siehe z. B. U. BEZ [13.28]. Dieser Versuch muß auf einer langen, geraden und ebenen Teststrecke durchgeführt werden. W. H. WALSTON et al. [13.29] haben beschrieben, wie dabei der Einfluß des natürlichen Windes zu eliminieren ist. Besser ist es jedoch, die Messungen bei Windstille auszuführen.

Das Testfahrzeug wird zunächst auf eine hohe Geschwindigkeit beschleunigt, um anschließend, nach dem Abstellen des Motors, ungebremst auszurollen. Die Änderung der Geschwindigkeit des Fahrzeuges wird kontinuierlich aufgezeichnet. Die Verzögerung erfolgt durch die auf das Fahrzeug einwirkenden Widerstände, nämlich den Luft- und den Rollwiderstand. Es gilt folgende Beziehung:

$$m\,(1 + f)\,\frac{dV(t)}{dt} = D_M + D_A. \tag{13.9}$$

Dabei ist m die Fahrzeugmasse in kg, f der Zuschlag zur Fahrzeugmasse, der die rotierenden Massen berücksichtigt, V(t) ist die Fahrgeschwindigkeit über der Zeit in m/s. D_M ist der mechanische Widerstand in N; er setzt sich zusammen aus dem Rollwiderstand der Räder, dem Widerstand des Antriebsstranges und der Lager. D_A ist schließlich der gesuchte Luftwiderstand in N.

f wird aus den Bewegungsgleichungen der sich drehenden Teile abgeleitet und kann wie folgt geschrieben werden:

$$f = \frac{\frac{I_d}{r_d^2} + \frac{I_0}{r_0^2}}{m}, \tag{13.10}$$

wobei I_d das Trägheitsmoment der sich drehenden Teile des Antriebsstranges einschließlich der Räder der angetriebenen Achse in $N \cdot m \cdot s^2$, I_0 dieselbe Größe der nicht angetriebenen Achse in $N \cdot m \cdot s^2$ und $r_{d,o}$ der dynamische Rollradius der Reifen an der angetriebenen Achse bzw. der nicht angetriebenen Achse in m sind.

Eine Methode, den *mechanischen* Widerstand zu bestimmen, ist der Laborversuch. Die Zuverlässigkeit dieses Vorgehens ist jedoch nicht zufriedenstellend. Die Hauptschwierigkeit liegt darin, den *Rollwiderstand* der Reifen exakt zu messen. Bei Messungen auf der Trommel – außen oder innen – ergeben sich im Vergleich zur ebenen Fahrbahn erhebliche Differenzen. Außerdem muß auch noch der zusätzliche Reifenwiderstand berücksichtigt werden, der auf die Achsgeometrie des Fahrzeuges (d.h. Radsturz, Vorspur) zurückzuführen ist.

Alternativ dazu läßt sich der mechanische Widerstand auch in einen Straßentest durchführen, bei dem der Luftwiderstand künstlich ausgeschaltet wird. Dies ist durch Verwendung eines haubenförmigen Meßanhängers möglich, der, wie im Bild 13.30 skizziert, von einem Zugwagen gezogen wird und groß genug ist, das Testfahrzeug abzudecken und aufzunehmen. Ausführliche Beschreibungen dieser Technik haben G. W. Carr und M. J. Rose [13.11] sowie J. C. Kessler und S. B. Wallis [13.30] geliefert.

Der Meßanhänger hat am hinteren Ende Räder und ist vorne mit einer Anhängerkupplung mit dem Zugfahrzeug verbunden. Die Verbindungsstange ist mit einem Aufnehmer zur Messung der Zugkraft ausgerüstet. Die Seitenwände des Meßanhängers enden am Boden in einer Gummischürze; diese steht ständig in Kontakt zur Fahrbahnoberfläche, so daß das Testfahrzeug vollständig abgeschirmt, sein Luftwiderstand also gleich Null ist.

Bei dieser Methode entfallen alle mit dem vorher beschriebenen Verfahren verbundenen Nachteile, wenn die Messung des mechanischen Widerstandes *unmittelbar* im Anschluß an den Auslauftest durchgeführt wird. Nachteilig ist, daß der Fahrer des Testfahrzeuges einige Lenkkorrekturen durchführen muß, um nicht vom Kurs des Zugfahrzeuges abzuweichen. Dadurch wird der mechanische Widerstand zwangsläufig erhöht. Außerdem muß die Testgeschwindigkeit beim Fahren von zwei Fahrzeugen als Gespann aus Sicherheitsgründen begrenzt werden. Um zuverlässige Ergebnisse zu erzielen, sollte der gesamte Testablauf mehrere Male wiederholt und die gewonnenen Ergebnisse gemittelt werden.

Der Gesamtwiderstand kann auch gemessen werden, indem das Testfahrzeug durch ein anderes Fahrzeug mit einer Stange *geschoben* wird, siehe L. Romani [13.32]. Die an der Stange gemessene Schubkraft ist gleich dem Gesamtwiderstand. Die Abtrennung des Luftwiderstandes erfolgt wie vorstehend beschrieben. Die Schubstange muß jedoch lang genug sein, um die Interferenz zwischen

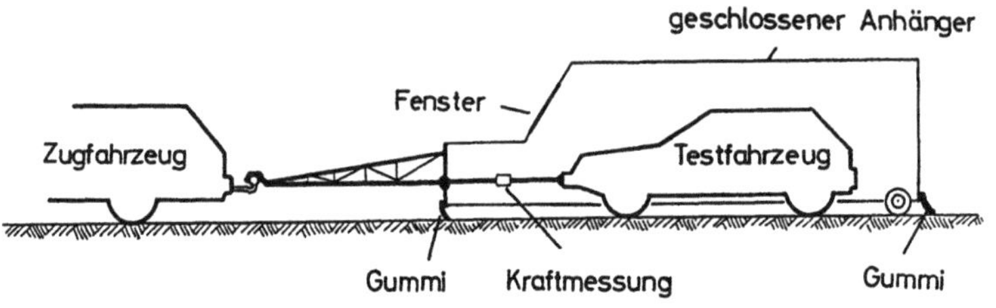

Bild 13.30. Bestimmung des Rollwiderstandes eines Fahrzeuges mit Hilfe eines Meßanhängers nach [13.11] und [13.30].

den beiden Fahrzeugen auszuschalten. Nach Bild 4.104 sollte der Abstand zwischen ihnen mehr als zwei Fahrzeuglängen betragen; diese Forderung läßt die Schubmethode wenig praktikabel erscheinen.

B. A. P. REMENDA et al. [13.31] haben eine Methode beschrieben, nach der sowohl der Luftwiderstand in Abhängigkeit vom Schräganströmwinkel als auch der Rollwiderstand während eines Auslaufversuches auf einer nicht ebenen Straße bei natürlichem Wind ermittelt werden können. Die im Auslauf im 0,5-s-Takt gemessenen Größen, wie Auslaufstrecke als Zeitfunktion, Gesamtdruck (Kiel-Sonde) und Schräganströmwinkel, werden zur iterativen Korrektur eines Rechenmodells verwendet.

13.4.2 Seitenwindversuche

Die Seitenwindempfindlichkeit eines Fahrzeuges kann beurteilt und mit der anderer Fahrzeuge verglichen werden, wenn das Fahrzeug während einer Geradeausfahrt auf der Straße einer künstlich erzeugten Seitenwindbö ausgesetzt wird. Bild 13.31 zeigt die schematische Darstellung eines derartigen Versuchsablaufs. In der Regel wird die seitliche Richtungsabweichung des Fahrzeuges von der ursprünglichen Geradeausfahrt als der charakteristische Parameter bei der Beurteilung seiner Seitenwindempfindlichkeit angesehen.

Zur Durchführung von Seitenwindversuchen stehen zwei Verfahren zur Verfügung (vgl. auch Abschnitt 5.4.5):

1. Der Fahrer führt *keine* Lenkkorrekturen durch. Das Lenkrad wird während des gesamten Tests entweder in der ursprünglichen Stellung festgehalten (fixed control) oder es wird überhaupt nicht vom Fahrer berührt (free control).

2. Der Fahrer hat die Aufgabe, die seitliche Abweichung des Fahrzeuges durch Lenkkorrekturen auszugleichen und so klein wie möglich zu halten.

Bei ersterem Verfahren wird allein die Reaktion des *Fahrzeugs* auf die Windbö berücksichtigt. Es eignet sich daher vor allem zur Durchführung von Vergleichstests. Bei der zweiten Methode wird der *Fahrer* mit einbezogen; die Versuchsergebnisse werden somit maßgeblich von ihm beeinflußt. Dieses Vorgehen hat den Vorteil, daß der Regelkreis Fahrer – Fahrzeug – Umfeld wirklichkeitsgetreu nachgebildet wird. Die Reaktion des Fahrers wird nicht zuletzt vom dynamischen *Aufbau* der Luftkräfte und Momente beeinflußt.

Die seitliche Abweichung des Fahrzeuges kann auf zwei Arten gemessen werden:

a) Der Fahrer fährt auf einer vorgegebenen Leitlinie, die parallel zu der Batterie der Seitenwindgeneratoren verläuft (siehe Bild 13.31), in die Meßstrecke ein. Die Position des Fahrzeuges wird

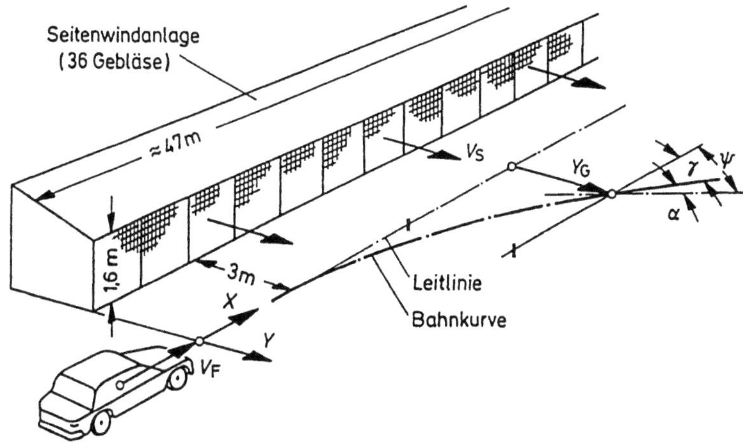

Bild 13.31.
Seitenwindversuch
nach [13.34].

während des Tests durch Farbspritzer auf der Straße markiert oder durch unter der Fahrbahn angebrachte Sensoren erfaßt. Auch Fotosequenzen von vorn wurden zu diesem Zweck aufgenommen.

b) Im Fahrzeug montierte Meßgeräte halten die Bahnkurve vor und während des Tests fest. Die zur Messung seiner seitlichen Bewegung eingesetzten Geräte basieren auf der exakten Messung der Querbeschleunigung des Fahrzeuges. Durch zweimalige Integration des Beschleunigungssignals wird die seitliche Abweichung des Fahrzeuges ermittelt. Um die Querbeschleunigung messen zu können, wird der Beschleunigungsaufnehmer auf einer kreiselstabilisierten Plattform montiert. Diese behält während des gesamten Tests ihre ursprüngliche horizontale Position in einem erdfesten Koordinatensystem bei. Schließlich muß die Fahrgeschwindigkeit genau gemessen werden, um die seitliche Abweichung des Fahrzeuges seiner Position auf der Meßstrecke zuordnen zu können.

Das Verfahren a) ist schnell und einfach; komplizierte Meßgeräte sind nicht erforderlich. Es ist jedoch weniger genau als die zweite Methode. *Eine* Fehlerquelle ist in der Schwierigkeit zu suchen, daß der Fahrer versuchen muß, durch Lenkkorrekturen unmittelbar vor Eintritt in die Seitenwindstrecke den Gierwinkel des Fahrzeuges auf Null zu bringen. Dieser Fehler tritt nicht auf, wenn mit einem kreiselstabilisierten Meßgerät gearbeitet und mit der Aufzeichnung der seitlichen Abweichung bereits begonnen wird, *bevor* das Fahrzeug in die Seitenwindstrecke eintritt.

Einfach läßt sich demonstrieren, daß die Seitenwindempfindlichkeit eines Autos nicht nur von seinen aerodynamischen Eigenschaften abhängt, vgl. Abschnitt 5.4.5.2. Dazu wird bei zwei aufeinander folgenden Versuchen sein Fahrverhalten durch Änderung der Reifendrücke vorn und hinten beeinflußt. Obwohl sich die aerodynamischen Koeffizienten dabei nicht verändern, erhöht sich beispielsweise die durch den Seitenwind verursachte seitliche Abweichung des Fahrzeuges erheblich, wenn das Fahrzeug durch die Reifendruckänderungen stärker zum Übersteuern neigt, wenn also die Reifendrücke der Vorderräder höher und die der Hinterräder niedriger eingestellt sind.

Es ist eine ganze Reihe sehr unterschiedlicher Seitenwindanlagen im Betrieb. Ihre charakteristischen Daten sind nach R. H. KLEIN und H. R. JEX [13.33] in Tabelle 13.4 zusammengestellt. Der Vergleich zeigt große Unterschiede bezüglich ihrer Länge und der Windgeschwindigkeit. Folglich sind Meßergebnisse, die auf *verschiedenen* Anlagen erhalten wurden, nur unter Vorbehalt miteinander vergleichbar. Da sich das Windgeschwindigkeitsprofil – Windstärke und Verteilung – mit dem Abstand von der Seitenwindbatterie ändert, muß darauf geachtet werden, daß das Testfahrzeug in einem genau festgelegten Abstand zu den Seitenwindgeneratoren in die Seitenwindteststrecke einfährt.

Der resultierende Windgeschwindigkeits-Vektor, der auf das Fahrzeug einwirkt, setzt sich zusammen aus der Fahrgeschwindigkeit des Fahrzeuges und der Seitenwindkomponente. Erhebliche Unterschiede sind zu beobachten, wenn die resultierenden Windprofile, die bei Seitenwindversuchen im Windkanal und in Seitenwindanlagen vorliegen, mit dem Profil verglichen werden, das im normalen Fahrbetrieb auf der Straße herrscht. Im Bild 5.81 werden die Unterschiede zwischen diesen drei Fällen schematisch dargestellt. Dabei ist das dort gezeigte resultierende Seitenwindprofil noch immer stark idealisiert. Wie das Geschwindigkeitsprofil einer Seitenwindanlage tatsächlich aussieht, zeigen die im Bild 13.32 aufgetragenen Geschwindigkeitsmessungen. Daraus wird klar, wie schwierig es ist, eine Korrelation von Seitenwindversuchen mit Beurteilungen durch einen Fahrer unter echten Fahrbedingungen zu erzielen.

Ein Fehler, der häufig bei Seitenwindversuchen gemacht wird, vor allem bei Vergleichen durch die Presse, ist der, daß bei einem *viel zu großen* Schiebewinkel gefahren wird; häufig beträgt dieser $\beta = 45°$. Derart große Schiebewinkel treten bei hohen Fahrgeschwindigkeiten – und nur bei diesen kann Seitenwind gefährlich sein – jedoch nicht auf. Und wie die Auftragungen von Giermoment und Seitenkraft im Bild 5.68 zeigen, kann sich bei großen Schiebewinkeln die Rangfolge bezüglich c_N und

Tabelle 13 4 Technische Daten der verschiedenen Seitenwindanlagen nach [13 33]

Anlage	Seitenwind-strecke m	Maximale Windge-schwindigkeit km/h	Anzahl der Blaser	Antriebsart
Volkswagen	47	80	36	Ottomotoren (à 44 kW)
Daimler-Benz	35	70	16	Elektromotoren (à 100 bis 125kW)
Motor Industries Research Association (MIRA)	36	72	3	Gasturbine (RR Avon, Schub 45 kN)
Institute for Road Vehicles, TNO	11	120	5	Ottomotoren (à 147 kW)
Toyota	44	35/70	15	Elektromotoren (à 95 kW)
Nissan Motor Co	12	80	2	Ottomotoren (à 132 kW)
Japan Automobile Research Institute JARI	15	48/80/106	5	Elektromotoren (à 320 kW)

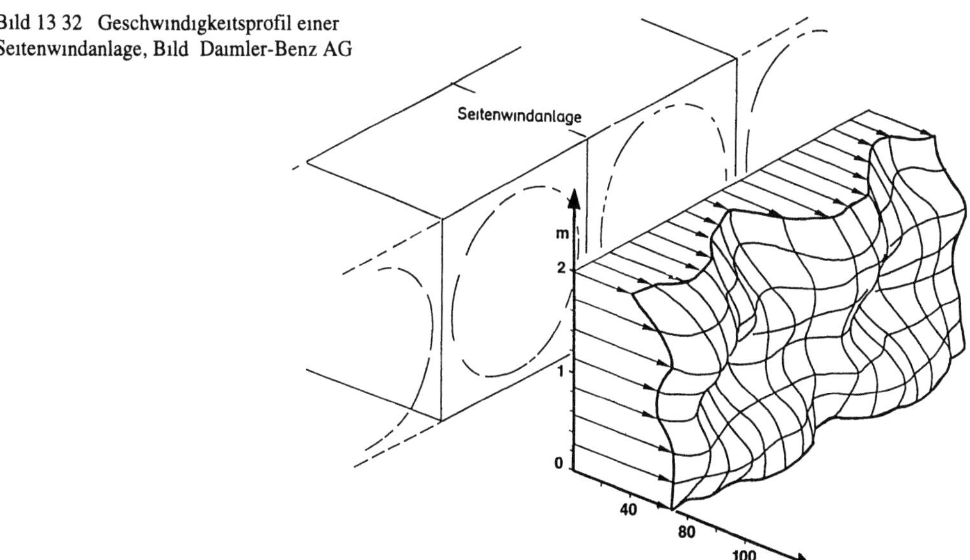

Bild 13 32 Geschwindigkeitsprofil einer Seitenwindanlage, Bild Daimler-Benz AG

c_S unter verschiedenen Fahrzeugen sogar umkehren. Als sinnvoll werden Schiebewinkel im Bereich von $\beta = 20$ bis 30° angesehen.

13.4.3 Motorkühlungstests auf der Straße

Bei der Durchführung von Motorkühlungstests auf der Straße ist eine *systematische* Untersuchung und Abstimmung der Kühlanlage schwierig, denn die Umgebungsbedingungen ändern sich ständig.

Aus diesem Grund werden Straßentests gewöhnlich nur durchgeführt, um die im Windkanal erhaltenen Meßergebnisse zu überprüfen und ihre Aussagefähigkeit zu bestätigen.

Relativ einfach sind die Kühlungstests bei Höchstgeschwindigkeit, wenn eine lange, ebene Teststrecke oder ein Hochgeschwindigkeitsoval zur Verfügung steht. Der Durchführung von Paßfahrten steht entgegen, daß zumindest in Europa kaum Teststrecken mit konstanter Steigung zu finden sind, die so lang sind, daß die Temperaturen von Kühlmittel und Öl stabile Werte erreichen. Dieses Problem läßt sich jedoch umgehen, indem auf ebener Straße mit einem speziell dafür entwickelten Schleppanhänger gefahren wird; mit diesem lassen sich Alpenpaßfahrten – abgesehen vom Höheneinfluß – simulieren. Ähnlich wie im Windkanal werden die bei Straßentests erhaltenen Ergebnisse in Form von ATB-Temperaturen ausgedrückt.

Während der Straßentests kann sich die Temperatur der Umgebungsluft ständig ändern; häufig ist sie niedriger, als die gewöhnlich in einem klimatisierten Windkanal gewählte. Beim Vergleich der Meßergebnisse muß der im Abschnitt 13.3.6 angeführte Einfluß der Umgebungstemperatur auf den ATB-Wert berücksichtigt werden.

Nicht alle Bedingungen, die die Leistung des Motorkühlungssystems beeinflussen, lassen sich problemlos in einem Windkanal oder auf der Straße simulieren. Ein wichtiges Kriterium bei Paßfahrten ist der Einfluß der Höhe. Infolge des in größeren Höhen abnehmenden Luftdruckes – in 2500 m beträgt er nur noch 0,74 bar – und der daraus resultierenden geringeren Luftdichte verändern sich die Leistung und damit das thermische Verhalten des Motors. Die Simulation dieser Bedingung ist in einem „normalen" Windkanal oder auf einer Straße im Flachland nicht möglich. Auf Paßfahrten kann deshalb nicht verzichtet werden.

13.4.4 Verschmutzung von Glasflächen und Karosserieteilen

Im alltäglichen Fahrbetrieb lagert sich Schmutz, der entweder von den eigenen Rädern oder von anderen Fahrzeugen aufgewirbelt wird, auf der Karosserie ab, vgl. Abschnitte 6.4 und 8.7. Um die Wirksamkeit konstruktiver Änderungen auf die Verschmutzung eines Fahrzeugs bewerten zu können, bedarf es *quantitativer* Methoden, die Verschmutzung zu messen. Derartige Verfahren stehen bereit, und zwar sowohl für die Anwendung im Windkanal als auch auf der Straße.

Eine Methode, die Ablagerung des von den Rädern aufgewirbelten Schmutzes auf der Fahrzeugkarosserie mittels eines Straßentests zu untersuchen, wurde von W.-H. Hucho beschrieben [13.34]. Danach wird zunächst eine Teststrecke mit einem spezifizierten Schmutzbelag bedeckt. An den zu untersuchenden Karosserieteilen werden kleine Plättchen angebracht, die *vor* dem Test gewogen werden. Das Testfahrzeug wird mehrere Male über die Versuchsstrecke gefahren. Anschließend werden die Plättchen entfernt und nochmals gewogen, um den auf die Ablagerung des Schmutzes zurückzuführenden Gewichtsanstieg festzustellen. Bild 6.20 gibt ein Beispiel für dieserart erhaltene Ergebnisse. Das Testfahrzeug wurde mit und ohne Leitblech getestet, wie es im Bild 6.19 gezeigt ist. Die Ergebnisse veranschaulichen die Eignung dieses Verfahrens, die Wirksamkeit einer konstruktiven Karosserieänderung meßtechnisch aufzuzeigen. Auch der mit der Änderung verbundene Nachteil ist zu erkennen: Verstärkte Verschmutzung der unteren Scheibenhälfte und des hinteren Abschlußbleches.

W. Hentschel und R. Piatek [13.25] verwendeten in einem ähnlichen Verfahren an Stelle der Plättchen eine klare Folie; zur Bewertung des Verschmutzungsgrades wurde die Folie am Ende des Tests einer Transparenz-Messung unterzogen.

Um diesen Test in einem Windkanal zu simulieren, wird der von den Rädern aufgewirbelte Straßenschmutz durch *Wasser* ersetzt. Da die Raddrehung dabei in der Regel nicht abgebildet wird, wird das Wasser im Bereich der Räder des Fahrzeuges so versprüht, daß ein der Straßenfahrt möglichst ähnliches Spritzbild entsteht. Soll die Verschmutzung durch ein vorausfahrendes Fahrzeug untersucht werden, wird Wasser vor dem Testfahrzeug verspritzt. Die zur Messung des Verschmutzungsgrades verwendeten kleinen Plättchen werden mit einer dünnen Schicht aus trockenem, wasseraufnehmendem Material belegt.

Eine andere Technik, den von den Rädern hochgewirbelten Staub zu simulieren, besteht darin, der Luft Talkum zuzusetzen und die zu untersuchenden Karosserieteile mit einem *dünnen* Ölfilm zu überziehen. Das Talkum wird entweder hinter den Rädern oder im Totwasser hinter dem Fahrzeug eingeleitet. Die auf der Außenhaut des Fahrzeuges beobachtete Talkumkonzentration gibt Auskunft über die unter natürlichen Fahrbedingungen zu erwartende Verschmutzung. Diese Methode ist sehr feinfühlig. Bei W. HENTSCHEL und R. PIATEK [13.25] wird in einem ähnlichen Verfahren mit einer Düse in Wasser suspendiertes Titandioxid im Bereich der Hinterräder eingesprüht, um hochgewirbelten Schmutz zu simulieren. Die Konzentration der Titandioxid-Ablagerungen auf Glas- und Karosserieflächen wird wiederum zur Bewertung herangezogen.

Die Talkummethode kann auch im Windkanal angewendet werden. Sie hat jedoch den großen Nachteil, daß der Windkanal verschmutzt. Dies ist nicht nur ärgerlich, der Schmutz könnte unter Umständen auch die Funktion der empfindlichen Windkanalinstrumentierung beeinträchtigen.

13.4.5 Windgeräuschmessung auf der Straße

Windgeräuschmessungen auf der Straße sind nicht unproblematisch, weil dem zu messenden Windgeräusch dort zusätzlich die Triebwerks- und die Reifengeräusche überlagert sind. Außerdem beeinträchtigen die sich ständig ändernden Umweltbedingungen (natürlicher Wind, Temperatur u.ä.) die Reproduzierbarkeit der Versuche.

Die Triebwerksgeräusche können eliminiert werden, indem der Motor bei hoher Fahrgeschwindigkeit abgeschaltet wird. Um die Reifengeräusche auf ein Minimum zu reduzieren, können Spezialreifen mit entsprechender Gummimischung und einem auf den Fahrbahnbelag abgestimmten, „leisen" Profil herangezogen werden.

Bei der Beurteilung von Windgeräuschen im Straßenversuch beschränkt man sich in der Regel auf *Vergleiche*, sowohl bei den Messungen, siehe Bild 13.33, als auch bei der subjektiven Bewertung. Letztere wird anhand von Bandaufzeichnungen im Labor durchgeführt, indem die bei den verschiedenen Bauzuständen des Fahrzeuges aufgenommenen Signale sukzessive abgespielt werden; nur wenn man *kurzzeitig* von einem Meßzustand zu einem anderen umschalten kann, ist der subjektive Vergleich möglich.

Bild 13.33 Die Windgerauschubertragung (Luftschall) ins Wageninnere durch die Beluftungsoffnungen wurde durch akustische Behandlung der Beluftungskanale vermindert und die Verbesserung durch Straßentests belegt Typisch für die Straßenversuche Im Ergebnis ist neben dem reduzierten Gerausch aerodynamischen Ursprungs moglicherweise auch der verminderte mechanische Gerauschanteil mit enthalten; nach [13 35]

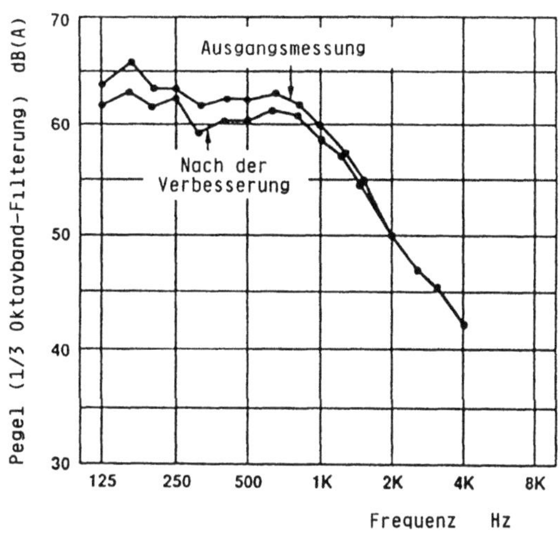

13.5 Bezeichnungen

A	Stirnfläche des Fahrzeuges in m²
A_e	äquivalente Querschnittsfläche der Undichtheiten in m²
D_M	mechanischer Widerstand, einschließlich des Widerstandsanteiles der Reifen, des Antriebsstranges, der Lager usw. in N
D_A	aerodynamischer Widerstand in N
E	Sättigungswasserdampfdruck bei T in bar
I_d	Gesamtträgheitsmoment des Antriebsstranges, einschl. der Räder der angetriebenen Achse in $N \cdot m \cdot s^2$
I_o	Gesamtträgheitsmoment der nichtangetriebenen Achse in $N \cdot m \cdot s^2$
T	Absoluttemperatur in K
U	relative Luftfeuchte in %
$\dot{V}$	Luftdurchsatz in l/s
v	Fahrzeuggeschwindigkeit in m/s
V_∞	Windkanal-Windgeschwindigkeit in m/s (oder Fahrzeugfahrgeschwindigkeit während eines Straßentests)
c_W	Luftwiderstandsbeiwert
c_p	statischer Druckkoeffizient
f	Zuschlag zur Masse aufgrund der Trägheit der sich drehenden Fahrzeugteile
g	Gesamtdruck in Pa
k	Kalibrierungsfaktor der Windkanalgeschwindigkeit
m	Fahrzeugmasse in kg
p	statischer Druck in Pa
p_e	Wasserdampfteildruck in der Luft in bar
p_∞	statischer Referenzdruck im Windkanal in bar (oder atmosphärischer Druck während eines Straßentests
$r_{d,o}$	dynamischer Rollradius der Reifen an der angetriebenen bzw. der nicht angetriebenen Achse in m
t	Temperatur in °C
t_a	Umgebungslufttemperatur in °C
t_{ATB}	ATB-Temperatur (air-to-boil) in °C
t_{cb}	Siedetemperatur des Motorkühlmittels in °C
t_r	Kühlmitteltemperatur am Kühlereintritt in °C
v	Luftgeschwindigkeit in m/s
β	Schräganströmwinkel, Schiebewinkel in °
Δp	statische Druckdifferenz zwischen zwei Punkten in Pa
Δp_{dyn}	dynamischer Druck, Staudruck in Pa
ρ	Luftdichte in kg/m³

14 Numerische Verfahren

Syed R. Ahmed

14.1 Einleitung

Für die Vertiefung seines Verständnisses der Strömungsvorgänge und für die Beurteilung der aerodynamischen Eigenschaften eines Fahrzeugs in der frühen Phase der Entwicklung stehen dem Fahrzeug-Aerodynamiker drei Möglichkeiten zur Verfügung: analytische Methoden, numerische Methoden und Experimente.

Analytische Methoden liefern schnelle, geschlossene Lösungen, beinhalten stark einschränkende Annahmen, setzen einfache Geometrie der Konfiguration voraus und simulieren ideale Strömungen. Durch Experimente können repräsentative oder reale Prototypen untersucht und repräsentative oder der Wirklichkeit entsprechende Daten erzeugt werden. Experimente sind teuer, sowohl in bezug auf (für aerodynamische Zwecke ausgerüstete) Modelle als auch wegen der Meßzeit im Windkanal. Die realen Verhältnisse auf der Straße sind im Windkanal nicht vollständig zu verwirklichen.

Numerische Verfahren der Strömungsmechanik (in englisch Computational Fluid Dynamics CFD genannt) erfordern relativ zu analytischen Methoden wenig einschränkende Annahmen; sie können für geometrisch komplizierte Konfigurationen angewandt werden. Einige dem Windkanalversuch anhaftende Unzulänglichkeiten, z.B. Reynolds-Zahl-Unterschiede bei skalierten Modellen, unvollständige Simulation der Fahrbahn, endliche Ausdehnung des Windkanalstrahls usw. treten bei der numerischen Simulation nicht auf. Das Ergebnis einer Rechnung zeigt sehr detailliert die Strömungsverhältnisse an der Konfigurationsoberfläche und im umgebenden Raum. Andererseits weisen numerische Verfahren beim gegenwärtigen Stand der Entwicklung eine Reihe von Schwierigkeiten auf, die einer Einführung als Entwurfswerkzeug in der Fahrzeugentwicklung entgegenstehen.

Das Interesse der Fahrzeug-Aerodynamiker an CFD ist durch den Erfolg dieser Verfahren in der Flugzeug-Aerodynamik geweckt worden. Dort wird für die Zukunft ein steiler Anstieg der Windkanaluntersuchungen, bedingt durch stetig erweitertes Geschwindigkeits- und Missionsspektrum, prognostiziert. Die damit zu erwartende lange Entwicklungszeit und ihre steigende Verteuerung sind die treibenden Kräfte für die Entwicklung und den Einsatz von CFD bei der Flugzeugentwicklung.

Es muß betont werden, daß die für die Flugzeug-Aerodynamik entwickelten CFD-Verfahren nur langfristig gesehen für die Fahrzeugentwicklung nutzbar gemacht werden können. Zur *schnellen* Anpassung der CFD-Verfahren an die speziellen Verhältnisse der Fahrzeugströmung fehlt gegenwärtig die Motivation. Eine Kostenexplosion durch Windkanaluntersuchungen, ähnlich wie bei der Flugzeugentwicklung, ist hier nicht zu erwarten; voraussichtlich wird der Kostenanteil etwa konstant bleiben. Sicherlich ist die im Bild 1.64 nach R. BUCHHEIM et al. [14.1] gezeigte Anstiegstendenz für die Windkanalzeit beachtenswert. Berücksichtigt werden muß aber die Möglichkeit, daß in der Zukunft die Meßzeit in den *großen* Windkanälen durch Einsatz von neuen Meßtechniken oder Voruntersuchungen in kleinen Modellkanälen erheblich reduziert werden kann.

Demgegenüber ist eine stetige Senkung der Kosten für die numerische Behandlung der Aufgaben zu beobachten, wie mit Bild 14.1 von S. KARIN et al. [14.2] belegt. Dieses Beispiel aus der Flugzeug-Aerodynamik für ein und denselben Fall und ein und dieselbe Rechenmethode zeigt eine dramatische Senkung der Rechenkosten mit der Einführung neuer Rechner. *Formal* läßt sich hieraus für die Zukunft Kostengleichheit zwischen Windkanal und CFD folgern.

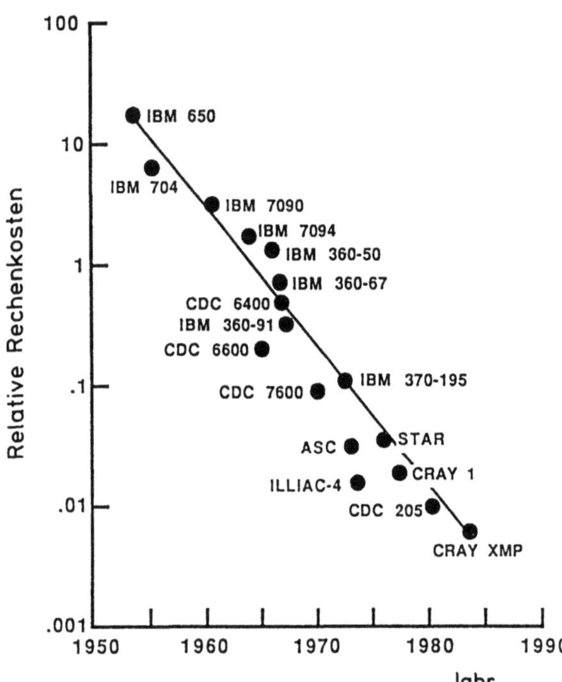

Bild 14.1. Entwicklung der relativen Rechenkosten nach [14.2].

Die wesentliche Absicht diese Kapitels ist die Vermittlung eines Überblickes über den gegenwärtigen Stand der Anwendung von CFD-Verfahren in der Fahrzeug-Aerodynamik. Es werden diejenigen Aspekte der Verfahren hervorgehoben, die für die Fahrzeug-Aerodynamik wichtig sind, und es wird aufgezeigt, welche Entwicklungen noch notwendig sind, um CFD als Entwurfswerkzeug einsetzen zu können.

14.2   Merkmale einer Fahrzeugströmung

Die Geometrie eines realen Fahrzeugs ist extrem komplex, und entsprechend verwickelt ist das ihn umgebende Strömungsfeld. Eine schematische Darstellung der auftretenden physikalischen Phänomene bietet Bild 4.3.

Die typischen Merkmale einer Fahrzeugströmung sind: Dreidimensionalität, große Druckgradienten, auch quer zur Fahrtrichtung, und geschlossene oder offene Ablösegebiete. Kleine *geschlossene* Ablösegebiete entstehen beispielsweise an Leisten, Türgriffen und Scheibenwischern sowie am Übergang von der Motorhaube zur Windschutzscheibe, auch Windlauf genannt. Große *dreidimensionale* Ablösegebiete sind an der A-Säule, am Heck, an der zerklüfteten Unterseite der Karosserie und in den Radkästen vorhanden.

In seiner natürlichen Umgebung wird ein Fahrzeug fast immer von Wind beaufschlagt, wobei die Fahrtrichtung selten mit der Windrichtung übereinstimmt. Das Ergebnis ist ein asymmetrisches Strömungsfeld mit weiteren Ablösegebieten an der windabgewandten Fahrzeugseite. Rotierende Räder und die Fahrbahn sind fahrzeugspezifische Komponenten, die das Strömungsfeld stark beeinflussen. Grundsätzlich ist die reale Strömung um ein Fahrzeug durch instationäre Ablösevorgänge geprägt. Auch der sich stetig in Stärke und Richtung ändernde Wind trägt zu der Zeitabhängigkeit der Umströmung bei.

648

14.3 Anforderungen an CFD

Die Anforderungen an die quantitative Voraussagegenauigkeit der Berechnungsverfahren orientieren sich verständlicherweise an der heutzutage erzielbaren Meßgenauigkeit im Windkanal; dort wird z. B. $\Delta c_w < 0{,}002$ erreicht! Um ernsthaft als Entwurfswerkzeug eingesetzt zu werden, müssen die CFD-Verfahren eine vergleichbare Genauigkeit aufweisen. Für die Rechenverfahren folgt daraus, daß sie die Verteilung des Druckes und der Schubspannugen auf der ganzen Körperoberfläche, also auch in Gebieten abgelöster Strömung, sehr genau liefern müssen, da die Gesamtkräfte durch Integration über die gesamte Oberflächenkräfte ermittelt werden, vgl. Bild 4.12. Eine zusätzliche Steigerung der Genauigkeitsforderung resultiert daraus, daß bei der Bildung von Momenten die Drücke mit der Entfernung zum Bezugspunkt multipliziert werden und hierdurch eventuelle Fehler vergrößert werden.

Eine richtige Wiedergabe und eine feine Auflösung von Strömungsdetails auf der Körperoberfläche und im ganzen Raum wird von CFD auch mit dem Wunsch erwartet, die physikalischen Vorgänge zu *verstehen* und zu quantifizieren. Die bisherigen Erfahrungen mit CFD – auch in der Flugzeug-Aerodynamik – dämpfen den anfänglichen Optimismus. Eine dem Windkanal vergleichbare Genauigkeit ist von ihnen so bald nicht zu erwarten. Andererseits wäre es auch schon ein Fortschritt, wenn sie Tendenzen aufzeigen könnten.

14.4 CFD-Verfahren für die Fahrzeug-Aerodynamik

14.4.1 Allgemeine Bemerkungen

Bei der Bewegung des Straßenfahrzeugs wird die umgebende Luft räumlich verdrängt. Als Folge der relativen Bewegung zur Umgebungsluft entsteht auf der Fahrzeugoberfläche ein Druckfeld, ähnlich wie beim Tragflügel eines Flugzeugs. Dieses Druckfeld verursacht die auf das Fahrzeug wirkenden aerodynamischen Kräfte. Die entstehenden Kräfte sind von der Geometrie des Fahrzeugs abhängig, ggf. von zusätzlichem Seitenwind. Für die rechnerische Behandlung ist es belanglos – genau wie bei den Messungen im Windkanal –, ob sich das Fahrzeug bewegt und die umgebende Luft ruht oder umgekehrt.

Die klassischen Navier-Stokes-Gleichungen der Strömungsmechanik beschreiben die allgemeine Bewegung eines Mediums. Im Prinzip drücken diese Gleichungen für jedes Volumenelement in einer Strömung das Gleichgewicht aller wirksamen Kräfte aus; dieses sind die Massenträgheits-, die Druck- und die Reibungskräfte. Die hiermit aufgestellte Kräftebilanz bildet zusammen mit der aus dem Massenerhaltungssatz abgeleiteten Kontinuitätsgleichung die Ausgangsbasis aller theoretischen Verfahren. Für kompressible Strömungen muß noch die Energiegleichung hinzugenommen werden. Kompressibilitätseinflüsse sind jedoch, wie im Abschnitt 2.1 ausgeführt, bei Geschwindigkeiten bis etwa 350 km/h klein, so daß sie für Straßenfahrzeuge vernachlässigt werden können und die Luft als inkompressibles Medium betrachtet werden darf.

Das Ergebnis einer Rechnung sind die örtlichen Geschwindigkeiten nach Größe und Richtung sowie der Druck. Wie in einschlägigen Lehrbüchern der Strömungsmechanik (z. B. H. Schlichting [14.3]) näher erläutert wird, sind die Navier-Stokes-Gleichungen ein System von gekoppelten, partiellen, nichtlinearen Differentialgleichungen zweiter Ordnung. Exakte Lösungen dieser Gleichungen gibt es für einige Spezialfälle; nur wenige davon haben für die Technik Bedeutung.

Die Mehrzahl der CFD-Verfahren geht von *vereinfachten* Versionen der Navier-Stokes-Gleichungen aus. Die Vereinfachung kann bestehen in der Vernachlässigung der Reibungskräfte, der Forderung nach Drehungsfreiheit der Strömung, der Mittelung der Reibungskräfte oder der Approximation der turbulenten Bewegung durch einen empirischen Ansatz. Diese Approximationen der Navier - Stokes-Gleichungen bedeuten eine Idealisierung der *Physik* und somit eine Entfernung von den realen Verhältnissen in der Natur. Eine zweite Kategorie von Vereinfachungen ist *mathematischer* Art; sie wird mit der Technik eingeführt, mit der diese Gleichungen gelöst werden: dieses sind die Methoden der Finiten Differenzen (FD), der Finiten Volumen (FV) und der Finiten Elemente (FE).

Außer bei dem unten näher erläuterten Panelverfahren wird das interessierende räumliche Strömungsgebiet für die numerische Behandlung in endlich große Volumenelemente mit Hilfe von strukturierten oder nichtstrukturierten Netzen diskretisiert. An den Eckpunkten der so entstandenen Volumina werden bei den FD-Verfahren die Differentialgleichungen durch Differenzengleichungen ersetzt. Bei den übrigen – FV- und FE-Verfahren – werden die Differentialgleichungen für die diskreten Volumina in Integralform erfüllt.

CFD-Verfahren lassen sich – je nach dem Grad der Vereinfachung der Navier-Stokes-Gleichungen – im wesentlichen in zwei Gruppen einordnen (siehe Bild 14.2) :

1.   Lineare Verfahren (Wirbelleiter- und Panelverfahren)

2.   Nichtlineare Verfahren

    2.1 Reibungslos (Euler-Verfahren)

    2.2 Reibungsbehaftet, zeitgemittelt (RANS-Verfahren)

    2.3 Reibungsbehaftet, zeitabhängig (DNS-Verfahren).

Werden Reibungskräfte vernachlässigt und Drehungsfreiheit der Strömung vorausgesetzt, werden die Navier-Stokes-Gleichungen auf die lineare Laplace-Gleichung (auch Potential-Gleichung genannt) zurückgefuhrt (siehe H. SCHLICHTING [14.4]). Wegen ihrer Linearität lassen sich aus Grundlösungen weitere komplizierte Lösungen durch Superposition aufbauen. Wirbelleiter- und Panelverfahren sind Vertreter dieser Verfahrensklasse. Für die numerische Lösung der Laplace-Gleichung ist lediglich eine Diskretisierung der Körperoberfläche notwendig. Die Lösung liefert Geschwindigkeit und Druck sowohl auf der Körperoberfläche als auch im ganzen räumlichen Strömungsfeld.

Übliche Bezeichnung der Verfahren	Wirbelleiter-Verfahren Panelverfahren	Euler-Verfahren	RANS-Verfahren	DNS-Verfahren
Vereinfachende Annahmen	Medium reibungslos, inkompressibel und drehungsfrei	Medium reibungslos	Hypothetische Modellierung der Turbulenz	Keine
Art der resultierenden Grundgleichungen	Linear (Laplace Gleichung)	Nichtlinear, partiell erster Ordnung (Euler-Gln)	Nichtlinear, partiell zweiter Ordnung (RANS-GLN)	Nichtlinear, partiell zweiter Ordnung (NS-Gleichungen)
Losungsansatz	Superposition von exakten Grundlosungen z.B Quelle, Senke, Dipol, Wirbel usw.	Losung der Euler-, Kontinuitäts- (und evtl Energie-) Gleichungen in Integralform	Losung der RANS-, Kontinuitats- und Turbulenzmodell Gln. in Differenzen oder Integralform	Losung der NS-, und Kontinuitatsgleichungen in Differenzenform
Üblicher numerischer Losungsvorgang	Iterative Losung von resultierendem System von linearen Integralgleichungen nach dem Gauss-Seidel Eliminationsverfahren	Iterative Losung von resultierendem System von Differentialgleichungen nach Finite Differenzen-, Finite Volumen- oder Finite Elemente Verfahren	Siehe Euler-Verfahren	Iterative Losung von resultierendem System von Differentialgleichungen nach Finite Differenzen Verfahren
Geometrische Diskretisierung	Objekt Oberflache	Objektoberflache und umgebender Rechenraum	Siehe Euler-Verfahren	Siehe Euler-Verfahren

Bild 14 2   Vereinfachung der Navier-Stokes-Gleichungen und der darauf basierenden CFD-Verfahren

Mit der Zulassung von Wirbeltransport (Transport der Drehung) in der Strömung – auch für reibungslose Strömung – bleiben die so vereinfachten Navier-Stokes-Gleichungen nichtlinear; es entstehen die Euler-Gleichungen. Das Charakteristikum der Euler-Gleichungen ist, daß sie bereits vorhandene oder erzeugte Drehung in der Strömung weitertransportieren können.

Beide Verfahren – Panel- und Euler-Verfahren – haben gemeinsam, daß sie *anliegende* Strömung über die gesamte Körperoberfläche voraussetzen. Ein wichtiges Phänomen, das in der realen Strömung auftritt, nämlich die Ablösung, wird nicht simuliert. Die Ermittlung der wirksamen Luftkräfte, insbesondere des Widerstandes, die aus der Druckverteilung über die gesamte Oberfläche resultieren, ist demnach nicht möglich.

Der entscheidende Schritt hin zu realen Verhältnissen ist die Berücksichtigung der Reibungskräfte. Die Fahrzeugströmung ist für alle praktisch interessierenden Fälle turbulent. Die Strömungsgeschwindigkeiten sind wegen der turbulenten Schwankungsbewegung der „Strömungsballen" zeitabhängig. Wie in den Lehrbüchern näher erläutert wird (siehe. z.B. H. SCHLICHTING [14.3]), wird der Reibungswiderstand durch turbulente Vorgänge stark erhöht.

Bei der Berücksichtigung der Reibungskräfte in den Navier-Stokes-Gleichungen werden zweierlei Wege beschritten. Bei dem seit geraumer Zeit verfolgten Weg wird die scheinbar chaotische tubulente Strömung zerlegt in einen mittleren, von der Zeit unabhängigen Teil, und einen diesem überlagerten, von der Zeit abhängigen Anteil. Für die von dieser turbulenten Schwankungsbewegung hervorgerufene turbulente Scheinreibung wird ein Ansatz gemacht. Die Navier-Stokes-Gleichungen werden nur noch für die zeitlichen Mittelwerte von Druck und Geschwindigkeit gelöst; sie werden in dieser Form „Reynolds-Averaged Navier-Stokes"-Gleichungen (RANS) genannt. Wegen der Turbulenzmodellierung stellen sie nur eine Annäherung an die reale Physik dar.

Mit einem Verzicht auf Turbulenzmodellierung arbeiten die Verfahren der sog. „Direct Numerical Simulation" (DNS), deren Ausgangspunkt die vollständigen *zeitabhängigen* Navier-Stokes-Gleichungen sind. Erst in jüngster Zeit sind Lösungsversuche dieser Art bekannt geworden.

Neben den oben klassifizierten CFD-Verfahren gibt es eine Reihe von Hybrid-Verfahren, die das Strömungsgebiet in verschiedene Bereiche aufteilen und die oben erwähnten Methoden in den einzelnen Strömungsgebieten anwenden. Eine näherungsweise Berücksichtigung der Reibungskräfte für anliegende Strömung läßt sich durch Aufteilung der Strömung in eine wandnahe reibungsbehaftete Grenzschicht und eine reibungsfreie Außenströmung durchführen. Der Bereich des Nachlaufs kann, wenn anderswo keine entscheidenden Ablösevorgänge vorliegen, durch Anwendung der RANS- oder DNS-Verfahren besser simuliert werden. Auch „Large Eddy Simulation" und „Thin Layer Navier-Stokes"-Verfahren sind im Prinzip Varianten dieser Art.

14.4.2   Methodik bei den Berechnungsverfahren

Formal folgt die Lösung bei allen im vorigen Abschnitt besprochenen CFD-Verfahren dem gleichen Weg. Nachdem das in Betracht kommende Rechenverfahren ausgewählt ist, sind die wesentlichen Schritte, siehe Bild 14.3:

a)   Diskretisierung des Rechenraumes, sei es auf der Körperoberfläche oder im ganzen Raum („Preprocessing");

b)   die eigentliche aerodynamische Berechnung („Solving") und schließlich

c)   eine geeignete Darstellung der Rechenergebnisse, das „Postprocessing".

Pre- und Postprocessing können Monate in Anspruch nehmen, dagegen die Lösung selbst nur einige Stunden.

Die Diskretisierung (Schritt a) erfolgt mittels speziell hierfür entwickelter Rechenprogramme, sogenannte Preprocessor-Routinen. Hierauf wird im folgenden Abschnitt „Netzgenerierung" näher

(a)	Diskretisierung	Pre-Prozessor	
(b)	Lösung	Rechner	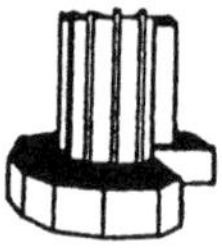
(c)	Auswertung	Post-Prozessor	

Bild 14.3. Die drei Schritte eines jeden CFD-Verfahrens.

eingegangen. Einzelheiten der Lösungstechniken bei den verschiedenen Berechnungsverfahren (Schritt b) werden daran anschließend beschrieben.

Der dritte Schritt der Rechnung (Schritt c), der den Anwender am meisten interessiert, ist die Auswertung und Darstellung der erzielten numerischen Ergebnisse in Form von Bildern. Hier sind dem Geschick und der Fantasie der Anwender kaum Grenzen gesetzt. Integrale Größen, wie Kräfte und Momente am ganzen Objekt, lokale Größen, wie Druck, Geschwindigkeit, Stromlinien, Isobaren usw., können mit der heutzutage kommerziell verfügbaren Postprocessing-Software auf farbigen Bildschirmen und Hardcopy-Geräten dargestellt und dokumentiert werden.

14.4.3 Netzgenerierung

Die Wahl eines geeigneten Rechennetzes und die Art seiner Generierung sind entscheidend für die Anwendbarkeit von CFD-Verfahren. Bevor eine Rechnung durchgeführt werden kann, müssen Rechennetze zur Verfügung stehen.

Netzgenerierung ist die Erzeugung einer Eingabedatei für den Rechner. Diese Datei beschreibt die Geometrie des untersuchten Objektes und seiner Umgebung, hier also die Fahrzeugkonfiguration und die Fahrbahn. Hierbei wird die stetige Oberfläche durch eine Vielzahl endlich großer Flächenelemente ersetzt; bei räumlicher Diskretisierung wird der Raum durch diskrete Volumina approximiert. Prinzipiell hat Netzgenerierung nichts mit der Aerodynamik zu tun; ein ungeeignetes Netz, das wie ein Korsett auf das zu lösende Gleichungssystem wirkt, ist jedoch nachteilig für die numerische Stabilität, die Genauigkeit der Rechenwerte und die Rechenzeit.

Lineare Verfahren wie das Panelverfahren benötigen ein Oberflächennetz, wie es im Bild 14.4a dargestellt ist. Der Aufbau eines solchen Netzes ist für eine komplizierte dreidimensionale Fahrzeugform keineswegs eine triviale Aufgabe. In den Automobilwerken werden jedoch im Zuge der Karosseriekonstruktion genaue Daten von der Oberflächengeometrie benötigt und erstellt. Mit Hilfe der heutzutage verfügbaren CAD-Techniken läßt sich darauf zurückgreifen; die Netzgenerierung wird dadurch wesentlich erleichtert.

Die nichtlinearen Verfahren (Euler, Navier-Stokes) erfordern zur Lösung der partiellen Differentialgleichung ein den Körper umgebendes räumliches Netz. Die innere Begrenzung dieses Netzes wird durch die Körperoberfläche und die äußere durch die Oberfläche eines genügend großen, den Körper umgebenden, Rechenraumes gegeben, Bilder 14.4b und c.

Für eine effiziente Rechenlogik ist es notwendig, daß sich die Gitterpunkte im Rechenraum leicht identifizieren lassen. Dieses reduziert den Suchaufwand im Rechner bei der Differenzenbildung. Ein

652

Netz, bestehend aus einer orthogonalen Linienschar, ist ein einfaches Beispiel dieser Art. Alle auf den Schnittpunkten liegenden Punkte lassen sich einfach identifizieren. Solche „vororganisierten" Netze werden auch *strukturierte* Netze genannt; sie sind zur Zeit die gebräuchlichsten, Bild 14.5a und b.

Eine andere Möglichkeit zur Aufteilung des Rechenraumes bieten polyederartige Elementarvolumina. Ausgehend von solchen – mit der Spitze nach außen – an der Körperoberfläche angeordneten Volumenelementen kann durch Ausfüllung der Täler durch weitere Elemente der gesamte Raum diskretisiert werden, wie aus Bild 14.5c hervorgeht. Diese aus der Strukturmechanik stammende Vorgehensweise wird bei den Finite-Elemente-Verfahren angewendet. Es ist leicht einzusehen, daß bei dieser Art der Diskretisierung keine einfache Kennung der Polyederecken möglich ist, daß sie vielmehr einzeln numeriert werden müssen. Die entstehende lange Kennungskartei erschwert die Datensuche und verlangsamt den Rechenablauf. Derartige *nichtstrukturierte* Netze haben aber den Vorteil, daß sie leicht an eine komplizierte Oberfläche angepaßt werden können, und sie erlauben eine lokale Verdichtung des Netzes, ohne daß sie eine Verdichtung an anderer Stelle des Rechenraumes nach sich zieht. Dies ist beispielsweise bei den strukturierten Netzen häufig nicht zu vermeiden, vgl. Bild 14.5b und c. Bei allen Netzen ist es jedoch erforderlich, daß die Körpergeometrie *genau* abgebildet wird. Hier werden die Randbedingungen erfüllt; Fehler, die hier gemacht werden, haben eine gravierenden Einfluß auf das Rechenergebnis.

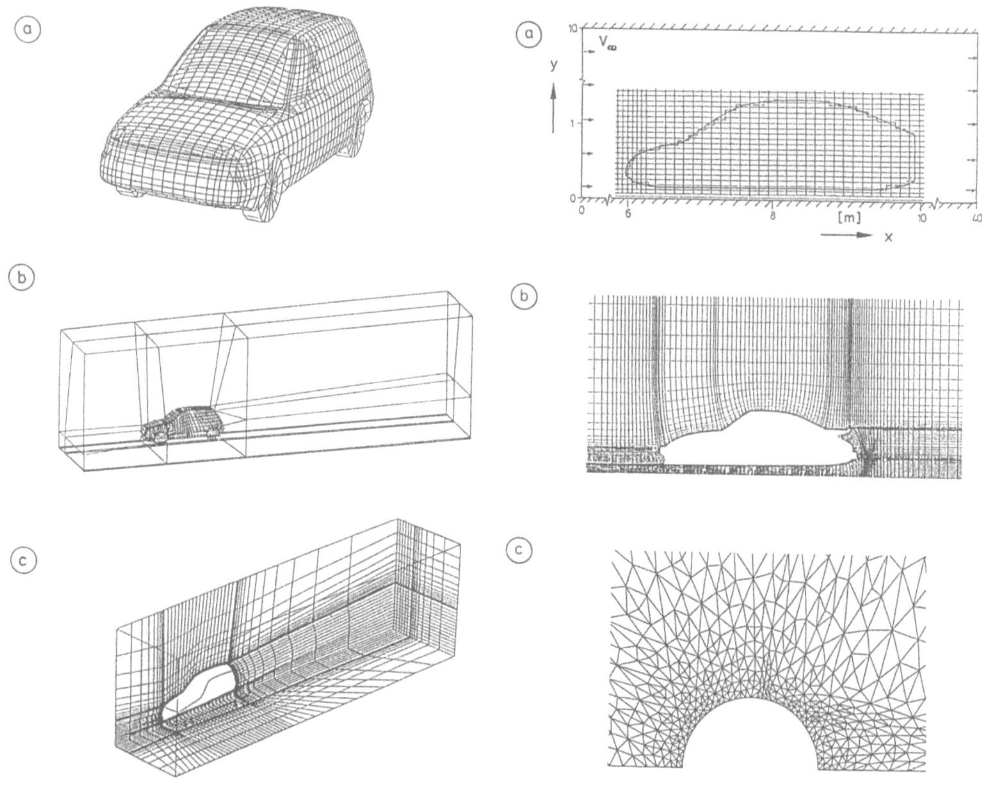

Bild 14.4. a) Diskretisierung der Fahrzeugoberfläche nach [14.11]; b) Aufteilung des Rechenraumes in Rechenblöcke; c) Diskretisierung des Rechenraumes nach [14.31].

Bild 14.5. Beispiele zu strukturierten und unstrukturierten Rechennetzen. a) Kartesisches Netz nach [14.53]; b) körperangepaßtes (body fitted) Netz nach [14.4]; c) unstrukturiertes Finite-Elemente-Netz um Kreiszylinder.

In den letzten Jahren hat sich die Netzgenerierung als eine eigenständige Disziplin entwickelt. Eingehende Arbeiten über strukturierte Netze sind bei J. F. THOMPSON [14.5], R. E. SMITH [14.6] und T. BERGLIND [14.7] zu finden. Ohne auf Einzelheiten näher einzugehen, soll im folgenden die Methodik der Netzgenerierung anhand von Bild 14.6 erläutert werden. Dabei wird ein algebraisches Netzgenerierungsverfahren in Multiblocktechnik zugrunde gelegt, das für Fahrzeugkonfigurationen von besonderem Interesse ist.

Da die natürliche Umgebung eines Fahrzeugs ein unendlich ausgedehnter Raum ist, für die Rechnung aber nur ein endlich großer Rechenraum zugrunde gelegt werden kann. geschieht die Festlegung der Rechenraumgröße (Schritt a) nach folgenden Überlegungen:

– Zweck der Rechnung: Ermittlung von globalen oder lokalen (d.h. detaillierten) Strömungsgrößen.

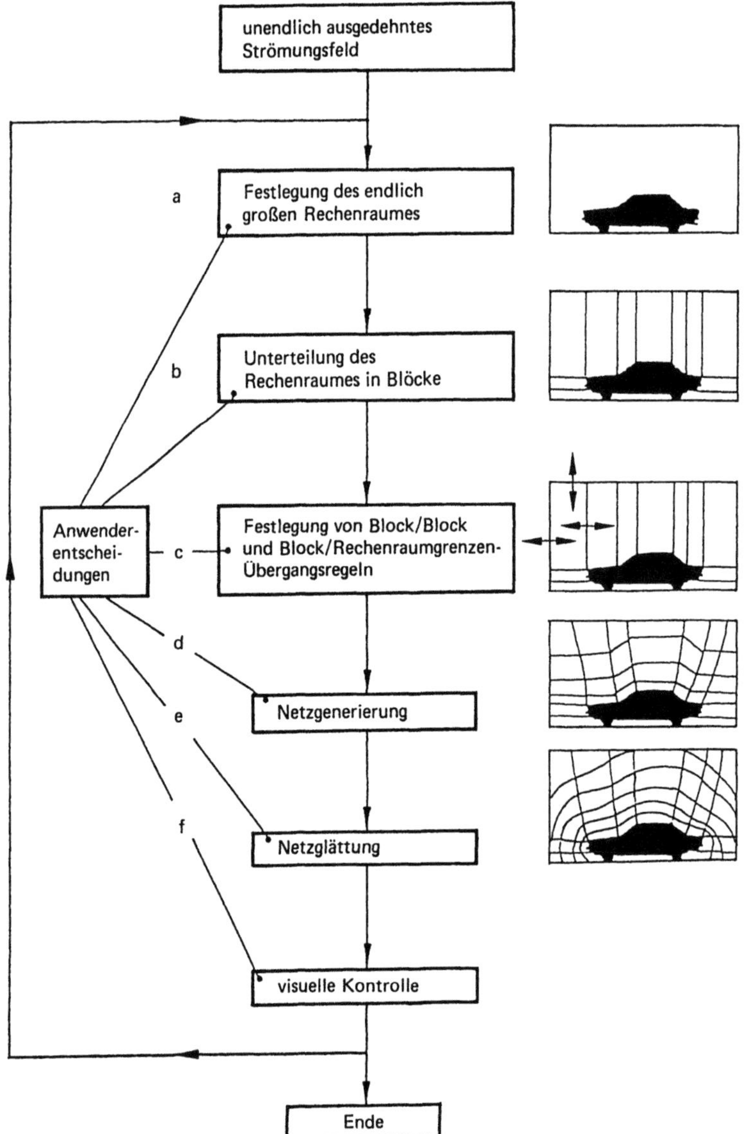

Bild 14.6. Methodik der Netzgenerierung.

- Angemessene Größe des Rechenraumes vor, über, seitlich und hinter dem Fahrzeug. Dies erfordert Erfahrung mit dem verwendeten Lösungsverfahren und eine gute Abschätzung der zu erwartenden Strömung.

- Größe und Geschwindigkeit des verfügbaren Rechners und ökonomisch sinnvolle Rechenzeit.

Selten ist eine einheitliche Netzdichte zweckmäßig. Es wird deshalb eine Unterteilung des Rechenraumes in Blöcke vorgenommen (Schritt b). In denjenigen Bereichen, in denen eine starke Änderung der Strömungsgrößen zu erwarten ist, wird ein feineres Netz gewählt. Die unterschiedliche Netzdichte in den verschiedenen Blöcken erfordert eine Anpassung der Netzstruktur an die Blockgrenzen (Schritt c). Unstetigkeit an den Blockgrenzen erhöht die numerischen Fehler und kann Stabilitätsprobleme hervorrufen. An der Körperoberfläche und an den äußeren Rechenraumgrenzen ist sorgfältige Anpassung notwendig, so daß die korrekte Erfüllung der Randbedingungen gewährleistet ist.

Die Anwendung von algebraischen Netzgenerierungsmethoden liefert zumindest ein Ausgangsnetz, das nachfolgend geglättet werden muß. Sie bietet Vorteile wegen des relativ geringen Aufwands sowie der Flexibilität (Schritte d und e). Schließlich wird eine visuelle Kontrolle des generierten Netzes durchgeführt (Schritt f). Wie im Bild 14.6 dargestellt, erfordern alle Zwischenschritte während der Netzgenerierung Entscheidungen seitens der Anwender. Zweifellos werden hier sehr hohe Ansprüche an die Erfahrung des Anwenders gestellt. Vielfach erweist es sich als notwendig, nach Durchführung der Rechnung das Netz zu korrigieren.

14.4.4 Lineare CFD-Verfahren

14.4.4.1 Panelverfahren

Das Wirbelleiter- und das Panelverfahren sind numerische Verfahren zur Lösung der linearen Laplace-Gleichung. Trotz ihrer Beschränkung auf reibungslose Strömungen sind beide für die Fahrzeug-Aerodynamik von Interesse.

Eine stationäre, reibungslose, inkompressible und drehungsfreie Strömung wird in dem theoretischen Modell des Panelverfahrens durch Überlagerung von zwei Grundströmungen simuliert (Bild 14.7): Durch eine gleichmäßige Anströmung mit der Geschwindigkeit $\vec{V}_\infty$ und eine Störströmung der Geschwindigkeit $\vec{V}_p$ (x,y,z). Die gleichmäßige Anströmung ist definiert als diejenige Strömung, die ohne den Störkörper – hier das Fahrzeug – vorhanden ist. Die Störströmung ist dabei so beschaffen, daß sich in jedem Punkt des Strömungsfeldes der Geschwindigkeitsvektor $\vec{V}$ (x,y,z) als Resultierende beider Geschwindigkeiten

$$\vec{V}(x, y, z) = \vec{V}_\infty + \vec{V}_p (x, y, z) \tag{14.1}$$

zusammensetzt. Für den hier betrachteten Fall der Fahrzeugströmung ist die Anströmung bekannt. Ein mit konstanter Geschwindigkeit V_∞ fahrendes Fahrzeug erfährt bei Windstille ein gleichmäßiges Anströmfeld der Geschwindigkeit $\vec{V}_\infty$. Mit der Voraussetzung, daß die Geometrie der Fahrzeugoberfläche und die Anströmung bekannt sind, läuft die Aufgabe auf die Bestimmung eines geeigneten Störfeldes $\vec{V}_p$ (x,y,z) hinaus. Die Lösung wird durch Vorgabe von Randbedingungen an der Fahrzeugoberfläche und im Unendlichen spezifiziert.

Bei reibungsloser Strömung *gleitet* das Medium tangential entlang der Fahrzeugoberfläche ohne – im Gegensatz zu den realen Verhältnissen – abgebremst zu werden. Dies bedeutet, daß überall an der Körperoberfläche die Strömung anliegend bleibt und demzufolge die *normale* Komponente der resultierenden Geschwindigkeit $\vec{V}_n$ dort zu Null wird. Weiterhin klingt die Störung durch das Fahrzeug im Unendlichen aus, d.h., in weiter Entfernung vom Fahrzeug ist $\vec{V}_p = 0$. Beide aus physikalischen Überlegungen formulierten Randbedingungen werden zur Beschaffung einer Lösung der Störströmung herangezogen. Das Panelverfahren erzeugt die Störströmung durch Anbringung einer flächenhaften Quell-Senken-Belegung auf der Fahrzeugoberfläche.

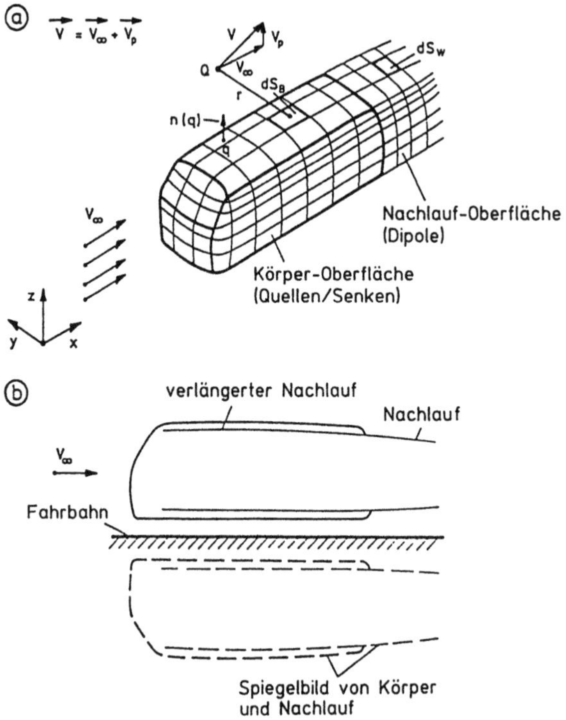

Bild 14.7. Modellierung der Fahrzeugströmung mit Panelverfahren nach [14.8].

Die *reale* Strömung um ein Fahrzeug enthält ein von der Heckbasis ausgehendes Gebiet der *abgelösten* Strömung, den Nachlauf. Bekanntlich erfahren Fahrzeuge auch beträchtliche Auftriebskräfte. Der Nachlauf und die dem Auftrieb entsprechende Zirkulation werden im Panelverfahren durch eine Idealisierung formuliert: Die Zirkulation wird in einer unendlich dünnen Nachlauffläche konzentriert, die sich, ausgehend von einer angenommenen Ablöselinie an der Heckbasis, stromabwärts ausdehnt, Bild 14.7.

In der realen Strömung verformt sich dieser „Nachlaufkörper" je nach den im Nachlauf herrschenden Druckverhältnissen. Im Gegensatz zur *festen* Fahrzeugoberfläche kann die Nachlauffläche keine Luftkräfte tragen; sie verformt sich deshalb solange, bis sie kräftefrei wird. Für eine gegebene Fahrzeugform und einen gegebenen Strömungszustand ist die Geometrie der Nachlauffläche im voraus nicht bekannt. Vielfach wird diese Schwierigkeit durch *Annahme* einer Nachlaufgeometrie umgangen.

Die Fahrbahnsimulation ist ein weiteres, für die Fahrzeugströmung typisches Problem. Die Fahrbahn wird entweder durch Spiegelung des Fahrzeugs und seines Nachlaufs berücksichtigt oder durch eine genügend große ebene Fläche modelliert.

Die Grundzüge der Modellierung einer Fahrzeugumströmung nach dem Panelverfahren werden anhand von Bild 14.7 erläutert. Die stetigen Flächen des Fahrzeugs und seines Nachlaufs werden durch kleine *ebene* Flächenelemente angenähert, die „Panel" genannt werden. Jedes dieser Elemente trägt über seiner Fläche eine Singularität konstanter Stärke: Quellen und Senken auf der Fahrzeugoberfläche und Dipole auf der Nachlauffläche. Die Summe der Normalkomponenten der von allen diesen Singularitäten induzierten Geschwindigkeiten muß an jedem betrachteten Punkt der Fahrzeugoberfläche gerade so groß sein, daß sie dort die Normalkomponente der Anströmgeschwindigkeit aufhebt.

Die Erfüllung dieser „kinematischen Strömungsbedingung" an jedem Aufpunkt der Flächen auf Fahrzeug und Nachlauf führt auf ein System von linearen algebraischen Gleichungen, mit dem die

656

Where science gets down to business

Innovative Technologien
führen zu
innovativen
Produkten.

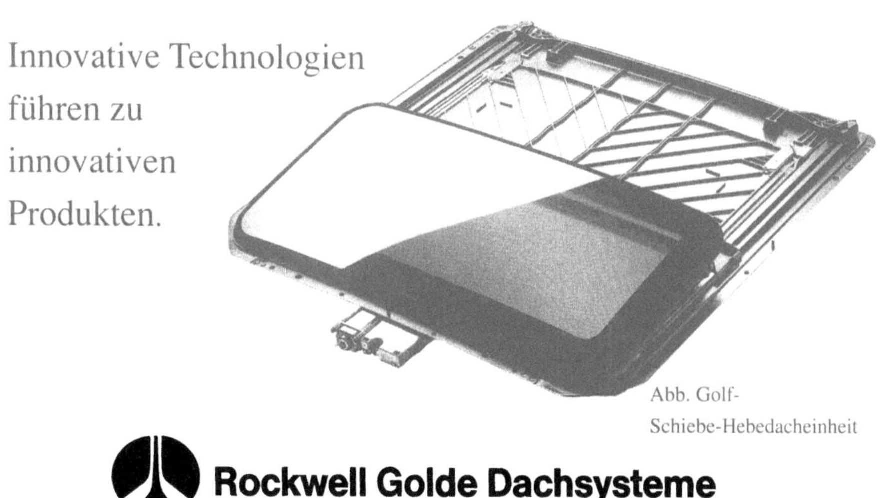

Abb. Golf-
Schiebe-Hebedacheinheit

Rockwell Golde Dachsysteme

zunächst unbekannten Singularitätsstärken der Panels berechnet werden können. Die Lösung des Gleichungssystems wird nach bekannten Methoden wie z.B. dem Gauß-Seidel-Iterationsverfahren durchgeführt. Aus der Singularitätsverteilung wird durch Ableitung die Geschwindigkeitsverteilung ermittelt. Der Gesamtgeschwindigkeitsvektor ergibt sich als Resultierende aus Stör- und Anströmgeschwindigkeit. Durch Anwendung der Bernoulli-Gleichung läßt sich hieraus die entsprechende Druckverteilung an jedem Aufpunkt der Oberfläche berechnen. In gleicher Weise lassen sich die Geschwindigkeit und der Druck auch in jedem Punkt des räumlichen Strömungsfeldes bestimmen.

14.4.4.2 Anwendungsbeispiele des Panelverfahrens

Mit Hilfe des Panelverfahrens ist von S. R. AHMED und W.-H. HUCHO [14.8] die Umströmung eines VW-Kastenwagens berechnet worden; die Ergebnisse sind in den Bildern 14.8 und 14.9 dargestellt und mit Messungen verglichen. Bei der numerischen Simulation wurde die Nachlaufgeometrie aus Rauchaufnahmen, also dem Experiment, entnommen. Insgesamt wurden 1652 Panels zur Darstellung der Flächen von Fahrzeug und Nachlauf verwendet. Ein entsprechendes 1:4-Grundmodell mit Druckverteilungsbohrungen und Radattrappen wurde für die Validierung der numerischen Ergebnisse im 7,5m x 5m-Windkanal der Volkswagen AG vermessen. Das Strömungsfeld des Kastenwagens ist weniger kompliziert als dasjenige einer Pkw-Konfiguration; es weist nur ein Ablösegebiet auf,

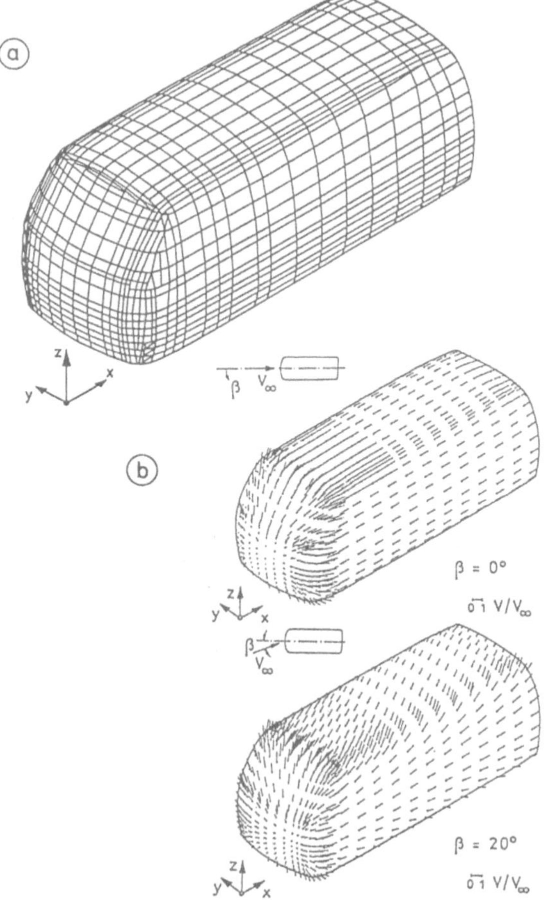

Bild 14.8. a) Oberflächen-Diskretisierung des VW-Kastenwagens;
b) Berechnete Geschwindigkeitsverteilung auf der Oberfläche ohne und mit Seitenwind .

namlich den Hecknachlauf Bereits fur diese relativ einfache Konfiguration zeigt der Vergleich von Rechnung und Experiment die wesentlichen Eigenarten und auch die Grenzen einer Voraussage auf, die vom Panelverfahren erwartet werden kann

Bild 14 8b stellt die Geschwindigkeitsverteilung an der Fahrzeugoberflache fur zwei Falle dar bei Windstille und bei einer Schraganstromung von 20° Die eingetragenen Vektoren zeigen die an den Punkten berechnete Geschwindigkeit nach Betrag und Richtung Eine Verlagerung des Staupunktes in Richtung der Anstromung sowie einer Geschwindigkeitserhohung an der luvseitigen Dachkante – beides physikalisch plausibel – wird vorausberechnet Der Unterschied zu den bekannten Wollfadchen-Bildern aus dem Windkanal besteht darin, daß die Wollfaden sich zwar in Richtung der lokalen Geschwindigkeit orientieren, ihren Betrag aber nicht anzeigen konnen

Einen quantitativen Vergleich der Ergebnisse aus Rechnung und Messung gibt Bild 14 9 Die Druckverteilung in der Symmetrieebene zeigt Abweichungen in der Nahe des Ubergangs vom Bug zur Unterseite und vom Dach zum Heck Die erstere ist moglicherweise auf den Einfluß der Bodengrenzschicht des Windkanals zuruckzufuhren und die letztere auf die ungenaue Erfassung der Nachlaufgeometrie durch die Rauchaufnahmen Auch die Grenzschichtbildung an der Modelloberflache durfte die Druckverteilung verandern Da das numerische Modell die vom Nachlauf uberdeckte Basisflache nicht erfaßt, kann fur diese der Druck auch nicht angegeben werden Die unmittelbare Konsequenz hieraus ist, daß die Berechnung des Druckwiderstands – durch Integration der an der Fahrzeugoberflache wirkenden und in Fahrtrichtung gerichteten Druckkomponenten – nicht moglich ist Die Ubereinstimmung der numerischen Ergebnisse mit der gemessenen Druckverteilung in dem *anliegenden* Teil der Stromung ist gut, das trifft bei Schraganstromung auch fur die dem Wind zugewandte Seite zu, Bilder 14 9c und d

Bild 14 9 Vergleich der berechneten Druckverteilung mit Meßergebnissen amVW Kastenwagen nach [14 8]

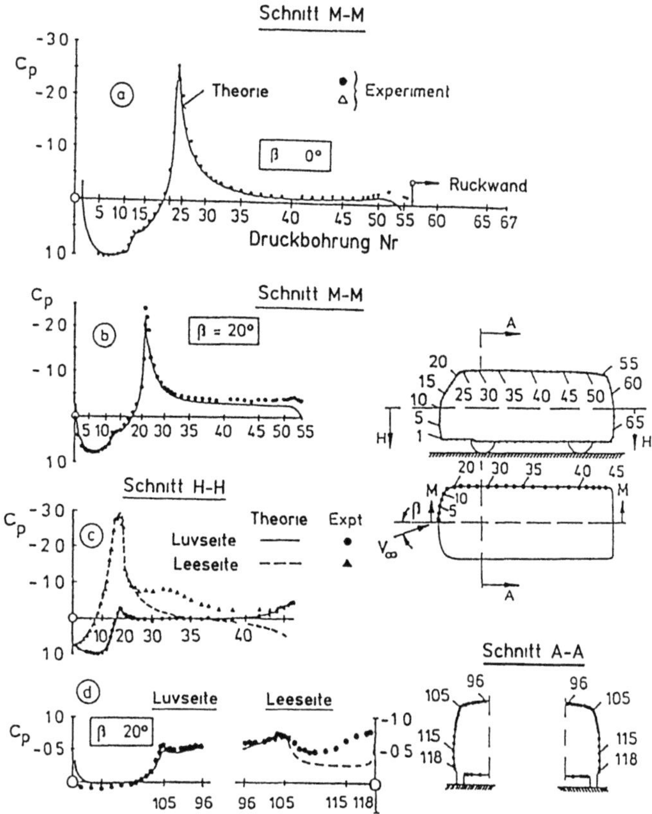

Bild 14.10 zeigt einen Vergleich der mit dem Panelverfahren berechneten Druckverteilung mit Windkanalergebnissen für ein 1:5-Modell des Mercedes C-111-Rekordfahrzeugs, den S. R. AHMED [14.9] durchgeführt hat. Für die Spitzheck-Konfiguration konnte auf die Simulation des Nachlaufes ganz verzichtet werden. Die Fahrzeugfläche wurde mit 1826 Panels belegt.

Auch in diesem Beispiel ist eine gute Übereinstimmung zwischen Rechnung und Messung für die Oberseite und den Horizontalschnitt festzustellen; die Unterseite zeigt jedoch große Diskrepanzen, welche den Reibungseinflüssen (Grenzschichtbildung) zuzurechnen sind. Dementsprechend ist auch eine schlechte Übereinstimmung zwischen dem mit der Windkanalwaage gemessenen Auftrieb und dem berechneten Wert festzustellen. Auch die Ergebnisse von V. LOSITO et al. [14.10] und von R. BUCHHEIM et al. [14.11] zeigen auf der Fahrzeugunterseite eine schlechte Übereinstimmung der berechneten und gemessenen Druckverteilung.

Prinzipiell sind beim Panelverfahren der Detaillierung der Oberflächengeometrie keine Grenzen gesetzt, und aus der Karosseriedatenerfassung kann verhältnismäßig einfach jede gewünschte Diskretisierung abgeleitet werden. Mit der Zunahme der Anzahl n der Panels steigt jedoch der Rechenaufwand; die Rechenzeit steigt etwa proportional zu n^2 bis n^3.

Die Umströmung eines typischen Pkw ist von R. BUCHHEIM et al. [14.11] mit dem Panelverfahren berechnet worden; Bild 14.11 vermittelt einen Eindruck von der Diskretisierung in Panels. Die Strömung am Heck wurde auf drei verschiedene Arten angenähert: als geschlossene Heckfläche, als geschlossener Nachlaufkörper und als nach hinten offener Körper. Wird die Heckoberfläche genau wie die übrige Oberfläche behandelt, so bedeutet ihre Diskretisierung, daß dort eine anliegende Strömung *erzwungen* wird; das aber widerspricht der Realität total.

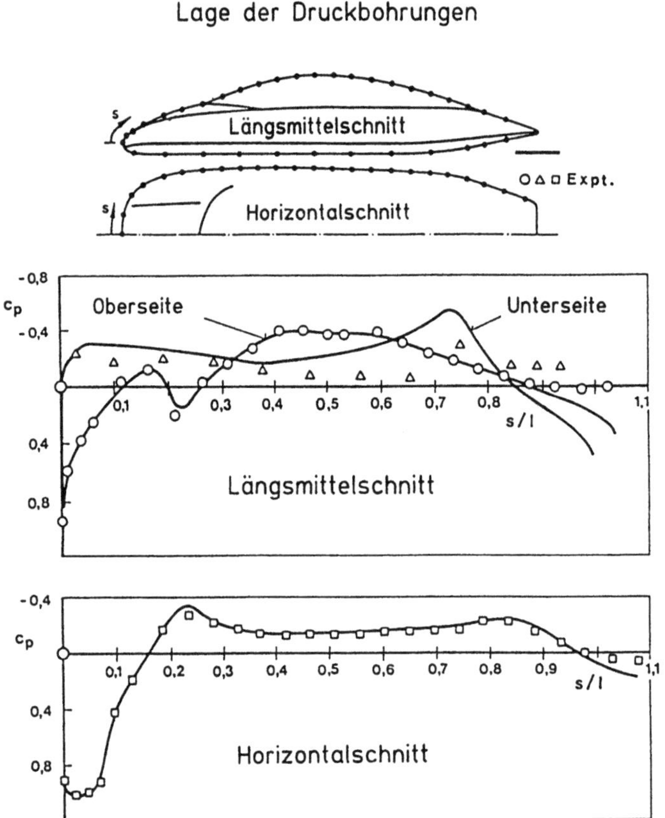

Bild 14.10. Vergleich der berechneten Druckverteilung mit Meßergebnissen für das Mercedes C-111-Fahrzeug nach [14.9].

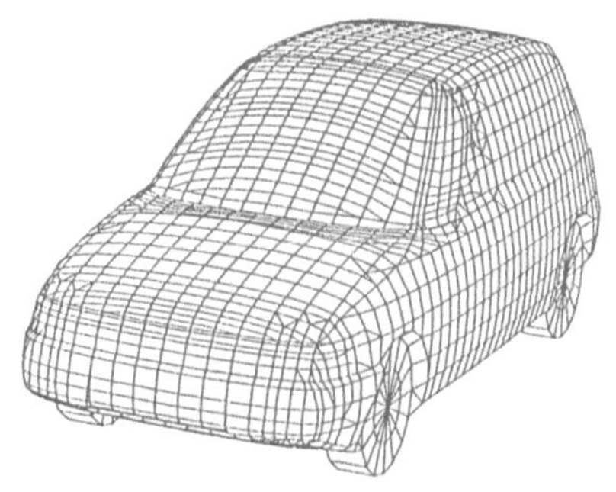

Bild 14.11. Beispiel einer Fahrzeugoberflachen-Diskretisierung als Eingabe fur eine Rechnung mit dem 3D-Panelverfahren nach [14.11].

Bild 14.12 zeigt die Druckverteilung über der Kontur in einem hecknahen Querschnitt für die drei Ansätze zur Modellierung der Strömung am Heck. Aufgetragen sind die Differenzen zwischen gemessener und gerechneter Druckverteilung. Es ist ersichtlich, daß die Druckverteilung im Schnitt CC stark von dem Modell abhängt, mit dem die Strömung am Heck dargestellt wird. Dagegen bleibt die Druckverteilung in den Schnitten AA und BB hiervon weitgehend unberührt. Mit Mitteln der Nachlaufsimulation läßt sich daher eine ingenieurmäßig befriedigende Druckverteilung bis zum Heckschnitt CC erreichen. Damit ist es möglich, die auf Teile der Karosserie – z.B. auf Deckel und Türen – wirkenden Luftkräfte zu berechnen.

Bild 14.12. Moglichkeiten
zur Modellierung
der Stromung
im Heckbereich
nach [14.11]

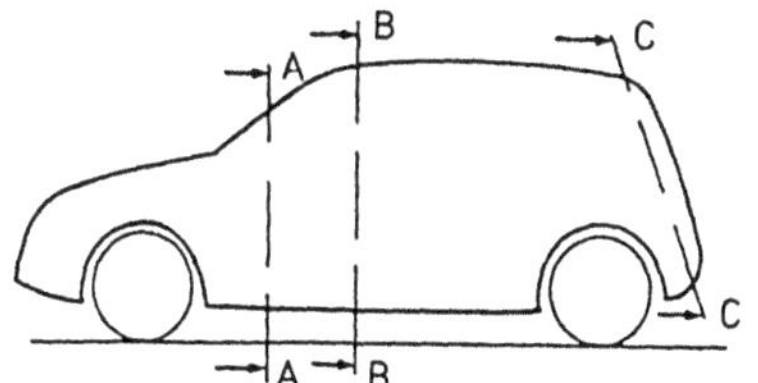

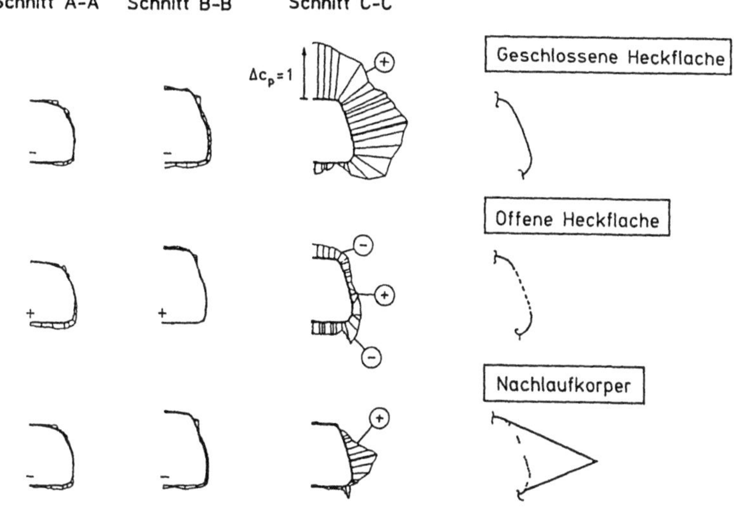

661

14.4.5 Nichtlineare CFD-Verfahren

14.4.5.1 Lösungsmethodik für nichtlineare Verfahren

Die numerischen Methoden zur Lösung der nichtlinearen partiellen Euler- und Navier-Stokes-Gleichungen basieren auf den folgenden Lösungstechniken: Finite Differenzen (FD), Finite Volumen (FV) und Finite Elemente (FE). Eine eingehende Beschreibung dieser Verfahren ist in Lehrbüchern der numerischen Methoden zu finden, siehe z.B. [14.12] bis [14.14].

Im normalen Fall liegt der Differentialgleichung ein kartesisches Koordinatensytem zugrunde. Ist die Körperkontur eine ebene Fläche, so läßt sich das Strömungsgebiet durch ein kartesisches Netz diskretisieren, wobei die Körperkontur durch eine mit ihr zusammenfallende Koordinatenlinie exakt dargestellt wird. An den Gitterpunkten des kartesischen Rechennetzes werden nach dem Verfahren der Finiten Differenzen die partiellen Ableitungsterme der Differentialgleichungen durch Differenzenterme approximiert. Im Bild 14.13 wird dies anhand des einfachen Beispiels der eindimensionalen Wärmeleitung demonstriert. Die partielle Differentialgleichung wird auf diese Weise auf eine algebraische Form reduziert, deren Lösung mit herkömmlichen Methoden möglich ist. Die exakte

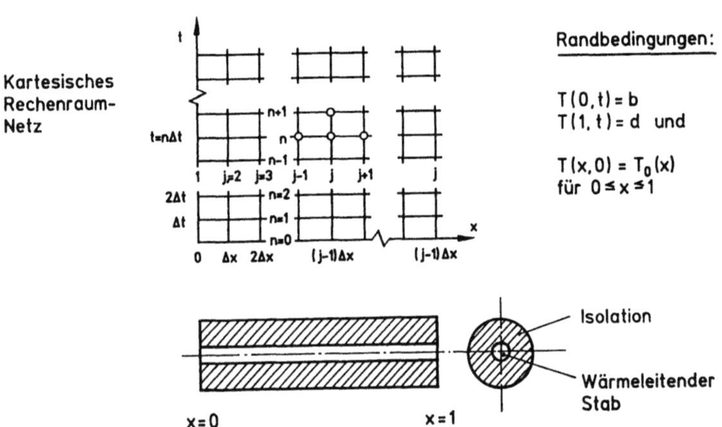

Bild 14.13. Beispiel zur Approximation nach Finiten-Differenzen-Verfahren. Entwicklung der Wärmeleitung mit der zweidimensionalen Wärmeleitungsgleichung für einen isolierten Stab.

Darstellung der Körperoberfläche durch das Rechennetz gewährleistet, so daß dort die Randbedingung unverfälscht erfüllt wird.

Die Oberflächen von Fahrzeugen sind zumeist gekrümmt. Um in einem der Körperkontur angepaßten Rechennetz das Finite-Differenzen-Verfahren anwenden zu können, muß dieses mit Hilfe von Transformationsfunktionen auf ein orthogonales Netz überführt werden. Im Bild 14.14 wird dies schematisch für eine zweidimensionale Strömung in einem gekrümmten Kanal dargestellt (siehe C. A. J. FLETCHER [14.13], Bd. II, S.48). Dies bedeutet, daß auch die ursprünglich auf dem kartesischen Koordinatensystem basierende Differentialgleichung mit der Transformationsfunktion umgeformt wird, *bevor* eine Umwandlung in eine Differenzengleichung durchgeführt werden kann. Neben der Erhöhung der Komplexität stößt diese Vorgehensweise auf seine Grenzen, weil sich nicht für jede gekrümmte Fläche eine geeignete Transformation finden läßt.

Der Finite-Volumen-Ansatz geht von der integralen Form der Grundgleichung aus. Das Strömungsgebiet wird in elementare Volumen aufgeteilt, in denen die Integration durchgeführt wird. Im Gegensatz zur FD-Vorgehensweise, bei der die Grundgleichungen durch Differenzenterme approximiert werden, wird somit bei der FV-Technik die Grundgleichung in *integraler* Form approximiert. Die elementaren Volumen können im Prinzip *beliebige* Form haben. Der Einfachheit halber werden aber Quader, Tetraeder oder Hexaeder bevorzugt. Der große Vorteil der FV-Technik liegt darin, daß bei der Diskretisierung nur die kartesischen Koordinaten der Eckpunkte der Volumina benötigt werden; eine Transformation der Grundgleichung ist nicht erforderlich. Damit ist die Generierung des Netzes vom Prozeß der Lösung getrennt. Ohne Rücksicht auf die Verfügbarkeit einer geeigneten Transformationsfunktion können Rechennetze generiert werden, die dem Körper und den Eigenarten der Strömung angepaßt sind.

Im Bild 14.15 wird die prinzipielle Vorgehensweise bei der FV-Diskretisierung für die Kontinuitätsgleichung einer zweidimensionalen Strömung demonstriert (siehe C. A. J. FLETCHER [14.13], Bd. I, S.106). Integriert über das Volumenelement ABCD lautet die Kontinuitätsgleichung für die Schichthöhe 1:

$$\int_{ABCD} \left(\frac{\partial u}{\partial x} + \frac{\partial v}{\partial y} \right) dx\, dy = 0 . \tag{14.2}$$

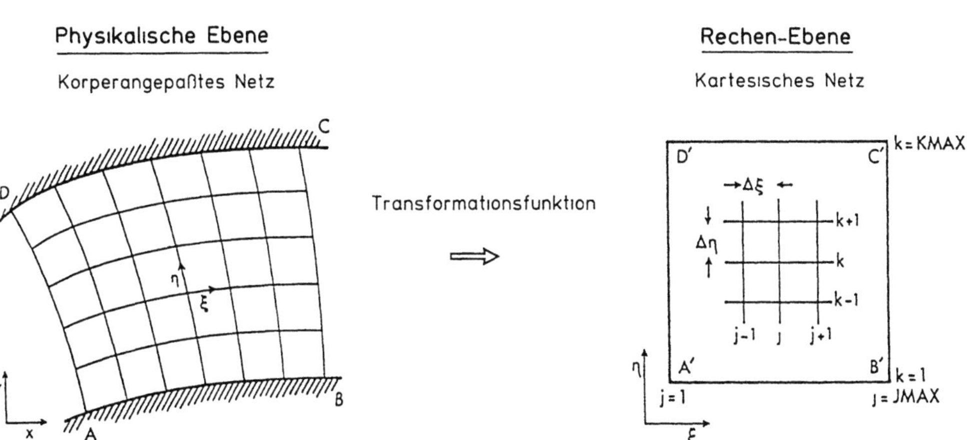

Bild 14.14. Überführung eines körperangepaßten Netzes der physikalischen Ebene in ein kartesisches Netz der Rechenebene mittels einer Transformationsfunktion nach [14.13].
Beispiel Ebene Strömung in einem gekrümmten Kanal A'B'C'D' der Rechenebene entspricht ABCD der physikalischen Ebene

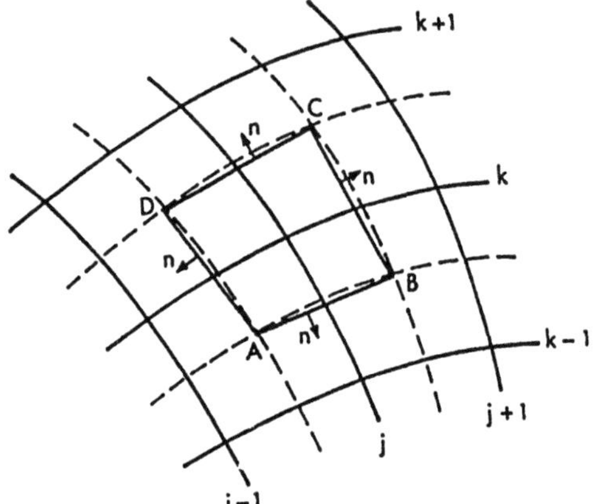

Bild 14.15. Erläuterungsskizze zur Finiten-Volumen-Diskretisierung einer zweidimensionalen Strömung nach [14.13].

Mit Hilfe des Greenschen Satzes läßt sich dies umformen zu:

$$\int_{ABCD} \vec{H}\vec{n}\ ds = 0,$$ (14.3)

wobei $\vec{H}=(u,v)$ und $\vec{n}$ der Normalen-Vektor ist. In kartesischen Koordinaten ausgedrückt ist

$$\vec{H}\vec{n}\ ds = u\ dy - v\ dx,$$ (14.4)

und somit lautet die obige Gleichung

$$\int_{ABCD} (u\ dy - v\ dx) = 0.$$

(14.5)

Für das Element ABCD läßt sich dies approximieren durch die Summation

$$\sum_{ABCD} \left(u\ \Delta y - v\ \Delta x\right) = 0.$$ (14.6)

Für die Strecke AB gilt:

$$\Delta y_{AB} = y_B - y_A$$

$$\Delta x_{AB} = x_B - x_A$$

$$u_{AB} = (u_{j,k-1} + u_{j,k})\,/\,2$$

$$v_{AB} = (v_{j,k-1} + v_{j,k})\,/\,2.$$ (14.7)

Analoge Ausdrücke lassen sich für die Strecken BC, CD und DA angeben. Auf diese Weise wird die partielle Differentialgleichung, hier als Beispiel die Kontinuitätsgleichung, in eine einfache algebraische Gleichung überführt.

Bei den Finite-Elemente-Verfahren wird das Strömungsfeld, wie im Abschnitt 14.4.3 erwähnt, durch polyederförmige Elementarvolumen diskretisiert. Auch eine Mischung von parallelepipedartigen und polyederförmigen Elementen ist möglich. Der eigentliche Unterschied zwischen FV-und FE-

Verfahren besteht nicht so sehr in der Art, wie der Rechenraum diskretisiert wird, sondern vielmehr in der Lösungsmethode. Das FE-Verfahren berechnet die physikalischen Größen an den Elementecken durch Minimierung eines Variationsfunktionals. Ausgangspunkt sind wie bei FV-Verfahren die Erhaltungssätze in integraler Form für jedes Element. Diese Vorgehensweise ist für inkompressible Strömungen (elliptische Gleichungen), die ja bei Fahrzeugströmungen vorliegen, zulässig.

Die besondere Attraktivität der FE-Methode liegt in der großen Erfahrung bei der Netzgenerierung und der Ergebnisdarstellung, die mit diesen Verfahren in den Strukturmechanik-Abteilungen der Automobilfirmen gesammelt wurden. Ob auch der bei der FE-Methode verfolgte Weg der bessere ist, nämlich die Navier-Stokes-Gleichungen nach dem Variationsprinzip zu lösen, läßt sich nicht eindeutig beantworten.

14.4.5.2 Euler-Verfahren

Ein wesentlicher Mangel des Panelverfahrens ist, daß die für die Fahrzeugumströmung so wichtigen Vorgänge, wie Ablösung am Heck, Bildung von Längswirbeln an A- und C-Pfosten usw., nicht „automatisch" wiedergegeben werden. Sie müssen *modelliert* werden, wie für den Nachlauf im vorigen Abschnitt erläutert. Das aber erfordert eine a-priori-Kenntnis der Strömung, um daraus physikalisch plausible Annahmen für die Modellierung abzuleiten. Eine *kinematische* Modellierung dieser in der realen Strömung durch Reibungseinflüsse hervorgerufenen Vorgänge mit Hilfsmitteln der reibungslosen Theorie führt zu einer Verbesserung der Wiedergabe der anliegenden Strömung. Eine Voraussage des Basisdruckes ist aber auch damit nicht möglich.

Beim Euler-Verfahren kann auf eine kinematische Modellierung der Ablösevorgänge verzichtet werden. Die Ausgangsgleichungen dieses Verfahrens sind die reibungslosen, kompressiblen, zeitabhängigen Euler-Gleichungen (siehe S. R. Peyret et al. [14.12]). Wie schon erwähnt, fordern die Euler-Gleichungen keine Drehungsfreiheit der Strömung; sie lassen also die Behandlung von Wirbeln und deren Transport zu. Abgelöste Strömungen sind, wie im Abschnitt 4.2 beschrieben, durch Zirkulation gekennzeichnet. Deren Entstehungsmechanismus in den Lösungen der kompressiblen Euler-Gleichungen wird wie folgt (siehe W. Schmidt et al. [14.15a]) beschrieben:

Eine stabile Lösung der *zeitabhängigen* Gleichungen wird als asymptotische Lösung nach mehreren Zeitschritten ermittelt. Die Konvergenz wird erreicht, indem die während der Rechenschritte auftretenden *numerischen* Schwingungen durch Einführen zusätzlicher *dissipativer* Terme in den Ausgangsgleichungen gedämpft werden, vgl. A. Jameson et al. [14.16] und M. D. Salas [14.17]. Ohne diese Dämpfungsterme konvergiert das Verfahren in der Regel nicht. Während der iterativen Lösung wird aufgrund der dissipativen Terme und wegen numerischer Fehler an Unstetigkeitsstellen (z.B. Ecken) Entropie erzeugt. Der kinematische Verlauf der Strömung zeigt hier mitten in einer Strömung drehungsbehaftete Gebiete, die eine qualitative Ähnlichkeit mit einer realen Strömung aufweisen. Es muß betont werden, daß diese *qualitative* Ähnlichkeit durch Fehler der Numerik und nicht durch die zugrundeliegende Physik hervorgerufen wird. R. Stricker et al. [14.19] haben demonstriert, wie stark die Ergebnisse vom Wert der Dissipationsterme und der verwendeten Rechenraumdiskretisierung abhängig sind. Als Beispiel veröffentlichten sie Bild 14.16; durch unterschiedliche Rechennetze werden danach drastische Änderung der Strömung um einen Kreiszylinder herbeigeführt. Für Körper dieser Art, die über keine definierte Hinterkante verfügen, durch die die Ablösung vorgegeben ist, läßt sich durch Manipulation der Diskretisierung mehr oder minder jeder beliebige Ablösevorgang „simulieren". Eine andere Vorgehensweise, die das Einführen von dissipativen Termen vermeidet, wurde von A. Eberle [14.18] angegeben.

Auch die Euler-Verfahren vernachlässigen die Reibungskräfte. Somit können Ablösevorgänge und die daraus resultierenden Gesamtdruckverluste nicht berechnet werden. Das aber heißt, daß wie bei den Panelverfahren eine Berechnung des Luftwiderstands nicht möglich ist.

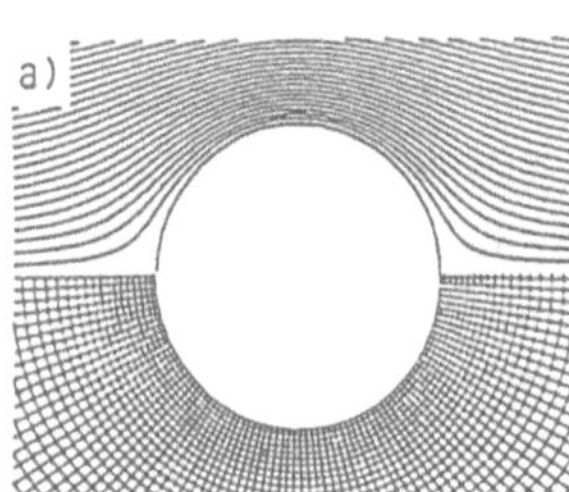
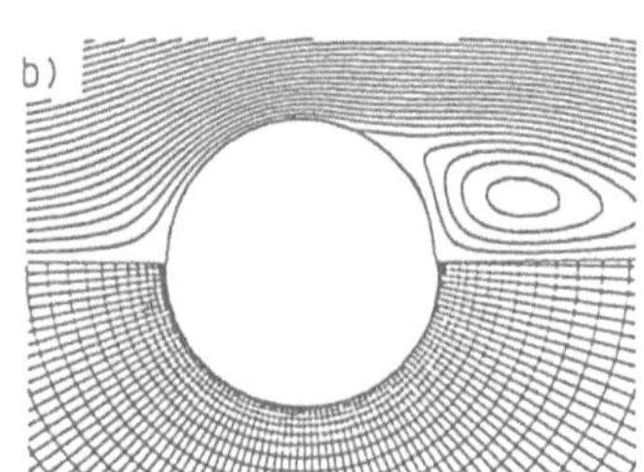

Bild 14.16. Einfluß der Netzdichte auf Ergebnisse der Euler-Rechnung für eine Kreiszylinderströmung nach [14.19].
a) feines; b) grobes Netz

14.4.5.3 Navier-Stokes-Verfahren mit zeitlich gemittelten Reibungstermen

Die reale Fahrzeugströmung ist voll turbulent; sie wird von den vollständigen instationären Navier-Stokes-Gleichungen beschrieben. Neben Massenträgheits- und Druckkräften werden in diesen Gleichungen auch die Reibungskräfte berücksichtigt.

Das wesentliche Merkmal der tubulenten Strömungen ist, daß Geschwindigkeit und Druck in jedem Raumpunkt unregelmäßige und hochfrequente Schwankungen aufweisen. Ursache dafür ist die Schwankungsbewegung. Eine Modellvorstellung davon ist, daß in der Hauptströmung laufend „Flüssigkeitsballen" verschiedener Größe entstehen und zerfallen.

Eine instationäre Strömung dieser Art läßt sich gedanklich in einen stationären und in einen instationären Teil zerlegen. Die momentanen Werte der Geschwindigkeitskomponenten u,v,w und des Drucks p werden beispielsweise durch

$$u = \bar{u} + u'; \quad v = \bar{v} + v'; \quad w = \bar{w} + w'; \quad p = \bar{p} + p' \tag{14.8}$$

ausgedrückt. Hierbei bedeuten $\bar{u}$, $\bar{v}$, $\bar{w}$ die über der Zeit gemittelten Größen und u', v', w' und p' die diesen überlagerten Schwankungswerte. Das Zeitintervall für die Mittelwertbildung ist so lang gewählt, daß sich der Mittelwert mit der Zeit selbst nicht mehr ändert.

Durch die Schwankungsbewegung quer zur Hauptströmung wird ein Transport von kinetischer Energie bewirkt. Bewegen sich „Turbulenzballen" von energieärmeren in energiereichere Gebiete, so verursachen sie dort eine Verzögerung und umgekehrt. Der physikalische Effekt zeigt sich in einer *scheinbaren* Erhöhung der Zähigkeit des Mediums auf einen Wert, der um ein Mehrfaches über dem der laminaren Strömung liegt.

Die Einführung der Ausdrücke für Druck und Geschwindigkeit nach Gl. (14.8) in die instationären Navier-Stokes-Gleichungen und deren gliedweise Mittelung über der Zeit überführt diese in eine stationäre Form (siehe H. SCHLICHTING [14.3], S. 521). Neben Termen für die Flüssigkeitsreibung enthalten diese Gleichungen auch Ausdrücke für die „turbulente Scheinreibung". Nach Erstellung der Impulsbilanz in den drei Koordinatenrichtungen lassen sich die Scheinreibungs-Terme als Mittelwerte der quadratischen Schwankungsgeschwindigkeiten ausdrücken, z.B. $\overline{\rho u'^2}$, $\overline{\rho u'v'}$ usw. In der Literatur werden diese Gleichungen die „Reynolds-Averaged" Navier-Stokes-Gleichungen (RANS) genannt.

Die RANS-Gleichungen gehen davon aus, daß sich jede turbulente Strömung durch eine im Mittel stationäre Strömung beschreiben läßt. Die niederfrequenten Schwankungsbewegungen werden unterdrückt, und die Wirkung der hochfrequenten Schwankungen wird durch Einführung der „turbulenten Scheinreibung" berücksichtigt. Für die Lösung der RANS-Gleichungen wird nunmehr ein Zusammenhang zwischen der mittleren Bewegung – ausgedrückt durch $\bar{u}$, $\bar{v}$, $\bar{w}$ und $\bar{p}$ – und den Schwankungskomponenten benötigt, für den sich der Begriff „Turbulenzmodell" eingebürgert hat. Wegen der Vielfältigkeit der in der realen Strömung möglichen Zusammenhänge dieser Art ist es bis heute nicht möglich, eine *allgemeingültige* Modellierung dieser Vorgänge vorzunehmen.

Gegenwärtig gibt es eine Reihe von Turbulenzmodellen unterschiedlicher Komplexität und beschränkter Gültigkeitsbereiche, siehe [14.20] bis [14.22]. Ein ungeeignetes Turbulenzmodell kann wegen der darin verfälschten Physik die in der realen Situation herrschenden Vorgänge unterdrükken. Ohne eine Detailkenntniss der Eigenschaften des verwendeten Turbulenzmodells kann dies der Anwender nicht beurteilen. Eine weitere Schwierigkeit ergibt sich in Wandnähe. An der Wand selbst verschwinden sämtliche Geschwindigkeitskomponenten, und in ihrer Nähe sind die Schwankungen gedämpft. Ein Turbulenzmodell kann nur in einem bestimmten Abstand von der Wand angewendet werden. In unmittelbarer Wandnähe wird das Modell durch das „logarithmische Wandgesetz" ersetzt, das weitere Annahmen erfordert. Außerordentlich schwierig bzw. zur Zeit unmöglich ist die Turbulenzmodellierung in Bereichen, in denen sich die Strömung ablöst, um sich dann stromabwärts wieder anzulegen. Ein Beispiel dafür ist der Windlauf (vgl. Bild 4.3).

14.4.5.3.1 Modellierung der Turbulenz und das k-ε–Turbulenzmodell

Wie im vorigen Abschnitt angedeutet, führt die Zerlegung der instationären turbulenten Strömung in einen stationären und einen instationären Anteil zu einer grundlegenden Schwierigkeit. Das resultierende Gleichungssystem enthält mehr Unbekannte als die Anzahl der Gleichungen – es ist somit nicht geschlossen. Die Aufgabe der Turbulenzmodellierung besteht formal darin, durch Bereitstellung von zusätzlichen Gleichungen für die Unbekannten (Scheinreibungsterme) das RANS-Gleichungssystem zu schließen und somit einer Lösung zugänglich zu machen.

Turbulenzmodelle basieren auf einer hypothetischen Beschreibung der Turbulenzmechanismen; sie erfordern Eingaben in Form von empirischen Konstanten oder funktionalen Zusammenhängen, weil nicht alle Details der turbulenten Vorgänge bekannt bzw. analytisch erfaßbar sind. Turbulenzmodelle simulieren nur den Einfluß der turbulenten Schwankungsbewegungen auf die stationäre mittlere Bewegung (Hauptströmung), nicht aber die Schwankungsbewegung selbst.

Turbulente Schwankungsvorgänge sind stark von der Art der vorliegenden Strömung abhängig. Wandkrümmung, Oberflächenrauhigkeit, Drall usw. beeinflussen in entscheidendem Maße den Schwankungsvorgang. Nur die vollständigen Navier-Stokes-Gleichungen sind in der Lage, diese Vorgänge unverfälscht für alle Strömungsarten zu beschreiben. Turbulenzmodelle nähern diese realen Vorgänge nur an und sind je nach Art der verwendeten empirischen Eingaben für eine bestimmte Klasse von Strömungen anwendbar. Wünschenswert ist es natürlich, mit einem einzigen Turbulenzmodell für eine möglichst große Anzahl von Strömungstypen auszukommen.

Ein Beispiel eines solchen Turbulenzmodells, das eine weite Verbreitung in der praktischen Anwendung gefunden hat, ist das sogenannte k-ε–Turbulenzmodell. Die nachfolgende Beschreibung dieses Modells lehnt sich an die Darstellung von J. C. Rotta [14.23] und W. Rodi [14.24] an.

Die kinetische Energie k der turbulenten Schwankungsbewegung ist definiert durch

$$k = \frac{1}{2}(u_i^2 + u_j^2 + u_k^2) \tag{14.9}$$

wobei u_i, u_j und u_k den im vorigen Abschnitt eingeführten Komponenten der Schwankungsgeschwindigkeit u', v' und w' entsprechen. Für die zeitliche Änderung der kinetischen Energie k der turbulenten

Strömung läßt sich nach J. C. Rotta für hohe Reynolds-Zahlen folgende Beziehung aus der Navier-Stokes-Gleichung herleiten :

$$\underbrace{\frac{\partial k}{\partial t} + U_i \frac{\partial k}{\partial x_i}}_{I} = \underbrace{\frac{\partial}{\partial x_i}\left[\overline{u_i\left(\frac{u_j u_j}{2} + \frac{p}{\rho}\right)}\right]}_{II + III} \underbrace{- \overline{u_i u_j}\,\frac{\partial U_i}{\partial x_j}}_{IV} \underbrace{- \varepsilon}_{V} \qquad (14.10)$$

In dieser in Tensorenschreibweise ausgedrückten Gleichung bedeuten x_i, x_j ,... die kartesischen Koordinatenrichtungen x, y, ... und U_i die stationäre Komponente der zeitlich gemittelten Geschwindigkeit und t die Zeit. Die überstrichenen Größen sind wieder die über die Zeit gemittelten Werte.

Die physikalische Bedeutung der Terme in der obigen Gleichung ist ([14.23], [14.24]):

I: Konvektion von k durch die stationäre Hauptströmung.

II: Diffusion von k durch Geschwindigkeitsschwankungen.

III: Diffusion von k durch Druckschwankungen (molekulare Diffusion für höhere Reynolds-Zahlen vernachlässigt).

IV: Produktion von k durch Wechselwirkung mit der stationären Hauptströmung

V: Durch viskose Kräfte in Wärmeenergie überführte kinetische Energie der Schwankungsbewegung (Dissipation).

Bei der praktischen Anwendung dieser Bestimmungsgleichung für k sind weitere Vereinfachungen der einzelnen Terme notwendig (siehe K. Hanjalic et al. [14.25]). Damit werden mit Hilfe einiger empirischer Konstanten Zusammenhänge zwischen den Termen I bis V der k-Gleichung und Strömungsgrößen der stationären Hauptströmung hergestellt. Das Endergebnis dieser Vereinfachung liefert:

$$-\rho\,\overline{u_i u_j} = \mu_t \left[\frac{\partial U_i}{\partial x_j} + \frac{\partial U_j}{\partial x_i}\right] - \frac{2}{3}\rho k \delta_{ij}$$

$$\mu_t = C_\mu \cdot \rho\,\frac{k^2}{\varepsilon}$$

$$\frac{\partial k}{\partial t} + U_i\,\frac{\partial k}{\partial x_i} = \frac{\partial}{\partial x_i}\left[\frac{\mu_t}{\rho\;\sigma_k}\frac{\partial k}{\partial x_i}\right] + P - \varepsilon \qquad (14.11)$$

$$\frac{\partial \varepsilon}{\partial t} + U_i\,\frac{\partial \varepsilon}{\partial x_i} = \left[\frac{\mu_t}{\rho\,\sigma_\varepsilon}\cdot\frac{\partial \varepsilon}{\partial x_i}\right] + C_1\frac{\varepsilon}{k}P - C_2\frac{\varepsilon^2}{k}$$

$$P = \frac{\mu_t}{\rho}\left[\frac{\partial U_i}{\partial x_j} + \frac{\partial U_j}{\partial x_i}\right]\frac{\partial U_i}{\partial x_j}\;.$$

668

Hierbei sind ρ die Dichte, μ_t die dynamische Zähigkeit, δ_{ij} das Kronecker-Delta (=1 für i=j, 0 für i≠j) und C_μ, C_1, C_2, σ_k, σ_ε empirisch festzulegende Konstanten. Gl. (14.11) ist das vollständige dem k-ε–Turbulenzmodell zugrundeliegende Gleichungssystem.

Nach ausführlichen Untersuchungen von freien turbulenten Strömungen empfehlen B. E. LAUNDER und D. B. SPALDING [14.26] folgende Werte für die Konstanten:

$$C_\mu = 0{,}09;\ C_1 = 1{,}44;\ C_2 = 1{,}92;$$

$$\sigma_k = 1{,}0\ ;\ \sigma_\varepsilon = 1{,}3.$$

Nach W. RODI [14.24] sind die Ergebnisse vom Wert dieser Konstanten, insbesondere von C_1 und C_2, abhängig. Beispielsweise bewirkte eine 5%ige Änderung im Wert von C_1 oder C_2 eine 20%ige Änderung in der Breitenzunahme eines austretenden Freistrahls.

Die RANS-Gleichungen bilden zusammen mit den Gleichungen für das k-ε-Turbulenzmodell ein *geschlossenes* System, das sich simultan lösen läßt.

14.4.5.3.2 Anwendungsbeispiele der RANS-Verfahren

In den letzten Jahren sind in der Literatur zahlreiche Beispielrechnungen an Fahrzeuggrundkörpern erschienen, die mit RANS-Verfahren durchgeführt wurden (siehe [14.27] bis [14.31]). Allen diesen Beispielen liegt die stationäre, über die Zeit gemittelte Navier-Stokes-Gleichung zugrunde. Die stabile Lösung wird nach einer Anzahl von Iterationsschritten dann erreicht, wenn ausgewählte physikalische Großen einen konstanten Verlauf zeigen.

Bild 14.17 zeigt die Aufteilung des Rechenraumes um einen dreidimensionalen Fahrzeuggrundkörper in 18 Blöcke und Bild 14.18 das zugehörige Rechennetz in der Symmetrieebene, nach C. T. SHAW et al. [14.27]. Der das Fahrzeug in einer geschlossenen Meßstrecke darstellende Rechenraum dehnt sich ca. 1,2 Fahrzeuglängen vor und 1,4 Fahrzeuglängen hinter dem Fahrzeug aus; die halbe Breite des Rechenraumes und seine Höhe betragen etwa dreimal die entsprechenden Fahrzeugabmessungen. Ausgehend von einer *Oberflächen*-Diskretisierung wird interaktiv eine *Volumen*-Diskretisierung der einzelnen Rechenblöcke vorgenommen. Rechnungen wurden für ein *grobes* Netz mit 21 952 und für ein *feines* Netz mit 155 520 Volumenelementen durchgeführt. Das verwendete RANS-Verfahren wurde von dem HARWELL Laboratory in England entwickelt; es ist unter dem Namen FLOW 3D bekannt.

Die Symmetriebedingungen wurden an allen Wänden erfüllt, mit Ausnahme des Windkanalbodens, wo ein logarithmisches Wandgesetz vorgeschrieben war. Das Verfahren verwendet an der Körperkontur ebenfalls ein logarithmisches Wandgesetz, im übrigen Rechenraum ein k-ε-Turbulenzmodell. In der Eintrittsebene wurden eine gleichmäßige Anströmgeschwindigkeit und für die turbulente

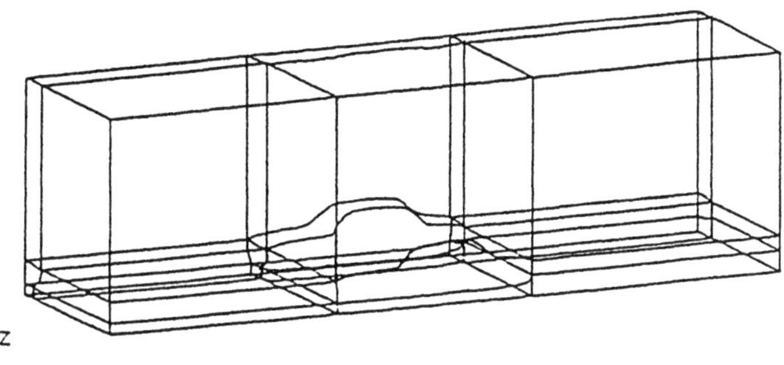

Bild 14.17. Aufteilung des Rechenraumes um einen Fahrzeugkorper in Rechenblocken nach [14 27]

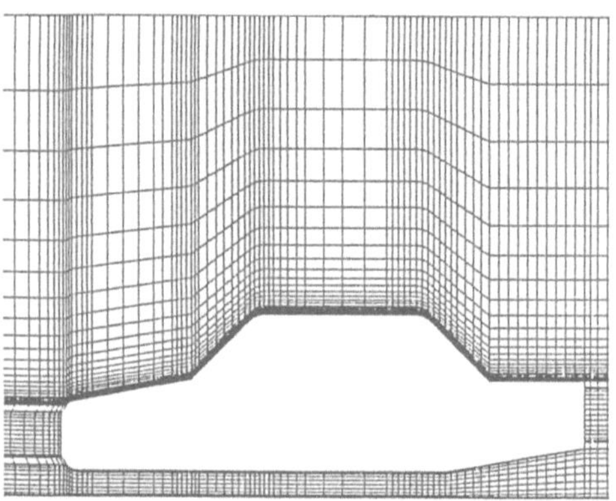

Bewegung Werte der kinetischen Energie und der Dissipationsrate vorgegeben. Die mit der Modellänge (ca. 4,17 m) gebildete Reynolds-Zahl der Anströmung betrug $7,28 \times 10^6$. Nach C. T. SHAW [14.27] wurde auf der CRAY-2 bis zum Erreichen einer „eingeschwungenen" Lösung mit grobem Netz eine Rechenzeit von 350 s und mit feinem Netz eine solche von 4 Stunden benötigt.

Die Rechenergebnisse wurden mit Windkanalmessungen und -beobachtungen der MIRA verglichen. Die Bilder 14.19a und b zeigen die berechneten Teilchenbahnen mit dem feinen Netz. Danach wird Ablösung im Bereich des Heckfensters und an der Heckbasis angezeigt. Die berechneten Schubspannungsvektoren zeigen ein ähnliches Muster wie die Wollfädchen. Eine Ablösung im Windlauf – mit nachfolgendem Wiederanlegen – wie sie die Wollfädenaufnahmen in den Bildern 14.20 und 14.21 zeigen, wird von der Rechnung jedoch nicht vorausgesagt.

Einen Überblick über die berechnete Druckverteilung in der Symmetrieebene und in einem Horizontalschnitt und deren Vergleich mit Meßergebnissen zeigen die Bilder 14.22a bis c. Die Netzverfeinerung verbessert die Voraussage hauptsächlich im Bereich des Vorderwagens auf der Oberseite (Bild 14.22a); auf einen großen Teil der Wagenunterseite wirkt sie sich kaum aus (Bild 14.22b). Der Vergleich im Bild 14.22c zeigt die Druckverteilung in einem 0,6 m über dem Windkanalboden liegenden Horizontalschnitt. Die schlechte Übereinstimmung zwischen Rechnung und Messung in [14.27] ist von C. T. SHAW damit begründet worden, daß sich im Windkanal ein Druckausgleich über den Spalt zwischen Drehtisch und Windkanalboden einstellt. Dies scheint aber eher unwahrscheinlich.

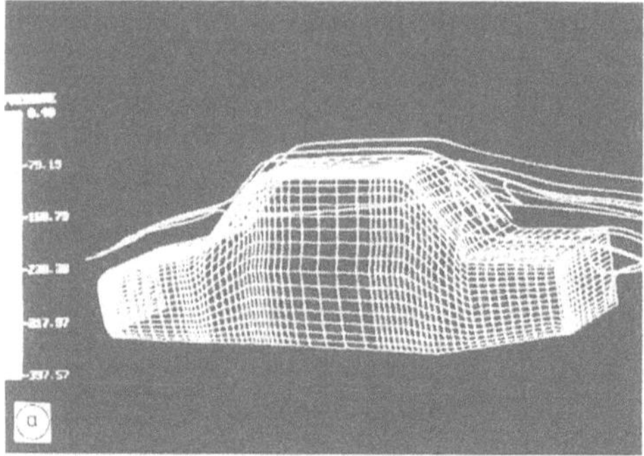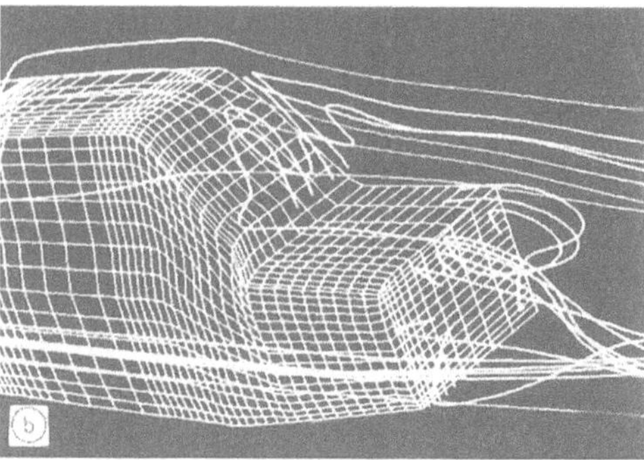

Bild 14.19. Teilchenbahnen in der nach RANS-Verfahren berechneten Strömung um einen Fahrzeugkörper nach [14.27]. links: Gesamtüberblick; rechts: Einzelheiten der Strömung in Hecknähe.

Bild 14.20. Sichtbarmachung der Stromung
um Fahrzeugkorper mit Wollfaden im Windkanal
nach [14.27].

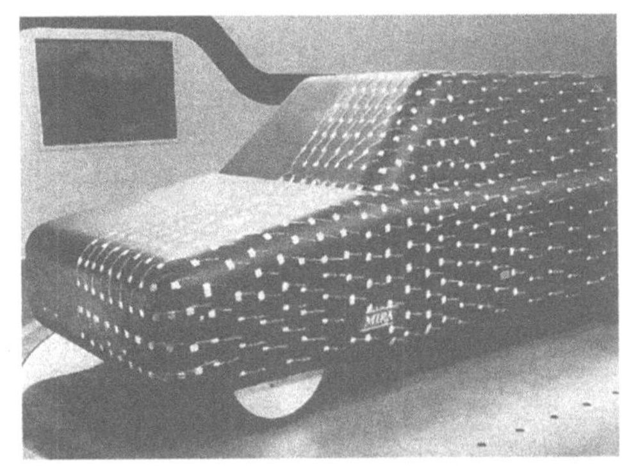

Die Ermittlung des Druckwiderstands zeigte eine starke Abhängigkeit von der Netzdichte. Für das grobe Netz ist der Wert 3,31fach und für das feine Netz 2,51fach höher als der gemessene. Die berechneten Widerstandsanteile für den Vorder- und den Hinterwagen weichen erheblich von den Meßwerten ab. Eine eindeutige Erklärung für diese Unterschiede ist in [14.27] nicht zu finden.

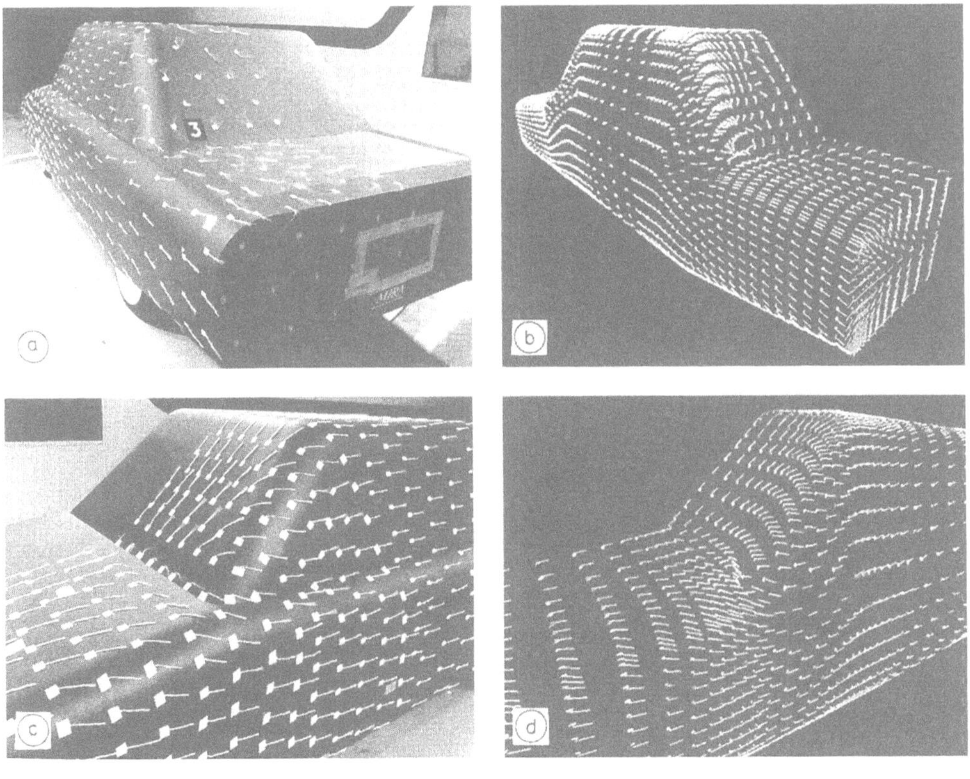

Bild 14.21. Vergleich der Wollfadenmuster aus Windkanalversuchen mit berechneter Schubspannungsverteilung auf der Fahrzeugoberflache nach [14 27]
a) und b) Heckbereich, c) und d) Bereich der Windschutzscheibe

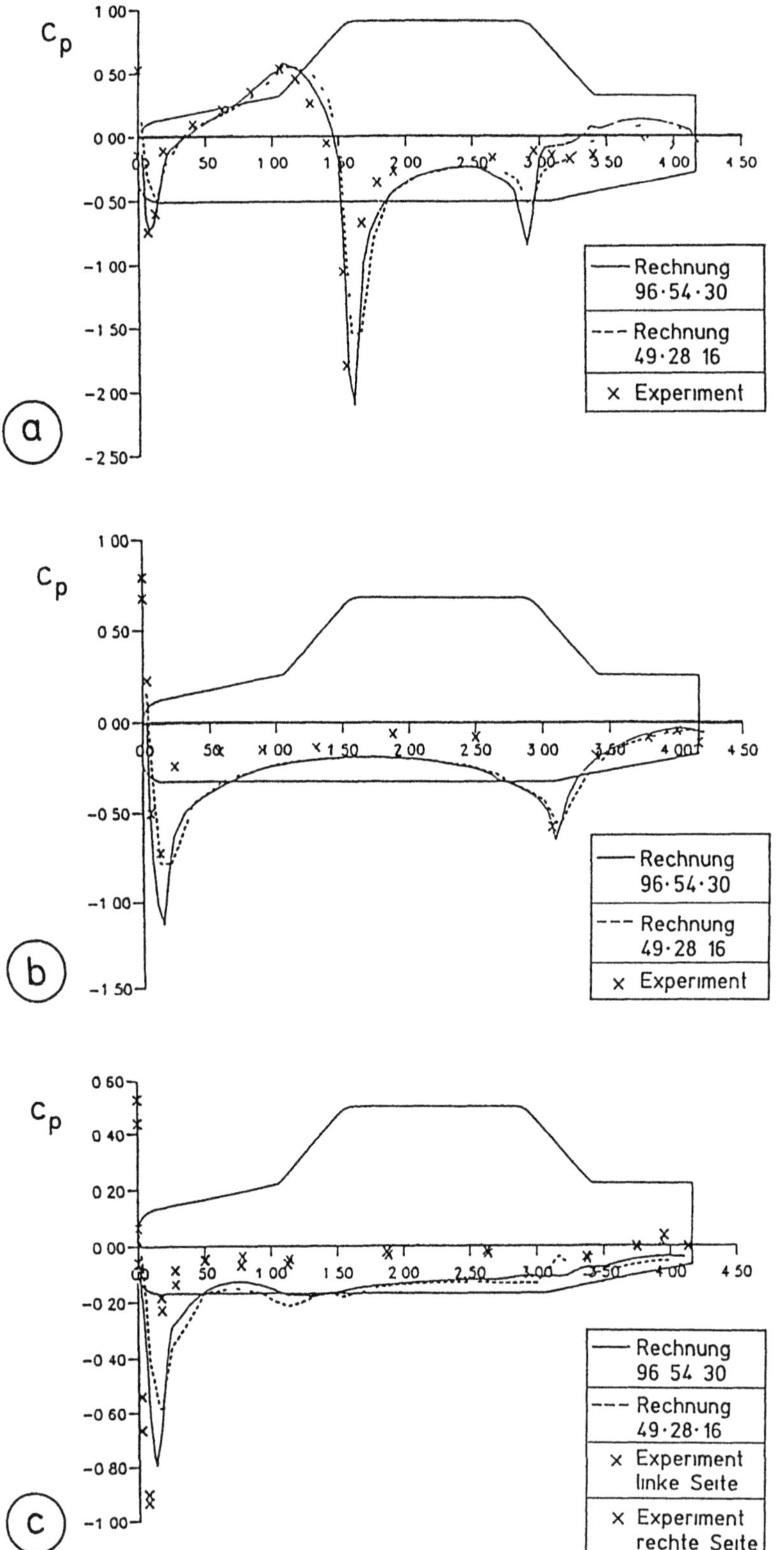

Bild 14 22 Vergleich berechneter und gemessener Druckverteilung nach [14 27] a) und b) im Langsmittelschnitt, c) im Horizontalschnitt

Die oben besprochene Fahrzeugkonfiguration wurde von C. T. Shaw auch mit dem Programm PHOENICS berechnet, [14.28]. Dieses von der Firma CHAM in England entwickelte Verfahren beruht auf den RANS-Gleichungen und einer Finite-Volumen-Diskretisierung. Im Gegensatz zum HARWELL-Code (FLOW 3D) verwendet PHOENICS ein gestaffeltes Netz.

In einem solchen Netz werden die abhängigen Variablen Geschwindigkeit und Druck an unterschiedlichen Netzpunkten ermittelt. Ein einfaches Beispiel zeigt das Bild 14.23; daraus geht hervor, daß die Geschwindigkeitskomponenten u und v im Mittelpunkt der Seiten AB, BC, usw., der Druck jedoch im Volumenmittelpunkt des Elements ermittelt wird. Die Staffelung bewirkt eine Kopplung der Geschwindigkeits- und Druckterme im Lösungsschema; die numerischen Oszillationen während der Iteration klingen dabei eher ab (vgl. C. A. J. Fletcher [14.13], Bd. II, S. 331 ff.). Ansonsten sind beide Verfahren in wesentlichen Details sehr ähnlich.

Die Bilder 14.24a und b zeigen die berechneten Geschwindigkeitsverteilungen an der Fahrzeugoberfläche. Ablösungen im Windlauf, am Heckfenster und an der Heckbasisfläche werden von dem Verfahren vorausberechnet. Ein Vergleich mit entsprechenden Windkanalergebnissen (Bild 14.21a, nach C. T. Shaw et al. [14.27]) zeigt eine qualitative Ähnlichkeit. Den gezeigten Ergebnissen lag ein grobes Rechennetz von 17 108 Volumenelementen zugrunde.

Einen weiteren Einblick in die Voraussage mit RANS-Verfahren vermitteln die Ergebnisse für einen 3D-Fahrzeugkörper nach B. J. Hutchings et al. [14.29]. Das verwendete Rechenprogramm ist der von CREARE in USA entwickelte Code FLUENT/BFC. Die Ausgangsgleichungen werden auf ein krummliniges Koordinatensystem bezogen und für jedes Volumenelement des diskretisierten Rechenraumes in Integralform erfüllt. Ausgehend von einem Netz an den Begrenzungsflächen von

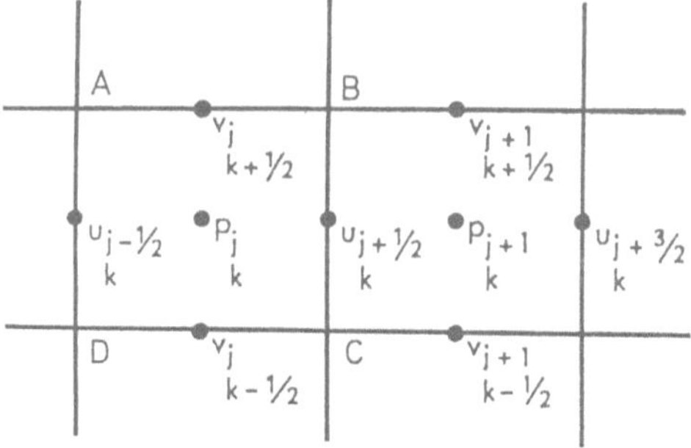

Bild 14.23. Erlauterungsskizze zum Konzept des gestaffelten Netzes nach [14 13]
Die Geschwindigkeitskomponenten u und v werden an den Mittelpunkten der Seiten AB, BC,
und der Druck im Mittelpunkt des Elements ABCD ermittelt

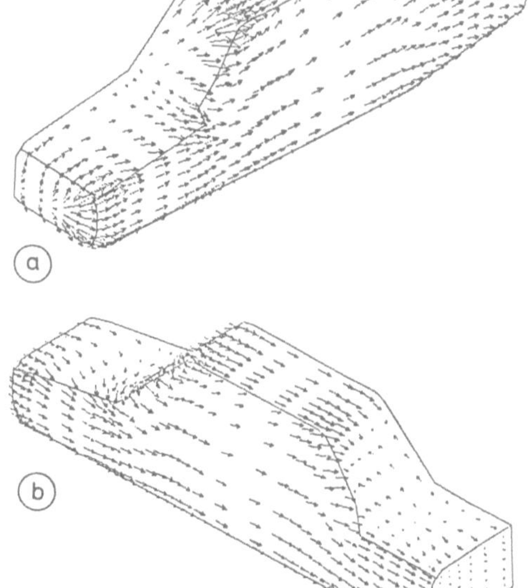

Bild 14.24. Berrechnete Geschwindigkeitsverteilung an der Fahrzeugoberflache (PHOENICS-Verfahren) nach [14.28]
a) Bugbereich, b) Heckbereich

Fahrzeug- und Rechenraum wird die Diskretisierung durch transfinite Interpolation oder durch Lösung der Poisson-Gleichung durchgeführt (siehe J. F. Thompson [14.5]). Ähnlich wie beim PHOENICS-Code wird hier ein gestaffeltes Netz verwendet, wobei die skalaren Größen in der Mitte und die Vektorgrößen an den Seitenflächen der Elementenvolumina angeordnet sind. Auch in diesem Code wird das k-ε-Turbulenzmodell verwendet.

Bild 14.25 zeigt die Geometrie der untersuchten Konfiguration und die Bilder 14.26 die Diskretisierung des Rechenraumes in zwei Schnitten. In den Bildern 14.27a und b sind die berechneten Geschwindigkeitsvektoren in der Symmetrieebene des Fahrzeugs dargestellt. Die Ablösungen im Windlauf, am Heckfenster und an der Heckbasis werden qualitativ richtig abgebildet.

Die Bilder 14.28a, b und c vermitteln einen Eindruck davon, wie sich die dreidimensionale Strömung hinter dem Fahrzeug entwickelt. Von besonderem Interesse sind die Wirbelstrukturen am Heckfenster und am Boden in der Nähe der Räder. Strömungssichtbarmachung mit Rauch (vgl. Bilder 14.29a, b und c, [14.29]) bestätigt qualitativ diese Rechenergebnisse. Die Druckverteilungen im Längsmittelschnitt und quer zur Heckbasisfläche zeigen ähnliche Abweichungen wie bei den oben besprochenen Beispielen. Der errechnete c_W-Wert stimmt gut mit dem gemessenen überein; angesichts der signifikanten Unterschiede in den Druckverteilungen dürfte dies aber eher ein Zufall sein. Der errechnete Auftriebsbeiwert liegt 12,5 % über dem Meßwert. Weitere Beispiele der Rechnung mit RANS-Verfahren sind in den Arbeiten von P. C. Adey et al. [14.30] und T. Kuriyama [14.31] zu finden.

Der gegenwärtige Stand der RANS-Verfahren läßt sich anhand von Untersuchungen verdeutlichen, die bei General Motors in den USA von T. Han [14.32] durchgeführt wurden. Mit dem dort entwickeltem RANS-Verfahren wurde die Strömung um einen Grundkörper berechnet, der von S.R. Ahmed et al. [14.33] ausführlich im Windkanal vermessen wurde. Der untersuchte Körper erzeugt ein Strömungsfeld mit den typischen Eigenschaften einer Fahrzeugströmung, ohne aber alle Details, wie z.B. der Strömung in den Radkästen, zu berücksichtigen; er ist somit für die Überprüfung von

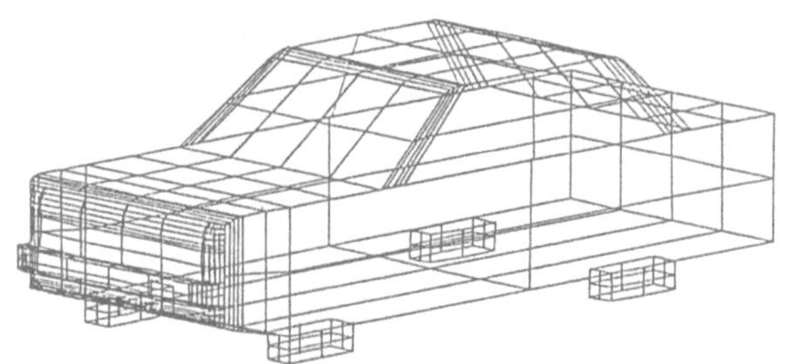

Bild 14.25. Geometrie des nach FLUENT/BFC-Verfahren berechneten Fahrzeugkorpers nach [14.29].

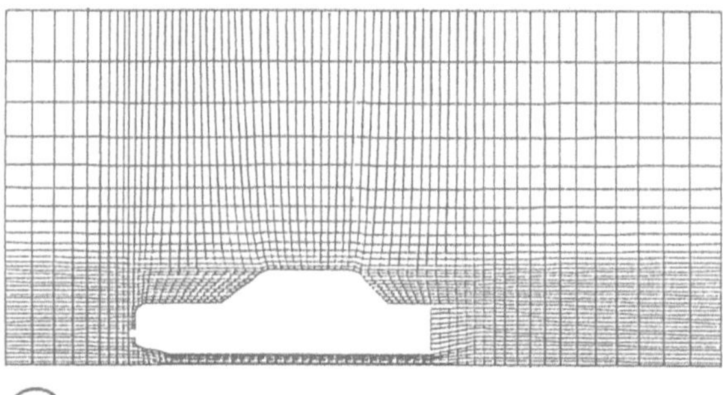

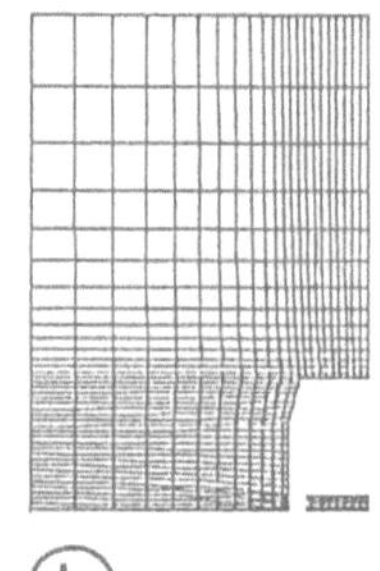

Bild 14.26. Rechenraumdiskretisierung nach [14.29].
a) Langsmittelschnitt,
b) Querschnitt für die Berechnung
nach FLUENT/BFC-Verfahren

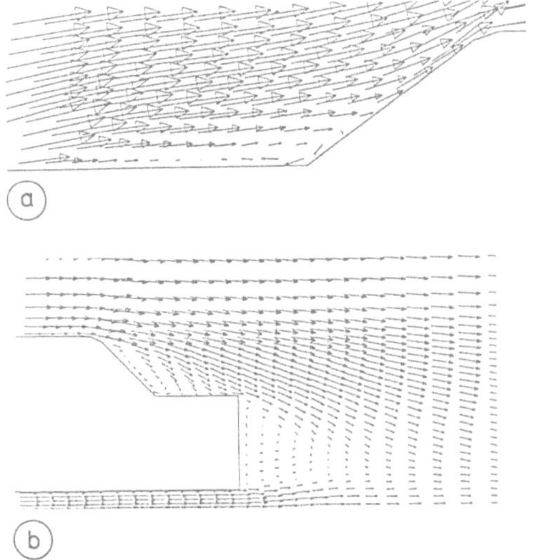

Bild 14 27   Geschwindigkeitsverteilung im
a) Windschutzscheiben und
b) Heckbereich, berechnet mit FLUENT/BFC
Verfahren nach [14 29]

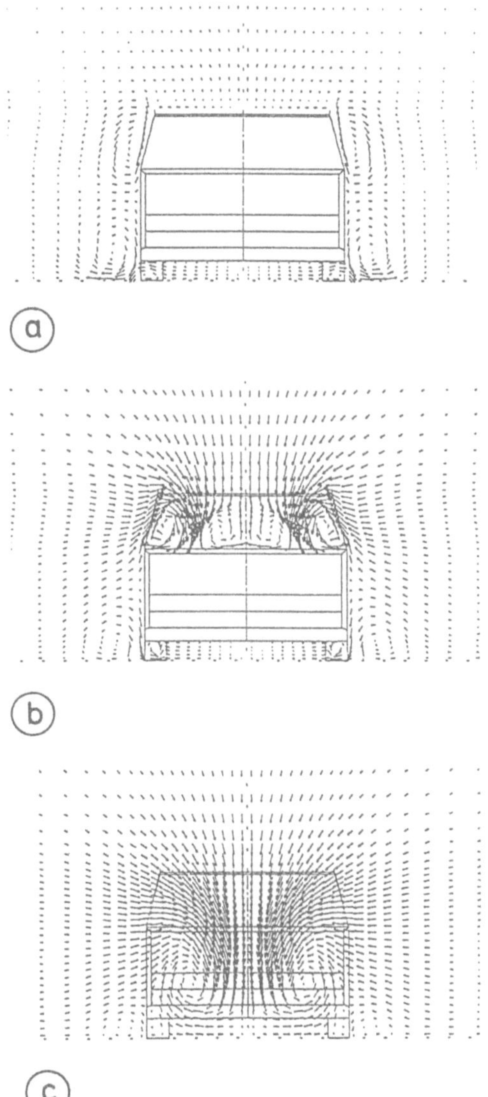

Bild 14 28   Berechnete Geschwindigkeitsverteilung
in einer Querebene mit FLUENT/BFC-Verfahren
nach [14 29] a) durch A Saule b) hinter der Heckscheibe,
c) 864 mm hinter dem Fahrzeugheck

numerischen Verfahren gut geeignet Bild 14 30 zeigt den Grundkorper mit einem variablem
Heckteil, das die schrittweise Veranderung des Heckneigungswinkels erlaubte, insbesondere auch
auf den kritischen Wert von 30° Fur diesen Fall wurden im Windkanal zwei mogliche Stromungszustande mit stark unterschiedlichen Widerstandswerten gemessen (siehe [14 33]) Dieses Phanomen wurde erstmals bei der Entwicklung des VW Golf I von L J JANSSEN und W -H HUCHO [14 34]
festgestellt Die Simulation dieses Widerstandssprungs stellt eine kritische Uberprufung der dem
Verfahren zugrundeliegenden Physik und Numerik dar

675

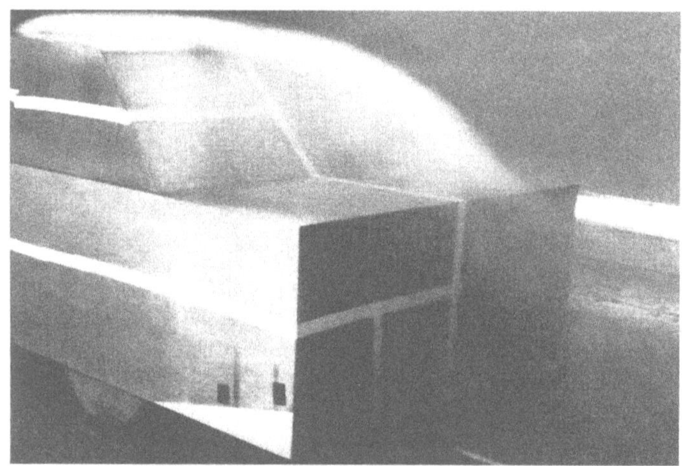

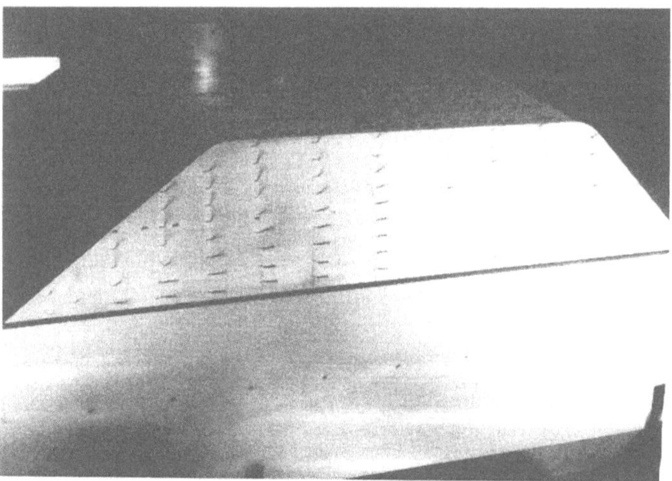

Bild 14 29 Stromungssicht-
barmachung mit Rauch
nach [14 29]
a) am Heck,
b) an der Fahrzeugseite,
c) mit Wollfaden
im A-Saulenbereich

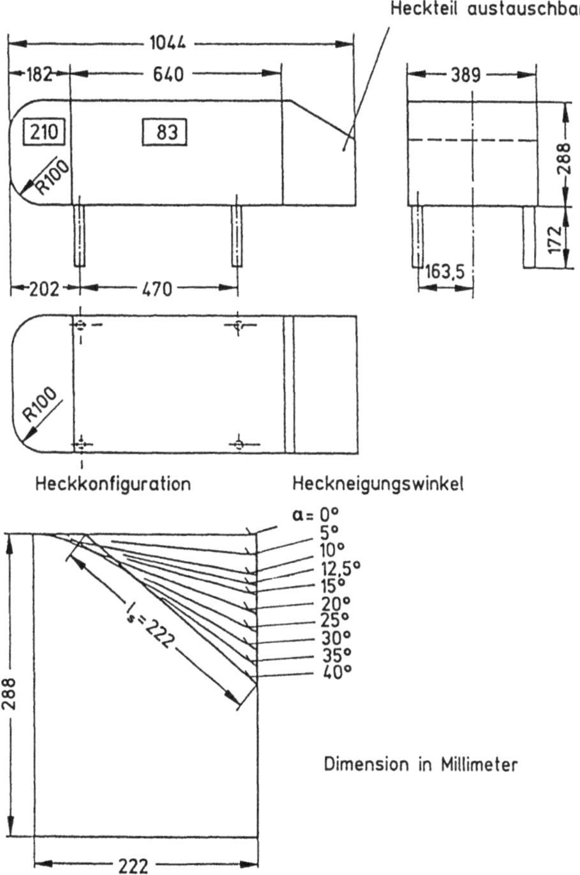

Die Bilder 14.31a und b zeigen die für die Rechnungen vorgenommene Diskretisierung von Oberflächen und Rechenraum. Wegen der elementaren Geometrie des Körpers konnte eine einfache algebraische Netzgenerierung mit asymptotischer und hyperbolischer Netzverteilung senkrecht zur Oberfläche bzw. in axialer Richtung verwendet werden. Insgesamt wurden 153 357 Netzpunkte für die Diskretisierung in einem $31 \times 51 \times 97$-Netz verwendet. Eine weitere Verfeinerung des Netzes brachte keine nennenswerte Änderung der Ergebnisse. Die Reynolds-Zahl der Rechnungen entsprach der der Messungen, nämlich $4{,}3 \cdot 10^6$.

Bild 14.32 zeigt den Verlauf der Isobaren auf der geneigten und auf der senkrechten Heckfläche. Demnach ist der berechnete Druckgradient auf der geneigten Fläche *schwächer* als der gemessene, was auf eine geringere Intensität der Kantenwirbel schließen läßt. Dagegen sind auf der senkrechten Basisfläche die berechneten Unterdrücke *größer* als die Meßwerte. Folglich liegt, wie unten erläutert wird, der errechnete Widerstand *über* dem Meßwert. Eine große Ähnlichkeit der gemessenen und berechneten Geschwindigkeitsverteilung im Nachlauf ist aus Bild 14.33 ersichtlich, in dem die Konfiguration mit dem Heckneigungswinkel von 25° untersucht wird. Die Existenz zweier Rezirkulationsgebiete und die Länge der Ablöseblase entsprechen etwa den Meßergebnissen. Auch ein Vergleich der Quergeschwindigkeitsverteilung im Bild 14.34 für den Nachlauf zeigt eine gute *qualitative* Übereinstimmung beider Ergebnisse.

Die oben erwähnte Erhöhung des errechneten Druckwiderstands ist im Bild 14.35a zu sehen. Bis zu einem Heckneigungswinkel von 20° liegen die Rechenwerte um einen konstanten Betrag höher als die Meßwerte. Bezieht man die Werte auf den Widerstandswert der 0°-Konfiguration, Bild 14.35b,

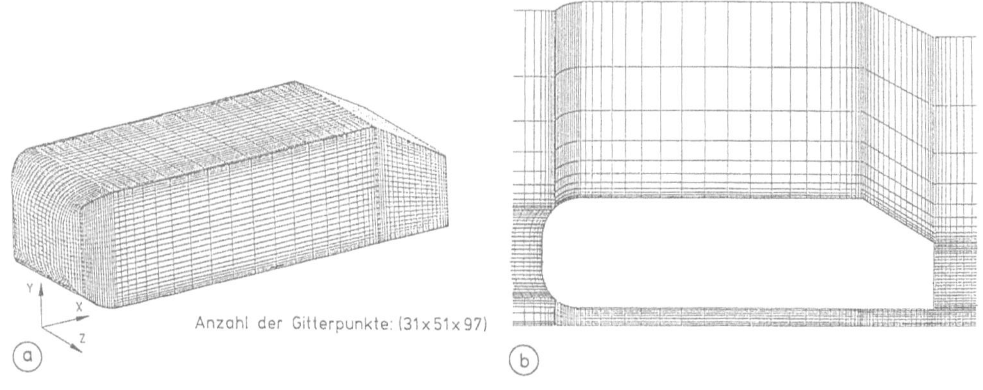

Bild 14.31. a) Oberflächen- und b) Rechenraumdiskretisierung für den Grundkörper nach [14.32].

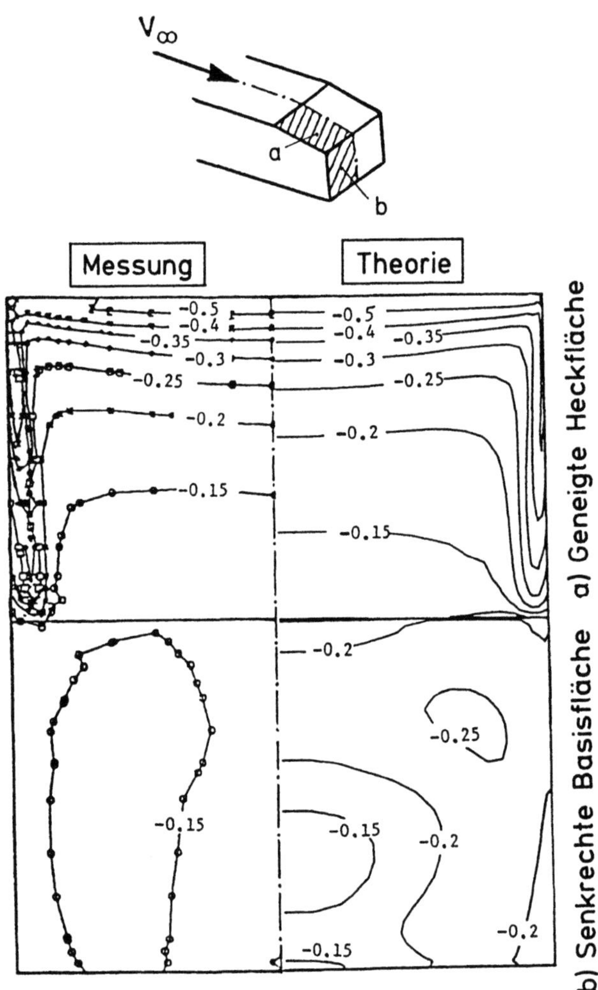

Bild 14.32. Isobarenverlauf auf der Heckfläche in der Symmetrieebene des Grundkörpers. Vergleich von Theorie und Messung nach [14.32].

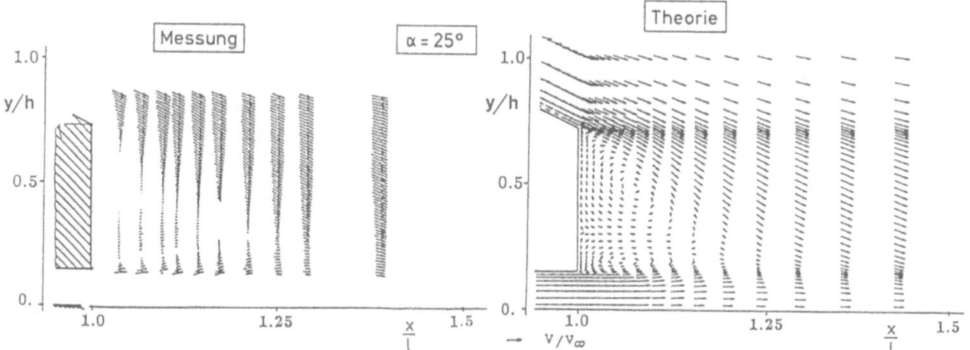

Bild 14 33   Geschwindigkeit in der Symmetrieebene des Grundkorpernachlaufs Vergleich von Theorie und Messung fur 25° Heckneigungswinkel nach [14 32]

Bild 14 34   Quergeschwindigkeits-verteilung im Nachlauf, 1,479 Korperlangen hinter dem Grundkorper mit 25° Heckneigungswinkel Vergleich von Messung und Theorie fur 25° Heckneigungswinkel nach [14 32]

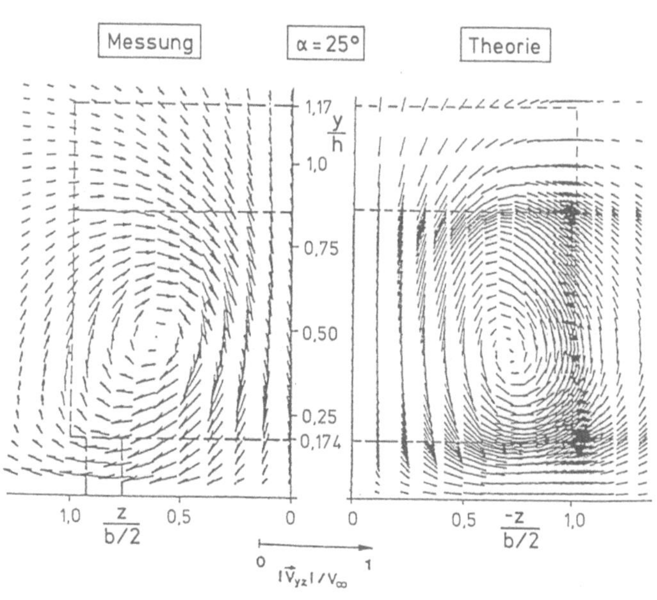

Bild 14 35
a) Anderung des Gesamtwiderstandsbeiwertes c_w und
b) Beiwertinkrement Δc_w mit Heckneigungswinkel fur den Grundkorper Vergleich von Messung und Theorie fur 25° Heckneigungswinkel nach [14 32]

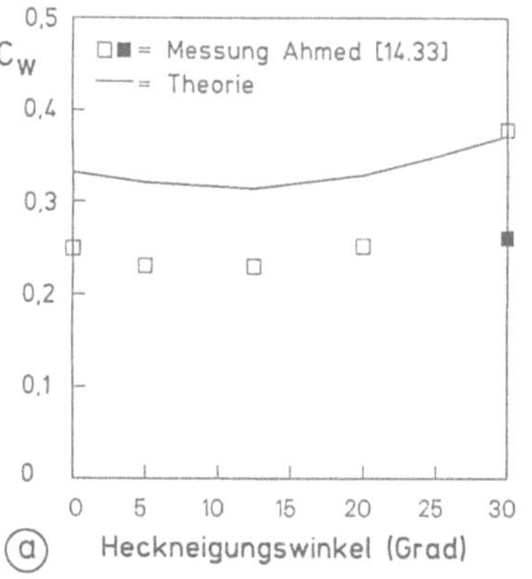

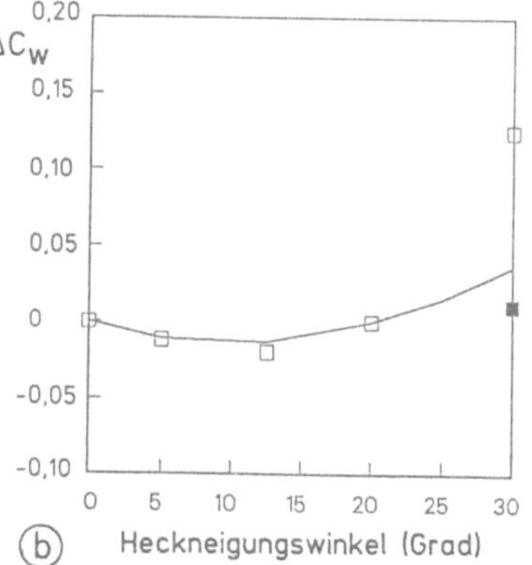

so ist die Tendenz der Widerstandsänderung bis zu 20° quantitativ richtig wiedergegeben. Für größere Heckneigungswinkel steigt der Widerstand jedoch wesentlich steiler an, als der theoretischen Voraussage entspricht. Die Begründung hierfür liegt im wesentlichen in der falschen Voraussage des Basisdruckes – zu große Unterdrücke bis zu Winkeln von 20° und zu kleine Unterdrücke für Winkel darüber. Weitere Fehler entstehen durch inkorrekte Voraussage des Druckes auf der geneigten Heckfläche sowie durch Rechenraumdiskretisierung bedingte numerische Fehler. T. HAN [14.32] führt diese Diskrepanzen auf eine unvollkommene Erfassung der komplizierten physikalischen Vorgänge im Heckbereich durch das k-ε-Turbulenzmodell zurück.

Die Firma CRAY Inc. veranstaltete im Jahre 1988 einen „Automobile Aerodynamics Workshop", [14.35]. Einer Reihe von Verfahrensentwicklern wurde im Rahmen dieser Veranstaltung die Aufgabe gestellt, die Strömung um den oben besprochenen Grundkörper aus [14.33] bzw. alternativ um einen anderen bei General Motors von V. SUMANTRAN et al. [14.36] experimentell untersuchten zu berechnen. Die Teilnehmer stellten allesamt Ergebnisse mit RANS-Verfahren vor. Sie verwendeten in ihrem Verfahren überwiegend das k-ε-Modell und ein logarithmisches Wandgesetz. Die Mehrzahl der Verfahren basierte auf der Finite-Volumen-Technik; nur zwei waren auf der Finite-Elemente-Vorgehensweise aufgebaut. Eines der Finite-Volumen-Verfahren benötigte etwa 0,35 CPU-Sekunden je Zeitschritt und 1000 Netzpunkte. Der entsprechende Zeitbedarf auf dem gleichen Rechner (CRAY XMP) für ein Finite-Elemente-Verfahren war 2,9 CPU-Sekunden. Der Platzbedarf an Arbeits- und Peripheriespeicher lag für die Finite-Elemente-Verfahren um ein Vielfaches über dem des Finite-Volumen-Verfahrens.

Bild 14.36 zeigt beispielhaft die Diskretisierung der Oberflächen und des Rechenraumes mit einem Finite-Elemente-Netz nach J. P. CHABARD et al. [14.37]. Die berechneten Geschwindigkeitsverteilungen aller Teilnehmer zeigten *qualitative* Ähnlichkeit mit den Meßergebnissen. Keine der Rechnun-

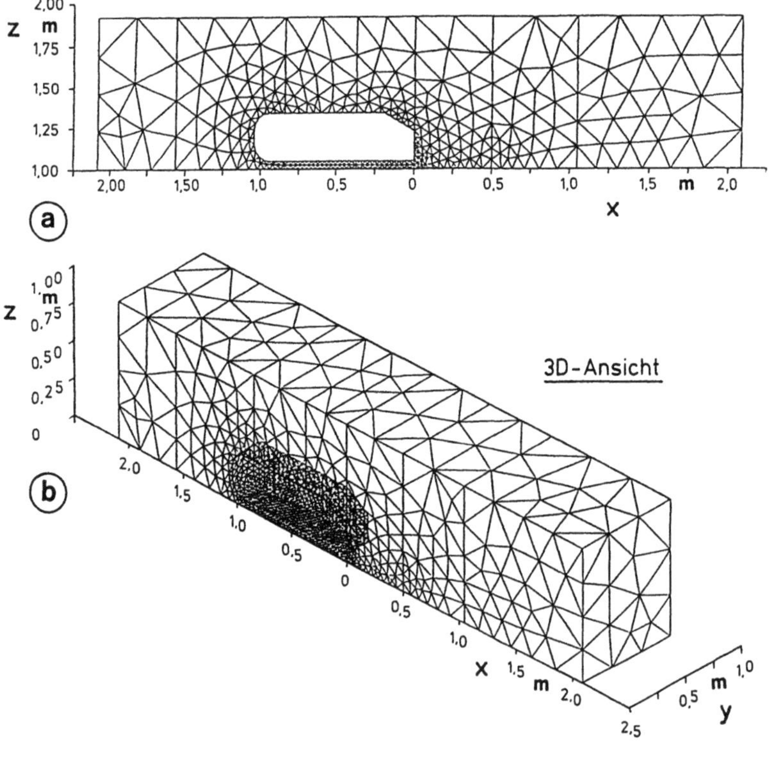

Bild 14.36. Rechenraumdiskretisierung um den Grundkörper mit einem (unstrukturierten) Finite-Elemente-Netz nach [14.37]. a) im Längsmittelschnitt; b) im halben Rechenraum.

680

gen ergab aber eine Ablösung an der geneigten Heckfläche, wie sie die Windkanalmessung nach S. R. Ahmed et al. [14.33] zeigt. Die Zahlen für den Druckwiderstand zeigten keine auch nur annähernde Übereinstimmung mit den Meßwerten

In [14.38] wird von D. Laurence et al. von einer oszillierenden Strömung an der geneigten Heckfläche zwischen voll anliegendem und vollständig abgelöstem Zustand für die Kofiguration mit 30° Heckneigung berichtet. Auch in [14.32] ist von diesem Phänomen die Rede. Es wird festgestellt, daß die Strömung für die 30°-Konfiguration sehr instabil wird. Sie läßt sich möglicherweise mit einem stationären Verfahren (wie dem RANS-Verfahren) nicht behandeln.

14.4.5.4 *Zeitabhängige Navier-Stokes-Verfahren*

Die Ausgangsgleichungen für diese Verfahren sind die vollständigen *zeitabhängigen* Navier-Stokes-Gleichungen. Sie werden in der Literatur „Direct Numerical Simulation" (DNS) genannt. Voraussetzung für ihre Lösung ist eine *extrem* feine räumliche und zeitliche Auflösung des Rechengebietes. Speicherkapazität und Rechengeschwindigkeit, die dafür notwendig sind, um mit der DNS sinnvolle Rechenzeiten zu ermöglichen, reichen bei den heutigen Rechnern nicht aus; auch in naher Zukunft ist kaum damit zu rechnen.

In neuerer Zeit werden, insbesondere in Japan, erhebliche Anstrengungen unternommen, um diese Verfahren zu entwickeln. Nach dem gegenwärtigen Stand wird zunächst mit einer relativ groben räumlichen und zeitlichen Diskretisierung eine Lösungsstrategie erprobt, um damit die auftretenden Probleme zu identifizieren. Trotz der zum Teil qualitativ sehr realistisch aussehenden Ergebnisse bleiben noch sehr viele Fragen offen.

Die DNS-Verfahren sind – was den Lösungsalgorithmus betrifft – ähnlich aufgebaut wie die RANS-Verfahren, jedoch mit dem wesentlichen Unterschied, daß hier weder von einem Turbulenzmodell noch von einem Wandgesetz Gebrauch gemacht wird. Das hat aber zur Konsequenz, daß in Wandnähe eine sehr feine räumliche Auflösung erforderlich ist. Nähere Einzelheiten über ein solches Rechenprogramm sind z.B. in der Arbeit von R. Himeno [14.39] zu finden.

Bild 14.37 zeigt das Rechennetz um einen zylindrischen Körper mit abgeschrägtem Heck nach K. Tsuboi et al. [14.40]. Dieser Körper ist im Windkanal von T. Morel [14.37] ausführlich untersucht worden. Der Widerstandsverlauf zeigt – wie erstmals bei der Entwicklung vom VW Golf I [14.34] festgestellt wurde – einen plötzlichen Anstieg des Widerstandes zwischen den Heckneigungswinkeln von 40° und 50° (siehe auch S. R. Ahmed [14.41]). Grund für diese Widerstandsunterschiede ist der Umschlag der Strömung im Heckbereich von einem totwasserähnlichen, quasi-zweidimensionalen Ablösegebiet in eine geordnete dreidimensionale Ablösung, die aus zwei konzentrierten Längswirbeln besteht.

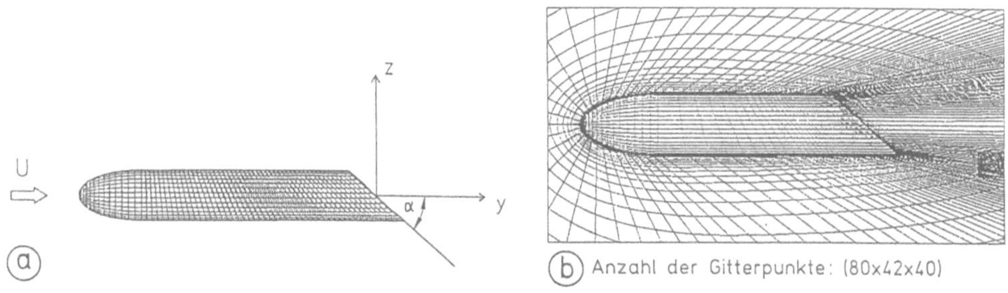

Bild 14.37. a) Oberflächen- und b) Rechenraumdiskretisierung für eine mit DNS-Verfahren berechnete Strömung um einen Rotationskörper mit abgeschrägtem Heck nach [14.40].

Wie die Stromlinienverläufe im Bild 14.38 zeigen, wird dieser Vorgang von der Rechnung wiedergegeben. Bei quantitativem Vergleich der Widerstandswerte ergeben sich jedoch erhebliche Abweichungen für Heckneigungswinkel größer als 45°, Bild 14.39. Ebenso zeigt die errechnete Druckverteilung auf der Heckschräge erhebliche Differenzen zu den Meßwerten, Bild 14.40. Die zum Vergleich herangezogenen Meßwerte nach P. BEARMAN aus [14.42] und nach T. MOREL [14.43] zeigen jedoch auch Unterschiede *untereinander*. Außerdem ist eine Asymmetrie der theoretisch berechneten Druckverteilung ersichtlich, was einen Vergleich zusätzlich erschwert. Das verwendete Rechennetz hatte 134 400 Gitterpunkte, und jeder Heckneigungsfall benötigte eine Rechenzeit von etwa 5 Stunden auf dem Supercomputer Fujitsu VP-200. Die Rechnungen wurden für eine Reynolds-Zahl von 10^5 durchgeführt, den Messungen lag ein Wert von $0,94 \times 10^5$ zugrunde.

Interessant ist der Vergleich der obigen Ergebnisse mit früher erzielten Werten. In [14.44] wurde die obige Konfiguration bei einer Reynolds-Zahl von 10^4 und einem Rechennetz mit 105 600 Gitterpunk-

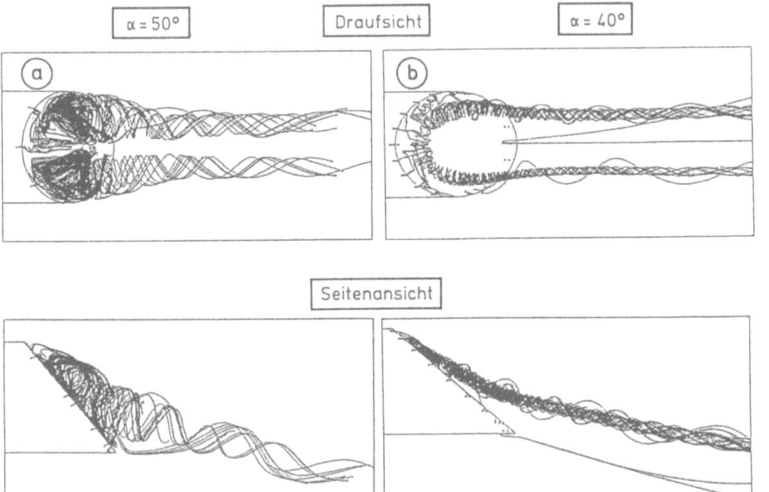

Bild 14.38. Draufsicht und Seitenansicht des zeitabhängigen Stromlinienverlaufs im Nachlauf des rotationssymmetrischen Körpers mit abgeschrägtem Heck nach [14.40].
a) Heckneigungswinkel 50°;
b) Heckneigungswinkel 40°.

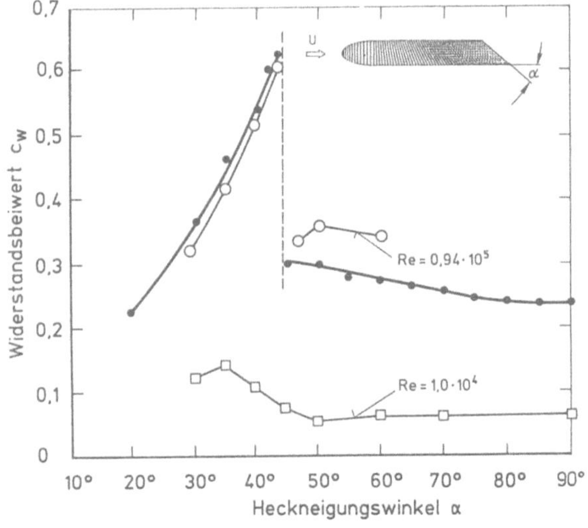

Bild 14.39. Änderung des Widerstandsbeiwertes c_w mit Heckneigungswinkel für den Rotationskörper mit abgeschrägtem Heck. Vergleich von Theorie und Messung nach [14.40].

Theorie:
○   Re = $0,9 \cdot 10^5$ [14.40]
□   Re = $1 \cdot 10^4$ [14.44]

Messung:
●   Morel [14.43]

Bild 14.40. Druckverteilung auf der abgeschrägten Heckfläche des Rotationskörpers. Vergleich von Theorie und Messung nach [14.40].

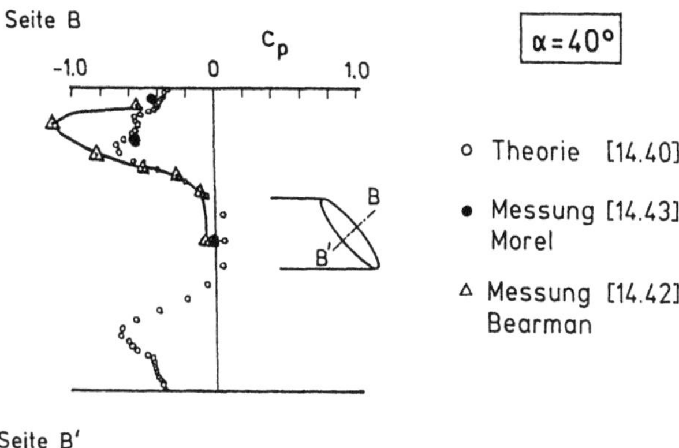

ten von T. TSUBOI et al. berechnet. Der maximale Widerstandswert lag bei dieser Untersuchung bei etwa $c_W = 0{,}13$ für $\alpha = 25°$ und bei $c_W = 0{,}075$ für $\alpha = 35°$, Bild 14.39. Ein plötzlicher Widerstandsanstieg, wie in diesem Bild für die Reynolds-Zahl von $0{,}95 \cdot 10^5$ ersichtlich, trat nicht ein. Stattdessen war der Widerstandsanstieg über einen Bereich von $\alpha = 25°$ bis $40°$ „verschmiert". Hier scheint sowohl die Anzahl der Gitterpunkte als auch deren durch die Reynolds-Zahl bedingte Anordnung im körpernahen Bereich einen erheblichen Einfluß auf das Ergebnis auszuüben. Beachtenswert ist, daß in beiden Fällen der in der realen Strömung eintretende Widerstandsanstieg *tendenzmäßig* richtig vorausberechnet wird.

Die im Abschnitt 14.4.5.3.2 besprochene Grundkörperströmung ([14.33], [14.34]) wurde von M. HASHIGUCHI et al. [14.45] mit einem DNS-Code 'NAGARE' berechnet. Die wesentlichen Lösungstechniken in diesem Verfahren sind ähnlich wie in dem Verfahren von K. TSUBOI [14.40], bis auf ein neuartiges parabolisch-hyperbolisches Netzgenerierungsverfahren, das von M. SUZUKI in [14.46] näher beschrieben worden ist.

Bild 14.41 zeigt die Diskretisierung der Oberflächen und des Rechenraumes mit einer Netzpunktzahl von 966 644 ($133 \times 79 \times 92$). Der kleinste Abstand zwischen den Netzlinien war auf $0{,}1/\mathrm{Re}$ gesetzt; mit der Körperlänge L gebildet ergibt das eine Reynolds-Zahl Re von 10^6, einen Linienabstand von $0{,}0001$ L. Der Körper selbst wurde mit 6400 Netzpunkten belegt. Das Flächenverhältnis von Körperfront zu Rechenraumquerschnitt war $0{,}1028 : 195{,}9$, also sehr klein. Dieses Verhältnis hat einen ähnlichen Einfluß auf die Rechenergebnisse wie der aus dem Windkanal bekannte Versperrungseffekt. Die Rechnungen wurden auf dem NEC-SX-1-Supercomputer für die Konfigurationen mit $\alpha = 12{,}5°$, $25°$ und $30°$ Heckneigungswinkel durchgeführt. Den Rechnungen lag eine Reynolds-Zahl von 10^6 zugrunde. Die zum Vergleich herangezogenen Messungen von S. R. AHMED [14.33] wurden bei einer Reynolds-Zahl von $4{,}29 \cdot 10^6$ durchgeführt.

Den Verlauf des Widerstandes über der Zeit für die drei untersuchten Fälle zeigt Bild 14.42. Im Gegensatz zu den Meßwerten ist bei der Rechnung der Reibungsanteil am Gesamtwiderstand vernachlässigbar klein, so daß der Gesamtwiderstandsbeiwert sowie die Anteile für den Bug, die geneigte Fläche und die Basisfläche nur den Druckwiderstand darstellen. Für die Heckneigung von $\alpha = 12{,}5°$ wird annähernd quasi-stationärer Verlauf des Widerstands bereits für $t > 5$ erreicht, wogegen für $\alpha = 25°$ und $30°$ wesentlich längere Zeiträume notwendig sind. Der Verlauf für c_W zeigt bei $\alpha = 30°$ außerdem zwei quasi-stationäre Stufen, die von M. HASHIGUCHI den im Windkanal beobachteten unterschiedlichen Strömungstypen zugeordnet werden. Prinzipiell zeigen alle Widerstandsverläufe im Bild 14.42 ein hochfrequentes instationäres Verhalten, insbesondere die Anteile c_S und c_B, wogegen die Fluktuation des Buganteils c_K relativ klein bleibt.

Im Bild 14.43 ist ein Vergleich der Rechen- und Meßergebnisse für den Widerstand c_W sowie der Anteile c_K, c_S und c_B dargestellt. Die Meßergebnisse für den Gesamtwiderstand enthalten den

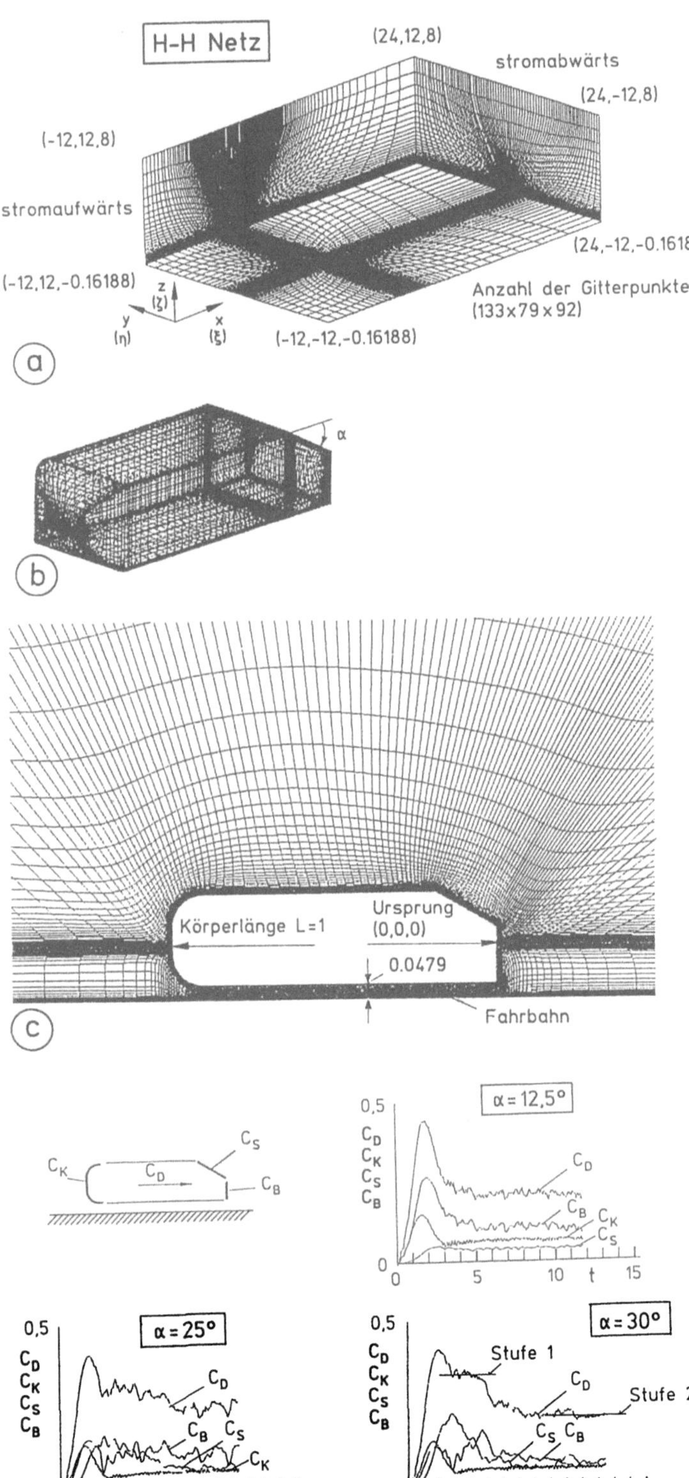

Bild 14 41   Rechenraum- und Oberflachen- diskretisierung fur die Berechnung der Stromung um den Grundkorper nach dem DNS-Verfahren NAGARE Rechennetz im
a) Rechenraum,
b) auf der Korperober- flache und
c) im Langsmittelschnitt des Rechenraumes

Bild 14 42   Verlauf der berechneten Druckwiderstands- teile fur die Bug- (c_K), Heck- (c_S) und Basisflache (c_B) uber die Zeit t Rechnung mit dem DNS-Verfahren NAGARE fur Heckneigungswinkel 12,5°, 25° und 30° nach [14 45]

684

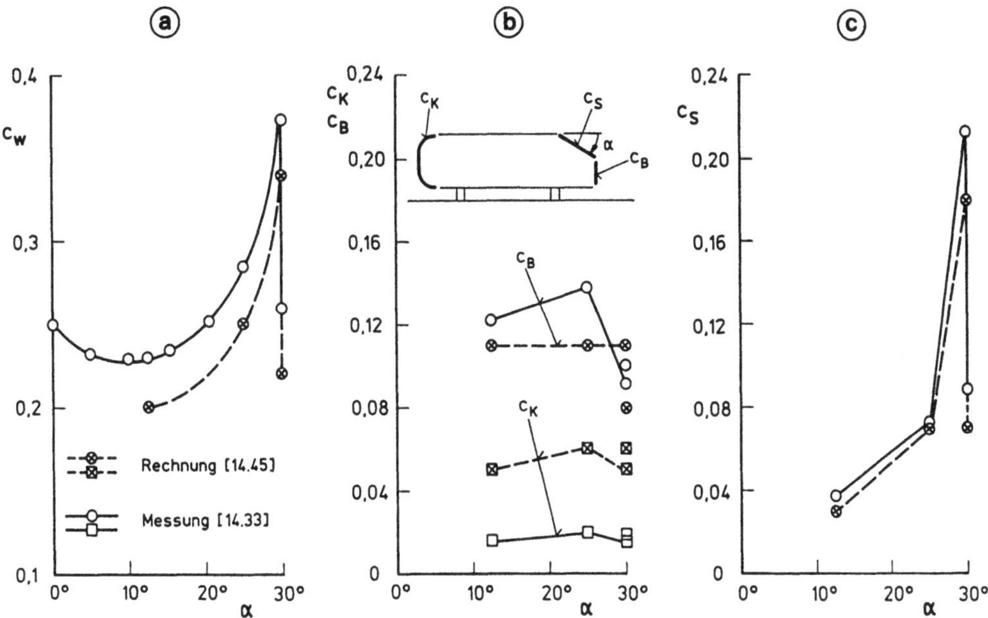

Bild 14.43. Vergleich der berechneten und gemessenen Widerstandsteile für den Grundkörper.
a) Gesamtwiderstandsbeiwert c_W, b) Anteil der Bugfläche c_K, der Basisfläche c_B sowie c) der geneigten Fläche c_S.

Reibungsanteil. Dagegen sind die aus der gemessenen Druckverteilung ermittelten Anteile c_K, c_S und c_B reine Druckwiderstandswerte. Die Rechenwerte für c_W, c_K, c_S und c_B sind, wie oben bereits erwähnt, ebenfalls reine Druckwiderstandsbeiwerte. Der berechnete Gesamtwiderstand c_W bleibt um einen etwa konstanten Betrag niedriger als der Meßwert. Im einzelnen ist die Voraussage für c_B und c_K mangelhaft, für c_S bis etwa 25° brauchbar. Eine eindeutige Erklärung für diese Diskrepanz läßt sich nicht angeben. Der bereits oben festgestellte instationäre Verlauf der Widerstandswerte läßt sich anhand von Geschwindigkeitsverteilungen in der Symmetrieebene, Bild 14.44, weiter veranschaulichen. In diesem zu verschiedenen Zeitpunkten berechneten Geschwindigkeitsfeld ist die starke Änderung der Geschwindigkeitsverteilung an der geneigten Heckfläche und im Nachlauf sowohl für die $\alpha = 12{,}5°$- als auch für die $\alpha = 25°$-Konfiguration zu beobachten.

Beim Vergleich von Rechenergebnissen der DNS-Verfahren mit Meßwerten stößt man auf einige prinzipielle Schwierigkeiten. Wie oben besprochen, zeigen die Rechenergebnisse ein instationäres Verhalten, und ein eingeschwungener Zustand wird eventuell nie erreicht. Für einen exakten Vergleich zwischen Theorie und Messung muß dann eine Zeitkongruenz zwischen den Rechenwerten und den Meßwerten vorhanden sein. Dies bedeutet einerseits, daß der Anfahrvorgang des Windkanalversuchs durch die Theorie simuliert werden kann und andererseits, daß eine instationäre Messung der Drücke und Kräfte im Kanal erfolgen muß. Normalerweise liegen bei Windkanalmessungen über die Zeit gemittelte Werte vor, da instationäre Messungen sehr aufwendig sind. Aus Kostengründen werden vielfach auch die Rechnungen nicht über einen genügend langen Zeitraum fortgesetzt, um einen eingeschwungenen Zustand zu erreichen. Der Vergleich von Rechenergebnissen dieser Art mit Messungen bleibt also problematisch.

Ein weiteres Beispiel einer Rechnung mit DNS-Verfahren für einen Personenkraftwagen *mit* und *ohne* Räder ist von R. HIMENO [14.47] angegeben worden. Bild 14.45a zeigt die Diskretisierung der Oberflächen und des Rechenraumes für eine Pkw-Konfiguration *ohne* Räder und mit glattem Unterboden. Die Bilder 14.45b und c zeigen die Diskretisierung eines weiteren Pkw *mit* Rädern,

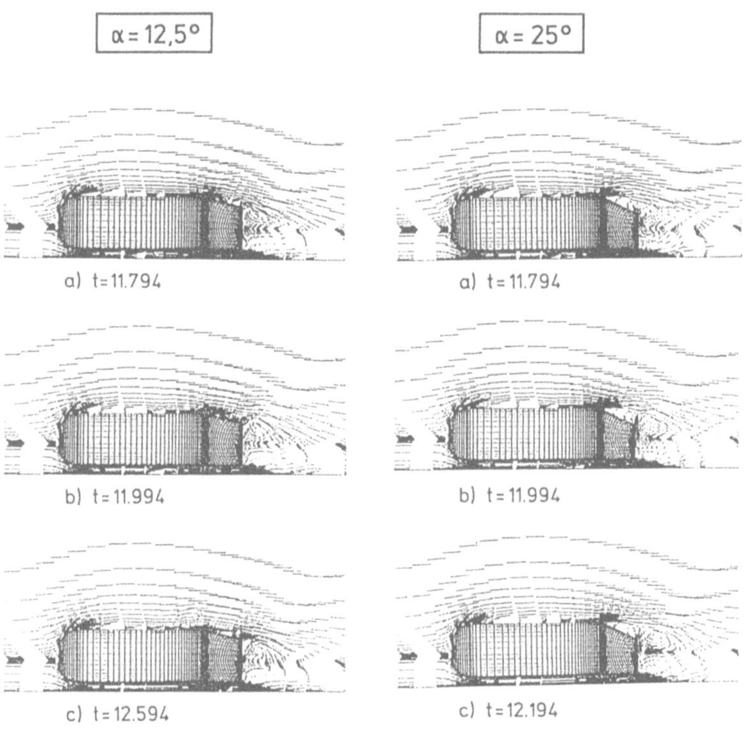

Bild 14 44 Zeitabhangige Geschwindigkeitsverteilung in der Symmetrieebene des Grundkorpers Rechnung mit dem DNS-Verfahren NAGARE fur Heckneigungswinkel 12,5° und 25° nach [14 45]

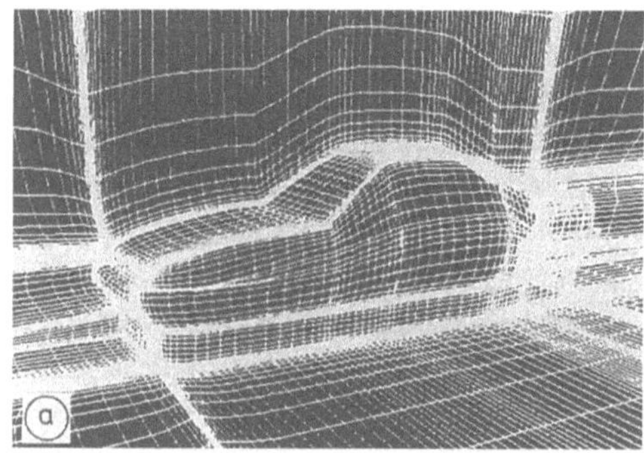

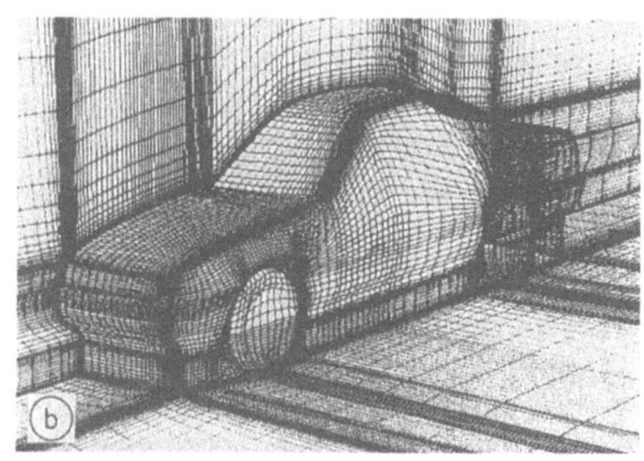

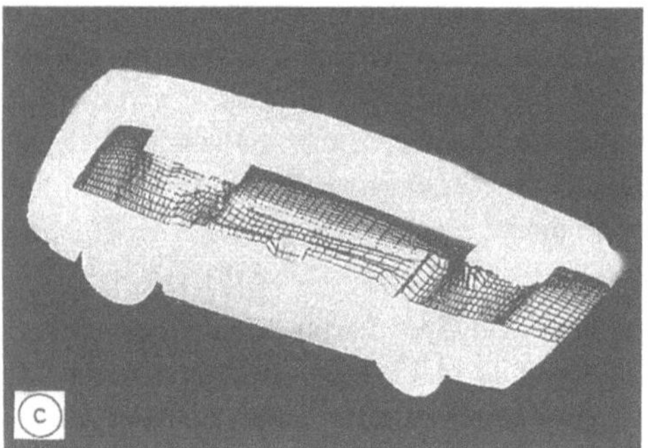

Bild 14.45. Rechenraum- und Oberflächendiskretisierung eines Fahrzeugs für die Berechnung nach dem DNS-Verfahren nach [14.47].
a) ohne Räder und mit glattem Boden; b) und c) mit Rädern und realistischem Unterboden.

wobei auch der Unterboden und die Radkästen mit erfaßt wurden. Der gewählte Rechenraum hat eine Größe von 13 L × 11 B × 6 H, wobei L, B und H die Länge, Breite und Höhe des Fahrzeugs bedeuten. Die Anzahl der Netzpunkte betrug 123 × 83 × 65 (= 663585) für die Konfiguration ohne und 171 × 97 × 65 (= 1 293 786) für die Konfiguration mit Rädern. Der kleinste Abstand zwischen den Netzlinien wurde für die Reynolds-Zahl von 5 · 10^6 auf (1/5000)L gesetzt. Daten für die Oberflächendiskretisierung wurden direkt von den CAD-Karosseriedaten der entsprechenden Produktionsmodelle übernommen. Eintrittsöffnungen für Motorraumkühlung sowie Außenspiegel blieben bei den Rechnungen unberücksichtigt. Die Rechenzeit für den Pkw ohne Räder betrug auf dem Rechner FUJITSU VP200 vierzig Stunden, und auf dem HITACHI S820/80 dreißig Stunden für die Konfiguration mit Rädern.

Die Bilder 14.46a bis d zeigen die Teilchenbahnen am Bug, am A-Pfosten, am Heck sowie am Unterboden für die zwei berechneten Pkw-Konfigurationen. Sie stellen eine Momentaufnahme der berechneten instationären Strömung dar, d.h. für jeden Rechenschritt entsteht ein ähnliches, aber im Detail verändertes Bild. Die Fluktuation der Strömungsdetails ist je betrachtetem Ort unterschiedlich stark; sie ist z.B. am Heck wesentlich stärker als im Bugbereich. Die Bildteile a und b zeigen die aus den Windkanaluntersuchungen bekannten Ablösezonen im Windlauf sowie die Bildung eines „Tütenwirbels" am A-Pfosten. Die Bildteile c und d zeigen die außerordentlich komplizierte Struktur der berechneten Strömung am Heck, um Räder und am Unterboden.

Der über die Zeit gemittelte Verlauf von Stromlinien und Gesamtdruckisobaren ist im Bild 14.47 aufgezeichnet. Die Bildung von Wirbeln an den A-Pfosten und deren Fortsetzung entlang der Dachkante sowie die Bildung von weiteren Wirbeln an der Wagenseite ist deutlich zu erkennen. Interessant ist die drastische Erhöhung des Gesamtdruckverlustes durch die Berücksichtigung der Räder, Bild 14.47b. Ein quantitativer Vergleich der Ergebnisse mit Messungen ist für beide Konfigurationen im Bild 14.48 dargestellt. Angesichts des Aufwands für die eigentliche Rechnung

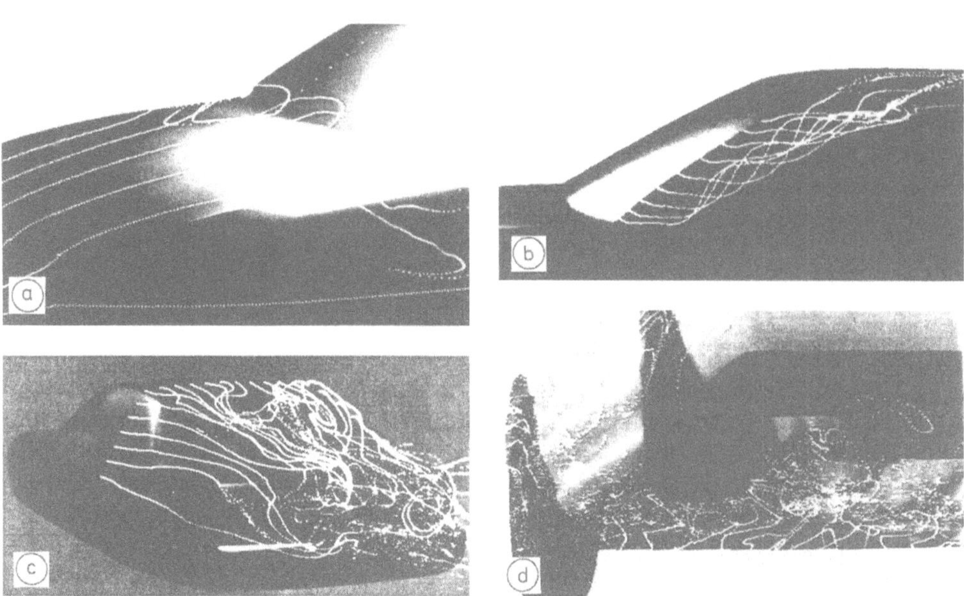

Bild 14.46. Berechnete Teilchenbahnen an a) Windschutzscheibe, b) A-Saule, c) Heckfenster und d) Unterboden Rechnung mit dem DNS-Verfahren NAGARE nach [14 47]

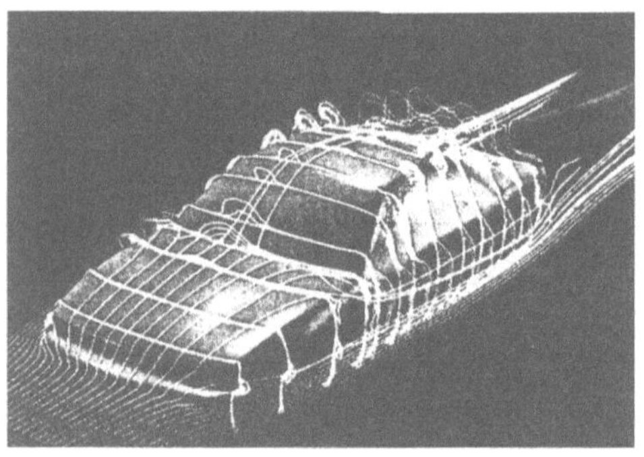

Bild 14.47. Über die Zeit gemittelter Verlauf der a) Stromlinien und Gesamtdruckisobaren für das Fahrzeug ohne Räder mit glattem Unterboden sowie b) Gesamtdruckisobaren für das Fahrzeug mit Rädern und realistischem Unterboden . Rechnung mit dem DNS-Verfahren NAGARE nach [14.47].

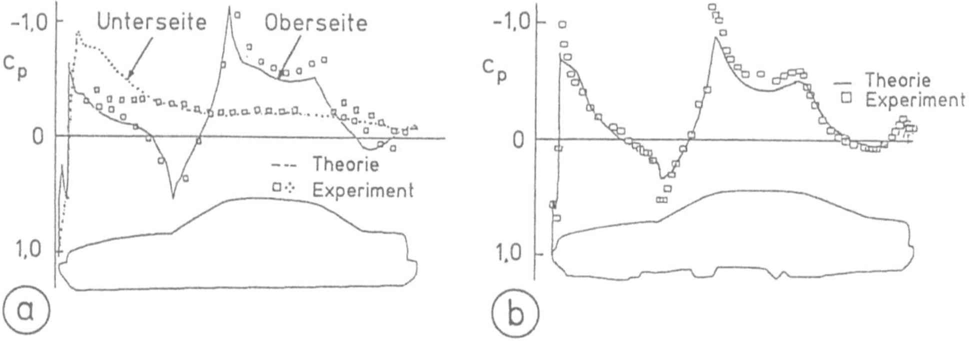

Bild 14.48. Druckverteilung in der Symmetrieebene. Vergleich von Theorie und Messung nach [14.47].
a) Fahrzeug ohne Räder und mit glattem Boden; b) Fahrzeug mit Rädern und realistischem Unterboden.

sowie das Pre- und Postprocessing ist dieses Ergebnis unbefriedigend. Gegenüber den im Abschnitt 14.4.5.3.1 vorgestellten, auf RANS-Verfahren basierenden Ergebnissen scheint hier auch keine Verbesserung der quantitativen Voraussage erzielt worden zu sein. Weitere detaillierte Untersuchungen sind notwendig, um die DNS-Verfahren zu verbessern.

14.4.6 Hybrid-Verfahren

Neben den reibungslosen Panel- und Euler-Verfahren und den reibungsbehafteten Verfahren RANS und DNS sind eine Reihe von Kombinationsmöglichkeiten denkbar. Motiv dafür ist, durch Anwendung der obigen Verfahren auf einzelne Strömungsbereiche eine Aufwandsersparnis zu erzielen (siehe [14.19], [14.48]). Eine der Hauptschwächen dieser Vorgehensweise ist, daß der Anwender die Aufteilung des Strömungsfeldes in Bereiche, in denen die einzelnen Verfahren gelten sollen, selbst vornehmen und daß er an den Bereichsgrenzen adäquate Randbedingungen vorgeben muß. Das setzt ein a-priori-Kenntnis vom Strömungsverlauf voraus, oder es muß iterativ vorgegangen werden. Beispielsweise wird für die Anwendung eines RANS-Verfahrens nur im Bereich des Nachlaufs eine Abschätzung seiner räumlichen Gestalt notwendig. Damit wird – abhängig von der Anwendererfahrung – eine physikalische „Orientierung" für die zu berechnende Strömung vorgegeben.

Als beispielhaft für ein solches Vorgehen sei die dreiteilige Version des bereits im Abschnitt 14.4.5.3.1 erwähnten PHOENICS-Codes genannt. Die Aufteilung des Raumes ist aus Bild 14.49

688

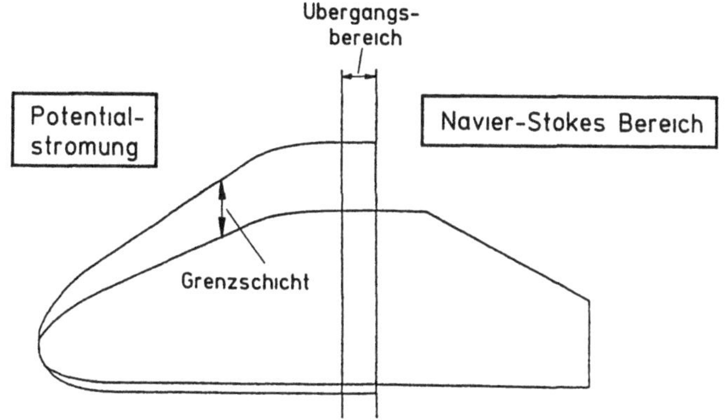

Bild 14 49   Aufteilung des
Stromungsfeldes in Bereiche fur ein
Hybridverfahren nach [14 49]

(nach S M Rawnsley et al [14 49]) ersichtlich Zunachst wird die reibungslose Stromung um den Korper berechnet, fur diesen Spezialfall ist in PHOENICS eine „Option" vorgesehen Die damit berechnete Geschwindigkeitsverteilung dient als Ausgang fur eine *zweidimensionale* Grenzschicht-rechnung Im Anschluß daran erfolgt eine Aufdickung des Korpers um den Betrag der Verdrangungs-dicke der Grenzschicht Mit dieser „aufgedickten" Korpergeometrie wird die reibungslose Stromung erneut berechnet, die Ergebnisse dienen jetzt als Ausgangspunkt fur den sich am Heck anschließen-den Navier-Stokes-Rechenbereich Eine Anpassung der Rechnungen in der Grenzschichtzone auf den Navier-Stokes-Bereich geschieht in einer Uberlappungszone Falls die Grenzschichtrechnung eine Ablosung an der Heckschrage anzeigt, muß die Uberlappungszone stromaufwarts verschoben werden, womit sich die Navier-Stokes-Zone vergroßert und auch deren Grenzen neu festgelegt werden mussen Die drei Losungen mussen an den Begrenzungsflachen iterativ angepaßt werden, solange, bis ein stetiger Ubergang der physikalischen Großen gewahrleistet ist und auch die Erhaltungssatze im ganzen Raum erfullt werden Eine Besonderheit dieser Vorgehensweise ist die verschiedenartige Diskretisierung des Rechenraumes fur die einzelnen Bereiche

Die Bilder 14 50a und b zeigen einen Vergleich der so berechneten Druckverteilung in der Symmetrieebene mit Windkanalmessungen Die Ubereinstimmung ist in diesem Fall – qualitativ – ahnlich wie bei den im Abschnitt 14 4 5 3 2 besprochenen RANS-Verfahren Ein Vergleich der Rechenzeitersparnis zum vollstandigen RANS-Verfahren wurde von S M Rawnsley [14 49] leider nicht angegeben Es ist zu beachten, daß bei dieser Konfiguration die Ablosestelle an der Dachhin-

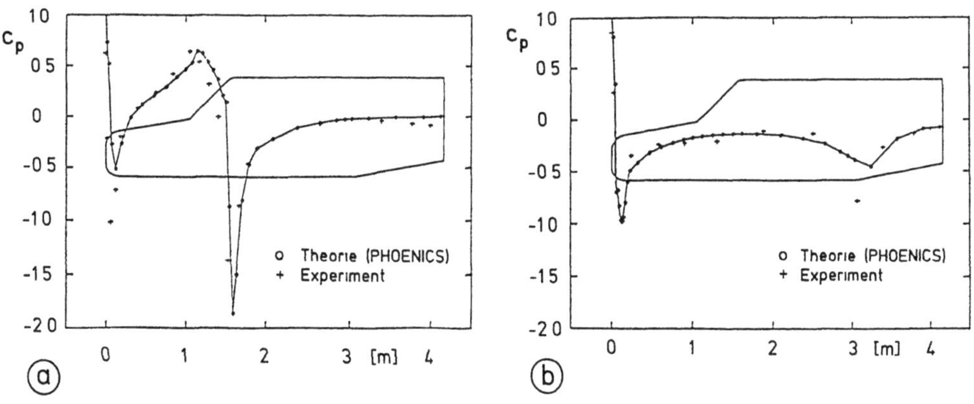

Bild 14 50   Druckverteilung im Langsmittelschnitt eines Fahrzeugkorpers a) Oberseite und b) Unterseite
Vergleich von Theorie und Messung Rechnung nach PHOENICS Hybrid Verfahren nach [14 49]

terkante *festliegt* und eine Wanderung stromaufwärts nicht stattfindet. Damit bleiben die Bereichsgrenzen für die einzelnen Verfahren fest.

Ein originelles Konzept zur Kopplung von Euler- und Grenzschichtgleichungen wird in [14.50] von G. KRUKOW und R. STRICKER vorgestellt. Es nutzt die Eigenschaft der Euler-Gleichungen, die in die Strömung eingebrachte Drehung weiterzutransportieren. Im Gegensatz zu den reibungsbehafteten Navier-Stokes-Gleichungen, bei denen alle Teilchen in der Strömung durch Zähigkeitskräfte an Erzeugung, Dissipation und Transport der Drehung beteiligt sind, wird hier die Drehung im Strömungsfeld durch Erfüllung gewisser Randbedingungen an der Berandung des Strömungsfeldes eingeführt. Beispielsweise wird mit Hilfe einer Grenzschichtrechnung an der festen Oberfläche ein der Verdrängungswirkung der Grenzschicht äquivalenter Massenstrom normal zur Oberfläche ermittelt. Für die Euler-Rechnung gelten diese Normalgeschwindigkeiten als Randbedingung an der festen Oberfläche. Damit wird die in der realen Strömung erzeugte Drehung *kinematisch* in das reibungslose Strömungsfeld der Euler-Rechnung eingeführt.

An der Ablösestelle selbst – angezeigt durch die Grenzschichtrechnung – werden nach G. KRUKOW und R. STRICKER „explizite Abströmbedingungen" festgelegt; das kommt im Prinzip der Einführung einer kinematisch modellierten Drehung an der Ablösestelle gleich. Somit wird die von der Grenzschichtrechnung bestimmte Drehung dem Euler-Strömungsfeld laufend mitgeteilt, und sie wird in diesem konvektiv weitertransportiert. Die Ablösestelle wird nach festgelegten Kriterien der „expliziten Abströmbedingungen" während der Rechnung automatisch ermittelt. Auch über die Ablösestelle hinaus und im Nachlauf wird diese am Rand mit Drehung „gefütterte" Euler-Rechnung weitergeführt. Die in den RANS-Verfahren auftretende Problematik der Turbulenzmodellierung an der Ablösestelle und im Bereich des Nachlaufs tritt bei diesem Modellierungskonzept nicht auf. Diese Vorgehensweise, bestehend aus den zwei Schritten Euler-Rechnung und Grenzschichtrechnung, läßt sich zu einem iterativen Zyklus koppeln, dessen wiederholte Anwendung bis zur Konvergenz das Endergebnis liefert.

Im Bild 14.51 wird die von G. KRUKOW und R. STRICKER berechnete Entwicklung der laminaren und der turbulenten Grenzschicht an einer ebenen Platte mit entsprechenden analytischen Ergebnissen verglichen. Bild 14.52 zeigt die Berechnung der Strömung um einen Kreiszylinder. In beiden Fällen ist die gute Übereinstimmung mit den analytischen bzw. den Meßergebnissen sehr beachtenswert. Bei der Übertragung des Konzepts von G. KRUKOW und R. STRICKER auf dreidimensionale Strömungen dürfte die Definition von expliziten Abströmbedingungen an der Ablösestelle Schwierigkeiten bereiten. Dies ist auf die Unvollkommenheit der heute gebräuchlichen dreidimensionalen Grenzschichtverfahren zurückzuführen.

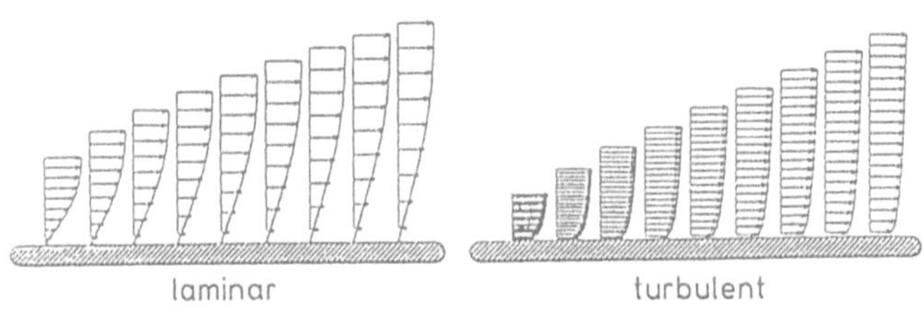

Bild 14.51. Mit dem gekoppelten Euler-Grenzschichtverfahren berechneter Verlauf der laminaren und turbulenten Grenzschicht auf einer ebenen Platte. Vergleich mit analytischer Lösung nach [14.50].

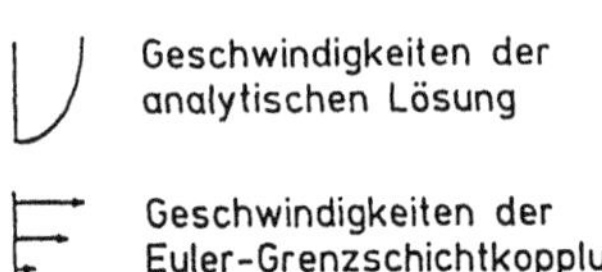

690

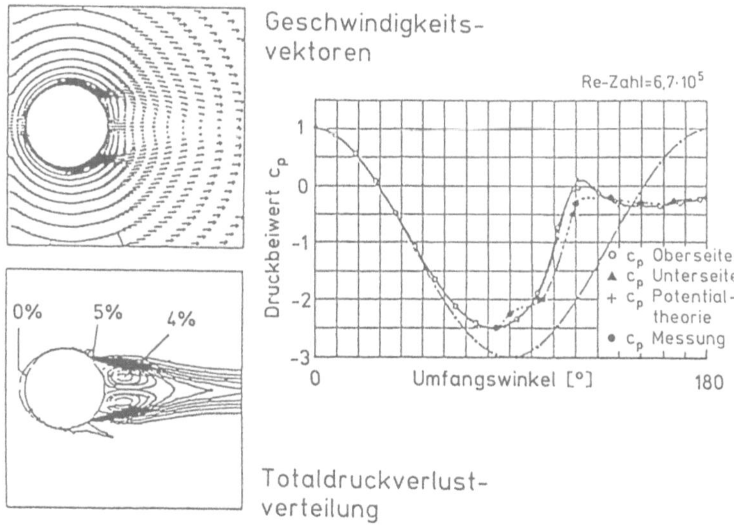

Bild 14.52. Ergebnisse für die Kreiszylinderströmung, berechnet mit dem gekoppelten Euler-/Grenzschichtverfahren nach [14.50].

14.6 Bedarf an Rechenleistung und zukünftige Entwicklungstendenz der Supercomputer

Aus den Ausführungen der Abschnitte 14.4.4 und 14.4.5 wird deutlich, daß CFD-Verfahren bis heute nicht als Werkzeug für die Fahrzeugentwicklung einsetzbar sind. Andererseits werden numerische Verfahren unbedingt benötigt, will der Aerodynamiker mit dem durch CAD-Anwendung beschleunigten Designprozeß schritthalten. Um eine zusätzliche Hilfe oder gar eine Alternative zum Windkanal zu bieten, muß außer der *notwendigen* Bedingung, die Physik richtig wiederzugeben, nach W.-H. HUCHO [14.51] eine *hinreichende* erfüllt sein: die Rechenzeiten für detaillierte Simulationen müssen in die Nähe der Windkanal-Taktzeiten kommen. Diese betragen bei einer Widerstandsoptimierung für verkleinerte Modelle (M1:4; 1:5) etwa 5 und für Modelle in natürlicher Größe etwa 10 bis 15 Minuten.

Für die Diskretisierung des Rechenraumes um ein Fahrzeug werden werden nach den heutigen Erkentnissen für ein RANS-Verfahren etwa 10^7 Netzpunkte (NP) und für ein DNS-Verfahren etwa 10^9 Netzpunkte als ausreichend angesehen. Die Zahl der Rechenoperationen je Netzpunkt (ROPN) kann für die RANS-Verfahren mit 10^7 und für die DNS-Verfahren mit 10^8 angesetzt werden. Um aus diesen Annahmen auf die notwendige Rechengeschwindigkeit der Rechner schließen zu können, läßt sich die Beziehung

$$FLOPS = \frac{NP \times ROPN}{RZ} \tag{14.12}$$

verwenden. Hierbei bedeuten FLOPS die Anzahl der vom Rechner auszuführenden Gleitkomma-Operationen je Sekunde (Floating Point Operations Per Second) und RZ die Rechenzeit. FLOPS ist unmittelbar ein Maß für die Rechengeschwindigkeit des Rechners.

Damit ergibt sich für eine Rechenzeit von 10 Minuten eine notwendige Rechengeschwindigkeit von $1{,}7 \cdot 10^5$ MFLOPS (MEGA FLOPS = 10^6 FLOPS) für RANS-Verfahren und $1{,}7 \cdot 10^8$ MFLOPS für DNS-Verfahren. Bild 14.53 aus [14.2] zeigt die Rechengeschwindigkeit in MFLOPS in gegenwärtig verfügbaren Supercomputern. Die schnellsten Computer erreichen danach bei optimal ausgelegter Struktur des Rechenverfahrens Werte von ca. 10^3 bis 10^4 MFLOPS. Es ist somit eine Erhöhung der

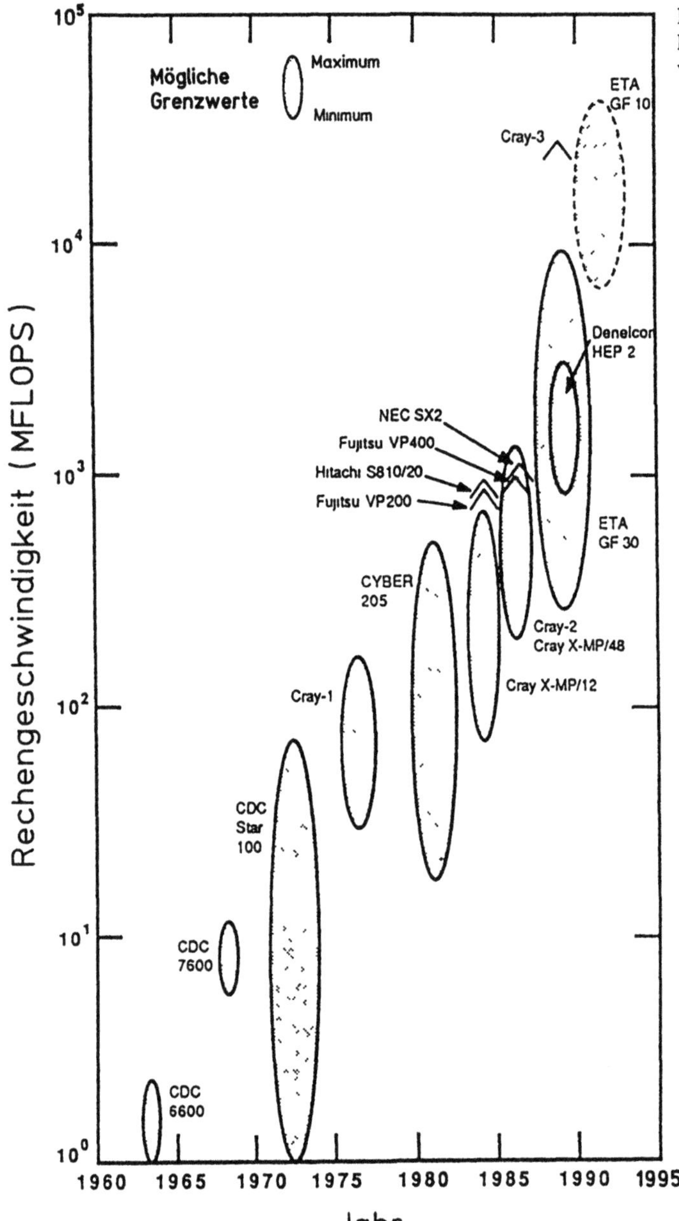

Bild 14.53. Entwicklung der Rechengeschwindigkeit (MFLOPS) von Supercomputern nach [14.2].

Rechengeschwindigkeit um mehrere Größenordnungen notwendig, um die oben vorgegebene Rechenzeit von 10 Minuten zu erreichen.

Der scheinbar keine Grenzen kennende Bedarf an höherer Rechnerleistung (d.h. sowohl Rechengeschwindigkeit als auch Speicherkapazität) bedarf einer Erläuterung. Die Gründe werden sichtbar, wenn die Entwicklung der Rechner selbst sowie deren Verwendung betrachtet wird. Diese sind im wesentlichen:

-   zunehmend vollkommenere Modellierung der physikalischen Vorgänge,

-   zunehmend realistisch simulierte Modellgeometrien,

- zunehmende Zahl von Benutzern, bedingt durch interdisziplinäre Kopplung von Entwicklungsarbeiten,

- zunehmende Heranziehung von Rechenverfahren für Optimierungsaufgaben.

Ein einfaches Beispiel demonstriert das oben Gesagte. Viele physikalische Vorgäge werden in theoretischen Modellen in zwei und mehreren Dimensionen formuliert. Die Lösungstechniken diskretisieren die in Wirklichkeit durch zwei- oder dreidimensionale Kurven oder Flächen darzustellenden Verläufe mit diskreten Punkten. Die Netzpunktdichte steht in direktem Zusammenhang mit der Verbesserung der numerischen Simulation. Üblicherweise führt eine Netzverfeinerung zu einem genaueren und sinnvolleren Ergebnis. In zwei Dimensionen führt eine Verdoppelung der Netzdichte zu einer Vervierfachung der Datenmenge und des Rechenaufwands. Der Übergang zu einer Rechnung in vier Dimensionen (drei Raumkoordinaten und eine Zeitdimension, wie z.B. in DNS-Verfahren) erfordert eine sechzehnfache Erhöhung der Rechnerleistung, um die Genauigkeit zu verdoppeln.

Eine nur wenig beachtete Entwicklung trägt weiter dazu bei, den Bedarf an Rechenleistung zu erhöhen. Nicht sehr lange ist es her, daß bei numerischer Simulation beispielsweise die Druckverteilung in diskreten Schnitten berechnet und dies als Grundlage bei der Entwicklungsanalyse verwendet wurde. Der gleiche Vorgang wird heutzutage vielfach durch farbkodierte Druckverteilung auf der gesamten Konfigurations-Oberfläche ersetzt und ferner durch instationäre Darstellung von Teilchenbahnen ergänzt. Diese interaktive Analyse erfodert extrem hohe Rechengeschwindigkeiten und Speicherkapazität.

Für die Rechnerleistung sind zwei Kenngrößen von Bedeutung:

- die Zahl der je Sekunde ausgeführten Gleitkommaoperationen (FLOPS) und
- die Zahl der im Arbeitsspeicher verfügbaren Speicherplätze (WORDS),

wobei WORD eine von dem Rechner als eine Zahl wahrgenomme Kette, bestehend aus 64 Bit, ist. Hohe Rechenleistung wird durch optimale Kombination aus Rechengeschwindigkeit und Speicherkapazität erreicht. Wie dieses Optimum zu erreichen ist, ist unbekannt; es ist zudem problemabhängig.

Wie sich die Rechengeschwindigkeit (MFLOPS $= 10^6$ FLOPS) und die Speicherkapazität (MW $= 10^6$ WORDS) bisher entwickelt haben, geht aus Bild 14.54 nach K. W. Neves [14.52] hervor. Für die beiden Kenngrößen Rechengeschwindigkeit und Speicherkapazität besteht noch ein beachtliches Entwicklungspotential, das sich auf zwei Säulen stützt:

- Hardware-Technologie und
- Rechnerarchitektur.

Im Gegensatz zu den Anfangszeiten der Rechnerentwicklung stellt heute die Transportgeschwindigkeit der Elektronen in den Logikelementen die Grenze der erreichbaren Rechengeschwindigkeit dar. Moderne Supercomputer brauchen 4 bis 20 Nanosekunden, um eine kleinstmögliche Rechenoperation durchzuführen (sog. „Clock time" oder „Clock cycle"). Ein Elektron legt in einer Nanosekunde eine Entfernung von ca. 50 mm zurück. Auch mit unendlich großen Schaltgeschwindigkeiten kann man diese Geschwindigkeit nicht unterschreiten. Dies ist auch *einer* der Gründe für die fortschreitende Miniaturisierung und Verdichtung der elementaren Bauelemente auf den Chips in den Superrechnern. Dies wiederum führt wegen der erzeugten Wärme zu Problemen. Die Entwicklung geht in Richtung der Verwendung neuer, weniger Wärme erzeugender Materialien für die Chips, z.B. Gallium-Arsenid, sowie neuartiger Kühlungstechniken für die Rechner.

Weitere Wege, die Rechengeschwindigkeit zu erhöhen, sind die Vektorisierung und die Parallelisierung der Rechenvorgäge, siehe K. W. Neves [14.52]. Im Prinzip wird hierdurch die konventionelle sequentielle Rechenart durch simultan verlaufende Rechenvorgänge ersetzt. Das Problem besteht

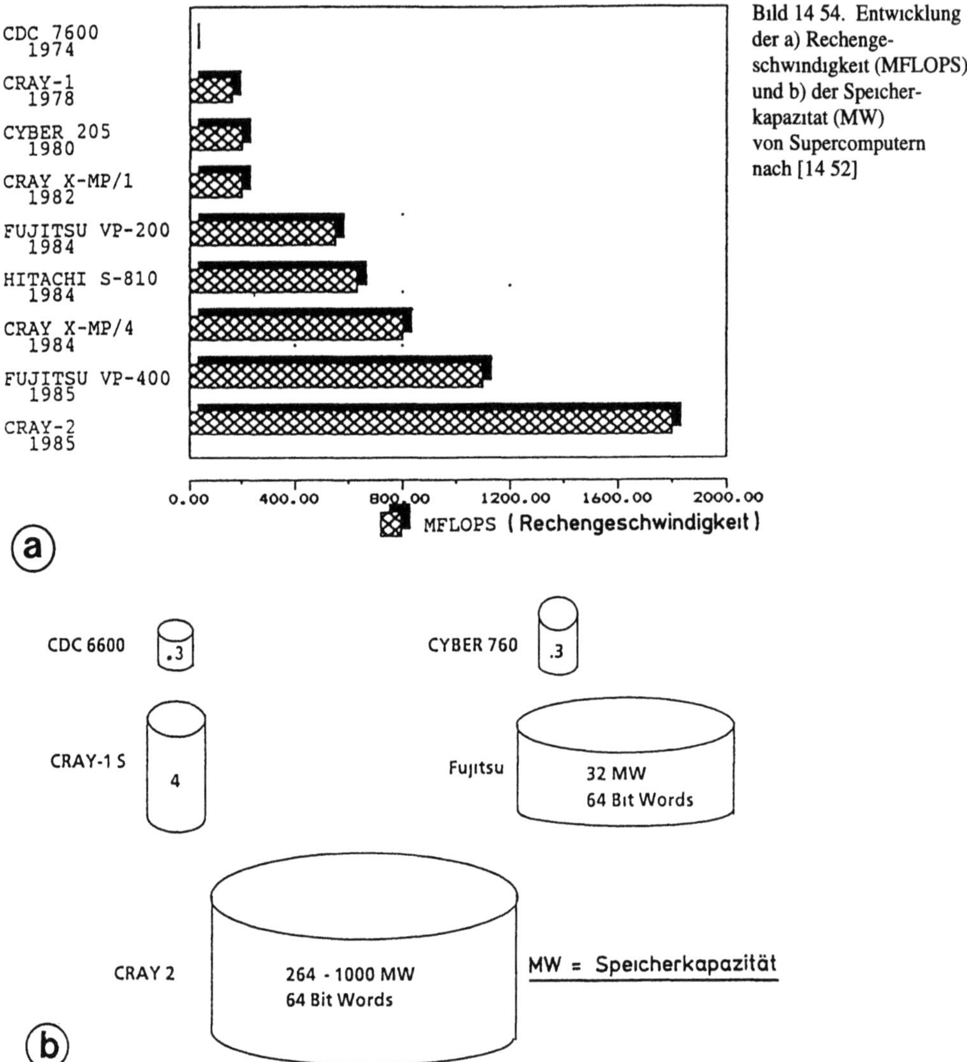

Bild 14 54. Entwicklung der a) Rechengeschwindigkeit (MFLOPS) und b) der Speicherkapazität (MW) von Supercomputern nach [14 52]

darin, daß das Rechenprogramm an die Rechnerarchitektur angepaßt werden muß, um optimale Rechengeschwindigkeiten zu erreichen. Als weitere Schwierigkeit folgt daraus, daß sich ein an einen bestimmten Rechner angepaßtes Programm nicht auf einen anderen mit abweichender Architektur verwenden läßt. Die „Portabilität"des Programms ist eingeschränkt.

14.7   Wertung und Ausblick

Die derzeitige Einsatzfähigkeit von CFD-Verfahren in der Praxis läßt sich wie folgt beurteilen:

- Keines der beschriebenen CFD-Verfahren ist zur Zeit in der Lage, quantitative Ergebnisse zur Aerodynamik von Fahrzeugen oder fahrzeugähnlichen Grundkörpern zu liefern, die in bezug auf Zuverlässigkeit und Genauigkeit den Windkanalergebnissen gleichkommen.

- Die große Zahl der Veröffentlichungen zu diesem Thema und die vielen berechneten Beispiele zeigen das zunehmende Interesse an der Erschließung von CFD für die Fahrzeug-Aerodynamik. Eine

694

Reduzierung des Entwicklungsaufwands bzw. eine Erhöhung seiner Effektivität – auch mittelbar –
ist, gemessen an dem Gesamtaufwand für die Aerodynamik, bisher nicht erzielt worden.

- Alle für die Fahrzeug-Aerodynamik in Betracht kommenden CFD-Verfahren stammen aus der
  Flugzeug-Aerodynamik und wurden dort für weitgehend anliegende Strömung um stromlinienförmige Konfigurationen entwickelt. Eine Anpassung dieser Verfahren auf die Bedürfnisse der Fahrzeugindustrie wird, wie dies die bisherige Erfahrung zeigt, wegen dort nicht im Vordergrund stehender
  physikalischer Phänomene sehr schwierig. Schon bei der Rechenraumdiskretisierung lassen sich die
  Netzgenerierungsverfahren der Flugzeug-Aerodynamik nur mühsam übertragen. Bei der theoretischen Behandlung versagen die Verfahren durch ihr Unvermögen, die vielerlei Ablöseerscheinungen
  einer Fahrzeugströmung physikalisch richtig zu erfassen. Diejenigen Verfahren, die dies ermöglichen
  können, die DNS-Verfahren, sind zur Zeit in einem embryonalen Stadium; sie sind selbst noch
  Gegenstand der Forschung.

- Panelverfahren können mit relativ wenig Aufwand und ziemlich realistischer Simulation der
  Fahrzeuggeometrie eine erste Orientierungshilfe – zumindest für den anliegenden Teil der Strömung
  – bieten. Der Nutzwert dieser Orientierung hängt von dem entsprechenden Aufwand im Windkanal
  ab.

- Euler-Verfahren – obwohl außerordentlich nützlich bei der Berechnung der transsonischen Strömungen der Flugzeug-Aerodynamik – sind für subsonische Fahrzeugströmungen kaum nützlich. Die
  „automatische“ Simulation von Zirkulation bei subsonischen Geschwindigkeiten ist hauptsächlich
  eine Folge numerischer Fehler und keine der dem Euler-Verfahren zugrundeliegenden Physik. Die
  Beschäftigung mit Euler-Verfahren kann als „Training“ für die Navier-Stokes-Verfahren betrachtet
  werden.

- Die Hauptschwäche der RANS-Verfahren liegt in der vielfach dokumentierten falschen Voraussage
  der Ablösevorgänge. Dies wiederum ist in der Verwendung des für dreidimensionale Strömungen
  ungeeigneten Wandgesetzes und einem einheitlichen Turbulenzmodell für den gesamten Strömungs-
  bereich begründet. Solange eine genaue Beschreibung der Physik der turbulenten Strömung in
  Wandnähe nicht gelingt – insbesondere für fahrzeugtypische Strömungen mit starken Gradienten quer
  zur Strömungsrichtung – dürften Erfolge mit besserer Netzgenerierung und besseren Lösungsalgo-
  rithmen bescheiden ausfallen.

- Die Überprüfung von kommerziell angebotenen CFD-Codes anhand von elementaren „Benchmark“-
  Fällen ist sehr sinnvoll. Die Vereinfachung der Benchmark-Fälle darf aber nicht so weit getrieben
  werden, daß jeweils lediglich *ein* physikalisches Phänomen geprüft werden kann. In einer Fahrzeugströmung sind *mehrere* sich gegenseitig beeinflussende Phänomene in einem gedrungenen Strömungsgebiet vorhanden. Die Benchmark-Konfiguration sollte die simultane Abbildung der wesentlichen Phänomene durch den Code ermöglichen.

14.8   Bezeichnungen

B, b	Breite
C_1, C_2, C_μ	empirische Konstanten
$c_w, \Delta c_w$	Widerstandsbeiwert bzw. deren Inkremen
c_K, c_S, c_B	Druckwiderstandsbereich für Bug- , geneigte Heck- bzw. senkrechte Heckflächen
$c_p, \Delta c_p$	Druckbeiwert bzw. deren Inkrement $c_p = (p - p_\infty)/q_\infty$
F	Bezugsflächen (z. B. Stirnflächen)
H, h	Höhe bzw. Höhe über Boden
k	Kinetische Energie der turbulenten Schwankungsbewegungen
L, l, l_s	Länge, Länge des Modells bzw. Länge der geneigten Fläche
$n, \vec{n}$	Anzahl der Panels bzw. normaler Vektor
$p, p_\infty, \bar{p}, p'$	örtlicher Druck, ungestörter Umgebungsdruck, mittlerer bzw. mit der Zeit veränderlicher Druck
q_∞	Staudruck der ungestörten Anströmung $\left(= \frac{\rho}{2} v_\infty^2 \right)$
Re	Reynolds-Zahl
s	Entfernung entlang der Kontur
$T, t, \Delta t$	Temperatur, Zeit bzw. Zeitintervall
$u, \bar{u}, u',$ $v, \bar{v}, v',$ $w, \bar{w}, w'$	örtliche-, über die Zeit gemittelte- bzw. mit der Zeit veränderliche Geschwindigkeit in x-, y- und z-Richtung
$\overline{u'w'}$	über die Zeit gemittelter Wert von u' w'
u_i, u_j, u_k	entspricht u', v' und w'
V_i, V_j, V_k	entspricht $\bar{u}, \bar{v}$ und $\bar{w}$
$\vec{V}_\infty$	Geschwindigkeitsvektor der ungestörten Anströmung
$\vec{V}_p$	Störgeschwindigkeitsvektor
$\vec{V}$	örtlicher Geschwindigkeitsvektor
$\vec{V}_n$	normaler Geschwindigkeitsvektor
x, y, z,	kartesische Koordinaten
α	Heckneigungswinkel
β	Schräganströmwinkel
$\delta_{i,j}$	Kroneker-Delta
ε	durch viskose Kräfte in Wärmeenergie überführte kinetische Energie der Schwankungsbewegung (Dissipation)
μ_t	dynamische Zähigkeit
ρ	Luftdichte

Abkürzungen

ASTM	American Society for Testing Materials
AVA	Aerodynamische Versuchs-Anstalt
AVL	AVL List GmbH
BHRA	The British Hydromechanics Research Association
BMFT	Bundesministerium für Forschung und Technologie
BS	British Standards
CNR	Consiglio Nazionale delle Ricerche
CSTB	Centre Scientifique et Technique du Bâtiment
DLR	Deutsche Forschungsanstalt für Luft- und Raumfahrt (früher DFVLR)
DNW	Deutsch-Niederländischer Windkanal
DVL	Deutsche Versuchsanstalt für Luftfahrt
EADE	European Aerodynamic Data Exchange

EADE — Fahrzeug – Klassierung im Bild 4.123

Sub S – z. B. Renault Twingo; Fiat 500
S   – z. B. Opel Corsa; VW Polo; Ford Fiesta
T   – z. B. VW Golf; Opel Astra
J   – z. B. Opel Vectra; Audi 80
V   – z. B. Audi 100; Opel Omega

FKFS	Forschungsinstitut für Kraftfahrwesen und Fahrzeugmotoren, Stuttgart
FMVSS	Federal Motor Vehicle Safety Standard
FVV	Forschungs-Vereinigung Verbrennungskraftmaschinen
IAA	Internationale Automobilausstellung (Frankfurt a. M.)
ISA	Instrument Society of America
JARI	Japan Automobile Research Association
MIRA	Motor Industry Research Association
SAE	Society of Automotive Engineers
SNAME	Society of Naval Architects and Marine Engineers
VDA	Verband der Automobilindustrie
VDI	Verein Deutscher Ingenieure
WAZ	Volga Automobile A. W.

Literaturverzeichnis

Abschnitt 1

[1.1]   SCHLICHTING, H., TRUCKENBRODT, E.: Aerodynamik des Flugzeuges, 2. Auflage. Berlin: Springer, 1969.

[1.2]   DUBS, F.: Aerodynamik der reinen Unterschallströmung, 5. Auflage. Basel: Birkhäuser, 1987.

[1.3]   KÜCHEMANN, D.: The Aerodynamic Design of Aircraft. Oxford: Pergamon Press, 1985

[1.4]   HUCHO, W.-H.: Numerischer Windkanal – Stromlinienautos aus dem Supercomputer? c't 1989, Heft 10, S. 44 - 62.

[1.5]   BUCHHEIM, R.: Expertensystem zur Unterstützung der Aerodynamikoptimierung von Fahrzeugen. GMD-Studien, Nr. 160, 1989.

[1.6]   MACKRODT, P.-A.: Beiträge der DFVLR zur Eisenbahn-Aerodynamik in Vergangenheit und Zukunft. DFVLR-Nachrichten Heft 46, 1985, S. 41 - 45.

[1.7]   HOERNER, S.: Fluid Dynamic Drag. Midland Park, N.J.: Selbstverlag des Autors, 1965.

[1.8]   BODEN, N.: Zur Ermittlung des Luftwiderstandes von Schienenfahrzeugen. Diss. TH Hannover, 1969; Archiv für Eisenbahntechnik, Folge 25, 1970, S. 40 - 74.

[1.9]   COLLIN, P. E.: Impulsive Pressures in the Train Passing Problem. Proc. of the First Symp. on Road Vehicle Aerodynamics, London, 1969.

[1.10] HILLMANN, W., BODEN, N., MÖLBERT, F.: Aerodynamische Untersuchungen zur Entwicklung der DB-Lokomotive 103 für hohe Fahrgeschwindigkeiten. Glasers Annalen, Bd. 92, 1968, S. 269 - 276 und S. 352 - 360.

[1.11] NEPPERT, H., SANDERSON, R.: Untersuchungen zur Schnellbahn-Aerodynamik. ZfW, Bd. 22, 1974, S. 347 - 359.

[1.12] NEPPERT, H., SANDERSON, R.: Böenbeeinflussung schnellfahrender Züge. ZfW Bd. 24, 1976, S. 151 - 161.

[1.13] PETERS, J. L.: Aerodynamics of Very High Speed Trains and Maglev Vehicles: State of the Art and Future Potential. Int. J. of Vehicle Design, SP 3, London, 1983, S. 308 - 341.

[1.14] PETERS, J.-L.: Aerodynamische Gestaltung von Schienenfahrzeugen für den Schnellverkehr. AET, Bd. 40, 1985, S. 28 - 35.

[1.15] MACKRODT, P.-A., STEINHEUER, J., STOFFERS, G.: Entwicklung aerodynamisch optimaler Formen für das Rad/Schiene-Versuchsfahrzeug II. AET, Bd. 35, 1980, S. 67 - 77.

[1.16] GLÜCK, H.: Aerodynamik der Schienenfahrzeuge. Köln: Verlag TÜV Rheinland, 1985.

[1.17] MACKRODT, P.-A., PFIZENMAIER, E.: Aerodynamik und Aeroakustik für Hochgeschwindigkeitszüge. Physik in unserer Zeit, 18. Jahrg. ,1987, S. 65 - 76.

[1.18] PFITZENMAIER, E., CHRIST, D., KING, W. F.: Untersuchungen zur aerodynamischen und aeroakustischen Optimierung eines Stromabnehmers für den ICE. AET; Bd. 40, 1985, S. 45-52.

[1.19] FÖRSCHING, H. W.: Grundlagen der Aeroelastik. Berlin: Springer, 1974.

[1.20] SCORER, R. S.: Environmental Aerodynamics. London: John Wiley & Sons, 1978.

[1.21] ACKERET, J.: Anwendung der Aerodynamik im Bauwesen. ZfW, Bd. 13, 1965, S. 109 - 122.

[1.22] SACHS, P.: Wind Forces in Engineering. Oxford: Pergamon Press, 1972.

[1.23]   HOUGHTON, E. L., CARRUTHERS, N. B.: Windforces on Buildings and Structures. London: Edward Arnold, 1976.

[1.24]   ROSEMEIER, G.: Winddruckprobleme bei Bauwerken. Berlin: Springer, 1976.

[1.25]   SCHNEEKLUTH, H.: Hydrodynamik zum Schiffsentwurf, 3. Aufl. Aachen: Koehler, 1988.

[1.26]   COMSTOCK, J. P. (Herausgeber): Principles of Naval Architecture. New York, N.Y.: SNAME, 1967.

[1.27]   KIESELBACH, R. J. F.: Stromlinienautos in Deutschland–Aerodynamik im Pkw-Bau 1900 bis 1945. Stuttgart: Kohlhammer, 1982.

[1.28]   KIESELBACH, R. J. F.: Stromlinienautos in Europa und USA–Aerodynamik im Pkw-Bau 1900 bis 1945. Stuttgart: Kohlhammer, 1982.

[1.29]   KIESELBACH, R. J. F.: Stromlinienbusse in Deutschland–Aerodynamik im Nutzfahrzeugbau 1931 bis 1961. Stuttgart: Kohlhammer, 1983.

[1.30]   v. KOENIG-FACHSENFELD, R.: Aerodynamik des Kraftfahrzeuges, Bd. 1 und 2. Frankfurt: Umschau Verlag, 1951.

[1.31]   BRÖHL, Hp.: Paul Jaray – Stromlinienpionier. Bern: Selbstverlag des Autors, 1978.

[1.32]   WOLFF METTERNICH, M. GRAF: Edmund Rumpler – Konstrukteur und Erfinder. München: Neue Kunst Verlag, 1985.

[1.33]   LUDVIGSEN, K. E.: The Time Tunnel – An Historical Survey of Automotive Aerodynamics. SAE Paper 700 035, Detroit, 1970.

[1.34]   MCDONALD, A.T.: A Historical Survey of Automotive Aerodynamics. Aerodynamics of Transportation, ASME-CSME Conference, Niagara Falls, 1979, S. 61 - 69.

[1.35]   KIESELBACH, R. J. F.: Streamlining Vehicles 1945 - 1965 – A Historical Review. Journ. of Windengineering and Industrial Aerodynamics, Bd. 22, 1986, S. 105 - 113.

[1.36]   HUCHO, W.-H.: Renaissance der Stromlinie – Aerodynamik und Fahrzeugtechnik im Widerstreit. Kultur und Technik I/1990, S. 22 - 30.

[1.37]   v. FRANKENBERG, R., MATTEUCCI, M.: Geschichte des Automobils. Künzelsau: Sigloch Service Ed., 1973.

[1.38]   RIEDLER, A.: Wissenschaftliche Automobilbewertung. Berlin: Oldenbourg, 1911.

[1.39]   ASTON, W. G.: Body Design and Wind Resistance. The Autocar, August 1911, S. 364 - 366.

[1.40]   HELLER, A.: Der neue Kraftwagen von Dr.-Ing. Rumpler. ZVDI, Bd. 39, 1921, S. 1011 - 1015.

[1.41]   EPPINGER, E.: Tropfenwagen – Anwendung der Flugzeug-Aerodynamik. Zeitschrift für Flugtechnik und Motorluftschiffahrt. Bd. 12, 1921, S. 287 - 289.

[1.42]   RUMPLER, E.: Das Auto im Luftstrom. Zeitschrift für Flugtechnik und Motorluftschiffahrt. Bd. 15, 1924, S. 22 - 25.

[1.43]   KLEMPERER, W.: Luftwiderstandsuntersuchungen an Automobilmodellen. Zeitschrift für Flugtechnik und Motorluftschiffahrt. Bd. 13, 1922, S. 201 - 206.

[1.44]   KUBISCH, U.: Automobile aus Berlin – Vom Tropfenwagen zum Amphicar. Berlin: Nicolaische Verlagsbuchhandlung, 1985.

[1.45]   JARAY, P.: Der Stromlinienwagen – Eine neue Form der Automobilkarosserie. Der Motorwagen, Heft 17, 1922, S. 333 - 336.

[1.46]   Jaray, P.: Grundlagen für die Berechnung des Leistungsaufwandes von Kraftwagen. ATZ, Bd. 37, 1934, S. 86 - 92.

[1.47]   Schmid, C.: Die Fahrwiderstände beim Kraftfahrzeug und die Mittel ihrer Verringerung. ATZ, Bd. 41, 1938, S. 465 - 477 und S.498 - 510.

[1.48]   v. Koenig-Fachsenfeld, R.: Luftwiderstandsmessungen an einem Modell des Tatra-Wagens Typ 87. ATZ, Bd. 44, 1941, S. 286 - 287.

[1.49]   Mauboussin, P.: Voitures aérodynamiques. L'Aéronautique, Nov. 1933, S. 239 - 245.

[1.50]   Lange, A.: Vergleichende Windkanalversuche an Fahrzeugmodellen. Berichte Deutscher Kraftfahrzeugforschung im Auftrag des RVM, Nr. 31, 1937.

[1.51]   Lay, W. E.: Is 50 Miles per Gallon Possible with Correct Streamlining? SAE-Journal Bd. 32, 1933, S. 144 - 156 und S. 177 - 186.

[1.52]   Kamm, W.: Einfluß der Reichsautobahn auf die Gestaltung von Kraftfahrzeugen. ATZ, Bd. 37, 1934, S. 341 - 354.

[1.53]   Kamm, W.: Der Weg zum wirtschaftlichen autobahn- und straßentüchtigen Fahrzeug. Straße, Bd. 6, 1939, S 104 - 109.

[1.54]   v. Koenig-Fachsenfeld, R., Rühle, R., Eckert, D., Zeuner, A.: Windkanalmessungen an Omnibusmodellen. ATZ, Bd. 39, 1936, S. 143 - 149.

[1.55]   Everling, E.: Die Stromlinie sitzt vorn. Neues Kraftfahrzeug Fachblatt, Bd. 1, 1948, S.19 - 22.

[1.56]   Heald, R. H.: Aerodynamic Characteristics of Automobile Models. US Dept. of Commerce, Bureau of Standards, Res. Paper RP 591, 1933, S. 285 - 291.

[1.57]   Kamm, W.: Anforderungen an Kraftwagen bei Dauerfahrten. ZVDI, Bd. 77, 1933, S. 1129 - 1133.

[1.58]   Sawatzki, E.: Die Luftkräfte und ihre Momente am Kraftwagen. Deutsche Kraftfahrtforschung, Heft 50, Berlin: VDI-Verlag, 1941.

[1.59]   Schneider, H.-J.: 125 Jahre Opel - Autos und Technik. Köln: Verlag Schneider und Repschläger, 1987.

[1.60]   Huber, L.: Die Fahrtrichtungshaltung des schnellfahrenden Kraftwagens. Deutsche Kraftfahrtforschung, Heft 44, Berlin: VDI-Verlag, 1940.

[1.61]   Schmitt, H.: Der Leistungsbedarf zur Kühlung des Fahrzeugmotors und seine Verminderung. Deutsche Kraftfahrzeugforschung, Heft 45, Berlin: VDI-Verlag, 1940.

[1.62]   Eckert, B.: Das Kühlgebläse im Kraftfahrzeug und sein betriebliches Verhalten. Deutsche Kraftfahrzeugforschung, Heft 51, Berlin: VDI-Verlag, 1940.

[1.63]   Fiedler, F., Kamm, W.: Steigerung der Wirtschaftlichkeit des Personenwagens. ZVDI, Bd. 84, 1940, S. 485 - 491.

[1.64]   Persu, A.: Luftwiderstand und Schnellwagen. Zeitschrift für Flugtechnik und Motorluftschiffahrt, Bd. 15, 1924, S. 25 - 27.

[1.65]   Fishleigh, W. T.: The Tear-Drop Car. SAE-Journal, 1931, S. 353 - 362.

[1.66]   Reid, E. G.: Farewell to the Horseless Carriage. SAE-Journal, Bd. 36, 1935, S. 180 - 189.

[1.67]   Schlör, K.: Entwicklung und Bau einer luftwiderstandsarmen Karosserie auf einem 1,7-Ltr-Heckmotor-Mercedes-Benz-Fahrgestell. Deutsche Kraftfahrtforschung. Zwischenbericht Nr. 48, 1938.

[1.68]   HANSEN, M., SCHLOR, K.: Der AVA-Versuchswagen. Aerodynamische Versuchsanstalt Göttingen, Bericht 43 W 26, 1943.

[1.69]   HANSEN, M., SCHLOR, K.: Aerodynamische Modellmessungen an verschiedenen Kraftwagenformen und Verhalten des wirklichen Fahrzeugs bei Seitenwind. Deutsche Kraftfahrtforschung. Zwischenbericht Nr. 63, 1938.

[1.70]   PAWLOWSKI, F. W.: Wind Resistance of Automobiles. SAE-Journal, Bd. 27, 1030, S. 5 - 14.

[1.71]   MOLLER, E.: Luftwiderstandsmessungen am VW-Lieferwagen. ATZ, Bd. 53, 1951, S. 153 - 156.

[1.72]   SCHLICHTING, H.: Grenzschicht-Theorie. 8. Auflage, Karlsruhe: Braun, 1982.

[1.73]   HUCHO, W.-H., JANSSEN, L. J., EMMELMANN, H.-J.: The Optimization of Body Details - A Method for Reducing the Aerodynamic Drag of Road Vehicles. SAE-Paper 760 185, Detroit, 1976.

[1.74]   HUCHO, W.-H., EMMELMANN, H.-J.: Aerodynamische Formoptimierung, ein Weg zur Steigerung der Wirtschaftlichkeit von Nutzfahrzeugen. Fortschrittsberichte VDI-Z, Reihe 12, 1977, Nr. 31, S. 163 - 185.

[1.75]   SHERWOOD, A. W.: Wind Tunnel Test of Trailmobile Trailers. University of Maryland Wind Tunnel Report Nr. 35, 1953.

[1.76]   FREY, K.: Verminderung des Strömungswiderstandes von Körpern durch Leitflächen. Forschung. Ing. Wesen, März 1933, S. 67 - 74.

[1.77]   SAUNDERS, W. S.: US Patent 3,241,876, 1966, US Patent 3,309,131, 1967, US Patent 3,348,873, 1967.

[1.78]   SCHLICHTING, H.: Aerodynamische Untersuchungen an Kraftfahrzeugen. Hochschultag, Kassel, 1953.

[1.79]   SCHOLZ, N.: Windkanaluntersuchungen am NSU-Weltrekordmotorrad. Umschau, Jahrg. 51, Heft 22, 1951, S. 691.

[1.80]   SCHOLZ, N.: Windkanaluntersuchungen an Motorradmodellen. ZVDI, Bd. 9, 1953, S. 17 - 20.

[1.81]   BUCHHEIM, R.: Persönliche Information, 1990.

[1.82]   FLEGL, H., BEZ, U.: Aerodynamics – Conflict or Compliance in Vehicle Layout? Int. Journ. of Vehicle Design, SP 3, London, 1983, S. 9 - 43.

[1.83]   HUCHO, W.-H.: The Aerodynamic Drag of Cars – Current Understanding, Unresolved Problems, and Future Prospects. In SOVRAN, G., MOREL, T., MASON. W.T. (Ed.): Aerodynamic Drag Mechanisms of Bluff Bodies and Road Vehicles. New York, N.Y.: Plenum Press, 1978, S. 7 - 44 .

[1.84]   JANSSEN, L. J., HUCHO, W.-H.: Aerodynamische Entwicklung von VW Golf und VW Scirocco. ATZ, Bd. 77, 1975, S. 1 - 5.

[1.85]   MORELLI, A., FIORAVANTI, L., COGOTTI, A.: The Body Shape of Minimum Drag. SAE-Paper 760 186, Detroit, 1976.

[1.86]   BUCHHEIM, R., DEUTENBACH, R., LUCKOFF, H.-J.: Necessity and Premises for Reducing the Aerodynamic Drag of Future Passenger Cars. SAE-Paper 810 185, Detroit, 1981.

[1.87]   BUCHHEIM, R., ROHE, H., WUSTENBERG, H.: Strömungsberechnung am Automobil. ATZ, Bd. 91, 1989, S. 602 - 615.

[1.88]   v. MENDE, H.-U. : Styling – automobiles Design. Stuttgart: Motorbuch Verlag, 1979.

[1.89]   PETSCH, J.: Geschichte des Auto-Design. Köln: DuMont, 1982.

[1.90]   HUCHO, W.-H.: Bringt uns die Aerodynamik die Einheitsform für den Personenwagen? Automobil Revue, 1983, Nr 37, S. 39 - 43.

[1.91]   HUCHO, W.-H.: Design und Aerodynamik. Automobil Revue, 1990, Nr. 45, S. 29 - 31 und Nr. 46, S. 41 - 43.

Abschnitt 2

[2.1]   SCHLICHTING, H.: Grenzschicht-Theorie. 8. Auflage, Karlsruhe: Braun, 1982.

[2.2]   BECKER, E.: Technische Strömungslehre. Stuttgart: Teubner, 1971.

[2.3]   ECK, B.: Technische Strömungslehre. 7. Auflage, Berlin: Springer, 1966.

[2.4]   GERSTEN, K.: Einführung in die Strömungsmechanik. Düsseldorf: Bertelsmann, 1974.

[2.5]   PRANDTL, L., OSWATITSCH, K., WIEGHARDT, K.: Führer durch die Strömungslehre. 7. Auflage, Braunschweig: Vieweg, 1969.

[2.6]   RICHTER, H.: Rohrhydraulik. Berlin: Springer, 1962.

[2.7]   TRUCKENBRODT, E.: Fluidmechanik. Bd. 1 und 2, Berlin: Springer, 1980.

[2.8]   Akad. Ver. HÜTTE (Hrsg.): Hütte. Des Ingenieurs Taschenbuch. 28. Auflage, Berlin: Ernst, 1960.

[2.9]   HOERNER, S. F.: Fluid-Dynamic Drag., 2. Auflage, Midland Park, N. J.: Selbstverlag des Autors, 1965.

[2.10]   HUCHO, W.-H.: The Aerodynamic Drag of Cars – Current Understanding, Unresolved Problems and Future Prospects. In: Sovran, G., Morel, T., Mason, W.T. (Ed.): Aerodynamic Drag Mechanisms of Bluff Bodies and Road Vehicles. New York: Plenum Press, 1978, S. 7 - 44.

[2.11]   HUMMEL, D.: On the Vortex Formation over a Slender Wing at Large Angles of Incidence. AGARD CP - 247, 1978, S. 15-1 - 15-17.

[2.12]   THWAITES, B. (Ed.): Incompressible Aerodynamics. Oxford: Clarendon Press, 1960.

[2.13]   JANSSEN, L. J., HUCHO, W.-H.: Aerodynamische Formoptimierung der Typen VW Golf und VW Scirocco. ATZ, Bd. 77, 1975, S.1 - 5.

[2.14]   MOREL, T.: The Effect of Base Slant on the Flow Pattern and Drag of Three-Dimensional Bodies with Blunt Ends. In: SOVRAN, G., MOREL, T., MASON, W. T. (Ed.): Aerodynamic Drag Mechanisms of Bluff Bodies and Road Vehicles. New York: Plenum Press, 1978, S. 191 - 226.

[2.15]   AHMED, S. R.: Wake Structure of Typical Automobile Shapes. Transactions of the ASME, Journal of Fluid Engineering, Bd. 103, 1981, S. 162 - 169.

[2.16]   AHMED, S. R., RAMM, G., FALTIN, G.: Some Salient Features of the Time-Averaged Ground Vehicle Wake. SAE-Paper 840 300, Detroit, 1984.

[2.17]   HUCHO, W.-H.: Einfluß der Vorderwagenform auf Widerstand, Giermoment und Seitenkraft von Kastenwagen. ZfW, Bd. 20, 1972, S. 341 - 351.

[2.18]   Verein Deutscher Ingenieure (Hrsg.): VDI-Wärmeatlas. 2. Auflage, Düsseldorf: VDI-Verlag, 1974.

[2.19]   HELLER, H. H., DOBRZYNSKI, W. M.: A Comprehensive Review of Airframe Noise Research. Proceedings of the 11 th Congress of ICAS, Lisboa, Portugal, 1978, S. 42 - 60.

[2.20]   EWALD, H.: Aerodynamische Effekte beim Kolonnenfahren (Modelluntersuchungen). Lehrgang Aerodynamik des Kraftfahrzeuges, Haus der Technik, Essen, 1984.

[2.21]   ROSHKO, A., KOENIG, K.: Interaction Effects on the Drag of Bluff Bodies in Tandem. In: SOVRAN, G., MOREL, T., MASON, W.T. (Ed.): Aerodynamic Drag Mechanisms of Bluff Bodies and Road Vehicles. New York: Plenum Press, 1978, S. 253 - 286.

[2.22]   KÜNSTNER, R.: Aerodynamische Untersuchungen an PKW-Wohnanhänger-Zügen. Lehrgang Aerodynamik des Kraftfahrzeuges, Haus der Technik, Essen, 1984.

[2.23]   BEAUVAIS, F. N.: Transient Aerodynamic Effects on a Parked Vehicle Caused by a Passing Bus. Proceedings of First Symposium on Road Vehicle Aerodynamics, The City University, London, 1969.

[2.24]   ROMBERG, G. F., CHIANESE, F. Jr., LAJOIE, R. G.: Aerodynamics of Race Cars in Drafting and Passing Situations. SAE-Paper 710 213, Detroit, 1971.

[2.25]   HOWELL, J. P.: The Influence of the Proximity of a Large Vehicle on the Aerodynamic Characteristics of a Typical Car. In: STEPHENS, H. S. (Ed.): Advances in Road Vehicle Aerodynamics. Cranfield: BHRA Fluid Engineering, 1973, S. 207 -221.

[2.26]   CHOULET, R., FAVERO, J.-L., ROMANI, L.: A Study of the Aerodynamic Interaction Between a Lorry and a Car. In: STEPHENS, H. S. (Ed.): Advances in Road Vehicle Aerodynamics. Cranfield: BHRA Fluid Engineering, 1973, S. 255 - 269.

[2.27]   AHMED, S. R., HUCHO, W.-H.: The Calculation of the Flow Field Past a Van With the Aid of a Panel Method. SAE-Paper 770 390, Detroit, 1977.

[2.28]   BRUHN, E. A. (Ed.): Icing Problems and Recommended Solutions. AGARDograph 16, 1956.

[2.29]   SCHLICHTING, H. GERSTEN, K.: Berechnung der Strömung in rotationssymmetrischen Diffusoren mit Hilfe der Grenzschichttheorie. ZfW, Bd. 9, 1961, S. 135 - 140.

[2.30]   SPRENGER, H.: Experimentelle Untersuchungen an geraden und gekrümmten Diffusoren im inkompressiblen Geschwindigkeitsbereich. Mitt. Nr. 27 des Inst. Aerodynamik Zürich, 1959.

Abschnitt 3

[3.1]   BUCKLEY, F. T., MARKS, C. H., WALSTON, W. H.: An Evolution of the Aerodynamic Drag Reductions Produced by Various Cab Root Fairings and a Gap on Tractor-Trailer Trucks: SAE-Paper 760 105, Detroit, 1976.

[3.2]   SCHUBERT, K.: Bewertung unterschiedlicher Antriebsaggregate in Lkw und Omnibussen durch rechnerische Methoden. VDI-Vortragsreihe 100 Jahre Ottomotoren. Köln, 1976.

[3.3]   BUSSIEN: Automobiltechnisches Handbuch. Berlin: Technischer Verlag Herbert Cram, 1965.

[3.4]   HILDEBRANDT, C.: Automobilkonzepte der Zukunft im europäischen Umfeld. Aus Kunststoff im Automobilbau: Integration nach Maß. Hrsg.: Verein Deutscher Ingenieure. Düsseldorf: VDI-Verlag, 1990.

[3.5]   Council Directive of 16. December 1980 on the Approximation of the Laws of the Member States Relating to the Fuel Consumption of Motor Vehicles (80/1268/EEC).

[3.6]   JANSSEN, L. J., EMMELMANN, H.-J.: Senkung des Kraftstoffverbrauchs durch Aerodynamik, Formoptimierung der Karosserie von Pkw. VDI/ATG-Jahrestagung Fahrzeugtechnik, Stuttgart, 1977.

[3.7] HUCHO, W.-H., EMMELMANN, H.-J.: Aerodynamische Formoptimierung, ein Weg zur Steigerung der Wirtschaftlichkeit von Nutzfahrzeugen. VDI/ATG-Jahrestagung Fahrzeugtechnik Stuttgart, 1977.

Abschnitt 4

[4.1] HUCHO, W.-H.: Numerischer Windkanal – Stromlinienautos aus dem Supercomputer? c't 1989, Heft 10, S. 44 - 62.

[4.2] SCHLICHTING, H.: Grenzschicht-Theorie. 8. Auflage, Karlsruhe: Braun, 1982.

[4.3] AHMED, S. R., BAUMERT, W.: The Structure of Wake Flow Behind Road Vehicles. Aerodynamics of Transportation, ASME-CSME Conference, Niagara Falls, 1979, S. 93 - 103.

[4.4] HUMMEL, D.: On the Vortex Formation Over a Slender Wing at Large Angles of Incidence. AGARD CP - 247, 1978, S. 15-1 - 15-17.

[4.5] HUCHO, W.-H.: The Aerodynamic Drag of Cars – Current Understanding, Unresolved Problems and Future Potential. In SOVRAN, G., MOREL, T., MASON, W. T. (Ed.): Aerodynamic Drag Mechanisms of Bluff Bodies and Road Vehicles. New York, N.Y.: Plenum Press, 1978, S. 7 - 44.

[4.6] AHMED, S. R.: Wake Structure of Typical Automobile Shapes. Transactions of the ASME, Journal of Fluids Engineering, Bd. 103, 1981, S. 162 - 169.

[4.7] AHMED, S. R.: Influence of Base Slant on the Wake Structure and Drag of Road Vehicles. Transactions of the ASME, Journal of Fluids Engineering, Bd. 105, 1984, S. 429 - 434.

[4.8] AHMED, S. R., RAMM, G., FALTIN, G.: Some Salient Features of the Time Averaged Ground Vehicle Wake. SAE Paper 840 300, Detroit, 1984

[4.9] HUCHO, W.-H.: Strömungmechanische Probleme an Fahrzeug-Kühlsystemen. Festschrift zum 65. Geburtstag von Professor H. Schlichting. Bericht 72/5 des Institutes für Strömungsmechanik der TU Braunschweig, 1972, S. 82 - 102.

[4.10] KURIYAMA, T.: Numerical Simulation on Three Dimensional Flow and Heat Transfer in the Engine Compartment Using „STREAM". In MARINO, C. (Ed.): Supercomputer Applications in Automotive Research and Development. Cray Research, Minnesota, 1988, S. 283 - 292.

[4.11] CARR, G. W.: Potential for Aerodynamic Drag Reduction in Car Design. Int. Journal of Vehicle Design, SP3, London, 1983, S. 44 - 56.

[4.12] COGOTTI, A.: Prospects for Aerodynamic Research in the Pininfarina Wind Tunnel. Paper 905 149, XXIII FISITA Congress, Turin, 1990.

[4.13] COGOTTI, A.: A Strategy for Optimum Surveys of Passenger-Car Flow Fields. SAE-Paper 890 374, Detroit, 1989.

[4.14] COGOTTI, A.: Flow-Field Surveys Behind Three Squareback Car Models Using a New Fourteen-Hole Probe. SAE-Paper 870 243, Detroit, 1987.

[4.15] GERSTEN, K.: Einführung in die Strömungsmechanik. Düsseldorf: Bertelsmann Universitätsverlag, 1974.

[4.16] VERNACCHIA, M.: Medium Class Vehicle with High Aerodynamic Efficiency. Paper 905 127, XXIII FISITA Congress, Turin, 1990.

[4.17] EMMELMANN, H.-J., BERNEBURG, H., SCHULZE, J.: The Aerodynamic Development of the Opel Calibra. SAE-Paper 900 317, Detroit, 1990.

[4.18] COGOTTI, A.: Wake Surveys of Different Car-Body Shapes with Coloured Isopressure Maps. SAE-Paper 840 299, Detroit, 1984.

[4.19]   COGOTTI, A.: Car-Wake Imaging Using a Seven-Hole Probe. SAE-Paper 860 214, Detroit, 1986.

[4.20]   ONORATO, M., COSTELLI, A. F., GARRONE, A.: Drag Measurements Through Wake Analysis. SAE-Paper 840 302, Detroit, 1984.

[4.21]   HACKETT, J. E., WILLIAMS, J. E., PATRICK, Jr., J.: Wake Traverses Behind Production Cars and their Interpretation. SAE-Paper 850 280, Detroit, 1985.

[4.22]   MUTO, S.: The Aerodynamic Drag Coefficient of a Passenger Car and Methods for Reducing it. Int. Journal of Vehicle Design, SP 3, London, 1983, S. 37 - 69.

[4.23]   MORELLI, A.: Principali influence sul coefficiente di resistenza aerodinamica dei veicoli. ATA, April 1960, S. 123 - 131.

[4.24]   MORELLI, A.: Metodo teorico per la determinazione di portanza sul di un veicolo. ATA, 1964, S. 599 - 606.

[4.25]   MORELLI, A.: Low Drag Bodies Moving in Proximity of the Ground. Aerodynamics of Transportation, ASME-CSME Conference, Niagara Falls, 1979, S. 241 - 248.

[4.26]   MORELLI, A., FIORAVANTI, L., COGOTTI, A.: The Body Shape of Minimum Drag. SAE-Paper 760 186, Detroit, 1976.

[4.27]   POTTHOFF, J.: Einfluß des Auftriebs auf den Luftwiderstand in Abhängigkeit vom Bodenabstand und vom Anstellwinkel. Diplomarbeit TH Stuttgart, 1960.

[4.28]   HUCHO, W.-H.: Einfluß der Vorderwagenform auf Widerstand, Giermoment und Seitenkraft von Kastenwagen. ZfW, Bd. 20, 1972, S. 341 - 351.

[4.29]   CARR, G. W.: The Aerodynamics of Basic Shapes for Road Vehicles, Part 2, Saloon Car Bodies. MIRA-Rep. No. 1968/9.

[4.30]   GILHAUS, A. M., RENN, V. E.: Drag and Driving-Stability-Related Aerodynamic Forces and their Interdependence – Results of Measurements on 3/8-Scale Basic Car Shapes. SAE-Paper 860 211, Detroit, 1986.

[4.31]   HUCHO, W.-H., JANSSEN, L. J.: Beiträge der Aerodynamik im Rahmen einer Fahrzeugentwicklung. ATZ, Bd. 74, 1972, S. 1 - 5.

[4.32]   JANSSEN, L. J., HUCHO, W.-H.: Aerodynamische Entwicklung von VW Golf und Scirocco. ATZ, Bd. 77, 1975, S. 1 - 5.

[4.33]   CARR, G. W.: Aerodynamic Effects of Modifikations to a Typical Car Model. MIRA-Rep. No. 1963/4.

[4.34]   HUCHO, W.-H., JANSSEN, L. J., EMMELMANN, H.-J.: The Optimization of Body Details – A Method for Reducing the Aerodynamic Drag of Road Vehicles. SAE-Paper 760 186, Detroit, 1976.

[4.35]   BUCHHEIM, R., DEUTENBACH, K.-R., LÜCKOFF, H.-J.: Necessity and Premises for Reducing the Aerodynamic Drag of Future Passenger Cars. SAE-Paper 810 185, Detroit, 1981.

[4.36]   SCIBOR-RYLSKI, A. J.: Road Vehicle Aerodynamics. 2. Auflage, London: Pentech Press, 1984.

[4.37]   BUCHHEIM, R., LEIE, B., LÜCKOFF, H.-J.: Der neue Audi 100 – Ein Beispiel für konsequente aerodynamische Personenwagen-Entwicklung. ATZ, Bd. 85, 1983, S. 419 - 425.

[4.38]   MAULL, D. J.: Mechanisms of Two- and Three-Dimensional Base Drag. In SOVRAN, G., MOREL, T., MASON, W. T. (Ed.): Aerodynamic Drag Mechanisms of Bluff Bodies and Road Vehicles. New York, N.Y.: Plenum Press, 1978, S. 137 - 159.

[4.39]   MAIR, W. A.: Drag-Reducing Techniques for Axi-Symmetric Bluff Bodies. In SOVRAN, G., MOREL, T., MASON, W.T. (Ed.): Aerodynamic Drag Mechanisms of Bluff Bodies and Road Vehicles. New York, N.Y.: Plenum Press, 1978, S. 161 - 187.

[4.40]   MAIR, W. A.: Reduction of Base Drag by Boat-Tailed Afterbodies in Low-Speed Flow. Aeronautical Quarterly, Vol. 20, 1969, S. 307 - 320.

[4.41]   LIEBOLD, H., FORTNAGEL, M., GÖTZ, H., REINHARD, T.: Aus der Entwicklung des C 111, III. Automobil-Industrie, Nr. 2, 1979, S. 29 - 36.

[4.42]   POTTHOFF, J.: The Aerodynamic Layout of UNICAR Research Vehicle. Int. Symp. on Vehicle Aerodynamics, Wolfsburg, 1982.

[4.43]   MAIOLI, M.: Function Versus Appearance: The Interaction Between Customer, Stylist and Engineer in Vehicle Design. Int. Journal of Vehicle Design, Vol.5, 1983, S. 305 - 316.

[4.44]   MOREL, T.: The Effect of Base Slant on the Flow Pattern and Drag of Three-Dimensional Bodies with Blunt Ends. In SOVRAN, G., MOREL, T., MASON, W.T. (Ed.): Aerodynamic Drag Mechanisms of Bluff Bodies and Road Vehicles. New York, N.Y.: Plenum Press, 1978, S. 191 - 226.

[4.45]   BEARMAN, P. W.: Bluff Body Flows Applicable to Vehicle Aerodynamics. Aerodynamics of Transportation, ASME-CSME Conference, Niagara Falls, 1979, S. 1 - 11.

[4.46]   BEARMANN, P. W., DAVIS, J. P., HARVEY, J. K.: Wind Tunnel Investigation on Vehicle Wakes. Int. Symp. on Vehicle Aerodynamics, Wolfsburg, 1982.

[4.47]   BEARMAN, P. W., DAVIS, J. P.: Measurement of the Structure of Road Vehicle Wakes. Int. Journal of Vehicle Design, SP 3, London 1983, S. 493 - 499.

[4.48]   BEARMAN, P. W.: Some Observations on Road Vehicle Wakes. SAE-Paper 840 301, Detroit, 1984.

[4.49]   MASKELL, E. C.: Progress Towards a Method for the Measurement of the Components of the Drag of a Wing of Finite Span. RAE Technical Report 72232, 1973.

[4.50]   BUCHHEIM, R., PIATEK, R., WALZER, P.: Contribution of Aerodynamics to Fuel Economy Improvements for Future Passenger Cars. First Int. Automotive Fuel Economy Conference, Washington, 1979.

[4.51]   KOBAYASHI, T.: Numerical Simulation of the Turbulent Flow Around 2D/3D-Automobiles. Addendum to Supercomputer Applications in Automotive Research and Engineering Development. Cray Research, Minneapolis, 1988.

[4.52]   SCHLICHTING, H., TRUCKENBRODT, E.: Aerodynamik des Flugzeuges, Bd.2. Berlin: Springer, 1960.

[4.53]   CARR, G. W.: Influence of Rear Body Shape on the Aerodynamic Characteristics of Saloon Cars. MIRA Rep. Nr. 1974/2.

[4.54]   CARR, G. W.: Aerodynamic Effects of Underbody Details on a Typical Car Model. MIRA Rep. Nr. 1965/7.

[4.55]   NOUZAWA, T., HARUNA, S., HIASA, K., NAKAMURA, T., SATO, H.: Analysis of Wake Pattern for Reducing Aerodynamic Drag of Notchback Model. SAE-Paper 900 318, Detroit, 1990.

[4.56]   HOERNER, S. F.: Fluid Dynamic Drag. Midland Park, N.J.: Selbstverlag des Autors, 1965.

[4.57]   WIEGHARDT, K.: Erhöhung des turbulenten Reibungswiderstandes durch Oberflächenstörungen. Techn. Berichte, Bd. 10, Heft 9, 1943; siehe auch Forschungshefte Schiffstechnik, Bd. 1, 1953, S. 65 - 81.

[4.58] COGOTTI, A.: Aerodynamic Characteristics of Car Wheels. Int. Journal of Vehicle Design, SP 3, London, 1983, S. 173 - 196.

[4.59] STAPLEFORD, W. R., CARR, G. W.: Aerodynamic Characteristics of Exposed Rotating Wheels. MIRA Rep. Nr. 1970/2.

[4.60] MORELLI, A.: Aerodynamic Actions on an Automobile Wheel. Proceedings of the first Symp. on Road Vehicle Aerodynamics, London, 1969.

[4.61] KRAMER, C., GERHARDT, H. J., JÄGER, E., STEIN, H.: Windkanalstudien zur Aerodynamik der Fahrzeugunterseite. Koll. Industrieaerodynamik, Teil 3, Aerodynamik von Straßenfahrzeugen, S. 71 - 83, Aachen, 1974.

[4.62] SCHENKEL, F. K.: The Origins of Drag and Lift Reductions on Automobiles with Front and Rear Spoiler. SAE-Paper 770 389, Detroit, 1977.

[4.63] JANSSEN, L. J., HUCHO, W.-H.: The Effect of Various Parameters on the Aerodynamic Drag of Passenger Cars. Advances in Road Vehicle Aerodynamics; British Hydromech. Ass., Cranfield, 1973.

[4.64] COSTELLI, A. F.: Aerodynamic Characteristics of the Fiat UNO Car. SAE-Paper 840 297, Detroit, 1984.

[4.65] BUCHHEIM, R., MARETZKE, J., PIATEK, R.: The Control of Aerodynamic Parameters Influencing Vehicle Dynamics. SAE-Paper 850 279, Detroit 1985.

[4.66] OHTANI, K., TAKEI, M., SAKAMOTO, H.: Nissan Full Scale Wind Tunnel – Its Application to Passenger Car Design. SAE-Paper 720 100, Detroit, 1972.

[4.67] DEUTENBACH, K.-R. Persönliche Information, 1988.

[4.68] SCHUSTER, H., HORN, R.: Der Corrado von Volkswagen. ATZ, Bd.91, 1989, S. 297 - 302 und 359 - 362.

[4.69] Hart am Wind. Auto Motor Sport, Nr. 20, 6.10.1982, S. 126 - 130.

[4.70] WIEDEMANN, J.: Optimierung der Kraftfahrzeugdurchströmung zur Steigerung des aerodynamischen Abtriebes. ATZ, Bd. 88, 1986, S. 429 - 431.

[4.71] SOJA, H., WIEDEMANN, J.: The Interference Between Exterior and Interior Flow on Road Vehicles. Ingénieurs de l'automobile. September 1987, S. 101 - 105.

[4.72] EMMENTHAL, K.-D., HUCHO, W.-H.: A Rational Approach to Automotive Radiator Systems Design. SAE-Paper 740 088, Detroit, 1974.

[4.73] TAYLOR, G. I.: Air Resistance of a Flat Plate of Very Porous Material. ARC R. u.M. Nr. 2236, 1948.

[4.74] EMMELMANN, H.-J.: Aerodynamic Development and Conflicting Goals of Subcompacts – Outlined on the Opel Corsa. Internat. Symp. on Vehicle Aerodynamics, Wolfsburg, 1982.

[4.75] BEAUVAIS, F. N.: Aerodynamic Characteristics of a Car-Trailer Combination. SAE-Paper 670 100, Detroit, 1967.

[4.76] KÜNSTNER, R.: Aerodynamische Untersuchungen an Personenwagen-Caravan-Zügen. ATZ, Bd.87, 1985, S. 95 - 100, S. 245 - 255 und S. 303 - 310.

[4.77] WATERS, D. M.: The Aerodynamic Behavior of Car-Caravan Combinations. Proceedings of the first Symp. on Road Vehicle Aerodynamics, London, 1969.

[4.78] PESCHKE, W., MANKAU, H.: Pendel-Zug, Auftriebskräfte am Wohnanhänger beeinflussen die Stabilität von Wohnwagengespannen, Automobil Revue 18, Bern, 1982, S. 51-53.

708

[4.79]   ZOMOTOR, A., RICHTER, K.-H., KUHN,W.: Untersuchungen über die Stabilität und das aerodynamische Störverhalten von Pkw-Wohnanhängerzügen. Automobil-Industrie, 3/ 1982, S. 331 - 340.

[4.80]   ZOMOTOR, A.: Fahrwerktechnik; Fahrverhalten. Würzburg: Vogel Verlag, 1987.

[4.81]   ROMBERG, G. F., CHIANESE, F., LAJOIE, R. G.: Aerodynamics of Race Cars in Drafting and Passing Situations. SAE-Paper 710 213, Detroit, 1971.

[4.82]   GÖTZ, H.: Die Aerodynamik des Nutzfahrzeuges – Maßnahmen zur Kraftstoffeinsparung. Fortschritt-Berichte der VDI-Zeitschriften, Reihe 12, Nr. 31, 1977.

[4.83]   EWALD. H.: Aerodynamische Effekte beim Kolonnenfahren (Modelluntersuchungen). Haus der Technik, Essen, 1984.

[4.84]   HUCHO, W.-H.: Fahrzeugaerodynamik – Stand der Technik und Aufgaben für die Forschung. DGLR-Bericht 79-02, Köln, 1979, S. 401 - 417.

[4.85]   HUCHO, W.-H.: Die optimale Karosserieform. Volkswagen Workshop „Das Auto der 80er Jahre", Wolfsburg, 1978, S. 17 - 23.

[4.86]   CARR, G. W.: Reducing Fuel Consumption by Means of Aerodynamic „Add-On" Devices. SAE-Paper 760 187, Detroit, 1976.

[4.87]   HUCHO, W.-H.: Design und Aerodynamik. Automobil Revue Nr. 45/1.11.1990, S. 29 - 31, Nr. 46/8.11.1990, S. 41 - 43.

[4.88]   WHITE, R. G. S.: A Rating Method for Assessing Vehicle Aerodynamic Drag Coefficients. MIRA Rep. Nr. 1967/9.

[4.89]   CARR, G.W.: New MIRA Drag Reduction Prediction Method for Cars. Automotive Engineer, Juni/Juli 1987, S. 34 - 38.

[4.90]   ROSE, M. J.: Appraisal and Modification of an Empirical Method for Predicting the Aerodynamic Drag of Cars. MIRA Released Report 1984/1.

[4.91]   BUCHHEIM, R., KNORR, G., MANKAU, H., TANG, T.: Expertensystem zur Unterstützung der Aerodynamikoptimierung von Fahrzeugen. GMD-Studien Nr. 160, 1989, S. 60 - 83.

[4.92]   HUBER, G., GÖTZ, H., SCHWEDE, W.: Der neue Mercedes-Benz Roadster – Karosserie: Aufbaukonzept, Aerodyamik und Schwingungsverhalten. ATZ, Bd. 91, 1983, S. 177 - 182.

[4.93]   UTZ, H.-J.: Bestimmung der statistischen Verteilung der Anströmrichtung für Personenkraftwagen bei Autobahnfahrten in der Bundesrepublik Deutschland. Diplomarbeit Universität Stuttgart, 1982.

[4.94]   MAKEPEACE, C.: Zusammenstellung von c_w-Werten nach Unterlagen der EADE, Rüsselsheim, 1991.

[4.95]   STOLLERY, J. L., BURNS, W. K.: Forces on Bodies in the Presence of the Ground. Proceedings of the first Symp. on Road Vehicle Aerodynamics, London, 1969.

[4.96]   HUCHO, W.-H.: Designing Cars for Low Drag – State of the Art and Future Potential. Int. Journal of Vehicle Design, SP 3, London, 1983, S. 1 - 8.

[4.97]   BAHNSEN, U.: Airflow Management in Future Design. Int. Journal of Vehicle Design. Bd. 3, 1982, S. 40 - 47.

[4.98]   NITZ, J., DEUTENBACH, K.-R., POLTROCK, R.: ARVW – Konzept eines luftwiderstandsarmen Rekordfahrzeuges. ATZ, Bd. 84, 1982, S. 211 - 219.

Abschnitt 5

[5.1] FAERBER, H. A.: Das Autobuch. Offenburg: Burda Druck u. Verlag GmbH, 1956, S. 231.

[5.2] KRAMER, C., GERHARD H. J., JAEGER, E., STEIN, H.: Windkanalstudien zur Aerodynamik der Fahrzeugunterseite. Koll. Industrieaerodynamik, Teil 3, Aerodynamik von Straßenfahrzeugen, S.71 - 83, Aachen, 1974.

[5.3] BARTH, R.: Windkanalmessungen an Fahrzeugmodellen und rechteckigen Körpern mit verschiedenem Seitenverhältnis bei unsymmetrischer Anströmung. Dissertation, TH Stuttgart, 1958.

[5.4] MITSCHKE, M.: Dynamik der Kraftfahrzeuge, 2. Auflage. Berlin: Springer, 1990.

[5.5] SCHLICHTING, H.: Aerodynamische Untersuchungen an Kraftfahrzeugen. Institut für Strömungstechnik, TH Braunschweig, 1953.

[5.6] HUCHO, W.-H.: Designing Cars for Low Drag – State of the Art and Future Potential. Int. Journ. of Vehicle Design, SP3, London, 1982, S. 1 - 8.

[5.7] HUCHO, W.-H., EMMELMANN, H.-J.: Theoretical Prediction of the Aerodynamic Derivatives of a Vehicle in Cross Wind Gusts. SAE-Paper 730 232, Detroit, 1973.

[5.8] MARETZKE, I., RICHTER, B.: Einfluß der Aerodynamik auf die Richtungsstabilität von PKW. VDI Bericht 546, 1984, S.101 - 116.

[5.9] MILLIKEN, W. F., DELL'AMICO, F., RICE, R. S.: The Static Directional Stability and Control of an Automobil. SAE-Paper 760 712, Detroit, 1976.

[5.10] OHTANI, K., TAKEI, M., SAKAMOTO, H.: Nissan Full-Scale Windtunnel – Its Application to Passenger Car Design. SAE-Paper 720 100, Detroit, 1972.

[5.11] ZOMOTOR, A.: Fahrwerktechnik; Fahrverhalten. Würzburg: Vogel Verlag, 1987.

[5.12] BRAESS, H. H., BURST, H., HAMM, L., HANNES, R.: Verbesserung der Fahreigenschaften durch Verringerung des aerodynamischen Auftriebs. ATZ, 77, 1975, S. 119 - 124.

[5.13] FLEGL, H., RAUSER, M., WITTE, L.: Beeinflussung des Fahrverhaltens durch die Aerodynamik. Automobilindustrie 4/87, S. 304 - 318.

[5.14] OTTO, H.: Lastwechselreaktionen von PKW bei Kurvenfahrt. Dissertation, TU Braunschweig, 1987.

[5.15] BURCKHARD, M., BURG, F. H.: Berechnung und Rekonstruktion des Bremsverhaltens von PKW. Verlag Information, Kippenheim, 1988.

[5.16] DAVENPORT, A. G.: Some Aspects of Wind Loading. Transaction of the Institute of Canada. Paper EIC '63-CIV 3.

[5.17] BITZEL, F.: Die Einwirkung von Seitenwindkräften auf den Straßenverkehr. Zeitschrift für Verkehrssicherheit, 1962, Heft 2.

[5.18] Grüne Berichte des Deutschen Wetterdienstes. 147, Bodennahe Windverhältnisse in der Bundesrepublik Deutschland, Offenbach,1989.

[5.19] Straßenverkehrsunfälle 1986. Fachserie 8, Reihe 7, Statistisches Bundesamt, Wiesbaden, 1986.

[5.20] COOPER, K.: The Effect of Front-Edge Rounding and Rear-Edge Shaping on the Aerodynamic Drag of Bluff Vehicles in Ground Proximity. SAE Paper 850 288, Detroit, 1985.

[5.21] UTZ, H.-J.: Bestimmung der statistischen Verteilung der Anströmrichtung für Personenkraftwagen bei Autobahnfahrten in der Bundesrepublik Deutschland. Diplomarbeit, Universität Stuttgart, 1982.

[5.22] WEIR, H. D., DI MARIO, R. J.: Correlation and Evaluation of Driver/Vehicle Directional Handling Data. SAE-Paper 780 010, Detroit, 1978.

[5.23] LAERMANN, F. J., MATHEIS, A., DIBBERN, K.: Relevanz eines Fahrermodelles bei der Analyse von Fahrzeugkonzepten. VDI-Berichte 816, Berechnungen im Automobilbau, 1990, S.579 - 588.

[5.24] ENGELHARD, H.: Aerodynamische Wechselwirkungen bei Überholvorgängen von Fahrzeugen. Diplomarbeit, RWTH Aachen, 1990.

[5.25] HEFFLEY, R.K.: Aerodynamics of Passenger Vehicles in Close Proximity to Trucks and Buses. SAE-Paper 730 235, Detroit, 1973.

[5.26] GÖTZ, H.: Bus Design Features and Their Aerodynamic Effects. Int. Journ. of Vehicle Design, SP 3, London, 1983, S. 229 - 255.

[5.27] CARR, G. W.: The Aerodynamics of Basic Shapes for Road Vehicles. Part 1, 2, 3. MIRA Reports, No. 1968/2; 1968/9; 1970/4.

[5.28] GILHAUS, A., RENN, V.: Drag and Driving-Stability-Related Aerodynamic Forces and their Interdependence - Results of Measurements on 3/8-Scale Basic Car Shapes. SAE-Paper 860 211, Detroit, 1986.

[5.29] RENN, V., GILHAUS, A.: Aerodynamics of Vehicle Cooling Systems. Journal of Wind Engineering and Industrial Aerodynamics, 22 , 1986, S. 339-346.

[5.30] KERSCHBAUM, H.: Reifenuntersuchungen am BMW 318i. BMW-interne Studie, München, 1991.

[5.31] ROMPE, K., HEISSING, B.: Objektive Testverfahren für die Fahreigenschaften von Kraftfahrzeugen. Fahrzeugtechnische Schriftenreihe: Herausgeber M. MITSCHKE und FRIEDRICH, Köln: Verlag TÜV Rheinland, 1984.

[5.32] COGOTTI, A.: Prospects for Aerodynamic Research in the Pininfarina Windtunnel. FISITA-Kongreß, Turin, 1990, Paper No 90 51 49.

[5.33] FIALA, E.: Lenkreaktionen bei Seitenwind. VDI-Zeitschrift Band 108, Nr.27, 1966, S. 1333.

[5.34] WATARI, A., TSUCHIYA S., IWASE, H.: On the Cross Wind Sensitivity of the Automobile. FISITA, Paris, 1974.

[5.35] RIEDEL, A.: A Model of the Real Driver for Use in Vehicle Dynamic Simulation Models. FISITA, Turin, 1990.

[5.36] WALLENTOWITZ, H.: Fahrer-Fahrzeug-Seitenwind. Dissertation, TU Braunschweig, 1978.

[5.37] RISSE, H. J.: Das Fahrverhalten bei normaler Fahrzeugführung. Fortschritt-Berichte der VDI-Zeitschriften, Reihe 12, Nr. 160, VDI-Verlag, Düsseldorf, 1991.

[5.38] WILLUMEIT, H. P., MATHEIS, A., MÜLLER, K.: Korrelation von Untersuchungsergebnissen zur Seitenwindempfindlichkeit eines PKW im Fahrsimulator und Prüffeld. ATZ, Bd. 93, 1991, S. 28 - 35.

[5.39] SORGATZ, U., BUCHHEIM, R.: Untersuchungen zum Seitenwindverhalten zukünftiger Fahrzeuge. ATZ, Bd. 84, 1982, S.11- 18.

Abschnitt 6

[6.1] JANSSEN, L. J., HUCHO, W.-H.: Aerodynamische Formoptimierung von VW Golf und Scirocco. ATZ, Bd. 77, 1975, S. 309 - 313.

[6.2] HUCHO, W.-H.: The Aerodynamic Drag of Cars – Current Understanding, Unresolved Problems, and Future Prospects. In SOVRAN, G., MOREL, T., MASON, W.T. (Ed.): Aerodynamic Drag Mechanisms of Bluff Bodies and Road Vehicles. New York, N. Y.: Plenum Press, 1978, S. 7- 44.

[6.3]   HUCHO, W.-H., JANSSEN, L. J.: Flow Visualization Techniques in Vehicle Aerodynamics. The International Symposium on Flow-Visualization, Tokyo, 1977, S. 99 - 108.

[6.4]   WATANABE, M., HARITA, M., HAYASHI, E.: The Effect of Body Shapes on Wind Noise. SAE-Paper 780 266, Detroit, 1978.

[6.5]   Volkswagen AG (Herausgeber): Aerodynamik bei Volkswagen. Wolfsburg: Selbstverlag VW AG, 1989.

[6.6]   BUCHHEIM, R., DURST, F., BEECK, M.A., HENTSCHEL, W., PIATEK, R.,SCHWABE, D.: Advanced Experimental Techniques and their Application to Automotive Aerodynamics. SAE-Paper 870 244, Detroit, 1987.

[6.7]   KOESSLER, P.: Kotflügeluntersuchungen. Deutsche Kraftfahrtforschung und Straßenverkehrstechnik, Heft 175, Düsseldorf: VDI-Verlag, 1965.

[6.8]   GÖTZ, H.: Schüttguttransport, Verschmutzung und Abgasgeruch bei Kraftfahrzeugen - Auswirkungen und aerodynamische Abhilfemaßnahmen. Kolloquium über Industrieaerodynamik, Teil 3, S. 97 - 108, Aachen, 1974.

[6.9]   PIATEK, R., HENTSCHEL, W.: Strömungssichtbarmachung in der aerodynamischen Entwicklung von Kraftfahrzeugen. Tagung: Sichtbarmachung technischer Strömungsvorgänge, Haus der Technik, Essen, 1989.

[6.10] ZBORALSKI, D.: Geräuschbekämpfung im Fahrzeugbau, Eisenbahn - Kraftfahrzeug - Schiff. Frankfurt: Dr. Arthur-Tetzlaff-Verlag, 1963.

[6.11] HECKL, M.: Strömungsgeräusche. Fortschrittsberichte VDI-Z. Reihe 7, Nr. 20, Düsseldorf, Oktober 1969.

[6.12] GEORGE, A. R: Automobile Aerodynamic Noise. SAE-Paper 900 315, Detroit, 1990

[6.13] BUCHHEIM, R. DOBRZYNSKI, W., MANKAU, H., SCHWABE, D.: Vehicle Interior Noise Related to External Aerodynamics. International Journal of Vehicle Design, SP 3, London, 1982, S. 197 - 209.

[6.14] STAPLEFORD, W. R., CARR, G. W.: Aerodynamic Noise in Road Vehicles. MIRA-Rep. Nr. 1971/2.

[6.15] STAPLEFORD, W. R.: Aerodynamic Noise in Road Vehicles, Part 2: A Study of the Sources and Significance of Aerodynamic Noise in Saloon Cars. MIRA-Rep. Nr. 1972/6.

[6.16] ASPINALL, D. T.: An Empirical Investigation of Low Frequency Wind Noise in Motor Cars. MIRA-Report No. 1966/2.

[6.17] BARTH, R.: Über aerodynamische Eigenschaften von Scheibenwischern. ATZ, Bd. 66, 1964, S. 323 - 329 und 349 - 352.

Abschnitt 7

[7.1]   FLEGL, H.: Die Fahrleistungsgrenzen heutiger Rennwagen, erläutert am Beispiel des Porsche 917/10 Can Am. Kolloquium über Industrieaerodynamik, Teil 3: Aerodynamik von Straßenfahrzeugen, S. 141-152, Aachen, 1974.

[7.2]   BRAESS, H.-H., BURST, H., HANNES, R., HAMM, L.: Verbesserung der Fahreigenschaften von Personenkraftwagen durch Verringerung des aerodynamischen Auftriebs. ATZ, Bd. 77, 1975, S. 119-124.

[7.3] ROMBERG, G. F., CHIANESE, F., LAJOIE, R. G.: Aerodynamics of Race Cars in Drafting and Passing Situations. SAE-Paper 710 213, Detroit, 1971.

[7.4] Jim Clark Foundation, London: Aerofoil Report. Research Report 1969.

[7.5] SCIBOR-RYLSKI, A. J.: Road Vehicle Aerodynamics, 2. Aufl. London: Pentech Press, 1984.

[7.6] ASSMANN, W., WITTE, L.: Einfluß der Aerodynamik auf das Fahrverhalten eines Pkw. Vehicle Aerodynamics Symposium, Wolfsburg, Dezember 1982.

[7.7] FLEGL, H., RAUSER, M., WITTE, L.: Beeinflussung des Fahrverhaltens durch die Aerodynamik. Automobil Industrie, Nr. 32, 1987, S. 309 - 318.

[7.8] WIEDEMANN, J.: Optimierung der Kraftfahrzeugdurchströmung zur Steigerung des aerodynamischen Abtriebes. ATZ, Bd. 88, 1986, S. 429 - 431.

[7.9] FLEGL, H.: Die aerodynamische Gestaltung von Sportwagen. Christophorus, Nr. 98, 1969, S. 18 - 19.

[7.10] HUCHO, W.-H.: The Aerodynamic Drag of Cars, Current Understanding, Unresolved Problems, and Future Prospects. In SOVRAN, G., MOREL, T., MASON, W.T. (Ed.): Aerodynamic Drag Mechanisms of Bluff Bodies and Road Vehicles. Plenum Press, New York, N.Y. 1978, S. 7 - 44.

[7.11] WRIGHT, P. G.: The Influence of Aerodynamics on the Design of Formula One Racing Cars. Impact of Aerodynamics on Vehicle Design, Int. J. of Vehicle Design, SP3, London, 1983, S. 158 - 172.

[7.12] FAUL, R.: Ein Rennwagen steht im Windkanal. Automobil Revue, Bern, 2.10.1989, S. 37 - 39.

[7.13] RAUSER, M., EBERIUS, J.: Verbesserung der Fahrzeugaerodynamik durch Unterbodengestaltung. ATZ, Bd. 89, 1987, S. 535 - 542.

[7.14] SORGATZ, U., BUCHHEIM, R.: Untersuchungen zum Seitenwindverhalten zukünftiger Fahrzeuge. ATZ, Bd. 84, 1982, S. 11 - 18.

[7.15] MEZGER, H.: Der Porsche 4,5-l-Rennsportwagen, Typ 917, Teil 2. ATZ, Bd. 71, 1969, S. 417 - 423.

[7.16] BOŠNJAKOVIĆ, F.: Technische Thermodynamik, Teil 1. Dresden: Verlag Theodor Steinkopff, 1967.

[7.17] AMATO, G.: Reaction Thrust from a Vehicle Radiator. Automotive Engineering, Dezember 1980, S. 67 - 68.

[7.18] REILLY, D.: NACA-Ducts, What They Are and How They Work. Road & Track, März 1979, S. 71 - 74.

[7.19] HUCHO, W.-H.: Aerodynamik bei Porsche – Safety at any Speed. Automobil Revue, 15.12.1988, S. 41 - 45.

[7.20] TORDA, T. P., MOREL, T. A.: Aerodynamic Design of a Land Speed Record Car. J. Aircraft, Vol. 8, (1971) S. 1029 - 1033.

[7.21] MALAVARD, L.: Etude des écoulements transsoniques. Controle expérimental des règles de similitude. Jb. WGL, 1953, S. 96 - 103.

[7.22] COGOTTI, A.: Aerodynamic Characteristics of Car Wheels. Impact of Aerodynamics on Vehicle Design, Int. J. of Vehicle Design, SP3, London, 1983, S. 173 - 196.

[7.23] RAUSER, M.: Einfluß der Unterbodengestaltung auf die Fahrzeugaerodynamik. Symposium Aerodynamik des Kraftfahrzeugs, Haus der Technik, Essen, 4. und 5. November 1987.

[7.24]   FACKRELL, J. E.: The Simulation and Prediction of Ground Effect in Car Aerodynamics. Imperial College of Science and Technology, Department of Aeronautics, I. C. Aero Report 75-11, London, November 1975.

[7.25]   BERNDTSSON, A., ECKERT, W. T., MERKER, E.: The Effect of Ground Plane Boundary Layer Control on Automotive Testing in a Wind Tunnel, SAE-Paper 880 248, Detroit, 1988.

[7.26]   LARSSON, L., NILSSON, L. U., BERNDTSSON, A., HAMMAR, L., KNUTSON, K., DANIELSON, H.: A Study of Ground Simulation – Correlation between Wind-Tunnel and Water-Basin Tests of a Full-Scale Car. SAE-Paper 890 368, Detroit, 1989.

[7.27]   DEUTSCH, C.: Wing-Cars und Bodeneffekt, Auto-Jahr Nr. 27, S. 150 - 154, Edita, Lausanne, 1979/80.

Abschnitt 8

[8.1]   Journal „Le Poids Lourd", Octobre 1979, Nr. 772, S. 14-25.

[8.2]   GÖTZ, H.: Die Aerodynamik des Nutzfahrzeugs – Maßnahmen zur Kraftstoffeinsparung. Fortschr.-Berichte der VDI-Zeitschriften, Reihe 12, Nr. 31, 1977, S. 187 -197.

[8.3]   IAA-FORUM. Broschüre des VDA anläßlich der 53. Internationalen Automobilausstellung, Frankfurt/M., 1989.

[8.4]   Die flugklimatischen Verhältnisse an den internationalen Flughäfen in der Bundesrepublik Deutschland. Offenbach a. M.: Deutscher Wetterdienst, 1963.

[8.5]   GARDELL, L.: Low Drag Truck Cabs. Scania Div. Saab-Scania, Hausmitteilung, 1980.

[8.6]   INGRAM, K. C.: The Wind-Averaged Drag Coefficient Applied to Heavy Goods Vehicles. Department of the Environment Department of Transport, TRRL Report SR 392. Crowthorne, 1978 (Transport and Road Research Laboratory).

[8.7]   NAYSMITH, A.: Aerodynamic Drag of Commercial Vehicles. Department of the Environment Department of Transport, TRRL Supplementary Report 732. Crowthorne, 1982 (Transport and Road Research Laboratory).

[8.8]   PAWLOWSKY, F. W.: Wind Resistance of Automobiles. SAE-Journal, Bd. 27 (1930), S. 5 - 14.

[8.9]   HUCHO, W.-H., JANSSEN, L. J., EMMELMANN, H.-J.: The Optimization of Body Details – A Method for Reducing the Aerodynamic of Road Vehicles. SAE-Paper 760 185, Detroit, 1976.

[8.10]   GILHAUS, A., HAU, E., KÜNSTNER, R., POTTHOFF, J.: Über den Luftwiderstand von Fernlastzügen, Ergebnisse aus Modellmessungen im Windkanal. Sonderdruck aus „Automobil-Industrie" Heft 3/September 1979 und Heft 3/September 1980 zum 50- jährigen Bestehen des Forschungsinstitutes für Kraftfahrwesen und Fahrzeugmotoren Stuttgart (FKFS).

[8.11]   MOREL, T., BOHN, M.: Flow over Two Circular Disks in Tandem. Aerodynamics of Transportation. ASME-CSME-Conf. Niagara Falls, June 1979, S. 23 - 32.

[8.12]   ROSHKO, A., KOENIG, K.: Interaction Effects on the Drag of Bluff Bodies in Tandem. In SOVRAN, G,. MOREL.T., MASON, W.T. (Ed.): Aerodynamic Drag Mechanisms of Bluff Bodies and Road Vehicles. New York, N.Y.: Plenum Press, 1978, S. 253 - 286.

[8.13]   BERTA, C., BONIS, B.: On Shape Experimental Research of Ideal Aerodynamic Characteristics for Industrial Vehicles. SAE-Paper 801 402, Detroit, 1980.

[8.14]   CHOULET, R.: Quelques aspects de l'aérodynamique des poids lourds. Le Poids Lourd, Decembre 1976, Nr. 738.

[8.15]   Im Kampf mit dem Luftwiderstand. Zeitschrift Nutzfahrzeuge, August 1978, S. 38 - 41.

[8.16]   GÖHRING, E., KRÄMER, W.: Seitliche Fahrgestellverkleidungen für Nutzfahrzeuge. ATZ, Bd. 89, 1987, S. 481 - 488.

[8.17]   GILHAUS, A., HAU, E.: Drag Reduction on Trucks by Aerodynamic Parts and Covers. Vehicle Aerodynamics, Int. Symposium, Volkswagen AG, 1982.

[8.18]   BARTSCH, C.: Mehr Nutzraum für den Lastzug. Zeitschrift Fahrzeug und Karosserie, Oktober 1979, S. 12-14.

[8.19]   PROCHE, C. G.: c_W - Fieber auch bei Nutzfahrzeugen. Automobil Revue, Bern, 14. April 1983, Nr. 16.

[8.20]   GLASS, D. R.: Reduction of Aerodynamic Drag on Truckaway Units. 320 707-F, The University of Michigan, August 1978.

[8.21]   NAKAGUCHI, H.: Recent Japanese Research on Three-dimensional Bluff Bodies Flows relevant to Road-Vehicle Aerodynamics. In SOVRAN, G,. MOREL.T., MASON, W.T. (Ed.): Aerodynamic Drag Mechanisms of Bluff Bodies and Road Vehicles. New York, N.Y.: Plenum Press, 1978, S. 227 - 252.

[8.22]   BARTH, R.: Luftkräfte am Kraftfahrzeug. Deutsche Kraftfahrtforschung und Straßenverkehrstechnik, Heft 184, Düsseldorf: VDI-Verlag, 1966.

[8.23]   GILHAUS, A.: The Main Parameters Determining the Aerodynamic Drag of Buses. Colloque construire avec le vent. Centre Scientifique et Technique du Bâtiment, Nantes, France, Juin 1981.

[8.24]   CARR, G. W.: The Aerodynamics of Basic Shapes for Road Vehicles, Part I. Simple Rectangular Bodies. Motor Industry Research Association (MIRA), Report No. 1968/2.

[8.25]   HUCHO, W.-H., EMMELMANN, H.-J.:Aerodynamische Formoptimierung, ein Weg zur Steigerung der Wirtschaftlichkeit von Nutzfahrzeugen. Fortschr.-Berichte der VDI-Zeitschriften, Reihe 12, Nr. 31, 1977.

[8.26]   BUCHHEIM, R.: Aerodynamik bei leichten Nutzfahrzeugen - heute und morgen. Pressemappe VW-Transportertage, Bad Harzburg, 1983.

[8.27]   MAN-Studie: Kann sich das Nutzfahrzeug seine Form leisten? Lastauto Omnibus, Stuttgart, Nr. 10, Oktober 1977, S. 121.

[8.28]   MASON, W. T. Jr., BEEBE, P. S.: The Drag Related Flow Field Characteristics of Trucks and Buses. In SOVRAN, G,. MOREL, T., MASON, W. T. (Ed.): Aerodynamic Drag Mechanisms of Bluff Bodies and Road Vehicles. New York, N.Y.: Plenum Press, 1978, S. 45 - 93.

[8.29]   FREY, K.: Verminderung des Strömungswiderstandes von Körpern durch Leitflächen. Forschung Ing. Wesen, März 1933, S. 67 - 74.

[8.30]   MAIR, W. A.: The Effect of a Rear-mounted Disk on the Drag of a Blunt-Based Body of Revolution. The Aeronautical Quarterly, Vol. XVI, S. 1. 350 - 360, 1965.

[8.31]   YOUNG, R. A.: Bluff Bodies in a Shear Flow. Ph. D. Thesis, University of Cambridge

[8.32]   Forschungsprojekt Hochdeckerbus. Fachhochschule Hamburg, Fachbereich Fahrzeugtechnik, 1981.

[8.33]   Daimler-Benz, Omnibus-Verkehrssysteme. Mercedes-Benz-Schriftreihe Nr. 1, 1979.

[8.34]   GÖTZ, H.: Schüttguttransport, Verschmutzung und Abgasgeruch bei Kraftfahrzeugen - Auswirkungen und aerodynamische Abhilfemaßnahmen. Kolloquium über Industrieaerodynamik, Teil 3: Aerodynamik von Straßenfahrzeugen, S. 97-108, Aachen, 1974.

[8.35]   GÖTZ, H.: The Influence of Wind Tunnel Tests on Body Design, Ventilation and Surface Deposits of Sedans and Sport Cars. SAE-Paper 710 212, Detroit, 1971.

[8.36]   KOESSLER, P.: Kotflügeluntersuchungen. Deutsche Kraftfahrtforschung und Straßenverkehrstechnik, Heft 175, Düsseldorf: VDI-Verlag, 1965.

[8.37]   BRAUN, H.: Neue Erkenntnisse über Radabdeckungen. Deutsche Kraftfahrtforschung und
         Straßenverkehrstechnik, Heft 223, Düsseldorf: VDI-Verlag, 1972.

[8.38]   YAMANAKA, A., NAGAIKE, N.: Measurements and Control of Truck Spray on Wet Roads.
         Mitsubishi Motors Corp., Japan, 1976.

[8.39]   ALLAN, J. W., LILLEY, G. M.: The Reduction of Water Spray from Heavy Road Vehicles. Int.
         Journ. of Vehicle Design. SP3, 1983, S. 270 - 307.

Abschnitt 9

[9.1]   HÜTTEN, H.: Schlaglichter zum 100jährigen Motorrad. In: VDI-Bericht 577 „100 Jahre
         Motorrad". Düsseldorf: VDI-Verlag, 1986.

[9.2]   SCHNEPF, W.: Die Geschichte der Motorrad-Aerodynamik – Hundert Jahre und ein bißchen
         weiter. Motorrad, 1985, Nr. 22, S. 8 - 15.

[9.3]   BOURLET, C.: Nouveau traité des bicycles et bicyclettes. Paris, 1898.

[9.4]   WHIPPLE, F. J. W.: Stability of the Motion of a Bicycle. The Quarterly Journal of Pure and
         Applied Mathematics, 1898, Nr. 4, S. 312 - 348.

[9.5]   HÜTTEN, H.: Motorradtechnik. Stuttgart: Motorbuch-Verlag, 1983.

[9.6]   SAWATZKI, E., HUBER, L.: Luftwiderstand von Krafträdern. DKS-Heft 18. Berlin: VDI-
         Verlag, 1938.

[9.7]   BAYER, B.: Aerodynamik im Motorradbau – Widerstandskämpfer. PS, 1987, Nr. 3, S. 50 - 55.

[9.8]   BARTSCH, C.: Ein Jahrhundert Motorradtechnik. Düsseldorf: VDI-Verlag, 1987.

[9.9]   HERZ, D., REESE, K.: Die NSU-Renngeschichte. 2. Aufl. Stuttgart: Motorbuch-Verlag, 1987.

[9.10]   TRZEBIATOWSKY, H.: Motorräder, Motorroller, Mopeds und ihre Instandhaltung. Gießen:
         Pfanneberg-Verlag, 1955.

[9.11]   SCHOLZ, N.: Windkanaluntersuchungen am NSU-Weltrekordmotorrad. Die Umschau,
         Halbmonatsschrift über die Fortschritte in Wissenschaft und Technik, 1951, Nr. 22, S. 691
         - 692.

[9.12]   FROEDE, W.: Aus der Entwicklung des NSU-Weltrekord-Motorrads. Automobiltechnische
         Zeitschrift, 1954, Nr. 5, S. 127 - 130.

[9.13]   FROEDE, W.: Einspurfahrzeuge mit geringstem Luftwiderstand. Automobiltechnische Zeitschrift, 1957, Nr. 5/6, S. 143 - 147 u. 161 - 162.

[9.14]   KRAUS-WEYSSER, F.: Die große Motorrad-Show. Stuttgart: Motorbuch-Verlag, 1978.

[9.15]   OMK Motorradsport-Handbuch 1990. Hrsg. Oberste Motorradsport-Kommission. Ausgabe 1990.

[9.16]   VdTÜV-Merkblatt 736. Hrsg. Vereinigung der Technischen Überwachungs-Vereine e.V.
         Fassung 1977.

[9.17]   HEYDENREICH, R.: K 100 – eine neue BMW Motorradgeneration. Automobiltechnische
         Zeitschrift, 1984, Nr. 4, S. 145 - 150.

[9.18]   BETTERMANN, U.: Konstruktion, Bau und Prüfung eines Motorrad-Rennfahrwerks. In: VDI-
         Bericht 657 „Aktive und passive Sicherheit von Krafträdern". Düsseldorf: VDI-Verlag,
         1987.

[9.19]   SCHWARZ, W.: Kawasaki ZZ-R 1100-Ram-Air-System – Der Trick mit dem Druck. Motorrad, 1990, Nr. 11, S. 56 - 58.

[9.20]   HELLING, J.: Krafträder. Vorlesungsumdruck. Aachen: fka-Verlag, 1985.

[9.21]   COOPER, K. R.: The Effect of Aerodynamics on the Performance and Stability of High Speed Motorcycles. In: Proceedings of the „Second AIAA Symposium on Aerodynamics of Sports and Competition Automobiles", Los Angeles, 1974.

[9.22]   KOKOSCHINSKI, H.: Verkleidungstest - Kanalarbeit. Motorrad, 1978, Nr. 20, S. 10 - 23.

[9.23]   DÖHRING, E.: Über die Stabilität und die Lenkkräfte von Einspurfahrzeugen. Dissertation, TU Braunschweig, 1953.

[9.24]   BAYER, B.: Das Pendeln und Flattern von Krafträdern – Untersuchungen zur Fahrdynamik von Krafträdern unter besonderer Berücksichtigung konstruktiver Einflußparameter auf die Hochgeschwindigkeitsgeradeausstabilität. Dissertation, TH Darmstadt; 2. Aufl. Bremerhaven: Wirtschaftsverl. NW, 1987 (Heft 4 der Forschungshefte Zweiradsicherheit des Instituts für Zweiradsicherheit e.V.).

[9.25]   COOPER, K. R.: The Effect of Handlebar Fairings on Motorcycle Aerodynamics. SAE-Paper 830 156, Detroit, 1983.

[9.26]   CHIKADA, T., YOSHIDA, K.: Physical Characteristics of Accessory-Equipped Motorcycles. In: Proceedings of the International Motorcycle Safety Conference, Washington, 1980.

[9.27]   KRONTHALER, P., BAYER, B.: Betrachtungen zur Kraftschlußbeanspruchung beim Motorradfahren aus der Sicht des Reifenherstellers. In: VDI-Bericht 657 „Aktive und passive Sicherheit von Krafträdern". Düsseldorf: VDI-Verlag, 1987.

[9.28]   BURBACH, U.: Fünf Tourenverkleidungen im Test – Gegen Wind und Wetter. Motorrad , 1982, Nr. 9, S. 16 - 27.

[9.29]   BÖNSCH, H.W.: Fortschrittliche Motorrad-Technik. Stuttgart: Motorbuch-Verlag, 1985.

[9.30]   BREUER, B., BAYER, B., PYPER, M., WEIDELE, A.: Motorräder. Vorlesungsumdruck, TH Darmstadt, 1985.

[9.31]   WEIDELE, A.: Motorrad und Straße: Einflüsse auf die Fahrstabilität – Wetterwendisch. PS, 1988, Nr. 10, S. 32 - 37.

[9.32]   BAYER, B.: Ein Modellansatz zur Beschreibung des Lenkverhaltens von Krafträdern bei stationärer Kreisfahrt. Automobil-Industrie, 1985, Nr. 1, S. 33 - 36.

[9.33]   KASTEN, H. G.: Motorrad-Aerodynamik. Motorrad, 1979, Nr. 11, Sonderteil „Motorrad-Technik".

[9.34]   OISHI, T., SANO, Y. u. MACHII, T.: Aerodynamic Disturbance Caused by a Four Wheel Vehicle and its Effects Upon a Stationary Motorcycle. In: Proceedings of the International Motorcycle Safety Conference. Washington, 1980.

[9.35]   HACKENBERG, U.: Ein Beitrag zur Stabilitätsuntersuchung des Systems „Fahrer–Kraftrad–Straße". Dissertation, RWTH Aachen, 1984/85.

[9.36]   SCHMITZ, G., GEUSEN, R.: Windkanalversuche – Aerodynamische Untersuchungen an BMW-Verkleidungen. PS, 1978, Nr. 1, S. 59 - 61.

[9.37]   WEINBUCH, H.F.: Methoden im Fahrversuch. Motorrad, 1980, Nr. 10, Sonderteil „Motorrad-Technik".

[9.38]   HUBER, S.: Windkanal–Methodik–Turbulenzen. Motorrad, 1982, Nr. 9, Sonderteil „Technik aktuell".

[9.39]   WÜSTEN, T.: Im Windkanal – Die Antwort kennt nur der Wind. Motorrad, Reisen und Sport, 1985, Nr. 13, S. 6 - 17.

[9.40]   SCHNEPF, W.: Die Aerodynamik der BMW K 100 RS – Hart am Wind. Motorrad, 1983, Nr. 24, S. 12/13.

[9.41]   SCHNEPF, W.: Aerodynamik moderner Motorräder – In Saus und Braus. Motorrad, 1984, Nr. 10, S. 28/34.

[9.42]   HECKEMÜLLER, J.: Vier 1000er im Windkanal – Sturm und Drang. Motorrad, 1988, Nr. 25, S. 6 - 13.

[9.43]   SCHNEPF, W.: Motorräder im Windkanal – Dicke Luft. Motorrad, 1987, Nr. 7, S. 6 - 21.

[9.44]   NOWITZKI, H. J.: Rennmaschinen im Windkanal – Windspiel. Motorrad, 1980, Nr. 10, S. 6 - 12.

[9.45]   SIMSA, P.: Test Harley-Davidson FLH 1200 Electra Glide – Volldampfer. Motorrad, 1975, Nr. 26, S. 34 - 37.

[9.46]   VIERI, R.: Considerazioni di aerodinamica nella progettazione dei caschi. ATA, 1977, Nr. 9, S. 376 - 379.

[9.47]   BERGE, W.: Untersuchungen an Motorradhelmen im Windkanal. In: Forschungsheft Zweiradsicherheit Nr. 5 des Instituts für Zweiradsicherheit e.V. „Passive Sicherheit für Zweiradfahrer". Bochum: IfZ-Verlag, 1987.

[9.48]   JESSL, P., FLÖGL, K., HONTSCHIK, H., RÜTER, G.: Untersuchungen zur Verbesserung der Sicherheit von Kraftfahrerschutzhelmen. Bericht des Battelle-Institutes e.V. zum Forschungsprojekt 7806/4 der Bundesanstalt für Straßenwesen „Optimierung des Kopfschutzes". Frankfurt, 1980.

[9.49]   JESSL, P.: Kraftfahrer-Schutzhelme aus heutiger Sicht. Schriftliche Fassung eines Vortrages des Battelle-Institutes e.V. Frankfurt, 1984.

[9.50]   HERWIG, T., v. LÖHNEYSEN, U.: Helmtest: Windkanal – Wind-Spiele. Motorrad, 1984, Nr. 8, S. 152 - 155.

[9.51]   HEYL, G.: Fortschritte der Sicherheitstechnologie bei Motorradschutzkleidung am Beispiel des BMW-Protec-Anzugs und des BMW-Systemhelms. In: VDI-Bericht 779 „Motorrad". Düsseldorf: VDI-Verlag, 1989.

[9.52]   PEIKERT, E., SCHMIDT, E.-M., CARELL, G., KOENIGSBECK, A.: Leitfaden für Freunde des Gespannfahrens, 4. Aufl. Krefeld: Bundesverband der Motorradfahrer e.V., 1986.

Abschnitt 10

[10.1]   WILLUMEIT, H. P.; STEINBERG, P.; SCHEIBNER, B. ; LEE, W.: Verminderung von Kraftstoffverbrauch und Abgasemissionen am Ottomotor durch Maßnahmen am Kühlsystem. FISITA/SAE-Paper-143/845 068, Wien, 1984.

[10.2]   WILLUMEIT, H. P.; STEINBERG, P.; ÖTTING, H.; SCHEIBNER, B.: New Temperature Control Criteria for More Efficient Gasoline Engines. Mech/SAE-Paper 841 292, London, 1984.

[10.3]   MÜHLBERG, E.; BESSLEIN, W.: Variable Heißkühlung beim Fahrzeug-Dieselmotor. MTZ, Bd. 44, 1983, S. 10 - 12

[10.4]   WILLUMEIT, H. P.; STEINBERG, P.; ÖTTING, H.; SCHEIBNER, B.: Bauteiltemperaturgeregeltes Kühlkonzept und seine Auswirkungen auf Verbrauch und Emission. VDI-Berichte 578. Düsseldorf: VDI-Verlag, 1985.

[10.5]   Quadrophonie. Motorrad 24, 1982, S. 18 - 19.

[10.6] WOSCHNI, G.; FIEGER, F.: Experimentelle Bestimmung des örtlich gemittelten Wärme-übergangskoeffizienten im Ottomotor. MTZ, Bd. 42, 1981, S. 229 - 234.

[10.7] STEINBERG, P.; WILLUMEIT, H. P.: Der Wärmeübergang im Verbrennungsmotor. Probleme der Maschinenkonstruktion und Maschinenbetrieb. Wydawnictwo Politechniki Wroclaws-kiej, Wroclaw, 1985, S. 467 - 479.

[10.8] STEINBERG, P.: Instationäres mehrdimensionales Wärmeflußmodell zur Bestimmung der Temperaturfelder im Motorblock von Verbrennungsmotoren. Düsseldorf: VDI-Verlag, 1986.

[10.9] GNIELINSKI, V.: Berechnung mittlerer Wärme- und Stoffübergangskoeffizienten an laminar und turbulent überströmten Einzelkörpern mit Hilfe einer einheitlichen Gleichung. Forsch. Ing. Wesen 41, 1975, Nr. 5, S. 145 - 153.

[10.10] HELD, W.: Untersuchungen über die Verdampfungskühlung an Nutzfahrzeugdieselmoto-ren. Dissertation, TU Braunschweig, 1986.

[10.11] KRISCHER, O.; KAST, W.: Die wissenschaftlichen Grundlagen der Trocknungstechnik. Berlin: Springer-Verlag, 1978.

[10.12] SCHACK, A.: Der industrielle Wärmeübergang. Düsseldorf: Verlag Stahleisen, 1962.

[10.13] SCHMIDT, E.: Das Differenzenverfahren zur Lösung von Differentialgleichungen der nicht-stationären Wärmeleitung, Diffusion und Impulsausbreitung. Forsch. Ing.-Wesen 13, 1942.

[10.14] ADINAT, Automatic Dynamic Incremental nonlinear Analysis of Temperatures; A Finite Element Programm. ADINAT-engineering, Västerås, Schweden, 1981.

[10.15] EMMENTHAL, K.-D.: Verfahren zur Auslegung des Wasserkühlsystems von Kraftfahrzeu-gen. Dissertation, RWTH Aachen, 1974.

[10.16] CHIANG, E. C.; URSINI, V. J.; JOHNSON, J. H.: Development and Evaluation of a Diesel Powered Truck Cooling System; Computer Simulation Programm. SAE-Paper 821 048, Detroit, 1982.

[10.17] DEUSSEN, N.: Methode zur Auslegung von Pkw-Kühlsystemen unter Einbeziehung von standardisierten Prüfstandsergebnissen. Diss. Uni Stuttgart, 1993.

[10.18] ESSERS, U.; KRUSE, H.; AMBROS, P.; HU, J.; ARNEMANN, M.; CHEN, J.: Numerische Simula-tion des Motorkühlsystems von klimatisierten Automobilen. ATZ 96 (1994) Nr. 2.

[10.19] RENN, V.; GILHAUS, A.: Aerodynamics of Vehicle Cooling Systems. Journal of Wind Engineering and Industrial Aerodynamics, 22, 1986, 339 - 346.

[10.20] OLSON, M. E.: Aerodynamic Effects of Front End Design on Automobile Engine Cooling Systems. SAE-Paper 760 188, Detroit, 1976.

[10.21] CHIOÚ, J. P.: The Effect of Nonuniform Inlet Air Temperature Distribution on the Sizing of the Engine Radiator. SAE-Paper 820 078, Detroit, 1982.

[10.22] ESSERS, U.; GREINER, R.; POTTHOFF, J.: Auswirkungen des Frontantriebes auf das Karosse-riekonzept des Forschungs-PKW UNI-CAR. VDI-Berichte Nr. 418, Düsseldorf: VDI-Verlag, 1981.

[10.23] HERRMANN, P.: Experimentell-rechnerisches Verfahren zur Beurteilung von Fahrzeug-kühlern im praxisnahen Betrieb. Diss. Uni Stuttgart, 1990.

[10.24] CHIOÚ, J. P.: The Effect of the Flow Nonuniformity on the Sizing of the Engine Radiator. SAE-Paper 800 035, Detroit, 1980.

[10.25] FUJIKAKE, K.; KATAGIRI, H.; SUZUKI, Y.: Air Velocity and Temperature Meter for Automotive Radiator. Jidosha Gijutsu Rombunshu, 21, 1980, S. 125 - 132.

[10.26] Lehrbuch der Klimatechnik. Arbeitskreis der Dozenten für Klimatechnik, Band 3: Bauelemente, 2. Auflage, Karlsruhe: C. F. Müller, 1988.

[10.27] HUCHO, W.-H., EMMENTHAL, K.-D.: Wärmeübertragung an Automobilkühlern. DLR-Mitteilungssitzung des DGLR-Fachausschusses 3-4 Versuchswesen der Fluid- und Thermodynamik, Heft 11, S. 75 - 88, 1975.

[10.28] WIEDEMANN, J.: Optimierung der Kraftfahrzeugdurchströmung zur Steigerung des aerodynamischen Abtriebes. ATZ, 88, 1988, 7/8, S. 429 - 431.

[10.29] MARCINOWSKI, H.: Der Einfluß des Laufradspaltes bei leitradlosen frei ausblasenden Axialventilatoren. Voith Forschung und Konstruktion, H. 3, 1958.

[10.30] MODE, F.: Ventilatoranlagen. Berlin: Walter de Gruyter, 1972.

[10.31] THIEN, G. E.; v. HOFE, R.; FACHBACH, H. A.: Geräuscharme Kühler-Lüfter-Systeme. Forschungsberichte der FVV, Heft 276, 1980.

[10.32] v. HOFE, R.: Geräuscharme Kühler-Lüfter-Systeme. Technologietransfer Forschungsberichte der FVV, Heft 286, 1981.

[10.33] v. HOFE, R.; THIEN, G. E.: Geräuschoptimierung von Fahrzeugkühlsystemen mit Axiallüfter und saugseitig angeordnetem Wärmetauscher. ATZ, 86, 1984, S. 161 - 169.

[10.34] v. HOFE, R.: Radial- und Querstromlüfter II. Abschlußbericht des FVV-Vorhabens; Nr. 327 (AiF-Nr. 5933), 1985.

[10.35] BOHL, W.: Strömungsmaschinen. Würzburg: Vogel-Verlag, 1982.

[10.36] KATAGIRI, H.; FUJIKAKE, K.; YAMADA, K.: Automotive Mixed Flow Fan with Guide Vanes on Blade Surfaces. SAE Paper 800 034, Detroit, 1980.

Abschnitt 11

[11.1] AMANO, Y., IMAI, H.: Eine Kraftfahrzeugklimaanlage. Jidosha Gijutsu (Die Kraftfahrzeugtechnik), Bd. 25, 1971, S. 1096 - 1101.

[11.2] ARENDT, G., DECKER, H.-J.: Luftqualität in Fahrgasträumen. FAT Schriftenreihe Nr. 59, Frankfurt/M., 1986.

[11.3] ATKINSON, W. J.: Occupant Comfort Requirements for Automotive Air Conditioning Systems. SAE-Paper 860 591, Detroit, 1986.

[11.4] BATEMAN, D. J.: Performance Comparison of HFC-134a and CFC-12 in an Automative Air Conditioning System. SAE-Paper 890 305, Detroit, 1989.

[11.5] BAEHR, H.: Mollier-i, x-Diagramme für feuchte Luft. Berlin: Springer-Verlag, 1961.

[11.6] CHIOU, J. P.: Application of Solar-Powered Ventilator in Automobiles. SAE-Paper 860 585, Detroit, 1986.

[11.7] COPLEY, D.W.: Integration of Heating, Ventilation and Refrigeration into Vehicle Design. Proceedings of the Institution of Mechanical Engineers, Automobile Devision Nr. 5, 1961/62, S. 197 - 207.

[11.8] DICK, A., STRICKER, R.: Zur Bewertung inhomogenen Klimas im Pkw durch ein thermophysiologisches Insassenmodell. In Berechnung im Automobilbau. Hrsg. VDI: Bericht Nr. 699, 1988, S. 247 - 264.

[11.9] DIEBSCHLAG, W., MULLER-LIMMROTH, W., MAUDERER, V.: Klima im Auto. Arzt und Auto, Juli 1974, S. 2 - 10.

[11.10] DIN 1946: Raumlufttechnik (VDI-Lüftungsregeln), Teil 1: Grundlagen 1960, Teil 2: Gesundheitstechnische Anforderungen 1983, Teil 3: Lüftung von Fahrzeugen. Berlin: Beuth Verlag, 1962.

[11.11] DRESZER, J.: Mathematikhandbuch. Zürich-Frankfurt/Main-Thun: Verlag Harri Deutsch, 1975, S. 634.

[11.12] ECK, B.: Ventilatoren. 5.Auflage. Berlin: Springer-Verlag, 1972.

[11.13] FANGER, P. O.: Thermal Comfort. Analysis and Application in Environmental Engineering. Kopenhagen: Danish Technical Press, 1970.

[11.14] FRANK, W.: Fragen der Beheizung und Belüftung von Kraftfahrzeugen. ATZ, 73, 1971, S. 369 - 376.

[11.15] GOODMAN, R. D.: Solar Control Glass for Increasing Passenger Comfort in Autos. SAE-Paper 890 217, Detroit, 1989.

[11.16] GROSSMANN, H.: Das Gammaverfahren zur Berechnung des Leckluftstroms durch die Pkw-Karosserie. In Klimatisierung in Personenkraftwagen, Tagung Nr. T-30-329-056-7. Vortrag im Haus der Technik, Essen, 1987.

[11.17] ISO 7330: Moderate Thermal Environments-Determination of the PMV- and PPD Indices and Specification of the Conditions for Thermal Comfort. Draft International Standard ISO/DIS 7730, Genf, 1984.

[11.18] KRAMER, W., MAISCH, G., SAILER, S., SCHANZER, H.-P.: Lufttechnische Messungen in Kraftfahrzeugen mit Hilfe der Isotopenmeßtechnik. ATZ. 78, 1976, S. 439 - 442.

[11.19] LIESE, W.: Über den jahreszeitlichen Gang der Stirntemperatur und ihre Bedeutung für die objektive Behaglichkeitsbeurteilung. Gesundheits-Ingenieur 62, 1939, S. 345 - 350.

[11.20] LUTZ, H.: Thermische Behaglichkeit in Wohn- und Arbeitsräumen. Gesundheits-Ingenieur 91, 1970, S. 338-350.

[11.21] MIURA, T.: Studies on the Optimum Temperature. On some Factors Affecting the Shift of Optimum Temperature. J. Science of Labour 44, 1968, S. 431 - 453.

[11.22] MULLEJANS, H., ILLG, M.: Probleme der Klimatisierung von Straßenfahrzeugen. Kälte-Klima-Ingenieur, H. 3/1975, S. 99 - 104.

[11.23] NITZ, J., HUCHO, W.-H.: The Heat Transfer Coefficient of a Passenger Car's Body. SAE-Paper 790 399, Detroit, 1979.

[11.24] OLESEN, B. W.: Thermal Comfort. Technical Review No. 2, Brüel & Kjaer, 1982.

[11.25] PLANK, R.: Handbuch der Kältetechnik. Bd.4. Berlin: Springer-Verlag, 1956.

[11.26] RECKNAGEL, H., SPRENGER, E., HONMANN, W.: Taschenbuch für Heizung und Klimatechnik. 62. Auflage. München: R. Oldenbourg Verlag, 1983.

[11.27] SCHWAB, R., MAYER, E.: Grundlagenuntersuchung zum Einfluß der Sonneneinstrahlung auf die thermische Behaglichkeit in Kraftfahrzeugen. FAT Schriftenreihe Nr. 81, Frankfurt/M., 1989.

[11.28] SHIMIZU, S., HARA, H., ASAKAWA, F.: Analysis on Air-Conditioning Heat Load of a Passenger Vehicle. Int. J. of Vehicle Design, Vol. 4, No. 3, 1983.

[11.29] STOLZ, H.: Heutige Anforderungen an die Heizung, Lüftung, Scheibenentfrostung und Trocknung. ATZ 72, 1970, S. 437-441.

[11.30] TEMMING, J.: Hygienische und physiologische Grundlagen der Fahrzeugklimatisierung. In Kältetechnik im Kraftfahrzeug. Hrsg. J.REICHELT u. H.SCHLEPPER. Karlsruhe: C.F. Müller Verlag, 1984, S. 15 - 40.

[11.31] TEMMING, J., HUCHO, W.-H.: Passenger-Car Ventilation for Thermal Comfort. SAE-Paper 790 398, Detroit, 1979.

[11.32] VDI-Wärmeatlas. Düsseldorf: VDI-Verlag, 1984.

[11.33] VEIL, W.: Lüften, Heizen und Kühlen in Personenfahrzeugen. Düsseldorf: VDI-Verlag, 1965.

[11.34] WALLIS, S. B.: Ventilation System Aerodynamics – A New Design Method. SAE-Paper 710 036, Detroit, 1971.

[11.35] YAGLOU, C. P.: Temperature, Humidity and Air Movement in Industries: The Effective Temperature Index. The Journal of Industrial Hygiene, 9, 1927, S. 297 - 309.

Abschnitt 12

[12.1]   PANKHURST, R. C., HOLDER, D. W.: Wind Tunnel Technique. London: Sir Isaac Pitman & Sons, 1965.

[12.2]   RAE, W. H., POPE, A.: Low-Speed Wind Tunnel Testing. 2. Auflage, New York, N.Y.: John Wiley & Sons, 1984.

[12.3]   Aerodynamic Testing of Road Vehicles: Testing Methods an Procedures. Technical Information Report, SAE J2084, Entwurf, 1990.

[12.4]   Aerodynamic Testing of Road Vehicles: Open Jet Wind Tunnel Boundary Interference. Technical Information Report, SAE J2071, Entwurf, 1990.

[12.5]   Aerodynamic Testing of Road Vehicles: Closed - Test - Section Wind Tunnel Boundary Interference. SAE Information Report 92085, Februar 1991.

[12.6]   BAIN, D. C., BAKER, P. J., ROWAT, M. J.: Wind Tunnels – An Aid to Engineering Structure Design. Cranfiled, UK: The British Hydromechanics Research Ass. (BHRA), 1971.

[12.7]   KRAMER, C., GERHARDT, H. J., REGENSCHEIT, B.: Wind Tunnels for Industrial Aerodynamics. Journal of Wind Engineering and Industrial Aerodynamics, 16, 1984, S. 225 - 264.

[12.8]   WUEST, W.: Strömungsmeßtechnik. Braunschweig: Verlag F. Vieweg, 1969.

[12.9]   MORELLI, A.: General Layout Characteristics and Performance of a New Wind Tunnel for Aerodynamic and Funktional Tests on Full Scale Vehicles. SAE-Paper 710 214, Detroit, 1971.

[12.10] MORELLI, A.: The New Pininfarina Wind Tunnel for Full Scale Automobile Testing. In H.S. STEPHENS (Ed.): Advances in Road Vehicle Aerodynamics, Cranfield, UK: The British Hydromechanics Research Ass. (BHRA), 1973, S. 335 - 365.

[12.11] JANSSEN, L. J.: persönliche Information, München, 1989.

[12.12] v. SCHULTZ-HAUSMANN, K., VAGT, J.-D.: Influence of Test Section Length and Collector Area on Measurements in 3/4-Open-Jet Automotive Wind Tunnels. SAE-Paper 880 251, Detroit, 1988.

[12.13] VANDREY, F., WIEGHARDT, K.: Experiments with a Slotted Wall Working Section in a Wind Tunnel. ARC CP Nr. 206, 1955.

[12.14] VANDREY, F.: Further Experiments with a Slotted Wall Test Section. ARC CP Nr. 207, 1955.

[12.15] KRAMER, C., GEBHARDT, H. J., JANSSEN, L. J.: Flow Studies of an Open Jet Wind Tunnel and

Comparison with Closed and Slotted Walls. Journal of Wind Engineering and Industrial Aerodynamics, 22, 1986, S. 115 - 127.

[12.16] FLAY, R. G. J., ELFSTROM, G. M., CLARK, P. J. F.: Slotted-Wall Test Section for Automotive Aerodynamic Tests at Yaw. SAE-Paper 830 302, Detroit, 1983.

[12.17] WAUDBY-SMITH, P. M., RAINBIRD, W. J.: Some Principles of Automotive Aerodynamic Testing in Wind Tunnels with Examples from Slotted Wall Test Section Facilities. SAE-Paper 850 284, Detroit, 1985.

[12.18] GOENKA, L. N.: A Numerical Model to Determine Vehicle Pressure Simulation Accuracy in a Slotted Wall Automotive Wind Tunnel. SAE-Paper 900 188, Detroit, 1990.

[12.19] GOENKA, L. N.: Advanced Techniques for Flow Simulation in Automotive Climatic Wind Tunnels. SAE-Paper 910 312, Detroit, 1991.

[12.20] VAGT, J.-D.: Persönliche Information, Weißach, 1990.

[12.21] STAFFORD, L. G.: A „Streamline" Wind Tunnel Working Section for Testing at High Blockage Ratios. unveröffentlichtes Manuskript, 1979.

[12.22] WHITFIELD, J. D., JACOCKS, J. L., DIETZ, W. E., PATE, S. R.: Demonstration of the Adaptive-Wall Concept Applied to an Automotive Wind Tunnel. SAE-Paper 820 373, Detroit, 1982.

[12.23] GOENKA, L. N., VARNER, M. O.: Studies Supporting the Development of an Automotive Adaptive Wall Wind Tunnel. SAE-Paper 900 320, Detroit, 1990.

[12.24] BRADSHAW, P., PANKHURST, R. C.: The Design of Low Speed Wind Tunnels. Progr. in Aeron. Sc. Bd. 5. London: Pergamon Press, 1964.

[12.25] WITOSZYNSKI, E.: Über Strahlerweiterung und Strahlablenkung. Vorträge über Hydro- und Aeromechanik, Innsbruck, 1922, Herausgeber v. KARMAN, T., LEVI-CIVITA, T., Berlin, 1924.

[12.26] BÖRGER, G.-G.: Optimierung von Windkanaldüsen für den Unterschallbereich. ZfW, Bd. 23, 1975, S. 45 - 50.

[12.27] MOREL, T.: Comprehensive Design of Axisymmetric Wind Tunnel Contractions. ASME-Paper 75-Fe-17, New York, 1975.

[12.28] KÜNSTNER, R., DEUTENBACH, K.-R., VAGT, I.-D.: Measurement of Reference Dynamic Pressure in Open-Jet Automotive Wind Tunnels. SAE - Paper 920 399, Detroit 1992.

[12.29] HUCHO, W.-H., JANSSEN, L. J., SCHWARZ, G.: The Wind Tunnel's Ground Plane Boundary Layer – Its Interference with the Flow Underneath Cars. SAE-Paper 750 066, Detroit, 1975.

[12.30] SCHMID, C.: Luftwiderstand an Kraftfahrzeugen, Versuche am Fahrzeug und Modell. Deutsche Kraftfahrtforschung, Heft 1. Berlin: VDI-Verlag, 1938.

[12.31] MACKRODT, P.-A.: Beiträge der DFVLR zu Eisenbahn-Aerodynamik in Vergangenheit und Zukunft. DFVLR-Nachrichten, Heft 46, Nov. 1985.

[12.32] BEAUVAIS, F. N., TIGNOR, S. C., TURNER, T. R.: Problems of Ground Simulation in Automotive Aerodynamics. SAE-Paper 680 121, Detroit, 1968.

[12.33] CARR, G. W.: An Improved Moving-Ground System in the MIRA Model Wind Tunnel. MIRA-Report 1987/2.

[12.34] BEARMAN, P. W., DE BEER, D., HAMIDY, E., HARVEY, J. K.: The Effect of a Moving Floor on Wind Tunnel Simulation of Road Vehicles. SAE-Paper 880 245, Detroit, 1988.

[12.35] MERCKER, E., BREUER, N., BERNEBURG, H., EMMELMANN, H.-J.: On the Aerodynamic

Interference Due to the Rolling Wheels of Passenger Cars. SAE-Paper, 910 311, Detroit, 1991.

[12.36] POTTHOFF, J.: Persönliche Information, Stuttgart, 1968.

[12.37] EMMELMANN, H.-J.: Persönliche Information, Rüsselsheim, 1992.

[12.38] ARNOLD, K. O.: Untersuchungen über den Einfluß der Absaugung durch einen Einzelschlitz auf die turbulente Grenzschicht in anliegender und abgelöster Strömung. Unveröffentlichter Bericht des Institutes für Strömungsmechanik der TH Braunschweig, 1965.

[12.39] MERCKER, E., WIEDEMANN, J.: Comparison of Different Ground Simulation Techniques for Use in Automotive Wind Tunnels. SAE-Paper 900 321, Detroit, 1990.

[12.40] COGOTTI, A.: A Two-Component Fiber-Optic LDV System for Automotive Aerodynamic Research. SAE-Paper 880 252, Detroit, 1988.

[12.41] ANTONUCCI, G., CERONETTI, G., COSTELLI, A.: Aerodynamic and Climatic Wind Tunnels in the FIAT Research Center. SAE-Paper 770 392, Detroit, 1977.

[12.42] KELLY, K. B., PROVENCHER, L. G., SCHENKEL, F. K.: The General Motors Engineering Staff Aerodynamics Laboratory – A Full Scale Automotive Wind Tunnel. SAE-Paper 820 371, Detroit, 1982.

[12.43] BUCHHEIM, R., UNGER, R., JOUSSERANDOT, P., MERCKER, E., SCHENKEL, F. K., NISHIMURA, Y., WILSDEN, D. J.: Comparison Tests Between Major European and North American Automotive Wind Tunnels. SAE-Paper 830 301, Detroit, 1983.

[12.44] BERNDTSSON, A., ECKERT, W. T., MERCKER, E.: The Effect of Groundplane Boundary Layer Control on Automotive Testing in a Wind Tunnel. SAE-Paper 880 248, Detroit, 1988.

[12.45] OHTANI, K., TAKEI, M., SAKAMOTO, H.: Nissan Full-Scale Wind Tunnel – Its Application to Passenger Car Design. SAE-Paper 720 100, Detroit, 1972.

[12.46] MASON, W. T., SOVRAN, G.: Ground-Plane Effects on the Aerodynamic Characteristics of Automobile Models – An Examination of Wind Tunnel Test Technique. GMR-1378, Warren, Mich., 1973.

[12.47] WILLIAMS, C.: Persönliche Information, Detroit, 1975.

[12.48] STALKER, E. A.: A Reflection Plate Representing the Ground. Journ. of Aeron. Sc. Bd.1, Juli 1934, S. 151 - 152.

[12.49] GOULD, R. W. F.: Measurements of the Wind Forces in a Series of Models of Merchant Ships. NPL Aero Rep. 1232, 1967.

[12.50] CARR, G. W., HASSELL, T. P.: A Simple Device for Reducing Wind Tunnel Boundary Layer Thickness. MIRA Bulletin Nr. 5, 1968, S. 12 - 16.

[12.51] WIEDEMANN, J.: Some Basic Investigations into the Principles of Ground Simulation Techniques in Automotive Wind Tunnels. SAE-Paper 890 369, Detroit, 1989.

[12.52] MERCKER, E., KNAPE, H. W.: Ground Simulation with Moving Belt and Tangential Blowing for Full-Scale Automotive Testing in a Wind Tunnel. SAE-Paper 890 367, Detroit, 1989.

[12.53] CARR, G. W.: A Comparison of the Ground-Plane-Suction and Moving-Belt Ground-Representation Techniques. SAE-Paper 880 249, Detroit, 1988.

[12.54] LOCK, C. N. H.: The Interference of a Wind Tunnel on a Symmetrical Body. ARC R.&M. 1275, 1929.

[12.55] WUEST., W: Verdrängungskorrekturen für rechteckige Windkanäle bei verschiedenen Strahlbegrenzungen und bei exzentrischer Lage des Modells. ZfW, Bd. 9, 1961, S. 15 - 19.

[12.56] CARR, G. W.: Wind Tunnel Blockage Corrections for Road Vehicles. MIRA-Rep. Nr. 1971/4.

[12.57] CARR, G. W., STAPLEFORD, W. R.: Blockage Effect in Automotive Wind Tunnel Testing. SAE-Paper 860 093, Detroit, 1986.

[12.58] WATTS, N.: The Aerodynamic Development of the 1986 European Ford Transit. SAE-Paper 870 247, Detroit, 1987.

[12.59] WIEDEMANN, J.: Optimierung der Kraftfahrzeugdurchströmung zur Steigerung des Aerodynamischen Abtriebes. ATZ, Bd. 88, 1986, S. 429-431

[12.60] WILLIAMS, C.: Persönliche Information. Detroit, 1975.

[12.61] COGOTTI, A.: Aerodynamic Characteristics of Car Wheels. Int. Journ. of Vehicle Design, SP 3, London, 1983, S. 173 - 196.

[12.62] SCHLICHTING, H., TRUCKENBRODT, E.,: Aerodynamik des Flugzeuges. 2. Auflage, Berlin: Springer-Verlag, 1967/69.

[12.63] EMMELMANN, H.-J.: Persönliche Information, 1990.

[12.64] HUCHO, W.-H., JANSSEN, L. J., EMMELMANN, H.-J.: The Optimization of Body Details - A Method for Reducing the Aerodynamic Drag of Road Vehicles. SAE-Paper 760 185, Detroit, 1976.

[12.65] COOPER, K. R.: The Effect of Front Edge Rounding and Rear Edge Shaping on the Aerodynamic Drag of Bluff Vehicles in Ground Proximity. SAE-Paper 850 288, Detroit, 1985.

[12.66] SAE Wind Tunnel Test Procedure for Trucks and Buses. SAE Recommended Practice, SAE J 1252, 1981.

[12.67] METZ, L. D., SENSENBRENNER, K.: The Influence of Roughness Elements on Laminar to Turbulent Boundary Layer Transition as Applied to Scale Model Testing of Automobiles. SAE-Paper 730 233, Detroit, 1973.

[12.68] WIEDEMANN, J., EWALD, B.: Turbulence Manipulation to Increase Effective Reynolds Numbers in Vehicle Aerodynamics. AIAA Journal, Bd. 27, 1989, S. 763 - 769.

[12.69] BUCHHEIM, R., SCHWABE, D., RÖHE, H.: Der neue 6-m²-Klimawindkanal von Volkswagen. Teil 1: ATZ, Bd. 88, 1986, S. 211 - 218, Teil 2: ATZ, Bd. 88, 1986, S. 389 - 392.

[12.70] KUHN, A.: Der große DB-Windkanal. ATZ, Bd. 88, 1978, S. 27 - 32.

[12.71] MÖRCHEN, W.: The Climatic Wind Tunnel of Volkswagenwerk AG. SAE-Paper 680 120, Detroit, 1968.

[12.72] HUCHO, W.-H.: Versuchstechnik in der Fahrzeugaerodynamik. Koll. Industrie-Aerodynamik, Teil 3: Aerodynamik von Straßenfahrzeugen, Aachen, 1974, S. 1- 48.

[12.73] BENGSCH, H.: Der neue Klima-Windkanal bei Ford, Köln. ATZ, Bd. 80, 1978, S. 17 - 26.

[12.74] VAGT, J.-D., WOLFF, B.: Das neue Meßzentrum für Aerodynamik – Zwei neue Windkanäle bei Porsche. Teil 1: ATZ, Bd. 89, 1987, S. 121 - 129, Teil 2: ATZ, Bd. 89, 1987, S. 183 - 189.

[12.75] HUCHO, W.-H.: Neuartiger Akustik-Windkanal bei BMW. Automobil Revue Nr. 41, 5.10.1989, S. 43 - 45.

[12.76] CARR, G.W.: The MIRA Quarter Scale Wind Tunnel. MIRA-Report 1961/11.

[12.77] ODA, N., HOSHINO, T.: Three-Dimensional Air Flow Visualization by Smoke Tunnel. SAE-Paper 741 029, Detroit, 1974.

[12.78] NONNENMANN, M.: Das Entwicklungszentrum der Süddeutschen Kühlerfabrik Julius Fr. Behr. ATZ, Bd. 77, 1975, S. 3 - 8.

[12.79] ESSERS, U., THIEL, E.: Institut für Verbrennungsmotoren und Kraftfahrwesen der Universität Stuttgart in neuem Gebäude. ATZ, Bd. 83, 1981, S. 9 - 14.

[12.80] v. BASSHUYSEN, R., BATHELT, H.: Neuer Akustik-Blaskanal bei Audi in der Technischen Entwicklung Neckarsulm. ATZ, Bd. 91, 1989, S. 335 - 340.

[12.81] BUCHHEIM, R., UNGER, R., CARR, G.W., COGOTTI, A., KUHN, A., NILSSON, L.U.: Comparison Tests between Major European Wind Tunnels. SAE-Paper 800 140, Detroit, 1980.

[12.82] COGOTTI, A., BUCHHEIM, R., GARRONE, A., KUHN, A.: Comparison Tests between some Full-Scale European Automotive Wind Tunnels – Pininfarina Reference Car. SAE-Paper 800 139, Detroit, 1980.

[12.83] COSTELLI, A., GARRONE, A., VISCONTI, A., BUCHHEIM, R., COGOTTI, A., KUHN, A.: FIAT Research center Reference Car: Correlation Tests between Four Full Scale European Wind Tunnels and Road. SAE-Paper 810 187, Detroit, 1987.

[12.84] CARR, G. W.: Correlation of Aerodynamic Force Measurements in MIRA an Other Automotive Wind Tunnels. SAE-Paper 820 374, Detroit, 1982.

[12.85] SEIDEL, M. (Herausgeber): Construction 1976 - 1980, Design, Manufacturing and Calibration of the Deutsch-Niederländischer Windkanal DNW. DNW, Noordoostpolder, 1982.

[12.86] CUMMINGS, J.B.: Lockheed-Georgia Low Speed Wind Tunnel – Some Implication to Automotive Aerodynamics. SAE-Paper 690 188, Detroit, 1969.

[12.87] FOSBERRY, R. C. A., WHITE, R. G. S.: The MIRA Full Scale Wind Tunnel. MIRA-Report 1961/8.

[12.88] La soufflerie climatique „Jules Verne". Firmenprospekt Centre Scientifique et Technique du Batiment (CSTB), Nantes, 1990.

[12.89] OGATA, N., IIDA, N., FUJI, Y.: Nissan's Low-Noise Full Scale Wind Tunnel. SAE-Paper 870 250, Detroit, 1987.

[12.90] NILSSON, L.-U., BERNDTSSON, A.: The New Volvo Multipurpose Automotive Wind Tunnel. SAE-Paper 870 249, Detroit, 1987.

[12.91] VOLKERT, R. H., KOHL, W. R.: The New Ford Aerodynamic Wind Tunnel in Europe. SAE-Paper 870 248, Detroit, 1987.

[12.92] SHIBAKAWA, H.: persönliche Information, 1985.

[12.93] McCONNEL, W. A.: Climatic Testing Indoors – Ford's Hurricane Road. SAE-Preprint 22 S, Detroit, 1959.

[12.94] ESSERS, U.: Die neue Kraftfahrzeug-Windkanalanlage der Universität Stuttgart. Festschrift zur Einweihung, Mai 1989.

[12.95] EGLE, S., HERZUM, N., HOFELE, G., KONITZER, H.: Wind Tunnel for Aerodynamic Research. SAE-Paper 820 372, Detroit, 1982.

[12.96] KIMURA, Y.: Toyota's All Weather Wind Tunnel. Firmenbroschüre

[12.97] PETERS, J.-L.: Windkanal S4 im Institut Aérotechnique, Saint Cyr. ATZ, Bd. 80, 1978, S. 333 - 343.

[12.98] MUTO, S., ISHIHARA, T.: The JARI Full Scale Wind Tunnel. SAE-Paper 780 586, Detroit, 1978.

[12.99]   CHENET, M. J.: Reflexions sur l'exploitation d'une soufflerie climatique. Ingenieurs de l'Automobile, Bd. 5, 1974, S. 375 - 382.

[12.100]   LINDSAY, J. P., LANKTREE, H. E.: The New Chrysler Wind Tunnel. SAE-Paper 730 239, Detroit, 1973.

[12.101]   CHRISTENSEN, F. M.: Die Klimaversuchsanlage von Volvo. ATZ, Bd. 75, 1973, S. 42 - 45.

[12.102]   GÖTZ, H.: persönliche Information, Sindelfingen, 1991.

[12.103]   BARTSCH: Der Rüsselsheimer Universalprüfstand. Motor-Rundschau G/1965.

[12.104]   HAMSTEN, B., CHRISTENSEN, F. M.: Correlation Tests in a Climatic Wind Tunnel. SAE - Paper 750 064, Detroit, 1975.

[12.105]   V. BASSHUYSEN, R., CHEMNITZER, E., STOCK, D.: Der neue kompakte 3-m^2-Klimawindkanal mit Allrad-Rollenprüfstand bei Audi. ATZ, Bd. 91, 1989, S. 646 - 652.

[12.106]   VAGT, J.-D.: persönliche Information, Weissach, 1992.

[12.107]   Firmenangaben Thermal, 1992.

Abschnitt 13

[13.1]   Vehicle Dynamics Terminology. SAE J 670e, 1976.

[13.2]   PREUSSER, T., POLANSKY, L., GIESECKE, P.: Advances in the Development of Wind Tunnel Balance Systems for Experimental Automotive Aerodynamics. SAE-Paper 890 370, Detroit, 1989.

[13.3]   KELLY, K. B., PROVENCHER, L. G., SCHENKEL, F. K.: The General Motors Engineering Staff Aerodynamics Laboratory – A Full Scale Automotive Wind Tunnel. SAE-Paper 820 371, Detroit, 1982.

[13.4]   BEECK, M.-A., STOFFREGEN, B.: Measurement of the Projected Front Area of Vehicles – A New Contour-Tracking Laser Device in Comparison to Other Methods. SAE-Paper 870 246, Detroit, 1987.

[13.5]   POPE, A., HARPER, J. J.: Low Speed Wind Tunnel Testing. London: J. Wiley & Sons, 1966.

[13.6]   GORLIN, S. M., SLEZINGER, I. I.: Wind Tunnels and Their Instrumentation. Jerusalem: Israel Program for Scientific Translation, 1966.

[13.7]   PANKHURST, R. C., HOLDER, D. W.: Wind Tunnel Technique. London: Pitman, 1968.

[13.8]   WUEST, W.: Strömungsmeßtechnik. Braunschweig: Vieweg, 1969.

[13.9]   COGOTTI, A.: Car-Wake Imaging Using a Seven-Hole Probe. SAE-Paper 860 214, Detroit, 1986.

[13.10]   COGOTTI, A.: Flow-Field Surveys Behind Three Squareback Car Models Using a New „Fourteen-Hole" Probe. SAE-Paper 870 243, Detroit, 1987.

[13.11]   CARR, G. W., ROSE, M. J.: Correlation of Full-Scale Wind Tunnel and Road Measurements of Aerodynamic Drag. MIRA Report, 1963/3.

[13.12]   BUCHHEIM, R., DURST, F., BEECK, M. A., HENTSCHEL, W., PIATEK, R., SCHWABE, D.: Advanced Experimental Techniques and Their Application to Automotive Aerodynamics. SAE-Paper 870 244, Detroit, 1987.

[13.13]   WIEDEMANN, J.: Laser-Doppler-Anemometrie. Berlin: Springer-Verlag, 1984.

[13.14]   CARR, G. W.: Correlation of Pressure Measurements in Model and Full-Scale Wind Tunnels and on the Road. SAE-Paper 750 065, Detroit, 1975.

[13.15] LINDORF, H., MARCHEVKA, F.: Der richtige Einbau von Berührungs- und Strahlungsthermometern. Technische Akademie Esslingen, 1973.

[13.16] POTTHOFF, J.: Die neue Kraftfahrzeug-Windkanalanlage der Universität Stuttgart am Institut für Verbrennungsmotoren und Kraftfahrwesen. Tagung: Aerodynamik des Kraftfahrzeuges, Haus der Technik, Essen, 1987.

[13.17] CATCHPOLE, P., MARTIN, R., STEINMEIER, E., DÖMELAND, P.: Vehicle Wind Noise Optimisation at BMW. Ingénieurs de l'Automobile, Heft 653, 1989, S. 120 - 124.

[13.18] BUCHHEIM, R., DOBRZYNSKI, W., MANKAU, H., SCHWABE, D.: Vehicle Interior Noise Related to External Aerodynamics. Int. J. of Vehicle Design. SP3, 1983, S. 197 - 209

[13.19] ECK, B.: Ventilatoren,: 5. Auflage, Berlin: Springer-Verlag, 1972.

[13.20] KRÄMER, W., MAISCH, G., SAILER, S., SCHANZER, H.-P.: Lufttechnische Messungen in Kraftfahrzeugen mit Hilfe der Isotopenmeßtechnik. ATZ, Bd. 78, 1976, S. 439 - 442

[13.21] Motor Vehicle Safety Standard (FMVSS) No. 103. Federal Register, 33 F.R. 6469, 40 F.R. 12991, 40 F.R. 32336.

[13.22] Council Directive of 21 December 1977 (78/317/EEC). Official Journal of the European Communities. Brüssel: L 81 vom 28. März 1978,S. 27 - 48.

[13.23] HUCHO, W.-H., JANSSEN, L. J.: Flow Visualisation Techniques in Vehicle Aerodynamics. Tokyo: Int. Symposium on Flow Visualisation, 1977, S.99 - 108.

[13.24] TAGAKI, M., HAYASHI, K., SHIMPO, Y., UEMURA, S.: Flow Visualisation Techniques in Automotive Engineering. London: Int. J. of Vehicle Design, SP3, S. 500 - 511, 1983.

[13.25] HENTSCHEL, W., PIATEK, R.: Strömungssichtbarmachung in der aerodynamischen Entwicklung von Fahrzeugen. Tagung: Sichtbarmachung technischer Strömungsvorgänge. Haus der Technik, Essen, 1989.

[13.26] LOREA, A., CASTELLUCCIO, V., COSTELLI, A., MASOERO, M.: A Wind-Tunnel Method for Evaluating the Aerodynamic Noise of Cars. SAE-Paper 860 215, Detroit, 1986.

[13.27] LARSSON, L., NILSSON, L. U., BERNDTSSON, A., HAMMAR, L., KNUTSON, K., DANIELSON, H.: A Study of Ground Simulation – Correlation between Wind-Tunnel and Water-Basin Tests of a Full-Scale Car. SAE-Paper 890 368, Detroit, 1989.

[13.28] BEZ, U.: Bestimmung des Luftwiderstandsbeiwertes bei Kraftfahrzeugen durch Auslaufversuch. ATZ, Bd. 76, 1974, S. 345 - 350.

[13.29] WALSTON, W. H., BUCKLEY, F. T., MARKS, C. H.: Test Procedures for the Evaluation of Aerodynamic Drag on Full-Scale Vehicles in Windy Environments. SAE-Paper 760 106, Detroit, 1976.

[13.30] KESSLER, J. C., WALLIS, S. B.: Aerodyanamic Test Techniques. SAE Paper 660 464, Detroit, 1966.

[13.31] REMENDA, B. A. P., KRAUSE, A. E., HERTZ, P. B.: Vehicle Coastdown Resistance Analysis Under Windy and Grade-Variable Conditions. SAE-Paper 890 371, Detroit, 1989.

[13.32] ROMANI, L.: La Mesure sur Piste de la Resistance a l'Avancement. Paper 15, Road Vehicle Aerodynamics. 1. Symposium, London, 1969.

[13.33] KLEIN, R. H., JEX, H. R.: Development and Calibration of an Aerodynamic Disturbance Test Facility. SAE-Paper 800 143, Detroit, 1980.

[13.34] HUCHO, W.-H.: Versuchstechnik in der Fahrzeugaerodynamik, Colloquium on Industrial Aerodynamics. Aachen, 1974, S. 1 - 48.

[13.35]   GEORGE, A. R.: Automobile Aerodynamic Noise. SAE-Paper 900 315, Detroit, 1990.

Abschnitt 14

[14.1]   BUCHHEIM, R., RÖHE, H., WÜSTENBERG, H.: Strömungsberechnung am Automobil. ATZ, Bd. 91, 1989, Nr. 11, S.602/15.

[14.2]   KARIN, S., SMITH, N. P.: The Supercomputer Era. Boston, San Diego, New York: Harcourt Brace Jovanovich, 1987.

[14.3]   SCHLICHTING, H.: Grenzschichttheorie, 5. Auflage. Karlsruhe: Verlag G. Braun, 1965.

[14.4]   SCHLICHTING, H., TRUCKENBRODT, E.: Aerodynamik des Flugzeuges, Band 1. Berlin: Springer-Verlag, 1959.

[14.5]   THOMPSON, J. F., WARSI, Z.V.A., MARTIN, C. W.: Numerical Grid Generation. North-Holland Publishing Co., New York, 1985.

[14.6]   SMITH, R. E. (Ed.): Numerical Grid Generation Techniques. NASA Conference Publication 2166, NASA Langley, 1980.

[14.7]   BERGLIND, T.: Grid Generation Around Car Configurations Above a Flat Ground Plane Using Transfinite Interpolation. FFA Report 139, Stockholm, 1985.

[14.8]   AHMED, S. R., HUCHO, W.-H.: The Calculation of the Flow Field Past a Van with the Aid of a Panel Method. SAE-Paper 770390, Detroit, 1977.

[14.9]   AHMED, S. R.: Experimentelle und theoretische Untersuchungen zur Aerodynamik von Straßenfahrzeugen. DFVLR-Nachrichten, 1980, Nr. 31, S.4 - 7.

[14.10]   LOSITO, V., DE NICOLA, C., ALBERTONI, S., BERTA, C.: Numerical Solutions of Potential and Viscous Flows around Road Vehicles. Int. J. Vehicle Design, SP3, St. Helier, Jersey, U.K., Inderscience Enterprises Ltd., 1983, S.429 - 440.

[14.11]   BUCHHEIM, R., RÖHE, H., WÜSTENBERG, H.: Experiences with Computational Fluid Mechanics in Automotive Aerodynamics. 2nd Intern. ATA-Symposium: Use of Supercomputers in the European Automotive Industry, Turin, 1988.

[14.12]   PEYRET, S. R.; TAYLOR, T. D.: Computational Methods for Fluid Flow. Springer Series in Computational Physics, Berlin: Springer-Verlag, 1983.

[14.13]   FLETCHER, C. A. J.: Computational Techniques for Fluid Dynamics. 2 Bände, Berlin: Springer-Verlag, 1988.

[14.14]   CHUNG, T. J.: Finite Element Analysis in Fluid Dynamics. New York: McGraw Hill, 1978.

[14.15]   SCHMIDT, W., BUCHHEIM, R.: Evaluation of Different Approaches in Computational Aerodynamics for Passenger Cars. International Symposium, Vehicle Aerodynamics, Volkswagenwerk AG, Wolfsburg, 1982.

[14.16]   JAMESON, A., SCHMIDT, W., TURKEL, E.: Numerical Solutions of the Euler Equations by Finite Volume Methods Using Runge-Kutta Time-Stepping Schemes. AIAA Paper No. 81-1259, Palo Alto, 1981.

[14.17]   SALAS, M. D.: Recent Developments in Transonic Euler Flow over a Circular Cylinder. Mathematics and Computers in Simulation. New York, N.Y.: North-Holland Publishing Co., 1983, S. 232 - 236.

[14.18]   EBERLE, A.: MBB-EUFLEX. A New Flux Extrapolation Scheme Solving the Euler Equations for Arbitrary 3-D Geometry and Speed. Messerschmitt-Bölkow-Blohm, Bericht LKE/ 122/S/PUB/140, 1984.

[14.19] STRICKER, R., DICK, A.: Numerical Simulation of Car Aerodynamics and Interior Climate. Zitat [14.27], S. 99 - 123.

[14.20] MARVIN, J. G.: Turbulence Modelling for Computational Aerodynamics. AIAA Paper No. 82-0164, 1982.

[14.21] RODI, W.: Examples of Turbulence Models for Incompressible Flows. AIAA Journal 20, 1982, S. 872 - 79.

[14.22] MEHTA, V., LOMAX, H.: Reynolds Averaged Navier-Stokes Computations of Transonic Flows: the State-of-the-Art. Progress in Astronautics and Aeronautics, Transonic Aerodynamics. AIAA, New York, 1982, S. 297 - 375.

[14.23] ROTTA, J. C.: Turbulente Strömungen, Stuttgart: B.G. Teubner, 1972.

[14.24] RODI, W.: Turbulence Models and their Application in Hydraulics. International Association for Hydraulic Research (IAHR), Delft, 1980.

[14.25] HANJALIC, K., LAUNDER, B. E.: A Reynolds - Stress Model of Turbulence and its Application to Thin Shear Flows. J. Fluid Mech., Vol. 52, S. 609, 1972.

[14.26] LAUNDER, B. E., SPALDING, D. B.: The Numerical Computation of Turbulent Flow. Comp. Meth. in Appl. Mech. and Eng., Vol. 3., S. 269, 1974.

[14.27] SHAW, C. T., SIMCOX, S.: The Numerical Prediction of the Flow Around a Simplified Vehicle Geometry. Supercomputer Applications in Automotive Research and Engineering Development. CRAY Research Inc., Minneapolis, Minnesota, 1988, S. 219 - 231.

[14.28] SHAW, C. T.: Predicting Vehicle Aerodynamics Using Computational Fluid Dynamics – A User's Perspective. SAE Paper 880 455, Detroit, 1988.

[14.29] HUTCHINGS, B. J., PIEN, W.: Computation of Three Dimensional Vehicle Aerodynamics Using FLUENT/BFC. Zitat [14.27], S. 233 - 255.

[14.30] ADEY, P. C., GREAVES, J. R. A.: The Application of a 3-D Aerodynamics Model to the Sterling 825 Body Shape and Comparison with Experimental Data. SAE-Paper 880 456, Detroit, 1988.

[14.31] KURIYAMA, T.: Numerical Simulation on Three-Dimensional Aerodynamics Using 'SCRYU'. Zitat [14.27], S. 273 - 282.

[14.32] HAN, T.: A Navier - Stokes Analysis of Three-Dimensional Turbulent Flows Around a Bluff Body in Ground Proximity. General Motors Research Publication, GMR - 5820, 1988.

[14.33] AHMED, S. R., RAMM, G., FALTIN, G.: Some Salient Features of the Time Averaged Ground Vehicle Wake. SAE-Paper 840 300, Detroit, 1984.

[14.34] JANSSEN, L. J., HUCHO, W.-H.: Aerodynamische Formoptimierung der Typen VW-Golf und VW-Scirocco. Kolloquium über Industrieaerodynamik, Aachen, 1974, Teil III, S. 49-83.

[14.35] MISEGADES, K. P.: 1988 Automobile Aerodynamics Workshop Proceedings. CRAY Research, Inc., Minnesota, USA, 1988.

[14.36] SUMANTRAN, V., HAMMOND, Jr., D. C.: Experimental Data for the Evaluation of Computational Models of Flow over Automobile-Like Bluff Bodies: Geometries and Experimental Conditions. Report GMR-6078, General Motors Research Lab., Warren, 1987.

[14.37] CHABARD, J. P., LALANNE, P.: Application of the N3S Finite Element Code to Vehicle Aerodynamics Computations. Zitat [14.35].

[14.38] LAURENCE, D., MATTEI, J. D.: Application of the ESTET Code to Vehicle Aerodynamics. Zitat [14.35].

730

[14.39]   HIMENO, R.: Computational Study of Three-Dimensional Wake Structure Past Bluff Bodies. Vehicle Research Lab. Publication, Nissan Motor Co. Ltd., Japan, 1989.

[14.40]   TSUBOI, K., SHIRAYAMA, S., OANA, M., KUWAHARA, K.: Computational Study of the Effect of Base Slant. Zitat [14.27], S. 257 - 272.

[14.41]   AHMED, S. R.: Influence of Base Slant on the Wake Structure and Drag of Road Vehicles. Journ. of Fluids Eng., 1983, S. 429 - 434.

[14.42]   BEARMAN, P. W.: Bluff Body Flows Applicable to Vehicle Aerodynamics. Aerodynamics of Transportation, ASME, New York, N.Y.,1979, S. 1 - 11.

[14.43]   MOREL, T.: The Effect of Base Slant on the Flow Pattern and Drag of Three-Dimensional Bodies with Blunt Ends. Aerodynamic Drag Mechanisms of Bluff Bodies and Road Vehicles. Plenum Press, New York, N.Y., 1978, S. 191 - 217.

[14.44]   TSUBOI, K., HIMENO, R., SHIRAYAMA, S., KUWAHARA, K.: Computational Study of the Effect of Base Slant. AIAA-86-1054, Atlanta, GA, 1986.

[14.45]   HASHIGUCHI, M., KAWAGUCHI, K., YAMASAKI, R., KUWAHRA, K.: Computational Study of the Wake Structure of a Simplified Ground-Vehicle Shape with Base Slant. SAE-Paper 890597, Detroit, 1989.

[14.46]   SUZUKI, M.: Non-iterative Grid Generation Using a Parabolic -Hyperbolic Hybrid-Scheme. Master Thesis, Tokyo University of Agriculture and Technology, 1987.

[14.47]   HIMENO, R., TAKAGI, M., FUJITANI, K., TANAKA, H.: Numerical Analysis of the Airflow around Automobiles Using Multi-block Structured Grids. SAE-Paper 900 319, Detroit, 1990.

[14.48]   SUMMA, J. M., STRASH, D. J., YOO, S.: Current Status of the Computed Aerodynamics of the Ahmed Body by VSAERO and Coupled NAVIER-STOKES Methods. Zitat [14.35].

[14.49]   RAWNSLEY, S. M., GLYNN, D. R.: Flow Around Road Vehicles. 1st Intern. PHOENICS Users Conference, Thames Polytechnic, Dartford, Kent, U.K., 1985.

[14.50]   KRUKOW, G., STRICKER, R.: Einsatzpotentiale gekoppelter Verfahren zur Simulation von 3D-Fahrzeugströmungen. VDI-Bericht Nr.816, S.367 - 377, Düsseldorf: VDI-Verlag, 1990.

[14.51]   HUCHO, W.-H.: Numerischer Windkanal – Stromlinienautos aus dem Supercomputer? c't, 1989, Heft 10, S.44 - 62.

[14.52]   NEVES, K. W.: Hardware Architecture. Computational Fluid Dynamics: Algorithms and Supercomputers. AGARDOGRAPH No. 311, 1988.

[14.53]   DEMUREN, A. O., RODI, W.: Calculation of Three-Dimensional Turbulent Flow around a Blunt Body. Zitat [14.15].

[14.54]   BRANDSTATTER, W., JOHNS, R. J. R.: Computer Simulation of External and Internal Turbulent Flows in the Automotive Industrie. Supercomputer Applications in Automotiv Research and Engineering Development. Computational Mechanic Publications, Southampton, 1986, S. 245 - 275.

Sachwörterverzeichnis

A

A-Saule 150, 153
A-Saulenwirbel 294
Abbremsung 237, 239
Abgaszyklus 43
Abloseblase 127, 150, 152, 307, 586
Abloselinie 127, 129, 161
Ablosung 2, 7f , 21f , 40, 66, 72, 126f , 136, 146, 152,
    159, 162, 291, 293f , 436, 585, 648
Abluftlinie 511 f
Abmessung, gesetzlich 369
Absaugung 567
Abstromkorper 395
Abstromverhalten 444
Abtaubild 535
Abtrieb 331, 434, 441
Abwind 129, 164
Abwindfeld 129, 131
Achsantrieb 104, 106
Achslast 434
Aero-Akustik 52, 306
Ahnlichkeit 576, 582
–, geometrische 370
Ahnlichkeitsgesetz 61, 73
–, Reynoldssches 583
Akustik-Windkanal 594
Alpenpaßfahrt, simulierte 632
Aluminiumkuhler 488
Anbauteile 197, 274, 378
Anemometer, Flugelrad-A 614f , 626
–, Hitzdraht-A 615, 618, 626, 637
–, Laser-Doppler-A 616 f
Anfahrbeschleunigung 106
Anhanger 186, 257, 280, 374, 381
Anlagenkennlinie 491, 495
Anstellwinkel 203f , 208, 333, 625
Anstrichbild 291
Anstromkorper 377
Anstromrichtung 225, 245
Anstromwinkel 243, 261, 374, 377, 439
Antenne 180
ATB-Temperatur 633, 644
Aufbau 371, 374 f
Auffangtrichter 549, 551
Aufheizung 531
Aufheizungstest 629
Aufplatzen der Wirbel 72
Auftrieb 4, 32, 74, 141, 145, 148, 161, 171, 173, 177,
    204, 208, 224, 241, 260f , 265, 270, 274, 339, 439,
    441f
Auftriebsbeiwert 269, 480, 601
Auftriebsfehler 605
Auftriebsmessung 438
Ausblasen 568
Ausgangsform 46
Ausgleichsbehalter 473
Auslauftest 639
Auslaufversuch 35, 439
Außenspiegel 180, 272, 300, 405

B

Ausstelldach 514
Austrittskennlinie 626 f
Automobildesign 52
Autotransporter 386
Axialgeblase 496, 510

B

Band, laufendes 356
Basis 139
Basisdruck 140, 155
Bauwerke 12
Behaglichkeit 6, 32, 504 ff , 544
Beiwagen 449
Beluftung 4, 32, 295 f , 626
Beluftungslinie 512
Beluftungsstrom 512
Benetzung 301 f
Bergfahrt 455, 488 f
Bernoulli-Gleichung 62, 84
Beschlag 534
Beschlagneigung 523
Beschleunigung 100, 362
Beschleunigungsmenge 103
Beschleunigungsvermogen 44, 96
Beschleunigungswiderstand 97, 100
Beschleunigungszeit 100, 116
Bewegungsgleichungen 126
Bewertung, subjektive 279, 285
Bewertungsmaßstab 282
Bewertungszyklus 107
Blasensieden 468
Blasenverdampfung 463
Blaskanal 590 f , 599 f
Blockage-Fehler 617
Boat-tailing 154 f , 159, 162, 166
Bob-tailing 156
Bodenabstand 10, 35, 204, 207, 343, 563
Bodeneffekt 325, 341 ff , 352
Bodeneffektfahrzeug 343, 351
Bodenfreiheit 35, 339
Bodengrenzschicht 243, 279, 544, 562, 570
Bodengruppe 156
Boigkeit 32, 544
Bootsheck 17, 52
Bremsen 171, 312
Bremsflussigkeit, Temperatur der 312
Bremsklappe 321, 323
Bremskraftdiagramm 239
Bremsstabilitat 237, 239
Bubble-Generator 635
Bug 28, 39 f , 146
Bugform 40
Bugradius 40
Bugschurze 79, 384
Bugspoiler 171, 175, 347, 423, 442
Buntmetallkuhler 488
Bus 38
Bus-Pulk 400, 402

Namenverzeichnis

Die Autoren

Dr.-Ing. SYED R. AHMED, Studium des Maschinenbaus an der TU Braunschweig, 1964 Dipl.-Ing., 1970 Promotion bei Professor H. SCHLICHTING, wissenschaftlicher Mitarbeiter im Institut für Entwurfs-Aerodynamik, Abteilung Technische Akustik, der Deutschen Forschungsanstalt für Luft- und Raumfahrt (DLR). Leistete richtungsweisende Beiträge zur experimentellen und numerischen Fahrzeug-Aerodynamik.

Dr.-Ing. BERNWARD BAYER war nach dem Studium des Maschinenbaus an der TH Darmstadt von 1980 bis 1985 wissenschaftlicher Mitarbeiter am dortigen Fachgebiet Fahrzeugtechnik, Leitung Prof. B. Breuer. Ab 1986 Grundlagenforschung über die Fahrstabilität von Motorrädern bei der Metzeler Kautschuk GmbH, 1987 Promotion über die Fahrdynamik von Motorrädern, ab 1988 Leiter der Reifenentwicklung der Metzeler Reifen GmbH, ab 1991 Leiter der Entwicklung von PKW-Reifen der Pirelli Reifenwerke GmbH. Seit 1993 Leiter der F&E Motorradreifen der Continental AG. Mitglied der ISO TC 22/SC 22/WG 6 + 21 „Stability and Rider Position".

Dr.-Ing. NORBERT DEUSSEN, Studium des Maschinenbaus, Fachrichtung Kolbenmaschinen, an der RWTH Aachen. Seit 1983 Versuchsingenieur im Bereich Antrieb der BMW AG in München.

Dr.-Ing. E.h. HANS-JOACHIM EMMELMANN, Studium des Maschinenbaus und der Flugtechnik an der TH Darmstadt. Von 1970 bis 1978 Sachbearbeiter und Unterabteilungsleiter Aerodynamik im Klimawindkanal der Volkswagen AG. Von 1979 bis 1986 Gruppeningenieur Aerodynamik, dann bis 1988 Gruppeningenieur Rohkarosserie Aufbau in der Adam Opel AG. Von 1988 bis 1990 Abteilungsleiter Karosserieentwicklung und ab 1991 Abteilungsleiter Karosserie und Gesamtfahrzeug-Konzepte in der Vorausentwicklung im Technischen Entwicklungszentrum von GM Europe. Seit 1992 Direktor Technische Entwicklung bei der Wilhelm Karmann GmbH.

Prof. Dipl.-Ing. HELMUT FLEGL, Studium des Allgemeinen Maschinenbaus an der TU München. Seit 1966 als Versuchsingenieur bei der Dr.-Ing. h.c. F. Porsche AG, Stuttgart, Leiter von Entwicklungs-projekten für Rennwagen und Serienfahrzeuge. Seit 1980 Leiter der Forschung im Entwicklungs-zentrum Weissach, seit 1991 zusätzlich verantwortlich für die Vorentwicklung.

Dipl.-Ing. ALFONS GILHAUS, Studium des Maschinenbaus, Fachrichtung Kraftfahrwesen, an der RWTH Aachen. 1973 bis 1974 Karosserie-Konstrukteur bei BMW; 1974 bis 1983 Mitarbeiter der MAN-Neue Technologie, Schwerpunkt Aerodynamik der Nutzfahrzeuge; ab 1978 Leiter der verkehrstechnischen Studien. Ab 1983 Leiter des Windkanals und der aerodynamischen Entwick-lung. Seit 1993 Leiter Design Technische Entwicklung der Ford-Werke AG in Köln.

Dr.-Ing. E.h. HANS GOTZ, Studium des Maschinenbaus an der TU Stuttgart. Von 1951 bis 1961 Versuchsingenieur für Großraumheizungen bei Fa. Luig KG, Illingen. Seit 1961 bei der Daimler-Benz AG, Sindelfingen, als Versuchsingenieur im Bereich Pkw-Aufbauentwicklung, ab 1970 Leiter der Abteilung Aerodynamik und Meßtechnik, 1973 Oberingenieur, ab 1977 Leiter der Hauptabtei-lung Karosserieversuch Rohbau, ab 1990 Abteilungsdirektor der Mercedes-Benz AG.

Dipl.-Ing. HOLGER GROSSMANN, Studium des Allgemeinen Maschinenbaus an der TU München. Seit 1972 tätig bei der Audi AG, Ingolstadt, im Versuch der Technischen Entwicklung auf dem Gebiet der Pkw-Aerodynamik und -klimatisierung. Fachreferent der Abteilung Klimatisierung, Schalttafeln und Motorkühlung.

Dipl.-Ing. RALF HOFFMANN, Studium der Luft- und Raumfahrttechnik an der TU Berlin. 1982 bis 1987 Konstrukteur in der Karosserieauslegung der Volkswagen AG. Seit 1987 Entwicklungsingenieur im Bereich Aerodynamik der Ford-Werke AG in Köln, ab 1993 Leiter dieses Bereiches. Seit 1989 Lehrauftrag über Konstruktionssystematik und Wertanalyse der Rheinischen Fachhochschule in Köln.

Dr.-Ing. WOLF-HEINRICH HUCHO, Studium des Maschinenbaus an der TH Braunschweig, dort von 1961 bis 1968 Assistent von Professor H. SCHLICHTING, Institut für Strömungsmechanik. 1967 Promotion mit einem Thema der Schiffshydrodynamik. Ab 1968 Versuchsingenieur bei der Volkswagen AG, zunächst Leiter des Klima-Windkanals, dann von 1969 bis 1978 Leiter der Hauptabteilung Antriebstechnik in der Forschung. Von 1979 bis 1984 bei der VDO Adolf Schindling AG, zunächst Direktor der Entwicklung, ab 1982 Vorsitzender der Geschäftsführung des Unternehmensbereichs Instrumententechnik. Von 1984 bis 1985 als Mitglied der Geschäftsführung der Alfred Teves GmbH, zuständig für Forschung und Entwicklung. Seit 1985 freiberuflicher Ingenieur und Schriftsteller.

Prof. Dr.-Ing. DIETRICH HUMMEL, Studium des Maschinenbaus an der TH Stuttgart und an der TH Braunschweig, von 1962 bis 1972 Assistent von Professor SCHLICHTING, Institut für Strömungsmechanik der TH Braunschweig; 1968 Promotion, 1972 Habilitation, seit 1972 Professor für das Lehrgebiet Aerodynamik des Flugzeugs an der TU Braunschweig. Arbeitsgebiete: abgelöste Strömungen und Vogelflug.

Dr.-Ing. GÖRGÜN A. NECATI, Studium des Maschinenbaus an der Technischen Universität Istanbul, anschließend wissenschaftlicher Mitarbeiter am Institut für Kraftfahrwesen der TH Hannover, 1966 Promotion. Seit 1969 tätig in der Fahrzeugentwicklung der Ford-Werke AG in Köln, Arbeitsgebiete: Fahrzeugdynamik, Aerodynamik, Klimatisierung, Akustik und Versuchstechnik.

Dipl.-Ing. RAIMund PIATEK, Studium des Maschinenbaus, Fachrichtung Strömungsmechanik, an der Ruhruniversität Bochum. Seit 1978 bei der Volkswagen AG; von 1978 bis 1990 Versuchsingenieur und Fachreferent in der Abteilung Klima-Windkanäle, seit 1990 Mitarbeiter der Abteilung Konzernforschung Verkehr, Schwerpunkt Verkehrsleitsysteme.

Dipl.-Ing. MICHAEL RAUSER, Studium der Luft- und Raumfahrttechnik an der TU Stuttgart. Seit 1976 in der Forschung der Dr.-Ing. h.c. F. Porsche AG im Entwicklungszentrum Weissach tätig, zunächst auf dem Gebiet Karosserie, ab 1981 Grundlagenuntersuchungen in der Fahrzeug-Aerodynamik. Ab 1989 Leiter der Abteilung Strömungsmechanik, verantwortlich für Aerodynamik, Motor- und Aggregatekühlung. Seit 1993 Leiter des Fahrzeugwesens der Energieversorgung Schwaben AG.

Dr.-Ing. DIETER SCHLENZ, Studium der Physik an der TH Karlsruhe. Von 1977 bis 1982 Assistent von Prof. DURST, Lehrstuhl für Strömungsmechanik, Universität Erlangen, Promotion 1982. Seit 1983 bei der BMW AG in der Entwicklung tätig, zunächst in der Aerodynamik. Von 1985 bis 1990 bei der BMW Technik GmbH zuständig für die Gebiete Strömungsmechanik, Wärmetechnik und alternative Antriebe. Seit 1990 wieder in der BMW AG, und zwar als Leiter der Konzeptanalyse und Rechnersimulation im Bereich Heizung und Klimatisierung.

750

Dr.-Ing. Wulf Sebbesse, Studium der Elektrotechnik an der TU Braunschweig, von 1968 bis 1976 wissenschaftlicher Mitarbeiter am dortigen Institut für Verbrennungskraftmaschinen, Professor Dr.-Ing. H. Müller; Promotion 1975. Von 1976 bis 1979 Laboringenieur für Sondermeßtechnik in der Motoren- und Turbinen-Union GmbH, München. Seit 1979 bei der BMW AG, München, und zwar bis 1986 Leiter der Motormeßtechnik, bis 1989 Leiter Versuch Motoraggregate, bis 1990 Leiter Prüftechnik Gesamtfahrzeug, seit 1990 Leiter Motorenkonzepte in der Vorentwicklung.

Dr.-Ing. Peter Steinberg, Studium an der FH Esslingen und an der TU Berlin. 1986 Promotion am Institut für Fahrzeugtechnik der TU Berlin bei Prof. Dr.-Ing. Willumeit. Seit 1986 bei der BMW AG in München, derzeit Leiter des Motorenversuchs Aggregate „Kleine Sechszylindermotoren".